Fachwörterbuch
Hörfunk und Fernsehen

Deutsch – Englisch
Englisch – Deutsch

Dictionary of Radio and
Television Terms

German – English
English – German

Fachwörterbuch
Hörfunk und Fernsehen
Deutsch – Englisch
Englisch – Deutsch

Dictionary
of Radio and Television Terms
German – English
English – German

Herausgeber: Herbert Tillmann

5. überarbeitete und erweiterte Auflage, 2000

Publicis MCD Verlag

Die Deutsche Bibliothek – CIP-Einheitsaufnahme
Ein Titeldatensatz für diese Publikation ist bei der Deutschen Bibliothek erhältlich

Die Deutsche Bibliothek – CIP-Cataloguing-in-Publication-Data
A catalogue record for this publication is available from Die Deutsche Bibliothek

Autoren und Verlag haben alle Texte in diesem Buch mit großer Sorgfalt
erarbeitet. Dennoch können Fehler nicht ausgeschlossen werden.
Eine Haftung des Verlags oder der Autoren, gleich aus welchem Rechtsgrund,
ist ausgeschlossen. Die in diesem Buch wiedergegebenen Bezeichnungen können
Warenzeichen sein, deren Benutzung durch Dritte für deren Zwecke die Rechte
der Inhaber verletzen kann.

ISBN 3-89578-106-1

5. Auflage 2000

Herausgeber: Siemens Aktiengesellschaft, Berlin und München
Verlag: Publicis MCD Verlag, Erlangen und München
© 1992 by Publicis MCD Werbeagentur GmbH, München

Printed in Germany

Inhalt

Contents

Vorwort des Herausgebers

Pünktlich zu Beginn des neuen Jahrtausends erscheint das Fachwörterbuch Hörfunk und Fernsehen als aktuelle Neuauflage. Erstmalig 1972 auf Initiative der ARD aufgelegt, trägt die Neufassung mit Fachbegriffen in Deutsch/Englisch und Englisch/Deutsch der aktuellen Terminologie im Rundfunk Rechnung.

In den vergangenen 7 Jahren, seit dem Erscheinen der letzten aktualisierten Auflage 1992, hat der Rundfunk eine rasante Weiterentwicklung durch die Digitaltechnik erfahren. Die Begriffswelten von Rundfunk, Computertechnologie und Telekommunikation sind dadurch enger zusammengewachsen und viele neue Begriffe sind heute bereichsübergreifend teilweise weltweit gebräuchlich.

In bewährter Zusammenarbeit haben verschiedene Rundfunkanstalten (Bayerischer Rundfunk, Deutsche Welle, Norddeutscher Rundfunk, SRG SSR idée suisse (Schweizerische Radio- und Fernsehgesellschaft), Zweites Deutsches Fernsehen) und das Institut für Rundfunktechnik unter der Federführung des Bayerischen Rundfunks neue Schlüsselbegriffe aus der Praxis zusammengetragen und die Neuauflage um aktuelle Rundfunkthemen – wie z.B. digitales Fernsehen und Hörfunk, Internet und Multimedia erweitert.

Das Wörterbuch soll die Mitarbeiter des öffentlich-rechtlichen und privaten Rundfunks, aber auch alle anderen, die bei ihrer Arbeit mit dem Medium Rundfunk zu tun haben, bei der täglichen Arbeit unterstützen.

Mein Dank gilt den Mitgliedern der Arbeitsgruppe Werner Brückner, Philipp Deibert, Andreas Ebner, Holger Frömert, Hermann Josef Fuchs, Friedrich Gierlinger, Angelika Glink, Roger Heimann, Siegbert Herla, Dr. Harald vom Hövel, Norbert Klöckner, Reinhard Knör, Clemens Kunert, Ulf Mertens, Karin Müller-Gordon, Klaus-Peter Müller, Jutta Paul, Uta von Reeken, Max Rotthaler, Norbert Schall, Alexander Schertz, Manfred Schmitz, Toni Siegert, Frank Sommerhäuser, Gerhard Stoll, Michael Thomas, Hans Thurner, Heinz Tschäppät und Dr. Peter Wolf sowie insbesondere Frau Ingrid Mitterhummer, die die Koordination der Arbeitsgruppe übernommen hat.

München, im Januar 2000

Herbert Tillmann
Technischer Direktor
des Bayerischen Rundfunks

Editor's preface

This new updated edition of the Dictionary of Radio and Television Terms (English-German, German-English) is appearing as we start the new millennium. The dictionary was first compiled in 1972 on the initiative of the German ARD. The new edition features the very latest in broadcasting terminology.

Over the last 7 years, since the appearance of the last update in 1992, broadcasting has developed apace under the influence of digital technology. The terminological spheres of broadcasting, computer technology and telecommunications have come closer together and many new expressions are in familiar use worldwide across all these sectors.

Various broadcasting institutions (Bayerischer Rundfunk, Deutsche Welle, Norddeutscher Rundfunk, SRG SSR idée suisse (Schweizerische Radio- und Fernsehgesellschaft), Zweites Deutsches Fernsehen) and the Institut für Rundfunktechnik (under the auspices of Bayerischer Rundfunk) have collected new key terms and included state-of-the-art broadcasting topics such as digital television, Internet and Multimedia.

This dictionary will be of significant assistance to those involved in both public and private-sector broadcasting, and also to anyone whose work brings them into contact with radio or TV as a medium.

I wish to thank the members of the team: Werner Brückner, Philipp Deibert, Andreas Ebner, Holger Frömert, Hermann Josef Fuchs, Friedrich Gierlinger, Angelika Glink, Roger Heimann, Siegbert Herla, Dr. Harald vom Hövel, Norbert Klöckner, Reinhard Knör, Clemens Kunert, Ulf Mertens, Karin Müller-Gordon, Klaus-Peter Müller, Jutta Paul, Uta von Reeken, Max Rotthaler, Norbert Schall, Alexander Schertz, Manfred Schmitz, Toni Siegert, Frank Sommerhäuser, Gerhard Stoll, Michael Thomas, Hans Thurner, Heinz Tschäppät and Dr. Peter Wolf. I am especially grateful to Ingrid Mitterhummer, who coordinated the team's efforts.

München, im Januar 2000

Herbert Tillmann
Technical Director, Bayerischer Rundfunk

Erläuterungen

Dieses Fachwörterbuch ist nach den Gesichtspunkten des täglichen Gebrauchs zusammengestellt. Bei vielen Begriffen ergibt sich durch die landesspezifischen Gewohnheiten in den unterschiedlichen Ländern, dass es keine wirklich „exakte" Übersetzung geben kann. In solchen Fällen sind die angegebenen Übersetzungen lediglich als Übersetzungsvorschläge zu interpretieren.

Durch weltumspannende Technologien wie das Internet und internationale Übertragungsstandards wird unsere Informationsgesellschaft zunehmend globaler und die Arbeitsfelder im Rundfunk sind stärker denn je von internationaler Zusammenarbeit geprägt. Da viele neue Fachwörter englischen Ursprungs sind und eine deutsche Übersetzung häufig nicht existiert oder gebräuchlich ist, wurde nicht der Versuch einer umständlichen und ungebräuchlichen Übersetzung vorgenommen. Statt dessen wurde Wert auf Vollständigkeit gelegt und der in beiden Sprachen gültige Begriff unverändert aufgenommen.

Wenn für einen Begriff mehrere Übersetzungen angegeben sind, werden diese unter Umständen bei der täglichen Anwendung unterschiedlich genutzt. Dann bleibt es letztendlich dem Gefühl des Übersetzers vorbehalten, die passende Übersetzung auszuwählen.

Manche der Begriffe sind durch ein Sternchen gekennzeichnet. Die dazugehörige Benennung steht dann für eine Abteilung, Dienststelle o.ä., z.B. Störungsannahme = radio interference group.

Für viele Begriffe, Organisationen usw. werden im alltäglichen Sprachgebrauch nur die Abkürzungen verwendet. Wir haben eine große Zahl dieser Begriffe gesammelt und im Teil „Fachsprachliche Abkürzungen" in vollständiger Form wiedergegeben. Die gegenüber der letzten Auflage hinzugekommene dritte Spalte enthält Erläuterungen, Übersetzungen oder ergänzende Hinweise

Da das Internet für Hörfunk und Fernsehen eine immer wichtigere Rolle spielt, sind in diesem Buch auch die übergreifenden Internet-Domänen aufgeführt.

Explanatory note

This dictionary has been compiled with everyday usage in mind. With numerous terms, country-specific factors may mean that an "exact" translation is not possible. In such cases the translations given should be interpreted as suggestions.

Technologies that unite the world such as the Internet and international transmission standards are making our information-based society even more global, and there is more and more international cooperation in broadcasting. As many new terms originate from English and frequently no familiar German translation exists, no attempt has been made to arrive at a cumbersome or uncustomary translation. Instead, with completeness in mind, the term has been included unchanged.

If several translations for one term are given, there may be differences depending on context. It is up to the translator to pick on the right one.

Some terms are marked with an asterisk. Such a designation denotes a department, organization or similar unit, e.g. Störungsannahme = radio interference group.

For numerous terms, organizations etc. only their abbreviations appear in everyday usage. We have compiled a number of such terms and given their full designations in the section entitled "Technical abbreviations". The new third column contains explanations, translations or supplementary notes

As the Internet is playing an increasingly important role in radio and television, this book also includes the general internet domains.

Im Wörterbuch verwendete Abkürzungen
Abbreviations used in this dictionary

acoust.	acoustic	n.pl.	Deutsch: Neutrum Plural (neuter plural) / english: plural noun (Substantiv Plural)
adj.	Adjectiv / adjective		
adv.	Adverb / adverb		
advert.	advertisement	OB	outside broadcast
akust.	akustisch	opt.	optisch / optical
ampl.	amplifier	perf.	performer
Ant.	Antenne	phys.	physikalisch
appar.	apparatus	pict.	picture
approx.	approximativ, annähernd / approximately	pl.	Plural / plural
		plt.	Pluraletantum
bcast.	broadcast	PO	post office
cam.	camera	Prod.	Produktion
col.	colour	prod.	production
coll.	colloquial	Progr.	Programm
compp.	in compounds	prog.	programme
dub.	dubbing	Proj.	Projektor
elec.	electrical	proj.	projector
elek.	elektrisch	R	Radio / radio
elektron.	elektronisch	rec.	receiver
F	Film / film	recepn.	reception
f.	Femininum / feminine	repro.	reproduction
fam.	familiär, umgangssprachlich	s.	siehe/see
FP	film-processing	s.a.	siehe auch / see also
f.pl.	Femininum Plural / feminine plural	Sat.	Satellit
		sat.	satellite
freq.	frequency	sig.	signal
imp.	impulse	s.o.	someone
in Zus.	in Zusammensetzungen	s.th.	something
IT	Informationstechnik / information technology	sync.	synchronism
		tech.	technisch / technical
journ.	journalism	Tel.	Telefon
journal.	journalistisch	tel.	telephone
m.	Maskulinum / masculine	Thea.	Theater
mag.	magnetic	thea.	theatre
mech.	mechanisch / mechanic	TV	Television, Fernsehen / television
mcr.	microphone		
m.pl.	Maskulinum Plural / masculine plural	US	Amerikanismus / United States
		v	Verb / verb
Mus.	Musik	*	Ein Stern bedeutet, dass die zugehörige Benennung für eine Abteilung, Dienststelle o.ä. steht / An asterisk means the expression in question stands for a department, group, section or service.
mus.	music		
n.	Deutsch: Neutrum (neuter) / english: noun (Substantiv)		
neg.	negative		

Mehr Abkürzungen finden Sie im Teil „Fachsprachliche Abkürzungen". /
More abbreviations are listed in the part „technical abbreviations".

Teil 1
Deutsch – Englisch

Part 1
German – English

A

A-Bewertung *f.* A weighting; °∼-**Impuls** (s. Austastimpuls); °∼-**Rolle** *f.* A roll; °∼-**Schaltung** *f.* (Sender) class A circuit; °∼-**Seite** *f.* (Platte) A side; °∼-**Signal** (s. Austastsignal)

A/B-Betrieb *m.* a/b mode; °∼-**Kopierverfahren** *n.* A and B printing; °∼-**Schnittstelle** *n.* (Tel) a/b-interface

AB-Stereophonie *f.* AB stereophony

ab! (Film, Band) cue!; ∼ (Band) run!; ∼ (Kommando) roll!; ∼ **abfahren!** go ahead!

Abbau *m.* dismantling *n.*; °∼ (Dekoration) strike *n.*

abbauen *v.* dismantle *v.*; ∼ (Dekoration) to strike a set, pull down *v.* (set), to kill a set (US)

abbestellen *v.* cancel *v.*

Abbestellung *f.* cancellation *n.*

Abbildunggröße *f.* image size

Abbildungsebene *f.* image plane

Abbildungsfehler *m.* aberration *n.*, image defect

Abbildungsgüte *f.* definition of image, picture quality

Abbildungslinse *f.* image lens, objective lens

Abbildungsmaßstab *m.* image scale

Abbinder *m.* stringer *n.*

Abblende *f.* fading-down *n.*; °∼ (F) fade-out *n.*; °∼ (Objektiv) stopping-down *n.*; °∼ (Licht) dimming *n.*; °∼ (Ton) sound fade

abblenden *v.* (Objektiv) iris out *v.*; ∼ fade out *v.* (FO), fade down *v.*; ∼ (F) blend out *v.*; ∼ (Objektiv) stop down *v.*; ∼ (Licht) dim *v.*; ∼ (Ton) to dip the sound

Abblendung *f.* (Licht) dimming *n.*; °∼ (Ton) sound fade

abbrechen *v.* abort *v.*, break off, discontinue *v.*

Abbruch *m.* (der Sendung) break up (of transmission)

Abdeckblech *n.* cover plate, cover sheet, back of receiver

abdecken *v.* (Nachrichten) to ensure full coverage of; ∼ (Objektiv) cap *v.*

Abdeckrahmen *m.* masking frame

Abdeckung *f.* (Blende) covering *n.*, masking *n.*; °∼ (Schutz) cover *n.*; °∼ (Objektiv) cap *n.*; °∼ (Deckel) lid *n.*, cover *n.*

abdrehen *v.* finish *v.*, complete *v.*

Abdruck *m.* reprint *n.*; °∼ **nehmen** make a copy

abdrucken *v.* reprint *v.*

abdrücken *v.* (Räuspertaste) push *v.*

Abendausgabe *f.* evening edition

abendfüllender Film full-length film

Abendprogramm *n.* evening programme

Abendvorstellung *f.* evening performance

Abenteuerfilm *m.* adventure film

Abenteuerfilmparodie *f.* adventure film parody

Aberration *f.* aberration *n.*

abfahren *v.* (F, Band) run *v.*; ∼ roll *v.*, go *v.* (ahead), start *v.*

abfahren! (Kommando) roll!

Abfahrtskommando *n.* cue command, start command

Abfall *m.* (Reste) junk *n.*, scrap *n.*; °∼ waste *n.*

Abfallzeit *f.* fall-time

abfassen *v.* (Text) word *v.*, formulate *v.*

Abfindung *f.* compensation *n.*

abfotografieren *v.* (Thea.) to record a theatre production

Abfrage *f.* query *n.*

Abfrage durch Beispiel (IT) query by example

abfragen *v.* (IT) query *v.*; ∼ interrogate *v.*

Abfrageplatz *m.* (Tel) answering station, operator set

Abfragesprache *f.* (IT) query language

Abgang *m.* (Darsteller) exit *n.*

Abgasschalldämpfer *m.* exhaust silencer

abgeben (an) *v.* (Sendung) go over (to) *v.*; ∼ **(an)** *v.* (bei Sendung) hand over (to) *v.*

abgedreht *adj.* dead *adj.*

abgedroschen *adj.* hackneyed *adj.*

abgehackt *adv.* (sprechen) staccato *adv.*

abgehend outgoing

abgesichert *adj.* fused *adj.*

Abgleich *m.* calibration *n.*, balance *n.*, match *n.*, adjustment *n.*

Abgleichanweisung *f.* line-up instructions *n. pl.*

abgleichen *v.* adjust *v.*; ~ (Brücke)
balance *v.*; ~ match *v.*, align *v.*, tune *v.*
Abgleichgenauigkeit *f.* calibration
accuracy
Abgleichung *f.* adjustment *n.*, alignment
n.; °~ (Brücke) balancing *n.*
Abgleichwiderstand *m.* (Brücke)
balancing resistor, calibration resistor
Abgrenzung *f.* demarcation *n.*, delineation
n.
Abhängermeldung *f.* (unwichtige
Moderation, Lückenfüller) filler *n.*
abheben *v.* (Video) lift *v.*
Abhebung *f.* (Video) lift *n.*
Abhilfe *f.* remedy *n.*
Abhörausgang *m.* cuebitle *n.*
Abhörbericht *m.* listening report,
monitoring report
Abhörbox *f.* listening cubicle, sound
booth, control cubicle, listening box
abhorchen *v.* listen in
Abhördienst *m.* monitoring service
Abhöreinrichtung *f.* monitoring unit
abhören *v.* listen *v.* (tape), monitor *v.*
Abhören *n.* monitoring *n.*; °~ (nach
Regler) after fading listening (AFL); °~
hinter Band separate head monitoring;
°~ **vor Band** pre-record listening, pre-
listening *n.*
Abhörer *m.* monitor *n.* (sound),
monitoring loudspeaker
Abhörkabine *f.* listening cubicle, sound
booth, control cubicle
Abhörkonferenz *f.* (bewertet Beiträge)
monitoring meeting
Abhörkontrolle *f.* monitoring *n.*
Abhörlautsprecher *m.* control
loudspeaker, monitoring loudspeaker,
monitor *n.*
Abhörlautstärke *f.* monitoring volume
Abhörort *m.* monitoring location
Abhörraum *m.* monitoring room, listening
room, listening box
Abhörsicherheit *f.* listening protection
Abhörverstärker *m.* monitoring amplifier
abhusten *v.* (Mikro) to clear the throat
Abisolierzange *f.* stripping pliers *n. pl.*,
wire strippers *n. pl.*
abklammern *v.* paper up *v.*, rush copy, to
assemble
Abklatschen *n.* slash duping, direct
printing

abklingen *v.* fade *v.*; ~ **lassen** fade out *v.*,
fade down *v.*
Abklingkoeffizient *m.* fading coefficient
Abklingkonstante *f.* fading constant
Abklingvorgang *m.* fading *n.*
Abklingzeit *f.* decay time
Abkommen *n.* agreement *n.*
Abkürzung *f.* abbreviation *n.*
Ablage *f.* tray *n.*
Ablauf *m.* run *n.*, flow *n.*; °~ (Sendung)
presentation continuity; °~ (der
Sendung) running off (of the
transmission); °~ **machen** to provide
the running order, to fix the running
order; **szenischer** °~ scenic progression
Ablaufbericht *m.* (Produktion) run report
ablaufen *v.* (Produktion) run *v.* (a
production)
Ablaufgeschwindigkeit *f.* sweep speed
Ablaufplan *m.* story-board *n.*; °~
(Sendung) running order; °~ **machen** to
provide the running order, to fix the
running order; **vorläufiger** °~
(Produktion) provisional running order
Ablaufredaktion *f.* traffic & continuity
Ablaufregie *f.* presentation suite; °~ (R)
continuity suite; °~ (Produktion)
continuity control (Platz: continuity
suite)
Ablaufregisseur *m.* network director,
presentation director, continuity director
Ablaufspeicher *m.* (IT) control memory,
control storage
Ablaufsteuerung *f.* (IT) sequencer *n.*, job
sequencing, executive sequencing
Ablauftimer *m.* count down timer
abläuten *v.* red,to give the
ablehnen *v.* reject *v.*
Ablenkeinheit *f.* (TV-Empfänger)
deflecting unit, sweep unit (TV rec.)
ablenken *v.* deflect *v.*, sweep *v.*
Ablenkgenerator *m.* scanning generator,
time-base generator, sweep generator
Ablenkgerät *n.* scan generator
Ablenkschaltung *f.* deflection circuit,
sweep circuit
Ablenkspannung *f.* (IT) deflecting voltage
Ablenkspule *f.* sweeping coil, deflection
coil
Ablenkung *f.* deflection *n.*, scanning *n.*;
°~ (Wobbler) sweep *n.*

Ablenkzeit *f.* deflection time, sweep time, scanning time
ablesen *v.* read *v.* (meas.), read off *v.*
Abluft *f.* exhaust air
Abmagerung *f.* slimming down
abmelden *v.* cancel *v.*
Abmessungen *f. pl.* dimensions *n. pl.*
abmischen *v.* mixdown *v.*
Abmoderation *f.* zigout *n.*
Abnahme *f.* decrease *n.*, reduction *n.*; °∼ (Licht) dimming *n.*; °∼ acceptance *n.*; °∼ (R) scrutiny *n.*; °∼ (TV) preview *n.*; °∼ (Minderung, Licht) fall-off *n.* (light); °∼ (Minderung) (Signal) loss *n.*; °∼ final viewing; °∼ (Produktion) acceptance test
Abnahmebericht *m.* acceptance report, test certificate
abnahmefertig *adj.* (R) ready for scrutiny; ∼ (TV) ready for preview; ∼ ready for acceptance
abnahmeklar *adj.* (R) ready for scrutiny
Abnahmekopie *f.* transmission tape, transmission copy; °∼ (F) transmission print
Abnahmeprotokoll *n.* acceptance report, test certificate
Abnahmevorführung *f.* preview screening; °∼ (TV) preview *n.*
abnehmbar *adj.* detachable *adj.*, removable *adj.*
abnehmen *v.* accept *v.*; ∼ (R) scrutinise *v.*; ∼ (TV) preview *v.* (for approval), shotgun *v.* (US); ∼ (mindern) decrease *v.*, lessen *v.*, diminish *v.*
Abonnement kündigen (IT) unsubscribe *v.*
Abonnent *m.* subscriber *n.*
abonnieren *v.* subscribe *v.*
Abräumer *m.* roundup *n.*
abrechnen *v.* pay off, settle the accounts
Abrechnung *f.* liquidation *n.*, settlement *n.*, pay off *n.*
Abrechnungsstelle *f.* accounting department
abreißen *v.* (Oszillator) break off *v.*, to be interrupted
abreißen und vorlesen rip-and-read
Abreißzeit *f.* break-off time
Abrieb *m.* abrasion *n.*
Abrufdienst *m.* polling *n.*, pull service

abrufen *v.* call *v.*, call up *v.*; ∼ (IT) retrieve *v.*
Abrundung *f.* rounding *n.*
Absage *f.* closing announcement; **kurze** °∼ back cue
absagen *v.* to close a programme, sign off *v.* (US); ∼ (Sendung) cancel *v.* (a broadcast)
Absatz *m.* (Text) paragraph *n.*
abschalten *v.* switch off *v.*; ∼ (trennen) break *v.*; ∼ disconnect *v.*, cut off
Abschaltfaktor *m.* switch-off factor
Abschaltung *f.* switching-off *n.*; °∼ (Trennung) film-pack *n.*; °∼ deactivation *n.*, shutdown *n.*
Abschattung *f.* shading *n.*, shadowing *n.*
Abschätzung *f.* assessment *n.*
abschirmen *v.* screen *v.*, shield *v.*
Abschirmmaß *n.* (EMV) shielding (EMC), screening factor (EMC)
Abschirmung *f.* screening *n.*, screen *n.*, shielding *n.*, shield *n.*
Abschirmwände *f. pl.* screening walls
Abschirmwert *m.* (Akustik) screening value
abschließen *v.* finish *v.*, close *v.*; ∼ (tech.) terminate *v.*
Abschluß *m.* closing *n.*, conclusion *n.*; °∼ (tech.) termination *n.*; °∼ (Technik) close *n.*
Abschlußbefehl *m.* (IT) close-statement
Abschlußbericht *m.* (Dreh) completion report; °∼ final report *n.*
Abschlußwiderstand *m.* terminating resistance; °∼ (Ausstrahlung) dummy load
abschminken, sich etwas ∼ (fam.) to be disenchanted with s.th.
Abschminkpapier *n.* tissues *n. pl.*
abschneiden *v.* (abschneiden) clip *v.*; ∼ (begrenzen) cut off *v.*
Abschneiden *n.* limiting *n.*; °∼ (begrenzen) clipping *n.*, limiting *n.*
Abschneidestufe *f.* (TV) clipping circuit; °∼ clipper *n.*; **symmetrische** °∼ symmetrical clipper
Abschnitt *m.* section *n.*; °∼ (Video) clip *n.*
Abschnittsanalyse *f.* (einer Nachricht) parsing *n.*
Abschnittsprüfzeile *f.* sequence test line
abschwächen *v.* weaken *v.*; ∼ (Text) water

down *v.*; ~ (Ton) attenuate *v.*; ~ reduce *v.*; ~ (sich) *v.* (Bild) to grow blurred

Abschwächer *m.* attenuator *n.*; °~ (Bild) reducer *n.*; °~ fader *n.*; **geeichter** °~ calibrated fader, calibrated attenuator

Abschwächung *f.* attenuation *n.*; °~ (Bild) reduction *n.*

Absenkung *f.* (Tonwiedergabe) de-emphasis *n.*

Absenkwinkel *m.* (Antenne) (Absenkung der Hauptstrahlrichtung einer Antenne in der Vertikalebene) tilt angle

absetzen *v.* (Progr.) drop *v.*; ~ put out *v.*, run *v.*; ~ (Fernschreiber) run *v.*

Absicht *f.* intention *n.*

Absichtserklärung *f.* declaration of intent

Absolvent *m.* graduate *n.*

Absorber *m.* absorber *n.*

absorber, Keil~ *m.* wedge absorber; **Platten**~ *m.* plate absorber

Absorption *f.* absorption *n.*; °~ **mit Strahlablenkung** deviative absorption; °~ **ohne Strahlablenkung** non-deviative absorption

Absorptionsgrad *m.* absorption factor, absorption coefficient

Abspann *m.* (fam.) end titles *n. pl.*

abspannen *v.* (Mast) stay *v.*; ~ guy *v.*

Abspannseil *n.* guy rope, guy wire, stay *n.* (mast)

Abspanntitel *m.* end titles *n. pl.*; °~ (Sendung) credits *n.*

Abspannung *f.* (Ausstrahlung) (Haltevorrichtung eines Mastes) stay wire

abspeichern *v.* store *v.*

Abspeicherung *f.* storage *n.*

Abspieldauer *f.* duration of tape, playback duration

Abspieleinrichtung *f.* playback device

abspielen *v.* play *v.* (tape), play back *v.*

Abspielen *n.* play back

Abspielerchassis *n.* tape deck

Abspielfehler *m.* reproducing loss, playback loss

Abspielgerät *n.* (Ton) replay machine; °~ (MAZ) reproducer *n.*

Abspielgeschwindigkeit *f.* replay speed

Abspielnadel *f.* reproducing stylus, stylus *n.*

Abspielung *f.* playback *n.*, replay *n.*, reproduction *n.*

Abspielzentrum *n.* playout center

Absprache *f.* (journalistisch) talk-up *n.*; °~ agreement *n.*

absprechen *v.* agree *v.*

abspulen *v.* unspool *v.*, uncoil *v.*, reel off *v.*, unwind *v.*

Abstand *m.* attenuation *n.*, ratio *n.*, distance *n.*; °~ (Verhältnis) ratio *n.*, attenuation *n.*; °~ **des Differenztons 2. Ordnung** difference frequency disortion of 2nd order; °~ **des Differenztons 3. Ordnung** difference frequency disortion of 3rd order

Abstandsfeld *n.* (Akustik) 1/R field

Abstandsgesetz *n.* (Akustik) 1/R law

Abstandsisolator *m.* stand-off insulator

abstauben *v.* dust *v.*

Abstaubpinsel *m.* lens brush

Abstellraum *m.* store *n.*

Abstimmanzeige *f.* tuning indication, tuning indicator, tuning display

Abstimmbereich *m.* tuning range

abstimmen *v.* adjust *v.*; ~ (Sender, Empfänger) tune *v.*, tune to *v.*, tune in *v.*; ~ (Farbe) adjust *v.*

Abstimmgenauigkeit *f.* tuning accuracy, precision *n.*

Abstimmglied *n.* (Ausstrahlung) tuning element

Abstimmhilfe *f.* (Akustik) tuning aid

Abstimmkreis *m.* tuning circuit

Abstimmton *m.* tuning note, tone *n.*, line-up tone

Abstimmung *f.* tuning-in *n.*, tuning *n.*, harmonization *n.* (eines Sachverhaltes)

Abstimmvariometer *n.* tuning variometer, tuner *n.*

Abstimmvorrichtung *f.* tuning device

abstoppen *v.* (Zeit) time *v.*

Abstrahlebene *f.* radiating surface, phase plane

abstrahlen *v.* (Ant.) radiate *v.*; ~ (Progr.) transmit *v.*

Abstrahlgrad *m.* (Akustik) radiation factor

Abstrahlmaß *n.* (Akustik) radiation measure

Abstrahlung *f.* (Ant.) radiation *n.*; °~ (Progr.) transmission *n.*; °~ emission *n.*; °~ (Wärme) radiation *n.*

abstufen *v.* (opt.) grade *v.*, graduate *v.*; ~

(Farbe) shade *v.*, tone *v.*, alter *v.* (saturation)

Abstufung *f.* graduation *n.*, gradation *n.*

Abtastbreite *f.* (Kamera, Filmgeber) track width

Abtastdose *f.* pick-up *n.*; °~ (Platte) pick-up cartridge; **elektrodynamische** °~ electrodynamic pick-up; **elektromagnetische** °~ electromagnetic pick-up

Abtasteinrichtung *f.* scanning device, scanner *n.*

abtasten *v.* scan *v.*, sample *v.* (video)

abtastender Lichtpunkt (TV) scanning spot

Abtaster *m.* analyser *n.*, scanner *n.*, slide scanner; **optischer** °~ (IT) photoelectric reader

Abtastfrequenz *f.* sample frequency, sampling frequency

Abtastkopf *m.* (Platte) pick-up head

Abtastlinearität *f.* scanning linearity

Abtastmuster *n.* sampling pattern

Abtastnadel *f.* (Platte) reproducing stylus tip, stylus tip

Abtastnorm *f.* sampling standard

Abtastpunkt *m.* (TV) scanning spot

Abtastraster *n.* scanning grid, scan pattern, sampling pattern

Abtastrate *f.* sampling rate

Abtastraum *m.* telecine area

Abtastrohr *n.* scanning tube

Abtastsignal *n.* scanning signal, scanning waveform

Abtastspalt *m.* gap *n.*, scanning gap

Abtastspitze *f.* stylus *n.*

Abtaststrahl *m.* scanning beam

Abtastsystem *n.* pick-up system

Abtastung *f.* scanning *n.*; °~ (Wobbler) sweep *n.*; °~ (IT) sampling *n.*

Abtastungskodierer *m.* scan encoder

Abtastwert *m.* sample *n.*

Abtastwinkel *m.* scanning angle

Abtastzeile *f.* scanning line

Abtastzeit *f.* scanning time

Abteilung *f.* unit *n.*; °~ (Abteilung) section *n.*; °~ department *n.*

Abteilungsleiter *m.* head of department

abtexten *v.* lead out *v.*

abtrennen *v.* separate *v.*, disconnect *v.*; ~ (begrenzen) cut off *v.*

Abtrennung *f.* separation *n.*

abtrommeln *v.* spool off *v.*, unwind *v.*

abwarten *v.* wait *v.* (for)

Abwärtsfrequenz *f.* (Sat.) down-link frequency

Abwärtskompatibilität *f.* (IT) downward compatibility

Abwärtsrichtung *f.* down-link direction

Abwärtsstrecke *f.* (Satelliten) down-link *n.*

Abwärtsverbindung *f.* (Sat.) down-link *n.*

Abweichung *f.* aberration *n.*, deflection *n.*, divergence *n.*, deviation *n.*, drift *n.*

abweichung, Großkreis~ *f.* great-circle path deviation; **Standard**~ *f.* standard deviation

Abweichung, zulässige °~ allowable deviation

Abwesenheit *f.* absence *n.*

Abwickelkassette *f.* feed magazine

abwickeln *v.* (Kabel) pay out *v.*; ~ (F) feed *v.*; ~ (Sendung) run *v.*

Abwickelspule *f.* feed reel, supply spool; °~ (Proj.) upper spool; °~ feed spool, supply reel

Abwickelsystem *n.* spooling system

Abwickelteller *m.* feed *n.*, supply reel

Abwickeltrommel *f.* feed reel, supply spool; °~ (Proj.) upper spool; °~ supply reel, feed spool

Abwicklung *f.* (Dekoration) extended elevation; °~ liquidation *n.*, settlement *n.*, disposal *n.*; °~ (F) feed *n.*, feeding *n.*; °~ (Kabel) winding-off *n.*, unwinding *n.*; °~ operation *n.*

Abzahlung *f.* instalment *n.*

abziehen *v.* (Negativ) print *v.*; ~ copy *v.*, run a copy

Abziehtisch *m.* copying table

Abzug *m.* (F, Foto) copy *n.*; °~ (Foto) print *n.*; °~ (Klimaanlage) extractor *n.*

Abzweigdose *f.* connector box, junction box, conduit box, distribution box

Abzweigemultiplexer *m.* (IT) add-drop multiplexer

Abzweiger *m.* (Tel) splitter *n.*

Abzweigung *f.* bifurcation *n.*, branching-off *n.*

Abzweigverteilung *f.* junction distributor

Abzweigweg *m.* junction path

Accelerometer *m.* accelerometer *n.*

Account *m.* (IT) account *n.*

achromatisch *adj.* achromatic *adj.*

Achse *f.* axis (pl. axes) *n.*; °~ (Bild) line of vision; **Bewegung auf der** °~ movement about the axis; **optische** °~ optical axis, principal axis; **über die** °~ **springen** to cross the line of vision

Achsensprung *m.* reverse angle

Achssprung *m.* (Übertragung) crossing the line, frame jumps

Achter *m.* (fam.) (s. Achtermikrofon) bidirectional, bilateral microphone, bidirectional microphone, figure-of-eight microphone

Achtercharakteristik *f.* (Mikro) bidirectional characteristic, bilateral characteristic

Achterfeld *n.* (Ausstrahlung) figure of eight field

Achtermikrofon *n.* bidirectional microphone, figure-of-eight microphone

Achterstrahler *m.* (Dipolstrahler) bidirectional transmitter, bilateral transmitter

Achtspur-Lochstreifen *m.* (IT) eight-track punched tape

Achtung stand by!; °~, **Aufnahme!** stand by!

Achtung! Aufnahme! (Kamera) camera!

Achtungszeichen *n.* warning sign

Actionfilm *m.* action film

Ad (s. advertising) ad *n.*; °~ **Click** (Internet) ad click; °~ **Click Rate** (Internet) ad click rate; °~ **Game** (Internet) ad game; °~ **Server** ad server; °~ **View** (Internet) ad view

Adapter *m.* adapter *n.*, extender *n.*

Adaption *f.* adaptation *n.*, adaption *n.*

Adaptionsdaten *f. pl.* adaption data

Adaptionsschicht *f.* adaption layer

Addition *f.* (von Pegeln) addition *n.* (of levels)

additiv *adj.* additive *adj.*

Administrator *m.* admin *n.*, administrator *n.*

Adreßbuch *n.* directory *n.*

Adressbuch *n.* (IT) address book

Adresse *f.* (IT) address *n.*; °~, **reale** *f.* real address; **binär codierte** °~ (IT) binary-coded address; **indirekte** °~ *f.* (IT) indirect address, second level address

Adressen-Code *m.* (IT) address code

Adressenansteuerung *f.* (IT) address selection

Adressenauswahl *f.* (IT) address selection

Adreßzuordnung *f.* (IT) address assignment (IT)

ADU (s. Analog-Digital-Umsetzer)

Agent *m.* agent *n.*, spy *n.*

Agentenfilm *m.* spy film

Agentur *f.* agency *n.*

Agenturbericht *m.* agency story, agency report

Agenturberichterstattung *f.* agency coverage, agency reporting

Agenturkürzel *n.* abbreviation of the agency's name

Agenturmaterial *n.* agency material

Agenturmeldung *f.* agency news report

Aggregat *n.* power plant; °~ (Geräte) set *n.*; °~ generating set, power unit

Aircheck *m.* air check *n.*; °~-**Rekorder** *m.* air check recorder

Aizes *m. pl.* (fam.) tip *n.*, lead *n.*

Akkord *m.* (Musik) chord *n.*

Akkordarbeit *f.* piecework *n.*

Akkreditierung *f.* accreditation *n.*, accredition *n.*

Akkumulator *m.* accumulator *n.*, rechargeable battery

Akkumulatorenzelle *f.* accumulator cell, secondary cell

Akkuraum *m.* battery room

Akquisiteur *m.* (F) film salesman

Akquisition canvassing, acquisition *n.*

Akt *m.* (Thea.) act *n.*; °~ reel *n.*, spool *n.*, nude *n.*

Akte *f.* (Verwaltung) file *n.*

Aktie *f.* share *n.*

Aktionspotential *n.* (Akustik) action potential

Aktiv-Lautsprecher *m.* active loudspeaker

aktiver Bildinhalt active picture period; ~ **Inhalt** *m.* (IT) active content; ~ **Strahler** *m.* active aerial

aktives Fenster *n.* (IT) active window; ~ **optisches Netz** *n.* (IT) active optical network; ~ **Programm** *n.* (IT) active program

Aktivspeicher *m.* (IT) active store

Aktrolle *f.* reel *n.*, spool *n.*

aktualisieren *v.* up-date *v.*, update *v.*

Aktualitäten *f. pl.* topical events

Aktüberblendzeichen *n. pl.* change-over cues, cue dots

aktuell *adj.* of topical interest, in the news, topical *adj.*

Aktuelles *n.* current affairs *n. pl.*, current affairs programmes *n. pl.*, news and current affairs *n. pl.*

Akustik *f.* acoustics *n.*; **biologische** °~ biological acoustics; **medizinische** °~ medical acoustics; **musikalische** °~ musical acoustics; **physikalische** °~ physical acoustics; **physiologische** °~ physiological acoustics; **psychologische** °~ psychological acoustics; **technische** °~ technical acoustics

Akustikdecke *f.* acoustic ceiling

Akustikkoppler *m.* acoustic coupler; °~ (Tel) acoustic coupler

Akustikplatten *f. pl.* acoustic panels

akustisch *adj.* acoustic *adj.*

akustische Anrufsignalisierung *f.* (Tel) audible alert

Akzent *n.* accent *n.*

Akzeptanz *f.* acceptance *n.*

Alarmeingabe *f.* (IT) alarm signal input device; **dynamische** °~ (IT) dynamic alarm signal input device; **statische** °~ (IT) static alarm signal input device

Algorithmus *m.* (IT) algorithm *n.*

Aliaseffekte *m. pl.* aliasing effects

Aliquotton *m.* aliquot tone

Alkali *n.* alkali *n.*

All-News *f. pl.* (Programmformat) all news; °~-**News-Station** *f.* (Nachrichtenkanal) all news station

Allbereichantenne *f.* wide-band aerial

Allbereichverstärker *m.* wide-band amplifier

Allgemeinlicht *n.* general lighting

Alligatorklammer *f.* alligator clip

Alligatorklemme *f.* alligator clip

Allonge *f.* (F) protection leader, identification leader

Allpaßfilter *m.* all-pass filter

Allpaßschaltung *f.* all-pass circuit

Allstromgerät *n.* AC/DC equipment

Allwetterlampe *f.* all-weather lamp

Allwetterschutz *m.* all-weather protection

alphamerisch *adj.* (IT) alphanumeric *adj.*

alphanumerisch *adj.* (IT) alphanumeric *adj.*

Alt *m.* (Musik) alto *n.*

Alt-Taste *f.* (IT) Alt key

alt.-Newsgroups *f.* (IT) alt. newsgroups

Alternative Frequenzen (RDS-Feature) alternative frequencies

Alternativschlüssel *m.* (IT) alternate key

Alters-Schwerhörigkeit *f.* hardness of hearing from old age

Alterung *f.* aging *n.*

Altes Werk* pre-classical music

AM (s. Amplitudenmodulation)

Amateurband *f.* amateur band, amateur frequency band

Amateurfilm *m.* amateur film

Ambiophonie *f.* (Akustik) ambiophony *n.*

Amperezange *f.* clip-on probe, current probe

Amplitude *f.* amplitude *n.*

Amplituden-Frequenzgang *m.* amplitude frequency characteristic, frequency response, amplitude frequency response

Amplitudenanteile *m. pl.* amplitude components

Amplitudenbegrenzung *f.* (begrenzen) clipping *n.*, limiting *n.*; °~ amplitude limitation

Amplitudendichtespektrum *n.* amplitude density spectrum

Amplitudenfehler *m.* amplitude error

Amplitudengang *m.* amplitude frequency characteristic, frequency response, amplitude frequency response

Amplitudenmodulation *f.* (AM) (Elektronik) amplitude modulation *n.* (AM); °~ **mit unterdrücktem Träger** suppressed-carrier modulation

Amplitudenmodulator *m.* amplitude modulator

Amplitudenschrift *f.* variable area recording, variable area track

Amplitudensieb *n.* amplitude filter

Amplitudenspektrum *n.* amplitude spectrum

Amplitudenverzerrung *f.* amplitude distortion

Amplitudenvibrato *n.* amplitude vibrato

Amt *n.* office *n.*; **betriebsführendes** °~ directing station, control station

amtlich *adj.* official *adj.*

Amtsanschluß *m.* exchange line, outside line

Amtsberechtigung *f.* (Tel) non-restricted exchange line access, non-restricted class of service

Amtsdauer *f.* term of office

Amtsholung *f.* (Tel) exchange line pickup

Amtsleitung *f.* exchange line, circuit *n.*, local loop, outside line

Anaglyphenverfahren *n.* (TV) anaglyphic process

Analog-Digital-Umsetzer *m.* (ADU) (IT) analog-to-digital converter (ADC), digitiser *n.*, quantiser *n.*; °∼**-Digital-Wandler** *m.* analogue to digital converter (ADC); °∼**-Technik** *f.* analog technology, analog engineering

Analogausgabe *f.* (IT) analog output, analog output device

Analogeingabe *f.* (IT) analog input, analog input device

analoges Signal (IT) analog signal

Analogie *f.* analogy *n.*

Analogsignal *n.* analog signal

Analyse *f.* analysis *n.*

Anamorphose *f.* anamorphosis *n.*

Anamorphot *m.* anamorphic lens

anamorphotisch *adj.* anamorphic *adj.*

Anastigmat *m.* anastigmatic lens

anastigmatisch *adj.* anastigmatic *adj.*

Anastigmatismus *m.* anastigmatism *n.*

Anbaudose *f.* female socket

anbelichten *v.* (Filmmaterial) to expose thin

anbieten *v.* offer *v.*, bid *v.*

Anbieter *m.* bidder *n.*, provider *n.*

Anbietergemeinschaft *f.* provider community

anblasen *v.* blow (on) *v.*; ∼ (Musik) (begin to) blow, sound *v.*

Anchorman *m.* anchorman *n.*

Anchorwoman *f.* anchorwoman *n.*

andauern *v.* (eines Tones) sustain *v.* (acoust.)

Änderungsblatt *n.* amendment sheet, correction sheet

Andruckkufe *f.* pressure pad, skid *n.*; **seitliche** °∼ edge guide

Andruckmagnet *m.* pressure solenoid

Andruckplatte *f.* pressure plate; °∼ (Tonband) pressure plate

Andruckrolle *f.* pressure roller, pinch roller, capstan idler, lay-on roller; °∼ (Tonband) pressure roller, idler *n.*

Aneinanderhängen *n.* (F) butt-join *n.*

Anerkennung *f.* recognition *n.*, acknowledgement *n.*

anfallen *v.* (Nachrichten) break *v.*

Anfang *m.* start *n.*, commencement *n.*, beginning *n.*

anfangen *v.* start *v.*, commence *v.*, begin *v.*; ∼ **(mit)** *v.* lead with *v.* (bcast.), open with *v.* (journ.)

Anfängerhilfe *f.* (IT) beginner's guide

Anfangsband *n.* yellow tape, leader tape *n.*

Anfangskapazität *f.* minimum capacitance

Anfangstitel *m.* opening titles *n. pl.*

Anfangszeit *f.* (Übertragung) starting time

anfeuchten *v.* moisten *v.*, wet *v.*, damp *v.*

anflanschen *v.* flange to *v.*, flange-mount *v.*, screw on *v.*

Anforderung *f.* requirement *n.*

Anfrage *f.* (IT) query *n.*, inquiry *n.*

Angabe *f.* information *n.*, entry *n.*, specification *n.*

angeben *v.* specify *v.*, enter *v.*

Angebot *n.* offer *n.*, quotation *n.*

angeforderte Übertragung requested transmission

angehängtes Dokument *n.* (IT) attached document *n.*

Angel *f.* boom arm

angeschlossen *adj.* (Sender) relayed *adj.*, linked *adj.* (with); ∼ **waren** joint broadcast by

Angestellter *m.* employee *n.*, member of staff

angleichen *v.* match *v.*

Angleichung *f.* matching *n.*

Anhang *m.* annex *n.*, appendix *n.*

anhängen *v.* add *v.*, hang on, hook up

anheben *v.* (Ton, Licht) bring up *v.*; ∼ (Tonwiedergabe) pre-emphasise *v.*; ∼ (tech.) boost *v.*; ∼ (Stimme) accentuate *v.*

Anheber *m.* (Magnetton band) ridge *n.*

Anhebung *f.* pre-emphasis *n.*, accentuation *n.*; °∼ (tech.) boost *n.*; °∼ (Vergrößerung) enhancement *n.*; °∼ (Akustik) accentuation *n.*

Animation *f.* animation *n.*

animiertes GIF *n.* (IT) animated GIF

Anker *m.* (Befestigungsmittel für Abspannseile im Boden) guy anchor; °∼ (IT) anchor *n.*

Ankerpunkte *pl.* (Bildanalyse) anchor points

Ankleidekabine *f.* dressing cubicle

Ankleider *m.* dresser *n.*

Ankleideraum *m.* dressing-room *n.*
Anklopfen *n.* (Tel) call waiting
ankommen *v.* (Progr.) to be a hit *v.*; **nicht**
~ flop *v.* (coll.)
ankommend *adj.* (Leitung) incoming *adj.*;
~ (Akustik) incoming *adj.*
Ankommender Ruf Incoming Call, INC
ankoppeln *v.* couple to *v.*
Ankopplung *f.* coupling *n.*
ankündigen *v.* trail *v.* (R, TV), promote *v.*
Anlage *f.* equipment *n.*; °~ (Geräte) set *n.*;
°~ plant *n.*, installation *n.*; °~ (Technik)
system *n.*, plant *n.*
anlage, Empfangs~ reception system
Anlagekante *f.* reference edge
Anlagenanschluss *m.* point-to-point
connection, system connection
Anlagenausstattung *f.* (IT) system
configuration
Anlagenstörung *f.* equipment fault,
system fault
Anlaß *m.* occasion *n.*, event *n.*
Anlaßwiderstand *m.* starter resistor,
starter rheostat
anlaufen *v.* (F) open *v.*; ~ (Motor) start up
v., run up *v.*
Anlaufmeldung *f.* introduction *n.*
Anlaufmoment *m.* starting torque
Anlaufstrom *m.* (Masch.) initial-velocity
current, starting current; °~ residual
current
anlegen *v.* dub *v.*, to put in sync, sync up
v.; ~ (MAZ) insert *v.* (a tape)
Anlegeverfahren, automatisches °~
automatic insertion
Anmeldeformular *n.* registration form
Anmeldefrist *f.* registration period
anmelden *v.* register *v.*
Anmelder *m.* registering person
Anmeldestelle *f.* registration office
Anmeldeverfahren *n.* registration
procedure
Anmeldezeiten *f. pl.* registration times
Anmeldung *f.* registration *n.* (also:
registration desk, office)
Anmoderation *f.* zigout *n.*, introduction *n.*
annullieren *v.* cancel *v.*
Anode *f.* anode *n.*, plate *n.* (US)
Anodenbasisschaltung *f.* grounded anode
amplifier, cathode follower, cathode-
coupled circuit

Anodenbatterie *f.* anode battery, high-
tension battery
Anodengleichrichter *m.* anode detector,
anode bend detector
Anodenkreisabstimmung *f.* anode circuit
tuning, anode tuning
Anodenmodulation *f.* anode modulation
Anodenspannung *f.* anode voltage
Anodenspannungsdiagramm *n.* anode
voltage-current characteristic
Anodenstrom *m.* anode current
anonymer Remailer *m.* (IT) anonymous
remailer *n.*; ~ **Server** *m.* (IT)
anonymous server *n.*
Anonymizer *m.* (IT) anonymizer *n.*
anpassen *v.* match *v.*, adapt *v.*, fit *v.*
Anpaßglied *n.* adapter *n.*, matching
section
Anpassung *f.* adaption *n.*, matching *n.*
Anpassungseinrichtung *f.* (IT) adapter *n.*
Anpassungselement *n.* matching element
Anpassungsglied *n.* matching device
Anpassungsimpedanz *f.* matching
impedance
Anpassungskreis *m.* matching circuit
Anpassungsnetzwerk *n.* matching
network
Anpassungsübertrager *m.* matching
transformer
Anpassungsvorrichtung *f.* matching
device
Anpassungswiderstand *m.* matching
resistance, matching resistor
anpeilen *v.* to take a bearing on
Anpeilung *f.* bearing *n.*
anreißen *v.* mark *v.*
Anrufbeantworter *m.* answering set; °~
(Tel) answering machine, automatic
answering equipment
Anrufidentifikation *f.* (Tel) calling line
identification
Anrufschutz *m.* (Tel) do not disturb
Anrufsendung *f.* call-in program, phone-
in
Anrufweiterschaltung *f.* (Tel) call
forwarding *n.*
Ansage *f.* announcement *n.*, opening
announcement, presentation *n.*
(announcer), billboard *n.* (US)
Ansagemikrofon *m.* speaker microphone
ansagen *v.* announce *v.*
Ansageplatz *m.* presenter's position

Ansager *m.* presenter *n.*; °~ (Ansager) announcer *n.*
Ansagerin *f.* (female) announcer, presenter *n.*
Ansagestudio *n.* announcer studio, announcer booth, presentation studio, continuity studio, continuity suite *n.*
Ansagetext *m.* programme notes *n. pl.*; °~ (verbindende Worte) continuity script
ansaugen *v.* (F) take in *v.*
Ansauggeräusche *n. pl.* intake noise
Ansaugschalldämpfer *m.* intake silencer
anschalten *v.* connect *v.*, interface *v.*
Anschaltung *f.* connection *n.*, interface *n.*
Anschauungsmaterial *n.* visual aids *n. pl.*
anschlagen *v.* pick *v.* (a guitar), strike *v.* (a note)
Anschlagverzögerung *f.* (IT) BounceKeys *n.*
anschließen *v.* connect *v.*; ~ (Sender) connect up *v.*; ~ hook up *v.*, join *v.*; ~ (sich) *v.* opt in *v.*, join *v.*
Anschluß *m.* (Kreis) connection *n.*; °~ (elek.) mains lead; °~ (F) cueing *n.*; °~ (Anschluß) junction *n.*; °~ continuity *n.*, terminal *n.*
Anschlußbereich *m.* (Tel) exchange area
Anschlußdose *f.* junction box
Anschlußeinheit (Sat) terminal station
Anschlußgebühr *f.* connection charge
Anschlußkabel *n.* supply cable; °~ (elek.) mains lead
Anschlußkasten *m.* outlet box, terminal box, conduit box
Anschlußklemme *f.* connecting clip; °~ (elek.) terminal *n.*
Anschlußleiste *f.* terminal strip
Anschlußleitung *f.* junction circuit
Anschlußplatte *f.* terminal board, terminal panel
Anschlußpunkt *m.* junction point
Anschlußrosette *f.* connection rose
Anschlußspannung *f.* mains voltage
Anschlußstück *n.* connecting piece
Anschlußszene *f.* connecting scene
Anschlußwert *m.* connected load
anschneiden *v.* cut *v.*
Anschnitt *m.* cut *n.*; °~ **in der Bewegung** cut into a movement; **im** °~ in the cut
Anschnittsteuerung *f.* phase-shift control
ansehen *v.* (F) view *v.*; ~ (Kopierwerk) screen *v.*

ansetzen *v.* (F) prepare *v.*; ~ (auf ein Thema) assign *v.* (journ.), put on *v.*
Ansicht *f.* (Meinung) opinion *n.*, view *n.*; °~ (Perspektive) view *n.*; °~ (Technik) view *n.*
Ansichtskopie *f.* copy for inspection, copy for review
Ansprechempfindlichkeit *f.* response sensitivity, responsivity *n.*
ansprechen *v.* speak (to(*v.*, address *v.*; ~ (Technik) respond *v.*
Ansprechen *n.* response *n.*, pick-up *n.*
Ansprechschwelle *f.* response threshold, minimum operating value
Ansprechwert *m.* (Relais) pick-up value
Ansprechzeit *f.* attack time; °~ (Relais) pick-up time; °~ transit time, operating time *n.*
Anstalt *f.* organisation *n.*, station *n.*, organization *n.*; **abspielende** °~ originating station; **federführende** °~ organisation in charge; **übernehmende** °~ relaying station
Anstaltsbereich *m.* coverage area, service area, service range, area covered, transmission area, area served, broadcasting area, transmission range
Ansteckmikrofon *n.* lapel microphone
anstellen *v.* (Gerät) turn on *v.*
Ansteuerlogik *f.* (IT) control logic
ansteuern *v.* (Meßtechnik) trigger *v.*; ~ (Sender) drive *v.*, excite *v.*
Ansteuerung *f.* (Sender) excitation *n.*
Ansteuerungssignal *n.* drive signal
Anstieg *m.* rise *n.*, increase *n.*; °~ (Physik) rise *n.*
Anstiegsgeschwindigkeit *f.* slew rate
Anstiegszeit *f.* rise time, attack time
Anstiegzeit *f.* build-up time; °~ (Impuls) rise-time; °~ (Verstärker) attack time
anstoßen *v.* (Meßtechnik) trigger *v.*
anstreichen *v.* coat *v.*
Anstrengung *f.* effort *n.*, endeavour *n.*
Anteilvertrag *m.* contract on sharing terms
Antenne *f.* aerial *n.*, antenna *n.* (US); **abgeschirmte** °~ screened aerial
antenne, Dipol~ *f.* dipole antenna; **Drehfeld**~ *f.* (kreissymmetrische Anordnung von Antennen) rotating field (antenna); **Drehkreuz**~ *f.* turnstile antenna
Antenne, eingebaute °~ built-in aerial

antenne, Empfangs~ *f.* receiving aerial, receiving antenna; **Faltdipol**~ *f.* folded-dipole antenna

Antenne, gestockte °~ stacked array; **künstliche** °~ artificial aerial, dummy aerial; **logarithmisch-periodische** °~ log-periodic antenna; **logarithmische** °~ log-periodic aerial

antenne, Mikrostreifenleiter~ *f.* microstrip antenna

Antenne, Multifocus-°~ *m.* multifocus antenna, aerial *n.*

antenne, Offset~ *f.* offset antenna, offset aerial; **Phasearray**~ *f.* phase array antenna, aerial *n.*; **Planar**~ *f.* (Sat) planar antenna, planar aerial; **Quadrat**~ *f.* quadrant antenna; **Rahmen**~ *f.* loop antenna; **Rhombus**~ *f.* rhombic antenna; **Rundstrahl**~ *f.* omnidirectional antenna; **Stab**~ *f.* rod antenna

Antenne, ungerichtete °~ non-directional aerial

antenne, Vorhang~ *f.* curtain antenna, curtain array; **Wendel**~ *f.* helix antenna

Antenne, zusammenklappbare °~ collapsible aerial

Antennenabzweigdose *f.* aerial junction box, aerial spur box

Antennenanlage *f.* aerial system, aerial installation, aerial equipment

Antennenanordnung *f.* (von Einzelstrahlern) antenna array

Antennenanpassung *f.* aerial matching, aerial coupling

Antennenanpassungsfilter *m.* aerial matching filter, aerial coupling filter

Antennenanschlußdose *f.* aerial junction box, aerial connection box

Antennendiagramm *n.* aerial polar diagram, aerial radiation pattern, antenna diagram

Antennendurchmesser *m.* antenna diameter, aerial diameter, antenna diameter

Antennenebene *f.* aerial stack

Antenneneingang *m.* antenna input, aerial input

Antennenelement *n.* aerial element; °~ (SAT) feed horn

Antennengewinn *m.* aerial gain, antenna gain; °~ **einer Richtantenne** directional gain

Antennengruppe *f.* aerial array, antenna array

Antennenkabel *n.* aerial cable, aerial feeder, feeder *n.*

Antennenkeule *f.* antenna lobe, antenna beam; **Halbwertsbreite der** °~ half-power beam width

Antennenkopplung *f.* aerial coupling

Antennenlänge, wirksame °~ effective length

Antennenleitung *f.* aerial lead; °~ (Sender) transmission line; °~ aerial feeder, feeder *n.*

Antennenmast *m.* (Träger) aerial mast, support mast; °~ (Strahler) mast radiator

Antennenmastverstärker *m.* mast-head amplifier

Antennennebenzipfel *m.* secondary lobe

Antennenniederführung *f.* aerial down lead

Antennenplattform *f.* antenna platform, aerial platform

Antennenrauschen *n.* antenna pick-up

Antennenrauschtemperatur *f.* antenna noise temperature

Antennenschwerpunkt *m.* centre of gravity of aerial, antenna radiation centre

Antennensignal *n.* antenna signal

Antennenspeiseleitung *f.* feeder line

Antennenspiegel *m.* parabolic aerial

Antennenstab *m.* aerial rod

Antennenstandort *m.* antenna location, aerial location

Antennenstandrohr *n.* aerial pole

Antennensteckdose *f.* aerial outlet, aerial socket

Antennenstecker *m.* aerial plug

Antennenstrahler *m.* aerial radiator, radiating element of aerial

Antennenumschalter *m.* aerial switch, aerial change-over switch

Antennenversatz *m.* antenna offset, aerial offset

Antennenverteilerdose *f.* aerial distribution box

Antennenwart *m.* rigger *n.*

Antennenweiche *f.* aerial diplexer, aerial combining unit

Antennenwirkfläche f. effective area of antenna, effective area of aerial

Antennenzuleitung f. aerial lead-in, aerial feeder, feeder n.

Antext m. cue n.; °~ (fam.) introduction n., intro n. (coll), lead-in n.

antexten v. to provide with a cue, to lead in

Anti-Klimax f. (Nachrichten) top heavy form, anticlimax n.

Antialiasingfilter m. antialiasing filter

Antiope f. Antiope n.

Antireflexbelag m. coating n., blooming n.

Antivirusprogramm n. (IT) antivirus program

Antrag m. request n., application n.

Antragsteller m. applicant n., requestor n.

Antrieb m. drive n.

Antriebsachse f. drive shaft

Antriebsmotor m. drive motor

Antriebsriemen m. drive belt

Antriebsritzel n. drive pinion

Antriebsrolle f. drive roller

Antriebswelle f. drive capstan

Antriebszahnrad n. drive gear

antuckern v. (fam.) staple v.

Antwort f. answer n., response n., reply n.

Antwortzeit (Sat) round trip delay; °~ (IT) response time

Anweisung f. (IT) statement n.

anwenden v. use v., apply v.

Anwender m. user n.

Anwenderagent m. (IT) user agent

Anwenderprogramm n. (IT) user programme; °~ user program

Anwenderunterstützung f. (IT) help desk

Anwendung f. (IT) application n. (computer)

Anwendungsbeispiele f. pl. applications n. pl.

Anwendungsdatei f. (IT) application file

Anwendungsentwicklungssystem n. (IT) application development system

Anwendungsentwicklungsumgebung f. (IT) application development environment

Anwendungsgebiet n. application field

Anwendungsprogramm n. (IT) application program

Anwendungsschicht f. application layer

Anwerfschaltung f. starting circuit

Anzapfspeisung f. shunt feed, feed of tapping point

Anzapfung f. tapping n., tap n.; **hochohmige** °~ high-impedance tap; **niederohmige** °~ low-impedance tap

Anzeichen n. indication n.

Anzeige f. (tech.) indication n.; °~ reading n.

Anzeigeeinheit f. (IT) indicating element

Anzeigefeld n. (IT) indicator panel

Anzeigefrequenz f. indicated frequency

Anzeigegerät n. indicator n., meter n.

anzeigen v. announce v.; ~ (Werbung) advertise v.; ~ (tech.) indicate v.

Anzeigenwerbung f. advertising n.

Anzeigeverstärker m. detector amplifier

anzupfen v. pluck v.

Anzupfen n. plucking n.

aperiodisch adj. aperiodic adj., dead-beat adj.

Aperturkorrektur f. aperture correction

Aperturverzerrung f. aperture distortion

Apogäum n. apogee n.

Apogäumsmotor m. (Sat) apogee motor

Apostilb einh. apostilb, asb

Apparat m. apparatus n., equipment n., device n.; °~ (Geräte) set n.; °~ appliance n.

Applikation f. application n.

Äquator m. equator n.

Äquatorialbahn f. equatorial orbit

äquipotential adj. equipotential adj.

äquivalenter Erdradius m. effective earth radius

Arbeit f. work n.

Arbeitsbereich m. work area, workspace n.

Arbeitsfolge f. sequence of operations

Arbeitsfoto n. photo blow-up (PBU), working plan

Arbeitsgang m. working process

Arbeitsgemeinschaft öffentlich-rechtlicher Rundfunkanstalten der Association of public-service broeadcasting organisations of the Federal Republic of Germany

Arbeitsgericht n. labour court

Arbeitsgruppe f. working committee, group n., party n.

Arbeitskennlinie f. working characteristic

Arbeitskleidung f. working clothes n. pl.

Arbeitskontakt *m.* working contact (relay: make, normally open contact)
Arbeitskopie *f.* cutting-copy print; °~ (F) rush-print; °~ work print
Arbeitslärm *m.* working noise
Arbeitslicht *n.* (TV) work light
Arbeitsspeicher *m.* (IT) main memory
Arbeitsplatzsystem *n.* (IT) integrated office system
Arbeitsprogramm *n.* (IT) working programme
Arbeitspunkt *m.* working point; °~ (Röhre, Transistor) operating point; °~ bias *n.*
Arbeitspunkteinstellung *f.* bias setting
Arbeitspunktverschiebung *f.* shift of working point; °~ (Röhre, Transistor) shift of operating point
Arbeitsspeicher *m.* (IT) computing store, main memory, working store, working memory, general store
Arbeitsspeicherkapazität *f.* (IT) main-memory capacity
Arbeitsstation *f.* workstation *n.*
Arbeitstag *m.* working day
Arbeitstitel *m.* (Prod.) working title; °~ (Nachrichten) slug *n.*
Arbeitsverhältnis *n.* terms of employment
Arbeitsweise *f.* (Gerät) mode of operation
Arbeitswiderstand *m.* working resistance, working resistor
Arbeitszeit *f.* working hours *n. pl.*
Arbeitszyklus *m.* (IT) operation cycle
Architektenbüro *n.* designer's office
Architektur *f.* (IT) structure *n.*; °~, **offene** *f.* (IT) open architecture
Archiv *n.* archive *n. pl.*, library *n.*
archiv, Ersatz~ *n.* emergency archive
Archivar *m.* archivist *n.*, librarian *n.*
Archivaufnahme *f.* (F) stock shot; °~ (Foto) library picture, library still; °~ library shot, library film
Archivbit *n.* (IT) archive bit
Archivdatei *f.* (IT) archive file
Archivfilm *m.* file copy, library film
Archivgehilfe *m.* library assistant
archivieren *v.* file *v.*, to put in the library
Archivierung *f.* filing system, storage *n.*
Archivierungssystem archiving system, library system
Archivleiter *m.* chief librarian
Archivmaterial *n.* library material

Archivnummer *n.* library number
Archivrettung *f.* recovery of archives
ARGE (Arbeits-Gemeinschaft) joint project
Arm *m.* arm *n.*; °~ (Studiotechnik) boom *n.*
Armatur *f.* (elek.) mounting *n.*; °~ fitting *n.*
Armaturenbrett *n.* dash-board *n.*, instrument panel
Arrangement *n.* arrangement *n.*
Arrangeur *m.* arranger *n.*
Arretierung *f.* locking device
Artefakt *m.* artefact *n.*
Artikel *m.* article *n.*; °~ (Beitrag) piece *n.*; °~ (Katalog) (catalogue) item, article *n.*
Artist *m.* circus performer
Asbest *m.* asbestos *n.*
ASCII-Code *m.* American Standard Code for Information Interchange; °~**-Datei** *f.* (IT) ASCII file; °~**-Graphik** *f.* (IT) ASCII graphics; °~**-Kunst** *f.* (IT) ASCII art
Asphalt *m.* asphalt *n.*
Assembler *m.* (IT) assembly programme, assembly routine
Assistent *m.* assistant *n.*, helper *n.*
Ast *m.* branch *n.*
Ästhetik *f.* aesthetics *n.*
Astigmatismus *m.* astigmatism *n.*
asynchron *adj.* asynchronous *adj.*, non-synchronous *adj.*, out-of-sync *adj.*
Asynchronbetrieb *m.* (IT) asynchronous working, variable cycle operation
asynchrone Übertragung *f.* (Tel) asynchronous transmisson, asynchronous transfer
Asynchronität *f.* asynchronism *n.*
Atelier *n.* studio *n.*; **ins** °~ **gehen** to start studio work, to begin the interiors
Atelierarbeiter *m.* stage hand, grip *n.* (US)
Atelieraufnahme *f.* studio shot
Atelierbetrieb *m.* film studios *n. pl.*
Atelierbetrieb* *m.* film operations and services*
Atelierdisposition *f.* studio allocation
Atelierdrehtag *m.* day in the studio, day on the stage
Atelierfundus *m.* property department, properties *n. pl.*, props *n. pl.* (coll.)

Ateliergebäude *n.* studios *n. pl.*, studio buildings
Ateliergelände *n.* studio area, lot *n.*
Atelierkamera *f.* studio camera
Atelierleitung *f.* studio management
Ateliermiete *f.* studio rent
Ateliersekretärin *f.* script girl, continuity girl, script-girl *n.*
atmen *v.* (tech.) breathe *v.*
Atmen *n.* (tech.) breathing *n.*
Atmo *f.* (fam.) atmosphere *n.*
Atmosphäre *f.* atmosphere *n.*, wild track effects; °~ (Magnetband) wild sound *n.* (tape)
audio-visuell *adj.* (AV) audio-visual *adj.* (AV)
Audio *n.* audio *n.*; °~-**Bearbeitung** *f.* audio processing; °~-**Datei** *n.* audio file; °~-**Datenblock** *m.* audio data array; °~-**Datenwort** *n.* audio data word; °~-**on-Demand** audio on demand; °~-**Server** *m.* audio server; °~-**Vision** *f.* audiovision *n.*
Audioausgabe *f.* (IT) audio output
Audioausgang *m.* audio output
Audiodeskription *f.* audio description
Audiogramm *n.* audiogram *n.*
Audiometer *n.* audiometer *n.*
Audiosignal *n.* audio signal
audiovisuell *adj.* (IT) audiovisual *adj.*
Audioworkstation *f.* audio workstation
Audition *f.* audition *n.*
Auditoriumstest *m.* auditorium test
auf dem Stand der Technik state-of-the-art
auf Sendung on-air; **nicht** ~ off-air
Aufbau *m.* construction *n.*, assembly *n.*; °~ (Bericht) layout *n.*, shape *n.*; °~ outline *n.*
aufbauen *v.* set up *v.*, build up *v.*
Aufbauten *m. pl.* built set, set *n.*
Aufbereitung *f.* (Signal) processing *n.*
aufblasen *v.* blow up *v.*
Aufblende *f.* (F) fade-in *n.*; °~ (TV) fade-up *n.*, fading-up *n.*; °~ (Objektiv) opening of aperture, opening of diaphragm
aufblenden *v.* (Bild, Ton) fade in *v.*; ~ (Objektiv) to open diaphragm, iris out *v.*; ~ (Bild, Ton) fade up *v.*
Aufblendung *f.* (F) fade-in *n.*; °~ (TV) fade-up *n.*, fading-up *n.*; °~ (Objektiv)

opening of aperture, opening of diaphragm
Auffahrtskeile *m. pl.* ramp wedges
auffangen *v.* (Funkspruch) pick up *v.*
Auffangwinkel *m.* angle of acceptance
Aufführung *f.* performance *n.*
Aufführungslizenz *f.* performing licence
Aufführungsrecht *n.* performing rights *n. pl.*
Aufgabe *f.* task *n.*
aufgehängt *adj.* (IT) hung *adj.*
aufhängen *v.* on-hook *v.*, replace *v.*, hang up
Aufhänger *m.* news peg, peg *n.* (news)
Aufhängung *f.* suspension *n.*
Aufheizung *f.* (der Ionosphäre durch Radiowellen) ionospheric heating
Aufhellblende *f.* silver foil reflector, silvered reflector
aufhellen *v.* brighten up *v.*
Aufheller *m.* filler *n.*, fill light, fill-in light
Aufhellicht *n.* filler *n.*, fill light, fill-in light
Aufhellschirm *m.* reflector screen, reflector *n.*
Aufhellung *f.* filler lighting
aufklappen *v.* open *v.*, unfold *v.*, flap up *v.*
Aufklebekarton *m.* stick-on cardboard, adhesive cardboard
aufkreisen *v.* (Objektiv) iris out *v.*
aufladen *v.* (Akkumulator) charge *v.*
Aufladung *f.* charge *n.*; **statische** °~ (F) static charge
Auflage *f.* support *n.*
Auflageflansch *m.* supporting flange
Auflagegewicht *n.* (Tonarm) weight of pick-up head
Auflagekraft *f.* (Tonarm) stylus force
Auflagemaß *n.* (opt.) back focal distance
auflösen *v.* resolve *v.* (opt.), dissolve *v.*
Auflösung *f.* (chem.) solution *n.*; °~ (opt.) dissolution *n.*, definition *n.*; °~ resolution *n.*; °~ (Optik) resolution *n.*; **szenische** °~ scenic realisation
Auflösungsgrenze *f.* limit of resolution
Auflösungskeil *m.* resolution wedge
Auflösungstestbild *n.* test chart
Auflösungsunschärfe *f.* aperture disortion
Auflösungsvermögen *n.* (opt.) resolving power; °~ (Filmmaterial) fineness of grain; °~ (chem.) dissolving power, solvent power (chem.); °~ resolution *n.*

aufmachen (mit) *v.* lead with *v.* (bcast.), open with *v.* (journ.)
Aufmacher *m.* lead story, lead *n.* (story)
Aufmerksamkeit *f.* attention *n.*, attentiveness *n.*
aufmöbeln *v.* (Text, Bild) pep up *v.*, liven up *v.*, to find a new angle (coll.)
Aufnahme, -Wiedergabekopf, kombinierter °~ combined recording/reproducing head; °~ shot *n.*, still *n.*, take *n.*, picture *n.*; °~ (F, TV) recording *n.*; °~ photograph *n.*, photo *n.*, exposure *n.*; °~ **wiederholen** retake *v.*, to do a retake; °~ **wiederholen** (Bild) reshoot *v.*; °~ **wiederholen** (Ton) re-record *v.*; °~**-Wiedergabegerät** *n.* recording/reproducing unit, record-replay equipment; °~**-Wiedergabemaschine** *f.* recording/reproducing unit, record-replay equipment; **schlechte** °~ dud take; **schlechte** °~ (Ton) unsatisfactory recording; **stumme** °~ mute shot, mute take
Aufnahmebericht *m.* dope-sheet *n.*, camera sheet
Aufnahmeeinheit *f.* recording unit
Aufnahmegegenstand *m.* photographic subject, subject *n.*
Aufnahmegelände *n.* lot *n.*, location *n.*
Aufnahmegenehmigung *f.* filming permit, filming permission
Aufnahmegerät *n.* (Ton) recording equipment; °~ recorder *n.*, camera equipment
Aufnahmegeschwindigkeit *f.* absorption rate; °~ (Kamera) camera speed, running speed of film; °~ (Ton) recording speed
Aufnahmegruppe *f.* (F, nur Bild) camera unit; °~ (Bild, Ton) film crew; °~ (Bild, Ton, Beleuchtung) film unit; °~ (R) OB unit; °~ (Ton) sound crew
Aufnahmekamera *f.* movie camera, film camera; °~ (Schmalfilm) cine camera
Aufnahmekanal *m.* recording channel
Aufnahmekette *f.* recording chain
Aufnahmekopf *m.* recording head
Aufnahmeleiter *m.* (TV) floor manager, stage manager (SM); °~ (R) programme operations assistant (POA); °~ (Hörspiel) studio manager (SM)
Aufnahmeleitung *f.* studio management

Aufnahmemaschine *f.* recorder *n.*
Aufnahmematerial *n.* (F) camera stock; °~ (Ton) recording material; °~ raw stock
Aufnahmeobjektiv *n.* taking lens, camera objective, shooting lens
Aufnahmeort *m.* lot *n.*, location *n.*
Aufnahmepegel, maximaler °~ maximum recording level
Aufnahmeplan *m.* film schedule, shooting schedule
Aufnahmeraum *m.* recording room, recording theatre
Aufnahmeröhre *f.* pick-up tube, camera tube
Aufnahmesperre *f.* (IT) record-protect tab, write-protect slide *n.*
Aufnahmestab *m.* producing team, production team
Aufnahmestrom *m.* recording current
Aufnahmesystem *n.* recording system
Aufnahmetaste mit Sperre recording key with safety-lock
Aufnahmeteam *n.* producing team, production team
Aufnahmetechnik *f.* recording system
Aufnahmeteil *m.* (Produktion) take *n.*
Aufnahmetonband *n.* original *n.*, master tape
Aufnahmewagen *m.* (TV) television car; °~ (R) recording van, recording car; °~ O.B. van *n.*
Aufnahmewickelteller *m.* (abspulend) supply reel; °~ (aufspulend) take-up reel
Aufnahmewinkel *m.* taking angle; °~ (Objektiv) lens angle; °~ (Aufnahme) shooting angle; °~ camera angle
aufnehmen *v.* (Ton) record *v.*; ~ (Foto) photograph *v.*; ~ (Nachrichten) take down *v.*; ~ shoot *v.*; ~ (F) film *v.*; ~ take *v.*, tape *v.*
Aufpro (s. Aufprojektion)
Aufprojektion *f.* (Aufpro) front projection
Aufputzdose *f.* surface socket
aufquellen *v.* (Kopierwerk) soak *v.*
Aufquellen *n.* (Kopierwerk) soaking *n.*
Aufrechnung *f.* offsetting *n.*
Aufrundung *f.* rounding (up) *n.*
Aufsager *m.* (Berichte ohne Original-Töne) leader *n.*
Aufsatz *m.* article *n.*; °~ (Beitrag) piece *n.*

aufschalten v. offer v.; **1000 Hz-Ton** ~ to put on 1000 Hz; **Meßton** ~ to send reference tone; **sich** ~ **auf** (elektron.) to lock on to

Aufsicht f. supervision n., supervising n., superintendence n.

Aufsichtsgremium n. supervisory body

Aufsichtsingenieur m. engineer-in-charge n.

Aufsichtsperson f. supervisor n.

Aufsprechstrom m. recording current, record current n.

Aufsprechstromanhebung f. recording equalisation

Aufsprechverstärker m. recording amplifier

aufspulen v. spool (up(v., wind (up(v., coil (up(v., take up v. (reel), reel (up(v.

aufspüren v. detect v.

aufstecken v. slip on v., clip on v., push on v.

Aufsteckfilter m. (elek.) interchangeable filter; °~ (opt.) push-on filter, slip-on type filter

aufstellen v. set up, list v.

Aufstellung f. list n., breakdown n.

Auftaktmeldung f. leading news

auftasten v. gate v.

Auftastimpuls m. gate pulse

Auftastschaltung f. gate circuit

Auftastung f. gating n.

Auftrag m. commission n.; °~ (Berichterstattung) assignment n., job n.; °~ order n.

Auftragsarbeit f. commissioned work

Auftragsbestätigung f. order confirmation

Auftragsdienst m. (Telefon) telephone answering service

Auftragsfilm m. commissioned film

Auftragsformular n. order form

Auftragskomposition f. commission n.

Auftragsproduktion f. commissioned production

Auftragsproduzent m. commissioned producer

Auftragswerk n. commissioned work

Auftrennung, elektrische °~ electrical separation

auftreten v. (Darsteller) enter v., appear v.; **vor der Kamera** ~ to perform on-camera, to be on the spot

Auftritt m. appearance n.

Auftritt! you're on!

auftrommeln v. reel (up(v., spool v.

Aufwärmzeit f. warming-up time

Aufwärtsfrequenz f. (Sat.) up-link frequency

aufwärtskompatibel adj. (IT) upward-compatible adj.

Aufwärtskonvertierung f. upward conversion n.

Aufwärtsstrecke f. (Sat) up-link n.; °~ uplink n.

Aufwärtsverbindung f. (Sat.) up-link n.

Aufwickelgeschwindigkeit f. take-up speed

Aufwickelkassette f. take-up magazine

aufwickeln v. spool (up(v., wind (up(v., coil (up(v., take up v. (reel), reel (up(v.

Aufwickelspule f. take-up spool; °~ (Proj.) lower spool; °~ take-up reel

Aufwickelsystem n. take-up system

Aufwickelteller m. take-up plate

Aufzählung f. list n., breakdown n.

Aufzählungszeichen f. (IT) bullet n.

aufzeichnen v. (Ton) record v.; ~ tape v.; **Band** ~ tape v.; **FAZ** ~ to record on film, film-record v.; **Film** ~ to record on film, film-record v.

Aufzeichnung f. (F, TV) recording n.; °~ **an Ort und Stelle** on-the-spot recording; °~ **über Strecke** recording from line; **magnetische** °~ magnetic recording; **mechanische** °~ mechanical recording

Aufzeichnungsanlage f. (Ton) recording equipment; °~ recording system; **magnetische** °~ magnetic recorder

Aufzeichnungsformat n. recording format

Aufzeichnungsgeschwindigkeit f. (Ton) recording speed

Aufzeichnungskette f. recording chain

Aufzeichnungskopf m. recording head

Aufzeichnungsnorm n. recording standard

Aufzeichnungspegelanzeiger m. recording level indicator

Aufzeichnungsprotokoll n. continuity log

Aufzeichnungssperre f. record inhibit

Aufzeichnungsstrom m. recording current

Aufzeichnungstechnik f. recording technique, recording system

Aufzeichnungsverfahren n. (IT) recording mode, recording technique;

°∼ (Bild und Ton) recording method (picture and sound)

Aufzeichnungsverluste *m. pl.* recording loss

Aufzeichnungswagen *m.* (R) recording van; °∼ (TV) mobile VTR (MVTR); °∼ (R) recording car

aufziehen *v.* (Bild, Ton) fade in *v.*; ∼ (kleben) mount *v.* (paste up), paste (on(*v.*; ∼ (Regler) turn up *v.*; ∼ (Bild, Ton) fade up *v.*; ∼ (Bericht) handle *v.*; ∼ zoom out *v.*, treat *v.*; ∼ (Zoom) open out *v.*, widen out *v.*

Aufzipfelung *f.* (des Antennendiagramms) lobing structure *n.*

Auge *f.* eye *n.*

Augenblickswert *m.* instantaneous value

Augendiagramm *n.* eye pattern

Augenempfindlichkeit *f.* sensitivity of the eye

Augenempfindlichkeitskurve *f.* relative sensitivity curve

Augenhöhe *f.* eye level, eye line

Augenlicht *n.* eye light

Augenmaß *n.* sense of proportion

Augenmuschelkissen *n.* eye guard

Augenmuster fam. eye pattern fam.

Augenzeugenbericht *m.* eye-witness account, on-the-spot report, running commentary

aus off

Aus- und Fortbildung *f.* training and further training (further education)

aus! (Gerät) stop!; ∼ cut!

Ausbau *m.* removal *n.*, expansion *n.*, extension *n.*

ausbauen *v.* remove *v.*, expand *v.*, extend *v.*

Ausbildungswesen *n.* staff training

ausbleichen *v.* (Farbe) fade *v.*, bleach out *v.*; ∼ (Kopierwerk) bleach *v.*

Ausblende *f.* fading-down *n.*; °∼ (F) fade-out *n.*; °∼ (Objektiv) stopping-down *n.*; °∼ (Licht) dimming *n.*; °∼ (Ton) sound fade

ausblenden *v.* fade out *v.* (FO); ∼ (Störsender) tune out *v.*; ∼ fade down *v.*; ∼ (IT) mask *v.*; ∼ **(sich)** *v.* (Sender) opt out *v.*, cut away *v.* (US)

Ausblenden *n.* fading-out *n.*; °∼ (Sender) opt-out *n.*; °∼ (Störsender) tuning-out *n.*; °∼ opting-out *n.*

Ausblendung *f.* opting-out *n.*, attenuation *n.*, ratio *n.*, fade-out *n.*

Ausblendzeichen *n.* fade-out signal

Ausbreitung *f.* propagation *n.*; **ionosphärische** °∼ ionospheric propagation

ausbreitung, Mehrfachsprung∼ *f.* multi(ple) hop propagation; **Mehrwege**∼ *f.* multipath propagation; **Sicht**∼ *f.* line-of-sight propagation; **Streu**∼ *f.* scatter propagation

Ausbreitung, troposphärische °∼ tropospheric propagation

ausbreitung, Überhorizont∼ *f.* transhorizon propagation; **Wellenleiter**∼ *f.* duct propagation, guided propagation, waveguide propagation

Ausbreitungsdämpfungsmaß *n.* free space attenuation

Ausbreitungsgeschwindigkeit *f.* propagation velocity

Ausbreitungsrichtung *f.* direction of propagation

Ausbreitungsvorhersage *f.* propagation prediction, propagation forecast

Ausbreitungsweg *m.* propagation path, propagation mode

Ausbreitungszone f coverage area

Ausdruck *m.* (IT) expression *n.*; °∼ (Druck) printout *n.*

ausdrucken *v.* print (out(*v.*

auseinandernehmen *v.* dismantle *v.*, detach *v.*, dismount *v.*, to take apart

Ausfall *m.* drop-out *n.*; °∼ (Röhre) failure *n.*; °∼ breakdown *n.*; °∼ (IT) outage *n.*, outage *n.*; °∼ **des Bildgleichlaufs** frame-pulling *n.*; °∼ **des Zeilengleichlaufs** line-tearing *n.*, line-pulling *n.*

ausfallen *v.* (Progr.) to be cancelled, to be dropped; ∼ (tech.) fail *v.*

Ausfallgage *f.* cancellation fee, pay-off fee

Ausfallhonorar *n.* kill fee *n.* (coll.)

Ausfallquote *f.* (IT) failure rate

Ausfallrate *f.* (IT) failure rate

Ausfallversicherung *f.* contingency insurance

Ausfallzeit *f.* (IT) down time, fault time

ausführbares Programm *n.* (IT) executable program *n.*

Ausführender *m.* performer *n.*, player *n.*, actor *n.*

ausführliche Berichterstattung wide coverage

Ausgabe *f.* (IT) output *n.*

Ausgang *m.* exit *n.*; °~ (elek.) outlet *n.*, output *n.* (elec.)

Ausgangsabschlußwiderstand *m.* output terminating resistance

Ausgangsanpassung *f.* output matching

Ausgangsbild *n.* output picture

Ausgangsbuchse *f.* output socket

Ausgangsimpedanz *f.* output impedance

Ausgangsimpuls *m.* output pulse

Ausgangskreuzschiene *f.* output switching matrix, output selector

Ausgangsleistung *f.* output power

Ausgangsleitung *f.* output connection, outgoing circuit

Ausgangsmonitor *m.* output monitor

Ausgangsmultiplexer *m.* output multiplexer

Ausgangspegel *m.* output level

Ausgangsposition! stand by!

Ausgangsrahmenbreite *f.* (Faltungscodierung) output frame width

Ausgangsscheinwiderstand *m.* modulus of output impedance

Ausgangssignal *n.* output signal

Ausgangsstufe *f.* (Vertärker) output stage

Ausgangsstufen *f. pl.* output stages

Ausgangstransformator *m.* output transformer

Ausgangsübertrager *m.* output transformer

Ausgangsverstärker *m.* output amplifier

Ausgangswiderstand *m.* output resistance

ausgehender Schnitt out-point splice, out-edit splice, out-going splice

ausgewogen *adj.* balanced; ~ (Programm) unbiased

ausgezackte Perforation damaged perforation

Ausgleich *m.* counterbalance *n.*, balancing *n.*, balance *n.*, equalising *n.*, equalisation *n.*, compensation *n.*

ausgleichen *v.* balance *v.*, equalise *v.*, compensate *v.*

Ausgleichsentwickler *m.* compensating developer

Ausgleichsimpuls *m.* equalising pulse

Ausgleichsvorgänge *m. pl.* compensations *n. pl.*

Aushilfskraft *f.* supernumerary *n.*, holiday relief

Ausklingvorgang *m.* decay *n.*

Ausklingzeit *f.* decay time

Auskoppelsonde *f.* monitoring probe

Auskoppelwiderstand *m.* (Sender) load resistance

Auskopplung *f.* coupling-out *n.*, output coupling, single release

Auskunftsdienst, telefonischer *m.* (Tel) telephone inquiry service, telephone reply service

Auskunftspflicht *f.* obligation to give information

Auskunftsverweigerungsrecht right to refuse information

auslagern *v.* (IT) swap *v.*; °~ transfer to external storage

Auslagerungsdatei *f.* (IT) swap file *n.*; °~, **permanente** *f.* (IT) permanent swap file

Ausländerprogramm *n.* foreigners program

Auslandsberichterstattung *f.* foreign coverage; °~**partnerschaft** *f.* media partnership; °~**unternehmen** *n.* media enterprise; °~**veranstaltung** *f.* media event

Auslandsabteilung *f.* overseas and foreign relations (BBC), overseas and foreign relations department

Auslandsberichterstattung *f.* foreign and overseas reporting

Auslandsdienst *m.* (Progr.) external broadcasting service

Auslandskorrespondent *m.* foreign correspondent

Auslandsreferat *n.* overseas and foreign relations* (BBC)

Auslandsrundfunk *m.* world service *n.*

Auslandsstudio *n.* overseas office (BBC), premises in foreign country

Auslandsstudioleiter *m.* overseas representative (BBC), head of overseas office (BBC), representative in foreign country

Auslandsvermittlungsstelle *f.* international switched centre

Auslassungszeichen *n.* (IT) ellipsis *n.*

Auslastung *f.* burden *n.*, load *n.*

Auslauf *m.* finish *n.*

Auslaufrille *f.* (Platte) lead-out groove, run-out groove

auslegen *v.* (Proj.) unlace *v.*; ~ (Kamera) unload *v.*, unthread *v.*

Ausleger *m.* jib arm, jib *n.*

Auslegung *f.* design *n.*, construction *n.*, interpretation *n.*

auslesen *v.* (IT) read out *v.*, roll out *v.*

ausleuchten *v.* light *v.*

Ausleuchten *n.* lighting-up *n.*

Ausleuchtung *f.* lighting *n.*; °~ **mit Schlagschatteneffekt** lighting with hard-shadow effect; **flache** °~ flat lighting

Ausleuchtungszone *f.* lit area, footprint *n.*

Ausleuchtzone *f.* lit area; °~ (SAT) beam zone, footprint *n.*; **Punkt-**°~ *f.* (SAT) spot beam zone

auslochen *v.* (IT) erase *v.*

Ausloggen *n.* erase *n.*

Auslöschung *f.* (Band) erasure *n.*; °~ (Licht) extinction *n.*

Auslöseknopf *m.* release button

auslösen *v.* press *v.* (key), trip *v.*; ~ (Blitz) fire *v.*; ~ release *v.*

Auslöser *m.* release *n.*, shutter release, release gear, shutter button

Auslösetaste *f.* trip button, operational key

Auslösezeichen *n.* release signal, starting blip

Auslöten *n.* unsoldering *n.*

Auslötsicherung *f.* unsoldering protection

ausmustern *v.* reject *v.*, select *v.*

Ausmustern *n.* daily selection

ausrasten *v.* release *v.*

ausrichten *v.* align *v.*, orientate *v.*

Ausrichtfehler *m.* alignment error, orientation error

Ausrichtung *f.* alignment *n.*, orientation *n.*

Ausrüstung *f.* equipment *n.*

ausschalten *v.* turn off *v.*, cut out *v.* (elec.), switch off *v.*, disconnect *v.*

Ausschalten *n.* turning-off *n.*, cutting-out *n.*, switching-off *n.*; °~ (Trennung) film-pack *n.*

Ausschalter *m.* circuit-breaker *n.*, cut-out *n.*, disconnecting switch

Ausschaltung *f.* turning-off *n.*, cutting-out *n.*, switching-off *n.*; °~ (Trennung) film-pack *n.*

Ausschließlichkeitsrecht *n.* exclusive rights *n. pl.*

ausschneiden *v.* (IT) cut *v.*; ~ **und einfügen** *v.* (IT) cut and paste *v.*

Ausschnitt *m.* cut *n.*, sample *n.*, probe *n.*

ausschreiben *v.* (Text) transcribe *v.*

Ausschuß *m.* (Reste) junk *n.*, scrap *n.*; °~ waste *n.*

Ausschwingvorgang *m.* decay *n.*

Ausschwingzeit *f.* decay time

Außen- (in Zus.) exterior *adj.*, outside *adj.*, outdoor *adj.*

Außenantenne *f.* outdoor aerial

Außenaufnahme *f.* (F, TV) exterior shot,, exterior shooting, exterior *n.*, location shot, location shooting; °~ (TV) field pick-up (US); °~ (R) nemo *n.* (US); °~ OB recording; °~ (außen) outside broadcast (OB); °~ (R, TV) remote broadcast

Außenaufnahmetag *m.* day on location

Außenaufzeichnung *f.* OB recording

Außenbau *m.* location set, exterior set

Außenbaugruppe *f.* (Sat) outdoor unit

Außenbetriebstechnik *f.* outside broadcast operations *n. pl.*

Außenbetriebstechnik* *f.* outside broadcasts* (OB)

Außenbote *m.* dispatch rider

Außendekor, realer °~ original location, outdoor location

Außendienst haben to be away from base, to be on an outside job (coll.)

Aussendung *f.* emission *n.*

Aussendungen *f. pl.* emissions *n. pl.*; **unerwünschte** °~ unwanted emissions

Außeneinheit *f.* outdoor unit

Außenpluralität *f.* (Rundfunkrecht) external diversity (legally prescribed program diversity)

Außenpolitik *f.* foreign affairs *n.*, foreign policy

Außenpolitik* *f.* (R, TV) diplomatic desk, diplomatic unit*; °~ foreign news *n. pl.* (US)

Außenproduktion *f.* OB production

Außenreportage *f.* OB commentary, OB reporting

Außenrequisiteur *m.* property buyer

Außenstudio *n.* regional studio

Außenübertragung *f.* outside-broadcast *n.* (O.B.); °~ (AÜ) (TV) field pick-up (US), outside broadcast (OB), remote broadcast, nemo *n.* (US)

Außenübertragungsdienst* *m.* outside broadcasts* (OB)

Außenübertragungsort *m.* OB location, OB point

Außenübertragungsstelle *f.* OB site, OB location

Außenwiderstand *m.* (Röhre) anode load resistance; °~ (Transistor) collector-load resistance

Außerband- out-of-band-; °~-

Aussendung *f.* out-of-tape emission *n.*

Außerbetriebnahme *f.* (Sender) taking out of service

äußerer Code *m.* outer code

aussieben *v.* filter out *v.*, screen out *v.*

ausspiegeln *v.* reflect out *v.*

Aussprachewörterbuch *n.* pronouncing dictionary

Ausstatter *m.* designer *n.*, furnisher *n.*, set dresser

Ausstattung *f.* equipment *n.*; °~ (Bühne) furnishing *n.*, dressing *n.*; °~ decor *n.*, setting *n.*; °~ (Technik) equipment *n.*

Ausstattungsabteilung *f.* design department

Ausstattungsbesprechung *f.* design planning meeting

Ausstattungsfilm *m.* spectacular *n.*

Ausstattungsingenieur *m.* installation engineer

Ausstattungskosten plt. design costs

Ausstattungsleiter *m.* head of design

Ausstattungsstab *m.* design team

Ausstattungstechnik* *f.* planning and installation*

aussteigen *v.* (Rfa) leave *v.*

Aussteiger *m.* (Abmoderation, Moderationsausstieg, letzte Meldung der Nachrichtensendung) trailer *n.*

Aussteller *m.* exhibitor *n.*

Ausstellungsrecht *n.* exhibition rights *n. pl.*

aussteuern *v.* deviate *v.*, modulate *v.*, control *v.* (level)

Aussteuerung *f.* modulation *n.*, recording level, gain control

Aussteuerungsbereich *m.* modulation range

Aussteuerungskontrolle *f.* level control

Aussteuerungsmesser *m.* programme-volume indicator, level indicator, volume indicator, programme meter, volume meter

Aussteuerungsreserve *f.* headroom *n.*

Aussteuerungsrichtlinie *f.* level control guideline

ausstrahlen *v.* broadcast *v.*; ~ (tech.) radiate *v.*, emit *v.*; ~ to put on the air *v.*; ~ (Progr.) transmit *v.*; ~ put on the air; ~ **(nach)** *v.* beam (to(*v.*

Ausstrahlung *f.* (tech.) radiation *n.* (tech.), emission *n.*; °~ (Progr.) transmission *n.*; °~ broadcasting *n.*

Ausstrahlungsnorm *f.* broadcasting standard

Ausstrahlungsradius (Sat) radius of propagation

Ausstrahlungsrecht *n.* broadcasting right

Austastbereich *m.* blanking range

austasten *v.* blank *v.*, gate *v.*

Austasten *n.* blanking *n.*

Austastgemisch *n.* mixed blanking pulses, mixed blanking signal, black-out pulse (US)

Austastimpuls *m.* blanking pulse; °~ (A-Impuls) blanking pulse

Austastlücke *f.* blanking interval

Austastniveau *n.* black-out level (US), blanking level

Austastpegel *m.* blanking level

Austastpegelfesthaltung *f.* blanking level stability

Austastsignal *n.* (A-Signal) black-out signal, blanking signal

Austastung *f.* blanking *n.*, black-out *n.* (US), gating *n.*, suppression *n.*

Austastverstärker *m.* blanking amplifier

Austastwert *m.* blanking level, blanking value

Austausch *m.* exchange *n.*

austauschen *v.* exchange *v.* (a programme)

Austauschverfahren *n.* exchange procedure

austimen *v.* (Zeit) time *v.*

austragen *v.* stage *v.*, organize *v.* (an event)

Austragung *f.* organization *n.* (of an event)

Austrittsebene *f.* emergence plane, rear element

Austrittslinse *f.* exit pupil, emergence lens

Austrittswinkel *m.* angle of emergence

ausverkauft *adj.* sold out; ∼ (Plakat) full house

Auswahl *f.* selection *n.*, choice *n.*

auswählen *v.* choose *v.*, select *v.*

auswechselbar *adj.* interchangeable *adj.*, replaceable *adj.*, exchangable *adj.*

Ausweichstudio *n.* stand by studio

Ausweis *m.* ID card

Ausweisleser *m.* (IT) badge reader

ausweiten *v.* extend *v.*, expand *v.*

Ausweitung *f.* expansion *n.*

auswerten *v.* evaluate *v.*, interpret *v.* (tech.), exploit *v.*, analyze *v.*

Auswertung *f.* interpretation *n.* (tech.), evaluation *n.*, exploitation *n.*

Auswertungsrecht *n.* right of exploitation

Auswiegen der Kamera camera weight adjustment

Auswuchten *n.* removal of mass by flywheel-drilling

Auswuchtung *f.* counterbalance *n.*, balancing *n.*

Auszeichnungssprache *f.* (IT) markup language

ausziehbar *adj.* extensible *adj.*, pull-out *adj.*, telescopic *adj.*, removable *adj.*

ausziehbare Antenne telescopic aerial

Auszug *m.* compendium *n.*, extract *n.*; °∼ (Kamera) extension *n.*; °∼ (Drehbuch) abstract *n.*; °∼ excerpt *n.*; **doppelter** °∼ double extension

Auszugspositiv *n.* separation positive

Authorware *f.* (IT) authorware *n.*

Auto-Cue *n.* autocue *n.*

Autochroma *n.* (MAZ) automatic chroma control

Autodesk *n.* (Software) (IT) Autodesk *n.*

Autoempfänger *m.* car radio

Autokino *n.* drive-in cinema

Autokorrektur *f.* (IT) auto-correction

Autolocator *m.* autolocator *n.*

Automat *m.* (IT) automaton *n.*

Automation *f.* (IT) automation *n.*

automatische Farbkorrektur automatic colour compensation; ∼ **Wiederholung** (IT) auto-repeat *n.*

Automatische Frequenzabstimmung (AFC) automatic frequency control

automatischer Seitenumbruch *m.* (IT) automatic pagination

automatisches Schnittsteuergerät

automatic edit controller; ∼ **Speichern** (IT) autosave *n.*

Autopilot *m.* autopilot *n.*

Autopromotion *f.* self promotion

Autor *m.* writer *n.*, author *n.*

Autoradio *n.* car radio

Autorenfilm *m.* writer's own film

Autorenrechte *n. pl.* author's rights

Autorensprache *f.* (IT) authoring language

Autorensystem *n.* (IT) authoring system

Autorisierung *f.* (IT) authorization *n.*

Autostart *m.* autostart *n.*

Autostartroutine *f.* (IT) autostart routine

Autotransformator *m.* autotransformer *n.*

Auxiliary *n.* (hochpegeliger (Reserve-) Eingang von Verstärkern) auxiliary *n.*

AV (s. audio-visuell); °∼-**Systeme** *n. pl.* AV systems

Azimut *m.* (horizontaler Ausrichtungswinkel einer Satellitenantenne) azimuth *n.* (horizontal orientation angle of a satellite antenna)

Azimutwinkel *m.* (Sat) azimuth angle

azyklischer Vorgang (IT) acyclic process

B

B-Rolle *f.* B roll; °∼-**Schaltung** *f.* class B circuit; °∼-**Signal** (s. Bildsignal)

BA-Regler *m.* variable video attenuator; °∼-**Signal** (s. Bildaustastsignal)

Babyspot *m.* pup *n.*, baby spot

Babystativ *n.* pup stand, small lighting stand, turtle *n.* (coll.)

back-to-back *v.* (Musiktitel) back-to-back *v.*

Backbone *n.* (IT) backbone *n.*

Background *m.* background *n.*

Backsell (On-Air-Promotion) backseller *n.*

Backtimer *m.* (Musiktitel) backtimer *n.*

Backup-File *n.* (IT) backup file *n.*

Bad *n.* (F) bath *n.*; °∼ **ansetzen** (F) to prepare a bath

Bädertank *m.* processing tank, developing tank

Bajonettfassung *f.* bayonet fitting

Bajonettsockel *m.* bayonet socket; °~ (Röhre) bayonet cap (BC)
Bajonettverschluß *m.* bayonet connection
Bakenfrequenz *f.* (Sat.) beacon frequency
Bakensignal *n.* beacon signal; °~ (Sat) beacon signal
Balanceregelung *f.* balance adjustment
Balancesteller *m.* balance control
Balgen *m.* bellows *n.*; °~-**Einstellgerät** *n.* (Optik) bellows adjuster; °~-**Kompendium** *n.* (Optik) bellows matte box
Balken *m.* bar *n.*
Balkendiagramm *n.* barchart *n.*
Balkengeber *m.* bar generator
Balkengrafik *f.* (IT) bar graph *n.*
Balkentestbild *n.* bar test pattern
Ball, am °~ **sein** to be on a story
Ballaströhre *f.* ballast tube
Ballasttriode *f.* ballast triode
Ballempfang *m.* rebroadcasting reception (RBR), rebroadcast *n.* (RBR)
Ballempfänger *m.* rebroadcast receiver, repeater receiver
Ballettkorps *n.* corps de ballet, ballet company
Ballettmeister *m.* ballet-master *n.*
Balletttruppe *f.* corps de ballet, ballet company
Baluster *m.* baluster *n.*
Bananenbuchse *f.* banana jack
Bananenstecker *m.* banana plug
Band *f.* band *n.*; °~ (Mus.) group *n.*; °~ tape *n.*; °~ (Welle) band *n.*; °~ (Band) track *n.*; °~ **abfahren** to play a tape; °~ **aufzeichnen** tape *v.*; °~ **randnumerieren** to mark a tape; °~ **Schnitte/Sek.** band *n.*; °~ **trennen** to cut a tape; **bespieltes** °~ recorded tape; **endloses** °~ endless tape, tape loop; **magisches** °~ magic band valve; **perforiertes** °~ perforated tape; **statisches** °~ separator *n.*, static tape; **unbespieltes** °~ unrecorded tape, virgin tape; **unperforiertes** °~ unperforated tape
Bandabheber *m.* tape lifter
Bandabrieb *m.* tape abrasion
Bandandruck *m.* (MAZ) tape pressure
Bandandruckfehler *m.* (MAZ) tape pressure fault

Bandansage *f.* tape-recorded announcement
Bandantrieb *m.* tape drive
Bandantriebswelle *f.* drive capstan, drive shaft
Bandarchiv *n.* tape library
Bandaufnahme *f.* tape recording
Bandaufzeichnung *f.* tape recording
Bandauszug *m.* (IT) tape edit
Bandbearbeitung *f.* tape editing
Bandbegleitkarte *f.* VT log
Bandbegrenzung *f.* tape limit
Bandbeitrag *m.* tape insert; °~ (Bild) VT insert
Bandbeschichtung *f.* tape coating
Bandbewegung *f.* tape transport; °~ (IT) tape feed
Bandbezugskante *f.* reference edge
Bandbreite *f.* (Frequenz) bandwidth *n.*; °~ (Magnetband) tape width; °~ (phys.) frequency range
Bandbreitenbedarf *m.* bandwidth requirement
Bandbreitenreduktion *f.* bandwidth reduction
Bändchenmikrofon *n.* ribbon microphone
Bandenderkennung *f.* end of tape detection
Bandfehler *m.* tape error
Bandfehlstelle *f.* drop-out *n.*
Bandfilter *m.* band pass, band-pass filter, waveband filter
Bandfluß *m.* tape flux; °~-**Frequenzgang** *m.* tape flux frequency response
Bandflußschwankungen *f. pl.* tape flux fluctuations
Bandfühlhebel *m.* tape tension arm
Bandführung *f.* tape guide, tape guiding, tape guidance
Bandführungsfehler *m.* (MAZ) incorrect head position
Bandführungsschuh *m.* vacuum tape guide, vacuum guide
Bandführungstrommel *f.* tape guidance drum
Bandführungsvorrichtung *f.* tape guides *n. pl.*
Bandgerät *n.* tape machine
Bandgeschwindigkeit *f.* tape speed
Bandgeschwindigkeitsumschalter *m.* speed selector

Bandgrenze f. (Ausstrahlung) limit frequency

Bandkassette f. tape cassette, tape cartridge

Bandkontrollkarte f. VT log

Bandkopie f. tape copy

Bandlängenzähler m. tape timer

Bandlauf m. tape run

Bandlaufrichtung f. tape travel direction, travel direction (tape)

Bandlaufwerk n. tape deck

Bandlaufzeit f. tape running time

Bandleitung f. twin lead, ribbon feeder

Bandlöschkabine f. bulk erasure cubicle

Bandmaschine f. tape machine

Bandmusik f. grams n. pl. (coll.)

Bandpaß m. band pass, band-pass filter, waveband filter

Bandpaßfilter m. band pass, band-pass filter, waveband filter

Bandrauschen n. tape noise

Bandreportage f. recorded report

Bandriß m. tape break

Bandrückseite f. tape backing

Bandschere f. tape cutter

Bandschleife f. loop n.

Bandschlupf m. tape slip

Bandschnitt m. tape editing, tape edit; **elektronischer** °~ electronic editing

Bandschnittgerät n. splicer n.

Bandsendung f. pre-recorded broadcast, transmission of pre-recorded material, pre-recorded programme

Bandspeicher m. (IT) magnetic tape store

Bandsperre f. band-rejection filter, band-stop filter

Bandspieler m. tape recorder

Bandspule f. tape reel, tape spool

Bandteller m. tape plate

Bandtransport m. tape transport

Bandtransportrolle f. capstan n.

Bandtrieb m. tape drive capstan

Bandverdehnung f. tape curvature

Bandverdrehung f. twisting n.

Bandverformung f. tape curling, tape deformation

Bandvorspann m. tape leader

Bandwickel, Hochlaufen (einzelner Windungen im) °~ pop-stranding n.

Bandwickelfehler m. cinch n.

Bandzählwerk n. position indicator

Bandzug m. tape tension

Bandzugregelung f. regulation of tape tension

Bandzugschalter m. tape tension cut-out switch

Bandzugwaage f. tension measuring device, tape tension meter

Bank, optische °~ optical bench, aerial-image printer

Banner banner; °~ (Internet) ad n.

Barcodeleser, Strichcodeleser m. bar code reader

Bärenführer m. (fam.) EID guide

Bartering n. (Programm) bartering n.

Bartschatten m. beard line

BAS-Signal (s. Bildaustastsynchronsignal)

Basis f. base n.; °~ (Stereo) sound stage; °~ (Akustik) sound base n.

Basisanschluß m. (Tel) basic access

Basisband n. (Frequenzbereich des modulierenden Signals) baseband n.

Basisbandcodierung f. baseband coding

Basisbandsignal n. baseband signal

Basisbreite f. (Stereo) sound-stage width

Basisdaten pl. basic data

Basisdienst m. basic service

Basiseinspeisung f. base-feeding n.

Basisgrundschaltung f. grounded-base connection

Basispunkt m. pivot n.

Basisschaltung f. grounded-base connection

BASP-Signal (s. Bildaustastsynchronsignal mit Prüfzeile)

Baß m. bass n.; °~ (Musik) bass n.

Baßanhebung f. bass boost

Baßlautsprecher m. low-frequency loudspeaker unit, woofer n. (coll.)

Baßreflexgehäuse n. bass reflex housing

Baßregelung f. bass control

Batch-Verarbeitung f. batch processing

Batchdatei f. (IT) batch file n.

Batchjob m. (IT) batch job n.

Batchprogramm n. (IT) batch program n.

Batterie f. battery n.

Batteriebetrieb m. battery operation

Batteriedienst m. battery service

Batteriegerät n. battery-operated device

Batterieladegerät n. battery charger

Batterieleuchte f. battery light, battery lamp

Batteriespeisung f. battery operation

Batterietonbandgerät *n.* battery tape recorder
Batteriewart *m.* battery attendant
Batteriewartung *f.* battery service
Bau und Ausstattung scenery and furnishing; °~- **und Kostümbesprechung** production discussion
Bauabnahme *f.* building acceptance, construction acceptance, site acceptance
Bauabteilung *f.* architectural and civil-engineering department
Baubesprechung *f.* design planning meeting
Baubühne *f.* (Raum) scenic dock; °~ (Gruppe) scenery operatives *n. pl.*, scene hands *n. pl.*
Baubühne* *f.* scenic services
Baubühnenarbeiter *m.* (Baubühne) scene hand
Bauchbinde *f.* (J) insert *n.* (vision)
Baud einh. baud *n.*
Baueinheit *f.* (Dekoration) built piece, scenic unit; °~ (Bühne) solid piece
Bauelement *n.* component *n.*; °~ (Dekoration) stage flat; °~ piece *n.*; °~ (IT) device *n.*; **elektronisches** °~ electronic component
Baufundus *m.* scenery stock
Bauhalle *f.* (Bühne) stage construction hall
Bauhöhe *f.* limiting height
Bauingenieur *m.* civil engineer, structural engineer
Baukolonne *f.* building team
Baukosten *pl.* construction costs, building costs
Bauleiter *m.* site supervisor
Baulicht *n.* working light, house light
Bauplan *m.* working drawing
Bauschaltplan *m.* wiring diagram of building
Baustab *m.* building team
Baustein *m.* module *n.*
Bausteintechnik *f.* modular construction
Bautag *m.* studio building day
Bauteil *n.* component *n.*, element *n.*, device *n.*
Bauten *m. pl.* scenery *n.*; °~ *pl.* (im Filmtitel) art direction; °~ *pl.* setting *n.*
Bauzeichner *m.* draughtsman *n.*
BCD-Darstellung *f.* (IT) binary-coded

decimal representation, binary-coded decimal notation
beachten *v.* observe *v.*, pay attention (to(
Beachtung *f.* attention *n.*, observance *n.*
Beam *m.* beam *n.*
Beamter *m.* civil servant
Beanspruchung *f.* (elek.) load *n.*, loading *n.*; °~ (mech.) stress *n.*, strain *n.*; **maximale** °~ maximum load
beantragen *v.* request *v.*, apply *v.* (for)
Beantragung *f.* request *n.*, application *n.*
bearbeiten *v.* edit *v.*; ~ (Text) adapt *v.*; ~ (Mus.) arrange *v.*; ~ (tech.) process *v.*; ~ (F) work on *v.*; ~ treat *v.*
Bearbeiter *m.* (Text) adaptor *n.*; °~ (Mus.) arranger *n.*
Bearbeitung *f.* (Text) adaptation *n.*; °~ (Mus.) arrangement *n.*; °~ (F) treatment *n.*; °~ processing *n.*
Bearbeitungsaufwand *m.* processing effort
Bearbeitungshonorar *n.* (Buch) adaptation fee; °~ (Mus.) arranging fee
Bearbeitungstaste *f.* (IT) edit key *n.*
Bearbeitungszeit *f.* editing time, adaptation time, arrangement time, processing time
bedampft *adj.* evaporated *adj.*
Bedämpfung *f.* damping *n.*
Bedarf *m.* requirement *n.*, need *n.*
Bedeckungszone *f.* coverage area
Bedeutung *f.* meaning *n.*, significance *n.*, importance *n.*
Bedeutungseinheit *f.* relevant unit
Bedieneinheit *f.* control unit; °~, **abgesetzte** *f.* remote control
bedienen *v.* (Technik) operate *v.*, control *v.*
Bedieneroberfläche *f.* (IT) operator interface, user interface
Bediengerät *n.* control panel
Bedienplatz *m.* control position, desk *n.*; °~ (Tel) console *n.*, terminal *n.*
Bedienpult *n.* control desk
Bedienung *f.* operation *n.*, maintenance *n.*; **örtliche** °~ local operation
Bedienungsanleitung *f.* service instruction, operating instruction; °~ (allgemein) working instructions; °~ (eines Gerätes) operating instructions, manual *n.*

Bedienungsblattschreiber *m.* (IT) console typewriter, operator console typewriter
Bedienungsfeld *n.* console *n.*, control panel; °~ (IT) operator's console
Bedienungsknopf *m.* control knob
Bedienungsplatz *m.* operator's position
Bedienungspult *n.* control desk
Bedienungsraum *m.* operations area, maintenance area, control room
Bedienungsvorschrift *f.* service instruction, operating instruction
Bedienungswanne *f.* studio console
bedingter Zugriff conditional access
Beeinflussungslänge *f.* (Faltungscodierung) constraint length
Beeinträchtigung *f.* degradation *n.*, impairment *n.*
beenden *v.* end *v.*, terminate *v.*, close *v.*
Beendigung *f.* termination *n.*
Befähigung *f.* qualification *n.*, aptitude *n.*
Befähigungsnachweis *m.* certificate of qualification, proficiency *n.*, proof of ability
Befehl *m.* (IT) instruction *n.*, command *n.*, command *n.*, instruction *n.*
Befehlscode *m.* (IT) instruction code
Befehlsfolge *f.* (IT) sequence of instructions
Befehlsliste *f.* list of instructions
befehlsorientierte Benutzerschnittstelle (IT) programmatic interface
Befehlsprozessor *m.* (IT) command processor
Befehlsschaltfläche *f.* (IT) command button
Befehlssprache *f.* (IT) command language
Befehlstaste *f.* (IT) command key
Befehlswort *n.* (IT) instruction word
befehlszeilenorientiert *adj.* (IT) command-driven *adj.*
Befestigung nach Bedarf DAMA, demand assignment multiple access
Befestigungskette *f.* suspension chain, fixing chain
Befestigungsleine *f.* suspension cord
beflocken *v.* (Folie mit Faserstaub bekleben) flock coating, flock *v.*
Beförderung *f.* promotion *n.*
Befristung *f.* time limiting
Beginn *m.* (der Sendung) start *n.* (of transmission)
begleiten *v.* accompany *v.*

Begleitmusik *f.* incidental music
Begleitmusiker *m.* accompanist *n.*
Begleitperson *f.* accompanist *n.*, accompanying person
Begleitprogramm *n.* accompanying program
Begleittext *m.* (Nachrichten) dope-sheet *n.*; °~ accompanying script
Begleitton *m.* ambient sound
Begleittonleitung *f.* international sound circuit, effects circuit
Begleitung *f.* (Mus.) accompaniment *n.*; °~ (Musik) accompaniment *n.*
begrenzen *v.* limit *v.*
Begrenzer *m.* limiter *n.*, clipper *n.*
Begrenzung *f.* limiting *n.*; °~ (begrenzen) clipping *n.*, limiting *n.*
Begrenzungszeichen *n.* (IT) delimiter *n.*
Begriff *m.* term *n.*, concept *n.*
Begriffsbestimmung *f.* definition *n.*
Begründung *f.* reason *n.*, justification *n.*
Begrüßung *f.* welcoming *n.*, words of welcome, greeting *n.*
beidseitig beschreibbare Diskette (IT) double-sided diskette
Beifilm *m.* supporting film
Beifügung *f.* addition *n.*, attachment *n.*, enclosure *n.*
Beihilfen *f. pl.* grants *n. pl.*, aids *n. pl.*, allowances *n. pl.*, aids granted
Beilage *f.* enclosure *n.*
Beipack *m.* enclosed package, included package
Beiprogramm *n.* supporting programme, programme filler
Beirat *m.* advisory council
Beistellung *f.* item(s(provided, article(s(provided
Beitrag *m.* contribution *n.*; °~ (Nachrichten) story *n.*; °~ (Beitrag) piece *n.*; °~ report *n.*, copy *n.*, item *n.*
Belag *m.* coating *n.*, (Widerstandsbelag::) covering *n.*
Belastbarkeit *f.* load carrying capacity
belasten *v.* load *v.*
Belastung *f.* (elek.) load *n.*, loading *n.*; °~ (mech.) stress *n.*, strain *n.*; °~ burden *n.*; **ohmsche** °~ resistive loading
Belastungsimpedanz *f.* load impedance
Belastungsschwankung *f.* change of load
Belastungswiderstand *m.* load resistance, bleeder *n.*

Beleg *m*. receipt *n*., voucher *n*., slip *n*.
belegen *v*. occupy *v*., staff *v*., man *v*.
Belegschaft *f*. staff *n*.
Belegung *f*. allocation *n*., assignment *n*.;
°~ (Technik) allocation *n*., assignment *n*.
beleuchten *v*. light *v*., illuminate *v*.
Beleuchter *m*. studio electrician *n*.,
lighting electrician, lighting man, spark
(coll.)
Beleuchterbrücke *f*. lighting bridge,
gantry *n*.
Beleuchterfahrzeug *n*. lamp trolley
Beleuchtergalerie *f*. lighting gallery
Beleuchtergang *m*. gallery *n*., catwalk *n*.
Beleuchtertrupp *m*. lighting crew, sparks
n. *pl*. (coll.)
Beleuchtung *f*. lighting *n*.; °~ (Stärke)
brightness *n*.; °~ (Einrichtung) lighting
equipment; °~ **mit**
Schlagschatteneffekt lighting with
hard-shadow effect; **indirekte** °~
indirect lighting
Beleuchtungsanlage *f*. lighting
installation, lighting equipment
Beleuchtungsdienst *m*. lighting
department
Beleuchtungseinrichtung *f*. lighting
installation, lighting equipment
Beleuchtungsfeuer *n*. beacon *n*.
Beleuchtungsgeräte *n*. *pl*. lighting
equipment
Beleuchtungskontrast *m*. lighting contrast
Beleuchtungskörper *m*. lighting unit
Beleuchtungsmaterial *n*. lighting
equipment
Beleuchtungsmeister *m*. lighting
supervisor
Beleuchtungsoptik *f*. (Proj.) optical
system of projector
Beleuchtungspult *n*. lighting-control
console
Beleuchtungsrampe *f*. float *n*., footlight *n*.
Beleuchtungsraum *m*. lighting control
room
Beleuchtungsstärke *f*. lighting level
Beleuchtungsstärkemessung *f*.
measurement of light level
Beleuchtungsstärkeumfang *m*. range of
light level
Beleuchtungssteuerfeld *n*. console-

dimmer lever bank, lever bank
(lighting), dimmer bank
Beleuchtungssteuerung *f*. lighting control
Beleuchtungsstromkreis *m*. lighting
circuit
Beleuchtungstechnik *f*. lighting systems,
lighting technology, lighting *n*.
Beleuchtungsumfang *m*. lighting-level
range
Beleuchtungsverhältnis *n*. lighting
contrast ratio
Beleuchtungswerkstatt *f*. lighting
workshop
Beleuchtungswesen *n*. lighting *n*.
Beleuchtungszug *m*. (Studio) lighting
telescope
belichten *v*. expose *v*.
Belichtung *f*. exposure *n*.
Belichtungsindex *m*. exposure index
Belichtungskeil *m*. sensitometric step
wedge, step wedge
Belichtungsmesser *m*. exposure meter,
light meter, photometer *n*.
Belichtungsmessung *f*. measurement of
exposure
Belichtungsprobe *f*. exposure test
Belichtungsschablone *f*. punched tape
Belichtungsspielraum *m*. range of
exposure; °~ (Filmmaterial) exposure
latitude
Belichtungstabelle *f*. exposure chart,
exposure guide, exposure table,
exposure scale
Belichtungsuhr *f*. timer *n*., exposure
timer, darkroom timer
Belichtungsumfang *m*. (Film) exposure
margin
Belichtungszeit *f*. exposure period,
exposure time
beliebige Taste *f*. (IT) any key
Belüftungsanlage *f*. ventilation system
bemühen *v*. endeavour *v*.
Bemühung *f*. endeavour *n*., effort *n*.
Bemusterung *f*. (tech.) sample *n*.; °~
sampling *n*.
Benennung *f*. designation *n*.
benutzen *v*. use *v*., utilize *v*., exploit *v*.,
apply *v*.
Benutzeranforderungen *f*. *pl*. user
requirements *pl*.
Benutzerführung *f*. (IT) user prompting;
°~ (IT) user prompting

Benutzergruppe f. (IT) user group
Benutzerkonto n. (IT) user account
Benutzername m. (IT) user name
Benutzeroberfläche f. (IT) user interface, operator interface; °~ (IT) user interface
Benutzerprofil n. (IT) user profile
Benutzerprogramm n. (IT) user programme
Benutzerschnittstelle f. user interface
Benutzerservice m. (IT) user service
Benutzerstatus m. (IT) user state
Benutzerzeit, verfügbare °~ (IT) available machine time
Benutzung f. use n., application n.
Benutzungsgebühr f. usage fee
Benutzungsrecht n. conditions for use
Benutzungsrichtlinien f. pl. guidelines pl.; °~ pl. (IT) usage policy; °~ pl. directions for use
beobachten v. observe v.
Beobachtung f. (Empfang) observation n.
beraten v. advise v.
Berater m. adviser n., consultant n.
Beratung f. advice n.
berechnen v. compute v.
Berechnung f. (IT) calculation n.
Berechtigung f. authorization n., authority n., privilege n.
Berechtigungsklassen f. pl. (IT) classes of service, access classes
Bereich m. area n.; °~ (Welle) band n.; °~ region n.; °~ (Frequenz) range n.; °~ zone n., domain n.; **achromatischer** °~ achromatic region, achromatic zone
Bereichsantenne f. band aerial
Bereichsgrenze f. bound n.
Bereichssperrkreis m. band-stop filter
Bereichsverstärker m. band amplifier
Bereichsweiche f. band diplexer
Bereitschaft f. readiness n., stand-by n.; **in** °~ at stand-by
Bereitschaftsdienst m. stand-by service; °~ (Personal) skeleton staff; °~ on-call n. (duty), contingency service, duty n.
Bereitstellung f. provision n.
Bericht m. (Nachrichten) story n.; °~ (Beitrag) piece n.; °~ report n.; °~ (Sport) commentary n.; °~ (aktuell) dispatch n.; °~ (R) talk n.; °~ message n.
Berichte, aktuelle °~ news coverage, topical reports

berichten v. report v., cover v.
Berichterstatter m. commentator n., reporter n., correspondent n., newsman n. (US)
Berichterstattung f. reporting n., coverage n. (journ.); °~ **Ausland** foreign news n. pl.; °~ **Inland** home news, national news (US); °~ **wahrnehmen** report v., cover v.; **ausführliche** °~ full coverage, wide-coverage; **laufende** °~ coverage of running story; **regionale** °~ area coverage (US)
Berichtigung f. correction n., rectification n.
Berichtsgenerator m. (IT) report generator
Berner Übereinkunft (Berner Konvention) Berne Convention
berufsmäßig adj. professional adj.
Berufsschauspieler m. professional actor
Beruhigung f. (meßtech.) settling n. (instr.)
Beruhigungszeit f. settling time n.
berührungssensitiver Bildschirm m. touch screen n.
besaften v. (fam.) to put on the juice (coll.)
beschäftigen v. occupy v., employ v.
Beschäftigung f. occupation n., employment n.
beschallen v. to equip with public address, to fit with public address system
Beschallung f. public address (PA)
Beschallungsanlage f. PA system, public address system (PAS)
Beschallungstechnik f. public address systems
Beschaltung f. wiring n.
Beschichtung f. coating n.; °~ (F) emulsion layer
Beschleuniger m. accelerator n.
Beschleunigerkarte f. (IT) accelerator card, accelerator board
Beschleunigung (a(f. acceleration n.
Beschleunigungsspannung f. acceleration voltage
Beschneidung f. truncation n.
beschreiben v. describe v., write v. (a data medium)
Beschreibung f. description n.
Beschriftungsbild n. label n.
Besenkeil m. resolution wedge; °~ (Testbild) test wedge; °~ wedge n.

besetzen v. (Darsteller) cast v.

Besetztzeichen n. busy signal, engaged tone

Besetzung f. (Darsteller) cast n., casting n.

Besetzungsbüro n. booking section, artists' bookings

Besetzungskartei f. artists' index

Besetzungsliste f. cast list

Bespannung f. (Lautsprecher) baffle cloth

bespielen v. (Ton) record v.

Bespurung f. striping process, laminating process

Bespurungsverfahren n. (F) striping n.

Best-of-Time (Werbung) best of time

Bestandssicherung f. preservation n.

bestellen v. order v., book v.

Besteller m. orderer n.

Bestellung f. order n.

Bestellverfahren n. ordering procedure

Bestimmungsland n. country of destination

Bestimmungsort m. destination n.

bestücken v. equip v.

Bestückung f. equipment n., component parts n. pl.

Besuch m. attendance n. (thea.), audience n.

Besucher m. visitor n.; °~ (F) cinema-goer n.; °~ (Thea.) theatre-goer n.

Besucheranmeldung f. visitors' reception (desk)

Besucherbetreuung f. hosting of visitors

Besucherrückgang m. audience fall-off

Betatest m. (IT) beta test n.

betätigen v. actuate v., operate v.

Betaversion f. (IT) beta n.

betiteln v. title v.; ~ (Agentur) slug v.

betonen v. underscore v.

Betonung f. accentuation n., emphasis n.

Betrachter m. viewer n.

Betrachtungsraum m. viewing room

Betrachtungsschirm m. viewing screen, oscilloscope screen

Betrag m. amount n.

Betreff m. reference n.

betreiben v. operate v., run v.

Betreiber m. operator n., operating company, operating institution

Betrieb m. operation n.; °~ (eigen) internal operation; °~ (fremd) external operation; °~ **mit Schaltuhr** operation by timing switch; °~ **mit Zeitschaltuhr**

operation by time switch; **außer** °~ **sein** (Sender) to be off the air; **autarker** °~ independent operation; **in** °~ in operation, in service; **in** °~ **nehmen** to put into operation, to put into service, start up v.; **in** °~ **sein** (Sender) to be on the air; **in** °~ **setzen** to put into operation, to put into service, start up v.; **stabiler** °~ stable operation, good working order

Betriebsablauf m. operating sequence

Betriebsabwicklung f. operating procedure

Betriebsabwicklung* f. technical operations*

Betriebsanleitung f. code of practice, operating instruction

Betriebsanweisung f. operating instruction

Betriebsart f. (Gerät) mode of operation; °~ (IT) mode n.

Betriebsartenschalter m. selector switch, function selector switch, mode selector

Betriebsartenwahl f. function selection

Betriebsarzt m. staff medical adviser, staff medical officer

betriebsärztliche Dienststelle medical unit

Betriebsaufsicht f. monitoring n.

betriebsbereit adj. ready for operation

Betriebsbereitschaft f. staff on call; °~ (Dienst) staff on call; °~ (Gerät) readiness for operation; °~ ready status

Betriebsbüro n. supervisor's office

Betriebsdämpfung f. composite loss

Betriebsdaten pl. operational/operating data, ratings

Betriebseinrichtung f. plant n., technical equipment

Betriebserde f. service earth, operational earth, system earth

Betriebsfernsehen n. closed-circuit television (CCTV)

Betriebsfrequenz f. operating frequency, working frequency, nominal frequency

Betriebsgelände n. campus n.

Betriebshandwerker m. staff maintenance worker

Betriebshelfer m. unskilled staff

Betriebsingenieur m. operations engineer, senior engineer

Betriebskosten pl. operating expenses, working costs, running costs, operating

costs; **anteilige** °~ proportionate operating costs, proportionate running costs
Betriebsleiter *m.* technical superintendent, senior engineer
Betriebsmessung *f.* in-service test
Betriebsmittel *n. pl.* resources *pl.*, facility equipment
Betriebsoszillograf *m.* service oscilloscope
Betriebsrat *m.* works council
Betriebsraum *m.* operations room
Betriebsschwester *f.* staff nursing sister
Betriebssicherheit *f.* service reliability, operational reliability
Betriebsspannung *f.* operating voltage
Betriebssteuereinrichtung (Sat) station control equipment
Betriebsstörung *f.* breakdown *n.*, malfunction *n.*, interference *n.*
Betriebssystem *n.* (BS) (IT) operating system (OS); °~ (IT) operating system
Betriebstechnik *f.* engineering operations and maintenance; °~ **Fernsehen** television engineering operations; °~ **Film** film operations
Betriebstechniker *m.* staff engineer
Betriebstelefon *n.* internal telephone
Betriebstemperatur *f.* working temperature
Betriebsüberwachung *f.* operational supervision, monitoring of operations
Betriebsunterbrechung *f.* interruption in operations, interrupted operations
Betriebsverstärkung *f.* effective transmission gain
Betriebsverwaltung* *f.* central services group*
Betriebswartung *f.* maintenance *n.*
Betriebsweise *f.* mode of operation, operating mode, principle of operation; °~ (IT) mode *n.*, operating mode, mode of operation
Betriebszeit *f.* working hours *n. pl.*, operating time
Betriebszentrale *f.* technical operations*
Betriebszustand *m.* working order, working condition; °~ (Röhre) working point; °~ performance *n.*
Beugung *f.* (Ausstrahlung) diffraction *n.*; °~ **an scharfer Kante** knife-edge diffraction

beugung, Schall~ *f.* sound diffraction, acoustic diffraction
Beugungsdämpfungsmaß *n.* diffraction loss
Beurteilung *f.* assessment *n.*
Beurteilungspegel *m.* assessment level
beweglich *adj.* movable *adj.*, mobile *adj.*
bewegte Bilder moving pictures
Bewegung *f.* movement *n.*, motion *n.*
Bewegungsschätzung *f.* motion estimation
bewegungsadaptiv *adj.* motion-adaptive *adj.*
Bewegungsanalyse *f.* motion tracking
bewegungskompensiert *adj.* motion-compensated *adj.*
Bewegungsunschärfe *f.* motion-unsharpness, unsharpness due to movement
Bewegungsvektor *m.* motion vector, backward motion vector
Bewegungszeiger *f.* motion vector
bewerten *v.* evaluate *v.*, weight *v.*
bewertet *adj.* (tech.) evaluated *adj.*, weighted *adj.*
Bewertung *f.* evaluation *n.*, weighting *n.*
Bewertungsfilter *m.* weighting network
Bewertungskurven *f. pl.* weighting curves
Bewertungstabelle *f.* (UER) table of subjective grades
Bezahlfernsehen *n.* pay-per-view TV
Bezahlung *f.* payment *n.*, remuneration *n.*
bezeichnen *v.* (Technik) mark *v.*
Bezeichnung *f.* designation *n.*
Beziehung *f.* relationship *n.*, relation *n.*
Bezug *m.* reference *n.*
Bezugsband *n.* standard magnetic tape, reference tape, standard tape, calibration tape, test tape, alignment tape
Bezugsfilm *m.* reference film
Bezugsfrequenz *f.* reference frequency
Bezugsgenerator *m.* reference generator, standard signal generator
Bezugsgröße *f.* reference quantity, reference variable
Bezugshelligkeit *f.* reference luminosity
Bezugsimpuls *m.* reference pulse
Bezugskante *f.* reference edge
Bezugskette *f.* hypothetical reference circle
Bezugskurve *f.* reference curve
Bezugslinie *f.* reference axis, reference line, datum line

Bezugsoszillator *m.* reference oscillator
Bezugspegel *m.* reference level
Bezugsphase *f.* reference phase
Bezugspunkt *m.* reference point, fiducial
  mark, reference point, benchmark *n.*
Bezugsschwarz *n.* reference black
Bezugsspannung *f.* reference voltage
Bezugsweiß *n.* reference white
Bezugswert *m.* reference value
Bi-Metallkontakt *m.* bimetallic contact
bi-direktional codiertes Bild
  bidirectionally predicted-coded picture,
  B-picture
Bibliothek *f.* library *n.*; °~, **automatische**
  f. robotic library
Bibliothekar *m.* librarian *n.*
bifilar *adj.* bifilar *adj.*
bilateral *adj.* bilateral *adj.*
bilaterale Ausstrahlung bilateral
  transmission; ~ **Übertragung** bilateral
  transmission
Bilaterale *f.* bilateral *n.*
Bild, -, konfektioniertes °~ **und**
  Tonmaterial ready-made picture and
  sound material; °~ shot *n.*, picture *n.*,
  scene *n.*, image *n.*, vision *n.*; °~
  (Vollbild) frame *n.*; °~ (Drehbuch)
  sequence *n.*; °~ (F) framing *n.*; °~
  photo *n.*; °~ **ab!** run!; °~ **aktualisieren**
  v. (IT) refresh *v.*; °~ **aufziehen** fade in
  v., fade up *v.*; °~ **einstellen** (Bild) frame
  v.; °~ **einstellen** centre *v.*; °~ **grau in**
  grau sooty picture; °~ **halten** to hold
  the picture; °~- (in Zus.) video *adj.*,
  vision (compp.), visual *adj.*; °~- **und**
  Tonmaterial (s. Bildmaterial) picture
  and sound material; °~- **und**
  Tonschaltraum *m.* vision and sound
  switching area, central apparatus room
  (CAR); °~-**ab-Taste** *f.* (IT) page down
  key; °~-**auf-Taste** *f.* (IT) page up key;
  °~-**Dup** *n.* working copy; °~-**Ton-** (in
  Zus.) audio-visual *adj.* (AV), picture-
  and-sound (compp.); °~-**Ton-Kamera**
  f. double-headed camera; °~-**Ton-**
  Platte *f.* picture-and-sound disc; °~-
  Ton-Versatz *m.* slippage of sound to
  picture, sound track advance, sound
  advance, sync advance; °~-**Ton-**
  Versatzvorrichtung *f.* picture/sound
  offset unit; °~-**Ton-Weiche** *f.* vision/
  sound diplexer, vision/sound combining

unit; °~/**Ton-Versatz** *m.* image/sound
offset; **aus dem** °~ **gehen** to go out of
shot, to get out of shot; **einfarbiges** °~
monochrome picture, black-and-white
picture; **flaches** °~ flat picture, picture
without contrast; **Fremdkörper im** °~
extraneous object in picture; **gegen das**
°~ **texten** to write against the picture;
geteiltes °~ split screen; **im** °~ **sein**
(TV) to be in vision, to be on-camera;
ins °~ **kommen** to come into shot;
kalkiges °~ burnt-out picture;
kopfstehendes °~ inverted image,
upside-down image; **latentes** °~ latent
image; **matschiges** °~ misty picture;
mehrfarbiges °~ polychrome picture;
monochromes °~ monochrome picture,
black-and-white picture; **negatives** °~
negative picture; **nicht aufs** °~
kommen to miss the shot; **polychromes**
°~ polychrome picture; **rollendes** °~
rolling picture; **synchrones** °~
synchronous picture; **umgesetztes** °~
converted image; **unbrauchbares** °~
unusable picture; **und Tondaten** picture
and sound data, audio-video data;
unsichtbares °~ latent image;
verschleiertes °~ blurred image, fogged
picture, hazy picture; **verwackeltes** °~
unstable picture; **verzerrtes** °~
distorted picture; **weiches** °~
uncontrasty picture
Bildablenktransformator *m.* frame-scan
  transformer
Bildablenkung *f.* frame scan, picture scan,
  vertical sweep
Bildabtaster *m.* scanning device,
  television scanning device, scanner *n.*
Bildabtastgerät *n.* picture scanning device
Bildabtastung *f.* picture scanning, image
  scanning; °~ **ohne Zeilensprung**
  progressive scanning
Bildabzug *m.* paper print
Bildamplitude *f.* picture amplitude
Bildanpaßmonitor *m.* picture matching
  monitor
Bildarchiv *n.* picture library
Bildarchivar *m.* picture librarian *n.*
Bildaufbau *m.* picture synthesis, build-up
  of picture, picture composition
Bildauflösung *f.* picture resolution, picture
  definition

Bildaufnahme *f.* shot *n.*, take *n.*, visual recording, picture recording

Bildaufnahmeröhre *f.* pick-up tube, iconoscope *n.*, image orthicon (IO), vidicon *n.*, camera tube, Plumbicon *n.*, orthicon *n.*

Bildaufnahmewagen *m.* (TV) television car; °∼ mobile control room (MCR), OB scanner (coll.)

Bildaufzeichnung *f.* vision recording, visual recording; **elektronische** °∼ electronic video recording (EVR); **magnetische** °∼ magnetic video recording

Bildaufzeichnungsgerät *n.* television recording equipment, telerecorder *n.*

Bildausfall *m.* image drop-out, vision break

Bildausgangssignal *n.* picture output signal

Bildauskippen *n.* line-tearing *n.*, line-pulling *n.*

Bildausreißen *n.* picture break-up

Bildausschnitt *m.* picture area, image area

Bildausschnittsucher *m.* director's finder, gonoscope *n.*

Bildaussteuerung *f.* picture control

Bildaustastimpuls *m.* blanking pulse

Bildaustastlücke *f.* frame scanning gap

Bildaustastsignal *n.* (BA-Signal) picture and blanking signal, blanked picture signal, video signal without sync pulse

Bildaustastsynchronsignal *n.* (BAS-Signal) composite signal, composite video signal, composite picture signal; °∼ **mit Prüfzeile** (BASP-Signal) composite video signal with insertion test signal, composite signal with test line (coll.)

Bildband *n.* (F) film strip; °∼ video tape; °∼ (Kopierwerk) grading strip; °∼ **und Tonband auf gleiche Länge ziehen** lip-sync *v.*, to bring into lip-sync, sync up *v.*

Bildbandarchiv *n.* video tape library, tape store (VTR)

Bildbandbreite *f.* video tape bandwidth, picture bandwidth

Bildbandgerät *n.* video tape machine, video tape recorder (VTR)

Bildbandkassette *f.* video tape cartridge, video tape cassette

Bildbandkassettengerät *n.* cassette video tape recorder

Bildbearbeitung *f.* (IT) video editing, image editing

Bildbearbeitungsprogramm *n.* (IT) image editor, photo editor

Bildbegrenzung *f.* (F) framing *n.*; °∼ (TV) frame-limiting *n.*

Bildberichterstatter *m.* press photographer, stills man (coll.)

Bildbetrachter *m.* (Gerät) film-viewer *n.*; °∼ slide viewer, editola *n.* (US)

Bildbreitenregler *m.* width control

Bildbrumm *m.* picture hum

Bilddatenübertragung *f.* image data transmission

Bilddauer *f.* picture duration, frame duration

Bilddauerleitungsnetz *n.* permanent vision network

Bilddetail *n.* image detail, picture detail

Bilddiagonale *f.* diagonal of picture

Bilddramaturgie *f.* dramatic composition of picture

Bilddup *n.* dupe *n.*

Bilddurchlauf *m.* picture slip, frame roll, picture roll

Bildebene *f.* image plane; °∼ (Objektiv) focal-plane

Bildeinstellung *f.* (F) framing *n.*; °∼ centring-up *n.*; **fehlerhafte** °∼ bad framing, bad centring; **fehlerhafte** °∼ (Empfänger) mistuning *n.*

Bildeinzelheit *f.* image detail, picture detail

Bildelement *n.* pixel *n.*

Bildendkontrolle *f.* quality check

Bildendstufe *f.* video output stage

Bilder pro Sekunde frames per second (fps), pictures per second (pps)

Bildergruppe *f.* group of pictures

Bildfalle *f.* trap circuit

Bildfang *m.* vertical hold

Bildfangregler *m.* hold control, framing control, frame hold, vertical lock, vertical hold

Bildfehlschaltung *f.* picture switching error

Bildfeld *n.* field of vision; °∼ (Vollbild) frame *n.*; °∼ picture area, image field, image area

Bildfenster *n.* gate *n.*, picture gate; °∼

(Kamera) camera aperture; °~
(Projektor) projection gate; °~ film
gate, projection aperture
Bildfensterabdeckung *f.* film-gate mask;
°~ (Kamera) taking mask
Bildfenstereinsatz *m.* film-gate mask
Bildfensterplatte *f.* aperture plate
Bildfilm *m.* picture film; °~ **mit
Cordband** Sepmag *n.*; °~ **mit
Magnetrandspur** Commag *n.*
Bildfolge *f.* sequence of pictures
Bildfolgefrequenz *f.* picture repetition
frequency, scanning rate, number of
frames per second
Bildformat *n.* image size, frame size,
picture size, picture ratio, picture shape,
aspect ratio (AR)
Bildfortschaltzeit *f.* film sequencing time,
film pulldown time, pulldown period
Bildfrequenz *f.* (Vollbild) picture
frequency (25 or 30 Hz); °~ (Teilbild)
vertical frequency (50 or 60 Hz); °~ (F)
frame frequency; °~ field frequency (50
or 60 Hz)
Bildführung *f.* direction *n.*; °~ **hatte** (im
Titel) directed by
bildfüllend *adj.* full-frame *adj.*
Bildfunk *m.* facsimile broadcasting,
picture telegraphy, picture transmission,
facsimile transmission
Bildfunkempfänger *m.* picture receiver,
facsimile receiver
Bildfunksender *m.* picture transmitter,
facsimile transmitter
Bildfunkstrecke *f.* vision radio link
Bildgeber *m.* picture transmitter, facsimile
transmitter, image source, image
generator
Bildgeometrie *f.* picture geometry
Bildgestaltung *f.* pictorial composition,
picture composition
Bildgleichlaufimpuls *m.* picture
synchronising pulse, vertical
synchronising pulse
Bildgüte *f.* picture quality
Bildhelligkeit *f.* picture brightness,
brightness of image
Bildhintergrund *m.* picture background
Bildhöhe *f.* picture height, image height,
frame height
Bildhöhenregler *m.* height control
Bildimpuls *m.* picture synchronising pulse

Bildinformation *f.* picture information
Bildingenieur *m.* vision control engineer,
senior television engineer
Bildinhalt *m.* picture content, active video
Bildintermodulation *f.* crossview *n.*
Bildjournalismus *m.* video journalism,
image journalism
Bildkante *f.* picture edge, frame edge
Bildkassette *f.* video tape cartridge, video
tape cassette
Bildkennung *f.* picture identification,
vision identification, identification
caption
Bildkippen *n.* loss of picture lock, frame
roll, picture roll
Bildkippgerät *n.* frame sweep unit
Bildkomponenten *f. pl.* image
components, picture components
Bildkomposition *f.* pictorial composition,
picture composition
Bildkomprimierung *f.* (IT) image
compression
Bildkonserve *f.* stored images, archive
images, stored pictures
Bildkontrast *m.* image contrast, picture
contrast
Bildkontrolle *f.* picture control
Bildkontrolleitung *f.* vision control
circuit, video monitoring circuit
Bildkontrollempfänger *m.* picture
monitor, vision check receiver, monitor
n. (pict.), picture monitoring receiver,
television monitor
Bildkontrollgerät *n.* picture and
waveform monitor
Bildkontrollraum *m.* vision control room
Bildkontur *f.* picture contour
Bildkopie *f.* (F, Foto) copy *n.*; °~ (Foto)
print *n.*
Bildlage *f.* picture position, frame position
Bildlaufleiste *f.* (IT) scroll bar, scroll box
Bildlaufpfeil *m.* (IT) scroll arrow
Bildleitung *f.* (BL) vision circuit, video
circuit
Bildleitungsnetz *n.* vision network, vision
circuit network
Bildmaske *f.* framing mask, film-gate
mask
Bildmaterial *n.* picture material
Bildmischeinrichtung *f.* vision-mixing
apparatus, vision-mixing panel
Bildmischer *m.* (Person) vision mixer; °~

(Gerät) video mixer, vision mixer; °~ (Person) vision switcher; °~ **am Trickpult** video effects mixer, vision effects mixer

Bildmischpult *n.* (Gerät) video mixer, vision mixer; °~ video mixing desk, video monitoring and mixing desk

Bildmischung *f.* video mixing, vision mixing

Bildmitte *f.* (TV) centre of picture; °~ (F) centre of frame; **aus der** °~ **setzen** to off-centre the picture, to compose off-centre; **in die** °~ **setzen** centre on *v.*

Bildmodulation *f.* image modulation, picture modulation

Bildmonitor *m.* picture monitor, vision check receiver, monitor *n.* (pict.), picture monitoring receiver, television monitor

Bildmuster *n. pl.* picture rushes, rushes *n. pl.*

Bildnegativ *n.* picture negative

Bildnegativbericht *m.* negative report

Bildoperateur *m.* camera control operator

Bildoriginal *n.* picture original

Bildpegel *m.* picture level

Bildpegeländerung *f.* change of picture level

Bildpegelschwankung *f.* fluctuation of picture level

Bildpegelsprung *m.* sudden picture-level change

Bildperiode *f.* picture period

Bildplastik *f.* plastic effect, relief effect

Bildplatte *f.* video disc

Bildpositiv *n.* positive picture, picture positive

Bildprojektor *m.* still projector

Bildpunkt *m.* image point; °~ (TV) picture element

Bildqualität *f.* picture quality, image quality

Bildrand *m.* margin of image

Bildrandverschärfer *m.* contour correction unit

Bildraster *m.* raster *n.*, picture raster

Bildrauschen *n.* video noise, picture noise

Bildregie *f.* video control, vision control

Bildregiepult *n.* vision control desk

Bildregieraum *m.* vision control room

Bildregisseur *m.* director *n.*

Bildregler *m.* vision fader, video attenuator, fader *n.*

Bildreportage *f.* picture feature

Bildreporter *m.* press photographer; °~ (TV) TV reporter; °~ stills man (coll.)

Bildröhre *f.* kinescope *n.* (US), picture tube, CRT (cathode ray tube)

Bildröhrenspeicher *m.* (IT) flying-spot store

Bildrücklauf *m.* picture flyback, frame flyback

Bildschallplatte *f.* video disc

Bildschaltraum *m.* vision switching centre

Bildschärfe *f.* picture sharpness, image sharpness, image definition, picture definition

Bildschirm *m.* (Empfänger) television screen; °~ (TV-Empfänger) picture screen; °~ (Aufnahmeröhre) target *n.*; °~ (IT) screen *n.*

Bildschirmformat *n.* screen size

Bildschirmkopie *f.* (IT) screen shot

Bildschirmmaske *f.* mask n., screen *n.*

Bildschirmschoner *m.* (IT) screen saver

Bildschirmspeicher *m.* (IT) image memory

Bildschirmtext *m.* (BTX) interactive videotex, Teletext *n.* (GB)

Bildschirmübertragung *f.* television transmission

Bildschnitt *m.* (F) picture editing, cutting *n.* (pict.); °~ (TV) vision switching

Bildschramme *f.* scratch *n.*

Bildschritt *m.* frame gauge

Bildschwarz *n.* picture black

Bildscript *n.* camera script

Bildseitenverhältnis *n.* picture aspect ratio, aspect ratio (AR)

Bildsender *m.* picture transmitter, facsimile transmitter; °~ (TV) vision transmitter

bildsequent *adj.* frame-sequential *adj.*

Bildsequenz *f.* frame sequence, image sequence

Bildsignal *n.* (B-Signal) video signal, picture signal, vision signal, modulation signal; °~ **mit Austastung** picture and blanking signal, blanked picture signal, video signal without sync pulse; **zusammengesetztes** °~ composite video waveform, composite video signal

Bildsignalabgleich *m.* video adjustment

Bildsignalverstärkung *f.* picture signal gain, video gain

Bildspeicher *m.* frame store; °∼ (IT) frame buffer, screen buffer

Bildspeicherröhre *f.* storage-type camera tube

Bildsprung *m.* break of picture sequence; °∼ (tech.) rollover *n.*; °∼ (Schnitt) jump cut

Bildspur *f.* video track

Bildstand *m.* picture steadiness

Bildstandfehler *m.* picture instability

Bildstandschwankung *f.* picture jitter

Bildstandschwankungen, horizontale °∼ horizontal jitter

Bildstart *m.* picture start

Bildstartmarke *f.* sync cross, picture start mark, envelope *n.* (coll.)

Bildsteg *m.* (TV) frame bar; °∼ (F) rack line; °∼ frame line

Bildstern *m.* vision switching centre, switching centre

Bildsternpunkt *m.* vision switching centre

Bildsteuersender *m.* TV exciter

Bildstörung *f.* picture interference, picture breakdown, vision breakdown

Bildstrich *m.* frame line

Bildstricheinstellung *f.* (F) framing *n.*

Bildstruktur *f.* picture structure, picture grain

Bildsucher *m.* viewfinder *n.*

bildsynchron *adj.* picture-phased *adj.*

Bildsynchronimpuls *m.* frame sync, frame synchronising pulse, vertical sync pulse, vertical synchronising pulse

Bildsynchronisation *f.* frame synchronisation, picture synchronisation, vertical hold

Bildtechnik *f.* video engineering

Bildtechniker *m.* vision controller

Bildtelefon *n.* picture telephone, visphone *n.*

Bildtelefonie *f.* picture telephony

Bildtelegrafie *f.* picture telegraphy, picture transmission, facsimile transmission

Bildträger *m.* vision carrier; °∼ (Vertrag) visual recording

Bildträgerabstand *m.* adjacent carrier spacing

Bildträgerfrequenz *f.* vision frequency

Bildüberblendung *f.* mix *n.*, cross-fading

n. (pict.), mix-through *n.*, dissolve *n.*, lap dissolve

Bildüberblendzeichen *n. pl.* change-over cues, cue dots, cue marks

Bildübersprechen *n.* crossview *n.*

Bildübertragung *f.* (TV) picture transmission

Bildüberwachung *f.* picture control, picture monitoring

Bildung* *f.* educational broadcasting*

Bildungsangebot *n.* educational offer, educational proposal

Bildungsfernsehen *n.* educational television (ETV)

Bildungsfunk *m.* educational broadcasting, educational radio

Bildungsprogramm *n.* educational programme

Bildunterbrechung *f.* vision *n.*

Bildunterkleber *m.* perforated transparent tape, tape join (F)

Bildunterschrift *f.* caption *n.*

Bildverarbeitung *f.* image processing

Bildverdrängung *f.* picture displacement

Bildverschiebung *f.* image shift

Bildverstellung *f.* (Projektion) picture framing

Bildverzerrung *f.* image distortion, picture distortion

Bildvorstufe *f.* (Ausstrahlung) TV preamplifier

Bildwand *f.* projection screen, cinema screen, theatre screen (F); °∼ (IT) screen *n.*

Bildwandhelligkeit *f.* screen brightness, screen luminance

Bildwandler *m.* image converter

Bildwandlerröhre *f.* image converter tube

Bildwandlerschärfe *f.* image converter sharpness

Bildwechsel *m.* (Vollbild) picture frequency (25 or 30 Hz); °∼ (TV) vision switching; °∼ (dramaturgisch) change of scene; °∼ (elektron.) camera cut

Bildwechselfrequenz *f.* (Vollbild) picture frequency (25 or 30 Hz); °∼ (F) frame frequency; °∼ image frequency

Bildwechselimpuls *m.* frame sync, frame synchronising pulse, vertical sync pulse, vertical synchronising pulse

Bildweiß *n.* picture white

Bildwerfer *m.* slide projector, still projector

Bildwerferraum *m.* projector room

Bildwiedergabe *f.* image reproduction, picture reproduction

Bildwiedergaberöhre *f.* kinescope *n.* (US), pick-up tube, television tube

Bildwinkel *m.* (Aufnahme) shooting angle; °~ angle of image, picture angle, angular field of lens

Bildwinkelanzeige *f.* zoom angle indication

Bildwinkelanzeiger *m.* zoom indicator

Bildzahl *f.* (Vollbild) picture frequency (25 or 30 Hz); °~ (F) number of frames

Bildzähler *m.* frame counter

Bildzeile *f.* scanning line, picture line

binär *adj.* (IT) binary *adj.*; ~ **codierte Adresse** (IT) binary-coded address

Binärcode *m.* (IT) binary code; **reiner** °~ (IT) pure binary code

Binärmuster *n.* (IT) bit configuration, bit pattern

Binärstelle *f.* (IT) binary digit, bit *n.* (IT)

Binärzahl *f.* (IT) binary number

Binärzähler *m.* (IT) binary counter

Binärziffer *f.* (IT) binary digit, bit *n.* (IT)

binaural *adj.* binaural *adj.*

binden *v.* (IT) link *v.*

Binder *m.* linkage editor

Binderfarbe *f.* dispersion paint

Bindestrich *m.* (IT) hyphen *n.*; °~, **unbedingter** *m.* (IT) required hyphen; °~, **wahlweiser** (IT) optional hyphen; °~, **weicher** (IT) soft hyphen

Binnenpluralität *f.* internal pluralism

Bipack *n.* bipack *n.*

Birne *f.* light-bulb *n.*, bulb *n.*

bistabil *adj.* (IT) bistable *adj.*

Bit *n.* (IT) binary digit, bit *n.* (IT); °~ **höchster Wertigkeit** most significant; °~ **niedrigster Wertigkeit** least significant

Bitfehlerhäufigkeit *f.* bit error rate

Bitfehlerrate *f.* bit error rate

Bitmap (IT) bitmap

Bitmapgrafik *f.* (IT) bitmapped graphics

Bitrate *f.* bit rate

Bitratenreduktion *f.* bit rate reduction

Bitratenumschaltung *f.* (ÜT) bit rate switching; **dynamische** °~ (ÜT) dynamic bit rate switching

Bitratenzuteilung *f.* bite rate allocation, bit rate

Bits pro Sekunde (bps) bits per second (bps)

Bitstrom *m.* bit stream, bitstream *n.*

BL (s. Bildleitung)

Blankfilm *m.* spacing *n.*, blank film, clear film; °~ (Start) clear leader; °~ **mit Bildstrich** clear film with frame line

blankieren *v.* (F) polish *v.*

Blankiermaschine *f.* polishing machine

Blankschramme *f.* celluloid scratch, scratch on base side

Blankseite *f.* (F) base side

Blase *f.* (phys.) bubble *n.*

Blasmusik *f.* brass band music

Blasorchester *n.* brass band, wind band

Blaustanzverfahren *n.* colour separation overlay, chroma key, blue screen

Bleichbad *n.* bleach bath

bleichen *v.* (Kopierwerk) bleach *v.*

Bleichen *n.* bleaching *n.*

Bleichung *f.* bleaching *n.*

Blende *f.* diffuser *n.*, flag *n.*; °~ (Objektiv) diaphragm *n.*, stop *n.* (lens), lens stop; °~ (Proj., Kamera) shutter *n.*; °~ (Scheinwerfer) lantern *n.*, douser *n.* (lighting); °~ (Licht) blade *n.*, target *n.*, dot *n.*; °~ (Bühne) flat *m.*; °~ (opt.) aperture *n.*; °~ (Scheinwerfer) barndoor *n.*; °~ wipe *n.* (fade), iris *n.*, gobo *n.*, nigger *n.*, dissolve *n.*, frenchman *n.*; °~ **öffnen** to open aperture, to open diaphragm, open up *v.* (lens); °~ **schließen** (Objektiv) stop down *v.*; °~ **schließen** to close aperture, to close diaphragm; **chemische** °~ chemical fade; **fotometrische** °~ photometric aperture; **geometrische** °~ geometric aperture; **kritische** °~ critical aperture; **ziehende** °~ travel ghost, ghosting *n.* (opt.)

blenden *v.* fade *v.*, wipe *v.*

Blendenband *n.* (Kamera) exposure control band, exposure control strip; °~ (Kopierung) printing control band, printing control strip

Blendenbandkopiermaschine *f.* control band printer

Blendeneinstellung *f.* diaphragm setting, aperture setting, stop setting, iris setting

Blendenflügel *m.* mirror shutter, shutter blade

Blendenklammer *f.* cleat *n.*, flat clamp

Blendennachdrehvorrichtung *f.* shutter-phasing device, inching knob

Blendenöffnung *f.* lens aperture, shutter aperture, working aperture, aperture of diaphragm, iris; °~ (opt.) aperture *n.*

Blendenraste *f.* click setting

Blendenregulierung *f.* iris adjustment

Blendenring *m.* diaphragm ring

Blendenschablone *f.* effects matte, camera matte

Blendenskala *f.* diaphragm scale

Blendenstrebe *f.* brace *n.*, stay *n.* (design)

Blendenstütze *f.* brace *n.*, stay *n.* (design)

Blendung *f.* dazzle *n.*, dazzling *n.*

blendung, Aus~ *f.* fade-out *n.*; **Ein~** *f.* fade-in *n.*; **Über~** *f.* fade-over *n.*

Blickfeld *n.* field of vision, field of view; **im** °~ **sein** to be in frame

Blickwinkel *m.* angle of view

Blimp *m.* blimp *n.*; °~**-Kamera** *f.* blimped camera

Blindanteil *m.* reactive component

Blindbuchen *n.* blind booking

Blindfilm *m.* blacking *n.*, spacing *n.*, black spacing

Blindleistung *f.* reactive power, wattless power

Blindleitwert *m.* susceptance *n.*

Blindröhre *f.* reactance valve

Blindtext *m.* (IT) greeking *n.*

Blindwiderstand *m.* reactance *n.*, reactive impedance

Blindwiderstände, verteilte °~ distributed reactance

blinken *v.* blink *v.*, flash *v.*

Blinker *m.* blinker *n.*, flasher *n.*

Blinkgeber *m.* blinker unit

Blinkgeschwindigkeit *f.* (IT) blink speed

Blitz *m.* flash *n.*

Blitzangebot *n.* flash offer

Blitzgerät *n.* flash unit, flash gun

Blitzlicht *n.* flashlight *n.*

Blitzmeldung *f.* news flash, snap *n.*

Blitznachrichten *f. pl.* flash news, newsflash

Blitzprogramm *n.* flash programme

Blitzschaltung *f.* switching flash

Blitzschutz *m.* lightning protection

Blitzübertragung *f.* flash transmission

Blitzzange *f.* lightning stick

Blockbuchen *n.* block booking

Blockbuchung *f.* block booking

Blockcursor *m.* (IT) block cursor

Blockdiagramm *n.* (IT) block diagram

Blockfehler *m.* (MPEG) blocking

Blockierung *f.* blocking *n.*, locking *n.*

Blocklänge *f.* (IT) block size; °~ (Produktion) take *n.*; °~ (MAZ) take *n.*

Blocksatz *m.* (IT) full justification

Blockschaltbild *n.* (IT) block diagram

Blockschaltplan *m.* (IT) block diagram

Blocktarif *m.* (Tel) block charge

Blockverschachtelung *f.* block interleaving

Blockwahl *f.* (Tel) block dialing

Blockzeit *f.* block booking

Blooming *n.* pulling on whites, blooming *n.*

Blubbern *n.* (tech.) motor-boating *n.*; °~ bubbling *n.*

Blue Box *f.* blue box

Bobby *m.* centre *n.*; °~ (fam.) hub *n.*; °~ bobbin *n.*, core *n.*

Bodenfunkstelle *f.* terrestrial radio station

Bodenleitfähigkeit *f.* ground conductivity

Bodenleitungsverbindung *f.* land-line connection

Bodenplatte *f.* base plate

Bodenreflexion *f.* ground reflection

Bodensegment *n.* ground segment

Bodenstation *f.* earth station

Bodenstativ *n.* floor stand

Bodenstelle (Sat) earth ground station; °~ **mit sehr kleinem Öffnungswinkel** VSAT, Very Small Aperture Terminal

Bodenwelle *f.* ground wave, surface wave, direct wave

Bodenwellenausbreitung *f.* ground-wave propagation

Body *n.* (Nachrichten) body *n.*

Bogenlampe *f.* arc *n.*, HI arc-lamp

Bohle *f.* plank *n.*

Boltzmannkonstante *f.* Boltzmann's constant

Bolzen *m.* bolt *n.*

Bolzensetzwerkzeug *n.* stud driver

Bonus Track *m.* (CD) bonus track

Booking *n.* booking *n.*; °~ **Form** booking form; °~ **Office** booking office

Bookware *f.* (IT) bookware *n.*

Boolesche Algebra (IT) Boolean algebra

Booster *m.* booster *n.*
Boosterspannung *f.* booster voltage
Bootdiskette *f.* (IT) boot disk
bootfähig *adj.* (IT) bootable *adj.*
Bootfehler *m.* (IT) boot failure
Bootlaufwerk *n.* (IT) boot drive
Bootpartition *f.* (IT) boot partition
Bord *n.* brim *n.*, rim *n.*
Bote *m.* dispatch rider, messenger *n.*
Botenmeister *m.* messenger supervisor
Botenmeisterei *f.* messenger service
Boulevardstück *n.* light comedy
Bouquet *n.* bouquet *n.*
bps bits per second (bps)
Branchenwerbung *f.* collective product advertising, product-group advertising
Brand *m.* fire *n.*, burning *n.*
Brandmeister *m.* head fireman
Brauch *m.* use *n.*, custom *n.*
brauchen *v.* use *v.*, apply *v.*, need *v.*
Break *m.* (Unterbrechung) break *n.*
Brechung *f.* refraction *n.*
Brechungsindex *m.* refractive index
Brechwert *m.* refractivity *n.*
Brechzahl *f.* refractivity index
Breitband *n.* broad band, wide-band; °~-**Kabelnetz** *n.* wideband cable network, broadband cable network
Breitbandantenne *f.* wide-band aerial
breitbandig *adj.* wideband *adj.*, broadband *adj.*
Breitbandkabel *n.* wideband cable, broadband cable
Breitbandkreis *m.* wide-band circuit
Breitbandlautsprecher *m.* wide-band loudspeaker
Breitbandmikrofon *n.* wide-response microphone
Breitbandnetz *n.* broadband network
Breitbandrauschen *n.* wide-band noise
Breitbandtechnik *f.* wide-band technique
Breitbandtechniker *m.* (fam.) all-round engineer
Breitbandverstärker *m.* wide-band amplifier
Breitbildfilm *m.* wide-screen picture *n.*, wide-screen film
Breitbildformat *n.* wide screen, letter box format
Breitbildverfahren *n.* wide-screen system
Breitengrad *m.* degree of latitude
Breitenwinkel *m.* azimuth *n.*, wide angle

Breitfilm *m.* (70 mm) wide-gauge film
Breitschrift *f.* (IT) expanded font
Breitwand *f.* wide-screen
Breitwandfilm *m.* wide-screen film
Breitwandverfahren *n.* (s. Filmformat) wide-screen system
Bremsfeld *n.* braking field, retarding field
Bremsgitter *n.* suppressor grid
Bremsrelais *n.* braking relay
Brennpunkt *m.* focal-point, focus *n.*
Brennpunktbildung *f.* focussing *n.*; **akustische** °~ acoustic focussing
Brennpunktebene *f.* (Objektiv) focal-plane
Brennstoffzelle *f.* fuel cell
Brennstunden *f. pl.* light(ing) hours
Brennweite *f.* focal distance, focal length; **doppelte** °~ double focal length; **große** °~ long focal length, long focus; **kurze** °~ short focal length, short focus; **lange** °~ long focal length, long focus
Brennweitenänderung *f.* change of focal length
Brennweitenband *n.* focus calibration tape
Brennweitenbereich *m.* range of focus
Brennweitenbügel *m.* zoom handle
Brennweitenring *m.* focus ring
Brennweitenverlängerer *m.* range-extender
Brett *n.* plank *n.*
Brettschaltung *f.* (IT) breadboard circuit
Bridge *f.* (Brückenjingle) bridge *n.*
Brief *m.* letter *n.*
Briefing *n.* briefing *n.*, news conference
Briefkasten *m.* letterbox *n.*, mailbox *n.*; **elektronischer** °~ electronic mailbox
Brillantsucher *m.* reflector viewfinder
Brillanz *f.* brilliance *n.*
Browsergeneration *f.* (IT) browser generation
Brücke *f.* bridge *n.*, jumper *n.*; °~ (akust. Verpackungselement) donut *n.*
Brückengleichrichter *m.* bridge-connected rectifier, bridge rectifier
Brückenglied *n.* bridge network
Brückenjingle *m.* transition jingle, bridge *n.*
Brückenmeßgerät *n.* measuring bridge
Brückenmischer *m.* (Gegentaktmischer) (elek.) balanced mixer *n.* (elec.)

Brückenschaltung *f.* bridge circuit, bridge connection

Brumm *m.* ripple *n.*, hum *n.*, buzz *n.*, humming noise

brummen *v.* hum *v.*, buzz *v.*

Brummen *n.* hum *n.*

Brummer *m.* buzzer *n.*

Brummspannung *f.* ripple *n.*, ripple voltage, hum voltage

Brummstör-Amplitudenmodulation *f.* hum amplitude modulation

Brummstreifen *m.* hum bar

Brummton *m.* ripple *n.*, hum *n.*, buzz *n.*, humming noise

Brummüberlagerung *f.* hum bars *n. pl.*, hum superimposition

Brummunterdrückung *f.* hum suppression

Brüstung *f.* railing *n.*; °~ (Dekoration) parapet *n.*, balustrade *n.*; °~ guard-rail *n.*, hand-rail *n.*

Brut *n.* (fam.) brut *n.*

Brutto-Reichweite *f.* reach *n.*

BS (s. Betriebssystem)

Buch *n.* (F) scenario *n.*; °~ (Nachrichten) script *n.*; °~ shooting script

Buchabnahme *f.* acceptance of script

Buchbearbeitung *f.* (s. Drehbuchbearbeitung) script editing, script processing

Buchbesprechung *f.* (F) script conference; °~ book review; °~ (F) script discussion

buchen *v.* book *v.*, reserve *v.*

Buchentwicklung *f.* run-up period

Buchhalter *m.* book-keeper *n.*

Buchhinweis *m.* book tip, book hint

Buchnummer *f.* shot number

Buchse *f.* (elek.) socket *n.*; °~ (mech.) bush *n.*; °~ jack *n.*

Buchsenleiste *f.* socket cleat

Buchstabenabstand *m.* kerning *n.*

Buchstabencode *m.* (IT) mnemonic code

buchstabieren *v.* spell *v.*

Buchung *f.* booking *n.*

Bühne *f.* set *n.*, scene *n.*, stage *n.*; °~ (fam.) stage hands *n. pl.*; **versenkbare** °~ tank *n.*

Bühnenarbeiter *m.* stage hand, scene shifter; °~ (Baubühne) scene hand; °~ (Drehbühne) scenic service man; °~ grip *n.* (US)

Bühnenbau *m.* setting construction

Bühnenbauten *m. pl.* settings *n. pl.*

Bühnenbild *n.* set *n.*, scenery *n.*; °~ (im Filmtitel) art direction; °~ decor *n.*, set design, setting *n.*

Bühnenbildentwurf *m.* set sketch, set design

Bühnenbildner *m.* art director, designer *n.*, scenic designer, scenery designer, set designer

Bühnenbildnerei *f.* set designing, scenery designing

Bühnenbildnerei* *f.* scenic design*

Bühnenbohrer *m.* stage drill

Bühnendekoration *f.* stage decorations *n. pl.*, set dressing

Bühnengewicht *n.* stage weight

bühnenlinks *adv.* stage left, prompt side

Bühnenmaler *m.* scenic painter

Bühnenmaschinerie *f.* stage machinery

Bühnenmeister *m.* construction manager

Bühnenpersonal *n.* stage hands *n. pl.*

bühnenrechts *adv.* stage right, off-prompt side

Bühnenschlosser *m.* studio fitter, studio metalworker

Bühnenschreiner *m.* scenic carpenter

Bühnenschreinerei *f.* scenic carpenter's shop

Bühnentischler *m.* scenic carpenter

Bühnentischlerei *f.* scenic carpenter's shop

Bühnenvorarbeiter *m.* stage hands' foreman

Bühnenwache *f.* stand-by stage team

Bühnenwagen *m.* scenic truck, boat-truck *n.*, stage waggon

Bühnenwerkstatt *f.* scenic workshop

Bühnenzug *m.* stage lift

Bulletin *n.* bulletin *n.*

Bumper *m.* (akust. Verpackungselement) bumper *n.*; °~-**und-Bett** *m.* bumper and bed

Bündel *n.* beam *n.*

Bündelburst (Sat) main traffic burst

Bündelfehler *m.* burst error

Bündelung *f.* focusing *n.*

Bündelungsgrad *m.* degree of convergence

Bündelungssysteme *f. pl.* (Tel) trunk group systems

Bundlingsoftware *f.* (IT) bundled software *n.*

bunte Meldung *f.* soft news *n.*

Buntsendung *f.* colour programme

Bürgerfunk *m.* citizen advice broadcasting, citizens' radio

Burn-out *n.* (ausgebrannte Musiktitel) burn out

Bürokraft *f.* clerical employee, office worker

Burst *m.* (Farbsynchronsignal) colour burst; °~-**Auftastimpuls** *m.* burst keying pulse; °~-**Phase** *f.* burst phase; °~-**Übertragung** (Sat) burst-mode transmission, ping pong method

Bürsten *f. pl.* (elek. Motor) brushes *n. pl.*

Bürstenhalter *m.* (elek. Motor) brush-holder *n.*

Burstfrequenz *f.* burst frequency

Bus-System *n.* (IT) bus system

BVE 900 low-end editor *n.*, BVE 900

Byte *n.* (IT) byte *n.*

C

C-Bewertung *f.* (Akustik) C weighting; °~-**Schaltung** *f.* class C circuit; °~-**/N - Verhältnis** (Sat) C/N - ratio, Carier/ Noise - ratio

Cachespeicher *m.* (IT) cache memory *n.*

CAD computer aided design, CAD

Caddy *m.* (CD) caddy *n.*

Call-by-Call (IT) call by call

Call-in-Sendung *f.* call in programme

Call-out-Research *n.* (Hörerforschung) call out research

Candela (Einh.) candela *n.*

Canoe canoe

Capstan *m.* capstan *n.*

Caption caption

Cartridge *n.* cartridge *n.*

Cascading-Style-Sheets *f. pl.* (IT) cascading style sheets

Cassegrain *n.* Cassegrain *n.*

Cassetten-MAZ cassette recording

CD-Brenner *m.* (IT) CD burner; °~-**ROM** *f.* (Massenspeicher auf der Basis der Compact-Disc, der digitalisierte Daten enthält und nur gelesen werden kann) CD-ROM *n.*; °~-**ROM-Jukebox** *f.* (IT) CD-ROM jukebox; °~-**ROM-Laufwerk** *n.* (IT) CD-ROM drive; °~-**Spieler** *m.* CD player; °~-**Wechsler** *m.* CD changer

Ceefax *n.* (Videotext (Teletextdienst) Ceefax *n.*

Chanson *n.* popular song

Chapman-Kran *m.* Chapman crane

Charakterdarsteller *m.* character actor

Charaktere *m. pl.* characters *n. pl.*

Charakterrolle *f.* character part

Charge *f.* batch *n.*, bit actor, bit-part actor

Chargennummer *f.* (Filmmaterial) batch number

Chargenprozeß *m.* (IT) charge process

Chargenspieler *m.* bit actor, bit-part actor

Charts *f. pl.* (Musik) charts *n. pl.*

Chassisbuchse *f.* (IT) chassis type receptacle

Chat *m.* (IT) chat *n.*

Chatbereich *m.* (IT) chat area

Chatroom *m.* (IT) chat room

Chatsitzung *f.* (IT) chat session

chatten *v.* (IT) chat *v.*

checken *v.* check *v.*

Chef vom Dienst (CvD) (R) senior duty editor, editor for the day

Chefansager *m.* chief announcer, senior announcer

Chefarchitekt *m.* chief architect

Chefcutter *m.* senior film editor

Chefdirigent *m.* chief conductor

Chefdramaturg *m.* head of scripts

Chefkameramann *m.* director of photography, lighting cameraman

Chefredakteur *m.* editor *n.* (chief), editor-in-chief *n.*, head of news, news director (US)

Chefreporter *m.* chief reporter

Chefsprecher *m.* chief announcer

chiffrieren *v.* cipher *v.*, encrypt *v.*

Chip *m.* chip *n.*

Chor *m.* chorus *n.*, choir *n.*

Choreograf *m.* choreographer *n.*

Choreografie *f.* choreography *n.*

Chorinspektor *m.* chorus supervisor

Chorist *m.* chorus singer, member of a chorus

Chorleiter *m.* chorus master, chorus director
Chormusik *f.* choral music
Chorsänger *m.* chorus singer, member of a chorus
Chorus *m.* (Klangeffekt) chorus *n.*
Chorwart *m.* chorus manager
Chromafehlerspannung *f.* chroma error voltage
Chromakey-Verfahren *n.* chroma key system
chromatischer Fehler colour defect, chromatic defect, colour error
Chromdioxyd *n.* chrome dioxide
Chrominanz *f.* chrominance *n.*
Chrominanzkanal *m.* chrominance channel
Chrominanzkomponente *f.* chrominance component
Chrominanzmodulator *m.* chrominance modulator
Chrominanzsignal *n.* chrom. sig. (coll.), chrominance signal
Chronist *m.* writer *n.*; °~ (TV, R) talkswriter *n.*
Cinch *n.* (Fensterbildung im Bandwickel) cinch *n.*, cinching *n.*
Cineast *m.* film-maker *n.*
Cinemascope *n.* cinemascope *n.*
Claim *m.* (Slogan) claim *n.*
Clamp *m.* clamping circuit, clamp *n.* (circuit)
Client *m.* client *n.*
Client-/Serverarchitektur *f.* (IT) client/server architecture
Clipart *n.* (IT) clip art
Clipboard *n.* (IT) clipboard *n.*
clippen *v.* (abschneiden) clip *v.*
Clipperstufe *f.* (TV) clipping circuit; °~ clipper *n.*
Closed-shop-Betrieb *m.* (IT) closed-shop test system
Cockpit *n.* cockpit *n.*
Code *m.* code *n.*; °~-**Spreizung** (Sat) interleaving
Codeelement *n.* (IT) code element
Codeerweiterung *f.* (IT) code extension
Coder *m.* coder *n.*
Codeverkettung *f.* concatenation *n.*
Codewort *n.* codeword *n.*
codieren *v.* (IT) encode *v.*, code *v.*
Codiergeschichte *f.* coding history

Codierung *f.* coding *n.*
Cold End *n.* (Musik) cold end
Cold Voice (syn. f. trocken) cold voice
Collegeradio *n.* (IT) college radio
Colorkiller *m.* colour killer
Colortranlampe *f.* colortran lamp
Colortranlicht *n.* colortran light
Colour Banding colour banding; °~ **Matching** colour matching
Comedy comedy *n.*
COMMAG (s. kombinierter Magnetton)
Common Interface *n.* (Schnittstelle) common interface
COMOPT (s. kombinierter Lichtton)
Compander-Verfahren *n.* compander system, compander principle
Compiler *m.* (IT) compiling programme, compiler *n.*
Compurverschluß *m.* compur shutter
Computer *m.* computer *n.*
Computer, portabel *m.* (IT) portable computer
Computerausdruck *m.* computer printout
Computerbefehl *m.* (IT) computer instruction
Computereffekte *f. pl.* computer effects
Computereingabe *f.* computer input
Computerfreak *m.* (IT) computerphile *n.*
Computergrafik *f.* computer graphics
Computerkarte *f.* (IT) smart card
Computerkunst *f.* (IT) computer art
computerorientierte Schulung *f.* (IT) computer-based training
computerorientiertes Lernen *n.* (IT) computer-based learning
Computerprogramm *n.* computer program
Computerspiel *n.* (IT) computer game
Computersteuerung *f.* computer control
Computersystem *n.* (IT) computer system
computerunterstützter Unterricht *m.* (IT) computer-aided instruction, computer-assisted instruction, computer-assisted teaching
computerunterstütztes Lernen *n.* (IT) computer-assisted learning
Computerunterstützung *f.* computer support, computer assistance
Computerwörterbuch *n.* (IT) electronic dictionary
Conferencier *m.* compère *n.*
Contentprovider *m.* (IT) content provider

Cookie *m.* (IT) cookie *n.*
Coplanarkassette *f.* coplanar cassette, coplanar cartridge
Coproduktion *f.* coproduction *n.*
Coprozessor *m.* (IT) coprocessor *n.*
Copyright *n.* copyright *n.*
Cord *n.* perforated magnetic film, perforated magnetic tape, magnetic film, magnetic film, perforated magnetic film
Cordband *n.* perforated magnetic film, perforated magnetic tape, magnetic film
Cordmaschine *f.* magnetic film recording machine
Corrupted Files *pl.* (IT) corrupted files
Cosinus *m.* cosine *n.*; °~-**Entzerrer** *m.* cosine aperture corrector; °~-**Entzerrung** *f.* cosine correction
Cosinustransformation *f.* cosine transformation
Cost sharing cost sharing
Covalieren *n.* coating *n.*
Cover-Version *f.* cover version
Crab-Dolly (Stativsteuerung) crab dolly
Crash *m.* (IT) crash *n.*
Cross-Colour-Effekt *m.* cross colour effect
Crossposting *n.* (IT) cross posting
CSMA/CD Carrier Sense Multiple Access with Collision Detection, CSMA/CD
Cue-Marke *f.* cue marker; °~-**Spur** *f.* cue track; °~-**Verfahren** *n.* cue-recording *n.*
Cursorsteuerung *f.* (IT) cursor control
Cursortaste *f.* (IT) cursor key
Cut *m.* cut *n.*
cutten *v.* cut *v.*, edit *v.*
Cutter *m.* (F) cutter *n.*; °~ (Band) tape editor; °~ film editor, editor *n.*
Cutterassistent *m.* assistant film editor
Cutterbericht *m.* editor's report (ER), film editor's report (FER)
Cutterin *f.* (F) cutter *n.*; °~ (Band) tape editor; °~ film editor, editor *n.*
CvD (s. Chef vom Dienst)
Cybercafé *n.* (IT) cybercafe *n.*
Cybercash *m.* (IT) cybercash *n.*
Cyberchat *m.* (IT) cyberchat *n.*
Cybergame *n.* (IT) cybergame *n.*
Cybergirl *n.* (IT) cybergirl *n.*
Cyberlove *f.* (IT) cyberlove *n.*
Cybermafia *f.* (IT) cybermafia *n.*
Cyberradio *n.* (IT) cyberradio *n.*
Cybersex *m.* (IT) cybersex *n.*

Cybersociety *f.* (IT) cybersociety *n.*
Cyberworld *f.* (IT) cyberworld *n.*

D

Dachantenne *f.* roof aerial
Dachlatte *f.* (Bühnenbau) roof(ing) slat
Dachmarke *f.* brand label
Dachrinnenantenne *f.* eaves aerial
Dachschräge *f.* (Impuls) bar tilt, pulse tilt; **prozentuale** °~ percentage tilt
DAMA (Sat) DAMA, demand assignment multiple access
Damenschneiderin *f.* tailoress *n.*, dressmaker *n.*
Dämm-Maß *n.* sound insulation measure
Dämmung *f.* insulation *n.*, dead sounding
Dämon *m.* (IT) daemon *n.*
dämpfen *v.* damp *v.*; ~ (Licht) soften *v.*; ~ (Ton) attenuate *v.*
Dämpfung *f.* damping *n.*, attenuation *n.*, ratio *n.*
dämpfung, Durchgangs~ *f.* transmission loss
Dämpfung, frequenzabhängige °~ dependence of attenuation upon frequency
Dämpfungsbelag *m.* attenuation per unit length
Dämpfungsdekrement *n.* attenuation decrement
Dämpfungsentzerrer *m.* attenuation equaliser
Dämpfungsflanke (Sat) attenuation skirt
Dämpfungsglied *n.* attenuator pad, attenuator *n.*
Dämpfungsgrad *m.* damping ratio
Dämpfungskreis *m.* attenuator circuit
Dämpfungsperle *f.* ferrite bead
Dämpfungsregler *m.* variable attenuator
Dämpfungsverhältnis *n.* attenuation ratio
Dämpfungsverlauf *m.* attenuation shape
Dämpfungsverlust *m.* attenuation loss
Dämpfungswiderstand *m.* attenuator resistance, loss resistance
Darbietung *f.* performance *n.*
Darstellbreite *f.* (meßtech.) span *n.*

darstellen v. (Rolle) play v.
Darsteller m. performer n., artist n., player n., actor n.; °~, **virtueller** m. virtual character; **einen** °~ **herausstellen** to feature an actor
Darstellerbesetzung f. (Darsteller) cast n., casting n.
Darstellergagen f. pl. performers' fees, artists' fees
Darstellergarderobe f. artist's dressing-room
Darstellerliste f. cast list
Darstellung f. interpretation n., performance n.; °~, **3-D Imaging Software** (IT) view, 3-D imaging software; °~, **3-D-Objekte** (IT) view, 3-D objects; °~, **3-D-Welt** (IT) view, 3-D world
Darstellungsfeld n. viewport n.
Darstellungsschicht f. (IT) presentation layer
Datei f. (IT) data set, file n., data file, data set-file; °~ **schließen** f. close a file; °~, **komprimierte** f. (IT) compressed file; °~, **selbstentpackende** f. self-extracting file; °~, **temporäre** f. (IT) temporary file; °~, **versteckte** f. (IT) hidden file; °~**-Manager** m. (IT) file manager; °~**anfang** m. (IT) top-of-file; °~**anfangssymbol** n. (IT) file header label; °~**endezeichen** n. (IT) end-of-file; °~**enordnungstabelle** f. (IT) file allocation table; °~**erweiterung** f. (IT) file extension; °~**format** n. (IT) file format; °~**fragmentierung** f. (IT) file fragmentation; °~**größe** f. (IT) file size; °~**komprimierung** f. (IT) file compression; °~**kopf** m. (IT) file header; °~**name** m. (IT) file name; °~**sicherung** f. (IT) file security, file backup; °~**spezifikation** f. (IT) file specification; °~**system** n. (IT) file system; °~**typ** m. (IT) file type; °~**verwaltungssystem** n. (IT) file management system; °~**wiederherstellung** f. (IT) file recovery
Dateierfassung f. (IT) data gathering
Daten n. pl. data n. pl., characteristics n. pl.; °~ **mischen** f. (IT) data shuffling; °~, **personenbezogene** f. pl. personal data;

°~**-Highway** m. (IT) information highway
Datenaufbereitung f. (Magnetband) channel coding
Datenaufnahme f. (IT) data acquisition, data collection; °~ data acquisition recording
Datenaustausch m. data exchange, data transfer
Datenautobahn f. (IT) information highway, information superhighway
Datenbank f. database n., data bank; °~, **verteilte** f. (IT) distributed database; °~**-Managementsystem** n. (IT) database management system; °~**-Manager** m. (IT) database manager
Datenbankstruktur f. (IT) database structure
Datenbearbeitung f. (IT) data handling
Datenbestand m. (body of) data
Datenblatt n. data sheet
Datenblock m. (IT) chunk n., data block
Datenbustechnik f. data bus technology
Datencoder m. data coder
Datendecoder m. data decoder
Datendurchsatz m. (IT) flow per second, data flow
Dateneingabe f. (IT) data input; °~ (IT) data input, data entry
Datenendstation f. (IT) terminal n.
Datenerfassung f. acquisition n.; °~ (IT) data gathering, data acquisition, data capture, data collection
Datenerfassungssystem n. data acquisition system
Datenfernübertragung f. remote data transmission
Datenfluß m. (IT) data flow
Datenflußplan m. (IT) data flow chart, data flow diagram, dynamic flow chart, dynamic flow diagram
Datenformat n. (IT) data format
Datenhandschuh m. (IT) data glove
Datenkanal m. (IT) data channel
Datenkapazität f. data capacity
Datenkarussel n. data carousel
Datenkompression f. data compression
Datenleitung f. data line
Datenmigration f. (IT) data migration
Datenmißbrauch m. (IT) misuse of data
Datennetz n. data network; °~, **öffentliches** n. public data network

Datenpaket *n.* packet *n.*, data burst (transm.)

Datenpaketvermittlung *f.* (IT) data packet switching, router

Datenprotokollierung *f.* (IT) data recording, data capture *n.*, data logging

Datenpuffer *m.* (IT) data buffer

Datenquelle *f.* data source

Datenrahmen *m.* (IT) data frame *n.*

Datenrate *f.* data rate

Datenreduktion *f.* data reduction

Datenrekonstruktion *f.* (IT) data recovery

Datenrundfunk *m.* data broadcasting

Datensammler (Sat) data collection platform

Datensammlung *f.* (IT) data pooling, data collection

Datensatz *m.* (IT) data set *n.*, record *n.*

Datensatzformat *n.* (IT) data record format, record format

Datensatzlänge *f.* (IT) data record length, record length

Datensatznummer *f.* (IT) data record number

Datenschutz *m.* data protection, data privacy

Datenschutzgesetz *n.* (GER) Federal German Data Protection Act; °~ (GB) Data Surveillance Act; °~ (US) Federal Privacy Act

Datensicherheit data security; °~ (IT) data safety

Datensicherung *f.* backup *n.*; °~ (IT) data protection, data backup

Datensichtgerät *n.* (IT) data display device, video data terminal; °~ data display device terminal, monitor, video terminal, terminal

Datensichtstation *f.* terminal *n.*, data display terminal

Datenstation *f.* (IT) terminal *n.*

Datenstrom *m.* data stream

Datenstruktur *f.* data structure

Datenträger *m.* (IT) data carrier, data medium

Datenträgername *m.* (IT) volume label

Datentransfer *m.* (IT) data transfer

Datentransferrate *f.* (IT) data transfer rate *n.*

Datenübertragung *f.* data transmission; °~, **wechselseitige** *f.* (IT) two-way

alternate communication, either-way communication

Datenumwandlung *f.* data conversion

Datenverarbeitung *f.* (IT) data processing; **elektronische** °~ (IT) electronic data processing (IT)

Datenverarbeitungsanlage *f.* (IT) data processing system; °~ data processing system unit

Datenverbindung *f.* (IT) data link

Datenverfälschung *f.* (IT) data corruption

Datenverschlüsselung *f.* (IT) data encryption

Datenverteiler *m.* (IT) data switch

Datenverwaltung *f.* (IT) data management

Datenverzeichnis *n.* (IT) data directory

Datenwandler *m.* data converter

Datenzeile *f.* data line

Datenzeilendecoder *m.* data line decoder

Datenzeilentechnik *f.* data line technology

Datenzwischenspeicher *f.* data buffer store

DATV (Digital unterst. TV) digitally assisted television

Dauer *f.* duration *n.*

Dauerbelastbarkeit *f.* limiting continuous thermal withstand value

Dauergesprächszeit *f.* (Tel) continuous call time

Dauerleitung *f.* permanent circuit

Dauerleitungsnetz *n.* permanent network

Dauermagnet *m.* permanent magnet

Dauerschallpegel *m.* continuous sound level

Dauerstörung *f.* continuous interference

Dauerüberwachung *f.* (IT) continuous monitoring

dB (A) einh. decibel (A); ~ **(B) einh.** decibel (B); ~ **(C) einh.** decibel (C)

DCR 100 Single Event Editor, DCR 100

Deckel *m.* (Deckel) lid *n.*, cover *n.*

Deckung *f.* (Raster) convergence *n.*; °~ (Schwärzung) density *n.*; °~ registration *n.*

Deckungsfehler *m.* (Raster) convergence error, registration error; °~ (Negativ) error in density

Decoder *m.* decoder *n.*

Deemphasis *f.* de-emphasis *n.* (DE)

Defekt *m.* flaw *n.*

Defragmentierung *f.* (IT) defragmentation *n.*

dehnen v. (schwarz) stretch v.
Dehnen n. (Effekte) expansion n.
deinstallieren v. (IT) deinstall v., uninstall v.
dejustiert adj. out of alignment
Deko m. (fam.) decorator n., upholsterer n., drapes n. pl. (coll.)
Dekoder m. decoder n.
Dekodiermatrix f. decoder matrix
Dekodierung f. decoding n., transcoding n.
Dekoklammer f. scenery clamp
dekomprimieren v. (IT) decompress v., uncompress v.
Dekor n. set n., studio scenery; **reales** °~ (Innen) natural interior
Dekorateur m. decorator n., upholsterer n., drapes n. pl. (coll.)
Dekoration f. set n., scenery set, decoration n., setting and properties, setting and upholstery, design n.
Dekorationsabbau m. set striking
Dekorationsaufbau m. set erection
Dekorationsbesprechung f. set discussion
Dekorationslicht n. background light, set light
Dekorationsmaler m. scene painter
Dekorationsmarkierung f. set marking
Dekorationsmodell n. set model
Dekorationsrequisiten n. pl. set dressings
Dekorationsteil n. piece n.
Dekorationsversatzstück n. special n.
Dekorationsvorfertigung f. set prefabrication
Dekorationswand f. decorative flat, decorative screen
Dekowerkstatt f. drapes workshop
Dekrement n. decrement n.
Dementi n. denial n.
Demodulation f. (Rückgewinnung des modulierenden Signals aus dem Modulationsprodukt) demodulation n.
Demodulator m. demodulator n.
Densitometer n. densitometer n.
Densitometrie f. densitometry n.
densitometrisch adj. densitometric adj.
Depunktierung f. (Faltungskodierung) depuncturing n.
desensibilisieren v. desensitise v.
Desk m. desk n.
Desk-Redakteur m. desk editor
Detailaufnahme f. macro-filming n., very-short-distance shooting, macrophotography n.
Detailkontrast m. detail contrast
Detailzeichnung f. detail drawing
Detektor m. detector n.
Deutlichkeit f. clarity n., transparency n.
Deutscher Fernsehfunk (DFF) East German television
Deutsches Fernsehen German Television; °~ **Fernsehen** (DFS) German Television ARD; °~ **Rundfunkarchiv** German Broadcasting Archive
Dezi-Strecke f. radio link
Dezibel n. decibel n.
Dezibelmesser m. decibel meter
Dezimeterwellen f. pl. (UHF) decimetre waves (DM waves), ultra-high frequencies (UHF)
Dezimeterwellenbereich m. UHF band, decimetre-wave band
Dezistrecke f. microwave link
DFF (s. Deutscher Fernsehfunk)
DFS (s. Deutsches Fernsehen)
Dia n. diapositive n., transparency n. (slide), slide n.
Diaabtaster m. slide scanner; °~ (Titel) caption scanner
Diageber m. slide scanner
Diagnoseinstrument n. (IT) diagnostic tool
Diagonalblende f. diagonal wipe
Diagonalfilterung f. diagonal filtering
Diagonalklebestelle f. diagonal join
Diagramm n. graph n., diagram n., diagram, chart n.
Diagrammschwenkung f. beam slewing
Dialog m. dialogue n.
Dialogautor m. dialoguist n., writer of dialogue scripts
Dialogbuch n. dialogue script
Dialogfeld n. (IT) dialog field
Dialogführung f. dialogue direction
Dialogliste f. dialogue script
Dialogregie f. dialogue direction
Dialogregisseur m. dialogue director; °~ (Synchronisation) dubbing editor
Dialogsystem n. (IT) dialog system
Dialogszene f. dialogue scene
Dialogtaste f. (IT) softkey n., dialog key
Diapositiv n. diapositive n., transparency n. (slide), slide n.; °~**-Wechselschlitten** m. slide carrier, slide changer

Diaprojektor *m.* slide projector
Diarahmen *m.* slide mount, transparency mount
Diäten *f. pl.* daily allowances
Diawerbung *f.* slide publicity, slide advertising
Diawerfer *m.* slide projector
Dichte *f.* (Schwärzung) density *n.*
Dichtebereich *m.* density range
Dichtefilter *m.* neutral filter, neutral density filter
Dichteschwankungen *f. pl.* neutral density fluctuation, variations in density
Dicke *f.* thickness *n.*
die Zeit nehmen *v.* (Zeit) time *v.*
Dielektrizitätskonstante *f.* permittivity *n.*, dielectric constant
Dienst *m.* duty *n.*, service *n.*;
  empfangender °~ receiving service
Dienstgerät *n.* staff set
Dienstgespräch *n.* official telephone call
diensthabender Redakteur (R) senior duty editor; ~ **Redakteur** duty editor
Dienstleiter *m.* senior member of staff on duty; °~ (R) senior duty editor; °~ duty editor, senior member of staff
Dienstleitung *f.* service circuit; °~ (Telefon) service line
Dienstplan *m.* duty roster, staff duty sheet, time-table *n.*
Dienstprogramme *n. pl.* (IT) utilities *pl.*, programs *pl.*
Dienstreise *f.* official journey, business trip
Dienstreiseantrag *m.* travel application form
Dienstreiseauftrag *m.* travel authorisation
Dienststelle *f.* office *n.*
Dienststellenleiter *m.* office head
Dienstvertrag *m.* employment contract, service contract
Diesel *m.* (Treibstoff) diesel *n.* (fuel)
Dieselaggregat *n.* diesel generator
Differentialübertrager *m.* differential transformer
differentielle Phase differential phase; ~ **Verstärkung** differential gain
Differenzcodierung *f.* differential coding
Differenzfrequenz *f.* difference frequency
differenzieren *v.* differentiate *v.*
Differenzierverstärker *m.* differentiating amplifier

Differenzsignal *n.* difference signal
Differenzton *m.* difference frequency, beat note, difference-tone *n.*
Differenztondämpfung *f.* difference frequency attenuation
Differenztonfaktor *m.* difference frequency distortion
Differenztonverfahren *n.* difference frequency method
Differenzträger *m.* intercarrier *n.*
Differenzträgerverfahren *n.* intercarrier system
Differenzverstärker *m.* differential amplifier
diffus *adj.* diffused *adj.*, diffuse *adj.*
Diffuserlinse *f.* diffuser lens, diffusing lens, soft-focus lens
diffuses Licht diffuse light
Diffusion *f.* diffusion *n.*
Diffusionsfilter *m.* (opt.) diffusing filter; °~ (Beleuchtung) scrim *n.*; °~ romanticiser *n.*
Diffusität *f.* diffusivity *n.*
Diffusor *m.* (Optik) diffusor *n.*; °~ (Akustik) diffusor *n.*
digital *adj.* (IT) digital *adj.*
Digital Library System electronic mail; °~-**Analog-Umsetzer** *m.* (IT) digital-to-analog converter; °~-**Baustein** *m.* (IT) logic unit; °~-**Rechner** *m.* (IT) digital computer; °~-**Technik** *f.* digital technology
Digitalanzeige *f.* digital read-out
Digitalaufzeichnung *f.* digital recording
digitale Anzeige (IT) digital display
digitale Unterschrift *f.* (IT) digital signature
Digitalfernsehen *n.* digital television
Digitalisiertablett *n.* (IT) digitizer tablet
Digitalisierung *f.* digitization *n.*
Digitalmeßinstrument *n.* digital meter
Digitalsystem *n.* digital system
Digitalton *m.* digital sound
Digitalübertragung *f.* digital transmission, digital broadcast
Digitalzähler *m.* digital counter
Diode *f.* diode *n.*
Diodenanschluß *m.* diode terminal
Diodengleichrichter *m.* diode rectifier
Dioptrie *f.* (dptr) dioptre *n.*
Dioptrieausgleich *m.* dioptre correction

Dipol *m.* dipole *n.*, doublet *n.* (US);
  gestreckter °∼ plain dipole
Dipolantenne *f.* dipole *n.*, dipole aerial,
  doublet *n.* (US)
Dipolebene *f.* broadside array
Dipolfeld *n.* dipole panel
Dipolgruppe *f.* dipole array, group aerial
Dipolreihe *f.* collinear array of dipoles
Dipolstrahler *m.* dipole array
direkt *adj.* live *adj.*, direct *adj.*; ∼ **senden**
  to broadcast live
Direktempfang *m.* direct reception; °∼
  (Sat) direct-to-home
direkter Speicherzugriff *m.* (IT) direct
  memory access
Direktion *f.* directorate *n.*; **technische** °∼
  engineering directorate
Direktkosten *pl.* direct costs
Direktor *m.* director *n.*; °∼ (Ausstrahlung)
  (strahlungsgekoppeltes
  Antennenelement in Hauptstra) director
  n.; **technischer** °∼ director of
  engineering, technical director (US)
Direktruf *m.* (Tel) direct call
Direktschall *m.* direct sound
Direktschaltung *f.* direct hook-up (coll.),
  direct relay
Direktschnitt-Schallplatte *f.* DMM
  (direct metal-to-metal)
Direktsendung *f.* live transmission, live
  broadcast; **eine** °∼ **aus** live from
Direktsucher *m.* optical viewfinder
Direktübernahme *f.* direct relay
Direktübertragung *f.* live transmission,
  live broadcast, direct transmission, live
  relay, direct relay
Direktverbindung zwischen zwei
  Punkten point-to-point circuit
Direktweg *m.* (Tel) primary route
Direktzugriff *m.* (IT) random access
Dirigent *m.* conductor *n.*
Disk-Jockey *m.* disc jockey *n.*
Diskette *f.* floppy disc
Diskettenlaufwerk *n.* floppy disc drive
Diskothek *f.* (Archiv) gramophone library;
  °∼ discotheque *n.*
Diskriminator *m.* discriminator *n.*
Diskussion *f.* discussion *n.*, debate *n.*; **eine**
  °∼ **leiten** to chair a discussion
Diskussionsgruppe *f.* (IT) discussion
  group
Diskussionsleiter *m.* anchor man,

chairman *n.*, discussion chairman,
  moderator *n.* (US)
Diskussionspapier *n.* discussion paper
Diskussionsrunde *f.* discussion panel
Diskussionssendung *f.* discussion
  programme
Diskussionsteilnehmer *m.* panellist *n.*,
  participant *n.*
Diskussionsthema *n.* discussion topic,
  topic for discussion, discussed topic
Dispersion *f.* dispersion *n.*
Display *n.* display *n.*
Disponent *m.* organiser *n.*
Disposition *f.* planning *n.*, studio
  allocation, technical arrangements *n. pl.*;
  °∼ (Produktion) schedule *n.*; °∼ studio
  bookings *n. pl.*, shooting plan;
  technische °∼ technical arrangement,
  technical planning
Dispositionsbüro *n.* studio bookings*
Dispositionswünsche *m. pl.* production
  requirements
Dissonanz *f.* dissonance *n.*
Distanz *f.* distance *n.*
Distanzring *m.* spacer ring
Dither *m.* (dig. Signalverarbeitung) dither
  n. (digital signal processing)
Divergenz *f.* divergence *n.*
Dokumentarbericht *m.* (TV)
  documentary feature, documentary *n.*
  (R, TV)
Dokumentarfilm *m.* (F) documentary
  film, documentary *n.* (F), fact film (US)
Dokumentarsendung *f.* documentary *n.*
Dokumentarspiel *n.* drama documentary,
  dramatised documentary
Dokumentation *f.* (TV) documentary
  feature, documentary *n.* (R, TV); °∼ (F)
  documentary film, documentary *n.* (F),
  fact film (US); °∼ documentation *n.*; °∼
  (Bericht) documentary feature; °∼ (F)
  documentary film, documentary *n.*, fact
  film (US)
Dokumentation* *f.* central research*
Dokumentationen* *f. pl.* current affairs
  specials* *n. pl.*
Dokumentationskanal *m.* documentary
  channel
Dokumentenabtaster *m.* documents
  scanner
Dokumentenbearbeitung *f.* (IT)
  document editing, document processing

Dokumentenfilm *m.* document film, document-copying stock, high-contrast film

Dokumentenmanagement *n.* (IT) document management

Dokumentenwiedergewinnung *f.* (IT) document retrieval

dokumentorientiert *adj.* (IT) document-centric *adj.*

Dokumentvorlage *f.* (IT) template *n.*

Dolly *m.* doll buggy (US), camera dolly, dolly *n.*; °∼-**Monitor** *m.* dolly monitor

Dollyfahrer *m.* tracker *n.*, steerer *n.*, helmsman *n.*, grip *n.* (coll.)

Domäne *f.* (IT) domain *n.*

Domänenadresse *f.* (IT) domain name address

Domänenklau *m.* (IT) domain grabbing

Domänenname *m.* (IT) domain name

Dopesheet *n.* (Nachrichten) dope-sheet *n.*

Doppel 16 *n.* double 16 *n.*; °∼ **8 Film** double 8 film

Doppelader *f.* (Tel) cable pair

Doppelbelichtung *f.* superimposition *n.*, double-exposure

Doppeldose *f.* double-socket

Doppelempfangsantenne *f.* (Sat) dual feed dish

Doppelgänger *m.* double *n.*

doppelklicken *v.* (IT) double-click *v.*

Doppelkontur *f.* ghosting *n.*, echo effect (TV)

Doppelmoderation *f.* double presentation

Doppelpufferung *f.* (IT) double buffering

Doppelseitenbandmodulation *f.* double-sideband modulation (DSB modulation)

Doppelspielband *n.* (Ton) double-play tape

Doppelspur *f.* double-track, twin track; °∼-**Tonbandgerät** *n.* dual-track recorder, two-track recorder, twin-track recorder

Doppelstern *m.* (Tel) double star

Doppelweggleichrichter *m.* full-wave rectifier

Doppelzackenschrift *f.* (s. Filmton) duplex variable area track, bilateral area track, double-edged variable width (sound)

Doppler-Effekt *m.* Doppler effect

Dose *f.* (Tel) socket *n.*

Dosierung *f.* (Regenerierung) dosage *n.*, dosing *n.*

Dosierungsgerät *n.* dosimeter *n.*, flowmeter *n.*

Doubel *n.* double *n.*, stand-in *n.*

doubeln *v.* (synchronisieren) dub *v.*; ∼ (Darsteller) stand in *v.*, double *v.*

Doubeln *n.* (Synchronisation) voice dubbing; °∼ (F) dubbing *n.*; °∼ (Kopierwerk) duping *n.*; °∼ post-synching *n.*

doublen *v.* duplicate *v.*

Doublette *f.* double *n.*

doublieren *v.* (s. Dup-Negativ) duplicate *v.*

Downlink downlink

Downstream *m.* (IT) downstream *n.*

dptr (s. Dioptrie)

Drag & Drop *v.* (IT) drag-and-drop *v.*

Draht *m.* wire *n.*

Drahtauslöser *m.* cable release

Drahtfernsehen *n.* wired television, cable television

Drahtfunk *m.* wired broadcasting, wired radio

Drahtgazefilter *m.* wired gauze filter

Drahtgittermodell *n.* wireframe *n.*

Drahtleitung *f.* wire line, wiring *n.*

drahtlos *adj.* wireless *adj.*

Drahtwiderstand *m.* wire-wound resistor

Drama *n.* drama *n.*

Dramatiker *m.* dramatist *n.*, playwright *n.*

Dramatisierung *f.* dramatisation *n.*

Dramaturg *m.* (R, TV) scenario editor; °∼ script editor

Dramaturgie *f.* dramaturgy *n.*

Dramaturgie* *f.* script department, script unit*

dran sein (fam.) (Bericht) to be on a story, to be on

Drang *m.* urge *n.*

drapieren *v.* drape *v.*

Draufsicht *f.* (Kamera) tilt shot

Dreh *m.* shooting *n.*, filming *n.*; **chronologischer** °∼ chronological shooting

Dreharbeiten *f. pl.* shooting *n.*, filming *n.*

drehbar *adj.* rotatable *adj.*; ∼ (F) suitable for filming

drehbare Antenne rotating antenna, rotating aerial, pivoting antenna, pivoting aerial

Drehbeginn *m.* start of shooting
Drehbericht *m.* shooting record
Drehbuch *n.* screenplay *n.*; °~ (F)
scenario *n.*; °~ (Nachrichten) script *n.*;
°~ shooting script
Drehbuchautor *m.* scenario-writer *n.*,
writer *n.* (F); °~ (Einstellung) continuity
writer; °~ screenwriter *n.*, script-writer
n., scenarist *n.*
Drehbühne *f.* revolving stage; °~ (Studio)
scenic service crew, show workers
(coll.)
drehen *v.* shoot *v.*; ~ (F) film *v.*; ~ (Film)
shoot (a film); **aus der Hand** ~ to shoot
with hand-held camera
Dreherlaubnis *f.* filming permission
Drehfolge *f.* shooting order; °~
(Bildbericht) shot list
Drehgenehmigung *f.* filming permission
Drehkeil-Entfernungsmesser *m.* rotating
wedge range-finder
Drehknopf *m.* control knob, knob *n.*
Drehkondensator *m.* rotary capacitor
Drehkreuzantenne *f.* turnstile *n.*
Drehmoment *m.* turning moment, torque
n.
Drehmomentbegrenzer *m.* torque-limiter
n.
Drehort *m.* location *n.*
Drehplan *m.* (Produktion) schedule *n.*; °~
shooting plan, shooting schedule
Drehpotentiometer *n.* rotary
potentiometer
Drehprobe *f.* run-through *n.*, walk-through
n., dry run
Drehregler *m.* knob-twist fader
Drehrichtung *f.* direction of rotation
Drehschalter *m.* rotary switch
Drehspiegel *m.* tilting mirror
Drehspule *f.* moving coil
Drehspulinstrument *n.* moving-coil
instrument
Drehstab *m.* production team
Drehstabilisierung *f.* (Sat.) stabilisation of
rotation
Drehstabliste *f.* production list
Drehsteller *m.* knob-twist fader
Drehstrom *m.* three-phase current,
polyphase current
Drehstrommotor *m.* induction motor
Drehstromnetz *n.* three-phase circuit

Drehstromsynchronmotor *m.* three-phase
synchronous motor
Drehtag *m.* shooting day
Drehtisch *m.* turntable, revolving table
Drehtransformator *m.* phase shifter
Drehübersicht *f.* (Produktion) schedule *n.*;
°~ shooting plan, shooting schedule
Drehverhältnis *n.* shooting ratio
Drehwähler *m.* rotary switch, uniselector
n.
Drehzahl *f.* speed *n.*
Drehzeit *f.* shooting time, shooting period
Dreiachsenstabilisierung *f.* (Sat) three-
axis stabilization
dreidimensionales Fernsehen three-
dimensional television, 3-D television
Dreieckschwingung *f.* triangular
oscillation, triangular wave
Dreiecksnetz *n.* triangle mesh
Dreiecksspannung *f.* delta voltage, mesh
voltage
Dreiecksystem *n.* delta system
Dreierkonferenz *f.* (Tel) three-party
conference, add-on conference
Dreifarbensystem *n.* tricolour system,
three-colour process
Dreifarbenverfahren *n.* trichromatic
process, three-colour method, three-
colour process
Dreifuß *m.* tripod *n.*; **ausziehbarer** °~
extensible tripod, collapsible tripod
Dreiklang *m.* triad *n.*, common-chord
Dreiphasennetz *n.* three-phase network,
three-phase mains
dreipolig *adj.* three-pole *adj.*
Dreipunktoszillatorschaltung *f.* Hartley
oscillator, Hartley circuit
Dreistrahlröhre *f.* three-gun colour tube
Dreiviertel-KW *n.* 750 Watt pup
Dreiwegekombination *f.* three-way
combination
Drift *f.* (MAZ) drift *n.*
Driftfehler *m.* (IT) drift error
Dritte *pl.* third parties
Dröhnen *n.* boominess *n.*; °~ (akust.)
booming drone
Drop-out *m.* (Ton) drop-out *n.*; °~**-out** *m.*
scratch *n.*; °~**-out-Compensator** *m.*
drop-out compensator; °~**-out-
Unterdrückung** *f.* (F) anti-scratch
treatment; °~**-out-Unterdrückung** *f.*
(Ton) drop-out suppression

Drop-in *m.* (syn. für Dropper) drop in
Dropdownmenü *n.* (IT) drop-down menu
Dropper *m.* (akust. Verpackungselement)
dropper *n.*
Drossel *f.* inductance *n.* (coil), inductance
coil, retard coil, reactance coil, choke *n.*
Drosselspule *f.* choke *n.*
Druck *m.* pressure *n.*, printing *n.*; °∼
(Polygraphie) printing *n.*
Druckdatei *f.* (IT) print file *n.*
Druckdifferenz-Mikrofon *n.* pressure
gradient receiver, pressure gradient
microphone
drucken in Datei (IT) print to file *v.*
Drucker *m.* (IT) printer *n.*; °∼ (IT) printer
n.
Druckerei *f.* printing-office *n.*, printing-
house *n.*
Druckerpatrone *f.* printer cartridge, print
cartridge
Druckerpuffer *m.* (IT) printer buffer *n.*
Druckerspooler *m.* (IT) printer spooler
Druckertreiber *m.* (IT) printer driver
Druckgeschwindigkeit *f.* painting speed
Druckgradientenmikrofon *n.* pressure-
gradient microphone
Druckjob *m.* (IT) print job
Druckkammerlautsprecher *m.* pressure
chamber loudspeaker
Druckknoten *m.* (Akustik) pressure node
Druckluft *f.* compressed air
Druckluftleitung *f.* compressed-air pipe,
compressed-air line
Druckmikrofon *n.* pressure microphone
Druckmodus *m.* (IT) print mode
Druckprogramm *n.* print program
Druckpunkt *m.* (Tastatur) action point
Druckschalter *m.* push-switch, pushbutton
switch, pressure switch
Drucktaste *f.* push button; °∼ (IT) key *n.*;
°∼ (IT) print screen key
Druckwarteschlange *f.* (IT) spooler *n.*
dual *adj.* (IT) binary *adj.*
Dualcode, reiner °∼ (IT) pure binary code
Dualzahl *f.* (IT) binary number
dubben *v.* dub *v.*, duplicate *v.*
Ducking *adj.* ducking *adj.*
dunkel *adj.* dark *adj.*
Dunkelkammer *f.* darkroom *n.*
Dunkelphase *f.* dark period
Dunkelraum *m.* darkroom *n.*
Dunkelsack *m.* changing bag

Dunkelsteuerung *f.* retrace blanking
Dunkelstrom *m.* dark current
dünn *adj.* slim *adj.*
Dünnfilmbaustein *m.* thin-film
component
Dünnfilmspeicher *m.* (IT) thin-film
memory, thin-film store
Dünnfilmtechnik *f.* thin-film technique
Dünnschichtfilm *m.* polyester film
Dup *n.* (fam.) duplicate *n.*, dupe *n.*; °∼-
Negativ *n.* dup negative; °∼-**Positiv** *n.*
dup positive
Duplex-Cordanlage *f.* mechanically
coupled tape recorder
Duplexleitung *f.* duplex circuit
Duplexmaschine *f.* mechanically coupled
tape recorder
Duplikat *n.* duplicate *n.*, dupe *n.*; °∼-
Negativ *n.* dup negative, duplicated
negative; °∼-**Positiv** *n.* dup positive,
duplicated positive
duplikatfähig *adj.* suitable for duping
Duplikatfilm *m.* (Rohfilm) duplicating
film, duplicating stock; °∼ (entwickelt)
duplicated film
Duplikatnegativ *n.* (Rohfilm) duplicating
negative; °∼ (entwickelt) duplicated
negative, dupe negative
Duplikatpositiv *n.* (Rohfilm) duplicating
positive; °∼ (entwickelt) duplicated
positive, dupe positive
Duplikatprozeß *m.* duplicating process,
duping process; °∼ (Kopierwerk)
duping *n.*
Duplikatumkehrfilm *m.* (Rohfilm)
duplicate reversal stock; °∼ (entwickelt)
duplicate reversal, dupe reversal
Dupnegativ *n.* (entwickelt) duplicated
negative, dupe negative
duppen *v.* duplicate *v.*, dupe *v.*
Duppositiv *n.* (Rohfilm) duplicating
positive; °∼ (entwickelt) duplicated
positive, dupe positive
durch Rundfunk übertragen broadcast *v.*
durchblenden *v.* mix *v.*, dissolve *v.* (pict.);
∼ (Zweitbild) superimpose *v.*
Durchblendung *f.* super *n.* (coll.),
superimposition *n.*, mix *n.*, dissolve *n.*,
lap dissolve
durchbrennen *v.* (Kopierwerk) burn out
v.; ∼ (Sicherung) blow *v.*, fuse *v.*

Durchbruchspannung f. breakdown voltage, avalanche voltage
durchdrehen v. to shoot in sequence
durchfallen v. (Bild) break up v., to become unlocked
Durchfallen des Bildes vertical sync fault
Durchführbarkeit f. feasibility n.
Durchführung f. performance n., execution n.; °~ (Kabel) cable gland
Durchführungsbuchse f. feed-through sleeve
Durchführungskondensator m. feed-through capacitor
Durchgang (Sat) pass
Durchgangsdämpfung f. transmission loss
Durchgangsdose f. (Ant.) through-connection junction box
durchgebrannt adj. (Kopierwerk) burnt-out adj.; ~ (Sicherung) blown adj.
Durchgriff m. (Röhre) reciprocal of amplification factor, inverse of amplification factor
Durchhörbarkeit f. recognisability n.
Durchklatschen n. print-through n.
Durchlaßbandbreite f. filter pass-band
Durchlaßbereich m. pass-band n.
Durchlässigkeit f. transmittance n., transmission n.
Durchlässigkeitsbereich m. pass-band n.
Durchlässigkeitsgrad m. transmittance factor
Durchlaßkurve f. transmission characteristic
Durchlaßspannung f. forward voltage
Durchlauf m. run-through n.; °~ (Kopierwerk) run n.; °~ (Wobbler) sweep n.; °~-**Probe** f. (s. Durchlauf) trial run
durchlaufen v. (Bild) roll v.; ~ (elek.) traverse v.; ~ sweep v.
Durchlaufgeschwindigkeit f. tape speed; °~ (Wobbler) sweep n.
Durchlaufkopiermaschine f. continuous film-printer, continuous rotary printer, continuous printer
Durchlaufzeit f. transit time; °~ (Band) playing time
Durchprojektion f. back projection (BP), rear projection (RP)
Durchsage f. announcement n., message n.; °~ (Reklame) spot n.
durchsagen v. broadcast v.

durchschlagen v. (Sicherung) blow v., fuse v.; ~ to break down
Durchschlagspannung f. breakdown voltage, disruptive voltage
durchschleifen v. connect through v.; ~ (Kabel) loop through v.; ~ (Signal) loop through
Durchschleiffilter m. bridging-type filter
Durchschleifung f. through-connection n.
Durchsichtigkeit f. transparency n.
durchspielen v. (Szene) run through v.
durchstellen v. (Szene) block v.
durchstoppen v. (Zeit) time v.
Durchstoßen des Schwarzwertes signal above black level
Durchwahl f. (Telefon) through-dialling n.; °~ direct dialling v.
Durchwahlverfahren n. direct dialling in (DDI)
Dutzend n. dozen n.
Dynamik f. dynamics n.
Dynamikbereich m. dynamic range
Dynamikkompression f. compression of dynamic range
Dynamikumfang m. dynamic range, dynamic range
dynamisch adj. dynamic adj.; ~e **Webseite** f. (IT) dynamic Web page; ~er **Speicher** m. (IT) dynamic storage; ~er **Webservice** m. (IT) dynamic Web service
dynamischer Tonabnehmer dynamic cartridge; ~er **Datenaustausch** m. (IT) dynamic data exchange
Dynode f. dynode n.
Dynodenfleck m. dynode spot, first dynode spot

E

E, -Schicht, sporadische °~ sporadic E-layer; °~-**Cam** (s. Electronic-Cam); °~-**Kamera** f. electronic camera; °~-**Kameramann** m. television cameraman; °~-**Musik** f. (=Ernste Musik) serious music, classical music,

"high-brow" music; °∼-**Schicht** *f.* E-
layer *n.*; °∼.**M.K.-Pegel** e.m.f. level
Easy Listening (Programmformat) easy
listening
EB-Bearbeitung *f.* EB editing; °∼-
Kamera *f.* still transmitting device
Ebene *f.* plane *n.*, domain *n.*; **horizontale**
°∼ horizontal plane; **senkrechte** °∼
vertical plane
EBU/SMPTE-Bus *m.* ES-bus *n.*
Echo *n.* echo *n.*; °∼-**Effekt** *m.* echo effect
Echoempfindlichkeit *f.* echo sensitivity
Echogramm *n.* echogram *n.*
Echomaschine *f.* artificial reverberation
device
Echomikrofon *n.* echo microphone
Echoprofil *n.* (Klangstruktur des Echos)
(terrestr. Übertragung) echo profile
Echoraum *m.* reverberation room,
reverberation chamber, echo room
Echostörungen *f. pl.* echo interferences
Echtzeit *f.* real time; °∼- (in Zus.) (IT)
real-time *adj.*; °∼-**Datenverarbeitung** *f.*
(IT) real-time processing
Echtzeitanimation *f.* (IT) real time
animation
Echtzeitbetrieb *m.* (IT) real-time
operation, real-time working
Echtzeitfrequenzanalyse *f.* realtime
frequency analysis
Echtzeitkonferenz *f.* (IT) real time
conferencing
Echtzeituhr *f.* (IT) real time clock *n.*
Eckfrequenz *f.* cut off frequency
Eckpunkt *m.* (Kurve) vertex *n.*
ECO-Schaltung *f.* ECO circuit
Edit Version edit version
Editec *f.* editec *n.*
editieren *v.* edit *v.*
Editing, lineares *n.* linear editing; °∼,
non-destructives *n.* non destructive
editing
Edition *n.* edition *n.*
Editor *m.* (IT) editor *n.* (IT); **externer** °∼
m. (IT) low-end editor *n.*, BVE 900;
maschineninterner °∼ (IT) Single
Event Editor, DCR 100
Effekt *m.* effect *n.*; **stroboskopischer** °∼
stroboscopic interference, strobing *n.*,
stroboscopic effect
Effektbeleuchtung *f.* effects lighting,

special effects lighting, decorative
lighting
Effektfarbe *f.* coloured lighting
Effektgerät *n.* effect generator
effektive Leistungszahl (Sat) gain/noise/
temperature ratio, G/T; ∼
Strahlungsleistung (ERP) effective
radiated power (ERP)
Effektivwert *m.* root-mean-square value
(RMS value)
Effektlicht *n.* effect lighting, effect light
Effektmikrofon *n.* effect microphone
Effektmusik *f.* effect music, mood music
Effektscheinwerfer *m.* effects spot, profile
spot
Effektspitze *n.* effect lighting, effect light
EG-Richtlinien *f. pl.* EC directives
EHF (s. Millimeterwellenbereich)
eichen *v.* standardise *v.*, calibrate *v.*
Eichmarke *f.* calibration mark
Eichmaß *n.* (Meßgerät) gauge *n.*
Eichpegel *m.* calibration level; °∼ **für**
Monitor (PEM) monitor calibration
level
Eichung *f.* calibration *n.*; **fotometrische**
°∼ photometric calibration
Eidophor *m.* eidophor *n.*
Eigenfrequenz *f.* (akust.) eigenfrequency
n., natural frequency, characteristic
frequency
Eigengeräusch *n.* residual noise, inherent
noise; °∼ (Plattenspieler) surface noise;
°∼ (F) inherent film noise
Eigenkapazität *f.* self-capacitance *n.*
Eigenmodulation *f.* self-modulation *n.*
Eigenproduktion *f.* own production
Eigenprogramm *n.* own programme
Eigenrauschen *n.* (Verstärker) internal
noise; °∼ ground noise
Eigenresonanz *f.* self-resonance *n.*, natural
resonance
Eigenschwingung *f.* (LC) natural
oscillation, characteristic oscillation
Eigenspur *f.* home track
eigenständig *adj.* (IT) stand-alone *adj.*
Eigensynchronisation *f.* self-
synchronisation *n.*
Eigentest *m.* internal test, selftest *n.*
Eigenversorgung *f.* local supply
Eigenverzerrung *f.* inherent distortion
Eile *f.* haste *n.*, hurry *n.*, urgency *n.*
Eilmeldung *f.* hot news *pl.*

ein *adv.* on *adv.*; ~ (Gerät) start

Ein-Ausgabebefehl *m.* (IT) peripheral control instruction, input-output statement; °~-**Kanal-Pro-Träger-System** SCPC-system, single-channel-per-carier-system; °~-**Kanal-Pro-Transponder-System** SCPT-system, single-channel-per-transponder-system; °~-**Mann-Bedienung** *f.* one-man operation

Einbenutzersystem *n.* (IT) single user computer

einblenden *v.* (Bild, Ton) fade in *v.*; ~ dub in *v.*; ~ (Zweitbild) superimpose *v.*; ~ fade up *v.*; ~ (sich(*v.* cut in *v.*; **Beitrag** ~ insert *v.*

Einblender *m.* (Person) vision mixer

Einblendtitel *m.* caption *n.*

Einblendung *f.* inject *n.*, super *n.* (coll.); °~ (F) fade-in *n.*; °~ (Zweitbild) superposition *n.*; °~ cross-fade *n.*, insert *n.*; °~ (von Meßwerteinheiten in KSR) status *n.*

einblocken *v.* (fam.) inject *v.*, insert *v.*

Einbrennen *n.* sticking *n.*; °~ (Röhre) warm-up *n.*

Einbrennfleck *m.* ion spot

Einbrennschutz *f.* ion trap

Eindringtiefe *f.* penetration depth, depth of penetration; °~ (Ausstrahlung) penetration depth *n.*, depth of penetration

Eindruck, visueller °~ visual impression

Einergang *m.* frame-by-frame display, stop motion

Einfachempfangsantenne *f.* single-feed antenna

einfädeln *v.* (Proj.) lace up *v.*; ~ lace up *v.*

Einfädelschlitz *m.* ridge *n.*

Einfall *m.* incidence *n.*

Einfallswinkel *m.* angle of incidence, arrival angle, angle of arrival

Einfangwinkel *m.* angle of acceptance

Einfarbenkopie *f.* monochrome copy, monochrome print

Einfärbgerät *n.* tinting equipment

einfarbig *adj.* monochrome *adj.*

Einfärbung *f.* tinting *n.*

Einfüge-Taste *f.* (IT) insert key

Einfügemarke *f.* cursor *n.*; °~ (IT) insertion point

Einfügemodus *m.* (IT) insert mode

einfügen *v.* insert *v.*; ~ (IT) paste *v.*

Einfügetaste *f.* (IT) insert key

Einfügungsdämpfung *f.* insertion loss

einführen *v.* present *v.*, introduce *v.*

Einführung *f.* introduction *n.*, lead-in *n.*, intro *n.* (coll.)

Einführungskurs *m.* (IT) introductory course, beginner's guide

Eingabe *f.* (IT) input *n.*

Eingabeaufforderung *f.* (IT) prompt *n.*

Eingabebereich *m.* (IT) input area

Eingabegerät *n.* (IT) input device, input equipment

Eingabemenü *n.* (IT) input menu

Eingabetaste *f.* (IT) enter key, return key

Eingabezeit *f.* input time

Eingang *m.* (tech.) input *n.*; **symmetrischer** °~ balanced input

Eingangsabschlußwiderstand *m.* input terminating resistance

Eingangsbelastung *f.* input loading

Eingangsbild *n.* input picture

Eingangsempfindlichkeit *f.* input sensitivity

Eingangsenergie *f.* input energy, input power

Eingangsfehlspannung *f.* input offset voltage

Eingangsimpedanz *f.* input impedance

Eingangskapazität *f.* input capacitance

Eingangskreuzschiene *f.* input switching matrix, input selector

Eingangsleistung *f.* input power

Eingangsleistungflußdichte (Sat) input power flux density, IPFD

Eingangsleitung *f.* input line, input cable

Eingangsmultiplexer *m.* input multiplexer

Eingangspegel *m.* input level

Eingangsschaltung *f.* input circuit

Eingangsscheinwiderstand *m.* modulus of input impedance

Eingangssignal *n.* input signal

Eingangsspannung *f.* input voltage

Eingangsstufe *f.* input stage

Eingangsübertrager *m.* input transformer

Eingangswahlschalter *m.* input selector (switch)

Eingangswiderstand *m.* input resistance

eingebettete Systeme *n. pl.* (IT) embedded systems

eingebranntes Bild sticking *n.*

eingehender Schnitt in-point, in-edit

eingelassen *adj.* (Schalter) locked *adj.*
eingerissene Perforation torn perforation
eingeschaltet, nicht ~ *adj.* unconnected *adj.*
eingeschränkte Funktion *f.* (IT) restricted function
eingrenzen, einen Fehler ~ to localise a fault
Einheit *f.* unit *n.*; **austauschbare** °~ interchangeable unit; **steckbare** °~ plug-in unit
Einheitenkonto *n.* (Tel) unit account
Einheitenzähler *m.* (Tel) unit counter
einkanalig *adj.* single-channel *adj.*, monophonic *adj.*, mono *adj.* (coll.)
Einkanalverstärker *m.* single-channel amplifier
Einkauf *m.* purchasing *n.*
Einkaufsabteilung *f.* purchase *n.*, procurement department
Einklang *m.* (Akustik) unison *n.*
Einknopfbedienung *f.* single-knob control
einkopieren *v.* superimpose *v.* (FP), overprint *v.*
Einkopierung *f.* superimposing *n.*, overprinting *n.*
Einlaufrille *f.* (Platte) run-in groove, lead-in groove
Einlaufzeit *f.* warm-up time, running-up time
Einlegemarke *f.* start mark
einlegen *v.* (Proj.) lace up *v.*; ~ (Kamera) load *v.*, thread up *v.*
einleiten *v.* introduce *v.*
Einleitung *f.* introduction *n.*, lead-in *n.*, intro *n.* (coll.)
einleuchten *v.* to set the lighting
Einleuchtung *f.* lighting setting
Einleuchtzeit *f.* lighting setting time
Einlichtkopie *f.* one-light print
Einlichtkopierung *f.* one-light printing
einloggen *v.* (IT) login *v.*
Einmessen der Köpfe alignment of heads
Einmischer *m.* fader *n.*
Einmoden-Faser *f.* (IT) single mode fibre, monomode fibre
Einnahmen *f. pl.* revenue *n.*, income *n.*
Einnorm- (in Zus.) (in Zus.) single-standard *adj.*
einpegeln *v.* line up *v.*
Einpegeln *n.* line-up *n.*, level adjustment
einpfeifen *v.* to tune to zero beat frequency

Einphasennetz *n.* single-phase power supply
einpolig *adj.* single-pole *adj.*; ~ (Transistor) unipolar *adj.*
einrasten *v.* lock *v.*, engage *v.*
Einrastkontakt *m.* snap contact
Einregelzeit *f.* (Übertragung) line-up period
einrichten *v.* set up *v.*, establish *v.*; ~ (Buch) arrange *v.*; ~ (IT) set up, establish *v.*, build up *v.*
Einrichtung *f.* equipment *n.*; °~ (Technik) equipment *n.*, facility *n.*, unit *n.*; °~ **f** installation *n.*
Einsatz *m.* (F) release *n.*; °~ (Stichwort) cue *n.*
einsatzbereit *adj.* (F) ready for release
einsatzfähig *adj.* usable *adj.*, in good working order
Einsatzsignal *n.* (Stichwort) cue *n.*
Einsatzzeit *f.* period of use
Einschaltbrumm *m.* starting hum
einschalten *v.* switch on *v.*; ~ (Kamera) start *v.*; ~ (Spannung) switch in *v.*
Einschaltfeld *n.* starting panel
Einschaltimpuls *m.* starting pulse, pip *n.*
Einschaltpreis *m.* advertising tariff
Einschaltprogramm *n.* (IT) start up program
Einschaltquote *f.* audience rating
Einschaltsteuerung *f.* (Sichert die richtige Reihenfolge der Schaltvorgänge beim Hochschalten d. Senders) start-up control
Einschaltung *f.* insert *n.*, switching-on *n.*
einschieben *v.* insert *v.*, interpose *v.*
einschlagen *v.* succeed *v.* (prog.), catch on *v.*, to be a hit
einschleifen *v.* connect *v.* (into a line), bridge across *v.*; ~ (Durchschleiffilter) insert *v.*
Einschleifpunkt *m.* patch point
Einschub *m.* slide-in unit, plug-in unit
Einschwingen *n.* build-up *n.*
Einschwingverhalten *n.* transient response
Einschwingvorgang *m.* ringing *n.*, initial transient
Einschwingzeit *f.* build-up time; °~ (Impuls) rise-time; °~ stabilization time
Einseitenband *n.* single side band (SSB); °~ (ESB) single-sideband (SSB)

einsetzen *v*. (Programm) insert *v*.
Einsichtsrecht *n*. right of inspection
einspeisen *v*. feed (in) *n*.
Einspeisepunkt *m*. (in)feed point
Einspeisung *f*. (in)feed
einspielen *v*. feed *v*., inject *v*.; ~
    (Programm) insert *v*.; ~ (Platte, Band)
    record *v*.; ~ (zuspielen) play in *v*.; ~
    (Gewinn) bring in *v*., make *v*.
Einspielleitung *f*. contribution circuit
Einspielung *f*. inject *n*.; °~ (Platte, Band)
    recording *n*.; °~ insert *n*.
Einspringbereich *m*. lock-in range
einspringen *v*. (Oszillator) lock in *v*.; ~
    (Titel) jump on *v*.; ~ (Darsteller)
    understudy *v*.
Einsprungstelle *f*. (IT) entry point
Einspur *f*. single-track
einstarten *v*. to make start marks, cue in *v*.
    (F), to place cue marks; ~ (Tonband)
    sync. start (a tape)
einstecken *v*. plug in *v*.
Einsteckleiterplatte *f*. plug-in panel
Einstellbereich *m*. adjustment range
einstellen *v*. adjust *v*., point *v*.; ~
    (regulieren) regulate *v*.; ~ (R-, TV-
    Programm) tune in *v*.; ~ (Kamera) aim
    v.; ~ (Bild) frame *v*.; ~ (Personal)
    engage *v*., take on *v*.; ~ focus *v*.; ~
    (justieren) set *v*.; ~ hire *v*. (US), set up
    v.
Einstellen der Bildfrequenz picture-
    frequency setting, picture-frequency
    adjustment; °~ der Zeilenfrequenz
    line-frequency adjustment, line-
    frequency setting
Einstellgenauigkeit *f*. accuracy of
    adjustment
Einstellsignal *n*. adjustment signal
Einstelltestbild *n*. test card, test pattern
Einstellung *f*. adjustment *n*., focusing *n*.,
    position *n*.; °~ (opt.) angle *n*.; °~
    (Personal) engagement *n*.; °~
    (Drehbuch) shot *n*., set-up *n*.; °~ (F)
    framing *n*.; °~ setting *n*.
Einstellungen *f*. *pl*. (IT) user preferences;
    °~, persönliche *f*. *pl*. (IT) personal
    settings
Einstellungsfolge *f*. sequence of shots;
    schnelle °~ cross-cutting *n*.
Einstellungsmenü *n*. (IT) set up menu,
    preferences *n*. *pl*.

Einstellungswechsel *m*. (Drehbuch)
    change of angle; °~ (opt.) change of
    focus
Einstrahlungsgebiet *n*. irradiated area
einstreichen *v*. (Text) tighten up *v*.
Einstreifenverfahren *n*. Commag system
Einstreuung *f*. crosstalk *n*.
einstudieren *v*. (Rolle) get up *v*.; ~
    (Szene) rehearse *v*.
Eintaktstufe *f*. single-ended stage
eintasten *v*. key in *v*., punch up *v*., inlay *v*.
Eintastung *f*. keying *n*., inlay *n*.
Eintaumeln des Kopfes head adjustment
eintippen *v*. (IT) key in *v*.
Eintrittsebene *f*. entry plane, entry level
Eintrittslinse *f*. front lens element
Einverständniserklärung *f*. declaration of
    consent
Einwahlzugriff *m*. (IT) dial up access
Einweggleichrichter *m*. half-wave
    rectifier
Einweichung *f*. (Kopierwerk) soaking *n*.
Einzelaufhängung *f*. (Scheinwerfer)
    single-suspension unit, single-lamp
    suspension unit
Einzelbild *n*. single-frame; °~ (Vollbild)
    frame *n*.; weiterkopiertes °~ stop
    frame, hold frame, freeze frame, still
    copy
Einzelbildaufnahme *f*. single-frame
    shooting, frame-by-frame exposure,
    single-frame exposure, stop-frame
    shooting
Einzelbildmotor *m*. stop-frame motor,
    single-frame motor, animation motor
Einzelbildschaltung *f*. single-frame
    mechanism, stop-frame mechanism
Einzeldose *f*. single-socket
Einzelempfang *m*. (R) individual
    listening; °~ (TV) individual viewing
Einzelempfangsanlage *f*. (Sat) direct to
    home system
Einzelgarderobe *f*. private dressing-room
Einzelsteuerung *f*. individual control
Einzelvertrag *m*. individual contract
Einzugsgebiet *n*. licence-fee collection
    area
Eisenoxid *n*. (Band) iron oxide
Eisenverlust *m*. iron loss
Eklipse *f*. eclipse *n*.
Ela (s. Elatechnik)
Elatechnik *f*. (Ela) electro-acoustics *n*.

Electronic-Cam *f.* video film camera; °~-
Cam *f.* (E-Cam) electronicam *n.*, VFR
equipment
Elektriker *m.* wireman *n.*, electrician *n.*
elektrisch *adj.* electric *adj.*, electrical *adj.*
Elektrizität *f.* electricity *n.*, juice *n.* (coll.)
Elektroakustik *f.* electroacoustics *n.*; °~
(Ela) electro-acoustics *n.*
Elektrode *f.* electrode *n.*
elektrodynamisch *adj.* electrodynamic
adj.
elektrodynamischer Lautsprecher
moving-coil loudspeaker
Elektrolyse *f.* electrolysis *n.*
Elektrolytkondensator *m.* electrolytic
capacitor
Elektromagnet *m.* electromagnet *n.*
elektromagnetisch *adj.* electromagnetic
adj.
Elektromechaniker *m.* electrician *n.*
Elektromeister *m.* head electrician
Elektron *n.* electron *n.*
Elektronenkanone *f.* electron gun
Elektronenoptik *f.* electron optics
Elektronenröhre *f.* electron tube
Elektronenstrahl *m.* electron beam
Elektronenstrahlaufzeichnung *f.* electron
beam recording
Elektronenvervielfacher *m.* photocell
multiplier, electron multiplier
Elektronik *f.* electronics *n.*
elektronisch *adj.* electronic *adj.*; ~er
Programmführer *m.* (IT) electronic
programguide; ~es **Codeschloss** *n.* (IT)
electronic code lock
elektronische Farbkorrektur electronic
colour compensation; ~ **Kamera** (E-
Cam) electronic camera; ~ **MAZ-
Schneideeinrichtung** editec *n.*; ~
Produktion electronic production
elektronischer Schnitt electronic editing;
~ **Standbildspeicher** electronic still
memory
elektronisches Testbild electronic test
pattern
elektrostatisch *adj.* electrostatic *adj.*
Elementardipol *m.* (Antenne) elementary
doublet, elementary doublet
Elementary Stream elementary stream
Elevation *f.* (Ausrichtung einer
Satellitenantenne in vertikaler Richtung)

elevation *n.* (orientation of a satellite
antenna in the vertical plane)
Elevationswinkel *m.* elevation angle
Elko *m.* (fam.) electrolytic capacitor
Ellipse *f.* ellipse *n.*
Elongation *f.* elongation *n.*
Elongationsempfänger *m.* elongation
receiver
eloxiert *adj.* anodised *adj.*
Emitter *m.* emitter *n.*
Emitterbasisschaltung *f.* grounded-
emitter configuration
Emitterfolger *m.* emitter follower
Emitterschaltung *f.* grounded-emitter
configuration, common emitter
Emitterverstärker *m.* emitter follower
Empfang *m.* reception *n.*; °~ (Rundfunk)
reception *n.*; **individueller** °~ (Sat.)
individual reception
empfangen *v.* (Sender) receive *v.*
Empfänger *m.* receiver *n.*, receiving set
Empfängereigenschaft *f.* receiver
characteristic
Empfängereingangspegel *m.* receiver
input level
Empfängerprimärvalenzen *f. pl.* display
primaries, receiver primaries
Empfängerröhre *f.* receiving valve
Empfängerseite *f.* receiving end
empfängerseitig *adj.* on the receiving end
Empfängerweiche *f.* receiver diplexer
Empfangsantenne *f.* receiving aerial
Empfangsbedingungen *f. pl.* reception
conditions
Empfangsbeobachtung *f.* reception
surveillance, reception monitoring
Empfangsbereich *m.* tuning range, service
area; °~ (phys.) frequency range
empfangsbereit *adj.* ready to receive
Empfangsbereitschaft *f.* readiness to
receive, reception standby
Empfangsbestätigung *f.* (IT) receipt
notification
Empfangsdame *f.* receptionist *n.*, hostess
n.
Empfangsdienst *m.* (tech.) technical
monitoring service
Empfangsdienst* *m.* visitors service*
Empfangsfrequenz *f.* received frequency,
incoming frequency
Empfangsgebiet *n.* tuning range, service
area; °~ (phys.) frequency range

Empfangsgerät *n.* receiver *n.*, receiving set

Empfangsgüte *f.* reception quality

Empfangskreis *m.* receiving circuit

Empfangslage *f.* receiving location

Empfangsleistung *f.* received power

Empfangsleitung *f.* incoming circuit

Empfangsmöglichkeit *f.* possibility of reception

Empfangsort *m.* receiving site

Empfangspegel *m.* receive level

Empfangsqualität *f.* reception quality, quality of reception

Empfangsrichtung *f.* direction of reception

Empfangssignal *n.* received signal

Empfangssituation *f.* reception situation

Empfangsspannung *f.* received voltage

Empfangsstation *f.* receiving station

Empfangsteil *n.* tuner *n.*

Empfangsverhältnisse *n. pl.* reception conditions

Empfangsversuche *m. pl.* reception tests, reception trials

Empfangszug *m.* (Anlage) receiving unit

empfehlen *v.* recommend *v.*

Empfehlung *f.* recommendation *n.*

empfindlich *adj.* (Kopierwerk) high-speed *adj.*; ~ sensitive *adj.*

Empfindlichkeit *f.* (F) sensitivity *n.*, speed *n.*, emulsion speed; °~ (Band) sensitivity *n.*; **differentielle** °~ differential sensitivity; **hohe** °~ high sensitivity, high speed; **niedrige** °~ low sensitivity, low speed

Empfindlichkeitsgrenze *f.* limit of sensitivity

Empfindlichkeitsmesser *m.* sensitometer *n.*

Empfindlichkeitsregelung *f.* sensitivity control; **automatische** °~ automatic sensitivity control (ASC)

Empfindung *f.* sensation *n.*, quality of reception, reception quality

Emphase *f.* emphasis *n.*

emphase, De~ *f.* deemphasis *n.*; **Pre**~ *f.* preemphasis *n.*

Emphasis *f.* emphasis *n.*, equalization

Emulsion *f.* emulsion *n.*; **orthochromatische** °~ orthochromatic emulsion; **panchromatische** °~ panchromatic emulsion

Emulsionschargennummer *f.* emulsion batch number

Emulsionsebene *f.* emulsion side, sensitised side, sensitised face

Emulsionsschicht *f.* (F) emulsion layer; °~ emulsion coating

Endabhörkontrolle *f.* (Sender) output monitoring

Endabnahme *f.* final viewing, acceptance *n.*

Endabschaltung *f.* closing-down *n.*

Endanweisung *f.* (IT) trailer statement

Endanwender *m.* (IT) end user

Endband *n.* identification trailer, trailer tape, trailer *n.* (tape); °~ **kleben** to attach trailer tape

Endbild *n.* (Regie) outgoing picture

Enddose *f.* termination box

Ende des Ablaufs (IT) end of job (EOJ)

Ende-Taste *f.* (IT) end key

Endeinrichtung *f.* terminal equipment, TE

Endemarkierung *f.* (IT) end mark

Endezeichen *n.* (IT) end mark

Endfassung *f.* final version

Endfertigung *f.* finishing *n.*

Endgerät *n.* terminal equipment, TE

Endkonfektionierung *f.* finishing *n.*

Endkontrolle *f.* master control room (MCR), main control (MC), master control (MC), broadcast operations control (US); °~ (Raum) main control room (MCR); °~ central control room (CCR)

Endleitung *f.* (Tel) terminal line

Endlos-Bandkassette *f.* tape loop cassette, tape loop cartridge

Endlosband *n.* loop *n.*; °~-**Kassette** *f.* cartridge

Endmischung *f.* final mix

Endprüfung *f.* final test

Endpunkt *m.* terminal *n.*; °~ (Leitung) terminating point; °~ terminal point; **internationaler** °~ international terminal

Endschwärzung *f.* maximum density

Endstelle *f.* terminal *n.*; °~ (Leitung) terminating point; °~ terminal point

Endstellenleitung *f.* (Tel) terminal point line

Endstufe *f.* output stage, final stage

Endstufenschrank *m.* (Enthält die

Endstufe eines Senders) output stage cabinet, cubicle *n.*

Endtermin *m.* deadline *n.*

Endtitel *m.* end titles *n. pl.*, closing titles *n. pl.*

Endvermittlungsstelle *f.* (Tel) terminal exchange

Endverstärker *m.* output amplifier, final amplifier

Endverstärkerstufe *f.* final amplifier stage, output amplifier stage

Endverteilung *f.* final distribution board, final distribution panel

Endverzweiger *m.* (Tel) terminal splitter

Endzeit *f.* finishing time, end time, out-time

Energiedichte *f.* energy density

Energiegrößen *f. pl.* energy quantities

Energieleitung *f.* aerial feeder, feeder *n.*

Energieverbrauch *m.* consumption of energy

Energieversorgung *f.* power supply

Energieverteiler *m.* power distribution board

Energieverteilung *f.* energy distribution

Energieverwischung *f.* energy dispersal

Engagement *n.* engagement *n.*

engagieren *v.* book *v.* (contract), engage *v.*

Engpaß *m.* bottleneck *n.*

Enkoder *m.* coder *n.*, encoder *n.*

Ensemble *n.* (Mus.) group *n.*; °~ ensemble *n.*, company *n.* (perf.), troop *n.*

Entbrummer *m.* anti-hum potentiometer

entdecken *v.* detect *v.*

entdröhnen *v.* silence *v.*

Entdröhnmaterial *n.* silencing material

Ente *f.* (Falschmeldung) canard *n.*

Entfernen-Taste *f.* (IT) delete key

Entfernung *f.* distance *n.*; °~ **schätzen** to estimate distance; **endliche** °~ finite distance; **kürzeste scharf einstellbare** °~ minimum focusing distance, minimum range of focus, minimum focus

Entfernungseinstellung *f.* focus setting, distance setting

Entfernungsgesetz *n.* inverse square law

Entfernungsmesser *m.* range-finder *n.*; **gekoppelter** °~ coupled range-finder

Entfernungsskala *f.* focusing scale, distance scale

entkoppeln *v.* tune out *v.*; ~ (Meßtechnik)

balance out *v.*, decouple *v.*; ~ (Funktechnik) isolate *v.*

Entkopplung *f.* tuning-out *n.*; °~ (Meßtechnik) balancing-out *n.*, decoupling *n.*; °~ (Funktechnik) isolation *n.*

Entkopplungsfilter *m.* decoupling filter

entkuppeln *v.* (mech.) uncouple *v.*, declutch *v.*; ~ (elek.) disengage *v.*; ~ disconnect *v.*

Entkupplung *f.* (Trennung) film-pack *n.*; °~ (mech.) uncoupling *n.*, declutching *n.*; °~ (elek.) disengaging *n.*

Entladewiderstand *m.* (Bauteil) discharging resistor; °~ (phys.) discharge resistance

Entladung *f.* discharge *n.*; **statische** °~ static discharge

Entlötgerät *n.* unsoldering set

Entlötpistole *f.* (s. Entlötgerät) unsoldering gun

Entlüfter *m.* exhauster *n.*

Entlüftungsanlage *f.* ventilation system

Entmagnetisierung *f.* demagnetisation *n.*, degaussing *n.*

Entmagnetisierungsdrossel *f.* demagnetiser *n.*, demagnetising coil, degausser *n.*

Entriegelung *f.* (eines Schaltkreises) unlocking *n.* (of a circuit)

entsättigen *v.* pale out *v.*, desaturate *v.*

Entsättigung *f.* paling-out *n.*, desaturation *n.*

Entscheidungspegel *m.* decision level

Entschichtung *f.* (F) emulsion stripping

Entschlüsselung *f.* deciphering *n.*, decryption *n.*; °~ (IT) decryption *n.*

Entschlüsselungsmatrix *f.* decoder matrix

Entspiegeln *n.* (Linse) reduction of reflection

Entspiegelung *f.* anti-reflection coating

entstören *v.* to clear interference, to eliminate jamming, to suppress noise

Entstörfilter *m.* interference suppressor

Entstörung *f.* interference elimination, interference suppression, anti-jamming *n.*, anti-interference *n.*, noise suppression; °~ (IT) debugging *n.*

Entstörungskondensator *m.* anti-interference capacitor

entwickeln *v.* develop *v.*, process *v.* (F)

Entwickler *m.* (Kopierwerk) developer *n.*

Entwicklerbad *n.* developing bath
Entwicklerdose *f.* developing tank
Entwicklerregenerierung *f.*
  replenishment *n.*
Entwicklertank *m.* developing tank
Entwicklung *f.* development *n.*; °~ (F)
  developing *n.*
Entwicklungsabteilung *f.* (Kopierwerk)
  film-processing department; °~
  (Planung) research department
Entwicklungsanlage *f.* developing
  equipment, developing plant
Entwicklungsanstalt *f.* film laboratory
Entwicklungsingenieur *m.* development
  engineer, research engineer
Entwicklungskonstanz *f.* maintenance of
  development standard
Entwicklungskontrast *m.* development
  contrast
Entwicklungskosten plt. development
  costs
Entwicklungsmaschine *f.* developing
  machine, processing machine
Entwicklungsprozeß *m.* developing
  process
Entwicklungsschleier *m.* darkroom fog
Entwicklungssubstanz *f.* developing
  agent
Entwicklungszyklus *m.* (IT) development
  cycle
Entwurf *m.* design *n.*; **rechnergestützter**
  °~ computer aided design, CAD
Entwürfler (Sat) descrambler, DSCR
Entwurfsmodus *m.* (IT) draft mode
Entwurfsqualität *f.* (IT) draft quality
entzerren *v.* (Bild, Ton) correct *v.*,
  equalise *v.*; ~ (Kopierwerk) time *v.*
  (US), grade *v.*
Entzerrer *m.* (Bild, Ton) equaliser *n.*,
  corrector *n.*; °~ (Kopierwerk) timer *n.*
  (US); °~ grader *n.*
entzerrer, Dynamik~ *m.* dynamic
  equaliser
Entzerrerfilter *m.* correction filter,
  equaliser filter
Entzerrerverstärker *m.* equalising
  amplifier
Entzerrung *f.* (Bild, Ton) equalisation *n.*,
  correction *n.*; °~ (Kopierwerk) timing *n.*
  (US); °~ grading *n.*, emphasis *n.*,
  equalization
entzerrung, Nach~ *f.* de-emphasis *n.*

Epidiaskop *n.* epidiascope *n.*
Episkop *n.* episcope *n.*
Episodenfilm *m.* serial film
Episodenreihe *f.* series *n.*
Episodenserie *f.* series *n.*
Erbschaft *f.* (IT) legacy network *n.*
Erdanschluß *m.* earth connection, earth *n.*
Erdantenne *f.* buried aerial
Erde *f.* ground *n.* (US), earth *n.*; °~
  (Technik) earth *n.* (GB), ground *n.* (US)
Erdefunkstelle *f.* earth station, ground
  signal station, ground station
erden *v.* earth *v.*, ground *v.* (US)
Erdfeld *n.* (Ant.) earth mat
erdfrei *adj.* floating *adj.*, ungrounded *adj.*
Erdfunkstelle *f.* ground signal station
erdfunkstelle, Empfangs~ *f.* ground
  receiving station
erdgebundene Leitungen ground-based
  lines
Erdkabel *n.* underground cable
Erdleitung *f.* earth wire, earth connection
Erdmagnetfeld *n.* terrestrial magnetic
  field, earth's magnetic field
Erdnetz *n.* (Ausstrahlung) (System von
  Leitern, die leitend mit der Erdoberflä)
  earth system, ground screen
Erdradius *m.* earth's radius; **äquivalenter**
  °~ *m.* effective earth radius
Erdschattenzone *f.* earth's shadow area
Erdspieß *m.* earth rod, earth spike
erdsymmetrisch *adj.* balanced to earth
  (ground)
Erdtrabant *m.* earth satellite
Erdumlaufbahn *f.* earth orbit
Erdung *f.* ground *n.* (US), earthing *n.*,
  grounding *n.* (US), earth *n.*
Erdungsleitung *f.* earth wire, earth
  connection
Erdungsschutz *m.* protective earthing
Erdungstrenner *m.* earthing isolator
Ereignis *n.* event *n.*
Ereignisablauf *m.* sequence of events
ereignisgesteuerte Verarbeitung (IT)
  event-driven processing
Erfahrung *f.* (Praxis) experience *n.*
Erfassung *f.* aquisition *n.*
Erfindung *f.* invention *n.*
Ergänzungsdatensatz *m.* (IT) addition
  record
Ergebnis *n.* result *n.*
Erhebungswinkel *m.* elevation angle

Erkennungsmelodie *f.* signature tune
Erkennungszeichen *n.* station
  identification signal
ermöglichen, Zugriff ~ enable access,
  provide access
Erneuerungsinvestitionen *f. pl.* renewal
  investments
Erneuerungskosten *pl.* cost of renewals
Erotikfilm *m.* erotic film
ERP (s. effektive Strahlungsleistung)
Erregerfrequenz *f.* exciting frequency
Erregerstrom *m.* exciting current,
  induction current, energising current
Erreichbarkeit *f.* (Tel) obtainability *n.*
errichten *v.* set up *v.*, build up *v.*
Ersatzbatterie *f.* spare battery,
  replacement battery
Ersatzbesetzung *f.* understudy *n.*
Ersatzgerät *n.* spare set
Ersatzinvestitionen *f. pl.* replacement
  investments
Ersatzlautstärke *f.* equivalent volume
Ersatzleitung *f.* reserve circuit
Ersatzmusik *f.* emergency music
Ersatzprogramm *n.* emergency
  programme
Ersatzschaltbild *n.* equivalent circuit
  diagram
Ersatzsender *m.* stand-by transmitter
Ersatzsendung *f.* stand-by programme,
  substitute programme
Ersatzteil *n.* spare part, spare *n.*,
  replacement *n.*
Erscheinungsbild *n.* appearance *n.*
Erschütterung *f.* vibration *n.*
ersetzen *v.* replace *v.*
Erstaufführung *f.* première *n.*, first night,
  first run
Erstaufführungskino *n.* first-run theatre
Erstaufführungstheater *n.* first-run
  theatre
Erstausstrahlung *f.* first broadcast
erste Geige first violin
Erstentwicklung *f.* primary development
erster Kameraassistent camera operator;
  ~ **Kameramann** director of
  photography, lighting cameraman
Erstkopie *f.* (Kopierwerk) answer print
Erstsendung *f.* (TV) first showing; °~
  first broadcast
Erwachsenenbildung *f.* adult education,
  further education

Erweiterbarkeit *f.* expandability *n.*
erweiterte Wahlwiederholung *f.* (Tel)
  history function, extended redial; ~s
  ASCII *n.* (IT) extended ASCII
Erzähler *m.* narrator *n.*
erzeugen *v.* generate *v.*
Erziehung* *f.* educational broadcasting*
Erziehungsfilm *m.* training film,
  instructional film
ESB (s. Einseitenband)
Escapetaste *f.* (IT) escape key
Escapezeichen *n.* (IT) escape character
Essenz *f.* essence *n.*
Essigsäuresyndrom *n.* vinegar syndrome
Ethernet/Cheapernet IEEE 802.3
  controlling standard, Ethernet/
  Cheapernet IEEE 802.3
Etikett *n.* label *n.*; **nichtstandardisiertes**
  °~ (IT) non-standard label
Euro *f.* (fam.) Eurovision *n.*
Europäische Norm European standard
Euroradio *n.* Euroradio
Eurovision *f.* Eurovision *n.*; °~**-Caption** *f.*
  Eurovision caption
Eurovisions-Kommentator-Einheit *f.*
  (Eurovision) Eurovision commentator's
  unit
Eurovisionsabteilung *f.* Eurovision
  department
Eurovisionsabwicklung *f.* Eurovision
  operations *n. pl.*, Eurovision procedure
Eurovisionsangebot *n.* Eurovision
  programme offer
Eurovisionsaustausch *m.* Eurovision
  exchange
Eurovisionsdia *n.* Eurovision slide
Eurovisionsfanfare *f.* Eurovision tune
Eurovisionskennung *f.* Eurovision
  identification
Eurovisionskontrollzentrum *n.*
  Eurovision control centre (EVC)
Eurovisionskoordination *f.* Eurovision
  coordination
Eurovisionskoordinator *m.* Eurovision
  coordinator
Eurovisionskosten Eurovision costs
Eurovisionsmusik *f.* Eurovision tune
Eurovisionsnachrichtenaustausch *m.*
  Eurovision news exchange
Eurovisionsnetz *n.* Eurovision network
Eurovisionsrules *pl.* Eurovision rules

Eurovisionssendung f. Eurovision transmission, Eurovision hook-up
Eurovisionssharing n. Eurovision sharing
Eurovisionsübernahme f. Eurovision relay
Eurovisionsübertragung f. Eurovision relay
Eurovisionszeichen n. Eurovision caption
evolutionär adj. evolutionary adj.
Exciter m. (Elektronik zur Anhebung von NF-Frequenzbereichen) exciter n.
Exclusivrechte n. pl. exclusive rights
Exemplar n. specimen n.
Exklusiv- (in Zus.) exclusive adj.
Expander m. (Ton) volume expander
Expedition f. shipping office
Experimentalfilm m. experimental film
Experte m. expert n., specialist n.
Explosion f. explosion n.
Explosionsblende f. explosion shutter
Exposé n. synopsis n.
Extranet n. (IT) extranet n.
Extras n. pl. (IT) bells and whistles
Extrude f. (Grafik) extrude n.

F

F-Schicht f. F-layer n.; °∼**-Signal** (s. Farbartsignal)
Facette f. facet n.
Fach n. line n.
Facharbeiter m. craftsman n., skilled worker
Fächerblende f. fan wipe
Fachgebiet n. field n. (speciality), speciality n.
Fachjournalist m. specialist correspondent
Fachmann m. expert n., specialist n.
Fachredakteur m. specialist correspondent
Fadenkreuz n. crosshairs n. pl., reticule n.
Faderstart m. fader start n.
Fading n. fading n.
Fahne f. (F) streak n.; °∼ (Bild) smear n.
Fahnenziehen n. afterglow n., streaking n.
Fahraufnahme f. track n., tracking shot, truck shot, travelling shot

fahrbar adj. mobile adj.
Fahrbereitschaft* f. motor pool*, transport* n.
Fahrbereitschaftsleiter m. transport officer
Fahrdienstleiter m. transport manager
fahren v. (Linse) zoom v.; ∼ (Sendung) run v. (a broadcast); **seitwärts** ∼ (Kamera) crab v.
Fahrplan m. (Sendung) running order; °∼ (Ablauf) running order
Fahrspinne f. castored base
Fahrstativ n. rolling tripod
Fahrt f. track n., tracking shot, truck shot, travelling shot; **optische** °∼ zoom n.
Fahrzeugempfänger m. in-vehicle receiver
Faktor m. factor n.
Fall m. case n.
Falle f. trap n.
fallen v. fall v., drop v.
Fallenfilter m. reflection filter; °∼ (elek.) notch filter
Fallenkreis m. notch-filter circuit
Fälschung f. fake n.
Faltdipol m. folded dipole
Faltprodukt n. (Mathematik) convolution product
Faltungs- convolutional adj.; °∼**-Codierung** f. convolutional encoding (FEC); °∼**-Decodierung** f. convolutional decoding (FEC)
Familienprogramm n. family programme, general audience programme
Familienserie f. comedy show, family series
Fanfare f. fanfare n., theme tune; °∼ (Eurovision) Eurovision tune
Fangbereich m. lock-in range, pull-in range
Fangmodus m. snap mode
Farb- (in Zus.) chromatic adj., colour (compp.), chroma (compp.); °∼**-MAZ-Wagen** m. colour mobile video tape recorder (CMVTR); °∼**-Ü-Wagen** m. colour OB vehicle, colour mobile control room (CMCR)
Farbabgleich m. colour balance
Farbabschalter m. colour killer
Farbabstimmung f. colour balance
Farbabweichung f. colour deviation, hue

error; °~ (opt.) chromatic aberration; °~ colour distortion

Farbabzug *m.* colour print

Farbanalyse *f.* colour analysis

Farbanpassung *f.* colour matching, colour matrixing

Farbart *f.* chromaticity *n.*, chromacity *n.*

Farbartflimmern *n.* chromatic flicker, colour flicker

Farbartkanal *m.* chromatic chain, chromatic channel

Farbartsignal *n.* chrominance signal; °~ (F-Signal) chrominance signal

Farbaufbrechen *n.* colour break-up

Farbauflösung *f.* chrominance resolution

Farbauflösungsvermögen *n.* power of chromatic resolution, acuity of colour image

Farbaufteilung *f.* chromatic separation, chromatic splitting

Farbausgleichfilter *m.* colour balance filter, colour compensating filter

Farbauszug *m.* chromatic component, colour separation

Farbauszugsbild *n.* primary colour image

Farbauszugsraster *m.* primary colour raster

Farbauszugssignal *n.* primary colour signal, colour separation signal

Farbbalance *f.* colour balance

Farbbalken *m.* colour bar

Farbbalkentestbild *n.* colour bar pattern

Farbbänder *n. pl.* colour banding

Farbberater *m.* colour adviser

Farbbereich *m.* colour range

Farbbestimmungsprobe *f.* colour cinex test

Farbbezugspunkt *m.* colour reference

Farbbild *n.* colour picture, colour frame

Farbbildaustastsignal *n.* (FBA-Signal) colour picture signal

Farbbildaustastsynchronsignal *n.* (FBAS-Signal) composite colour video signal (comp. sig.), colour video signal, composite colour signal

Farbbilddeckung *f.* convergence *n.*

Farbbildkontrollgerät *n.* colour picture and waveform monitor

Farbbildröhre *f.* chromoscope *n.*, colour picture tube, colour tube, colour kinescope (US)

Farbbildsignal *n.* colour picture signal

Farbbildsignalgemisch *n.* composite colour video signal (comp. sig.), colour video signal, composite colour signal

Farbbits *n. pl.* (IT) color bits

Farbcoder *m.* coder *n.*

Farbcodierung *f.* colour coding

Farbdeckung *f.* registration *n.*

Farbdecodierung *f.* colour decoding

Farbdekoder *m.* decoder *n.*, colour decoder

Farbdemodulator *m.* colour demodulator, chrominance demodulator

Farbdia *n.* colour slide

Farbdichte *f.* colour density, colorimetric purity

Farbdifferenz *f.* chromatic difference, colour difference

Farbdifferenzsignal *n.* colour difference signal

Farbdramaturgie *f.* colour composition within picture

Farbdreieck *n.* colour triangle

Farbduplikatnegativ *n.* colour duplicate negative, colour dupe neg (coll.); °~ (Farbe) internegative *n.*

Farbe *f.* dye *n.*, colour *n.*, paint *n.*, hue *n.*; **blasse** °~ pale colour; **gedämpfte** °~ muted colour, subdued colour; **reine** °~ pure colour; **schreiende** °~ loud colour, garish colour; **unreine** °~ impure colour; **verwaschene** °~ washed-out colour, desaturated colour

Farbeindruck *m.* colour effect

Farbelektronik *f.* colour electronics

Farbempfang *m.* colour reception

Farbempfänger *m.* colour television receiver, colour receiver

Farbempfindlichkeit *f.* colour sensitivity, spectral response, chromatic sensitivity

Farbenblindheit *f.* colour blindness, achromatopsy *n.*

Farbenspiel *n.* (Scheinwerfer) effects with colour lighting; **rotierendes** °~ revolving colour disc

Farbentwicklung *f.* colour developing

Farberinnerungsvermögen *n.* colour memory

Farbfehler *m.* colour defect, chromatic defect, colour error

farbfehlsichtig *adj.* red-green blind

Farbfehlsichtigkeit *f.* daltonism *n.*, red-green blindness

Farbfernsehempfänger *m.* colour
television receiver, colour receiver

Farbfernsehen *n.* colour television, colour
broadcasting

Farbfernsehkamera *f.* colour television
camera

Farbfernsehnorm *f.* colour television
standard

Farbfilm *m.* colour film

Farbfilmmaterial *n.* colour stock

Farbfilmverfahren *n.* colour film system;
additives °∼ technicolor *n.*

Farbfilter *m.* colour filter, coloured filter

Farbflimmern *n.* colour flicker

Farbfolien *f. pl.* (Beleuchtung) colour
filters

Farbgebung *f.* colouring *n.*, coloration *n.*

Farbgleichgewicht *n.* colour balance

Farbgrauwerttafel *f.* colour grey-scale
chart

Farbhilfsträger *m.* colour subcarrier
(CSC), colour carrier (coll.)

Farbigkeit *f.* chromaticity *n.*

Farbinformation *f.* colour information,
chrominance information

Farbkanalentzerrer *m.* chrominance
equaliser

Farbkanalübersprechen *n.* cross-colour
n.

Farbkennung *f.* colour identification

Farbkoder *m.* colour coder, colour
encoder

Farbkoeffizient *m.* chromatic coefficient

Farbkoeffizienten, trichromatische °∼
chromatic tristimuli

Farbkompensationsfilter *m.* colour
compensation filter

Farbkomponente *f.* colour component

Farbkontrast *m.* colour contrast

Farbkonturschärfe *f.* chromatic
resolution

Farbkoordinate *f.* chromatic coordinate

Farbkopie *f.* colour print

Farbkorrektur *f.* colour correction, colour
matching; **elektronische** °∼ electronic
colour correction, matching *n.*

Farbkorrektureinrichtung *f.* paint box
(coll.)

Farbkorrekturmaske *f.* colour correction
mask

Farbkreis *m.* colour circle

Farbkuppler *m.* colour matcher

Farblavendel *n.* colour lavender

Farblehre *f.* chromatics *n.*, colorimetry *n.*

Farblichtbestimmer *m.* colour grader,
colour temperature meter

farblos *adj.* achromatic *adj.*, colourless
adj.

Farblosigkeit *f.* colourlessness *n.*,
achromatism *n.*, absence of colour

Farbmanagement *n.* (IT) color
management

Farbmatrix *f.* (Technicolor) colour matrix

Farbmatrixschaltung *f.* colour matrix
unit, colour matrix circuit

Farbmessung *f.* colorimetry *n.*

Farbmetrik *f.* colorimetry *n.*

farbmetrisch *adj.* colorimetric *adj.*

Farbmischkurven *f. pl.* trichromatic
response

Farbmischung *f.* colour mixing, colour
blending, colour mixture

Farbmodulator *m.* chrominance
modulator, colour modulator

Farbmonitor *m.* colour monitor

Farbnachlauffilm *m.* colour tail leader,
colour run-out leader

Farbnegativfilm *m.* colour negative film

Farbnormalsichtigkeit *f.* normal colour
sight

Farbnormwandler *m.* transcoder *n.*

Farbort *m.* point on colour triangle

Farbortmessung *f.* measurement of colour
coordinates

Farbpositivfilm *m.* colour positive film

Farbproduktion *f.* colour production

Farbqualität *f.* colour quality

Farbrasterfilm *m.* mosaic screen film,
lenticulated film

Farbrauschen *n.* coloured noise

Farbreinheit *f.* colour purity

Farbreinheitsgrad *m.* excitation purity

Farbreinheitsmagnet *m.* purity correction
magnet

Farbreiz *m.* colour stimulus

Farbsättigung *f.* saturation *n.*, colour
saturation

Farbsättigungsregelung *f.* colour
saturation adjustment

Farbsättigungsregler *m.* colour saturation
control

Farbsättigungsstreifigkeit *f.* saturation
banding

Farbsaum *m.* colour fringing

Farbschablonentrick *m.* chroma key, blue screen
Farbschwelle *f.* colour threshold
Farbschwund *m.* dye fading
farbselektiv *adj.* colour-selective *adj.*
Farbsendung *f.* colour transmission
Farbservicegenerator *m.* colour-servicing signal generator
Farbsignal *n.* colour signal
Farbsperre *f.* colour killer
Farbstabilisierverstärker *m.* colour stabilisation amplifier
Farbstärkeregler *m.* colour intensity control
Farbstich *m.* colour cast, colour tinge; **kippender** °~ predominance of one colour
Farbstoff *m.* dye *n.*, pigment *n.*, colouring matter
Farbsynchronimpuls *m.* chrominance sync pulse
Farbsynchronsignal *n.* colour synchronising burst, colour synchronising signal
Farbsynthese *f.* colour synthesis; **additive** °~ additive colour synthesis; **subtraktive** °~ subtractive colour synthesis
Farbtabelle *f.* (IT) color table
Farbtafel *f.* chromaticity diagram, colour chart
Farbteiler *m.* colour separator
Farbteilung *f.* colour splitting, colour separation
Farbtemperatur *f.* colour temperature (CT)
Farbtemperaturmesser *m.* Kelvin meter, colour temperature meter
Farbtestbild, elektrisches °~ electric colour test pattern
Farbton *m.* colour shade, tone *n.* (coll.), shade *n.* (coll.), tint *n.*, hue *n.*
Farbtonknopf *m.* colour intensity control
Farbtonstreifigkeit *f.* colour hue banding
Farbtonverfälschung *f.* colour shading
Farbträger *m.* colour subcarrier (CSC), colour carrier (coll.), colour sub-carrier; **verkoppelter** °~ *m.* locked colour carrier
Farbträgerfrequenz *f.* colour sub-carrier frequency
Farbträgermoiré *n.* patterning *n.*

Farbträgerschwingung *f.* colour subcarrier oscillation
Farbtreue *f.* colour fidelity, colour rendition, colour reproduction, colour rendering
Farbtripel *m.* colour triad
farbtüchtig *adj.* colour-capable *adj.*, polychromatic *adj.*
Farbübergang *m.* colour transition
Farbübersprechen *n.* colour contamination, colour cross-talk
Farbübertragung *f.* colour transmission
Farbumkehrduplikat *n.* colour reversal print
Farbumkehrfilm *m.* colour reversal film
Farbumkodierer *m.* transcoder *n.*
Farbunterscheidungsschwelle *f.* colour difference threshold
Farbunterscheidungsvermögen *n.* colour difference sensitivity
Farbunterschied *m.* colour difference
Farbvalenz *f.* colour stimulus specification
Farbvalenzflimmern *n.* colour flicker
Farbverfahren *n.* colour process; **additives** °~ additive colour process, additive colour system; **subtraktives** °~ subtractive colour system, subtractive colour process
Farbverschiebung *f.* colour distortion
Farbvorlauffilm *m.* colour film leader, colour head leader
Farbwert *m.* chromaticity *n.*, colour value, hue *n.*
Farbwertanteile *m. pl.* trichromatic coefficients
Farbwertbild *n.* chrominance component
Farbwerte *m. pl.* tristimulus values
Farbwertkontrollgerät *n.* tristimulus values monitor, RGB waveform monitor
Farbwertkoordinaten *f. pl.* chromaticity coordinates
Farbwertsignal *n.* chrominance signal
Farbwertverschiebung *f.* tristimulus value offset, tristimulus value shift, chrominance offset, chrominance shift
Farbwiedergabe *f.* colour rendition, colour reproduction, colour rendering
Farbzerlegungssystem *n.* colour splitting system
Farbzwischenpositiv *n.* colour intermediate positive

Faser f. (Übertragung) fibre n.
Faseroptik f. fibre optics
Fassung f. (elek.) socket n.; °~ version n.,
fitting n.; **synchronisierte** °~ dubbed
version
fataler Fehler m. (IT) fatal error
Favoriten m. pl. (IT) favorites pl.
Favoritenordner m. (IT) favorites folder
Faxmodem n. (IT) fax modem
Faxprogramm n. (IT) fax program
Faxserver m. (IT) fax server
FAZ (s. Filmaufzeichnung), ; °~
aufzeichnen to record on film, film-
record v., kine v. (coll.); °~**-Anlage** f.
(FAZ) telerecording equipment, film
recorder, kinescope n. (US)
fazen v. (fam.) to record on film, film-
record v., telerecord v., kine v. (coll.)
FBA-Signal (s. Farbbildaustastsignal)
FBAS-Signal (s.
Farbbildaustastsynchronsignal)
Feature n. (TV) documentary feature,
documentary n. (R, TV); °~ feature n.
Feature* n. documentary and talks
programmes*
Feder f. (Technik) spring n.
federführende Anstalt originating station
Federleiste f. spring strip, female multi-
point connector
Federspannung f. spring tension
Federung f. suspension n.
Federwerk n. spring mechanism,
clockwork n.
Feed n. feed n.
Feeder m. aerial feeder, feeder n.
fehlanpassen v. mismatch v.
Fehlanpassung f. mismatch n.,
mismatching n.
Fehlanpassungsfaktor m. (entspricht dem
Leistungsverlust bei Fehlanpassung)
mismatch loss
Fehlausrichtung f. misalignment n.
Fehlbelichtung f. faulty exposure
Fehlbesetzung f. miscasting n.
fehlen v. (IT) to be absent, to be missing
Fehler m. aberration n., defect n.; °~
(Röhre) failure n.; °~ error n., mistake
n.; °~ (Linse) flaw n.; °~ fault n.,
impairment n.; °~ (Technik) fault n.,
defect n., error n.; **akkumulierter** °~
(IT) accumulated error; **chromatischer**
°~ chromatic aberration; **deutlich**

störender °~ (UER-Bewertungstabelle)
definitely objectionable impairment;
einen °~ **eingrenzen** to localise a fault;
gerade wahrnehmbarer °~ just
perceptible impairment; **gut**
wahrnehmbarer aber nicht störender
°~ definitely perceptible but not
disturbing impairment; **leicht störender**
°~ somewhat objectionable impairment;
nicht wahrnehmbarer °~
imperceptible impairment
Fehleranalyse f. (IT) error analysis
Fehlerbehandlung f. (IT) error handling
Fehlerbeseitigung f. (IT) debugging n.;
°~ (IT) debugging n.
Fehlerbüschel n. burst n.
Fehlereingrenzung f. fault location
Fehlererkennung f. (IT) error detection;
°~ error recognition
Fehlererkennungsbit n. error detection bit
Fehlererkennungscode m. error detection
code
Fehlerfunktion f. error function
Fehlergrenze f. accuracy n.
fehlerhaft adj. defective adj., incorrect
adj., faulty adj., erroneous adj.
Fehlerhäufigkeit f. (IT) error rate; °~
error rate
Fehlerkontrolle f. (IT) error control
Fehlerkorrektur f. error correction
Fehlermeldung f. (Anzeige) fault report;
°~ (IT) error message, alarm message,
fault message
Fehlerprotokolldatei f. (IT) error log file
Fehlerprüfung f. (IT) error checking
Fehlerrate f. error rate
Fehlerschutz m. (data) error protection
(gegen Erdschluß), leakage protection
Fehlerspannung f. error voltage (EV)
Fehlerspannungsrelais n. (FU-Schalter)
error voltage relay
Fehlerstrom m. leakage current, fault
current
Fehlerstromrelais n. (FI-Schalter) leakage
current relay, fault current relay
Fehlersuche f. trouble-shooting n., fault-
locating n.; °~ (IT) trouble-hunting n.
Fehlerverdeckung f. error concealment;
°~ (IT) concealment n.
Fehlerwahrscheinlichkeit f. (IT) error
probability

Fehlschaltung *f.* switching error, faulty switching
feinabstimmen *v.* (IT) tweak *v.*
Feineinstellung *f.* fine adjustment, fine-setting, fine control, trimming *n.*
Feinkorn *n.* fine grain
Feinkornentwickler *m.* fine-grain developer
Feinkornfilm *m.* fine-grain stock, fine-grain film
feinkörnig *adj.* fine-grain *adj.*
Feinkornkopie *f.* fine-grain print
Feinmechaniker *m.* precision tool maker, precision tool worker
Feinschnitt *m.* final cut, fine cut
Feld *n.* field *n.*; °~ (Vollbild) frame *n.*; °~ (IT) array *n.* (IT); °~ (Akustik) field (acoustic); **optisches** °~ optical field
Feldeffekttransistor *m.* (FET) field effect transistor (FET)
Feldgrößen *f. pl.* field quantities, field variables
Feldimpedanz *f.* field impedance
Feldlänge *f.* field length
Feldlinse *f.* field lens, field flattener
Feldnetz *n.* field mesh
Feldspule *f.* field coil
Feldstärke *f.* field strength; °~ (phys.) power flux intensity; °~ (E) field strength; **elektrische** °~ electric field strength, intensity *n.*
Feldstärkemaß *n.* field strength measure
Feldstärkemessung *f.* field-strength measuring, field strength measurement
Feldtrennzeichen *n.* (IT) field separator, field delimiter
Feldversuch *m.* field trial
Feldwicklung *f.* field coil, field winding
Fenster *n.* (IT) window *n.*; °~, **regionales** *n.* regional window, local window *n.*; °~, **überlappende** *n. pl.* (IT) cascading windows
Fensterantenne *f.* window-frame aerial, window-mounted aerial
Fensterbefestigung *f.* (Ant.) window-mounting *n.*
Fenstergrößesymbol *n.* (IT) size box
Fensterprotokolle *n. pl.* (IT) high level data control protocols
Ferienprogramm *n.* programme for holiday-makers
Fernabfrage *f.* (Tel) remote inquiry

Fernadministration *f.* (IT) remote administration
Fernanzeige *f.* (IT) remote indication
Fernaufnahme *f.* (Foto) telephoto picture; °~ (F) long-distance shot; °~ long-shot (LS), vista shot (US)
Fernauge *n.* closed-circuit TV camera
Fernauslöser *m.* remote release
fernbedienen *v.* to operate by remote control
Fernbediengerät *n.* remote-control unit, remote-control equipment
Fernbedienung *f.* remote control
Fernbetätigung *f.* remote control
Fernbildlinse *f.* telephoto lens
Fernempfangsgebiet *n.* secondary service area, sky-wave service area
Fernerkundung (Sat) remote sensing
Fernfeld *n.* far field
ferngesteuert *adj.* remote-controlled *adj.*
Fernkabel *n.* long-distance cable
Fernkopierer *m.* telecopier *n.*, facsimile unit, telefax (unit), fax (unit); °~ (Tel) fax *n.*
fernleiten *v.* radio-control *v.*
Fernleitung *f.* long-distance line, long-distance circuit, trunk line
Fernleitungsnetz *n.* trunk network, trunk-line system, long-distance network
Fernmeldeamt *n.* telecommunications office
Fernmeldeanlage *f.* telecommunications system
Fernmeldeordnung *f.* Telecommunications Regulations
Fernmelderegion *f.* telecommunications region
Fernmeldesatellit *m.* telecommunications satellite, communications satellite
Fernmeldetechnik *f.* telecommunications engineering, telecommunications *n. pl.*
Fernmeldetechnik* *f.* communications* *n. pl.*
Fernmeldetechniker *m.* telecommunications engineer
Fernmeldeverwaltung *f.* telecommunications administration
Fernmeldewesen *n.* telecommunications *n. pl.*
Fernmeldezentrum *n.* telecommunications centre
Fernmeßdaten *n. pl.* telemetrical data

Fernnetz trunk network; °~ (Tel) long distance network
Fernnetznebensprechen n. (Tel) far end cross talk
Fernpunkt m. apogee n.
Fernschaltung f. remote control, distant control, remote switching, remote-controlled switching
fernschreiben v. teletype v.
Fernschreiben n. teleprinter message, telex message, telex n., teleprint n.
Fernschreiber m. teleprinter n., ticker n. (coll.); °~ (IT) teletype n., teletyper n., teletypewriter n.; °~ (Person) teleprinter operator, telex operator; °~ (Tel) teleprinter; **über den** °~ **laufen lassen** teleprint v., to put on telex
Fernschreibnetz n. teleprinter network
Fernschreibstelle f. teleprinter service
Fernseh- (in Zus.) television (compp.), video adj. (US); °~**design** n. on screen design; °~**grafik** f. television graphic; °~**markt** m. tv market
Fernsehadaption f. TV adaptation
Fernsehanlage f. television installation
Fernsehansager m. television announcer
Fernsehansprache f. television address
Fernsehanstalt f. television corporation, television station, television station
Fernsehantenne f. television aerial
Fernsehapparat m. television receiver, television set, television n. (coll.)
Fernseharchiv n. television archives n. pl.
Fernsehaufnahme f. television recording, vision pick-up (US), telerecording n. (TR)
Fernsehaufnahmekamera f. television camera
Fernsehaufnahmewagen m. (TV) television car; °~ television OB van, television camera truck (US), video bus (US), pick-up truck (US), mobile video tape recorder (MVTR)
Fernsehaufzeichnung f. telerecording n. (TR)
Fernsehausstrahlung f. television transmission
Fernsehaustauschleitung f. television programme exchange circuit
Fernsehballett n. TV dance troupe
Fernsehbearbeitung f. television adaptation

Fernsehbeirat m. (ARD) television advisory council
Fernsehbericht m. television report
Fernsehberichterstattung f. television coverage
Fernsehbetrieb Bild* video operations* n. pl.; °~ **Ton*** television sound operations* n. pl.
Fernsehbetriebstechnik* f. television operations and maintenance*
Fernsehbild n. television image, television picture
Fernsehbildprojektor m. television picture projector
Fernsehbildsender m. (TV) vision transmitter
Fernsehbildwiedergabe f. televison image reproduction
Fernsehdienst m. television service
Fernsehdirektion f. television directorate
Fernsehdirektor m. managing director of television (BBC)
Fernsehdirektübertragung f. live television relay, live television broadcast
Fernsehdiskussion f. television panel discussion, television debate
Fernsehdramaturgie* f. television scripts unit
Fernsehempfang m. television reception
Fernsehempfänger m. television receiver, television set, television n. (coll.)
Fernsehempfangsgerät n. television receiver, television set, television n. (coll.), TV set, TV tuner (Empfangsteil)
Fernsehempfangsleitung f. television reception line
fernsehen v. to watch television
Fernsehen n. (TV) television n. (TV), video n. (US); °~ (Organisation) television n. (organisation); **dreidimensionales** °~ three-dimensional television, 3-D television, 3-D TV; **kommerzielles** °~ commercial television; **über** °~ **ausstrahlen** televise v.
Fernseher m. video viewer (US), viewer n.; °~ (fam.) television receiver, television set, television n. (coll.), set n.
Fernsehfassung f. television version
Fernsehfestival n. TV festival
Fernsehfilm m. television film, telefilm n.

(US); °~-**kassettenwiedergabegerät** *n.*
television cassette player, teleplayer *n.*
Fernsehfilmkassette *f.* television film
cassette, television film cartridge
Fernsehgebühr *f.* television licence fee
Fernsehgenehmigung *f.* television licence
Fernsehgerät *n.* television receiver,
television set, television *n.* (coll.)
Fernsehgesellschaft *f.* television
corporation, television station, television
station
Fernsehgroßbildprojektion *f.* large-
screen television projection
Fernsehgroßbildprojektor *m.* large-
screen television projector, eidophor *n.*
Fernsehhaushalt *m.* television household;
°~ (Zuschauerforschung) television
home
Fernsehheimempfänger *m.* home
television set
Fernsehinszenierung *f.* television version
Fernsehjournalist *m.* television journalist
Fernsehkamera *f.* television camera;
tragbare °~ portable TV camera,
creepie-peepie *n.* (US)
Fernsehkanal *m.* television channel; °~
mit normaler Lage der Träger
television channel using upper sideband;
°~ **mit spiegelbildlicher Lage der**
Träger television channel using lower
sideband
Fernsehkanäle, spiegelbildliche °~
channels in tête-bêche
Fernsehkanalumsetzer *m.* television
transposer, television translator
Fernsehkasch *m.* television graticule
Fernsehkassette *f.* television cassette,
television cartridge
Fernsehkette *f.* network *n.*
Fernsehkofferempfänger *m.* portable TV
receiver
Fernsehkomplex *m.* television centre
Fernsehkonsumenten *m. pl.* viewers *n. pl.*
Fernsehkopie *f.* (Film) television copy
Fernsehkritik *f.* television column
Fernsehkursus *m.* television course
Fernsehlehrer *m.* television teacher
Fernsehleitung *f.* television circuit
Fernsehlektion *f.* televised lesson
Fernsehleute plt. broadcasters *n. pl.*
Fernsehlivesendung *f.* live television
transmission

Fernsehlizenz *f.* television franchise
Fernsehmeßtechnik *f.* television
measurement technology
Fernsehmodulationsleitung *f.* television
distribution circuit
Fernsehmonitor *m.* television monitor
Fernsehmusical *n.* television musical
Fernsehnachrichten *f. pl.* television news
Fernsehnetz *n.* television network
Fernsehnorm *f.* television standard
Fernsehnutzung *f.* television usage
Fernsehoper *f.* television opera
Fernsehpreis *m.* television prize
Fernsehproduktion *f.* television version,
television output
Fernsehproduzent *m.* television producer
Fernsehprogramm *n.* television
programme
Fernsehprogrammführer *m.* tv guide
Fernsehprogrammkommission *f.* (ARD)
television programme directors'
committee
Fernsehpublikum *n.* television audience
Fernsehpublizist *m.* television news
commentator, television pundit (coll.)
Fernsehrat *m.* (ARD) television
programme committee; °~ (ZDF)
television council
Fernsehrechte *n. pl.* television rights
Fernsehregie *f.* television production
control
Fernsehregisseur *m.* television director
Fernsehreklame *f.* television advertising,
television advertisement
Fernsehreporter *m.* television reporter
Fernsehröhre *f.* kinescope *n.* (US),
television tube, picture tube
Fernsehrundfunk *m.* television
broadcasting
Fernsehsatellit *m.* television satellite
Fernsehschaltraum *m.* television
switching area
Fernsehschaltstelle *f.* TV-switching center
Fernsehschirm *m.* (Empfänger) television
screen
Fernsehschüler *m.* school viewer
Fernsehsendeleitung *f.* Head of TV
presentation
Fernsehsender *m.* television station; °~
(tech.) television transmitter;
farbtüchtiger °~ colour-capable

transmitter; **tragbarer** °~ portable television transmitter

Fernsehsendung *f*. television programme, television broadcast, television transmission

Fernsehsignal *n*. television signal

Fernsehspiel *n*. television play, television drama

Fernsehspielarchiv *n*. television drama library

Fernsehspot *m*. commercial *n*.

Fernsehstandard *m*. television standard

Fernsehstation *f*. television station; °~ (tech.) television transmitter

Fernsehstrecke *f*. television link, television relay link

Fernsehstudio *n*. television studio

Fernsehtaktgeberimpulse *m. pl.* television synchronising signals

Fernsehtechnik *f*. television engineering, television technology

Fernsehtechniker *m*. television technician

Fernsehteilnehmer *m*. television licence-holder

Fernsehtelefon *n*. television telephone, video telephone (US)

Fernsehtelefonie *f*. video telephony

Fernsehtext *m*. videotex *n*., teletext *n*.; **kombinierter** °~ combined videotex, teletext *n*.

Fernsehtextdecoder *m*. videotext decoder

Fernsehtextempfang *m*. videotext reception, teletext reception

Fernsehtextrechner *m*. videotex computer, teletext computer

Fernsehtextseite *f*. teletext page (videotex)

Fernsehtextsignal *n*. videotex signal, teletext signal

Fernsehtextspeicher *m*. teletext memory (videotex)

Fernsehtextzeile *f*. teletext line (videotex)

Fernsehton *m*. television sound

Fernsehtonsender *m*. television sound transmitter

Fernsehturm *m*. television tower

Fernsehübertragung *f*. television transmission; °~ **über Satelliten** satellite television transmission; **direkte** °~ **vom Satelliten** live television relay by satellite

Fernsehübertragungsanlage *f*. television installation

Fernsehübertragungsstrecke *f*. television link, television relay link, television transmission circuit

Fernsehübertragungsverfahren *n*. television transmission process

Fernsehübertragungswagen *m*. mobile control room (MCR)

Fernsehübertragungszug *m*. mobile unit, mobile OB unit

Fernsehumsetzer *m*. television translator, television transposer

Fernsehunterhaltung *f*. television light entertainment

Fernsehveranstaltung *f*. television event, television show

Fernsehversorgung *f*. television coverage

Fernsehverteilersatellit *m*. television distribution satellite

Fernsehverteilleitung *f*. television distribution circuit

Fernsehwerbung *f*. television advertising

Fernsehwettbewerb *m*. television contest

Fernsehwiedergabe *f*. television reproduction

Fernsehzeitalter *n*. television age, era of television

Fernsehzeitschrift *f*. television magazine

Fernsehzentrum *n*. television centre

Fernsehzubringer *m*. television relay link

Fernsehzubringerleitung *f*. television OB link

Fernsehzuführungsleitung *f*. incoming TV circuit (to a centre)

Fernsehzuschauer *m*. video viewer (US), viewer *n*.

Fernsprech- (s. Telefon) telephone

Fernsprechen *n*. telephony *n*.; °~ (Tel) telephoning, telephony

Fernsprecher *m*. telephone *n*. (set)

Fernsprechleitung *f*. telephone line

Fernsprechnetz, öffentliches *n*. (Tel) public telephone network

Fernsprechzeitanschluß *m*. temporary telephone connection

Fernstart *m*. remote start

fernsteuern *v*. to operate by remote control

Fernsteuerung *f*. remote control, telecontrol *n*.

Fernstrahl *m*. high angle ray, Pedersen ray

Fernüberwachung f. remote monitoring
Fernwirkanlage f. telecontrol system
Fernwirkeinrichtung f. remote-control system
fernwirken v. telecontrol v.
Fernwirken n. (Tel) telecontrol n.
Fernwirkleitung f. telecontrol line
Fernwirksystem n. remote-control system
Fernwirktelegramme n. pl. telecontrol telegrams
Fernwirkung f. telecontrol n.
Fernzugriff m. (IT) remote access
Ferritantenne f. ferrite aerial
Ferritkern m. (IT) ferrite core
Ferrule f. (bei LWL) ferrule
Fertigmeldung f. go-ahead signal
Fertigung f. finish n., finishing n., editing n.
Fertigungsbetrieb m. manufacturing company
Fertigungszeit f. production time
Festangestellte pl. permanent staff
Festanschluß m. permanent connection
feste Einstellung fixed angle
Festeinstellung f. (opt.) fixed angle; **schaltbare** °~ (Empfänger) switchable preset tuning
Festkamera f. fixed point
Festkörper-Bauelement n. (IT) solid-state component, solid-state device
Festkörperakustik f. solid-state acoustics
Festkörperschaltkreis m. (IT) solid-state circuit
Festkörperspeicher m. solid-state memory
festlegen v. define v.
Festlegung f. definition n.
Festnetz n. (Tel) fixed network, landline network
Festobjektiv n. fixed-angle lens, fixed lens
Festplatte f. (IT) hard disk, fixed disk
Festplattenarbeitsbereich m. (IT) disk work area
Festplattenbetriebssystem n. (IT) disk operating system
Festplattensektor m. cluster n.
Festplattenspeicher m. hard disk memory
Festplattensystem n. hard disk system
Festpreis m. fixed price
Festspiele n. pl. festival n.
feststehend adj. fixed adj.

feststellen v. (Kamera) lock v.; ~ ascertain v., discover v.
Feststellring m. locking ring
Feststelltaste f. (IT) caps lock key
Feststellung f. ascertainment n., discovery n.
Festverbindung f. (Tel) dedicated connection, permanent connection
Festwertspeicher m. (IT) read-only memory, read-only store, fixed store
Festwoche f. festival n.
FET (s. Feldeffekttransistor)
Fettschrift f. bold type, bold face
Fettstift m. chinagraph pencil, grease pencil
Feuchtabtastung f. anti-static treatment, anti-static device
Feuchtigkeit f. humidity n.; °~ **absaugen** to dry out by suction; **relative** °~ relative humidity (RH)
Feuchtkopierung f. immersion printing, wet printing
Feuer n. fire n.
Feuerbeleuchtungseffekt m. fire-light effect
feuerfest adj. fire-proof adj., fire-resistant adj.
Feuerlöscher m. fire extinguisher
Feuermeldeschleife f. telecommunications loop
Feuerschutzklappe f. (Proj.) safety shutter; °~ (F) booth shutter, fire-shutter, safety screen, douser n.
Feuerschutztrommel f. fire-proof magazine, safety magazine
Feuerwehr f. fire brigade
Feuerwehrmann m. fireman n.
Feuilletonredakteur m. (Presse) cultural editor
FI-Schalter m. (Fehlerstrom-Schutz-Schalter) current-actuated earth-fault circuit-breaker; °~**-Schalter** (s. Fehlerstromrelais)
Figurine f. figurine n.
Filemanagement n. file management
Film, /E-Kamera, kombinierte °~ video film camera; °~ film n., picture n. (cinema), motion-picture n., movie n. (US), cinematography n.; °~ (Material) stock n.; °~ movie n. (US); °~ **ab!** run!, run TK!; °~ **ansehen** to view a film, to screen a film; °~ **aufzeichnen** to record

on film, film-record *v.*, kine *v.* (coll.);
°~ **auslegen** (Proj.) to unlace a film; °~
auslegen (Kamera) to unload a camera,
to unthread a film; °~ **drehen** to take a
film, to shoot a film; °~ **drehen** (F) film
v.; °~ **einlegen** (Kamera) to load a
camera, to thread a film; °~ **einlegen**
(Proj.) lace up *v.*; °~ **einstarten** to make
start marks; °~ **für Erwachsene** film
for adults; °~ **herausbringen** to release
a film, to bring out a film; °~ **mit
Magnetrandspur** film with magnetic
edge sound track; °~ **mit Magnetspur**
film with magnetic sound track, film
with magnetic track, magnetic sound
stripe; °~ **randnumerieren** to edge-
number a film, to rubber-number a film;
°~ **vorführen** to screen a film; °~– (in
Zus.) cine (compp.), film (compp.),
filmic *adj.*; **abendfüllender** °~ full-
length film; **belichteter** °~ exposed
film; **der** °~ **schwimmt** it's in the bath
(coll.), it's in soup (coll.); **doppelt
perforierter** °~ double-perforated film,
double-perforated stock; **einseitig
perforierter** °~ single-perforated film;
geknickter °~ creased film; **geräderter**
°~ indented film; **gewachster** °~ waxed
film; **lackierter** °~ lacquered film;
nicht freigegebener °~ banned film;
unbelichteter °~ unexposed film, non-
exposed stock, raw stock; **verregneter**
°~ scratched film; **verschrammter** °~
scratched film; **zweiseitig perforierter**
°~ double-perforated film, double-
perforated stock; **zweiter** °~ second
film, second feature film
Filmabnahme *f.* final scrutinising
Filmabtaster *m.* film scanner, telecine
machine, telecine *n.* (TK)
Filmabtasterraum *m.* telecine area
Filmabtastung *f.* film scanning
Filmamateur *m.* amateur film-maker,
amateur cinematographer
Filmandruckschiene *f.* film pressure
guide
Filmarchitekt *m.* art director, set designer
Filmarchiv *n.* film library, film archives *n.*
pl.
Filmarchivar *m.* film librarian
Filmatelier *n.* film studio

Filmaufnahme *f.* shooting *n.*, film shot,
film take, filming *n.*
Filmaufnahmestudio *n.* film studio
Filmaufzeichnung *f.* (FAZ) electronic
film recording (EFR), telerecording *n.*
(EFR), kinescope recording (US)
Filmaufzeichnungsgerät *n.* electronic
film recorder, film recorder, kinescope
n. (US)
Filmauslauf *m.* film run-out
Filmausschnitt *m.* film excerpt, film clip,
clip *n.*
Filmautor *m.* film author, screenplay
writer, screen author, screenwriter *n.*,
scenarist *n.*
Filmbahn *f.* film path
Filmband *n.* film *n.* (coll.); °~ (F) film
strip
Filmbearbeitung *f.* film-processing *n.*; °~
(Buch) film adaptation; °~ screen
adaptation
Filmbehandlung *f.* film treatment
Filmbeitrag *m.* film item, film sequence,
film inject
Filmbericht *m.* dope-sheet *n.*, film story
(US), film report; **aktueller** °~
newsfilm *n.*; **zusammenfassender** °~
film summary, compilation *n.*
Filmbeschädigung *f.* film mutilation
Filmbeschaffung *f.* film-purchasing *n.*
Filmbeschaffung* *f.* purchased
programmes* *n. pl.*
Filmbespurung *f.* striping sound track
Filmbetrachter *m.* (Gerät) film-viewer *n.*
Filmbewertungsstelle *f.* film valuation
board
Filmbild *n.* film image; °~ (Vollbild)
frame *n.*
Filmbranche *f.* film business
Filmbreite *f.* film width
Filmbüchse *f.* film can
Filmbüro *n.* film service
Filmclub *m.* film society, film club
Filmcodier-Verfahren *n.* film coding
process
Filmcutter *m.* film editor; °~ (F) film
cutter, cutter *n.* (F)
Filmdichte *f.* film density
Filmdosenaufkleber *m.* (adhesive) film
can label
Filmeinblendung *f.* floater *n.*, underlay *n.*
Filmeinfädelung *f.* (Proj.) lacing-up *n.*

Filmeinlegen *n.* (Kamera) loading *n.*,
   threading *n.*; °~ (Proj.) lacing-up *n.*
Filmeinspielung *f.* telecine insert; °~
   (live) film insert
Filmeinzeichnung *f.* cutting mark
Filmemacher *m.* film-maker *n.*
filmen *v.* shoot *v.*; ~ (F) film *v.*
Filmentwickler *m.* (Kopierwerk)
   developer *n.*
Filmentwicklung *f.* film-processing *n.*,
   film-developing *n.*
Filmerzählung *f.* film narrative
Filmfenster *n.* picture window, film gate,
   projection aperture
Filmfestspiele *n. pl.* film festival
Filmförderung *f.* film promotion
Filmformat *n.* film size, film gauge, film
   format, aspect ratio (AR)
Filmfortschaltung *f.* intermittent
   mechanism, pulldown movement, film
   feed, intermittent movement
Filmfortschaltzeit *f.* pulldown time
Filmführung *f.* film guide
Filmgalgen *m.* trims bin; **an den** °~
   hängen to hang up trims
Filmgeber *m.* film scanner, telecine
   machine, telecine *n.* (TK), filmscanner
   n.
Filmgeberraum *m.* telecine area
Filmgeberwagen *m.* mobile telecine
Filmgelände *n.* lot *n.*
Filmgerätestelle *f.* camera store
Filmhersteller *m.* film producer
Filmherstellung *f.* film production; °~-
   und Bearbeitungkosten film
   production and editing costs
Filmhobel *m.* scraper *n.*
Filmindustrie *f.* film industry
Filminsert *m.* floater *n.*, underlay *n.*
filmisch *adj.* cinematic *adj.*, filmic *adj.*
Filmkamera *f.* film camera; °~
   (Schmalfilm) cine camera; °~ motion-
   picture camera
Filmkameramann *m.* cameraman *n.*,
   camera operator
Filmkanal *m.* film channel, film track
Filmkassette *f.* film cassette, film
   magazine
Filmkern *m.* centre *n.*, film bobbin, film
   core; °~ (fam.) hub *n.*; °~ core *n.*
Filmkitt *m.* splicing cement, joining
   cement, film cement

Filmklebepresse *f.* film splicer, film joiner
Filmkleber *m.* neg cutter *n.* (coll.),
   negative-cutter *n.*
Filmkleberin *f.* splicing girl
Filmkomödie *f.* film comedy
Filmkomponist *m.* composer of film
   music
Filmkonservierung *f.* protective treatment
Filmkopie *f.* print *n.*, copy *n.*
Filmkopienfertiger *m.* film-printer *n.*
Filmkopierung *f.* film-printing *n.*
Filmkorn *n.* film grain
Filmkritik *f.* film review
Filmkritiker *m.* film critic
Filmkunde *f.* filmology *n.*,
   cinematography *n.*
Filmkunst *f.* cinematography *n.*,
   cinematics *n. pl.*
Filmkunsttheater *n.* art cinema, art house
   (US)
Filmlabor *n.* film laboratory
Filmladekassette *f.* film cassette, film
   magazine
Filmlager *n.* film stock
Filmlagerung *f.* film storage
Filmlänge *f.* footage *n.*; °~ (Zeit) duration
   n. (F); °~ running time
Filmlängenmeßuhr *f.* footage counter
Filmlauf *m.* film run, film travel;
   kontinuierlicher °~ continuous run
Filmlaufzeit *f.* film running time
Filmleinwand *f.* projection screen
Filmmagazin *n.* film cassette, film
   magazine
Filmmanager *m.* business manager
Filmmaß *n.* film dimension
Filmmaterial *n.* film stock, raw stock; °~
   (belichtet) film material;
   kontrastreiches °~ hard film
Filmmattiermaschine *f.* film-polishing
   machine
Filmmusik *f.* film music
Filmnachrichten *f. pl.* newsfilm *n.*,
   newsreel *n.*
Filmologie *f.* filmology *n.*
Filmothek *f.* film library, film archives *n.*
   pl.
Filmpack *m.* film-pack *n.*
Filmpoliermaschine *f.* film-polishing
   machine
Filmpresse *f.* film-trade press
Filmprobe *f.* film test strip

Filmproduktion *f.* film production
Filmproduktionsbetrieb* *m.* (TV) television film studios* *n. pl.*
Filmprojektor *m.* film projector
Filmprüfer *m.* film examiner, film censor
Filmprüfstelle *f.* film censorship office
Filmprüfung *f.* film examination
Filmrechte *n. pl.* film rights
Filmredakteur *m.* film critic; °~ (TV-Nachrichten) producer/scriptwriter *n.*
Filmredaktion* *f.* purchased programmes* *n. pl.*, film reviews department
Filmregisseur *m.* film director
Filmreinigung *f.* film-cleaning
Filmriß *m.* (F) break *n.* (F), tear *n.*
Filmrolle *f.* reel *n.*, roll *n.*
Filmsalat *m.* (Kamera) film jam, pile-up *n.* (coll.); °~ (Proj.) rip-up *n.* (coll.)
Filmschaltzeit *f.* pulldown time
Filmschlaufe *f.* (Proj.) film loop
Filmschleife *f.* (Proj.) film loop; °~ loop *n.*
Filmschneidegerät *n.* film-editing machine
Filmschneidetisch *m.* film cutting table, film editing table
Filmschnitt *m.* film-editing *n.*, film-cutting *n.*
Filmschrank *m.* film cabinet, film-storage cabinet
Filmschrumpfung *f.* film shrinkage
Filmserie *f.* series *n.*
Filmspedition *f.* film traffic
Filmsprecher *m.* narrator *n.*
Filmspule *f.* film spool, film reel *n.*
Filmstar *m.* film-star *n.*
Filmsternchen *n.* starlet *n.*
Filmstreifen *m.* film *n.* (coll.); °~ (F) film strip
Filmstudio *n.* film studio
Filmtechnik *f.* film technology
Filmtechniker *m.* film technician
Filmtext *m.* commentary *n.* (F), narrative *n.*; °~ (Nachrichten) script *n.*
Filmtheater *n.* cinema *n.*, picture house, pictures *n. pl.* (coll.), movie theater (US)
Filmtheaterleiter *m.* cinema manager
Filmtitel *m.* film title, film caption
Filmtitelanmeldung *f.* registration of film title
Filmtitelregister *n.* register of film titles

Filmton *m.* sound on film (SOF), sound track
Filmtonaufnahme *f.* film sound recording, soundtrack *n.*
Filmträger *m.* film support, film carrier, backing film, film base
Filmtransport *m.* film transport, pulldown *n.*, film advance, film drive, film travel
Filmtransportrolle *f.* feed sprocket, film-feed sprocket
Filmtresor *m.* vault *n.*
Filmtrupp *m.* camera crew
Filmübertragungsanlage *f.* telecine *n.* (TK)
Filmumroller *m.* film rewind
Filmverbrauch *m.* film consumption
Filmverleih *m.* film distributors *n. pl.*, film distribution
Filmverleiher *m.* film distributor
Filmverzeichnis *n.* general film catalogue
Filmvorführer *m.* projectionist *n.*
Filmvorführraum *m.* projection booth
Filmvorführung *f.* film projection, film screening, viewing *n.*
Filmvorschub *m.* film feed
Filmvorspann *m.* opening titles *n. pl.*, titles *n. pl.*, opening captions *n. pl.*; °~ (Startband) leader *n.*; °~ head leader, opening credits *n. pl.*
Filmwagen *m.* camera car
Filmwiedergabe *f.* film playback, showing *n.*
Filmwirtschaft *f.* film industry
Filmzeitschrift *f.* film magazine
Filmzugsschwankung *f.* variation in running speed
Filmzuspielung *f.* film insert
Filter *m.* filter *n.*; **akustischer** °~ acoustic filter; **elektrischer** °~ electric filter, **Schmalband**~ *m.* narrow band filter; **Terz**~ *m.* one-third octave filter; **Trittschall**~ *m.* footfall noise filter
Filteraufwand *m.* filtering complexity
Filterband *n.* (Kopiermaschine) printer charge-band
Filterdämpfer *m.* (s. Dämpferfilter) filter passband attenuator
Filterdose *f.* (Tel) filter socket
Filtereingang *m.* filter input; °~ (Kamera) filter slot
Filterfaktor *m.* filter factor, filter coefficient

Filterflanke *f.* filter edge
Filterfolie *f.* filter foil
Filterformfaktor *m.* roll-off factor
Filterhalter *m.* filter holder
Filterkreuzschiene *f.* video matrix
filtern *v.* filter *v.*
Filternetz *n.* filter network
Filterrad *n.* filter wheel, filter turret
Filterrahmen *m.* filter frame
Filterrand *m.* filter border
Filterrevolver *m.* filter wheel, filter turret
Filterschicht *f.* filter layer
Filzröllchen *n.* felt roller
Filzscheibe *f.* felt mat, felt washer
Finanzabteilung *f.* finance department
Finanzausgleich *m.* financial equalisation
Finanzausschuß *m.* finances committee
Finanzbedarf *m.* financial requirements
Finanzbuchhaltung* *f.* accounting
    services *n. pl.*
Finanzdirektion *f.* finance directorate
Finanzdirektor *m.* director of finance
Firewall *m.* (IT) firewall *n.*
Firmenwerbung *f.* brand advertising
Fischauge *n.* fish-eye lens
Fixfokus *m.* fixed focus
Fixierbad *n.* fixing bath, hypobath *n.*
fixieren *v.* fix *v.*
Fixieren *n.* fixing *n.*
Fixiernatron *n.* sodium thiosulphate, hypo
    n.
Fixiertank *m.* fixing tank
FKTG (Fernseh- u. Kinotechnische
    Gesellschaft) Television and
    cinematographic association
Flachantenne *f.* flat antenna
Flachbahnsteller *m.* sliding attenuator,
    fader *n.*
Flachbauelement *n.* flat pack component
Flachbettscanner *m.* (IT) flat bed scanner
Flachbildschirm *m.* flat screen
flache Beleuchtung flat lighting
Fläche *f.* (Licht) broad *n.* (coll.); **geflutete**
    °~ flooded broad
Flächenantenne *f.* flat-top aerial
Flächendeckung *f.* area coverage
Flächendiagramm *n.* (IT) area chart
Flächendiode *f.* junction diode
Flächenleuchte *f.* bank of lamps, soft
    source
Flächenraster *n.* area grid

Flachkabel *n.* twin lead, ribbon feeder,
    ribbon cable, flat cable
flackern *v.* flicker *v.*, jitter *v.*, flutter *v.*
Flackern *n.* flicker *n.*, flutter *n.*, jitter *n.*
Flagge *f.* (IT) flag *n.*
Flanke *f.* (Impuls) edge *n.*
Flankenschrift *f.* lateral recording
Flankensteilheit *f.* edge steepness
Flankenverlauf *m.* edge progression
Flankenwiedergabe *f.* transient response
Flansch *m.* flange *n.*
Flanschdose *f.* flange-socket, flange-type
    socket, flange-type plug
Flaschenzug *m.* block and tackle
Flashconverter *m.* flash converter
Flashspeicher *m.* (IT) flash memory
Flatterfading *n.* flutter fading
flattern *v.* flutter *v.*
Flattersatz *m.* (IT) unjustified print
flau *adj.* (Bild) weak *adj.*; ~ low-contrast
    adj.; ~ (J) (Ausstrahlung) weak *adj.*,
    blurred *adj.*
flaue Kopie (J) blurred copy
Flecken *m. pl.* stains *n. pl.*, spots *n. pl.*
Fliege *f.* (fam.) blooping patch
Fliehkraftschalter *m.* centrifugal switch
Flimmerkiste *f.* (fam.) box *n.* (coll.)
flimmern *v.* flicker *v.*, sparkle *v.*
Flimmern *n.* flicker *n.*, flickering *n.*
Flip, -Flop, monostabiles °~ (IT) one-
    shot multivibrator, monostable circuit,
    monostable trigger circuit, monostable;
    °~-**Flop** *n.* flip-flop *n.*; °~-**Flop-**
    Register *n.* (IT) flip-flop register; °~-
    Flop-Schaltung *f.* (IT) flip-flop circuit,
    bistable trigger
Fluchtweg *m.* escape route
Flugbahn *f.* trajectory *n.*
Flügelblende *f.* rotating shutter, rotary disc
    shutter
Flugfunkdienst *m.* aeronautical radio
    service
Flugfunkempfänger *m.* aeronautical radio
    receiver
Fluoreszenz *f.* fluorescence *n.*
Fluoreszenzlampe *f.* fluorescent tube
    (US), fluorescent lamp
Flussdiagramm *n.* (IT) flow chart
Flüssigkeitsblende *f.* fluid iris
Flüssigkeitskristalle *m. pl.* liquid crystal
Flüssigkeitsmengenmesser *m.* liquid
    meter, flowmeter *n.*

Flüssigkeitsumwälzung *f.* recirculation *n.*
Flusskontrolle, -steuerung *f.* (IT) flow control
Flüstern *n.* whispering *n.*
Fluter *m.* flood *n.* (coll.)
Flutlicht *n.* flood *n.* (coll.), floodlight *n.*
Flutlichtscheinwerfer *m.* floodlight projector
Fly away transportable uplink (satellite)
FM (s. Frequenzmodulation); °~-**Schwelle** *f.* FM threshold
Fokus *m.* focus *n.*
Fokusdifferenz *f.* depth of focus
fokussieren *v.* focus *v.*
Fokussieren *n.* focussing *n.*
Fokussierung *f.* focusing *n.*, focussing *n.*;
°~ **bei horizontaler Abstrahlung** horizon focussing; **akustische** °~ acoustic focussing; **antipodale** °~ antipodal focussing
Folge *f.* series *n.*, continuation *n.*, instalment *n.*, sequel *n.*; °~-**Umschaltkontakt** *m.* sequence change-over contact
Folgefrequenz *f.* repetition frequency
Folgerecht *n.* consequential right, droit de suite
Folgeschaltung *f.* sequence control, sequence operation
Folgesteuerung *f.* (IT) sequential control
Folie *f.* foil *n.*, film *n.*
Folienblende *f.* silver foil reflector
Fön *m.* hair dryer
Forderung *f.* demand *n.*, stipulation *n.*, requirement *n.*
Form *f.* form *n.*, shape *n.*, mould *n.*
Format *n.* gauge *n.*, aspect ratio (AR), dimension *n.*, format *n.*, size *n.*;
abgetastetes °~ scanned format
format, Normal~ *n.* (35 mm) standard format
Formatfehler *m.* (IT) format error
formatfüllend *adj.* full-format *adj.*
formatieren *v.* (IT) format *v.*
Formatierung *f.* (IT) formatting *n.*
Formatierungsdaten *pl.* formatting data, framing data
Formatradio *n.* format radio
Formattrend *m.* format trend
Formatvorlage *f.* (IT) style sheet
Formbrief *m.* (IT) form letter
Formelsprache *f.* (IT) formula language

formieren *v.* form *v.*
Formierung *f.* forming *n.*, formation *n.*
Forschung und Entwicklung* research and development*
Forschungsgruppe *f.* research group
Fortbildungskurs *m.* refresher course
Fortpflanzungsgeschwindigkeit *f.* velocity of propagation
Fortschritt *m.* advance *n.*
Fortsetzungsbericht *m.* series *n.*
Fortsetzungsreihe *f.* serial *n.*
Fortsetzungszähler *m.* (MPEG) continuity counter; °~**modell** *n.* continuation model
Forum *n.* round table, panel *n.*
Foto *n.* still *n.*, photograph *n.*, photo *n.*
Fotoarchiv *n.* stills library
Fotoatelier *n.* photographic studio
Fotodiode *f.* photodiode *n.*
Fotoeffekt, äußerer °~ photoelectric emission; **innerer** °~ photoconductive effect
fotoelektrisch *adj.* photoelectric *adj.*
Fotoelektron *n.* photoelectron *n.*
Fotoelektronenvervielfacher *m.* photomultiplier *n.*
Fotoelement *n.* photovoltaic cell, photoelectric cell (PEC)
Fotoemission *f.* photoemission *n.*
fotogen *adj.* photogenic *adj.*
Fotograf *m.* photographer *n.*, stills photographer
Fotografie *f.* still *n.*, photograph *n.*, photo *n.*
Fotographie *f.* photography *n.*
Fotokathode *f.* photocathode *n.*
Fotolabor *n.* photographic laboratory
Fotoleitfähigkeit *f.* photoconductivity *n.*
fotometrisch *adj.* photometric *adj.*
Fotomontage *f.* photomontage *n.*
Fotorealismus *m.* (IT) photorealism *n.*
Fotospotmeter *n.* spot photometer, spotmeter *n.*
Fotostelle *f.* stills library
Fototitel *m.* photographic title
Fotowiderstand *m.* photoresistance *n.*
Fotozelle *f.* photocell *n.*, photoelectric cell (PEC)
Fotozellennetzgerät *n.* photocell power supply unit
Fotozellenvervielfacher *m.* photomultiplier *n.*

Fouriertransformation f. Fourier transformation (DFT)

Fracht f. freight n., cargo n.

Frage/Antwort-System n. (IT) dialog system

fragmentiert adj. (IT) fragmentary adj.; °∼ (IT) fragmented

Fragmentierung f. (IT) fragmentation n.

fragwürdig adj. questionable adj.

fraktale Codierung f. fractal coding

Frame Grabber m. (IT) frame grabber; °∼-**Aufbau** (HTML-Seitenstruktur) framing structure

Franzose m. monkey wrench; °∼ (fam.) (Beleuchtung) flags n. pl.

Fräsmaschine f. milling machine, miller n., cutting machine

Frauenfunk* m. programmes for women

Frauenmagazin n. programme for women, women's magazine

Freemailer m. (IT) freemailer n.

Freeware f. (IT) freeware n.

frei empfangbarer Kanal free to air channel

Freiakustik f. free-field, free-acoustics

freiberuflich adj. free-lance adj.

freie Kapazität (IT) free space

Freie, feste (Mitarbeiter) freelance, salaried (staff)

Freier Mitarbeiter freelance n.

Freifeld n. free field

Freifeldraum m. free field space

Freigabebescheid m. projection permit

freigeben v. (Nachricht) release v.

freilaufen v. self-oscillate v.

Freileitung f. open-wire line

Freilicht- (in Zus.) exterior adj., open-air adj., outdoor adj.

Freilichtkino n. open-air cinema

Freilichtvorführung f. open-air performance

Freiraumdämpfung f. free space attenuation, spatial attenuation

Freiraumfeldstärke f. free space field strength

Freischalten n. release n.

freischwingen v. self-oscillate v.

Freisprecheinrichtung f. (Tel) handsfree unit

Freistellung von Rechten clearance of rights

Fremdansteuerung f. external excitation

Fremdbild n. crossview n.

Fremdeinstrahlung f. (Empfang) radiated interference

Fremderregung f. separate excitation

Fremdfeld n. (elek.) interfering field

Fremdfilmmaterial n. library material, non-original material, stock shots n. pl.

Fremdgeräusch n. (Akustik) extraneous noise

Fremdhersteller m. (IT) third-party manufacturer

Fremdleistung f. contract service

Fremdleuchter m. secondary source

Fremdmodulation f. external modulation

Fremdproduktion f. external production

Fremdprogramm n. external programme

Fremdrechte n. pl. third party, external rights

Fremdsignal n. external signal

Fremdspannung f. noise voltage, interference voltage, disturbing voltage

Fremdspannungsabstand m. unweighted signal-to-noise ratio

Fremdsteuerung f. external control

Fremdsynchroni-sierungseinrichtung f. slaving unit

Fremdsynchronisation f. slaving n.

Frequenz f. (s. Ton- und Hochfrequenz) frequency n.; °∼-**Meßverfahren** n. frequency measurement process, frequency measurement method, frequency measurement procedure; **höchste übertragbare** °∼ maximum usable frequency (MUF); **hohe** °∼ high frequency (R); **kritische** °∼ critical frequency; **niedrigst brauchbare** °∼ lowest usable frequency (LUF)

frequenz, optimale Betriebs∼ optimum working frequency, frequency of optimum traffic

Frequenz, sehr hohe °∼ very high frequency (VHF); **superhohe** °∼ super-high frequency (SHF); **tiefe** °∼ low frequency (LF); **ultrahohe** °∼ (UHF) ultra-high frequency (UHF)

Frequenzabfall m. frequency fall-off, frequency decrease

frequenzabhängig adj. frequency-dependent adj., as a function of frequency

Frequenzabstimmung f. frequency tuning

Frequenzabweichung f. frequency drift

Frequenzachse *f.* frequency axis

Frequenzanalyse *n.* frequency analysis

Frequenzänderung *f.* (gewollt) frequency change; °~ frequency variation

Frequenzauslöschung *f.* signal cancellation, mush area, extinction frequency

Frequenzband *n.* frequency band, frequency range, band *n.*; **übertragenes** °~ (Sender) occupied bandwidth

Frequenzbandbreite *f.* frequency bandwidth

Frequenzbandverschachtelung *f.* overlapping frequency bands *n. pl.*

Frequenzbelegung *f.* frequency allocation

Frequenzbereich *m.* (phys.) frequency range; °~ band *n.*; **zugelassener** °~ authorized band; **zugewiesener** °~ allocated band

Frequenzbewertung *f.* frequency weighting

Frequenzcharakteristik *f.* frequency response characteristic

Frequenzdarstellung *f.* (von Schallvorgängen) frequency graph, frequency plot

Frequenzdrift *f.* frequency drift

Frequenzen beschneiden to cut off frequencies

Frequenzgang *m.* amplitude frequency characteristic, frequency response, amplitude frequency response, attenuation characteristic; °~ **über alles** overall amplitude frequency response; °~ **über alles** (magn. Aufzeichnung) recording/reproducing frequency response

frequenzgang, Gesamt~ *m.* overall frequency response

Frequenzgangabsenkung *f.* attenuation as a function of frequency

Frequenzgangabweichung *f.* variation in amplitude-frequency response

Frequenzganganhebung *f.* lift in frequency response

Frequenzgangbegradigung *f.* frequency response equalisation

Frequenzgangentzerrung *f.* frequency response equalisation

Frequenzgangnachentzerrung *f.* de-emphasis *n.* (DE)

Frequenzgangtestband *n.* frequency magnetic tape

Frequenzgangverzerrung *f.* frequency distortion

Frequenzgangvorverzerrung *f.* pre-emphasis *n.*

Frequenzgenerator *m.* frequency generator

Frequenzgleichheit *f.* frequency synchronisation

Frequenzgrenze *f.* frequency limit

Frequenzgruppe *f.* critical bandwidth

Frequenzgruppenpegel *m.* critical bandwidth level

Frequenzhub *m.* frequency deviation; °~ **eines Wobblers** (Frequenz) deviation *n.*; °~ **eines Wobblers** sweep width

Frequenzhubmesser *m.* frequency deviation meter

Frequenzkonstanz *f.* frequency constancy

Frequenzkoordination *f.* frequency coordination

Frequenzkurve *f.* frequency curve, frequency graph, frequency characteristic

Frequenzlage *f.* frequency *n.*

Frequenzlinie *f.* frequency spectral line

Frequenzmarke *f.* frequency mark, frequency marker

Frequenzmeßbrücke *f.* frequency-measuring bridge

Frequenzmesser *m.* frequency meter

Frequenzmodulation *f.* (FM) frequency modulation (FM)

Frequenzmultiplex *m.* (Stereo) frequency-division multiplex

Frequenzmultiplexverfahren *n.* frequency division multiplex process

Frequenznachsteuerkreis *m.* frequency-correction circuit

Frequenznachsteuerung, automatische °~ automatic frequency control (AFC)

Frequenzplan *m.* frequency plan, frequency allocation plan

Frequenzplanung *f.* frequency planning

Frequenzraster *m.* frequency raster

Frequenzreihe *f.* frequency series

Frequenzschwankung *f.* frequency fluctuation

frequenzselektiv *adj.* frequency-selective *adj.*

Frequenzspektrum *n.* frequency spectrum

Frequenzsprungverfahren *n.* frequency hopping *n.*
Frequenzstabilität *f.* frequency stability
Frequenzteiler *m.* frequency divider, subharmonic generator
Frequenztestbild *n.* frequency test pattern
Frequenzüberwachungszentrale *f.* receiving and measuring station (CEM)
Frequenzumschalter *m.* frequency selector switch
Frequenzumsetzer *m.* frequency translator, frequency changer
Frequenzumtastung *f.* (Modulationsverfahren) frequency shift keying
Frequenzumwandler *m.* frequency converter, frequency changer
frequenzunabhängig *adj.* independent of frequency
Frequenzverdoppler *m.* frequency doubler
Frequenzvergleichs-Meßverfahren *n.* frequency comparison meaurement method
Frequenzversatz *m.* frequency offset
Frequenzverschiebung *f.* frequency shift
Frequenzverteilung *f.* frequency allocation
Frequenzverzerrung *f.* frequency distortion
Frequenzvibrato *n.* frequency vibrato
Frequenzweiche *f.* frequency separator, separator *n.* (diplexer); °∼ (akust.) dividing network, cross-over network; °∼ crossover *n.*
Frequenzzuweisung *f.* frequency assignment
Fresnelsche Linse Fresnel lens
Fresnelzone *f.* fresnel-zone
Friktion *f.* friction *n.*
Friktionsantrieb *m.* friction drive
Friktionskopf *m.* friction head
Friktionskupplung *f.* friction clutch
Friktionsschwenkkopf *m.* oil-filled friction head
Frischband *n.* virgin tape, raw tape, new tape
Frist *f.* deadline *n.*, period *n.*
Front-End *n.* (IT) front end
Frontallicht *n.* front light
Frontfenster *n.* front window
Frontlinse *f.* front lens, front element

Frontplatte *f.* front panel
Froschperspektive *f.* worm's-eye view
Frühnachrichten *f. pl.* early news
Frühsendung *f.* breakfast radio and show, morning show
Frühstücksfernsehen *n.* breakfast television
Frustum *n.* (Bildraum) frustum *n.*
FS (s. Fernsehen); °∼- (s. Fernseh-) TV; °∼-**Film /100 Perforationslöcher** 100-perforation television film
FU-Schalter (s. Fehlerspannungsrelais)
Fühlerleitung *f.* sense *n.*
Fühlhebel *m.* sensing lever, lever *n.*, tape-tension lever
Führung *f.* main light; °∼ (Spurhaltung) guide *n.*; °∼ key light, key lighting
Führungsbolzen *m.* guide pin
Führungsbuchse *f.* guide sleeve, guide bushing
Führungslicht *n.* main light, key light, key lighting; °∼ (Hauptlicht) key light
Führungsrolle *f.* guide pulley, guide roller
Führungstift *m.* guide pin
Full-Service-Programm *n.* full service program
Füllgrad *m.* (Platte) groove spacing ratio
Füllhaltermikrofon *n.* pencil microphone
Füllicht *n.* filler *n.*, fill light, fill-in light
Füllprogramm *n.* fill-up *n.*, filler *n.*
Füllschriftverfahren *n.* microgroove system
Füllsender *m.* low-power transmitter, stand-by transmitter
Fundus *m.* stock *n.*
Fundusbestand *m.* properties in stock
Fundusteil *n.* stock scenery part
Fundusverwalter *m.* stock-keeper *n.*
Funk *m.* radio *n.*
Funkamateur *m.* radio amateur, ham *n.* (coll.)
Funkanlage *f.* radio system
Funkausstellung *f.* radio and television exhibition
Funkautor *m.* radio writer
Funkbake *f.* radio beacon
Funkbearbeitung *f.* radio adaptation
Funkbild *n.* radio-photogram *n.*, radio picture
Funkdienst *m.* radio service (WT), radio-communication service; **fester** °∼ **mit Satelliten** fixed-satellite service

Funkdienste-Zuweisung *f.* allocation *n.*

Funke *m.* spark *n.*

Funkempfänger *m.* radio receiver

funken *v.* radio *v.*

Funkenlöscher *m.* spark extinguisher, spark arrester, spark absorber

Funkenschutzschirm *m.* spark screen

Funkenstörung *f.* sparking *n.*; °~ (Auto) ignition noise

Funkenstrecke *f.* spark gap

Funkentstörfilter *m.* radio frequency filter, interference filter, radio interference filter

Funker *m.* radio operator

Funkfeld *n.* radio link hop; **drehbares** °~ steerable radio link; **umzündbares** °~ reversible radio link

Funkfelddämpfung *f.* radio link attenuation, loss *n.*

Funkfeuer *n.* radio beacon

Funkform *f.* type of broadcast, format *n.*

Funkfoto *n.* radio-photogram *n.*, radio picture

Funkhaus *n.* broadcasting house

funkisch *adj.* radio *adj.*, radiophonic *adj.*

Funkkolleg *n.* (Telekolleg) educational broadcasts

Funklizenz *f.* radio licence

Funkmeßdienst* *m.* monitoring station

Funkoper *f.* radio opera

Funkrelais *n.* radio relay

Funkruf *m.* (-system) (Tel) paging (system)

Funkrufdienst *m.* paging device, bleeper *n.*

Funksendung *f.* radio transmission

Funksprechgerät *n.* radio telephone, RT apparatus, walkie-talkie *n.*

Funksprechverkehr *m.* radiotelephonic traffic (RT traffic)

Funkspruch *m.* radio message

Funksteuerung *f.* radio control

Funkstörmeßdienst* *m.* radio interference service

Funkstrahl *m.* radio beam

Funkstrecke *f.* radio link

Funktelefonnetz *n.* public land mobile network

Funktionsablauf, festverdrahteter °~ (IT) hardware operation

Funktionsaufruf *m.* (IT) function call

Funktionsdiagramm *n.* functional diagram; °~ (IT) function chart, action chart

Funktionsprüfung *f.* function test, performance test, performance check; °~ (IT) checkout *n.*, operation checkout

Funktionsschaltplan *m.* functional diagram

Funktionstabelle *f.* (IT) function table, truth table, Boolean operation table

Funktionstaste *f.* (IT) function key

Funktionswahlschalter *m.* selector switch, function switch

Funkuhr *f.* (über den Zeitzeichensender DCF 77 gesteuerte Uhr) radio-controlled clock

Funkverbindung *f.* radio communication, radio link, radio circuit

Funkverkehr *m.* radio communication, radio traffic; **terrestrischer** °~ terrestrial radio communication

Funkwagen *m.* radio car

Funkwelle *f.* radio wave

Funkwerbung *f.* radio advertising

Funkwesen *n.* (TK) broadcasting *n.*

Fußlängenzähler *m.* footage counter

Fußleiste *f.* skirting board

Fußnummer *f.* footage number, edge number, key number

Fußpunkt *m.* nadir *n.*; °~ (Ant.) base *n.*; **geerdeter** °~ earthed base; **isolierter** °~ insulated base

Fußpunkteinspeisung *f.* base feed

Fußpunktwiderstand *m.* base impedance

Fußrampe *f.* striplights *n. pl.*; °~ (Licht) footlights *n. pl.*

Fußtaste *f.* foot switch, foot control

Fußtitel *m.* subtitle *n.*

Fußtitelmaschine *f.* subtitler *n.*, subtitling machine

Fußzeile *f.* (IT) footer *n.*

G

Gabelhalterung *f.* forked bracket

gabeln *v.* branch *v.*, bifurcate *v.*

Gabelschaltung *f.* (Telefon) hybrid set, hybrid *n.*

Gabelstapler *m.* fork-lift truck
Gabelung *f.* forking *n.*, bifurcation *n.*
Gabelverstärker *m.* hybrid amplifier
Gag *m.* gag *n.*
Gage *f.* fee *n.*, salary *n.*
Gagenanspruch *m.* fee entitlement, fee claim, fee demand
Gagman *m.* gag-writer *n.*, gag-man *n.* (US)
Galerie *f.* gallery *n.*
Galgen *m.* trims bin; °~ (Ton) sound boom, boom *n.*; °~ (Schneideraum) cuts rack; °~ microphone boom
Galgenschatten *m.* boom shadow
Galvanometer *n.* galvanometer *n.*
Gamma *n.* gamma *n.*; **multiplikatives** °~ multiple gamma, black stretch and white stretch; **über alles** °~ overall gamma
Gammaentzerrung *f.* log-masking *n.* (US), gamma correction
Gammaregelung *f.* gamma control
Gammaschalter *m.* gamma selector
Gammawert *m.* gamma value
Gammazeitkurve *f.* gamma characteristic, Hurter and Driffield curve (H a. D curve)
Gang *m.* (Darsteller F) move *n.*; °~ (Darsteller Thea.) cross *n.*
Gänsegurgel *f.* swan neck, goose neck (US)
Ganzseitenbildschirm *m.* (IT) full-page display
Ganzseitenspeicher *m.* full-page memory
Ganzwellendipol *m.* full-wave dipole
Ganzzahl *f.* integer *n.*
Garagenmeister *m.* garage foreman
Garantie *f.* guarantee *n.*, warranty *n.*
Garantorenvertrag *m.* guarantor agreement, guarantor contract
Garderobe *f.* (Kleidung) wardrobe *n.*; °~ (Kleiderablage) cloakroom *n.*; °~ dressing-room *n.*
Garderobier *m.* costumier *n.* (US), dresser *n.*
Garderobiere *f.* (Kleiderablage) cloakroom attendant, check-girl *n.* (US); °~ dresser *n.*
Gasse *f.* (Bühne) side-wings *n. pl.*
Gast *m.* guest *n.*
Gastarbeiterprogramm *n.* (approx.) immigrant programmes *n. pl.*
Gästebuch *n.* (Internet) guest book

Gastgeber *m.* host *n.*
Gastspiel *n.* guest performance
Gateway *m.* (IT) gateway *n.*
Gatter *n.* gate circuit
Gaze *f.* gauze *n.*
Gazeschirm *m.* (Beleuchtung) scrim *n.*
Gebäude *n.* building *n.*
Geberseite *f.* transmitting end, sending end
Gebietsverteilung *f.* area distribution, regional distribution, coverage distribution
Gebläse *n.* blower *n.*, fan *n.*
Gebrauch *m.* use *n.*, application *n.*
gebrauchen *v.* use *v.*, apply *v.*
Gebrauchsanweisung *f.* instructions for use, instruction manual, operating instructions
Gebrauchsgrafiker *m.* (TV) graphic artist
Gebühr *f.* fee *n.*; °~ (R, TV) licence fee; °~ charge *n.*
Gebührenanzeige *f.* (Tel) advice of charge, call charge display
Gebührenaufkommen *n.* licence revenue
Gebührenaufteilung *f.* fee splitting
Gebühreneinzugsgebiet *n.* licence-fee collection area
Gebühreneinzugsstelle *f.* licence-fee collection office
Gebührenentrichtung *f.* payment of licence fee
Gebührenfernsehen *n.* television financed from licence fees
gebührenfrei *adj.* free of charge
Gebührenordnung *f.* rate card
Gebührenpflicht *f.* obligation to pay a fee, obligation to pay a charge
gebührenpflichtig *adj.* chargeable *adj.*, taxable *adj.*
Gebührenrundfunk *m.* radio financed from licence fees
Gebührenzahler *m.* licence-holder *n.*
gedruckte Platte printed circuit board; ~ **Schaltplatte** printed circuit board (PCB); ~ **Schaltung** printed circuit
Gefälligkeit *f.* facility *n.*
Gefälligkeitsaufnahme *f.* facility recording
Gefälligkeitskopie *f.* courtesy copy
Gefälligkeitsleistung *f.* courtesy service
Gefäß *n.* tank *n.*

gefedert *adj.* spring-mounted *adj.*, sprung *adj.*

geführte Tour (IT) guided tour

Gegenbetrieb *m.* (Tel) duplex mode

Gegendarstellung *f.* reply *n.*; **Recht auf** °∼ right of reply; **von dem Recht auf** °∼ **Gebrauch machen** to exercise right of reply

Gegeneinstellung *f.* reaction shot, reverse shot, reverse angle

Gegenfarbe *f.* complementary colour

gegengekoppelter Verstärker feedback amplifier

Gegenkopplung *f.* reverse feedback, negative feedback, antiphase feedback

Gegenlicht *n.* reverse lighting, back lighting, contre-jour *n.*, back light

Gegenlichtaufnahme *f.* backlit shot

Gegenlichtblende *f.* lens shade; °∼ (Kamera) lens hood; °∼ sunshade *n.*

Gegenlichttubus *m.* backlight barrel

Gegenmaske *f.* reverse mask

Gegenphase *f.* antiphase *n.*, opposite phase

Gegenschnitt *m.* cut-away *n.*

Gegenschuß *m.* reaction shot, reverse shot, reverse angle; °∼ (J) direct reverse shot, direct reaction shot

Gegensprechanlage *f.* two-way intercommunication system, talkback *n.*, talkback circuit, intercom *n.* (coll.)

Gegensprechmikrofon *n.* talkback microphone

Gegensprechverbindung *f.* duplex circuit

Gegenstandsfarbe *f.* colour of object

Gegenstelle *f.* (Tel) distant station, remote station

Gegenstreiflicht *n.* kicker light

Gegentakt-Längsaufzeichnung *f.* longitudinal recording

Gegentaktaufzeichnung *f.* push-pull recording

Gegentaktschaltung *f.* push-pull circuit

Gegentaktstufe *f.* push-pull stage

Gehalt *n.* salary *n.*

Gehalts- und Lohnstelle *f.* salaries office, salaries-and-wages office

Gehaltsbüro *n.* salaries department

Gehaltsempfänger *m.* salary-earner *n.*, salaried employee

Gehäuse *n.* housing *n.*, casing *n.*

Gehäuseschluß *m.* casing short-circuit

Gehilfe *m.* helper *n.*

Gehobener senior *adj.*

Gehör *n.* hearing *n.*; **absolutes** °∼ perfect pitch

gehörrichtig *adj.* aurally compensated

Gehörschutz *m.* ear protection

Gehörverlust *m.* loss of hearing

Geige, erste °∼ violinist of first desk

Geisterbild *n.* ghost image, ghost *n.*, multi-path effect, double-image, echo *n.*

Gelände *n.* studio area, lot *n.*; °∼ (F) studios *n. pl.*

Gelatine *f.* gelatin *n.*

Gelatinefilter *m.* gelatin filter, jellies *n. pl.* (coll.)

Gelatineschutzschicht *f.* protective gelatin layer, supercoat *n.*

Gelbband *n.* yellow tape

Gelbe Seiten *f. pl.* (Internet) yellow sites *pl.*

Gelbschleier *m.* yellow fog

Geld *n.* money *n.*

Gelegenheitshörer *m. pl.* occasional listeners

Gelenkarm *m.* (Beleuchtung) articulated arm, hinged arm

Gemeinkosten *pl.* overheads

gemeinsame Nutzung *f.* (IT) sharing *n.*

gemeinsames Programm joint programme

Gemeinschaftsantenne *f.* communal aerial, community aerial, satellite master antenna, common antenna

Gemeinschaftsantennenanlage *f.* (TV) central aerial television (CATV)

Gemeinschaftsempfang *m.* (R) community listening; °∼ (TV) community viewing; °∼ satellite television

Gemeinschaftsempfangsanlage *f.* community antenna

Gemeinschaftsproduktion *f.* joint production, co-production *n.*

Gemeinschaftsprogramm *n.* joint programme

Gemeinschaftssendung *f.* joint programme, multilateral programme

Genauigkeit *f.* accuracy *n.*

Generalansage *f.* (TV) presentation preview of evening programmes

Generator *m.* generator *n.*

Generatorpolynom *n.* generator polynomial

Genre *n.* genre *n.*
Genremusik *f.* genre music
geöffnete Datei (IT) opened file
Geometrie *f.* geometry *n.*
Geometriebegrenzung *f.* (Grafik) bounding box
Geometriebrumm *m.* positional hum
Geometriefehler *m.* geometric error
Geometrietestbild *n.* geometrical test pattern, linearity test pattern
geostationär *adj.* geostationary *adj.*
geostationäre Umlaufbahn geostationary orbit
geosynchron *adj.* geosynchronous *adj.*
gepackte Datei *f.* (IT) zipped file, compressed file
gepuffert *adj.* (IT) buffered *adj.*
Gerade *f.* (straight) line
Geradeausempfänger *m.* straight-circuit receiver, straight receiver, direct-detection receiver
Geradeausprojektion *f.* straight-forward projection
Geradeausverstärker *m.* straight amplifier
Gerät *n.* apparatus *n.*, equipment *n.*, device *n.*; °∼ (Geräte) set *n.*; °∼ instrument *n.*, unit *n.* (appar.), appliance *n.*
Geräte *n. pl.* equipment *n.*
Geräte-Manager *m.* (IT) device manager
Gerätecontroller *m.* (IT) device controller
geräteintern *adj.* internal *adj.*
Geräteliste *f.* equipment list, apparatus list
Geräteraum *m.* apparatus room
Gerätesteckdose *f.* appliance plug
Gerätestörung *f.* equipment fault, device fault
Gerätetreiber *m.* (IT) device driver
Gerätewerkstatt *f.* apparatus workshop
Geräusch *n.* noise *n.*
Geräuschabschwächer *m.* (Störung) noise suppressor
Geräuschabstand *m.* weighted signal-to-noise ratio
Geräuscharchiv *n.* sound effects library
Geräuscharchive *n. pl.* sound effects
geräuscharm *adj.* low-noise *adj.*
Geräuschatmosphäre *f.* atmosphere noise
Geräuschaufnahme *f.* sound effects recording

Geräuschband *n.* effects track, effects tape
Geräuschdämpfung *f.* sound insulation, sound-proofing *n.*, silencing *n.*, sound attenuation
Geräusche *n. pl.* (Effekt) sound effects *n. pl.*, effects *n. pl.*
Geräuscheffekte *m. pl.* spot effects
Geräuschemacher *m.* sound effects technician, effects operator
Geräuschemission *f.* noise emission
Geräuschimmission *f.* noise immission
Geräuschkulisse *f.* (Effekt) sound effects *n. pl.*, effects *n. pl.*; °∼ background sound
geräuschlos *adj.* noiseless *adj.*
Geräuschmikrofon *n.* effects microphone, audience microphone
Geräuschpegel *m.* noise level
Geräuschspannung *f.* noise voltage; **bewertete** °∼ weighted noise voltage
Geräuschspannungsabstand *m.* signal to noise ratio
Geräuschspannungsmesser *m.* psophometer *n.*, noise meter
Geräuschsperre *f.* squelch circuit
Geräuschstudio *n.* effects studio
Geräuschsynchronisation *f.* dubbing of effects, sound sync
Geräuschtechniker *m.* sound effects technician, effects operator
Geräuschteppich *m.* acoustic carpet
Geräuschunterdrückung *f.* noise suppression
Geräuschunterdrückungs-System *n.* noise reduction system
Geräuschwert *m.* noise value
gerichtete Verbindung unidirectional link
Gerichtsreporter *m.* court correspondent, court reporter
Geringfügigkeit *f.* triviality *n.*, insignificance *n.*, pettiness *n.*, bagatelle *n.*
Gerüst *n.* scaffolding *n.*
Gesamtaufhellung *f.* general lighting, overall lighting, general ambient light, overall ambient light
Gesamtaufnahme *f.* long-shot (LS), establishing shot, master shot, vista shot (US)
Gesamtbandbreite *f.* overall bandwidth

Gesamtklirrfaktor *m.* total harmonic distortion factor

Gesamtkosten total costs, overall costs, cost total, total costs

Gesamtqualität *f.* overall quality

Gesamtszenenbeleuchtung *f.* production lighting

Gesangsbox *f.* acoustic flat

Gesangsstimme *f.* vocal *n.*

Gesangssynchronisation *f.* voice sync

Geschäftsleitung *f.* board of management

geschlossene Benutzergruppe *f.* (IT) closed user group

Geschwindigkeit *f.* speed *n.*, velocity *n.*; **mit zweierlei** °~ double-speed *adj.*; **steuerbare** °~ controlled speed; **veränderliche** °~ variable speed; **zu niedrige** °~ underspeed *n.*

Geschwindigkeitsabweichung *f.* speed variation

Geschwindigkeitsänderung *f.* speed change; **stufenlose** °~ continuous speed variation

Geschwindigkeitsempfänger *m.* velocity microphone, pressure gradient microphone

Geschwindigkeitsfehler *m.* speed error

Geschwindigkeitsfehlerkorrektur *f.* velocity error correction

Geschwindigkeitsregler *m.* speed controller, speed regulator, speed governor

Geschwindigkeitsschwankung *f.* speed fluctuation

Geschwindigkeitsvergleich *m.* speed comparison

Gesellschaft *f.* society *n.*, corporation *n.*, company *n.*, association *n.*

Gesichtsabdruck *m.* face impression

Gesichtsfarbe *f.* flesh tone

Gesichtsfeld *n.* visual field, field of view

Gesichtsplastik *f.* plastic face-piece

Gesichtswinkel *m.* angle of view, camera angle, viewing angle

gespeicherte Sendung recorded programme

gesperrte Datei (IT) locked file

gespiegelte Seite (IT) mirror site

gesponsorte Sendung sponsored programme

Gespräch *n.* discussion *n.*, debate *n.*; °~ (R,TV) debate *n.*, discussion *n.*

Gesprächsleiter *m.* anchor man, chairman *n.*, discussion chairman, moderator *n.* (US)

Gesprächspartner *m.* interlocutor *n.*, participant *n.*, interviewee *n.*

Gesprächsthema *n.* topic *n.* (of conversation, of discussion)

Gestaltung *f.* design *n.*

Gestell *n.* support *n.*, rack *n.*, stand *n.*

gestochen *adj.* pin-sharp *adj.*

gestorben *adj.* (Meldung) dead *adj.*

gestorben! (Dekoration) strike!; ~ (fam.) (Aufnahme) wrap it up! (take), that's all! (filming, recording), in the can!

gestört *adj.* defective *adj.*, out of order (o.o.o.); ~ (Störgeräusch ungewollt) interfered with, disturbed *adj.*; ~ (Störungsgeräusch gewollt) jammed *adj.*; ~ faulty *adj.*

gestrichen *adj.* cancelled *adj.*

getastet *adj.* keyed *adj.*

Getriebe *n.* gear *n.*, gears *n. pl.*, gear unit

Getterpille *f.* getter *n.*

Gewandmeister *m.* wardrobe supervisor

Gewandmeisterei *f.* wardrobe* *n.*

Gewicht *n.* (fig.::) weight *n.*, importance

gewichten *v.* weight *v.*

Gewichtung *f.* weighting *n.*

Gewinde *n.* thread *n.*

Gewindesteigung *f.* angle of pitch

Gewindestift *m.* threaded stud, grub screw, headless screw

Gewinn *m.* gain *n.*

Gewinner *m.* winner *n.*

Gewinnminderung *f.* gain loss

Gewinnspiel *n.* competition *n.*

Gewitter *n.* lightning *n.*

Gewitterstörung *f.* lightning interference

GFK-Zylinder *m.* (Antennenverkleidung aus glasfaserverstärktem Kunststoff) glass fibre reinforced plastic cylinder

Gips *m.* plaster *n.*

Gitter *n.* grille *n.*, grid *n.*; °~ (Gitter) grating *n.*; °~ lattice *n.*; °~ (Orthikon) mesh *n.*

Gitterableitwiderstand *m.* grid leak resistance

Gitteranodenkapazität *f.* anode-to-grid capacitance, grid-plate tube capacity, grid-plate capacitance

Gitterantenne *f.* umbrella-type aerial

Gitterbasisschaltung f. grounded-grid circuit
Gitterblende f. venetian-blind shutter
Gitterdecke f. (Beleuchtung) lighting grid
Gittergeber m. grid generator
Gittergleichrichter m. grid rectifier
Gitterkreis m. grid circuit
Gitterkreisabstimmung f. grid-circuit tuning
Gittermast m. lattice mast
Gitterreflektor m. (Ant.) reflector grid; °~ grid reflector
Gitterrostdecke f. grid n.; °~ (Beleuchtung) lighting grid; °~ lighting suspension grid
Gitterspannung f. grid voltage, bias n.
Gitterspannungsnetzgerät n. grid bias supply
Gitterstrom m. grid current
Gitterstruktur f. mesh effect
Gittertestbild n. grid test pattern
Gittervorspannung f. grid bias voltage
Gitterwechselspannung f. control-grid signal voltage
Gitterwiderstand m. grid resistance, grid leak (coll.)
Glamourlicht n. (Beleuchtung) glamour light
Glanzlicht n. highlight n.
Glanzseite f. shiny side
Glaser m. glazier n.
Glasfaser f. glass fibre
Glasfasernetz n. fibre-optic network
Glasfaseroptik f. fibre optics
Glasfasertechnik f. (Tel) fibre optics
Glasfaserübertragung f. fibre-optic transmission
Glasfiber f. glass fibre
Glashaut f. (Orthikon) storage plate
Glasplatte f. glass plate
Glättungsschaltung f. smoothing circuit
Gleichenergiespektrum n. equal energy spectrum
Gleichenergieweiß n. equal energy white
Gleichgewicht n. equilibration n.
Gleichkanalbetrieb m. common-channel service, co-channel service
Gleichkanalschutzabstand m. common-channel protection ratio
Gleichkanalstörung f. common-channel disturbance
Gleichlauf m. synchronism n.; °~

(Bewegung) ganging n.; °~ (Platte) regular rotational movement, no flutter and wow; °~ (synchron) tracking n. (sync)
Gleichlauffehler m. synchronization error, tracking error
Gleichlaufschwankung f. (Platte) irregular rotational movement, flutter and wow; °~ wow and flutter
Gleichlaufsignal n. synchronising signal
Gleichrichter m. rectifier n., detector n., straightener n.; °~-**Kaskadenschaltung** f. cascaded rectifiers n. pl.
Gleichrichterröhre f. rectifier valve, detector valve
Gleichrichtung f. rectification n.
Gleichspannung f. direct current voltage
Gleichspannungsverstärker m. direct current voltage amplifier
Gleichstrom m. direct current (DC)
Gleichstromanteil m. direct current component
Gleichstromkomponente f. direct current component
Gleichstrommotor m. direct current motor; **fliehkraftgeregelter** °~ centrifugally-governed direct current motor
Gleichstromverstärker m. direct-current amplifier
Gleichstromweiche f. DC-separating network
Gleichstromwiderstand m. direct-current resistance, ohmic resistance
Gleichtakt m. (elek.) common mode (elec.); °~**unterdrückung** f. common-mode rejection ratio
Gleichung f. equation n.
Gleichwellenbetrieb m. common-wave operation
Gleichwellensender m. synchronised transmitter
gleichzeitig adj. coincident adj.; ~ (IT) simultaneous adj.
gleichzeitiger Zugriff m. (IT) simultaneous access
Gleitkomma n. (IT) floating point; °~-**Arithmetik** f. floating point arithmetic; °~-**Operation** f. (IT) floating-point operation
Gleitmittel, Schmiermittel n. lubricant n.
Gleitrichtung f. directional slip

Gleitschiene f. slide-rail n.
Glied n. element n.; °~ (Kette) link n.
Glimm-Entladung f. glow-discharge n.
Glimmlampe f. glow-lamp n., glow-discharge lamp
Glimmröhre f. glow-discharge tube
Glitch n. glitch n.
Global n. global n.
Global Roaming n. (IT) global roaming
globales Dorf n. (Internet) global village
Glockenkreis m. (Secam) gaussian filter circuit; **komplementärer** °~ (Secam) complementary gaussian circuit
Gloriole f. (Licht) rim light
Glosse f. marginal comment, vignette n. (journ.)
Glühdraht m. filament n.
Glühelektrode f. hot cathode
Glühlampe f. incandescent lamp
Glühlampenfassung f. lamp socket, lamp holder
Glühlicht n. incandescent light
Glühlichtscheinwerfer m. inky n.
Grad m. degree n.
Gradation f. gradation n.; °~ **eines Fotopapiers** gradation of printing paper; **flache** °~ flat gradation
Gradationsentzerrung f. gamma correction
Gradationsfehler m. gradation error
Gradationskurve f. gamma characteristic, Hurter and Driffield curve (H a. D curve)
Gradationsregelung f. gamma control
Gradationsverlauf m. gamma characteristic, Hurter and Driffield curve (H a. D curve)
Gradationsverzerrung f. gamma distortion
Gradientenindexfaser f. graded-index fibre
Gradientenmikrofon n. pressure-gradient microphone
Graetzgleichrichter m. bridge rectifier
Grafidatei f. (IT) graphics file
Grafik f. graph n., visual aid, chart n., graphic n., diagram n., graphics n.
Grafik* f. graphic design*
Grafikadapter m. (IT) graphics adapter
Grafikarbeitsplatz m. graphics workstation

Grafikbeschleuniger m. (IT) graphics accelerator
Grafikdatei f. (IT) image file
Grafikdisplay n. graphics display
Grafiker m. graphic designer
Grafikkarte f. graphics card; °~ (IT) graphics card
Grafikmodus m. (IT) graphics mode
Grafikprozessor m. graphics processor; °~ (IT) graphics processor
Grafikständer m. caption easel, caption stand
Grafiktablett n. graphics tablet
Grafikterminal n. graphics terminal
Grafikzeichen n. (IT) graphics character
grafische Darstellung graph n., visual aid, chart n., graphic n., diagram n.
grafische Benutzeroberfläche f. (IT) graphical user interface
grafischer Zeichner m. graphic artist
Grammatikprüfung f. (IT) grammar checker
Grammofonplatte f. disc n., gramophone record
grau adj. grey adj.; ~ **in grau sein** to be flat, to be grey
Grauabgleich m. grey balance
Grauentzerrung f. grey-scale correction
Graukeil m. grey-scale, neutral wedge, step wedge
Graukeilsignal n. staircase signal
Graukeiltestvorlage f. staircase test chart
Grauskala f. grey-scale, neutral wedge, step wedge, grey scale
Graustufe f. grey-step, shade of grey
Grauwert m. grey-value, tonal value; °~ (opt.) half-tone n.
Grauwerttafel f. grey-scale chart; **harmonisch abgestufte** °~ calibrated grey-scale chart
Grauwertverzerrung f. half-tone distortion
Grauwertwiedergabe f. half-tone rendering
Gravurring m. engraved ring
Gray Mapping n. gray mapping
Graycodierung f. gray coding
Greifer m. register pin, claw n., gripper n., pilot pin, moving pin
Greiferarm m. claw arm
Greifersystem n. claw feed system

Grenzbelastbarkeit *f.* critical load carrying capacity

Grenzempfindlichkeit *f.* cut-off sensitivity, limiting sensitivity

Grenzfrequenz *f.* limit frequency, cut-off frequency, cutoff-frequency *n.*

Grenzradius *m.* field radius

Grenzschalldruck *m.* overload sound pressure

Grenzschichtwellen *f. pl.* boundary layer waves

Gries *n.* snow *n.*

grieseln *v.* (s. rauschen) to be noisy

Grieß *m.* (Bild) Johnson noise, random-noise; °~ grass *n.* (coll.), shot noise

Grobeinstellung *f.* rough focusing, coarse setting, rough adjustment, coarse adjustment

grobkörnig *adj.* coarse-grained *adj.*

groß *adj.* (Einstellung) close-up *adj.*

Groß-/Kleinschreibung *f.* (IT) case *n.*

groß, ganz ~ big close-up (BCU), very close shot (VCS), big close shot (BCS)

Großaufnahme *f.* close-up *n.* (CU), close-up view (US), close-shot (CS)

Großbildprojektion *f.* large-screen projection

Großbuchstaben *m. pl.* (IT) upper case, caps *n. pl.*

Größe *f.* gauge *n.*, aspect ratio (AR), dimension *n.*, format *n.*, size *n.*

Größenordnung *f.* magnitude *n.*

Großflächensender *m.* wide-coverage transmitter, main station (transmitter)

Großkreisweg *m.* great circle path

Großraumspeicher *m.* (IT) bulk memory, bulk store

Großrechner *m.* (IT) mainframe *n.*

Großsender *m.* high-power transmitter, high-power station

Grünbuch *n.* (Tel) green paper

Grundanforderungen *f.* core requirements, basic requirements

Grunddämpfung *f.* insertion loss, pass-band attenuation

Grunddateiname *m.* (IT) root name

Grundeinheit *f.* (Maßsysteme) basic unit

Grundfrequenz *f.* fundamental frequency

Grundgage *f.* basic fee

Grundgeräusch *n.* (Plattenspieler) surface noise; °~ background noise

Grundgeräuschpegel *m.* background noise level

Grundhelligkeit *f.* background brightness

Grundierfarbe *f.* background colour, primer *n.* (col.)

Grundleuchtdichte *f.* base-light intensity

Grundlicht *n.* base light, foundation light

Grundmembran *f.* basement membrane

Grundnetzsender *m.* basic network station

Grundplatte *f.* base board

Grundrauschen *n.* background noise

Grundrestspannung *f.* residual voltage

Grundschleier *m.* base veil, background fog

Grundschwingung *f.* first harmonic, fundamental or first-harmonic oscillation

Grundton *m.* atmosphere *n.*, background noise, keynote *n.*, fundamental tone, fundamental *n.*

Grundversorgung *f.* basic coverage

Grundwelle *f.* fundamental wave, fundamental *n.*

Grünfilm *m.* (Vorspann) green tape leader

Gruppe *f.* group *n.*

Gruppencharakteristik *f.* array factor

Gruppencode *m.* (Tel) group code

Gruppeneinstellung *f.* group shot, crowd shot

Gruppenfernsehen *n.* ((Ziel)-Gruppenfernsehen) (R/TV) narrowcasting *n.*

Gruppenlaufzeit *f.* group delay, envelope delay, group delay

Gruppenlaufzeitanstieg *m.* group delay increase

Gruppenlaufzeitdifferenz *f.* group delay difference

Gruppenlaufzeitentzerrer *m.* group delay equalizer

Gruppenlaufzeitfehler *m.* group delay error

Gruppenlaufzeitgang *m.* group delay response

Gruppenlaufzeitmesser *m.* group delay meter

Gruppenlaufzeitmessungen *f. pl.* group delay measurements

Gruppenlaufzeitverhalten *n.* group delay response

Gruppenlaufzeitverzerrung f. group delay distortion
Gruppenlaufzeitvorentzerrung f. group delay pre-emphasis, pre-equalization n.
Gruppenmischer m. group mixer
Gruppenruf m. (Tel) group call
Gruppensteller m. group control, group adjuster
Gruppensteuerung f. group control
Gruppenstrahler m. array n.
Gruppenvertrag m. group contract
Gruselfilm m. horror film
Guckkasten m. (fam.) television receiver, television set, television n. (coll.)
Guide m. guide n.; °~-**Leitung** f. guide circuit
Gummidichtung f. rubber gasket, rubber packing, rubber washer
Gummifuß m. rubber foot
Gummilinse f. zoom lens; °~ **aufziehen** zoom out v.; °~ **ziehen** (Linse) zoom v.; °~ **zuziehen** zoom in v.
Gummimuschel f. foam-rubber earpad
Gurt m. girdle n., strap n., belt n.
Guß m. (F) coating n.
Güteabfall m. loss of quality; °~ (tech.) degradation n.; °~ impairment n.
Gütefaktor m. quality factor

H

H- (s. Horizontal-); °~-**frequentes Rechtecksignal** line-frequency square wave; °~-**Impuls** (s. Horizontalimpuls)
HA (s. Hauptabteilung)
Haarteil n. hairpiece n., wig n.
hacken v. (IT) hack v.
Hagel m. hail n.
Halb-KW n. 500 Watt pup
Halbbild n. field n.
Halbbilddauer f. field period, field duration
Halbbilder, ineinandergeschriebene °~ interlaced fields
Halbbildfrequenz f. field frequency (50 or 60 Hz)

Halbbildimpuls m. field pulse, vertical pulse (US)
halbfrontal adj. semi-frontal adj.; °~ **aufnehmen** to do a three-quarter shot
Halbierung f. bisection n.
Halbleiter m. (Elektronik) semiconductor n.
Halbleiterdiode f. semiconductor diode
Halbnah-Aufnahme f. close-medium shot
Halbnahe f. (Einstellung) close-medium shot (CMS), medium close-up (MCU), semi-close-up n. (SCU), medium shot (MS)
Halbprofil n. semi-profile n.
Halbschatten m. half-shadow, half-shade n., penumbra n.
Halbspur f. (Amateurgerät) half-track n.
Halbton m. (akust.) semi-tone n.; °~ (opt.) half-tone n.
Halbtonrasterung f. halftone rasterisation, halftone rastering
Halbtonwiedergabe f. half-tone reproduction
Halbtotale f. medium long shot (MLS), full-length shot (FLS)
Halbtransponder m. half transponder
Halbwelle f. half-wave n.
Halbwellendipol m. half-wave dipol antenna n.
Halbwertsbreite f. 3-db bandwidth, bandwidth at 50% down; °~ (Ant.) lobe width
Halbzeilenimpuls m. equalising pulse
Hall m. echo n., reverberation n.; °~ **geben** to add reverberation, to add echo; **überlagerter** °~ superimposed reverberation, added reverberation
Hallabstand m. critical range
Hallanteil m. degree of echo
Hallausgang m. reverberation output, echo go
Halle f. hall n.
Halleingang m. reverberation input, echo return
hallen v. resound v., reverberate v., echo v.
Hallfolie f. reverb foil
Hallgenerator m. reverberation generator, echo source
hallig adj. reverberant adj., live adj. (echo)
Halligkeit f. reverberation n., liveness n.
Hallplatte f. reverberation plate, echo plate

Hallradius *m.* reverberation radius

Hallraum *m.* reverberation room, reverberation chamber, echo room

Hallraumverfahren *n.* reverberation room process

Haloeffekt *m.* halo effect, halo *n.*

Halogen-Metalldampflampe *f.* halogen metal vapour lamp

Halogenglühlampe *f.* halogen bulb

halogenglühlampe, Quarz~ *f.* quartz halogen bulb

Halogenlicht *n.* halogen light

Haltbedingung *f.* (IT) stop condition

Haltebereich *m.* locking range

Haltebügel *m.* supporting strap, handle *n.*

Haltepunkt *m.* (IT) breakpoint *n.*

Halterung *f.* (elek.) mounting *n.*; °~ bracket *n.*; **schwenkbare** °~ swivel mounting

Haltestelle *f.* (fam.) (Kopierwerk) processing stop

Handapparat *m.* (Tel) handset *n.*

Handbuch *n.* manual *n.*, handbook *n.*

Handeingabe *f.* (IT) keyboard input

Handfunksprechgerät *n.* walkie-talkie *n.*

handgezeichnet *adj.* hand-drawn *adj.*

Handgriff *m.* handle *n.*

Handhabung *f.* handling *n.*

Handheld-PC *m.* (IT) handheld PC

Handkabel *n.* hand cable, patch cabel

Handkamera *f.* hand-held camera, portable camera

Handlager *m.* stock kept at the workbench

Handlampe *f.* hand lamp, inspection lamp

Handleser *m.* (IT) handheld reader

Handlungsablauf *m.* plot *n.*, story line

Handmikrofon *n.* hand-held microphone

Handpuppenspieler *m.* puppeteer *n.*

Handregelmotor *m.* manually controlled motor

Handregelung *f.* manual control, hand control, manual operation

Handregler *m.* manual control

Handshake *n.* (IT) handshake *n.*

handvermittelt *adj.* (Tel) manually switched *adj.*

Handvermittlung *f.* manual telephone system

Handvermittlungsanlage *f.* manual exchange

Handvermittlungsplatz *m.* (Tel) switchboard position, manual operator position

Hängegitter *n.* (Scheinwerfer) hanging grid

Hänger *m.* (Scheinwerfer) hanger *n.*; °~ (Versprecher, Wiederholungen beim Sprechen/Moderatorfehler) slip of tongue

Hängestück *n.* suspension unit

Hard News hard news

Hardware *f.* (IT) hardware *n.*; °~ hardware *n.*

Hardwareausfall *m.* (IT) hardware failure

Hardwarecheck *m.* (IT) hardware check

Hardwarekopierschutz *m.* dongle *n.*

Harmonische *f.* (Frequenz) harmonic *n.*

Harmonizer *m.* harmonizer *n.*

Harry digital production system, Harry

hart *adj.* (Ton) harsh *adj.*; ~ (Bild) hard *adj.*; ~ **überblenden** cut *v.*

harte Aufschaltung cut *n.*; ~ **Überblendung** cut *n.*

Hartglas-Halogenglühlampe *f.* quartz glass halogen bulb

Hartley-Schaltung *f.* Hartley oscillator circuit

Hartschnitt *m.* hard cut

Hartschnittschalter *m.* video switch

Härtung der Emulsion hardening of emulsion

Hartzeichner *m.* (Optik) sharp-focus lens, high-definition lens

Haube *f.* hood *n.*

Haupt- (in Zus.) main *adj.*

Hauptabendprogramm *n.* prime time programme

Hauptabteilung *f.* (HA) department *n.*

Hauptabteilungsleiter *m.* head of department

Hauptansage *f.* (TV) presentation preview of evening programmes

Hauptanschlussleitung *f.* (Tel) main connection, subscriber line

Hauptbeleuchtung *f.* main lighting, key lighting

Hauptdarsteller *m.* protagonist *n.*, star *n.*, leading actor *n.*

Hauptfilm *m.* main feature film

Hauptgeräteraum *m.* central apparatus room (CAR)

Hauptkabel *n.* (Tel) main cable

Hauptkeule *f.* (Antenne) main beam, main lobe
Hauptleitung *f.* mains *n. pl.*
Hauptlicht *n.* main light, key *n.* (lighting), key light
Hauptmikrofon *n.* main microphone
Hauptmonitor *m.* transmission monitor
Hauptnachrichten *f. pl.* (Sendung) main news transmission
Hauptphase *f.* (Zeichentrick) key animation
Hauptphasenzeichner *m.* key animator
Hauptplatine *f.* (IT) motherboard *n.*
Hauptprogramm *n.* (IT) main programme, master programme
Hauptrechner *m.* host computer
Hauptrolle *f.* leading part; **in der** °~ starring
Hauptschalter *m.* main switch; °~ (IT) master switch
Hauptschaltraum *m.* central control room (CCR), master control room
Hauptsendezeit *f.* (TV) peak viewing time; °~ (R) peak listening time; °~ prime tune, prime time
Hauptspeicher *m.* (IT) computing store, main memory, working store, working memory, general store; °~ (IT) main memory, primary storage
Hauptstrahlrichtung *f.* direction of maximum radiation
Hauptstrommotor *m.* series motor
Hauptstudio *n.* main studio
Haupttitel *m.* main title
Hauptträger *m.* main carrier
Haupttrennschalter *m.* main isolating switch
Hauptverkehrsstunde *f.* peak hour; °~ (Tel) busy hour
Hauptvermittlung *f.* (Tel) main exchange
Hauptverteiler *m.* main distributing frame (MDF), trunk distributing frame (US); °~ (Tel) trunk distribution, main distrubution frame
Hauptverzeichnis *n.* (IT) root directory
Hauptziel *n.* principal target, principal objective, principal aim
Haushaltswesen* *n.* budgeting *n.*
Hausmeister *m.* house foreman
Hauspianist *m.* resident pianist
Hausrecht *n.* domiciliary rights, power of the keys

Hausverwalter *m.* house manager
Hausverwaltung* *f.* central services* *n. pl.*
Hauteffekt *m.* skin effect
Havariefall *m.* (Sendung) breakdown *n.*
Havarieschaltung *f.* breakdown circuit
Headcrash *m.* (IT) head crash
Headerdatei *f.* (IT) header file
Headliner *m.* (akust. Verpackungselement) headliner *n.*
Headset *n.* headset *n.*
Hebebühne *f.* stage lift
Hebel *m.* lever *n.*
Hebelschaltung *f.* lever switch, knife-switch
Hebevorrichtung *f.* lifting device
Hebezeug *n.* hoisting gear
Heckantenne *f.* rear aerial
Heimatfilm *m.* nostalgia film, regional melodrama
Heimatfunk *m.* regional cultural programme
Heimcomputer *m.* (IT) home computer
Heimempfänger *m.* domestic receiver, home receiver
Heimempfangsanlage *f.* domestic receiving system
Heimempfangsantenne *f.* domestic receiving antenna
Heimgeräte *n. pl.* domestic appliances
Heimstudioanlage *f.* domestic studio equipment
heiße Probe dry run
Heißleiter *m.* NTC resistor
Heizautomatik *f.* (Thermostat) oven control
Heizbatterie *f.* filament battery, low-tension battery, A-battery *n.*
Heizfaden *m.* (indirekt) heater *n.*; °~ filament *n.*
Heizsonne *f.* bowl-fire *n.*, electric fire
Heizspannung *f.* filament voltage, heater voltage
Heizsymmetrierung *f.* hum buckling
Heizung *f.* heating *n.*; °~ (Röhre) filament *n.*; **symmetrierte** °~ balanced filament
Heizungstechniker *m.* heating engineer
Heldenfriedhof *m.* (fam.) obituaries *n. pl.*, obits *n. pl.* (coll.)
Helicalscanverfahren *n.* helical scan system
Hellempfindlichkeitskurve, spektrale °~

relative luminosity factor, spectral
sensitivity curve
Helligkeit *f.* (Leuchtdichte) luminosity *n.*;
°~ (TV) brightness *n.*, brilliance *n.*; °~
intensity *n.*
Helligkeitsabstufungen *f. pl.* shades *n. pl.*
Helligkeitsbereich *m.* (TV) brightness
range
Helligkeitseindruck *m.* brightness
impression, sensation of brightness
Helligkeitsflimmern *n.* luminance flicker,
brightness flicker
Helligkeitskontrast *m.* brightness contrast
Helligkeitssignal *n.* brightness signal,
luminance signal
Helligkeitssprung *m.* brightness step
Helligkeitssteuerung *f.* intensity
modulation, brightness control
Helligkeitsüberstrahlung *f.* white
crushing
Helligkeitsumfang *m.* (TV) brightness
range; °~ contrast range
Helligkeitsverteilung *f.* brightness
distribution
Helligkeitswert *m.* density value,
brightness value
Hellphase *f.* (Kamera) light period
Helltastimpuls *m.* unblanking pulse
HelpDesk *n.* help desk
Helpline *f.* (IT) help line *n.*
Hemisphärenkanal *m.* hemispheric
channel
herauftransformieren *v.* step up *v.*
herausbringen *v.* (F) release *v.*, launch *v.*;
~ (Thea.) stage *v.*, present *v.*, stage *v.*;
ein Stück ~ to put on a play
Herausgeber *m.* publisher *n.*, editor *n.*
herauskommen *v.* to be released
herausschneiden *v.* cut out *v.*, excise *v.*
herausstellen *v.* (Darsteller) feature *v.*, star
v.
herausstreichen *v.* excise *v.*, edit out *v.*,
strike out *v.* (script)
herstellen *v.* produce *v.*
Herstellung *f.* manufacture *n.*, production
n.
Herstellungskosten *pl.* production costs;
°~ **plt.** production costs
Herstellungsplan *m.* production schedule
Herstellungsvertrag *m.* production
contract
Herstellungszeit *f.* production time

Hertz *n.* (Hz) cycles per second (cps),
Hertz *n.* (Hz)
Hertzscher Dipol Hertz dipole, hertzian
doublet
herunterfahren *v.* (IT) shut down *v.*
herunterladen *v.* (IT) download *v.*
herunterregeln *v.* (Licht) take down *v.*,
dim *v.*
heruntertransformieren *v.* step down *v.*
hervorbringen *v.* generate *v.*
hervorheben *v.* (IT) highlight *v.*
Hesselbach *m.* (fam.) synchroniser *n.*,
synchronising unit
heulen *v.* howl *v.*
Heuler *m.* (Ton) wow *n.*; °~ hit *n.*
Heulton *m.* howling tone
hexadezimal *adj.* (IT) sedecimal *adj.*,
hexadecimal *adj.*, sexadecimal *adj.*
Hexadezimalzahl *f.* (IT) sedecimal
number, hexadecimal number,
sexadecimal number
HF (s. Hochfrequenz); °~-**Wagen** *m.*
radio car
HI (s. HI-Scheinwerfer),
Hi-Fi *n.* hi-fi *n.*,
HI-Scheinwerfer *m.* (HI) arc *n.*
hierarchisch *adj.* hierarchical *adj.*
High-key *n.* high-key (HK)
Highband *n.* high band; °~-**Norm** *f.* high-
band standards *n. pl.*
Highlights *f.* highlights *n.*
Hilfe, technische °~ technical facilities *n.*
pl., technical assistance, technical
support
Hilfeleistung *f.* assistance *n.*, help *n.*; °~
(Hilfeleistung) service *n.*
Hilfetaste *f.* (IT) help key
Hilfsanwendung *f.* (IT) auxiliary
application, helper application
Hilfsarbeiter *m.* unskilled worker
Hilfscode *m.* (IT) auxiliary code
Hilfsgerät *n.* auxiliary set, auxiliary
equipment
Hilfskanal *m.* auxiliary channel; °~
(Sender) sub-channel *n.*
Hilfskraft *f.* temporary help, holiday
relief, relief *n.* (staff), temporary *n.*
Hilfsoszillator *m.* auxiliary pulse oscillator
Hilfsphase *f.* (Motor) split phase
Hilfsprogramm *n.* (IT) utility, tool *n.*
Hilfsquelle *f.* resource *n.*, expedient *n.*
Hilfsredakteur *m.* editorial assistant

Hilfsregisseur *m.* second director
Hilfssender *m.* auxiliary transmitter
Hilfssynchronsignal *n.* equalising pulse;
°~ (Band) blip *n.*
Hilfstonspur *f.* pilot tone track, cue track,
guide track
Hilfsträger *m.* subcarrier *n.*
Hindernis *n.* obstacle *n.*, hindrance *n.*
Hindernisgewinn *m.* obstacle gain
Hinterbandkontrolle *f.* separate head
monitoring
Hintereinanderschaltung *f.* tandem
connection, serial hook-up (US), series
connection
Hintergrund *m.* background *n.*, back-drop
n., upstage *n.*; °~-**Verarbeitung** *f.* (IT)
background processing
Hintergrundabsenkung *f.* background
reduction
Hintergrundaufbauten *m. pl.* built
background
Hintergrundausleuchtung *f.* background
lighting, background illumination
Hintergrundberichterstattung *f.*
background reporting
Hintergrundbild *n.* (IT) wallpaper *n.*,
background image, b. picture
Hintergrunddekor *n.* backing *n.*
Hintergrunddekoration *f.* background set
Hintergrunddruck *m.* (IT) background
printing
Hintergrundgeräusch *n.* background
noise
Hintergrundlicht *n.* background light,
background mood light
Hintergrundmusik *f.* background music
Hintergrundprojektion *f.* (Dekoration)
background projection
Hintergrundprojektor *m.* background
projector
Hintergrundspeicher *m.* (IT) backing
store, auxiliary store
Hintergrundverarbeitung *f.* (IT)
background processing
Hinterklebeband *n.* patch joining,
splicing tape
Hinterlicht *n.* back light
Hintersetzer *m.* set-in *n.*, backing *n.*
Hinweis *m.* clue *n.* (US), tip-off *n.*, pointer
n. (US), tip *n.*
hinziehen *v.* lip-sync *v.*, to bring into lip-
sync, sync up *v.*

Hit *m.* hit *n.*
Hit-orientiertes Musikformat *n.*
contemporary hit radio
Hitparade *f.* hit parade, charts *n.*,
chartshow *n.*
hochauflösend *adj.* high-resolution
hochauflösendes Fernsehen high
definition television
hochfahren *v.* (IT) boot (up) *v.*
Hochformat *n.* upright size, upright
format; °~ (IT) portrait format
Hochformatmonitor *m.* (IT) portrait
monitor
hochfrequent *adj.* high-frequency *adj.*,
radio-frequency *adj.*
Hochfrequenz *f.* (R) high-frequency (R),
radio frequency (RF); °~- (R) (in Zus.)
high-frequency *adj.*, radio-frequency
adj.; °~-**Vormagnetisierung** *f.* RF bias
Hochfrequenzdrossel *f.* radio-frequency
choke, radio-frequency choke coil
Hochfrequenzgenerator *m.* radio-
frequency generator
Hochfrequenzleitung *f.* radio-frequency
circuit, high-frequency circuit
Hochfrequenzlitze *f.* litz wire
Hochfrequenzschutzabstand *m.* radio-
frequency protection ratio
Hochfrequenzspule *f.* radio-frequency
coil
Hochfrequenzstörabstand *m.* radio
frequency signal-to-noise ratio
Hochfrequenzüberlagerung *f.* RF
heterodyne
Hochfrequenzverstärker *m.* radio-
frequency amplifier
Hochfrequenzwobbelsignal *n.*
wobbulated RF signal
Hochintensität *f.* (HI) high-intensity (HI)
Hochintensitätskohle *f.* high-intensity
carbon (HI carbon)
Hochintensitätslampe *f.* high-intensity arc
lamp, high-power arc lamp
Hochlauf, synchroner °~ synchronous
run-up
hochlaufen *v.* run up *v.*
Hochlaufzeit *f.* run-up time, lock up time
Hochleistung *f.* high-performance *n.*
Hochleistungssatellit *m.* high-power
satellite
Hochleistungsverstärker (Sat) high
power amplifier, HPA

hochohmig *adj.* highly resistive *adj.*; ~ (Anpassung) high-impedance *adj.*, high-resistance *adj.*
Hochpaß *m.* high-pass filter
Hochpaßfilter *m.* high-pass filter
Hochrechnung *f.* extrapolation *n.*
Hochspannung *f.* high-tension (HT), high-voltage (HV)
Hochspannungsfreileitung *f.* high-voltage overhead line
Hochspannungsnetzgerät *n.* high-tension power unit
Hochspannungstransformator *m.* high-voltage transformer
Höchstbeanspruchung *f.* maximum permissible load, peak load
Hochton *m.* high-pitch, treble *n.*
Hochtöner *m.* (s. Hochtonlautsprecher) tweeter *n.*
Hochtonlautsprecher *m.* high-frequency loudspeaker, treble loudspeaker, tweeter *n.* (coll.)
Hochtonschwerhörigkeit *f.* high-frequency hardness of hearing
Hochtonsenke *f.* high frequency sink
hochziehen *v.* (Regler) fade in *v.*
hohe Wiedergabegüte (Hi-Fi) high-fidelity (hi-fi)
Höhe *f.* height *n.*, elevation *n.*; °~ (Antennen) height above ground
höhe, Aufhänge~ *f.* (Antennen) height above ground
Höhe, scheinbare °~ virtual height; **wahre** °~ real height, true height
Hoheit *f.* sovereignty *n.*, supreme authority
Hoheitsaufgaben *f. pl.* sovereign tasks
Höhen *f. pl.* treble *n.*, treble *n.* (frequencies)
Höhenabschwächung *f.* treble cut, treble attenuation, top cut
Höhenabsorber *m.* treble absorber
Höhenanhebung *f.* treble boost, high-frequency emphasis
Höhenaussteuerbarkeit *f.* saturation output level
Höheneinspeisung *f.* top feed
Höhenentzerrung *f.* treble equalisation, treble correction
Höhensperre *f.* top-cut filter
Höhepunkte *m. pl.* highlights *n. pl.*
Hohladertechnik *f.* hollow waveguide technology

Hohlleiter *m.* waveguide *n.*
Hohlspiegel *m.* concave reflector, reflector *n.*
Holmantenne *f.* cantilever aerial
Hologramm *n.* hologram *n.*
Holzstativ *n.* wooden tripod
Home-track *n.* home track
Homepage *f.* (IT) homepage *n.*, home page
Homeverzeichnis *n.* (IT) home directory
Honorar *n.* fee *n.*
Honorarabteilung *f.* fees department; °~ (TV) artists' contracts*; °~ (R) programme contracts*
Honorarkosten *pl.* fee costs
Honorarrahmen *m.* fee scale
Honorarvertrag *m.* artist's contract
honorieren *v.* to pay a fee for, remunerate *v.*
Hook *m.* (Musik) hook *n.*
hörbar *adj.* audible *adj.*
Hörbarkeit *f.* audibility *n.*
Hörbarkeitsgrenze *f.* audibility threshold
Hörbereich *m.* audibility range
Hörbericht *m.* running commentary
Hörbeteiligung *f.* audience rating
Hörbild *n.* sound picture; °~ (R) feature *n.*
Hördauer *f.* listening time
Höreindruck *m.* auditory impression
Hörer *m.* listener *n.*; °~ (Telefon) receiver *n.*, earpiece *n.*; °~ (tech.) headset *n.*; °~ cans *n. pl.*
Höreranalyse *f.* audience survey
Hörerauskunft* *f.* duty office
Hörerbefragung *f.* audience research survey
Hörerbeteiligung *f.* listener participation
Hörerbindung *f.* listener bonding
Hörerecho *n.* listener echo
Hörerforschung *f.* listener research, audience research (TV)
Hörergemeinde *f.* audience *n.*
Hörerpost *f.* listeners' letters *n. pl.*
Hörerpost* *f.* correspondence section
Hörerschaft *f.* audience *n.*
Hörertelefon *n.* phone-in line
Hörerwünsche *m. pl.* listeners' requests; °~ *pl.* (Progr.) requests programme; °~ *pl.* (Platten) record requests
Hörerzahl *f.* audience figure; °~ (R) size of audience

Hörfeld *n.* auditory sensation area, acoustic field

Hörfolge *f.* feature series, radio series

Hörfrequenz *f.* audible frequency, audio frequency (AF); °~ **f** acoustic frequency

Hörfrequenzbereich *m.* audio-frequency range, audio range

Hörfunk *m.* radio broadcasting, sound broadcasting, radio *n.*; °~- (in Zus.) radio *adj.*

Hörfunkanstalt *f.* radio (broadcasting)

Hörfunkaufnahme *f.* radio recording

Hörfunkdienst *m.* radio service

Hörfunkdirektion *f.* radio directorate

Hörfunkdirektor *m.* managing director of radio

Hörfunkempfangsgerät *n.* radio receiver, tuner *n.*

Hörfunkgebühr *f.* radio licence fee

Hörfunkgenehmigung *f.* radio licence

Hörfunkhörer *m.* listener *n.*

Hörfunkinszenierung *f.* radio production

Hörfunkkomplex *m.* radio centre

Hörfunkleitung *f.* (tech.) radio circuit, radio programme circuit; °~ radio directorate, programme line

Hörfunklivesendung *f.* live radio broadcast

Hörfunklizenz *f.* radio franchise

Hörfunkmagazin *n.* radio magazine

Hörfunknachrichten *f. pl.* radio news, news bulletin

Hörfunknachrichten* *f. pl.* radio news*

Hörfunknetz *n.* radio network

Hörfunkproduktion *f.* radio production

Hörfunkprogramm *n.* radio programme

Hörfunkprogrammanbieter *m.* radio programme provider

Hörfunkreihe *f.* radio serial

Hörfunksender *m.* radio station, broadcaster *n.*

Hörfunksendung *f.* radio programme, radio broadcast

Hörfunkspielleiter *m.* radio drama producer

Hörfunkstudio *n.* radio studio

Hörfunksystem *n.* radio system

Hörfunkteilnehmer *m.* radio licence-holder

Hörfunkübertragung *f.* radio relay, radio transmission

Hörgerät *n.* hearing aid

Hörgrenze *f.* audibility limit

Hörhilfe *f.* hearing aid

Horizont *m.* horizon *n.*

Horizontal- (H-) (in Zus.) horizontal *adj.* (H); °~-**Synchronimpuls** *m.* horizontal synchronising pulse, line synchronising pulse, line pulse

Horizontalablenkspule *f.* line deflection coil

Horizontalablenkung *f.* horizontal deflection

Horizontalauflösung *f.* horizontal definition

Horizontalaustastimpuls *m.* horizontal blanking pulse

Horizontalbalken *m.* horizontal bar, strobe line

Horizontaldiagramm *n.* horizontal antenna pattern, horizontal pattern

Horizontalfrequenz *f.* line frequency

Horizontalimpuls *m.* (H-Impuls) horizontal synchronising pulse, line synchronising pulse, line pulse

Horizontalsägezahn *m.* horizontal saw-tooth

Horizontalschwenk *m.* horizontal pan

Horizontalumroller *m.* horizontal rewind

Hörkopf *m.* reproducing head; °~ (Platte) pick-up head; °~ playback head, play back head

Hornlautsprecher *m.* horn loudspeaker

Hornstrahler *m.* horn radiator

Hörprüfgerät *n.* hearing tester, audiometer *n.*

Hörprüfraum *m.* audiometrics room

Hörprüfung *f.* hearing test

Hörpsychiologie *f.* psychology of hearing

Hörreflex *m.* auditory reflex

Horrorfilm *m.* horror film

Hörrundfunk *m.* sound broadcasting, radio *n.*

Hörsaal *m.* auditorium *n.*

Hörsamkeit *f.* acoustic qualities, acoustics *n.*

Hörschall *m.* audible sound

Hörschärfe *f.* auditory acuity, acuteness of hearing

Hörschwelle *f.* aural threshold, audibility threshold

Hörspiel *n.* radio play, radio drama, radioplay *n.*

Hörspielabteilung *f.* radio drama*

Hörspielarchiv *n.* radio drama library
Hörspielautor *m.* radio playwright
Hörspielbuch *n.* anthology of radio plays
Hörspielinszenierung *f.* radio drama
  production
Hörspielleiter *m.* head of radio drama
Hörspielmanuskript *n.* radio drama script
Hörspielmusik *f.* incidental music for
  radio drama
Hörspielproduktion *f.* radio drama
  production
Hörspielregisseur *m.* radio drama
  producer
Hörspielstudio *n.* drama studio
Hörsturz *m.* sudden loss of hearing
Hörweite *f.* ear-shot *n.*
Hospitant *m.* unpaid trainee
Host *m.* host *n.*; °~ **Broadcaster** host
  broadcaster
Hostadapter *m.* (IT) host adapter
Hosting *n.* (IT) hosting *n.*
Hostingservice *m.* (IT) hosting service
Hostname *m.* (IT) host name
Hostsprache *f.* (IT) host language
hot *adj.* (on-air) hot *adj.*
Hot Clock *f.* hot clock
Hot Mix *m.* hot mix
Hot Rotation *f.* (Musik) hot rotation
Hot Start *m.* (Musik) hot start *n.*
Hotline *f.* (IT) hot line
Hub *m.* (Frequenz) deviation *n.*
Hubanzeige *f.* (Anzeige des
  Frequenzhubes) deviation indication
Hubkontrolle *f.* deviation check
Hubschrauberaufnahme *f.* helicopter
  shot
Hubstapler *m.* stacker truck
Hubüberschreitung *f.* deviation overshoot
Hülle *f.* (Kamera) case *n.*, covering *n.*;
  schalldichte °~ sound-proof covering
Hüllflächenverfahren *n.* envelope
  principle
Hüllkurve *f.* envelope curve
Hüllkurvendemodulator *m.* edge
  demodulator
Hülse *f.* sleeve *n.*
Hybridrechner *m.* (IT) hybrid computer
Hybridschaltung *f.* hybrid circuit
hydraulisch *adj.* hydraulic *adj.*
Hyperbel *f.* hyperbola *n.*
Hypermedia *f.* (IT) hypermedia *n.*
Hyperschall *m.* hypersound *n.*

Hypertext *m.* hypertext *n.*
Hypertextlink *m.* (IT) hypertext link
Hysteresisschleife *f.* hysteresis loop
Hysteresisverluste *m. pl.* hysteresis losses
Hz (s. Hertz)

I

IC-Fassung *f.* IC socket
IFM (s. Impulsfrequenzmodulation)
Igel *m.* tag block
Ikonoskop *n.* iconoscope *n.*
Illustration *f.* illustration *n.*, visual aid
im Bild sein to be in shot; ~ **Blickfeld
  sein** to be in shot
Im-Kopf-Lokalisation *f.* in-head
  localisation
Image *n.* image *n.*; °~**-ID** (akust.
  Verpackungselement) image ID,
  positioning jingle *n.*; °~**-Orthikon** *n.*
  (IO) image orthicon (IO); °~**-Werbung**
  f. image ad
iMCS internal Machine communication
  system, iMCS
Immission *f.* immission *n.*
Impedanz *f.* impedance *n.*
Impedanzanpasser *m.* impedance
  matching device
Impedanzanpassung *f.* impedance
  matching
Impedanzwandler *m.* impedance
  transformer
Implosion *f.* implosion *n.*
implosionsgeschützt *adj.* implosion-proof
  adj.
Impressum *n.* imprint *n.*
Improvisierung *f.* improvisation *n.*, ad-
  libbing *n.*
Impuls *m.* impulse *n.*; °~ (Elektronik)
  pulse *n.*; °~ **in Bandlaufrichtung** pulse
  downstream; **2T-20T-**°~ *m.* pulse-and-
  bar test signal, sine-square and
  rectangular pulse
Impulsabfallzeit *f.* pulse decay time, pulse
  fall time
Impulsabtrennstufe *f.* pulse clipper
Impulsabtrennung *f.* pulse clipping

Impulsamplitude *f.* pulse amplitude
Impulsanstiegzeit *f.* pulse rise time
Impulsantwort *f.* (eines Raumes) pulse response
Impulsboden *m.* tip of synchronising pulses
Impulsbreite *f.* pulse width, pulse length
Impulsdauer *f.* pulse duration; °∼ (IT) impulse duration, impulse length
Impulseinschaltvorgang *m.* pulse switch-on transient
Impulserneuerung *f.* pulse regeneration
Impulsflanke *f.* pulse edge
Impulsfolge *f.* (IT) bit rate
Impulsfolgefrequenz *f.* pulse repetition frequency (PRF), pulse recurrence frequency (PRF); °∼ (IT) impulse repetition rate, impulse recurrence rate
Impulsform *f.* pulse shape
Impulsformer *m.* pulse shaper
Impulsformierung *f.* pulse shaping, pulse forming
Impulsfrequenzmodulation *f.* (IFM) pulse frequency modulation (PFM)
Impulsgeber *m.* impulse generator, pulser *n.*; °∼ (Taktgeber) synchronising-signal generator, synchronising-pulse generator; °∼ (Impuls) pulse generator (PG); °∼ (IT) digit emitter
Impulsgenerator *m.* impulse generator, pulser *n.*; °∼ (Taktgeber) synchronising-signal generator, synchronising-pulse generator; °∼ (Impuls) pulse generator (PG)
Impulsgeräusch *n.* impulse noise
Impulsgleichrichter *m.* pulse rectifier
Impulshaushalt *m.* complete pulse chain
Impulslage *f.* pulse position
Impulsmodulation *f.* pulse modulation
Impulsperiodendauer *f.* pulse repetition period
Impulsregenerator *m.* pulse regenerator
Impulsregeneriergerät *n.* sync regenerator
Impulsschallpegel *m.* impulse sound
Impulsschallpegelmesser *m.* impulse sound level meter
Impulsserie *f.* pulse train
Impulssiebung *f.* pulse filtration, pulse separation
Impulsspeicher *m.* (IT) cycle delay unit
Impulsspitzenleistung *f.* pulse peak power

Impulsstörung *f.* pulse interference
Impulstastverhältnis *n.* pulse duty factor; °∼ (Pause) mark-to-space ratio
Impulstest *m.* pulse test
Impulstrennstufe *f.* pulse clipper
Impulstrennung *f.* synchronising-pulse separation, pulse separation
Impulsverbesserung *f.* pulse restoration
Impulsverfahren *n.* pulse operation
Impulsverformung *f.* pulse distortion
Impulsverhalten *n.* pulse response
Impulsverteiler *m.* pulse distributor
Impulsverzögerung *f.* pulse delay
in die Bildmitte setzen (Bild) frame *v.*
Inanspruchnahme *f.* utilization *n.*, availment *n.*, use *n.*, recourse *n.*
Inbetriebnahme *f.* (Gerät) putting into service, putting into operation; °∼ (Sender) start-up *n.*
Inbetriebnahmemeldung *f.* commissioning report
Inbusschlüssel *m.* set-screw wrench, Allen-type wrench, Bristo wrench
Inbusschraube *f.* socket-head screw
Indexröhre *f.* index tube
Indexsuche *f.* (IT) indexed search
Indikativ *n.* station identification signal; °∼ **einer Sendung** signature tune
Indizieren *n.* (IT) indexing *n.*
Induktion *f.* induction *n.*
Induktionsschleife *f.* induction loop
Induktionsspule *f.* induction coil
induktiv *adj.* inductive *adj.*
Induktivität *f.* inductance *n.*, inductivity *n.*
Induktivitätsmeßbrücke *f.* inductance bridge
Industrie *f.* industry *n.*
Industriefilm *m.* industrial film
industrielles Fernsehen closed-circuit television (CCTV)
Industrieschallplatte *f.* commercial record
Influenz *f.* static induction
Infoelite *f.* (IT) cybersociety *n.*
Informant *m.* informant *n.*
Informatik *f.* informatics *n.*, data processing; °∼ (IT) computer science, information science
Information *f.* information *n.*, item of information, dope *n.* (coll.), news material; °∼ **freigeben** to release information

Information-Highway *m*. (IT) information highway
Informationsangebot *n*. informational offer
Informationsbit *n*. (IT) information bit
Informationsdienst *m*. newsletter *n*.
Informationseinheit *f*. (IT) information unit
Informationsfilm *m*. information film
Informationsfluß *m*. (IT) information flow
Informationsmanagement *n*. (IT) information management
Informationsprogramm *n*. news and current affairs programme, informational programme
Informationsrückgewinnung *f*. (IT) information retrieval
Informationssendung *f*. news broadcast
Informationsspeicher *m*. computer memory
Informationsspeicherung *f*. memorisation of data, data storage
Informationsspur *f*. (IT) information track
Informationsträger *m*. (IT) information carrier
Informationsübermittler *m*. medium of information
Informationsverarbeitung *f*. (IT) information processing
Informationszeitalter *n*. (IT) information age *n*.
informative Überbestimmtheit redundancy *n*.
Infotainment *n*. infotainment *n*.
Infoterminal *n*. (IT) information terminal
infrarot *adj*. infrared *adj*.
Infrarotfilter *m*. infrared filter
Infraschall *m*. infrasound *n*.; °∼- (in Zus.) infrasonic *adj*.
Ingenieur *m*. engineer *n*.; °∼ **vom Dienst** (IvD) technical operations manager (TOM), duty engineer; **leitender** °∼ chief engineer
Inhaber *m*. owner, proprietor *n*.
Inhalt *m*. contents *n*.
Inhalteanbieter *m*. (IT) content provider
Inhaltsangabe *f*. (Nachrichten) dope-sheet *n*.; °∼ synopsis *n*., statement of contents; °∼ (F) story *n*.; °∼ (Bildbericht) shot list

Inhaltsbestätigung *f*. acknowledgement *n*.
Inhaltsverzeichnis *n*. table of contents
Inhibitimpuls *m*. (IT) inhibit impulse
Initialisierungsdatei *f*. (IT) initialization file
Initialisierungsstring *m*. (IT) initialization string
Inklination *f*. dip *n*.; **magnetische** °∼ magnetic dip
Inklusives-ODER-Schaltung *f*. (IT) inclusive-OR circuit
Inky Dinky *n*. inky dinky *n*.
Inlay *n*. inlay *n*.; °∼-**Verfahren** *n*. inlay process
Innenantenne *f*. internal aerial, indoor aerial
Innenaufnahme *f*. studio shot, interior shooting, indoor shot, interior shot; °∼ (Foto) interior *n*.; °∼ **drehen** to shoot indoors
Innenbaugruppe *f*. internal assembly, internal module
Innenpolitik* *f*. home political news
Innenrequisiteur *m*. property man
Innenverwaltung* *f*. central services* *n*. *pl*.
Innenwiderstand *m*. internal resistance
innere(r,s) *adj*. inner *adj*.
Inphase *f*. in-phase *n*.
Insert *n*. caption *n*., insert *n*.
Insertabtaster *m*. (Titel) caption scanner
Insertpult *n*. caption easel, caption desk, caption stand
Insertwechsler *m*. caption changer
Inspizient *m*. (Thea.) stage manager (SM); °∼ (Hörspiel) studio manager (SM)
Installationsprogramm *n*. (IT) installation program
installieren *v*. mount *v*.
Instandsetzung *f*. (tech.) repair *n*.; °∼ restoration *n*., reconditioning *n*.
Instore-Radio *n*. instore radio
Instrumentalbox *f*. acoustic flat
inszenieren *v*. produce *v*.; ∼ (Thea.) stage *v*.; ∼ direct *v*.
Inszenierung *f*. direction *n*., production *n*. (directing); °∼ (Thea.) staging *n*.
integrierte Schaltung integrated circuit (IC)
integrierter Baustein integrated circuit (IC)

integriertes Softwaremodul *n*. (IT)
software integrated circuit
INTELSAT (Sat) INTELSAT,
International Telekommunikations
Satellite Organisation
Intendant *m*. director-general *n*.;
stellvertretender °~ deputy director-
general
Intendanz *f*. director-general's office
Intensität *f*. intensity *n*.
Intensitäts- und Phasenstereofonie *f*.
spaced-microphone stereo, intensity and
phase stereophony
Intensitätsstereofonie *f*. intensity-
difference stereo, coincident-
microphone stereo, intensity
stereophony
interaktiv *adj*. interactive *adj*.
Interaktivität *f*. interactivity *n*.
Intercarrier intercarrier *n*.
Intercarrierbrumm *m*. intercarrier hum
Intercarrierverfahren *n*. intercarrier
sound system
Interessentenvorführung *f*. trade
showing, pre-release *n*.
Interferenz *f*. interference *n*., beat *n*.
Interferenzfilter *m*. interference filter
Interferenzlage *f*. interference location
Interferenzstörung *f*. disturbance due to
interference
Interkom *f*. intercom *n*.
Interleaving *n*. interleaving *n*.
Interlock *n*. interlock *n*.
Intermed-Negativ *n*. internegative *n*.
(interneg), interneg *n*. (coll.),
intermediate negative; °~-**Positiv** *n*.
interpositive *n*., intermediate positive,
interpos *n*. (coll.)
Intermodulation *f*. intermodulation *n*.; °~
(unerwünschte gegenseitige Modulation
mehrerer Signale) intermodulation *n*.
Intermodulationsfaktor *m*.
intermodulation factor
intern *adj*. (IT) internal *adj*.
internationale Tonleitung international
sound circuit, effects circuit
Internationale Funkausstellung World of
Consumer Electronics; °~ **Gesellschaft
für den Betrieb von
Nachrichtensatelliten** INTELSAT,
International Telekommunikations
Satellite Organisation; °~ **Leitung**

international circuit; °~
Programmkoordination international
programme coordination; °~
Programmkoordinationsleitung
international programme coordination
circuit; °~
Programmkoordinationszentrale
international programme coordination
centre; °~ **technische Kontrollzentrale**
international technical control centre;
°~ **technische Koordination**
international technical coordination; °~
technische Koordinationsleitung
international technical coordination
circuit; °~ **Tonleitung** international
sound circuit; °~ **Verbindung**
international connection
internationaler Ton (IT) (F) international
sound
Internationaler Leitungsendpunkt
international circuit termination point;
°~ **Schaltpunkt** international circuit
switch; °~ **Ton - Leitung** international
sound circuit
internationales Tonband *n*. (IT-Band)
international sound track, music and
effects track (M and E track),
international sound
Internegativ *n*. internegative *n*. (interneg),
interneg *n*. (coll.), intermediate negative
Internet *n*. (IT) Internet *n*.
Internetadresse *f*. (IT) Internet address
Internetauftritt *m*. (IT) Internet presence
Internetbroadcasting *n*. (IT) Internet
broadcasting
Internetcomputer, tragbarer *m*. (IT)
webpad *n*.
Internetereignis *n*. net event
Internetmarketing *n*. (IT) Internet
marketing
Internetpräsentation *f*. (IT) Internet
presentation
Internetprogramm *n*. (IT) Internet
program
Internetprogrammierer *m*. (IT) Internet
programmer
Internetprogrammierung *f*. (IT) Internet
programming
Internetprotokoll *n*. (IT) Internet protocol
Internetprovider *m*. (IT) Internet access
provider
Internetradio *n*. (IT) Internet radio

Internetredakteur *m.* (IT) Internet editor
Internetserver *m.* (IT) Internet server
Internetsicherheit *f.* (IT) Internet security
Internetstatistik *f.* (IT) Internet statistics
Internetsystem *n.* (IT) Internet system
Internetterminal *n.* (IT) Internet terminal
Internetwerbung *f.* (IT) Internet advertising
Internetzugriff *m.* (IT) Internet access
Interoperabilität *f.* interoperability *n.*
Interpolation *f.* interpolation *n.*
Interpositiv *n.* interpositive *n.*, intermediate positive, interpos *n.* (coll.)
Interpret *m.* singer *n.*
Interpretersprache *f.* (IT) interpreted language
Intersatellitenfunkdienst *m.* inter-satellite service
Interstitial *n.* (Internet) interstitial *n.*
Intersymbol-Interferenz *f.* intersymbol interference
Intervalle *n. pl.* intervals *n. pl.*
Interview *n.* interview *n.*
interviewen *v.* interview *v.*
Interviewer *m.* interviewer *n.*
Interviewpartner *m.* interviewee *n.*
Intervision *f.* Intervision *n.*
Intonation *f.* intonation *n.*
Intra-codiertes Bild *n.* (Videokompression) intra-coded picture, I-picture
Intranet *n.* (IT) intranet *n.*
Intro *n.* (Musik) ramp *n.*
Inventarverwaltung* *f.* inventory audit*
Inversion *f.* (IT) NOT operation, Boolean complementation, inversion *n.*, negation *n.*
Investitionen *f. pl.* investments *n. pl.*
IO (s. Image-Orthikon)
Ionenfalle *f.* ion trap
Ionenfleck *m.* ion spot, ion burn
Ionisation *f.* ionisation *n.*
Ionogramm *n.* ionogram *n.*
Ionosonde *f.* ionosonde *n.*, ionospheric sounder; °∼ **mit digitaler Frequenzeinstellung** digital ionosonde, digisonde *n.*; °∼ **mit durchstimmbarer Frequenz** chirp sounder
Ionosphärenschicht *f.* ionospheric layer
Ionosphärenstörung *f.* ionospheric disturbances
Ionosphärensturm *m.* ionospheric storm

Iris *f.* iris *n.*
Irisblende *f.* iris diaphragm, iris fade; °∼ (Trick) iris wipe
IRQ-Konflikt *m.* (IT) IRQ conflict
Irrelevanzreduktion *f.* irrelevance reduction
ISA-Steckplatz *m.* (IT) ISA slot
ISDN, betreuter *m.* supervised ISDN connection; °∼-**Anschluß** *m.* ISDN connection
ISDN-Leitung *f.* ISDN line
ISDN-Router *m.* ISDN router
Isolationsmaß *n.* insulation factor
Isolationsprüfung *f.* insulation test
Isolationswiderstand *m.* insulation resistance
Isolierband *n.* insulating tape
Isolierfaktor *m.* insulation factor
Isolierschlauch *m.* insulating sleeve, insulating tubing
Isolierung *f.* insulation *n.*
Isophone *n.* loudness contour
Istwert *m.* true value, actual value
IT (s. internationaler Ton); °∼-**Fassung** *f.* M. and E. version; °∼-**Leitung** *f.* international sound circuit, effects circuit
IvD (s. Ingenieur vom Dienst)

J

Jalousieblende *f.* multi-flap shutter, venetian-shutter
Jalousieeffekt *m.* venetian blinds *n. pl.*
Jaulen *n.* (Ton) wow *n.*, howl *n.*, howling *n.*; °∼ flutter *n.*
Java-Terminal *n.* (IT) Java terminal; °∼ **Server** *m.* (IT) Java server; °∼ **Servlets** (IT) Java servlets; °∼-**Applet** (IT) Java applet; °∼-**Chip** *m.* (IT) Java chip; °∼-**konformer Browser** *m.* (IT) Java-compliant browser
JavaBean *n.* (IT) Java bean *n.*
JavaScript *n.* (IT) JavaScript *n.*
Jazz *m.* jazz *n.*
Jazzsendung *f.* jazz programme

Jingle *m.* jingle *n.*; °~-**Song** *m.* station song
Jitter *n.* jitter *n.*
jittern *v.* (MAZ) jitter *v.*
Jobverarbeitung *f.* (IT) job processing
Jodlampe *f.* iodine lamp
Jodquarzlampe *f.* quartz iodine lamp
Jokerzeichen *n.* (IT) wildcard character
Journal *n.* journal *n.*, current affairs magazine
Journalismus *m.* journalism *n.*
Journalist *m.* journalist *n.*, newsman *n.* (US)
Jugendfilm *m.* youth film
jugendfrei *adj.* U-certificate *adj.*; **nicht** ~ X-certificate *adj.*
Jugendfunk* *m.* youth programmes *n. pl.*, youth broadcasting, programme for young listeners
Jugendschutz *m.* protection of children and young persons
Jugendsendung *f.* programme for young people
jugendungeeignet *adj.* unsuitable for young people
Jugendvorstellung *f.* children's performance
Jugendwelle *f.* youth channel
Jukebox *f.* jukebox *n.*
Jury *f.* jury *n.*
Justage *f.* adjustment *n.*
Justiereinrichtung *f.* adjusting device
justieren *v.* adjust *v.*, align *v.*
Justierkeil *m.* adjusting wedge
Justierschrauben *f. pl.* adjusting screws
Justierstift *m.* fixed pin
Justierung *f.* adjustment *n.*, alignment *n.*, setting *n.*
Justitiar *m.* legal adviser
Justitiariat *n.* legal adviser's department
Jute *f.* jute *n.*

K

K (s. Kopierer),
Ka-Band *f.* K-band (11 000 – 33 000 MHz)
Kabarett *n.* cabaret *n.*
Kabarettensemble *n.* cabaret group
Kabarettsendung *f.* cabaret programme
Kabel *n.* cord *n.*, cable *n.*, flex *n.*; °~ **verlegen** to lay cable; **dreiadriges** °~ three-core cable; **gewendeltes** °~ twisted flex; **konzentrisches** °~ coaxial cable; **vielpaariges** °~ multipletwin cable; **vieradriges** °~ four-core cable; **zweiadriges** °~ two-core cable
Kabelabweiser *m.* cable deflector
Kabelanlage *f.* cable system
Kabelanschluß *m.* cable connection
Kabelanschlußdose *f.* (Ant.) cable connecting box
Kabelanschlußkasten *m.* cable jointing cabinet, cable jointing box
Kabelbaum *m.* cable assembly, cable harness, cable form
Kabelbefestigung *f.* cable fixing, cable clamp
Kabelbericht *m.* cabled dispatch
Kabelbetrieb *m.* cable operation
Kabelbrücke *f.* cable link
Kabeldurchgang *m.* cable duct
Kabeleinführung *f.* cable entry
Kabelende *n.* cable termination
Kabelfehler-Ortungsgerät *n.* cable fault detector
Kabelfernsehanlage *f.* (KTV) cable TV system (CATV)
Kabelfernsehen *n.* closed-circuit television (CCTV), wire distribution service, cable television
Kabelführung *f.* cable run
Kabelhalter *m.* cable support, cable tray
Kabelhalterung *f.* cable clamp
Kabelhelfer *m.* cable grip, cableman *n.*, cable person, cable puller
Kabelhilfe *f.* cable man
Kabelkanal *m.* cable duct
Kabelkasten *m.* junction box, cable box, cable jointing box
Kabelkern *m.* cable core
Kabelkopf *m.* cable head

Kabellängenentzerrer m. cable-length compensator, cable-length equaliser
Kabellaufzeitausgleich m. cable-delay equalisation
Kabelleitung f. cable circuit
Kabelmantel m. cable serving, cable jacket, cable sheath
Kabelmesser n. cable-stripping knife, electrician's knife
Kabelmodem n. (IT) cable modem
Kabelnetz n. cable network
Kabelquerschnitt m. cross-section of cable
Kabelraster n. cable grid
Kabelrechte n. pl. cable rights
Kabelring m. coil of cable
Kabelschelle f. cable clamp, cable clip
Kabelschlauch m. cable sheath
Kabelschuh m. cable socket, cable thimble, cable terminal plug
Kabelseele f. cable core
Kabelsender m. cable transmitter
Kabelspleißstelle f. cable splice, cable joint
Kabelsteckvorrichtung f. plug assembly
Kabelstrecke f. length of cable
Kabelsystem n. cable system
kabeltauglich adj. suitable for cable TV
Kabeltrommel f. cable reel, cable drum
Kabelüberspielung f. (Foto, NF) cable film
Kabelübertragung f. cable transmission
Kabelverbindung f. cable connection, cable link, cable circuit
Kabelverbindungsmuffe f. cable connecting sleeve
Kabelverlegung f. cable-laying n.
Kabelversorgung f. cable coverage
Kabelverstärker m. cable amplifier, repeater n.
Kabelverteiler m. cable distributor
Kabelverteilerkasten m. cable distribution box
Kabelverteilung f. cable distribution
Kabelweg m. cable run
Kabelzubringerleitung f. cable contribution circuit
Kabine f. cabin n., booth n., cubicle n.
Kabinenfenster n. cabin window, booth window, lens port, projection port
Kader m. (Vollbild) frame n.
Käfigläufer m. squirrel cage motor

Kalenderjahr n. calendar year
Kalendertag m. calendar day
Kalenderwoche f. calendar week
kalibrieren v. calibrate v.
Kalibrieren n. calibration n., calibrating n.
Kalkulation f. management accountancy, cost accountancy
Kalkulator m. management accountant, cost accountant
kalkulatorische Kosten calculatory costs
Kalottenlautsprecher m. dome loudspeaker
kalte Probe dry run
Kaltleiter m. PTC resistor n.
Kaltlicht n. cold light
Kaltstart m. (IT) cold boot
Kamera f. camera n.; °~ **ab!** turn over!; °~ **fahren** to be on the camera; °~ **heben** to elevate the camera; °~ **kippen** to tilt the camera; °~ **klar!** (TV) finished with cameras!, clear camera#s!; °~ **klar!** (F) o.k. for camera!; °~ **läuft!** camera running!; °~ **leicht von oben** high-angle shot; °~ **leicht von unten** low-angle shot; °~ **rückwärts fahren** dolly out v., track out v.; °~ **senken** to depress the camera v.; °~ **von oben** very high-angle shot; °~ **von unten** very low-angle shot; °~ **vorwärts fahren** dolly in v., track in v.; °~**-Rotlicht** n. camera on-air light, camera red light; **Ausweigen der** °~ camera balancing, camera levelling; **drahtlose** °~ radio camera; **elektronische** °~ electronic camera; **fahrbare** °~ mobile camera
kamera, Farb~ f. (elektronisch) colour camera
Kamera, ferngesteuerte °~ remote-controlled camera; **fest eingestellte** °~ rigid camera, fixed camera; **für** °~ **in Ordnung** (Einstellung) fine for camera!; **selbstgeblimpte** °~ blimped camera; **senkrechte** °~ vertical camera; **stumme** °~ mute camera; **versteckte** °~ concealed camera; **vor der** °~ **auftreten** to perform on-camera, to be on the spot
Kamera-Rekorder m. camcorder n.
Kameraabstellraum m. camera store
Kameraachse f. camera axis
Kameraarm m. camera boom arm, pan bar

Kameraassistent *m.* focus puller, camera assistant, assistant cameraman; **zweiter** °~ second cameraman, focus operator

Kameraaufnahme *f.* camera shooting, camera shot; °~ (TV) recording *n.*

Kameraausrüstung *f.* camera equipment

Kamerabericht *m.* dope-sheet *n.*; °~ (Kamerazustand) camera report; °~ (Bildbericht) shot list; °~ film report

Kamerabewegung *f.* camera movement

Kamerablende *f.* camera fade

Kameradeckel *m.* camera cover, camera door

Kameraeinrichtung *f.* camera set-up

Kameraeinstellung *f.* (F) camera alignment; °~ (TV) camera placing; °~ (Aufnahme) shooting angle

Kamerafahrer *m.* tracker *n.*, steerer *n.*, helmsman *n.*, grip *n.* (coll.)

Kamerafahrgestell *n.* pedestal *n.*, camera truck, rolling tripod, camera dolly, dolly *n.*

Kamerafahrplan *m.* (MAZ) camera script

Kamerafahrt *f.* dolly shot, camera tracking; °~ (Aufnahme) travelling shot, dolly shot; °~ **rückwärts** tracking back, tracking out; °~ **vorwärts** tracking in; **seitliche** °~ crabbing *n.*

Kameraführung *f.* camerawork *n.*, photography *n.*

Kameragehäuse *n.* camera housing

kamerageil sein (fam.) to hog the camera

Kameragewichtsausgleich *m.* counterbalance weight, camera weight adjustment

Kameragrundplatte *f.* camera base-plate, camera mounting-plate

Kamerahaltegriff *m.* pistol grip

Kameraheizung *f.* camera heating

Kamerakabel *n.* camera cable, camera lead

Kamerakette *f.* camera chain

Kamerakoffer *m.* camera case

Kamerakontrollbedienung *f.* camera control operator

Kamerakontrolle *f.* camera control

Kamerakontrollgerät *n.* (KKG) camera monitor, camera control unit (CCU); °~ (CCU) camera control unit

Kamerakontrollschrank *m.* camera control desk

Kamerakontrollverstärker *m.* camera control amplifier

Kamerakopf *m.* camera head

Kamerakran *m.* camera crane, camera boom

Kameraleute plt. cameramen *n. pl.*

Kameralupe *f.* eye piece

Kameramann *m.* cameraman *n.*, camera operator, operator *n.*; °~ **und Regisseur in einer Person** director-cameraman *n.*; **erster** °~ (TV) senior cameraman

Kameranotiz *f.* camera cue-card, camera card

Kameraparameteranalyse *f.* camera tracking

Kameraprobe *f.* camera rehearsal

Kameraprüfzeile *f.* camera test line

Kameraröhre *f.* camera tube

Kameras, mit zwei °~ **aufnehmen** double-shoot *v.*

kamerascheu *adj.* camera-shy *adj.*

Kameraschwenk *m.* camera pan, camera panning, pan shot

Kameraschwenkkopf *m.* pan head, panning head; °~ **mit Kreiselantrieb** pan head with gyroscopic drive, gyroscopic mounting

Kamerascript *n.* shooting script, camera script

Kamerasignal *n.* camera signal, camera pulse

Kamerasignalüberwachung *f.* camera signal control, pulse monitoring, racks *n. pl.* (coll.), vision control

Kamerastand *m.* camera stand, camera mounting

Kamerastandort *m.* camera position, camera set-up (position)

Kamerastativ *n.* camera tripod

Kamerastecker *m.* camera plug

Kamerastellprobe *f.* camera rehearsal, camera position check

Kameratage *m. pl.* camera days

Kamerateam *n.* (Bild, Ton) film crew; °~ camera crew, camera team

Kameratechniker *m.* (F) camera maintenance man; °~ (TV) camera maintenance engineer, racks engineer, vision control operator

Kameratest *m.* camera test

Kameraverschluß *m.* camera shutter

Kameraverstärker *m.* camera amplifier

Kamerawagen *m.* camera car, camera truck, dolly *n.*

Kameraweg *m.* tracking line

Kamerawerkstatt *f.* camera workshop

Kamerazentralbedienung *f.* camera operations centre, central apparatus room (CAR)

Kamerazubehör *n.* camera accessories *n. pl.*

Kamerazug *m.* camera channel

Kammermusik *f.* chamber music

Kammerorchester *n.* chamber orchestra

Kammerton *m.* standard tone

Kammfilter *m.* comb filter

Kampagne *f.* campaign *n.*

Kanal *m.* channel *n.*, service *n.*, sound channel; **auf einen anderen** °∼ **schalten** to change channels

Kanalanpassung *f.* channel-balancing *n.*

Kanalantenne *f.* single-channel aerial

Kanalausgleich *m.* channel equalisation; **adaptiver** °∼ adaptive channel equalisation

Kanalbandbreite *f.* channel bandwidth

kanalbenachbart *adj.* adjacent-channel *adj.*

Kanalbündelung *f.* (IT) bonding *n.*

Kanaldecoder *m.* channel decoder

Kanalencoder *m.* channel encoder

Kanalgrenze *f.* channel boundary

Kanalgruppe *f.* group of channels

Kanalhub (Sat) channel width, channel frequency deviation

Kanalmeßsender *m.* channel signal generator

Kanalschalter *m.* channel selector, channel selector switch

Kanalschaltung *f.* channel switching, channel circuit

Kanalsperrkreis *m.* channel rejector circuit

Kanaltrennung *f.* channel separation

Kanalumsetzer *m.* channel bank, channel translating equipment

Kanalverstärker *m.* channel amplifier

Kanalwähler *m.* channel selector

Kanalweiche *f.* channel diplexer, channel combining unit

Kante *f.* edge *n.*; °∼ (Licht) rim light

Kantenabrundung *f.* bevel *n.*

Kantenanhebung *f.* edge correction

Kanteneffekt *m.* edge effect

Kantenlicht *n.* (Licht) rim light

Kantenschärfe *f.* contour sharpness, edge sharpness, definition *n.*

Kantine *f.* canteen *n.*

Kapazität *f.* capacitance *n.*; °∼ (elek.) capacity *n.*

Kapazitätsdiode *f.* silicon capacitor, varicap *n.* (coll.), capacitance diode

Kapazitätseichung *f.* capacitance calibration

Kapazitätsmeßbrücke *f.* capacitance bridge

Kapazitätsregelung *f.* capacitance regulation

Kapazitätsvariationsdiode *f.* silicon capacitor, varicap *n.* (coll.), capacitance diode

kapazitiv *adj.* capacitive *adj.*

Kapellmeister *m.* conductor *n.*, musical director, bandmaster *n.*

Kappe *f.* cap *n.*

Kardioide *f.* cardioid *n.*

Karte *f.* card *n.*, pc board (Leiterpl.)

Kartei *f.* card index

Kartenleser *m.* (IT) card reader

Kartenlocher *m.* (IT) card punch

Kasch *m.* mask *n.*, matte *n.*, vignette *n.*, cover *n.* (mask); **äußerer** °∼ cut-off area; **innerer** °∼ distortion area

Kascheur *m.* plasterer *n.*

Kaschgeber *m.* electronic outline generator

Kaschhalter *m.* matte holder, matte box

Kaschierband *n.* magnetic laminating tape

Kaskade, in °∼ **geschaltet** *part.* cascade connected *part.*

Kaskadeur *m.* stuntman *n.*

Kaskadierung *f.* cascading *n.*

Kaskodeschaltung *f.* cascode circuit

Kasse *f.* cash office

Kassenschlager *m.* box-office hit

Kassette *f.* (Platte) album *n.*; °∼ (Kassette) magazine *n.*, cartridge *n.*, cassette *n.*

Kassettendeckel *m.* magazine lid

Kassettenkoffer *m.* cassette case

Kassettenladeeinheit, automatische *f.* autoloader *n.*

Kassettenmotor *m.* cassette motor

Kassettenrahmenträger *m.* slide cassette, transparency cassette

Kassettenrecorder *m.* cassette recorder, cartridge recorder

Kassettenverstärker *m.* cassette amplifier, plug-in amplifier
Kassettenwechselsack *m.* changing bag
Kassierer *m.* cashier *n.*
Kasten *m.* box *n.*; **im** °~ **sein** to be in the can
Kathode *f.* cathode *n.*; **direkt geheizte** °~ directly-heated cathode, filament-type cathode; **indirekt geheizte** °~ indirectly-heated cathode
Kathodenbasis *f.* (KB) earthed cathode circuit, grounded cathode circuit
Kathodenbasisschaltung *f.* (s. Kathodenbasis) grounded cathode circuit
Kathodenfolgeschaltung *f.* cathode follower
Kathodenpotential *n.* cathode potential
Kathodenstrahloszilloskop *n.* cathode ray oscilloscope (CRO)
Kathodenstrahlröhre *f.* cathode ray tube (CRT)
Kathodenstrahlspeicherröhre *f.* (IT) cathode ray store
Kathodenstrom *m.* cathode current
Kathodenverfolger *m.* cathode follower
Kathodenverstärker *m.* cathode-coupled circuit
Kathodenwiderstand *m.* cathode resistor
Kathodynschaltung *f.* cathodyne circuit
Kaufkraftkennziffer *f.* buying power index
kaum hörbar sub-audible
KB (s. Kathodenbasis)
Kegelrad *n.* bevel wheel, cone wheel, bevel pinion, bevel gear
Kehlkopfmikrofon *n.* throat microphone
Keil *m.* (Kopierwerk) optical wedge
Keilentfernungsmesser *m.* wedge range-finder
Keilplatte *f.* wedge plate
Keilvorlage *f.* density wedge, sensitometric wedge, step wedge
Kelvin-Grade *m. pl.* Kelvin degrees (K)
Kenndaten *n. pl.* characteristics *n. pl.*
Kennimpuls *m.* (Band) blip *n.*; °~ (F) sync pip; °~ sync plop
Kennlinie *f.* characteristic curve; **fallende** °~ falling characteristic; **linearer Teil einer** °~ linear part of characteristic; **steigende** °~ rising characteristic

Kennlinienschar *f.* family of characteristics
Kennmelodie *f.* signature tune
Kennrille *f.* guiding track, lead-in groove
Kennschalldruckpegel *m.* characteristic sound pressure level
Kennung *f.* identification *n.*, identifiable signal, ident *n.* (coll.); °~ (Progr.) jingle *n.* (coll.); °~ (Mus.) musical caption; °~ caption *n.*; °~ **geben** to give identification; °~ **wegnehmen** to cut identification, to take away identification
Kennungsband *n.* identification tape, tape ident (coll.)
Kennungsgeber *m.* identification generator; °~ (Quelle) identification source
Kennungssignal *n.* identification signal
Kennwort *n.* password *n.*
Kennwortschutz *m.* (IT) password protection
Kennzeichen *n.* caption *n.*
keramisch *adj.* ceramic *adj.*
Kern *m.* (Tonband) hub *n.*
Kernel *m.* (IT) kernel *n.*
Kernglas *n.* (LWL) core *n.*
Kernmatrix *f.* (IT) core array, core matrix
Kernschatten *m.* complete shadow, deep shadow
Kernspeicher *m.* core storage; °~ (IT) core store, magnetic core store; °~ core memory
Kette *f.* chain *n.* ′
Kettenleiter *m.* recurrent network, iterative network
Kettenüberwachung *f.* chain control
Kettenverstärker *m.* chain amplifier
Kettenzug *m.* chain hoist
Kettsamt *m.* velvet *n.*, warp velvet, warp pile velvet
Keule *f.* lobe *n.*
Keulenbreite *f.* (Antenne) antenna beam width
Killer-Phrase *m.* killer phrase
Killerapplikation *f.* (IT) killer application
Kinderbeschäftigung *f.* child employment, employment of children
Kinderfernsehen *n.* children's television
Kinderfilm *m.* children's film
Kinderfunk *m.* children's broadcasts *n. pl.*

Kindernachrichten *f. pl.* children's news programme
Kinderprogramm *n.* children's programme
kindersichere Webseiten (IT) kid-safe Web sites
Kinderstunde *f.* children's hour
Kinefilm *m.* cinema film; °~ **/96 Perforationslöcher** 96-perforation cinema film
Kinemathek *f.* film library
Kinematografie *f.* cinematography *n.*
Kino *n.* cinema *n.*, picture house, pictures *n. pl.* (coll.), movie theater (US)
Kinofilm *m.* cinema film; °~ (Material) cinefilm *n.*
Kinomobil *n.* mobile cinema van
Kinoreklame *f.* screen publicity, cinema publicity
Kintopp *m.* (fam.) flicks *n. pl.* (coll.), vintage movies *n. pl.* (coll.), screen *n.*
kippen *v.* (Bild) tilt *v.*
Kippgerät *n.* relaxation generator, sweep generator
Kippschalter *m.* tumbler switch, toggle switch
Kippschaltung *f.* (IT) trigger circuit; °~ multivibrator *n.*; **bistabile** °~ (IT) flip-flop circuit, bistable trigger; **monostabile** °~ (IT) one-shot multivibrator, monostable circuit, monostable trigger circuit, monostable
Kippspannung *f.* sweep voltage
Kippspannungserzeuger *m.* relaxation oscillator
Kipptransformator *m.* sweep transformer
Kippumschalter *m.* toggle change-over switch
Kippunkt *m.* (elek.) transition point, change-over point
Kirchenfunk* *m.* religious broadcasting*
Kissenentzerrung *f.* pin-cushion equaliser
Kissenverzerrung *f.* pin-cushion distortion, negative distortion
KKG (s. Kamerakontrollgerät)
Klammerteil *n.* (Kopierwerk) paper-to-paper
Klammerteile fahren to print papered section, to print paper-to-paper; °~ **kopieren** to print papered section, to print paper-to-paper
Klammerzange *f.* (F) film stapler

Klamotte *f.* (fam.) slapstick *n.*
Klang *m.* sound *n.*, tone *n.*
Klangbestimmung *f.* sound definition
Klangbild *n.* sound pattern, acoustic pattern
Klangbildveränderung *f.* change in sound impression
Klangblende *f.* tone control
Klangeindruck *m.* sound impression
Klangentzerrerstufe *f.* frequency response correction stage
Klangfarbe *f.* tone colour, timbre *n.*, tonality *n.*, tone quality
Klangfarbenkorrektur *f.* tone correction
Klangfarbenregelung *f.* tone control
Klangfilter *m.* sound filter
Klangfülle *f.* sound volume; °~ (Mus.) fullness of tone, richness of tone
Klanggemisch *n.* sound spectrum
klanggetreu *adj.* high-fidelity *adj.*, orthophonic *adj.*
Klangkörper *m.* orchestra *n.*
Klangquelle *f.* sound source
Klangregler *m.* tone control
Klangspektrum *n.* sound spectrum
Klangsteller *m.* tone control
Klangtreue *f.* fidelity *n.*
Klangübertragung *f.* sound transmission
Klangverzerrung *f.* distortion of sound
Klappdeckel *m.* hinged lid
Klappe *f.* clapper board, clapper *n.*, camera marker, clapp stick, scene slate
Klappenliste *f.* camera notes *n. pl.*, magazine card, rushes log, camera sheet
Klappenschläger *m.* clapper boy
Klappstativ *n.* folding tripod
Klapptitel *m.* flip caption, flip titles *n. pl.*
Klappwand *f.* flipper *n.*
Klärbad *n.* clearing bath
Klären *n.* clearing *n.*
Klarschriftleser *m.* (IT) optical character reader
Klartext *m.* (IT) plaintext *n.*, plain language
Klassenempfang *m.* classroom reception
Klassiker *m.* classic *n.*
Klatschkopie *f.* direct print, slash print, slash dupe
Klebeband *n.* (F, Ton) splicing tape, joining tape; °~ (MAZ) strip of foil, foil *n.*; °~ adhesive tape, camera tape
Klebebuchstaben *m. pl.* adhesive lettering

Klebelade *f.* joiner *n.* (F, tape), jointer *n.*, splicer *n.*, splicing press
kleben *v.* splice *v.*, join *v.*
Kleben *n.* splicing *n.*, joining *n.*
Klebepresse *f.* joiner *n.* (F, tape), jointer *n.*, splicer *n.*, splicing press, tape splicer
Kleber *m.* neg cutter *n.* (coll.), film cement, negative-cutter *n.*
Kleberin *f.* splicing girl
Klebeschiene *f.* splicing slot
Klebestelle *f.* splice *n.*, join *n.*, splicing joint; **fehlerhafte** °∼ faulty join, bad join, faulty splice; **mechanische** °∼ manual splice
Klebestellen abdecken bloop *v.*
Klebestellenlack *m.* blooping ink
Klebetisch *m.* splicing table, splicing bench
Kleeblattschauzeichen *n.* star indicator
Kleidungslicht *n.* cloth light
Kleindarsteller *m.* bit player, small-part actor
Kleinkunst *f.* cabaret *n.*
Kleinsender *m.* low-power transmitter
Kleinstativ *n.* baby-legs *n. pl.*
Klemme *f.* (mech.) clamp *n.*; °∼ (elek.) terminal *n.*
Klemmeffekt *m.* pinch effect
klemmen *v.* (mech.) jam *v.*; ∼ (elek.) clamp *v.*
Klemmhalterung *f.* (mech.) clamp *n.*
Klemmimpuls *m.* clamp pulse, clamping pulse
Klemmkasten *m.* terminal box
Klemmlampe *f.* pup *n.*, pincer *n.*
Klemmleiste *f.* terminal strip, terminal board, terminal block
Klemmleisten *f. pl.* barrier terminal block collectors
Klemmpotential *n.* clamping voltage, clamp voltage
Klemmschaltung *f.* clamping circuit, clamp *n.* (circuit)
Klemmung *f.* (mech.) jamming *n.*
Klickgeschwindigkeit *f.* (IT) click speed
Klimaanlage *f.* air-conditioning plant
Klimatechnik *f.* air-conditioning *n.*
Klimatechniker *m.* air-conditioning engineer
Klimatisierung *f.* air-conditioning *n.*
Klingel *f.* bell *n.*
Klingeldraht *m.* bell wire

Klingneigung *f.* microphony *n.*
Klinke *f.* jack *n.*
Klinkenfeld *n.* jack panel
Klirrdämpfung *f.* harmonic distortion attenuation
Klirren *n.* distortion *n.*
Klirrfaktor *m.* harmonic disortion; °∼ (K) harmonic distortion factor
klirrfaktor, Gesamt∼ *m.* total harmonic disortion
Klirrfaktor, gradzahliger °∼ even-order harmonic distortion; **kubischer** °∼ third-order harmonic distortion; **quadratischer** °∼ second-order harmonic distortion; **ungradzahliger** °∼ odd-order harmonic distortion
Klirrfaktormesser *m.* harmonic distortion meter
Klirrgrad *m.* degree of distortion
Klischee *n.* cliché *n.*
Klystron *n.* Klystron *n.*
Knacken *n.* click *n.*
Knacklaut *m.* crackling sound
Knackstörung *f.* click interference
knallig *adj.* (Farbe) loud *adj.*
Knattern *n.* (tech.) motor-boating *n.*; °∼ crackling *n.*, sizzle *n.*
Knick *m.* angle *n.*, bend *n.*, crack *n.*, kink *n.*, knee *n.*
knicken *v.* bend *v.*, crack *v.*, kink *v.*, buckle *v.*, split *v.*
knistern *v.* crackle *v.*, rustle *v.*, sizzle *v.*
Knob-a-Channel-Mischer *m.* knob-a-channel mixer
knochig *adj.* (Bild) too contrasty, soot and whitewash
Knopf *m.* control knob, knob *n.*
Knopflochmikrofon *n.* lapel microphone
Knoten *m.* node *n.*
Knotenpunkt *m.* junction point, node point, nodal point
Knotenpunktverstärker *m.* bridging amplifier, junction amplifier
Knotenpunktwiderstand *m.* junction resistance
Knotenvermittlung *f.* (Tel) nodal switching center; °∼ transit exchange
Knüller *m.* (fam.) (Progr.) hit *n.*, audience-puller *n.* (coll.)
Koaxialkabel *n.* coaxial cable, coaxial line, coax *n.* (coll.)

Koaxiallautsprecher *m.* coaxial
loudspeaker
Koaxkabel *n.* (fam.) coaxial cable, coaxial
line, coax *n.* (coll.); °~ (s. Koaxialkabel)
coax cable
Kode-Umwandler *f.* (IT) code conversion
Koder *m.* coder *n.*, encoder *n.*; °~-
Kennimpuls *m.* PAL -ident pulse,
colour-ident sync pulse
kodieren *v.* code *v.*, encode *v.*
Kodiermatrix *f.* (IT) coder network
Kodierung, psychoakustische *f.*
perceptual coding; °~ coding *n.*; °~
zweier digitaler Stereo-Kanäle *f.* (ÜT)
joint stereo coding; °~, **verlustfreie** *f.*
lossless coding
Koerzitivkraft *f.* coercitivity *n.*
Koffer *m.* case *n.*, box *n.*, bag *n.*
Kofferapparatur *f.* portable equipment
Koffereinheit *f.* portable unit
Koffergerät *n.* portable set
Kofferradio *n.* portable radio, portable *n.*
(coll.)
Kohle *f.* (Kohlebürste::) coal *n.*, (slang::)
carbon (brush)
Kohlemikrofon *n.* carbon microphone
Kohlenbogen *m.* carbon arc
Kohlenbürste *f.* carbon brush
Kohlenelektrode *f.* carbon electrode
Kohlenlampe *f.* carbon lamp, carbon arc
lamp, arc lamp
Kohlenlampennachschub *m.* arc feeding
Koinzidenzgatter *n.* (IT) logical AND
circuit, AND element, AND gate, AND
circuit, coincidence circuit, coincidence
Koinzidenzgleichrichter *m.* coincidence
detector
Koinzidenzimpuls *m.* coincidence pulse
Koinzidenzmikrofon *n.* coincident
microphone
Koinzidenzschaltung *f.* coincidence
circuit
Kollege *m.* colleague *n.*
Kollektor *m.* commutator *n.*, collector *n.*
Kollektorgrundschaltung *f.* ground-
collector circuit
Kollektorstrom *m.* collector current
Kombikopf *m.* combined recording/
reproducing head; °~ (fam.) record-
replay head
Kombinationsantenne *f.* combined aerial,
combination aerial

Kombinationssignal *n.* uni-pulse signal
Kombinationston *m.* combination tone
Kombinierer *m.* (Fernsehtext) combiner *n.*
kombinierter Aufnahme-
Wiedergabekopf record-replay head; ~
Lichtton (COMOPT) combined optical
sound (Comopt); ~ **Magnetton**
(COMMAG) combined magnetic sound
(Commag)
kombiniertes S-Band (Sat) unified S-band
Komiker *m.* comedian *n.*
Kommando *n.* (Stichwort) cue *n.*; °~
command *n.*; °~ **im Summenweg** slate
n.; °~-**Dämpfung** *f.* talkback
attenuation; °~-**Ringnetz** *n.* omnibus
cue circuit; **abgehendes** °~ outgoing
cue; **ankommendes** °~ incoming cue
Kommandoanlage *f.* talkback
arrangement, talkback system, intercom
n., intercom system
Kommandoempfänger, drahtloser °~
radio control receiver, ear-plug *n.*, deaf-
aid *n.*
Kommandolautsprecher *m.* talkback
speaker, intercom speaker
Kommandoleitung *f.* cue line, cueing
circuit
Kommandomikrofon *n.* talkback
microphone
Kommandospur *f.* cue track
Kommandotaste *f.* cue button
Kommandozeichen *n.* (Stichwort) cue *n.*
Kommandozentrale *f.* operations centre
Kommentar *m.* commentary *n.*, comment
n., news analysis; °~ **am Monitor** off-
tube commentary; **mit eigenem** °~ **und**
internationalem Ton (Teilnahme)
(participation) with own commentary
and international sound
Kommentarleitung *f.* commentary circuit,
commentary line; °~ **mit Feedback**
commentator's place
Kommentarstelle *f.* commentator's
position
Kommentarton *m.* commentary sound
Kommentator *m.* commentator *n.*, news
analyst; °~-**Einweisung** *f.* commentator
briefing; °~-**Information** *f.*
commentator information
Kommentatoreinheit *f.* commentator unit
Kommentatorkabine *f.* commentator's
booth

Kommentatormeldeleitung *f.*
commentator control circuit
Kommentatorplatz *m.* commentator's
position
Kommentatorposition *f.* commentary
position
Kommentatorstelle *f.* commentator's
position
kommentieren *v.* comment *v.*, comment
on *v.*
kommerziell *adj.* (TV) commercial *adj.*;
~ (Bauteil) industrial *adj.*
kommerzielle Sendung commercial *n.*
kommerzieller Server *m.* (IT) commercial
server *n.*; ~ **Zugangsprovider** *m.* (IT)
commercial access provider
kommerzielles Fernsehen independent
television (GB)
Kommunikation *f.* communication *n.*; °~
(IT) communications *n. pl.*
Kommunikationsforschung *f.*
communication research
Kommunikationsmarkt *m.* (IT)
communication market
Kommunikationsmittel *n. pl.* media *n. pl.*
Kommunikationsprogramm *n.* (IT)
communications program
Kommunikationsprotokoll *n.* (IT)
communications protocol
Kommunikationssatellit *m.*
communications satellite
Kommunikationsserver *m.* (IT)
communications server
Kommunikationssoftware *f.* (IT)
communications software
Kommunikationssystem *n.*
communication system;
maschineninternes °~ internal
Machine communication system, iMCS
Kommunikationstypen *m. pl.* (IT)
communication acting types
Kommunikationsverfahren über
Koaxkabel Carrier Sense Multiple
Access with Collision Detection,
CSMA/CD
Kommuniqué *n.* communiqué *n.*, official
statement
Komödie *f.* comedy *n.*, comedy play
Kompander *m.* compander *n.*
kompandierte FM (Sat) kompanded FM,
CFM

Komparse *m.* extra *n.*, supernumerary *n.*,
walk-on *n.*, super *n.* (extra)
Komparsengage *f.* walk-on fee, extra's
fee
Komparsenliste *f.* walk-on list
Komparserie *f.* extras *n. pl.*, crowd *n.*,
supers *n. pl.*
kompatibel *adj.* compatible *adj.*
Kompatibilität *f.* compatibility *n.*
Kompatibilitätsmodus *m.* (IT)
compatibility mode
Kompendium *n.* effects box, compendium
n., matte box
Kompensationsmikrofon *n.* balancing
microphone, differential microphone
Kompetenzstreit *m.* question of authority
kompilieren *v.* (IT) compile *v.*
Kompilierer *m.* (IT) compiling
programme, compiler *n.*
Komplementärdarstellung *f.* (IT)
complement representation
Komplementärfarbe *f.* complementary
colour
Komplementärfarben *f. pl.*
complementary colours
Komplementgatter *n.* (IT) complement
gate
Komplex *m.* (Gebäude) centre *n.*
Komponentensignal *n.* component signal
Komponentensystem *n.* component
system
Komponententechnik *f.* component
technology
Komponentenübertragung *f.* component
transmission
komponieren *v.* compose *v.*
Komponist *m.* composer *n.*
Komposition *f.* composition *n.*
Kompositionsauftrag *m.* commission *n.*
Kompression *f.* compression *n.*
Kompressionsgrad *m.* compression factor
Kompressor *m.* compressor *n.*
komprimieren (Effekte) squeeze *v.*
Kondensator *m.* capacitor *n.*, condenser *n.*
Kondensatormikrofon *n.* condenser
microphone, electrostatic microphone
Kondensor *m.* condenser *n.* (opt.),
condensing lens, condenser lens
Konfektionierung *f.* finishing *n.*
Konferenz *f.* conference *n.*
Konferenzeinrichtung *f.* conference
facility

Konferenzgrundsätze *m. pl.* meeting basics
Konferenzleitung *f.* conference circuit
Konferenzleitungsnetz *n.* conference network
Konferenzraum *m.* conference room
Konferenzschaltung *f.* hook-up *n.*, conference circuit, multiplex *n.*
Konferenzsendung *f.* multiplex transmission
Konfiguration *f.* configuration *n.*
Konfigurationsdatei *f.* (IT) configuration file
Konjunktion *f.* (IT) conjunction *n.*, logical product
Konkurrent *m.* competitor *n.*
Konkurrenz *f.* competition *n.*; °~**vergleich** *m.* benchmark *n.*
Konkurrenzausschluß *m.* (Werbung) competitor exclusion
Konserve *f.* (fam.) can *n.* (coll.)
Konsole *f.* console *n.*, control panel; °~ (IT) operator's console
Konsonantenverständlichkeit *f.* consonant articulation
konstante Bitrate *f.* constant bitrate
Konstanthalter *m.* stabiliser *n.*
Konstanz *f.* constancy *n.*, stability *n.*
konstruieren *v.* design *v.*
Konstruktion *f.* design *n.*
Kontakt *m.* contact *n.*; **verschmorter** °~ scorched contact
Kontaktabzug *m.* contact print
Kontaktbahn *f.* contact track
Kontaktbelastung *f.* contact loading
Kontaktfeder *f.* contact spring
Kontaktfedersatz *m.* contact assembly
Kontaktkopie *f.* contact print, direct print
kontaktkopieren *v.* to make a contact print
Kontaktkopieren *n.* contact printing
Kontaktkopiermaschine *f.* contact printer
Kontaktmikrofon *n.* contact microphone, vibration pickup
Kontaktnase *f.* cam *n.*
Kontaktstecker *m.* plug *n.*, contact plug
Kontaktstift *m.* contact stud, contact pin
Kontaktverfahren *n.* contact printing, contact process, contact printing method
kontinuierlicher Filmtransport continuous film transport
Kontinuität *f.* continuity *n.*

Konto *n.* (IT) account *n.*
Kontrast *m.* contrast *n.*
kontrastarm *adj.* (Bild) flat *adj.*; ~ low-contrast *adj.*
Kontrastbereich *m.* contrast range
Kontrasteffekt *m.* contrast effect
Kontrastfilter *m.* contrast filter
Kontrastgleichgewicht *n.* contrast balance
kontrastlos *adj.* lacking contrast
Kontrastlosigkeit *f.* lack of contrast
Kontrastregelung *f.* contrast control
Kontrastregler *m.* contrast control knob
kontrastreich *adj.* (Bild) contrasty *adj.*, high-contrast *adj.*
kontrastreiches Filmmaterial high-contrast film
Kontrastübertragungsfunktion *f.* (KÜF) transmission gamma
Kontrastumfang *m.* contrast range, acceptable contrast ratio (ACR), contrast ratio
Kontrastverhältnis *n.* contrast ratio
Kontroll-Lesekopf *m.* verify head
Kontrollausgang *m.* monitoring output
Kontrollautsprecher *m.* control loudspeaker, monitoring loudspeaker
Kontrolle *f.* check *n.*, control *n.*
Kontrolleitung *f.* control line, control circuit
Kontrollendbild *n.* final-check picture
Kontrollgestell *n.* monitoring bay
Kontrollicht *n.* indicator light; °~ (Studio) cue light
Kontrollmonitor *m.* picture monitor, line monitor
Kontrollplatz *m.* control desk
Kontrollpult *n.* control desk
Kontrollraum *m.* monitoring area; °~ (R) cubicle *n.*; °~ control room
Kontrollschiene *f.* monitoring line, preview line
Kontrollschirm *m.* monitor screen
Kontrollspur *f.* guide track, control track
Kontrollspurkopf *m.* control-track head
Kontrollstation *f.* control station, monitoring station
Kontrollsumme *f.* check sum
Kontrollzentrale *f.* control centre
Kontur *f.* contour *n.*, border *n.* (pict.), outline *n.*
Konturendeckung *f.* contour convergence
Konturentzerrung *f.* contour correction

Konturschärfe *f.* contour sharpness, edge sharpness

Konturverstärkung *f.* contour accentuation, crispening *n.*

Konuslautsprecher *m.* cone(-type) loudspeaker, hornless loudspeaker

Konvergenz *f.* convergence *n.*; °~**-Fehler** *m.* convergence error

Konvergenzeinheit *f.* convergence assembly

Konvergenzmagnet *m.* convergence magnet

Konvergenzplatine *f.* convergence circuit, convergence panel

Konvergenztestbild *n.* convergence test pattern, grille *n.* (test chart)

Konversationszimmer *n.* green-room *n.*

Konversionsfilter *m.* conversion filter

Konverter *m.* converter *n.*

Konzentrator *m.* (IT) data concentrator

konzentrisch *adj.* concentric *adj.*, coaxial *adj.*

Konzept *n.* draft *n.*, concept *n.*

Konzert *n.* concert *n.*

Konzertmeister *m.* leader *n.*, first violin

Konzertsaal *m.* concert-hall *n.*

Kooperation *f.* cooperation *n.*

Koordinatenschalter *m.* crossbar switch

Koordination *f.* (Eurovision) coordination *n.*

Koordinationsleitung *f.* coordination circuit

Koordinationszentrale *f.* coordination centre

Koordinator *m.* coordinator *n.*

Koordinierung *f.* coordination *n.*

Koordinierungsentfernung *f.* (Sat.) coordination distance

Kopenhagener Wellenplan Copenhagen plan

Kopf *m.* head *n.*; °~/**Bandkontakt** *m.* tipo penetration

Kopfabrieb *m.* head wear

Kopfaggregat *n.* head assembly

Kopfansage *f.* (Einleitung) introductory presentation

Kopfeindringtiefe *f.* tip engagement, tip penetration

Kopfeinmessen *n.* alignment of heads

Kopfgeschirr *n.* (tech.) headset *n.*

Kopfhörer *m.* headphone *n.*, earphones *n. pl.*, cans *n. pl.*

Kopfhörerverstärker *m.* headphone amplifier

Kopfhörsprechgarnitur *f.* (tech.) headset *n.*

Kopflokalisation *f.* head localisation

Kopfmoderation *f.* opening, verbal opening *n.*

Kopfrad *n.* head wheel

Kopfradaggregat *n.* video head assembly

Kopfradgeschwindigkeit *f.* head-wheel rotating speed

Kopfradservo *n.* head wheel servo

Kopfscheibe *f.* head disc

Kopfschuh *m.* vacuum guide

Kopfspalt *m.* magnetic gap, head gap

Kopfspaltbreite *f.* gap width

Kopfspaltlänge *f.* physical gap length; **magnetische** °~ effective gap length

Kopfspalttiefe *f.* gap depth

Kopfspaltverlust *m.* gap loss

Kopfspur *f.* head track

Kopfspuren *f. pl.* head banding

Kopfstation *f.* head station

Kopfstelle *f.* head end

Kopfstreifen *m.* skewing *n.*

Kopfstrom *m.* (fam.) recording current

Kopfstromoptimierung *f.* optimization *n.*

Kopfträger *m.* head-support assembly, head assembly

Kopftrommel *f.* head wheel *n.*, head drum

Kopfüberstand *m.* tip-protection *n.*

Kopfumschalter *m.* head changeover switch

Kopfumschaltung *f.* head switch over

Kopfverschachtelung *f.* (IT) head interleave

Kopfverschmutzung *f.* head-clogging *n.*

Kopfvorsprung *m.* tip projection

Kopfvorstand *m.* tip projection

Kopfwicklung *f.* head winding

Kopfzuschmieren *n.* head-clogging *n.*

Kopfzusetzen *n.* head-clogging *n.*

Kopfzusetzer *m.* head-clogging

Kopie *f.* dubbing *n.*, duplicate *n.*, print *n.*, copy *n.*; °~ (Band) dub *n.*; °~ reproduction *n.*, re-recording *n.*; °~ **mit Untertiteln** subtitled print; °~ **putzen** to clean a print; °~ **regenerieren** to regenerate a print; °~ **ziehen** to strike a print, to make a print; °~ **ziehen** (Negativ) print *v.*; **erste** °~ (F) rush-print; **erste** °~ (Band) first generation;

erste °∼ (Kopierwerk) answer print;
Erste °∼ second generation; **frische** °∼
fresh copy; **kombinierte** °∼ married
print, combined print; **lichtbestimmte**
°∼ graded print; **stumme** °∼ (Film)
action track, action mute; **verregnete**
°∼ scratched print
Kopierabteilung *f.* printing department,
processing laboratory
Kopieranlage *f.* printer *n.*
Kopieranstalt *f.* printing laboratory, film
laboratory
Kopieranstaltsarbeiten *f. pl.* laboratory
work
Kopierauftrag *m.* printing order
Kopierautomat *m.* automatic printing
machine
Kopierdämpfung *f.* printer-light dimming,
magnetic printing
Kopierecho *n.* pre-echo *n.*
Kopiereffekt *m.* (F) accidental printing,
spurious printing; °∼ magnetic transfer,
print through effect
kopieren *v.* copy *v.*; ∼ (Band) dub *v.*; ∼
(Negativ) print *v.*
Kopieren *n.* (F) printing *n.*; **optisches** °∼
optical printing
Kopierer *m.* (K) shot to be printed,
footage for printing
kopierfähig *adj.* printable *adj.*, suitable for
printing (FP)
Kopierfehler *m.* printing fault
Kopierfilm *m.* printer stock, printing stock
Kopierfussel *m.* hair in printer gate
Kopiergerät *n.* printing apparatus
Kopierkontrast *m.* printing contrast
Kopierlänge *f.* printing length
Kopierlicht *n.* printer light
Kopierlichtschaltung *f.* printer-light
setting
Kopiermaschine *f.* printer *n.*, printing
machine; **additive** °∼ additive printer;
optische °∼ optical printer; **subtraktive**
°∼ subtractive printer
Kopiermeister *m.* film grader
Kopierprogramm *n.* copy program
Kopierschutz *m.* copy protection
Kopierschutzstecker *m.* dongle *n.*
Kopierung *f.* dubbing *n.*; °∼ (F) printing
n.; °∼ (Band) duplicating *n.*; °∼ copying
n.
Kopierverfahren *n.* printing process

Kopierwerk *n.* printing laboratory, film-
processing laboratory, film laboratory
Kopierwerkchemiker *m.* laboratory
chemist
Kopierwerktechniker *m.*, Labortechniker
Kopierwert *m.* printer-light value, printer-
light strength
Koppelpunkt *m.* (z.B. in einer
Kreuzschiene) crosspoint *n.*
Koppelschleife *f.* coupling loop
Koppelweiche *f.* coupling diplexer,
combining unit
Koppelzeichen *n. pl.* change-over cues,
cue dots
Kopplung *f.* coupling *n.*; °∼ **der Kreise**
hook-up *n.*
Kopplungsbreite *f.* coupling width
Kopplungskondensator *m.* coupling
capacitor, blocking capacitor
Kopplungsübertrager *m.* coupling
transformer
Kopplungsverluste *m. pl.* coupling losses
Kopplungswiderstand *m.* transfer
impedance
Koproduktion *f.* co-production *n.*
Koproduktionspartner *m.* coproduction
partner
Koproduktionsvertrag *m.* coproduction
agreement
Korn *n.* (F) grain *n.*; °∼ (TV) granule *n.*
Körnigkeit *f.* (F) grain *n.*; °∼ granulation
n., granularity *n.*, graininess *n.*
Körper *m.* body *n.*; **schwarzer** °∼ black
body
Körperfarbe *f.* body colour
Körperschall *m.* structure-borne noise; °∼
m structure-borne vibration
Körpersprache *f.* body language, body
talk
Korrektur *f.* correction *n.*
Korrekturfilter *m.* correction filter,
trimming filter
Korrekturkopie *f.* first release print
Korrektursignal *n.* correction signal;
sägezahnförmiges °∼ saw-tooth signal
Korrelation *f.* correlation *n.*
Korrelationsgradmesser *m.* correlation
degree meter
Korrepetitor *m.* repetiteur *n.*
Korrespondent *m.* stringer *n.*,
correspondent *n.*

Korrespondentenbericht *m.*
correspondent's report
Korrespondentennetz *n.* network of
correspondents
korrigieren *v.* correct *v.*
korrosionsfest *adj.* corrosion-resistant *adj.*
Kosmos *m.* cosmos *n.*
Kosmovision *f.* cosmovision *n.*
Kosten *pl.* costs *pl.*, expenses *pl.*
kosten, Einzel~ single costs
Kostenaufstellung *f.* cost breakdown
Kostenbefreiung *f.* licence exemption
Kostenermittlung *f.* cost determination
Kostenerstattung *f.* reimbursement *n.*
kostenfrei *adj.* free of charge
Kostenteilung *f.* cost-sharing *n.*
Kostenvoranschlag *m.* budget breakdown,
estimate *n.*, budget estimate
Kostüm *n.* costume *n.*
Kostümausstattung *f.* costume design
Kostümberater *m.* costume adviser
Kostümbesprechung *f.* costume
discussion
Kostümbildner *m.* costume designer
Kostümbildnerei *f.* costumes* *n. pl.*,
costume design unit
Kostümentwurf *m.* costume design
Kostümfilm *m.* period picture
Kostümfundus *m.* costume store
Kostümgestalter *m.* costume designer
Kostümliste *f.* costume plot, costume list
Kostümprobe *f.* costume rehearsal
Kostümschneider *m.* dressmaker *n.*
Kostümverleih *m.* costume hire
Kostümverleiher *m.* costumier *n.*
Kostümwerkstatt *f.* costume workshop,
costume workroom
Kotflügelantenne *f.* wing aerial
Kraft *f.* (phys.::) energy *n.*, (phys.::) force
n., (phys.::) power *n.*
Kraftfahrzeugwerkstatt *f.* vehicle
workshop
Kraftnetz *n.* three-phase mains supply
Kraftstecker *m.* power plug
Kraftsteckkupplung *f.* power plug adapter
Kraftstrom *m.* power current, electric
power
Kraftzentrale *f.* power plant
Kran *m.* (F) crane *n.* (F), boom *n.* (cam.)
Kratzer *m.* (Platte) scratch *n.*; °~
(Geräusch) scratching noise
Kreativität *f.* creativity *n.*

Kreis *m.* (elek.) circuit *n.*
Kreisblende *f.* iris diaphragm
Kreiselantrieb *m.* gyroscopic drive
Kreiselblende *f.* clog wipe
Kreiselkopf *m.* gyroscopic head
Kreiselstativ *n.* gyro-tripod *n.*
Kreisfahrt *f.* track-round *n.*
Kreisfrequenz *f.* angular frequency,
radian frequency
Kreiswellenzahl *f.* wave number
Kreuzblende *f.* cross-mix fade; °~
(Musik) segue *n.*
Kreuzdipol *m.* crossed dipole, turnstile
aerial
Kreuzgelenk *n.* (Beleuchtung) cross-bar *n.*
Kreuzglied *n.* lattice section
Kreuzlicht *n.* crossed spots *n. pl.*, cross-
light *n.*
Kreuzlinientestbild *n.* cross-line test
pattern
Kreuzmodulation *f.* cross-modulation
Kreuzpolarisation *f.* crosspolarization *n.*
Kreuzschiene *f.* cross-bar *n.*, matrix *n.*,
router *n.*
Kreuzschienensteckfeld *n.* matrix
jackfield
Kreuzschienenverteiler *m.* matrix
distribution panel
Kreuzschienenwähler *m.* matrix selector
Kreuzung *f.* intersection *n.*
Kreuzverschraubung *f.* (Beleuchtung)
cross-joint *n.*
Kriechstrom *m.* creepage *n.*
Krimi *m.* (fam.) detective film, thriller *n.*
(coll.)
Kriminaldrama *n.* mystery drama
Kriminalfilm *m.* detective film, thriller *n.*
(coll.)
Kriminalspiel *n.* mystery play
Krimiserie *f.* detective series *pl.*
Kristallmikrofon *n.* crystal microphone,
piezo-electric microphone
Kristalloszillator *m.* crystal oscillator
Kristalltonabnehmer *m.* crystal pick-up
Kriterien *n. pl.* criteria *pl.*, parameters *pl.*
Kritik *f.* notice *n.* (press), criticism *n.*,
review *n.*
Kritiker *m.* critic *n.*, reviewer *n.*
Krokodilklammer *f.* alligator clip
Krokodilklemme *f.* alligator clip
Krümmung *f.* curvature *n.*, bend *n.*
Krümmungsfaktor *m.* curvature factor

Ku-Band *n.* Ku band *n.*
KÜF (s. Kontrastübertragungsfunktion)
Kufe *f.* (Proj.) gate runner; °~ (Kamera) gate pressure plate
Kufendruck *m.* (Proj.) gate runner pressure; °~ (Kamera) gate pressure
Kugel *f.* sphere *n.*, (Waffe::) ball *n.*; °~ (fam.) omnidirectional microphone
Kugelcharakteristik *f.* omnidirectional characteristic
Kugelgelenk *n.* ball-and-socket joint
Kugellager *n.* ball-bearing *n.*
Kugellautsprecher *m.* spherical loudspeaker
Kugelmikrofon *n.* omnidirectional microphone
Kugelstrahler *m.* (Ant.::) spherical source, isotropic radiator
Kugelwelle *f.* spherical wave
Kühlgebläse *n.* cooling blower
Kühlgefäß *n.* cooling vessel
Kühlkörper *m.* heat sink
Kühlküvette *f.* cooling tank
Kühlluft *f.* cooling air
Kühlturm *m.* cooling tower
Kühlung *f.* cooling *n.*, refrigeration *n.*
Kühlwasser *n.* cooling water
Kühlwasserpumpe *f.* cooling-water pump
Kükendraht *n.* chicken-wire *n.*
Kulisse *f.* wing *n.*
Kulissenfundus *m.* scenery store
Kulissenhalle *f.* scenery store
Kulissenklammer *f.* cleat *n.*, flat clamp
Kulissenwand *f.* (Bühne) flat *m.*
Kultur *f.* culture; °~ **und Wissenschaft** science and arts features; °~**auftrag** *m.* cultural mandate; °~**landschaft** *f.* production landscape
Kultur* *f.* arts features* *n. pl.*, cultural affairs *n. pl.*
Kulturbericht *m.* arts feature, arts item
kulturelles Wort* cultural affairs *n. pl.*
Kulturfilm *m.* cultural film, cultural documentary
Kulturjournal *n.* cultural programme, arts programme
Kulturkritik *f.* arts review
Kulturkritiker *m.* art and literary critic
Kulturmagazin *n.* cultural programme, arts programme
Kulturraum *m.* cultural region

Kulturredakteur *m.* arts features editor, cultural affairs editor
Kunde *m.* customer *n.*; °~ (Pay-TV) subscriber *n.*
Kundenverwaltung *f.* (Pay-TV) subscriber management
Kundendienst *m.* after-sales service
Kundenverwaltung *f.* (Pay-TV) subscriber management
Kundenverwaltungssystem *n.* suscriber management system
Kunst *f.* art *n.*
Kunstharzlack *m.* synthetic resin varnish
Kunstkopf *m.* artificial head; °~- **Stereofonie** *f.* dummy head stereophony
Künstler *m.* performer *n.*, artist *n.*; **ausübender** °~ performing artist, professional artist
Künstlerfoyer *n.* green-room *n.*, artists' foyer
Künstlergarderobe *f.* artist's dressing-room
künstlerisch *adj.* artistic *adj.*
Künstlerzimmer *n.* green-room *n.*, artists' foyer
künstlich *adj.* artificial *adj.*, synthetic *adj.*, dummy *adj.*, virtual *adj.*
künstliche Realität *f.* virtual reality
Kunstlicht *n.* artificial light, tungsten light
Kunstlichtemulsion *f.* emulsion for artificial light
Kunstlichtfilter *m.* artificial light filter
Kunstmaler *m.* background painter, scenic artist
Kunststoff *m.* plastic *n.*
Kunststoffspule *f.* plastic reel
Kupferverluste *m. pl.* copper loss
Kuppler *m.* coupler *n.*
Kupplersubstanz, farbige °~ dye coupler
Kupplung *f.* (mech.) clutch *n.*; °~ (elek.) flexible connector; °~ coupling *n.*
Kupplungsbuchse *f.* coupling sleeve
Kupplungsdose *f.* connector socket
Kupplungsstecker *m.* connector plug
Kurbel *f.* crank *n.*
kurbeln *v.* (fam.) (F) film *v.*
Kurbelstativ *n.* wind-up stand
Kursprogramm *n.* educational course, course *n.*
Kurve *f.* graph *n.*, curve *n.*, chart *n.*, diagram *n.*; °~ (Physik) curve *n.*;

sensitometrische °~ sensitometric
curve
Kurvenform f. waveform n.
Kurvenleser m. (IT) curve follower, curve
tracer
Kurvenschar f. family of curves
Kurvenschreiber m. (IT) plotter n.,
plotting table, plotting board, graph
plotter, graphic display unit
Kurvenverlauf m. curve progression
Kurvenzeichner m. (IT) plotter n.,
plotting table, plotting board, graph
plotter, graphic display unit
Kurzabsage f. back anno n.
Kurzbeitrag m. insert n., inject n.
kürzen v. cut v., edit down v., trim v.
Kurzfassung f. abstract n., abridged
version, short version
Kurzfilm m. short film, short n. (F)
Kurzform f. short form, abbreviation n.
kurzfristig adj. short-notice adj., short-
term adj.
Kurzkommentar m. brief analysis
Kurznachricht f. news flash
Kurznachrichten f. pl. news summary,
news headlines
kurzschließen v. short-circuit v.
Kurzschluß m. short-circuit n.;
akustischer °~ acoustic short-circuit
Kurzschlußbetrieb m. back-to-back
operation
Kurzschlußbrücke f. shorting bridge
Kurzschlußempfangsverfahren n.
closed-circuit system, closed circuit
Kurzschlußfestigkeit f. resistance to
short-circuiting
Kurzschlußflux m. short-circuit flux
Kurzschlußoszillogramm n. short-circuit
oscillogram
Kurzschlußstecker m. short-circuiting
plug
Kurzschlußstrom m. short-circuit current
Kurzschlußübertragungsverfahren n.
short-circuit transmission system
Kurzschlußverfahren n. closed-circuit
system, closed circuit
Kurzspielfilm m. short-feature film
Kurzstopp m. (Tonband) pause n.,
temporary stop
Kürzung f. (Programm) shortening n.; °~
truncation n.
Kurzwahl f. (Tel) abbreviated dialing

Kurzwelle f. (KW) short-wave
Kurzwellen-Vorhangantenne f. short
wave curtain antenna; **drehbare** °~
turnable short wave curtain antenna
Kurzwellensender m. short-wave
transmitter, high-frequency transmitter
Kurzzeitbelastbarkeit f. short-term load
carrying capacity
Kurzzeitbelichtung f. short time exposure
Küvette f. tank n., fluid iris
KW (s. Kurzwelle)
Kybernetik f. cybernetics n.

L

L-Signal (s. Linkssignal)
Label n. label n.
Labor n. laboratory n., lab n. (coll.), labs
n. pl. (coll.)
Laborant m. laboratory assistant
Laboratorium n. laboratory n., lab n.
(coll.), labs n. pl. (coll.)
Laboringenieur m. laboratory engineer
Laborsender m. laboratory transmitter,
test generator
Laborversuche m. pl. laboratory tests
Lackieren n. varnishing n., lacquering n.,
doping n.
Ladebefehl m. (IT) load instruction
Ladeeinheit f. charger n.
Ladekassette f. loader n., portable charger
Ladekondensator m. charging capacitor,
charging condenser
laden v. charge v.; ~ (IT) load v.
Ladeprogramm n. load program
Ladestrom m. charging current
Ladewiderstand m. charging resistor
Ladung f. charge n., electric charge; °~
(Q) charge n.
Ladungsbild n. charge image, charge
pattern
Ladungsspeicher m. (IT) electrostatic
store
Ladungszustand m. state of charge
Lage f. (allg.) location n., site n., situation
n.
Lageplan m. site plan, layout plan

Lager *n.* depot *n.*; °~ (tech.) bearing *n.*;
°~ store *n.*, shelf *n.*; °~ (Regal) storage
shelf; °~ (Technik) shelf *n.*; **aus dem**
°~ off-the-shelf
Lager* *n.* stores* *n. pl.*
Lagergehäuse *n.* bearing casing
Lagerist *m.* store-keeper *n.*
lagern *v.* store *v.*
Lagerung *f.* storage *n.*
Lagerverwalter *m.* stores manager
Laie *m.* amateur *n.*
Laienschauspieler *m.* amateur actor
Lambrequin pelmet *n.*
Laminier-Verfahren *n.* laminating *n.*,
lamination *n.*
Laminierband *n.* magnetic stripe
Lampe *f.* lamp *n.*; **verspiegelte** °~
reflector lamp
Lampenfassung *f.* lamp socket, lamp
holder
Lampenfieber *n.* stage-fright *n.*
Lampengalgen *m.* lamp gallows arm,
lamp offset arm
Lampenhalter *m.* lamp fixture
Lampenhaus *n.* lamp housing
Lampenkabel *n.* lamp cable
Lampenschere *f.* lamp cut-out
Lampenschwärzung *f.* lamp blackening
Lampensockel *m.* lamp socket
Lampenwendel *f.* lamp filament
Landesdienst *m.* regional service
Landesfunkhaus *n.* regional broadcasting
house *n.*
Landesrundfunkanstalt *f.* regional
broadcasting station
Landesrundfunkgesetz *n.* regional
broadcasting act
Landesstudio *n.* regional studio; °~
(Verwaltung) regional station
Landfunk, öffentlicher beweglicher °~
(ÖBL) land mobile service
Landfunk* *m.* agricultural programmes*
n. pl.
Landfunksendung *f.* farmers' programme
Langdrahtantenne *f.* long wire antenna
Länge *f.* footage *n.*, length *n.*; °~ (zeitlich)
length *n.*, duration *n.*
Längengrad *m.* (degree of) longitude
Längenmarkierung *f.* footage mark
langfristig *adj.* long-term *adj.*, at long
notice

langsame Tonhöhenschwankungen (Ton)
wow *n.*
Längsmagnetisierung *f.* longitudinal
magnetisation
Langspielband *n.* long-playing tape (LP
tape)
Langspielplatte *f.* (LP) long-playing
record (LP), long-playing disc
Längsschriftaufzeichnung *f.* longitudinal
recording
Längstwellenfrequenz *f.* very low
frequency (VLF)
Längswelle *f.* longitudinal wave
Langwelle *f.* (LW) low-frequency (LF),
long-wave (LW), kilometric waves *n. pl.*
Langwellenbereich *m.* long-wave band,
low-frequency band
Langwellensender *m.* long-wave
transmitter, low-frequency transmitter
(LF transmitter)
Langzeit *f.* long term
Langzeitstabilität *f.* long-term stability
Langzeitverhalten *n.* long-term response
Langzeitvertrag *m.* long-term contract,
long-term agreement
Langzeitvorhersage *f.* long-term
prediction, long term forecast
Lärm *m.* noise *n.*
Lärmbelästigung *f.* nuisance *n.*,
annoyance caused by noise, noise
pollution
Larseneffekt *m.* Larsen effect,
microphony *n.*
Laser *m.* laser *n.*
Laser-Flachbettscanner *m.* (IT) laser
flatbed scanner
Laserdrucker *m.* (IT) laser printer *n.*,
laserprinter
lasieren *v.* apply a transparent finish
lassen *v.* let *v.*, (etw. machen lassen::)
allow *v.*
Lassoband *n.* adhesive tape, camera tape
Last *f.* load *n.*, burden *n.*
Lastenheft *n.* (IT) specification,
procurement specification
Lasttrenner *m.* switch-disconnector *n.*,
switch-isolator *n.*, load-break switch,
load interrupter
Lastverstimmung *f.* (Änderung d.
Arbeitsfreq. eines Oszillators als Folge
der Änd. d. angeschl. Last) frequency
pulling

Lastverstimmungsmaß *n.* pulling factor
Lastwiderstand *m.* output terminating
  resistance; **künstlicher** °∼ dummy load
Lasurfarbe *f.* clear varnish, transparent
  colour, transparent ink
Latent-Bild *n.* latent image
Latte *f.* lath *n.*, batten *n.*, strip board
Lauf *m.* run *n.*, operation *n.*, running *n.*,
  travel *n.* (appar.), motion *n.*
Laufbahn *f.* career *n.*
Läufer *m.* (Motor) rotor *n.*
Laufgeschwindigkeit *f.* operation speed,
  running speed
Laufkatze *f.* trolley *n.*
Laufkran *m.* overhead crane, mobile hoist
Laufplan *m.* (Sendung) shedule *n.*
Laufrichtung *f.* direction of travel
Laufrolle *f.* idler *n.*, guide roller
Laufschiene *f.* track *n.*, guide rail
Laufschrift *f.* (IT) marquee *n.*
läuft! (fam.) running!
Laufwerk *n.* transport mechanism, drive
  mechanism, drive *n.*
Laufwerkplatte *f.* motor board
Laufzeit *f.* running time, duration *n.*, phase
  delay, transit time; °∼ (F) screen time;
  °∼ (Länge) length *n.* (time), timing *n.*;
  °∼ delay time, play back time, delay *n.*;
  °∼ (IT) run time *n.*; °∼-**Verzögerung** *f.*
  run-time delay
Laufzeitanpassung *f.* run-time adaptation
Laufzeitdemodulation *f.* delay
  demodulation
Laufzeitdemodulator *m.* delay-line
  detector
Laufzeitdifferenz *f.* delay-time difference
Laufzeiteffekt *m.* group delay distortion
Laufzeitentzerrer *m.* delay equalizer
Laufzeitfehler *m.* phase-delay error; °∼
  (IT) run-time error
Laufzeitglied *n.* delay line
Laufzeitkette *f.* delay network, delay line
Laufzeitleitung *f.* delay line
Laufzeitröhre *f.* velocity-modulated tube
Laufzeitspeicher *m.* (IT) delay-line
  memory, delay-line store
Laufzeitversion *f.* (IT) run-time version *n.*
Laufzeitverzerrung *f.* phase distortion,
  transit-time distortion, phase-delay
  distortion, delay distortion
Laufzettel *m.* inter-office slip
Laut *m.* sound *n.*, tone *n.*

Lautarchiv *n.* sound archives *n. pl.*, sound
  library
Lautheit *f.* loudness *n.*
Lautheitmesser *m.* loudness meter
Lautschrift, internationale *f.*
  international phonetic alphabet
Lautsprecher *m.* speaker *n.*; °∼ (Ton)
  loudspeaker *n.*; **elektrodynamischer** °∼
  electrodynamic loudspeaker, coil-driven
  loudspeaker, moving-coil loudspeaker;
  elektrostatischer °∼ electrostatic
  loudspeaker
lautsprecher, Exponential∼ *m.*
  exponential loudspeaker; **Säulen**∼ *m.*
  column (loud-)speaker; **Vorhör**∼ *m.*
  pre-listening loudspeaker, monitoring
  loudspeaker
Lautsprecheranordnung *f.* loudspeaker
  layout, loudspeaker set-up
Lautsprecherbox *f.* loudspeaker case,
  loudspeaker box
Lautsprecherchassis *n.* loudspeaker
  chassis
Lautsprechergehäuse *n.* loudspeaker case
Lautsprecherkombination *f.* loudspeaker
  combination
Lautsprecherkonus *m.* speaker cone
Lautsprecherschallwand *f.* loudspeaker
  baffle
Lautsprecherschrank *m.* loudspeaker
  case
Lautsprechersystem *n.* loudspeaker
  system
Lautsprecherübertragung *f.* relay by
  loudspeaker
Lautsprecherübertragungsanlage *f.*
  public address system (PAS)
Lautsprecherzeile *f.* row of loudspeakers,
  loudspeaker array
Lautstärke *f.* sound intensity, volume *n.*,
  sound volume, loudness level
Lautstärkemesser *m.* volume indicator,
  sound level meter, loudness level meter,
  volume meter
Lautstärkepegel *m.* volume level,
  loudness level, sound level
Lautstärkeregelung *f.* volume control;
  automatische °∼ (ALR) automatic
  volume control (AVC)
Lautstärkeregler *m.* (LR) volume control
Lautstärkeumfang *m.* dynamic range,
  volume range, loudness range

Lavalliermikrofon *n*. lavalier microphone, lanyard microphone
Lavendel *n*. duping print, lavender *n*.
Lavendelkopie *f*. lavender print
Lavendelmaterial *n*. fine-grain stock for duping
Lazy Susy *f*. (Drehgestell für Carts) lazy susy *n*.
LC (s. Eigenschwingung); °~-**Filter** *m*. LC filter; °~-**Glied** *n*. LC circuit
LCD-Projektor *m*. (IT) LCD projector
Lead-Satz *m*. lead phrase
Lebendigkeit *f*. liveliness *n*., vividness *n*., vivacity *n*.
Lebensdauer *f*. life span
Lebenserwartung *f*. life expectancy
Lebenslauf *m*. curriculum vitae *n*.
Lecherleitung *f*. Lecher wire
Leckstrom *m*. leakage current
Leerband *n*. blank tape, clean tape
Leerbandteil *n*. yellow *n*.
Leerlauf *m*. idling *n*.; °~ (elek.) open-circuit, no-load operation; °~ (Prod.) dead time; °~ idle *n*.
Leerlaufspannung *f*. open-circuit voltage, no-load voltage
Leerlaufstrom *m*. no-load current
Leerlaufzeichen *n*. (IT) idle character *n*.
Leerspule *f*. empty spool, empty reel
Leertaste *f*. (IT) spacebar *n*.
Leerzeichen *n*. blank *n*.; °~ (IT) blank space, space
Leerzeile *f*. blank line
Legierung *f*. alloy *n*.
Lehre *f*. (Ausbildung) apprenticeship *n*.; °~ (Technik) gauge *n*.
Lehrfernsehen *n*. educational television (ETV)
Lehrfilm *m*. training film, instructional film
Lehrlingsausbilder *m*. instructor *n*.
Lehrmittel *n. pl.* teaching aids
Lehrplan *m*. curriculum *n*., syllabus *n*.
Lehrsendung *f*. educational broadcast
Leichenmappe *f*. (fam.) obituaries *n. pl.*, obits *n. pl.* (coll.)
leichte Musik light music
Leihgebühr *f*. hire fee
Leihmiete *f*. rental fee, hire charge
Leinwand *f*. (IT) screen *n*.
Leiste *f*. (Programmzeit) strand *n*., band *n*.
Leistung *f*. facility *n*.; °~ (elek.) power *n*.,

wattage *n*.; °~ (Hilfeleistung) service *n*.; °~ (P) power *n*.; **zugeführte** °~ power fed
Leistungsabfall *m*. power drop
Leistungsaufnahme *f*. power consumption
Leistungsbeschreibung *f*. performance specification
Leistungsbudget *n*. link budget
Leistungsdichtespektrum *n*. power density spectrum (PDS)
Leistungsfähigkeit *f*. (elek.) capacity *n*.
Leistungsflußdichte *f*. power flux density
Leistungsmerkmal *n*. (Tel) feature, user facility
Leistungsrauschquelle *f*. power noise source
Leistungsschalter *m*. circuit-breaker *n*.
Leistungsschutzrecht *n*. neighbouring rights
Leistungsspektrum *n*. power spectrum
Leistungsteiler *m*. power splitter
Leistungsübertragungsfaktor *m*. power transfer factor
Leistungsverfahren *n*. efficiency *n*.
Leistungsvergleich *m*. benchmark *n*.
Leistungsverstärker *m*. power amplifier
Leitartikel *m*. leader *n*., leading article, editorial *n*.
leitartikeln *v*. (fam.) editorialise *v*.
Leitartikler *m*. leader-writer *n*., editorialist *n*. (US), editorial-writer *n*. (US)
leiten *v*. (organisatorisch) organise *v*., manage *v*., control *v*.; ~ (physikalisch) conduct *v*.
Leiter *m*. manager *n*., chief *n*., head *n*. (chief); °~ (elek.) conductor *n*.; °~ **der Disposition** planning manager; °~ **vom Dienst** (LvD) duty officer
Leiterplatte *f*. printed circuit board (PCB), printed circuit
Leitfähigkeit *f*. conductivity *n*.
Leitstation *f*. (IT) master terminal; °~ supervisory terminal, control station (data transmission)
Leitung *f*. (elek.) circuit *n*.; °~ (Organisation) management *n*.; °~ (elek.) wire *n*., lead *n*.; °~ (Übertragung) line *n*.; °~ cable *n*.; °~ **abmelden** deregister a circuit; °~ **einrichten** to set up a circuit; °~ **ist tot!** line's dead!, circuit down!; °~ **steht!**

circuit up!; **abgehende** °~ outgoing circuit, outgoing line, outgoing channel; **abgeschlossene** °~ terminated line, closed line; **ankommende** °~ incoming circuit, incoming line, incoming channel; **bespulte** °~ Pupin line, coil-loaded circuit; **gerichtete** °~ one-way circuit, unidirectional circuit; **homogene** °~ homogeneous line, uniform line; **in der** °~ **haben** to have on the line; **in der** °~ **sein** to be on the line; **nachgebildete** °~ simulated line; **offene** °~ open-ended line; **stehende** °~ permanent circuit; **über** °~ **aufnehmen** to record over a circuit, to record down the line

Leitungsabschluß m. line termination, circuit termination

Leitungsabschnitt m. circuit section, section of line

Leitungsanpaßtransformator m. line matching transformer

Leitungsanschluss m. (Tel) trunk termination

Leitungsausgang m. line output

Leitungsausnutzung f. (Tel) line utilization, circuit occupancy

Leitungsbereitstellung f. provision of circuits

Leitungsbestätigung f. confirmation of circuits

Leitungsbestellung f. line booking

Leitungsbrumm m. line hum

Leitungsbüro n. line bookings section, circuit allocation unit

Leitungsdämpfung f. line attenuation, line loss

Leitungseingang m. line input

Leitungsendpunkt m. terminal n., line terminal, terminal point

Leitungsentzerrer m. line equaliser

Leitungsfehler m. line fault

Leitungsführung f. cable layout, wiring layout

Leitungskennung f. circuit identification

Leitungsknoten m. (Tel) line concentrator, line node

Leitungskosten pl. line costs

Leitungsmessung f. line measurement

Leitungsnachbildung f. line balance

Leitungsnetz n. distributing network, network n., distribution network; **vermaschtes** °~ interconnected network

Leitungsnutzung f. line utilization

Leitungsprotokoll n. (Tel) line protocol

Leitungsprüfung f. line check, proving circuit

Leitungsstörung f. line fault, line interference, line malfunction

Leitungsüberspielung f. line feed

Leitungsübertrager m. line transformer

Leitungsunterbrechung f. (Trennung) film-pack n.; °~ discontinuity n.

Leitungsverlust m. line loss

Leitungsvermittlung f. (Tel) line switching center

Leitungsverstärker m. line amplifier

Leitungsweg m. route n.

Leitungswesen n. network management

Leitungszeiten f. pl. circuit utilisation times

Leitweg m. route n.

Leitwert m. susceptance n.; °~ (Gleichstrom) conductance n.; **komplexer** °~ admittance n.

Lektor m. script-reader n.

Lektorat n. script unit*

Lesebefehl m. (IT) read statement

Lesefehler m. (IT) read error n.

Lesekopf m. (IT) read head, reading head

Leseprobe f. first reading, read-through n.

Lesezeichen n. (IT) bookmark

Lesung m. narration n., reading n.

letzte Einstellung (Band/Film) last shot

letzter Termin deadline n.

Leuchtdichte f. (Stärke) brightness n.; °~ luminous density, luminance n.; °~/ **Chrominanz-Übersprechen** n. cross-colour n.

Leuchtdichtemesser m. lumen meter, brightness meter

Leuchtdichtemessung f. luminance measurement

Leuchtdichtepegel m. luminance level

Leuchtdichtesignal n. luminance signal

Leuchtdichtestruktur f. luminous texture

Leuchtdichteumfang m. contrast range, range of luminance

Leuchtdrucktaste f. luminous push button

Leuchte f. lamp n., luminaire n., lighting fitting

Leuchtenhänger m. lamp suspension fitting

Leuchtfeld *n.* indicator panel, light display panel

Leuchtfleck *m.* bright spot, hot spot

Leuchtphosphor *m.* (Bildröhre) phosphor *n.*

Leuchtschicht *f.* luminous coating

Leuchtschirm *m.* luminescent screen, fluorescent screen, phosphor cathode-ray screen

Leuchtstift *m.* (IT) light pen

Leuchtstoff *m.* luminescent material, phosphorescent material, fluorescent material

Leuchtstofflampe *f.* fluorescent lamp

Leuchtstoffröhre *f.* discharged lamp

Leuchtstoffschirm *m.* luminescent screen, fluorescent screen, phosphor cathode-ray screen

Leuchtzeichen *n.* (Studio) cue light; °~ light indicator

Leuchtzifferanzeige *f.* luminous digital indicator

Liaison Officer liaison officer

Libelle *f.* spirit level

Licht *n.* light *n.*; °~ **abblenden** to dim the light, to take down the light, to reduce lighting level, to fade; °~ **abstufen** to step down the light; °~ **aufblenden** to increase lighting level, to fade up the light; °~ **aus!** lights out!, kill the lights!; °~ **bestimmen** (Kopierwerk) grade *v.*; °~ **bestimmen** (Beleuchtung) to set the light level; °~ **ein!** lights!, lights on!; °~ **einrichten** to set the lights; °~ **setzen** to set the lights; **diffuses** °~ diffused light, scattered light; **einfallendes** °~ incident light; **flaches** °~ flat light; **gedämpftes** °~ dimmed light, subdued light; **gerichtetes** °~ parallel light rays; **hartes** °~ hard light; **reflektiertes** °~ reflected light; **steiles** °~ steep light; **ultraviolettes** °~ ultraviolet light; **weiches** °~ soft light

Licht!, alles °~ lights up!

Licht(wellen)leiter *m.* optical fibre

Lichtanzeige *f.* light indication, light reading

Lichtaufbau *m.* lighting set-up

Lichtausbeute *f.* light yield, light output

Lichtausgleichfilter *m.* light correction filter

Lichtband *n.* light-control tape

Lichtbauzeit *f.* lighting rigging time

Lichtbestimmer *m.* timer *n.*, grader *n.*

Lichtbestimmung *f.* timing *n.*, grading *n.*

Lichtbestimmungskopie *f.* grading print, grading copy

Lichtbestimmungsplan *m.* grading chart

Lichtbestimmungstisch *m.* grading bench

Lichtbild *n.* still *n.*, diapositive *n.*, transparency *n.* (slide), photograph *n.*, photo *n.*, slide *n.*

Lichtbildreihe *f.* slide sequence *n.*

Lichtblende *f.* flag *n.*; °~ (Scheinwerfer) barndoor *n.*; °~ gobo *n.*, nigger *n.*, frenchman *n.*

Lichtbogen *m.* arc *n.*, electric arc

Lichtbogendauer *f.* arc duration

Lichtbogenlampe *f.* arc lamp

lichtdicht *adj.* light-tight *adj.*

Lichtdoubel *n.* lighting stand-in

Lichtdurchlässigkeit *f.* permeability to light

Lichteffekt *m.* lighting effect

Lichtempfänger *m.* photocell *n.*, light cell

lichtempfindlich *adj.* light-sensitive *adj.*, photosensitive *adj.*

Lichtempfindlichkeit *f.* light sensitivity, photosensitivity *n.*

Lichter *n. pl.* (Bild) highlights *n. pl.*, lights *n. pl.* (pict.)

Lichterschwärzung *f.* lamp blackening

Lichtfarbe *f.* colour of light

Lichtfarbmeßgerät *n.* Kelvin meter, colour temperature meter

Lichtfaseroptik *f.* fibre optics

Lichtfasersystem *n.* fibre optic system

Lichtfeld *n.* light box, spotting box

Lichtfleck *m.* light spot

Lichtflußkompensation *f.* light flux compensation

Lichtführung *f.* direction of lighting, light direction

Lichtgestalter *m.* director of photography, lighting cameraman, lighting director

Lichtgestaltung *f.* direction of lighting, light direction, lighting arrangement

Lichtgitter *n.* (Beleuchtung) lighting grid

Lichthof *m.* halo *n.*, halation *n.*

lichthoffrei *adj.* anti-halation *adj.*, anti-halo *adj.*, non-halating *adj.*

Lichthofschutz *m.* anti-halation *n.*

Lichthofschutzschicht *f.* anti-halation

layer, anti-halation backing, film backing
Lichtingenieur *m*. lighting supervisor
Lichtintensität *f*. light intensity
Lichtkasten *m*. light box, spotting box
Lichtkegel *m*. cone of light
Lichtkontrastmessung *f*. light contrast measurement
Lichtkorrektur *f*. lighting correction
Lichtleiste *f*. lighting rail; **senkrechte** °~ top lighting
Lichtleistung *f*. luminous efficiency, light output
Lichtleiter-Übertragung *f*. fibre optic transmission
Lichtlinie, quasioptische °~ line-of-sight path
Lichtmarke *f*. light spot
Lichtmaschine *f*. generator *n*.; **fahrbare** °~ mobile generator
Lichtmeßgerät *n*. light meter, photometer *n*.
Lichtmessung *f*. photometry *n*.
Lichtmodell *n*. mimic diagram
Lichtmodulation *f*. light modulation
Lichtnetz *n*. lighting power circuit, single-phase mains supply
Lichtorgel *f*. lighting console
Lichtplan *m*. lighting plot
Lichtpunkt *m*. light spot
Lichtpunktabtaster *m*. flying-spot scanner
Lichtpunktabtastung *f*. flying-spot scanning
Lichtpunkthelligkeit *f*. spot brightness
Lichtquelle *f*. light source, luminous source
Lichtrampe *f*. (Licht) footlights *n. pl.*
Lichtregelanlage *f*. lighting-control console, lighting console, lighting-control equipment
Lichtregeleinheit *f*. lighting rectifier unit, lighting-control unit
Lichtregie *f*. lighting control, lighting director
Lichtregler *m*. dimmer *n*.
Lichtrichtung *f*. direction of light
Lichtschleier *m*. light fog, light fogging
Lichtschleuse *f*. light trap
Lichtschranke *f*. light barrier
Lichtschreibgerät *n*. light pen

Lichtsetzung *f*. lighting setting, lighting set-up
Lichtspalt *m*. light gap, light slit
Lichtspektrum *n*. light spectrum
Lichtspieltheater *n*. cinema *n*., picture house, pictures *n. pl.* (coll.), movie theater (US)
Lichtsprung *m*. sudden light change
Lichtstärke *f*. light intensity, luminous intensity, candle-power *n*.; °~ (Objektiv) lens speed; °~ **eines Suchers** viewfinder brightness
Lichtstellanlage *f*. lighting-control console, lighting console, lighting-control equipment
Lichtsteuerband *n*. light-control tape
Lichtsteuerpult *n*. lighting-control desk, lighting-control panel
Lichtsteuerraum *m*. lighting control room
Lichtsteuerung *f*. lighting control
Lichtstrahl *m*. light beam, light ray; **gebündelter** °~ focused beam; **gestreuter** °~ scattered beam
Lichtstrahlschreiber *m*. light pen
Lichtstrahlung *f*. light radiation
Lichtstrom *m*. light flux, luminous flux, lamp current
Lichtstrommessung *f*. luminous-flux measurement
Lichtton *m*. optical sound; °~-**Film** *m*. optical sound film; **separater** °~ (SEPOPT) separate optical sound (Sepopt)
Lichttonabtaster *m*. optical-sound head
Lichttonentzerrer *m*. optical sound equalizer
Lichttonkamera *f*. optical-sound recorder
Lichttonkopie *f*. optical-sound print
Lichttonlampe *f*. exciter lamp, optical-sound lamp
Lichttonnegativ *n*. optical-sound negative
Lichttonspur *f*. optical-sound track
Lichttonumspielung *f*. optical-sound transfer
Lichttonverfahren *n*. optical sound system, optical sound process
Lichttonwiedergabe *f*. optical sound playback
Lichttonwobbelfilm *m*. buzz-track film
Lichtübergang *m*. light cross-over
lichtundurchlässig *adj*. light-tight *adj*., light-proof *adj*., opaque *adj*.

Lichtverlust *m.* light loss
Lichtverteilung *f.* light distribution
Lichtverteilungskurve *f.* light distribution curve
Lichtvorhang *m.* light curtain
Lichtwagen *m.* (Außen) lighting truck, lighting vehicle, lighting van; °~ (Studio) lighting trolley
Lichtwanne *f.* lighting float, broad source; °~ (Licht) broad *n.* (coll.); °~ lighting trough
Lichtwellenleiter (-technik) *f.* fibre optics
Lichtwert *m.* (Beleuchtung) light-value level; °~ (Kopierwerk) exposure value, light value
Lichtwertregler *m.* (Beleuchtung) intensity control; °~ (Kopierwerk) light-change control
Lichtwertzahl *f.* (Beleuchtung) light-value number; °~ (Kopierwerk) light-change point, printer point
Lichtwurflampe *f.* projector lamp
Lichtwurflampen *f. pl.* projector lamps
Lichtzeichen *n.* (Studio) cue light; °~ light signal
Lichtzeiger im Bildfeld indication on picture
Lichtzeigeranzeige *f.* visual display
Lichtzeigerinstrument *n.* illuminated pointer indicator, luminous pointer indicator
Lichtzeile *f.* lighting rail, row of lights
Lichtzerlegung *f.* dispersion of light
Lichtzettel *m.* grading chart; °~ (Beleuchtung) luminance chart
Lichtzwischenschaltung *f.* (Kopierwerk) printer-light control
Liegenschaften* *f. pl.* planning and building maintenance*
Liliput *m.* baby spot
linear *adj.* linear *adj.*
lineare Verzerrungen linear distortions
Linearität *f.* linearity *n.*; °~ **der Ablenkung** sweep linearity, scan linearity
Linearitätsfehler *m.* linearity error, linearity defect
Linearitätsspektrum *n.* line spectrum
Linearitätstestbild *n.* linearity test pattern
Linearpolarisation *f.* linearly polarization
Liner Card *f.* (Stichwortkarte) liner card *n.*

Liniengitter *n.* line grating
Link-Anlage *f.* link system
Links-Rechts-Stereophonie *f.* left-right stereophony
linksbündig ausrichten *v.* (IT) left-justify *v.*
linksbündige Ausrichtung *f.* (IT) left justification
linksbündiger Flattersatz *m.* (IT) ragged left
Linkssignal *n.* (L-Signal) left signal
Linkstrecke *f.* link coupling, link line, link *n.*, STL *n.*
Linse *f.* lens *n.*, objective *n.*; °~ **fahren** (Linse) zoom *v.*; **akustische** °~ acoustic lens; **elektromagnetische** °~ electromagnetic lens; **elektronische** °~ electronic lens; **elektrostatische** °~ electrostatic lens, focusing electrode; **Fresnelsche** °~ Fresnel lens; **gehämmerte** °~ hammered lens; **gekittete** °~ cemented lens; **klare** °~ clear lens; **matte** °~ matt lens; **Stärke einer** °~ lens strength
Linsenantenne *f.* lens aerial
Linsendurchmesser *m.* lens diameter
Linseneffekt *m.* lens flare
Linsenfehler *m.* (Linse) flaw *n.*; °~ lens error, lens impairment, lens aberration
Linsensatz *m.* set of lenses
Linsenschutzglas *n.* safety glass
Lippenmikrofon *n.* lip microphone
lippensynchron *adj.* lip-sync *adj.*
Listenfeld *n.* (IT) list box
Litze *f.* litz wire
live *adv.* live *adv.*; ~ **senden** to broadcast live
Live- (in Zus.) live *adj.*; °~**-Angebot** *n.* available live material; °~**-Assist** assist; °~**-Bedingung** *f.* live condition; °~**-Charakter** *m.* live character; °~**-Schaltung** *f.* live connection; °~**-Übernahme** *f.* live relay
Livebeitrag *m.* live insert, live inject
Liveproduktion *f.* live production, live show
Liveprogramm *n.* live programme
Liverechte *n. pl.* live performance rights
Livereportage *f.* live commentary, live relay
Livesendung *f.* live transmission, live broadcast; °~**/-übertragung** *f.* live

broadcast; **zeitversetzte** °~ deferred relay
Livestudio *n.* live studio
Liveübertragung *f.* live transmission, live broadcast, live relay
Lizenz *f.* licence *n.*
Lizenzabteilung *f.* licensing department
Lizenzbetrag *m.* licence fee
Lizenzdauer *f.* licence period
Lizenzgeber *m.* licenser *n.*, licensing authority
Lizenzgebühr *f.* licence fee, royalty *n.*, royalties *n. pl.*
Lizenzinhaber *m.* licensee *n.*
Lizenznehmer *m.* licensee *n.*
Lizenzvertrag *m.* (IT) license agreement
lochen *v.* (IT) perforate *v.*, punch *v.*
Locher *m.* (Person) perforator *n.*, puncher *n.*; °~ punch *n.*
Lochfilter *m.* (elek.) notch filter
Lochkarte *f.* (IT) punch card, punched card
Lochkartenspalte *f.* (IT) card column
Lochkartenzeile *f.* (IT) row *n.*; °~ cord *n.*
Lochkombination *f.* (IT) punch combination
Lochmaske *f.* (Bildröhre) shadow mask
Lochstanze *f.* punching machine
Lochstreifen *m.* (IT) punched tape, paper tape, perforated tape
Lochstreifencode *m.* (IT) paper tape code
Lochstreifengerät *n.* (IT) paper tape unit, paper tape device
Lochstreifenkarte *f.* (IT) tape card
Lochstreifenleser *m.* (IT) punched tape reader, paper tape reader
Lochstreifenlocher *m.* (IT) paper tape punch, tape perforator
Lochstreifenstanzer *m.* (IT) tape punch, perforator *n.*; °~ paper tape punch
locken *v.* (Oszillator) lock in *v.*
Logdatei *f.* (IT) log file
Logik *f.* (Mathematik) logic *n.*; °~ (Schaltung) logic *n.* (circuit); °~ **Baustein** *m.* (IT) logic unit; **interne** °~ (IT) internal logic
Logikadapter *m.* logic adapter
Logikanalysator *m.* logic analyser
Logikschaltbild *n.* (IT) logic diagram, functional diagram
logischer Ausdruck *m.* (IT) logical

expression; ~ **Kanal** *m.* (IT) logical channel
logisches Laufwerk *n.* (IT) partition *n.*
Logistik *f.* logistics *n.*
Logogramm *n.* logogram *n.*
Lohn *m.* pay *n.*, wages *n. pl.*
Lohnabrechnung *f.* wage accounting, wage slip, pay slip
Lohnempfänger *m. pl.* weekly-paid staff
lokal *adj.* local *adj.*
Lokalelement *n.* electrolysis junction
lokales Netz *n.* (IT) local area network
Lokalnachrichten *f. pl.* local news
Lokalrundfunk *m.* local radio
Lokaltermin *m.* recce *n.* (coll.)
Lokalzeit *f.* local time
Lokomotive *f.* (fam.) audience-puller *n.* (coll.)
Longe *f.* picketing cable
Longitudinalschrift *f.* lateral groove recording
Longitudinalwelle *f.* longitudinal wave
Loop *m.* loop *n.*
Löschband *n.* clean tape
Löschdämpfung *f.* attenuation of erasure
Löschdrossel *f.* bulk eraser
löschen *v.* erase *v.*, wipe *v.* (tape); ~ (IT) delete *v.*
Löschfrequenz *f.* erase frequency
Löschgenerator *m.* erase oscillator
Löschgerät *n.* bulk eraser
Löschkopf *m.* erasing head, erase head, wiping head
Löschspannung *f.* erase voltage
Löschsperre *f.* erase cut-out key
Löschstrom *m.* erasing current, erase current
Löschtaste *f.* (IT) delete key
Löschung *f.* (Band) erasure *n.*; °~ (Licht) extinction *n.*; °~ (Band) erasing *n.*, erasion *n.*, wiping *n.* (tape)
Lösung *f.* (chem.) solution *n.*
Lösungsmittel *n.* solvent *n.*
lötbar *adj.* solderable *adj.*
Lötdurchführung *f.* soldering bushing
Lötigel *m.* soldered tag block, main distribution frame (MDF)
Lötkolben *m.* soldering iron
Lötkolbenspitze *f.* copper bit
Lötöse *f.* soldering lug, soldering tag
Lötösenstreifen *m.* soldering-lug strip, soldering-tag strip

Lötpin *m.* soldering pin
Lötpistole *f.* soldering gun
Lötstelle *f.* soldered joint, soldered seam;
  fehlerhafte °~ dry joint; **kalte** °~ dry
  joint
Lötstift *m.* soldering pin
Low-band *n.* low band; °~-**band-Norm** *f.*
  low-band standards *n. pl.*; °~-**key** *n.*
  low-key
LP (s. Langspielplatte)
Luft *f.* air *n.*; °~ **geben** (Dreh) widen out
  v., pull out *v.*; **zuviel** °~ (Bild) too wide,
  too loose; **zuviel** °~ underscripted *adj.*;
  zuwenig °~ (Bild) too tight, too close;
  zuwenig °~ overscripted *adj.*
Luftabsorption *f.* atmospheric absorption
Luftansauger *m.* air intake
Luftaufnahme *f.* aerial photograph
Luftbild *n.* (opt.) virtual image
Luftbildebene *f.* virtual image plane
Luftdruck *m.* barometric pressure
Lüfter *m.* fan *n.*
Luftfilter *m.* air filter
Luftleitung *f.* open-wire line, overhead
  line
Luftperspektive *f.* bird's-eye view
Luftschall *m.* airborne sound, airborne
  noise
Luftschalldämmung *f.* airborne noise
  insulation
Luftschallmikrofon *n.* airborne sound
  microphone
Luftspalt *m.* magnetic gap, head gap
Lufttrimmer *m.* air trimmer
Luftumwälzung *f.* air circulation
Lüftung *f.* ventilation *n.*
Lüftungsanlagen *f. pl.* ventilation systems
Luftverbindung *f.* airborne link
Lumen einh. lumen
Luminanz *f.* luminance *n.*
Luminanzbereich *m.* luminance range
Luminanzsignal *n.* luminance signal
Luminanzspektrum *n.* luminance range,
  luminance spectrum
Lumineszenz *f.* luminescence *n.*
Lupe *f.* magnifying glass, magnifying lens,
  magnifier *n.*
Lüsterklemme *f.* porcelain insulator,
  chocolate block (coll.)
Lustspielfilm *m.* comedy film
Lux *m.* lux *n.*

Luxmeter *n.* luxmeter *n.*, illumination
  photometer
LW (s. Langwelle),

M

Macro-Optik *f.* macro optics
Madenschraube *f.* grub screw, headless
  screw
Magazin *n.* store *n.*; °~ (Kassette)
  magazine *n.*, cartridge *n.*, cassette *n.*; °~
  periodical *n.*, magazine *n.* (press, type of
  prog.), depot *n.*; **aktuelles** °~ topical
  magazine; **literarisches** °~ literary
  magazine, cultural magazine, book
  programme
Magazinbeitrag *m.* magazine
  contribution, feature *n.*
Magazinsendung *f.* magazine programme
Magazinteil *m.* magazine part
Magnesiumfackel *f.* magnesium flare
Magnet *m.* magnet *n.*
Magnetaufzeichnung *f.* magnetic
  recording
Magnetausgleichsspur *f.* magnetic
  balance track
Magnetband *n.* magnetic tape;
  beschichtetes °~ coated tape
Magnetbandgerät *n.* (IT) magnetic tape
  unit
Magnetbandkassette *f.* (IT) magnetic tape
  cartridge
Magnetbandlaufwerk *n.* (IT) magnetic
  tape drive
Magnetbandspeicher *m.* (IT) magnetic
  tape store
Magnetbandverformung *f.* tape curling,
  tape deformation
Magnetbezugsband *n.* standard magnetic
  tape, reference tape, calibration tape,
  test tape
Magnetbild *n.* magnetic picture,
  magnetically recorded image
Magnetbildaufzeichnung *f.* (MAZ) video
  tape recording (VTR)

Magnetbildaufzeichnungs- und Wiedergabeanlage *f.* video recorder/reproducer

Magnetbildaufzeichnungsanlage *f.* television tape recorder, ampex *n.* (coll.), video tape recorder (VTR)

Magnetbildwiedergabeanlage *f.* video tape reproducer

Magnetdraht *m.* magnetic wire

Magnetfeld *n.* magnetic field

Magnetfilm *m.* magnetic sound film

Magnetfilmlaufwerk *n.* magnetic film mechanism

Magnetfilmverformung *f.* magnetic film deformation

Magnetfluß *m.* magnetic flux; **remanenter** °~ residual magnetic flux, remanent magnetic flux

magnetisch *adj.* magnetic *adj.*

magnetische Aufzeichnungsanlage magnetic recorder; ~ **Bildaufzeichnung** (MAZ) video tape recording (VTR); ~ **Feldstärke** magnetic field strength; ~ **Videosignalaufzeichnung** magnetic video signal recording

magnetischer Fluß magnetic flux

Magnetisierung *f.* magnetisation *n.*

Magnetismus *m.* magnetism *n.*; **remanenter** °~ residual magnetism, remanent magnetism, remanence *n.*

Magnetkarte *f.* (IT) magnetic card

Magnetkern *m.* (IT) magnetic core

Magnetkopf *m.* magnetic head; **kombinierter** °~ recording/reproducing magnetic head

Magnetkopfrad *n.* head wheel

Magnetmittenspur *f.* magnetic centre track

Magnetofon *n.* tape recorder, magnetic recorder, magnetic tape recorder

Magnetofongerät *n.* tape recorder, magnetic recorder, magnetic tape recorder

Magnetofonraum *m.* recording channel

Magnetperfoband *n.* perforated magnetic film, perforated magnetic tape, magnetic film

Magnetplatte *f.* magnetic disc

Magnetplattenspeicher *m.* (IT) magnetic disc store; °~ magnetic disk storage

Magnetrandbeschichten *n.* magnetic striping, magnetic lamination

Magnetrandbespuren *n.* magnetic striping, magnetic lamination

Magnetrandspur *f.* magnetic track

Magnetschicht *f.* magnetic coating

Magnetschichtträger *m.* tape base

Magnetschriftträger *m.* magnetic recording medium

Magnetschutzschalter *m.* magnetic circuit-breaker

Magnetsplitfilm *m.* perforated magnetic film, perforated magnetic tape, magnetic film

Magnetspule *f.* field coil, magnetic coil

Magnetspur *f.* magnetic track

Magnettaste *f.* magnetic button

Magnetton *m.* magnetic sound; **separater** °~ (SEPMAG) separate magnetic sound (Sepmag); **separater** °~ **auf zwei Spuren** (SEPDUMAG) two separate magnetic sound tracks (SEPDUMAG)

Magnettonaufnahme *f.* magnetic sound recording

Magnettonband *n.* magnetic tape, magnetic recording tape

Magnettondraht *m.* magnetic wire, recording wire

Magnettongerät *n.* tape recorder, magnetic recorder, magnetic tape recorder

Magnettonkopf *m.* magnetic head

Magnettonlaufwerk *n.* magnetic tape drive

Magnettonmaschine *f.* magnetic tape recorder

Magnettonmaterial *n.* magnetic recording medium

Magnettonspur *f.* magnetic sound track

Magnettonstreifen *m.* magnetic sound stripe

Magnettonverfahren *n.* magnetic sound system

Magnettonwiedergabe *f.* magnetic sound reproduction

Magnettrommelspeicher *m.* (IT) magnetic drum store

Magnetverstärker *m.* magnetic amplifier

Magoptical-Kopie *f.* magoptical print, magoptical copy, combined print

Mailbox *f.* (IT) mailbox *n.*

Mailclient *m.* (IT) mail client

Mailingliste *f.* (IT) mailing list

Makro *n.* (IT) macro *n.*; °~**-Objektiv** *n.* macro lens

Makroanfangsanweisung *f.* (IT) macro header statement, macro definition header

Makroaufnahme *f.* extreme close-up (ECU), macro shot

Makroaufruf *m.* (IT) macro instruction; °~ (IT) macro call

Makrobefehl *m.* (IT) macro instruction

Makroblock *m.* (Videokompression) macro block *n.*

Makrodefinition *f.* (IT) macro definition

Makrokilar *m.* pack-shot lens

Makrosprache *f.* (IT) macro language

Makroverzeichnis *n.* (IT) macro directory

Maler *m.* painter *n.*

Mall (Einkaufszentrum, Shoppingmöglichkeit im Internet) mall *n.*

Malteserkreuz *n.* maltese cross, Geneva cross

Malteserkreuzgetriebe *n.* maltese cross assembly, Geneva movement

Malteserkreuzwelle *f.* maltese cross transmission

Managementinformationssystem *n.* (IT) management information system *n.*

Manganin *n.* manganin *n.*

Mantelprogramm, landesweit *n.* national frame

Manteltarifvertrag *m.* skeleton agreement

Manual *n.* operating instructions, manual *n.*

manuell *adj.* manual *adj.*

Manuskript *n.* (F) scenario *n.*; °~ (Nachrichten) script *n.*; °~ (MS) manuscript *n.* (MS)

Marionettenspieler *m.* puppeteer *n.*, marionette player

Marke *f.* marker *n.*, pip *n.*, mark *n.*, cue *n.*, sign *n.*

Markenwerbung *f.* brand advertising

Markenzeichen *n.* trademark *n.*

markieren *v.* mark *v.*, flag *v.*

Markierung *f.* marker *n.*, mark *n.*, marking *n.*, cue *n.*; **akustische** °~ acoustic cue

Markierungsleser *m.* (IT) optical mark reader

Markiervorrichtung *f.* marking device, marker *n.* (device); **automatische** °~ automatic scene marking; **drahtlose** °~ radio scene marking

Markt-Segment *n.* market segment; °~**anteil** *m.* market share; °~**führer** *m.* market leader

Marron *n.* red master

Marronkopie *f.* fine-grain print

Maschinenbefehl *m.* (IT) computer instruction, machine instruction

Maschinenbuchhalter *m.* accounting-machine operator

Maschinenbuchhaltung *f.* mechanised book-keeping

Maschineninstruktion *f.* (IT) computer instruction, machine instruction

maschineninternes Kommunikationssystem internal Machine communication system, iMCS

maschinennahe Programmiersprache (IT) machine-oriented language

maschinenorientierte Programmiersprache (IT) machine-oriented language

Maschinensprache *f.* (IT) machine language

Maske *f.* mask *n.*, matte *n.*, vignette *n.*, mask *n.* (make-up), make-up *n.*; °~ (Kamera) border *n.*; °~ (fam.) make-up artist, make-up room; °~ **machen** make up *v.*; **mit** °~ **kopieren** (Kopierwerk) to print with matte effect

Maskenbesprechung *f.* make-up discussion

Maskenbildner *m.* make-up artist

Maskenbildnerei *f.* make-up department

Maskenbildnerwerkstatt *f.* make-up room

Maskenprobe *f.* make-up rehearsal

Maskenröhre *f.* shadow mask tube

Maskenvorlage *f.* make-up reference

maskieren *v.* (Kopierwerk) mask *v.*

Maskierung *f.* masking *n.*

Maß *n.* scale *n.*, measure *n.*, dimension *n.*, size *n.*, measurement *n.*

Masse *f.* ground *n.*; °~ (elektrisch) ground *n.*, earth *n.*; °~ (Physik) mass *n.*

Masseband *n.* (Erdung) earthing strap, earthing braid

Maßeinheit *f.* unit of measure

Massekern *m.* dust core

Massenkommunikationsmittel *n.* instrument of mass communication

Massenkomparserie f. crowd extras n. pl.,
crowd supers n. pl. (US)
Massenmedien n. pl. mass media
Massenspeicher m. (IT) bulk storage,
mass storage
Massenszene f. crowd scene
Mast m. mast n., pylon n.
Mastbefeuerung f. mast warning lights n.
pl.
Mastdurchführung f. (Ant.) mast lead-
through
Master boot record m. (IT) Master Boot
Record n.; °~-/**Slavesystem** n. (IT)
master/slave system
Masterband n. mastertape n.
Masthöhe f. mast height
Mastneigungsmesser m. mast
inclinometer
Mastverstärker m. mast-head amplifier
Mastweiche f. (Ant.) mast diplexer
Material n. material n.; **aufgezeichnetes**
°~ recorded material
Materialassistent m. film material
assistant
Materialbericht m. (F) film material
report
Materialermüdung f. material fatigue
Matrix f. matrix n.; **lineare** °~ linear
matrix
Matrixdrucker m. (IT) matrix printer,
mosaic printer, wire printer, stylus
printer; °~ (IT) matrix printer, dot-
matrix printer
Matrixschaltung f. matrix circuit
Matrixstufe f. matrix stage
Matrize f. matrix n.; °~ (Platte) stamper n.
matrizieren v. matrix v.
matt adj. matt adj., dull adj.
Mattscheibe f. ground-glass screen,
ground-glass plate; °~ (fam.) television
receiver, television set, television n.
(coll.)
Maus f. (IT) mouse n.
Mausezähnchen n. pl. (MAZ) mouse's
teeth
Mäusezähnchen n. pl. jitters n. pl.,
mouse's teeth, serrations n. pl.
Mauspad n. (IT) mouse pad n.
Mauszeiger m. (IT) mouse pointer n.
Maximalamplitude f. maximum
amplitude

Maximalbildfeld n. maximum field of
view
Maximaldichte f. maximum density
Maximalfeldwinkel m. maximum field
angle
Maximalpegel m. maximum level
Maximalsignalpegel m. maximum signal
level
MAZ, -Bericht, zusammenfassender °~
m. VTR summary; -
Schneideeinrichtung, elektronische °~
electronic editing system; °~ (fam.)
video tape recorder (VTR); °~ (s.
Magnetbildaufzeichnung); °~ (Beitrag)
video-tape recording; °~ (Gerät) video-
tape recorder; °~ **ab!** roll VTR !, roll
VTR!; °~ **aufzeichnen** VTR v., VT v.,
tape v. (video); °~-**Austauschkopie** f.
video exchange copy; °~-**Band** n. video
tape; °~-**Bearbeitung** f. video tape
editing; °~-**Cutter** m. VT editor; °~-
Disposition f. VTR allocation; °~-
Kontrolle f. VT control, VTR control;
°~-**Kopie** f. video tape copy; °~-
Material n. (Beitrag) VT recording; °~-
Raum m. VT area, VT room, VT
cubicle; °~-**Schneideeinrichtung** f. VT
editing system; °~-**Schneideimpuls** m.
VT edit pulse; °~-**Schnitt** m. VT
editing; °~-**Schnittbestimmung** f.
electronic editing, video tape edit
definition; °~-**Sicherheitsmitschnitt** m.
back-up recording; °~-**Techniker** m.
VT operator, VT engineer/editor; °~-
Wagen m. mobile video tape recorder
(MVTR); °~-**Zuspielung** f. remote
video contribution; **Master-**°~ master
(tape)
mazen v. (fam.) VTR v., VT v., tape v.
(video)
Me4spannung f. test voltage, measuring
voltage
mechanisch adj. mechanical adj.
mechanische Schnittstelle splice n.
(mechanical)
mechanischer Bandschnitt manuel
editing; ~ **Schnitt** manual editing,
mechanical cut
Mediacross n. (IT) media cross n.
Mediaplanung f. (IT) media planning v.
Medienberufe f. media professions;
~**forschung** f. media research;

~**korrespondent** *m.* foreign
correspondent; ~**partnerschaft** *f.* media
partnership; ~**unternehmen** *n.* media
enterprise; ~**veranstaltung** *f.* media
event
Mediengesellschaft *f.* media company
Medienmanager *m.* media manager
Medienmix *m.* media mix
Medienpark *m.* media park
Medienpolitik *f.* media policy
Medienrecht *n.* media law
Medienverbund *m.* joint media *n. pl.*
Medienverbundsystem *n.* multi-media
system
Medium *n.* medium *n.*
Mediumpowersatellit *m.* medium power
satellite
Megaphon *n.* megaphone *n.*
Megapixel *n.* (IT) megapixel *n.*
Mehrbenutzerbetrieb *m.* (IT) multi user
operation
Mehrbenutzersystem *n.* (IT) multi user
system
Mehrbereich- (in Zus.) multi-range *adj.*
Mehrbereichantenne *f.* multi-channel
aerial
Mehrbereichladegerät *n.* multi-range
battery-charger
Mehrbereichsantenne *f.* multi-band
antenna
Mehrbereichverstärker *m.* wide-band
amplifier, multi-band amplifier
Mehrbereichverteiler *m.* wide-band
distributor
Mehrebenen- (in Zus.) multi-level *adj.*
Mehrfachbandspieler *m.* multi-track tape
recorder
Mehrfachbuchse *f.* multiple socket
Mehrfachecho *n.* multiple echo, flutter
echo (US)
Mehrfachempfang *m.* diversity reception,
diversity *n.*, multiple reception
Mehrfachgegensprechanlage *f.* multiple
talkback system
Mehrfachkabel *n.* multiple cable
Mehrfachklang *m.* multiple sound
Mehrfachkontaktleiste *f.* multi-contact
strip, multi-socket strip
Mehrfachkontur *f.* multiple ghosting
Mehrfachmeßgerät *n.* multimeter *n.*
Mehrfachmodulation *f.* multi-channel
modulation, multiplex modulation

Mehrfachmodulationssystem *n.* multi-
modulation system
Mehrfachmodulationsweg *m.* multi-
channel modulation link
Mehrfachnutzung *f.* multiple use,
multiple utilisation
Mehrfachsprungausbreitung *f.* multiple
hop propagation
Mehrfachstecker *m.* multi-point
connection
Mehrfachsteckvorrichtung *f.* socket-
outlet adapter
Mehrfachsucher *m.* zoomfinder *n.*,
auxiliary finder
Mehrfachübertragung *f.* multicast *n.*
Mehrfachverschlüsselung *f.* (Pay-TV)
simulcrypt *n.*
Mehrfarbenverfahren *n.* polychromatic
process, polychrome system
mehrfarbig *adj.* polychromatic *adj.*,
polychrome *adj.*, multi-coloured *adj.*
Mehrfrequenznetz *n.* multiple frequency
network (MFN)
Mehrfrequenzwahl *f.* multifrequency
dialling
Mehrfunktionsarbeitsplatz *m.* (IT)
multifunction workstation
Mehrgerätesteuerung *f.* (IT) multi device
controller
Mehrgitterröhre *f.* multi-grid valve,
multi-grid tube
Mehrkanal- (in Zus.) multi-channel *adj.*
Mehrkanalton *m.* multi-channel sound
Mehrkanaltonempfang *m.* multi-channel
sound reception
Mehrkanaltonübertragung *f.* multi-
channel sound transmission
Mehrkanaltonverfahren *n.* multi-channel
sound system
Mehrkanalverstärker *m.* multi-channel
amplifier
Mehrmodenfaser *f.* multi-mode fibre
mehrpolig *adj.* multipolar *adj.*, multiple-
pole *adj.*
Mehrschichtenfarbfilm *m.* multi-layer
colour film
Mehrsignalaufzeichnung *f.* synchronous
recording
mehrsprachig *adj.* multilingual *adj.*
Mehrspur- (in Zus.) multi-track *adj.*
Mehrspuraufzeichnung *f.* multi-track
recording

Mehrspurbandmaschine f. multi-track tape recorder

Mehrteiler m. (Programm) series n. pl.

Mehrteilnehmeranlage f. common antenna system

Mehrwegeausbreitung f. multipath propagation, multipath propagation

Mehrwegeempfang m. multipath reception

Mehrwertsteuer f. value-added tax (VAT)

Mehrzackenschrift f. multilateral sound track

Meister m. master n. (craftsman)

Meisterschaft f. championship n.

Meldeeinrichtung f. control equipment

Meldeleitung f. control line, control circuit

Meldeleitungsnetz n. control-circuit network

melden v. report v., answer v. (the telephone)

Melder m. reporting person, (in Alarmanlagen::) person submitting a report

Meldung f. message n.; °~ (Nachrichten) news story; °~ news item, item n., news report; **letzte** °~ stop press

Meldungsanfall m. news intake

Melodie f. melody

Melodram n. melodrama n.

Membran f. membrane n., diaphragm n. (tel.)

Membranschwingung f. membrane vibration

Memofeld n. (IT) memo field

Mengenstaffel f. (Werbung) quantity scale

Menü, untergeordnetes n. (IT) child menu

Menübedienung f. (IT) menu operation

Menüeintrag m. (IT) menu item n.

menügesteuert adj. (IT) menu-driven adj.

Menüleiste f. (IT) menu bar n.

Menüs, überlappende n. pl. (IT) cascading menus

Merchandising n. merchandising n.

Merkkopf m. cue head

Merkspur f. cue track, control track

Meß- und Empfangsstation f. receiving and measuring station (CEM)

Meßadapter m. matching unit, measuring adapter

Meßaktion f. measurement campaign

Meßanzeige f. meter reading, reading n.

Meßausgang m. measurement output, test output

Meßbandbreite f. measured bandwidth

Meßbedingungen f. pl. measuring conditions

Meßbereich m. measurement range

Meßbereichserweiterung f. measurement-range extension

Meßbrücke f. measuring bridge

Meßbuchse f. test jack, test socket

Meßdauer f. measuring time, duration of measurement

Meßdecoder m. test decoder

Meßdemodulator m. test demodulator, measuring demodulator

Meßdienst m. maintenance service

Meßdienst* m. measurements* n. pl.

Meßempfänger m. test receiver

Meßempfindlichkeit f. measuring sensitivity

messen v. measure v.

Messer n. knife n., cutter n.

Meßergebnis n. test result

Messerkontakt m. knife-edge contact

Messerleiste f. test contact strip

Messerschmitt m. (fam.) (Beleuchtung) flat clamp

Meßfilm m. test film, calibration film

Meßfühler m. detecting element, primary element

Meßgenauigkeit f. accuracy of measurement

Meßgenerator m. signal generator

Messgerät diagnostic tool

Meßgerät n. measuring instrument

Messgerät n. diagnostic tool

Meßgestell n. test bay, test equipment bay

Meßingenieur m. test engineer, maintenance engineer

Meßinstrument m. measuring instrument

Meßkabel n. measurement cable, test cable, test lead

Meßkoffer m. measuring case

Meßkopf m. measuring head

Meßkoppler m. measurement coupler

Meßleitung f. measuring line

Meßmethode f. measurement method

Meßmischer m. precision modulator, precision demodulator

Meßobjekt n. test object

Meßpegel m. test level

Meßplatz m. test assembly, measuring

desk, test set-up, measuring position, test rig
Meßprotokoll *n.* test certificate
Meßpunkt *m.* check point, test point
Meßraum *m.* maintenance room
Meßreihe *f.* series of measurements
Meßschalter *m.* test switch
Meßschaltung *f.* measuring circuit, test circuit
Meßsender *m.* signal generator, test oscillator
Meßsendereinkopplungspunkt *m.* test point
Meßsignal *n.* test signal
Meßspannung *f.* test voltage
Meßstation *f.* measuring station
Meßstelle *f.* (IT) measuring point
Meßstellenschalter *m.* check switch
Meßstellenwahlschalter *m.* test point selector
Meßstrom *m.* test current
Meßtechnik *f.* measurement techniques *n. pl.*, test methods *n. pl.*
Meßtechnik* *f.* measurements* *n. pl.*
Meßtechniker *m.* maintenance technician
Meßton *m.* line-up tone, reference tone; °∼ **aufschalten** to send reference tone, to send tone
Meßtrennstück *n.* measurement isolator, test isolator
Messung *f.* measuring *n.*, test *n.* (meas.), testing *n.*, measurement *n.*; **densitometrische** °∼ densitometric measurement
Meßverfahren *n.* measurement method, method of measurement, test method
Meßverstärker *m.* measuring amplifier
Meßvorschrift *f.* measurement specification, test specification
Meßvorwiderstand *m.* test resistance
Meßwandler *m.* measuring transformer
Meßwert *m.* measured value, measurement *n.*
Meßwertaufbereitung *f.* (IT) signal conditioning
Meßwertgeber *m.* (IT) sensor *n.*
Meßzeit *f.* measuring time
Metadatei *f.* metafile *n.*
Metadaten *pl.* meta data
Metaformat *n.* meta-content format
Metallfolie *f.* metal foil

Metallgerüst *n.* metal rack, metal framework, metal scaffolding
Metallhalogen-Dampflampe *f.* metal halogen vapour lamp
Metallschlauch *m.* flexible conduit
Metallspule *f.* metal reel
Metatag *m.* metatag *n.*
Meterlänge *f.* footage *n.*, length *n.*
Meterskala *f.* distance scale
Meterzähler *m.* footage counter, film-footage counter
MF (s. Modulationsfrequenz)
Micropayment *n.* (IT) micro payment
Middleware *f.* (IT) middleware *n.*
Miete *f.* rent *n.*
mieten *v.* to take on lease, hire *v.*, rent *v.*
Mieten *n.* hire *n.*
Mietkauf *m.* hire purchase
Mietleitung *f.* leased circuit, leased line
Migration *f.* (Überführung) migration *n.*
Mikro *n.* (fam.) microphone *n.*, mike *n.* (coll.); °∼- (in Zus.) micro- (compp.); °∼-**Galgen** *m.* microphone boom; °∼-**Grünlicht** *n.* green lights; °∼-**Rotlicht** *n.* red lights; °∼-**Weißlicht** *n.* white lights
Mikrobefehl *m.* (IT) microinstruction *n.*
Mikrofilm *m.* microfilm *n.*
Mikrofon *n.* microphone *n.*, mike *n.* (coll.); °∼ **mit Achtercharakteristik** bidirectional microphone, figure-of-eight microphone; **am** °∼ **kleben** to hog the mike (coll.); **drahtloses** °∼ radio microphone, wireless mike; **dynamisches** °∼ dynamic microphone; **einseitig gerichtetes** °∼ unidirectional microphone; **gerichtetes** °∼ directional microphone; **ins** °∼ **kriechen** (fam.) to fondle the mike, to hug the mike; **richtungsunempfindliches** °∼ omnidirectional microphone; **stark gebündeltes** °∼ beam microphone, hyperdirectional microphone
mikrofon, Stereo∼ *n.* stereo microphone, stereo mike
Mikrofon, tragbares °∼ portable microphone; **ungerichtetes** °∼ omnidirectional microphone
Mikrofonangel *f.* hand boom
Mikrofonanschlußkasten *m.* microphone socket, microphone junction box, microphone connection box

Mikrofoncharakteristik *f.* mikesensitivity *n.*
Mikrofongalgen *m.* microphone boom
Mikrofonie *f.* microphony *n.*; °~-**Effekt** *m.* microphony effect
Mikrofonkapsel *f.* microphone capsule
Mikrofonpotential *n.* microphone potential
Mikrofonprobe *f.* voice test
Mikrofonrauschen *n.* microphone noise, microphone hiss
Mikrofonschwenkarm *m.* microphone panhandle
Mikrofonspeisung *f.* microphone power supply
Mikrofonstativ *n.* mike stand
Mikrofonverstärker *m.* microphone preamplifier
Mikrofonwart *m.* microphone storeman
Mikrofotografie *f.* microphotography *n.*
mikrogeil sein (fam.) to hog the mike (coll.)
Mikrokinematografie *f.* cinemicrography *n.*
Mikroprogramm *n.* (IT) microprogramme *n.*
Mikroprojektion *f.* microscope projection
Mikroprozessor *m.* microprocessor *n.*
Mikrorille *f.* microgroove *n.*, fine-groove
Mikroschalter *m.* microswitch *n.*, mikro switch
Mikrotechnik *f.* micro-circuitry *n.*
Mikrowelle *f.* (Bereich) microwave *n.*
Mikrowellenverstärkerstelle *f.* microwave repeater point
Milieufilm *m.* milieu film
Militärsender *m.* forces station, forces network
Millimeterwellenbereich *m.* (EHF) extra-high frequency (EHF)
Mime *m.* (fam.) actor *n.*
Minderheitenprogramm *n.* minority programme
Mini-Firewall (Netzüberwachung) (IT) wrapper
Miniaturansicht *f.* (IT) thumbnail *n.*
Miniaturschalter *m.* microswitch *n.*
Miniaturverstärker *m.* midget amplifier
Minutenkosten *pl.* costs per minute
Mirror Server (Spiegelserver) mirror server
Mischabnahme *f.* mixing approval

Mischatelier *n.* mixing room, reduction room
Mischband *n.* reduction material
Mischbedingungen *f. pl.* (Flüssigkeit) mixing conditions
Mischdiode *f.* mixer diode
mischen *v.* overlap *v.*; ~ (Ton) mix *v.*; ~ (Bild) blend *v.*; ~ shuffle *v.*
Mischer *m.* mixer *n.*; **A/B** °~ A/B mixer
Mischfarbe *f.* mixed colour
Mischfrequenz *f.* beat frequency
Mischkopf *m.* mixing head, superimposing head
Mischkristall *m.* mixed crystal
Mischlicht *n.* mixed light
Mischperfo (s. Mischband) redaction material
Mischplan *m.* cue sheet
Mischpult *n.* control desk, mixer *n.*, mixing desk, mixing console; **bewegliches** °~ mobile mixer
Mischröhre *f.* mixer valve, mixer tube, converter tube
Mischstrom *m.* mixer current, converter current
Mischstudio *n.* dubbing theatre, mixing suite, mixing studio
Mischstufe *f.* mixer stage, converter stage
Mischtisch *m.* mixing desk
Mischtonmeister *m.* (F) dubbing mixer
Mischübertrager *m.* mixing transformer, multiple input transformer
Mischung *f.* mix *n.*, mixture *n.*, mixing *n.*; °~ (R) converting *n.*; °~ shuffling *n.*; °~ (math.) alligation *n.*
Mischverstärker *m.* mixer amplifier, mixing amplifier
Mitarbeiter *m.* collaborator *n.*, colleague *n.*, associate *n.*; °~ (Journalist) contributor *n.*; °~ correspondent *n.*, staff member; °~**, freier** *m.* freelance, freelancer; **fester freier** °~ stringer *n.*; **freier** °~ free-lance *n.*
Mitautor *m.* co-author *n.*
Mitglied *n.* member *n.*; °~ (Eurovision) member *n.*
mithören *v.* monitor *v.*
Mithörkontrolle *f.* control line; °~ (Produktion) foldback *n.*; °~ **der HF-Modulation** monitoring of transmitted sound signal; °~ **der Sendemodulation** monitoring of outgoing sound signal

Mithörleitung *f.* foldback circuit
Mithörschwelle *f.* monitoring threshold
Mitlaufgenerator *m.* (meßtech.) tracking
generator
Mitmachsendung *f.* audience participation
broadcast
Mitnahmebereich *m.* lock-in range, pull-
in range
Mitnahmesynchronisierung *f.* sound
signal direct synchronisation
mitschneiden *v.* (ausgestrahlte Sendung)
record *v.*, to record off air
Mitschnitt *m.* simultaneous recording,
recording off air; °∼ **machen**
(ausgestrahlte Sendung) record *v.*, to
record off air
Mitschwenk *m.* following shot
mitstoppen *v.* (Zeit) time *v.*
Mitte-Seite-Stereophonie *f.* MS
stereophony
Mitteilung *f.* announcement *n.*; °∼
(Agentur) message *n.*; °∼ statement *n.*
Mittel *n.* means *n.*; °∼ (chem.) agent *n.*;
°∼ *pl.* (Finanzen) funds *n. pl.*;
audiovisuelle °∼ audio-visual means;
optisches °∼ optical device, apparatus
Mittelachse *f.* central axis
Mittelanzapfung *f.* centre tap
Mittelbewirtschaftung* *f.* budgeting *n.*
Mittelgrund *m.* central field of vision,
middle distance
Mittelleiter *m.* neutral conductor
Mitteltonlautsprecher *m.* mid-range
loudspeaker
Mittelungspegel *m.* time-average sound
pressure level, equivalent continuous
sound pressure level
Mittelwelle *f.* medium frequency (MF);
°∼ (MW) medium wave
Mittelwellenbereich *m.* medium-
frequency band (MF band), medium-
wave band
Mittelwellensender *m.* medium-wave
transmitter
Mittelwert *m.* mean value, average value
Mittenfrequenz *f.* centre frequency
Mittenspur *f.* middle track
Mittenstellung *f.* centre positioning
Mitwirkender *m.* player *n.*; °∼
(Schauspieler) member of cast; °∼
(Vertrag) contributor *n.*
Mitwirkung *f.* (Vertrag) contribution *n.*

mnemotechnisch *adj.* mnemonic *adj.*
Möbelfundus *m.* furniture store,
furnishings store
Möbelrestaurator *m.* furniture restorer
mobil *adj.* mobile *adj.*
mobile Bodenstation mobile ground
station
Mobilempfang *m.* mobile reception
mobiler Computereinsatz *m.* (IT) mobile
computing *v.*
Mobilfunk *m.* mobile radiotelephone
service; °∼ (Tel) mobile radio
Modell *n.* (Bühnenbild) miniature *n.*; °∼
model *n.*, sitter *n.*; **naturgetreues** °∼
mock-up *n.*
Modellbauer *m.* model-maker *n.*
Modellbesprechung *f.* scenic model
discussion
Modellschreiner *m.* model-maker *n.*,
pattern-maker *n.*
Modellsendung *f.* pilot broadcast
Moderation *f.* presentation
Moderator *m.* anchor man, discussion
chairman, moderator *n.* (US), presenter
n.
moderieren *v.* present *v.*
Modul module *n.*; °∼-**Bauweise** *f.*
modular design, modular structure
Modulation *f.* modulation *n.*; °∼ **mit
doppeltem Seitenband** (DSB) double-
sideband modulation (DSB modulation);
°∼ **mit unterdrücktem Träger**
suppressed-carrier modulation
modulation, Delta∼ *f.* delta modulation
Modulation, unterschwellige °∼
subliminal modulation
modulation, Zweiseitenband∼ *f.* double
side band modulation
Modulationsanzeiger *m.* programme-
volume indicator, modulation indicator,
modulation meter
Modulationsausgang *m.* modulation
output
Modulationsaussteuerungsmesser *m.*
modulation level meter, programme
meter
Modulationseigenschaften *f. pl.*
modulation characteristics
Modulationsfrequenz *f.* (MF) modulation
frequency (MF)
Modulationsgestell *n.* sound bay

Modulationsgrad *m.* modulation depth, modulation factor, modulation ratio

Modulationsindex *m.* modulation index

Modulationsklirrfaktor *m.* modulation distortion

Modulationsleitung *f.* music line, modulation circuit, programme line, programme circuit

Modulationspegelanzeiger *m.* programme-volume indicator, modulation indicator, modulation meter

Modulationsrauschen *n.* modulation noise

Modulationsröhre *f.* modulator valve

Modulationssendeleitung *f.* music line, modulation circuit, programme line, programme circuit

Modulationssignal *n.* programme signal, programme *n.* (coll.), modulation signal

Modulationstiefe *f.* (opt.) depth of modulation

Modulationsübertragungsfunktion *f.* (MÜF) modulation transfer curve

Modulationsüberwachung *f.* modulation monitoring

Modulationszubringerleitung *f.* contribution circuit, modulation feeder circuit, feeder circuit, modulation input circuit

Modulationszubringung *f.* modulation feed, modulation input, feed *n.* (coll.)

Modulator *m.* modulator *n.*; **symmetrischer** °∼ symmetrical modulator

modulieren *v.* modulate *v.*

Modultechnik *f.* modular system

Mögel-Dellinger-Effekt *m.* short wave fade-out (SWF), sudden ionospheric disturbance (SID)

Moiré *n.* moiré *n.*, moiré pattern, watered silks effect

Moiree *n.* moire effect

Mokett *n.* moquette *n.*

Mollton *m.* minor tone

Momentanwert *m.* instantaneous value

Monat *m.* month *n.*

monaural *adj.* monophonic *adj.*, mono *adj.* (coll.)

Monitor *m.* vision check receiver, monitor *n.* (pict.), picture monitoring receiver, television monitor; °∼ (IT) monitor programme, programme supervisor

Monitorbeschallung *f.* sound through monitors

Mono-Ton *m.* mono sound; °∼-**Tonaufnahme** *f.* mono sound recording; °∼-**Tonausstrahlung** *f.* mono sound broadcast; °∼-**Tonempfang** *m.* mono sound reception; °∼-**Tonübertragung** *f.* mono sound transmission; °∼-**Tonwiedergabe** *f.* mono sound reproduction

Monobetrieb *m.* mono operation

monochromatisch *adj.* monochrome *adj.*, monochromatic *adj.*

Monoempfänger *m.* mono receiver

Monomikrofonie *f.* monomicrophony *n.*

Monopack *n.* monopack *n.*

monophon *adj.* monophonic *adj.*, mono *adj.* (coll.)

Monophonie *f.* monophony *n.*

Monosignal *n.* monophonic signal

Monoskop *n.* monoscope *n.*

Montage *f.* montage *n.*, cross-cutting *n.* (US)

Montageanweisung *f.* assembly instructions

Montagehalle *f.* presetting studio

montieren *v.* cut *v.*, set up *v.*, edit *v.*, assemble *v.*, mount *v.*

Morningshow *f.* (Frühsendung) breakfast radio and TV *n.*

Morsezeichen *n.* Morse signal, Morse character; **Aufnehmen von** °∼ copying of Morse signals

Motiv *n.* location *n.*; °∼ (Mus.) motif *n.*

Motivbesichtigung *f.* (tech.) location survey; °∼ recce *n.* (coll.)

Motivsuche *f.* recce *n.* (coll.), lining-up *n.*, location hunt

Motivsucher *m.* viewfinder *n.*, director's viewfinder

Motoranker *m.* motor armature

Motorantrieb *m.* motor drive

Motorschutzschalter *m.* motor protection switch

MTB main traffic burst

MÜF (s. Modulationsübertragungsfunktion)

Multicast *n.* (Mehrfachübertragung) multicast *n.*

Multicrypt *n.* (Pay-TV, Mehrfachentschlüsselung) multicrypt *n.*

Multifokusobjektiv *n.* multi-focus lens, variable focus lens

Multifrequenz-Monitor *m.* (IT) multisync monitor

multilateral *adj.* multilateral *adj.*

multilaterale Ausstrahlung multilateral broadcast; ~ **Übertragung** multilateral transmission

Multimedia *f.* (IT) multimedia *n.*

Multimedia-PC *m.* (IT) multimedia PC

Multimediaauftritt *m.* (IT) multimedia presence

Multimediajournalismus *m.* (IT) multimedia journalism

Multimediajournalist *m.* (IT) multimedia journalist

Multimediakommunikation *f.* (IT) multimedia communication

Multimediapräsentation *f.* (IT) multimedia presentation

Multimediapräsenz *f.* (IT) multimedia presence

Multimediasystem *n.* (IT) multimedia system

Multimeter *n.* multimeter *n.*

Multiplay multiplay

Multiplex *n.* multiplex *n.*, multiplexed *n.*

Multiplex, statistischer *m.* statistical multiplex

Multiplexer *m.* diplexer *n.*, multiplexer *n.*

Multiplexsignal *n.* multiplex signal

Multiplexverfahren *n.* (Zusammenfassung mehrerer Eingangssignale in einem gemeinsamen Übertragungskanal) multiplexing *n.*

Multiplier *m.* multiplier *n.*

Multitasking, preemptives *n.* (IT) preemptive multitasking

Multiträgersystem *n.* multiple carrier system

Multivibrator *m.* multi *n.* (coll.), multivibrator *n.*; **astabiler** °~ astable multivibrator; **bistabiler** °~ (IT) flip-flop circuit, bistable trigger; **bistabiler** °~ bistable multivibrator, bivibrator *n.*, binary *n.*; **getriggerter** °~ gating multivibrator; **monostabiler** °~ monostable multivibrator

Multivisionswand *f.* multivision screen

Mundartsendung *f.* dialect broadcast

Münzfernsehen *n.* pay television

Music Sweep *f.* music sweep

Musical *n.* musical *n.*

Musik *f.* music *n.*; °~ **anlegen** to dub with music; °~ **unterlegen** to sync up with music, to underlay with music; °~**-Bett** *n.* (akust.Verpackungselement) music bed *n.*, bumper and stinger; °~**-Format** *n.* music format; °~**-Rotation** *f.* music rotation; **ernste** °~ (E-Musik) serious music; **getragene** °~ solemn music; **sinfonische** °~ symphonic music; **untermalende** °~ incidental music; **zeitgenössische** °~ contemporary music

Musikabteilung *f.* music department

musikalische Kulisse background music

Musikangebot der EBU, kostenfreies *n.* pink offer

Musikarchiv *n.* music archives *n. pl.*

Musikarrangement *n.* musical arrangement

Musikaufnahme *f.* (F) scoring *n.*; °~ music recording

Musikaufnahmeatelier *n.* music studio, scoring stage

Musikband *n.* (TV) music track; °~ (R) music tape; °~ **für Gesangssynchronisation** voice tape

Musikbelastbarkeit *f.* (Kurzzeitbelastbarkeit) maximum power handling capacity

Musikberieselung *f.* piped music, non-stop background music, muzak *n.* (coll.)

Musikbücherei *f.* music library

Musikensemble *n.* ensemble *n.*

Musikkassette *f.* music cassette

Musikkritiker *m.* music critic

Musiklektorat *n.* score-reading panel

Musikmagazin *n.* music magazine

Musikmaterial *n.* musical material, orchestral material

Musikpiraterie *f.* (IT) music piracy

Musikprogramm *n.* music programme

Musikredaktion music editing staff, music editing

Musiksendung *f.* music broadcast

Musikshow *f.* show *n.*

Musikstrecke *f.* music sweep

Musikstudio *n.* music studio, scoring stage

Musikteppich *m.* music carpet

Musiktitel *m.* (F) film title with music; °~ musical title

Musiktonmeister *m.* (F) music mixer

Musiktruhe *f.* radiogram *n.*

Musikuhr *f.* hot clock
Musikverleger *m.* music publisher
Musikvideo *n.* music clip
Musselin *m.* muslin *n.*, mousseline *n.*
Muster *n. pl.* dailies *n. pl.* (US), rushes *n.
pl.*, specimen *n.*; °~ **anlegen** to sync up
rushes; °~ **ansehen** to view rushes; °~
aussuchen to select shots, to make
selection#s; °~ **trennen** to break down
rushes; °~ **zusammenstellen** rough-cut
v., to assemble rushes; °~-**Abnahme** *f.*
specimen acceptance; °~-**Vorführung** *f.*
sample presentation
Mustererkennung *f.* pattern recognition
Musterkopie *f.* rush print, dailies *n. pl.*
(US), dailies *n. pl.* (US)
Musterrolle *f.* rushes roll
Mutterband *n.* master copy, master tape
Mutterfrequenz *f.* master frequency
Muttergenerator *m.* master generator
Mutteroszillator *m.* master oscillator
(MO)
Muttersender *m.* master station, master
transmitter, parent station
MW (s. Mittelwelle)
MWSt (s. Mehrwertsteuer) VAT

N

n-minus-eins-Schaltung *f.* clean feed
nach Kundenwunsch gefertigt custom-
made *adj.*
Nachaufführungstheater *n.* (F) second-
run theatre
Nachaufnahme *f.* retake *n.*
nachaufnehmen *v.* retake *v.*, to do a retake
Nachaustastung *f.* post-blanking *n.*, final
blanking
Nachbarbildträger *m.* adjacent vision
carrier
Nachbarfeld *n.* adjacent field
Nachbarkanal *m.* adjacent channel
Nachbarkanalbetrieb *m.* adjacent channel
operation
Nachbarkanalselektion *f.* adjacent
channel selection

Nachbarkanalstörungen *f. pl.* adjacent
channel interferences
Nachbarkanaltauglichkeit *f.* adjacent
channel suitability
Nachbartonfalle *f.* adjacent sound channel
rejector
Nachbartonträger *m.* adjacent sound
carrier
Nachbearbeitung *f.* aftertreatment *n.*
Nachbeschleunigung *f.* post-acceleration
n.
Nachbildung *f.* (IT) simulation *n.*
Nachbildung, Emulation *f.* emulation *n.*
nachdrehen *v.* retake *v.*, to do a retake; ~
(Bild) reshoot *v.*
nacheichen *v.* recalibrate *v.*
Nacheinstellung *f.* retake *n.*
Nachentzerrung *f.* de-emphasis *n.* (DE)
nachführen *v.* follow up, track *v.*
Nachführung *f.* (Richtfunk) follow-up *n.*;
°~ tracking *n.*
Nachführungskreis *m.* locking circuit
Nachführungsoszillator *m.* lockable
oscillator
nachgebildete Leitung pad *n.*
nachgeschaltet *adj.* downstream *adj.*
Nachhall *m.* reverberation *n.*
nachhallen *v.* reverberate *v.*, echo *v.*
Nachhallplatte *f.* reverberation plate, echo
plate
Nachhallraum *m.* reverberation room,
reverberation chamber, echo room, echo
chamber
Nachhallzeit *f.* reverberation time (RT)
nachhallzeit, Anfangs~ initial
reverberation time
nachhängen *v.* (Ton) to run late
Nachjustierung *f.* readjustment *n.*,
realignment *n.*
Nachklingvorgang *m.* lingering *n.*
Nachklingzeit *f.* lingering time
Nachkorrektur *f.* post-correction *n.*
Nachlauf *m.* (Ton) hunting *n.*; °~ (F) tail
leader, run-out *n.*
Nachlauflänge *f.* run-out length
Nachlaufsteuerung *f.* follow-up control
Nachlaufzeit *f.* running-down time,
stopping time
Nachleuchtdauer *f.* afterglow period,
persistence *n.*
nachleuchten *v.* afterglow *v.*; ~
(Lichtgebung) to correct lighting

Nachleuchten *n.* after-image *n.*, afterglow *n.*, persistence *n.*

Nachleuchtkompensation *f.* afterglow compensation

Nachmittagsprogramm *n.* afternoon programme

nachproduzieren *v.* (Ton) re-record *v.*; ~ (Band) re-record *v.*

nachprüfen *v.* check *v.*

Nachricht *f.* communication *n.*, news item; °~ **anheizen** play up *v.*; °~ **hochspielen** play up *v.*; °~ **kippen** (fam.) to kill a story, to drop a story; °~ **sterben lassen** (fam.) to kill a story, to drop a story; °~ **unter den Tisch fallen lassen** (fam.) spike *v.* (coll.); **gesprochene** °~ vision item (coll.)

Nachrichten *f. pl.* television news, radio news, newscast *n.*, news *n. pl.*; °~ *pl.* (Fernmeldewesen) communications *n. pl.*; °~ *pl.* (R) radio news

Nachrichtenabteilung *f.* news and current affairs* *n. pl.*

Nachrichtenagentur *f.* news agency, wire service (US)

Nachrichtenangebot *n.* news offer

Nachrichtenaustausch *m.* news exchange

Nachrichtenbeitrag *m.* news item, item *n.*

Nachrichtendienst *m.* news service

Nachrichtenfaktor *m.* news factor

Nachrichtenfilm *m.* newsfilm *n.*

Nachrichtenformat *n.* news format

Nachrichtengebung *f.* news release; °~ (R,TV) news broadcasting

Nachrichtenindikativ *n.* (TV) opening titles *n. pl.*

Nachrichtenkoordination *f.* news coordination

Nachrichtenkopf *m.* (IT) message header

Nachrichtenlage *f.* news situation, news status

Nachrichtenmaterial *n.* news material

Nachrichtennetz *n.* communications network

Nachrichtenplattform *f.* news platform

Nachrichtenquelle *f.* information source, news source

Nachrichtenredakteur *m.* (Nachrichten) sub-editor *n.*; °~ newswriter *n.* (US); °~ (TV) sub-editor/script-writer *n.*

Nachrichtenredaktion *f.* newsroom *n.*

Nachrichtensatellit *m.* communications satellite, communication satellite

Nachrichtensendung *f.* newscast *n.*, news broadcast, news programme, news bulletin; °~ (TV) news show (US); °~ news transmission *f.*

Nachrichtensperre *f.* embargo *n.*, news blackout *n.*

Nachrichtensprecher *m.* newscaster *n.*, newsreader *n.*; °~ **im On** newsreader in vision

Nachrichtenstudio *n.* news studio

Nachrichtensystem *n.* news (delivery) system

Nachrichtentechnik *f.* telecommunications engineering, communications engineering

Nachrichtenübermittlung *f.* news transmission *f.*

Nachrichtenübermittlungssystem *n.* telecommunication(s(system

Nachrichtenübertragung *f.* news transmission *f.*, news broadcast, newscast *n.*

Nachrichtenverarbeitung *f.* (IT) information processing

Nachrichtenvermittlung *f.* (Tel) message switching system

Nachrichtenvermittlungssystem *n.* (Tel) message switching system

Nachrichtenwert *m.* value of the news

Nachrichtenwesen *n.* communications* *n. pl.*

Nachrufe *m. pl.* obituaries *n. pl.*, obits *n. pl.* (coll.)

nachschneiden *v.* tidy up *v.* (coll.)

Nachschneiden *n.* (Kopierwerk) chequerboard cutting; °~ negative cutting

Nachspann *m.* end titles *n. pl.*, closing titles *n. pl.*, end captions *n. pl.*, end credits *n. pl.*, closing credits *n. pl.*, closing captions *n. pl.*

nachstellen *v.* reset *v.*, readjust *v.*; **Szene** ~ to reconstruct a scene

Nachstellvorrichtung *f.* adjusting device

nachsteuern *v.* correct *v.*, follow up *v.*

Nachsteuerspannung *f.* error voltage (EV)

Nachsteuerspur *f.* control track

Nachsteuerung *f.* error correction, trade follomer

Nachstimmbereich *m.* frequency trimming limits

Nachstimmdiode *f.* silicon capacitor, varicap *n.* (coll.), capacitance diode

Nachstimmgerät *n.* trimming apparatus

nachsychronisieren *v.* post-synchronise *v.*, dubbing

Nachsynchronisation *f.* post-synchronisation *n.*, post-synching *n.*

Nachsynchronisationsstudio *n.* post-sync studio, dubbing suite

nachsynchronisieren *v.* post-synchronise *v.*, post-sync *v.*

Nachtaufnahme *f.* night shot

Nachtbetrieb *m.* (Progr.) overnight programme operations

Nachteffekt *m.* day-for-night effect

Nachteffektaufnahme *f.* day-for-night shot

Nachtlücke *f.* night gap

Nachtprogramm *n.* night programme

Nachtrabant *m.* post-equalising pulse

Nachtrag *m.* afternote *n.*

Nachtreichweite *f.* (Sender) night range

Nachtvorstellung *f.* late-night performance

Nachwahl *f.* (Tel) suffix dialing, post-dialing

Nachwickelrolle *f.* take-up spool, take-up reel

Nachwuchs *m.* new talent

Nachwuchsstudio *n.* staff training school

Nachzensur *f.* post-censorship *n.*

Nachziehbereich *m.* locking range

Nachzieheffekt *m.* streaking *n.*, smearing effect, transparency effect

nachziehen *v.* tighten up *v.*

Nachziehen *n.* after-image *n.*, afterglow *n.*, streaking *n.*

Nachziehfahne *f.* streaking *n.*

Nachziehtestbild *n.* streaking test pattern

Nadeldrucker *m.* (IT) wire matrix printer, wire printer

Nadelgeräusch *n.* (Plattenspieler) surface noise

Nadelimpuls *m.* needle pulse

Nadeltonverfahren *n.* stylus sound, needle sound

nah (Einstellung) close-up *adj.*; **ganz** $\sim$ big close-up (BCU), very close shot (VCS), big close shot (BCS)

Nahaufnahme *f.* (Ton) close-perspective recording; $°\sim$ close-up *n.* (CU), close-up view (US), close-shot (CS); $°\sim$ (Ton) close-perspective recording

Nahbereichantenne *f.* short-range aerial

Nahbesprechungsmikrofon *n.* close-talking microphone, lip microphone, noise-cancelling microphone

Nahbesprechungsschutz *m.* wind gag

Naheinstellung *f.* (Ton) close-perspective recording; $°\sim$ close-up *n.* (CU), close-up view (US), close-shot (CS); $°\sim$ (Ton) close-perspective recording

Nahempfang *m.* short-range reception

Nahempfangsgebiet *n.* primary service area, ground-wave service area

Näherin *f.* seamstress *n.*

Näherungsrechnung *f.* approximate calculation

Nahfeld *n.* near field

Nahfeldbeschallung *f.* nearfield monitoring

Nahkontrast *m.* close contrast

Nahnebensprechen *n.* (Tel) near end crosstalk

Nahpunkt *m.* (Sat.) perigee *n.*

Nahschwund *m.* short-range fading, local fading

Nahschwundzone *f.* (Sender) close-range fading area; $°\sim$ mush area

Nahstrahl *m.* low angle ray

Nahtstelle *f.* (IT) interface *n.*

Namensvorspann *m.* front credits *n. pl.*, opening credits *n. pl.*

NAND-Funktion *f.* (IT) NAND operation, non-conjunction *n.*, dagger operation

Naßabtastung *f.* 'wet' playback

Naßklebestelle *f.* wet bonding joint

Naßkopierung *f.* wet-gate *n.*

Nationales Leitungsnetz national cable network, national cable grid

Natriumdampflampe *f.* sodium-vapour lamp

Navigationsleiste *f.* (IT) navigation bar

Navigationstasten *f. pl.* (IT) navigation keys

Navigator *m.* (DVB) navigator *n.*

Nawi-Membran *f.* (Nicht abwickelbare Membran) curvilinear cone

Nebel *f.* (Bühne) fog *n.*, smoke *n.* (stage)

Nebelmaschine *f.* fog machine

Nebeltopf *m.* smoke pot

Nebenanschluß *m.* extension station

Nebenanschluss *m.* (Tel) extension *n.*

Nebenaussendung *f.* spurious emission

Nebenbediengerät *n.* extended control panel

Nebenbedienung *f.* extended control

Nebengeräusch *n.* atmosphere *n.*, ambient noise, wild noise; °~ (Telefon) side-tone *n.*; °~ (parasitär) electrical interference, interference *n.* (parasitic)

Nebenkeule *f.* (Antenne) antenna side lobe

Nebenkeulendämpfung *f.* side lobe attenuation

Nebenkosten *pl.* overheads

Nebenlicht *n.* stray light, spill light

Nebenregie *f.* sub-control room, sub CR (coll.)

Nebenrolle *f.* supporting role, small part

Nebenschluß *m.* shunt *n.*, by-pass *n.*

Nebenschlußleitung *f.* parallel circuit, shunt line, parallel line

Nebenschlußmotor *m.* shunt motor

Nebenschlußstrom *m.* bleeder current, shunt current

Nebenschlußwiderstand *m.* shunt resistance

nebensprechen *v.* crosstalk *v.*

Nebensprechen *n.* (Tel) cross talk

Nebenstudio *n.* studio annex

Nebenzipfel *m.* (Antennendiagramm) side lobe

Negativ *n.* negative *n.*; °~ (Platte) master *n.*, metal negative; °~ **abziehen** to cut a negative; °~-**Positiv-Verfahren** *n.* negative-positive process; **eingelagertes** °~ negative stock

negativ, Farb~ *n.* colour negative

Negativ, geschnittenes °~ cut negative

Negativabzieher *m.* negative-cutter *n.*

Negativabziehraum *m.* negative-cutting room

Negativabziehtisch *m.* negative-cutting bench, negative synchroniser

Negativbericht *m.* negative report

Negativbild *n.* picture negative, negative picture, negative image

Negativcutter *m.* negative-cutter *n.*

Negativentwicklung *f.* negative developing, negative development

Negativfarbfilm *m.* colour negative, negative colour film

Negativfilm *m.* negative stock, negative film

Negativfussel *m.* dirt in the gate

Negativlichtkasten *m.* negative light box

Negativmaterial *n.* negative *n.*, negative stock, negative material

Negativschmutz *m.* negative sparkle

Negativschnitt *m.* negative cutting

Negativschramme *f.* negative scratch

Negativstaub *m.* negative dirt

Negativsynchronabziehtisch *m.* negative-cutting bench, negative synchroniser

Neger *m.* (fam.) (Text) crib card, idiot card (coll.), gobo *n.*, nigger *n.*

Neigekopf *m.* tilt head

neigen *v.* (Bild) tilt *v.*

Neigungswinkel *m.* tilt angle, angle of inclination

Nekrolog *m.* obituaries *n. pl.*, obits *n. pl.* (coll.)

Nennbelastbarkeit *f.* rated load

Nennfrequenz *f.* nominal frequency

Nennleistung *f.* rated output, rated power, nominal power

Nennspannung *f.* rated voltage, nominal voltage

Nessel *m.* grey cotton cloth

Nest *n.* (fam.) (Beleuchtung) lighting nest

Netiquette *f.* netiquette *n.*

Network *n.* network *n.*

Netz *n.* mains *n. pl.*; °~ (elek.) grid *n.* (elec.); °~ network *n.*, line *n.* (US), mains supply, network *n.*, net *n.*; °~, **vermischtes** *n.* meshed network, intermeshed network; **geregeltes** °~ regulated mains supply, stabilised mains *n. pl.*; **sich an das** °~ **hängen** to join the grid; **ungeregeltes** °~ unregulated mains supply, unstabilised mains *n. pl.*; **vermaschtes** °~ interconnecting mains *n. pl.*; **vom** °~ **abgehen** to leave the grid

netzabhängig *adj.* mains-operated *adj.*

Netzabschluß *m.* network terminator, net terminator

Netzadresse *f.* (IT) net address, network address

netzangebundene PCs *m. pl.* (IT) thin clients

Netzanpassung *f.* mains adaption

Netzanschluß *m.* mains circuit connection, connection to mains, line connection (US), mains supply

Netzanschlußgerät *n.* power supply unit, mains power unit, power pack

Netzausfall *m.* mains failure; °∼ (IT) power failure

Netzbetreiber *m.* network carrier; °∼ (IT) carrier *n.*; °∼, **öffentlicher** *m.* (IT) common carrier

Netzbetrieb *m.* mains operation

Netzbrumm *m.* mains hum

Netzeinschub *m.* power supply chassis, mains supply panel, power unit

Netzersatzanlage *f.* standby generating set, emergency generating unit

Netzfilter *m.* mains filter

Netzfrequenz *f.* mains frequency

Netzgerät *n.* mains set, power supply unit, mains power unit, power pack

Netzgeräusch *n.* mains noise, power line noise

Netzgleichrichter *m.* mains rectifier, power rectifier

Netzkabel *n.* power cable, power supply cable

Netzknoten *m.* network node

Netzkoppler *m.* network coupler

Netzleistungsschalter *m.* mains circuit-breaker

Netzmittel *n.* wetting agent

Netzmodell *n.* (IT) network analog

Netzmotor *m.* mains motor

Netzplanung *f.* network planning

Netzrückkehr *f.* return of the power supply, restoration of the power supply

Netzschalter *m.* mains switch, power switch

Netzschalttafel *f.* power panel, power switchboard

Netzschaltung *f.* network switching

Netzspannung *f.* mains voltage

Netzspannungsgleichhalter *m.* alternating current voltage regulator, alternating current voltage stabiliser

Netzspeisung *f.* mains supply operation, alternating current supply operation, mains supply

Netzstörung *f.* mains failure

Netzstrom *m.* mains current

Netzstruktur *f.* network structure

Netzteil *n.* power supply unit, mains power unit, power pack

Netztopologie *f.* network topology

Netzträger *m.* (Carrier) mains carrier

Netztransformator *m.* mains transformer, power transformer

Netzübergang *m.* (Gateway) gateway *n.*

netzunabhängig *adj.* independent of mains

Netzunterbrechung *f.* mains power interruption, network interruption

Netzverdrosselung *f.* alternating current supply filter

Netzversorgung *f.* power supply, mains supply, mains power supply, network coverage

Netzverteilergestell *n.* power distribution bay

Netzwerk *n.* network *n.*; °∼, **lokales** local area network (LAN)

Netzwerkanalysator *m.* network analyzer

Netzwerkknoten *m.* hub *n.*

Netzwischer *m.* transient system fault

Netzzusammenschaltung *f.* network hook-up

Neue Medien *f. pl.* (IT) new media

Neues Werk* *n.* contemporary music

Neuproduktion *f.* new production; °∼ (F) remake *n.*

Neutralgraufilter *m.* neutral density filter

Neutralisation *f.* balancing-out *n.*, neutralisation *n.*

Neuverfilmung *f.* (F) remake *n.*

Newbie *m.* (Internet) newbie *n.*

News *f. pl.* news *n. pl.*; °∼ **show agency** news show agency; °∼-**Show** *f.* (TV) news show (US)

News Flash *m.* (IT) news flash

News-Show *f.* (Sendeform) news show

Newscomputer *m.* newspad *n.*

Newsdesk *n.* (Arbeitsplatz) newsdesk *n.*

NF (s. Niederfrequenz)

NiCad-Akku *m.* (IT) NiCad battery

Nichtamtsberechtigung *f.* (keine Telefon-Verbindung außer Haus) (ÜT) fully-restricted class of service

Nichtkopierer *m.* (NK) NG take (coll.), NG *n.* (coll.)

nichtlineare Bearbeitung (Schnitttechnik) (NLF) non-linear editing

Niederfrequenz *f.* audio frequency, low frequency; °∼ (NF) audible frequency, audio frequency (AF), audio *n.*, low-frequency (LF)

Niederfrequenzparameter *m.* low-frequency parameter

Niederfrequenzpegel *m.* audio-frequency level

Niederfrequenzschutzabstand *m.* audio-frequency protection ratio
Niederfrequenzsignal *n.* audio-frequency signal, audio signal
Niederfrequenzstörabstand *m.* audio-frequency signal-to-interference ratio
Niederfrequenztransformator *m.* audio-frequency transformer
Niederfrequenzverstärker *m.* low-frequency amplifier, audio-frequency amplifier, sound amplifier
Niederführung *f.* (Antenne) down lead
Niederlassung *f.* subsidiary *n.*
Niederschlag *m.* (Kopierwerk) chemical veiling
Niederspannung *f.* low-tension, low-voltage
Niederspannungslampe *f.* low-voltage lamp, low-tension lamp
Niederspannungsnetz *n.* low-voltage mains *n. pl.*
Niederspannungszentrale *f.* low-voltage switchboard
Niedervoltlampe *f.* low-voltage lamp, low-tension lamp
Niere *f.* (fam.) cardioid microphone
Nierencharakteristik *f.* cardioid characteristic, cardioid pattern
Nierenmikrofon *n.* cardioid microphone
Nitraphotlampe *f.* tungsten lamp
Nitrofilm *m.* nitrate film, nitrocellulose film
Nitrolack *m.* pyroxylin lacquer
Nivellierplatte *f.* levelling plate
NK (s. Nichtkopierer)
Nonius *m.* vernier *n.*
NOR-Funktion *f.* (IT) NOR-function *n.*, Peirce-function *n.*
Nordlichtgürtel *m.* auroral belt
Nordlichtzone *f.* auroral zone, auroral oval
Norm *f.* standard *n.*, norm *n.*, standard specifications *n. pl.*; **internationale** °~ international standard
normalauflösendes Fernsehen *n.* standard definition television
normalauflösendes Fernsehsystem *n.* standard definition television system
Normalfall *m.* normal circumstances
Normalfilm *m.* standard-gauge film, standard-gauge stock
Normalfilmformat *n.* standard gauge
Normalformat *n.* standard format

Normalfrequenz *f.* reference frequency, standard frequency
Normalfrequenzfunkdienst mit Satelliten standard frequency satellite service
Normalfrequenzgenerator *m.* standard frequency generator
Normalhörkopf *m.* ideal reproducing head
Normalität *f.* normality *n.*
Normallichtart *f.* standard source
Normalmagnetband *n.* ideal magnetic medium
Normalwiedergabekette *f.* standard replay chain
Normband *n.* reference tape, standard tape
Normbauteil *n.* standard component; °~ (Bühne) solid piece
Normbezugsband *n.* reference tape, standard tape
Normblende *f.* (Bühne) flat *m.*
normen *v.* standardise *v.*
Normenausschuß *m.* standards committee, standardisation committee
Normenwandler *m.* standards converter, standards conversion equipment
Normenwandlung *f.* standards conversion
Normierung *f.* standardization *n.*
Normschrank *m.* standard rack cabinet
Normvorschläge *m. pl.* standardization proposals
Normwandler *m.* standard converter
normwandler, Farb~ *m.* standards conversion
Normwandlung *f.* standard conversion
Notausgang *m.* emergency exit
Notbeleuchtung *f.* emergency lighting
Notdruckknopf *m.* emergency button
Note *f.* (Diplomatie) diplomatic note; °~ (Geld) bank note, bill *n.* (US); °~ (Musik) note *n.*
Notenarchiv *n.* music library
Notenbearbeiter *m.* music arranger
Notenblatt *n.* sheet of music
Notenkorrektor *m.* music proof-reader
Notenschreiber *m.* music copyist
Notierung *f.* quotation *n.*
Notiz *f.* note *n.*, quotation *n.*
Notreparatur *f.* emergency repair
Notruf *m.* emergency call
Notschalter *m.* emergency switch
Notstromaggregat *n.* emergency power plant

Notstromgenerator *m.* emergency generator
Notstromversorgung *f.* emergency power supply
NTC-Widerstand *m.* negative temperature coefficient resistor (NTC resistor)
nullen *v.* ground *v.*
Nullerde *f.* neutral *n.*
Nullkopie *f.* first release
Nullmodem *n.* (IT) null modem
Nullpegel *m.* zero level
Nullphasenzeit *f.* zero phase time
Nullpunkt *m.* zero *n.*
Nullpunktunterdrückung *f.* offset zero
Nullpunktverschiebung *f.* (IT) null drift
Nullrückstellung *f.* zero reset
Nullserie *f.* pilot series
Nullstellung *f.* zero setting
Nulltastimpuls *m.* clamping pulse
Nulltastung *f.* zero-level clamping
Nullzeit *f.* zero time
Numeriermaschine für Bänder tape-numbering machine
numerische Apertur *f.* (IT) numerical aperture
Nummernprogramm *n.* (Mus.) gramophone programme; °~ (Artistik) artistic programme
Nummernspeicher, *m.* number memory; °~ number storage
nuscheln *v.* (fam.) mumble *v.*
Nut *f.* (Rille) groove *n.*; °~ (Schlitz) slot *n.*; °~ notch *n.*
Nutzbereich *m.* useful range, effective range
Nutzdaten *f.* user data
Nutzer *m.* user *n.*, client *n.*
Nutzerschnittstelle *f.* user network interface
Nutzfeldstärke *f.* useful field strength
Nutzkanal *m.* message channel, service channel, user information channel
Nutzlast (Sat) payload
Nutzleistung *f.* signal power
Nutzmodulation *f.* wanted modulation
Nutzpegel *m.* signal level
Nutzsender *m.* wanted-signal transmitter
Nutzsignal *n.* wanted signal
Nutzsignalstrom *m.* elementary stream
Nutzung *f.* use *n.*, utilization *n.*, exploitation *n.*

Nutzungsberechtigter *m.* (Recht) usufructuary *n.*
Nutzungsrecht *n.* right of usufruct
Nutzwirkungsgrad *m.* useful efficiency
Nuvistor *m.* nuvistor *n.*
Nyquistempfänger *m.* Nyquist receiver
Nyquistfilter *m.* Nyquist filter
Nyquistfilterung *f.* Nyquist filtering
Nyquistflanke *f.* Nyquist slope

O

O-Ton (s. Originalton)
OB (s. Ortsbatterie); °~-**Leitung** *f.* local-battery circuit, local-battery line; °~-**Telefon** *n.* local-battery telephone (LB telephone); °~-**Vermittlung** *f.* local battery exchange
Oberbeleuchter *m.* chief electrician, charge-hand electrician, head electrician
Oberfläche *f.* surface *n.*
Oberflächeninduktion *f.* surface induction
Oberflächenwelle *f.* surface wave
Oberflächenwellenfilter *f.* surface wave filter
Oberflächenzustand *m.* surface state
Oberingenieur *m.* engineer-in-charge *n.*
Oberleitung *f.* overhead line; **künstlerische** °~ art supervision
Oberlicht *n.* top light, top lighting
Oberschwingung *f.* (Frequenz) harmonic *n.*; °~ harmonic vibration, harmonic oscillation, overtone *n.*
Oberspielleiter *m.* senior producer
Oberton *m.* (Frequenz) harmonic *n.*; °~ overtone *n.*
Oberwelle *f.* (Frequenz) harmonic *n.*; °~ harmonic wave
Oberwellenfilter *m.* harmonic filter, harmonic trap
Objektiv *n.* objective lens, lens *n.*, objective *n.*; °~ **mit veränderlicher Brennweite** zoom lens, variable focus lens; °~-**Hauptpunkt** *m.* principal point, nodal point (of a lens)
Objektivanzeiger *m.* lens indicator

Objektivdeckel *m.* lens cover, lens cap
Objektivfassung *f.* objective mount, lens barrel, lens mount
Objektivfassungsring *m.* lens-fastening ring
Objektivfläche, gekittete °~ cemented surface of lens
Objektivhalterung *f.* lens mount
Objektivmessung *f.* TTL (through-the-lens)
Objektivrevolver *m.* cine turret, lens turret
Objektivring *m.* lens ring, lens adapter, focusing ring
Objektivsatz *m.* lens set
Objektivstütze *f.* lens plate
Objektivverriegelungsgriff *m.* lens locking lever
Objektmessung *f.* reflected light measurement
Objektmodul *n.* (IT) object module
objektorientiert *adj.* (IT) object-oriented *adj.*
Objektumfang *m.* (Licht) contrast range of subject, brightness range of object
ODER-Schaltung *f.* (IT) OR-circuit *n.*, OR-gate *n.*
Off-Kommentar *m.* voice-over *n.*, off-screen narration, out-of-vision commentary; °~-**Line-Betrieb** *m.* (IT) off-line mode, off-line operation; °~-**Sprecher** *m.* off-screen narrator, voice-over *n.* (speaker); °~-**Stimme** *f.* off-screen voice (OSV); °~-**Text** *m.* off-screen narration script, voice-over script; °~-**tube** off-tube; **aus dem** °~ **sprechen** to speak off-screen; **im** °~ out of vision (OOV)
off-air *adv.* off-air *adv.*
Off-Line Datenverarbeitung *f.* (IT) offline data processing
offener Kanal *m.* public channel
offener Standard *m.* (IT) open standard
Offenlegung (von Daten) *f.* (IT) disclosure (of data)
öffentlich *adj.* public *adj.*; °~-**rechtlich** *adj.* under public law
Öffentlich-rechtliche Rundfunkanstalt broadcasting station operating under public law
Öffentlichkeitsarbeit *f.* public relations *n. pl.*

offline *adj.* offline *adj.*
Offlinebrowser *m.* (IT) offline browser
Offlinereader *m.* (IT) offline reader
Öffnung *f.* (opt.) aperture *n.*; **maximale** °~ maximum aperture; **relative** °~ relative aperture
Öffnungsfehler *m.* aperture defect, aperture error
Öffnungsverhältnis *n.* aperture ratio
Öffnungswinkel *m.* aperture angle
Öffnungszahl *f.* aperture number
Öffnungszeit *f.* (opt.) aperture time
Offset *n.* offset *n.*; °~-**Störer** *m.* offset interference source
Offsetantenne *f.* offset antenna, offset aerial
Offsetbetrieb *m.* offset operation
Ohrfilter *m.* psophometric filter
Ohrhörer *m.* earphone *n.*, deaf-aid *n.* (coll.), earpiece *n.*
Ohrkurvenfilter *m.* aural sensitivity network (ASN), psophometric filter
Ohrwurm *m.* earwig *n.*, catchy tune
Oktalzahl *f.* octal number
Oktavfilter *m.* octave filter
Okular *n.* eye piece, ocular *n.*
Ölbad *n.* oil bath
Oldie *m.* oldie *n.*
oldie *m.* evergreen *n.*
Öltransformator *m.* oil-filled transformer
On *n.* on *n.*; °~-**Line-Betrieb** *m.* (IT) on-line mode, on-line operation; **im** °~ **sprechen** to speak to camera, to be on-camera
On Air Promotion *f.* on air promotion
On-Line Wartung *f.* (IT) online maintenance
On-Line-Archiv *n.* online archive
Online-Abonnement *n.* (IT) online subscription *n.*; °~-**Abonnent** *m.* (IT) online subscriber; °~-**Abstimmung** *f.* (IT) online call for votes; °~-**Aktivitäten** *f. pl.* (IT) online activities; °~-**Auktion** *f.* (IT) online auction; °~-**Ausgabe** *f.* (IT) online edition; °~-**Bekanntschaft** *f.* (IT) online acquaintance; °~-**Berichterstattung** *f.* (IT) online reporting; °~-**Center** *n.* (IT) online center; °~-**Daten** *pl.* (IT) online data; °~-**Datenbank** *f.* (IT) online database; °~-**Datenschutz für Kinder** *m.* (IT) children's online privacy

protection; °∼-**Dienst** *m.* online service;
°∼-**Einkaufsstrasse** *f.* (IT) online
shopping mall; °∼-**Etat** *m.* (IT) online
budget; °∼-**Gemeinde** *f.* (IT) online
community; °∼-**Generation** *f.* (IT)
online generation; °∼-**Hilfe** *f.* (IT)
online help; °∼-**Kamera** *f.* (IT) online
camera; °∼-**Käufer** *m.* (IT) online
shopper; °∼-**Konsument** *m.* (IT) online
consumer; °∼-**Laden** *m.* (IT) online
store; °∼-**Lernprogramm** *n.* (IT) online
tutorial; °∼-**Marktplatz** *m.* (IT) online
consumer market; °∼-
Nachrichtenzentrum *n.* (IT) online
newscenter; °∼-**Personal** *n.* (IT) online
staff, online personnel; °∼-**Präsenz** *f.*
(IT) online presence; °∼-**Publikation** *f.*
(IT) online publication; °∼-**Redakteur**
m. (IT) online editor; °∼-**Redaktion** *f.*
(IT) online editorial staff; °∼-
Servicezentrum *n.* (IT) online service
center; °∼-**Site** *f.* (IT) online site; °∼-
Surfen *n.* (IT) online surfing; °∼-**Surfer**
m. (IT) online surfer; °∼-**Werbung** *f.*
(IT) online advertising
Oper *f.* opera *n.*
Operafolie *f.* semi-opaque foil
Operand *m.* (IT) operand *n.*
Operationsteil *m.* (IT) operation part,
operator part, function part
Operator *m.* operator *n.*
Operette *f.* operetta *n.*
Opernfilm *m.* filmed opera
Optik *f.* optics *n.*; °∼ (Objektiv) optical
system, lens system; **vergütete** °∼
coated optical system
Optimalfarbe *f.* optimum colour
optimieren *v.* optimise *v.*
Optimierung *f.* optimisation *n.*
Optionsfeld *n.* (IT) radio button
Optionstaste *f.* (IT) option key
optisch *adj.* optical *adj.*, visual *adj.*; ∼-
akustisch *adj.* audio-visual *adj.* (AV)
optische Achse optical axis; ∼ **Auflösung**
optical resolution; ∼ **Bank**
(Meßeinrichtung) optical bench, Goerz
attachment; ∼ **Blende** aperture *n.*,
diaphragm *n.*; ∼
Nachrichtenübermittlung fibre-optic
communications; ∼ **Vergrößerung**
optical enlargement; ∼ **Verkleinerung**
optical reduction

optische Erkennung *f.* (IT) optical
recognition
optischer Trick optical *n.*
optisches Kopieren optical copying
Optokoppler *m.* optocoupler *n.*, optical
coupler
Oratorium *n.* oratorio *n.*
Orbit *n.* orbit *n.*
Orbitposition *f.* orbit position
Orchester *n.* band *n.*, orchestra *n.*
Orchesterbüro *n.* orchestral management
office
Orchesterinspektor *m.* orchestral
supervisor
Orchestermusiker *m.* orchestral musician
Orchesterwart *m.* orchestra attendant
Ordner, öffentliche *m. pl.* (IT) public
folders
Organisation *f.* organisation *n.*;
gemeinnützige °∼ non-profit-making
organisation
Organisationsbefehl *m.* (IT) executive
instruction
Organisationsplan *m.* organisation chart
Organisationsprogramm *n.* (IT)
executive control system
Organisationsschema *n.* organization
schematic, organizational diagram
Orgelmusik *f.* organ music
Orientierungspunkt *m.* benchmark *n.*
Original *n.* (F, Band) master *n.*
Originalaufzeichnung *f.* original
recording, master tape
Originalband *n.* original tape
Originalbeitrag *m.* original commentary,
unedited commentary
Originalbildnegativ *n.* original picture
negative
Originalfassung *f.* original version
Originalfernsehspiel *n.* original television
play, original television drama
Originalfilm *m.* location film
Originalhörspiel *n.* original radio play,
original radio drama
Originalkopie *f.* master print
Originalmotiv *n.* location *n.*; **am** °∼
drehen to film on location
Originalmusik *f.* original music
Originalnegativ *n.* original negative
Originalschauplatz *m.* original locality
Originalsendung *f.* original broadcast
Originaltext *m.* original script

Originalton *m.* (O-Ton) original sound
Originaltonnegativ *n.* original sound negative
Originalübertragung *f.* live transmission, live broadcast
Originalwerk *n.* original work
Orthikon *n.* image-orthicon tube, orthicon *n.*
orthochromatisch *adj.* orthochromatic *adj.*
orthogonal *adj.* orthogonal *adj.*
Ortsamt *n.* (Tel) local switching center, local exchange
Ortsantennenanlage *f.* community television (CTV)
Ortsbatterie *f.* (OB) local battery (LB)
Ortsbatterieanschluß *m.* local-battery connection
Ortsbatterievermittlung *f.* local-battery exchange
Ortsempfang *m.* local reception
Ortsempfangleitung *f.* (OEL) local reception line
ortsfest *adj.* stationary *adj.*
Ortsgebühr *f.* (Tel) local (call) fee
Ortsleitung *f.* local line, local circuit, local end
ortsmöglich *adj.* depending on local conditions
Ortssendeleitung *f.* (OSL) local transmission line
Ortssender *m.* low-power transmitter, local transmitter
Ortsverbindungsleitung *f.* junction circuit
Ortsvermittlungseinrichtung *f.* (Tel) local switching facilities
Ortsvermittlungsstelle *f.* analogue local exchange
Ortsverteilung *f.* distribution of locations
Ortszeit *f.* local time
Ortszone *f.* local zone
Ortungssystem *n.* positioning system; **globales** °~ Global Positioning System (GPS)
Oszillator *m.* generator *n.*, oscillator *n.*; **angestoßener** °~ flywheel oscillator, triggered oscillator; **synchronisierter** °~ locked oscillator, synchronised oscillator
Oszillograf *m.* oscillograph *n.*, oscilloscope *n.*

oszillograf, Digital~ *m.* digital oscilloscope
Oszillogramm *n.* oscillogram *n.*
Oszilloskop *n.* oscilloscope *n.*, waveform monitor
Overlay-Verfahren *n.* overlay process
Overspill *n.* overspill *n.*
Overvoice *n.* overvoice *n.*
Oxydschicht *f.* oxide coating

P

Paarigkeit *f.* pairing *n.*
Paccoschalter *m.* Pacco switch
Padding *n.* padding *n.*
PageImpression *f.* (IT) page impression
PageView *m.* (IT) pageview *n.*
Paginierung *f.* (IT) pagination *n.*
Paket *n.* packet *n.* (in telecommunications)
Paketmultiplex *m.* packet multiplex
Paketvermittlung *f.* packet switching
PAL Phase Alternating Line; °~-**Farbträger** *m.* PAL colour subcarrier; °~-**Jalousieeffekte** *m. pl.* PAL venetian-blind effect, Hanover bars (coll.); °~-**Signal** *n.* PAL signal; **Simple** °~ simple PAL; **Standard** °~ delay-line PAL; **unverkoppeltes** °~ recording PAL, PAL record; **verkoppeltes** °~ transmission PAL, PAL transmit
panchromatisch *adj.* panchromatic *adj.*
Paneldiskussion *f.* panel discussion
Panglas *n.* pan filter
Panlicht *n.* tungsten light
Panne *f.* (Röhre) failure *n.*; °~ breakdown *n.*; **eine** °~ **haben** to break down
Pannenschalter *m.* change-over switch (breakdown), cut-out switch
Panoramabreitwand *f.* panoramic screen
Panoramaeffekt *m.* panoramic effect
Panoramaempfänger *m.* panoramic receiver
Panoramakopf *m.* panoramic head, panning head
Panoramaregelung *f.* pan control
Panoramaschwenk *m.* panoramic movement, pan shot, panning shot

Panscheibe *f.* pan filter
Pantograph *m.* pantograph *n.*
Papierabzug *m.* paper print
Papierart *f.* (IT) paper type
Papiereingabe *f.* (IT) paper input
Papiereinlauf *m.* (IT) paper feed
papierloses Büro *n.* (IT) paperless office, paper-free office
Papierstau *m.* (IT) paper jam
Papiertransport *m.* (IT) paper transport
Papiertransporteinrichtung *f.* (IT) paper transport system
Papiervorrat *m.* (IT) paper supply
Papiervorschub *m.* paper feed, line feed, form feed; °~ (IT) paper feed
Parabel *f.* (Math.) parabola *n.*
Parabolantenne *f.* parabolic antenna, parabolic dish (coll.)
Parabolsignal *n.* parabolic signal
Parabolspiegel *m.* parabolic reflector, parabolic mirror
Parabolstrahler *m.* paraboloid *n.*, parabolic radiator
Parallaxe *f.* parallax *n.*
Parallaxenausgleich *m.* parallax compensation, parallax correction
parallaxenfrei *adj.* parallax-free *adj.*, free from parallax
Parallaxensucher *m.* parallax viewfinder
Parallel-Addierwerk *n.* (IT) parallel adder; °~-**Serien-Umsetzer** *m.* (IT) parallel-serial converter; °~**ausstrahlung** *f.* simulcast *n.*, simulcasting
Parallelarbeit *f.* concurrent operation
Parallelaufzeichnung *f.* parallel recording
Parallelfahrt *f.* crab *n.*, lateral dolly shot; °~ (Aufnahme) lateral dolly shot
Parallelkreis *m.* parallel circuit
Parallelschaltung *f.* parallel connection, shunt connection
Parallelschwingkreis *m.* parallel-resonant circuit
Paralleltondemodulation *f.* parallel sound demodulation
Paralleltonverfahren *n.* parallel sound system
Parallelverarbeitung *f.* parallel processing
Parallelverfahren *n.* (A/D Wandlung) flash conversion
Parameter *m.* parameter *n.*

Pardune *f.* guy rope, guy wire, stay *n.* (mast)
Paritätsbit *n.* parity bit
Paritätscodierung *f.* parity coding
Paritätsfehler *m.* (IT) parity error
Paritätsprüfung *f.* (IT) parity check
Parity-Prüfung *f.* (IT) parity check
Paritybit *n.* (IT) parity bit
parsen *v.* (IT) parse *v.*
Partialbelichtungsmesser *m.* spot photometer
Partialschwingung *f.* partial oscillation
Partialton *m.* partial sound
Partitionsbootsektor *m.* (IT) partition boot sector
Partitionstabelle *f.* (IT) partition table
Partitur *f.* full score, score *n.*, music score
Partner *m.* partner *n.*; °~ (F) co-star *n.*
Partneranstalt *f.* twin station
Partnerschaft *f.* partnership *n.*; °~ (Anstalt) twinning *n.*
passiver Strahler *m.* passive aerial
Paßwort *n.* (IT) password *n.*
Passwort *n.* (IT) password
Pastellfarbe *f.* pastel *n.*
Pastellton *m.* pastel tone, pastel shade
Patchfeld *n.* (IT) patch panel, jumpering panel
patinieren *v.* patine *v.*
pauschal *adj.* all-inclusive *adj.*, all-in *adj.*
Pauschale *f.* global sum, retainer *n.*, general retainer, all-in figure, lump sum, flat rate
Pauschalgage *f.* global fee, all-rights fee, all-in fee
Pauschalhonorar *n.* global fee, all-rights fee, all-in fee
pauschalieren *v.* to pay a global fee, to pay a flat rate, to contract at a global fee
Pauschalierung *f.* payment of global fee, payment of all-in fee, flat-rate payment
Pause *f.* (Thea.) interval *n.*, intermission *n.* (US); °~ (Progr.) break *n.*; °~ (Zeichnung) tracing *n.*, traced design, blueprint *n.* (drawing)
Pausenbild *n.* interval caption, interval slide, interlude slide
Pausenfüller *m.* fill-up *n.*, filler *n.*
Pausenmodus *m.* (IT) suspend mode
Pausenzeichen *n.* interval signal, station identification signal
Pausetaste *f.* (IT) pause key

Pausierbefehl *m.* (IT) suspend command
Pay TV *n.* pay TV
Payload *n.* (Sat) payload *n.*
Pedersen-Strahl *m.* high angle ray, Pedersen ray
Pegel *m.* level *n.*, gain control, recording level; °~-**Oszillograph** *m.* level oscilloscope
Pegelabfall *m.* decrease *n.* (level), drop in level, fall-off *n.* (level); **frequenzabhängiger** °~ roll-off *n.*, reduction *n.*
Pegelabsenkung *f.* level reduction
Pegelabweichung *f.* level deviation
Pegelanzeige *f.* level indication, level reading
Pegelanzeiger *m.* level indicator
Pegelaussteuerung *f.* level control
Pegelband *n.* standard level tape
Pegeldiagramm *n.* level diagram, hypsogram *n.*
Pegeldifferenz *f.* level difference
Pegeleinbruch *m.* level breakdown
Pegelfehler *m.* level error
Pegelgeber *m.* level generator, standard level generator
Pegelhäufigkeitszähler *m.* level frequency meter
Pegelkontrolle *f.* level check
Pegelkontrollgerät *n.* level-checking set
Pegelmesser *m.* level meter, transmission-measuring set, level-measuring set
pegeln *v.* to adjust level, line up *v.*
Pegeln *n.* line-up *n.*, level adjustment
Pegelsteller *m.* (Regler) level control
Pegeltestband *n.* level magnetic tape
Pegelton *m.* reference tone
Pegelüberschreitungshäufigkeit *f.* level crossing rate
Pegelüberschreitungswahrscheinlichkeit *f.* probability of excess
Pegelung *f.* level adjustment
Pegelunterschied *m.* level difference
Pegelvektorskop *n.* vectorscope *n.*
Pegelverlust *m.* loss of level
peilen *v.* gauge *v.*, to take bearings
Peilsender *m.* radio beacon
Peilung *f.* bearing *n.*, goniometry *n.*, taking of bearings, radio direction-finding, radio bearing, direction finding
Peilwirkung *f.* directivity *n.*
Peitsche *f.* (Kabelanschluß) splitter *n.*

Peitschenantenne *f.* whip aerial
PEM (s. Eichpegel für Monitor)
Pendelbewegung *f.* pendulum motion, hunting *n.*
Pendelsäge *f.* pendulum saw
Perfoband *n.* perforated magnetic film, perforated magnetic tape, magnetic film, perforated tape
Perfomagnetband *n.* perforated magnetic film, perforated magnetic tape, magnetic film
Perforation *f.* perforation *n.*, sprocket holes *n. pl.*; **angeschlagene** °~ picked perforation; **ausgezackte** °~ damaged perforation; **eingerissene** °~ torn perforation
Perforationsloch *n.* perforation hole, sprocket hole
Perforationsschramme *f.* perforation scratch
Perforationsschritt *m.* perforation pitch
Perforationsseite *f.* perforated edge
Perforiermaschine *f.* perforating machine
perforiert *adj.* perforated *adj.*
Perigäum *n.* (Sat.) perigee *n.*
Periode *f.* period *n.*
Periodendauer *f.* period *n.*
Periodenfrequenz *f.* period frequency
periphere Einheit (IT) peripheral unit
Perlkondensator *m.* bead-type capacitor
Perlleinwand *f.* beaded screen, highly reflective screen
Perlwand *f.* pearl screen
Persiflage *f.* persiflage *n.*
Personal *n.* staff *n.*, personnel *n.*; °~ **Computer** (PC) personal computer (PC); **künstlerisches** °~ artistic staff
Personalabteilung *f.* staff administration*
personalisieren *v.* (einer Webseite) (IT) personalize (a Web site) *v.*
Personalradio *n.* (IT) personal radio
Personalversammlung *f.* station meeting
personenbezogene Daten *f.* (IT) personal data
Personenlicht *n.* set-lights
Personenrufdienst *m.* (Tel) paging service
Persönlichkeitsschutz *m.* protection against invasion of privacy
Perücke *f.* periwig *n.*, wig *n.*
Perückenfundus *m.* wig store
Perückenmacher *m.* wig-maker *n.*
Perückenwerkstatt *f.* postiche section

Pfeiltaste *f.* (IT) arrow key
Pferdesportnachrichten *f. pl.* racing news
Pflicht *f.* obligation *n.*, duty *n.*
Pflichtenheft *n.* specifications *n. pl.*, standard specifications *n. pl.*
Pforte *f.* caretaker's office, porter's office
Pförtner *m.* porter *n.*, commissionaire *n.*
Phantom-Schallquelle *f.* phantom sound source
Phantomspannung *f.* phantom voltage
Phantomspeisung *f.* phantom powering
Phase *f.* phase *n.*; **aus der** °~ **bringen** dephase *v.*; **differentielle** °~ differential phase; **komplementäre** °~ opposite phase
Phasenänderung *f.* phase shift, phase change
Phasenausfall *m.* phase failure, loss of synchronism
Phasenbild *n.* (Trick) animation phase; °~ (Video) phase diagram
Phasendemodulation *f.* phase demodulation
Phasendifferenz *f.* phase difference
Phasendrehung *f.* phase shift, phase-angle rotation
Phasendrehvorrichtung *f.* phase shifter
Phaseneinstellung *f.* phasing *n.*, phase adjustment
Phasenentzerrung *f.* phase correction, phase equalisation, phase compensation
Phasenfehler *m.* phase error; **differentieller** °~ differential phase error, differential phase (coll.)
Phasenfrequenzgang *m.* phase/frequency characteristic, phase response
Phasengang *m.* phase/frequency characteristic, phase response, phase-frequency characteristics
Phasengangentzerrer *m.* phase corrector, phase equaliser
Phasengeschwindigkeit *f.* phase velocity
Phasenhub *m.* (Abweichung des Phasenwertes von der Ausgangslage) phase deviation
Phasenkoeffizient *m.* phase coefficient
Phasenlage *f.* phase position, phase relationship
Phasenlaufzeit *f.* phase delay
phasenlinear *adj.* phase-linear *adj.*
Phasenmaß *n.* phase angle, change of phase

Phasenmesser *m.* phase indicator, phasemeter *n.*
Phasenmodulation *f.* (PM) phase modulation (PM)
Phasennacheilung *f.* phase lag
Phasenregelschleife *f.* phase-locked loop
Phasenregelung *f.* phase control; **automatische** °~ automatic phase control (APC)
Phasenschieber *m.* phase shifter; °~ (elek.) phase advancer
Phasenschwankung *f.* phase variations *n. pl.*
Phasenschwankungsmesser *m.* phase variation meter
Phasenselektivität *f.* phase selectivity
Phasenspannung *f.* phase voltage
Phasenspektrum *n.* phase spectrum
Phasensprung *m.* phase shift
phasenstarr *adj.* phase-locked *adj.*, rigid in phase, in locked-phase relation
Phasensynchronisator *m.* phase synchroniser
Phasensynchronisierung *f.* phase synchronisation
Phasentrick *m.* stop-frame animation
Phasenüberwachung *f.* phase monitoring
Phasenumkehr *f.* paraphase *n.*
Phasenumkehrstufe *f.* phase inverter, phase splitter, phase inverter stage
Phasenumkehrung *f.* phase reversal
Phasenumtastung *f.* phase shift keying
Phasenvergleich *m.* phase comparison
Phasenvergleichsstufe *f.* phase comparator stage
Phasenverhältnis *n.* phase relationship
Phasenverkopplung *f.* phase coupling
Phasenverschiebung *f.* phase shift, phase displacement, phaseshift *n.*
Phasenverzerrung *f.* phase distortion
Phasenvoreilung *f.* phase lead
Phasenvorentzerrung *f.* phase pre-correction
Phasenwinkel *m.* phase angle
Phasenzeichner *m.* animator *n.*
Phasenzeit *f.* phase time
Phasing *n.* (klanglicher Effekt) phasing *n.*
Phonation *f.* phonation *n.*, sound production
Phonogerät *n.* record player
Phonograph *m.* phonograph *n.*, gramophone *n.*

Phrase *f.* phrase *n.*
Physikalische Schicht *f.* (ISO/OSI-Schichtenmodell) physical layer
Pick-up machen (Dreh) pick up *v.*
Piep(s)er *m.* (fam.) (Band) blip *n.*, plop *n.*, pip *n.* (sound)
Pigmentfarbe *f.* pigment colour, pigment dye
Pilot *m.* (fam.) pilot signal, pilot *n.* (coll.)
Pilotfilm *m.* pilot film
Pilotprogramm *n.* pilot programme
Pilotschwingung *f.* pilot reference tone, reference oscillation, pilot *n.* (coll.)
Pilotsendung *f.* pilot transmission, pilot broadcast
Pilotsignal *n.* pilot signal, pilot *n.* (coll.)
Pilotton *m.* pilot tone
Pilottonanschluß *m.* pilot terminal
Pilottonaufzeichnung *f.* pilot tone recording
Pilottoneinrichtung *f.* pilot-tone equipment
Pilottonfrequenz *f.* pilot-tone frequency
Pilottongeber *m.* pilot-tone generator
Pilottonsystem *n.* pilot-tone system
Pilottonüberspielung *f.* pilot tone transfer
Pilottonverfahren *n.* pilot-tone process
Pinsel *m.* brush *n.*
Pinza *f.* pup *n.*, pincer *n.*
Pipifax *m.* (fam.) baby spot
Piratensender *m.* pirate station
Pixelgrafik *f.* (IT) pixel image
Plakat *n.* poster *n.*, bill *n.*
Plakatanschlag *m.* billing *n.*
Plakattitel *m.* poster title
Planarantenne *f.* (Sat) planar antenna, planar aerial
planen *v.* propose *v.*, plan *v.*
Planetengetriebe *n.* planetary gear
Planstelle *f.* established post
Planung *f.* planning *n.*
Planungsingenieur *m.* (UER) duty planner; °~ planning engineer
Plasmabildschirm *m.* plasma display
Platine *f.* printed circuit board, pc board; °~ **mit Bandmaschine** tape deck, turntable *n.*; °~ **mit Plattenmaschine** record-playing deck
Platte *f.* disc *n.*, panel *n.*; °~ (Schallplatte) record *n.*; °~ rostrum *n.*; °~ (Foto) photographic plate, plate *n.* (photo)

Plattenarchiv *n.* (Archiv) gramophone library; °~ record library, disc library
Plattenarchivar *m.* gramophone librarian
Plattenaufnahmegerät *n.* disc recorder
Plattendrehzahl *f.* rotation speed
Platteneinheit *f.* (IT) disc drive
Plattenfehler *m.* (IT) disk error
Plattenkamera *f.* plate camera
Plattenkassette *f.* (Foto) plate holder, dark slide; °~ (Schallplatte) record album
Plattenmaschine *f.* record player, record reproducer, pick-up *n.*, gramophone *n.*, phonograph *n.* (US), turntable *n.*
Plattenpartition *f.* (IT) disk partition
Plattenprüfprogramm *n.* (IT) disk check program
Plattenschneidegerät *n.* disc recorder
Plattenspeicher *m.* (IT) disc store, disc memory; °~ disc storage; °~ (IT) disc storage
Plattenspieler *m.* record player, record reproducer, pick-up *n.*, gramophone *n.*, phonograph *n.* (US), turntable *n.*, turn table
Plattenspielerchassis *n.* record-playing deck, turntable *n.*
Plattenspielermotor *m.* turntable motor
Plattenteller *m.* record turntable, gramophone turntable; °~ (Platte) turntable *n.*
Plattenwechsler *m.* record changer; **automatischer** °~ automatic record changer, auto changer
plattformübergreifend *adj.* (IT) cross-platform *adj.*
Plausibilitätsprüfung *f.* (IT) reasonableness check
Playback *n.* playback *n.*
Playlist *f.* playlist *n.*
Plazierung *f.* placing *n.*, placement *n.*
Plotter *m.* (IT) plotter *n.*, plotting table, plotting board, graph plotter, graphic display unit
Plug-in *n.* (IT) plug-in *n.*
PM (s. Phasenmodulation)
Podest *n.* platform *n.*, stage *n.*
Podiumsdiskussion *f.* round-table discussion, panel discussion
Pol *m.* pole *n.*, terminal *n.*, connection *n.*, junction *n.*
Polarbahn *f.* polar orbit
Polarisation *f.* polarisation *n.*, polarization

n.; °~ **(linksdrehend)** *f.* (Sat) levorotatory polarisation; °~ **(rechtsdrehend)** *f.* (Sat) dextrorotatory polarisation; **linksdrehende** °~ levorotary polarisation

Polarisationsebene *f.* polarisation plane

Polarisationsentkopplung *f.* (Sat) polarisation discrimination

Polarisationsfilter *m.* polarising filter

polarisieren *v.* polarise *v.*

polarisiert, horizontal ~ horizontally polarised; **vertikal** ~ vertically polarised

Polarisierung *f.* polarisation *n.*

Polarität *f.* polarity *n.*

Polaritätsversatz *m.* polarity offset

Polaritätsverschiebung *f.* polarity offset

Polarizer *m.* (Sat) polarizer *n.*, polarization filter

Polarkoordinatensystem *n.* polarcoordinate system

Polaroid-Kamera *f.* polaroid camera, polaroid *n.*

polieren *v.* (F) polish *v.*

Polieren *n.* polishing *n.*

Politik Ausland* *f.* (R, TV) diplomatic desk, diplomatic unit*; °~ **Inland*** (R, TV) political desk, parliamentary desk, parliamentary unit*; °~ **und Zeitgeschehen*** news and current affairs* *n. pl.*

Politmagazin *n.* political magazine

Polschuh *m.* pole shoe, pole tips

Polung *f.* polarity, polarisation *n.*

Polygonzug *m.* polygonal curve

Polymikrofonie *f.* polymicrophony *n.*

Pond einh. pond

Popmusik *f.* pop music

Poppgeräusche *n. pl.* pop noises

Popupfenster *n.* (IT) pop-up window

Pore *f.* pore *n.*

porös *adj.* porous *adj.*

Port *m.* (IT) port *n.*; °~**-Anwahl** *f.* (IT) port selection

Portal-Family *f.* (Internet) portal family; °~**-Network** *n.* (Internet) portal network

Portalseite *f.* (IT) portal page

Posament *n.* (Textilien) ornamental trimming (textiles)

positionieren *v.* position *v.*

Positionierungszeit *f.* (IT) seek time

Positionierzeit *f.* position time

Positioning Jingle *m.* positioning jingle

Positiv *n.* positive picture, positive *n.*

Positivabzug *m.* positive print

Positivfarbfilm *m.* colour print film, colour positive film

Positivfilm *m.* positive film

Positivfilmmaterial *n.* positive stock, printed material; **flaches** °~ lowcontrast positive stock, low-contrast positive; **steiles** °~ high-contrast positive stock, high-contrast positive

Positivkopie *f.* positive print, positive *n.*

Positivmuster *n.* positive rush print, positive work print, test print

Posse *f.* buffoonery *n.*, tomfoolery *n.*, clownery *n.*, antics *n.*

Post, elektronische *f.* (IT) electronic mail

Post-Selling *n.* (Merchandising) post selling

Posteingang *m.* (IT) inbox *n.*

Postfach, elektronisches *n.* (IT) electronic mailbox

Postleitungen *f. pl.* post office lines, post office circuits

Postleitungsverstärker *m.* post office line repeater

Postproduktion *f.* (Nachbearbeitung) postproduction *n.*

Poststelle *f.* post room

posttechnisches Zentralamt *n.* (Tel) postal engineering center

Postübergaberaum *m.* postal dispensing room

Postübertragungsstelle *f.* post office transmitting station

Postverwaltung *f.* (Tel) postal administration

Pot *m.* (fam.) potentiometer *n.*, pot *n.* (coll.), fader *n.*

Potential *n.* potential *n.*

Potentialausgleich *m.* equipotential bonding

Potentiometer *n.* potentiometer *n.*, pot *n.* (coll.), fader *n.*; **kratzendes** °~ noisy potentiometer, scratching potentiometer

PR-Beitrag *m.* public relations program

Prädiktion *f.* prediction *n.*

prädiktiv codiertes Bild (Videokompression) predictive-coded picture

Prädiktiv codiertes Bild (Videokompression) P-picture

Praktikabel *n.* rostrum *n.*
Praktikant *m.* trainee *n.*
Prallanode *f.* dynode *n.*
präoperationelle Phase pre-operational phase
Präsentation *f.* presentation *n.*
Präsentationsgrafik *f.* (IT) presentation graphics
Präsentator *m.* presenter *n.*
Präsenz *f.* (filter::) presence *n.*, loudness *n.*
Präsenzfilter *m.* presence filter
prasseln *v.* crackle *v.*
Prasseln *n.* crackling *n.*
Praxis *f.* (Erfahrung) experience *n.*
praxisbezogen *adj.* (IT) hands-on
Präzision *f.* precision *n.*
Präzisionsoffset *n.* precision offset
Präzisionsquarz *m.* high-precision crystal
Pre-Selection *f.* (IT) pre-selection
Precurrent *m.* (Musiktitel) precurrent *n.*
Preemphasis *f.* pre-emphasis *n.*
preisgünstig *adj.* low-cost *adj.*
Preisliste *f.* rate card
Premiere *f.* première *n.*, first night
Presse *f.* press *n.*
Presseabteilung *f.* publicity department, information office, public relations department
Pressechef *m.* press and public relations chief, head of publicity (BBC), press officer (US)
Pressedienst *m.* (Agentur) press agency, press service; °~ newsletter *n.*
Presseempfang *m.* press reception
Pressefoto *n.* news picture
Pressefotograf *m.* cameraman *n.* (press), press photographer
Pressefreiheit *f.* freedom of the press
Pressegesetz *n.* press law
Pressekodex *m.* press code
Pressekonferenz *f.* press conference
Presseorgan *n.* organ *n.*
Pressereferent *m.* press and public relations officer
Presseschau *f.* press review
Presseschauredakteur *m.* press review editor
Pressespiegel *m.* press review
Pressestelle *f.* publicity department, information office
Pressestenograf *m.* press stenographer
Pressestimmen *f. pl.* press review

Presseverlautbarung *f.* press release, statement *n.*
Preview preview *n.*
Primäranweisung *f.* (IT) source language statement, source statement
Primärfarbauszug *m.* primary colour component
Primärfarbe *f.* primary *n.*, primary colour
Primärschramme *f.* negative scratch
Primärspeicher *m.* (IT) computing store, main memory, working store, working memory, general store
Primärstrahler *m.* (Farbe) primary radiator; °~ (Beleuchtung) primary ray; °~ (Ant.) radiating element; °~ master station
Primärstrom *m.* primary current
Primärton *m.* primary tone
Primärtonverfahren *n.* primary tone system
Primärträger *m.* primary frequency
Primärvalenz *f.* primary colour; **virtuelle** °~ virtual primary
Primary Cue primary cue
Prime time prime time
Primefocus *m.* prime focus
Printer *m.* printer *n.*
Prinzipschaltbild *n.* basic circuit diagram
Priorität *f.* priority *n.*
Prioritätsverarbeitung *f.* (IT) priority processing
Prioritätsziffer *f.* priority index
Prisma *n.* prism *n.*
Prismen-Trick (-vorsatz) *m.* prism effect lens
Prismensucher *m.* prismatic viewfinder, prism viewfinder
private Daten (IT) private data
privatrechtliche Rundfunkorganisation broadcasting station operating under private law
Privatsender *m.* commercial station
Pro 7 Pro 7 (a German TV station)
Probe *f.* test *n.*, experiment *n.*, trial *n.*; °~ (tech.) sample *n.*; °~ (Szene) rehearsal *n.*; °~ check *n.*; °~ (IT) sample *n.*; °~ **in der Dekoration** rehearsal on stage; **heiße** °~ (TV) rehearsal with cameras; **heiße** °~ (R) trial take; **kalte** °~ (TV) test shot; **kalte** °~ (R) rehearsal without recording
Probeablauf *m.* (Szene) rehearsal *n.*

Probeaufnahme *f.* test shot; °~
(Schauspieler) screen test; °~ test take,
trial shot
Probeausstrahlung *f.* test transmission
Probedurchlauf *m.* run-through *n.*, walk-
through *n.*, dry run
Probefilm *m.* test film
Probenhaus *n.* rehearsal studios *n. pl.*
Probenplan *m.* rehearsal plan
Probenraum *m.* rehearsal room
Probenstudio *n.* rehearsal studio
Probenzeit *f.* rehearsal time
Probesendung *f.* test transmission
Probestreifen *m.* test strip
Problembeschreibung *f.* (IT) trouble
ticket
Problemlösung *f.* (gedanklich)
brainstorming *n.*
problemnahe Programmiersprache (IT)
problem-oriented language
problemorientierte
Programmiersprache (IT) problem-
oriented language
Problemstück *n.* problem-play
Producer *m.* producer
Produkt *n.* product *n.*
Produktdetektor *m.* product detector
Produktion *f.* production *n.*
Produktionsmitteilung *f.* production
announcement; °~**nummer** *f.*
production number; °~**ort** *m.*
production locality; °~**standard** *m.*
production standard
Produktionsablauf *m.* flow of production
Produktionsablaufplan *m.* production
outline
Produktionsabnahme *f.* acceptance of
production
Produktionsabteilung *f.* production
department
Produktionsanforderung *f.* producer's
estimate
Produktionsanlagen *f. pl.* production
facilities
Produktionsanmeldung *f.* project request
Produktionsart *f.* type of production
Produktionsassistent *m.* production
assistant
Produktionsauftrag *m.* production
commitment
Produktionsbeistellung *f.* production
assistance

Produktionsbericht *m.* data sheet
Produktionsbesprechung *f.* production
conference, planning meeting,
production meeting, pre-production
meeting
Produktionsbetrieb* *m.* programme
servicing department
Produktionsbewilligung *f.* approval of
production budget
Produktionsbüro *n.* production office,
routine office
Produktionschef *m.* production manager
Produktionsdauer *f.* duration of
production, production running time
Produktionseinheit *f.* production unit
Produktionsetat *m.* production budget
Produktionsfirma *f.* production company
Produktionshilfe *f.* production assistance,
production assistant
Produktionsingenieur *m.* technical
operations manager (TOM)
Produktionskapazität *f.* productive
capacity, production capacity
Produktionskomplex *m.* production
centre
Produktionskosten plt. production costs
Produktionsleiter *m.* chief of production,
production manager; °~ (PL) production
manager
Produktionsleitung *f.* production
management
Produktionsmittel *n. pl.* production
resources; **mobile** °~ mobile equipment;
stationäre °~ stationary equipment
Produktionsmittelbereitstellung *f.*
allocation of production facilities
Produktionsplan *m.* production schedule
Produktionssekretärin *f.* production
secretary
Produktionsspiegel *m.* production chart
Produktionsstab *m.* production staff
Produktionsstätte *f.* production site
Produktionsstätten *f. pl.* production
premises
Produktionsstudio *n.* production studio
Produktionssystem *n.* production system;
digitales °~ digital production system,
Harry
Produktionstag *m.* production day
Produktionstermin *m.* production dates *n.*
pl.

Produktionsüberwachung *f.* control of production

Produktionsvergabe *f.* contracting out of production

Produktionsversicherung *f.* general production insurance

Produktionszeit *f.* production time

Produktionszentrum *n.* production centre

Produzent *m.* producer *n.*; **freier** °~ freelance producer

Profi *m.* (fam.) professional *n.*

Profil *n.* profile *n.*

Programm *n.* programme, (computer) program *n.*; °~ (erstes, zweites, drittes) channel *n.*, service *n.*; °~ (Eurovision) programme *n.*; °~ service *n.*, program *n.*; °~ **fortsetzen** to return to scheduled programmes, to resume normal schedule#s; °~**art** *f.* program type; °~**beginn** *m.* start of running; °~**bestand** *m.* program stock; °~**einkauf** *m.* program buying; °~**ereignis** *n.* program event; °~**erfolg** *m.* program success; °~**fluss** *m.* program flow; °~**flut** *f.* program glut; °~**format** *n.* program format; °~**offensive** *f.* program campaign; °~**segment** *n.* part of program; °~**übersicht** *f.* program schedule; °~**verbindungen** *f. pl.* program links *pl.*; °~**vorschlag** *m.* program proposal; **festverdrahtetes** °~ (IT) wired programme; **gespeichertes** °~ (IT) stored programme; **ins** °~ **einsetzen** schedule *v.*, to insert into programme; **kurzfristig angesetztes** °~ programme inserted at short notice; **laufendes** °~ running programme; **nationales** °~ network programme, domestic programme; **symbolisches** °~ (IT) symbolic programme

Programmablauf *m.* (IT) programme flow; °~ (Sendung) running order; °~ run of programme; °~ (IT) operation *n.*

Programmablaufplan *m.* (IT) programme flow chart, programme flow diagram; °~ (Sendung) running order; °~ (IT) programme flow chart, programme flow diagram

Programmabsage *f.* closing announcement, back announcement

Programmabschaltung *f.* (Sender)

opting-out *n.*, switching-off of programme

Programmabwicklung* *f.* programme operations* *n. pl.*

Programmacher *m.* programme maker, programmer *n.*

Programmanbieter *m.* program provider

Programmänderung *f.* change of programme; **kurzfristige** °~ last-minute programme change

Programmangebot *n.* programme offer; °~ (Eurovision) programme offer

Programmankündigung *f.* promotion *n.*, trailer *n.*

Programmanmeldung *f.* programme announcement

Programmansage *f.* presentation announcement

Programmanzeige *f.* billing *n.*

Programmaufsicht *f.* supervisor *n.*

Programmausdruck *m.* transmission plan, planning information

Programmausschuß *m.* programme committee

Programmausstrahlung *f.* programme transmission

Programmaustausch *m.* programme exchange; °~ (Eurovision) programme exchange; **Internationaler** °~ international programme exchange

Programmauswahl *f.* choice of programme

Programmauswertung *f.* programme rating

Programmbeirat *m.* (ARD) programme advisory council

Programmbeistellung *f.* programme supply

Programmbeitrag *m.* programme item, programme contribution, programme insert

Programmbeitragskennung *f.* programme item code

Programmblock *m.* programme sequence, sequence *n.*

Programmbouquet *n.* subscription package

Programmchef *m.* (approx.) controller *n.* (BBC)

Programmdaten *f.* service information

Programmdatenstrom *m.* program stream

Programmdirektion Fernsehen

television directorate; °~ **Hörfunk** radio directorate

Programmdirektor *m.* director of programmes, managing director (BBC); °~ **Fernsehen** managing director of television (BBC), director of television programmes; °~ **Hörfunk** director of radio programmes, managing director of radio

Programmdisposition* *f.* programme planning*

Programmdurchlauf *m.* (IT) run *n.*

Programmeinblendung *f.* programme insert

Programmeinheit *f.* (15 Minuten) programme segment (BBC 25 minutes)

Programmeinplanung *f.* current planning

Programmersatzsignal *n.* program substitution signal

Programmfahne *f.* programme schedule, programme sheet

Programmfehler *m.* (IT) bug *n.*, software fault, software error

Programmfolge *f.* sequence of programmes

Programmfüller *m.* fill-up *n.*, filler *n.*

Programmgenerator *m.* program generator

Programmgestalter *m.* programme maker, programmer *n.*

Programmgestaltung *f.* programme policy, programming *n.*

programmgesteuert *adj.* (IT) programme-controlled *adj.*

Programmgrundsätze *m. pl.* programme standards

Programmhilfe *f.* facility *n.*, facilities *n. pl.*

Programmhinweis *m.* programme promotion, programme trailer, programme plug

Programmhinweise *m. pl.* programme news, programme information

Programmidentifikation *f.* service identification

programmierbar *adj.* (IT) programmable *adj.*

programmieren *v.* (IT) programme *v.*

Programmierer *m.* (IT) programmer *n.*

Programmiersprache *f.* (IT) programming language; °~, **plattformunabhängig** *f.* (IT) computer-

independent language; °~, **plattformunabhängig** cross-platform programming language;

maschinennahe °~ (IT) machine-oriented language;

maschinenorientierte °~ (IT) machine-oriented language; **problemnahe** °~ (IT) problem-oriented language;

problemorientierte °~ (IT) problem-oriented language;

verfahrensorientierte °~ (IT) procedure-oriented language

programmierte Unterweisung (PU) (IT) programmed instruction (PI)

Programmierung *f.* (IT) programming *n.*

Programmingenieur *m.* technical operations manager (TOM)

Programminhalt *m.* programme content, (program:) content *n.*

Programmkettenkennung *f.* programme identification (code)

Programmkommission *f.* programme committee

Programmkonserve *f.* canned programme

Programmkoordination *f.* programme coordination

Programmkoordinations-Leitungsnetz *n.* programme coordination circuit network

Programmkoordinationsleitung *f.* programme coordination circuit

Programmkoordinator *m.* programme coordinator

Programmkorrektur *f.* (IT) debugging *n.*

Programmkosten **plt.** programme costs

Programmlaufzeit *f.* (IT) object time

Programmleiste *f.* programme strand, programme band, program bar

Programmleistung *f.* programme output

Programmleitung *f.* complete programme circuit, programme circuit

Programmlücke *f.* programme gap

Programmmarketing *n.* program marketing

Programmmaterial, verwertbares *n.* assett *n.*

Programmmesse *f.* program fair

Programmname *m.* programme name

Programmniveau *n.* program level

Programmpaket *n.* (Pay-TV) subscription package; °~ bouquet *n.*

Programmpersonal *n.* programme staff

Programmplan *m.* programme schedules *n. pl.*

Programmplanung *f.* planning *n.*, programming *n.*; **laufende** °~ current planning

Programmpool *m.* programme pool

Programmpräsentation *f.* program presentation

Programmproduktion *f.* programme production

Programmprofil *n.* program profile

Programmpromotion *f.* program promotion

Programmregie *f.* presentation *n.*

Programmrichtlinien *f. pl.* programme standards

Programmrückspielleitung *f.* return programme circuit

Programmschema *n.* programme pattern

Programmschiene *f.* segment (of a program)

Programmservice *m.* programme service

Programmsignal *n.* programme signal

Programmsparte *f.* programme sector, programme field, type of programme

Programmspeicher *m.* (IT) programme store

Programmspeicherung *f.* programme storage; °~ (Aufnahme) programme recording

Programmstationsabsage *f.* sign off *n.*

Programmstruktur *f.* programme structure

Programmtafel *f.* programmes preview (TV), menu caption (coll.)

Programmtip *m.* programme tip

Programmton *m.* complete programme sound, complete sound, program sound

Programmtonleitung *f.* complete programme sound circuit

Programmtyp *m.* programme type

Programmübernahme *f.* programme relay

Programmübertragung *f.* programme transmission

Programmüberwachung *f.* quality check

Programmunterbrechung *f.* (ungewollt) break in programme; °~ (gewollt) break in programmes; °~ (IT) interrupt *n.*, process interrupt

Programmusik *f.* programme music

Programmverantwortung *f.* editorial responsibility

Programmverbindung *f.* (Überleitung) programme link, programme transition

Programmversorgung *f.* programme supply

Programmverteilsystem *n.* programme distribution system

Programmvorlauf *m.* programme lead time

Programmvorschau *f.* programme preview

Programmvorschauseite *f.* programme preview page

Programmwahlanlage *f.* (PWA) programme selector

Programmwechsel *m.* change of programme

Programmzeit *f.* programme period

Programmzeitschrift *f.* programme journal

Programmzulieferung *f.* programme supply

Projekt *n.* project *n.*

Projektanmeldung *f.* project request

Projektauftrag *m.* assignment sheet

Projektierraum *m.* projector room

Projektion *f.* projection *n.*

Projektionsapparat *m.* projector *n.*

Projektionsempfänger *m.* projection receiver

Projektionsentfernung *f.* projection distance, throw *n.*

Projektionslampe *f.* projector lamp

Projektionslicht *n.* projection light

Projektionsoptik *f.* projection optics, projecting lens

Projektionsvorwahl *f.* projection preselection

Projektionswand *f.* projection screen

Projektionswinkel *m.* projection angle

Projektleiter *m.* project manager

Projektleitung *f.* project management

Projektor *m.* projector *n.*

Projektorbildfenster *n.* projection opening; °~ (Projektor) projection gate

Projektorfenster *n.* (Projektor) projection gate

Projektplan *m.* project plan

projizieren *v.* project *v.*

Promiskuity Delay promiscuity delay

Promo *n.* (Eigenwerbung) promo *n.*

Proportionalschrift *f.* (IT) proportional font

Prospekt *m.* brochure *n.*; °~ (Bühne) backcloth *n.*; **gemalter** °~ painted backcloth

Prospektmaler *m.* scenic artist

Protokoll *n.* (IT) printout *n.*

Protokolltester *m.* protocol analyzer

Proxyserver *m.* (IT) proxy server

Prozeduraufruf *m.* (IT) procedure call

Prozeßautomatisierung *f.* (IT) process automation

Prozeßbericht *m.* court report

Prozeßdaten-Übertragungssystem *n.* (IT) process communication system

Prozeßdatenverarbeitungssystem *n.* (IT) process control system

Prozeßleitsystem *n.* (IT) process guiding system

Prozessor *m.* (IT) central processing unit (CPU), processing unit, processor *n.*

Prozeßrechner *m.* (IT) process control computer

Prozeßsteuersystem *n.* (IT) process control system

Prozeßsteuerung *f.* (IT) process control

Prüf- und Meßverfahren *n.* test and measurement method; °~-**Bit** *n.* (IT) check bit

Prüfadapter *m.* test adapter

Prüfbericht *m.* check list, test report

Prüfbild *n.* test chart, test card, test pattern

Prüfbuchse *f.* test socket

prüfen *v.* test *v.*, check *v.*, review *v.*

Prüffeld *n.* test department

Prüffeldingenieur *m.* test engineer

Prüffilm *m.* test film

Prüffrequenz *f.* test frequency, standard frequency; °~- **und Meßverfahren** test and measurements *n. pl.*

Prüfprojektor *m.* diascope *n.*

Prüfsignal *n.* insertion signal, test signal

Prüfsignalgeber *m.* test signal generator

Prüfstand *m.* rig *n.*

Prüftaste *f.* test key, test signal key

Prüfton *m.* test tone

Prüfung *f.* test *n.*, check *n.*, testing *n.*

Prüfverfahren *n.* test method, test procedure

Prüfwort *n.* check word

Prüfzeichen *n.* (IT) check character

Prüfzeile *f.* insertion test signal, test line

(coll.); °~ **für Kamera** camera test; °~ **für Sendestraße** national insertion test signal, network insertion test signal

Prüfzeileneinmischer *m.* test line inserter

Prüfzeilengenerator *m.* insertion signal generator

Pseudostereophonie *f.* pseudo stereophony

Pseudozufallsfolge *f.* pseudo-random sequence

Psophometer *n.* psophometer *n.*

Psychoakustik *f.* psychoacoustics *n.*

Psychooptik *f.* psychooptics *n.*

PTC-Widerstand *m.* PTC resistor

PU (s. programmierte Unterweisung)

Publicdomainsoftware *f.* (IT) public-domain software *n.*

Publikationssperre *f.* publication embargo

Publikum *n.* audience *n.*, public *n.*

Publikumslautsprecher *m. pl.* public address system (PAS)

Publikumsstruktur *f.* audience structure

Publizistik *f.* journalism *n.*

Puffer *m.* (IT) buffer store; °~ buffer *n.*

Pufferbatterie *f.* buffer battery, balancing battery, floating battery

Pufferbetrieb *m.* buffer battery operation, buffer operation

Pufferdrossel *f.* buffer choke, isolating choke

Pufferspeicher *m.* (IT) buffer store; °~ (IT) buffer *n.*

Pull-down-Menü *n.* (IT) pull-down menu

Pull-mode *m.* pull mode

Pulldownmenü *n.* (IT) pull-down menu

Pullserver *m.* (IT) pull server

Pulltechnologie *f.* (IT) pull technology

Pulscodemodulation *f.* pulse code modulation (PCM)

Pulsdauer *f.* pulse duration

Pulsmodulation *f.* (als Modulationsträger wird ein Puls benutzt) pulse modulation

Pult *n.* console *n.*, desk *n.*

Pultbeleuchtung *f.* desk lighting

pumpen *v.* pump *v.*

Pumpen *n.* (tech.) breathing *n.*; °~ bouncing *n.*

Pumpstativ *n.* hydraulic stand

Punkt *m.* (Thema) issue *n.*

Punkt-zu-Punkt-Konfiguration *f.* (IT) point-to-point configuration *n.*

Punkt-zu-Punkt-Verbindung *f.* point-to-point connection
Punktabstand *m.* (IT) dot pitch
Punktgitter *n.* dot grating
Punkthelligkeit *f.* spot brightness
Punktierung *f.* puncturing *n.*
Punktlichtabtaster *m.* flying-spot scanner, spotlight scanner
Punktlichtabtastung *f.* flying-spot scanning
Punktlichtmesser *m.* spotlight meter
Punktschärfe *f.* spot focus
punktsequent *adj.* dot-sequential *adj.*
Punktsteuerung *f.* (IT) coordinate-setting *n.*
Puppenfilm *m.* puppet film
Puppentrick *m.* puppet animation
Puppentrickfilm *m.* animated puppet film
Puppentrickserie *f.* animated puppet series
Push-modus *m.* push mode
Pushmedium *n.* (IT) push medium
Pushserver *m.* (IT) push server
Pushtechnologie *f.* (IT) push technology
PWA (s. Programmwahlanlage)
Pyrotechniker *m.* pyrotechnician *n.*, special effects man

Q

QPSK quarternary PSK, QPSK
Quadraturfehler *m.* (MAZ) quadrature error; °~ (Modulation) quadrature fault
Quadraturmodulation *f.* quadrature modulation
Quadrofonie *f.* quadrophony *n.*
Qualitätsbeurteilung *f.* quality assessment
Qualitätsdatenblock *m.* quality chunk
Qualitätsmaßstab *m.* quality standard
Qualitätssicherung *f.* (IT) quality assurance
Qualitätsüberwachung *f.* quality surveillance, quality monitoring
Qualitätsverbesserung *f.* quality improvement, quality enhancement
Quantisierer *m.* quantizer *n.*

Quantisierungsfehler *m.* quantisation error
Quantisierungsrauschen *n.* quantisation noise
Quantität *f.* quantity *n.*
Quarz *m.* crystal *n.*
Quarzgenerator *m.* crystal oscillator
Quarzlampe *f.* quartz lamp
Quarzoszillator *m.* crystal oscillator
Quarzscheinwiderstand *m.* crystal reactance
Quarzsteuerung *f.* crystal control
Quasi-Spitzenwert *m.* (s. Quasispitzenwert) quasi-peak value
Quasispitzenwert *m.* quasi-peak value
Quecksilberdampflampe *f.* mercury vapour lamp
Quellcode *m.* (IT) source code
Quelldatei *f.* (IT) source file
Quelle *f.* (Information) source *n.*; °~ (tech.) origin *n.*
Quellencode *m.* source code
Quellencodierung *f.* source coding
Quellenlage *f.* source status
Quellenprogramm *n.* source program
Quellenprüfzeile *f.* source test signal
Quellensignal *n.* source signal
Quelllaufwerk *n.* (IT) source drive
Quellprogramm *n.* (IT) source program
Quellpunkt *m.* (Information) source *n.*
Quellwiderstand *m.* source impedance, input terminating resistance
Quer-Paritykontrolle *f.* (IT) vertical parity check
Querbild *n.* horizontal image, horizontal picture
Querglied *n.* (Vierpol) parallel element
Quermagnetisierung *f.* perpendicular magnetisation, transverse magnetisation
Querschnitt *m.* cross-section *n.*
Querschramme *f.* horizontal scratch
Querschriftaufzeichnung *f.* transverse scan, transverse recording
Querspuraufzeichnung *f.* transverse scan, transverse recording, transversal recording
Querspurverfahren *n.* transverse system
Querverbindung *f.* cross-connection *n.*, interconnection *n.*
querverbundene Dateien (IT) cross-linked files
Querwelle *f.* transverse wave

Query (IT) query *n.*
quittieren *v.* (IT) acknowledge *v.*
Quittung *f.* (IT) acknowledgement *n.*
Quittungsanforderung *f.* (IT)
acknowledgment request
Quittungsbetrieb *m.* (IT) handshaking
Quittungssignal *n.* (Sat.)
acknowledgement signal
Quiz *n.* quiz *n.*
Quizsendung *f.* quiz programme
Quizspiel *n.* quiz *n.*
Quotierung *f.* quota-based allocation,
quota-based distribution

R

R-Gespräch *n.* reversed-charge call; °~-
Signal (s. Rechtssignal)
Rabatt *m.* discount *n.*
Rädern *n.* (F) sprocket marking
Radio *n.* radio *n.*, radio receiver, radio set,
wireless set, wireless *n.*, radio *n.* (set),
set *n.*; °~ **hören** listen in *v.*; °~-**Daten-**
System *n.* (RDS) Radio Data System
(RDS)
Radioastronomiefunk *m.* radio astronomy
transmission
radiofonisch *adj.* radiophonic *adj.*
Radiofrequenz *f.* (RF) (Radiofrequenz)
radio frequency (RF)
Radiohorizont *m.* radio horizon
Radiosity (Computergraphik) radiosity *n.*
Radiotext *m.* radio text (RT)
Radius *m.* radius *n.*
raffen *v.* edit down *v.*; ~ (Text) tighten up
v.
Rahmen *m.* frame *n.*
Rahmenantenne *f.* frame aerial, loop
aerial
Rahmeneinblender *m.* safe-area generator
mixer
Rahmengeber *m.* mask generator
Rahmengestell *n.* frame *n.*, rack *n.*, bay *n.*
Rahmenprogramm *n.* backing
programme; °~ (Werbung) framework
programme for commercials
Rahmenträger *m.* bay support, bay *n.*

Rahmenträgeruntergestell *n.* rack base,
base of a bay, rack footing
Rakete *f.* rocket *n.*
Ramp *f.* (Musik: Einleitung) ramp *n.*; °~-
Talk *m.* ramp talk
Rampenbegrenzungslicht *n.* border light
Rampenbeleuchtung *f.* foot lighting
Rampenlicht *n.* footlight *n.*
Randaufhellung *f.* edge lighting, rim
lighting
Randbedingung *f.* marginal condition
Randbelichtungsfenster *n.* film-edge
marker light aperture
Randbemerkung *f.* marginal note,
sidenote *n.*, aside *n.*
randbespuren *v.* stripe *v.*
Randeffekt *m.* edge fringing, fringe effect
Rändelknopf *m.* milled knob, knurled
knob
Rändelscheibe *f.* knurled wheel, milled
wheel
Rändelschraube *f.* knurled screw
Randmarkierung *f.* edge marking
randnumerieren *v.* (F) edge-number *v.*,
rubber-number *v.*
Randnumerierung *f.* edge numbering,
rubber numbering
Randnummer *f.* (Film) edge number, key
number
Random-Access-Programmierung (IT)
random-access programming
Randschärfe *f.* (Bild) marginal definition
Randschleier *m.* edge fog
Randspur *f.* edge track
Randspurbelichtung *f.* exposure of
optical track
Randunschärfe *f.* blurred edges *n. pl.*, soft
edges *n. pl.*
Randzonensender *m.* peripheral station
Rangierfeld *n.* cross-connection field,
distribution panel
Rangierkabel *n.* plug cord
Rangierleitung *f.* tie line, solid twin-
connection wire
Rangierung *f.* strap connection, jumper
connection
Rangierverteiler *m.* distribution frame
Rasseln *n.* sizzle *n.*
Raster *m.* raster *n.*; °~ (F) screen *n.*
Rasterauflösung *f.* raster definition
Rasterbild *n.* scanning-pattern image
Rastermaß *n.* size of picture element

Rasterplatine *f.* screen plate
Rasterschärfe *f.* raster definition
Rasterwechselfrequenz *f.* field frequency (50 or 60 Hz)
Rasterwechselverfahren *n.* field-sequential system
Ratespiel *n.* quiz *n.*
Ratgebersendung *f.* advisory program
Ratiodetektor *m.* ratio detector
Raubpressung *f.* bootleg
Rauch *m.* smoke *n.*, fumes *n.*
Rauchbüchse *f.* smoke pot
Rauchkasten *m.* smoke box
Rauheit *f.* harshness *n.*
Rauhigkeit *f.* roughness *n.*
Raum *m.* area *n.*, room *n.*, space *n.*, chamber *n.*; **echoarmer** °∼ low-echo room, low-echo chamber; **elektromagnetisch toter** °∼ screened room; **reflexionsfreier** °∼ anechoic room; **schalltoter** °∼ dead room, free-field chamber, anechoic room, anechoic chamber
Raumakustik *f.* acoustics *n.*, room acoustics *n. pl.*
Raumbeleuchtung *f.* ambient lighting, ambient light
Raumeffekt *m.* (Ton) stereo effect
Raumeindruck *m.* spatial impression, stereoscopic impression
Raumgeräusch *n.* room noise
Raumhelligkeit *f.* acoustic brilliance
Raumklang *m.* acoustics *n.*, room acoustics *n. pl.*, acoustic *n.*
Raumkulisse *f.* room acoustics *n. pl.*, ambience *n.*, acoustic coloration
Raumladung *f.* (Röhre) space charge
Raumladungsgitter *n.* space-charged grid
räumlich *adj.* spatial *adj.*
Raumplan *m.* floor plan
Raumsatellit *m.* space satellite
Raumsegment *n.* (Sat) space segment
Raumstatik *f.* tape noise, bulk-erase noise
Raumtemperatur *f.* room temperature, ambient temperature
Raumton *m.* (Atmo) effects sound; °∼ stereo sound
Raumverluste *m. pl.* (Ausstrahlung) free space losses
Raumvorstellung des Hörers (Stereo) sound stage; °∼ **des Hörers** stereo layout, stereo picture (coll.)

Raumwelle *f.* sky-wave, indirect wave, ionospheric wave
Raumwirkung *f.* sound perspective, stereophonic effect, spatial effect
rausbringen *v.* (fam.) put out *v.*, run *v.*
Rauschabstand *m.* signal-to-noise ratio (S/N ratio)
Rauschanteil *m.* noise component
rauscharm *adj.* low-noise *adj.*
Rauschbegrenzer *m.* noise limiter
Rauschbegrenzung *f.* noise limiting
Rauschbeitrag *m.* noise contribution
Rauscheinbruch *m.* noise fading
Rauschempfindlichkeit *f.* noise sensitivity
rauschen *v.* to be noisy
Rauschen *n.* noise *n.*, atmospherics *n. pl.*; **atmosphärisches** °∼ atmospheric noise; **farbiges** °∼ pink noise, coloured noise; **impulsförmiges** °∼ impulsive noise; **kontinuierliches** °∼ continuous noise; **künstliches** °∼ man-made noise; **periodisches** °∼ periodic noise; **statisches** °∼ static noise, static *n.*
rauschen, Terz∼ *n.* third-octave noise
Rauschen, terzbandbreites °∼ third-octave bandwidth noise; **weißes** °∼ white noise
Rauschgenerator *m.* noise generator
Rauschleistung *f.* noise power
Rauschmaß *n.* noise figure
Rauschpegel *m.* noise level
Rauschsockel *m.* basic noise
Rauschspannung *f.* noise potential, noise voltage
Rauschspitzen *f. pl.* noise peaks
Rauschspur *f.* noise track; °∼ (MAZ) horizontal noise bar
Rauschstörabstand *m.* signal to noise ratio
Rauschstörung *f.* random noise, (durch Gegner::) noise interference
Rauschstrom *m.* noise current
Rauschtemperatur *f.* noise temperature
Rauschton *m.* noise *n.*, background noise
Rauschunterdrückung *f.* noise suppresion, noise reduction
Rauschunterdrückungsfaktor *m.* noise rejection rate
Rauschverminderungsverfahren *n.* noise reduction (process, system)
Rauschwiderstand *m.* noise resistance
Rauschzahl *f.* noise figure, noise factor

Räuspertaste *f.* microphone cut key, cut button (micr.), cough key
Ray-Tracing *n.* (IT) ray tracing
RBW-Verfahren *n.* RBW system
RC-Glied *n.* RC network, RC section; °~- **Kopplung** *f.* RC coupling
Reader-Board *n.* (Lesepult) reader board
Readme-File *f.* (IT) readme file
Reaktanzröhre *f.* reactance valve
RealAudio *n.* (IT) RealAudio *n.*
reale Adresse *f.* (IT) real address
Realisator *m.* (TV, R) producer *n.*; °~ director *n.*, reporter *n.*
Realzeit- (in Zus.) (IT) real-time *adj.*
Realzeitbetrieb *m.* (IT) real-time operation, real-time working
Realzeitsteuerung *f.* (IT) real-time control
Realzeituhr *f.* (IT) real-time clock
Rechen- und Leitwerk *n.* (IT) arithmetic and logical unit (ALU)
Rechenanlage *f.* computer *n.*; °~ (IT) data processing system, data processing system, computer *n.*; °~ data processing system unit
Rechengeschwindigkeit *f.* (IT) computing speed
Rechenkapazität *f.* computing capacity
Rechenleistungsverweigerung *f.* (IT) denial of service
Rechenprogramm *n.* computing program, arithmetic program
Rechenwerk *n.* (IT) arithmetic unit
Rechenzeit *f.* computing time
Recherche *f.* news research, background research
Rechercheur *m.* research specialist, research assistant
Rechner *m.* computer *n.*; °~, **zentraler** *m.* host *n.*, host computer
rechnergesteuert *adj.* (IT) computer-controlled *adj.*
rechnergestützt *adj.* computer-assisted *adj.*
rechnergestütztes Entwicklungssystem *n.* (IT) computer-assisted development system
Rechnerkennwort *n.* (IT) computer password
Rechnerprogrammierung *f.* computer programming
Rechnersimulation *f.* computer simulation
Rechnersteuerung *f.* computer control

Rechnersystem *n.* (IT) computer system
Rechnertechnik *f.* (IT) computer technology
Rechnerunterstützung *f.* computer support
Rechnerverbund *m.* (IT) multi-computer network
Rechnungsprüfer *m.* auditor *n.*
Rechnungswesen *n.* accounting *n.*
Rechnungswesen* *n.* finance* *n.*
Recht am eigenen Bild a person's right to his/her own image; °~ **am Ton und am Stoff** (proprietary) right to sound and material; °~ **auf Gegendarstellung** right of reply; **von dem** °~ **auf Gegendarstellung Gebrauch machen** to exercise right of reply
Rechte *n. pl.* rights *n. pl.*; °~ (allgemein) rights *n. pl.*; °~ **abtreten** to surrender rights, to give up rights; °~, **öffentliche** *n. pl.* (IT) public rights; **ausschließliche** °~ exclusive rights; **beschränkte** °~ limited rights, restricted rights; **einfache** °~ single rights; **große** °~ grand rights; **kleine** °~ petits droits, small rights; **sämtliche** °~ full rights, total rights, inclusive rights, all rights; **verwandte** °~ related rights
Rechteck-Hohlleiter *m.* rectangular waveguide
Rechteckimpuls *m.* rectangular pulse, square pulse
Rechteckimpulsfolge *f.* rectangular pulse train
Rechtecksignal *n.* square wave signal
Rechteerwerb *m.* acquisition of rights
rechtefrei *adj.* not subject to rights, devoid of rights
Rechten, frei von °~ licence-free *adj.*, exempt from royalties
Rechteübertragung *f.* transfer of rights
Rechtsabteilung *f.* legal department
rechtsbündig ausrichten *v.* (IT) right-justify *v.*
rechtsbündige Ausrichtung *f.* (IT) right justification
rechtsbündiger Flattersatz *m.* (IT) ragged right
Rechtschreibprüfung *f.* (IT) spell checking
Rechtsfragen *f. pl.* legal questions, legal

matters, questions of law, matters of law, points of law

Rechtsklick *m.* (IT) right click

Rechtslage *f.* legal situation

Rechtssignal *n.* (R-Signal) right-hand signal

rechtszirkulare Polarisation (Sat) right-hand circular polarisation

Recorder *m.* recorder *n.*

Redakteur *m.* editor *n.*; °∼ (Nachrichten) sub-editor *n.*; °∼ (TV, R) producer *n.*; °∼ specialist correspondent; °∼ **vom Dienst** (R) senior duty editor; °∼ **vom Dienst** duty editor; **leitender** °∼ (Nachrichten) assistant editor

Redakteursarbeitsplatz *m.* editor's workplace

Redakteursausschuß *m.* editorial staff committee

Redaktion *f.* (Nachrichten) news desk; °∼ (Abfassung) editing *n.*, sub-editing *n.*; °∼ (Stab) editorial staff; °∼ editorial desk, newsroom *n.*; °∼ (Stab) editorial staff

Redaktionsassistent *m.* editorial assistant; °∼ (Meldungseingang) copy-taster

Redaktionsbesprechung *f.* editorial conference

Redaktionskonferenz *f.* editorial conference

Redaktionsleiter *m.* senior editor, head of desk

Redaktionsleitung *f.* senior editor's office

Redaktionsraum *m.* (Nachrichten) news desk; °∼ editorial desk, newsroom *n.*

Redaktionsschluß *m.* deadline *n.*; °∼ **machen** to put to bed (coll.)

Redaktionsstatut *n.* editorial statute

Rede *f.* (allgemein) speech *n.*, talk *n.*

Redewendung *f.* figure of speech, idiom *n.*

redigieren *v.* edit *v.*; ∼ (Nachrichten) sub-edit *v.*

Reduktion *f.* reduction *n.*

Redundanz *f.* redundancy *n.*

Reduzierung *f.* truncation *n.*

Referat *n.* (Vortrag) oral report; °∼ (Abteilung) section *n.*; °∼ department *n.*

Referent, persönlicher °∼ personal assistant (PA)

Referenzdecoder *m.* reference decoder; °∼**demultiplexer** *m.* reference demultiplexer

Referenzsignal *n.* reference signal

Reflektor *m.* reflector *n.*; **abgestimmter** °∼ tuned reflector

reflektor, unabgestimmter Netz∼ aperiodic screen

Reflektorspiegel *m.* reflector mirror

Reflexbeleuchtung *f.* reflected lighting

Reflexfolie *f.* reflexion foil

Reflexion *f.* reflection *n.*

Reflexionsfaktor *m.* reflection coefficient

Reflexionsgrad *m.* reflection factor, reflection coefficient

Reflexionsmaß *n.* reflection measure

Reflexionsschicht *f.* reflecting layer

Reflexionsverlust *m.* reflection loss, loss by reflection

Reflexionsvermögen *n.* reflecting power

Reflexionswand *f.* reflector screen

Reflexkamera *f.* reflex camera

Reflexsucher *m.* reflex viewfinder, reflex finder

Refrain *m.* chorus *n.*, refrain *n.*

Refrainsänger *m.* backing singer

Refraktion *f.* (Schallbrechung) refraction *n.* (of sound)

Regelanschaltung *f.* standard access

Regeleinheit *f.* control unit

Regelglied *n.* (IT) final control element

Regelgröße *f.* (IT) controlled condition

Regelkreis *m.* automatic control system; **offener** °∼ (IT) open loop

Regelkurve *f.* control characteristic

Regellage *f.* (eine Frequenzlage des Hauptseitenbandes bei Einseitenbandmodulation) regular position

Regelmäßigkeit *f.* regularity *n.*

regeln *v.* adjust *v.*; ∼ (regulieren) regulate *v.*; ∼ control *v.*

Regeln *f. pl.* controlling *n.*, regulating *n.*

Regelschaltung *f.* control circuit

Regelung *f.* adjustment *n.*; °∼ (Steuerung) control *n.*; °∼ regulation *n.*, setting *n.*; **getastete** °∼ clamped control

Regelverstärker *m.* AGC amplifier

Regelwerk *f.* regulations *n.*

Regelwiderstand *m.* variable resistance, rheostat *n.*, variable resistor

Regenbogengenerator *m.* rainbow test pattern generator

Regenbogentestbild *n.* rainbow test pattern

Regendämpfung *f.* rain loss
Regeneration *f.* regeneration *n.*
Regenerationsgerät *n.* regenerating equipment
Regenerator *m.* regenerator *n.*, sync-pulse regenerator
regenerieren *v.* regenerate *v.*
Regenerierflüssigkeit *f.* replenisher *n.*
Regenerierung *f.* regeneration *n.*, reactivation *n.*
Regenerierverstärker *m.* processing amplifier
Regenschutz *m.* rain-shield
Regie *f.* (R) cubicle *n.*; °~ direction *n.*, production *n.* (directing), control room; °~ (Raum, TV) production control room; °~ (Raum, R) production cubicle; °~ (TV) gallery *n.* (coll.); °~ (im Titel) directed by; °~ (Thea.) staging *n.*; °~ control cubicle; °~ **führen** produce *v.*, direct *v.*; °~-**Kameramann** *m.* director-cameraman *n.*; °~-**Tonträger** *m.* recording channel
Regieanweisung *f.* stage direction
Regieassistent *m.* assistant director (AD)
Regiebesprechung *f.* pre-production meeting
Regiekanzel *f.* control room; °~ (TV) gallery *n.* (coll.)
Regiekonzeption *f.* director's conception
Regieleitung *f.* talkback circuit
Regiepult *n.* console *n.*, control desk, panel *n.*, mixing desk
Regieraum *m.* control room; °~ (Raum, TV) production control room; °~ (Raum, R) production cubicle; °~ (TV) gallery *n.* (coll.); °~ control cubicle, programme control room
Regierungssprecher *m.* government spokesman
Regiestab *m.* director's staff
Regiestuhl *m.* director's seat
Regietisch *m.* console *n.*, control desk, panel *n.*, mixing desk
Regiewagen *m.* mobile control room (MCR)
Regiezentrale *f.* master control room (MCR)
Regionalanstalt *f.* local station (US), regional centre
Regionalberichterstattung *f.* regional reporting, regional coverage

regionale Berichterstattung local news (US)
Regionalfernsehen *n.* regional television programmes *n. pl.*, local television (US)
Regionalnachrichten *f. pl.* area news (US), local news (US), regional news
Regionalprogramm *n.* regional programme, local broadcasting (US)
Regionalsender *m.* regional transmitter
Regionalsendung *f.* regional broadcast, local program (US), local broadcast (US)
Regionalstudio *n.* regional centre
Regisseur *m.* producer *n.* (director), director *n.*; °~-**Kameramann** *m.* director-cameraman *n.*
Register *n.* (IT) register *n.*
Registrator *m.* filing clerk
Registratur *f.* registry *n.*
Regler *m.* stabiliser *n.*, regulator *n.*, governor *n.*, control *n.*; °~ (fam.) fader *n.*
Reglereinstellung *f.* controller setting, regulator setting, control setting
regulieren *v.* adjust *v.*; ~ (regulieren) regulate *v.*; ~ govern *v.*, control *v.*
Reibradantrieb *m.* (Phono) idler drive
Reichweite *f.* (Frequenz) range *n.*; °~ transmission range, coverage *n.*
Reihe *f.* series *n.*
Reihenkreis *m.* series circuit
Reise *f.* journey *n.*, trip *n.*
Reisebericht *m.* travelogue *n.*
Reiseempfänger *m.* portable *n.* (coll.)
Reisefilm *m.* travelogue *n.*
Reisekosten *plt.* travel expenses
Reisekostenabrechnung *f.* travel expenses claim
Reisekostenantrag *m.* application for travel allowances
Reisekostenstelle *f.* travel allowances clerk
Reisekostenvergütung *f.* reimbursement of expenses
Reisekostenvorschuß *m.* advance of travel expenses
Reisespesen *plt.* travel allowances
Reisetagebuch *n.* travel diary
Reisetonbandgerät *n.* portable tape recorder
Reiß-Schwenk *m.* (Wischer) flash pan, swish pan, zip pan

Reißschwenk *m.* whip pan, zip pan, swish pan

Reizschwelle *f.* threshold of sensation, threshold of stimulation

Reizschwellenkurve *f.* sensation threshold curve

Reklame *f.* advertising *n.*, advertisement *n.*, ad *n.* (coll.), publicity *n.*

Rekompatibilität *f.* reverse compatibility

Rekorder *m.* recorder *n.*

Relais *n.* relay *n.*; **ausfallverzögertes** °∼ slugged relay; **gepoltes** °∼ polarised relay; **polarisiertes** °∼ polarised relay

Relaiskreuzschaltfeld *n.* relay matrix

Relaisoptik *f.* relay optics, relay lens

Relaisschiene *f.* relay spring

Relaisschrank *m.* relay frame, relay box

Relaissender *m.* relay transmitter, rebroadcast transmitter, relay station

Relaisstation *f.* relay station

relative Öffnung aperture ratio, relative aperture

Remake *n.* (F) remake *n.*

Remission *f.* re-emission *n.*, reflectance *n.*, re-radiation *n.*

Remissionsumfang *m.* reflecting power, re-emissive power, spectral re-emission

Remissionsverhältnis *n.* coefficient of re-emission, coefficient of reflectance

remittieren *v.* remit *v.*

Rendering *n.* (IT) rendering *n.*

Reparatur *f.* maintenance *n.*; °∼ (tech.) repair *n.*

Reparaturwerkstatt *f.* repair shop

reparieren *v.* repair *v.*, mend *v.*

Repertoire *n.* repertory *n.*, repertoire *n.*

Report *m.* report *n.*

Reportage *f.* (Nachrichten) story *n.*; °∼ running commentary; °∼ (Sport) commentary *n.*; °∼ news coverage, eye-witness report, reportage *n.*, news report; °∼-**Licht** *n.* reporter light

Reportagefahrzeug *n.* (R) recording van, recording car

Reportagefilm *m.* newsreel *n.*

Reportagesendung *f.* news report

Reportagewagen *m.* (R) recording van, recording car

Reporter *m.* reporter *n.*, newsman *n.* (US)

Reprise *f.* re-issue *n.* (F, thea.), re-run *n.*

Reproduktion *f.* reproduction *n.*, rendering *n.*, copying work

reprofähig *adj.* (IT) camera-ready *adj.*

Requisit *n.* property *n.*, prop *n.* (coll.)

Requisite *f.* (fam.) property room, prop room (coll.)

Requisiten *n. pl.* set dressings, properties *n. pl.*, props *n. pl.* (coll.)

Requisitenfundus *m.* property store

Requisitenliste *f.* property list, property plot

Requisitenmeister *m.* stock-keeper *n.*

Requisitenraum *m.* property room, prop room (coll.)

Requisiteur *m.* property master, propsman *n.* (coll.), property man

Reserve *f.* (Progr.) stand-by *n.*

Reserveaufnahme *f.* hold take

Reservebeitrag *m.* substitute item

Reservebetrieb *m.* stand-by service, reserve service

Reservegerät *n.* spare apparatus

Reserveleitung *f.* spare circuit, reserve circuit

Reserveprogramm *n.* stand-by programme

Reservespeicher *m.* (IT) backup storage, backup memory

Resetschalter *m.* (IT) reset switch

Resonanz *f.* echo *n.*, resonance *n.*

Resonanzabsorber *m.* resonance absorber

Resonanzanzeige *f.* resonance indication

Resonanzbreite *f.* resonant width

Resonanzfrequenz *f.* resonant frequency, resonance frequency

Resonanzkreis *m.* resonant circuit

Resonanzkurve *f.* resonant curve

Resonanzschärfe *f.* sharpness of resonance

Resonanzspannung *f.* resonant voltage

Resonanzspitze *f.* resonance peak

Resonanzüberhöhung *f.* resonance step-up

Resonanzverstärker *m.* tuned amplifier

Resonanzwiderstand *m.* resonant impedance

Resonator *m.* resonator *n.*

resonator, Platten∼ *m.* plate resonator

Ressort *n.* area *n.*, province *n.* (speciality), sphere of responsibility, field *n.* (US), department *n.*, beat *n.* (US), desk *n.*

Ressortchef *m.* head of desk

Ressortleiter *m.* head of desk

Restauration, Wiederherstellung *f.*
restoration *n.*
Restseitenband *n.* vestigial sideband
Restseitenbandcharakteristik *f.* vestigial
sideband characteristic
Restseitenbandfilter *m.* vestigial sideband
filter
Restseitenbandmodulation *f.* restigial
side band modulation
Restseitenbandübertragung *f.* vestigial
sideband transmission
Restspannung *f.* residual voltage
Reststörspannung *f.* residual interference
voltage
Reststrom *m.* leakage current, residual
current
Restwelligkeit *f.* ripple *n.*, residual ripple
Retake *n.* retake *n.*
Retrieval *n.* (IT) retrieval *n.*
Retrospektive *f.* retrospective *n.*
retuschieren *v.* touch up *v.*, retouch *v.*
Revision *f.* audit *n.*
Revision* *f.* internal auditor* (BBC)
Revisor *m.* auditor *n.*
revolutionär *adj.* revolutionary *adj.*
Revolvergriff *m.* pistol grip
Revolverkopf *m.* lens turret, turret head
Revolverkopfdrehung *f.* turret rotation
rewriten *v.* rewrite *v.*
RGB-Monitor *m.* RGB monitor; °~**-Pegel**
n. pl. RGB levels; °~**-Prinzip** *n.* RGB
system; °~**-Verfahren** *n.* RGB system
RGB+Y-Verfahren *n.* RGB with separate
luminance
Rhythmus *m.* rhythm *n.*
Rhythmusträger *m.* rhythm tape, rhythm
carrier
Rich-Text-Format *n.* (IT) rich text format
Richtantenne *f.* directional aerial, beam
aerial, directional antenna
Richtcharakteristik *f.* directional pattern,
polar diagram, radiation pattern, pattern
n.
Richtdiagramm *n.* directional pattern,
polar diagram, radiation pattern
richten *v.* adjust *v.*; ~ (justieren) set *v.*; ~
(auf) *v.* point *v.*, direct *v.*, beam *v.*
Richten *n.* adjusting *n.*, setting *n.*
Richtfunk *m.* (RiFu) microwave link
system, point-to-point radio system,
radio-link system; °~**-Reportageanlage**
f. radio relay reporting system

Richtfunkantenne *f.* directional aerial,
beam aerial
Richtfunkempfänger *m.* microwave
receiver, relay receiver, link receiver
Richtfunkleitung *f.* radio link
Richtfunknetz *n.* microwave network,
radio-link network, radio-relay network
Richtfunksender *m.* microwave
transmitter, point-to-point transmitter,
link transmitter
Richtfunkstelle *f.* microwave radio
station, point-to-point radio station
Richtfunkstrahl *m.* radio beam
Richtfunkstrecke *f.* microwave link,
directional link, radio link
Richtfunkübertragungsdienst* *m.*
microwave transmission service*, radio-
relay transmission service*
Richtfunkverbindung *f.* microwave link,
directional link, radio link, microwave
n.
Richtfunkzubringerlinie *f.* microwave
contribution circuit
Richtigstellung *f.* correction *n.*,
rectification *n.*
Richtkeulenöffnungswinkel *m.* aerial
beam width
Richtkoppler *m.* directional coupler
Richtlautsprecher *m.* directional
loudspeaker
Richtleiter *m.* crystal diode
Richtlinie *f.* guideline *n.*
**Richtlinien zum Einmessen von
Schallträgern** standards for
measurement of magnetic tapes
Richtmikrofon *n.* highly directional
microphone, unidirectional microphone
Richtspannung *f.* rectified voltage
Richtstrahlantenne *f.* directional aerial,
beam aerial, directional antenna
Richtstrahler *m.* directional antenna,
beamed transmitter, directive aerial
Richtstrahlung *f.* directional transmission
Richtstrom *m.* rectified current
Richtungsabhängigkeit *f.* (Ausstrahlung)
directionality *n.*
Richtungsfaktor *m.* directivity factor
Richtungshören *n.* directional hearing
Richtungsinformation *f.* (Stereo)
directional information, positional
information, stereo information (coll.)

Richtungsmaß *n*. directional gain, directivity index

Richtungsmischer *m*. directional mixer

Richtungsmischung *f*. directional mixing

Richtverbindung *f*. radio link

Richtwirkung *f*. directivity *n*., directional effect

Riemenantrieb *m*. belt drive

Riffelmuster *n*. moiré *n*., moiré pattern, watered silks effect

RiFu (s. Richtfunk)

Rille *f*. (Beleuchtung) grid slot; °∼ (Schallplatte) groove *n*.

Rillendecke *f*. slotted grid

Rillenwinkel *m*. groove angle

Ringkern *m*. (IT) toroidal core

Ringleitung *f*. ring circuit, ring main

Ringmagnet *m*. ring magnet, annular magnet

Ringmodulator *m*. ring modulator, double-balanced modulator

Ringmutter *f*. annular nut

Ringsendung *f*. multiplex broadcast, relay *n*.

Ringstart *m*. (F) simultaneous release

Ringteiler *m*. ring counter

Ringübertrager *m*. toroidal transformer, ring transformer

Ringzähler *m*. ring counter

Riß *m*. (F) break *n*. (F), tear *n*.

Roaming *n*. (IT) roaming *n*.

Roboterarchiv *n*. robotic archive

Rohdaten *n. pl*. (IT) raw data

Rohdrehbuch *n*. draft script, preliminary shooting script, draft screenplay

Rohfassung *f*. working script, unpolished script

Rohfilm *m*. (Material) stock *n*.; °∼ raw stock, raw film

Rohfilmhersteller *m*. raw stock manufacturer, film manufacturer

Rohfilmherstellung *f*. raw stock manufacture, film manufacture

Rohfilmkern *m*. raw stock bobbin, raw stock centre, raw stock core

Rohfilmlager *n*. raw stock store

Rohfilmmaß *n*. raw stock dimension

Rohfilmmaterial *n*. (Material) stock *n*.; °∼ raw stock, raw film

Röhre *f*. valve *n*. (tube), tube *n*.; **implosionsgeschützte** °∼ implosion-proof tube; **taube** °∼ deaf valve; **Wanderfeld-**°∼ *f*. travelling-wave tube

Röhrenempfänger *m*. valve receiver, valve set, tube receiver

Röhrenkolben *m*. bulb *n*.

Röhrensender *m*. valve or vacuum-tube transmitter

Röhrensockel *m*. valve socket, valve base, tube holder

Röhrenvoltmeter *n*. valve voltmeter, vacuum-tube voltmeter (VTVM)

Röhrenwirkungsgrad *m*. valve or vacuum tube efficiency

Rohrgerüst *n*. (Scheinwerfer) tubular scaffolding

Rohrklammer *f*. (Scheinwerfer) scaffold clamp

Rohrkondensator *m*. tubular capacitor

Rohrleitung *f*. pipeline *n*.

Rohrmast *m*. tubular mast, tube pole

Rohschnitt *m*. (Schnitt) assembly *n*.; °∼ rough cut

Rohschnittabnahme *f*. approval of rough cut

Rohschnittvorführung *f*. screening of rough cut

Rohübersetzung *f*. rough translation

Rolle *f*. roll *n*.; °∼ (mech.) pulley *n*., castor *n*.; °∼ (Darsteller) part *n*., character *n*., role *n*.; °∼ reel *n*., spool *n*.; **freilaufende** °∼ idler *n*.; **kleine** °∼ bit part, small part

rollen *v*. (F) curl *v*.

Rollenbesetzung *f*. (Darsteller) cast *n*., casting *n*.

rollender Ttiel roller caption

Rollenfach *n*. character type

Rollstativ *n*. rolling tripod

Rolltitel *m*. roll-titles *n. pl*., roller caption

Rolltitelgerät *n*. roller caption equipment

Rosette *f*. rosette *n*.

Rost *m*. grid *n*.; °∼ (Gitter) grating *n*.; °∼ (Oxid) rust *n*.

Rotation *f*. target *n*.

rotationssymmetrisch *adj*. dynamically balanced

rotierender Übertrager rotary transformer

Rotlicht *n*. red light, warning light, on-air-light signalling

Roundup *m*. roundup *n*.

ruckartige Bewegung judder *n*.

Rückblende *f*. flashback *n*.

Rückfahrt f. tracking back, tracking out
Rückflanke f. trailing edge
Rückflußdämpfung f. return loss, structural return loss
Rückfrage f. (Tel) consultation n., refer-back call
rückgekoppelter Verstärker feedback amplifier
rückgewinnen v. recover v.
Rückgewinnung f. recovery n., reclamation n.; °~ (elek.) recuperation n.
Rückkanal (Tel) backward channel, return channel, backchannel
rückkoppeln v. (akust.) feed back v., howl round v. (acoust.); ~ (elek.) regenerate v.
Rückkopplung f. feedback n.; °~ (akust.) howl-round n., howling n. (coll.); °~ (elek.) regeneration n. (feedback), regenerative feedback; **optische** °~ vision howl-round
Rückkopplungsneigung f. tendency to regenerate; °~ (Rückkopplung) feedback tendency
Rückkühlanlage f. re-cooling plant
Rücklauf m. return n., flyback n., return movement, reverse motion, rewind n.; °~/**Vorlauf** m. (m. verschied. Geschw.) skip n.; **schneller** °~ fast rewind; **synchroner** °~ synchronous rewind
Rücklaufaustastung f. blanking n., flyback suppression
Rücklaufsignal n. blanking signal; °~ (Abtastung) flyback signal
Rücklaufstrahl m. flyback beam
Rücklauftrick m. reverse-motion effect, reverse-running effect
Rückleitung f. return circuit, flyback circuit (US)
Rückmeldung f. back indication, operation-completed indication, feedback n.
Rückpro f. (fam.) back projection (BP), rear projection (RP)
Rückprojektion f. back projection (BP), rear projection (RP)
Rückprojektor m. back projector
Rückproschirm m. back projection screen, rear projection screen, translucent screen

Rückruf m. (Tel) call back, automatic call back
Rückrufrecht n. right of withdrawal, right to revoke; °~ **wegen Nichtausübung** right of withdrawal because of non-exercise
Rückrufzeichen n. call-back signal, recall signal
Rucksack m. (fam.) pack n.
Rückschicht f. backing n.
Rückschlagimpuls m. kick-back pulse
Rückseitenbeschichtung f. backcoat layer
Rücksetzer m. set-in n., backing n.; °~ (Dekoration) background decoration panel
Rückspielleitung f. playback circuit
Rücksprechdämpfung f. reradiation attenuation
Rücksprechleitung f. talkback circuit
Rücksprungadresse f. return address
Rückspulung f. rewinding n., rewind n.
Rückstellkraft f. reset force
Rückstellung f. reset n.
Rückstreuung f. backscattering n.
Rückwand f. back face, back wall, back panel, rear panel, back n., rear wall
rückwärts fahren dolly out v., track out v.
Rückwärts-Kompatibilität f. backward compatibility
Rückwärtsgang m. reverse action, reverse n. (mech.), return movement, reverse motion
Rückwärtsregelung f. backward-acting regulation, pre-detector volume control
ruckweiser Filmtransport (Filmprojektion) jolting film transport
Rückwirkung f. feedback n., reaction n., backlash n.
Rückwurf m. sound reflection
Ruf m. (Tel) call n.
Rufabschaltung f. (Tel) ring trip
Rufanlage f. bleeper n.
Rufannahme f. (IT) call-accepted signal
Rufbefehl m. (Tel) call instruction
Rufdaten f. pl. (Tel) call data
Ruferkennung f. (Tel) call detection
Ruffrequenz f. ringing frequency
Rufnummer f. subscriber number
Rufnummeranzeige f. (Tel) call number display
Rufnummernspeicher m. (Tel) call number memory

Rufsignal *n.* calling signal; °~
(Fernschreiber) ringing signal; °~
(akust.) audible calling signal
Ruftaste *f.* ringing key
Rufumleitung *f.* (Tel) call diversion
Rufweiterleitung *f.* (Tel) call forwarding
Ruhe *f.* silence *n.*; °~ **bitte!** quiet, please!
Ruhegeräusch *n.* weighted background
noise
Ruhekontakt *m.* back contact, break
contact
ruhend *adj.* stationary *adj.*
Ruhepotential *n.* quiescent potential
Ruhestellung *f.* idle position, idle setting,
quiescent position
Ruhestrom *m.* closed-circuit current
Rührwerk *n.* (Kopierwerk) agitator *n.*,
stirring device
Rumpelfilter *m.* rumble filter
Rumpelgeräusch *n.* rumble *n.* (noise)
Rumpeln *n.* (Platte) rumble *n.*
Rundempfangsantenne *f.* omnidirectional
aerial
Rundfrage *f.* all round enquiry
Rundfunk *m.* radio *n.*, broadcasting *n.*;
°~- **und Fernsehstation** television and
radio station; **durch** °~ **übertragen** to
put on the air
Rundfunkanstalt *f.* broadcasting station;
°~ (Hörfunk) radio station; °~
broadcasting organisation
Rundfunkapparat *m.* radio receiver, radio
set, wireless set, wireless *n.*, radio *n.*
(set)
Rundfunkarchiv *n.* broadcasting archives
n. pl.
Rundfunkchor *m.* radio choir, radio
chorus
Rundfunkdienst *m.* radio service; °~ **mit**
Satelliten broadcasting-satellite service
Rundfunkdurchsage *f.* special
announcement
Rundfunkempfänger *m.* radio receiver,
radio set, wireless set, wireless *n.*, radio
n. (set)
Rundfunkempfängerweiche *f.* receiving
diplexer
Rundfunkfinanzierung *f.* broadcast
financing
Rundfunkfreiheit *f.* freedom of
broadcasting
Rundfunkgebühr *f.* receiver licence fee

Rundfunkgerät *n.* radio receiver, radio
set, wireless set, wireless *n.*, radio *n.*
(set)
Rundfunkgeschichte *f.* history of
broadcasting
Rundfunkgesellschaft *f.* broadcasting
company, radio corporation (US)
Rundfunkgesetz *n.* broadcasting act
Rundfunkhaus *n.* broadcasting house
Rundfunkhörer *m.* listener *n.*
rundfunkinterne Anwendungen (RDS)
in house applications
Rundfunkjournalist *m.* radio journalist
Rundfunkkanal *m.* radio channel
Rundfunkkomplex *m.* broadcasting centre
Rundfunkleute *plt.* broadcasters *n. pl.*
Rundfunkorchester *n.* radio orchestra
Rundfunkordnung *f.* broadcasting
regulation
Rundfunkorganisation *f.* broadcasting
organisation
Rundfunkrat *m.* broadcasting council
Rundfunkrecht *n.* broadcasting
legislation, broadcasting law
Rundfunksatellit *m.* broadcasting satellite
Rundfunksatellitenband *n.* (Sat.)
broadcasting satellite band
Rundfunkschaffender *m.* broadcaster *n.*
Rundfunksendegesellschaft *f.*
broadcasting company, radio
corporation (US)
Rundfunksender *m.* radio transmitter,
broadcasting transmitter
Rundfunksendung *f.* radio programme;
°~ (tech.) transmission *n.*; °~ broadcast
n.
Rundfunksprecher *m.* speaker *n.*; °~
(Ansager) announcer *n.*
Rundfunkstation *f.* broadcasting station;
°~ (Hörfunk) radio station
Rundfunkstatut *n.* broadcasting charter
Rundfunkstereofonie *f.* radio
stereophony, stereo radio (coll.)
Rundfunkstudio *n.* radio (broadcasting)
Rundfunktechnik *f.* radio engineering
Rundfunktechniker *m.* broadcasting
engineer, radio engineer
Rundfunkteilnehmer *m.* licence-holder *n.*
Rundfunkträger *m.* broadcasting
organisation
Rundfunkübertragung *f.* radio relay,

radio transmission, radio broadcast, broadcast *n*. (transmission)

Rundfunkübertragungsstelle *f*. broadcasting station

Rundfunkvermittlung *f*. (Post) radio relay exchange

Rundfunkversorgung *f*. broadcasting service

Rundfunkzone *f*. (Region) broadcasting zone

Rundgang *m*. (Studio) studio gallery

Rundhorizont *m*. cyclorama *n*. (cyc); °∼ **mit Voute** cyclorama with merging curve

rundlaufen *v*. rotate *v*., revolve *v*.

Rundschau *f*. round-up *n*., review *n*.

Rundschwenk *m*. pan-round *n*., full-circle panoramic shot

Rundsenden *n*. (Tel) multiaddress service

Rundstrahlantenne *f*. omnidirectional aerial, omnidirectional antenna

Rundstrahler *m*. omnidirectional antenna, omnidirectional aerial

Rundstrahlung *f*. circular radiation, omnidirectional radiation

Runtimeversion *f*. (IT) run-time version

Rüstwagen *m*. rigging tender

Rüttelsicherheit *f*. immunity to vibration

S

S-Separator *m*. line-sync separator; °∼- **Signal** (s. Synchronsignal)

Saalgeräusch *n*. auditorium noise, hall noise, room noise

Sachgebiet *n*. subject *n*. (speciality), special field, speciality *n*.

Sachleistung *f*. facility *n*.

Sachtrick *m*. live animation

Sachverständiger *m*. expert *n*., specialist *n*.

Saft *m*. (fam.) current *n*., juice *n*. (coll.)

Sägezahn *m*. saw-tooth *n*.; °∼ **mit HF-Mittelwert** saw-tooth with HF mean value

Sägezahngenerator *m*. relaxation oscillator, saw-tooth generator

Sägezahnkorrektur *f*. saw-tooth correction

Sägezahnschwingung *f*. saw-tooth oscillation

Sägezahnsignal *n*. saw-tooth signal; °∼ **mit Farbträger** saw-tooth signal with colour carrier

Salat *m*. (fam.) (Proj.) rip-up *n*. (coll.); °∼ (Filmsalat) (J) film jam, spaghetti (slang)

Salatschalter *m*. (fam.) cut-out switch

Sammelanschluß *m*. (Tel) PBX line group, PBX hunt group

Sammelelektrode *f*. collector electrode, collector *n*.

Sammellinse *f*. collecting lens, convergent lens, converging lens, condenser lens

Sammelruf *m*. (Tel) multiaddress call

Sammelschiene *f*. (elektr.) busbar *n*.; °∼ (IT) busbar *n*.

Sampler *m*. sampler *n*.

Samtkufe *f*. velvet pad

Sänger *m*. singer *n*.

Sat-Kom Satellitenkommunikation

Satellit *m*. bird *n*. (US), satellite *n*., low power satellite; °∼ **für direkte Rundfunkübertragung** direct broadcast satellite; °∼ **für vielfachen Zugang** satellite with multiple access; **aktiver** °∼ active satellite; **geostationärer** °∼ geostationary satellite; **geosynchroner** °∼ geosynchronous satellite

satellit, Highpower∼ *m*. high power satellite

Satellit, künstlicher °∼ artificial satellite, man-made satellite

satellit, Lowpower∼ *m*. low power satellite

Satellit, passiver °∼ passive satellite; **rückläufiger** °∼ retrograde satellite; **stationärer** °∼ stationary satellite

Satelliten-Tonrundfunk *m*. satellite sound brodcasting; °∼-**Verteildienst** (Sat) satellite date distribution service; °∼**anbieter** *m*. satellite provider; °∼**betreiber** satellite operator; °∼**position** *f*. satellite position; °∼**spiegel** *m*. satellite dish; °∼**verbreitung** *f*. satellite broadcasting

Satellitenantenne *f*. satellite aerial

Satellitenausstrahlung *f*. satellite transmission

Satellitenbahn *f.* orbit *n.*
Satellitenbestellung *f.* satellite circuit order
Satellitenempfänger *m.* satellite receiver
Satellitenempfangsanlage *f.* satellite reception system
Satellitenerdverbindung *f.* satellite-earth link
Satellitenfenster *n.* window *n.*
Satellitenfernsehen *n.* satellite television
Satellitenfernsehprogramm *n.* satellite television programme
Satellitenfunk *m.* transmission via satellite
Satellitenfunkstrecke *f.* satellite circuit, satellite link
Satellitenkommunikation (Sat) Satellitenkommunikation
Satellitenleitung *f.* satellite circuit, satellite link
Satellitennetz *n.* satellite network
Satellitenradio *n.* satellite radio
Satellitenrechte *n. pl.* satellite rights
Satellitenrundfunk *m.* broadcasting by satellite
Satellitensendefrequenz *f.* satellite transmit frequency
Satellitensender *m.* satellite transmitter
Satellitensignal *n.* satellite signal
Satellitenstrecke *f.* satellite circuit, satellite link
Satellitensystem *n.* satellite system
Satellitenübertragung *f.* satellite transmission; **direkte** °~ direct broadcast by satellite, live relay by satellite
Satellitenverbindung *f.* satellite circuit, satellite link; °~ **mit mehreren Satelliten** multi-satellite link
Satellitenverkehr *m.* traffic by satellite
satellitenvermittelt (Sat) satellite switched
Satellitenverteilung *f.* satellite distribution
Satin *n.* (Dekoration) satin *n.*
Satire *f.* satire *n.*
sättigen *v.* saturate *v.*
Sättigung *f.* saturation *n.*
Sättigungsfehler *m.* saturation error
Satz *m.* (Reihe) set *n.* (batch), assembly *n.* (batch), batch *n.*
Saugkreis *m.* (Filter) acceptor circuit
Säulendiagramm *n.* (IT) column chart

Säulenlautsprecher *m.* column (loud-)speaker
Saum *m.* fringe *n.*
säurefest *adj.* acid-proof *adj.*, acid-resisting *adj.*
Säuregrad *m.* degree of acidity, acidity *n.*
Scalloping Fehler scalloping *n.*
scannen *v.* (IT) scan *v.*
Scanner *m.* scanner *n.*; °~ (IT) scanner *n.*
Scatterrichtfunkstrecke *f.* scatter radio-relay circuit, scatter link
Scatterverbindung *f.* scatter communication
Schabemesser *n.* scraper *n.*, scraping tool, retouching knife
Schablone *f.* matte *n.*, cliché *n.*, cut-out *n.*, overlay *n.*, template *n.*
Schablonenblende *f.* cut-out diaphragm, vignette *n.*, effects matte, camera matte
Schabloneneinblendung *f.* overlay insertion
Schablonenmuster für Scheinwerfer projection cut-out
Schablonentrick *m.* overlay *n.*
Schabracke *f.* (Dekoration) shabrack *n.*, shabraque *n.*, caparison *n.*, jalopy *n.*
Schachmustertestbild *n.* chequerboard test pattern
Schaden *m.* defect *n.*, damage *n.*, injury *n.*, prejudice *n.*
Schadenersatz *m.* compensation for damage, damages *n. pl.*, compensatory damages, indemnification *n.*
Schall *m.* sound *n.*; °~- (in Zus.) sonic *adj.*, sound (compp.)
schallabsorbierend *adj.* sound-absorbing *adj.*
Schallabsorption *f.* sound absorption
Schallabstrahlung *f.* sound projection, sound radiation
Schallarchiv *n.* sound archives *n. pl.*, sound library
Schallarchivar *m.* sound librarian
Schallaufnahme *f.* sound recording
Schallaufnahmeverfahren *n.* sound recording system; °~ **mit mehreren Tonspuren** multi-track recording system
Schallaufzeichnung *f.* sound recording
Schallaufzeichnungsraum *m.* recording channel, sound studio, recording studio, sound recording studio

Schallausbreitung *f.* sound propagation

Schallausbreitungsgeschwindigkeit *f.* sound propagation velocity

Schalldämmung *f.* sound insulation, sound damping

schalldämpfend *adj.* sound-absorbing *adj.*, sound-damping *adj.*, sound-deadening *adj.*

Schalldämpfung *f.* sound absorption, sound damping, sound deadening

schalldicht *adj.* sound-proof *adj.*

schalldichte Hülle blimp *n.*

Schalldichtung *f.* sound insulation

Schalldiffusor *m.* sound diffusor

Schalldruck *m.* sound pressure, acoustic pressure

Schalldruckamplitude *f.* sound pressure amplitude

Schalldruckpegel *m.* sound pressure level

Schalldurchgang *m.* sound transmission

Schalleffekt *m.* sound effect

Schalleinstrahlung *f.* sound irradiation

Schalleistung *f.* acoustic output

Schallemission *f.* sound emission

Schallempfänger *m.* sound pick-up

Schallempfindung *f.* sound perception, perception of sound

Schallenergie *f.* sound energy, acoustic energy

Schallereignis *n.* acoustic event

Schallerzeuger *m.* acoustic generator, acoustic source, sound generator, sound source

Schallfeld *n.* sound field

Schallfeldgrößen *f. pl.* sound field quantities

Schallfluß *m.* (q) volume velocity

Schallfokusierung *f.* sound focussing

Schallgeber *m.* sound source, sound generator

Schallgeschwindigkeit *f.* velocity of sound

Schallintensität *f.* sound intensity

Schallisolation *f.* sound insulation

schallisolieren *v.* to insulate for sound

Schallkörper *m.* sound box

Schallmauer *f.* sound barrier

Schallmeßgeräte *n. pl.* sound level meters

Schallmessung *f.* sound level measurement

Schallortung *f.* sound location

Schallpegel *m.* sound level

Schallpegelmesser *m.* sound level meter

schallpegelmesser, Präzisions~ *m.* precision sound level meter

Schallplatte *f.* disc *n.*; °~ (Schallplatte) record *n.*; °~ phonograph record (US); **ungepreßte** °~ unprocessed disc; **vertraglich festgelegte Sendezeit für** °~**#n** needle time

Schallplattenabtaster *m.* pick-up *n.*

Schallplattenarchiv *n.* (Archiv) gramophone library; °~ record library, disc library

Schallplattenaufnahme *f.* phonographic recording

Schallplattenindustrie *f.* phonographic industry, gramophone industry

Schallplattenmusik *f.* grams *n. pl.* (coll.)

Schallplattenprogramm *n.* disc programme, record programme

Schallplattenschneider *m.* disc cutter

Schallplattenteller *m.* record turntable, gramophone turntable; °~ (Platte) turntable *n.*

Schallplattenumschnitt *m.* dubbing from disc

Schallplattenverstärker *m.* pick-up amplifier, gramophone amplifier, phonograph amplifier (US)

Schallquelle *f.* sound generator, sound source

Schallreflexion *f.* sound reflection

Schallrille *f.* groove of record; °~ (Schallplatte) groove *n.*

Schallrückwandlung *f.* sound transduction

Schallsäule *f.* column loudspeaker

Schallschatten *m.* sound shadow

Schallschirm *m.* acoustic screen

Schallschleuse *f.* sound lock

Schallschluckgrad *m.* sound absorption coefficient

Schallschluckplatte *f.* sound absorbing panel

Schallschluckung *f.* sound absorption

Schallschnelle *f.* sound particle velocity

Schallschutz *m.* soundproofing *n.*, sound insulation; **passiver** °~ passive soundproofing, passive sound insulation

Schallschutzhaube *f.* sound-proof casing, blimp *n.*

Schallschutzkabine *f.* sound-proof cubicle

Schallschutzwände *f. pl.* sound-proof walls
Schallschutzzone *f.* sound-proof zone
Schallschwingung *f.* acoustic oscillation, acoustic vibration
Schallsender *m.* sound source, sound generator
Schallsignal *n.* sound signal
Schallspeicher *m.* sound recording medium
Schallstärke *f.* sound intensity
Schallstrahl *m.* sound beam
Schallstrahler *m.* acoustic radiator
Schallstrahlung *f.* sound radiation
schalltot *adj.* acoustically dead, anechoic *adj.*, non-reverberant *adj.*, dead *adj.* (sound)
schalltoter Raum *m.* dead room
Schallträger *m.* sound recording medium
Schalltrichter *m.* acoustic horn
Schallübertragung *f.* sound transmission
Schallumwandler *m.* sound transducer
Schallvolumen *n.* volume *n.*
Schallwahrnehmung *f.* perception of sound
Schallwand *f.* baffle *n.*, baffle board, acoustic baffle, sounding board
Schallwelle *f.* sound wave
Schallwiedergabe *f.* sound reproduction
Schallwissenschaft *f.* sonics *n.*
Schallzeile *f.* line of loudspeakers, column of loudspeakers
Schaltalgebra *f.* (IT) switching algebra
Schaltanfang *m.* start of switching sequence
Schaltanweisung *f.* switching instruction
Schaltauftrag *m.* switching order
Schaltbild *n.* wiring diagram, circuit diagram, circuit diagramm
Schaltbrett *n.* control panel, switchboard *n.*, distribution board, switch panel
Schaltbuchse *f.* switch jack
Schaltdiode *f.* switching diode
Schaltebene *f.* switching level
schalten *v.* (verdrahten) wire *v.*; ~ (Kreis) to switch into circuit, to connect into circuit; ~ operate *v.*, switch *v.*; **(auf)** *v.* connect *v.*, switch (to(*v.*
Schalter *m.* switch *n.*; **elektronischer** °~ *m.* electronic switcher *n.*
Schalterautomatik *f.* automatic switching gear, automatic switching

Schaltfehler *m.* switching error
Schaltfeld *n.* switching panel, switch panel
Schaltfrequenz *f.* sampling frequency, switching frequency
Schaltgerät *n.* switchgear *n.*
Schalthäufigkeit *f.* number of switching operations in given period
Schaltkapazität *f.* circuit capacitance
Schaltkasten *m.* switch box, switch enclosure
Schaltkerbe *f.* cam *n.*
Schaltkommando *n.* switching command
Schaltkonferenz *f.* hook-up *n.*, circuit conference
Schaltkreis *m.* (elek.) circuit *n.*; **gedruckter** °~ printed circuit; **integrierter** °~ integrated circuit (IC)
Schaltplan *m.* wiring diagram, circuit diagram, layout *n.*
Schaltplanmappe *f.* file of circuit diagrams
Schaltplatte *f.* circuit board, gramophone record; **gedruckte** °~ printed circuit board
Schaltprotokoll *n.* switching report
Schaltpult *n.* control desk, switch desk, switchboard *n.*
Schaltraum *m.* switching room, control room
Schaltrolle *f.* sprocket wheel
Schaltschema *n.* wiring diagram, circuit diagram
Schaltstelle *f.* switching position; °~ **mit Kreuzschiene** matrix switching point
Schaltstörimpulsaustastung *f.* switch pulse interference blanking
Schaltstörung *f.* switching break, interference caused by switching
Schaltstörunterdrückungsimpuls *m.* transient suppression pulse
Schalttafel *f.* control panel, switchboard *n.*, distribution board, switch panel, distribution panel
Schaltung *f.* (elek.) circuit *n.*; °~ (Steuerung) control *n.*; °~ (Kreis) connection *n.*; °~ circuit diagram; °~ (Schaltbild) circuitry *n.*, schematic *n.* (US); °~ wiring *n.*; **aktive** °~ (IT) active circuit; **gedruckte** °~ printed circuit
Schaltungsaufbau *m.* circuit *n.*; **integrierter** °~ integrated circuitry

Schaltungskapazität *f.* circuit capacity, wiring capacity

Schaltungstechnik *f.* switching *n.*

Schaltvermögen *n.* breaking capacity

Schaltverzögerung *f.* time delay

Schaltwart *m.* switchboard attendant

Schaltzeit *f.* switching time

Schaltzentrale *f.* switching centre

Schaltzustand *m.* switching state

scharf *adj.* sharp *adj.*, well-focused *adj.*, in focus; ~ **einstellen** to bring into focus, focus *v.*

Scharfabstimmung *f.* fine-tuning, frequency control, frequency correction; **automatische** °~ automatic tuning, automatic frequency control (AFC)

Schärfe *f.* (Ton) sharpness *n.*; °~ (Linse) clearness *n.*, acuity *n.*; °~ definition *n.*; °~ (Optik) clearness *n.*; °~ **des Abtastsystems** scanning-system definition; °~ **des Bildwandlers** image converter resolution; °~ **einstellen** to bring into focus, focus *v.*; °~ **ziehen** to bring into focus, focus *v.*

Schärfeassistent *m.* focus puller, second cameraman, focus operator

Schärfeeindruck *m.* focus impression, impression of sharpness

Schärfegrad *m.* degree of sharpness

Scharfeinstellung *f.* focusing *n.*; °~ (opt.) adjustment for definition; °~ focus *n.*

Schärfenband *n.* focus calibration tape

Schärfenring *m.* focus ring

Schärfentiefe *f.* depth of field, depth of focus

Schärferad *n.* focus handle, focus knob

Schärfeverlust *m.* definition loss

Schärfezieher *m.* focus puller, second cameraman, focus operator

Scharfzeichnung *f.* sharpness *n.*, definition *n.*

Scharnier *n.* hinge *n.*, frame joint

Schatten *m.* shadow *n.*; °~ (im Bild) shadow areas *n. pl.*, shadow effect; °~ shade *n.*, shading *n.*; °~ (Schwärzung) black crushing; °~ (Optik) shadow *n.*; **reiner** °~ even shadow

Schattendichte *f.* shade density

Schattenmaskenröhre *f.* shadow mask tube

Schattenraster *m.* gate *n.*, vignette *n.*

Schattenschwärzung *f.* black-crushing.

Schattenzone *f.* shadow zone, shadow area

schattieren *v.* shade *v.*

Schattierung *f.* shade *n.*, shading *n.*

Schaubild *n.* graph *n.*, visual aid, chart *n.*, diagram *n.*

schauen *v.* look *v.*, view *v.*

Schauplatz *m.* location *n.*, scene of action, venue *n.*, scene *n.*, theatre *n.*; °~ **sein von** to be the scene of

Schauspiel *n.* drama *n.*, play *n.*

Schauspiel* *n.* drama* *n.*

Schauspieler *m.* player *n.*, actor *n.*

Schautafel *f.* graph *n.*, visual aid, chart *n.*, diagram *n.*

Scheibenkondensator *m.* disc capacitor

Scheibentetrode *f.* (Elektronenröhre) disc tetrode (electron tube)

Scheibentrimmer *m.* disc-type trimmer, disc trimmer

Schein *m.* (Optik) brightness *n.*

Scheinleistung *f.* apparent power

Scheinleitwert *m.* admittance *n.*

Scheinwerfer *m.* lamp *n.*, spotlight *n.*, reflector *n.*

scheinwerfer, Linsen~ *m.* spotlight lenses

Scheinwerferaufhängung *f.* lamp suspension

Scheinwerferbestückung *f.* lamp complement

Scheinwerferdichte *f.* frequency of lights

Scheinwerfergalgen *m.* gallows arm

Scheinwerfergerüst *n.* scaffold suspension

Scheinwerfergestänge *n.* lighting barrels *n. pl.*

Scheinwerferlampe *f.* spotlight lamp, reflector lamp (spotlight), projector lamp (spotlight)

Scheinwerferlinse *f.* spotlight lens

Scheinwerfernase *f.* snoot *n.*

Scheinwerferschwenk *m.* lamp trunnion

Scheinwerferstand *m.* lamp stand

Scheinwerferstativ *n.* lamp stand

Scheinwerfertor *n.* spotlight blinker

Scheinwerfervignette *f.* vignette *n.*

Scheinwiderstand *m.* impedance *n.*

Scheinwiderstandsmeßbrücke *f.* impedance measuring bridge

Scheitel *m.* peak *n.*

Scheitelblende *f.* scissors shutter

Scheitelfaktor *m.* peak factor, crest factor

Scheitelhänger *m.* gobo arm

Scheitelpegel *m.* peak level; °~ **für Weiß** peak white level
Scheitelspannung *f.* crest voltage, peak voltage
Scheitelwert *m.* crest value, peak value
Schere *f.* (Technik) tape scissors; **antimagnetische** °~ amagnetic scissors
schere, Band~*f.* tape scissors
Scherenarm *m.* pantograph *n.*, lazyboy *n.*
Scherenaufhängung *f.* scissor-type suspension (for lightning); °~ (Scheinwerfer-Aufhängung) scissor-type suspension
Scheuklappe *f.* (fam.) (Scheinwerfer) barndoor *n.*
Scheunentor *n.* (fam.) (Scheinwerfer) barndoor *n.*
Schicht *f.* (Betriebszeit) gang *n.*; °~ (F) layer *n.*; °~ stratum *n.*, emulsion *n.*; °~ (F) coating *n.*; °~ shift *n.*; °~ (Ausstrahlung) layer *n.*; °~ (Dienst) shift *n.*; **D-**°~*f.* D-layer *n.*; **E-**°~*f.* E-layer *n.*; **empfindliche** °~ sensitive layer, sensitive emulsion; **ionosphärische** °~ ionospheric layer; **lichtempfindliche** °~ photosensitive coating, light-sensitive layer
Schichtablösung *f.* oxide-shedding *n.*, peeling-off *n.*
Schichtband *n.* ferrous coated tape, coated tape
Schichtdienst *m.* shift duty
Schichtenmodell *n.* (IT) layer model
Schichthärtung *f.* hardening of emulsion
Schichtlackierung *f.* lacquering of emulsion
Schichtlage *f.* emulsion side
Schichtleiter *m.* shift leader
Schichtschramme *f.* emulsion scratch
Schichtseite *f.* emulsion side, sensitised side
Schichtträger *m.* base material, emulsion support, emulsion carrier, tape base
SChichtträger *m.* base *n.*
Schichtträger *m.* film base, support *n.*
Schichtträgerseite *f.* celluloid side, cell side (coll.); °~ (F) base side
Schichtwiderstand *m.* metallised resistor, carbon resistor
Schiebeblende *f.* sliding diaphragm; °~ (Trick) push-over wipe
Schiebemagnet *m.* sliding magnet

Schieber *m.* (fam.) control knob, dimmer *n.*, fader *n.*, control *n.*
Schieberegister *n.* (IT) shift register, shifting register
Schiebeschalter *m.* slide switch
Schiebetrick *m.* mechanical animation
Schielen *n.* (einer Antenne) squint *n.*
Schielung *f.* beam slewing
Schiene *f.* rail *n.*; °~ (Starkstrom) bus bar; °~ (fam.) code bar; **gebogene** °~ bent rail, curved rail; **gerade** °~ straight rail
Schienenwagen *m.* track dolly
Schirm *m.* (IT) screen *n.*; °~ shield *n.*
Schirmbild *n.* screen picture, screen image
Schirmbildröhre *f.* display tube
Schirmgitter *n.* screen grid; °~ (F) screen *n.*
Schirmgitterspannung *f.* screen-grid voltage, screen voltage
Schirmgitterstrom *m.* screen-grid current, screen current
Schirmhelligkeit *f.* screen brightness
Schirmmaß *n.* (Abschirmung eines Kabel-Innenleiters) shielding factor (shielding of a cable conductor)
Schirmröhre *f.* display tube
Schirmung *f.* screening *n.*, shielding *n.*
Schirmwanne *f.* (Bildröhre) screen connection
Schlafmodus *m.* (IT) sleep mode
Schlager *m.* hit *n.*, hit song, hit tune, box-office hit
Schlagermusik *f.* pop musik
Schlagerparade *f.* hit parade
Schlagersendung *f.* pop programme
Schlagertexter *m.* songwriter *n.*
Schlagerwettbewerb *m.* song contest
Schlagschatten *m.* heavy shadow, hard shadow, cast shadow
Schlagzeile *f.* headline *n.*, catchline *n.*
schlechte Aufnahme NG take (coll.), NG *n.* (coll.)
Schleichwerbung *f.* incidental advertising, plug *n.* (advert.)
Schleier *m.* (TV) fog *n.*; °~ (Foto) veiling *n.*
Schleife *f.* loop *n.*; °~ **fahren** to run a loop; **geschlossene** °~ (IT) closed loop
schleifen *v.* (Leitung) loop *v.*
Schleifen *n.* (elektr.) loop *n.*; °~ (Tonband) loops *pl.* (tape)
Schleifendurchziehkasten *m.* loop cabinet

Schleifenfahrstuhl *m.* paternoster *n.*
Schleifenkasten *m.* loop cabinet, loop box
Schleifenrahmen *m.* loop frame
Schleifenschwund *m.* shrinkage *n.* (proj.), loss of loops
Schleifenständer *m.* loop stand
Schleifenwiderstand *m.* (Tel) loop resistance
Schleifer *m.* wiper *n.*, slider *n.*
Schleifmittel *n.* (Kopierwerk) abrasive *n.*
Schleifringläufer *m.* slipping rotor
Schleuse *f.* lock *n.*
Schliere *f.* (F) streak *n.*
Schlieren *f. pl.* striae *n. pl.*, striations *n. pl.*
Schlitzantenne *f.* slot aerial
Schlitzdeckensystem *n.* slotted ceiling system
Schlitzleitung *f.* slotline *n.*
Schlitzverschluß *m.* slit-type shutter, focal-plane shutter
Schlosser *m.* locksmith *n.*, mechanic *n.*, fitter *n.*
Schlupf *m.* slip *n.*; °∼ (Platte, Band) drift *n.*
Schluß *m.* end *n.*; °∼ **der Sendung** end of the programme
Schlußablauf *m.* terminal procedure, closing procedure
Schlüssel *m.* (IT) code; °∼, **öffentlicher** *m.* (IT) public key
Schlüsselbefehl *m.* (IT) key instruction
Schlüsseldatum *n.* (IT) crypto date
Schlüsseltechnologie *f.* key technology
Schlüsselwort *n.* (IT) key word
Schlußklappe *f.* (SK) end board (EB)
Schlußredakteur *m.* final editor
Schlußszene *f.* closing scene, final scene
Schlußtitel *m.* end titles *n. pl.*, closing titles *n. pl.*, closing title
Schlußzeichen *n.* close signal
Schmalband *n.* narrow-tape; °∼ (Frequenz) narrow band
schmalbandig *adj.* narrow band
Schmalbandspektrum *m.* narrow-band spectrum
Schmalfilm *m.* narrow-gauge film, substandard film
Schmalfilmformat *n.* narrow gauge, substandard size
Schmalfilmspule *f.* narrow-gauge spool, substandard film spool

Schmalzbohrer *m.* (fam.) earphone *n.*, deaf-aid *n.* (coll.), earpiece *n.*
Schmerzgrenze *f.* threshold of pain
Schmerzschwelle *f.* threshold of pain
Schmetterlingsantenne *f.* Superturnstileantenne
schmieren *v.* (Schauspieler) ham up *v.*; ∼ (Bild) smear *v.*
Schmierenaufzeichnung *f.* rough recording
Schmierenkomödiant *m.* ham actor (coll.)
Schmierung *f.* lubrication *n.*
Schminke *f.* make-up *n.* (material), grease paint
schminken *v.* make up *v.*
Schminken *n.* make-up treatment
Schminkmaterial *n.* make-up materials *n. pl.*
Schminkmeister *m.* make-up supervisor, make-up artist
Schminkmittel *n. pl.* cosmetics *n. pl.*, make-up media
Schminkraum *m.* make-up room
Schminktisch *m.* make-up table
Schminkvorlage *f.* make-up chart, make-up example
Schminkzettel *m.* make-up chart, make-up example
Schnappschuß *m.* snapshot *n.*
Schnarre *f.* buzzer *n.*
Schnecke *f.* endless screw, worm *n.*, helix *n.*
Schneckengang *m.* worm drive reduction ratio
Schneckengetriebe *n.* worm drive gear
Schnee *m.* (Bild) snow *n.* (pict.); °∼ picture noise
Schneideimpuls *m.* (MAZ) edit pulse
Schneidelehre *f.* joiner *n.* (F, tape), jointer *n.*, splicer *n.*, splicing press; °∼ (Film) cutting gauge
schneiden *v.* cut *v.*, edit *v.*; ∼ (Kamera) switch *v.*; **auf Musik** ∼ to cut to music
Schneider *m.* dressmaker *n.*
Schneideraum *m.* cutting room, editing room; **elektronischer** °∼ electronic cutting room
Schneiderei *f.* tailoring *n.*, dressmaking *n.*
Schneiderin *f.* dressmaker *n.*
Schneidetermin *m.* editing date
Schneidetisch *m.* cutting table, editing table, cutting bench

Schneidezeit f. editing period
Schneidkennlinie f. cut-off characteristic
Schneidstichel m. recording stylus, cutting stylus
Schnelldrucker m. (IT) high-speed printer; °~ highspeed painter; °~ (IT) high-speed printer
schnelle Tonhöhenschwankungen flutter n.
Schnellreportagewagen m. (R) recording car
Schnellschaltwerk n. pneumatic fast-pulldown mechanism
Schnellsortierung f. (IT) quicksort n.
Schnellstopp m. (Tonband) rapid stop
Schnellstopptaste f. rapid stop key
Schnellstopschalter m. fast-break switch
Schnellwechselkassette f. quick change magazine
Schnipex m. (fam.) baby spot
Schnitt m. cutting n., editing n.; °~ (Ergebnis) cut n.; °~ (auf Filmtitel) film editor; °~ **in der Bewegung** cut on move, cut on action; °~, **nicht linearer** m. non linear editing; °~-**Negativ** n. cut negative; **A/B** °~ A/B cut; **ausgehender** °~ out-point n., out-edit n., out-going split; **elektronischer** °~ electronic cut; **harter** °~ **auf** cut on; **harter** °~ **zu** cut to; **mechanischer** °~ physical editing; **rollender** °~ rolling cut; **rollender** °~ (Trick) horizontal wipe
Schnittabnahme f. editing acceptance, final viewing of cutting copy
Schnittaste f. cut button, cut key
Schnittausführung f. production of cut
Schnittausstieg m. outgoing edit
Schnittbearbeitung f. cutting n., editing n.; **elektronische** °~ electronic editing; **mechanische** °~ manual editing
Schnittbearbeitungseinrichtungen f. editing facilities
Schnittbildentfernungsmesser m. split-field rangefinder, split-image rangefinder
Schnittbilder n. pl. cut-in n., sectional view
Schnittbildfolge f. cut-in order; °~ (Aufstellung) list of cut-ins
Schnitteinstieg m. ingoing edit
Schnittfestlegung oder Schnittbestimmung edit definition

Schnittfolge f. cutting order
Schnittimpuls m. (MAZ) edit pulse
Schnittkontrolle f. editing check
Schnittkopie f. (F) cutting copy; °~ (Kopierwerk) answer print; °~ work print; **erste** °~ first answer print; **zweite** °~ second answer print
Schnittliste f. editing list, cutting-room log, continuity list, log-book n., edit decision list
Schnittmarke f. (MAZ) edit pulse; °~ (TV) edit cue, frame pulse, cue pulse; °~ (F) cutting point; °~ cue n.
Schnittmaterial n. (R) tape for editing, uncut tape (R); °~ (F) trims n. pl., offcuts n. pl.
Schnittmeister m. (Band) tape editor; °~ (F) film editor
Schnittmuster anfertigen to make dress patterns
Schnittplatz m. edit suite
Schnittreste m. pl. out-takes n. pl.
Schnittrolle f. (Schnitt) assembly n.
Schnittsimulation, elektronische °~ rehearsal n.
Schnittstabilität f. (F) cutting precision; °~ (MAZ) editing stability, editing accuracy
Schnittstelle f. (IT) interface n.; °~ edit n.; °~ (IT) interface n.; °~ (IT) interface n.
Schnittstellenanpassung f. interface adaptation, interface matching
Schnittsteuergerät n. edit controller; **automatisches** °~ automatic edit controller
Schnittvorführung f. screening of cutting copy
Schnittwechsel m. cutting pace
Schnittweite f. width of cut
Schnittzeit f. cutting time, editing time
Schnur f. (elek.) flexible cord, cord n. (coll.); °~ cable n., flex n.
Schnürboden m. grid n.
Schnürbodentechniker m. flyman n.
Schnürsenkel m. (fam.) quarter-inch tape
Schnurverteilung f. flexible cord distribution, jackfield distribution
schräg einfallend oblique incidence
Schrägblende f. diagonal wipe
Schrägmagnetisierung f. oblique magnetisation
Schrägschramme f. diagonal scratch

Schrägschrift *f.* (IT) oblique *n.*

Schrägschriftaufzeichnung *f.* helical scan, helical recording

Schrägspuraufzeichnung *f.* helical recording

Schrägspurverfahren *n.* helical scan

Schrägstrich *m.* (IT) virgule *n.*, slash *n.*; °∼, umgekehrter *m.* (IT) backslash *n.*

Schramme *f.* (Plattenspieler) surface noise; °∼ (Platte) disc scratch; °∼ (Band) tape scratch; °∼ (opt.) optical scratch; °∼ (F) shadow scratch, scar *n.*; °∼ (Band) tape scratch, scratch *n.*

Schraube *f.* screw *n.*

Schraubendreher *m.* screwdriver *n.*

Schreib-/Lesespeicher *m.* (IT) read/write memory

Schreibbefehl *m.* (IT) write instruction

Schreibbüro *n.* typing pool

Schreibcache *n.* (IT) write cache

Schreibdichte *f.* (IT) bit density

Schreiber *m.* recorder *n.* (meas.), recording apparatus

Schreibfehler *m.* (IT) write error

schreibgeschützt *adj.* (IT) write-protected *adj.*

Schreibgeschwindigkeit *f.* (IT) writing speed

Schreibkopf *m.* (IT) write head, recording head

Schreiblocher *m.* (IT) printing card punch

Schreibmodus *m.* (IT) write mode

Schreibschutzattribut *n.* (IT) read-only attribute

Schreibsperre *f.* (IT) write lockout; °∼ (IT) write lockout

Schreibtaste *f.* (IT) data key

Schreibtitel *m.* lettered title

Schrift, nicht proportionale *f.* (IT) monospace font

Schriftart *f.* character font, font *n.*, type font

Schriftarttafel *f.* typeface chart

Schriftaustastung *f.* caption positioning

Schriftbild *n.* type face

Schrifteinblender *m.* caption mixer

Schrifteinblendung *f.* caption insertion, caption superimposition; °∼ (unten) insert *n.* (vision)

Schriftgenerator *m.* caption generator

Schriftgrad *m.* (IT) font size

Schriftgrafiker *m.* lettering artist, captions artist

Schriftgüte *f.* (IT) print quality

Schriftsetzer *m.* caption mixer

Schrifttafel *f.* (TV) television programmes preview

Schriftzeichenerkennung, automatische *f.* optical character recognition

Schritt *m.* step *n.*

Schrittgeschwindigkeit *f.* stepping speed

Schrittkopiermaschine *f.* step printer, intermittent printer

Schrittlauf *m.* step-by-step motion, stepping motion

Schrittmotor *m.* stepping motor

Schrittschaltwerk *n.* step-by-step switch, incremental switch, intermittent movement

Schrotrauschen *n.* shot effect, shot noise

Schrumpfausgleich *m.* (F) shrinkage compensation

Schrumpfung *f.* (F) shrinkage *n.*, shrinking *n.*

Schuko-Verteiler *m.* earthed contact distributor

Schukokupplung *f.* Schuko-type coupling piece, safety coupling

Schukosteckdose *f.* safety socket, earthed socket

Schukostecker *m.* earthed plug, safety plug

Schulfernsehen *n.* educational television (ETV), school television

Schulfernsehsendung *f.* schools television programme

Schulfilm *m.* educational film

Schulfunk *m.* school radio, school broadcasting

Schulfunksendung *f.* school broadcast, school programme

Schulterstativ *n.* shoulder pod, shoulder tripod

Schultertragriemen *m.* shoulder harness; °∼ (Kamera) camera harness

Schürze *f.* (Thea.) apron *n.*

Schuß *m.* shot *n.*; °∼ von oben high-angle shot, top shot; °∼ von unten low-angle shot; °∼-Gegenschuß *m.* shot/reaction shot, ping-pong shot (coll.)

Schüssel *f.* (Antenne) dish *n.*

Schußfeld *n.* picture area; °∼ (Kamera) field of vision

Schutz *m.* protection *n.*
Schütz *n.* circuit-breaker *n.*, cut-out *n.*,
contactor *n.*, control-gate *n.*, relay *n.*; °~
mit Schaltverzögerung time-delayed
circuit-breaker
Schutz personenbezogener Daten (IT)
protection of personal data
Schutzabstand *m.* protection ratio
Schutzabstandsmessungen *f. pl.*
protection ratio measurements
Schutzdeckel *m.* (Schutz) cover *n.*; °~
protective cover, dust cover
schützen *v.* protect *v.*
Schutzerde *f.* protective earth, protective
ground, non-fused earth
Schutzgeländer *n.* safety rail, guard-rail
n., hand-rail *n.*
Schutzgitter *n.* grid *n.*, screen grid,
protection screen, guard grid
Schutzgrill *m.* wire-lattice guard, guard *n.*
Schutzhülle *f.* protective envelope
Schutzintervall *n.* guard interval *n.*
Schutzkanal *m.* (Übertragung) reserve
channel
Schutzkappe *f.* lens cover, lens cap; °~
(Kamera) lens guard; °~ (Scheinwerfer)
safety mesh
Schutzkleidung *f.* protective clothing
Schutzkontakt *m.* protective contact
Schutzleiter *m.* (IT) PE conductor
Schützraum *m.* relay room
Schutzschalter *m.* cut-out switch,
protective circuit-breaker, protected
switchgear; °~ **mit Magnetauslösung**
magnetic cut-out switch;
magnetothermischer °~ thermic cut-
out switch
Schutzschicht *f.* protective coating
Schutzstecker *m.* safety plug
Schutzverhältnis *n.* protection ratio
Schutzzeit (Sat) buffer period
Schwachstrom *m.* weak current, low-
voltage current
Schwachstromanlage *f.* low-current
installation
Schwachstromwerkstatt *f.* low-current
workshop
Schwalbenschwanz *m.* dovetail *n.*
Schwanenhals *m.* swan neck, goose neck
(US)
Schwanenhalsmikrofon *n.* swan-neck
microphone

Schwank *m.* farce *n.*
Schwankung *f.* (tech.) fluctuation *n.*,
variation *n.*; °~ oscillation *n.*
Schwankungsfrequenz *f.* variation
frequency
schwarz *adj.* black *adj.*
Schwarz *n.* black *n.*; °~ **ziehen** black out
v., to fade to black, to fade down to
black; **gesättigtes** °~ clear black; **reines**
°~ pure black, absolute black, pure
black, absolute black
Schwarzabhebung *f.* pedestal *n.*, set-up *n.*
Schwarzbild *n.* black screen
Schwarzblende *f.* fade to black, black-out
n.; °~ **ziehen** black out *v.*, to fade to
black, to fade down to black; °~ **ziehen**
(kurze Unterbrechung) to go to black,
black flashing
Schwarzdehnung *f.* black stretch
schwärzen *v.* blacken *v.*, darken *v.*
Schwarzfilm *m.* blacking *n.*, black leader,
black spacing
Schwarzhörer *m.* pirate listener,
unlicensed listener
Schwarzhörerfahndung *f.* pirate-listener
detection
Schwarzkrümmung *f.* black non-linearity
Schwarzpegel *m.* black level; °~ **absetzen**
to set up black level; °~ **aufsetzen** to set
down black level
Schwarzschulter *f.* porch *n.*; **hintere** °~
back porch; **vordere** °~ front porch
Schwarzschulterklemmung *f.* black-level
clamping, clamping on front/back porch
Schwarzseher *m.* pirate viewer,
unlicensed viewer
Schwarzseherfahndung *f.* pirate-viewer
detection
Schwarzsender *m.* pirate transmitter
Schwarztastung *f.* blanking *n.*
Schwärzung *f.* (Schwärzung) density *n.*;
°~ blackening *n.*; °~ (Foto) optical
transmission density, photographic
transmission density; **diffuse** °~ diffuse
density; **gleichbleibende** °~ fixed
density; **maximale** °~ maximum
density; **veränderliche** °~ variable
density
Schwärzungsbereich *m.* density range
Schwärzungskurve *f.* transfer
characteristic curve, Hurter and Driffield
curve (H a. D curve)

Schwärzungsstufe *f.* density value, density step

Schwärzungsumfang *m.* density range, density latitude, density scale

schwarzweiß *adj.* monochrome *adj.*, black-and-white *adj.* (B/W)

Schwarzweißabzug *m.* black-and-white print

Schwarzweißempfänger *m.* black-and-white receiver

Schwarzweißfernsehen *n.* black-and-white television

Schwarzweißfilm *m.* black-and-white film, black-and-white stock

Schwarzweißnegativfilm *m.* black-and-white negative film, black-and-white negative stock

Schwarzweißpositivfilm *m.* black-and-white positive film, black-and-white positive stock

Schwarzweißproduktion *f.* black-and-white production, B/W production, monochrome production

Schwarzweißraster *m.* chequerboard pattern

Schwarzweißsender *m.* monochrome transmitter

Schwarzweißsprung *m.* black-to-white transition, black-to-white step

Schwarzweißumkehrfilm *m.* black-and-white reversal film, black-and-white stock

Schwarzwert *m.* black level; °∼ **absetzen** to set up black level; °∼ **aufsetzen** to set down black level; °∼ **begrenzen** to clip black level; °∼ **stauchen** to crush the blacks

Schwarzwertdiode *f.* direct current restoration diode, clamping diode

Schwarzwertfesthaltung *f.* direct current restoration

Schwarzwerthaltung *f.* black-level clamping, direct current restoration, black level alignment

Schwarzwertregler *m.* (fam.) black-level control

Schwarzwertstauchung *f.* black-crushing *n.*

Schwarzwertsteller *m.* black-level control

Schwarzwertsteuerung *f.* black-level adjustment

Schwarzwertwiedergabe *f.* direct current restoration

Schwarzwertwiederherstellung *f.* readjustment of black level

Schwebung *f.* beat *n.*

Schwebungsfrequenz *f.* beat frequency

Schwebungsnull *f.* zero-beat frequency

Schwelle *f.* threshold *n.*, gate *n.*

Schwellenabwanderung *f.* threshold shift

Schwellwert *m.* threshold value, threshold level

Schwellwertschalter *m.* noisegate *n.*

Schwenk *m.* pan *n.*, panning *n.*; °∼ (Kran) craning *n.*, booming *n.*; °∼ panning shot; °∼**- und Neigekopf** *m.* pan-and-tilt head; **seitlicher** °∼ (Kran) lateral craning, slewing *n.*, jibbing *n.*; **senkrechter** °∼ tilt *n.*, tilting *n.*

Schwenkarm *m.* swivel arm, panning handle, pan-and-tilt arm

schwenkbar *adj.* swivelling *adj.*, swivel-mounted *adj.*

Schwenkbereich *m.* jib swing

schwenken *v.* pan *v.*, swivel *v.*

Schwenker *m.* camera operator

Schwenkgriff *m.* grip *n.*

Schwenkkopf *m.* pan head, panning head; °∼ **mit Feinantrieb** pan head with vernier control; °∼ **mit Kreiselantrieb** pan head with gyroscopic drive, gyroscopic mounting; °∼ **mit Schwenkarm** pan head with panning handle; °∼ **mit Schwerpunktausgleich** pan head with counterbalance weights

Schwenkstativ *n.* camera tripod

Schwingbeschleunigungsaufnehmer *m.* (Accelerometer) accelerometer *n.*

schwingen *v.* oscillate *v.*

schwingfest *adj.* immune to vibration

Schwingkreis *m.* resonant circuit; °∼ (R) tuned circuit; °∼ (Oszillator) tank circuit, oscillating circuit

Schwingneigung *f.* tendency to oscillate, inherent instability; °∼ (Rückkopplung) feedback tendency

Schwingspule *f.* (Lautsprecher) voice coil

Schwingung *f.* deflection *n.*, vibration *n.*, oscillation *n.*; **erzwungene** °∼ forced oscillation; **freie** °∼ free oscillation; **freilaufende** °∼ free oscillation; **fremderregte** °∼ externally excited oscillation; **gedämpfte** °∼ attenuated or

dampened oscillation; **harmonische** °∼
harmonic oscillation; **nichtlineare** °∼
non-linear oscillation; **nichtperiodische**
°∼ non-periodic oscillation;
parametrische °∼ parametric
oscillation; **periodische** °∼ periodic
oscillation; **selbsterregte** °∼ self-
oscillation *n.*; **stationäre** °∼ stationary
oscillation; **ungedämpfte** °∼ undamped
or non-continuous oscillation
Schwingungsdämpfer *m.* vibration
damper
Schwingungsdauer *f.* time or period of
vibration or oscillation
Schwingungsisolierung *f.* vibration
insulation, vibration damping
Schwingungsschreiber *m.* vibrograph *m.*
Schwingungszahl *f.* vibration frequency,
oscillation frequency
Schwingungszug *m.* cycle *n.*
Schwund *m.* fading *n.*; °∼ (mech.)
shrinkage *n.*; **selektiver** °∼ selective
fading
Schwundschnelle *f.* fading rate
Schwundtiefe *f.* fading depth
Schwungmasse *f.* flywheel mass, gyrating
mass
Schwungrad *n.* flywheel *n.*
Schwungradkreis *m.* flywheel circuit
Schwungradoszillator *m.* flywheel
oscillator
Schwungradsynchronisation *f.* flywheel
synchronisation
Schwungscheibe *f.* flywheel *n.*
Science Fiction science fiction; °∼-
Fiction-Film *m.* science-fiction film
Scoop *m.* scoop *n.*
SCPC-System (Sat) SCPC-system, single-
channel-per-carier-system
SCPT-System (Sat) SCPT-system, single-
channel-per-transponder-system
Scratch *m.* scratch *n.*
Screen Capture *n.* (IT) screen capture
Screeningtest *m.* screen test
Screenrecording *n.* (IT) screen recording
Screenshot *m.* (IT) screen shot *n.*; °∼-
Programm *n.* (IT) screen capture
program *n.*
Script *f.* script-girl *n.*, continuity girl; °∼
(F) scenario *n.*; °∼ (Nachrichten) script
n.; °∼ (J) script *n.*; °∼ (IT) script *n.*
Scriptgirl *n.* script-girl *n.*, continuity girl

Scriptsprache *f.* (IT) scripting language
Search Engine *f.* (IT) search engine
Seasoning *n.* (Musik) seasoning *n.*
SECAM-Signal *n.* SECAM signal
Second Level Domain *f.* (IT) second level
domain
sedezimal *adj.* (IT) sedecimal *adj.*,
hexadecimal *adj.*, sexadecimal *adj.*
Sedezimalzahl *f.* (IT) sedecimal number,
hexadecimal number, sexadecimal
number
Seegersicherung *f.* Seeger circlip
Segmentanzeige *f.* segment display
Sehbeteiligung *f.* viewing figure
Seher *m.* (fam.) viewer *n.*; °∼ (Zuschauer)
viewer *n.*, spectator *n.*
Sehfunk *m.* television *n.* (TV)
Sehgewohnheit *f.* viewer habit
Sehschärfe *f.* sharpness of vision
Sehverhalten *n.* viewer attitude
Seide *f.* silk *n.*
Seidenblende *f.* silk scrim
Seilzug *m.* tackle-line *n.*
Seite, erste °∼ (Zeitung) front page
Seiten pro Minute *f. pl.* (IT) pages per
minute
Seitenantenne *f.* side aerial
Seitenausrichtung *f.* (IT) page orientation
Seitenband *n.* sideband *n.*, sideband (SB);
unterdrücktes °∼ suppressed sideband;
unteres °∼ lower sideband (LSB)
Seitenbänder, unabhängige °∼
independent sidebands
Seitenbeleuchtung *f.* side-lighting
Seitenbeschreibungssprache *f.* (IT) page-
description language
Seitenfang *m.* (Teletext) page catching
Seitenformat *n.* (IT) page format
Seitenlicht *n.* side-light, edge light
Seitennummerierung *f.* (IT) page
numbering
Seitenschneider *m.* side-cutting pliers *n.*
pl., side-cutters *n. pl.*, diagonal-cutting
pliers *n. pl.*
Seitenschrift *f.* lateral recording
Seitenumbruch *m.* (IT) page break, page
makeup
seitenverkehrt *adj.* side-inverted *adj.*
seitliches Bildkippen lateral image sweep
Sektorenblende *f.* rotary disc shutter
Sektorenverschluß *m.* segment shutter

Sekundärelektronenvervielfacher m. electron multiplier

Sekundärstrahler m. parasitic element, secondary radiator

selbständig adj. (IT) standalone adj.

Selbstaufschaukelung f. self-oscillation n., self-excitation n.

Selbstauslöser m. automatic release, auto release

Selbsteinfädelung f. (Proj.) automatic lacing, self-lacing n.

Selbsterregung f. self-oscillation n., self-excitation n.

Selbstfahrerbetrieb m. DJ broadcast

Selbsthaltekontakt m. holding contact, locking contact

Selbsthaltetaste f. self-locking push button, self-locking key

Selbstinduktion f. self-induction n.

selbstklebend adj. self-adhesive adj., self-sealing adj.

Selbstkontrolle f. self-censorship n.; **freiwillige** °~ voluntary self-censorship

Selbstkosten plt. net cost

Selbstleuchter m. fluorescent substance

selbstprüfend adj. (IT) self-checking adj.

Selbstregelmotor m. self-regulating motor, self-adjusting motor

selbstreinigend adj. self-wiping adj.

Selbstreinigung f. self-wiping n.

selbststrahlend adj. phosphorescent adj.

Selbsttest m. self-test; °~ (IT) self-test n.

Selbstversorgung f. local supply

Selbstwählferndienst m. subscriber trunk dialling

Selektion f. (IT) selection n.

Selektiv-Demodulator m. selective demodulator

Selektivfilter m. selective filter

Selektivruf m. selective calling

Selektivschaltung f. selective switching

Selengleichrichter m. selenium rectifier

Selenzelle f. selenium cell

Semidokumentation f. drama documentary, dramatised documentary

Sendeablauf m. presentation continuity, continuity n.; °~, **automatischer** m. automatic presentation suite

Sendeablaufplan m. presentation schedule, transmission schedule, schedule n.

Sendeablaufprotokoll n. presentation log

Sendeablaufsteuerung f. sequential control of transmission

Sendeabruf m. (IT) polling

Sendeabwicklung f. broadcasting operations n. pl.

Sendeanlage f. transmitting installation, transmitting station

Sendeanstalt f. broadcasting station, broadcasting organisation

Sendeantenne f. transmitting aerial; °~ **mit sehr ausgeprägter Strahlungskeule** highly directional transmitting aerial

Sendeband n. transmission tape; °~ (Frequenz) transmitting frequency range

Sendebeginn m. start of transmission

Sendebereich m. coverage area, service area, service range, area covered, transmission area, area served, broadcasting area, transmission range

Sendebereitschaft f. staff on call

Sendebetrieb m. radio and television operations n. pl.

Sendebetriebstechnik f. radio and television engineering

Sendebild n. (Regie) outgoing picture

Sendebüro n. presentation suite

Sendedaten f. pl. (IT) transmission data

Sendedauer f. duration of transmission

Sendeempfangsgerät n. transceiver n.

Sendeerdfunkstelle f. transmitting ground station

sendefertig adj. ready for transmission

Sendeform f. type of broadcast, type of radio, format n.

Sendefrequenz f. transmitting frequency, output frequency

Sendegebiet n. coverage area, service area, service range, area covered, transmission area, area served, broadcasting area, transmission range, (a station's) catchment area, range of reception

Sendegenehmigung f. transmission permit, permission to transmit

Sendegesellschaft f. broadcasting company, radio corporation (US), broadcasting corporation

Sendehilfe f. facility n.

Sendehonorar n. broadcast fee

Sendeingenieur m. technical operations manager (TOM)

Sendekomplex *m.* broadcasting centre, broadcasting complex

Sendekontrolle *f.* continuity *n.*

Sendekopie *f.* transmission tape, transmission copy; °~ (F) transmission print

Sendeleistung *f.* effective radiated power (ERP), transmitting power, transmitter power output

Sendeleiter *m.* head of presentation; **diensthabender** °~ (R) duty presentation officer; **diensthabender** °~ (TV) duty presentation editor

Sendeleitung *f.* (tech.) outgoing channel; °~ distribution circuit, outgoing circuit

sendeleitung, Fernseh~ *f.* TV editor

Sendeleitung* *f.* presentation* *n.*

Sendemast *m.* transmitter mast

Sendematerial *n.* material for broadcasting

Sendemikrofon *n.* transmitting microphone

Sendemodulation *f.* transmitted modulation

senden *v.* broadcast *v.*, televise *v.*; ~ (Progr.) transmit *v.*; ~ radio *v.*; ~ (Funk) send *v.*; ~ (TV) telecast *v.* (US); ~ (Fernschreiber) run *v.*; ~ put on the air, radiate *v.*; **zu** ~ **aufhören** to go off the air, sign off *v.* (coll.); **zu** ~ **beginnen** to go on the air, to come on the air

Sendenachweis *m.* presentation editor's log

Sendenetz *n.* broadcasting network

Sendepaß *m.* transmission label

Sendepegel *m.* sending level

Sendeplan *m.* transmission schedule

Sendeplatz *m.* (zeitlich) programme slot; °~ slot *n.*

Sendeprotokoll *n.* technical log

Sendepult *n.* presentation mixer, on-air desk

Sender *m.* broadcasting station, broadcasting organisation, transmitter *n.*, sender *n.* (transmitter), station *n.*; °~ **bekommen** to receive a transmitter, to pick up a station; °~ **einfangen** to receive a transmitter, to pick up a station; °~ **einstellen** to tune in to a station; **aus Versehen über den** °~ **gehen** to go out by mistake; **beweglicher** °~ mobile transmitter,

mobile station; **fahrbarer** °~ mobile transmitter, mobile station; **tragbarer** °~ portable transmitter; **über den** °~ **gehen** go out *v.*

Senderabstimmung *f.* transmitter tuning

Senderanlage *f.* transmitter complex, transmitting station

Senderaum *m.* broadcasting studio, studio *n.* (bcast.)

Senderausgang *m.* transmitter output

Senderausrüstung *f.* transmitter equipment

Senderbetrieb *m.* transmitter operations *n. pl.*

Senderbetriebstechnik *f.* transmitter engineering

Senderbetriebszentrale *f.* transmitter control room

Senderdia *n.* station identification slide

Senderechte *n. pl.* transmission rights, broadcasting rights *n. pl.*

Senderegie *f.* presentation suite; °~ (R) continuity suite

Senderegiebild *n.* vision master control

Senderegieton *m.* sound master control

Sendereihe *f.* broadcast series, series of broadcasts

Sendergruppe *f.* transmitter network

Senderimage *n.* station image

Senderingenieur *m.* transmitter engineer

Senderkennung *f.* station identification

Senderkette *f.* transmitter chain

Senderkettenkennung *f.* transmitter chain identification

Senderkomplex *m.* transmitter complex, transmitting station

Senderleistung *f.* transmitter power, transmitter output power

Senderleiter *m.* head of broadcasting station

Sendernähe *f.* proximity to a transmitter

Sendernetz *n.* transmitter network, transmitter *n.*

Senderöhre *f.* transmitter valve, transmitter tube

Senderseite *f.* transmitting end, sending end

senderseitig *adj.* transmitting end

Sendersignalisierung *f.* transmitter signalling

Senderstandort *m.* transmitter site

Sendertechnik *f.* transmitter engineering

Sendertechniker *m.* transmitter engineer
Senderturm *m.* transmission tower
Senderüberwachung *f.* transmitter monitoring
Senderverstärker *m.* transmitter amplifier
Sendervorentzerrung *f.* transmitter preemphasis
Senderwahl *f.* tuning *n.* (rec.), transmitter selection
Senderweiche *f.* combining unit
Sendesaal *m.* concert hall, large studio (R), audience studio
Sendeschalter *m.* transmission switch
Sendeschema *n.* framework plan
Sendeschiene *f.* transmitter distribution network, program line
Sendeschluß *m.* close of transmission, close-down *n.*
Sendeserver *m.* broadcast server
Sendesparte *f.* broadcasting sector
Sendestation *f.* sending station, broadcasting station; °∼ (Hörfunk) radio station; °∼ transmitting station, transmitting site
Sendesteuerung *f.* transmission control
Sendestörung *f.* channel disturbance
Sendestraße *f.* sending circuit, transmission circuit
Sendestudio *n.* broadcasting studio, studio *n.* (bcast.)
Sendetag *m.* day of broadcast
Sendetechnik *f.* radio and television engineering
Sendetechniker *m.* transmitter technician, transmission technician
Sendetitel *m.* transmission title
Sendeton *m.* programme sound
Sendetonband *n.* transmission tape
Sendeturm *m.* radio tower
Sendeuhr *f.* hot clock
Sendeunterbrechung *f.* program interruption
Sendeverfahren *n.* transmitting system, transmission process
Sendeverstärker *m.* sending amplifier
Sendevolumen *n.* volume of broadcast
Sendeweg *m.* sending circuit, transmission circuit
Sendezeit *f.* time of transmission, broadcasting time, programme length, air time, transmission time, slot *n.*, spot *n.* (coll.); °∼ **überschreiten** overrun *v.*;

°∼ **überziehen** overrun *v.*; °∼ **unterschreiten** underrun *v.*
Sendezentrale *f.* master control room (MCR)
Sendezentrum *n.* broadcasting centre, transmission centre, playout center
Sendung *f.* (Progr.) broadcast *n.*, programme *n.*; °∼ (tech.) transmission *n.*; °∼ broadcast *n.*; °∼ **fahren** to run a transmission, to put on the air; °∼ **läuft!** programme on the air!; °∼ **machen** produce *v.*; °∼**, reguläre** *f.* regular program; **aktuelle** °∼ topical programme, current affairs broadcast; **auf** °∼ **bleiben** to stay on the air; **auf** °∼ **gehen** to go on the air, to come on the air; **auf** °∼ **schalten** to go on the air, to come on the air; **auf** °∼ **sein** to be on the air; **aufgezeichnete** °∼ recorded programme; **aufgezeichnete** °∼ (Übernahme) transcribed programme; **durch die** °∼ **führen** to present the programme; **gesponsorte** °∼ sponsored broadcast; **kommerzielle** °∼ commercial programme; **multilaterale** °∼ multilateral *n.*; **unilaterale** °∼ unilateral *n.*; **vorproduzierte** °∼ pre-produced programme, pre-recorded programme; **zeitversetzte** °∼ deferred broadcast; **zur** °∼ checked for transmission, ready for broadcasting
Sendungen für das Ausland* external broadcasting*
Sendungsablaufplan *m.* (J) programme running order
Sendungsmitschnitt *m.* air check, transmission recording
senkrecht einfallend vertical incidence; ∼ **schwenken** (Bild) tilt *v.*
senkrechter Schwenk nach oben (Kran) craning-up *n.*, booming-up *n.*; ∼ **Schwenk nach unten** (Kran) craning-down *n.*, booming-down *n.*
Senkrechtschwenk *m.* tilt *n.*, tilting *n.*; °∼ **nach oben** (Kran) craning-up *n.*, booming-up *n.*; °∼ **nach unten** (Kran) craning-down *n.*, booming-down *n.*
Sensationsdarsteller *m.* stuntman *n.*
sensibilisieren *v.* sensitise *v.*
Sensibilisierung *f.* sensitisation *n.*
Sensitometer *n.* sensitometer *n.*

Sensitometerstreifen *m.* sensitometric test strip
Sensitometrie *f.* sensitometry *n.*
sensitometrisch *adj.* sensitometric *adj.*
Sensor *m.* sensor *n.*
Sensorbildschirm *m.* touch-sensitive display, touch-screen *n.*
separater Magnetton auf zwei Spuren (SEPDUMAG) two separate magnetic sound tracks (Sepdumag)
Separator *m.* sync separator
sequentiell *adj.* (IT) sequential *adj.*
Sequenz *f.* sequence *n.*
Sequenzsystem *n.* sequential system
Sequenzverfahren *n.* sequential process
Serie *f.* series *n.*
seriell *adj.* (IT) serial *adj.*
Serien-Parallel-Umsetzer *m.* (IT) serial-parallel converter
Serienkopie *f.* release print
Serienresonanz *f.* series resonance
Serienresonanzkreis *m.* series-resonant circuit, series-tuned circuit
Serienschaltung *f.* series connection, connection in series
Serienspeisung *f.* series supply, series feed
Server *m.* server *n.*
Service *m.* after-sales service, service; °~-**Meldung** *m.* service report; °~-**Redaktion** *f.* service editorial board; °~-**Welle** *f.* service channel; °~**magazin** *n.* service magazine; °~**sendung** service program
Service-Provider *m.* (IT) service provider
Servicefreundlichkeit *f.* ease of service, easiness to service
Servicegenerator *m.* signal generator
Servicegerät *n.* item of test equipment
Servomotor *m.* (IT) servo motor
Servosteuerung *f.* servo control
Servosystem *n.* servo system
Set-Top-Box *f.* set top box
Setupassistent *m.* (IT) setup wizard
Setupprogramm *n.* (IT) setup program
Setzimpuls *m.* (IT) set pulse
Setzmaschine *f.* (Video) caption generator
Shareware *f.* (IT) shareware *n.*
Shotlist *f.* (Bildbericht) shot list
Shouter *m.* (R) shouter *n.*
Show *f.* show *n.*; °~-**Closer** *m.* (akust.Verpackungselement) show closer *n.*; °~-**Opener** *m.*

(akust.Verpackungselement) show opener *n.*
Showteil *m.* show part, variety part
Shunt(widerstand) shunt resistance
sicher *adj.* secure *adj.*
Sicherheit *f.* safety *n.*, security *n.*
Sicherheitsband *n.* (Frequenz) guard band; °~ backup tape
Sicherheitsbeauftragter *m.* security officer
Sicherheitsbeleuchtung *f.* safety lighting
Sicherheitsbereich *m.* security zone, safety zone
Sicherheitsfaktor *m.* safety factor
Sicherheitsfilm *m.* safety film, safety stock, non-flam film
Sicherheitsfilmunterlage *f.* (Träger) safety base
Sicherheitsgurt *m.* safety belt, safety harness
Sicherheitsingenieur *m.* safety officer
Sicherheitskette *f.* safety chain
Sicherheitskontakt *m.* safety contact
Sicherheitskopie *f.* safety copy
Sicherheitsmitschnitt *m.* backup recording, backup copy
Sicherheitsspur *f.* (F) guard band, guard track, safety track
Sicherheitsvorschriften *f. pl.* safety regulations
Sicherung *f.* fuse *n.*; **flinke** °~ rapid fuse; **träge** °~ slow fuse
Sicherung und Wiederherstellung *f.* (IT) backup and restore
Sicherungsautomat *m.* circuit-breaker *n.*, automatic cut-out, automatic interrupter
Sicherungshalter *m.* fuse holder
Sicherungsleine *f.* bond *n.*, safety cord
Sicherungsschalter *m.* fuse switch
Sicherungsschicht *f.* (ISO/OSI-Schichtenmodell) data link layer
Sicht *f.* vision *n.*, visibility *n.*, view *n.*
sichtbar machen visualise *v.*
Sichtbarkeit *f.* visibility *n.*
Sichtbarkeitszone *f.* (Sat.) illumination zone, coverage zone
Sichten *n.* browsing *n.*
Sichtgerät *n.* visual indicator, visual monitor; °~ (IT) display unit, video display, CRT display unit
Sichtprüfung *f.* visual check
Sichtröhre *f.* pattern tube

Sichtspeicherröhre *f.* viewing storage tube

Sichtverbindung *f.* visual communication, visual contact, line-of-sight-link

Sichtweite *f.* visibility *n.*, visible range

Sichtzeichen *n.* marker *n.*, visual signal

Sidekick-Moderation *f.* (Doppelmoderation) double presentation

Siebfaktor *m.* smoothing factor, hum-reduction factor

Siebglied *n.* filter section

Siebkondensator *m.* smoothing capacitor

Siebung *f.* filtering *n.*

Signal *n.* signal *n.*; **kodiertes** °~ coded signal; **wiedergegebenes** °~ reproduced signal, replayed signal

Signalamplitude *f.* signal amplitude

Signalaufbauimpulse *m. pl.* basic signals

Signalaufbereitung *f.* signal regenerating, signal processing, signal shaping

Signalausfall *m.* loss of signal

Signalbandbreite *f.* signal bandwidth

Signalbildmonitor *m.* picture monitor

Signaleinspeisung *f.* signal input, signal injection

Signalelektrode *f.* signal electrode

Signalerzeugung *f.* signal generation

Signalflanke *f.* signal edge, wavefront *n.*

Signalformat *n.* signal format

Signalformierung *f.* signal shaping

Signalfrequenz *f.* signal frequency

Signalgemisch *n.* composite signal

Signalgenerator *m.* signal generator

Signalhöchstwert *m.* maximum value of signal

Signalhub *m.* signal deviation

Signalisationsstrom *m.* signalling current

Signalisierung *f.* signalling *n.*

Signalkabel *n.* signal cable

Signalkosten *pl.* signal costs

Signallampe *f.* (Studio) cue light; °~ signalling lamp, indicator lamp, tally light

Signallaufzeit *f.* signal propagaton delay, signal propagation time

Signalmischer *m.* signal mixer, signal combiner

Signalmultiplex *n.* signal multiplexing

Signalpegel *m.* signal level

Signalschriftträger *m.* recording medium

Signalspannung *f.* signal voltage; °~ **für**

Szenenschwarz black-level signal voltage

Signalstärke *f.* signal strength

Signalstrom *m.* signal current

Signalstruktur *f.* structure of signal

Signalübertragung *f.* signal transmission

Signalverarbeitung *f.* signal processing

Signalverzögerungssystem *n.* delay system

Signalweg *m.* signal path, channel *n.*

Silbentrennungsprogramm *n.* (IT) hyphenation program *n.*

Silberbild *n.* silver image

Silberblende *f.* silvered reflector

Silbersalz *n.* silver halide

Silberschirm *m.* silver screen

Silizium *n.* silicon *n.*

Simulator *m.* simulator *n.*

simultan *adj.* (IT) simultaneous *adj.*

Simultanaufnahme *f.* combination shot

Simultansystem *n.* simultaneous system

Simultanübertragung *f.* simultaneous broadcast, simultaneous transmission, simultaneous relay; °~ (gleichzeitige Übertragung desselben Programms über unterschiedliche Kanäle) simultaneous brodcasting, simulcasting *n.*

Sinfonieorchester *n.* symphony orchestra

Sing-along *n.* (Parodie eines Musiktitels) sing along

Single *f.* (Schallplatte) single *n.*

Single-Spot *m.* single spot

Sinusgenerator *m.* sine-wave generator

Sinusquadratimpuls *m.* sine-squared pulse

Sinusschwingung *f.* sine-wave oscillation

Sinussignal *n.* sinusoidal signal

Sinuston *m.* pure tone

Sinuswandler *m.* sine-wave converter

Sinuswelle *f.* sine-wave, sinusoidal wave

Sisal *n.* (Dekoration) sisal *n.*

Sitzungsschicht *f.* (ISO/OSI-Schichtenmodell) session layer

SK (s. Schlußklappe)

Skala *f.* scale *n.*; °~ (Empfänger) dial *n.*; °~ graduation *n.*

Skalenbeschriftung *f.* scale marking, scale inscription

Skalenfaktor *m.* scale factor

Skalenteilung *f.* scale division

skalierbar *adj.* scalable *adj.*; °~ scaleable *adj.*

Skalierbarkeit *f.* scalability *n.*, scaleability *n.*

Skalierungsfaktor *m.* (IT) scaling factor

Sketch *m.* sketch *n.*

Skineffekt *m.* skin effect

Skineffektwiderstand *m.* RF resistance

Skizze *f.* sketch *n.*, drawing *n.*

Skonto *n.* cash discount

Skript *n.* (IT) script *n.*

Skriptsprache *f.* (IT) scripting language

Skypan *m.* skypan *n.*

Slowmotion-Maschine *f.* (SMM) slow-motion machine

SMM (s. Slowmotion-Maschine)

SMPTE/EBU-Code SMPTE/EBU code

Social Advertising *n.* (Werbung) social advertising

Sockel *m.* base *n.*, pedestal *n.*

Sockelbelegung *f.* socket connections *n. pl.*, valve base connections *n. pl.*

Soffitte *f.* border *n.*

Soffittenleuchte *f.* tubular lamp, striplight *n.*

Sofortverarbeitung *f.* (IT) real-time processing

Sofortzugriff *m.* (IT) immediate access; °~ instant access

Soft News soft news

soften *v.* (F) soften *v.*; ~ diffuse *v.*

Softlinse *f.* soft lens, diffusing lens

Softscheibe *f.* (Beleuchtung) scrim *n.*; °~ diffuser *n.*; °~ (opt.) soft focus filter; °~ (Beleuchtung) net *n.*; °~ romanticiser *n.*

Software *f.* software *n.*; °~, **kaufmännische** *f.* (IT) business software; °~, **proprietäre** *f.* (IT) proprietary software

Softwarekopierschutz *m.* (IT) software copy protection

Softwaremüll *m.* (IT) software garbage

Solargenerator *m.* solar generator

Solarisation *f.* solarisation *n.*, image reversal

Solarpaneel *n.* solar panel

Solarzelle *f.* solar cell

Solist *m.* soloist *n.*

Sollfrequenz *f.* nominal frequency

Sollgeschwindigkeit *f.* nominal speed

Sollkurve *f.* nominal curve

Sollwert *m.* nominal value; °~ (IT) set point

Solovortrag *m.* solo performance

Sonde *f.* probe *n.*

Sonderbericht *m.* special report; °~ (TV) special *n.*

Sonderberichterstatter *m.* special correspondent

Sonderkanäle *m. pl.* special channels

Sonderkosten *pl.* special costs

Sonderleitung *f.* special circuit

Sondermeldung *f.* special announcement

Sondermitteilung *f.* special announcement

Sondersendung *f.* (TV) special *n.*

Sonderzeichen *n.* additional character, special character; °~ (IT) additional character, special character; °~ (IT) special character

Sonnenaktivität *f.* solar activity

Sonnenblende *f.* lens shade, sun-visor; °~ (Aufhellung) reflection screen; °~ sunshield *n.*; °~ (Kamera) lens hood; °~ sunshade *n.*

Sonnenfackel *f.* solar flare

Sonnenfleckenzahl *f.* sunspot number; **gleitender Mittelwert der** °~ running mean sunspot-number, smoothed sunspot-number

Sonnenfleckenzyklus *m.* sunspot cycle

Sonnenschutz *m.* sunshield *n.*, sunshade *n.*

Sonnenstandswinkel *m.* solar zenith angle

Sonnentubus *m.* (Kamera) lens hood; °~ sunshade *n.*

Sonnenzelle *f.* solar cell

Sonntagszuschlag *m.* Sunday bonus, extra charge for work on Sundays

Sortieralgorithmus *m.* (IT) sort algorithm

sortieren *v.* (IT) sort *v.*

Sortierfeld *n.* (IT) sort field

Sortierprogramm *n.* (IT) sorting program

Sortierschlüssel *m.* (IT) sort key

Sortierung, absteigende *f.* (IT) descending sort; °~, **aufsteigende** *f.* (IT) ascending sort

Sortiervorgang *m.* (IT) sorting operation

soßig *adj.* milky *adj.*, low-gamma *adj.*, low-contrast *adj.*

Sound-alike *m.* (akust.Verpackungselement) soundalike *n.*; °~-**Bite** *m.* sound bite

Sounder *m.* (akust.Verpackungselement) bumper *n.*

Sozialpolitik* *f.* social affairs *n. pl.*

Sozialwerk* *n.* welfare* *n.*

Spalt *m*. gap *n*.; °~ (opt.) slit *n*.; °~ (Tonband) gap *n*.

Spaltbreite *f*. gap length; °~ (opt.) slit width; °~ gap width

Spaltdämpfung *f*. gap loss; °~ **infolge Schiefstellung** azimuth loss

Spalte *f*. (Presse) column *n*.

Spalteinstellung *f*. (eintaumeln) gap adjustment, gap setting

Spaltfilm *m*. split film

Spaltoptik *f*. light valve

spammen *v*. (IT) spam *v*.

Spannrolle *f*. jockey roller, tension roller

Spannung *f*. tension *n*., voltage *n*.; °~ (elektr.) voltage *n*.; °~ **geben** power *v*.; **bewertete** °~ weighted voltage; **verkettete** °~ voltage between lines; **zulässige** °~ admissible voltage

Spannungsabfall *m*. voltage drop

Spannungsabfrage *f*. (IT) level sense

spannungsabhängiger Widerstand voltage-dependent resistor (VDR), varistor *n*.

Spannungsausfall *m*. loss of voltage

Spannungsausfallrelais *n*. no-volt release relay

Spannungsbauch *m*. antinode *n*., voltage maximum, voltage loop

Spannungsbereich *m*. voltage range; **zulässiger** °~ permissible voltage range

Spannungseichung *f*. voltage calibration

Spannungseinbruch *m*. voltage drop, voltage fading

Spannungsfestigkeit *f*. voltage rating

Spannungsfühler *m*. voltage probe

Spannungsgegenkopplung *f*. voltage negative feedback

Spannungsknoten *m*. voltage node, voltage minimum

Spannungskonstanthalter *m*. voltage stabiliser, automatic voltage regulator (AVR)

spannungslos *adj*. without voltage, isolated *adj*., dead *adj*.

Spannungsmesser *m*. voltmeter *n*.

Spannungspegel *m*. voltage level; **absoluter elektrischer** °~ absolute voltage level

Spannungsprüfer *m*. voltage tester, neon tester

Spannungsregler *m*. voltage regulator *n*.,

voltage control; °~ (fam.) voltage control, voltage regulator

Spannungsschwankung *f*. voltage fluctuation

Spannungsspitze *f*. voltage peak, peak voltage

Spannungssteller *m*. voltage control, voltage regulator

Spannungsteiler *m*. voltage divider

Spannungsüberschlag *m*. flash-over *n*.

Spannungsumschalter *m*. voltage selector switch, voltage change-over switch

Spannungsunsymmetrie *f*. unbalance of output e.m.f., unbalance of output e.m.f

Spannungsunsymmetriedämpfung *f*. unbalance of output e.m.f., unbalance of output e.m.f

Spannungsvergleich *m*. voltage comparison

Spannungsversorgung *f*. power supply, power supplies

Spannungsverstärker *m*. voltage amplifier

Spannungsverstärkung *f*. voltage amplification, voltage gain

Spannungsvervielfacher *m*. voltage multiplier

Spannungswähler *m*. voltage selector

Spannungswandler *m*. voltage transformer

Spannungswert *m*. voltage level, voltage *n*.

Sparte *f*. area *n*., sector *n*.

Spartenkanal *m*. special interest channel

Spartenprogramm *n*. special interest program

Spartransformator *m*. autotransformer *n*.

Spätausgabe *f*. (TV) late-night edition, late news *n*. *pl*.

Spätdienst *m*. late shift

spatial *adj*. spatial *adj*.

Spätjournal *n*. late-night magazine

Spätnachrichten *f*. *pl*. late-night news

Special *n*. (TV) special *n*.

Specknudel *f*. (fam.) earphone *n*., deaf-aid *n*. (coll.), earpiece *n*.

Speicher *m*. store *n*.; °~ (IT) store *n*., memory *n*.; °~ **mit direktem Zugriff** (IT) random-access memory, random-access store; °~ **mit schnellem Zugriff** (IT) zero-access store, fast memory, fast store, high-speed memory, high-speed;

°∼ **mit sequentiellem Zugriff** (IT) sequential-access store; °∼ **mit wahlfreiem Zugriff** (IT) random-access memory, random-access store; °∼, **Nur-Lese-** read only memory; °∼, **temporärer** *m.* (IT) temporary storage; °∼**-Oszillograf** *m.* storage oscillograph; **akustischer** °∼ acoustic store; **externer** °∼ (IT) external memory, external store; **geschützter** °∼ (IT) protected storage area; **interner** °∼ (IT) internal store; **langsamer** °∼ (IT) slow-access store, slow store; **permanenter** °∼ (IT) permanent store, permanent memory, non-volatile store

Speicheradresse *f.* (IT) storage address, memory address

Speicherausdruck *m.* (IT) core storage dump, core storage print-out; °∼ main memory dump

Speicherbereich *m.* (IT) memory area

Speicherbetrieb *m.* (Tel) store-and-forward

Speichercache *m.* (IT) memory cache

Speicherchip *m.* (IT) memory chip

Speichererweiterung *f.* (IT) memory expansion, memory extension

speicherfähig *adj.* capable of being stored

Speicherkapazität *f.* (IT) memory size, memory capacity, storage capacity; °∼ (IT) memory size, memory capacity

Speicherkarte *f.* (IT) memory card

Speichermedium *n.* storage medium; °∼ (IT) storage medium

speichern, automatisch (IT) autosave

Speicherplatte *f.* storage target; °∼ (Orthikon) storage plate

Speicherplatz *m.* (IT) store location, memory location

Speicherplatzbedarf *m.* (IT) memory requirements

Speicherrelais *n.* storage relay

Speicherröhre *f.* storage camera tube, storage-type camera tube

Speicherschutz *m.* (IT) storage protection; °∼ (IT) memory protection

Speichersystem *n.* recording system, storage system, memory system (IT)

Speicherung *f.* storage *n.*, recording *n.*

Speichervermittlung *f.* (Tel) message switching, store-and-forward switching

Speicherverwaltung *f.* memory manager; °∼ (IT) memory management

Speicherzeit *f.* storage time, retention time

Speicherzelle *f.* (IT) storage unit, storage element, storage cell

Speicherzugriff *m.* (IT) memory access

Speicherzyklus *m.* (IT) storage cycle, memory cycle

Speisegerät *n.* supply unit

speisen *v.* (elek.) supply *v.*, charge *v.*, energise *v.*; ∼ feed *v.*

Speisenetzwerk *n.* feed network

Speisesystem *n.* feed system

Speisung *f.* (elek.) feeding *n.*; °∼ power supply, feed *n.*, supply *n.*

Spektralanteil *m.* spectral component

Spektralbereich *m.* spectral region

Spektralempfindlichkeit *f.* spectral sensitivity

Spektralfarbe *f.* spectral colour

Spektralfarbenzug *m.* chromaticity diagram

Spektralkomponente *f.* spectral component

Spektralkurvenzug *m.* spectral curve

Spektrallinie *f.* spectrum line, spectral line

Spektralverteilungskurve *f.* spectral curve

Spektralzerlegung *f.* spectral analysis

Spektrogramm *n.* spectrogram *n.*

Spektroskop *n.* spectroscope *n.*

Spektrum *n.* spectrum *n.*; **kontinuierliches** °∼ continuous spectrum; **sichtbares** °∼ visible spectrum, luminous spectrum

Spektrumanalysator *m.* spectrum analyzer

Spektrumnutzung *f.* spectrum utilization

Spendenaktion *f.* benefit night, benefit event

Spendenaufruf *m.* call for donations

Sperrbereich *m.* (Filter) stop band

Sperrdrossel *f.* choke *n.*

sperren *v.* (IT) disable *v.*; **Gerät** ∼ block *v.*; **Keyboard** ∼ lock out; **Telefon** ∼ bar *v.*; **Zugriff** ∼ block access, bar access

Sperrfilter *m.* rejection filter

Sperrfrist *f.* embargo *n.*, embargo *n.*; °∼ **bis** embargoed till

Sperrfristmeldung *f.* embargoed news item

Sperrgreifer *m.* register pin, registration pin

Sperrholz *n.* plywood *n.*

Sperrichtung *f.* reverse (bias) direction

Sperriegel *m.* bolt *n.*, locking bar, ratchet pawl

Sperrkreis *m.* rejector circuit, wave trap

Sperrschaltung *f.* rejection circuit

Sperrschicht *f.* blocking layer, barrier layer, insulating layer

Sperrschichtzelle *f.* barrier-layer cell, barrier-layer photocell

Sperrschwinger *m.* blocking oscillator

Sperrsignal *n.* blocking signal; °∼ (IT) inhibiting signal, disabling signal

Sperrspannung *f.* cut-off voltage, blocking bias

Sperrstift *m.* pin *n.*, locking pin

Sperrung *f.* blocking *n.*

Sperrwirkung *f.* blocking action

Spesen plt. expenses *n. pl.*, allowances *n. pl.*

Spezialeffekt *m.* special effects *n. pl.*

Spezialist *m.* specialist *n.*

Spezialistengruppe *f.* group of specialists

Spezifikation *f.* specification *n.*

Spiegel *m.* mirror *n.*, reflector *n.*; **dichroitischer** °∼ dichroic mirror; **farbzerlegender** °∼ dichroic mirror; **halbdurchlässiger** °∼ semi-silvered mirror, semi-reflecting mirror

Spiegelabbild *n.* (IT) mirror image

Spiegelblende *f.* mirror shutter

Spiegeldurchmesser *m.* (Sat.) dish diameter

Spiegeleffekt *m.* mirror *n.*

Spiegelfassung *f.* reflector mount

Spiegelfrequenz *f.* image frequency, second frequency

Spiegellampe *f.* mirror lamp

Spiegellinse *f.* mirror lens

Spiegelreflexblende *f.* reflex mirror shutter

Spiegelreflexkamera *f.* mirror reflex camera, reflex camera

Spiegelreflexsystem *n.* reflex system, mirror reflex system

Spiegelselektion *f.* image frequency rejection

Spiegelung *f.* reflection *n.*, mirroring *n.*; °∼ (IT) mirroring *n.*

Spiegelzylinder *m.* mirror drum

Spiel *n.* performance *n.*, game *n.*

Spielbereich *m.* (IT) gaming zone

Spieldauer *f.* playing time

spielen *v.* (Rolle) play *v.*; ∼ (Darsteller) act *v.*, perform *v.*

Spielfilm *m.* full-length film, feature film

Spielleiter *m.* compère *n.*; °∼ (R) radio producer; °∼ (Hörspiel) drama producer; °∼ (Quiz) quizmaster *n.*; °∼ producer *n.* (director), director *n.*

Spielleitung *f.* direction *n.*, production *n.* (directing)

Spielplan *m.* schedule *n.* (F, thea.), programme *n.* (thea.), repertoire *n.*; **auf dem** °∼ **bleiben** to remain running (F, thea.), to be kept in the schedule; **auf dem** °∼ **stehen** to be billed, to be scheduled

Spielraum *m.* leeway *n.*, tolerance *n.*; °∼ (mech.) clearance *n.*; °∼ margin *n.*

Spielrequisit *n.* property *n.*, prop *n.* (coll.)

Spillover *n.* (Sat) spillover *n.*

Spinne *f.* (Lautsprecher) spider *n.*

Spinnwebmaschine *f.* cobweb gun

Spinstabilisierung *f.* (Sat.) stabilisation of spin

Spiralkabel *n.* helix cable

Spitze *f.* point *n.*, peak *n.*; °∼ (Licht) hair light; °∼ highlight *n.*; °∼-**Spitze** *n.* peak-to-peak; °∼-**Spitze-Spannung** *f.* peak-to-peak voltage

Spitzen setzen to set a highlight

Spitzenaussteuerungsmesser *m.* peak programme meter (PPM)

Spitzengleichrichter *m.* peak rectifier

Spitzengleichrichtung *f.* peak rectification

Spitzenhelligkeit *f.* highlight brightness

Spitzenhub *m.* peak deviation

Spitzenleistung *f.* peak power

Spitzenlicht *n.* (Licht) hair light; °∼ highlight *n.*

Spitzenmesser *m.* peak indicator, peak meter

Spitzenpegel *m.* peak level

Spitzenpegelfesthaltung *f.* peak level clamping

Spitzenspannung *f.* peak voltage

Spitzenspannungsmesser *m.* peak voltmeter, Peak Programme Meter (PPM)

Spitzenstrom *m.* peak current

Spitzenwert *m.* peak level, peak value

Spitzenwertmesser *m.* peak indicator, peak meter

Spitzlicht *n.* hair light, kick-light *n.*, rim-light *n.*

Spleißpunkt *m.* splicing point

Spline *m.* (math.) spline *n.* (math.)

Split *m.* (17,5 Cord) perforated magnetic film, perforated magnetic tape, magnetic film

Sponsoring *n.* sponsoring *n.*

Sponsorsendung *f.* sponsored broadcast, sponsored programme

Sport *m.* sport *n.*, sports reporting, sportcast *n.* (US)

Sport* *m.* (R) sports news programmes* *n. pl.*; °~ (TV) sports and events*

Sportbeitrag *m.* sport contribution

Sportfilm *m.* sports film

Sportfunk *m.* (R) sports news programmes* *n. pl.*

Sportgruppe *f.* sports group

Sportkommentator *m.* sports commentator

Sportredakteur *m.* sports editor, sports journalist

Sportreporter *m.* sports reporter

Sportschau *f.* television sports news *n. pl.*

Sportsendung *f.* sports broadcast, sportcast *n.* (US)

Sportübertragung *f.* transmission of sports event

Sportveranstaltung *f.* sports event, sporting event

Spot *m.* commercial *n.*; °~ (Reklame) spot *n.*; °~ commercial spot; °~ (fam.) spot *n.*, spotlight *n.*; °~ (Werbespot) spot *n.*

Spotfotometer *m.* spot photometer

Spotlicht *n.* spot *n.*, spotlight *n.*

Spotmeter *n.* spot photometer

Spotvorsatz *m.* cone *n.*

Sprachaufnahme *f.* voice recording, speech recording

Sprachausgabe *f.* (IT) audio response, voice output

Sprachband *n.* speech band, speech tape

Sprachbeschreibungssprache *f.* (IT) language-description language

Sprachbox *f.* voice box

Sprache *f.* language *n.*, speech *n.*

Spracheingabe *f.* (IT) voice input

Spracherkennung *f.* (IT) speech recognition

Sprachfernsehen *n.* foreign-language courses by television

Sprachfrequenzbereich *m.* voice frequency range, speech frequency range

Sprachgruppe *f.* language group

Sprachkenntnis *f.* a knowledge of (a(foreign language(s(

Sprachkursus *m.* language course

Sprachmuster *n.* voice pattern

Sprachnavigation *f.* voice control; °~ (IT) voice navigation

Sprachraum *m.* language region

Sprachübertragung *f.* (Tel) voice communication, speech transmission

Sprachunterricht *m.* language tuition

Sprachverarbeitung *f.* (Tel) voice processing

Sprachzone *f.* language zone

Spratzer *m.* sputter *n.*, splash *n.*

Sprechader *f.* (Tel) speech wire

Sprechanlage *f.* intercommunication system, intercom *n.* (coll.), intercom system

Sprechaufforderung *f.* (Tel) transmission request

Sprechbetrieb *m.* (Tel) voice communication, speech transmission

sprechen *v.* (Rolle, R) read *v.*; ~ (TV-Nachrichten, R) read *v.*

Sprecher *m.* commentator *n.*, speaker *n.*, newscaster *n.*, newsreader *n.*; °~ (Ansager) announcer *n.*; °~ (F) commentator *n.*; °~ (Behörde) spokesman *n.*, narrator *n.*

Sprecherkabine *f.* commentator's booth

Sprechermikrofon *n.* commentator's microphone

Sprecherplatz *m.* commentator's position, commentator's desk

Sprechersignalisierung *f.* presentation signalling

Sprecherstelle *f.* commentator's position

Sprecherstudio *f.* announcer studio, presentation studio, continuity studio

Sprechertext *m.* commentary *n.*; °~ (Nachrichten) script *n.*

Sprechertisch *m.* speaker's desk

Sprechfrequenz *f.* speech frequency, voice frequency

Sprechfunk *m.* radiotelephony *n.* (RT)

Sprechfunkgerät *n.* radio telephone, RT apparatus
Sprechfunkverkehr *m.* radio-telephone traffic
Sprechgarnitur *f.* headset *n.*
Sprechgeschirr *n.* (tech.) headset *n.*
Sprechkontakt *m.* voice contact
Sprechkopf *m.* sound head
Sprechleitung *f.* control line, speech line, speech circuit
Sprechprobe *f.* voice test
Sprechstrom *m.* speech current, voice current
Sprechverbindung *f.* speech communication, voice connection; **gerichtete** °~ point-to-point voice connection, one-way speech channel; **multiplexe** °~ multiplex speech connection, multiplex speech channel
Sprechverkehr, wechselseitiger °~ intercommunication *n.*
Spreizbandsystem *n.* spread-spectrum system
Spreizspektrumzugriff (Sat) spread spectrum access
Springblende *f.* automatic diaphragm, semi-automatic diaphragm
Springer stand-in *n.*; °~ (Aushilfe) understudy *n.*; °~**einsatz** use of stand-in
Spritzarbeit *f.* paint spraying
Spritzlackierer *m.* spray painter
Spritzpistole *f.* spray gun
spritzwasserdicht *adj.* splash-proof *adj.*
spröde *adj.* brittle *adj.*
Sprödigkeit *f.* brittleness *n.*
Sprossenschrift *f.* variable-density sound recording, variable-density track
Sprühentwicklung *f.* spray development
Sprühentwicklungsmaschine *f.* spray processor
Sprühwässerung *f.* spray watering
Sprung *m.* (Schnitt) jump cut; **auf** °~ **kleben** jump-cut *v.*
Sprungbefehl *m.* (IT) branching instruction, branch instruction, control transfer instruction, jump; °~ jump instruction; °~ (IT) jump instruction
Sprungentfernung *f.* (IT) hop length
Sprungfrequenz *f.* transition frequency
Sprungfunktion *f.* step function
Sprungkennlinie *f.* transient response, step function response

Sprungschramme *f.* intermittent scratch
Sprungsignal *n.* step function signal
Sprungwand *f.* camera trap
Spule *f.* (elek.) coil *n.*, inductor *n.*; °~ reel *n.*, bobbin *n.*, spool *n.*; °~ **mit Seitenflanschen** spool with side plates
spulen *v.* reel *v.*, wind *v.*; ~ (elek.) coil *v.*; ~ spool *v.*
Spulenkern *m.* hub *n.*
Spulenkörper *m.* bobbin *n.*; °~ (elek.) coil form
Spulenstrom *m.* coil current
Spulentrommel *f.* coil turret
Spur *f.* (Band) track *n.*; °~ (Röhre) trace *n.*; °~ (IT) track *n.*
Spurabstand *m.* track pitch
Spuranpassungseffekt *m.* track adaption effect
Spurbreite *f.* track width
Spureinstellung *f.* track setting, track adjustment
Spurfehlerwinkel *m.* track error angle
Spurhaltung *f.* tape guidance
Spurlage *f.* track placement, track position
Spurnormen *f. pl.* track configuration
Spycam *f.* (Internet) spycam *n.*
Staatsrundfunk *m.* state broadcasting authority
Stab *m.* staff *n.*, team *n.*, rod *n.*
Stabantenne *f.* rod aerial
Stabilisierung *f.* stabilisation *n.*
Stabilisierverstärker *m.* stabilising amplifier
Stabliste *f.* production list
Stadtnetz *n.* town mains *n. pl.*
Staffel *f.* (Verleih) distribution line-up
Staffelei *f.* easel *n.*
Stager *m.* (akust. Verpackungselement) stager *n.*
Stahlakkumulator *m.* nickel-iron-alkaline accumulator, Ni-Fe accumulator
Stammdatei *f.* (IT) master file
Stammdaten *pl.* master data
Stammhörer *m. pl.* regular listeners
Stammleitung *f.* trunk line; °~ (Ant.) main distribution cable
Stammleitungsverteilung *f.* trunk line distribution
Stand *m.* (Ausgabedatum) date of issue; °~ **der Technik** *m.* state-of-the-art *n.*
Standard *m.* standard *n.*; °~-**Hörschwelle**

f. standard auditory threshold, standard hearing threshold

Standardabweichung *f.* standard deviation

Standardausrüstung *f.* standard equipment

Standarddateianfangsetikett *n.* (IT) standard file header label

Standardfehlerbehandlung *f.* (IT) standard fault recovery routine, standard error procedure

Standardkonversion *f.* standard conversion

Standardkonvertierung *f.* standard conversion

Standardkopie *f.* standard print

Standardlaufwerk *n.* (IT) default drive

Standardschall *m.* standard sound

Standarte *f.* lens mount; °~ (Fotoapparat) lens carrier, lens standard

Standbild *n.* still frame, still picture, frozen picture, slide *n.*, still *n.*; °~ **fahren** to freeze the action

Standbildspeicher *m.* still store

Standbildübertragung *f.* still frame transmission

Standbildverlängerung *f.* stop frame, hold frame, freeze frame, still copy, frozen picture

Ständer *m.* support *n.*, stand *n.*

Standfoto *n.* still picture, still *n.*, still photograph

Standfotograf *m.* stills cameraman, studio photographer, stills man (coll.), stills photographer

Standgerät *n.* set on a stand

Standkopie *f.* stop frame, hold frame, freeze frame, still copy, frozen picture

Standkopieren *n.* stop framing, freeze framing, hold framing

Standleitung *f.* (Tel) dedicated line

Standleitungsübertragung *f.* (Tel) point-to-point transmission

Standmikrofon *n.* static microphone

Standort *m.* location *n.*, site *n.*

Standpunkt (Kamera) *m.* viewpoint *n.*

Standtitel *m.* static caption

Standverbindungsnetz *n.* (Tel) dedicated network

Stange *f.* bar *n.*, rod *n.*; °~ (Scheinwerfer) lighting pole, barrel *n.*

Stanze *f.* punching machine, stamp *n.*, die *n.*; °~ (Zeichen) change-over cue

Stanztrick *m.* chroma key, blue screen

Stanzzange *f.* perforator *n.*

Stapeldatei *f.* (IT) batch file

Stapelfernverarbeitung *f.* (IT) remote batch processing

Stapelprogramm *n.* (IT) batch program

Stapelverarbeitung *f.* (IT) batch processing; °~ (IT) batch processing

Star *m.* star *n.*

Starkstrom *m.* heavy current

Starkstromanlage *f.* power plant

Starkstromanschluß *m.* heavy current connection

Starkstromelektriker *m.* electrician *n.*

Starkstromfreileitung *f.* overhead power line

Starkstromingenieur *m.* electrical power engineer

Starkstromnetz *n.* mains *n. pl.*, power supply system

Starkstromwerkstatt *f.* electrical power workshop

Starlight-Filter *m.* starlight filter

Start *m.* start *n.*; **asynchroner** °~ non-sync start; **fliegender** °~ flying start, pre-start *n.*

Startadresse *f.* (IT) starting address, start address

Startauslösezeichen *n.* start pulse, starting mark, starting signal, start release signal

Startband *n.* tape leader, leader *n.* (tape), start leader, head leader; °~ **für Cord** magnetic film leader, mag leader (coll.); °~ **kleben** (nach Bandgeschwindigkeit) to splice leader sticker; °~ **kleben 19 cm** (blau) to splice 7 1/2"/sec (blue); °~ **kleben 38 cm** (rot) to splice 15"/sec (red); °~ **kleben 4,75 cm** (grau) to splice 1 7/8"/sec (grey); °~ **kleben 76 cm** (weiß) to splice 30"/sec (white); °~ **kleben 9,5 cm** (grün) to splice 3 3/4"/sec (green); °~ **mit Bildstrich** leader with frame bars

Startbit *n.* (IT) start bit

Startdiskette *f.* (IT) boot diskette

starten *v.* (Rakete) launch *v.*

startfähig *adj.* (IT) bootable *adj.*

Startimpuls *m.* sync plop, sync mark

Startkommando *n.* go-ahead *n.*

Startkreuz *n.* sync cross

Startmarke *f.* start mark
Startmarkierung *f.* start mark; **auf** °~
   einlegen to lace up to start mark
Startmarkierungen anbringen to make
   start marks
Startvorlaufzeit *f.* run-up time, roll-in
   time, count-down *n.*, pre-roll time
Startvorspann *m.* (Startband) leader *n.*;
   °~ start leader, head leader
Startzeichen *n.* start mark, start signal
Startzeit *f.* run-up time, pre-roll time
Statement *n.* statement *n.*; °~
   (journalistisch) straight piece
Station *f.* station *n.*; **bemannte** °~
   attended station; **ferngeschaltete** °~
   remote-switched station; **kommerzielle**
   °~ commercial station; **nicht ständig**
   besetzte °~ semi-attended station;
   unbemannte °~ unattended station
Station-Song *m.* station song
stationär *adj.* stationary *adj.*
Stationsabsage *f.* closing announcement
Stationsansage *f.* station announcement
Stationsdia *n.* station identification slide;
   °~ (Bild) station caption
Stationskennung *f.* (Ton) station
   identification, identification signal
   (station)
Stationskennzeichen *n.* (Bild) station
   caption
Statist *m.* extra *n.*, supernumerary *n.*,
   walk-on *n.*, super *n.* (extra),
   super(numerary) *n.*
Statisterie *f.* extras *n. pl.*, crowd *n.*, supers
   n. pl.
Stativ *n.* support *n.*, tripod *n.*, stand *n.*;
   ausziehbares °~ telescopic tripod
Stativfahrwagen *m.* tripod dolly
Stativkopf *m.* tripod head
Stativspinne *f.* (Lautsprecher) spider *n.*;
   °~ tripod base
Stativverlängerung *f.* tripod extension
Statusabfrage *f.* (IT) status request; °~
   status query
Statuswort *n.* (IT) status word
Staub *m.* dust *n.*
stauchen *v.* (schwarz) crush *v.*
Stauchung *f.* crushing *n.*
steckbar *adj.* plug-in *adj.*
Steckdose *f.* (elek.) socket *n.*; °~ plug
   socket; **gespeiste** °~ live socket;

schaltbare °~ switched socket,
   switched plug socket
Stecker *m.* plug *n.*, connector *n.*, plug
   connector
Steckerleiste *f.* multi-contact strip, multi-
   socket strip
Steckerstift *m.* plug pin
Steckfeld *n.* patching panel, jackfield *n.*,
   jumper panel (US)
Steckkarte *f.* plug-in card
Steckkassette *f.* plug-in cassette
Steckkasten *m.* socket box
Steckkontakt *m.* plug *n.*, plug contact
Steckkreuzfeld *n.* plug-in matrix
Steckleiterplatte *f.* printed circuit
Steckplatz *m.* (IT) slot *n.*
Steckspule *f.* plug-in coil
Steckverbindung *f.* plug connection
Steckverteiler *m.* push-on plug distributor
Steckvorrichtung *f.* plug and socket;
   drehbare °~ coupler *n.*
Stehleiter *f.* step-ladder *n.*
Stehwelle *f.* standing wave
Stehwellenmeßgerät *n.* stationary wave
   test set
Steigleitung *f.* riser *n.*, rising main; °~
   (Tel) rising mains
Steigung *f.* upgrade *n.*, ascending gradient,
   slope *n.*, (Gewinde::) ascent *n.*
steilflankig *adj.* steep-edged *adj.*
Steilheit *f.* gamma *n.*; °~ (Filmmaterial)
   hardness *n.* (F), contrast *n.* (F); °~
   (Röhre) mutual conductance,
   transconductance *n.*, slope of valve
   characteristics; °~ (Kennlinie) slope *n.*
Stelle *f.* site *n.*, location *n.*, place *n.*, job *n.*,
   department *n.*, agency *n.*
stellen *v.* adjust *v.*, set *v.*, control *v.*
Steller *m.* control knob, dimmer *n.*, fader
   n., control *n.*; **linearer** °~ linear control,
   linear fader; **logarithmischer** °~
   logarithmic control, logarithmic fader
Stellglied *n.* (IT) final control element
Stellmotor *m.* (IT) servo motor
Stellprobe *f.* first rehearsal
Stellpult *n.* control desk, fader desk
Stellreserve *f.* head room
Stelltransformator *m.* continuously
   variable transformer
stellvertretend *adj.* deputy *adj.*, assistant
   adj., acting *adj.*
stellvertretender Fernsehdirektor

director of programmes, television (BBC); ~ **Hörfunkdirektor** director of programmes, radio (BBC)
Stellwerk *n.* lighting-control console
Stellwiderstand *m.* rheostat *n.*, variable resistor
Stempel *m.* stamp *n.*
stereo *adj.* stereophonic *adj.*, stereo *adj.*
Stereo *n.* stereo *n.*, stereophony *n.*
Stereoaufnahmeverfahren AB AB stereophonic recording process; °~ **XY und MS** XY and MS stereophonic recording process
Stereoaufzeichnung *f.* stereo recording
Stereoballempfänger *m.* stereo rebroadcast receiver
Stereodekoder *m.* stereo decoder
Stereoempfänger *m.* stereo receiver, stereo tuner
stereofon *adj.* stereophonic *adj.*, stereo *adj.*
Stereofonie *f.* stereo *n.*, stereophony *n.*, stereo sound; **AB** °~ AB stereophony
stereofonisch *adj.* stereophonic *adj.*, stereo *adj.*
Stereomaschine *f.* stereo device
Stereomikrofon *n.* stereo microphone, stereo mike
Stereoprogramm *n.* stereo programme
Stereosendebetrieb *m.* stereo transmitter operation, stereo operation
Stereosendung *f.* stereo transmission, stereo broadcast
Stereosichtgerät *n.* stereoscope *n.*
Stereosignal *n.* stereo signal
Stereoskop *n.* stereoscope *n.*
Stereoskopie *f.* stereoscopy *n.*
stereoskopische Wiedergabe stereoscopic playback
stereoskopisches Aufnahmeverfahren stereoscopic recording process; ~ **Fernsehen** stereoscopic television
Stereostudio *n.* stereo studio
Stereoton *m.* stereo sound
Stereotonaufnahme *f.* stereo sound recording
Stereotonaufzeichnung *f.* stereo sound recording
Stereotonausstrahlung *f.* stereo sound transmission, stereo sound broadcast
Stereotonempfang *m.* stereo sound reception
Stereotonleitung *f.* stereo sound circuit
Stereotonübertragung *f.* stereo sound transmission, stereo sound broadcast
Stereotonwiedergabe *f.* stereo sound playback, stereo sound reproduction
stereotüchtig *adj.* stereo-capable *adj.*
Stereoumsetzer *m.* stereo transposer, stereo rebroadcast transmitter, stereo relay transmitter
Stereowiedergabe *f.* stereo reproduction
Stern-Dreieck *n.* star-delta *n.*
Sternchen *n.* (IT) asterisk *n.*
Sternnetz *n.* star communication system, star network
Sternpunkt *m.* television switching network centre
Sternpunktweiche *f.* star point coupler
Sternspannung *f.* voltage to neutral
Sternsystem *n.* star system, star connection
Sternverteilungssystem *n.* star distributing system, three-phase distribution system
Steueranweisung *f.* (IT) control statement
steuerbar *adj.* controllable *adj.*
Steuerbussystem *n.* control bus system
Steuerdaten *f. pl.* (IT) control data
Steuereinheit *f.* control unit, controller *n.*
Steuerelement *n.* (IT) control element *n.*
Steuerfeld *n.* control panel
Steuerfunktion *f.* (IT) control function
Steuergenerator *m.* pilot frequency generator
Steuergerät *n.* control gear
Steuergitter *n.* control grid
Steuerhebel *m.* operating lever, control lever, steering lever
Steuerknopf *m.* control knob
Steuerleistung *f.* grid-driving power, driving power
Steuerleitung *f.* control line, control circuit
steuern *v.* drive *v.*; ~ (regulieren) regulate *v.*; ~ control *v.*
Steueroszillator *m.* master oscillator (MO)
Steuerpult *n.* control console
Steuerquarz *m.* oscillator crystal
Steuerrechner *m.* control computer
Steuerring *m.* control ring
Steuersender *m.* master oscillator (MO), control transmitter, exciter *n.*
Steuersequenz *f.* (IT) control sequence

Steuersignal *n.* drive signal, control signal; °~ (IT) control signal
Steuerspur *f.* control track
Steuerstromkreis *m.* control circuit
Steuerung *f.* (Steuerung) control *n.*; °~ (Verstärker) drive *n.*; **verzögerungsfreie** °~ undelayed control; **zentralisierte** °~ central control
Steuerungsstandard *m.* controlling standard, Ethernet/Cheapernet IEEE 802.3; **Ethernet/Cheapernet IEEE 802.3** °~ Ethernet/Cheapernet IEEE 802.3 controlling standard
Steuerungstaste *f.* (IT) control key
Steuerwerk *n.* control unit
Steuerzeichen *n.* (IT) control character
Stich *m.* (Farbe) cast *n.*
Stichel *m.* (Platte) cutter *n.*
Stichelwinkel *m.* groove angle
Stichleitung *f.* stub line, stub cable, stub *n.*
Stichleitungsabzweigung *f.* bifurcation stub
Stichleitungsverteilung *f.* distribution stub
Stichwort *n.* (Stichwort) cue *n.*; °~ sound cue, word cue, catchword *n.*
Stichwortanalyse *f.* (IT) keyword-in-context analysis *n.*
Stiftbuchse *f.* (IT) male connector
Stiftleiste *f.* plug strip
Stille *f.* silence *n.*
Stillstand *m.* stop *n.*, standstill *n.*
Stillstandvorrichtung *f.* stopping device
Stilmittel *n.* means of style
Stimmdoubel *n.* dubbing voice
Stimme *f.* voice *n.*; **mehr** °~ **geben** to give more voice
Stimmgabel *f.* tuning fork
Stimmgerät *n.* tuning device
Stimmprobe *f.* voice test
Stimmton *m.* concert pitch
stimmton, Norm~ *m.* standard tone
Stimmungsmusik *f.* mood music
Stockholmer Wellenplan Stockholm plan
Stoff *m.* subject *n.*; °~ (F) story *n.*; °~ material *n.*, subject matter
stoffführender Redakteur script editor
Stoffzulassung *f.* acceptance of story
Stop-Set *n.* (Sendeuhr) stop set
Stopfbit *n.* stuffing bit
Stopp! (Gerät) stop!; °~ (Ende einer Aufnahme) cut!, hold it!
Stoppbad *n.* (F) stop bath

Stoppbefehl *m.* (IT) breakpoint instruction, stop instruction, halt instruction
Stoppbit *n.* (IT) stop bit
stoppen *v.* (Zeit) time *v.*
Stopptrick *m.* stop-camera effect
Stoppuhr *f.* stopwatch *n.*
Stöpsel *m.* plug *n.*, stopper *n.*, two-pole plug
stöpseln *v.* plug in *v.*, plug up *v.*
Störabstand *m.* signal-to-noise ratio (S/N ratio), signal-to-interference ratio, signal to noise ratio; °~ **ohne Modulation** unmodulated signal-to-noise ratio
Störabstandsmessung *f.* signal to noise ratio measurement
Störabstandswert *m.* signal to noise ratio
Störabstrahlung *f.* noise radiation, noise emission
Störanfälligkeit *f.* susceptibility to trouble, susceptibility to interference
Störaufzeichnung *f.* signal-to-noise ratio recording
Störaustastung *f.* noise blanking
Störbegrenzer *m.* noise limiter
Störbegrenzung *f.* noise limiting; **automatische** °~ automatic noise-limiting (ANL)
Störbildträger *m.* interference (picture) carrier
Store-and-forward store-and-forward
Störempfindlichkeit *f.* susceptibility to interference
stören *v.* jam *v.*, interfere *v.*
störend *adj.* annoying *adj.*
Störfeldstärke *f.* interference field strength, noise field intensity
Störfestigkeit *f.* noise immunity, immunity to interference, interference immunity
störfrei *adj.* interference-free *adj.*, immune from interference
Störgeräusch *n.* jamming *n.*, noise interference, jamming noise
Störimpuls *m.* interference pulse
Störkombinationen *f. pl.* interference combinations
Störkompensation *f.* interference compensation
Störlicht *n.* light interference
Störmeldung *f.* (Anzeige) fault report
Störmodulation *f.* unwanted modulation

Störmodulationsverhältnis *n.*
modulation-to-interference ratio
Störmuster *n.* interference pattern;
jalousieartiges °~ venetian-blind
pattern
Störpegel *m.* noise level; **bewerteter** °~
weighted noise level; **unbewerteter** °~
unweighted noise level
Störpegelabstand *m.* p.m.s. to noise ratio;
bewerteter °~ weighted p.m.s. to noise
ratio
Störquelle *f.* noise source
Störschutzfilter *m.* radio interference
filter
Störsignal *n.* spurious signal, interference
signal, interfering signal, break-through
n., edge
Störsignalkompensation *f.* spurious signal
compensation
Störspannung *f.* noise voltage,
interference voltage, disturbing voltage
Störspannungsmesser *m.* noise meter
Störspannungsquelle *f.* source of
interference
Störspektrum *n.* interference spectrum
Störspitze *f.* interference peak, impulse
interference
Störstrahlung *f.* radio interference,
spurious radiation, stray radiation
Störträger *m.* interference carrier
Störtrupp *m.* exchange fault gang
Störüberlagerung *f.* superimposed
interference; °~ (Pfeifton) heterodyne
interference
Störung *f.* interference *n.*, jamming *n.*,
breakdown *n.*, jitter *n.*; °~ (Bild) pattern
interference, pattern interference, jitter
n., vision breakdown; °~ fault *n.*,
disturbance *n.*; °~ **beheben** to clear a
fault; °~ **beseitigen** to clear a fault,
clear a fault; **atmosphärische** °~
atmospherics *n. pl.*
störung, Gleichkanal~ *f.* co-channel
interference *n.*
Störung, ionosphärische °~ ionospheric
disturbance
störung, Nachbarkanal~ *f.* adjacent
channel interference
Störung, technische °~ technical fault
Störungen, atmosphärische °~
(Gewitter) atmospherics *n.*, spherics *n.*

Störungsannahme* *f.* (R,TV) radio
interference group
Störungsbeseitigung *f.* trouble-shooting
n., fault clearance
Störungsdia *n.* fault caption
Störungsmeldeverfahren *n.* fault
reporting procedure
Störwirkung *f.* disturbing effect
Story *f.* (Nachrichten) story *n.*
Storyboard *n.* story-board *n.*
Stoßbetrieb *m.* burst mode
Stoßzahl *f.* collision frequency
stottern *v.* (ins Mikro) fluff *v.*
Strahl *m.* ray *n.*, beam *n.*
Strahlablenkung *f.* beam deflection
Strahlauftreffpunkt *m.* irradiated point
Strahlausrichtung *f.* beam alignment
Strahlbreite *f.* beamwidth *n.*
Strahldeckung *f.* beam convergence
Strahlenbahnberechnung *f.* ray tracing
Strahlengang *m.* ray path, beam path
Strahlenteiler *m.* beam splitter; **optischer**
°~ optical beam splitter
Strahlenteilung *f.* beam splitting
Strahler *m.* radiator *n.*, aerial *n.*, antenna
n. (US); °~ (Ton) loudspeaker *n.*;
isotroper °~ isotropic radiator
Strahlerebene *f.* bay *n.*
Strahlrücklauf *m.* flyback *n.*
Strahlschärfe *f.* beam focus
Strahlstrom *m.* beam current; °~ **IK fein**
fine control of beam current; °~ **IK
grob** coarse control of beam current
Strahlstromaustastung *f.* beam-current
blanking
Strahlstrombegrenzung *f.* beam-current
limiting
Strahlstrombündelung *f.* beam-current
focusing, electron focusing
Strahlstromjustierung *f.* beam-current
adjustment
Strahlstromrauschen *n.* beam-current
noise
Strahlstromsperre *f.* beam gate
Strahlstromsteller *m.* beam-current
control
Strahlung *f.* (tech.) radiation *n.* (tech.),
emission *n.*; **farbige** °~ coloured
radiation
Strahlungscharakteristik *f.* radiation
characteristic, radiation diagram,
radiation pattern

Strahlungsdiagramm *n.* radiation pattern
Strahlungsdichte *f.* radiant energy
density, radiation density
Strahlungsempfänger *m.* radiation-sensitive pick-up, radiation-responsive
pick-up
Strahlungsenergie *f.* radiated energy,
radiant energy; °~ (Sender) transmitted
energy
Strahlungskeule *f.* radiation lobe
Strahlungsleistung *f.* radiated power;
äquivalente °~ effective radiated power
(ERP); **äquivalente isotrope** °~
equivalent isotropically radiated power;
effektive °~ (ERP) effective radiated
power (ERP)
Strahlungsrichtung *f.* beam direction
Strahlungsverteilung, spektrale °~
spectral distribution of radiation
Strahlungswiderstand *m.* radiation
resistance
Strahlunterdrückung *f.* beam gate
Strahlverdunklung *f.* beamblanking *n.*
Strahlwobbeln *n.* beam wobble
Straßenzustandsbericht *m.* information
on road conditions, road news *n. pl.*
Streaming *n.* streaming *n.*
Streamingdatei *f.* (IT) streaming file
Strecke *f.* (Übertragung) line *n.*; °~ route
n., link *n.*, distance *n.*; °~ (fam.) cable
n.; **Aufzeichnung über** °~ recording
from line
Streckenbilanz *f.* link budget
Streifen *m.* film *n.* (coll.); °~ (F) streak *n.*;
°~ (Video) striation *n.*; °~ (F) film strip
Streifenmuster *f.* studio lining
Streifenziehen *n.* striping *n.*
Streiflicht *n.* glancing light; °~ (Licht)
rim light
Streulicht *n.* diffused light, stray light,
spill light, flare *n.*
Streulichtfaktor *m.* diffusion factor
Streulichtscheinwerfer *m.* broadside *n.*
Streulichtschirm *m.* diffusing screen
Streupunkt *m.* dispersion point;
maximaler °~ main dispersion point
Streuquerschnitt *m.* scattering cross
section
Streuscheiben *f. pl.* diffusors *n. pl.*
Streuschirm *m.* diffusing screen
Streuung *f.* diffusion *n.*, dispersion *n.*; °~
(opt.) aberration *n.*; °~ (TV) scattering

n.; °~ **an unregelmäßigen Flächen**
rough surface scatter
streuung, Boden~ *f.* ground scatter
Streuung, ionosphärische °~ ionoscatter
n., ionospheric scattering
streuung, Niederschlags~ *f.* precipitation
scattering; **Rück**~ *f.* backscatter *n.*;
Seiten~ *f.* side scatter
Streuung, troposphärische °~
troposcatter *n.*, tropospheric scattering
streuung, Volumen~ *f.* volume scatter;
Vorwärts~ *f.* forward scatter
Streuwinkel *m.* (Abtastwinkel) angle of
scatter, angle of divergence, angle of
spread; °~ (Scheinwerfer) angle of
dispersion, diffusion angle; **maximaler**
°~ maximum angle of dispersion
Strich *m.* (IT) stroke *n.*
Strichcode *m.* bar code; °~-**Leser** *m.* bar
code reader
Strichrastertestbild *n.* bar test pattern, bar
pattern
Strippe *f.* (fam.) (Übertragung) line *n.*
Stroboskop *n.* stroboscope *n.*
stroboskopischer Effekt stroboscopic
interference, strobing *n.*
Strom *m.* current *n.*, juice *n.* (coll.)
stromabwärts *adj.* downstream *adj.*
Stromabwärtsrichtung *f.* downstream
direction
Stromaggregat *n.* generating unit,
generating plant
Stromanschluß *m.* power connection,
power terminal
Stromaufnahme *f.* current consumption,
current input, charging rate, power
consumption
stromaufwärts *adj.* upstream *adj.*
Stromaufwärtsrichtung *f.* upstream
direction
Stromausfallrelais *n.* power failure relay,
no-current relay
Strombauch *m.* current loop, current
antinode
Strombegrenzung *f.* current limiting
Stromdichte *f.* current density
Stromfluß *m.* current flow
Stromgegenkopplung *f.* negative current
feedback
Stromkabel *n.* current cable
Stromknotenpunkt *m.* current
intersection, current junction

Stromkreis *m.* (elek.) circuit *n.*; °∼ electric circuit; **geschlossener** °∼ closed circuit; **offener** °∼ open circuit
Stromlaufplan *m.* circuit diagram
stromlos *adj.* currentless *adj.*, out of circuit, dead *adj.*
Strommesser *m.* ammeter *n.*
Stromquelle *f.* power source
Stromschwankung *f.* current fluctuation
Stromspitze *f.* peak current
Stromstärke *f.* current intensity
Stromunterbrechung *f.* break of current; °∼ (IT) power failure
Stromverbrauch *m.* current consumption, consumption of electricity
Stromverdrängungseffekt *m.* skin effect
Stromverdrängungsmotor *m.* hysteresis motor
Stromversorgung *f.* power supply
Stromversorgungsschwankung *f.* power supply variation
Stromverstärkung *f.* current amplification
Stromwandler *m.* current transformer
Stromzange *f.* clip-on probe, current probe
Strudelbewegung *f.* turbulence *n.*; °∼ (Luft) Clear Air Turbulence (CAT)
Stück *n.* play *n.*, piece *n.*; °∼ (fam.) (Beitrag) piece *n.*, item *n.*; **ein** °∼ **herausbringen** to produce a play
Stückeschreiber *m.* (fam.) playwright *n.*
Studienfernsehen *n.* adult education television programme
Studienplan *m.* curriculum *n.*, syllabus *n.*
Studio *n.* studio *n.*; °∼ **klar?** studio ready?, ready to start ?; °∼ **mit Nachhall** live studio (echo), studio with reverberation; °∼, **virtuelles** *n.* virtual studio; °∼**-Betrieb** *m.* studio operations; °∼**-Techniker** *m.* studio operator; °∼**dekoration** *f.* studio set; °∼**gast** *m.* studio guest; °∼**gestaltung** *f.* studio design; **aktuelles** °∼ current affairs studio; **fahrbares** °∼ mobile studio; **nachhallfreies** °∼ dead studio; **schalltotes** °∼ dead studio
Studioanlage *f.* studio layout
Studioauftritt *m.* studio appearance
Studioausgangsbild *n.* outgoing signal
Studioausgangsmodulation *f.* outgoing modulation
Studioausgangston *m.* outgoing sound

Studioauskleidung *f.* studio treatment, studio lining
Studioausrüstung *f.* studio equipment
Studiobelegschaft *f.* studio staff
Studiobelegung *f.* studio usage
Studiobelegungsplan *m.* studio allocations schedule, studio bookings *n. pl.*
Studiobeleuchtung *f.* studio lighting
Studiodisposition *f.* studio allocation, studio bookings *n. pl.*
Studioebene *f.* floor level, studio flat
Studioempfänger *m.* studio monitor
Studiogrundriß *m.* floor plan, studio plan
Studiohilfe *f.* studio hand
Studiokamera *f.* studio camera
Studiokomplex *m.* production centre
Studioleiter *m.* station manager
Studiolicht *n.* house light
Studiomaschine *f.* professional machine
Studiomeister *m.* scene supervisor
Studiomischpult *n.* studio mixing desk
Studioplanung* *f.* studio planning*
Studioproduktion *f.* studio production
Studioredakteur *m.* presenting editor, anchor man
Studioregisseur *m.* studio director
Studiosendung *f.* studio broadcast
Studiotakt *m.* studio sync. clock
Studiotechnik *f.* studio engineering; °∼, **virtuelle** *f.* virtual set technology
Studioton *m.* studio sound
Studiotonmeister *m.* (F) floor mixer, production mixer
Studiouhr *f.* studio clock
Studiowart *m.* studio attendant
Stufe *f.* degree *n.*, step *n.*, grade *n.*, stage *n.*
Stufenindexfaser *f.* (LWL) step-index fibre
Stufenkeil *m.* (opt.) stepped photometric absorption wedge; °∼ step wedge
Stufenlinse *f.* Fresnel lens
Stufenlinsenscheinwerfer *m.* Fresnel lens spotlight
Stufenschalter *m.* step switch, sequence switch
Stukkateur *m.* plasterer *n.*
stumm *adj.* silent *adj.*, mute *adj.*
Stummfilm *m.* silent film
Stummschaltung *f.* muting *n.*
Stummtaste *f.* mute key *n.*
Stumpfklebelade *f.* butt joiner
Stundenbericht *m.* log *n.*

Stundenzähler *m.* hour-counter *n.*

Stuntman *m.* stuntman *n.*

Stützmikrofon *n.* stand-microphone, support-microphone *n.*

Stützpunkt *m.* interpolation point, diskret point; **keramischer** °~ ceramic support

Stützspannung *f.* support voltage

Stylebook *n.* (Redaktionshandbuch) style book *n.*

Styroporschneider *m.* polystyrene cutter

Subdomain *f.* (IT) subdomain *n.*

Sublizenzierung *f.* sub-licencing *n.*

Subreflektor *m.* sub-reflector *n.*

Subsatellitenpunkt *m.* sub-satellite point

Substitutionsmessung *f.* measurement by substitution

subtraktiv *adj.* subtractive *adj.*

Suchalgorithmus *m.* (IT) search algorithm

Suchbegriff *m.* (IT) search string

suchen und ersetzen *v.* (IT) search and replace *v.*

Sucher *m.* viewfinder *n.*; **elektronischer** °~ electronic viewfinder; **lichtstarker** °~ bright viewfinder; **optischer** °~ optical viewfinder

Sucherbild *n.* viewfinder image

Sucherfenster *n.* viewfinder window

Sucherkasch *m.* viewfinder frame

Sucherlupe *f.* viewing magnifier

Sucherobjektiv *n.* viewfinder lens, viewing lens

Sucherokular *n.* viewfinder eyepiece

Sucherrahmen *m.* viewfinder frame

Suchkriterien *n. pl.* (IT) search criteria

Suchlauf *m.* search *n.*

Suchmaschine *f.* (IT) search engine

Suchton *m.* search frequency, search tone

Suchtonverfahren *n.* search frequency system, search tone system

Suchvorgang *m.* search *n.*

Suggestivfrage *f.* suggestive question

Summe *f.* sum *n.*

summen *v.* hum *v.*, buzz *v.*

Summenalarm *m.* summation alarm

Summenbedienpult *n.* vision control desk

Summenpegel *m.* sum level, cumulative level

Summenregler *m.* (fam.) group fader

Summensignal *n.* composite signal, mixed signal

Summensteller *m.* group fader

Summenstörung *f.* group interference

Summenton *m.* mixed sound

Summenverstärker *m.* group amplifier, master amplifier

Summer *m.* buzzer *n.*

Summierer *m.* adder *n.*, totaliser *n.*

Super-Ikonoskop *n.* superFiconoscope *n.*, image iconoscope; °~-**Orthikon** *n.* image orthicon (IO), superorthicon *n.*

Superkontrastmaterial *n.* very high-contrast film stock

Superturnstileantenne *f.* (Schmetterlingsantenne) superturnstile aerial, superturnstile antenna

Supplements *n. pl.* supplements *n. pl.*

Supraleiter *m.* super conductor

Surfen im Internet (IT) Internet surfing

Survivalmodus *m.* survival mode

Switcher *m.* switcher *n.*

Symbolfehlerrate *f.* symbol error rate

Symbolleiste *f.* (IT) tool bar

Symbolschrift *f.* (IT) symbol font

Symbolsprache *f.* (IT) symbolic language, symbolic programming language

Symmetrieachse *f.* symmetry axis

symmetrieren *v.* balance *v.*, symmetrise *v.*

Symmetrierglied *n.* balanced-to-unbalanced transformer, balun *n.*

Symmetrieübertrager *m.* balanced transformer

symmetrisch *adj.* symmetrical *adj.*

synchron *adj.* synchronous *adj.*, in sync (coll.); ~ (tech.) in synchronism, sync *adj.* (coll.); ~ locked *adj.*

Synchronabziehtisch *m.* synchroniser *n.*

Synchronatelier *n.* dubbing studio

Synchronbahn *f.* (Sat.) synchronous orbit

Synchronbetrieb *m.* common-wave operation

Synchronbild *n.* synchronous picture

Synchrondemodulator *m.* synchronous demodulator

Synchronfirma *f.* dubbing company

Synchrongeräusch *n.* dubbed effect

Synchronimpuls *m.* synchronisation pulse, sync pulse

Synchronimpulsamplitude *f.* sync amplitude

Synchronisation *f.* synchronisation *n.*; °~ (F) dubbing *n.*

Synchronisationssignal *n.* sync signal

Synchronisationsstörung, vertikale °~ run-through *n.*

Synchronisator *m.* synchroniser *n.*, synchronising unit
Synchronisierbereich *m.* hold range, locking range
Synchronisierbit *n.* synchronization bit
synchronisieren *v.* (synchronisieren) dub *v.*; ~ (tech.) synchronise *v.*, to bring into step, lock *v.* (video); ~ **nach Textband** to dub to visual tape; ~ **nach Vorlage** to dub to script
Synchronisieren *n.* (F) dubbing *n.*; °~ (tech.) synchronising *n.*; °~ locking *n.*
Synchronisierfehler *m.* loss of log
Synchronisierleitung *f.* locking circuit
Synchronisiersystem *n.* synchronization system
synchronisiert *adj.* (F) dubbed *adj.*; ~ (tech.) synchronised *adj.*; ~ locked *adj.*
Synchronisierung *f.* synchronisation *n.*; °~ (F) dubbing *n.*; °~ synchronization *n.*
Synchronität *f.* synchronism *n.*
Synchronizer *m.* synchroniser *n.*
Synchronklappe *f.* clapper board, clapper *n.*
Synchronlauf *m.* synchronous running
Synchronliste *f.* dubbing cue sheet
Synchronmarke *f.* synchronising mark, sync mark
Synchronmotor *m.* synchronous motor
Synchronnetz *n.* synchronised network
Synchronregisseur *m.* dubbing director
Synchronrolle *f.* dubbing part
Synchronsatellit *m.* synchronous satellite
Synchronschleife *f.* dubbing loop, post-sync loop
Synchronsignal *n.* (S-Signal) synchronisation signal
Synchronsignalgemisch *n.* mixed sync signals *n. pl.*, mixed syncs *n. pl.* (coll.)
Synchronsignalwert *m.* sync amplitude
Synchronspitzenleistung *f.* peak sync. power
Synchronspitzenwert *m.* peak sync. value
Synchronsprecher *m.* dubbing speaker, dubbing actor
Synchronstart *m.* sync start
Synchronstimme *f.* dubbing voice
Synchronstudio *n.* dubbing theatre
Synchronton *m.* synchronous sound
Synchronumrichter *m.* synchronous converter

Synchronumroller *m.* synchroniser *n.*
Synchronwert *m.* synchronising level, sync level
Synchronzeichen *n.* synchronising mark, synchronising cue, sync mark
Synchronzeichengenerator *m.* blip generator
Synopsis *f.* synopsis *n.*; °~ (Eurovision) synopsis *n.*; °~-**Amendment** *n.* (Eurovision) synopsis amendment
Synthesizer *m.* synthesizer *n.*
System *n.* system *n.*, method *n.*; **punktfrequentes** °~ point-sequential system; **rasterfrequentes** °~ field-sequential system; **trägerfrequentes** °~ (TF-System) carrier-frequency system; **zeilenfrequentes** °~ line-sequential system
Systemabfrage *f.* (IT) system request
Systemanalyse *f.* (IT) system analysis
Systemaufforderung *f.* prompt *n.*
Systemausfall *m.* (IT) system breakdown, system failure
systembedingt *adj.* owing to the characteristics (nature) of the system
Systemberater *m.* (IT) system consultant, system analyst
Systembetreuer *m.* (IT) system administrator
Systemdaten *pl.* general system data
Systemdurchsatz *m.* (IT) system throughput
Systeme *n. pl.* systems *n. pl.*; **AV-**°~ *n. pl.* AV systems
Systemeigenschaft *f.* system characteristic
Systemfehler *m.* (IT) system error
Systemoperator *m.* (IT) system operator
Systemparameter *m.* system parameter
Systemverwalter *m.* (IT) system administrator
Systemzuverlässigkeit *f.* (IT) system reliability
Szenarium *n.* (F) scenario *n.*
Szene *f.* set *n.*, scene *n.*; °~ (F) shot *n.*; °~ **durchstellen** to run through a shot; °~ **einrichten** to set up a shot; °~ **nachstellen** to reconstruct a scene
Szenenausleuchtung *f.* scenery illumination, set lighting
Szenenausschnitt *m.* scene excerpt
Szenenbauplan *m.* studio plan

Szenenbeleuchtung *f.* scene lighting,
  general scene lighting
Szenenbeleuchtungsumfang *m.* lit area,
  scene lighting level
Szenenbild *n.* set *n.*, scenery *n.*, decor *n.*,
  setting *n.*; °~, **virtuelles** *n.* virtual set
Szenenbildner *m.* art director, designer *n.*,
  scenic designer, scenery designer, set
  designer
Szenentester *m.* (Kopierwerk) scene tester
Szenenübergang *m.* inter-scene transition
Szenenwechsel *m.* change of scenery
szenische Dokumentation drama
  documentary, dramatised documentary

T

Tabelle *f.* list *n.*
Tabellenkalkulationsprogramm *n.* (IT)
  spreadsheet program
Tachoimpuls *f.* tach pulse evaluation
Tachoimpulsrad *n.* (MAZ) tone wheel,
  tachometer disc
Tachometer *m.* speedometer *n.*; °~ (F)
  tachometer *n.*, film speed indicator
Tafel *f.* chart *n.*
Tag (HTML) tag *n.*; °~ **Builder** *m.* tag
  builder
Tagbetrieb *m.* day working
Tagegeld *n.* subsistence allowance, daily
  allowance
Tagesbericht *m.* (Dreh) daily report,
  continuity sheet
Tagesdisposition *f.* (Studio) daily time
  schedule
Tagesgage *f.* daily fee, daily rate
Tagesgeschehen *n.* (ZDF) daily TV news
  and current affairs transmission
Tageskommentar *m.* daily commentary
Tageslicht *n.* daylight *n.*
Tageslichtemulsion *f.* daylight emulsion
Tageslichtlampe *f.* daylight lamp
Tageslichtspule *f.* daylight loading spool
Tagesreichweite *f.* (Sender) daytime
  service range, day range, diurnal range
Tagesschau *f.* (ARD) daily TV news
  transmission

Take *m.* take *n.*, sequence *n.*
taken *v.* take *v.*
Takenummer *f.* take number
Takt *m.* cadence *n.*, beat *n.*, tact *n.*, rate *n.*
  (pulse); °~ (Elektronik) pulse *n.*; °~
  rhythm *n.*, time *n.*, clock *n.*
Taktfrequenz *f.* (IT) clock frequency,
  clock rate
Taktgeber *m.* (Impuls) pulse generator
  (PG); °~ metronome *n.*; °~ (IT) clock
  n., clock generator; **synchronisierter** °~
  synchronised pulse generator (SPG),
  synchronised generator, sync-pulse
  generator
Taktgeberfrequenz *f.* clock rate
Taktgenerator *m.* pulse generator,
  metronome *n.*
Taktgeschwindigkeit *f.* clock pulse rate
Takthaushalt *m.* pulse generation and
  distribution system, sync pulse system
Taktimpuls *m.* (IT) clock pulse, clock
  signal; °~ timing pulse
Taktrate *f.* (IT) clock pulse rate
Taktrückgewinnung *f.* (IT) clock
  recovery, clock regeneration
Taktspur *f.* (IT) clock marker track, clock
  track
taktsynchron *adj.* clocked *adj.*
Taktsynchronisierung *f.* pulse
  synchronisation
Taktverkopplung, wechselseitige °~ *f.*
  intersynchronisation *n.*
Talk *m.* (Programmform) talk *n.*
Talkradio *n.* talk radio
Talkshow *f.* talk show
Tandempotentiometer *n.* tandem
  potentiometer
Tank *m.* tank *n.*
Tankentleerung *f.* tank draining
Tannenbaum *m.* cue lights *n. pl.*
Tantieme *f.* royalty *n.*
Tanzmusik *f.* dance music
Tanzorchester *n.* dance orchestra
Target *n.* (Aufnahmeröhre) target *n.*
Taschenempfänger *m.* pocket transistor
Taskleiste *f.* (IT) taskbar *n.*
Taskschaltfläche *f.* (IT) task button
Taskverwaltung *f.* (IT) task management
Tastatur *f.* keyboard *n.*, keys *n. pl.*
Tastaturbelegung *f.* (IT) keyboard layout
Tastaturcontroller *m.* (IT) keyboard
  controller

Tastaturerweiterung f. (IT) keyboard enhancement

Tastaturlayout n. (IT) keyboard layout

Taste f. push button, button n., key n.

Tastenanschlag m. (IT) keystroke n.

Tastenbeschriftung f. (IT) key legend

Tastendruck m. keystroke n.

Tastenfeld n. keyboard n.

Tastenfernsprecher m. (Tel) pushbutton telephone, touch-tone telephone

Tastenfreigabe f. (Tel) button release

Tastensperre f. (IT) keylock n. (DP)

Tastimpuls m. keying pulse, keying impulse

Tastkopf m. probe n.

Taströhre f. keying valve, keying tube

Tastsignal n. keying signal

Tastung f. keying n.

Tastverhältnis n. duty cycle, keying ratio, pulse duty factor

Tastwahl f. (Tel) pushbutton dialing

Tatsachenbericht m. (TV) documentary feature, documentary n. (R, TV)

Tauchlöten n. dip soldering

Tauchspule f. (Mikro) moving coil

Taumeln n. (Sat.) tumbling n.

Taxe f. rate n., charge n., valuation n., appraisal n., tariff n., assessment n.

TCM burst-mode transmission, ping pong method

Team n. crew n., team n.

Teamleader m. team leader

Teaser m. teaser n.

Technik f. engineering n.

Techniker m. technician n., engineer n., operator n.

Technikkoordinationsleitung f. technical coordination circuit

technische Beistellung technical item provided; ~ **Einrichtung** technical equipment, technical facility, engineering equipment; ~ **Hilfeleistung** technical assistance, engineering assistance; ~ **Kontrolle** technical control; ~ **Koordination** technical coordination; ~ **Koordinationsleitung** technical coordination management; ~ **Produktionsmittel** production facilities

Technische Abnahme f. technical acceptance; °~ **Ausrüstung*** engineering equipment*; °~ **Richtlinien**

technical guidelines; °~ **Zentrale** engineering centre

technisches Drehbuch continuity n.

Teil, bildwichtiger °~ centre of interest

Teilbelichtung f. partial exposure

Teilbild n. split picture, partial image, field n.; **kongruentes** °~ coincident image, partial coincident picture

Teilbilddauer f. field rate, field duration

Teilbildfolgezahl f. interlace sequence

Teilbildzahl f. interlace sequence

teilen v. divide v., split v.

Teilen (Effekte) split

Teiler m. divider n.

Teilfrequenz f. partial frequency, component frequency

Teilhabervertrag m. partnership contract

Teilnahme f. participation n.; °~ (Eurovision) participation n. (Eurovision)

Teilnehmer m. participant n.; °~ (Telefon) subscriber n.

Teilnehmeranschluß m. subscriber connection

Teilnehmerbetrieb m. (IT) time-sharing mode

Teilnehmerkennung f. network user identification

Teilnehmermessung f. audience rating

Teilnehmernummer f. (Tel) directory number, subscriber number, user number

Teilnehmervermittlungsstelle f. (Tel) subscriber terminal exchange

Teilnehmerverzeichnis n. (Tel) directory n.

Teilnetz n. (Tel) subnetwork n.

Teilschwingung f. half-wave component, loop component, harmonic component

Teilung f. scale n., graduation n.; °~ (math.) division n. (math.); **logarithmische** °~ logarithmic calibration

Tele-Mikro n. tele-microphone n.

Telearbeit f. (IT) telework n.

Telefax n. telefax n., fax n.

Telefon n. telephone n.

Telefonanschaltgerät n. telephone access device

Telefonanschluß m. line n., installation n., connection n.

Telefonbeantworter *m.* answering machine
Telefonbuchse *f.* telephone jack
Telefonfreileitung *f.* overhead line
Telefonhörer *m.* telephone receiver
Telefoniebetrieb *m.* telephony *n.*
Telefoniekanal *m.* telephone channel
Telefoninterview *n.* interview by telephone, telephone interview
Telefonist *m.* switchboard operator, operator *n.* (tel.)
Telefonleitung *f.* (Tel) telephone line, telephone line
Telefonnetz, öffentliches °~ public switched telephone network
Telefonrufbeantworter *m.* answering machine
Telefonsammelnummer *f.* collective telephone number
Telefonselbstwählanlage *f.* subscriber trunk dialling installation (STD)
Telefonsprechverkehr *m.* telephone traffic
Telefonverbindung *f.* telephone connection
Telefonvermittlung *f.* telephone exchange, telephone operator
Telefonwartung* *f.* telephone maintenance crew
Telefonzentrale *f.* telephone switchboard, private branch exchange (PBX)
Telefoto *n.* wire picture
Telefotostelle *f.* wire picture office
telegen *adj.* telegenic *adj.*
Telegrafie, drahtlose °~ wireless telegraphy (WT)
Telegramm *n.* telegram *n.*
Telegraph *m.* telegraph *n.*
Telekommunikation *f.* telecommunications *n.*
Telekommunikations- Regulationsordnung *f.* Telecommunications Regulations
Telekommunikationsanlage *f.* telecommunications system
Telekonferenz *f.* teleconferencing *n.*
Telemetrie *f.* telemetry *n.*
Teleobjektiv *n.* telephoto lens
Teleprompter *m.* teleprompter *n.*, prompter *n.*
Teleskop *n.* telescope *n.*
Teleskopantenne *f.* telescopic aerial

Teleskoparm *m.* telescopic arm
Teleskopmast *m.* telescopic mast
Teleskopsäule *f.* telescopic column; °~ (Kamera) hydraulic tripod
Teleskoptechnik *f.* telescopic system, telescoping *n.*
Teletex *n.* teletex *n.*
Teletext *m.* (also::) teletext *n.*, broadcast videotex
Television *f.* television *n.*
Telex *n.* telex *n.*
Teller *m.* (Platte) turntable *n.*; °~ (Magnetofon) disc *n.*, plate *n.*
Temperaturabhängigkeit *f.* temperature dependence
Temperaturänderung *f.* temperature change
Temperaturaustauscher *m.* heat exchanger
Temperaturbereich *m.* temperature range
Temperaturdrift *f.* temperature drift
Temperaturfestigkeit *f.* temperature stability
Temperaturgang *m.* temperature response
Temperaturinversion *f.* temperature inversion
Temperaturkonstante *f.* temperature constant
Temperaturschwankung *f.* temperature variation
Template (IT) template *n.*
Ten-light *n.* ten-light *n.*
Termin *m.* (Progr.) outlet *n.*; °~ slot *n.*
Terminabsprache *f.* slot agreement
Terminal *n.* terminal *n.*, data display terminal
Terminalemulation *f.* (IT) terminal emulation
terminieren *v.* (Progr.) place *v.*; ~ (einsetzen) bill *v.*
Terminplanung *f.* deadline planning, scheduling *n.*
Terminprogramm *n.* scheduler *n.*
terrestrisch *adj.* terrestrial *adj.*
terrestrischer Sender terrestrial transmitter
Terzrauschen *n.* third-octave noise
Test *m.* test *n.*
Testaufbau *m.* test set-up
Testband *n.* standard tape, test tape
Testbedingung *f.* test condition
Testbetrieb *m.* (IT) test mode

Testbild *n.* test chart, test card, test pattern; °~ **aufschalten** to put out test card

Testbildgeber *m.* test pattern generator

Testfarbe *f.* test colour

Testfilm *m.* test film, test strip

Testimonial *n.* (Werbespot) testimonial *n.*

Testkopie *f.* (F) rush-print; °~ (Kopierwerk) first trial print; °~ grading copy

Testperiode *f.* test period

Testreihe *f.* test session

Testschaltung *f.* test circuit

Testsendung *f.* pilot programme; °~ (Progr.) trial programme, pilot *n.* (prog.); °~ (tech.) test transmission

Testsignal *n.* test signal

Testsignalgeber *m.* test signal generator

Tetrode *f.* tetrode *n.*

Text *m.* text *n.*; °~ (Nachrichten) script *n.*; °~ (verbindende Worte) continuity script; °~ **breitwalzen** to pad a script, to stretch a script; °~ **einstreichen** to edit down a script, to cut down a script, to sub down a script; °~ **kürzen** to edit down a script, to cut down a script, to sub down a script; °~ **überziehen** overscript *v.*; °~**, unformatierter** *m.* (IT) plain text *n.*

Textausschnitt *m.* excerpt *n.*, cut *n.*

Textband *n.* visual tape

Textbandprojektor *m.* visual tape projector

Textbandverfahren *n.* dubbing with visual tape

Textbaustein *m.* boilerplate *n.*, phrase *n.*

Textbuch *n.* (Thea.) book *n.*; °~ (Oper) libretto *n.*

Textdatei *f.* (IT) text file

Texteingabe *f.* (IT) text entry

texten *v.* script *v.*; **auf Bild** ~ to script to film; **gegen das Bild** ~ to write against the picture

Textende *n.* (IT) ETX; °~ (IT) end of text *n.*

Texter *m.* (Nachrichten) sub-editor *n.*; °~ scripter *n.*, script-writer *n.*

Textmarke *f.* (IT) bookmark *n.*

Textprobe *f.* level check

Textspeicherdienst *m.* electronic mail

Textur *f.* (IT) texture *n.*

Textverarbeitung *f.* (IT) word processing

Textverarbeitungsprogramm *n.* (IT) word processor, word processing application

Textvision *f.* textvision *n.*

TF (s. Trägerfrequenz); °~**-System** (s. trägerfrequentes System)

Theater *n.* theatre *n.*

Theateraufzeichnung *f.* theatre recording

Theaterkopie *f.* release print, theatre copy

Theaterleiter *m.* cinema manager

Theaterring *m.* (F) cinema circuit

Theaterübernahme *f.* theater production broadcast

Theaterübertragung *f.* direct broadcast from theatre, theatre live transmission

Thema *n.* subject *n.*, topic *n.*

Themamusik *f.* theme music

Themenliste *f.* (Nachrichten) news prospects *n. pl.*; °~ list of topics *n.*

Thermistor *m.* thermistor *n.*

Thermokreuz *n.* thermocouple *n.*

thermomagnetisch *adj.* thermomagnetic *adj.*

Thermoschutzschalter *m.* thermal circuit-breaker

Thermostat *m.* thermostat *n.*

Thernewid *m.* thermistor *n.*

Thomsonfilter *m.* Thomson filter

Thriller *m.* thriller *n.*

Thyristor *m.* thyristor *n.*

Ticker *m.* (fam.) ticker *n.* (coll.)

Tiefen *f. pl.* (Ton) bass *n.*, bass notes, low-frequencies, low-pitched notes; °~ *pl.* (Bild) dark-picture areas

Tiefenabschwächung *f.* bass roll-off, bass cut

Tiefenabsorber *m.* bass absorber

Tiefenanhebung *f.* bass boost, bass lift

Tiefenschärfe *f.* depth of field, depth of focus

Tiefenschärfebereich *m.* zone of sharpness, field of focus

Tiefenschärfentabelle *f.* depth of field chart

Tiefenschrift *f.* hill-and-dale recording, vertical recording

Tiefensperre *f.* low-frequency rejection filter, bass cut

tieffrequent *adj.* low-frequency *adj.*

Tiefpaß *m.* low-pass filter

Tiefpass *m.* low pass

Tiefpaßfilter *m.* low-pass filter

Tiefton *m.* bass *n.*, low-frequency (LF)
Tieftöner *m.* woofer *n.*, bass speaker
Tieftongenerator *m.* low-frequency
generator
Tieftonlautsprecher *m.* (Empfänger) bass
loudspeaker; °~ woofer *n.* (coll.)
Tiefziehpresse *f.* thermoplastic machine
Timing *n.* timing *n.*
Tintenstrahldrucker *m.* inkjet printer *n.*
Tip *m.* tip-off *n.*, pointer *n.* (US), lead *n.*,
tip *n.*
Tischgerät *n.* table set, table model
Tischler *m.* joiner *n.*, carpenter *n.*
Tischlerei *f.* carpenter's shop, joiner's
shop
Tischmikrofon *n.* desk microphone, table
microphone
Titel *m.* title *n.*, heading *n.*; °~
(Mitarbeiter) credit title, credits *n. pl.*;
°~ caption *n.*; °~ **aufziehen** to run
captions, to mount title; °~ **aufziehen**
(Grafik) to mount titles; **einkopierter**
°~ superimposed title, overlay title;
negativer °~ white-on-black caption;
positiver °~ black-on-white caption;
rollender °~ roller titles *n. pl.*;
unbeweglicher °~ static caption;
wandernder °~ moving title
Titelanfertiger *m.* caption artist, titling
artist
Titelaufnahme *f.* caption shooting, titling-
bench work
Titelband *n.* title strip
Titelbank *f.* titling bench, rostrum *n.*
(appar.)
Titelgerät *n.* titler *n.*, title printer
Titelinsert *n.* caption *n.*
Titelkarton *m.* art board, fashion board
Titelkonferenz *f.* titles planning meeting
Titelliste *f.* list of credits, title sequence
Titelmaschine *f.* titler *n.*, title printer
Titelmusik *f.* title music; °~ **aufziehen** to
fade in title music
titeln *v.* title *v.*
Titelnegativ *n.* title negative
Titelpositiv *n.* title positive
Titelregister *n.* register of titles
Titelrolle *f.* title roll; °~ (Darsteller) title
role, lead role, name part
Titelschreiber *m.* Ancor machine
Titelschrift *f.* title lettering, caption
lettering

Titelständer *m.* titles easel, caption stand
Titeluntergrund *m.* title background
Titelvorlage *f.* title card
Titelvorspann *m.* opening titles *n. pl.*,
opening credits *n. pl.*
Titelzeichner *m.* caption artist, titling
artist
Titelzeile *f.* (IT) title bar
TM (Tonträger Magnetophon)
magnetophone sound medium
Tochterband *n.* tape copy
Tochtergesellschaft *f.* subsidiary *n.*
Toleranz *f.* tolerance *n.*; °~ (mech.)
clearance *n.*
Toleranzbereich *m.* range of tolerance,
permissible variation
Toleranzfeld *n.* tolerance zone
Toleranzgrenze *f.* tolerance limit
Toleranzkurve *f.* tolerance curve
Toleranzmaske *f.* tolerance mask
Toleranzschlauch *m.* tolerance tube
Toleranzwert *m.* tolerance value
tolerierbar *adj.* tolerable *adj.*
Ton *m.* sound *n.*, tone *n.*, note *n.*; °~ **ab!**
turn over sound!; °~ **anlegen** to put
sound to picture, to lay the sound track;
°~ **aus!** take out sound!, cut sound!; °~
einpegeln to adjust sound levels; °~ **im**
Bild microphony *n.*, sound on vision; °~
in Ordnung o.k. for sound; °~ **klar!**
o.k. for sound!; °~ **läuft weg** sound is
out of sync, runaway *n.*; °~ **läuft!** sound
running!; °~ **rotzt** (fam.) sound is grotty
(coll.); °~ **unterlegen** to dub sound, to
lay the sound; °~- (in Zus.) sound
(compp.); °~- **und Bildübertragung** *f.*
sound and vision transmission; °~-
Galgen *m.* sound boom; **internationaler**
°~ (Übertragung) local sound;
internationaler °~ (IT) (F)
international sound; **mit eigenem**
Kommentar und internationalem °~
(Teilnahme) (participation) with own
commentary and international sound;
nur °~ sound only; **reiner** °~ pure
sound
Tonabnehmer *m.* sound pick-up, pick-up
n., sound head, head assembly;
akustischer °~ acoustic pick-up
Tonabtastdose *f.* (Platte) pick-up
cartridge, pick-up head
Tonabtasteinrichtung *f.* sound head,

sound pick-up device, sound scanning device

Tonabtaster *m.* sound pick-up, sound head, head assembly

Tonabtastkopf *m.* (Platte) pick-up head; °∼ sound scanning head, playback head

Tonabtastung *f.* playback *n.*, sound pick-up, sound gate, sound scanning

Tonabzweigverstärker *m.* sound branching amplifier

Tonangel *f.* boom arm

Tonangler *m.* boom operator

Tonantriebswelle *f.* capstan *n.*

Tonarchiv *n.* sound archives *n. pl.*, sound library

Tonarm *m.* pick-up arm

Tonarmlift *m.* pick-up arm lowering device, cueing device (disc)

Tonassistent *m.* sound man

Tonatelier *n.* sound studio, recording studio, sound recording studio

Tonaufnahme *f.* sound recording, transcription *n.*; °∼- **und Wiedergabegerät** *n.* sound recording and reproducing equipment

Tonaufnahmegerät *n.* sound recording equipment, sound recorder

Tonaufnahmemaschine *f.* sound recording equipment, sound recorder

Tonaufnahmepult *n.* sound control desk, sound mixing desk

Tonaufnahmeraum *m.* recording channel

Tonaufnahmestudio *n.* sound studio, recording studio, sound recording studio

Tonaufnahmetechnik *f.* sound recording

Tonaufnahmewagen *m.* (R) recording van, recording car

Tonaufzeichnung *f.* sound recording

Tonaufzeichnungsanlage *f.* sound recording equipment, sound recorder

Tonaufzeichnungsraum *m.* recording channel

Tonaufzeichnungsverfahren *n.* sound recording system

Tonausblendung *f.* (Ton) sound fade

Tonausfall *m.* loss of sound, sound breakdown

Tonausrüstung *f.* sound equipment

Tonausstattung *f.* sound equipment

Tonband *n.* sound tape, audio tape, sound track

Tonbandamateur *m.* tape recording enthusiast

Tonbandaufnahme *f.* sound tape recording

Tonbandbreite *f.* sound tape width

Tonbandfreund *m.* tape recording enthusiast

Tonbandgerät *n.* tape recorder

Tonbandkassette *f.* tape cassette, audio cassette

Tonbandlauf *m.* tape travel, tape run

Tonbandmaschine *f.* tape recorder

Tonbandspule *f.* tape reel

Tonbandtransport *m.* tape transport

Tonbearbeitung *f.* sound editing

Tonbericht *m.* sound report

Tonbezugsband *n.* reference audio tape

Tonbezugspegel *m.* reference audio level

Tonblende *f.* (Ton) sound fade; °∼ sound fader; °∼ (Frequenz) variable correction unit (VCU); °∼ audio fader

Tonblitz *m.* plop *n.*; °∼ (Band) blip *n.*; °∼ sound flash, noisy join

Tonblubbern *n.* (tech.) motor-boating *n.*; °∼ bubbling *n.*

Toncharakter *m.* sound character

Tondauerleitungsnetz *n.* permanent sound network

Tondemodulator *m.* audio demodulator

Tondokument *n.* sound document

Tondose *f.* (Platte) pick-up cartridge, pick-up head

Toneffekt *m.* sound effect

Toneffektraum *m.* sound effects studio

Toneinblendung *f.* fade-up *n.*

Tonendkontrolle *f.* sound master control

Tonfalle *f.* sound trap

Tonfarbe *f.* (Musikinstrument) colour of tone; °∼ timbre *n.*

Tonfassung *f.* sound version

Tonfehlschaltung *f.* sound switching error

Tonfilm *m.* sound film, sound motion picture, talkie *n.* (coll.)

Tonfolge *f.* frequency run

Tonfolie *f.* cellulose disc

Tonfrequenz *f.* audio frequency (AF), sound frequency, voice frequency

Tonfrequenzen, hohe °∼ top frequencies, trebles *n. pl.*

Tonfrequenzgenerator *m.* audio frequency generator

Tonfrequenzschwankungsfaktor *m.*
audio-frequency variation factor
Tonfrequenzspitzenbegrenzer *m.* audio-
frequency peak limiter
Tonfunk *m.* sound radio
Tongalgen *m.* microphone boom
Tongemisch *n.* composite sound, complete
effects without speaker; **ausgewogenes**
°~ well-balanced sound mix
Tongenerator *m.* audio-frequency signal
generator, audio oscillator
Tonhöhe *f.* pitch *n.*
Tonhöhenschwankung *f.* pitch variation,
wow and flutter
Toninformation *f.* audio information
Toningenieur *m.* sound engineer, sound
control engineer, audio engineer
Tonjäger *m.* amateur sound recordist
Tonkamera *f.* sound camera
Tonkanal *m.* sound channel
Tonklebestelle *f.* sound join, sound splice;
fehlerhafte °~ bad sound join
Tonkomponente *f.* sound component
Tonkonserve *f.* prerecorded sound
Tonkopf *m.* sound head, audio head
Tonkopie *f.* sound print, sound copy
Tonlampe *f.* sound exciter lamp
Tonlampengehäuse *n.* exciter lamp
housing, exciter lamp assembly
Tonlaufwerk *n.* sound-film traction
Tonleitung *f.* audio circuit, sound circuit
Tonleitungs-Fonds *f.* (Finanzen) audio
circuit fund
Tonleitungsdauernetz *n.* permanent
sound network
Tonleitungsnetz *n.* sound network;
internationales °~ international sound
network
Tonmaterial *n.* audio material, sound
material
Tonmeister *m.* recording engineer; °~ (F)
sound recordist; °~ sound engineer
Tonmeßtechnik *f.* sound maintenance,
audio maintenance
Tonmischer *m.* sound mixer, audio mixer
Tonmischpult *n.* sound mixer, sound
mixing console, sound mixing desk,
mixing console
Tonmischung *f.* sound mixing; °~ (F)
sound dubbing
Tonmischverstärker *m.* sound mixing
amplifier

Tonmodulation *f.* audio modulation
Tonmotor *m.* capstan motor
Tonnegativ *n.* sound negative, sound track
negative
Tonnegativbericht *m.* sound negative
report
tonnenförmig *adj.* barrel-shaped *adj.*,
cylindrical *adj.*
Tonoptik *f.* sound optic
Tonpegel *m.* sound level
Tonpegeländerung *f.* change in sound
level
Tonpegelkontrolle *f.* sound level check
Tonpegelschwankung *f.* variation in
sound level
Tonpegelsprung *m.* jump in sound level
Tonplatte *f.* audio disc, audio record
Tonpopel *m.* blooping patch
Tonpositiv *n.* sound positive
Tonprobe *f.* sound level check
Tonprojektor *m.* sound projector
Tonprojektorlampe *f.* exciter lamp
Tonqualität *f.* sound quality, tone quality
Tonraum *m.* sound booth
Tonregie *f.* sound control room
Tonregieanlage *f.* sound control system
Tonregisseur *m.* audio director
Tonregler *m.* sound fader, sound control
Tonrelief *n.* sound picture
Tonreportage *f.* radio OB
Tonrolle *f.* capstan *n.*
Tonruf *m.* ringer *n.*, phone caller
Tonrundfunk *m.* sound broadcasting,
radio *n.*
Tonsäule *f.* column loudspeaker, sound
column
Tonschaltraum *m.* sound switching area
Tonschleuse *f.* sound gate
Tonschnitt *m.* sound editing
Tonschramme *f.* sound scratch
Tonschwingung *f.* sound vibration
Tonscript *n.* sound script
Tonsender *m.* sound transmitter
Tonsignal *n.* sound signal
Tonsignalübermittlung *f.* sound signal
transmission
Tonspalt *m.* head gap
Tonsperre *f.* sound trap
Tonspur *f.* (Schallplatte) groove *n.*; °~
sound track
Tonstärke *f.* sound intensity, sound
volume, loudness *n.*

Tonstartmarke *f.* sound start mark
Tonsteller *m.* sound fader, sound control
Tonstern, Tonstern *m.* radio switching centre
Tonsternpunkt *m.* radio switching centre
Tonsteuersender *m.* sound driver
Tonsteuerung *f.* audio control
Tonstörabstand *m.* audio signal to noise ratio
Tonstörung *f.* audio interference
Tonstrom *m.* signal current, sound current
Tonstudio *n.* sound channel (room), sound studio, recording studio, sound recording studio
Tonstudiobetrieb *m.* (kommerziell) commercial sound studio
Tonstudiotechnik *f.* sound studio system, audio studio system
Tonsystem *n.* sound system
Tontechnik *f.* sound engineering, audio engineering
Tontechniker *m.* sound recordist; °~ (R) programme operations assistant (POA); °~ desk operator, sound operator, sound mixer (staff), sound man
Tonteil *m.* sound section
Tonträger *m.* (Material) sound track support; °~ (Funk) sound carrier; °~ (Recht) phonogram *n.*; °~ recording channel, base *n.*
Tonträgerabstand *m.* sound carrier frequency relative to the vision carrier
Tonträgerpegel *m.* audio carrier level
Tonträgerraum *m.* recording channel
Tonüberblendung *f.* sound mixing, sound fading
Tonüberblendungsstanze *f.* sound change-over dot
Tonüberspielung *f.* sound transfer
Tonübersprechen *n.* crosstalk *n.*
Tonübertragung *f.* sound transmission
Tonübertragungsverfahren *n.* sound transmission system
Tonung *f.* tone *n.*, tonality *n.*
Tonunterkleber *m.* perforated scotch tape
Tonverfremdung *f.* coloration *n.*
Tonverschlüsselung *f.* sound encryption
Tonverstärker *m.* audio-amplifer *n.*
Tonverteiler *m.* audio distribution system
Tonverteilerverstärker *m.* sound distribution amplifier
Tonverzerrung *f.* sound distortion

Tonvolumen *n.* sound volume
Tonwagen *m.* recording van; °~ (fam.) (R) recording van, recording car
Tonwanne *f.* line source unit, line source loudspeaker
Tonweiche *f.* audio crossover switch
Tonwertwiedergabe *f.* tone reproduction
Tonwiedergabe *f.* playback *n.*, sound reproduction, audio playback
Tonwiedergabegerät *n.* sound reproducer
Tonzeile *f.* row of loudspeakers
Tonzuschlag *m.* cluster *n.*
Tonzuspielung *f.* sound feed
Tool *n.* tool *n.*
Toolkit *n.* (IT) toolkit *n.*
Topfkreis *m.* cavity resonator
TOPICS-System *n.* TOPICS system
Topleveldomäne *f.* (IT) top-level domain
Topologie *f.* (IT) topology *n.*
Tor *n.* (Scheinwerfer) barndoor *n.*; °~ (J) gate *n.*
Torblende *f.* (Scheinwerfer) barndoor *n.*
Tornistergerät *n.* back-type set
Torschalter *m.* gate circuit switch
Torschaltung *f.* gate circuit, gate *n.*
Tortengrafik *f.* (IT) pie chart
Totalausfall *m.* total failure
Totale *f.* long-shot (LS), distance shot, long shot, total view, vista shot
Tote Zone skip zone, dead zone;
  Ausdehnung der °~#n **Zone** skip distance
totschweigen *v.* (Nachricht) suppress *v.*
Touchpad *n.* (IT) touch pad
Trabant *m.* equalising pulse, satellite *n.*
Trace-Route *f.* (IT) trace route
Track-Ball *m.* track ball
Tracking *n.* tracking *n.*
Trafo *m.* (fam.) transformer *n.*
tragbar *adj.* portable *adj.*
tragbares Sprechfunkgerät walkie-talkie *n.*
Träger *m.* (R) carrier *n.*, support *n.*; °~ (Bühne) beam *n.*, joist *n.*, bracket *n.*; °~ (F, Band) substrate *n.*; °~ carrier wave (CW), tape base, base *n.*, film base; °~/ **Rausch - Verhältnis** C/N - ratio, Carier/ Noise - ratio; **unterdrückter** °~ suppressed carrier
Trägerenergie *f.* carrier energy
Trägerfolie *f.* base *n.*; °~ (Tonband) base *n.*

trägerfrequent *adj.* carrier-frequency *adj.*
trägerfrequentes System (TF-System) carrier-frequency system
Trägerfrequenz *f.* (TF) carrier frequency
Trägerfrequenzanlage *f.* carrier-frequency equipment
Trägerfrequenzstrecke *f.* carrier-frequency line, carrier circuit
Trägerimpuls *m.* carrier pulse
Trägerseite *f.* (F) base side
Trägerspannung *f.* carrier voltage
Trägerunterdrückung *f.* carrier suspension
Trägerverfahren *n.* (AM) carrier mode; **Ein-** °~ (AM) single-carrier mode; **Mehr** °~ (AM) multi-carrier mode
Trägerwelle *f.* carrier wave (CW)
Trägheit *f.* inertia *n.*
Tragödie *f.* tragedy *n.*
Tragöse *f.* buckle *n.*
Tragriemen *m.* carrying strap, shoulder strap, neck strap
Trailer *m.* trailer *n.*
Transaktion *f.* transaction *n.*
Transatlantikleitung *f.* transatlantic circuit
Transcoder *m.* transcoder *n.*
Transcodierung *f.* transcoding *n.*
Transcrypt (Pay-TV) transcrypt *n.*
Transduktor *m.* transducer *n.*, magnetic amplifier
Transferbahn *f.* transfer orbit
Transferumlaufbahn *f.* geostationary transfer orbit
Transfokator *m.* zoom lens
Transformationsleitung *f.* transformation line
Transformator *m.* transformer *n.*; **rotierender** °~ rotary transformer
Transformatorstation *f.* transformer station
Transformatorwagen *m.* transformer truck, transformer trailer
Transistor *m.* transistor *n.*
transistorbestückt *adj.* transistorised *adj.*, solid-state *adj.* (US)
Transistorempfänger *m.* transistorised receiver
Transistorfassung *f.* transistor socket
transistorisieren *v.* transistorise *v.*
transistorisiert *adj.* transistorised *adj.*, solid-state *adj.* (US)

Transistorisierung *f.* transistorisation *n.*
Transit *n.* transit *n.*
Transitleitung *f.* transit circuit
Transkoder *m.* transcoder *n.*
Transkodierung *f.* transcoding *n.*
Transkriptionsdienst *m.* transcription service
Transmissionsgrad *m.* transmittance *n.*
Transmittanz *f.* transmittance *n.*
Transparenz *f.* transparency *n.*
Transparenzschirm *m.* transparent screen
Transponder *m.* transponder *n.*
Transport *m.* transport *n.*, haulage *n.*, conveying *n.*
transportabel *adj.* transportable *adj.*
Transportebene *f.* (OSI) transport layer
Transportgreifer *m.* feeding claw
Transportkoffer *m.* packing case
Transportrolle *f.* film roller, transport roller
Transportschicht *f.* (ISO/OSI-Schichtenmodell) transport layer
Transportstrom *m.* transport stream (TS)
Transversalaufzeichnung *f.* transverse recording
Transversalkopf *m.* transverse head
Transversalmagnetisierung *f.* transverse magnetisation
Transversalwelle *f.* transverse signal
Trapezverzerrung *f.* trapezium distortion, keystone distortion
Trasse *f.* route *n.*, transmission route
Travelling-Matte-Verfahren *n.* travelling matte process
Traverse *f.* (Stativ) cross-arm
Treatment *n.* draft script, treatment *n.*
Treiber *m.* (IT) driver *n.*; °~**verstärker** *m.* drive unit
Treiberstufe *f.* driver stage, driver *n.*
Treibertransformator *m.* driver transformer
Trellis-Codierung *f.* Trellis coding
trennen *v.* separate *v.*, isolate *v.*, split *v.*
Trennklinke *f.* break jack
Trennschalter *m.* circuit-breaker *n.*, cut-out *n.*, isolating switch, isolator *n.*
Trennschaltung *f.* isolation network
Trennschärfe *f.* selectivity *n.*
Trennschleife *f.* separation filter, isolating section, isolating loop
Trenntaste *f.* cut key

Trenntransformator *m.* isolating transformer

Trennungsentschädigung *f.* separation allowance

Trennungsgebot *n.* (bei Nachrichten) separation requirement

Trennverstärker *m.* isolation amplifier, trap-valve amplifier, trap amplifier, buffer amplifier

Trennweiche *f.* diplexer *n.*

Treppeneffekt (IT) stairstepping *n.*; °~ **bei diagonalen Linien** *m.* jaggies *pl.*

tressieren *v.* braid *v.*, lace *v.*, trim *v.*, edge *v.*

Triac *m.* (elek.) triac *n.*

Tribüne *f.* rostrum *n.*, platform *n.*

Trichtergrammofon *n.* horn gramophone, acoustic gramophone

Trichterlautsprecher *m.* horn loudspeaker

Trick *m.* special effects *n. pl.*, special effect, animation *n.*; **figürlicher** °~ cartoon animation; **mechanischer** °~ mechanical animation; **optischer** °~ optical effect

Trickabteilung *f.* special effects section, animation department

Trickatelier *n.* special effects studio

Trickaufnahme *f.* rostrum shot, animation picture

Trickbank *f.* rostrum bench, cartoon camera bench, animation board, animation stand, stop-frame

Trickblende *f.* wipe *n.* (fade), optical *n.*

Trickeffekt *m.* stunt effect, cartoon effect, special effect

Trickeinblendung *f.* superimposition *n.*; °~ (F) animated intercut; °~ (elektron.) electronic inlay

Trickfilm *m.* rostrum film, animation *n.*, special effects film, animated film

Trickgrafik *f.* animated caption

Trickkamera *f.* rostrum camera, bench camera

Trickkameramann *m.* rostrum camera operator, animation cameraman

Trickkopiermaschine *f.* aerial-image printer, optical effects printer

Trickmischeinrichtung *f.* electronic switch unit

Trickmischer *m.* (Person) animation mixer; °~ (Gerät) special effects mixer, special effects generator, animation mixer

Trickmodell *n.* model for model shot, animation model, scale model

Trickpult *n.* special effects desk, vision mixer's desk, animation desk

Trickstudio *n.* animation studio, effects room

Tricktaste *f.* trick button, animation camera trigger

Tricktisch *m.* rostrum bench, cartoon camera bench, animation board, animation stand, stop-frame

Tricktitel *m.* animated title, animated caption (title)

Tricktitelaufnahme *f.* rostrum caption shot

Tricküberblendung *f.* animation superimposition

Trickzeichner *m.* animator *n.*, cartoonist *n.*, cartoon-film artist

Trigger *m.* trigger *n.*

triggern *v.* (Meßtechnik) trigger *v.*

Trimmer *m.* trimmer *n.*

Trimmpotentiometer *n.* trimming potentiometer

Trimmwiderstand *m.* trimming resistor

Tripel *n.* triplet *n.*, triple *n.*

Trittschall *m.* impact sound

Trittschalldämmung *f.* impact sound insulation, footfall noise insulation

Trittschallfilter *m.* impact-sound filter

Trittschallpegel *m.* impact sound level

trittschallpegel, Norm~ *m.* standard impact sound level

Trocken-Klebestelle *f.* dry splice

Trockenbatterie *f.* dry cell battery

Trockeneis *n.* dry ice

Trockenhaube *f.* drying hood

Trockenklebestelle *f.* tape splice

Trockenschrank *m.* drying cabinet, drying chamber, dry box

trocknen *v.* dry *v.*

Trocknen *n.* drying-out *n.*

Trocknung *f.* drying *n.*

Trog *m.* tank *n.*, trough *n.*, vat *n.*, tray *n.*

Trommel *f.* drum *n.*, cylinder *n.* (mech.)

Trommelblende *f.* barrel shutter, drum shutter, drum diaphragm

troposphärisch *adj.* tropospheric *adj.*

troposphärische Ductausbreitung *f.* tropospheric duct propagation

Trübung *f.* (Entwicklung) milkiness *n.*, turbidity *n.*
Truca *f.* optical printer
Trucaaufnahme *f.* process shot
Trucaverfahren *n.* process-shot system
Truhe *f.* (Gerät) console *n.* (cabinet), cabinet *n.* (appar.)
Tubus *m.* snoot *n.*, extension tube
Tuchel *m.* (fam.) Tuchel-type plug
Tüll *m.* tulle *n.*
Tuner *m.* tuner *n.*
Tunneldiode *f.* tunnel diode
Türken bauen to fake a scene
Türkontakt *m.* (Sicherheit) door contact
Tute *f.* (fam.) snoot *n.*, extension tube
Tüte *f.* (fam.) telephoto lens, microphone *n.*, mike *n.* (coll.)
TV TV (television); °~-**Magazin** *n.* TV magazine; °~-**Sat** (Sat) a Franco-German communications satellite project
Type *f.* (Gerät) type *n.*

U

U-Musik *f.* pop music
Ü, -Wagen, drahtloser °~ radio car; °~-**Wagen** *m.* OB vehicle, OB van; °~-**Wagen** *m.* (R) sound OB van, radio OB van; °~-**Wagen** *m.* outside broadcasting van
über alles over all; °~ **alles** (Aufnahme u. Wiedergabe) recording/reproducing; °~ **den Ticker laufen lassen** teleprint *v.*, to put on telex; °~ **Leitung aufzeichnen** to record over a circuit, to record down the line
Überabtastung *f.* oversampling *n.*
überarbeiten *v.* trim *v.*, rewrite *v.*, revise *v.*
Überarbeiten-Modus *m.* (IT) redlining *n.*
Überbelegung *f.* (frequenzmäßig) congestion *n.*
überbelichten *v.* overexpose *v.*
Überbelichtung *f.* overexposure *n.*
überblenden *v.* fade *v.*; °~ (Ton) mix in *v.*, blend in *v.*, add *v.*; °~ cross-fade *v.*

Überblenden *n.* superimposition *n.*, mix *n.*, overlay *n.*, fading *n.*; °~ (Zweitbild) superposition *n.*; °~ fade-over *n.*; °~ (Proj.) change-over *n.*; °~ inlay *n.*, cross-fade *n.*, dissolve *n.*, lap dissolve
überblenden, weich °~ fade over *v.*, dissolve *v.*, fade-over *v.*
Überblender *m.* (Proj.) change-over *n.*; °~ fader *n.*
Überblendregler *m.* fader *n.*
Überblendung *f.* superimposition *n.*, mix *n.*, overlay *n.*, fading *n.*; °~ (Zweitbild) superposition *n.*; °~ fade-over *n.*; °~ (Proj.) change-over *n.*; °~ inlay *n.*, cross-fade *n.*, dissolve *n.*, lap dissolve; **seitliche** °~ (Trick) push-over wipe
Überblendvorrichtung *f.* fader *n.*
Überblendzeichen *n.* change-over mark, change-over signal, cue dot; °~ (Zeichen) change-over cue
Überblendzeichenstanze *f.* change-over cue punching machine
Überblick *m.* general view, survey *n.*, summary *n.*; **kurzer** °~ round-up *n.*
Überbrückung *f.* by pass
Überdeckungseffekt *m.* excessive level of effects, excessive effects *n. pl.*
Überdeckungsfilter *m.* recovery filter
überdrehen *v.* (F) to shoot slow-motion; °~ (mech.) overwind *v.*
Übereinkunft *f.* agreement *n.*, accord *n.*
Übereinstimmung *f.* synchronism *n.*, harmony *n.*, consistency *n.*, consensus *n.*
überentwickelt *adj.* overdeveloped *adj.*
Überentwicklung *f.* overdevelopment *n.*, overdeveloping *n.*
Überflug (Sat) pass
Überführen, Überwechseln *n.* migration *n.*
Übergabe *f.* handing over, handover *n.*, transfer *n.*
Übergabepegel *m.* transfer level, handover level
Übergabepunkt *m.* handover point
Übergaberichtwert *m.* handover guide value, recommended handover value
Übergang *m.* change-over *n.*, transition *n.*, change *n.*; °~ (Anschluß) junction *n.*; °~ (Progr.) continuity *n.*
Übergangselement *n.* electrolysis junction
Übergangsfrequenz *f.* turn-over

frequency, cross-over frequency, transition frequency

Übergangsszene *f*. transition *n*. (F), transition scene

Übergangswiderstand *m*. transition resistance, contact resistance, transfer resistance

übergeben (an) *v*. (bei Sendung) hand over (to(*v*.

überhängen *v*. (Ton, Bild) hang over *v*.

überholen *v*. (tech.) overhaul *v*., recondition *v*.

überholt *adj*. (Nachricht) out of date, old *adj*. (coll.)

Überholung *f*. (tech.) overhauling *n*.; °~ reconditioning *n*.

Überkompensation *f*. overcompensation *n*.

überkompensieren *v*. overcompensate *v*.

Überkompensierung *f*. overcompensation *n*.

Überlagerer *m*. beat frequency oscillator, beat oscillator

Überlagerung *f*. superimposition *n*.; °~ (Frequenz) heterodyning *n*., beating *n*. (freq.); °~ (IT) overlay *n*.; °~ (von Schwingungen) beat *n*., heterodyning *n*.

Überlagerungsempfänger *m*. superheterodyne receiver, superhet *n*. (fam.)

Überlandleitung *f*. land line

Überlänge *f*. (Schnitt) overlength *n*., excessive duration; °~ (Aufnahme) excessive footage

überlappen *v*. overlap *v*.

Überlappung *f*. overlapping *n*., overlap *n*.

Überlappungsbereich *m*. overlapping area, overlapping region

Überlastregelung *f*. overload control

Überleiteinrichtung *f*. switching centre

Überleitung *f*. transition *n*.

übermitteln *v*. convey *v*.; °~ (Progr.) transmit *v*.

Übermittlung *f*. conveyance *n*.; °~ (Progr.) transmission *n*.

Übermittlungsdauer *f*. transmission time

übermodulieren *v*. overmodulate *v*., overload *v*., blast *v*.

Übermodulierung *f*. overmodulation *n*.

Übernachtungskosten *plt*. overnight expenses

Übernahme *f*. rebroadcast *n*., relay *n*.; °~

(Sendung) relay *n*.; °~ **von** relay of, rebroadcast of

übernehmen *v*. (Progr.) relay *v*.

überprüfen, bestätigen *v*. verify *v*.

Überreichweite *f*. propagation beyond horizon, anomalous propagation, overshoot *n*., overspill *n*.

Überschlag *m*. flash-over *n*., arc-over *n*.

Überschlagspannung *f*. breakdown voltage, flash-over voltage

überschneiden *v*. overlap *v*., cut across *v*.; °~ (Ton) cut (from...to) *v*.

Überschreibemodus *m*. (IT) overtype mode, typeover mode

überschreiben *v*. (Video) overseam *v*.

Überschreitung *f*. exceeding *n*.

Überschwingamplitude *f*. overshoot amplitude

überschwingen *v*. overshoot *v*., ring *v*. (filter)

Überschwingen *n*. ringing *n*., overshoot *n*.

Überschwinger *m*. overshoot *n*.

Überschwingfrequenz *f*. ringing frequency

Überschwingung *f*. ringing *n*., overshoot *n*.

übersenden *v*. submit *v*.

Übersensibilisierung *f*. hypersensitisation *n*.

übersetzen *v*. (mech.) gear *v*.; °~ transmit *v*.

Übersetzung *f*. (mech.) gearing *n*.; °~ transmission *n*.

Übersetzungseinrichtung *f*. interpreter *n*.

Übersetzungsprogramm *n*. (IT) assembler *n*.

Übersetzungsverhältnis *n*. gear ratio, transmission ratio, speed ratio, transformation ratio

Übersicht *f*. general view, survey *n*., summary *n*.

Übersichtsplan *m*. system functional

Überspannung *f*. overvoltage *n*., excessive voltage

Überspannungslampe *f*. overvoltage lamp

Überspannungsrelais *n*. overload voltage relay, overvoltage relay, maximum-voltage relay

Überspannungsschutz *m*. surge arrester, overvoltage protection

Überspannungssicherung *f*. excess voltage cut-out, lightning arrester

überspielen *v.* transcribe *v.* (tape); °~ (Leitung) to transmit over closed circuit; °~ (Ton) re-record *v.*; °~ transfer *v.*

Überspielleitung *f.* closed circuit

Überspielung *f.* (Leitung) closed-circuit transmission; °~ transfer *n.*, transcription *n.*, re-recording *n.*; °~ **von Licht- auf Magnetton** magnetic transfer; °~ **von Magnet- auf Lichtton** optical transfer

Übersprechdämpfung *f.* crosstalk attenuation, crosstalk transmission equivalent, cross-talk *n.*, crosstalk *n.*

Übersprecheffekt *m.* crosstalk effect

übersprechen *v.* crosstalk *v.*

Übersprechen *n.* crosstalk *n.*, crossview *n.*, cross-talk *n.*

übersteuern *v.* overmodulate *v.*, overload *v.*, blast *v.*, overdrive *v.*

Übersteuerung *f.* overmodulation *n.*, overdriving *n.*, overloading *n.*; °~ (Mikro) blasting *n.*

Übersteuerungsanzeige *f.* overdrive indication

überstrahlen *v.* irradiate *v.*

Überstrahlung *f.* irradiation *n.*, dazzle *n.*, flare *n.*, bloom *n.*, overshoot distortion, overthrow, halo *n.*, lens flare, halation *n.*

Überstrom *m.* overcurrent *n.*, excess current

Überstromrelais *n.* overcurrent relay

Überstromsicherung *f.* overcurrent protection

Überstunden *f. pl.* overtime *n.*

übertragen *v.* broadcast *v.*, relay *v.*; °~ (Progr.) transmit *v.*; °~ **aus** relayed from; **über Satelliten** °~ satellite-transmitted *adj.*

Übertrager *m.* repeating coil, transformer *n.*, audio-frequency transformer

Übertragung *f.* (außen) outside broadcast (OB); °~ (Progr.) transmission *n.*; °~ broadcast *n.*, relay *n.*; **drahtlose** °~ radio transmission; **sequentielle** °~ sequential transmission

Übertragungsanlage *f.* public address system (PAS); **stereofone** °~ stereo transmission system

Übertragungsbereich *m.* transmission range

Übertragungsdämpfung *f.* transmission loss

Übertragungsdauer *f.* duration of transmission

Übertragungsdienst *m.* (Ü-Dienst) outside broadcast operations *n. pl.*; °~ **Bild** television OB operations *n. pl.*; °~ **Ton** sound OB operations *n. pl.*

Übertragungsdynamik *f.* transmission dynamics, dynamic transmission range

Übertragungseinheit in digitalen Systemen ES-bus *n.*

Übertragungsfehler *m.* transmission fault

Übertragungsfunktion *f.* transfer function

Übertragungsgeschwindigkeit *f.* (IT) transmission speed, data signalling rate

Übertragungskabel *n.* programme cable, programme line

Übertragungskanal *m.* transmission channel, channel *n.*

Übertragungskapazität *f.* transmission capacity

Übertragungskennlinie *f.* transfer characteristic

Übertragungskette *f.* transmission chain; °~ (TV) television chain

Übertragungskoeffizient *m.* transmission coefficient

Übertragungskonstante *f.* transmission constant, transfer constant

Übertragungskosten *plt.* transmission costs

Übertragungskurve *f.* transmission curve, signal transfer curve

Übertragungsleistungsverstärkung *f.* transduced gain

Übertragungsleitung *f.* transmission line, OB line, transmission circuit

Übertragungsmaß *n.* transfer constant, transmission factor

Übertragungsmedium *n.* transmission medium, delivery system, transmission medium

Übertragungsnetzanbieter *m.* network provider

Übertragungsnorm *f.* transmission standard

Übertragungsort *m.* OB point, transmitting location

Übertragungspegel *m.* transmission level

Übertragungsplanung *f.* transmission planning

Übertragungsprimärvalenzen *f. pl.* transmission primaries

Übertragungsrecht *n*. transmission right
Übertragungsrechte *n*. *pl*. transmission rights
Übertragungssatellit *m*. transmission satellite
Übertragungsstrecke *f*. transmission link
Übertragungssystem *n*. transmission system; **akustisches** °~ acoustic transmission system
Übertragungstechnik *f*. outside broadcasting
Übertragungstechnik* *f*. outside broadcasts* (OB)
Übertragungsverfahren *n*. transmission system, transmission method
Übertragungsverlust *m*. transmission loss
Übertragungsverzerrung *f*. transmission distortion
Übertragungswagen *m*. OB vehicle, OB van; °~ (R) sound OB van, radio OB van
Übertragungsweg *m*. transmission channel, transmission path, transmission medium
Übertragungszeit *f*. transmission time, duration of propagation, duration of transmission
Übertragungszug *m*. mobile OB unit
überwachen *v*. supervise *v*., watch *v*., inspect *v*., control *v*., monitor *v*.
Überwachung *f*. monitoring *n*.; °~ (Steuerung) control *n*.; °~ supervision *n*., inspection *n*.
Überwachungsdemodulator *m*. monitoring demodulator
Überwachungseinheit *f*. monitoring unit
Überwachungseinrichtung *f*. monitoring equipment
Überwachungsempfänger *m*. monitoring receiver
Überwachungsgerät *n*. monitoring unit
Überwachungsleitung *f*. monitoring line
Überwachungsprogramm *n*. (IT) watchdog program
Überwachungspult *n*. control desk, monitoring desk
Überwachungsraum *m*. control room
überziehen *v*. overrun *v*.
Überziehen *n*. (Zeit) overrun *n*.
Überziehung *f*. overrunning *n*.
Überzug *m*. (F) layer *n*.; °~ coat *n*.; °~ (F) coating *n*.

UHF (s. Dezimeterwellen); °~-**Fernsehsender** *m*. UHF television transmitter
Uhrwerk *n*. movement *n*.
Uhrzeiger *m*. hand *n*. (of a clock)
Uhrzeigersinn, gegen den °~ anti-clockwise *adj*.; **im** °~ clockwise *adj*.
Uhrzeit *f*. time *n*. (of the day)
Uhrzeitgeber *m*. (IT) real-time clock
Uhrzifferblatt *n*. face *n*., dial *n*.
ULCS (s. Verbindungssoftware im OSI-Schichtenmodell)
ultrahart *adj*. ultra-hard *adj*.
ultrahohe Frequenz (UHF) ultra-high frequency (UHF)
Ultrakurzwelle *f*. (UKW) ultra-high frequency (UHF), very high frequency (VHF)
Ultrakurzwellenbereich *m*. very-high-frequency band (VHF band)
Ultralinearschaltung *f*. ultra-linear circuit
Ultraschall *m*. ultrasonics *n*., ultra-sound *n*.; °~- (in Zus.) ultrasonic *adj*.
Ultraschalleitung *f*. ultrasonic delay line
Ultraschallreinigung *f*. ultrasonic cleaning
ultraschwarz *adj*. blacker than black
Ultraviolettfilter *m*. ultra-violet filter
ultraweiß *adj*. whiter than white
Umbau *m*. conversion *n*.
Umbesetzung *f*. (Darsteller) recasting *n*., change of cast
umblättern (Effekte) page turn
Umcodierung *f*. recoding *n*.
Umfang *m*. (Frequenz) range *n*.; °~ extent *n*., scope *n*., size *n*.
Umfeld *n*. ambient field, outer field
Umfeldbild *n*. out-of-frame area, cut-off area
Umfeldhelligkeit *f*. ambient brightness
Umformer *m*. converter *n*., rotary converter, dynamotor *n*.
Umgebung *f*. environment *n*., surroundings *n*., setting *n*.
Umgebungsgeräusch *n*. ambient noise
Umgebungslicht *n*. ambient light
Umhängemikrofon *n*. necklace microphone
umkabeln *v*. re-cable *v*.
Umkehr *f*. (Kopierwerk) reversal *n*.
Umkehrbad *n*. reversing bath
Umkehrduplikat *n*. reversal duplicate

Umkehremulsion f. reversal emulsion
umkehren v. (Kopierwerk) reverse v.
Umkehrentwicklung f. reversal development, reversal processing
Umkehrfarbfilm m. reversal-type colour film
Umkehrfilm m. reversal film
Umkehrgerät n. video-signal-inverter
Umkehrkopie f. reverse copy
Umkehrpositiv n. reverse positive
Umkehrprisma n. inverting prism, erecting prism, reversing prism, image erecting prism
Umkehrsucher m. prismatic viewfinder, prism viewfinder
Umkehrung f. (Kopierwerk) reversal n.
Umkehrverfahren n. reversal process
Umkodierer m. transcoder n.
Umkodierung f. transcoding n.
umkopieren v. (Ton) re-record v.; ~ (Negativ) print v.
Umlauf m. circulation n., orbit n.
Umlaufbahn f. orbit n.; °~ (Sat) orbit
Umlaufblende f. rotary shutter, rotary disc shutter; **hintere** °~ rear rotary shutter
umlaufen v. circulate v., orbit v.
Umlaufmenge f. total circulating capacity
Umlaufschmierung f. circulation-system lubrication, constant-circulation lubrication
Umlaufverfahren n. circular review
Umlaufzeit f. circulation time
Umleitung f. bypass n., diversion n.
Umlenkprisma n. deviating prism, deviation wedge
Umlenkrolle f. idler n., guide roller
Umlenkspiegel m. deviation mirror
Umlicht n. ambient light
umpolen v. to reverse polarity
Umpoler m. pole-changer n.
Umpolung f. polarity reversal
Umrechnungskoeffizient m. conversion factor
Umriß m. outline n.
Umrißbild n. outline picture
umrollen v. respool v., rewind v.
Umroller m. rewinder n.; **elektrischer** °~ power rewinder; **fahrbarer** °~ mobile rewinder
Umrolltisch m. rewind bench
Umrüstbuchse f. adapter socket
Umrüstteil n. conversion unit, adapter n.

Umrüstzeit f. conversion time
Umschaltautomatik f. switching matrix
umschaltbar adj. switchable adj.; ~ (Motor) reversible adj.
umschalten v. switch over v., change over v.; ~ **(auf)** v. cut (to(v.; ~ **(nach)** v. (Sendung) go over (to(v.
Umschalter m. change-over switch, selector switch
Umschaltezeit f. (IT) line turn around
Umschaltfeld n. switchover panel
Umschaltfrequenz f. commutating frequency, switching frequency
Umschaltgerät n. change-over switch, selector switch
Umschaltimpulse m. pl. (J) switchover pulses
Umschaltkennung f. change-over identification
Umschaltkommando n. switchover command
Umschaltkontakt m. change-over contact
Umschaltpause f. (Sender) switching period; °~ (Progr.) break in transmission
Umschalttaste f. (IT) Shift key
Umschaltung f. switching n., switch-over n., change-over n. (tech.), commutation n.
Umschaltzeit f. switching time; °~ (Dauer) duration of change-over, change-over time; °~ time for reversal
Umschau f. (Progr.) current affairs magazine, topical magazine
umschneiden v. cut v.; ~ (Kamera) switch v.; ~ (Ton) re-record v.; ~ (Schnittkorrektur) re-edit v., change around v.; ~ transfer v.
Umschneiden n. re-recording n., transfer n., copying n.
umschneiden, in der Länge ~ edit down v.
Umschneideraum m. processing channel
Umschnitt m. transfer n., re-recording n.
umschreiben v. rewrite v.
umsetzen v. transpose v., transform v., convert v.
Umsetzer m. converter n.; °~ (Sender) translator n.
Umsetzerstation f. (Sat) turn-around station
Umsetzerstufe f. converter stage

Umsetzrate f. conversion rate
Umsetzung f. translation n., transformation n., conversion n.
umspeichern v. (IT) re-store v.
Umspielanlage f. copying equipment
umspielen v. (Band) dub v.; ~ (Ton) re-record v.; ~ copy v. (tape), transfer v.
Umspielmaschine f. copying equipment
Umspielraum m. processing channel, copying room
Umspielung f. transfer n., re-recording n., (Ergebnis::) copying n., copy n.
umspulen v. respool v., rewind v.
Umspuler m. rewinder n., rewinding machine
Umspulregler m. (MAZ) rewind control (magnetic tape)
Umspultaste f. rewind key
Umstand m. circumstance n.
umstellen v. shuffle v.
Umstellung f. shuffling n., changeover n., conversion n.
Umtastfrequenz f. keying frequency
Umtastung f. inversion n., shift n. (key)
Umwälzung f. rotation n., revolution n.
umwandeln v. transform v., convert v.
Umwandlung f. transformation n., conversion n.
Umwandlungswirkungsgrad m. conversion efficiency
Umweg m. detour n.
Umwegschaltung f. rerouting circuit
unausgewogen adj. (Programm) biased adj.
unbegrenzt adj. unlimited adj.
unbelichtet adj. unexposed adj.
unbeschichtet adj. uncoated adj.
unbeschränkt adj. unlimited adj.
unbewertet adj. ungraded adj., unweighted adj.
unbrauchbar adj. unusable adj.
unbunt adj. achromatic adj.
Unbuntbereich m. achromatic region, achromatic locus
UND-Gatter n. (IT) logical AND circuit, AND element, AND gate, AND circuit, coincidence circuit, coincidence; °~-**Verknüpfung** f. (IT) AND operation
undurchsichtig adj. non-transparent adj., opaque adj.
Unendlicheinstellung f. infinity focusing, infinity adjustment, infinity focus

unfallsicher adj. accident proof
Unfallverhütung f. accident prevention
ungedämpft adj. undamped adj., sustained adj.
ungeerdet adj. ungrounded adj.
ungefärbt adj. uncoloured adj.
ungekürzt adj. unabridged adj.
Ungenauigkeit f. inaccuracy n., inaccurateness n., inexactness n., inexactitude n.
Ungerböck-Codierung f. Ungerboeck coding
ungerichtete Antenne omnidirectional aerial
ungeschnitten adj. unedited adj., uncut adj.
ungetastet adj. unclamped adj.
unhörbar adj. inaudible adj.
Unikat n. only existing print
unilateral adj. unilateral adj.
Universalgetriebe n. universal drive
Universaltestbildgeber m. general-purpose test-signal generator, electronic test pattern generator
Univibrator m. univibrator n.
Unklarheit f. unclarity n., unclearness n.
unlinear adj. non-linear adj.
Unlinearität f. non-linearity n.
unmaskiert adj. (Negativ) unmasked adj.
unmittelbar adj. immediate adj.
unmoduliert adj. unmodulated adj.
Unmöglichkeit f. impossibility n.
unredigiert adj. (Nachricht) unedited adj.
Unreinheit f. (Fremdatome) impurity n.
unscharf adj. blurred adj., unsharp adj., hazy adj., out of focus
Unschärfe f. lack of definition, unsharpness n., blurring n., lack of focus, fuzziness n., blur n.; **Bild aus der** °~ **ziehen** refocus v., focus up v.; **Bild in die** °~ **ziehen** defocus v.
Unschärfeblende f. mix on focus pull
unsensibilisiert adj. desensitised adj.
Unsicherheit f. uncertainty n.
Unterabtastung f. sub-sampling n.
unterbelichten v. underexpose v.
Unterbelichtung f. underexposure n.
unterbrechen v. interrupt v., break into v.
Unterbrecher m. cut-out n., breaker n., interrupter n.
Unterbrechung f. break n., interruption n.; °~ (IT) device request interrupt;

beabsichtigte kurze °∼ (Sendung)
break *n*.; **kurzzeitige** °∼ momentary
break; **unbeabsichtigte kurze** °∼
(Sendung) temporary fault
Unterbrechungsbad *n*. (F) stop bath
Unterbrechungsdauer *f*. duration of an
interruption
unterbrechungsfrei *adj*. uninterrupted
adj.
unterbringen *v*. (Progr.) place *v*.
unterdrehen *v*. to shoot with low speed, to
shoot for time lapse effect
unterdrücken *v*. (Nachricht) suppress *v*.
Unterentwicklung *f*. underdevelopment *n*.
Untergestell *n*. base *n*., underframe *n*.,
stand *n*.
Untergruppe *f*. sub-group *n*.
Unterhalt *m*. maintenance *n*.
unterhalten *v*. entertain *v*., maintain *v*.
Unterhaltung *f*. entertainment *n*.,
maintenance *n*.; **leichte** °∼ light
entertainment
Unterhaltungsangebot *n*. entertainment
offering, service *n*.
Unterhaltungselektronik *f*. entertainment
electronics
Unterhaltungsfilm *m*. light entertainment
film
Unterhaltungskünstler *m*. variety artist
Unterhaltungsmusik *f*. (U-Musik) light
music
Unterhaltungsorchester *n*. light orchestra
Unterhaltungsprogramm *n*. show *n*.,
light entertainment programme,
television show
Unterhaltungssendung *f*. show *n*., light
entertainment programme, television
show
Unterhaltungsshow *f*. entertainment show
Unterhaltungsstudio *n*. audience studio
unterirdisch *adj*. underground *adj*.,
subterranean *adj*.
Unterkleber *m*. (F) joiner tape, splicing
patch
Unterlage *f*. document *n*., support surface
Unterlänge *f*. (Aufnahme) insufficient
footage; °∼ (Schnitt) underlength *n*.,
insufficient duration
unterlegen, Geräusch ∼ to dub sound
effects; **Musik** ∼ to dub music
Unterlegscheibe *f*. washer *n*.
untermalen *v*. to dub music

untermalende Musik background music
Untermalung *f*. background music;
akustische °∼ background atmosphere
untermodulieren *v*. undermodulate *v*.
Untermodulierung *f*. undermodulation *n*.
Unterprogramm *n*. (IT) subroutine *n*.; °∼
(IT) subprogram *n*.
Unterputzdose *f*. concealed socket
Unterrichtsfernsehen *n*. educational
television (ETV)
Unterrichtsfilm *m*. educational film
Unterroutine *f*. (IT) subroutine *n*.
Untersatz, fahrbarer °∼ mobile
mounting unit, mobile chassis
unterscheiden *v*. distinguish *v*.
Unterscheidungsschwelle *f*. threshold of
discrimination
Unterscheidungsvermögen *n*. power of
selection
unterschneiden *v*. (Ton) intercut *v*.,
overlay *v*., underlay *v*.
Unterschnitt *m*. cut-in *n*., overlay *n*.; °∼
(live) film insert; °∼ film inject,
underlay *n*.
unterschreiben *v*. sign *v*.
Unterschrift *f*. signature *n*.
unterschwingen *v*. overdamp *v*.
Unterschwingung *f*. sub-harmonic
oscillation
Unterseekabel *n*. submarine cable
untersetzen *v*. gear down *v*., reduce *v*.
Untersetzung *f*. gear reduction, reduction
n. (mech.)
Unterspannung *f*. undervoltage *n*.,
underrunning voltage
Unterspannungsrelais *n*. undervoltage
relay, underload relay
Untersteuerung *f*. under-modulation,
insufficient modulation
unterstreichen *v*. underscore *v*.
Unterstromrelais *n*. undercurrent relay
unterstützen *v*. support *v*., assist *v*.
Unterstützung *f*. support *n*., assistance *n*.
untersuchen *v*. examine *v*., investigate *v*.,
analyse *v*.
Untersuchung *f*. investigation *n*.,
examination *n*., analysis *n*.
Unterteilung *f*. subdivision *n*., partitioning
n.
Untertitel *m*. subtitle *n*., caption *n*.
untertiteln *v*. subtitle *v*.
Untertiteln *n*. subtitling *n*.

Unterträger *m.* subcarrier *n.*
Unterverzeichnis *n.* subdirectory *n.*
Unterwasseraufnahme *f.* underwater shot, underwater filming
unterweisen *v.* instruct *v.*, teach *v.*
Unterweisung *f.* instruction *n.*, tuition *n.*
unterzeichnen *v.* sign *v.*
Unterzeichnung *f.* signing *n.*
Unterzug *m.* joist *n.*
unverkoppelt *adj.* free-running *adj.*
unverschlüsselt *adj.* unencrypted *adj.*; ∼ (Pay-TV) free-to-air *adj.*, clear *adj.*
Unverträglichkeit *f.* incompatibility *n.*
unverzerrt *adj.* undistorted *adj.*
unverzögert *adj.* instantaneously-operating *adj.*, undelayed *adj.*
unvollständige Modulation undermodulation *n.*
unzerbrechlich *adj.* unbreakable *adj.*
Update *n.* (IT) update *n.*
Upgrade *n.* (IT) upgrade *n.*
Upload *n.* (IT) upload *n.*
Uraufführung *f.* première *n.*, first night, first run, first performance
Urheber *m.* author *n.*, originator *n.*
Urheberpersönlichkeitsrecht *n.* copyright in dramatic character
Urheberrecht *n.* copyright *n.*
Urheberrechtsgesetz *n.* copyright law
Urheberrechtsschutz *m.* copyright protection
Ursache *f.* cause *n.*
Ursendung *f.* first broadcast
Urspannung *f.* electro-motive force (e.m.f.)
Ursprung *m.* source *n.*
Ursprungsdienst *m.* (Anstalt) originating station
Ursprungsland *n.* country of origin
Ursprungsort *m.* origin *n.*, source *n.*, place of origin
Ursprungspunkt *m.* (tech.) origin *n.*; °∼ point of origin
Urteil *n.* judgment *n.*, decree *n.*, verdict *n.*, adjudication *n.*, opinion *n.*
Urteilsindex *m.* reaction index
USB unified S-band
User Bits user bits

V

V-Ablenkspule (s. Vertikalablenkspule); °∼-**frequentes Rechtecksignal** field-frequency square wave; °∼-**Frequenz** (s. Vertikalfrequenz); °∼-**Impuls** (s. Vertikalimpuls); °∼-**Separator** *m.* vertical pulse separator; °∼-**Signal** *n.* blanking signal
V#gsrmischtes *n.* (R,TV) news round-up, rest of the news
vagabundieren *v.* vagabond *v.*, stray *v.*
Vakuum *n.* vacuum *n.*
Vakuumführungsschuh *m.* vacuum guide
Vakuumlampe *f.* incandescent lamp, vacuum lamp
Valenzelektron *n.* valency electron
Vario-Objektiv *n.* zoom lens, variable focus lens
Variometer *n.* variometer *n.*
Variometerabstimmung *f.* variometer tuning
Varioptik *f.* zoom lens
Varistor *m.* varistor *n.*
VC virtual channel
VDR-Widerstand *m.* voltage-dependent resistor (VDR), voltage-dependent resistor (VDR), varistor *n.*
Vektor *m.* vector *n.*, vector quantity
Vektordiagramm *n.* vector diagram
Vektoroszillograf *m.* vector oscillograph
Vektoroszilloskop *n.* vectorscope *n.*
Vektorskop *n.* vectorscope *n.*
Vektorventil *n.* valve *n.*
Velocity-Error-Compensator *m.* velocity error compensator
verankern *v.* (Mast) stay *v.*; ∼ anchor *v.*, guy *v.*
Veranlagung *f.* (pre)dispositon *n.*, nature *n.*, tendency *n.* (tax)
Veranstalter *m.* organiser *n.* (of an event), promoter *n.*
Veranstaltung *f.* show *n.*, function *n.* (event), event *n.*
Veranstaltungsbüro *n.* ticket office
Veranstaltungsradio *n.* event radio
verantwortlich *adj.* responsible *adj.*
Verantwortung *f.* responsibility *n.*
verarbeiten *v.* process *v.*

Verarbeitung *f.* (F) treatment *n.*; °~ processing *n.*

Verarbeitungscode *m.* product code

Verarbeitungsgeschwindigkeit *f.* processing speed

Verband *m.* (med::) association *n.*, bandaging *n.*, bandage *n.*

verbessern *v.* correct *v.*, improve *v.*; ~ (richtigstellen) put right *v.*; ~ enhance *v.*

Verbessertes PAL-Verfahren enhanced PAL

Verbesserung *f.* improvement *n.*, enhancement *n.*

Verbesserungs improvement

verbinden *v.* connect *v.*; ~ (schalten) link *v.*; ~ (**mit**) *v.* (Telefon) put through (to(*v.*

Verbinder *m.* (IT) connector *n.*

Verbindung *f.* (elek.) circuit *n.*; °~ (Kreis) connection *n.*; °~ (Anschluß) junction *n.*; °~ (Telefon) communication *n.*; °~ (Leitung) link *n.*; °~ (chem.) compound *n.*; °~ **auslösen** clear *v.* (down); **chemische** °~ chemical compound; **fliegende** °~ physical connection; **galvanische** °~ electrical connection; **gerichtete** °~ unidirectional link; **internationale** °~ international junction; **rangierbare** °~ shunt connection, parallel connection; **richtungsumschaltbare** °~ reversible link

Verbindungsabbau *m.* (Datenübertragung) cleardown *n.*

Verbindungsanforderung *f.* call request

Verbindungsaufbau *m.* (Datenübertragung) connection establishment

Verbindungsauslösung *f.* connection clear down

Verbindungsdaten *pl.* connection data

Verbindungsdauer *f.* call time, circuit time, line holding time

Verbindungsendpunkt *m.* connection endpoint

Verbindungsfunktion *f.* connection function

Verbindungskabel *n.* trunk line, junction cable, connecting cable

Verbindungskabelsatz *m.* interconnecting cable set

Verbindungsleiste *f.* (Starkstrom) bus bar; °~ connecting bar

Verbindungsleitung *f.* junction circuit, trunk *n.*, trunk line, trunk circuit

Verbindungsmann *m.* liaison officer, go-between *n.* (coll.)

Verbindungspunkt *m.* junction point, connection point

Verbindungsreferat *n.* liaison office

Verbindungssoftware im OSI-Schichtenmodell (ULCS) Upper Layer Communication Software (ULCS)

Verbindungsstecker *m.* connection plug

Verbindungsstelle *f.* (Anschluß) junction *n.*; °~ liaison office, point of connection, cable joint

Verblitzung *f.* dendriform exposure of film

Verbrauch *m.* consumption *n.*

Verbraucher *m.* consumer *n.*; °~**magazin** *n.* consumer magazine; °~**sendung** *f.* consumer program; °~**themen** consumer topics

Verbreitung *f.* multipoint distribution, distribution *n.*

Verbreitungsgebiet *n.* coverage area, service area, broadcasting area

Verbreitungsrecht *n.* distribution right

Verdampfungskühlung *f.* vapour cooling

Verdeckung *f.* covering *n.*, masking *n.*, swamping *n.*

Verdeckungsschwelle *f.* masking threshold

Verdoppler *m.* doubler *n.*

verdrahten *v.* (verdrahten) wire *v.*; **lötlos** ~ wrap *v.*

Verdrahtung *f.* wiring *n.*; **fliegende** °~ provisional wiring; **lötlose** °~ wrapped jointing

Verdrahtungsplan *m.* wiring diagram

Verdrahtungsseite *f.* wiring side

Verdrängungswettbewerb *m.* displacement competition

Verdrehen *n.* (Technik) twist *n.*

verdrillen *v.* twist *v.*

Verdunkler *m.* dimmer *n.*, dimming switch

verdünnen *v.* dilute *v.*

Verdünner *m.* diluting agent

Verdünnung *f.* dilution *n.*

vereinbaren *v.* agree *v.* (upon something), arrange *v.* (something)

Vereinbarung *f.* agreement *n.*, arrangement *n.*
Verfahren *n.* system *n.*, method *n.*, process *n.*, procedure *n.*, technique *n.*; **additives** °∼ additive process; **subtraktives** °∼ subtractive process
verfahrensorientierte Programmiersprache (IT) procedure-oriented language
Verfasser *m.* writer *n.*, author *n.*
verfilmen *v.* film *v.*, to make a screen version of
Verfilmung *f.* film version, screen adaptation
Verfilmungsrechte *n. pl.* screen rights
Verfolgerscheinwerfer *m.* follower *n.*, follow spot, follow spotlight
Verfolgung *f.* pursuit *n.*
Verfolgungsaufnahme *f.* follow shot, follow focus shot
Verformung *f.* deformation *n.*
Verfügbarkeit *f.* availability *n.*
Verfügbarkeitszeit *f.* availability time
Verfügung *f.* decree *n.*, order *n.*
vergagen *v.* jazz up *v.*, gag up *v.* (US)
Vergleichsbit *n.* comparison bit
Vergleichsimpuls *m.* reference pulse, comparison pulse
Vergleichsmessung *f.* comparison measurement
Vergleichsphase *f.* reference phase
Vergleichspunkt *m.* benchmark
Vergleichsschallquelle *f.* reference sound source
Vergleichssignal *n.* comparison signal, reference signal
Vergleichsspannung *f.* reference voltage, comparison voltage
Vergleichstest *m.* comparison test
Vergleichsverfahren *n.* comparison process, reference process
Vergleichsverstärker *m.* comparison amplifier, reference amplifier
Vergnügungssteuer *f.* entertainment tax, admission tax (US)
vergrößern *v.* (Bild) enlarge *v.*, blow up *v.* (pict.); ∼ (Brennweite) to increase focal length; ∼ (Maßstab) magnify *v.*
Vergrößerung *f.* blow-up *n.*, enlargement *n.*; °∼ (Anhebung) enhancement *n.*
Vergrößerungsapparat *m.* enlarger *n.*

Vergrößerungskopie *f.* blow-up *n.*, enlargement *n.*
Vergrößerungsmaßstab *m.* degree of enlargement
Vergütung *f.* (Geld) remuneration *n.*; °∼ (entspiegeln) lens correction, coating of lens
Vergütungsanspruch *m.* claim for remuneration
Vergütungsordnung *f.* pay scale, salary scale
verhallen *v.* fade away *v.*
Verhallung *f.* (Echo) dying away, fading away, decay *n.*
Verhältnisgleichrichter *m.* ratio detector
Verhältnisregelung *f.* (IT) ratio control
Verhältnissteuerung *f.* (IT) ratio control
verhandeln *v.* negotiate *v.*
Verhandlung *f.* negotiation *n.*
verhaspeln (sich) *v.* (ins Mikro) fluff *v.*; ∼ **(sich)** *v.* to get muddled
verhindern *v.* prevent *v.*, obstruct *v.*, hinder *v.*
Verhinderung *f.* prevention *n.*, obstruction *n.*, hindrance *n.*
Verkabelung *f.* wiring *n.*, cabling *n.*
Verkabelungsplan *m.* wiring diagram
Verkaufshinweis *m.* advertisiting tip
Verkehrsdaten *pl.* (IT) traffic data
Verkehrshinweise *m. pl.* traffic news
Verkehrsinfoservice *m.* (IT) traffic information service
Verkehrsmessung *f.* traffic measurement, traffic analysis
Verkehrsnachrichten *f. pl.* (IT) traffic news
Verkehrsnachrichtendienst *m.* (IT) traffic message service
Verkehrsnachrichtenkanal *m.* (IT) traffic message channel (TMC)
Verkehrstelematik *f.* traffic telematics
verkleinern *v.* reduce *v.*, diminish *v.*
Verkleinerung *f.* decrease *n.*, reduction *n.*, diminution *n.*
Verkleinerungskopie *f.* reduction print
Verkleinerungsmaschine *f.* reduction printer
Verknüpfung *f.* (IT) linkage *n.*; °∼ (IT) shortcut *n.*
verkoppeln *v.* couple *v.*, join *v.*
Verkopplung *f.* coupling *n.*

Verkürzungsfaktor *m.* shortening factor, velocity factor
Verlagsrechte *n. pl.* copyright *n.*
Verlängerung *f.* extension *n.*; °~ (Zeit) prolongation *n.*; °~ (tech.) lengthening *n.*, elongation *n.*
Verlängerungsfaktor *m.* extension factor, prolongation factor
Verlängerungskabel *n.* extension cable, pad *n.*
Verlängerungsleitung *f.* extension circuit
Verlauf *m.* (Kurve/Math.) progression *n.*
Verlaufblende *f.* graduated filter, gradual filter
Verlauffilter *m.* graduated filter, gradual filter
Verlautbarung *f.* announcement *n.*, press release, statement *n.*
Verlegung *f.* (fam.) (Kabel) laying *n.* (coll.)
Verleih *m.* hire service; °~ (F) distribution *n.*; °~ (Gesellschaft) distributors *n. pl.*
Verleihanteil *m.* distributor's share
Verleiher *m.* distributor *n.*
Verleihfiliale *f.* branch distributors *n. pl.*
Verleihfilm *m.* distributor's film
Verleihfirma *f.* distributor *n.*, distributing agency
Verleihkopie *f.* distribution print
Verleihorganisation *f.* distributing organisation
Verleihrechte *n. pl.* distribution rights
Verleihvertrag *m.* distribution agreement
Verleihvertreter *m.* (F) film salesman
Verlust *m.* loss *n.*; °~ (durch Polarisationsfehlanpassung) loss *n.* (due to polarisation mismatching)
verlust, Absorptions~ *m.* absorption loss; **Bodenreflexions**~ *m.* ground (reflection); **System**~ *m.* system loss
Verlustfaktor *m.* loss factor
verlustfrei *adj.* lossless *adj.*
Verlustleistung *f.* power dissipation, power loss
verlustreich *adj.* lossy *adj.*
Verlustwärme *f.* dissipated heat
Verlustwiderstand *m.* equivalent resistance, non-reactive resistance, loss resistance, ohmic resistance
Vermächtnis *n.* legacy *n.*
vermaschtes Netz network *n.*
Vermaschung *f.* interconnection *n.*

Vermeidung *f.* avoidance *n.*
Vermietung *f.* (Leitung) lease *n.*
Verminderung *f.* reduction *n.*, decrease *n.*
Vermischtes *n.* miscellaneous news *n. pl.*
vermitteln *v.* (tel::) switch *v.*, (tel::) mediate *v.*
Vermittlung *f.* (Post) exchange *n.*; °~ operator *n.*
Vermittlungsamt *n.* (Tel) central office, exchange *n.*, switching center
Vermittlungseinrichtung *f.* (Tel) switching equipment, exchange equipment
Vermittlungsplatz *m.* (Tel) manual switching position, operator desk
Vermittlungsschicht *f.* (ISO/OSI-Schichtenmodell) network layer
Vermittlungsstelle *f.* (Post) exchange *n.*
Vermittlungtechnik *f.* (Tel) switching technology
Vermögen *n.* fortune *n.*, property *n.*, assets *n.*
vernetzt *adj.* interconnected *adj.*
Vernetzung *f.* interconnection *n.*, networking *n.*
Vernichtungswiderstand *m.* dummy load
Veröffentlichung *f.* publication *n.*; **nicht zur** °~ not for publication; **zur** °~ for publication
Veröffentlichungsrechte *n. pl.* publishing rights
Verpackungselement *n.* package *n.*
verpflichten *v.* (Darsteller) cast *v.*; ~ sign up *v.* (perf.), to put under contract, engage *v.*
Verpflichtung *f.* obligation *n.*, undertaking *n.*, commitment *n.*, engagement *n.*
Verplanung *f.* budgeting *n.*, scheduling *n.*
verrauschen *v.* to be degraded by high noise level
verrauscht *adj.* noisy *adj.*
Verrichtung *f.* performance *n.*, execution *n.*, work *n.*, chore *n.*, duty *n.*
Verriegelung *f.* locking *n.*; °~ (mech.) locking mechanism; °~ (elek.) interlocking circuit
Verriegelungsautomatik *f.* automatic locking
Verriegelungsgriff *m.* locking lever
Verriegelungsimpuls *m.* locking pulse
Verriegelungslasche *f.* clamping strip
Verriegelungsring *m.* locking ring

Versammlung *f.* convention *n.*
Versandabteilung *f.* shipping department
Versatzstück *n.* special *n.*
Verschachtelung *f.* (Farbträger)
interleaving *n.*; °~ (IT) interleaving *n.*
verschieben *v.* displace *v.*, postpone *v.*,
shift *v.*, defer *v.*; ~ (Effekte) slide *v.*
Verschiebung *f.* shift *n.*, displacement *n.*,
postponement *n.*, deferment *n.*; **axiale**
°~ axial displacement; **gradlinige** °~
displacement in straight line
Verschlechterung *f.* degradation *n.*;
graduelle °~ graceful degradation
verschleiern *v.* screen *v.*, fog *v.*, veil *v.*
(FP), mask *v.*
verschleiertes Bild soft picture
verschlucken *v.* slur *v.* (speech), swallow
v.
Verschluß *m.* (Proj., Kamera) shutter *n.*
verschlüsseln *v.* code *v.*, encode *v.*,
encrypt *v.*, cipher *v.*
Verschlüsselung *f.* encoding *n.*,
scrambling *n.*
Verschlüsselungssystem *n.* scrambling
system
Verschlußgeschwindigkeit *f.* shutter
speed
Verschlußzeit *f.* shutter time
Verschnitt *m.* waste *n.*
verschwärzlichen *v.* blacken *v.*; ~ (Farbe)
to back off one colour
Verschwärzlichung *f.* blackening *n.*
Versenkvorrichtung *f.* trapdoor *n.*
Versicherung *f.* insurance *n.*, assurance *n.*
Versionsnummer *f.* (IT) version number
versorgen *v.* feed *v.*
Versorgung *f.* supply *n.*; °~ (Sender)
service *n.*; °~ coverage *n.*
Versorgungsbereich *m.* service area; °~
(Sender) coverage area
Versorgungsgebiet *n.* service area,
coverage area
Versorgungskontur *n.* coverage contour
Versorgungszone *f.*
(Satellitenverbreitung) footprint *n.*,
coverage *n.*
verspannen *v.* (Mast) stay *v.*; ~ guy *v.*
versprechen (sich) *v.* (ins Mikro) fluff *v.*
Versprecher *m.* fluff *n.*
Verständigung *f.* audibility *n.*, reception
quality, readability *n.*, communication *n.*

Verständigungsanlage *f.* communication
system
Verständigungsprobe *f.* level check,
communication check
Verständlichkeit *f.* intelligibility *n.*,
readability *n.*
Verständnis *n.* understanding *n.*,
comprehension *n.*
verstärken *v.* (Licht) intensify *v.*; ~
(elek.) amplify *v.*; ~ (Kopierwerk)
reinforce *v.*
Verstärker *m.* (elek.) amplifier *n.*; °~
(Kopierwerk) intensifier *n.*; °~ repeater
n.; **gegengekoppelter** °~ negative-
feedback amplifier; **parametrischer** °~
parametric amplifier; **rückgekoppelter**
°~ amplifier with regeneration;
trägerfrequenter °~ carrier-frequency
amplifier
Verstärkeramt *n.* (Post) repeater station
Verstärkerdaten *n. pl.* amplifier data
Verstärkergestell *n.* amplifier bay,
repeater bay
Verstärkerröhre *f.* amplifier valve,
amplifier tube
Verstärkerzentrale *f.* amplifier room
Verstärkerzug *m.* amplifier chain
Verstärkung *f.* gain *n.*, amplification *n.*;
°~ (Foto) intensification *n.*;
differentielle °~ differential gain;
fotografische °~ redevelopment *n.*,
photographic intensification; **selektive**
°~ selective amplification;
veränderliche °~ variable gain,
variable intensification
Verstärkungsänderung *f.* gain variation
Verstärkungsfaktor *m.* amplification
factor, unity gain; **differentieller** °~
differential gain distortion
Verstärkungsfehler *m.* gain error
Verstärkungsgrad *m.* degree of
amplification, gain *n.*
Verstärkungsregelung *f.* gain control;
automatische °~ automatic gain control
(AGC)
Verstärkungssteller *m.* gain control
Verstärkungsstufe *f.* amplification stage
versteilert *adj.* slope-increased *adj.*
Versteilerung *f.* slope increase
verstellen *v.* adjust *v.*; ~ (Bild) frame *v.*;
~ (Kamera) to bring out of focus; ~
(justieren) set *v.*

Verstimmung *f.* unbalance *n.*, out of tune condition

verstümmelt *adj.* (Text) garbled *adj.*

Versuch *m.* test *n.*, experiment *n.*, trial *n.*

Versuchsabstrahlung *f.* test transmission, trial transmission

Versuchsaufbau *m.* test set-up, experimental set-up

Versuchsprogramm *n.* experimental programme

Versuchssendung *f.* pilot programme

Versuchsstreifen *m.* test strip

Versuchsstudio *n.* (R) training studio

Versuchsübertragung *f.* test transmission, trial transmission

vertauschen *v.* swap *v.*, interchange *v.*

Verteileinrichtung *f.* distributor *n.*

Verteiler *m.* distributor *n.*, distribution frame, manifold *n.*, distribution board

Verteilerkasten *m.* junction box, terminal box, distribution box

Verteilerkreis *m.* distribution circuit

Verteilerleitung *f.* distribution circuit, distribution conduit, distribution line, induction manifold

Verteilerleitungsnetz *n.* distribution circuit network

Verteilerliste *f.* terminal strip; °∼ (IT) mailing list

Verteilersatellit *m.* distribution satellite

Verteilerschrank *m.* distribution switchboard

Verteilertafel *f.* distribution frame, distribution panel, distribution board

Verteilerverstärker *m.* distribution amplifier

Verteilleitung *f.* distribution circuit

Verteilnetz *n.* distribution system, distribution network

Verteilrichtung (Sat) out bound

Verteilsystem *n.* distribution system

Verteilung *f.* distribution *n.*, allotment *n.*

Verteilungsnetz *n.* distribution system, distribution network; **nationales** °∼ national distribution network

Verteilungsplan *m.* allocation plan

Verteilverstärker *m.* distribution amplifier

Vertikalablenkspule *f.* (V-Ablenkspule) vertical deflection coil

Vertikalauflösung *f.* vertical definition

Vertikalaustastimpuls *m.* field blanking pulse, vertical blanking pulse (US)

Vertikaldiagramm *n.* vertical pattern; °∼ (Antenne) vertical antenna pattern

vertikale Austastlücke blanking gap; ∼ **Störstreifen** vertical interference stripes

vertikales Austastsignal blanking signal; ∼ **Bildkippen** vertical frame sweep

Vertikalfrequenz *f.* (V-Frequenz) field frequency (50 or 60 Hz), vertical frequency (US)

Vertikalimpuls *m.* (V-Impuls) field pulse, vertical pulse (US)

Vertikalsägezahn *m.* vertical saw-tooth

Vertikalsynchronimpuls *m.* field synchronising pulse, vertical synchronising pulse (US)

Vertikalumroller *m.* vertical rewinder

vertonen *v.* to make a sound recording, to add sound to a film; ∼ (Mus.) to set to music, score *v.*

Vertonung *f.* (F) scoring *n.*; °∼ sound recording; °∼ (Mus.) setting to music

Vertrag *m.* contract *n.*, agreement *n.*, convention *n.*

Verträglichkeit *f.* compatibility *n.*, tolerance *n.*

Vertragsabschluß *m.* conclusion of a contract

Vertragsbedingung *f.* condition of contract

Vertragsentwurf *m.* draft agreement, draft contract

Vertragsmusiker *m.* musician on contract

Vertragspartner *m.* contracting party

Vertragszeit *f.* life of contract, duration of contract, length of contract

vertreten *v.* represent *v.*, deputise *v.* (for), justify *v.*

Vertreter *m.* deputy *n.*, representative *n.*

Vertretung *f.* agency *n.*, representation *n.*

verunreinigen *v.* contaminate *v.*, pollute *v.*

Verunreinigung *f.* contamination *n.*, pollution *n.*

Vervielfacher *m.* multiplier *n.*

vervielfältigen *v.* dub *v.*

Vervielfältiger *m.* (Person) copying-machine operator, clerical operator; °∼ (Apparat) duplicator *n.*, copying machine, office-printing machine

Vervielfältigung *f.* duplication *n.*, office printing, copying *n.*

Vervielfältigungsrecht *n.* reproduction right
Vervielfältigungsstelle *f.* printing office
verwackeln *v.* (Bild) blur *v.*
Verwaltung *f.* administration *n.*; °~ **Fernsehen** television administration; °~ **Hörfunk** radio administration
Verwaltungsbüro *n.* administration office
Verwaltungsrat *m.* administrative council
verwandte Rechte neighbouring rights
Verwässerung *f.* (Farbe) dilution *n.*
verweigern *v.* refuse *v.*
Verweigerung *f.* refusal *n.*
Verweilzeit *f.* dwell time
verweißlichen *v.* desaturate *v.*
Verweißlichung *f.* desaturation *n.*
Verwendungsbereich *m.* (eines Gerätes) adaptability *n.*
Verwertung *f.* utilisation *n.*, commercialisation *n.*, use *n.*, exploitation *n.*; **kommerzielle** °~ commercial use
Verwertungsanteil *m.* distributor's share
Verwertungsgesellschaft *f.* distribution company
Verwertungsrecht *n.* distribution rights *n. pl.*
Verwertungsvertrag *m.* distribution agreement
verwischen *v.* dither *v.*
Verwischung *f.* dithering *n.*
Verwischungsschwelle *f.* blur threshold
verwürfeln *v.* (IT) scramble *v.*
Verwürfelung *f.* scrambling *n.*
Verwürfler *m.* scrambler circuit, ·scrambler *n.*
Verzeichnis *n.* directory *n.*, list *n.*; °~, **untergeordnetes** *n.* (IT) child directory
Verzeichnispfad *m.* (IT) directory path
Verzeichnung *f.* distortion *n.*; **optische** °~ optical distortion
Verzerrer *m.* (Ton) harmonic generator; °~ non-linear network
Verzerrung *f.* distortion *n.*, disortion *n.*; °~ **durch Ein- und Ausschwingvorgänge** transient distortion, build-up and delay distortion; **geometrische** °~ geometric distortion; **harmonische** °~ harmonic distortion; **lineare** °~ linear distortion; **nichtlineare** °~ non-linear distortion
Verzerrungsgebiet *n.* distortion range

Verzerrungsmeßgerät *n.* distortion measuring set, distortion analyser
Verziehen *n.* (Band) buckling *n.*
verzögern *v.* delay *v.*; ~ (tech.) retard *v.*
Verzögerung *f.* delay *n.*, retardment *n.*, time lag
Verzögerungsgerät *n.* delay unit
Verzögerungskassette *f.* delay unit
Verzögerungsleitung *f.* delay line, delay-line *n.*; °~ (Wellenleiter, der eine verzögerte Welle führt) delay line; **akustische** °~ (IT) acoustic delay line, sonic delay line; **einstellbare** °~ variable delay line
Verzögerungsmaß *n.* (Verhältnis Lichtgeschw. zur Phasengeschwindigkeit einer verzögerten Welle) delay constant
Verzögerungszeit *f.* delay time, play back time, delay *n.*, length of a delay
Verzug *m.* delay *n.*, culpable delay, non-performance within fixed time, default *n.*
Verzugsstrafe *f.* penalty for delay, default fine
verzweigen *v.* branch *v.*, bifurcate *v.*
Verzweigungsdose *f.* bifurcation box
Verzweigungspunkt *m.* junction point
Verzweigungssystem *n.* bifurcation system
Verzweigungsverstärker *m.* branching amplifier
VF-Verstärker *m.* video amplifier
VHF-Fernsehsender *m.* VHF television transmitter
Vibrationsmesser *m.* vibrating reed meter
Vibrator *m.* vibrator *n.*
Video *n.* video *n.*; °~ **Programme Service** (VPS) Video Programme Service (VPS); °~-**Konferenz** *f.* (Einheit) video conferencing unit; °~-**Überwachungsstelle** *f.* video monitor point
Videoaufzeichnung *f.* video recording
Videoausrüstung *f.* video equipment
Videoband *n.* video tape
Videobandkassette *f.* video tape cassette
Videobuchse *f.* video socket
Videodatenreduktion *f.* video compression
Videofilterkreuzschiene *f.* video matrix
videofrequent *adj.* video-frequency *adj.*

Videofrequenz f. (VF) video frequency (VF)

Videofrequenzgang m. video frequency response

Videofrequenztechnik f. video techniques n. pl.

Videogeräteraum m. video apparatus room

Videoinformation f. video information

Videokabel n. video cable

Videokassette f. video cassette

Videoklebeband n. (MAZ) splicing tape

Videokompression f. video compression

Videokontrolle f. video check

Videokopf m. video head

Videokopfabgleich m. alignment of the video heads

Videokopfrad n. head-wheel n.

Videomagnetband n. video tape

Videomagnetspule f. video spool

Videomeßdienst m. video quality control

Videomessung f. video measurement

Videoplatte f. video disc

Videoprüfsignalgeber m. video test signal generator

Videorecorder m. video recorder, VTR (video tape recorder); **digitaler** °~ m. Digital Video Tape Recorder n. (DVTR)

Videoreporter m. video journalist (VJ), video reporter

Videosignal n. video signal, picture signal

Videospur f. video track

Videotape n. video tape

Videotechnik f. video tape systems

Videotechniker m. video operator

Videotext m. German teletext system

Videotextempfang m. Videotext reception

Videothek f. video tape library

Videoumschalter m. video switch

Videoverstärker m. video amplifier

Videoverteiler m. video distributor, video matrix

Videozeile, digitale °~ digital active line

Vidikon n. vidicon n.

Vielfachgegenstecker m. multi-contact socket, multi-way connector

Vielfachkanalfernsprechleitung f. multi-channel telephone cable

Vielfachmeßgerät n. multitester n., multimeter n.

Vielfachstecker m. multi-contact plug, multiple plug

Vielfachzugriff m. (IT) multiple access; °~ multiple-access n.; °~ (Sat) multiaccess; **kollisionsfreier** °~ (Sat) conflict free multiaccess

vielseitig adj. versatile adj.

Vierdrahtleitung f. four-wire line, four-wire circuit

Vierdrahtmeldeleitung f. four-wire control circuit

Vierergang m. four-frame motion

Vierkanttubus m. square tube

Vierphasen-Modulation (Sat) quarternary PSK, QPSK

Vierpol m. quadripole n., four-terminal network, two-port network, four-pole network

Vierquadranten-Multiplizierer m. four quadrant multiplier

Vierspur f. four-track

Vierspuraufzeichnung f. four-track recording

Vierspurmaschine f. four-track machine

Viertelspur f. quarter track

Viertelwelle f. quarter wave

Vignette f. mask n., matte n., vignette n.

Vignettierung f. vignetting n.

Vintenstativ n. Vinten tripod

Virtual Machine f. (IT) virtual machine; °~ **Server** m. (IT) virtual server

virtuell adj. virtual adj.; ~e **Adresse** f. (IT) virtual address; ~e **Gemeinde** f. (IT) virtual community; ~e **Realität** f. (IT) virtual reality; ~e **Verbindung** f. (IT) virtual circuit; ~e **Welt** f. (IT) virtual world

virtueller Kanal (Sat) virtual channel

Virussignatur f. (IT) virus signature

Visualisierung f. visualization n.

visuell adj. (IT) visual adj.; ~e **Oberfläche** f. (IT) visual interface; ~e **Programmierung** f. (IT) visual programming; ~e **Verarbeitung** f. (IT) computer vision

visuelle Unterstützung visual aids

Viterbi-Codierung f. Viterbi coding

Vocoder m. vocoder n.

Voder m. voder n. (abbreviated form of 'vocoder')

Vogelperspektive f. bird's-eye view

Voice-Encoder m. voice encoder

Voicemail f. (IT) voice mail

Voicemodem n. (IT) voice modem

Vokalverständlichkeit *f.* clarity of vowels
Vokalwerk *n.* vocal work, vocal score
Volksmusik *f.* folk music
Volksstück *n.* regional play, popular play
Volkstheater *n.* popular play
volkstümlich *adj.* popular *adj.*, pop *adj.* (coll.)
Vollaussteuerung *f.* (Sender) full drive; °∼ (Ton) maximum volume; °∼ maximum level, full modulation, maximum output level
Vollbild *n.* picture *n.*; °∼ (Vollbild) frame *n.*; °∼, **intrakodiertes** *n.* intra-coded frame
Vollbildaufzeichnung *f.* frame recording
Vollbildfrequenz *f.* frame repetition rate; °∼ (Vollbild) picture frequency (25 or 30 Hz); °∼ (F) frame frequency
Vollbildzeit *f.* frame time
Vollpegel *m.* maximum level, full modulation
Vollspur *f.* full track
Vollsynchronisation *f.* full synchronisation, total dubbing
Volontär *m.* trainee *n.*
Volumenanzeiger *m.* volume indicator
Volumenelement *n.* voxel *n.*
Vor-Rück-Verhältnis *n.* front-to-back ratio; °∼-**Rückverhältnis** *n.* forward-to-back ratio, front-to-back ratio, front-to-rear ratio; °∼-**Rückwärtszähler** *m.* bidirectional counter
vorabaufnehmen *v.* pre-record *v.*; ∼ (F) pre-film *v.*
Vorabendprogramm - harmonisiertes harmonised early evening programme (in Germany)
vorabstimmen *v.* pretune *v.*, preset *v.*
Vorabtext *m.* advance script
Voranhebung *f.* pre-emphasis *n.*
Vorarbeiter *m.* foreman *n.*
Voraufzeichnung *f.* pre-recording *n.*
Vorausmeldung *f.* advance news
Vorausplanung *f.* forward planning
Vorbad *n.* pre-bath *n.*
Vorbau *m.* pre-assembly *n.*
Vorbaubühne *f.* pre-assembly shop
vorbauen *v.* pre-assemble *v.*
Vorbauhalle *f.* pre-assembly studio, presetting studio
Vorbehalt, unter °∼ with reservation
vorbelegen *v.* (IT) preallocate *v.*

vorbelichten *v.* pre-expose *v.*
Vorbelichtung *f.* pre-exposure *n.*
Vorbereitung *f.* preparation *n.*
Vorbereitungszeit *f.* preparation time, line-up time; °∼ (IT) load time, setup time
vorbesichtigen *v.* survey *v.* (a location)
Vorbesichtigung *f.* (tech.) location survey; °∼ recce *n.* (coll.)
vorbesprechen *v.* discuss (something) in advance
Vorbesprechung *f.* advance discussion
Vorderflanke *f.* leading edge, front face
Vordergrund *m.* foreground *n.*
Vordergrundprogramm *n.* (IT) foreground programme
Vorderlicht *n.* front light
Vorderlichtwagen *m.* mobile front light dimmer
voreinstellen *v.* preset *v.*, set up *v.*
vorentzerren *v.* pre-correct *v.*; ∼ (Tonwiedergabe) pre-emphasise *v.*
Vorentzerrung *f.* pre-emphasis *n.*, pre-equalisation *n.*, pre-correction *n.*
vorfahren *v.* dolly in *v.*, track in *v.*
Vorfahrt *f.* (Kamera) track-in *n.*
Vorführband *n.* demonstration tape
Vorführdauer *f.* (F) screen time; °∼ running time
vorführen *v.* (Kopierwerk) screen *v.*; ∼ exhibit *v.*, show *v.* (F); ∼ (F) project *v.*
Vorführer *m.* operator *n.* (proj.), projectionist *n.*
Vorführgenehmigung *f.* exhibition permit, projection permit
Vorführkabine *f.* projection room, projection booth
Vorführkino *n.* projection theatre, viewing theatre
Vorführkopie *f.* release print, viewing print
Vorführraum *m.* screening room, viewing theatre
Vorführtermin *m.* viewing date, preview date
Vorführung *f.* performance *n.*, exhibition *n.*; °∼ (F) screening *n.*; °∼ showing *n.*, projection *n.*, viewing *n.*; **geschlossene** °∼ private showing; **offene** °∼ public showing
Vorführungsrechte *n. pl.* exhibition rights
Vorgabezeit *f.* advance time

Vorgang m. (amtl.) dossier n.
Vorgangsformular n. transaction form
Vorgangsstatus m. transaction status
vorgeschaltet adj. upstream adj.
Vorgespräch n. prep talk
Vorhaben n. project n.
Vorhang m. (Effekte) curtain n.
Vorhangblende f. curtain shutter, curtain
  fading shutter, curtain wipe; **horizontale**
  °∼ horizontal curtain shutter; **vertikale**
  °∼ vertical curtain shutter
Vorhangschiene f. curtain track
Vorhersage f. prediction n., forecast
  (Wetter)
vorhören v. pre-hear v., pre-listen v., pre
  listening
Vorhören n. pre-hearing n., pre-listening
  n., pre-fader listening (PFL)
Vorklärung f. pre-clarification n.
vorkorrigiert adj. precorrected adj.
Vorlauf m. forward motion; °∼ (zeitlich)
  time ahead (of an event); °∼ ramp n.;
  °∼/**Rücklauf** m. skip n.; **schneller** °∼
  fast forward run
Vorlaufband n. tape leader, leader n.
  (tape), leader tape
vorläufig adj. preliminary adj.
vorläufiger Ablaufplan production
  outline; ∼ **Titel** (Prod.) working title
Vorlauflänge f. leader length
Vorlaufzeit f. leader duration; °∼
  (Leitung) test period; °∼ line-up time,
  pre-roll time
Vormagnetisierung f. magnetic biasing,
  premagnetising n.
Vormagnetisierungsstrom m. bias current
Vormischung f. pre-mixing n.
Vormittagsprogramm n. morning
  programme
Vormontage f. (Schnitt) assembly n.
Vornorm f. tentative standard
Vorplanung f. pre-planning n., advance
  planning
Vorpremiere f. (F) advance showing (F),
  preview n. (thea.); °∼ (Thea.) try-out n.
Vorproduktion f. pre-production n.
vorproduzieren v. pre-produce v.
Vorpufferung f. (IT) anticipator buffering
Vorrang m. priority n.; °∼ **haben** preside
  v.
Vorrangmeldung f. priority item, flash n.,
  snap n.

Vorrangschaltung f. previewing n.,
  priority switching
Vorratsgefäß n. storage tank
Vorratstrommel f. delivery spool, feed
  spool
Vorrechner m. front-end processor
Vorrichtung f. attachment n., device n.,
  facility n.
Vorsatzlinse f. supplementary lens,
  additional lens, attachment lens; °∼ **für**
  Nahaufnahme supplementary close-up
  lens, portrait attachment
Vorsatzmodell n. foreground model
Vorsatzrampe f. ground cove
Vorsatztubus m. lens tube
Vorschaltgerät n. ballast n., choke n.
Vorschaltzeit f. (Leitung) test period; °∼
  line-up time
Vorschau f. preview n.; °∼ (F) trailer n.
Vorschaubild n. monitor picture
Vorschauempfänger m. preview monitor
  receiver
vorschauen v. preview v.
Vorschauen n. browsing n., previewing
Vorschaumonitor m. preview monitor
Vorschauqualität f. browse quality
vorschlagen v. propose v.
Vorschlagsentwurf m. draft proposal
Vorschrift f. specification n., regulation n.
Vorschub m. feed n.
Vorschulprogramm n. pre-school
  broadcasting
Vorschuß m. advance n.
Vorsicht f. caution n., care n.
Vorspann m. opening titles n. pl.; °∼
  (Startband) leader n.; °∼ opening credits
  n. pl.; °∼ **mit Bildstrich** framed leader
Vorspannband n. leader tape
Vorspannfilm m. leader film, head leader
Vorspannschwarzfilm m. black leader
Vorspanntitel m. opening titles n. pl.,
  opening credits n. pl.
vorsprechen v. (Rolle) audition v.
Vorsprechen n. audition n., auditioning n.
Vorstellung f. performance n., show n.,
  showing n.; **geschlossene** °∼ private
  performance
Vorstufe f. (Treiber) driving stage; °∼ pre-
  amplifier n., input stage
Vorstufenschrank m. input stage cubicle
Vorsynchronisation f. pre-dubbing n.
Vortrabant m. pre-equalising pulse

Vortrag *m.* report *n.*, lecture *n.*, talk *n.*, amount carried forward
Vortragsrecht *n.* right of personal access
Vorübertragungsversuch *m.* pre-transmission test
Voruntersuchung *f.* advance analysis, pre-analysis *n.*
Vorverkauf *m.* advance sales *n. pl.*
Vorverstärker *m.* pre-amplifier *n.*; °~ **mit Tunneldiode** tunnel-diode pre-amplifier
Vorverstärkerstufe *f.* pre-amplifier stage
Vorvertrag *m.* preliminary contract
Vorverzerrung *f.* pre-emphasis *n.*, pre-accentuation *n.*
Vorwahl *f.* preselection *n.*
vorwählen *v.* preselect *v.*
Vorwähler *m.* preselector *n.*
Vorwahlkennzahl *f.* preselection code, area code, dialling code
Vorwahlkennziffer *f.* (Tel) prefix number
Vorwahlkreuzschiene *f.* preselector matrix
Vorwahlstellung *f.* preselector setting
Vorwarnung *f.* advance warning
vorwärts fahren dolly in *v.*, track in *v.*
Vorwärts-Fehlerkorrektur *f.* forward error correction (FEC); °~-**Kompatibilität** *f.* forward compatibility; °~-**Rückwärts-Meßgerät** *n.* (Ant.) reflectometer *n.*
Vorwärtsgang *m.* forward motion
Vorwärtsregelung *f.* forward-acting regulator; °~ (IT) feed-forward control
Vorwickelrolle *f.* feed sprocket, supply reel
Vorzeigemodell *n.* demonstration model, presentation model
Vorzensur *f.* pre-censorship *n.*
Voute *f.* cove *n.*, merging curve
VSAT (Sat) VSAT, Very Small Aperture Terminal
VU-Meter *n.* volume unit meter, VU-meter *n.*, volumeter *n.*

W

waagerechte Lichtleiste side-lighting
Wachmann *m.* watchman *n.*, guard *n.*
Wachsaufnahme *f.* wax recording
Wachsplatte *f.* wax disc
Wachstum *n.* growth *n.*
Wackelkontakt *m.* loose contact, intermittent contact
Wagen mit drahtloser Kameraanlage roving eye
Wagensteuerung *f.* carriage control
Wahl *f.* (Tel) dialing *n.*; °~ **mit aufliegendem Hörer** *f.* (Tel) on-hook dialing; °~, **automatische** *f.* (Tel) automatic dialup; °~**anschluß** *m.* (Tel) dialup port
Wählanschluß analog access for analogue switched connections
wählen *v.* (Tel) dial *v.*
Wähler *m.* (tech.) selector *n.*; °~ (Telefon) dial *n.*
Wählgeräusch *n.* dialling noise
Wahlimpuls *m.* (Tel) dial pulse
Wahlleitung *f.* (Tel) switched line
Wahlschalter *m.* selector switch
Wahlscheibe *f.* (Tel) dial *n.*
Wahlschiene *f.* code bar
Wahltastatur *f.* (Tel) pushbutton set
Wählton *m.* dial tone
Wählverbindung *f.* switched connection
Wahlwiederholung *f.* (Tel) last number redialing, automatic redialing
Wahrheitstabelle *f.* (IT) function table, truth table, Boolean operation table
wahrnehmbar *adj.* perceptible *adj.*
Wahrnehmung *f.* perception *n.*
Wahrscheinlichkeit *f.* probability *n.*
Währung *f.* currency *n.*
Walkie-Talkie *n.* walkie-talkie *n.*
Walze *f.* roller *n.*
Wand *f.* panel *n.*, wall *n.*; °~ (Dekoration) scenic flat; °~ screen *n.*; **absorbierende** °~ (Ton) sound-absorbing wall, absorbing wall; **absorbierende** °~ (Licht) baffle *n.*; **reflektierende** °~ reflecting screen, reflecting panel, reflecting wall; **schluckende** °~ (Ton) sound-absorbing wall, absorbing wall

Wander *m.* wander *n.*
Wanderfeldröhre *f.* travelling-wave tube (TWT)
Wanderkino *n.* touring cinema, road cinema
Wandermaskenverfahren *n.* travelling matte process
Wandler *m.* converter *n.*, transducer *n.*; **A/D** °~ *m.* digitzer *n.*; **akustischer** °~ acoustic transducer; **Digital-Analog-**°~ digital to analogue converter (DAC); **elektrodynamischer** °~ electrodynamic transducer; **elektromagnetischer** °~ electromagnetic transducer; **elektrostatischer** °~ electrostatic transducer; **irreversibler** °~ irreversible transducer; **magnetostriktiver** °~ magnetostrictive transducer; **passiver** °~ passive transducer; **piezoelektrischer** °~ piezoelectric transducer; **reversibler** °~ reversible transducer
Wandmodell (-apparat) *n.* (Tel) wall-mounted model
Wandstativ *n.* wall-mounted tripod
Wandsteckdose *f.* wall socket, wall outlet
Wanne *f.* line source unit, line source loudspeaker, lighting trough, tub *n.*, trough *n.*
Wanze *f.* bug *n.*
Ware *f.* product *n.*, item *n.* (of merchandise), article *n.*
Warm-Up *n.* (Vorgespräch) warm up
Wärme *f.* heat *n.*
Wärmeleitwert *m.* thermal conductivity
Wärmeschutzfilter *m.* heat filter, heat protection filter
Wärmestrahlen *m. pl.* heat rays, thermal rays
Warmleiter *m.* negative temperature coefficient resistor (NTC resistor)
Warmstart *m.* (IT) warm boot
Warnanzeige *f.* attention display
Warnlampe *f.* (IT) warning lamp
Warnpfeil *m.* warning arrow
Warnung *f.* warning *n.*
Wartebahn *f.* (Sat.) parking orbit
warten *v.* (Gerät) maintain *v.*
Warteschaltung *f.* (IT) camp-on-busy circuit
Warteschlange *f.* (IT) queue *n.*, waiting list, wait list

Warteschleife *f.* (IT) wait loop
Wartezeit *f.* delay *n.* (time), waiting time
Wartung *f.* upkeep servicing, maintenance *n.*; °~, **vorbeugende** *f.* preventive maintenance
Wartungsdienst *m.* maintenance service
Wartungshandbuch *n.* maintenance manual
Wartungsraum *m.* servicing area
Wartungsvertrag *m.* service agreement, maintenance agreement, maintenance contract
Waschanlage *f.* (Kopierwerk) washing tank, washing plant
waschen *v.* wash *v.*
Wasserbad *n.* water-bath *n.*
Wasserdampf *m.* steam *n.*
Wasserfleck *m.* water-stain
wasserfrei *adj.* anhydrous *adj.*, free from water
Wasserkühlung *f.* water-cooling *n.*
wässern *v.* (Foto) rinse *v.*
Wasserstandsmeldungen *f. pl.* water level bulletin
Wässerungsschleier *m.* rinse fog
Wasserwaage *f.* spirit level
Watchdog *m.* (IT) watch dog
Watchguide *m.* (IT) watch guide
Watt Watt
Wattussy *m.* (fam.) flag *n.*
Web (Site) Builder *m.* (IT) Web (site) builder; °~ **Space** *m.* (IT) Web space
Web-Phone *n.* (IT) Web phone
Web-Spoofing *n.* (IT) Web spoofing
Web-TV *n.* (IT) Web TV
Webadresse *f.* (IT) Web address
Webausgabe *f.* (IT) Web edition
Webbrowser *m.* (IT) Web browser
Webcam *f.* (IT) Web cam
Webcaster *m.* (IT) Web caster
Webcasting *n.* (IT) webcasting *n.*
Webchat *m.* (IT) Web chat
Webdesign *n.* (IT) Web design
Webedition *f.* (IT) Web edition
Webentwicklung *f.* (IT) Web development
Webgeneration *f.* (IT) Web generation
Webgrabber *m.* (IT) Web grabber
Webgrafik *f.* (IT) Web graphic
Webhosting *n.* (IT) Web hosting
Webindex *m.* (IT) Web index
Webmarketing *n.* (IT) Web marketing

Webmaster *m.* (IT) Web master
Webmusik *f.* (IT) Web music
Weborganisation *f.* (IT) Web organization
Webpublishing *n.* (IT) Web publishing
Webradio *n.* (IT) Web radio
Webseite *f.* (IT) Web page
Webserver *m.* (IT) Web server
Webservice *m.* (IT) Web service
Website *f.* (IT) Web site
Webstatistik *f.* (IT) Web statistics
Webtechnologie *f.* (IT) Web technology
Webterminal *n.* (IT) Web terminal
Webverzeichnis *n.* (IT) Web directory
wechselbar *adj.* (IT) removable *adj.*
Wechselkassette *f.* changing magazine
Wechselobjektiv *n.* interchangeable lens
Wechselrahmen *m.* changing frame
Wechselrichter *m.* inverter *n.*, power inverter
Wechselsack *m.* changing bag
Wechselschalter *m.* change-over switch
wechselseitiger Sprechverkehr intercom *n.* (coll.)
Wechselspannung *f.* alternating current voltage, alternating voltage
Wechselsprechanlage *f.* intercommunication system, intercom *n.* (coll.)
Wechselsprechverbindung *f.* intercommunication circuit
Wechselstrom *m.* alternating current (AC)
Wechselstromleistung *f.* alternating current power
Wechselstromlöschkopf *m.* alternating current erase head
Wechselstrommotor *m.* alternating current motor
Wechselstromvormagnetisierung *f.* alternating current magnetic biasing
Wechselstromwiderstand *m.* alternating current resistance
wechselweise *adv.* alternately *adv.*, reciprocally *adv.*, in turn
Wecker *m.* (tel.::) bell *n.*, (tel.::) alarm clock
Weg *m.* (IT) path *n.*
wegnehmen *v.* cut *v.*; ~ (Pegel) fade *v.*
Wegstrecke *f.* distance *n.* (covered)
Wehrexperte *m.* defence correspondent, military affairs specialist
weich *adj.* blurred *adj.*; ~ (Bild) soft *adj.*; ~ (Negativ) weak *adj.*

Weichbildscheibe *f.* diffusing disc
weiche Überblendung fade-over *n.*
Weiche *f.* combining unit, selective coupler, diplexer *n.*
Weicheiseninstrument *n.* soft-iron instrument
weicher Schnitt soft cut, smooth cut
weiches Bild soft picture; ~ **Licht** diffuse light
Weichstrahler *m.* diffuser *n.*
Weichzeichner *m.* diffuser scrim, soft-focus lens; °~ (Film) butterfly *n.*
Weichzeichnung *f.* diffusion *n.* (F, photo), soft focus
weiß *adj.* white *adj.*, blank *adj.*
Weiß *n.* white *n.*, blank *n.*; °~ übersteuern to burn out the whites; gesättigtes °~ clear white
weiß, knallig ~ glaring white, burnt-out *adj.* (coll.), glaring white, burnt-out *adj.* (coll.)
Weiß, reines °~ pure white
Weißabgleich *m.* white balance
Weißbalance *f.* white balance
Weißband *n.* white tape
Weißentzerrung *f.* white distortion
weißes Rauschen (Ton) white noise
Weißfilm *m.* white film; °~ (Start) white leader, white spacing, blank film
Weißkrümmung *f.* white non-linearity
Weißlicht *n.* action signalling
Weißpegel *m.* white level
Weißrauschen *n.* white noise
Weißschwarzsprung *m.* white-to-black step
Weißspitze *f.* peak white, white spike, specular *n.*
Weißspitzensignal *n.* peak white signal
Weißton *m.* (Ton) white noise
Weißtonregelung *f.* adjustment of white balance
Weißwert *m.* white level
Weißwertbegrenzer *m.* white-level limiter, white-level clipper
Weißwertbegrenzung *f.* white-level limiting, white-level clipping
Weißwertregelung *f.* adjustment of white level, white-level control
Weißwertstauchung *f.* white crushing
Weißwertübersteuerung *f.* overmodulation of white level
Weißzeile *f.* white line

Weisung f. directive n., instruction n., direction n., order n.

Weiteinstellung f. extreme long shot (ELS), very long shot (VLS)

Weiterentwicklung f. advance n.

Weitergabe f. (Daten) (IT) disclosure n.

weiterkopiertes Einzelbild frozen picture

weiterleiten (IT) route v., forward v.

Weitstrahler m. wide beam

Weitverkehrsbereich m. (Tel) trunk area, long-range communications area

Weitwinkel m. (J) wide angle

Weitwinkelbereich m. wide-angle range

Weitwinkelobjektiv n. wide-angle lens

Weitwinkelvorsatz m. add-on wide-angle lens

Weitzone f. (Tel) long distance zone

Welle f. wave n., channel n.; **ebene** °~ linear wave; **elektrische** °~ synchrolink n., selsyn n.; **elektromagnetische** °~ electromagnetic wave; **fortschreitende** °~ progressive wave, travelling wave; **longitudinale** °~ longitudinal wave

welle, Oberflächen~ f. surface wave; **Raum**~ f. skywave n.

Welle, stehende °~ standing wave; **transversale** °~ transverse wave

Wellenangaben f. pl. wavelength announcement

Wellenausbreitung f. wave propagation

Wellenband n. wave range, waveband n.

Wellenbauch m. antinode n., wave loop

Wellenbereich m. wave range, waveband n.

Wellenberg m. wave crest

Wellenblende f. wash dissolve

Wellenchef m. program director

Wellenform f. waveform n.

Wellenfront f. wave front

Wellengleichung f. wave equation

Wellenlänge f. wavelength n.; **dominierende** °~ dominant wavelength; **farbtongleiche** °~ dominant wavelength; **kompensative** °~ complementary wavelength

Wellenlängenmesser m. wavemeter n.

Wellenlängenskala f. wavelength scale

Wellenlängenspektrum n. wavelength spectrum

Wellenleiter m. waveguide n., duct n.

Wellenplan m. frequency plan, frequency

allocation plan; **Kopenhagener** °~ Copenhagen plan; **Stockholmer** °~ Stockholm plan

Wellenschwund m. fading n.

Wellental n. wave trough

Wellenwiderstand m. surge impedance, wave impedance, characteristic impedance

Wellenzahl f. wave number

Wellenzug m. wave train

Welligkeit f. ripple n.; °~ (MAZ) contour effect; °~ voltage standing wave ratio

Weltagentur f. world agency

Weltraum m. space n.

Welturaufführung f. world première

Weltvertrieb m. world distribution

Weltzeituhr f. world time clock

Wendel f. helix n., spiral n., coil n. (lamp)

Wendelantenne f. helix antenna

Werbeblock m. advertising block

Werbebotschaften im Internet (IT) spam mail

Werbeeinblendung f. advertising break, commercial n.

Werbeeinnahmen f. pl. advertising revenue

Werbefachmann m. advertising consultant

Werbefernsehen n. commercial television, sponsored television (US)

Werbefernsehgesellschaft f. television programme company

Werbefilm m. publicity film

Werbefunk m. commercial radio

Werbekampagne f. advertising campaign, promotion campaign

Werbekombi m. combined advertising

Werbemittel n. pl. promotion media, give aways

Werberahmenprogramm n. framework programme for commercials

Werbesendung f. sponsored programme

Werbesendungen f. pl. commercials n.

Werbespot m. commercial n., commercial spot

Werbeträger m. advertising medium

Werbezeiten f. pl. advertising slots

Werbung f. advertising n., promotion n. (advert.), publicity n.

Werbung-Aus-Schalter m. advertising off switch (AOS)

Werkaufnahme f. industrial photo

Werkmeister *m.* foreman *n.*
Werkstattmeister *m.* workshop manager
Werktitel *m.* (Prod.) working title
Werkzeiten *f. pl.* working hours
Wert, zulässiger °∼ admissible value
Werte, elektrische °∼ electrical data
werten *v.* evaluate *v.*, assess *v.*
Wertetabelle *f.* (IT) function table, truth table, Boolean operation table
wertlos *adj.* (Aufnahme) unfit for transmission, NG *adj.* (coll.); ∼ unusable *adj.*
Wertung *f.* evaluation *n.*, assessment *n.*
Western *m.* western *n.*, horse opera (US coll.)
Wettbewerbssendung *f.* contest programme, competitive-game programme
Wettbewerbsverzerrung *f.* unfair comparative advertising
Wetterbericht *m.* meteorological report, weather report
Wetterkarte *f.* weather chart, weather map
Wetterservice *m.* (IT) weather service
Wettervorhersage *f.* weather forecast
Whisper *m.* whisper *n.*
Wickelkern *m.* hub *n.*, (tape) hub
Wickelmotor *m.* shuttle motor
Wicklung *f.* winding *n.* (spool), wrapping *n.*, spooling *n.*, coiling *n.*
Wicklungssinn *m.* direction of winding
Widerhall *m.* echo *n.*, reverberation *n.*
widerrufen *v.* cancel *v.*, revoke *v.*, countermand *v.*
Widerstand *m.* resistance *n.*, resistor *n.*; **abgerauchter** °∼ burnt-out resistor; **angepaßter** °∼ matched impedance; **scheinbarer** °∼ apparent resistance; **spannungsabhängiger** °∼ voltage-dependent resistor (VDR); **veränderlicher** °∼ variable resistor, variable resistance; **verbrannter** °∼ burnt-out resistor
Widerstandsanpasser *m.* impedance matching network, impedance adapter
Widerstandsmatrix *f.* impedance matrix
Widerstandsnetzwerk *n.* resistance network
Widerstandsnormal *n.* standard resistor
Widerstandstransformator *m.* impedance matching transformer
Widerstandswert *m.* amount of resistance

wiederanfeuchten *v.* remoisten *v.*
Wiederanlauf *m.* restart *n.*
Wiederanlaufpunkt *m.* checkpoint *n.*
Wiederanlaufroutine *f.* restart procedure
Wiederaufnahme *f.* retake *n.*
Wiederaufprüfung (Sat) restoral attempt
Wiederaufrollen *n.* rewinding *n.*
wiederaufspulen *v.* rewind *v.*
wiederaufwickeln *v.* rewind *v.*
wiederaufzeichnen *v.* (Ton) re-record *v.*
wiederausstrahlen *v.* re-radiate *v.*
Wiederausstrahlung *f.* re-radiation *n.*
Wiedereinschaltautomatik *f.* hold-in circuit
Wiedererkennbarkeit *f.* recognizability *n.*
Wiedergabe *f.* playback *n.*, reproduction *n.*, repro *n.* (coll.), replay *n.*, playback *n.*, rendering *n.*; °∼-**Entzerrer** *m.* playback equalizer; **naturgetreue** °∼ faithful reproduction, good definition, high fidelity reproduction, orthophonic
Wiedergabecharakteristik *f.* playback characteristics *n. pl.*, reproducing characteristics *n. pl.*, reproducing frequency response
Wiedergabedaten *n. pl.* playback data
Wiedergabeentzerrung *f.* playback equalisation, playback-equalisation *n.*
Wiedergabegerät *n.* (MAZ) reproducer *n.*; °∼ playback unit, reproduction equipment
Wiedergabegüte *f.* quality of reproduction; **hohe** °∼ (Hi-Fi) high-fidelity (hi-fi)
Wiedergabekanal *m.* reproducing channel
Wiedergabekette *f.* reproducing chain, replay chain, playback chain
Wiedergabekopf *m.* reproducing head, playback head, play back head
Wiedergabekurve *f.* frequency response curve, reproduction curve, fidelity curve
Wiedergabepegel *m.* playback level, reproduction level; **zulässiger** °∼ permissible playback level
Wiedergabepult *n.* playback desk
Wiedergabequalität *f.* quality of reproduction
Wiedergaberecht *n.* reproduction right
Wiedergaberechte, mechanische °∼ mechanical reproduction rights
Wiedergaberöhre *f.* kinescope *n.* (US),

display tube, cathode ray tube (CRT), picture tube

Wiedergabespalt *m.* reproducing gap

Wiedergabestabilität *f.* playback stability

Wiedergabetaste *f.* playback key

Wiedergabetreue *f.* fidelity of reproduction, reproduction fidelity

Wiedergabeverluste *m. pl.* playback loss

Wiedergabeverstärker *m.* playback amplifier, reproducing amplifier

Wiedergabevorrichtung *f.* playback device

wiedergeben *v.* (Ton) reproduce *v.*; ~ (F) project *v.*; ~ play back *v.*

wiederherausgeben *v.* (Buch) re-publish *v.*, re-issue *v.* (F, thea.)

Wiederherstellung nach Absturz *f.* (IT) crash recovery

Wiederholdauer *f.* repeat duration

wiederholen *v.* re-run *v.*, retake *v.*, to do a retake; ~ (Sendung) repeat *v.*, re-run *v.* (US); ~ (Text) read again *v.*

Wiederholtaste *f.* repeat key

Wiederholung *f.* rebroadcast *n.*, repeat *n.*, re-run *n.* (US), replay *n.*, retake *n.*; °~ (Progr.) repeat *n.*

Wiederholungshonorar *n.* repeat fee, reproduction fee

Wiederkehrgenauigkeit *f.* accuracy of return, repeating accuracy

Wiederverfilmung *f.* (F) remake *n.*

Wiederverteilung *f.* redistribution *n.*

Wildcard *f.* (IT) wild card

Wildwestfilm *m.* western *n.*, horse opera (US coll.)

Winde *f.* winch *n.*

Windeständer *m.* winch-base *n.*

Windgeräusch *n.* wind noise

Windmaschine *f.* blower *n.*, fan *n.*

Window-Unit window unit

Windschirm *m.* wind shield, wind screen

Windschutz *m.* (Mikro) wind shield, wind bag

Windung *f.* winding *n.* (mech.), twist *n.*, turn *n.*, thread of screw

Wink *m.* tip-off *n.*, pointer *n.* (US), tip *n.*

Winkel *m.* angle *n.*, bracket *n.*

Winkelbeschleunigung *f.* angular acceleration

Winkelfrequenz *f.* angular frequency, radian frequency

Winkelgeschwindigkeit *f.* angular velocity

Winkelmesser *m.* goniometer *n.*

Winkelstück *n.* angle plate, angle piece; °~ (Rohr) elbow *n.*

Winsock *f.* (IT) winsock *n.*

Wippenschalter *m.* (Tel) rocker switch

Wirbelstrom *m.* eddy current

Wirbelstromverlust *m.* eddy-current loss

Wireframe *n.* wireframe *n.*

Wirkfläche *f.* (Ausstrahlung) effective area (of emission)

Wirkleistung *f.* effective power

Wirkleitwert *m.* (Gleichstrom) conductance *n.*

wirkliche Adresse *f.* (IT) absolute address, specific address

wirksame Antennenverlängerung effective antenna extension

Wirkschaltplan *m.* intermediate level block diagramm

Wirkungsgrad *m.* (Verhältnis der Strahlungsleistung zur Eingangsleistung einer Antenne) radiation efficiency

Wirkwiderstand *m.* pure resistance, ohmic resistance, resistance *n.*

Wirtschaftlichkeit durch hohe Stückzahlen economy of scale

Wirtschaftsredakteur *m.* economics correspondent

Wirtschaftswerbung *f.* commercial advertising

Wischblende *f.* soft-edged wipe

Wissen *n.* knowledge *n.*

Wissenschaft *f.* science *n.*; °~ **und Technik*** science and features*

Wobbelfrequenz *f.* sweep frequency, wobble frequency

Wobbelgenerator *m.* wobbulator *n.*, sweep-frequency signal generator

Wobbelmeßsender *m.* wobbulator *n.*, sweep-frequency signal generator

wobbeln *v.* wobble *v.*, wobbulate *v.*, sweep *v.*

Wobbeln *n.* sweeping *n.*, wobbling *n.*, wobbulation *n.*; °~ **des Strahlstroms** spot wobble

Wobbelton *m.* tone frequency run

Wobbelung *f.* sweeping *n.*, wobbling *n.*, wobbulation *n.*

Wobbler *m.* wobbulator *n.*, sweep-frequency signal generator

Wochenendprogramm *n.* weekend programme
Wochenquerschnitt *m.* weekly summary, weekly round-up
Wochenrückblick *m.* (Nachrichten) weekly news magazine
Wochenschau *f.* newsreel *n.*
Wolfram *n.* tungsten *n.*
Wort, kulturelles °~ cultural affairs *n. pl.*
Wort* *n.* spoken word programme
Wortadresse *f.* (IT) word address
Wortanteil *m.* verbal portion
Wortarchiv *n.* script library
Worteingabe *f.* (IT) word input
Wortlänge *f.* (IT) word length; °~ (IT) word length
Wortmeldung *f.* item with newsreader on camera, item with newsreader in vision, vision story (coll.), straight read
Wortprogramm *n.* spoken word programme
Wortredaktion *f.* word editing
Wortsendung *f.* spoken word broadcast
Worttrennzeichen *n.* (IT) word delimiter, word separator character
Wurzel *f.* (elektr.) root *n.*

X

Xenonlampe *f.* xenon lamp

Y

Y-Signal *n.* luminance signal, Y-signal *n.*
Yagiantenne *f.* yagi aerial, yagi *n.* (coll.)
Yellow Press *f.* yellow press; °~ **Sites** (IT) yellow sites

Z

Zackenschrift *f.* variable-area sound track
Zahlensystem *n.* number system
Zähler *m.* counter *n.*
Zählerschrank *m.* meter cupboard
Zählimpuls *m.* counting pulse, meter pulse
Zählung *f.* count *n.*
Zahlungsgrund *m.* reason for a payment
Zahnantrieb *m.* gear drive
Zahnkranzrolle *f.* toothed wheel rim, gear rim, gear ring
Zahnrad *n.* gear wheel, toothed wheel, cog wheel
Zahntrommel *f.* sprocket wheel, sprocket *n.*
Zappen *n.* zapping *n.*
Zarge *f.* (Lautsprecher) cabinet *n.*, enclosure *n.*; °~ (Plattenspieler) plinth *n.*
ZB (s. Zentralbatterieanschluß)
ZD (s. Zentraldisposition)
ZDF *n.* (Zweites Deutsches Fernsehen) German Television ZDF
Zeichen *n.* signal *n.*; °~ (Stichwort) cue *n.*; °~ mark *n.*; °~ (IT) character *n.*; °~ sign *n.*; °~ (Eurovision) caption *n.*
Zeichenabbild *n.* (IT) character image
Zeichenabstand *m.* (IT) print pitch, character spacing
Zeichenabtastung *f.* (IT) character reading, character scanning
Zeichenbüro *n.* drawing office, drafting office
Zeichencode *m.* character code
Zeichendichte *f.* (IT) bit density; °~ (IT) character density
Zeichenerkennung *f.* pattern recognition; °~ (IT) character recognition
Zeichenfolge *f.* (IT) character string
Zeichengenerator *m.* (IT) character generator
Zeichenkarton *m.* art board, fashion board
Zeichenmodus *m.* (IT) character mode
Zeichensatz *m.* (IT) character set
Zeichentrick *m.* animation *n.*, animated diagram, animated cartoon
Zeichentrickfilm *m.* animated cartoon film

Zeichenverarbeitung *f.* pattern processing

Zeichenvorlage *f.* drawing pattern

Zeichenzusetzer *m.* character inserter

Zeichner *m.* designer *n.*, draughtsman *n.*, animator *n.*; **technischer** °~ technical draughtsman

Zeichnung *f.* sketch *n.*, design *n.*, plan *n.*; °~ (Bildeindruck) contour impression; °~ diagram *n.*, drawing *n.*

Zeigegerät *n.* (IT) pointing device

zeigen und klicken *v.* (IT) point-and-click *v.*

Zeiger *m.* pointer *n.*, hand *n.* (of a clock)

Zeigeranzeige *f.* pointer reading

Zeigerinstrument *n.* indicator instrument

Zeile *f.* scanning line; °~ (TV) line *n.* (video)

Zeilen schinden (fam.) to pad out a story

Zeilenablenktransformator *m.* line output transformer (LOPT)

Zeilenablenkung *f.* horizontal deflection, horizontal sweep, line scanning

Zeilenabtastung *f.* line blanking, line scanning

Zeilenadressierung *f.* (IT) line addressing

Zeilenamplitude *f.* line amplitude

Zeilenaustastimpuls *m.* line blanking pulse, horizontal blanking pulse (US)

Zeilendauer *f.* line duration, line period

Zeilendrucker *m.* (IT) line printer, line-at-a-time printer

Zeilendurchlauf *m.* line traversal

Zeileneinschwinger *m.* scan rings *n. pl.*

Zeileneinstellung *f.* line posting

Zeilenfangregler *m.* horizontal hold

zeilenfrei *adj.* line-free *adj.*, spot-wobbled *adj.*

Zeilenfrequenz *f.* line frequency, horizontal frequency (US)

Zeilengleichlaufsignal *n.* line synchronisation signal

Zeilenhonorar *n.* linage *n.*

Zeilennorm *f.* line standard

Zeilenoffset *n.* line offset

Zeilenraster *m.* line-scanning pattern

Zeilenrauschen *n.* line noise, low-frequency noise

Zeilenreißen *n.* line-tearing *n.*, line tearing

Zeilenrücklauf *m.* line flyback, horizontal flyback (US)

Zeilenrücklaufzeit *f.* line flyback period

Zeilenschaltzeichen *n.* (IT) newline character

zeilensequent *adj.* line-sequential *adj.*

Zeilenspratzer *m.* line jitter

Zeilensprung *m.* interlaced scanning, line interlace

zeilensprungartige Abtastung interlaced scanning

Zeilensprungverfahren *n.* line-jump scanning, interlaced scanning, line interlace, progressive interlace

zeilensynchron *adj.* line-synchronous *adj.*

Zeilensynchronimpuls *m.* horizontal synchronising pulse, line synchronising pulse, line pulse

Zeilenumbruch *m.* (IT) wordwrap *n.*

Zeilenversatz *m.* line-pulling *n.*

Zeilenvorschub *m.* (IT) line feed

Zeilenzahl *f.* number of lines

Zeilenzeit *f.* line period

Zeit *f.* time *n.*; **die** °~ **nehmen** clock *v.*

Zeitablauf *m.* time sequence

Zeitablenkgenerator *m.* time-base generator, sweep generator

Zeitablenkung *f.* (Wobbler) sweep *n.*; °~ time-base deflection, time base

Zeitansage *f.* (R) time announcement; °~ time check (R), speaking clock announcement

Zeitaufnahme *f.* time exposure, time shot

Zeitbasis *f.* time base; **angestoßene** °~ triggered time base; **getriggerte** °~ triggered time base

Zeitcode *m.* time code

Zeitdehner *m.* (Tempo) slow motion

Zeitdehneraufnahme *f.* high-speed picture, slow-motion picture, high-speed shot

Zeitdehnerkamera *f.* high-speed camera, slow-motion camera

Zeitdehnung *f.* (Kamera) high-speed effect, high-speed shooting, high-speed camera-work; °~ (Oszilloskop) sweep magnification

Zeiteichung *f.* time calibration

Zeiteinteilung *f.* time allotment, time allocation, timing *n.*

Zeitfehler *m.* time base error

Zeitfehlerausgleicher *m.* time base corrector

Zeitfehlerkorrektur *f.* (MAZ) time-base error correction; °~ time base correction

Zeitfestsetzung f. timing n.
Zeitfunk m. (R) radio talks and current affairs programmes n. pl.
Zeitgeber m. (IT) timer n., timing signal generator
Zeitgeschehen n. (TV) television current affairs programmes n. pl.
Zeitimpuls m. clock pulse, timing pulse
zeitkonstant adj. constant with time
Zeitkonstante f. time-constant n.
Zeitkritik f. current affairs commentary, topical comment
zeitlich adj. temporal adj.
zeitliche Redundanz temporal redundance
Zeitlupe f. time-lens n., slow-motion effect; °∼ (Tempo) slow motion
Zeitlupenaufnahme f. slow motion shot
Zeitlupentempo n. (Tempo) slow motion
Zeitlupenverfahren n. slow-motion method
Zeitmarke f. time marker
Zeitmarkengenerator m. time-marker generator
Zeitmessung f. timing n., chronometry n.
Zeitmultiplex n. time division multiplex
Zeitmultiplexdekoder m. time-division multiplex decoder
zeitnah adj. topical adj.
Zeitplan m. time-schedule n., time-table n.
Zeitraffer m. time lapse, quick motion, speeded-up action; °∼ (Gerät) quick-motion camera, quick-motion apparatus, stop-motion camera, time-lapse equipment; °∼ stop motion
Zeitrafferaufnahme f. single-picture taking, time-lapse shooting, stop motion
Zeitraffung f. quick-motion effect, stop-motion effect
zeitraubend adj. time consuming
Zeitsignal n. time signal, timing signal
Zeitspanne f. period of time
Zeitsprung m. time leap
Zeitstück n. period play
Zeitüberschreitung f. (Zeit) overrun n.
Zeitung f. newspaper n., paper n., journal n.
Zeitungsarchiv n. reference library
Zeitungsausschnitt m. cutting n., clipping n.
Zeitungsleute plt. journalists n. pl., pressmen n. pl., newspapermen n. pl. (US)

Zeitunterschied m. time difference
Zeitunterschreitung f. underrun n.
Zeitverhalten n. (IT) runtime performance
Zeitversatz m. time lag
Zeitverschiebung f. time shift
zeitversetzt adj. deferred adj.
zeitversetzte Übertragung deferred relay
Zeitverteilung f. distribution with time
Zeitvertrag m. unestablished staff contract
Zeitvertragsinhaber m. member of unestablished staff
Zeitverzögerung f. time delay
Zeitzähler m. time recorder
Zeitzeichen n. time signal, time pips n. pl.
Zeitzeichenempfänger m. time signal receiver
Zelle f. cell n.; **fotoelektrische** °∼ photoelectric cell (PEC)
Zellhornfilm m. nitrocellulose stock, celluloid film
Zellkopf m. cell header
Zenerdiode f. Zener diode
Zenereffekt m. Zener effect
Zensur f. censorship n.
Zensurkarte f. censor's certificate
Zentralantenne f. central antenna
Zentralarchiv n. main reference library
Zentralbatterieanschluß m. (ZB) common-battery connection (CB)
Zentralbatterievermittlung f. common-battery exchange
Zentralbedienplatz m. central operation position
Zentraldisposition f. (ZD) production planning department
Zentraleinheit f. (IT) central processing unit (CPU), processing unit, processor n., mainframe n.
Zentralgeräteraum m. central apparatus room (CAR)
Zentralredaktion f. (aktuell) centre desk
Zentralregistratur f. central registry
Zentralstation (Sat) hub; **geteilte** °∼ (Sat) shared hub
Zentralstelle f. (SVCTL) central office
Zerhacker m. vibrator n., chopper n., alternator n., interrupter n.
zerhackt adj. chopped adj.
Zerlegung des Spektrums decomposition of spectrum, splitting of spectrum
Zerlegung in Dreiecke (Grafik) tesselation n.

Zerreißblende f. dragon's teeth wipe

Zerreißen n. tearing n.; °~ **des Bildes** picture-tearing n.

zerstreuen v. (opt.) disperse v., scatter v.; ~ diffuse v.

Zerstreuung f. diffusion n., dispersion n.; °~ (TV) scattering n.; °~ (opt.) dispersal n.

Zerstreuungskreis m. circle of confusion, coma n.

Zerstreuungslinse f. diverging lens, divergent lens, negative lens

Zerstreuungspunkt m. point of divergence, focus of divergence, centre of dispersion, virtual focus

Ziehbereich m. lock-in range, pull-in range

ziehen v. (Negativ) print v.; ~ focus v.

Ziehen des Bildes picture slip, frame rolling

Ziehkreis m. pulling-in circuit

Zieldatenträger m. (IT) target disk

Zieldecoder m. system target decoder

Zielgebiet n. target area

zielgenau adj. (IT) case sensitive adj.

Zielgruppe f. target group

Zielpublikum n. target audience

Zifferanzeigegerät n. digital reader

Ziffernanzeige f. (IT) digital display

Ziffernblock m. (IT) keypad n.

Zimmerantenne f. room aerial, indoor aerial

Ziplaufwerk n. (IT) zip drive

Zirkel m. compasses n. pl., dividers n. pl.

Zirkulator m. circulator n.

zischen v. hiss v., whistle v.

Zischen n. hissing n., frying n., whistling n.

Zittern n. jitter n.

Zoll, -Technik, 1-°~ 1 inch technology, 1 inch system; °~ (Amt::) inch n., customs (office); **1/2** °~ **Band** 1/2 inch tape

Zone f. area n., zone n.; **abgeschattete** °~ shadow zone, shadow area

Zoom m. zoom lens, zoom n.

zoomen v. (Linse) zoom v.

Zoomen n. zooming n.

Zoomfahrt f. zoom travel

zu hart (Bild) too contrasty, soot and whitewash; ~ **kontrastreich** (Bild) too contrasty, soot and whitewash

Zubehör n. accessories n. pl., fittings n. pl., attachments n. pl.

Zubehörgerät n. accessory equipment

Zubringer m. (fam.) transmission line, programme line, local end

Zubringerleitung f. transmission line, programme line, local end

zudecken v. (Ton) drown out v.

Zufall m. coincidence n., accident n., chance n.

Zufallsbitfehler m. random bit error

Zufallsfehler m. accidental error

Zufallsgenerator m. random generator

Zuführung f. feed n., contribution circuit, supply n.; °~ (Leitung) feed line, supply line

Zuführungsleitung f. contribution circuit; °~ (Leitung) feed line, supply line; °~ feed circuit

Zuführungsleitungsnetz n. feed circuit network

Zugabe f. bonus n.; °~ (Thea.) encore n.; °~ supplement n.

Zugang m. access n. (a. Software), entrance n. (allg.)

Zugangskontrolle f. (IT) physical access control

Zugangsprovider m. (IT) access provider

Zugfilm m. (Labor) leader film

Zugnummer f. audience-puller n. (coll.)

Zugriff m. (IT) access n.; °~ (Internet) hit n.; °~ (IT) access n.; °~ **verweigert** (IT) access denied; **direkter** °~ (IT) random access, direct access; **sequentieller** °~ (IT) sequential access; **wahlfreier** °~ (IT) random access, direct access

Zugriffsberechtigung f. access privilege

Zugriffsbeschränkung f. conditional access

Zugriffsgeschwindigkeit f. (IT) access speed

Zugriffskontrolle f. conditional access

Zugriffsmechanismus m. (IT) access mechanism

Zugriffsmeldung f. (Pay-TV) entitlement message

Zugriffsmethode f. (IT) access method

Zugriffspfad m. (IT) access path

Zugriffsrechte n. pl. (IT) access privileges

Zugriffsverwaltung f. (Pay-TV) entitlement management

Zugriffszeit f. (IT) access time; °~ (IT) access time

Zugriffszyklus m. access cycle

Zugseil n. halyard n.

Zuhörer m. listener n.

Zuhörerschaft f. audience n.

zukreisen v. (Blende) iris in v.

Zulassung elektrischer Geräte approval of electric equipment

Zulaufmenge f. flow rate

Zuleitung f. allotment n.

Zulieferprogramm n. supply programme

Zuluft f. air intake, air supply

Zumischung f. admixture n.

Zündgerät n. igniter n

Zündkreis m. firing circuit, ignition circuit; °~ (TV) unblanking circuit

Zunge f. (Mus.) tongue n.; °~ (Frequenzmesser) reed n.

Zuordnung f. allocation n.; °~ (Person) attachment n.

Zuordnungseinheit, verlorene f. (IT) lost cluster

zurückhalten v. (tech.) retard v.; ~ hold back v.

zurücknehmen v. (Licht) take down v.

zurückrollen v. (IT) scroll up

Zurücksetzen n. reset n.

zusammenfassen v. pool v.

Zusammenfassung f. synopsis n., summary n.; °~ (IT) summary n.

Zusammenführung f. (IT) merging n.

zusammenhängende Speicherbereiche pl. (IT) contiguous memory areas

zusammenschalten v. interconnect v.

Zusammenschaltung f. (Sender) switching to common programme; °~ interconnection n.; °~ (Sender) grouping n.; °~ hook-up n.

zusammenschneiden v. (F) assemble v., cut together v.; ~ (Band) splice v.; ~ join v., mount v.

zusammenstellen v. (Text) compile v., put together v.

zusammenstreichen v. trim v.; ~ (Text) tighten up v.; ~ edit down v. (script)

Zusatzdaten n. pl. add-on, ancillary data, additional data; °~ addition n., addendum n., supplement n.

Zusatzfehler m. additional error

Zusatzgerät n. accessory instrument,

ancillary apparatus, attachment n. (appar.), ancillary unit

Zusatzinformation, digitale f. data broadcasting

Zusatzinformationen f. (zusätzlich zum Programm ausgestrahlte Datensignale) additional information

Zusatzlicht n. booster light

Zusatzprogramm n. additional programme

Zusatzsignal n. additional signal

Zusatzwählzeichenspeicher m. (Tel) supplementary address memory

Zusatzzeichenspeicher m. (Tel) matrix memory expansion feature

zuschalten v. switch on v., connect to v., close v. (circuit), to put in circuit, hook up v.; ~ (sich) v. opt in v.

Zuschalten eines Senders hook-up n.

Zuschalter m. routing switch

Zuschaltung f. putting in circuit, insertion n.

Zuschauer m. (F) cinema-goer n.; °~ viewer n., spectator n.; °~ (F) moviegoer n. (US); °~akzeptanz f. audience acceptance; °~bindung audience flow; °~interesse n. audience interest

Zuschauerauskunft* f. programme inquiries* n. pl.

Zuschauerbefragung f. television audience survey, audience survey (TV)

Zuschauerbefragung* f. audience research*

Zuschauerforschung* f. audience research*

Zuschauermessung f. audience rating

Zuschauerpost* f. television programme correspondence*, viewer's letters* n. pl.

Zuschauerreichweite f. audience range

Zuschauerzahl f. (TV) size of audience

Zuschläge m. pl. (Zusatzkosten::) surcharges pl., (Zusatzkosten::) bonuses

Zuschneider m. head dressmaker

Zuspielband n. insert tape; °~ (Mischband) mixing tape

zuspielen v. feed v., inject v.; ~ (Programm) insert v.; ~ (zuspielen) play in v.

Zuspielleitung f. contribution circuit, reverse programme circuit

Zuspielmaschine f. remote replay machine

Zuspielung f. remote contribution inject, remote contribution insert
Zustand m. state n., condition n.; **latenter** °~ latent condition
zuständig adj. responsible adj.
Zustandsabfrage f. (Tel) status interrogation, status inquiry, status query
Zustandsanzeige f. (Tel) status indicator, status information, status display
zutasten v. blank v., suppress v.
Zutastung f. blanking n., suppression n.
Zuteilung f. allotment n.
Zuteilungsblatt n. allocation sheet
Zuverlässigkeit f. reliability n., dependability n.
zuviel Luft (Bild) too wide, too loose; ~ **Luft** underscripted adj.
Zuweisung f. (Tel) allocation n.
zuwenig Luft (Bild) too tight, too close; ~ **Luft** overscripted adj.
zuziehen v. (Zoom) fade out v., fade down v.
Zwang m. compulsion n., constraint n., pressure n., coercion n., duress n.
Zweckmeldung f. inspired news item
Zweibandabtaster m. Sepmag telecine
Zweibandabtastung f. Sepmag telecine system
Zweibandkopierung f. double-track printing
Zweibandprojektor m. Sepmag projector
Zweibandverfahren n. Sepmag n.
Zweibildband n. dual image tape
Zweidrahtleitung f. two-wire circuit
Zweiebenenantenne f. twin-stock aerial, twin stock
Zweieranschluß m. (Tel) two-party line
Zweiereinstellung f. two-shot n.
Zweietagenantenne f. two-level aerial
zweifach Normschnittstelle f. (IT) dual standard interface
Zweiflügelblende f. two-blade shutter, two-wing shutter
Zweiformatbildprojektor m. dual-standard projector
Zweigleitung f. (Ant.) spur feeder
Zweikammer-Klystron n. two-resonator klystron
Zweikanal-Ton m. two-channel sound; °~-**Ton-Kennung** f. two-channel sound identifier; °~-**Ton-Technik** f. two-channel sound technology

zweikanalig adj. two-channel adj., double-channel adj.
Zweikanalton-Aufnahme f. two-channel recording; °~-**Ausstrahlung** f. two-channel transmission; °~-**Empfang** m. two-channel reception; °~-**Übertragung** f. two-channel sound transmission; °~-**Verfahren** n. two-channel sound system; °~-**Wiedergabe** f. two-channel sound reproduction
Zweinormen- (in Zus.) dual-standard adj.
Zweiphasennetz n. two-phase mains n. pl.
zweipolig adj. bipolar adj., two-pole adj.
zweipoliger Stecker m. biplug n.
Zweiraumkassette f. double-chamber magazine
Zweiseitenbandempfänger m. double-sideband receiver
zweisprachig adj. bilingual adj.
Zweispur f. dual-track
Zweispurmaschine f. dual-track tape recorder, twin-track tape recorder
Zweistrahl m. dual trace, dual beam
Zweistrahloszillograf m. double-beam oscilloscope
Zweistreifenverfahren n. double-headed system
zweistreifig adj. double-headed adj.
Zweitbelichtung f. re-exposure n., double-exposure
Zweitempfänger m. secondary receiver, second home set
Zweitentwicklung f. secondary development
Zweiton m. dual tone; °~-**Coder** m. two-tone coder; °~-**Kanal** m. dual tone channel, two-tone channel
Zweitonkennung f. dual tone identifier
Zweitonträgerverfahren n. dual tone carrier system
zweitontüchtig adj. suitable for dual tone operation
Zweiträgerverfahren n. dual carrier system
Zweitsendung f. (R) repeat broadcast, repeat n. (bcast.); °~ (TV) second showing
Zweitverwertung f. second utilization
Zweiwegbetrieb m. (IT) two-way mode
Zweiweggleichrichter m. full-wave rectifier
Zwischenabbildungsobjektiv n.

intermediate image-forming lens, auxiliary lens

Zwischenablage *f.* (IT) clipboard *n.*

Zwischenansage *f.* intermediate announcement; °~ (R) cue *n.*

Zwischenarchiv *n.* interim archive

Zwischenbasisschaltung *f.* circuit with combined coupling

Zwischenduplikat *n.* intermediate dupe

Zwischenfrequenz *f.* (ZF) intermediate frequency (I.F.)

Zwischenfrequenzband *n.* (feststehendes Mod.band bei Mehrfachmodulation, unabhängig vom Übertragungsband) intermediate frequency band

Zwischenfrequenzumsetzung *f.* intermediate-frequency transposition

Zwischenfrequenzverfahren *n.* intermediate-frequency method

Zwischenmodulation *f.* intermodulation *n.*

Zwischenmusik *f.* interval music, interlude music

Zwischennegativ *n.* (Farbe) internegative *n.*; °~ (schwarz-weiß) duplicated negative, duplicate negative; °~ intermediate negative

Zwischenplatte *f.* intermediate plate

Zwischenpositiv *n.* lavender print, fine-grain print

Zwischenpunkteinspeisung *f.* intermediate-point feed

Zwischenpunktflimmern *n.* interdot flicker

Zwischenrad *n.* idler *n.*

Zwischenring *m.* adapter ring, intermediate ring; °~ **für Nahaufnahme** close-up adapter

Zwischenschaltleistungs-verstärkung *f.* insertion gain

Zwischenschaltleistungsverlust *m.* insertion loss

Zwischenschaltung *f.* interconnection *n.*, interposition *n.*, interpolation *n.*, insertion *n.*

Zwischenschicht *f.* intermediate layer

Zwischenschnitt *m.* cut-away *n.*, continuity shot, insert *n.*

Zwischenschuß *m.* cut-away shot

Zwischenspeicher *m.* (IT) intermediate store, scratchpad memory (SPM), temporary store; °~ buffer *n.*; °~ (IT)

cache *n.*; °~ interleaver, temporary storage, intermediate memory *n.*

Zwischensprung *m.* (TV) interlace *n.*

Zwischenstecker *m.* adapter plug

Zwischentitel *m.* title-link *n.*, time-link *n.*

Zwischenträger *m.* subcarrier *n.*; °~ (ein bei Mehrfachmodulation als moduliertes Signal benutzer Modulationsträger) subcarrier *n.*

Zwischenträgerverfahren *n.* intercarrier sound system

Zwischenübertrager *m.* matching transformer

Zwischenverbindung *f.* (Progr.) continuity *n.*, junction *n.*

Zwischenverstärker *m.* intermediate amplifier, repeater *n.*

Zwischenverteiler *n.* intermediate distribution board

Zwischenzeile *f.* (TV) interlace *n.*; °~ interline *n.*; **schlechte** °~ line pairing, bad interlace

Zwischenzeilenabtastung *f.* interlaced scanning

Zwischenzeilenbild *n.* interlaced picture

Zwischenzeilenflimmern *n.* interline flicker, wave flicker

Zwischenzeilenverfahren *n.* interlacing *n.*, interlaced scanning (method), scanning interlace system

Zwitschern *n.* chirping *n.*, birdies *n. pl.*, canaries *n. pl.*

Zwitterstecker *m.* sexless connector, hermaphrodite connector

zyklisch *adj.* (IT) cyclic *adj.*

Zyklus *m.* (IT) cycle *n.*

Zykluszeit *f.* (IT) cycle time

Zylinderlinse *f.* cylindrical lens

Zylinderwelle *f.* cylindrical wave

zymomotorische Kraft *f.* cymomotive force

**Teil 2
Englisch – Deutsch**

**Part 2
English – German**

A

A-and B printing A/B Kopierverfahren *n.*;
°~**-battery** *n.* Heizbatterie *f.*; °~**/B cut**
A/B Schnitt; °~**/B mixer** A/B Mischer;
°~ **roll** A-Rolle *f.*; °~ **side** (disc) A-
Seite *f.*; °~ **weighting** A-Bewertung *f.*
a/b mode A/B-Betrieb *m.*; ~**-interface** A/
B-Schnittstelle *n.* (Tel)
AB stereophonic recording process
Stereoaufnahmeverfahren AB; °~
stereophony AB Stereofonie, AB-
Stereophonie *f.*
abbreviated dialing Kurzwahl *f.* (Tel)
abbreviation *n.* Abkürzung *f.*, Kurzform
f.; ~ **of the agency's name**
Agenturkürzel *n.*
aberration *n.* Abweichung *f.*,
Abbildungsfehler *m.*, Fehler *m.*; ~ (opt.)
Streuung *f.*; ~ Aberration *f.*; **chromatic**
~ chromatischer Fehler
abort *v.* abbrechen *v.*
abrasion *n.* Abrieb *m.*
abrasive *n.* (FP) Schleifmittel *n.*
abridged version Kurzfassung *f.*
absence *n.* Abwesenheit *f.*; ~ **of colour**
Farblosigkeit *f.*
absolute address wirkliche Adresse *f.* (IT)
absorber *n.* Absorber *m.*
absorption *n.* Absorption *f.*; **deviative** ~
Absorption mit Strahlablenkung; **non-
deviative** ~ Absorption ohne
Strahlablenkung; ~ **coefficient**
Absorptionsgrad *m.*; ~ **factor**
Absorptionsgrad *m.*; ~ **rate**
Aufnahmegeschwindigkeit *f.*
abstract *n.* Kurzfassung *f.*; ~ (script)
Auszug *m.*
AC (s. alternating current); °~**/DC**
equipment Allstromgerät *n.*
acceleration *n.* Beschleunigung (a) *f.*; ~
voltage Beschleunigungsspannung *f.*
accelerator *n.* Beschleuniger *m.*; ~ **board**
Beschleunigerkarte *f.* (IT); ~ **card**
Beschleunigerkarte *f.* (IT)
accelerometer *n.* Accelerometer *m.*,
Schwingbeschleunigungsaufnehmer *m.*
(Accelerometer)
accent *n.* Akzent *n.*

accentuate *v.* anheben *v.* (Stimme)
accentuation *n.* Anhebung *f.*, Anhebung *f.*
(Akustik), Betonung *f.*
accept *v.* (script) abnehmen *v.*
acceptable contrast ratio (ACR)
Kontrastumfang *m.*
acceptance *n.* (script) Abnahme *f.*; ~
Endabnahme *f.*, Akzeptanz *f.*; ~ **of
production** Produktionsabnahme *f.*; ~
of script Buchabnahme *f.*; ~ **of story**
Stoffzulassung *f.*; ~ **report**
Abnahmebericht *m.*, Abnahmeprotokoll
n.; ~ **test** Abnahme *f.* (Produktion)
acceptor circuit (filter) Saugkreis *m.*
access *n.* (IT) Zugriff *m.*; ~ (a. Software)
Zugang *m.*; **direct** ~ wahlfreier Zugriff,
direkter Zugriff; **immediate** ~
Sofortzugriff *m.*; **multiple** ~
Vielfachzugriff *m.*; **random** ~
wahlfreier Zugriff, direkter Zugriff;
sequential ~ sequentieller Zugriff; ~
cycle Zugriffszyklus *m.*; ~ **for analogue
switched connections** Wählanschluß
analog; ~ **privilege**
Zugriffsberechtigung *f.*; ~ **time**
Zugriffszeit *f.*; ~ Zugriff (IT); ~ **classes**
Berechtigungsklassen *f. pl.* (IT); ~
denied Zugriff verweigert (IT); ~
mechanism Zugriffsmechanismus *m.*
(IT); ~ **method** Zugriffsmethode *f.* (IT);
~ **path** Zugriffspfad *m.* (IT); ~
privileges Zugriffsrechte *n. pl.* (IT); ~
provider Zugangsprovider *m.* (IT); ~
speed Zugriffsgeschwindigkeit *f.* (IT); ~
time Zugriffszeit *f.* (IT)
accessories *n. pl.* Zubehör *n.*
accessory equipment Zubehörgerät *n.*; ~
instrument Zusatzgerät *n.*
accident *n.* Zufall *m.*; ~ **prevention**
Unfallverhütung *f.*; ~ **proof** unfallsicher
adj.
accidental error Zufallsfehler *m.*; ~
printing (F) Kopiereffekt *m.*
accompaniment *n.* (mus.) Begleitung *f.*; ~
Begleitung *f.* (Musik)
accompanist *n.* Begleitmusiker *m.*,
Begleitperson *f.*
accompany *v.* begleiten *v.*
accompanying person Begleitperson *f.*; ~
program Begleitprogramm *n.*
accomplish *v.* leisten *v.*
accord *n.* Übereinkunft *f.*

account *n.* Account *m.* (IT), Konto *n.* (IT)
accounting *n.* Rechnungswesen *n.*; ~
  department Abrechnungsstelle *f.*; ~-
  machine operator
  Maschinenbuchhalter *m.*; ~ **services** *n.*
  pl. Finanzbuchhaltung *f.*
accreditation *n.* Akkreditierung *f.*
accredition *n.* Akkreditierung *f.*
accumulator *n.* Akkumulator *m.*; ~ **cell**
  Akkumulatorenzelle *f.*
accuracy *n.* Genauigkeit *f.*, Fehlergrenze
  f.; ~ **of adjustment** Einstellgenauigkeit
  f.; ~ **of measurement** Meßgenauigkeit
  f.; ~ **of return** Wiederkehrgenauigkeit *f.*
achieve *v.* leisten *v.*
achromatic *adj.* achromatisch *adj.*, farblos
  adj., unbunt *adj.*; ~ **locus**
  Unbuntbereich *m.*; ~ **region**
  Unbuntbereich *m.*
achromatism *n.* Farblosigkeit *f.*
achromatopsy *n.* Farbenblindheit *f.*
acid-proof *adj.* säurefest *adj.*; ~-**resisting**
  adj. säurefest *adj.*
acidity *n.* Säuregrad *m.*
acknowledge *v.* quittieren *v.* (IT)
acknowledgement *n.* Inhaltsbestätigung *f.*,
  Anerkennung *f.*; ~ **signal** (sat.)
  Quittungssignal *n.*; ~ **Quittung** *f.* (IT)
acknowledgment request
  Quittungsanforderung *f.* (IT)
acoustic *n.* Raumklang *m.*, akustisch *adj.*;
  ~ **baffle** Schallwand *f.*; ~ **brilliance**
  Raumhelligkeit *f.*; ~ **carpet**
  Geräuschteppich *m.*; ~ **ceiling**
  Akustikdecke *f.*; ~ **coloration**
  Raumkulisse *f.*; ~ **coupler**
  Akustikkoppler *m.*; ~ **diffraction**
  Schallbeugung *f.*; ~ **energy**
  Schallenergie *f.*; ~ **event** Schallereignis
  n.; ~ **field** Hörfeld *n.*; ~ **filter**
  akustischer Filter; ~ **flat** Gesangsbox *f.*,
  Instrumentalbox *f.*; ~ **focussing**
  akustische Brennpunktbildung,
  akustische Fokussierung; ~ **frequency**
  Hörfrequenz f; ~ **generator**
  Schallerzeuger *m.*; ~ **gramophone**
  Trichtergrammofon *n.*; ~ **horn**
  Schalltrichter *m.*; ~ **oscillation**
  Schallschwingung *f.*; ~ **output**
  Schalleistung *f.*; ~ **panels**
  Akustikplatten *f. pl.*; ~ **pattern**
  Klangbild *n.*; ~ **pick-up** akustischer

Tonabnehmer; ~ **pressure** Schalldruck
  m.; ~ **qualities** Hörsamkeit *f.*; ~
  radiator Schallstrahler *m.*; ~ **screen**
  Schallschirm *m.*; ~ **short-circuit**
  akustischer Kurzschluß; ~ **source**
  Schallerzeuger *m.*; ~ **store** akustischer
  Speicher; ~ **transducer** akustischer
  Wandler; ~ **vibration**
  Schallschwingung *f.*
acoustic coupler Akustikkoppler *m.* (Tel)
acoustically dead schalltot *adj.*
acoustics *n.* Akustik *f.*, Raumakustik *f.*,
  Raumklang *m.*, Hörsamkeit *f.*
acquisition *n.* Datenerfassung *f.*; ~ **of**
  rights Rechteerwerb *m.*; ~ Akquisition
  f.
ACR (s. acceptable contrast ratio)
act *v.* spielen *v.*; ~ (thea.) Akt *m.*
acting *adj.* stellvertretend *adj.*
action chart (IT) Funktionsdiagramm *n.*;
  ~ **film** Actionfilm *m.*; ~ **mute** stumme
  Kopie (Film); ~ **point** Druckpunkt *m.*
  (Tastatur); ~ **potential** Aktionspotential
  n. (Akustik); ~ **track** stumme Kopie
  (Film); ~ **signalling** Weißlicht *n.*
active aerial aktiver Strahler *m.*; ~
  loudspeaker Aktiv-Lautsprecher *m.*; ~
  content aktiver Inhalt *m.* (IT); ~ **optical**
  network aktives optisches Netz *n.* (IT);
  ~ **picture period** aktiver Bildinhalt; ~
  program aktives Programm *n.* (IT); ~
  video Bildinhalt *m.*; ~ **window** aktives
  Fenster *n.* (IT)
actor *n.* Darsteller *m.*, Ausführender *m.*,
  Schauspieler *m.*, Mime *m.* (fam.);
  professional ~ Berufsschauspieler *m.*;
  to feature an ~ einen Darsteller
  herausstellen
actual value Istwert *m.*
actuate *v.* betätigen *v.*
acuity *n.* (opt.) Schärfe *f.*; ~ **of colour**
  image Farbauflösungsvermögen *n.*
acuteness of hearing Hörschärfe *f.*
acyclic process (IT) azyklischer Vorgang
ad *n.* (coll.) Reklame *f.*
AD (s. assistant director)
ad-libbing *n.* Improvisierung *f.*; ~ **Ad** (s.
  advertising), Banner *n.* (Internet); ~
  click Ad Click (Internet); ~ **click rate**
  Ad Click Rate (Internet); ~ **game** Ad
  Game (Internet); ~ **server** Ad Server; ~
  view Ad View (Internet)

adapt *v.* (script) bearbeiten *v.*; ~ anpassen *v.*

adaptability *n.* Verwendungsbereich *m.* (eines Gerätes)

adaptation *n.* (script) Bearbeitung *f.*; ~ Adaption *f.*; ~ **fee** Bearbeitungshonorar *n.*; ~ **time** Bearbeitungszeit *f.*

adapter *n.* Adapter *m.*, Umrüstteil *n.*, Anpaßglied *n.*; ~ (IT) Anpassungseinrichtung *f.*; ~ **plug** Zwischenstecker *m.*; ~ **ring** Zwischenring *m.*; ~ **socket** Umrüstbuchse *f.*

adaption *n.* Anpassung *f.*; ~ (elec.) Adaption *f.*; ~ **data** Adaptionsdaten *f. pl.*; ~ **layer** Adaptionsschicht *f.*

adaptive channel equalisation Kanalausgleichadaptiver

adaptor *n.* (script) Bearbeiter *m.*

ADC (s. analog-to-digital converter)

add *v.* überblenden *v.*, anhängen *v.*; ~**-on wide-angle lens** Weitwinkelvorsatz *m.*; ~**-drop multiplexer** Abzweigemultiplexer *m.* (IT); ~**-on** Zusatzdaten *n. pl.*; ~**-on conference** Dreierkonferenz *f.* (Tel)

addendum *n.* Zusatz *m.*

adder *n.* Summierer *m.*

addition *n.* Zusatz *m.*, Beifügung *f.*; ~ (of levels) Addition *f.* (von Pegeln); ~ **record** Ergänzungsdatensatz *m.* (IT)

additional character Sonderzeichen *n.*, Sonderzeichen *n.* (EDV); ~ **error** Zusatzfehler *m.*; ~ **programme** Zusatzprogramm *n.*; ~ **signal** Zusatzsignal *n.*; ~ **data** Zusatzdaten *n. pl.*

additive *adj.* additiv *adj.*

address *v.* ansprechen *v.*; ~ (IT) Adresse *f.*; **indirect** ~ indirekte Adresse *f.*; **second level** ~ indirekte Adresse *f.*; ~ **assignment** (EDV) Adreßzuordnung *f.* (EDV); ~ **code** Adressen-Code *m.*; ~ **selection** Adressenansteuerung *f.*, Adressenauswahl *f.*; ~ **book** Adressbuch *n.* (IT)

adhesive cardboard Aufklebekarton *m.*; ~ **lettering** Klebebuchstaben *m. pl.*; ~ **tape** Lassoband *n.*, Klebeband *n.*

adjacent-channel *adj.* kanalbenachbart *adj.*; ~ **carrier spacing** Bildträgerabstand *m.*; ~ **channel**

interference Nachbarkanalstörung *f.*; ~ **channel interferences** Nachbarkanalstörungen *f. pl.*; ~ **channel operation** Nachbarkanalbetrieb *m.*; ~ **channel selection** Nachbarkanalselektion *f.*; ~ **channel suitability** Nachbarkanaltauglichkeit *f.*; ~ **field** Nachbarfeld *n.*; ~ **sound carrier** Nachbartonträger *m.*; ~ **sound channel rejector** Nachbartonfalle *f.*; ~ **vision carrier** Nachbarbildträger *m.*

adjudication *n.* Urteil *n.*

adjust *v.* (col.) abstimmen *v.*; ~ **stellen** *v.*

adjusting *n.* Richten *n.*; ~ **device** Justiereinrichtung *f.*, Nachstellvorrichtung *f.*; ~ **screws** Justierschrauben *f. pl.*; ~ **wedge** Justierkeil *m.*

adjustment *n.* Einstellung *f.*, Justierung *f.*, Regelung *f.*, Abgleichung *f.*, Justage *f.*, Abgleich *m.*; ~ **for definition** (opt.) Scharfeinstellung *f.*; ~ **of white balance** Weißtonregelung *f.*; ~ **of white level** Weißwertregelung *f.*; ~ **range** Einstellbereich *m.*; ~ **signal** Einstellsignal *n.*

admin *n.* Administrator *m.*

administration *n.* Verwaltung *f.*; ~ **office** Verwaltungsbüro *n.*

administrative council Verwaltungsrat *m.*

administrator *n.* Administrator

admission tax (US) Vergnügungssteuer *f.*

admittance *n.* (elec.) komplexer Leitwert, Scheinleitwert *m.*

admixture *n.* Zumischung *f.*

adult education Erwachsenenbildung *f.*; ~ **education television programme** Studienfernsehen *n.*

advance *n.* Vorschuß *m.*, Fortschritt *m.*, Weiterentwicklung *f.*; ~ **analysis** Voruntersuchung *f.*; ~ **discussion** Vorbesprechung *f.*; ~ **of travel expenses** Reisekostenvorschuß *m.*; ~ **planning** Vorplanung *f.*; ~ **sales** *n. pl.* Vorverkauf *m.*; ~ **script** Vorabtext *m.*; ~ **showing** (F) (F) Vorpremiere *f.*; ~ **time** Vorgabezeit *f.*; ~ **warning** Vorwarnung *f.*; ~ **news** Vorausmeldung *f.*

adventure film Abenteuerfilm *m.*; ~ **film parody** Abenteuerfilmparodie *f.*

advertise *v.* anzeigen *v.*

advertisement *n.* Reklame *f.*
advertising *n.* Anzeigenwerbung *f.*, Reklame *f.*, Werbung *f.*; **brand** ~ Markenwerbung *f.*, Firmenwerbung *f.*; **unfair comparative** ~ Wettbewerbsverzerrung *f.*; ~ **block** Werbeblock *m.*; ~ **break** Werbeeinblendung *f.*; ~ **campaign** Werbekampagne *f.*; ~ **consultant** Werbefachmann *m.*; ~ **medium** Werbeträger *m.*; ~ **revenue** Werbeeinnahmen *f. pl.*; ~ **tariff** Einschaltpreis *m.*; ~ **off switch** (AOS) Werbung-Aus-Schalter *m.*; ~ **slots** Werbezeiten *f. pl.*
advertisiting tip Verkaufshinweis *m.*
advice *n.* Beratung *f.*; ~ **of charge** Gebührenanzeige *f.* (Tel)
advise *v.* beraten *v.*
adviser *n.* Berater *m.*
advisory council Beirat *m.*; ~ **program** Ratgebersendung *f.*
aerial *n.* Antenne *f.*; ~ (radiator) Strahler *m.*; ~ Phasearrayantenne *f.*, Multifocus-Antenne *m.*; **artificial** ~ künstliche Antenne; **built-in** ~ eingebaute Antenne; **buried** ~ Erdantenne *f.*; **collapsible** ~ zusammenklappbare Antenne; **dummy** ~ künstliche Antenne; **internal** ~ Innenantenne *f.*; **non-directional** ~ ungerichtete Antenne; **omnidirectional** ~ Rundempfangsantenne *f.*, Rundstrahlantenne *f.*, ungerichtete Antenne; ~ **array** Antennengruppe *f.*; ~ **beam width** Richtkeulenöffnungswinkel *m.*; ~ **cable** Antennenkabel *n.*; ~ **change-over switch** Antennenumschalter *m.*; ~ **combining unit** Antennenweiche *f.*; ~ **connection box** Antennenanschlußdose *f.*; ~ **coupling** Antennenkopplung *f.*, Antennenanpassung *f.*; ~ **coupling filter** Antennenanpassungsfilter *m.*; ~ **diameter** Antennendurchmesser *m.*; ~ **diplexer** Antennenweiche *f.*; ~ **distribution box** Antennenverteilerdose *f.*; ~ **down lead** Antennenniederführung *f.*; ~ **element** Antennenelement *n.*; ~ **equipment** Antennenanlage *f.*; ~ **gain** Antennengewinn *m.*; ~**-image printer** optische Bank, Trickkopiermaschine *f.*;

~ **input** Antenneneingang *m.*; ~ **installation** Antennenanlage *f.*; ~ **junction box** Antennenabzweigdose *f.*, Antennenanschlußdose *f.*; ~ **lead** Antennenleitung *f.*; ~ **lead-in** Antennenzuleitung *f.*; ~ **location** Antennenstandort *m.*; ~ **mast** (carrier) Antennenmast *m.*; ~ **matching** Antennenanpassung *f.*; ~ **matching filter** Antennenanpassungsfilter *m.*; ~ **offset** Antennenversatz *m.*; ~ **outlet** Antennensteckdose *f.*; ~ **photograph** Luftaufnahme *f.*; ~ **platform** Antennenplattform *f.*; ~ **plug** Antennenstecker *m.*; ~ **polar diagram** Antennendiagramm *n.*; ~ **pole** Antennenstandrohr *n.*; ~ **radiation pattern** Antennendiagramm *n.*; ~ **radiator** Antennenstrahler *m.*; ~ **rod** Antennenstab *m.*; ~ **socket** Antennensteckdose *f.*; ~ **spur box** Antennenabzweigdose *f.*; ~ **stack** Antennenebene *f.*; ~ **switch** Antennenumschalter *m.*; ~ **system** Antennenanlage *f.*
aeronautical radio receiver Flugfunkempfänger *m.*; ~ **radio service** Flugfunkdienst *m.*
aesthetics *n.* Ästhetik *f.*
AF (s. audio frequency)
AFC (s. automatic frequency control)
after fading listening (AFL) Abhören *n.* (nach Regler); ~**-image** *n.* Nachleuchten *n.*, Nachziehen *n.*; ~**-sales service** Kundendienst *m.*, Service *m.*
afterglow *v.* nachleuchten *v.*, Nachleuchten *n.*, Nachziehen *n.*, Fahnenziehen *n.*; ~ **compensation** Nachleuchtkompensation *f.*; ~ **period** Nachleuchtdauer *f.*
afternoon programme Nachmittagsprogramm *n.*
afternote *n.* Nachtrag *m.*
aftertreatment *n.* Nachbearbeitung *f.*
AGC (s. automatic gain control); °~ **amplifier** Regelverstärker *m.*
agency *n.* Agentur *f.*, Stelle *f.*, Vertretung *f.*; ~ **coverage** Agenturberichterstattung *f.*; ~ **material** Agenturmaterial *n.*; ~ **report** Agenturbericht *m.*; ~ **reporting** Agenturberichterstattung *f.*; ~ **story**

Agenturbericht *m*.; ~ **news report**
Agenturmeldung *f*.
agent *n*. (chem.) Mittel *n*.; ~ Agent *m*.
aging *n*. Alterung *f*.
agitator *n*. (FP) Rührwerk *n*.
agree *v*. absprechen *v*.; ~ (upon
something) vereinbaren *v*.
agreement *n*. Vertrag *m*., Abkommen *n*.,
Absprache *f*., Übereinkunft *f*.,
Vereinbarung *f*.
agricultural programmes *n*. *pl*. Landfunk
m.
aids *n*. *pl*. Beihilfen *f*. *pl*.; ~ **granted**
Beihilfen *f*. *pl*.
aim *v*. (cam.) einstellen *v*.
air *n*. Luft *f*.; **to be off the** ~ (transmitter)
außer Betrieb sein; **to be on the** ~ auf
Sendung sein; **to be on the** ~
(transmitter) in Betrieb sein; **to come on
the** ~ auf Sendung gehen, auf Sendung
schalten, zu senden beginnen; **to go off
the** ~ zu senden aufhören; **to go on the**
~ auf Sendung gehen, auf Sendung
schalten, zu senden beginnen; **to put on
the** ~ durch Rundfunk übertragen,
Sendung fahren; **to stay on the** ~ auf
Sendung bleiben; ~ **circulation**
Luftumwälzung *f*.; ~**-conditioning** *n*.
Klimatechnik *f*., Klimatisierung *f*.; ~**-
conditioning engineer** Klimatechniker
m.; ~**-conditioning plant** Klimaanlage
f.; ~ **filter** Luftfilter *m*.; ~ **intake**
Luftansauger *m*., Zuluft *f*.; ~ **supply**
Zuluft *f*.; ~ **time** Sendezeit *f*.; ~
trimmer Lufttrimmer *m*.; ~ **check** *n*.
Aircheck *m*., Sendungsmitschnitt *m*.; ~
check recorder Aircheck-Rekorder *m*.
airborne link Luftverbindung *f*.; ~ **noise**
Luftschall *m*.; ~ **noise insulation**
Luftschalldämmung *f*.; ~ **sound**
Luftschall *m*.; ~ **sound microphone**
Luftschallmikrofon *n*.
alarm, dynamic ~ **signal input device**
(IT) dynamische Alarmeingabe;
(Uhr::)**static** ~ **signal input device** (IT)
statische Alarmeingabe; ~ **clock**
Wecker *m*.; ~ **message** (IT)
Fehlermeldung *f*.; ~ **signal input device**
(IT) Alarmeingabe *f*.
album *n*. (disc) Kassette *f*.
algorithm *n*. Algorithmus *m*. (EDV)
aliasing; ~ **effects** Aliaseffekte *m*. *pl*.

align *v*. justieren *v*., abgleichen *v*.,
ausrichten *v*.
alignment *n*. Justierung *f*., Abgleichung *f*.,
Ausrichtung *f*.; **out of** ~ dejustiert *adj*.;
~ **error** Ausrichtfehler *m*.; ~ **of heads**
Einmessen der Köpfe, Kopfeinmessen
n.; ~ **of the video heads**
Videokopfabgleich *m*.; ~ **tape**
Bezugsband *n*.
aliquot tone Aliquotton *m*.
alkali *n*. Alkali *n*.
all-in *adj*. pauschal *adj*.; **-in, payment of**
~ **fee** Pauschalierung *f*.; ~**-inclusive**
adj. pauschal *adj*.; ~**-in fee**
Pauschalgage *f*., Pauschalhonorar *n*.; ~**-
in figure** Pauschale *f*.; ~**-pass circuit**
Allpaßschaltung *f*.; ~**-pass filter**
Allpaßfilter *m*.; ~**-rights fee**
Pauschalgage *f*., Pauschalhonorar *n*.; ~**-
round enquiry** Rundfrage *f*.; ~**-
weather lamp** Allwetterlampe *f*.; ~**-
weather protection** Allwetterschutz *m*.;
~ **news** All-News *f*. *pl*.
(Programmformat); ~ **news station** All-
News-Station *f*. (Nachrichtenkanal)
Allen-type wrench Inbusschlüssel *m*.
alligation *n*. Mischung *f*. (math.)
alligator clip Alligatorklammer *f*.,
Alligatorklemme *f*., Krokodilklammer *f*.,
Krokodilklemme *f*.
allocation *n*. Zuordnung *f*., Funkdienste-
Zuweisung *f*., Belegung *f*. (Technik); ~
of production facilities
Produktionsmittelbereitstellung *f*.; ~
plan Verteilungsplan *m*.; ~ **sheet**
Zuteilungsblatt *n*.; ~ Zuweisung *f*. (Tel)
allotment *n*. Verteilung *f*., Zuteilung *f*.,
Zuleitung *f*.
allow *v*. lassen *v*.
allowances *n*. *pl*. Spesen plt., Beihilfen *f*.
pl.
alloy *n*. Legierung *f*.
alphameric (s. alphanumeric)
alphanumeric *adj*. (IT) alphanumerisch
adj., alphamerisch *adj*.
alt. Newsgroups alt.-Newsgroups *f*. (IT)
Alt key Alt-Taste *f*. (IT)
alter *v*. (saturation) (col.) abstufen *v*.
alternate key Alternativschlüssel *m*. (IT)
alternately *adv*. wechselweise *adv*.
alternating current (AC) Wechselstrom
m.; ~ **current erase head**

Wechselstromlöschkopf *m.*; ~ **current magnetic biasing**
Wechselstromvormagnetisierung *f.*; ~ **current motor** Wechselstrommotor *m.*; ~ **current power** Wechselstromleistung *f.*; ~ **current resistance** Wechselstromwiderstand *m.*; ~ **current supply filter** Netzverdrosselung *f.*; ~ **current supply operation** Netzspeisung *f.*; ~ **current voltage** Wechselspannung *f.*; ~ **current voltage regulator** Netzspannungsgleichhalter *m.*; ~ **current voltage stabiliser** Netzspannungsgleichhalter *m.*; ~ **voltage** Wechselspannung *f.*

alternative frequencies Alternative Frequenzen (RDS-Feature)

alternator *n.* Zerhacker *m.*

alto *n.* Alt *m.* (Musik)

ALU (s. arithmetic and logical unit)

AM (s. amplitude modulation)

amagnetic scissors antimagnetische Schere

amateur actor Laienschauspieler *m.*; ~ **band** Amateurband *f.*; ~ **cinematographer** Filmamateur *m.*; ~ **film** Amateurfilm *m.*; ~ **film-maker** Filmamateur *m.*; ~ **frequency band** Amateurband *n.*; ~ **sound recordist** Tonjäger *m.*; ~ Laie *m.*

ambience *n.* Raumkulisse *f.*

ambient brightness Umfeldhelligkeit *f.*; ~ **field** Umfeld *n.*; ~ **light** Umlicht *n.*, Raumbeleuchtung *f.*, Umgebungslicht *n.*; ~ **lighting** Raumbeleuchtung *f.*; ~ **noise** Nebengeräusch *n.*, Umgebungsgeräusch *n.*; ~ **sound** Begleitton *m.*; ~ **temperature** Raumtemperatur *f.*

ambiophony *n.* Ambiophonie *f.* (Akustik)

amendment sheet Änderungsblatt *n.*

American Standard Code for Information Interchange ASCII-Code *m.*

ammeter *n.* Strommesser *m.*

amount *n.* Betrag *m.*; ~ **carried forward** Vortrag *m.*; ~ **of resistance** Widerstandswert *m.*

ampex *n.* (coll.) Magnetbildaufzeichnungsanlage *f.*

amplification *n.* Verstärkung *f.*; **selective** ~ selektive Verstärkung; ~ **factor**

Verstärkungsfaktor *m.*; ~ **stage** Verstärkungsstufe *f.*

amplifier *n.* Verstärker *m.*; **carrier-frequency** ~ trägerfrequenter Verstärker; **differential** ~ Differenzverstärker *m.*; **differentiating** ~ Differenzierverstärker *m.*; **feedback** ~ gegengekoppelter Verstärker, rückgekoppelter Verstärker; **negative-feedback** ~ gegengekoppelter Verstärker; **parametric** ~ parametrischer Verstärker; ~ **bay** Verstärkergestell *n.*; ~ **chain** Verstärkerzug *m.*; ~ **data** Verstärkerdaten *n. pl.*; ~ **room** Verstärkerzentrale *f.*; ~ **tube** Verstärkerröhre *f.*; ~ **valve** Verstärkerröhre *f.*; ~ **with regeneration** rückgekoppelter Verstärker

amplify *v.* (elec.) verstärken *v.*

amplitude *n.* Amplitude *f.*; ~ **components** Amplitudenanteile *m. pl.*; ~ **density spectrum** Amplitudendichtespektrum *n.*; ~ **distortion** Amplitudenverzerrung *f.*; ~ **error** Amplitudenfehler *m.*; ~ **filter** Amplitudensieb *n.*; ~ **frequency characteristic** Amplituden-Frequenzgang *m.*, Amplitudengang *m.*, Frequenzgang *m.*; ~ **frequency response** Amplituden-Frequenzgang *m.*, Amplitudengang *m.*, Frequenzgang *m.*; ~ **limitation** Amplitudenbegrenzung *f.*; ~ **modulation** *n.* (AM) (electronics) Amplitudenmodulation *f.* (AM); ~ **modulator** Amplitudenmodulator *m.*; ~ **spectrum** Amplitudenspektrum *n.*; ~ **vibrato** Amplitudenvibrato *n.*

anaglyphic process Anaglyphenverfahren *n.* (TV)

analog engineering Analog-Technik *f.*; ~ **input** (IT) Analogeingabe *f.*; ~ **input device** (IT) Analogeingabe *f.*; ~ **output** (IT) Analogausgabe *f.*; ~ **output device** (IT) Analogausgabe *f.*; ~ **signal** (IT) analoges Signal; ~ **signal** Analogsignal *n.*; ~ **technology** Analog-Technik *f.*; ~-**to-digital converter** (ADC) (IT) Analog-Digital-Umsetzer *m.* (ADU)

analogue local exchange Ortsvermittlungsstelle *f.*; ~ **to digital converter** (ADC) Analog-Digital-Wandler *m.*

analogy *n.* Analogie *f.*
analyse *v.* untersuchen *v.*
analyser *n.* Abtaster *m.*
analysis *n.* Analyse *f.*, Untersuchung *f.*;
   brief ~ (journ.) Kurzkommentar *m.*
analyze *v.* auswerten *v.*
anamorphic *adj.* anamorphotisch *adj.*; ~
   lens Anamorphot *m.*
anamorphosis *n.* Anamorphose *f.*
anastigmatic *adj.* anastigmatisch *adj.*; ~
   lens Anastigmat *m.*
anastigmatism *n.* Anastigmatismus *m.*
anchor *v.* verankern *v.*; ~ **man**
   Diskussionsleiter *m.*, Gesprächsleiter *m.*,
   Moderator *m.*; ~ **man** (news)
   Studioredakteur *m.*; ~ Anker *m.* (IT); ~
   points Ankerpunkte *pl.* (Bildanalyse)
anchorman *n.* Anchorman *m.*
anchorwoman *n.* Anchorwoman *f.*
ancillary apparatus Zusatzgerät *n.*; ~
   unit Zusatzgerät *n.*; ~ **data** Zusatzdaten
   n. pl.
Ancor machine Titelschreiber *m.*
AND circuit (IT) UND-Gatter *n.*,
   Koinzidenzgatter *n.*; °~ **element** (IT)
   UND-Gatter *n.*, Koinzidenzgatter *n.*; °~
   gate (IT) UND-Gatter *n.*,
   Koinzidenzgatter *n.*; °~ **operation** (IT)
   UND-Verknüpfung *f.*
andauern *v.* (acoust.) andauern *v.* (eines
   Tones)
anechoic *adj.* schalltot *adj.*
angle *n.* Winkel *m.*; ~ (cable) Knick *m.*; ~
   (opt.) Einstellung *f.*; **fixed** ~ feste
   Einstellung; **maximum** ~ **of dispersion**
   maximaler Streuwinkel; **to find a new**
   ~ (coll.) aufmöbeln *v.*; ~ **of acceptance**
   Auffangwinkel *m.*, Einfangwinkel *m.*; ~
   of arrival Einfallswinkel *m.*; ~ **of**
   dispersion (lighting) Streuwinkel *m.*; ~ **of**
   of divergence (scanning) Streuwinkel
   m.; ~ **of emergence** Austrittswinkel *m.*;
   ~ **of image** Bildwinkel *m.*; ~ **of**
   incidence Einfallswinkel *m.*; ~ **of**
   inclination Neigungswinkel *m.*; ~ **of**
   pitch Gewindesteigung *f.*; ~ **of scatter**
   (scanning) Streuwinkel *m.*; ~ **of spread**
   (scanning) Streuwinkel *m.*; ~ **of view**
   Blickwinkel *m.*, Gesichtswinkel *m.*; ~
   piece Winkelstück *n.*; ~ **plate**
   Winkelstück *n.*
angular acceleration

Winkelbeschleunigung *f.*; ~ **field of**
   lens Bildwinkel *m.*; ~ **frequency**
   Kreisfrequenz *f.*, Winkelfrequenz *f.*; ~
   velocity Winkelgeschwindigkeit *f.*
anhydrous *adj.* wasserfrei *adj.*
animated caption Trickgrafik *f.*; ~
   caption (title) Tricktitel *m.*; ~ **cartoon**
   Zeichentrick *m.*; ~ **cartoon film**
   Zeichentrickfilm *m.*; ~ **diagram**
   Zeichentrick *m.*; ~ **film** Trickfilm *m.*; ~
   intercut (F) Trickeinblendung *f.*; ~
   puppet film Puppentrickfilm *m.*; ~
   puppet series Puppentrickserie *f.*; ~
   title Tricktitel *m.*; ~ **GIF** animiertes
   GIF *n.* (IT)
animation *n.* Zeichentrick *m.*, Trick,
   Trickfilm *m.*; **cartoon** ~ figürlicher
   Trick; **mechanical** ~ mechanischer
   Trick; **suspended** ~
   Standbildverlängerung *f.*, Standkopie *f.*;
   ~ **board** Tricktisch *m.*, Trickbank *f.*; ~
   cameraman Trickkameramann *m.*; ~
   camera trigger Tricktaste *f.*; ~
   department Trickabteilung *f.*; ~ **desk**
   Trickpult *n.*; ~ **mixer** (person)
   Trickmischer *m.*; ~ **model** Trickmodell
   n.; ~ **motor** Einzelbildmotor *m.*; ~
   phase Phasenbild *n.*; ~ **picture**
   Trickaufnahme *f.*; ~ **stand** Tricktisch
   m., Trickbank *f.*; ~ **studio** Trickstudio
   n.; ~ **superimposition**
   Tricküberblendung *f.*; ~ Animation *f.*
animator *n.* Phasenzeichner *m.*,
   Trickzeichner *m.*, Zeichner *m.*
ANL (s. automatic noise-limiting)
annex *n.* Anhang *m.*
announce *v.* anzeigen *v.*; ~ (R, TV)
   ansagen *v.*
announcement *n.* Mitteilung *f.*,
   Verlautbarung *f.*, Durchsage *f.*; ~ (R,
   TV) Ansage *f.*
announcer *n.* Ansager *m.*,
   Rundfunksprecher *m.*, Sprecher *m.*;
   female ~ Ansagerin *f.*; ~ **booth**
   Ansagestudio *n.*; ~ **studio** Ansagestudio
   n., Sprecherstudio *f.*
annoyance caused by noise
   Lärmbelästigung *f.*
annoying *adj.* störend *adj.*
annular magnet Ringmagnet *m.*; ~ **nut**
   Ringmutter *f.*
anode *n.* Anode *f.*; ~ **battery**

Anodenbatterie *f.*; ~ **bend detector**
Anodengleichrichter *m.*; ~ **circuit**
tuning Anodenkreisabstimmung *f.*; ~
current Anodenstrom *m.*; ~ **detector**
Anodengleichrichter *m.*; ~ **load**
resistance (tube) Außenwiderstand *m.*;
~ **modulation** Anodenmodulation *f.*; ~-
to-grid capacitance
Gitteranodenkapazität *f.*; ~ **tuning**
Anodenkreisabstimmung *f.*; ~ **voltage**
Anodenspannung *f.*; ~ **voltage-current**
characteristic
Anodenspannungsdiagramm *n.*
anodised *adj.* eloxiert *adj.*
anonymizer *n.* Anonymizer *m.* (IT)
anonymous remailer *n.* anonymer
Remailer *m.* (IT); ~ **server** *n.* anonymer
Server *m.* (IT)
answer *v.* (the telephone) melden *v.*; ~
Antwort *f.*; **first** ~ **print** erste
Schnittkopie; **second** ~ **print** zweite
Schnittkopie; ~ **print** Erstkopie *f.*, erste
Kopie, Schnittkopie *f.*
answering machine (tel.)
Telefonbeantworter *m.*,
Telefonrufbeantworter *m.*; ~ **set**
Anrufbeantworter *m.*; ~ **machine**
Anrufbeantworter *m.* (Tel); ~ **station**
Abfrageplatz *m.* (Tel)
antenna *n.* (US) Antenne *f.*, Strahler *m.*;
curtain ~ Vorhangantenne *f.*; **dipole** ~
Dipolantenne *f.*; **folded-dipole** ~
Faltdipolantenne *f.*; **log-periodic** ~
logarithmisch-periodische Antenne;
loop ~ Rahmenantenne *f.*; **microstrip** ~
Mikrostreifenleiterantenne *f.*;
omnidirectional ~ Rundstrahlantenne
f.; **quadrant** ~ Quadratantenne *f.*;
rhombic ~ Rhombusantenne *f.*; **rod** ~
Stabantenne *f.*; **turnstile** ~
Drehkreuzantenne *f.*; ~ **array**
Antennenanordnung *f.* (von
Einzelstrahlern), Antennengruppe *f.*; ~
beam Antennenkeule *f.*; ~ **beam width**
Keulenbreite *f.* (Antenne); ~ **diagram**
Antennendiagramm *n.*; ~ **diameter**
Antennendurchmesser *m.*; ~ **gain**
Antennengewinn *m.*; ~ **input**
Antenneneingang *m.*; ~ **lobe**
Antennenkeule *f.*; ~ **location**
Antennenstandort *m.*; ~ **noise**
temperature

Antennenrauschtemperatur *f.*; ~ **offset**
Antennenversatz *m.*; ~ **pick-up**
Antennenrauschen *n.*; ~ **platform**
Antennenplattform *f.*; ~ **radiation**
centre Antennenschwerpunkt *m.*; ~ **side**
lobe Nebenkeule *f.* (Antenne); ~ **signal**
Antennensignal *n.*; ~ **diameter**
Antennendurchmesser *m.*
anthology of radio plays Hörspielbuch *n.*
anti-clockwise *adj.* gegen den
Uhrzeigersinn; ~-**halation** *n.*
Lichthofschutz *m.*, lichthoffrei *adj.*; ~-
halation backing Lichthofschutzschicht
f.; ~-**halation layer**
Lichthofschutzschicht *f.*; ~-**halo** *adj.*
lichthoffrei *adj.*; ~-**hum potentiometer**
Entbrummer *m.*; ~-**interference** *n.*
Entstörung *f.*; ~-**interference capacitor**
Entstörungskondensator *m.*; ~-**jamming**
n. Entstörung *f.*; ~-**reflection coating**
Entspiegelung *f.*; ~-**scratch treatment**
(F) Drop-out-Unterdrückung *f.*; ~-**static**
device Feuchtabtastung *f.*; ~-**static**
treatment Feuchtabtastung *f.*
antialiasing filter Antialiasingfilter *m.*
anticipator buffering Vorpufferung *f.* (IT)
anticlimax *n.* Anti-Klimax *f.*
(Nachrichten)
antics *n.* Posse *f.*
antinode *n.* Spannungsbauch *m.*,
Wellenbauch *m.*
Antiope *n.* Antiope *f.*
antiphase *n.* Gegenphase *f.*; ~ **feedback**
Gegenkopplung *f.*
antivirus program Antivirusprogramm *n.*
(IT)
any key beliebige Taste *f.* (IT)
APC (s. automatic phase control)
aperiodic *adj.* aperiodisch *adj.*; ~ **screen**
unabgestimmter Netzreflektor
aperture *n.* (opt.) Blende *f.*,
Blendenöffnung *f.*, Öffnung *f.*; ~
optische Blende; **critical** ~ kritische
Blende; **geometric** ~ geometrische
Blende; **maximum** ~ maximale
Öffnung; **photometric** ~ fotometrische
Blende; **relative** ~ relative Öffnung; **to**
close ~ Blende schließen; **to open** ~
Blende öffnen; ~ **angle** Öffnungswinkel
m.; ~ **correction** Aperturkorrektur *f.*; ~
defect Öffnungsfehler *m.*; ~ **disortion**
Auflösungsunschärfe *f.*,

Aperturverzerrung *f.*; ~ **error**
Öffnungsfehler *m.*; ~ **number**
Öffnungszahl *f.*; ~ **of diaphragm**
Blendenöffnung *f.*; ~ **plate**
Bildfensterplatte *f.*; ~ **ratio**
Öffnungsverhältnis *n.*, relative Öffnung;
~ **setting** Blendeneinstellung *f.*; ~ **time**
Öffnungszeit *f.*

apogee *n.* Apogäum *n.*, Fernpunkt *m.*; ~
motor Apogäumsmotor *m.* (Sat)

apostilb Apostilb einh.

apparatus *n.* Gerät *n.*, Apparat *m.*; ~ **list**
Geräteliste *f.*; ~ **room** Geräteraum *m.*;
~ **workshop** Gerätewerkstatt *f.*

apparent power Scheinleistung *f.*

appear *v.* (perf.) auftreten *v.*

appearance *n.* Auftritt *m.*,
Erscheinungsbild *n.*

appendix *n.* Anhang *m.*

appliance *n.* Apparat *m.*, Gerät *n.*; ~ **plug**
Gerätesteckdose *f.*

applicant *n.* Antragsteller *m.*

application *n.* Applikation *f.*, Antrag *m.*,
Beantragung *f.*, Benutzung *f.*, Gebrauch
m.; ~ (computer) Anwendung *f.* (EDV);
~ **field** Anwendungsgebiet *n.*; ~ **for**
travel allowances Reisekostenantrag
m.; ~ **development environment**
Anwendungsentwicklungsumgebung *f.*
(IT); ~ **development system**
Anwendungsentwicklungssystem *n.*
(IT); ~ **file** Anwendungsdatei *f.* (IT); ~
layer Anwendungsschicht *f.*; ~
program Anwendungsprogramm *n.* (IT)

applications *n. pl.* Anwendungsbeispiele *f.*
pl.

apply *v.* anwenden *v.*, benutzen *v.*,
brauchen *v.*, gebrauchen *v.*; ~ **(for)** *v.*
beantragen *v.*; ~ **a transparent finish**
lasieren *v.*

appraisal *n.* Taxe *f.*

apprenticeship *n.* Lehre *f.* (Ausbildung)

approval of electric equipment
Zulassung elektrischer Geräte; ~ **of**
production budget
Produktionsbewilligung *f.*; ~ **of rough**
cut Rohschnittabnahme *f.*

approximate calculation
Näherungsrechnung *f.*

apron *n.* (thea.) Schürze *f.*

aptitude *n.* Befähigung *f.*

aquisition *n.* Erfassung *f.*

AR (s. aspect ratio)

arc *n.* Bogenlampe *f.*, HI-Scheinwerfer *m.*
(HI), Lichtbogen *m.*; ~ **duration**
Lichtbogendauer *f.*; ~ **feeding**
Kohlenlampennachschub *m.*; ~ **lamp**
Lichtbogenlampe *f.*, Kohlenlampe *f.*; ~-
over *n.* Überschlag *m.*

architectural and civil-engineering
department Bauabteilung *f.*

archive *n. pl.* Archiv *n.*; ~ **images**
Bildkonserve *f.*; ~ **bit** Archivbit *n.* (IT);
~ **file** Archivdatei *f.* (IT)

archiving system Archivierungssystem

archivist *n.* Archivar *m.*

area *n.* Bereich *m.*, Raum *m.*; ~ (prog.)
Ressort *n.*, Sparte *f.*; ~ Zone *f.*; ~ **code**
Vorwahlkennzahl *f.*; ~ **coverage**
Flächendeckung *f.*; ~ **coverage** (US)
regionale Berichterstattung; ~ **covered**
Sendebereich *m.*, Sendegebiet *n.*,
Anstaltsbereich *m.*; ~ **distribution**
Gebietsverteilung *f.*; ~ **grid**
Flächenraster *n.*; ~ **news** (US)
Regionalnachrichten *f. pl.*; ~ **served**
Sendebereich *m.*, Sendegebiet *n.*,
Anstaltsbereich *m.*; ~ **chart**
Flächendiagramm *n.* (IT)

arithmetic and logical unit (ALU) (IT)
Rechen- und Leitwerk *n.*; ~ **program**
Rechenprogramm *n.*; ~ **unit** (IT)
Rechenwerk *n.*

arm *n.* Arm *m.*

arrange *v.* (mus.) bearbeiten *v.*; ~ (book)
einrichten *v.*; ~ (something) vereinbaren
v.

arrangement *n.* (mus.) Bearbeitung *f.*; ~
Arrangement *n.*, Vereinbarung *f.*;
technical ~ technische Disposition,
technische Planung; ~ **time**
Bearbeitungszeit *f.*

arranger *n.* (mus.) Bearbeiter *m.*; ~
Arrangeur *m.*

arranging fee (mus.) Bearbeitungshonorar
n.

array *n.* Gruppenstrahler *m.*; ~ (EDV)
Feld *n.* (EDV); ~ **factor**
Gruppencharakteristik *f.*

arrival angle Einfallswinkel *m.*

arrow key Pfeiltaste *f.* (IT)

art *n.* Kunst *f.*; ~ **and literary critic**
Kulturkritiker *m.*; ~ **board** Titelkarton
m., Zeichenkarton *m.*; ~ **cinema**

Filmkunsttheater *n.*; ~ **direction**
(credits) Bühnenbild *n.*, Bauten *m. pl.*; ~
director Bühnenbildner *m.*,
Szenenbildner *m.*, Filmarchitekt *m.*; ~
house (US) Filmkunsttheater *n.*; ~
supervision künstlerische Oberleitung
artefact *n.* Artefakt *m.*
article *n.* Artikel *m.*, Aufsatz *m.*, Artikel
m. (Katalog), Ware *f.*
article(s) provided Beistellung *f.*
articulated arm (lighting) Gelenkarm *m.*
artificial *adj.* künstlich *adj.*; ~ **head**
Kunstkopf *m.*; ~ **light** Kunstlicht *n.*; ~
light filter Kunstlichtfilter *m.*; ~
reverberation device Echomaschine *f.*
artist *n.* Darsteller *m.*, Künstler *m.*;
performing ~ ausübender Künstler;
professional ~ ausübender Künstler
artist's contract Honorarvertrag *m.*; ~
dressing-room Künstlergarderobe *f.*,
Darstellergarderobe *f.*
artistic *adj.* künstlerisch *adj.*; ~
programme Nummernprogramm *n.*
artists' bookings Besetzungsbüro *n.*; ~
contracts Honorarabteilung *f.*; ~ **fees**
Darstellergagen *f. pl.*; ~ **foyer**
Künstlerfoyer *n.*, Künstlerzimmer *n.*; ~
index Besetzungskartei *f.*
arts feature Kulturbericht *m.*; ~ **features**
n. pl. Kultur *f.*; ~ **features editor**
Kulturredakteur *m.*; ~ **item**
Kulturbericht *m.*; ~ **programme**
Kulturjournal *n.*, Kulturmagazin *n.*; ~
review Kulturkritik *f.*
asb Apostilb einh.
asbestos *n.* Asbest *m.*
ASC (s. automatic sensitivity control)
ascending gradient Steigung *f.*; ~ **sort**
Sortierung, aufsteigende *f.* (IT)
ascent *n.* Steigung *f.*
ascertain *v.* feststellen *v.*
ascertainment *n.* Feststellung *f.*
ASCII art ASCII-Kunst *f.* (IT); °~ **file**
ASCII-Datei *f.* (IT); °~ **graphics**
ASCII-Graphik *f.* (IT)
aside *n.* Randbemerkung *f.*
ASN (s. aural sensitivity network)
aspect ratio (AR) Bildformat *n.*,
Bildseitenverhältnis *n.*, Filmformat *n.*,
Format *n.*, Größe *f.*
asphalt *n.* Asphalt *m.*

assemble *v.* montieren *v.*; ~ (F)
zusammenschneiden *v.*
assembler *n.* Übersetzungsprogramm *n.*
(EDV)
assembly *n.* Aufbau *m.*; ~ (editing)
Vormontage *f.*, Rohschnitt *m.*,
Schnittrolle *f.*; ~ (batch) Satz *m.*; ~
instructions Montageanweisung *f.*; ~
programme (IT) Assembler *m.*; ~
routine (IT) Assembler *m.*
assess *v.* werten *v.*
assessment *n.* Taxe *f.*, Wertung *f.*,
Abschätzung *f.*, Beurteilung *f.*; ~ **level**
Beurteilungspegel *m.*; (tax:)~
Veranlagung *f.*
assets *n.* Vermögen *n.*
assett *n.* Programmmaterial, verwertbares
n.
assign *v.* (journ.) ansetzen *v.*
assignment *n.* (journ.) Auftrag *m.*; ~
Belegung *f.* (Technik); ~ **sheet**
Projektauftrag *m.*
assist *v.* unterstützen *v.*, Live-Assist
assistance *n.* Hilfeleistung *f.*,
Unterstützung *f.*
assistant *n.* Assistent *m.*, stellvertretend
adj.; ~ **cameraman** Kameraassistent
m.; ~ **director** (AD) Regieassistent *m.*;
~ **editor** (news) leitender Redakteur; ~
film editor Cutterassistent *m.*
associate *n.* Mitarbeiter *m.*
association *n.* Gesellschaft *f.*, Verband *m.*
assurance *n.* Versicherung *f.*
asterisk *n.* Sternchen *n.* (IT)
astigmatism *n.* Astigmatismus *m.*
asynchronism *n.* Asynchronität *f.*
asynchronous *adj.* asynchron *adj.*; ~
working (IT) Asynchronbetrieb *m.*; ~
transmisson, asynchronous transfer
asynchrone Übertragung *f.* (Tel)
atmosphere *n.* Atmosphäre *f.*, Atmo *f.*
(fam.), Grundton *m.*, Nebengeräusch *n.*;
~ **noise** Geräuschatmosphäre *f.*
atmospheric absorption Luftabsorption *f.*
atmospherics *n. pl.* atmosphärische
Störung, Rauschen *n.*, atmosphärische
Störungen (Gewitter)
attached document *n.* angehängtes
Dokument *n.* (IT)
attachment *n.* (staff) Zuordnung *f.*; ~
Beifügung *f.*, Vorrichtung *f.*; ~ (appar.)
Zusatzgerät *n.*; ~ **lens** Vorsatzlinse *f.*

attachments *n. pl.* Zubehör *n.*
attack time Ansprechzeit *f.*; ~ **time**
(ampl.) Anstiegzeit *f.*; ~ **time**
Anstiegszeit *f.*
attendance *n.* (thea.) Besuch *m.*
attention *n.* Aufmerksamkeit *f.*, Beachtung
f.; ~ **display** Warnanzeige *f.*
attentiveness *n.* Aufmerksamkeit *f.*
attenuate *v.* abschwächen *v.*, dämpfen *v.*
attenuated or dampened oscillation
gedämpfte Schwingung
attenuation *n.* Abschwächung *f.*,
Dämpfung *f.*, Abstand *m.*, Ausblendung
f., Abstand *m.* (Verhältnis); ~ **as a**
function of frequency
Frequenzgangabsenkung *f.*; ~
characteristic Frequenzgang *m.*; ~
decrement Dämpfungsdekrement *n.*; ~
equaliser Dämpfungsentzerrer *m.*; ~
loss Dämpfungsverlust *m.*; ~ **of erasure**
Löschdämpfung *f.*; ~ **per unit length**
Dämpfungsbelag *m.*; ~ **ratio**
Dämpfungsverhältnis *n.*; ~ **shape**
Dämpfungsverlauf *m.*; ~ **skirt**
Dämpfungsflanke (Sat)
attenuator *n.* Abschwächer *m.*,
Dämpfungsglied *n.*; **calibrated** ~
geeichter Abschwächer; ~ **circuit**
Dämpfungskreis *m.*; ~ **pad**
Dämpfungsglied *n.*; ~ **resistance**
Dämpfungswiderstand *m.*
audibility *n.* Hörbarkeit *f.*, Verständigung
f.; ~ **limit** Hörgrenze *f.*; ~ **range**
Hörbereich *m.*; ~ **threshold**
Hörschwelle *f.*, Hörbarkeitsgrenze *f.*
audible *adj.* hörbar *adj.*; ~ **calling signal**
Rufsignal *n.*; ~ **frequency** Hörfrequenz
f., Niederfrequenz *f.* (NF); ~ **sound**
Hörschall *m.*; ~ **alert** akustische
Anrufsignalisierung *f.* (Tel)
audience *n.* Hörergemeinde *f.*, Hörerschaft
f., Zuhörerschaft *f.*, Publikum *n.*, Besuch
m.; **size of** ~ Zuschauerzahl *f.* (TV),
Hörerzahl *f.* (R); ~ **fall-off**
Besucherrückgang *m.*; ~ **figure**
Hörerzahl *f.*; ~ **microphone**
Geräuschmikrofon *n.*; ~**-puller** *n.* (coll.)
Zugnummer *f.*, Knüller *m.* (fam.),
Lokomotive *f.* (fam.); ~ **range**
Zuschauerreichweite *f.*; ~ **rating**
Zuschauermessung *f.*,
Teilnehmermessung *f.*; ~ **rating (figure)**

Einschaltquote *f.*, Hörbeteiligung *f.*; ~
research (TV) Zuschauerbefragung *f.*,
Zuschauerforschung *f.*, Hörerforschung
f.; ~ **research survey** (R)
Hörerbefragung *f.*; ~ **studio**
Unterhaltungsstudio *n.*, Sendesaal *m.*; ~
survey (R) Höreranalyse *f.*; ~ **survey**
(TV) Zuschauerbefragung *f.*; ~
acceptance Zuschauerakzeptanz *f.*; ~
flow Zuschauerbindung; ~ **interest**
Zuschauerinteresse *n.*; ~ **participation**
broadcast Mitmachsendung *f.*; ~
structure Publikumsstruktur *f.*
audio *n.* Niederfrequenz *f.* (NF), Audio *n.*;
~**-amplifer** *n.* Tonverstärker *m.*; ~
carrier level Tonträgerpegel *m.*; ~
cassette Tonbandkassette *f.*; ~ **circuit**
Tonleitung *f.*; ~ **circuit fund**
Tonleitungs-Fonds *f.* (Finanzen); ~
control Tonsteuerung *f.*; ~ **crossover**
switch Tonweiche *f.*; ~ **data array**
Audio-Datenblock *m.*; ~ **data word**
Audio-Datenwort *n.*; ~ **demodulator**
Tondemodulator *m.*; ~ **depth**; ~
director Tonregisseur *m.*; ~ **disc**
Tonplatte *f.*; ~ **distribution system**
Tonverteiler *m.*; ~ **engineer**
Toningenieur *m.*; ~ **engineering**
Tontechnik *f.*; ~ **fader** Tonblende *f.*; ~
frequency Tonfrequenz *f.*,
Niederfrequenz *f.*; ~ **frequency** (AF)
Hörfrequenz *f.*, Niederfrequenz *f.* (NF),
Tonfrequenz *f.*; ~**-frequency amplifier**
Niederfrequenzverstärker *m.*; ~ ~
frequency generator
Tonfrequenzgenerator *m.*; ~**-frequency**
level Niederfrequenzpegel *m.*; ~**-**
frequency peak limiter
Tonfrequenzspitzenbegrenzer *m.*; ~**-**
frequency protection ratio
Niederfrequenzschutzabstand *m.*; ~**-**
frequency range Hörfrequenzbereich
m.; ~**-frequency signal**
Niederfrequenzsignal *n.*; ~**-frequency**
signal generator Tongenerator *m.*; ~**-**
frequency signal-to-interference ratio
Niederfrequenzstörabstand *m.*; ~**-**
frequency transformer
Niederfrequenztransformator *m.*,
Übertrager *m.*; ~**-frequency variation**
factor Tonfrequenzschwankungsfaktor
m.; ~ **head** Tonkopf *m.*; ~ **information**

Toninformation *f*.; ∼ **interference**
Tonstörung *f*.; ∼ **maintenance**
Tonmeßtechnik *f*.; ∼ **material**
Tonmaterial *n*.; ∼ **mixer** Tonmischer
m.; ∼ **modulation** Tonmodulation *f*.; ∼
oscillator Tongenerator *m*.; ∼ **playback**
Tonwiedergabe *f*.; ∼ **range**
Hörfrequenzbereich *m*.; ∼ **record**
Tonplatte *f*.; ∼ **signal**
Niederfrequenzsignal *n*., Audiosignal *n*.;
∼ **signal to noise ratio** Tonstörabstand
m.; ∼ **studio system** Tonstudiotechnik
f.; ∼ **tape** Tonband *n*.; ∼**-visual** *adj*.
(AV) audio-visuell *adj*. (AV), optisch-
akustisch *adj*., Bild-Ton- (in Zus.); ∼
description Audiodeskription *f*.; ∼ **file**
Audio-Datei *n*.; ∼ **on demand** Audio-
on-Demand; ∼ **output** Audioausgabe *f*.
(IT), Audioausgang *m*.; ∼ **processing**
Audio-Bearbeitung *f*.; ∼ **response**
Sprachausgabe *f*. (IT); ∼ **server** Audio-
Server *m*.; ∼ **workstation**
Audioworkstation *f*.; ∼**-video data**
Bildund Tondaten
audiogram *n*. Audiogramm *n*.
audiometer *n*. Audiometer *n*.,
Hörprüfgerät *n*.
audiometrics room Hörprüfraum *m*.
audiovision *n*. Audio-Vision *f*.
audiovisual *adj*. audiovisuell *adj*. (IT)
audit *n*. Revision *f*.
audition *v*. (part) vorsprechen *v*.; ∼
Vorsprechen *n*., Audition *f*.
auditioning *n*. Vorsprechen *n*.
auditor *n*. Rechnungsprüfer *m*., Revisor *m*.
auditorium *n*. Hörsaal *m*.; ∼ **noise**
Saalgeräusch *n*.; ∼ **test** Auditoriumstest
m.
auditory acuity Hörschärfe *f*.; ∼
impression Höreindruck *m*.; ∼ **reflex**
Hörreflex *m*.; ∼ **sensation area** Hörfeld
n.
aural fatigue; ∼ **sensitivity network**
(ASN) Ohrkurvenfilter *m*.; ∼ **threshold**
Hörschwelle *f*.
aurally compensated gehörrichtig *adj*.
auroral belt Nordlichtgürtel *m*.; ∼ **oval**
Nordlichtzone *f*.; ∼ **zone** Nordlichtzone
f.
author *n*. Autor *m*., Urheber *m*., Verfasser
m.
author's rights Autorenrechte *n*. *pl*.

authoring language Autorensprache *f*.
(IT); ∼ **system** Autorensystem *n*. (IT)
authority *n*. Berechtigung *f*.
authorization *n*. Berechtigung *f*.,
Autorisierung *f*. (IT)
authorized band zugelassener
Frequenzbereich
authorware *n*. Authorware *f*. (IT)
auto changer automatischer
Plattenwechsler; ∼ **release**
Selbstauslöser *m*.; ∼**-correction**
Autokorrektur *f*. (IT); ∼**-repeat** *n*.
automatische Wiederholung (IT)
autocue *n*. Auto-Cue *n*.
Autodesk *n*. Autodesk *n*. (Software) (IT)
autoloader *n*. Kassettenladeeinheit,
automatische *f*.
autolocator *n*. Autolocator *m*.
automatic chroma control Autochroma
n.; ∼ **colour compensation**
automatische Farbkorrektur; ∼ **control**
system Regelkreis *m*.; ∼ **cut-out**
Sicherungsautomat *m*.; ∼ **edit**
controller automatisches
Schnittsteuergerät; ∼ **frequency control**
Automatische Frequenzabstimmung
(AFC); ∼ **frequency control** (AFC)
automatische Frequenznachsteuerung,
automatische Scharfabstimmung; ∼
gain control (AGC) automatische
Verstärkungsregelung; ∼ **insertion**
automatisches Anlegeverfahren; ∼
interrupter Sicherungsautomat *m*.; ∼
lacing (proj.) Selbsteinfädelung *f*.; ∼
locking Verriegelungsautomatik *f*.; ∼
noise-limiting (ANL) automatische
Störbegrenzung; ∼ **phase control**
(APC) automatische Phasenregelung; ∼
printing machine Kopierautomat *m*.; ∼
release Selbstauslöser *m*.; ∼ **sensitivity**
control (ASC) automatische
Empfindlichkeitsregelung; ∼ **switching**
Schalterautomatik *f*.; ∼ **switching gear**
Schalterautomatik *f*.; ∼ **voltage**
regulator (AVR)
Spannungskonstanthalter *m*.; ∼ **volume**
control (AVC) automatische
Lautstärkeregelung (ALR); ∼ **record**
changer automatischer Plattenwechsler;
∼ **answering equipment**
Anrufbeantworter *m*. (Tel); ∼ **call back**
Rückruf *m*. (Tel); ∼ **dialup** Wahl,

automatische *f.* (Tel); ~ **pagination**
automatischer Seitenumbruch *m.* (IT); ~
presentation suite Sendeablauf,
automatischer *m.*; ~ **redialing**
Wahlwiederholung *f.* (Tel)
automation *n.* Automation *f.*
automaton *n.* Automat *m.*
autopilot *n.* Autopilot *m.*
autosave *n.* automatisches Speichern (IT),
speichern, automatisch (IT)
autostart *n.* Autostart *m.*; ~ **routine**
Autostartroutine *f.* (IT)
autotransformer *n.* Autotransformator *m.*,
Spartransformator *m.*
auxiliary *n.* Auxiliary *n.* (hochpegeliger
(Reserve-) Eingang von Verstärkern); ~
channel Hilfskanal *m.*; ~ **code** (IT)
Hilfscode *m.*; ~ **equipment** Hilfsgerät
n.; ~ **finder** Mehrfachsucher *m.*; ~ **lens**
Zwischenabbildungsobjektiv *n.*; ~ **pulse**
oscillator Hilfsoszillator *m.*; ~ **set**
Hilfsgerät *n.*; ~ **transmitter** Hilfssender
m.; ~ **application** Hilfsanwendung *f.*
(IT)
AV (s. audio-visual); °~ **systems** AV-
Systeme *n. pl.*
availability *n.* Verfügbarkeit *f.*; ~ **time**
Verfügbarkeitszeit *f.*
available live material Live-Angebot *n.*
availment *n.* Inanspruchnahme *f.*
avalanche voltage Durchbruchspannung *f.*
AVC (s. automatic volume control)
average value Mittelwert *m.*
avoidance *n.* Vermeidung *f.*
AVR (s. automatic voltage regulator)
axis *n.* (pl. axes) Achse *f.*; **movement**
about the ~ Bewegung auf der Achse;
optical ~ optische Achse; **principal** ~
optische Achse
azimuth *n.* Breitenwinkel *m.*; ~
(horizontal orientation angle of a
satellite antenna) Azimut *m.*
(horizontaler Ausrichtungswinkel einer
Satellitenantenne); ~ **angle**
Azimutwinkel *m.* (Sat); ~ **loss**
Spaltdämpfung infolge Schiefstellung

B

B roll B-Rolle *f.*; °~/**W** (s. black-and-
white); °~/**W production**
Schwarzweißproduktion *f.*
b. Picture Hintergrundbild *n.* (IT)
B-picture bi-direktional codiertes Bild *n.*
baby-legs *n. pl.* Kleinstativ *n.*; ~ **spot**
Babyspot *m.*, Liliput *m.*, Pipifax *m.*
(fam.), Schnipex *m.* (fam.)
back *n.* Rückwand *f.*; **to** ~ **off one colour**
verschwärzlichen *v.*; ~ **anno** *n.*
Kurzabsage *f.*; ~ **announcement**
Programmabsage *f.*; ~ **contact**
Ruhekontakt *m.*; ~ **cue** kurze Absage;
~**-drop** *n.* Hintergrund *m.*; ~ **face**
Rückwand *f.*; ~ **focal distance**
Auflagemaß *n.*; ~ **indication**
Rückmeldung *f.*; ~ **light** Gegenlicht *n.*,
Hinterlicht *n.*; ~ **lighting** Gegenlicht *n.*;
~ **of receiver** Abdeckblech *n.*; ~ **panel**
Rückwand *f.*; ~ **projection** (BP)
Rückprojektion *f.*, Rückpro *f.* (fam.),
Durchprojektion *f.*; ~ **projection screen**
Rückproschirm *m.*; ~ **projector**
Rückprojektor *m.*; ~**-to-back operation**
Kurzschlußbetrieb *m.*; ~**-track** *n.*
Kamerafahrt rückwärts, Rückfahrt *f.*; ~**-**
type set Tornistergerät *n.*; ~**-up**
recording MAZ-Sicherheitsmitschnitt
m.; ~ **wall** Rückwand *f.*; ~**-to-back** *v.*
back-to-back *v.* (Musiktitel)
backbone *n.* Backbone *n.* (IT)
backchannel Rückkanal *m.* (Tel)
backcloth *n.* Prospekt *m.*; **painted** ~
gemalter Prospekt
backcoat layer Rückseitenbeschichtung *f.*
background *n.* Hintergrund *m.*,
Background *m.*; **non-stop** ~ **music**
Musikberieselung *f.*; ~ **atmosphere**
akustische Untermalung; ~ **brightness**
Grundhelligkeit *f.*; ~ **colour**
Grundierfarbe *f.*; ~ **decoration panel**
Rücksetzer *m.* (Dekoration); ~ **fog**
Grundschleier *m.*; ~ **illumination**
Hintergrundausleuchtung *f.*; ~ **light**
Dekorationslicht *n.*, Hintergrundlicht *n.*;
~ **lighting** Hintergrundausleuchtung *f.*;
~ **mood light** Hintergrundlicht *n.*; ~

music Hintergrundmusik *f.*,
musikalische Kulisse, untermalende
Musik, Untermalung *f.*; ~ **noise**
Grundgeräusch *n.*, Grundrauschen *n.*,
Grundton *m.*, Rauschton *m.*,
Hintergrundgeräusch *n.*; ~ **noise level**
Grundgeräuschpegel *m.*; ~ **painter**
Kunstmaler *m.*; ~ **processing** (IT)
Hintergrund-Verarbeitung *f.*; ~
projection (design)
Hintergrundprojektion *f.*; ~ **projector**
Hintergrundprojektor *m.*; ~ **reduction**
Hintergrundabsenkung *f.*; ~ **research**
Recherche *f.*; ~ **set**
Hintergrunddekoration *f.*; ~ **sound**
Geräuschkulisse *f.*; ~ **image**
Hintergrundbild *n.* (IT); ~ **printing**
Hintergrunddruck *m.* (IT); ~ **processing**
Hintergrundverarbeitung *f.* (IT); ~
reporting Hintergrundberichterstattung
f.
backing *n.* (SET) Hintergrunddekor *n.*,
Hintersetzer *m.*, Rücksatzer *m.*; ~
Rückschicht *f.*; ~ **film** Filmträger *m.*; ~
programme Rahmenprogramm *n.*; ~
singer Refrainsänger *m.*
backlash *n.* Rückwirkung *f.*
backlight barrel Gegenlichttubus *m.*
backlit shot Gegenlichtaufnahme *f.*
backscatter *n.* Rückstreuung *f.*
backscattering *n.* Rückstreuung *f.*
backseller *n.* Backsell (On-Air-Promotion)
backslash *n.* Schrägstrich, umgekehrter *m.*
(IT)
backtimer *n.* Backtimer *m.* (Musiktitel)
backup *n.* Datensicherung *f.*; ~ **copy**
Sicherheitsmitschnitt *m.*; ~ **recording**
Sicherheitsmitschnitt *m.*; ~ **and restore**
Sicherung und Wiederherstellung *f.* (IT);
~ **file** *n.* Backup-File *n.* (IT); ~
memory Reservespeicher *m.* (IT); ~
storage Reservespeicher *m.* (IT); ~ **tape**
Sicherheitsband *n.*
backward-acting regulation
Rückwärtsregelung *f.*; ~ **channel**
Rückkanal (Tel); ~ **compatibility**
Rückwärts-Kompatibilität *f.*; ~ **motion**
vector Bewegungsvektor *m.*
badge reader (IT) Ausweisleser *m.*
baffle *n.* Schallwand *f.*; ~ (light)
absorbierende Wand; ~ **board**

Schallwand *f.*; ~ **cloth** Bespannung *f.*
(Lautsprecher)
bag *n.* Koffer *m.*
bagatelle *n.* Geringfügigkeit *f.*
balance *v.* ausgleichen *v.*, symmetrieren *v.*;
~ (bridge) abgleichen *v.*; ~ Ausgleich
m., Abgleich *m.*; ~ **adjustment**
Balanceregelung *f.*; ~ **control**
Balancesteller *m.*; ~ **out** *v.* (meas.)
entkoppeln *v.*
balanced to earth (ground)
erdsymmetrisch *adj.*; ~-**to-unbalanced**
transformer Symmetrierglied *n.*; ~
transformer Symmetrieübertrager *m.*;
~ ausgewogen *adj.*; ~ **mixer** *n.* (elec.)
Brückenmischer *m.* (Gegentaktmischer)
(elek.)
balancing *n.* Auswuchtung *f.*, Ausgleich
m.; ~ (bridge) Abgleichung *f.*; ~
battery Pufferbatterie *f.*; ~ **magnetic**
stripe Magnetausgleichsspur *f.*; ~
microphone Kompensationsmikrofon
n.; ~-**out** *n.* Neutralisation *f.*; ~-**out** *n.*
(meas.) Entkopplung *f.*; ~ **resistor**
(bridge) Abgleichwiderstand *m.*; ~
stripe Magnetausgleichsspur *f.*
ball *n.* Kugel *f.*; ~-**and-socket joint**
Kugelgelenk *n.*; ~-**bearing** *n.*
Kugellager *n.*
ballast *n.* Vorschaltgerät *n.*; ~ **triode**
Ballasttriode *f.*; ~ **tube** Ballaströhre *f.*
ballet company Ballettkorps *n.*,
Balletttruppe *f.*; ~-**master** *n.*
Ballettmeister *m.*
balun *n.* Symmetrierglied *n.*
baluster *n.* Baluster *m.*
balustrade *n.* Brüstung *f.*
banana jack Bananenbuchse *f.*; ~ **plug**
Bananenstecker *m.*
band *n.* Band *f.*, Orchester *n.*; ~ (wave)
Band *n.*, Bereich *m.*; ~ (prog.) Leiste *f.*;
~ Band Schnitte/Sek., Frequenzbereich
m., Frequenzband *n.*; **allocated** ~
zugewiesener Frequenzbereich; **magic**
~ **valve** magisches Band; ~ **aerial**
Bereichsantenne *f.*; ~ **amplifier**
Bereichsverstärker *m.*; ~ **diplexer**
Bereichsweiche *f.*; ~ **pass** Bandfilter *m.*,
Bandpaß *m.*, Bandpaßfilter *m.*; ~-**pass**
filter Bandfilter *m.*, Bandpaß *m.*,
Bandpaßfilter *m.*; ~-**rejection filter**

Bandsperre *f.*; ∼-**stop filter**
Bereichssperrkreis *m.*, Bandsperre *f.*
(med::)**bandage** *n.* Verband *m.*
bandaging *n.* Verband *m.*
bandmaster *n.* Kapellmeister *m.*
bandwidth *n.* (freq.) Bandbreite *f.*; **critical**
∼ Frequenzgruppe *f.*; **3-db** ∼
Halbwertsbreite *f.*; **occupied** ∼
(transmitter) übertragenes
Frequenzband; ∼ **at 50% down**
Halbwertsbreite *f.*; ∼ **reduction**
Bandbreitenreduktion *f.*; ∼ **requirement**
Bandbreitenbedarf *m.*
bank note Note *f.* (Geld); ∼ **of lamps**
Flächenleuchte *f.*
banner Banner
bar *v.* Telefon sperren, Balken *m.*, Stange
f.; ∼ **access** Zugriff sperren; ∼
generator Balkengeber *m.*; ∼ **pattern**
Strichrastertestbild *n.*; ∼ **test pattern**
Strichrastertestbild *n.*, Balkentestbild *n.*;
∼ **tilt** (imp.) Dachschräge *f.*; ∼ **code**
Strichcode *m.*; ∼ **code reader**
Barcodeleser, Strichcodeleser *m.*,
Strichcode-Leser *m.*; ∼ **graph** *n.*
Balkengrafik *f.* (IT)
barchart *n.* Balkendiagramm *n.*
barometric pressure Luftdruck *m.*
barrel *n.* Stange *f.*; ∼-**shaped** *adj.*
tonnenförmig *adj.*; ∼ **shutter**
Trommelblende *f.*
barrier layer Sperrschicht *f.*; ∼-**layer cell**
Sperrschichtzelle *f.*; ∼-**layer photocell**
Sperrschichtzelle *f.*; ∼ **terminal block**
collectors Klemmleisten *f. pl.*
bartering *n.* Bartering *n.* (Programm)
base *n.* Basis *f.*, Sockel *m.*, Untergestell *n.*;
∼ (aerial) Fußpunkt *m.*; ∼ **SChichtträger**
m., Träger *m.*, Tonträger *m.*, Trägerfolie
f. (Tonband); **earthed** ∼ geerdeter
Fußpunkt; **insulated** ∼ isolierter
Fußpunkt; **to be away from** ∼
Außendienst haben; ∼ **board**
Grundplatte *f.*; ∼ **feed**
Fußpunkteinspeisung *f.*; ∼-**feeding** *n.*
Basiseinspeisung *f.*; ∼ **impedance**
Fußpunktwiderstand *m.*; ∼ **light**
Grundlicht *n.*; ∼-**light intensity**
Grundleuchtdichte *f.*; ∼ **material**
Schichtträger *m.*; ∼ **of a bay**
Rahmenträgeruntergestell *n.*; ∼ **plate**
Bodenplatte *f.*; ∼ **side** (F) Blankseite *f.*,

Schichtträgerseite *f.*, Trägerseite *f.*; ∼
veil Grundschleier *m.*
baseband *n.* Basisband *n.*
(Frequenzbereich des modulierenden
Signals); ∼ **coding** Basisbandcodierung
f.; ∼ **signal** Basisbandsignal *n.*
basement membrane Grundmembran *f.*
basic circuit diagram Prinzipschaltbild *n.*,
Prinzipschaltplan *m.*; ∼ **data** Basisdaten
pl.; ∼ **fee** Grundgage *f.*; ∼ **network**
station Grundnetzsender *m.*; ∼ **noise**
Rauschsockel *m.*; ∼ **signal** *n.*; ∼ **signals**
Signalaufbauimpulse *m. pl.*; ∼ **tracks**;
∼ **unit** Grundeinheit *f.*; ∼ **units**; ∼
access Basisanschluß *m.* (Tel); ∼
coverage Grundversorgung *f.*; ∼
requirements Grundanforderungen *f.*;
∼ **service** Basisdienst *m.*
bass *n.* Tiefen *f. pl.*, Tiefton *m.*, Baß *m.*,
Baß *m.* (Musik); ∼ **absorber**
Tiefenabsorber *m.*; ∼ **boost**
Baßanhebung *f.*, Tiefenanhebung *f.*; ∼
control Baßregelung *f.*; ∼ **cut**
Tiefenabschwächung *f.*, Tiefensperre *f.*;
∼ **lift** Tiefenanhebung *f.*; ∼
loudspeaker Tieftonlautsprecher *m.*; ∼
notes Tiefen *f. pl.*; ∼ **reflex housing**
Baßreflexgehäuse *n.*; ∼ **roll-off**
Tiefenabschwächung *f.*; ∼ **speaker**
Tieftöner *m.*
batch *n.* Satz *m.*, Charge *f.*; ∼ **number**
(stock) Chargennummer *f.*; ∼
processing (IT) Stapelverarbeitung *f.*; ∼
processing Batch-Verarbeitung *f.*; ∼ **file**
n. Batchdatei *f.* (IT), Stapeldatei *f.* (IT);
∼ **job** *n.* Batchjob *m.* (IT); ∼ **processing**
Stapelverarbeitung *f.* (IT); ∼ **program**
n. Batchprogramm *n.* (IT),
Stapelprogramm *n.* (IT)
bath *n.* (F) Bad *n.*; **it's in the** ∼ (coll.) der
Film schwimmt; **to prepare a** ∼ (F) Bad
ansetzen
batten *n.* Latte *f.*
battery *n.* Batterie *f.*; ∼ **attendant**
Batteriewart *m.*; ∼ **charger**
Batterieladegerät *n.*; ∼ **lamp**
Batterieleuchte *f.*; ∼ **light**
Batterieleuchte *f.*; ∼-**operated device**
Batteriegerät *n.*; ∼ **operation**
Batteriebetrieb *m.*, Batteriespeisung *f.*;
∼ **room** Akkuraum *m.*; ∼ **service**

Batteriedienst *m.*, Batteriewartung *f.*; ~
tape recorder Batterietonbandgerät *n.*
baud *n.* Baud einh.
bay *n.* Rahmengestell *n.*, Rahmenträger *m.*,
Strahlerebene *f.*; ~ **support**
Rahmenträger *m.*
bayonet cap (BC) (tube) Bajonettsockel
m.; ~ **connection** Bajonettverschluß *m.*;
~ **fitting** Bajonettfassung *f.*; ~ **socket**
Bajonettsockel *m.*
BC (s. bayonet cap)
BCS (s. big close shot)
BCU (s. big close-up)
be, to ~ **on** (perf.) dran sein (fam.); **to** ~
on a story (journ.) dran sein (fam.)
beacon *n.* Beleuchtungsfeuer *n.*; ~
frequency (sat.) Bakenfrequenz *f.*; ~
signal Bakensignal *n.* (Sat)
beaded screen Perlleinwand *f.*
beam *v.* richten *v.* (auf); ~ **(to)** *v.*
ausstrahlen *v.* (nach); ~ (set) Träger *m.*;
~ Strahl *m.*, Bündel *n.*, Beam *m.*; **coarse**
control of ~ **current** Strahlstrom IK
grob; **fine control of** ~ **current**
Strahlstrom IK fein; **focused** ~
gebündelter Lichtstrahl; **scattered** ~
gestreuter Lichtstrahl; ~ **aerial**
Richtantenne *f.*, Richtfunkantenne *f.*,
Richtstrahlantenne *f.*; ~ **alignment**
Strahlausrichtung *f.*; ~ **convergence**
Strahldeckung *f.*; ~ **current** Strahlstrom
m.; ~-**current adjustment**
Strahlstromjustierung *f.*; ~-**current**
blanking Strahlstromaustastung *f.*; ~-
current control Strahlstromsteller *m.*;
~-**current focusing**
Strahlstrombündelung *f.*; ~-**current**
limiting Strahlstrombegrenzung *f.*; ~-
current noise Strahlstromrauschen *n.*; ~
deflection Strahlablenkung *f.*; ~
direction Strahlungsrichtung *f.*; ~ **focus**
Strahlschärfe *f.*; ~ **gate**
Strahlstromsperre *f.*,
Strahlunterdrückung *f.*; ~ **path**
Strahlengang *m.*; ~ **slewing**
Diagrammschwenkung *f.*, Schielung *f.*;
~ **splitter** Strahlenteiler *m.*; ~ **splitting**
Strahlenteilung *f.*; ~ **wobble**
Strahlwobbeln *n.*; ~ **zone, footprint** *n.*
Ausleuchtzone *f.* (SAT)
beamblanking *n.* Strahlverdunklung *f.*
beamed transmitter Richtstrahler *m.*

beamwidth *n.* Strahlbreite *f.*
bear *v.* leisten *v.*
beard line Bartschatten *m.*
bearing *n.* Peilung *f.*, Anpeilung *f.*; ~
(tech.) Lager *n.*; **to take a** ~ **on** anpeilen
v.; ~ **casing** Lagergehäuse *n.*
beat *n.* Takt *m.*, Interferenz *f.*, Schwebung
f., Überlagerung *f.* (von Schwingungen);
~ (US) Ressort *n.*; ~ **frequency**
Mischfrequenz *f.*, Schwebungsfrequenz
f.; ~ **frequency oscillator** Überlagerer
m.; ~ **note** Differenzton *m.*; ~
oscillator Überlagerer *m.*
beating *n.* (freq.) Überlagerung *f.*
begin *v.* anfangen *v.*; **to** ~ **the interiors**
ins Atelier gehen
beginner's guide Anfängerhilfe *f.* (IT),
Einführungskurs *m.* (IT)
beginning *n.* Anfang *m.*
(tel.::)**bell** *n.* Klingel *f.*, Wecker *m.*; ~ **wire**
Klingeldraht *m.*
bellows *n.* Balgen *m.*; ~ **adjuster** Balgen-
Einstellgerät *n.* (Optik); ~ **matte box**
Balgen-Kompendium *n.* (Optik)
bells and whistles Extras *n. pl.* (IT)
belt *n.* Gurt *m.*; ~ **drive** Riemenantrieb *m.*
bench, optical ~ optische Bank; ~
camera Trickkamera *f.*
benchmark *n.* Bezugspunkt *m.*,
Konkurrenzvergleich *m.*,
Leistungsvergleich *m.*,
Orientierungspunkt *m.*, Vergleichspunkt
m.
bend *v.* knicken *v.*, Krümmung *f.*, Knick
m.
benefit event Spendenaktion *f.*; ~ **night**
Spendenaktion *f.*
Berne Convention Berner Übereinkunft
(Berner Konvention)
best of time Best-of-Time (Werbung)
beta *n.* Betaversion *f.* (IT); ~ **test** *n.*
Betatest *m.* (IT)
bevel gear Kegelrad *n.*; ~ **pinion**
Kegelrad *n.*; ~ **wheel** Kegelrad *n.*; ~
Kantenabrundung *f.*
bias *n.* Gitterspannung *f.*, Arbeitspunkt *m.*;
~ **current** Vormagnetisierungsstrom *m.*;
~ **setting** Arbeitspunkteinstellung *f.*
biased *adj.* unausgewogen *adj.*
(Programm)
bid *v.* anbieten *v.*
bidder *n.* Anbieter *m.*

bidirectional, bilateral microphone
Achter *m.* (fam.) (s. Achtermikrofon); ~
characteristic Achtercharakteristik *f.*
(Mikro); ~ **counter** Vor-
Rückwärtszähler *m.*; ~ **transmitter**
Achterstrahler *m.* (Dipolstrahler)
bidirectionally predicted-coded picture
bi-direktional codiertes Bild
bifilar *adj.* bifilar *adj.*
bifurcate *v.* gabeln *v.*, verzweigen *v.*
bifurcation *n.* Abzweigung *f.*, Gabelung *f.*;
~ **box** Verzweigungsdose *f.*; ~ **stub**
Stichleitungsabzweigung *f.*; ~ **system**
Verzweigungssystem *n.*
big close shot (BCS) ganz groß, ganz nah;
~ **close-up** (BCU) ganz groß, ganz nah
bilateral *n.* Bilaterale *f.*, bilateral *adj.*; ~
area track Doppelzackenschrift *f.* (s.
Filmton); ~ **characteristic**
Achtercharakteristik *f.* (Mikro); ~
transmission bilaterale Ausstrahlung,
bilaterale Übertragung; ~ **transmitter**
Achterstrahler *m.* (Dipolstrahler)
bilingual *adj.* zweisprachig *adj.*
bill *v.* terminieren *v.*, Plakat *n.*; ~ (US)
Note *f.* (Geld)
billboard *n.* (US) Ansage *f.*
billed, to be ~ auf dem Spielplan stehen
billing *n.* Plakatanschlag *m.*; ~ (prog.)
Programmanzeige *f.*
bimetallic contact Bi-Metallkontakt *m.*
binary *n.* bistabiler Multivibrator; ~ (IT)
binär *adj.*, dual *adj.*; ~ **code** Binärcode
m.; ~**-coded address** binär codierte
Adresse; ~**-coded decimal notation**
BCD-Darstellung *f.*; ~**-coded decimal**
representation BCD-Darstellung *f.*; ~
counter Binärzähler *m.*; ~ **digit**
Binärstelle *f.*, Binärziffer *f.*, Bit *n.*; ~
number Binärzahl *f.*, Dualzahl *f.*
binaural *adj.* binaural *adj.*
biological acoustics biologische Akustik
bipack *n.* Bipack *n.*
biplug *n.* zweipoliger Stecker *m.*
bipolar *adj.* zweipolig *adj.*
bird *n.* (US) Satellit *m.*
bird's-eye view Vogelperspektive *f.*,
Luftperspektive *f.*
birdies *n. pl.* Zwitschern *n.*
bisection *n.* Halbierung *f.*
bistable *adj.* (IT) bistabil *adj.*
bit *n.* Binärstelle *f.*; ~ (IT) Binärstelle *f.*,

Binärziffer *f.*, Bit *n.*; ~ **actor**
Chargenspieler *m.*, Charge *f.*; ~
configuration (IT) Binärmuster *n.*; ~
density (IT) Schreibdichte *f.*,
Zeichendichte *f.*; ~ **error rate**
Bitfehlerrate *f.*, Bitfehlerhäufigkeit *f.*; ~-
part actor Chargenspieler *m.*, Charge *f.*;
~ **pattern** (IT) Binärmuster *n.*; ~
player Kleindarsteller *m.*; ~ **rate** (IT)
Impulsfolge *f.*; ~ **rate** Bitrate *f.*; ~ **rate**
reduction Bitratenreduktion *f.*; ~
stream Bitstrom *m.*; ~ **rate**
Bitratenzuteilung *f.*; ~ **rate reduction**
Bitratenreduktion *f.*; ~ **rate switching**
Bitratenumschaltung *f.* (ÜT)
bite rate allocation Bitratenzuteilung *f.*
bitmap Bitmap (IT)
bitmapped graphics Bitmapgrafik *f.* (IT)
bits per second (bps) Bits pro Sekunde
(bps), bps
bitstream *n.* Bitstrom *m.*
bivibrator *n.* bistabiler Multivibrator
black *n.* Schwarz *n.*, schwarz *adj.*;
absolute ~ reines Schwarz; **clear** ~
gesättigtes Schwarz; **fade to** ~
Schwarzblende *f.*; **pure** ~ reines
Schwarz; **to clip** ~ **level** Schwarzwert
begrenzen; **to fade down to** ~ Schwarz
ziehen, Schwarzblende ziehen; **to fade**
to ~ Schwarz ziehen, Schwarzblende
ziehen; **to go to** ~ Schwarzblende
ziehen; **to set down** ~ **level**
Schwarzwert aufsetzen, Schwarzpegel
aufsetzen; **to set up** ~ **level**
Schwarzwert absetzen, Schwarzpegel
absetzen; ~**-and-white** *adj.* (B/W)
schwarzweiß *adj.*; ~**-and-white film**
Schwarzweißfilm *m.*; ~**-and-white**
negative film Schwarzweißnegativfilm
m.; ~**-and-white negative stock**
Schwarzweißnegativfilm *m.*; ~**-and-**
white positive film
Schwarzweißpositivfilm *m.*; ~**-and-**
white positive stock
Schwarzweißpositivfilm *m.*; ~**-and-**
white print Schwarzweißabzug *m.*; ~-
and-white production
Schwarzweißproduktion *f.*; ~**-and-**
white receiver Schwarzweißempfänger
m.; ~**-and-white reversal film**
Schwarzweißumkehrfilm *m.*; ~**-and-**
white stock Schwarzweißfilm *m.*,

Schwarzweißumkehrfilm *m.*; ~**-and-
white television** Schwarzweißfernsehen
n.; ~**-crushing** *n.* Schattenschwärzung
f., Schatten *m.*, Schwarzwertstauchung
f.; ~ **flashing** Schwarzblende ziehen; ~
leader Schwarzfilm *m.*; ~ **level**
Schwarzwert *m.*, Schwarzpegel *m.*; ~-
level adjustment Schwarzwertsteuerung
f.; ~ **level alignment**
Schwarzwerthaltung *f.*; ~**-level
clamping** Schwarzschulterklemmung *f.*,
Schwarzwerthaltung *f.*,
Schwarzwertfesthaltung *f.*; ~**-level
control** Schwarzwertsteller *m.*,
Schwarzwertregler *m.* (fam.); ~**-level
signal voltage** Signalspannung für
Szenenschwarz; ~ **non-linearity**
Schwarzkrümmung *f.*; ~ **out** *v.* Schwarz
ziehen, Schwarzblende ziehen; ~**-out** *n.*
Schwarzblende *f.*; ~**-out** *n.* (US)
Austastung *f.*; ~**-out level** (US)
Austastniveau *n.*; ~**-out pulse** (US)
Austastgemisch *n.*; ~**-out signal**
Austastsignal *n.* (A-Signal); ~ **screen**
Schwarzbild *n.*; ~ **spacing** Blindfilm *m.*,
Schwarzfilm *m.*; ~ **stretch**
Schwarzdehnung *f.*; ~ **stretch and
white stretch** multiplikatives Gamma;
~**-to-white step** Schwarzweißsprung
m.; ~**-to-white transition**
Schwarzweißsprung *m.*
blacken *v.* schwärzen *v.*, verschwärzlichen
v.
blackening *n.* Schwärzung *f.*,
Verschwärzlichung *f.*
blacker than black ultraschwarz *adj.*
blacking *n.* Schwarzfilm *m.*, Blindfilm *m.*
blade *n.* (light) Blende *f.*
blank *v.* austasten *v.*, zutasten *v.*, Weiß *n.*,
Leerzeichen *n.*, weiß *adj.*; ~ **film**
Weißfilm *m.*, Blankfilm *m.*; ~ **line**
Leerzeile *f.*; ~ **tape** Leerband *n.*; ~
Leerzeichen *n.*; ~ **space** Leerzeichen *n.*
(IT)
blanked picture signal Bildaustastsignal
n. (BA-Signal), Bildsignal mit
Austastung
blanking *n.* Austastung *f.*; **field** ~ **pulse**
Vertikalaustastimpuls *m.*; **vertical** ~
pulse (US) Vertikalaustastimpuls *m.*; ~
amplifier Austastverstärker *m.*; ~ **gap**
vertikale Austastlücke; ~ **interval**

Austastlücke *f.*; ~ **level** Austastpegel *m.*,
Austastniveau *n.*, Austastwert *m.*; ~
level stability Austastpegelfesthaltung
f.; ~ **pulse** Austastimpuls *m.* (A-
Impuls), Bildaustastimpuls *m.*; ~ **range**
Austastbereich *m.*; ~ **signal**
Austastsignal *n.* (A-Signal),
Rücklaufsignal *n.*, vertikales
Austastsignal, V-Signal *n.*; ~ **value**
Austastwert *m.*
blast *v.* übermodulieren *v.*, übersteuern *v.*
blasting *n.* (micr.) Übersteuerung *f.*
bleach *v.* (FP) ausbleichen *v.*, bleichen *v.*;
~ **bath** Bleichbad *n.*; ~ **out** *v.* (col.)
ausbleichen *v.*
bleaching *n.* Bleichen *n.*, Bleichung *f.*
bleeder *n.* Belastungswiderstand *m.*; ~
current Nebenschlußstrom *m.*
bleeper *n.* Funkrufdienst *m.*, Rufanlage *f.*
blend *v.* (pict.) mischen *v.*; ~ **in** *v.*
überblenden *v.*; ~ **out** *v.* (F) abblenden
v.
blimp *n.* Blimp *m.*, schalldichte Hülle,
Schallschutzhaube *f.*
blimped camera selbstgeblimpte Kamera,
Blimp-Kamera *f.*
blind booking Blindbuchen *n.*
blink *v.* blinken *v.*; ~ **speed**
Blinkgeschwindigkeit *f.* (IT)
blinker *n.* Blinker *m.*; ~ **unit** Blinkgeber
m.
blip *n.* (tape) Kennimpuls *m.*,
Hilfssynchronsignal *n.*, Piep(s)er *m.*
(fam.), Tonblitz *m.*; ~ **generator**
Synchronzeichengenerator *m.*
block *v.* (scene) durchstellen *v.*; ~ Gerät
sperren; ~ **access** Zugriff sperren; ~
and tackle Flaschenzug *m.*; ~ **booking**
Blockbuchen *n.*, Blockzeit *f.*,
Blockbuchung *f.*; ~ **diagram**
Blockdiagramm *n.*, Blockschaltbild *n.*,
Blockschaltplan *m.*; ~ **size** Blocklänge *f.*
(EDV); ~ **charge** Blocktarif *m.* (Tel); ~
cursor Blockcursor *m.* (IT); ~ **dialing**
Blockwahl *f.* (Tel); ~ **interleaving**
Blockverschachtelung *f.*
blocking *n.* Sperrung *f.*, Blockierung *f.*; ~
action Sperrwirkung *f.*; ~ **bias**
Sperrspannung *f.*; ~ **capacitor**
Kopplungskondensator *m.*; ~ **layer**
Sperrschicht *f.*; ~ **oscillator**

Sperrschwinger *m*.; ~ **signal** Sperrsignal
n.; ~ Blockfehler *m*. (MPEG)
bloom *n*. Überstrahlung *f*.
blooming *n*. Antireflexbelag *m*., Blooming
n.
bloop *v*. Klebestellen abdecken
blooping ink Klebestellenlack *m*.; ~
patch Tonpopel *m*., Fliege *f*. (fam.)
blow *v*. durchbrennen *v*., durchschlagen *v*.;
~ **(on)** *v*. anblasen *v*.; **begin to** ~
anblasen *v*. (Musik); ~ **up** *v*. aufblasen
v.; ~ **up** *v*. (pict.) vergrößern *v*.; ~**-up** *n*.
Vergrößerung *f*., Vergrößerungskopie *f*.
blower *n*. Gebläse *n*., Windmaschine *f*.
blown *adj*. (fuse) durchgebrannt *adj*.
blue screen Blaustanzverfahren *n*.,
Farbschablonentrick *m*., Stanztrick *m*.;
~ **box** Blue Box *f*.
blueprint *n*. (drawing) Pause *f*.
blur *v*. (pict.) verwackeln *v*.; ~ **threshold**
Verwischungsschwelle *f*.; ~ Unschärfe
f.
blurred *adj*. (pict.) unscharf *adj*., weich
adj.; ~ flau *adj*. (J); **to grow** ~ (pict.)
abschwächen *v*. (sich); ~ **copy** flaue
Kopie (J); ~ **edges** *n*. *pl*. Randunschärfe
f.
blurring *n*. Unschärfe *f*.
board of governors Aufsichtsrat *m*.; ~ **of**
management Geschäftsleitung *f*.
boat-truck *n*. Bühnenwagen *m*.
bobbin *n*. Bobby *m*., Spule *f*.,
Spulenkörper *m*.
BOC (US) (s. broadcast operations
control)
body *n*. Körper *m*.; **black** ~ schwarzer
Körper; ~ **colour** Körperfarbe *f*.; ~
Body *n*. (Nachrichten); ~ **language**
Körpersprache *f*.; ~ **talk** Körpersprache
f.
boilerplate *n*. Textbaustein *m*.
bold face Fettschrift *f*.; ~ **type** Fettschrift
f.
bolt *n*. Sperriegel *m*., Bolzen *m*.
Boltzmann's constant
Boltzmannkonstante *f*.
bond *n*. Sicherungsleine *f*.
bonding *n*. Kanalbündelung *f*. (IT)
bonus *n*. Zugabe *f*.; ~ **track** Bonus Track
m. (CD)
book *v*. bestellen *v*., buchen *v*.; ~
(contract) engagieren *v*.; ~ (thea.)

Textbuch *n*.; ~**-keeper** *n*. Buchhalter
m.; ~ **programme** literarisches
Magazin; ~ **review** Buchbesprechung *f*.;
~ **hint** Buchhinweis *n*.; ~ **tip**
Buchhinweis *m*.
booking *n*. Buchung *f*., Booking *n*.; ~
form Booking Form; ~ **office** Booking
Office; ~ **section** Besetzungsbüro *n*.
bookmark Lesezeichen *n*. (IT), Textmarke
f. (IT)
bookware *n*. Bookware *f*. (IT)
Boolean algebra (IT) Boolesche Algebra;
°~ **complementation** (IT) Inversion *f*.;
°~ **operation table** (IT)
Funktionstabelle *f*., Wertetabelle *f*.,
Wahrheitstabelle *f*.
boom *n*. Galgen *m*., Arm *m*.
(Studiotechnik); ~ (cam.) Kran *m*.; ~
arm Tonangel *f*., Angel *f*.; ~ **operator**
Tonangler *m*.; ~ **shadow**
Galgenschatten *m*.
boominess *n*. Dröhnen *n*.
booming *n*. Schwenk *m*.; ~**-down** *n*.
Senkrechtschwenk nach unten,
senkrechter Schwenk nach unten; ~
drone Dröhnen *n*.; ~**-up** *n*.
Senkrechtschwenk nach oben,
senkrechter Schwenk nach oben
boost *v*. (tech.) anheben *v*., Anhebung *f*.
booster *n*. Booster *m*.; ~ **light** Zusatzlicht
n.; ~ **voltage** Boosterspannung *f*.
boot (up) *v*. hochfahren *v*. (IT); ~ **disk**
Bootdiskette *f*. (IT); ~ **diskette**
Startdiskette *f*. (IT); ~ **drive**
Bootlaufwerk *n*. (IT); ~ **failure**
Bootfehler *m*. (IT); ~ **partition**
Bootpartition *f*. (IT)
bootable *adj*. bootfähig *adj*. (IT),
startfähig *adj*. (IT)
booth *n*. Kabine *f*.; ~ **shutter** (F)
Feuerschutzklappe *f*.; ~ **window**
Kabinenfenster *n*.
bootleg Raubpressung *f*.
border *n*. (light) Soffitte *f*.; ~ (cam.)
Maske *f*.; ~ (pict.) Kontur *f*.; ~ **light**
Rampenbegrenzungslicht *n*.
bottleneck *n*. Engpaß *m*.
BounceKeys *n*. Anschlagverzögerung *f*.
(IT)
bouncing *n*. Pumpen *n*.
bound *n*. Bereichsgrenze *f*.

boundary layer waves
Grenzschichtwellen *f. pl.*
bounding box Geometriebegrenzung *f.*
(Grafik)
bouquet *n.* Bouquet *n.*, Programmpaket *n.*
bowl-fire *n.* Heizsonne *f.*
box *n.* Kasten *m.*, Koffer *m.*; ~ (coll.) (TV)
Flimmerkiste *f.* (fam.); ~-**office hit**
Schlager *m.*, Kassenschlager *m.*
BP (s. back projection)
brace *n.* Blendenstrebe *f.*, Blendenstütze *f.*
bracket *n.* (set) Träger *m.*; ~ Halterung *f.*,
Winkel *m.*
braid *v.* tressieren *v.*
brainstorming *n.* Problemlösung *f.*
(gedanklich)
braking field Bremsfeld *n.*; ~ **relay**
Bremsrelais *n.*
branch *v.* gabeln *v.*, verzweigen *v.*, Ast *m.*;
~ **distributors** *n. pl.* Verleihfiliale *f.*
branching amplifier
Verzweigungsverstärker *m.*; ~-**off** *n.*
Abzweigung *f.*
brand advertising Markenwerbung *f.*,
Firmenwerbung *f.*; ~ **label** Dachmarke
f.
brass band Blasorchester *n.*; ~ **band**
music Blasmusik *f.*
breadboard circuit (IT) Brettschaltung *f.*
break *v.* abschalten *v.*; ~ (news) anfallen
v.; ~ Unterbrechung *f.*; ~ (prog.) Pause
f.; ~ (bcast.) beabsichtigte kurze
Unterbrechung; ~ (F) Riß *m.*, Filmriß
m.; **momentary** ~ kurzzeitige
Unterbrechung; **to** ~ **down** eine Panne
haben, durchschlagen *v.*; ~ **contact**
Ruhekontakt *m.*; ~ **in programme**
(unintentional) Programmunterbrechung
f.; ~ **in programmes** (intentional)
Programmunterbrechung *f.*; ~ **into** *v.*
unterbrechen *v.*; ~ **in transmission**
(prog.) Umschaltpause *f.*; ~ **jack**
Trennklinke *f.*; ~ **of current**
Stromunterbrechung *f.*; ~ **off** *v.*
(oscillator) abreißen *v.*; ~ **off** abbrechen
v.; ~-**off time** Abreißzeit *f.*; ~ **of**
picture sequence Bildsprung *m.*; ~-
through *n.* Störsignal *n.*; ~ **up** *v.* (pict.)
durchfallen *v.*; ~ **up** (of transmission)
Abbruch *m.* (der Sendung); ~ Break *m.*
(Unterbrechung)
breakdown *n.* Ausfall *m.*, Panne *f.*,

Betriebsstörung *f.*, Störung *f.*,
Aufstellung *f.*, Aufzählung *f.*; ~ **circuit**
Havarieschaltung *f.*; ~ **voltage**
Durchbruchspannung *f.*,
Durchschlagspannung *f.*,
Überschlagspannung *f.*; ~ Havariefall
m. (Sendung)
breaker *n.* Unterbrecher *m.*
breakfast television Frühstücksfernsehen
n.; ~ **radio and show** Frühsendung *f.*; ~
radio and TV *n.* Morningshow *f.*
(Frühsendung)
breaking capacity Schaltvermögen *n.*
breakpoint instruction (IT) Stoppbefehl
m.; ~ Haltepunkt *m.* (IT)
breathe *v.* (tech.) atmen *v.*
breathing *n.* (tech.) Atmen *n.*, Pumpen *n.*
bridge *n.* Brücke *f.*; ~ **across** *v.*
einschleifen *v.*; ~ **circuit**
Brückenschaltung *f.*; ~-**connected**
rectifier Brückengleichrichter *m.*; ~
connection Brückenschaltung *f.*; ~
network Brückenglied *n.*; ~ **rectifier**
Brückengleichrichter *m.*,
Graetzgleichrichter *m.*; ~ Bridge *f.*
(Brückenjingle), Brückenjingle *m.*
bridging amplifier Knotenpunktverstärker
m.; ~-**type filter** Durchschleiffilter *m.*
brief analysis (journ.) Kurzkommentar *m.*
briefing *n.* Briefing *n.*
bright spot Leuchtfleck *m.*
brighten up *v.* aufhellen *v.*
brightness *n.* (intensity) Leuchtdichte *f.*,
Beleuchtung *f.*; ~ (TV) Helligkeit *f.*; ~
Schein *m.* (Optik); ~ **contrast**
Helligkeitskontrast *m.*; ~ **control**
Helligkeitssteuerung *f.*; ~ **distribution**
Helligkeitsverteilung *f.*; ~ **flicker**
Helligkeitsflimmern *n.*; ~ **impression**
Helligkeitseindruck *m.*; ~ **meter**
Leuchtdichtemesser *m.*; ~ **of image**
Bildhelligkeit *f.*; ~ **range** (TV)
Helligkeitsbereich *m.*,
Helligkeitsumfang *m.*; ~ **range of**
object (light) Objektumfang *m.*; ~
signal Helligkeitssignal *n.*; ~ **step**
Helligkeitssprung *m.*; ~ **value**
Helligkeitswert *m.*
brilliance *n.* Brillanz *f.*; ~ (TV) Helligkeit
f.
brim *n.* Bord *n.*
bring, to ~ **into step** synchronisieren *v.*;

to ~ **out a film** Film herausbringen; ~
in v. (profit) einspielen v.; ~ **up** v.
(sound, light) anheben v.
Bristo wrench Inbusschlüssel m.
brittle adj. spröde adj.
brittleness n. Sprödigkeit f.
broad n. (coll.) (light) Fläche f.,
Lichtwanne f.; **flooded** ~ geflutete
Fläche; ~ **band** Breitband n.; ~ **source**
Lichtwanne f.
broadband adj. breitbandig adj.; ~ **cable**
Breitbandkabel n.; ~ **cable network**
Breitband-Kabelnetz n.; ~ **network**
Breitbandnetz n.
broadcast v. senden v., ausstrahlen v.,
übertragen v., durch Rundfunk
übertragen; ~ (announcement, message)
durchsagen v.; ~ (bcast.) Sendung f.; ~
Rundfunksendung f., Übertragung f.; ~
(transmission) Rundfunkübertragung f.;
deferred ~ zeitversetzte Sendung;
educational ~ Lehrsendung f.; **joint** ~
by angeschlossen waren; **sponsored** ~
Sponsorsendung f., gesponorte
Sendung; **to** ~ **live** direkt senden, live
senden; ~ **fee** Sendehonorar n.; ~
operations control (US) (BOC)
Endkontrolle f.; (also::)~ **series**
Sendereihe f.; ~ **videotex** Teletext m.; ~
financing Rundfunkfinanzierung f.; ~
server Sendeserver m.
broadcaster n. Rundfunkschaffender m.,
Hörfunksender m.
broadcasters n. pl. Rundfunkleute plt.,
Fernsehleuteplt.
broadcasting n. Rundfunk m.; ~ (tech.)
Ausstrahlung f.; ~ Funkwesen n. (TK);
history of ~ Rundfunkgeschichte f.;
ready for ~ zur Sendung; **wired** ~
Drahtfunk m.; ~ **act** Rundfunkgesetz n.;
~ **archives** n. pl. Rundfunkarchiv n.; ~
area Sendebereich m., Sendegebiet n.,
Anstaltsbereich m., Verbreitungsgebiet
n.; ~ **by satellite** Satellitenrundfunk m.;
~ **centre** Rundfunkkomplex m.,
Sendekomplex m., Sendezentrum n.; ~
charter Rundfunkstatut n.; ~ **company**
Rundfunkgesellschaft f.,
Rundfunksendegesellschaft f.,
Sendegesellschaft f.; ~ **complex**
Sendekomplex m.; ~ **corporation**
Rundfunkgesellschaft f.,

Sendegesellschaft f.; ~ **engineer**
Rundfunktechniker m.; ~ **house**
Funkhaus n., Rundfunkhaus n.; ~
network Sendenetz n.; ~ **operations** n.
pl. Sendeabwicklung f.; ~ **organisation**
Rundfunkorganisation f.,
Rundfunkanstalt f., Rundfunkträger m.,
Sendeanstalt f., Sender m.; ~ **right**
Ausstrahlungsrecht n.; ~ **rights** n. pl.
Senderechte n. pl.; ~ **satellite**
Rundfunksatellit m.; ~ **satellite band**
Rundfunksatellitenband n. (Sat.); ~-
satellite service Rundfunkdienst mit
Satelliten; ~ **sector** Sendesparte f.; ~
service Rundfunkversorgung f.; ~
standard Ausstrahlungsnorm f.; ~
station Rundfunkanstalt f.,
Rundfunkstation f., Sendeanstalt f.,
Sendestation f., Sender m.,
Rundfunkübertragungsstelle f.; ~
station operating under public law
Öffentlich-rechtliche Rundfunkanstalt;
~ **station operating under private law**
privatrechtliche Rundfunkorganisation;
~ **studio** Senderaum m., Sendestudio n.;
~ **time** Sendezeit f.; ~ **transmitter**
Rundfunksender m.; ~ **zone**
Rundfunkzone f. (Region); ~ **law**
Rundfunkrecht; ~ **legislation**
Rundfunkrecht n.; ~ **regulation**
Rundfunkordnung f.
broadside n. Streulichtscheinwerfer m.; ~
array Dipolebene f.
brochure n. Prospekt m.
browse quality Vorschauqualität f.
browser generation Browsergeneration f.
(IT)
browsing n. Sichten n., Vorschauen n.
brush n. Pinsel m.; ~-**holder** n.
Bürstenhalter m.
brushes n. pl. Bürsten f. pl.
brut n. (coll.) Brut n.
bubble n. Blase f. (phys.)
bubbling n. (tech.) Tonblubbern n.,
Blubbern n.
buckle v. knicken v., Tragöse f.
buckling n. (tape) Verziehen n.
budget breakdown Kostenvoranschlag
m.; ~ **estimate** Kostenvoranschlag m.
budgeting n. Haushaltswesen n.,
Mittelbewirtschaftung f., Verplanung f.
buffer n. Puffer m., Zwischenspeicher m.;

~ **amplifier** Trennverstärker *m.*; ~
battery Pufferbatterie *f.*; ~ **battery**
operation Pufferbetrieb *m.*; ~ **choke**
Pufferdrossel *f.*; ~ **operation**
Pufferbetrieb *m.*; ~ **period** Schutzzeit
(Sat); ~ **store** (IT) Pufferspeicher *m.*,
Puffer *m.*; ~ **Pufferspeicher** *m.* (IT)
buffered *adj.* (IT) gepuffert *adj.*
buffoonery *n.* Posse *f.*
bug *n.* Wanze *f.*, Programmfehler *m.* (IT)
build up *v.* aufbauen *v.*, errichten *v.*; ~-**up**
n. Einschwingen *n.*; ~-**up and delay**
distortion Verzerrung durch Ein- und
Ausschwingvorgänge; ~-**up time**
Anstiegzeit *f.*, Einschwingzeit *f.*; ~ **up** *v.*
einrichten *v.* (IT)
building *n.* Gebäude *n.*; ~ **acceptance**
Bauabnahme *f.*; ~ **costs** Baukosten *pl.*;
~ **team** Baustab *m.*, Baukolonne *f.*
built background Hintergrundaufbauten
m. pl.; ~-**in aerial** eingebaute Antenne;
~ **piece** (design) Baueinheit *f.*; ~ **set**
Aufbauten *m. pl.*
bulb *n.* Birne *f.*, Röhrenkolben *m.*
bulk-erase noise Raumstatik *f.*; ~ **eraser**
(tape) Löschdrossel *f.*, Löschgerät *n.*; ~
erasure cubicle Bandlöschkabine *f.*; ~
storage Massenspeicher *m.* (IT)
bullet *n.* Aufzählungszeichen *f.* (IT)
bulletin *n.* Bulletin *n.*
bumper *n.* Sounder *m.*
(akust.Verpackungselement); ~ **and**
bed Bumper-und-Bett *m.*; ~ **and**
stinger Musik-Bett *m.*
(akust.Verpackungselement)
Bumper *n.* Bumper *m.* (akust.
Verpackungselement)
bundled software *n.* Bundlingsoftware *f.*
(IT)
burden *n.* Auslastung *f.*, Belastung *f.*, Last
f.
buried aerial Erdantenne *f.*
burn out *v.* (FP) durchbrennen *v.*; ~ **out**
Burn-out *n.* (ausgebrannte Musiktitel)
burning *n.* Brand *m.*
burnt-out *adj.* (FP) durchgebrannt *adj.*; ~-
out *adj.* (coll.) (pict.) knallig weiß
burst frequency Burstfrequenz *f.*; ~
keying pulse Burst-Auftastimpuls *m.*; ~
mode Stoßbetrieb *m.*; ~-**mode**
transmission Burst-Übertragung (Sat),
TCM; ~ **phase** Burst-Phase *f.*; ~

Fehlerbüschel *n.*; ~ **error** Bündelfehler
m.
bus bar Schiene *f.*, Verbindungsleiste *f.*; ~
system Bus-System *n.* (EDV)
busbar *n.* Sammelschiene *f.* (elektr.),
Sammelschiene *f.* (EDV)
bush *n.* (mech.) Buchse *f.*
business manager Filmmanager *m.*; ~
trip Dienstreise *f.*; ~ **software**
Software, kaufmännische *f.* (IT)
busy signal Besetztzeichen *n.*; ~ **hour**
Hauptverkehrsstunde (Tel)
butt-join *n.* (F) Aneinanderhängen *n.*; ~
joiner Stumpfklebelade *f.*,
Stumpfklebepresse *f.*
butterfly *n.* Weichzeichner *m.* (Film)
button *n.* Taste *f.*; ~ **release**
Tastenfreigabe *f.* (Tel)
buying power index Kaufkraftkennziffer
f.
buzz *v.* brummen *v.*, summen *v.*, Brumm
m., Brummton *m.*; ~-**track film**
Lichttonwobbelfilm *m.*
buzzer *n.* Brummer *m.*, Summer *m.*,
Schnarre *f.*
BVE 900 externer Editor *m.* (EDV), BVE
900
by-pass *n.* Nebenschluß *m.*; ~ **pass**
Überbrückung *f.*
bypass *n.* Umleitung *f.*
byte *n.* (IT) Byte *n.*; ~

C

C/N - ratio C/N - Verhältnis (Sat), Träger/
Rausch - Verhältnis; °~ **weighting** C-
Bewertung *f.* (Akustik)
cabaret *n.* Kabarett *n.*, Kleinkunst *f.*; ~
group Kabarettensemble *n.*; ~
programme Kabarettsendung *f.*
cabin *n.* Kabine *f.*; ~ **window**
Kabinenfenster *n.*
cabinet *n.* (loudspeaker) Zarge *f.*; ~
(appar.) Truhe *f.*
cable *n.* Kabel *n.*, Leitung *f.*, Schnur *f.*,
Strecke *f.* (fam.); **coaxial** ~
konzentrisches Kabel; **connecting** ~

call

Verbindungskabel *n.*; ~ **four-core** ~
vieradriges Kabel; **multipletwin** ~
vielpaariges Kabel; **three-core** ~
dreiadriges Kabel; **to lay** ~ Kabel
verlegen; **two-core** ~ zweiadriges
Kabel; ~ **amplifier** Kabelverstärker *m.*;
~ **assembly** Kabelbaum *m.*; ~ **box**
Kabelkasten *m.*; ~ **circuit** Kabelleitung
f., Kabelverbindung *f.*; ~ **clamp**
Kabelschelle *f.*, Kabelhalterung *f.*,
Kabelbefestigung *f.*; ~ **clip** Kabelschelle
f.; ~ **connecting box** (aerial)
Kabelanschlußdose *f.*; ~ **connecting
sleeve** Kabelverbindungsmuffe *f.*; ~
connection Kabelverbindung *f.*,
Kabelanschluß *m.*; ~ **contribution
circuit** Kabelzubringerleitung *f.*; ~ **core**
Kabelseele *f.*, Kabelkern *m.*; ~ **coverage**
Kabelversorgung *f.*; ~ **deflector**
Kabelabweiser *m.*; ~-**delay
equalisation** Kabellaufzeitausgleich *m.*;
~ **distribution** Kabelverteilung *f.*; ~
distribution box Kabelverteilerkasten
m.; ~ **distributor** Kabelverteiler *m.*; ~
drum Kabeltrommel *f.*; ~ **duct**
Kabeldurchgang *m.*, Kabelkanal *m.*; ~
entry Kabeleinführung *f.*; ~ **fault
detector** Kabelfehler-Ortungsgerät *n.*; ~
film Kabelüberspielung *f.*; ~ **fixing**
Kabelbefestigung *f.*; ~ **form** Kabelbaum
m.; ~ **gland** Durchführung *f.* (Kabel); ~
grid Kabelraster *n.*; ~ **grip** Kabelhelfer
m.; ~ **harness** Kabelbaum *m.*; ~ **head**
Kabelkopf *m.*; ~ **jacket** Kabelmantel
m.; ~ **joint** Kabelspleißstelle *f.*,
Verbindungsstelle *f.*; ~ **jointing box**
Kabelanschlußkasten *m.*, Kabelkasten
m.; ~ **jointing cabinet**
Kabelanschlußkasten *m.*; ~-**laying** *n.*
Kabelverlegung *f.*; ~ **layout**
Leitungsführung *f.*; ~-**length
compensator** Kabellängenentzerrer *m.*;
~-**length equaliser**
Kabellängenentzerrer *m.*; ~ **link**
Kabelbrücke *f.*, Kabelverbindung *f.*; ~
man Kabelhilfe *f.*; ~ **network**
Kabelnetz *n.*; ~ **operation** Kabelbetrieb
m.; ~ **person** Kabelhelfer *m.*; ~ **puller**
Kabelhelfer *m.*; ~ **reel** Kabeltrommel *f.*;
~ **release** Drahtauslöser *m.*; ~ **rights**
Kabelrechte *n. pl.*; ~ **run** Kabelweg *m.*,
Kabelführung *f.*; ~ **serving** Kabelmantel

m.; ~ **sheath** Kabelmantel *m.*,
Kabelschlauch *m.*; ~ **socket** Kabelschuh
m.; ~ **splice** Kabelspleißstelle *f.*; ~-
stripping knife Kabelmesser *n.*; ~
support Kabelhalter *m.*; ~ **system**
Kabelanlage *f.*, Kabelsystem *n.*; ~
television Kabelfernsehen *n.*,
Drahtfernsehen *n.*; ~ **terminal plug**
Kabelschuh *m.*; ~ **termination**
Kabelende *n.*; ~ **thimble** Kabelschuh
m.; ~ **transmission** Kabelübertragung
f.; ~ **transmitter** Kabelsender *m.*; ~
tray Kabelhalter *m.*; ~ **TV system**
(CATV) Kabelfernsehanlage *f.* (KTV);
~ **modem** Kabelmodem *n.* (IT); ~ **pair**
Doppelader *f.* (Tel)
cabled dispatch Kabelbericht *m.*
cableman *n.* Kabelhelfer *m.*
cabling *n.* Verkabelung *f.*
cache *n.* Zwischenspeicher *m.* (IT); ~
memory *n.* Cachespeicher *m.* (IT)
CAD rechnergestützter Entwurf, CAD
caddy *n.* Caddy *m.* (CD)
cadence *n.* Takt *m.*
calculation *n.* Berechnung *f.*
calculatory costs kalkulatorische Kosten
calendar day Kalendertag *m.*; ~ **week**
Kalenderwoche *f.*; ~ **year** Kalenderjahr
n.
calibrate *v.* eichen *v.*, kalibrieren *v.*
calibrated attenuator geeichter
Abschwächer; ~ **fader** geeichter
Abschwächer
calibrating *n.* Kalibrieren *n.*
calibration *n.* Eichung *f.*, Kalibrieren *n.*,
Abgleich *m.*; **logarithmic** ~
logarithmische Teilung; **photometric** ~
fotometrische Eichung; ~ **accuracy**
Abgleichgenauigkeit *f.*; ~ **film** Meßfilm
m.; ~ **level** Eichpegel *m.*; ~ **mark**
Eichmarke *f.*; ~ **resistor** (bridge)
Abgleichwiderstand *m.*; ~ **tape**
Bezugsband *n.*, Magnetbezugsband *n.*
call *v.* abrufen *v.*; ~-**back signal**
Rückrufzeichen *n.*; ~ **time**
Verbindungsdauer *f.*; ~ **up** *v.* abrufen *v.*;
~ Ruf *m.* (Tel); ~ **back** Rückruf *m.*
(Tel); ~ **by call** Call-by-Call (IT); ~
charge display Gebührenanzeige *f.*
(Tel); ~ **data** Rufdaten *f. pl.* (Tel); ~
detection Ruferkennung *f.* (Tel); ~
diversion Rufumleitung *f.* (Tel); ~ **for**

donations Spendenaufruf *m.*; ∼
forwarding *n.* Anrufweiterschaltung *f.*
(Tel), Rufweiterleitung *f.* (Tel); ∼ **in**
programme Call-in-Sendung *f.*; ∼
instruction Rufbefehl *m.* (Tel); ∼
number display Rufnummeranzeige *f.*
(Tel); ∼ **number memory**
Rufnummernspeicher *m.* (Tel); ∼ **out**
research Call-out-Research *n.*
(Hörerforschung); ∼ **request**
Verbindungsanforderung *f.*; ∼ **time**
Verbindungsdauer *f.*; ∼ **waiting**
Anklopfen *n.* (Tel); ∼**-accepted signal**
Rufannahme *f.* (IT); ∼**-in program**
Anrufsendung *f.*
calling signal Rufsignal *n.*; ∼ **line**
identification Anrufidentifikation *f.*
(Tel)
cam *n.* Kontaktnase *f.*, Schaltkerbe *f.*
camcorder *n.* Kamera-Rekorder *m.*
camera *n.* Kamera *f.*; **blimped** ∼
selbstgeblimpte Kamera, Blimp-Kamera
f.; **clear** ∼**s!** (TV) Kamera klar!;
concealed ∼ versteckte Kamera;
electronic ∼ elektronische Kamera (E-
Cam); **fine for** ∼ ! (positioning) für
Kamera in Ordnung; **finished with** ∼**s!**
(TV) Kamera klar!; **fixed** ∼ fest
eingestellte Kamera; **motion-picture** ∼
Filmkamera *f.*; **mute** ∼ stumme
Kamera; **o.k. for** ∼ ! (F) Kamera klar!;
radio ∼ drahtlose Kamera; **remote-**
controlled ∼ ferngesteuerte Kamera;
rigid ∼ fest eingestellte Kamera; **to be**
on-∼ im Bild sein; **to be on the** ∼
Kamera fahren; **to hog the** ∼
kamerageil sein (fam.); **to perform on-**
∼ vor der Kamera auftreten; **vertical** ∼
senkrechte Kamera; ∼ **accessories** *n. pl.*
Kamerazubehör *n.*; ∼ **alignment** (F)
Kameraeinstellung *f.*; ∼ **amplifier**
Kameraverstärker *m.*; ∼ **angle**
Gesichtswinkel *m.*, Aufnahmewinkel *m.*;
∼ **aperture** Bildfenster *n.*; ∼ **assistant**
Kameraassistent *m.*; ∼ **axis**
Kameraachse *f.*; ∼ **balancing**
Ausweigen der Kamera; ∼ **base-plate**
Kameragrundplatte *f.*; ∼ **boom**
Kamerakran *m.*; ∼ **boom arm**
Kameraarm *m.*; ∼ **cable** Kamerakabel
n.; ∼ **car** Filmwagen *m.*, Kamerawagen
m.; ∼ **card** Kameranotiz *f.*; ∼ **case**

Kamerakoffer *m.*; ∼ **chain** Kamerakette
f.; ∼ **channel** Kamerazug *m.*; ∼ **control**
Kamerakontrolle *f.*; ∼ **control amplifier**
Kamerakontrollverstärker *m.*; ∼ **control**
desk Kamerakontrollschrank *m.*; ∼
control operator Bildoperateur *m.*,
Kamerakontrollbedienung *f.*; ∼ **control**
unit Kamerakontrollgerät *n.* (CCU); ∼
control unit (CCU)
Kamerakontrollgerät *n.* (KKG); ∼ **cover**
Kameradeckel *m.*; ∼ **crane** Kamerakran
m.; ∼ **crew** Filmtrupp *m.*, Kamerateam
n.; ∼ **cue-card** Kameranotiz *f.*; ∼ **cut**
Bildwechsel *m.*; ∼ **days** Kameratage *m.*
pl.; ∼ **dolly** Dolly *m.*, Kamerafahrgestell
n.; ∼ **door** Kameradeckel *m.*; ∼
equipment Kameraausrüstung *f.*,
Aufnahmegerät *n.*; ∼ **fade**
Kamerablende *f.*; ∼ **harness**
Schultertragriemen *m.*; ∼ **head**
Kamerakopf *m.*; ∼ **heating**
Kameraheizung *f.*; ∼ **housing**
Kameragehäuse *n.*; ∼ **lead** Kamerakabel
n.; ∼ **levelling** Ausweigen der Kamera;
∼ **maintenance engineer** (TV)
Kameratechniker *m.*; ∼ **maintenance**
man (F) Kameratechniker *m.*; ∼
marker Klappe *f.*; ∼ **matte**
Blendenschablone *f.*, Schablonenblende
f.; ∼ **monitor** Kamerakontrollgerät *n.*
(KKG); ∼ **mounting** Kamerastand *m.*;
∼ **mounting-plate** Kameragrundplatte
f.; ∼ **movement** Kamerabewegung *f.*; ∼
notes *n. pl.* Klappenliste *f.*; ∼ **objective**
Aufnahmeobjektiv *n.*; ∼ **on-air light**
Kamera-Rotlicht *n.*; ∼ **operations**
centre Kamerazentralbedienung *f.*; ∼
operator Kameramann *m.*,
Filmkameramann *m.*, erster
Kameraassistent, Schwenker *m.*; ∼ **pan**
Kameraschwenk *m.*; ∼ **panning**
Kameraschwenk *m.*; ∼ **placing** (TV)
Kameraeinstellung *f.*; ∼ **plug**
Kamerastecker *m.*; ∼ **position**
Kamerastandort *m.*; ∼ **position check**
Kamerastellprobe *f.*; ∼ **pulse**
Kamerasignal *n.*; ∼ **red light** Kamera-
Rotlicht *n.*; ∼ **rehearsal** Kameraprobe
f., Kamerastellprobe *f.*; ∼ **report**
Kamerabericht *m.*; ∼ **running!** Kamera
läuft!; ∼ **script** (VTR) Kamerafahrplan
m.; ∼ **script** Bildscript *n.*, Kamerascript

n.; ~ **set-up** Kameraeinrichtung *f.*; ~
set-up (position) Kamerastandort *m.*; ~
sheet Aufnahmebericht *m.*, Klappenliste
f.; ~ **shooting** Kameraaufnahme *f.*; ~
shot Kameraaufnahme *f.*; ~ **shutter**
Kameraverschluß *m.*; ~**-shy** *adj.*
kamerascheu *adj.*; ~ **signal**
Kamerasignal *n.*; ~ **signal control**
Kamerasignalüberwachung *f.*; ~ **speed**
Aufnahmegeschwindigkeit *f.*; ~ **stand**
Kamerastand *m.*; ~ **stock** (F)
Aufnahmematerial *n.*; ~ **store**
Filmgerätestelle *f.*, Kameraabstellraum
m.; ~ **tape** Lassoband *n.*, Klebeband *n.*;
~ **team** Kamerateam *n.*; ~ **test**
Prüfzeile für Kamera, Kameratest *m.*; ~
test line Kameraprüfzeile *f.*; ~ **tracking**
Kamerafahrt *f.*; ~ **trap** Sprungwand *f.*;
~ **tripod** Kamerastativ *n.*,
Schwenkstativ *n.*; ~ **truck**
Kamerawagen *m.*, Kamerafahrgestell *n.*;
~ **tube** Kameraröhre *f.*, Aufnahmeröhre
f., Bildaufnahmeröhre *f.*; ~ **unit**
Aufnahmegruppe *f.*; ~ **weight**
adjustment Auswiegen der Kamera,
Kameragewichtsausgleich *m.*; ~
workshop Kamerawerkstatt *f.*; ~
tracking Kameraparameteranalyse *f.*;
~**-ready** *adj.* reprofähig *adj.* (IT)
camera! Achtung! Aufnahme!
cameraman *n.* Filmkameramann *m.*,
Kameramann *m.*; ~ (press)
Pressefotograf *m.*; **second** ~ zweiter
Kameraassistent, Schärfeassistent *m.*,
Schärfezieher *m.*
cameramen *n. pl.* Kameraleute plt.
camerawork *n.* Kameraführung *f.*
camp-on-busy circuit Warteschaltung *f.*
(IT)
campaign *n.* Kampagne *f.*
campus *n.* Betriebsgelände *n.*
can *n.* (coll.) Konserve *f.* (fam.); **in the** ~ !
gestorben! (fam.); **to be in the** ~ im
Kasten sein
canard *n.* (false report) Ente *f.*
canaries *n. pl.* Zwitschern *n.*
cancel *v.* abbestellen *v.*, abmelden *v.*,
annullieren *v.*, widerrufen *v.*; ~ (a
broadcast) absagen *v.* (Sendung)
cancellation *n.* Abbestellung *f.*; ~ **fee**
Ausfallgage *f.*

cancelled *adj.* gestrichen *adj.*; **to be** ~
(prog.) ausfallen *v.*
candela *n.* Candela (Einh.)
candle-power *n.* Lichtstärke *f.*
canned programme Programmkonserve *f.*
canoe Canoe
cans *n. pl.* (coll.) Kopfhörer *m.*, Hörer *m.*
canteen *n.* Kantine *f.*
cantilever aerial Holmantenne *f.*
canvassing Akquisition
cap *v.* (opt.) abdecken *v.*; ~ Kappe *f.*; ~
(opt.) Abdeckung *f.*
capable of being stored speicherfähig *adj.*
capacitance *n.* Kapazität *f.*; ~ **bridge**
Kapazitätsmeßbrücke *f.*; ~ **calibration**
Kapazitätseichung *f.*; ~ **diode**
Kapazitätsdiode *f.*,
Kapazitätsvariationsdiode *f.*,
Nachstimmdiode *f.*; ~ **regulation**
Kapazitätsregelung *f.*
capacitive *adj.* kapazitiv *adj.*
capacitor *n.* Kondensator *m.*; **bead-type** ~
Perlkondensator *m.*; **disc** ~
Scheibenkondensator *m.*; **tubular** ~
Rohrkondensator *m.*
capacity *n.* Leistungsfähigkeit *f.*, Kapazität
f.
caparison *n.* Schabracke *f.* (Dekoration)
caps *n. pl.* Großbuchstaben *m. pl.* (IT); ~
lock key Feststelltaste *f.* (IT)
capstan *n.* Bandtransportrolle *f.*, Tonrolle
f., Capstan *n.*, Tonantriebswelle *f.*; ~
idler Andruckrolle *f.*; ~ **motor**
Tonmotor *m.*
caption *n.* Einblendtitel *m.*, Titel *m.*,
Titelinsert *n.*, Insert *n.*; ~ (subtitle)
Bildunterschrift *f.*, Untertitel *m.*; ~
(station identification) Kennung *f.*,
Kennzeichen *n.*; ~ Zeichen *n.*
(Eurovision), Caption; **black-on-white**
~ positiver Titel; **roller** ~ Rolltitel *m.*,
rollender Titel; **static** ~ unbeweglicher
Titel; **to run** ~s Titel aufziehen; **white-
on-black** ~ negativer Titel; ~ **artist**
Titelanfertiger *m.*, Titelzeichner *m.*; ~
changer Insertwechsler *m.*; ~ **desk**
Insertpult *n.*; ~ **easel** Grafikständer *m.*,
Insertpult *n.*; ~ **generator** (video)
Setzmaschine *f.*; ~ **generator**
Schriftgenerator *m.*; ~ **insertion**
Schrifteinblendung *f.*; ~ **lettering**
Titelschrift *f.*; ~ **mixer**

Schrifteinblender *m.*, Schriftsetzer *m.*; ~
positioning Schriftaustastung *f.*; ~
scanner Diaabtaster *m.*, Insertabtaster
m.; ~ **shooting** Titelaufnahme *f.*; ~
stand Grafikständer *m.*, Insertpult *n.*,
Titelständer *m.*; ~ **superimposition**
Schrifteinblendung *f.*
captions artist Schriftgrafiker *m.*
(Kohlebürste::)**CAR** (s. central apparatus
room)
car radio Autoempfänger *m.*, Autoradio *n.*
carbon (brush) Kohle *f.*; ~ **arc**
Kohlenbogen *m.*; ~ **arc lamp**
Kohlenlampe *f.*; ~ **brush** Kohlenbürste
f.; ~ **electrode** Kohlenelektrode *f.*; ~
lamp Kohlenlampe *f.*; ~ **microphone**
Kohlemikrofon *n.*; ~ **resistor**
Schichtwiderstand *m.*
card *n.* Karte *f.*; ~ **column** (IT)
Lochkartenspalte *f.*; ~ **index** Kartei *f.*; ~
punch (IT) Kartenlocher *m.*; ~ **reader**
(IT) Kartenleser *m.*
cardioid *n.* Kardioide *f.*; ~ **characteristic**
Nierencharakteristik *f.*; ~ **microphone**
Nierenmikrofon *n.*, Niere *f.* (fam.); ~
pattern Nierencharakteristik *f.*
care *n.* Vorsicht *f.*
career *n.* Laufbahn *f.*
caretaker's office Pforte *f.*
cargo *n.* Fracht *f.*
Carier/Noise - ratio C/N - Verhältnis
(Sat), Träger/Rausch - Verhältnis
carpenter *n.* Tischler *m.*
carpenter's shop Tischlerei *f.*
carriage control Wagensteuerung *f.*
carrier *n.* (HF) Träger *m.*; **suppressed** ~
unterdrückter Träger; ~ **circuit**
Trägerfrequenzstrecke *f.*; ~ **energy**
Trägerenergie *f.*; ~**-frequency** *adj.*
trägerfrequent *adj.*; ~ **frequency**
Trägerfrequenz *f.* (TF); ~**-frequency**
equipment Trägerfrequenzanlage *f.*; ~**-**
frequency line Trägerfrequenzstrecke
f.; ~ **pulse** Trägerimpuls *m.*
Carrier Sense Multiple Access with
Collision Detection
Kommunikationsverfahren über
Koaxkabel, CSMA/CD
carrier suspension Trägerunterdrückung
f.; ~ **voltage** Trägerspannung *f.*; ~ **wave**
(CW) Trägerwelle *f.*, Träger *m.*; ~

Netzbetreiber *m.* (IT); ~ **mode**
Trägerverfahren *n.* (AM)
carry out *v.* leisten *v.*
carrying strap Tragriemen *m.*
cartoon animation figürlicher Trick; ~
camera bench Tricktisch *m.*, Trickbank
f.; ~ **effect** Trickeffekt *m.*; ~**-film artist**
Trickzeichner *m.*
cartoonist *n.* Trickzeichner *m.*
cartridge *n.* Magazin *n.*, Kassette *f.*; ~
recorder Kassettenrecorder *m.*; ~
Cartridge *n.*, Endlosband-Kassette *f.*
cascade connected part. in Kaskade
geschaltet part.
cascaded rectifiers *n. pl.* Gleichrichter-
Kaskadenschaltung *f.*
cascading *n.* Kaskadierung *f.*; ~ **menus**
Menüs, überlappende *n. pl.* (IT); ~ **style**
sheets Cascading-Style-Sheets *f. pl.*
(IT); ~ **windows** Fenster, überlappende
n. pl. (IT)
cascode circuit Kaskodeschaltung *f.*
case *n.* Koffer *m.*; ~ (cam.) Hülle *f.*; ~ Fall
m., Groß-/Kleinschreibung *f.* (IT); ~
sensitive *adj.* zielgenau *adj.* (IT)
cash discount Skonto *n.*; ~ **office** Kasse *f.*
cashier *n.* Kassierer *m.*
casing *n.* Gehäuse *n.*; ~ **short-circuit**
Gehäuseschluß *m.*
Cassegrain *n.* Cassegrain *n.*
cassette *n.* Magazin *n.*, Kassette *f.*; ~
amplifier Kassettenverstärker *m.*; ~
case Kassettenkoffer *m.*; ~ **motor**
Kassettenmotor *m.*; ~ **recorder**
Kassettenrecorder *m.*; ~ **recording**
Cassetten-MAZ; ~ **video tape recorder**
Bildbandkassettengerät *n.*
cast *v.* (perf.) besetzen *v.*, verpflichten *v.*,
Besetzung *f.*, Rollenbesetzung *f.*,
Darstellerbesetzung *f.*; ~ (col.) Stich *m.*;
change of ~ Umbesetzung *f.*; **member**
of ~ Mitwirkender *m.*; ~ **list**
Besetzungsliste *f.*, Darstellerliste *f.*
casting *n.* (perf.) Besetzung *f.*,
Rollenbesetzung *f.*, Darstellerbesetzung
f.
castor *n.* (mech.) Rolle *f.*
castored base Fahrspinne *f.*
CAT (s. Clear Air Turbulence)
catch light Augenlicht *n.*; ~ **on** *v.*
einschlagen *v.*
catchline *n.* Schlagzeile *f.*

catchment, (a station's) Sendegebiet *n.*
catchword *n.* Stichwort *n.*
catchy tune Ohrwurm *m.*
cathode *n.* Kathode *f.*; **directly-heated** ~
direkt geheizte Kathode; **filament-type**
~ direkt geheizte Kathode; **hot** ~
Glühelektrode *f.*; **indirectly-heated** ~
indirekt geheizte Kathode; **~-coupled**
circuit Anodenbasisschaltung *f.*,
Kathodenverstärker *m.*; ~ **current**
Kathodenstrom *m.*; ~ **follower**
Anodenbasisschaltung *f.*,
Kathodenfolgeschaltung *f.*,
Kathodenverfolger *m.*; ~ **potential**
Kathodenpotential *n.*; ~ **ray**
oscilloscope (CRO)
Kathodenstrahloszilloskop *n.*; ~ **ray**
store (IT) Kathodenstrahlspeicherröhre
f.; ~ **ray tube** (CRT)
Kathodenstrahlröhre *f.*,
Wiedergaberöhre *f.*; ~ **resistor**
Kathodenwiderstand *m.*
cathodyne circuit Kathodynschaltung *f.*
CATV (s. central aerial television)
catwalk *n.* Beleuchtergang *m.*
cause *n.* Ursache *f.*
caution *n.* Vorsicht *f.*
cavity resonator Topfkreis *m.*
CB (s. common-battery connection)
CCR (s. central control room)
CCTV (s. closed-circuit television)
CCU (s. camera control unit) f *f.*
CD burner CD-Brenner *m.* (IT); °~
changer CD-Wechsler *m.*; °~ **player**
CD-Spieler *m.*; °~**-ROM drive** CD-
ROM-Laufwerk *n.* (IT); °~**-ROM**
jukebox CD-ROM-Jukebox *f.* (IT)
Ceefax *n.* Ceefax *n.* (Videotext
(Teletextdienst)
cell *n.* Zelle *f.*; **photoelectric** ~ (PEC)
fotoelektrische Zelle, Fotoelement *n.*,
Fotozelle *f.*; ~ **side** (coll.)
Schichtträgerseite *f.*; ~ **header** Zellkopf
m.
celluloid film Zellhornfilm *m.*; ~ **scratch**
Blankschramme *f.*; ~ **side**
Schichtträgerseite *f.*
cellulose disc Tonfolie *f.*
CEM (s. receiving and measuring station)
cemented surface of lens gekittete
Objektivfläche
censor's certificate Zensurkarte *f.*

censorship *n.* Zensur *f.*
central aerial television (CATV)
Gemeinschaftsantennenanlage *f.*; ~
antenna Zentralantenne *f.*; ~ **apparatus**
room (CAR) Bild- und Tonschaltraum
m., Hauptgeräteraum *m.*,
Kamerazentralbedienung *f.*,
Zentralgeräteraum *m.*; ~ **axis**
Mittelachse *f.*; ~ **control room** (CCR)
Hauptschaltraum *m.*, Endkontrolle *f.*; ~
field of vision Mittelgrund *m.*; ~ **office**
Zentralstelle *f.* (SVCTL); ~ **operation**
position Zentralbedienplatz *m.*; ~
processing unit (CPU) (IT)
Zentraleinheit *f.*, Prozessor *m.*; ~
registry Zentralregistratur *f.*; ~
research Dokumentation *f.*; ~ **services**
n. pl. Hausverwaltung *f.*,
Innenverwaltung *f.*; ~ **services group**
Betriebsverwaltung *f.*; ~ **office**
Vermittlungsamt *n.* (Tel)
centre *v.* Bild einstellen; ~ (F) Bobby *m.*,
Filmkern *m.*; ~ (building) Komplex *m.*;
~ **desk** Zentralredaktion *f.*; ~
frequency Mittenfrequenz *f.*; ~ **of**
dispersion Zerstreuungspunkt *m.*; ~ **of**
frame (F) Bildmitte *f.*, Bildmittelpunkt
m.; ~ **of gravity of aerial**
Antennenschwerpunkt *m.*; ~ **of interest**
bildwichtiger Teil; ~ **of picture** (TV)
Bildmitte *f.*, Bildmittelpunkt *m.*; ~ **on** *v.*
in die Bildmitte setzen; ~ **positioning**
Mittenstellung *f.*; ~ **tap**
Mittelanzapfung *f.*
centrifugal switch Fliehkraftschalter *m.*
centring, bad ~ fehlerhafte
Bildeinstellung; **~-up** *n.* Bildeinstellung
f.
ceramic *adj.* keramisch *adj.*
certificate of qualification
Befähigungsnachweis *m.*
CFM kompandierte FM (Sat)
chain *n.* Kette *f.*; ~ **amplifier**
Kettenverstärker *m.*; ~ **control**
Kettenüberwachung *f.*; ~ **hoist**
Kettenzug *m.*
chairman *n.* (prog.) Diskussionsleiter *m.*,
Gesprächsleiter *m.*
chamber *n.* Raum *m.*; **anechoic** ~
schalltoter Raum; **free-field** ~
schalltoter Raum; ~ **music**

Kammermusik f.; ~ **orchestra** Kammerorchester n.

championship n. Meisterschaft f.

chance n. Zufall m.

change n. Übergang m.; ~ **around** v. umschneiden v.; ~ **in sound impression** Klangbildveränderung f.; ~ **of angle** (script) Einstellungswechsel m.; ~ **of cast** Umbesetzung f.; ~ **of focal length** Brennweitenänderung f.; ~ **of focus** Einstellungswechsel m.; ~ **of load** Belastungsschwankung f.; ~ **of phase** Phasenmaß n.; ~ **of programme** Programmänderung f., Programmwechsel m.; ~ **of scene** Bildwechsel m.; ~ **of scenery** Szenenwechsel m.; ~ **over** v. umschalten v.; ~**-over** n. Übergang m.; ~**-over** n. (proj.) Überblendung f., Überblenden n., Überblender m.; ~**-over** n. (tech.) Umschaltung f.; ~**-over contact** Umschaltkontakt m.; ~**-over cue** Stanze f., Überblendzeichen n.; ~**-over cue punching machine** Überblendzeichenstanze f.; ~**-over cues** Koppelzeichen n. pl., Aktüberblendzeichen n. pl., Bildüberblendzeichen n. pl.; ~**-over identification** Umschaltkennung f.; ~**-over mark** Überblendzeichen n.; ~**-over point** (elec.) Kippunkt m.; ~**-over signal** Überblendzeichen n.; ~**-over switch** Umschalter m., Umschaltgerät n., Wechselschalter m.; ~**-over switch** (breakdown) Pannenschalter m.; ~**-over time** Umschaltzeit f.; ~ **of picture level** Bildpegeländerung f.

changeover n. Umstellung f.

changing bag Dunkelsack m., Kassettenwechselsack m., Wechselsack m.; ~ **frame** Wechselrahmen m.; ~ **magazine** Wechselkassette f.

channel n. Kanal m., Signalweg m., Übertragungskanal m.; ~ (prog.) Programm n. (erstes, zweites, drittes), Kanal m.; **adjacent** ~ Nachbarkanal m.; **incoming** ~ ankommende Leitung; **outgoing** ~ abgehende Leitung; **to change** ~s auf einen anderen Kanal schalten; ~ **amplifier** Kanalverstärker m.; ~**-balancing** n. Kanalanpassung f.; ~ **bandwidth** Kanalbandbreite f.; ~

bank Kanalumsetzer m.; ~ **boundary** Kanalgrenze f.; ~ **circuit** Kanalschaltung f.; ~ **coding** Datenaufbereitung f. (Magnetband); ~ **combining unit** Kanalweiche f.; ~ **diplexer** Kanalweiche f.; ~ **frequency deviation** Kanalhub (Sat); ~ **rejector circuit** Kanalsperrkreis m.; ~ **selector** Kanalwähler m., Kanalschalter m.; ~ **selector switch** Kanalschalter m.; ~ **separation** Kanaltrennung f.; ~ **signal generator** Kanalmeßsender m.; ~ **switching** Kanalschaltung f.; ~ **translating equipment** Kanalumsetzer m.; ~ **width** Kanalhub (Sat); ~ **Welle** f.; ~ **decoder** Kanaldecoder m.; ~ **disturbance** Sendestörung f.; ~ **encoder** Kanalencoder m.; ~ **equalisation** Kanalausgleich m.

channels in tête-bêche spiegelbildliche Fernsehkanäle

Chapman crane Chapman-Kran m.

character n. (perf.) Rolle f.; ~ (IT) Zeichen n.; ~ **actor** Charakterdarsteller m.; ~ **code** Zeichencode m.; ~ **font** Schriftart f.; ~ **inserter** Zeichenzusetzer m.; ~ **part** Charakterrolle f.; ~ **type** Rollenfach n.; ~ **density** Zeichendichte f. (IT); ~ **generator** Zeichengenerator m. (IT); ~ **image** Zeichenabbild n. (IT); ~ **mode** Zeichenmodus m. (IT); ~ **reading** Zeichenabtastung f. (IT); ~ **recognition** Zeichenerkennung f. (IT); ~ **scanning** Zeichenabtastung f. (IT); ~ **set** Zeichensatz m. (IT); ~ **spacing** Zeichenabstand m. (IT); ~ **string** Zeichenfolge f. (IT)

characteristic, falling ~ fallende Kennlinie; **linear part of** ~ linearer Teil einer Kennlinie; **rising** ~ steigende Kennlinie; ~ **curve** Kennlinie f.; ~ **frequency** (acoust.) Eigenfrequenz f.; ~ **impedance** Wellenwiderstand m.; ~ **oscillation** Eigenschwingung f. (LC); ~ **sound pressure level** Kennschalldruckpegel m.

characteristics n. pl. Kenndaten n. pl., Daten n. pl.

characters n. pl. Charaktere m. pl.

charge v. laden v.; ~ (elec.) speisen v.; ~ aufladen v. (Akkumulator), Ladung f.; ~ (fee) Gebühr f.; ~ Ladung f. (Q),

Aufladung *f.*, Taxe *f.*; **static** ~ (F)
statische Aufladung; ~**-hand**
electrician Oberbeleuchter *m.*; ~ **image**
Ladungsbild *n.*; ~ **pattern** Ladungsbild
n.; ~ **process** Chargenprozeß *m.* (IT)
chargeable *adj.* gebührenpflichtig *adj.*
charger *n.* Ladeeinheit *f.*
charging capacitor Ladekondensator *m.*;
~ **condenser** Ladekondensator *m.*; ~
current Ladestrom *m.*; ~ **rate**
Stromaufnahme *f.*; ~ **resistor**
Ladewiderstand *m.*
chart *n.* Diagramm *n.*
charts *n.* Hitparade *f.*, Charts *f. pl.* (Musik)
chartshow *n.* Hitparade *f.*
chassis, mobile ~ fahrbarer Untersatz; ~
type receptacle Chassisbuchse *f.* (IT)
chat *n.* Chat *m.* (IT), chatten *v.* (IT); ~
area Chatbereich *m.* (IT); ~ **room**
Chatroom *m.* (IT); ~ **session**
Chatsitzung *f.* (IT)
check *v.* nachprüfen *v.*, checken *v.*, prüfen
v., Probe *f.*, Prüfung *f.*, Kontrolle *f.*; ~
bit (IT) Prüf-Bit *n.*; ~ **character** (IT)
Prüfzeichen *n.*; ~**-girl** *n.* (US)
Garderobiere *f.*; ~ **list** Prüfbericht *m.*; ~
point Meßpunkt *m.*; ~ **sum**
Kontrollsumme *f.*; ~ **switch**
Meßstellenschalter *m.*; ~ **word** Prüfwort
n.
checkout *n.* (IT) Funktionsprüfung *f.*
checkpoint *n.* Wiederanlaufpunkt *m.*
chemical compound chemische
Verbindung; ~ **fade** chemische Blende;
~ **veiling** (FP) Niederschlag *m.*
chequerboard cutting (FP)
Nachschneiden *n.*; ~ **pattern**
Schwarzweißraster *m.*; ~ **test pattern**
Schachmustertestbild *n.*
chicken-wire *n.* Kükendraht *m.*
chief *n.* Leiter *m.*; ~ **announcer**
Chefansager *m.*, Chefsprecher *m.*; ~
architect Chefarchitekt *m.*; ~
conductor Chefdirigent *m.*; ~
electrician Oberbeleuchter *m.*; ~
engineer leitender Ingenieur; ~
librarian Archivleiter *m.*; ~ **of**
production Produktionsleiter *m.*; ~
reporter Chefreporter *m.*
child employment Kinderbeschäftigung *f.*;
~ **directory** Verzeichnis,

untergeordnetes *n.* (IT); ~ **menu** Menü,
untergeordnetes *n.* (IT)
children's online privacy protection
Online-Datenschutz für Kinder *m.* (IT)
children's broadcasts *n. pl.* Kinderfunk
m.; ~ **film** Kinderfilm *m.*; ~ **hour**
Kinderstunde *f.*; ~ **news programme**
Kindernachrichten *f. pl.*; ~
performance Jugendvorstellung *f.*; ~
programme Kinderprogramm *n.*; ~
television Kinderfernsehen *n.*
chinagraph pencil Fettstift *m.*
chip *n.* Chip *m.*
chirp sounder Ionosonde mit
durchstimmbarer Frequenz
chirping *n.* Zwitschern *n.*
chocolate block (coll.) Lüsterklemme *f.*
choice *n.* Auswahl *f.*; ~ **of programme**
Programmauswahl *f.*
choir *n.* Chor *m.*
choke *n.* Drossel *f.*, Drosselspule *f.*,
Sperrdrossel *f.*, Vorschaltgerät *n.*
choose *v.* auswählen *v.*
chopped *adj.* zerhackt *adj.*
chopper *n.* Zerhacker *m.*
choral music Chormusik *f.*
chord *n.* Akkord *m.* (Musik)
chore *n.* Verrichtung *f.*
choreographer *n.* Choreograf *m.*
choreography *n.* Choreografie *f.*
chorus *n.* Chor *m.*; **member of a** ~
Chorist *m.*, Chorsänger *m.*; ~ **director**
Chorleiter *m.*; ~ **manager** Chorwart *m.*;
~ **master** Chorleiter *m.*; ~ **singer**
Chorist *m.*, Chorsänger *m.*; ~
supervisor Chorinspektor *m.*; ~ Chorus
m. (Klangeffekt), Refrain *m.*
chrom. sig. (coll.) Chrominanzsignal *n.*
chroma (compp.) (coll.) Farb- (in Zus.); ~
error voltage Chromafehlerspannung *f.*;
~ **key** Blaustanzverfahren *n.*,
Farbschablonentrick *m.*, Stanztrick *m.*;
~ **key system** Chromakey-Verfahren *n.*
chromacity *n.* Farbart *f.*
chromatic *adj.* Farb- (in Zus.); ~
aberration Farbabweichung *f.*; ~ **chain**
Farbartkanal *m.*; ~ **channel**
Farbartkanal *m.*; ~ **coefficient**
Farbkoeffizient *m.*; ~ **component**
Farbauszug *m.*; ~ **coordinate**
Farbkoordinate *f.*; ~ **defect** Farbfehler
m., chromatischer Fehler; ~ **difference**

Farbdifferenz *f.*; ~ **flicker**
Farbartflimmern *n.*; ~ **resolution**
Farbkonturschärfe *f.*; ~ **sensitivity**
Farbempfindlichkeit *f.*; ~ **separation**
Farbaufteilung *f.*; ~ **splitting**
Farbaufteilung *f.*; ~ **tristimuli**
trichromatische Farbkoeffizienten
chromaticity *n.* Farbigkeit *f.*, Farbart *f.*,
Farbwert *m.*; ~ **coordinates**
Farbwertkoordinaten *f. pl.*; ~ **diagram**
Farbtafel *f.*, Spektralfarbenzug *m.*
chromatics *n.* Farblehre *f.*
chrome dioxide Chromdioxyd *n.*
chrominance *n.* Chrominanz *f.*; ~
channel Chrominanzkanal *m.*; ~
component Chrominanzkomponente *f.*,
Farbwertbild *n.*; ~ **demodulator**
Farbdemodulator *m.*; ~ **equaliser**
Farbkanalentzerrer *m.*; ~ **information**
Farbinformation *f.*; ~ **modulator**
Chrominanzmodulator *m.*,
Farbmodulator *m.*; ~ **offset**
Farbwertverschiebung *f.*; ~ **resolution**
Farbauflösung *f.*; ~ **shift**
Farbwertverschiebung *f.*; ~ **signal**
Chrominanzsignal *n.*, Farbartsignal *n.*
(F-Signal), Farbwertsignal *n.*; ~ **sync**
pulse Farbsynchronimpuls *m.*
chromoscope *n.* Farbbildröhre *f.*
chronometry *n.* Zeitmessung *f.*
chunk *n.* Datenblock *m.* (IT)
cinch *n.* (tape) Bandwickelfehler *m.*; ~
Cinch *n.* (Fensterbildung im
Bandwickel)
cinching *n.* Cinch *n.* (Fensterbildung im
Bandwickel)
cine (compp.) Film- (in Zus.); ~ **camera**
Filmkamera *f.*, Aufnahmekamera *f.*; ~
turret Objektivrevolver *m.*
cinefilm *n.* (material) Kinofilm *m.*
cinema *n.* Filmtheater *n.*, Lichtspieltheater
n., Kino *n.*; **96-perforation** ~ **film**
Kinefilm /96 Perforationslöcher; ~
circuit Theaterring *m.*; ~ **film** Kinofilm
m., Kinefilm *m.*; ~**-goer** *n.* Besucher *m.*,
Zuschauer *m.*; ~ **manager**
Filmtheaterleiter *m.*, Theaterleiter *m.*; ~
publicity Kinoreklame *f.*; ~ **screen**
Bildwand *f.*
cinemascope *n.* Cinemascope *n.*
cinematic *adj.* filmisch *adj.*
cinematics *n. pl.* Filmkunst *f.*

cinematography *n.* Film *m.*, Filmkunst *f.*,
Kinematografie *f.*, Filmkunde *f.*
cinemicrography *n.* Mikrokinematografie
f.
cipher *v.* chiffrieren *v.*, verschlüsseln *v.*
circle of confusion Zerstreuungskreis *m.*
circuit *n.* Schaltungsaufbau *m.*,
Amtsleitung *f.*; **active** ~ (IT) aktive
Schaltung; **closed** ~ geschlossener
Stromkreis; **coil-loaded** ~ bespulte
Leitung; **incoming** ~ ankommende
Leitung; **integrated** ~ (IC) integrierter
Schaltkreis, integrierte Schaltung,
integrierter Baustein; **one-way** ~
gerichtete Leitung; **open** ~ offener
Stromkreis; **outgoing** ~ abgehende
Leitung; **out of** ~ stromlos *adj.*;
permanent ~ stehende Leitung;
printed ~ gedruckter Schaltkreis,
gedruckte Schaltung, Steckleiterplatte *f.*;
to put in ~ zuschalten *v.*; **to record**
over a ~ über Leitung aufnehmen, über
Leitung aufzeichnen; **to set up a** ~
Leitung einrichten; **unidirectional** ~
gerichtete Leitung; ~ **allocation unit**
Leitungsbüro *n.*; ~ **board** Schaltplatte
f.; ~ **capacitance** Schaltkapazität *f.*; ~
capacity Schaltungskapazität *f.*; ~
conference Schaltkonferenz *f.*; ~
diagram Schaltplan *m.*, Schaltschema
n., Schaltbild *n.*, Schaltung *f.*,
Stromlaufplan *m.*; ~ **diagramm**
Schaltbild *n.*; ~ **down!** Leitung ist tot!;
~ **identification** Leitungskennung *f.*; ~
section Leitungsabschnitt *m.*; ~
termination Leitungsabschluß *m.*; ~
time Verbindungsdauer *f.*; ~ **up!**
Leitung steht!; ~ **utilisation times**
Leitungszeiten *f. pl.*; ~ **with combined**
coupling Zwischenbasisschaltung *f.*; ~
occupancy Leitungsausnutzung *f.* (Tel);
~ **time** Verbindungsdauer *f.*
circuitry *n.* Schaltung *f.*; **integrated** ~
integrierter Schaltungsaufbau
circular radiation Rundstrahlung *f.*,
Rundumstrahlung *f.*; ~ **review**
Umlaufverfahren *n.*
circulate *v.* umlaufen *v.*
circulation *n.* Umlauf *m.*; ~**-system**
lubrication Umlaufschmierung *f.*; ~
time Umlaufzeit *f.*
circulator *n.* Zirkulator *m.*

circumstance *n.* Umstand *m.*
circus performer Artist *m.*
citizens advice broadcasting Bürgerfunk *m.*; ~' **radio** Bürgerfunk *m.*
civil engineer Bauingenieur *m.*; ~ **servant** Beamter *m.*
claim for remuneration Vergütungsanspruch *m.*; ~ Claim *m.* (Slogan)
clamp *v.* klemmen *v.*, Klemme *f.*, Klemmhalterung *f.*; ~ (circuit) Klemmschaltung *f.*, Clamp *m.*; ~ **pulse** Klemmimpuls *m.*; ~ **voltage** Klemmpotential *n.*
clamping circuit Klemmschaltung *f.*, Clamp *m.*; ~ **diode** Schwarzwertdiode *f.*; ~ **on front/back porch** Schwarzschulterklemmung *f.*; ~ **pulse** Klemmimpuls *m.*, Nulltastimpuls *m.*; ~ **strip** Verriegelungslasche *f.*; ~ **voltage** Klemmpotential *n.*
clapp stick Klappe *f.*
clapper *n.* Synchronklappe *f.*, Klappe *f.*; ~ **board** Synchronklappe *f.*, Klappe *f.*; ~ **boy** Klappenschläger *m.*
clarity *n.* Deutlichkeit *f.*; ~ **of vowels** Vokalverständlichkeit *f.*
class A circuit (transmitter) A-Schaltung *f.*; ~ **B circuit** B-Schaltung *f.*; ~ **C circuit** C-Schaltung *f.*
classes of service Berechtigungsklassen *f. pl.* (IT)
classic *n.* Klassiker *m.*
classroom reception Klassenempfang *m.*
claw *n.* Greifer *m.*; ~ **arm** Greiferarm *m.*; ~ **feed system** Greifersystem *n.*
clean feed n-minus-eins-Schaltung *f.*; ~ **tape** Leerband *n.*, Löschband *n.*
clear (down) *v.* Verbindung auslösen; **to** ~ **interference** entstören *v.*; **to** ~ **the throat** (micr.) abhusten *v.*; ~ **a fault** Störung beseitigen
Clear Air Turbulence (CAT) Strudelbewegung *f.* (Luft)
clear film Blankfilm *m.*; ~ **film with frame line** Blankfilm mit Bildstrich; ~ **leader** Blankfilm *m.*; ~ **run** Durchlauf *m.*; ~ unverschlüsselt *adj.* (Pay-TV)
clearance *n.* Spielraum *m.*, Toleranz *f.*; ~ **of rights** Freistellung von Rechten
cleardown *n.* Verbindungsabbau *m.* (Datenübertragung)

clearing *n.* Klären *n.*; ~ **bath** Klärbad *n.*
clearness *n.* (opt.) Schärfe *f.*; ~ Schärfe *f.* (Optik)
cleat *n.* Blendenklammer *f.*, Kulissenklammer *f.*
clerical employee Bürokraft *f.*; ~ **operator** Vervielfältiger *m.*
cliché *n.* Klischee *n.*, Schablone *f.*
click *n.* Knacken *n.*; ~ **interference** Knackstörung *f.*; ~ **setting** Blendenraste *f.*; ~ **speed** Klickgeschwindigkeit *f.* (IT)
client *n.* Client *m.*, Nutzer *m.*; ~/**server architecture** Client-/Serverarchitektur *f.* (IT)
clip *v.* abschneiden *v.*, clippen *v.*, Filmausschnitt *m.*, Abschnitt *m.* (Video); ~ **on** *v.* aufstecken *v.*; ~-**on probe** Stromzange *f.*, Amperezange *f.*; ~ **art** Clipart *n.* (IT)
clipboard *n.* Clipboard *n.* (IT), Zwischenablage *f.* (IT)
clipper *n.* (TV) Abschneidestufe *f.*, Clipperstufe *f.*, Begrenzer *m.*; **symmetrical** ~ symmetrische Abschneidestufe
clipping *n.* Abschneiden *n.*, Amplitudenbegrenzung *f.*, Begrenzung *f.*; ~ (press) Zeitungsausschnitt *m.*; ~ **circuit** (TV) Abschneidestufe *f.*, Clipperstufe *f.*
cloakroom *n.* Garderobe *f.*; ~ **attendant** Garderobiere *f.*
clock *v.* die Zeit nehmen; ~ (IT) Taktgeber *m.*; ~ **Takt** *m.*; ~ **frequency** (IT) Taktfrequenz *f.*; ~ **generator** (IT) Taktgeber *m.*; ~ **marker track** (IT) Taktspur *f.*; ~ **pulse** Zeitimpuls *m.*; ~ **pulse** (IT) Taktimpuls *m.*; ~ **pulse rate** Taktgeschwindigkeit *f.*, Taktrate *f.* (EDV); ~ **rate** (IT) Taktfrequenz *f.*; ~ **rate** Taktgeberfrequenz *f.*; ~ **recovery** Taktrückgewinnung *f.* (EDV); ~ **regeneration** Taktrückgewinnung *f.* (EDV); ~ **signal** (IT) Taktimpuls *m.*; ~ **track** (IT) Taktspur *f.*
clocked *adj.* taktsynchron *adj.*
clockwise *adj.* im Uhrzeigersinn
clockwork *n.* Federwerk *n.*
clog wipe Kreiselblende *f.*
close *v.* abschließen *v.*, beenden *v.*; ~ (circuit) zuschalten *v.*; ~ Abschluß *m.* (Technik); **to** ~ **a programme** absagen

v.; **too** ~ (pict.) zuwenig Luft; **very** ~
shot (VCS) ganz groß, ganz nah; ~
contrast Nahkontrast *m.*; ~**-down** *n.*
Sendeschluß *m.*; ~**-medium shot**
Halbnah-Aufnahme *f.*; ~**-medium shot**
(CMS) Halbnahe *f.*; ~ **of transmission**
Sendeschluß *m.*; ~**-perspective**
recording Nahaufnahme *f.*,
Naheinstellung *f.*; ~**-range fading area**
(transmitter) Nahschwundzone *f.*; ~**-**
shot (CS) Großaufnahme *f.*,
Nahaufnahme *f.*, Naheinstellung *f.*; ~
signal Schlußzeichen *n.*; ~**-statement**
(IT) Abschlußbefehl *m.*; ~**-talking**
microphone Nahbesprechungsmikrofon
n.; ~**-up** *n.* Naheinstellung *f.*; ~**-up** *n.*
(CU) Großaufnahme *f.*, Nahaufnahme *f.*,
Naheinstellung *f.*; ~**-up** *adj.* groß *adj.*,
nah; **-up, extreme** ~ (ECU)
Makroaufnahme *f.*; ~**-up adapter**
Zwischenring für Nahaufnahme; ~**-up**
view (US) Großaufnahme *f.*,
Nahaufnahme *f.*, Naheinstellung *f.*; ~ **a**
file Datei schließen *f.*
closed, to transmit over ~ **circuit**
überspielen *v.*; ~ **circuit** (system)
Kurzschlußempfangsverfahren *n.*,
Kurzschlußverfahren *n.*; ~ **circuit** (line)
Überspielleitung *f.*; ~**-circuit current**
Ruhestrom *m.*; ~**-circuit system**
Kurzschlußempfangsverfahren *n.*,
Kurzschlußverfahren *n.*; ~**-circuit**
television (CCTV) Betriebsfernsehen *n.*,
industrielles Fernsehen, Kabelfernsehen
n.; ~**-circuit transmission**
Überspielung *f.*; ~**-circuit TV camera**
Fernauge *n.*; ~ **user group** geschlossene
Benutzergruppe *f.* (IT); ~**-shop test**
system Closed-shop-Betrieb *m.* (IT)
closing *n.* Abschluß *m.*; ~ **announcement**
Absage *f.*, Programmabsage *f.*,
Stationsabsage *f.*; ~ **captions** *n. pl.*
Nachspann *m.*; ~ **credits** *n. pl.*
Nachspann *m.*; ~**-down** *n.*
Endabschaltung *f.*; ~ **procedure**
Schlußablauf *m.*; ~ **scene** Schlußszene
f.; ~ **title** Schlußtitel *m.*; ~ **titles** *n. pl.*
Endtitel *m.*, Nachspann *m.*, Schlußtitel
m.
cloth light Kleidungslicht *n.*
clownery *n.* Posse *f.*
clue *n.* (US) Hinweis *m.*

cluster *n.* Tonzuschlag *m.*,
Festplattensektor *m.*
clutch *n.* (mech.) Kupplung *f.*
CMCR (s. colour mobile control room)
CMS (s. close-medium shot)
CMVTR (s. colour mobile video tape
recorder)
co-author *n.* Mitautor *m.*; ~**-channel**
service Gleichkanalbetrieb *m.*; ~**-**
production *n.* Koproduktion *f.*,
Gemeinschaftsproduktion *f.*; ~**-star** *n.*
(F) Partner *m.*
coal *n.* Kohle *f.*
coarse-grained *adj.* grobkörnig *adj.*; ~
adjustment Grobeinstellung *f.*; ~
setting Grobeinstellung *f.*
coat *v.* anstreichen *v.*, Überzug *m.*
coated tape Schichtband *n.*
coating *n.* (opt.) Antireflexbelag *m.*,
Beschichtung *f.*; ~ (F) Guß *m.*, Schicht
f., Überzug *m.*; ~ Covalieren *n.*, Belag
m.; **photosensitive** ~ lichtempfindliche
Schicht; ~ **of lens** Vergütung *f.*
coax *n.* (coll.) Koaxialkabel *n.*, Koaxkabel
n. (fam.); ~ **cable** Koaxialkabel *n.* (s.
Koaxialkabel)
coaxial *adj.* konzentrisch *adj.*; ~ **cable**
Koaxialkabel *n.*, Koaxkabel *n.* (fam.); ~
line Koaxialkabel *n.*, Koaxkabel *n.*
(fam.); ~ **loudspeaker**
Koaxiallautsprecher *m.*
cobweb gun Spinnwebmaschine *f.*
cockpit *n.* Cockpit *n.*
code *v.* kodieren *v.*, verschlüsseln *v.*, Code
m.; ~ **bar** Wahlschiene *f.*, Schiene *f.*
(fam.); ~ **conversion** (IT) Kode-
Umwandler *f.*; ~ **of practice**
Betriebsanleitung *f.*, Betriebsanweisung
f.; ~ Schlüssel *m.* (IT), codieren *v.* (IT);
~ **element** Codeelement *n.* (IT); ~
extension Codeerweiterung *f.* (IT)
coder *n.* Koder *m.*, Enkoder *m.*, Coder *m.*,
Farbcoder *m.*; ~ **network** (IT)
Kodiermatrix *f.*
codeword *n.* Codewort *n.*
coding *n.* Kodierung *f.*, Codierung *f.*; ~
history Codiergeschichte *f.*
coefficient of re-emission
Remissionsverhältnis *n.*; ~ **of**
reflectance Remissionsverhältnis *n.*
coercion *n.* Zwang *m.*
coercitivity *n.* Koerzitivkraft *f.*

cog wheel Zahnrad *n.*
coil *v.* (elec.) spulen *v.*, Spule *f.*; ~ Wendel *f.*; ~ **current** Spulenstrom *m.*; ~-**driven loudspeaker** elektrodynamischer Lautsprecher; ~ **form** Spulenkörper *m.*; ~ **of cable** Kabelring *m.*; ~ **turret** Spulentrommel *f.*; ~ (**up**) *v.* aufspulen *v.*, aufwickeln *v.*
coiling *n.* Wicklung *f.*
coincidence *n.* Zufall *m.*; ~ (IT) UND-Gatter *n.*, Koinzidenzgatter *n.*; ~ **circuit** Koinzidenzschaltung *f.*; ~ **circuit** (IT) UND-Gatter *n.*, Koinzidenzgatter *n.*; ~ **detector** Koinzidenzgleichrichter *m.*; ~ **pulse** Koinzidenzimpuls *m.*
coincident *adj.* gleichzeitig *adj.*; ~ **image** kongruentes Teilbild; ~ **microphone** Koinzidenzmikrofon *n.*; ~-**microphone stereo** Intensitätsstereofonie *f.*
cold light Kaltlicht *n.*; ~ **boot** Kaltstart *m.* (IT); ~ **end** Cold End *n.* (Musik); ~ **voice** Cold Voice (syn. f. trocken)
collaborator *n.* Mitarbeiter *m.*
colleague *n.* Mitarbeiter *m.*, Kollege *m.*
collecting lens Sammellinse *f.*
collective product advertising Branchenwerbung *f.*; ~ **telephone number** Telefonsammelnummer *f.*
collector *n.* Kollektor *m.*, Sammelelektrode *f.*; ~ **current** Kollektorstrom *m.*; ~ **electrode** Sammelelektrode *f.*; ~-**load resistance** (transistor) Außenwiderstand *m.*
college radio Collegeradio *n.* (IT)
collinear array of dipoles Dipolreihe *f.*
collision frequency Stoßzahl *f.*
color bits Farbbits *n. pl.* (IT); ~ **management** Farbmanagement *n.* (IT); ~ **table** Farbtabelle *f.* (IT)
coloration *n.* Farbgebung *f.*; ~ (sound) Tonverfremdung *f.*
colorimetric *adj.* farbmetrisch *adj.*; ~ **purity** Farbdichte *f.*
colorimetry *n.* Farbmessung *f.*, Farbmetrik *f.*, Farblehre *f.*
colortran lamp Colortranlampe *f.*; ~ **light** Colortranlicht *n.*
colour *n.* Farbe *f.*; ~ (compp.) Farb- (in Zus.); **additive** ~ **process** additives Farbverfahren; **additive** ~ **synthesis** additive Farbsynthese; **additive** ~ **system** additives Farbverfahren;

desaturated ~ verwaschene Farbe; **garish** ~ schreiende Farbe; **impure** ~ unreine Farbe; **loud** ~ schreiende Farbe; **muted** ~ gedämpfte Farbe; **pale** ~ blasse Farbe; **pure** ~ reine Farbe; **subdued** ~ gedämpfte Farbe; **subtractive** ~ **process** subtraktives Farbverfahren; **subtractive** ~ **synthesis** subtraktive Farbsynthese; **subtractive** ~ **system** subtraktives Farbverfahren; **washed-out** ~ verwaschene Farbe; ~ **adviser** Farbberater *m.*; ~ **analysis** Farbanalyse *f.*; ~ **balance** Farbabstimmung *f.*, Farbabgleich *m.*, Farbbalance *f.*, Farbgleichgewicht *n.*; ~ **balance filter** Farbausgleichfilter *m.*; ~ **banding** Farbbänder *n. pl.*, , Colour Banding; ~ **bar** Farbbalken *m.*; ~ **bar pattern** Farbbalkentestbild *n.*; ~ **blending** Farbmischung *f.*; ~ **blindness** Farbenblindheit *f.*; ~ **break-up** Farbaufbrechen *n.*; ~ **broadcasting** Farbfernsehen *n.*; ~ **burst** Burst *m.*; ~ **camera** Farbkamera *f.* (elektronisch); ~-**capable** *adj.* farbtüchtig *adj.*; ~ **carrier** (coll.) Farbhilfsträger *m.*, Farbträger *m.*; ~ **cast** Farbstich *m.*; ~ **chart** Farbtafel *f.*; ~ **cinex test** Farbbestimmungsprobe *f.*; ~ **circle** Farbkreis *m.*; ~ **coder** Farbkoder *m.*; ~ **coding** Farbcodierung *f.*; ~ **compensating filter** Farbausgleichfilter *m.*; ~ **compensation filter** Farbkompensationsfilter *m.*; ~ **component** Farbkomponente *f.*; ~ **composition within picture** Farbdramaturgie *f.*; ~ **contamination** Farbübersprechen *n.*; ~ **contrast** Farbkontrast *m.*; ~ **correction** Farbkorrektur *f.*; ~ **correction mask** Farbkorrekturmaske *f.*; ~ **cross-talk** Farbübersprechen *n.*; ~ **decoder** Farbdekoder *m.*; ~ **decoding** Farbdecodierung *f.*; ~ **defect** Farbfehler *m.*, chromatischer Fehler; ~ **demodulator** Farbdemodulator *m.*; ~ **density** Farbdichte *f.*; ~ **developing** Farbentwicklung *f.*; ~ **deviation** Farbabweichung *f.*; ~ **difference** Farbunterschied *m.*, Farbdifferenz *f.*; ~ **difference sensitivity** Farbunterscheidungsvermögen *n.*; ~

difference signal Farbdifferenzsignal *n*.; ~ **difference threshold** Farbunterscheidungsschwelle *f*.; ~ **distortion** Farbabweichung *f*., Farbverschiebung *f*.; ~ **dupe neg** (coll.) Farbduplikatnegativ *n*.; ~ **duplicate negative** Farbduplikatnegativ *n*.; ~ **effect** Farbeindruck *m*.; ~ **electronics** Farbelektronik *f*.; ~ **encoder** Farbkoder *m*.; ~ **error** Farbfehler *m*., chromatischer Fehler; ~ **fidelity** Farbtreue *f*.; ~ **film** Farbfilm *m*.; ~ **film leader** Farbvorlauffilm *m*.; ~ **film system** Farbfilmverfahren *n*.; ~ **filter** Farbfilter *m*.; ~ **filters** Farbfolien *f. pl.* (Beleuchtung); ~ **flicker** Farbflimmern *n*., Farbartflimmern *n*., Farbvalenzflimmern *n*.; ~ **frame** Farbbild *n*.; ~ **fringing** Farbsaum *m*.; ~ **grader** Farblichtbestimmer *m*.; ~ **grey-scale chart** Farbgrauwerttafel *f*.; ~ **head leader** Farbvorlauffilm *m*.; ~ **hue banding** Farbtonstreifigkeit *f*.; ~ **identification** Farbkennung *f*.; ~**-ident sync pulse** Koder-Kennimpuls *m*.; ~ **information** Farbinformation *f*.; ~ **intensity control** Farbstärkeregler *m*., Farbtonknopf *m*.; ~ **intermediate positive** Farbzwischenpositiv *n*.; ~ **killer** Colorkiller *m*., Farbabschalter *m*., Farbsperre *f*.; ~ **kinescope** (US) Farbbildröhre *f*.; ~ **lavender** Farblavendel *n*.; ~ **matcher** Farbkuppler *m*.; ~ **matching** Farbanpassung *f*., , Farbkorrektur *f*., Colour Matching; ~ **matrix** Farbmatrix *f*.; ~ **matrix circuit** Farbmatrixschaltung *f*.; ~ **matrixing** Farbanpassung *f*.; ~ **matrix unit** Farbmatrixschaltung *f*.; ~ **memory** Farberinnerungsvermögen *n*.; ~ **mixing** Farbmischung *f*.; ~ **mixture** Farbmischung *f*.; ~ **mobile control room** (CMCR) Farb-Ü-Wagen *m*.; ~ **mobile video tape recorder** (CMVTR) Farb-MAZ-Wagen *m*.; ~ **modulator** Farbmodulator *m*.; ~ **monitor** Farbmonitor *m*.; ~ **negative** Negativfarbfilm *m*., Farbnegativ *n*.; ~ **negative film** Farbnegativfilm *m*.; ~ **OB vehicle** Farb-Ü-Wagen *m*.; ~ **of light** Lichtfarbe *f*.; ~ **of object**

Gegenstandsfarbe *f*.; ~ **of tone** (musical instrument) Tonfarbe *f*.; ~ **picture** Farbbild *n*.; ~ **picture and waveform monitor** Farbbildkontrollgerät *n*.; ~ **picture signal** Farbbildaustastsignal *n*. (FBA-Signal), Farbbildsignal *n*.; ~ **picture tube** Farbbildröhre *f*.; ~ **positive film** Farbpositivfilm *m*., Positivfarbfilm *m*.; ~ **print** Farbabzug *m*., Farbkopie *f*.; ~ **print film** Positivfarbfilm *m*.; ~ **process** Farbverfahren *n*.; ~ **production** Farbproduktion *f*.; ~ **programme** Buntsendung *f*.; ~ **purity** Farbreinheit *f*.; ~ **quality** Farbqualität *f*.; ~ **range** Farbbereich *m*.; ~ **receiver** Farbfernsehempfänger *m*., Farbempfänger *m*.; ~ **reception** Farbempfang *m*.; ~ **reference** Farbbezugspunkt *m*.; ~ **rendering** Farbwiedergabe *f*., Farbtreue *f*.; ~ **rendition** Farbwiedergabe *f*., Farbtreue *f*.; ~ **reproduction** Farbwiedergabe *f*., Farbtreue *f*.; ~ **reversal film** Farbumkehrfilm *m*.; ~ **reversal print** Farbumkehrduplikat *n*.; ~ **run-out leader** Farbnachlauffilm *m*.; ~ **saturation** Farbsättigung *f*.; ~ **saturation adjustment** Farbsättigungsregelung *f*.; ~ **saturation control** Farbsättigungsregler *m*.; ~**-selective** *adj*. farbselektiv *adj*.; ~ **sensitivity** Farbempfindlichkeit *f*.; ~ **separation** Farbteilung *f*., Farbauszug *m*.; ~ **separation overlay** Blaustanzverfahren *n*.; ~ **separation signal** Farbauszugssignal *n*.; ~ **separator** Farbteiler *m*.; ~**-servicing signal generator** Farbservicegenerator *m*.; ~ **shade** Farbton *m*.; ~ **shading** Farbtonverfälschung *f*.; ~ **signal** Farbsignal *n*.; ~ **slide** Farbdia *n*.; ~ **splitting** Farbteilung *f*.; ~ **splitting system** Farbzerlegungssystem *n*.; ~ **stabilisation amplifier** Farbstabilisierverstärker *m*.; ~ **stimulus** Farbreiz *m*.; ~ **stimulus specification** Farbvalenz *f*.; ~ **stock** Farbfilmmaterial *n*.; ~ **sub-carrier** Farbträger *m*.; ~ **subcarrier** (CSC) Farbhilfsträger *m*., Farbträger *m*.; ~ **sub-carrier frequency** Farbträgerfrequenz *f*.; ~ **subcarrier**

oscillation Farbträgerschwingung *f.*; ~
synchronising burst
Farbsynchronsignal *n.*; ~ **synchronising
signal** Farbsynchronsignal *n.*; ~
synthesis Farbsynthese *f.*; ~ **tail leader**
Farbnachlauffilm *m.*; ~ **television**
Farbfernsehen *n.*; ~ **television camera**
Farbfernsehkamera *f.*; ~ **television
receiver** Farbfernsehempfänger *m.*,
Farbempfänger *m.*; ~ **television
standard** Farbfernsehnorm *f.*; ~
temperature (CT) Farbtemperatur *f.*; ~
temperature meter Farblichtbestimmer
m., Farbtemperaturmesser *m.*,
Lichtfarbmeßgerät *n.*; ~ **threshold**
Farbschwelle *f.*; ~ **tinge** Farbstich *m.*; ~
transition Farbübergang *m.*; ~
transmission Farbsendung *f.*,
Farbübertragung *f.*; ~ **triad** Farbtripel
m.; ~ **triangle** Farbdreieck *n.*; ~ **tube**
Farbbildröhre *f.*; ~ **value** Farbwert *m.*;
~ **video signal**
Farbbildaustastsynchronsignal *n.*
(FBAS-Signal), Farbbildsignalgemisch
n.
coloured filter Farbfilter *m.*; ~ **lighting**
Effektfarbe *f.*; ~ **noise** Farbrauschen *n.*
colouring *n.* Farbgebung *f.*; ~ **matter**
Farbstoff *m.*
colourless *adj.* farblos *adj.*
colourlessness *n.* Farblosigkeit *f.*
column *n.* (press) Spalte *f.*; ~
loudspeaker Schallsäule *f.*, Tonsäule *f.*;
~ **(loud-)speaker** Säulenlautsprecher
m.; ~ **of loudspeakers** Schallzeile *f.*; ~
chart Säulendiagramm *n.* (IT)
coma *n.* Zerstreuungskreis *m.*
comb filter Kammfilter *m.*
combination aerial Kombinationsantenne
f.; ~ **shot** Simultanaufnahme *f.*; ~ **tone**
Kombinationston *m.*
combined aerial Kombinationsantenne *f.*;
~ **magnetic sound** (Commag)
kombinierter Magnetton (COMMAG);
~ **optical sound** (Comopt) kombinierter
Lichtton (COMOPT); ~ **print**
Magoptical-Kopie *f.*; ~ **recording/
reproducing head** kombinierter
Aufnahme-Wiedergabekopf, Kombikopf
m.; ~ **videotex** kombinierter
Fernsehtext; ~ **advertising**
Werbekombi *m.*

combiner *n.* Kombinierer *m.* (Fernsehtext)
combining unit Koppelweiche *f.*,
Senderweiche *f.*, Weiche *f.*
comedian *n.* Komiker *m.*
comedy *n.* Komödie *f.*, Comedy; ~ **film**
Lustspielfilm *m.*; ~ **play** Komödie *f.*; ~
show Familienserie *f.*; ~ Comedy *f.*
Commag *n.* Bildfilm mit Magnetrandspur,
; °~ **system** Einstreifenverfahren *n.*
command *n.* (IT) Befehl *m.*; ~
Kommando *n.*, Befehl *m.* (EDV); ~
button Befehlsschaltfläche *f.* (IT); ~
key Befehlstaste *f.* (IT); ~ **language**
Befehlssprache *f.* (IT); ~ **processor**
Befehlsprozessor *m.* (IT); ~**-driven** *adj.*
befehlszeilenorientiert *adj.* (IT)
commence *v.* anfangen *v.*
commencement *n.* Anfang *m.*
comment *v.* kommentieren *v.*, Kommentar
m.; **marginal** ~ Glosse *f.*; ~ **on** *v.*
kommentieren *v.*
commentary *n.* Kommentar *m.*,
Sprechertext *m.*; ~ (sport) Bericht *m.*,
Reportage *f.*; ~ (F) Filmtext *m.*; **off-
tube** ~ Kommentar am Monitor; ~,
(participation) mit eigenem Kommentar
und internationalem Ton (Teilnahme);
~ **circuit** Kommentarleitung *f.*; ~ **line**
Kommentarleitung *f.*; ~ **sound**
Kommentarton *m.*; ~ **position**
Kommentatorposition *f.*
commentator *n.* Berichterstatter *m.*,
Kommentator *m.*, Sprecher *m.*; ~ (F)
Sprecher *m.* (Teilnahme); ~ **briefing**
Kommentator-Einweisung *f.*; ~ **control
circuit** Kommentatormeldeleitung *f.*; ~
information Kommentator-Information
f.; ~ **unit** Kommentatoreinheit *f.*
commentator's booth Sprecherkabine *f.*,
Kommentatorkabine *f.*; ~ **desk**
Sprecherplatz *m.*; ~ **microphone**
Sprechermikrofon *n.*; ~ **place**
Kommentarleitung mit Feedback; ~
position Kommentatorplatz *m.*,
Kommentatorstelle *f.*, Sprecherplatz *m.*,
Sprecherstelle *f.*, Kommentarstelle *f.*
commercial *n.* kommerzielle Sendung,
Spot *m.*, Werbespot *m.*; ~ (TV)
Fernsehspot *m.*, Werbeeinblendung *f.*; ~
kommerziell *adj.*; ~ **advertising**
Wirtschaftswerbung *f.*; ~ **radio**
Werbefunk *m.*; ~ **record**

Industrieschallplatte *f.*; ~ **sound studio**
Tonstudiobetrieb *m.*; ~ **spot** Werbespot
m., Spot *m.*; ~ **station** Privatsender *m.*;
~ **television** kommerzielles Fernsehen,
Werbefernsehen *n.*; ~ **use** kommerzielle
Verwertung; ~ **access provider**
kommerzieller Zugangsprovider *m.* (IT);
~ **server** *n.* kommerzieller Server *m.*
(IT)
commercialisation *n.* Verwertung *f.*
commercials *n.* Werbesendungen *f. pl.*
commission *n.* Auftrag *m.*; ~ (mus.)
Kompositionsauftrag *m.*,
Auftragskomposition *f.*
commissionaire *n.* Pförtner *m.*
commissioned film Auftragsfilm *m.*; ~
producer Auftragsproduzent *m.*; ~
production Auftragsproduktion *f.*; ~
work Auftragsarbeit *f.*, Auftragswerk *n.*
commissioning report
Inbetriebnahmemeldung *f.*
commitment *n.* Verpflichtung *f.*
common-battery connection (CB)
Zentralbatterieanschluß *m.* (ZB); ~-
battery exchange
Zentralbatterievermittlung *f.*; ~-**channel**
disturbance Gleichkanalstörung *f.*; ~-
channel protection ratio
Gleichkanalschutzabstand *m.*; ~-
channel service Gleichkanalbetrieb *m.*;
~-**chord** Dreiklang *m.*; ~ **emitter**
Emitterschaltung *f.* (s.
Emitterbasisschaltung); ~-**wave**
operation Gleichwellenbetrieb *m.*,
Synchronbetrieb *m.*; ~ **antenna**
Gemeinschaftsantenne *f.*; ~ **antenna**
system Mehrteilnehmeranlage *f.*; ~
carrier Netzbetreiber, öffentlicher *m.*
(IT); ~ **interface** Common Interface *n.*
(Schnittstelle); ~ **mode** (elec.)
Gleichtakt *m.* (elek.); ~-**mode rejection**
ratio Gleichtaktunterdrückung *f.*
communal aerial Gemeinschaftsantenne *f.*
communication *n.* Kommunikation *f.*,
Nachricht *f.*; ~ (tel.) Verbindung *f.*; ~
Verständigung *f.*; ~ **check**
Verständigungsprobe *f.*; ~ **research**
Kommunikationsforschung *f.*; ~
satellite Nachrichtensatellit *m.*; ~
system Verständigungsanlage *f.*; ~
acting types Kommunikationstypen *m.*
pl. (IT); ~ **market**

Kommunikationsmarkt *m.* (IT); ~
system Kommunikationssystem *n.*
communications *n. pl.* Fernmeldetechnik
f., Nachrichtenwesen *n.*, Nachrichten *f.*
pl.; ~ **network** Nachrichtennetz *n.*; ~
satellite Fernmeldesatellit *m.*,
Kommunikationssatellit *m.*,
Nachrichtensatellit *m.*; ~ *pl.*
Kommunikation *f.* (IT); ~ **engineering**
Nachrichtentechnik *f.*; ~ **program**
Kommunikationsprogramm *m.* (IT); ~
protocol Kommunikationsprotokoll *n.*
(IT); ~ **server** Kommunikationsserver
m. (IT); ~ **software**
Kommunikationssoftware *f.* (IT)
communiqué *n.* Kommuniqué *n.*
community aerial Gemeinschaftsantenne
f.; ~ **antenna**
Gemeinschaftsempfangsanlage *f.*; ~
listening Gemeinschaftsempfang *m.*; ~
television (CTV) Ortsantennenanlage *f.*;
~ **viewing** Gemeinschaftsempfang *m.*
commutating frequency
Umschaltfrequenz *f.*
commutation *n.* Umschaltung *f.*
commutator *n.* Kollektor *m.*
Comopt (s. combined optical sound)
comp. sig. (s. composite colour video
signal)
compact cassette
compander *n.* Kompander *m.*; ~ **principle**
Compander-Verfahren *n.*; ~ **system**
Compander-Verfahren *n.*
company *n.* Gesellschaft *f.*; ~ (perf.)
Ensemble *n.*
comparison amplifier
Vergleichsverstärker *m.*; ~ **bit**
Vergleichsbit *n.*; ~ **measurement**
Vergleichsmessung *f.*; ~ **process**
Vergleichsverfahren *n.*; ~ **pulse**
Vergleichsimpuls *m.*; ~ **signal**
Vergleichssignal *n.*; ~ **test**
Vergleichstest *m.*; ~ **voltage**
Vergleichsspannung *f.*
compasses *n. pl.* Zirkel *m.*
compatibility *n.* Kompatibilität *f.*,
Verträglichkeit *f.*; ~ **mode**
Kompatibilitätsmodus *m.* (IT)
compatible *adj.* kompatibel *adj.*
compendium *n.* Auszug *m.*, Kompendium
n.
compensate *v.* ausgleichen *v.*

compensating developer
Ausgleichsentwickler *m.*
compensation *n.* Ausgleich *m.*; ~
(financial) Abfindung *f.*; ~ **for damage**
Schadenersatz *m.*
compensations *n. pl.* Ausgleichsvorgänge
m. pl.
compensatory damages Schadenersatz *m.*
compère *n.* Conferencier *m.*, Spielleiter *m.*
competition *n.* Gewinnspiel *n.*,
Konkurrenz *f.*
competitive-game programme
Wettbewerbssendung *f.*
competitor *n.* Konkurrent *m.*; ~ **exclusion**
Konkurrenzausschluß *m.* (Werbung)
compilation *n.* zusammenfassender
Filmbericht
compile *v.* zusammenstellen *v.*,
kompilieren *v.* (IT)
compiler *n.* (IT) Kompilierer *m.*, Compiler
m.
compiling programme (IT) Kompilierer
m., Compiler *m.*
complement gate (IT) Komplementgatter
n.; ~ **representation** (IT)
Komplementärdarstellung *f.*
complementary colour Gegenfarbe *f.*,
Komplementärfarbe *f.*; ~ **colours**
Komplementärfarben *f. pl.*; ~ **gaussian**
circuit komplementärer Glockenkreis
(Secam)
complete *v.* (F) abdrehen *v.*; ~ **effects**
without speaker Tongemisch *n.*; ~
programme circuit Programmleitung
f.; ~ **programme sound** Programmton
m.; ~ **programme sound circuit**
Programmtonleitung *f.*; ~ **shadow**
Kernschatten *m.*; ~ **sound** Programmton
m.
completion report (F) Abschlußbericht *m.*
component *n.* Bauelement *n.*, Bauteil *n.*;
electronic ~ elektronisches
Bauelement; ~ **frequency** Teilfrequenz
f.; ~ **parts** *n. pl.* Bestückung *f.*; ~ **signal**
Komponentensignal *n.*; ~ **system**
Komponentensystem *n.*; ~ **technology**
Komponententechnik *f.*; ~ **transmission**
Komponentenübertragung *f.*
compose *v.* komponieren *v.*
composer *n.* Komponist *m.*; ~ **of film**
music Filmkomponist *m.*
composite colour signal

Farbbildaustastsynchronsignal *n.*
(FBAS-Signal), Farbbildsignalgemisch
n.; ~ **colour video signal** (comp. sig.)
Farbbildaustastsynchronsignal *n.*
(FBAS-Signal), Farbbildsignalgemisch
n.; ~ **loss** Betriebsdämpfung *f.*; ~
picture signal
Bildaustastsynchronsignal *n.* (BAS-
Signal); ~ **signal**
Bildaustastsynchronsignal *n.* (BAS-
Signal), Signalgemisch *n.*,
Summensignal *n.*; ~ **signal with test**
line (coll.) Bildaustastsynchronsignal
mit Prüfzeile (BASP-Signal); ~ **sound**
Tongemisch *n.*; ~ **video signal**
Bildaustastsynchronsignal *n.* (BAS-
Signal); ~ **video signal with insertion**
test signal Bildaustastsynchronsignal
mit Prüfzeile (BASP-Signal)
composition *n.* Komposition *f.*
compound *n.* (chem.) Verbindung *f.*
comprehension *n.* Verstand *m.*,
Verständnis *n.*
compressed air Druckluft *f.*; ~-**air line**
Druckluftleitung *f.*; ~-**air pipe**
Druckluftleitung *f.*; ~ **file** Datei,
komprimierte *f.* (IT), gepackte Datei *f.*
(IT)
compression *n.* Kompression *f.*; ~ **of**
dynamic range Dynamikkompression
f.; ~ **factor** Kompressionsgrad *m.*
compressor *n.* Kompressor *m.*
compulsion *n.* Zwang *m.*
compur shutter Compurverschluß *m.*
compute *v.* berechnen *v.*
computer *n.* Computer *m.*, Rechenanlage
f., Rechner *m.*; ~ **aided design**
rechnergestützter Entwurf, CAD; ~
assistance Computerunterstützung *f.*; ~-
assisted *adj.* rechnergestützt *adj.*; ~
control Computersteuerung *f.*,
Rechnersteuerung *f.*; ~ **graphics**
Computergrafik *f.*; ~ **input**
Computereingabe *f.*; ~ **instruction** (IT)
Maschinenbefehl *m.*,
Maschineninstruktion *f.*; ~ **memory**
Informationsspeicher *m.*; ~ **printout**
Computerausdruck *m.*; ~ **program**
Computerprogramm *n.*; ~
programming Rechnerprogrammierung
f.; ~ **simulation** Rechnersimulation *f.*;
~ **support** Computerunterstützung *f.*,

Rechnerunterstützung *f.*; ~ **art**
Computerkunst *f.* (IT); ~ **effects**
Computereffekte *f. pl.*; ~ **game**
Computerspiel *n.* (IT); ~ **instruction**
Computerbefehl *m.* (IT); ~ **password**
Rechnerkennwort *n.* (IT); ~ **science**
Informatik *f.* (IT); ~ **system**
Computersystem *n.* (IT), Rechnersystem
n. (IT); ~ **technology** Rechnertechnik *f.*
(IT); ~ **vision** visuelle Verarbeitung *f.*
(IT); ~**-aided instruction**
computerunterstützter Unterricht *m.*
(IT); ~**-assisted development system**
rechnergestütztes Entwicklungssystem
n. (IT); ~**-assisted instruction**
computerunterstützter Unterricht *m.*
(IT); ~**-assisted learning**
computerunterstütztes Lernen *n.* (IT);
~**-assisted teaching**
computerunterstützter Unterricht *m.*
(IT); ~**-based learning**
computerorientiertes Lernen *n.* (IT); ~**-
based training** computerorientierte
Schulung *f.* (IT); ~**-controlled** *adj.*
rechnergesteuert *adj.* (IT); ~**-
independent language**
Programmiersprache,
plattformunabhängig *f.* (IT)
computerphile *n.* Computerfreak *m.* (IT)
computing capacity Rechenkapazität *f.*; ~
program Rechenprogramm *n.*; ~ **speed**
(IT) Rechengeschwindigkeit *f.*; ~ **time**
Rechenzeit *f.*
concatenation *n.* Codeverkettung *f.*
concave reflector Hohlspiegel *m.*
concealed socket Unterputzdose *f.*
concealment *n.* Fehlerverdeckung *f.*
(EDV)
concentric *adj.* konzentrisch *adj.*
concept *n.* Konzept *n.*, Begriff *m.*
concert *n.* Konzert *n.*; ~**-hall** *n.*
Konzertsaal *m.*; ~ **hall** Sendesaal *m.*; ~
pitch Stimmton *m.*
conclusion *n.* Abschluß *m.*; ~ **of a
contract** Vertragsabschluß *m.*
concurrent operation Parallelarbeit *f.*
condenser *n.* Kondensator *m.*; ~ (opt.)
Kondensor *m.*; ~ **lens** Sammellinse *f.*,
Kondensor *m.*; ~ **microphone**
Kondensatormikrofon *n.*
condensing lens Kondensor *m.*
condition *n.* Zustand *m.*; **latent** ~ latenter

Zustand; ~ **of contract**
Vertragsbedingung *f.*
conditional access bedingter Zugriff,
Zugriffsbeschränkung *f.*,
Zugriffskontrolle *f.*
conditions for use Benutzungsrecht *n.*
conduct *v.* leiten *v.* (physikalisch)
conductance *n.* (DC) Leitwert *m.*,
Wirkleitwert *m.*
conductivity *n.* Leitfähigkeit *f.*
conductor *n.* Dirigent *m.*, Kapellmeister
m.; ~ (elec.) Leiter *m.*
conduit box Abzweigdose *f.*,
Anschlußkasten *m.*
cone *n.* Spotvorsatz *m.*; ~ **of light**
Lichtkegel *m.*; ~ **wheel** Kegelrad *n.*
cone(-type) loudspeaker
Konuslautsprecher *m.*
conference *n.* Konferenz *f.*; ~ **circuit**
Konferenzleitung *f.*, Konferenzschaltung
f.; ~ **facility** Konferenzeinrichtung *f.*; ~
network Konferenzleitungsnetz *n.*; ~
room Konferenzraum *m.*
configuration *n.* Konfiguration *f.*; ~ **file**
Konfigurationsdatei *f.* (IT)
confirmation of circuits
Leitungsbestätigung *f.*
conflict free multiaccess kollisionsfreier
Vielfachzugriff (Sat)
congestion *n.* Überbelegung *f.*
(frequenzmäßig)
conjunction *n.* (IT) Konjunktion *f.*
connect *v.* verbinden *v.*, anschließen *v.*,
schalten *v.* (auf), anschalten *v.*; ~ (into a
line) einschleifen *v.*; **to** ~ **into circuit**
schalten *v.*; ~ **through** *v.* durchschleifen
v.; ~ **to** *v.* zuschalten *v.*; ~ **up** *v.*
(transmitter) anschließen *v.*
connected load Anschlußwert *m.*
connecting bar Verbindungsleiste *f.*; ~
cable Verbindungskabel *n.*; ~ **clip**
Anschlußklemme *f.*; ~ **scene**
Anschlußszene *f.*; ~ **piece**
Anschlußstück *n.*
connection *n.* Verbindung *f.*, Anschluß *m.*,
Schaltung *f.*; ~ (tel.) Telefonanschluß
m., Verbindung *f.*; ~ Anschaltung *f.*, Pol
m.; **electrical** ~ galvanische
Verbindung; **parallel** ~ rangierbare
Verbindung; **physical** ~ fliegende
Verbindung; **shunt** ~ rangierbare
Verbindung; ~ **charge** Anschlußgebühr

f.; ~ **data** Verbindungsdaten *pl.*; ~
establishment Verbindungsaufbau *m.*
(Datenübertragung); ~ **in series**
Serienschaltung *f.*; ~ **plug**
Verbindungsstecker *m.*; ~ **point**
Verbindungspunkt *m.*; ~ **rose**
Anschlußrosette *f.*; ~ **to mains**
Netzanschluß *m.*; ~ **clear down**
Verbindungsauslösung *f.*; ~ **endpoint**
Verbindungsendpunkt *m.*; ~ **function**
Verbindungsfunktion *f.*
connector *n.* Stecker *m.*, Verbinder *m.*
(EDV); ~ **box** Abzweigdose *f.*,
Abzweigkasten *m.*; ~ **plug**
Kupplungsstecker *m.*; ~ **socket**
Kupplungsdose *f.*
consensus *n.* Übereinstimmung *f.*
consequential right Folgerecht *n.*
consistency *n.* Übereinstimmung *f.*
console *n.* Bedienungsfeld *n.*, Konsole *f.*,
Pult *n.*, Regiepult *n.*, Regietisch *m.*; ~
(cabinet) Truhe *f.*; ~-**dimmer lever
bank** Beleuchtungssteuerfeld *n.*; ~
typewriter (IT)
Bedienungsblattschreiber *m.*; ~
Bedienplatz *m.* (Tel)
consonant articulation
Konsonantenverständlichkeit *f.*
constancy *n.* Konstanz *f.*
constant-circulation lubrication
Umlaufschmierung *f.*; ~ **with time**
zeitkonstant *adj.*; ~ **bitrate** konstante
Bitrate *f.*
constraint *n.* Zwang *m.*; ~ **length**
Beeinflussungslänge *f.*
(Faltungscodierung)
construction *n.* Aufbau *m.*, Auslegung *f.*;
~ **acceptance** Bauabnahme *f.*; ~ **costs**
Baukosten *pl.*; ~ **manager** (set)
Bühnenmeister *m.*
consultant *n.* Berater *m.*
consultation *n.* Rückfrage *f.* (Tel)
consumer *n.* Verbraucher *m.*; ~ **magazine**
Verbrauchermagazin *n.*; ~ **program**
Verbrauchersendung *f.*; ~ **topics**
Verbraucherthemen
consumption *n.* Verbrauch *m.*; ~ **of
electricity** Stromverbrauch *m.*; ~ **of
energy** Energieverbrauch *m.*
contact *n.* Kontakt *m.*; **intermittent** ~
Wackelkontakt *m.*; **loose** ~
Wackelkontakt *m.*; **protective** ~

Schutzkontakt *m.*; **scorched** ~
verschmorter Kontakt; **to make a** ~
print kontaktkopieren *v.*; ~ **assembly**
Kontaktfedersatz *m.*; ~ **loading**
Kontaktbelastung *f.*; ~ **microphone**
Kontaktmikrofon *n.*; ~ **pin** Kontaktstift
m.; ~ **plug** Kontaktstecker *m.*; ~ **print**
Kontaktabzug *m.*, Kontaktkopie *f.*; ~
printer Kontaktkopiermaschine *f.*; ~
printing Kontaktkopieren *n.*,
Kontaktverfahren *n.*; ~ **printing
method** Kontaktverfahren *n.*; ~ **process**
Kontaktverfahren *n.*; ~ **resistance**
Übergangswiderstand *m.*; ~ **spring**
Kontaktfeder *f.*; ~ **stud** Kontaktstift *m.*;
~ **track** Kontaktbahn *f.*
contactor *n.* Schütz *n.*
contaminate *v.* verunreinigen *v.*
contamination *n.* Verunreinigung *f.*
contemporary hit radio Hit-orientiertes
Musikformat *n.*
(program:)**content** *n.* Programminhalt *m.*;
~ **provider** Contentprovider *m.* (IT),
Inhalteanbieter *m.* (IT)
contents *n.* Inhalt *m.*; **statement of** ~
Inhaltsangabe *f.*
contest programme Wettbewerbssendung
f.
contiguous memory areas
zusammenhängende Speicherbereiche
pl. (IT)
contingency insurance
Ausfallversicherung *f.*; ~ **service**
Bereitschaftsdienst *m.*
continuation *n.* Folge *f.*; ~ **model**
Fortsetzungszählermodell *n.*
continuity *n.* Kontinuität *f.*; ~ (prog.)
Übergang *m.*, Zwischenverbindung *f.*; ~
(script) technisches Drehbuch; ~ (F)
Anschluß *m.*; ~ (presentation)
Sendekontrolle *f.*; ~ **control** (Platz:
continuity suite) Ablaufregie *f.*
(Produktion); ~ **director**
Ablaufregisseur *m.*; ~ **girl**
Ateliersekretärin *f.*, Scriptgirl *n.*, Script
f.; ~ **list** Schnittliste *f.*; ~ **log**
Aufzeichnungsprotokoll *n.*; ~ **script**
Ansagetext *m.*, Text *m.*; ~ **sheet** (F)
Tagesbericht *m.*; ~ **shot**
Zwischenschnitt *m.*; ~ **studio**
Ansagestudio *n.*, Sprecherstudio *n.*; ~
suite *n.* Ansagestudio *n.*; ~ **suite** (R)

Senderegie *f.*, Ablaufregie *f.*; ~ **writer**
Drehbuchautor *m.*; ~ Sendeablauf *m.*; ~
counter Fortsetzungszähler *m.* (MPEG)
continuous film-printer
Durchlaufkopiermaschine *f.*; ~ **film
transport** kontinuierlicher
Filmtransport; ~ **interference**
Dauerstörung *f.*; ~ **printer**
Durchlaufkopiermaschine *f.*; ~ **rotary
printer** Durchlaufkopiermaschine *f.*; ~
run kontinuierlicher Filmlauf; ~ **sound
level** Dauerschallpegel *m.*; ~ **call time**
Dauergesprächszeit *f.* (Tel); ~
monitoring Dauerüberwachung *f.* (IT)
continuously variable transformer
Stelltransformator *m.*
contour *n.* Kontur *f.*; ~ **accentuation**
Konturverstärkung *f.*; ~ **convergence**
Konturendeckung *f.*; ~ **correction**
Konturentzerrung *f.*; ~ **correction unit**
Bildrandverschärfer *m.*; ~ **effect** (VTR)
Welligkeit *f.*; ~ **impression** Zeichnung
f.; ~ **sharpness** Konturschärfe *f.*,
Kantenschärfe *f.*
contract *n.* Vertrag *m.*; **condition of** ~
Vertragsbedingung *f.*; **duration of** ~
Vertragszeit *f.*; **length of** ~ Vertragszeit
f.; **life of** ~ Vertragszeit *f.*; **preliminary**
~ Vorvertrag *m.*; **to put under** ~
verpflichten *v.*; ~ **on sharing terms**
Anteilvertrag *m.*; ~ **service**
Fremdleistung *f.*
contracting out of production
Produktionsvergabe *f.*; ~ **party**
Vertragspartner *m.*
contrast *n.* Kontrast *m.*; ~ (F) Steilheit *f.*;
acceptable ~ **ratio** (ACR)
Kontrastumfang *m.*; ~ **balance**
Kontrastgleichgewicht *n.*; ~ **control**
Kontrastregelung *f.*; ~ **control knob**
Kontrastregler *m.*; ~ **effect**
Kontrasteffekt *m.*; ~ **filter** Kontrastfilter
m.; ~ **range** Helligkeitsumfang *m.*,
Kontrastbereich *m.*, Kontrastumfang *m.*,
Leuchtdichteumfang *m.*; ~ **range of
subject** (light) Objektumfang *m.*; ~
ratio Kontrastverhältnis *n.*,
Kontrastumfang *m.*
contrasty *adj.* kontrastreich *adj.*; **too** ~
knochig *adj.*, zu hart, zu kontrastreich
contre-jour *n.* Gegenlicht *n.*

contribution *n.* Beitrag *m.*; ~ (contract)
Mitwirkung *f.*
contributor *n.* (journ.) Mitarbeiter *m.*; ~
(contract) Mitwirkender *m.*
control *v.* regeln *v.*, regulieren *v.*, steuern
v., überwachen *v.*, bedienen *v.*
(Technik), leiten *v.* (organisatorisch),
stellen *v.*; ~ (level) aussteuern *v.*; ~
Regelung *f.*, Schaltung *f.*, Steuerung *f.*,
Überwachung *f.*; ~ (fader) Steller *m.*,
Regler *m.*, Schieber *m.* (fam.); ~
Kontrolle *f.*; **central** ~ zentralisierte
Steuerung; **clamped** ~ getastete
Regelung; **linear** ~ linearer Steller;
logarithmic ~ logarithmischer Steller;
undelayed ~ verzögerungsfreie
Steuerung; ~ **band printer**
Blendenbandkopiermaschine *f.*; ~ **bus
system** Steuerbussystem *n.*; ~ **centre**
Kontrollzentrale *f.*; ~ **characteristic**
Regelkurve *f.*; ~ **circuit** Kontrolleitung
f., Meldeleitung *f.*, Regelschaltung *f.*,
Steuerstromkreis *m.*, Steuerleitung *f.*; ~-
circuit network Meldeleitungsnetz *n.*;
~ **computer** Steuerrechner *m.*; ~
console Steuerpult *n.*; ~ **cubicle**
Abhörbox *f.*, Abhörkabine *f.*, Regieraum
m., Regie *f.*; ~ **equipment**
Meldeeinrichtung *f.*; ~ **function** (IT)
Steuerfunktion *f.*; ~-**gate** *n.* Schütz *n.*; ~
gear Steuergerät *n.*; ~ **grid** Steuergitter
n.; ~-**grid signal voltage**
Gitterwechselspannung *f.*; ~ **lever**
Steuerhebel *m.*; ~ **logic** (IT)
Ansteuerlogik *f.*; ~ **loudspeaker**
Kontrollautsprecher *m.*,
Abhörlautsprecher *m.*; ~ **of production**
Produktionsüberwachung *f.*; ~ **position**
Bedienplatz *m.*; ~ **ring** Steuerring *m.*; ~
setting Reglereinstellung *f.*; ~ **signal**
Steuersignal *n.*; ~ **statement** (IT)
Steueranweisung *f.*; ~ **station**
betriebsführendes Amt, Kontrollstation
f.; ~ **track** Kontrollspur *f.*, Merkspur *f.*,
Nachsteuerspur *f.*, Steuerspur *f.*; ~-
track head Kontrollspurkopf *m.*; ~
transmitter Steuersender *m.*; ~ **unit**
Regeleinheit *f.*, Steuerwerk *n.*,
Steuereinheit *f.*; ~ **character**
Steuerzeichen *n.* (IT); ~ **data**
Steuerdaten *d. pl.* (IT); ~ **element** *n.*
Steuerelement *n.* (IT); ~ **key**

Steuerungstaste *f.* (IT); ~ **memory**
Ablaufspeicher *m.* (IT); ~ **sequence**
Steuersequenz *f.* (IT); ~ **signal**
Steuersignal *n.* (IT); ~ **station** (data
transmission) Leitstation; ~ **storage**
Ablaufspeicher *m.* (IT); ~ **unit**
Bedieneinheit *f.*
controllable *adj.* steuerbar *adj.*
controlled condition (IT) Regelgröße *f.*
controller *n.* Steuereinheit *f.*; ~ **(BBC)**
(approx.) Programmchef *m.*; ~ **setting**
Reglereinstellung *f.*
controlling *n.* Regeln *f. pl.*; **Ethernet/
Cheapernet IEEE 802.3** ~ **standard**
Ethernet/Cheapernet IEEE 802.3
Steuerungsstandard; ~ **standard**
Steuerungsstandard *m.*, Ethernet/
Cheapernet IEEE 802.3
convention *n.* Versammlung *f.*, Vertrag *m.*
convergence *n.* (raster) Deckung *f.*; ~
Farbbilddeckung *f.*, Konvergenz *f.*; ~
assembly Konvergenzeinheit *f.*; ~
circuit Konvergenzplatine *f.*; ~ **error**
Deckungsfehler *m.*, Konvergenz-Fehler
m.; ~ **magnet** Konvergenzmagnet *m.*; ~
panel Konvergenzplatine *f.*; ~ **test
pattern** Konvergenztestbild *n.*
convergent lens Sammellinse *f.*
converging lens Sammellinse *f.*
conversion *n.* Umsetzung *f.*, Umwandlung
f., Umbau *m.*, Umstellung *f.*; ~
efficiency Umwandlungswirkungsgrad
m.; ~ **factor** Umrechnungskoeffizient
m.; ~ **filter** Konversionsfilter *m.*; ~ **rate**
Umsetzrate *f.*; ~ **time** Umrüstzeit *f.*; ~
unit Umrüstteil *n.*
convert *v.* umsetzen *v.*, umwandeln *v.*
converter *n.* Konverter *m.*, Umformer *m.*,
Umsetzer *m.*, Wandler *m.*; ~ **current**
Mischstrom *m.*; ~ **stage** Mischstufe *f.*,
Umsetzerstufe *f.*; ~ **tube** Mischröhre *f.*
converting *n.* (HF) Mischung *f.*
convey *v.* übermitteln *v.*
conveyance *n.* Übermittlung *f.*
conveying *n.* Transport *m.*
convolution product Faltprodukt *n.*
(Mathematik)
convolutional *adj.* Faltungs-; ~ **decoding**
(FEC) Faltungs–Decodierung *f.*; ~
encoding (FEC) Faltungs–Codierung *f.*
cookie *n.* Cookie *m.* (IT)
cooling *n.* Kühlung *f.*; ~ **air** Kühlluft *f.*; ~

blower Kühlgebläse *n.*; ~ **tank**
Kühlküvette *f.*; ~ **tower** Kühlturm *m.*; ~
vessel Kühlgefäß *n.*; ~ **water**
Kühlwasser *n.*; ~**-water pump**
Kühlwasserpumpe *f.*
cooperation *n.* Kooperation *f.*
coordinate-setting *n.* (IT) Punktsteuerung
f.
coordination *n.* Koordinierung *f.*,
Koordination *f.* (Eurovision); ~ **centre**
Koordinationszentrale *f.*; ~ **circuit**
Koordinationsleitung *f.*; ~ **distance**
(sat.) Koordinierungsentfernung *f.*
coordinator *n.* Koordinator *m.*
Copenhagen plan Kopenhagener
Wellenplan
coplanar cartridge Coplanarkassette *f.*; ~
cassette Coplanarkassette *f.*
copper bit Lötkolbenspitze *f.*; ~ **loss**
Kupferverluste *m. pl.*
coprocessor *n.* Coprozessor *m.* (IT)
coproduction *n.* Coproduktion *f.*; ~
agreement Koproduktionsvertrag *m.*; ~
partner Koproduktionspartner *m.*
copy *v.* kopieren *v.*, abziehen *v.*; ~ (tape)
umspielen *v.*; ~ Kopie *f.*; ~ (photo)
Abzug *m.*, Bildkopie *f.*; ~ (F) Filmkopie
f.; ~ (journ.) Beitrag *m.*; **fresh** ~ frische
Kopie; ~ **for inspection** Ansichtskopie
f.; ~ **for review** Ansichtskopie *f.*; ~-
taster Redaktionsassistent *m.*; ~
program Kopierprogramm *n.*; ~
protection Kopierschutz *m.*
copying *n.* Vervielfältigung *f.*; ~ (tape)
Kopierung *f.*, Umschneiden *n.*; ~
Umspielung *f.*; ~ **equipment**
Umspielanlage *f.*, Umspielmaschine *f.*;
~ **machine** Vervielfältiger *m.*; ~-
machine operator Vervielfältiger *m.*; ~
room Umspielraum *m.*; ~ **table**
Abziehtisch *m.*; ~ **work** Reproduktion *f.*
copyright *n.* Urheberrecht *n.*, Copyright
n., Verlagsrechte *n. pl.*; ~ **in dramatic
character** Urheberpersönlichkeitsrecht
n.; ~ **law** Urheberrechtsgesetz *n.*; ~
protection Urheberrechtsschutz *m.*
cord *n.* Kabel *n.*, Lochkartenzeile *f.*; ~
(coll.) Schnur *f.*
core *n.* Bobby *m.*, Filmkern *m.*; ~ **array**
(IT) Kernmatrix *f.*; ~ **matrix** (IT)
Kernmatrix *f.*; ~ **memory** Kernspeicher
m.; ~ **storage** (IT) Kernspeicher *m.*; ~

storage dump (IT) Speicherausdruck
m.; ~ **storage print-out** (IT)
Speicherausdruck *m.*; ~ Kernglas *n.*
(LWL); ~ **requirements**
Grundanforderungen *f.*

corporation *n.* Gesellschaft *f.*

corps de ballet Ballettkorps *n.*,
Balletttruppe *f.*

correct *v.* korrigieren *v.*, nachsteuern *v.*,
verbessern *v.*; ~ (pict., sound) entzerren
v.

correction *n.* Korrektur *f.*, Berichtigung *f.*,
Richtigstellung *f.*; ~ (pict., sound)
Entzerrung *f.*; ~ **filter** Korrekturfilter
m., Entzerrerfilter *m.*; ~ **sheet**
Änderungsblatt *n.*; ~ **signal**
Korrektursignal *n.*

corrector *n.* (pict., sound) Entzerrer *m.*

correlation *n.* Korrelation *f.*; ~ **degree
meter** Korrelationsgradmesser *m.*

correspondence section Hörerpost *f.*

correspondent *n.* Berichterstatter *m.*,
Korrespondent *m.*, Mitarbeiter *m.*;
network of ~s Korrespondentennetz *n.*

correspondent's report
Korrespondentenbericht *m.*

corrosion-resistant *adj.* korrosionsfest
adj.

corrupted files Corrupted Files *pl.* (IT)

cosine *n.* Cosinus *m.*; ~ **aperture
corrector** Cosinus-Entzerrer *m.*; ~
correction Cosinus-Entzerrung *f.*; ~
transformation Cosinustransformation
f.

cosmetics *n. pl.* Schminkmittel *n. pl.*

cosmos *n.* Kosmos *m.*

cosmovision *n.* Kosmovision *f.*

cost accountancy Kalkulation *f.*; ~
accountant Kalkulator *m.*; ~
breakdown Kostenaufstellung *f.*; ~
determination Kostenermittlung *f.*; ~
of renewals Erneuerungskosten *pl.*; ~-
sharing *n.* Kostenteilung *f.*; ~ **sharing**
Cost sharing; ~ **total** Gesamtkosten

costs *pl.* Kosten *pl.*; ~ **per minute**
Minutenkosten *pl.*

costume *n.* Kostüm *n.*; ~ **adviser**
Kostümberater *m.*; ~ **design**
Kostümausstattung *f.*, Kostümentwurf
m.; ~ **designer** Kostümbildner *m.*,
Kostümgestalter *m.*; ~ **design unit**
Kostümbildnerei *f.*; ~ **discussion**

Kostümbesprechung *f.*; ~ **hire**
Kostümverleih *m.*; ~ **list** Kostümliste *f.*;
~ **plot** Kostümliste *f.*; ~ **rehearsal**
Kostümprobe *f.*; ~ **store** Kostümfundus
m.; ~ **workroom** Kostümwerkstatt *f.*; ~
workshop Kostümwerkstatt *f.*

costumes *n. pl.* Kostümbildnerei *f.*

costumier *n.* Kostümverleiher *m.*; ~ (US)
Garderobier *m.*

cough key Räuspertaste *f.*

count *n.* Zählung *f.*; ~-**down** *n.*
Startvorlaufzeit *f.*, Startzeit *f.*; ~ **down
timer** Ablauftimer *m.*

counter *n.* Zähler *m.*

counterbalance *n.* Auswuchtung *f.*,
Ausgleich *m.*; ~ **weight**
Kameragewichtsausgleich *m.*

countermand *v.* widerrufen *v.*

counting pulse Zählimpuls *m.*

country of destination Bestimmungsland
n.; ~ **of origin** Ursprungsland *n.*

couple *v.* verkoppeln *v.*; ~ **to** *v.* ankoppeln
v.

coupler *n.* drehbare Steckvorrichtung,
Kuppler *m.*; **dye** ~ farbige
Kupplersubstanz

coupling *n.* Ankopplung *f.*, Kopplung *f.*,
Kupplung *f.*, Verkopplung *f.*; ~
capacitor Kopplungskondensator *m.*; ~
diplexer Koppelweiche *f.*; ~ **loop**
Koppelschleife *f.*; ~ **losses**
Kopplungsverluste *m. pl.*; ~-**out** *n.*
Auskopplung *f.*; ~ **sleeve**
Kupplungsbuchse *f.*; ~ **transformer**
Kopplungsübertrager *m.*; ~ **width**
Kopplungsbreite *f.*

course *n.* Kursprogramm *n.*

court correspondent Gerichtsreporter *m.*;
~ **report** Prozeßbericht *m.*; ~ **reporter**
Gerichtsreporter *m.*

courtesy copy Gefälligkeitskopie *f.*; ~
service Gefälligkeitsleistung *f.*

cove *n.* Voute *f.*

cover *v.* berichten *v.*, Berichterstattung
wahrnehmen, Abdeckung *f.*,
Schutzdeckel *m.*, Deckel *m.*; ~ (mask)
Kasch *m.*; ~ **plate** Abdeckblech *n.*; ~
sheet Abdeckblech *n.*; ~ **version** Cover-
Version *f.*

coverage *n.* (transmitter) Reichweite *f.*,
Versorgung *f.*; ~ (journ.)
Berichterstattung *f.*; **to ensure full** ~ **of**

abdecken *v.*; **wide** ~ ausführliche
Berichterstattung; ~ **area** (transmitter)
Versorgungsbereich *m.*,
Versorgungsgebiet *n.*; ~ **area**
Bedeckungszone *f.*; ~ **contour**
Versorgungskontur *n.*; ~ **distribution**
Gebietsverteilung *f.*; ~ **of running story**
laufende Berichterstattung; ~ **zone** (sat.)
Sichtbarkeitszone *f.*; ~
Versorgungszone *f.*
(Satellitenverbreitung)
covering *n.* (cam.) Hülle *f.*; ~ (aperture)
Abdeckung *f.*; ~ **dolly** Crab-Dolly
m.; **sound-proof** ~ schalldichte Hülle
cps (s. cycles per second)
CPU (s. central processing unit)
crab *v.* (cam.) seitwärts fahren; ~
Parallelfahrt *f.*; ~ **dolly** Crab-Dolly
(Stativsteuerung)
crabbing *n.* seitliche Kamerafahrt
crack *v.* knicken *v.*, Knick *m.*
crackle *v.* prasseln *v.*, knistern *v.*
crackling *n.* Prasseln *n.*, Knattern *n.*; ~
sound Knacklaut *m.*
craftsman *n.* Facharbeiter *m.*
crane *n.* (F) Kran *m.*
craning *n.* Schwenk *m.*; **lateral** ~
seitlicher Schwenk; ~**-down** *n.*
Senkrechtschwenk nach unten,
senkrechter Schwenk nach unten; ~**-up**
n. Senkrechtschwenk nach oben,
senkrechter Schwenk nach oben
crank *n.* Kurbel *f.*
crash *n.* Crash *m.* (IT); ~ **recovery**
Wiederherstellung nach Absturz *f.* (IT)
creativity *n.* Kreativität *f.*
credit title Titel *m.*
credits *n. pl.* Titel *m.*, Abspanntitel *m.*
(Sendung); **list of** ~ Titelliste *f.*
creepage *n.* Kriechstrom *m.*
creepie-peepie *n.* (US) tragbare
Fernsehkamera
crest factor Scheitelfaktor *m.*; ~ **value**
Scheitelwert *m.*; ~ **voltage**
Scheitelspannung *f.*
crew *n.* Team *m.*
crib card Neger *m.* (fam.)
crispening *n.* Konturverstärkung *f.*
criteria *pl.* Kriterien *n. pl.*
critic *n.* Kritiker *m.*
critical aperture kritische Blende; ~
bandwidth Frequenzgruppe *f.*; ~

bandwidth level Frequenzgruppenpegel
m.; ~ **load carrying capacity**
Grenzbelastbarkeit *f.*; ~ **range**
Hallabstand *m.*
criticism *n.* Kritik *f.*
CRO (s. cathode ray oscilloscope)
cross *n.* (thea. perf.) Gang *m.*; **to** ~ **the
line of vision** über die Achse springen;
~**-arm** Traverse *f.*; ~**-bar** *n.* (lighting)
Kreuzgelenk *n.*; ~**-bar** *n.* Kreuzschiene
f.; ~**-colour** *n.* Leuchtdichte/
Chrominanz-Übersprechen *n.*,
Farbkanalübersprechen *n.*; ~ **colour
effect** Cross-Colour-Effekt *m.*; ~**-
connection** *n.* Querverbindung *f.*; ~**-
connection field** Rangierfeld *n.*; ~**-
cutting** *n.* schnelle Einstellungsfolge;
~**-cutting** *n.* (US) Montage *f.*; ~**-fade** *v.*
(pict.) überblenden *v.*, mischen *v.*; ~**-
fade** *n.* Einblendung *f.*, Überblendung *f.*,
Überblenden *n.*; ~**-fading** *n.* (pict.)
Bildüberblendung *f.*; ~**-joint** *n.*
(lighting) Kreuzverschraubung *f.*; ~**-
light** *n.* Kreuzlicht *n.*; ~**-line test
pattern** Kreuzlinientestbild *n.*; ~**-
modulation** Kreuzmodulation *f.*; ~**-
over frequency** Übergangsfrequenz *f.*;
~**-over network** (acoust.)
Frequenzweiche *f.*; ~**-section** *n.*
Querschnitt *m.*; ~**-section of cable**
Kabelquerschnitt *m.*; ~**-talk** *n.*
Übersprechen *n.*, Übersprechdämpfung
f.; ~ **posting** Crossposting *n.* (IT); ~
talk Nebensprechen *n.* (Tel); ~**-linked
files** querverbundene Dateien (IT); ~**-
mix fade** Kreuzblende *f.*; ~**-platform**
adj. plattformübergreifend *adj.* (IT); ~**-
platform programming language**
Programmiersprache,
plattformunabhängig
crossbar switch Koordinatenschalter *m.*
crossed dipole Kreuzdipol *m.*; ~ **spots** *n.*
pl. Kreuzlicht *n.*
crosshairs *n. pl.* Fadenkreuz *n.*
crossing the line Achssprung *m.*
(Übertragung)
crossover *n.* Frequenzweiche *f.*
crosspoint *n.* Koppelpunkt *m.* (z.B. in
einer Kreuzschiene)
crosspolarization *n.* Kreuzpolarisation *f.*
crosstalk *v.* übersprechen *v.*,
nebensprechen *v.*, Tonübersprechen *n.*,

Übersprechen *n.*, Einstreuung *f.*,
Übersprechdämpfung *f.*; ~ **attenuation**
Übersprechdämpfung *f.*; ~ **effect**
Übersprecheffekt *m.*; ~ **transmission**
equivalent Übersprechdämpfung *f.*
crossview *n.* Bildintermodulation *f.*,
Bildübersprechen *n.*, Fremdbild *n.*,
Übersprechen *n.*
crowd *n.* Komparserie *f.*, Statisterie *f.*; ~
extras *n. pl.* Massenkomparserie *f.*; ~
scene Massenszene *f.*; ~ **shot**
Gruppeneinstellung *f.*; ~ **supers** *n. pl.*
(US) Massenkomparserie *f.*
CRT (s. cathode ray tube); °~ (cathode
ray tube) Bildröhre *f.*; °~ **display unit**
(IT) Sichtgerät *n.*
crush *v.* stauchen *v.*, Umkehrung *f.*; **to** ~
the blacks Schwarzwert stauchen
crushing *n.* Stauchung *f.*, Umkehrung *f.*
crypto date Schlüsseldatum *n.* (IT)
crystal *n.* Quarz *m.*; ~ **control**
Quarzsteuerung *f.*; ~ **diode** Richtleiter
m.; ~ **microphone** Kristallmikrofon *n.*;
~ **oscillator** Kristalloszillator *m.*,
Quarzgenerator *m.*, Quarzoszillator *m.*;
~ **pick-up** Kristalltonabnehmer *m.*; ~
reactance Quarzscheinwiderstand *m.*
CS (s. close-shot)
CSC (s. colour subcarrier)
CSMA/CD Kommunikationsverfahren
über Koaxkabel, CSMA/CD
CT (s. colour temperature)
CTV (s. community television)
CU (s. close-up)
cubicle *n.* (R) Kontrollraum *m.*, Regie *f.*;
~ Kabine *f.*, Endstufenschrank *m.*
(Enthält die Endstufe eines Senders)
cue *n.* (R) Zwischenansage *f.*; ~ (F) Marke
f., Markierung *f.*, Schnittmarke *f.*; ~
(news) Antext *m.*; **acoustic** ~ akustische
Markierung; **incoming** ~ ankommendes
Kommando; **outgoing** ~ abgehendes
Kommando; **to place** ~ **marks**
einstarten *v.*; **to provide with a** ~
antexten *v.*; ~ **button** Kommandotaste
f.; ~ **command** Abfahrtskommando *n.*;
~ **dot** Überblendzeichen *n.*; ~ **dots**
Koppelzeichen *n. pl.*,
Aktüberblendzeichen *n. pl.*,
Bildüberblendzeichen *n. pl.*; ~ **head**
Merkkopf *m.*; ~ **in** *v.* (F) einstarten *v.*; ~
light Kontrollicht *n.*, Lichtzeichen *n.*,

Leuchtzeichen *n.*, Signallampe *f.*; ~
lights *n. pl.* Tannenbaum *m.*; ~ **line**
Kommandoleitung *f.*; ~ **marker** Cue-
Marke *f.*; ~ **marks**
Bildüberblendzeichen *n. pl.*; ~ **pulse**
(TV) Schnittmarke *f.*; ~-**recording** *n.*
Cue-Verfahren *n.*; ~ **sheet** Mischplan
m.; ~ **track** Kommandospur *f.*,
Merkspur *f.*, Hilfstonspur *f.*, Cue-Spur *f.*
cue! (F, tape) ab!
cuebitle *n.* Abhörausgang *m.*
cueing *n.* (F) Anschluß *m.*; ~ **circuit**
Kommandoleitung *f.*; ~ **device** (disc)
Tonarmlift *m.*
culpable delay Verzug *m.*
cultural affairs *n. pl.* Kultur *f.*, kulturelles
Wort; ~ **affairs editor** Kulturredakteur
m.; ~ **documentary** Kulturfilm *m.*; ~
editor Feuilletonredakteur *m.*; ~ **film**
Kulturfilm *m.*; ~ **programme**
Kulturjournal *n.*, Kulturmagazin *n.*; ~
region Kulturraum *m.*; ~ **mandate**
Kulturauftrag *m.*
culture Kultur *f.*
cumulative level Summenpegel *m.*
curl *v.* (F) rollen *v.*
currency *n.* Währung *f.*
current *n.* Strom *m.*, Saft *m.* (fam.); **radio**
talks and ~ **affairs programmes** *n. pl.*
Zeitfunk *m.*; ~-**actuated earth-fault**
circuit-breaker FI-Schalter *m.*
(Fehlerstrom-Schutz-Schalter); ~
affairs *n. pl.* Aktuelles *n.*; ~ **affairs**
broadcast aktuelle Sendung; ~ **affairs**
commentary Zeitkritik *f.*; ~ **affairs**
magazine (prog.) Umschau *f.*; ~ **affairs**
programmes *n. pl.* Aktuelles *n.*; ~
affairs specials *n. pl.* Dokumentationen
f. pl.; ~ **affairs studio** aktuelles Studio;
~ **amplification** Stromverstärkung *f.*; ~
antinode Strombauch *m.*; ~ **cable**
Stromkabel *n.*; ~ **consumption**
Stromaufnahme *f.*, Stromverbrauch *m.*;
~ **density** Stromdichte *f.*; ~ **flow**
Stromfluß *m.*; ~ **fluctuation**
Stromschwankung *f.*; ~ **input**
Stromaufnahme *f.*; ~ **intensity**
Stromstärke *f.*; ~ **intersection**
Stromknotenpunkt *m.*; ~ **junction**
Stromknotenpunkt *m.*; ~ **limiting**
Strombegrenzung *f.*; ~ **loop** Strombauch
m.; ~ **planning** Programmeinplanung *f.*;

~ **probe** Stromzange *f.*, Amperezange *f.*; ~ **transformer** Stromwandler *m.*; ~ **affairs magazine** Journal *n.*

currentless *adj.* stromlos *adj.*

curriculum *n.* Lehrplan *m.*, Studienplan *m.*; ~ **vitae** *n.* Lebenslauf *m.*

cursor *n.* Einfügemarke *f.*; ~ **control** Cursorsteuerung *f.* (IT); ~ **key** Cursortaste *f.* (IT)

curtain *n.* Vorhang *m.* (Effekte); **horizontal** ~ **shutter** horizontale Vorhangblende; **vertical** ~ **shutter** vertikale Vorhangblende; ~ **array** Vorhangantenne *f.*; ~ **fading shutter** Vorhangblende *f.*; ~ **shutter** Vorhangblende *f.*; ~ **track** Vorhangschiene *f.*; ~ **wipe** Vorhangblende *f.*

curvature *n.* Krümmung *f.*; ~ **factor** Krümmungsfaktor *m.*

curve *n.* Kurve *f.*, Kurve *f.* (Physik); **sensitometric** ~ sensitometrische Kurve; ~ **follower** (IT) Kurvenleser *m.*; ~ **progression** Kurvenverlauf *m.*; ~ **tracer** (IT) Kurvenleser *m.*

curvilinear cone Nawi-Membran *f.* (Nicht abwickelbare Membran)

custom *n.* Brauch *m.*; ~-**made** *adj.* nach Kundenwunsch gefertigt

customer *n.* Kunde *m.*

cut *v.* (F, tape) schneiden *v.*, cutten *v.*, montieren *v.*; ~ (pict.) anschneiden *v.*; ~ (video) umschneiden *v.*, hart überblenden; ~ (sound, pict.) wegnehmen *v.*; ~ (script) kürzen *v.*; ~ **(from...to)** *v.* (sound) überschneiden *v.*; ~ **(to)** *v.* umschalten *v.* (auf); ~ Schnitt *m.*; ~ (R, TV, F, script) Ausschnitt *m.*; ~ (F, tape) Cut *m.*; ~ (video) harte Aufschaltung, harte Überblendung; ~ (script, tape) Textausschnitt *m.*; ~ (pict.) Anschnitt *m.*; **electronic** ~ elektronischer Schnitt; **in the** ~ im Anschnitt; **to** ~ **identification** Kennung wegnehmen; **to** ~ **to music** auf Musik schneiden; ~ **across** *v.* überschneiden *v.*; ~ **away** *v.* (US) ausblenden *v.* (sich); ~-**away** *n.* Gegenschnitt *m.*, Zwischenschnitt *m.*; ~-**away shot** Zwischenschuß *m.*; ~ **button** Schnittaste *f.*; ~ **button** (micr.) Räuspertaste *f.*; ~ **in** *v.* einblenden *v.*

(sich); ~-**in** *n.* Schnittbilder *n. pl.*, Unterschnitt *m.*; ~-**in order** Schnittbildfolge *f.*; ~ **into a movement** Anschnitt in der Bewegung; ~ **key** Schnittaste *f.*, Trenntaste *f.*; ~ **negative** geschnittenes Negativ, Schnitt-Negativ *n.*; ~ **off** *v.* abschneiden *v.*, abtrennen *n.*, abschalten *v.*; ~-**off area** äußerer Kasch, Umfeldbild *n.*; ~-**off characteristic** Schneidkennlinie *f.*; ~-**off frequency** Grenzfrequenz *f.*; ~ **off frequency** Eckfrequenz *f.*; ~-**off sensitivity** Grenzempfindlichkeit *f.*; ~-**off voltage** Sperrspannung *f.*; ~ **on** harter Schnitt auf; ~ **on action** Schnitt in der Bewegung; ~ **on move** Schnitt in der Bewegung; ~ **out** *v.* herausschneiden *v.*; ~ **out** *v.* (elec.) ausschalten *v.*; ~-**out** *n.* Ausschalter *m.*, Schütz *n.*, Trennschalter *m.*, Unterbrecher *m.*, Schablone *f.*; ~-**out, magnetic** ~ **switch** Schutzschalter mit Magnetauslösung; ~-**out, thermic** ~ **switch** magnetothermischer Schutzschalter; ~-**out diaphragm** Schablonenblende *f.*; ~-**out switch** Pannenschalter *m.*, Schutzschalter *m.*, Salatschalter *m.* (fam.); ~ **sound!** Ton aus!; ~ **to** harter Schnitt zu; ~ **together** *v.* (F) zusammenschneiden *v.*; ~ ausschneiden *v.* (IT); ~ **and paste** *v.* ausschneiden und einfügen *v.* (IT)

cut! aus!; ~ **(take)** Stopp!

cutoff-frequency *n.* Grenzfrequenz *f.*

cuts rack Galgen *m.*

cutter *n.* Cutter *m.*, Cutterin *f.*; ~ (disc) Stichel *m.*; ~ Messer *n.*; ~ (F) Filmcutter *m.*

cutting *n.* Schnittbearbeitung *f.*, Schnitt *m.*; ~ (press) Zeitungsausschnitt *m.*; ~ (pict.) Bildschnitt *m.*; **final viewing of** ~ **copy** Schnittabnahme *f.*; ~ **bench** Schneidetisch *m.*; ~ **copy** (F) Schnittkopie *f.*; ~-**copy print** Arbeitskopie *f.*; ~ **gauge** Schneidelehre *f.* (Film); ~ **machine** Fräsmaschine *f.*; ~ **mark** Filmeinzeichnung *f.*; ~ **order** Schnittfolge *f.*; ~-**out** *n.* Ausschalten *n.*, Ausschaltung *f.*; ~ **pace** Schnittwechsel *m.*; ~ **point** (F) Schnittmarke *f.*; ~ **precision** (F) Schnittstabilität *f.*; ~ **room** Schneideraum *m.*; ~-**room log** Schnittliste *f.*; ~ **stylus** Schneidstichel

m.; ~ **table** Schneidetisch *m.*; ~ **time**
Schnittzeit *f.*
CW (s. carrier wave)
cybercafe *n.* Cybercafé *n.* (IT)
cybercash *n.* Cybercash *m.* (IT)
cyberchat *n.* Cyberchat *m.* (IT)
cybergame *n.* Cybergame *n.* (IT)
cybergirl *n.* Cybergirl *n.* (IT)
cyberlove *n.* Cyberlove *f.* (IT)
cybermafia *n.* Cybermafia *f.* (IT)
cybernetics *n.* Kybernetik *f.*
cyberradio *n.* Cyberradio *n.* (IT)
cybersex *n.* Cybersex *m.* (IT)
cybersociety *n.* Cybersociety *f.* (IT),
Infoelite *f.* (IT)
cyberworld *n.* Cyberworld *f.* (IT)
cyc (s. cyclorama)
cycle *n.* Schwingungszug *m.*; ~ (IT)
Zyklus *m.*; ~ **delay unit** (IT)
Impulsspeicher *m.*; ~ **time** (IT)
Zykluszeit *f.*
cycles per second (cps) Hertz *n.* (Hz)
cyclic *adj.* (IT) zyklisch *adj.*
cyclorama *n.* (cyc) Rundhorizont *m.*; ~
with merging curve Rundhorizont mit
Voute
cylinder *n.* (mech.) Trommel *f.*
cylindrical *adj.* tonnenförmig *adj.*; ~ **lens**
Zylinderlinse *f.*; ~ **wave** Zylinderwelle
f.
cymomotive force zymomotorische Kraft
f.

D

D-layer *n.* D-Schicht *f.*
daemon *n.* Dämon *m.* (IT)
dagger operation (IT) NAND-Funktion *f.*
dailies *n. pl.* (US) Muster *n. pl.*,
Musterkopie *f.*
daily allowance Tagegeld *n.*; ~
allowances Diäten *f. pl.*; ~
commentary Tageskommentar *m.*; ~
fee Tagesgage *f.*; ~ **rate** Tagesgage *f.*;
~ **report** (F) Tagesbericht *m.*; ~
selection (F) Ausmustern *n.*; ~ **time**
schedule Tagesdisposition *f.* (Studio)

daltonism *n.* Farbfehlsichtigkeit *f.*
DAMA DAMA (Sat), Befestigung nach
Bedarf
damage *n.* Schaden *m.*
damages *n. pl.* Schadenersatz *m.*
damp *v.* dämpfen *v.*, anfeuchten *v.*
damping *n.* Bedämpfung *f.*, Dämpfung *f.*;
~ **ratio** Dämpfungsgrad *m.*
dance music Tanzmusik *f.*; ~ **orchestra**
Tanzorchester *n.*
dark *adj.* dunkel *adj.*; ~ **current**
Dunkelstrom *m.*; ~ **period** Dunkelphase
f.; ~**-picture areas** Tiefen *f. pl.*; ~ **slide**
(photo) Plattenkassette *f.*
darken *v.* schwärzen *v.*
darkroom *n.* Dunkelkammer *f.*,
Dunkelraum *m.*; ~ **fog**
Entwicklungsschleier *m.*; ~ **timer**
Belichtungsuhr *f.*
dash-board *n.* Armaturenbrett *n.*
data *n. pl.* Daten *n. pl.*; **body of** ~
Datenbestand *m.*; **electrical** ~
elektrische Werte; ~ **acquisition** (IT)
Datenaufnahme *f.*; ~ **acquisition**
recording Datenaufnahme *f.*; ~
acquisition system
Datenerfassungssystem *n.*; ~ **bank**
Datenbank *f.*; ~ **buffer store**
Datenzwischenspeicher *f.*; ~ **burst**
(transm.) Datenpaket *n.*; ~ **bus**
technology Datenbustechnik *f.*; ~
capacity Datenkapazität *f.*; ~ **carrier**
(IT) Datenträger *m.*; ~ **channel** (IT)
Datenkanal *m.*; ~ **coder** Datencoder *m.*;
~ **collection** (IT) Datenaufnahme *f.*; ~
collection platform Datensammler
(Sat); ~ **conversion** Datenumwandlung
f.; ~ **converter** Datenwandler *m.*; ~
decoder Datendecoder *m.*; ~ **display**
device (IT) Datensichtgerät *n.*; ~
display device terminal
Datensichtgerät *n.*; ~ **display terminal**
Terminal *n.*, Datensichtstation *f.*; ~
exchange Datenaustausch *m.*; ~ **file**
(IT) Datei *f.*; ~ **flow** (IT) Datenfluß *m.*;
~ **flow chart** (IT) Datenflußplan *m.*; ~
flow diagram (IT) Datenflußplan *m.*; ~
gathering Dateierfassung *f.* (EDV); ~
handling (IT) Datenbearbeitung *f.*; ~
input (IT) Dateneingabe *f.*; ~ **line**
Datenzeile *f.*, Datenleitung *f.*; ~ **line**
decoder Datenzeilendecoder *m.*; ~ **line**

technology Datenzeilentechnik *f.*; ~
medium (IT) Datenträger *m.*; ~
network Datennetz *n.*; ~ **privacy**
Datenschutz *m.*; ~ **processing** (IT)
Datenverarbeitung *f.*; ~ **processing**
Informatik *f.*; ~ **processing system** (IT)
Datenverarbeitungsanlage *f.*,
Rechenanlage *f.*; ~ **processing system**
unit Datenverarbeitungsanlage *f.*,
Rechenanlage *f.*; ~ **protection**
Datenschutz *m.*; ~ **reduction**
Datenreduktion *f.*; ~ **set** (IT) Datei *f.*; ~
set-file Datei *f.* (EDV); ~ **sheet**
Datenblatt *n.*; ~ **sheet** (prod.)
Produktionsbericht *m.*; ~ **shuffling**
Daten mischen (EDV); ~ **signalling**
rate Übertragungsgeschwindigkeit *f.*
(EDV); ~ **source** Datenquelle *f.*; ~
storage Informationsspeicherung *f.*; ~
stream Datenstrom *m.*; ~ **structure**
Datenstruktur *f.*
Data Surveillance Act Datenschutzgesetz
n. (GB)
data transfer Datenaustausch *m.*; ~
transmission Datenübertragung *f.*; ~
acquisition Datenerfassung *f.* (IT); ~
backup Datensicherung *f.* (IT); ~ **block**
Datenblock *m.* (IT); ~ **broadcasting**
Zusatzinformation, digitale *f.*,
Datenrundfunk *m.*; ~ **buffer**
Datenpuffer *m.* (IT); ~ **capture**
Datenerfassung *f.* (IT),
Datenprotokollierung *f.* (IT); ~ **carousel**
Datenkarussel *n.*; ~ **collection**
Datenerfassung *f.* (IT), Datensammlung
f. (IT); ~ **compression**
Datenkompression *f.*; ~ **concentrator**
Konzentrator *m.* (IT); ~ **corruption**
Datenverfälschung *f.* (IT); ~ **directory**
Datenverzeichnis *n.* (IT); ~ **encryption**
Datenverschlüsselung *f.* (IT); ~ **entry**
Dateneingabe *f.* (IT); ~ **flow**
Datendurchsatz *m.* (IT); ~ **format**
Datenformat *n.* (IT); ~ **frame** *n.*
Datenrahmen *m.* (IT); ~ **gathering**
Datenerfassung *f.* (IT); ~ **glove**
Datenhandschuh *m.* (IT); ~ **input**
Dateneingabe *f.* (IT); ~ **key** Schreibtaste
f. (IT); ~ **link** Datenverbindung *f.* (IT);
~ **link layer** Sicherungsschicht *f.* (ISO/
OSI-Schichtenmodell); ~ **logging**
Datenprotokollierung *f.* (IT); ~

management Datenverwaltung *f.* (IT);
~ **migration** Datenmigration *f.* (IT); ~
packet switching
Datenpaketvermittlung *f.* (IT); ~
pooling Datensammlung *f.* (IT); ~
protection Datensicherung *f.* (IT); ~
rate Datenrate *f.*; ~ **record format**
Datensatzformat *n.* (IT); ~ **record**
length Datensatzlänge *f.* (IT); ~ **record**
number Datensatznummer *f.* (IT); ~
recording Datenprotokollierung *f.* (IT);
~ **recovery** Datenrekonstruktion *f.* (IT);
~ **safety** Datensicherheit *f.* (IT); ~
security Datensicherheit; ~ **set** *n.*
Datensatz *m.* (IT); ~ **switch**
Datenverteiler *m.* (IT); ~ **transfer**
Datentransfer *m.* (IT); ~ **transfer rate**
n. Datentransferrate *f.* (IT)
database *n.* Datenbank *f.*; ~ **management**
system Datenbank-Managementsystem
n. (IT); ~ **manager** Datenbank-Manager
m. (IT); ~ **structure** Datenbankstruktur
f. (IT)
date of issue Stand *m.* (Ausgabedatum)
datum line Bezugslinie *f.*
day-for-night effect Nachteffekt *m.*; ~-
for-night shot Nachteffektaufnahme *f.*;
~ **in the studio** Atelierdrehtag *m.*; ~ **on**
location Außenaufnahmetag *m.*; ~ **on**
the stage Atelierdrehtag *m.*; ~ **range**
(transmitter) Tagesreichweite *f.*; ~
working Tagbetrieb *m.*; ~ **of broadcast**
Sendetag *m.*
daylight *n.* Tageslicht *n.*; ~ **emulsion**
Tageslichtemulsion *f.*; ~ **lamp**
Tageslichtlampe *f.*; ~ **loading spool**
Tageslichtspule *f.*
daytime service range (transmitter)
Tagesreichweite *f.*
dazzle *n.* Überstrahlung *f.*, Blendung *f.*
dazzling *n.* Blendung *f.*
DC (s. direct current); °~ **-separating**
network Gleichstromweiche *f.*
DCR 100 maschineninterner Editor
(EDV), DCR 100
DE (s. de-emphasis)
de-emphasis *n.* (sound) Absenkung *f.*; ~-
emphasis *n.* Nachentzerrung *f.*; ~-
emphasis *n.* (DE) Deemphasis *f.*,
Frequenzgangnachentzerrung *f.*,
Nachentzerrung *f.*
deactivation *n.* Abschaltung *f.*

dead *adj.* (F) abgedreht *adj.*; ~ (news)
gestorben *adj.*; ~ (elec.) spannungslos
adj., stromlos *adj.*; ~ (sound) schalltot
adj.; ~-**beat** *adj.* aperiodisch *adj.*; ~
room schalltoter Raum *m.*; ~ **sounding**
Dämmung *f.*; ~ **studio** nachhallfreies
Studio, schalltotes Studio; ~ **time**
(prod.) Leerlauf *m.*; ~ **zone** Tote Zone

deadline *n.* Redaktionsschluß *m.*, letzter
Termin, Frist *f.*; ~ **planning**
Terminplanung *f.*; ~ Endtermin *m.*

deaf-aid *n.* drahtloser
Kommandoempfänger; ~-**aid** *n.* (coll.)
Ohrhörer *m.*, Schmalzbohrer *m.* (fam.),
Specknudel *f.* (fam.)

debate *n.* Diskussion *f.*, Gespräch *n.*; ~
(R,TV) Gespräch *n.*

debugging *n.* (IT) Entstörung *f.*,
Fehlerbeseitigung *f.*, Programmkorrektur
f.; ~ Fehlerbeseitigung *f.* (IT)

decay *n.* Verhallung *f.* (Echo),
Ausklingvorgang *m.*,
Ausschwingvorgang *m.*; ~ **time**
Abklingzeit *f.*, Ausklingzeit *f.*,
Ausschwingzeit *f.*

decibel *n.* Dezibel *n.*; ~ (B) dB (B); ~ (C)
dB (C); ~ (A) dB (A); ~ **meter**
Dezibelmesser *m.*

decimetre-wave band
Dezimeterwellenbereich *m.*; ~ **waves**
(DM waves) Dezimeterwellen *f. pl.*
(UHF)

deciphering *n.* Entschlüsselung *f.*

decision level Entscheidungspegel *m.*

declaration of consent
Einverständniserklärung *f.*; ~ **of intent**
Absichtserklärung *f.*

deflect *v.* ablenken *v.*

declutch *v.* (mech.) entkuppeln *v.*

declutching *n.* (mech.) Entkupplung *f.*

decoder *n.* Dekoder *m.*, Farbdekoder *m.*,
Decoder *m.*; ~ **matrix** Dekodiermatrix
f., Entschlüsselungsmatrix *f.*

decoding *n.* Dekodierung *f.*

decomposition of spectrum Zerlegung
des Spektrums

decompress *v.* dekomprimieren *v.* (IT)

decor *n.* Ausstattung *f.*, Bühnenbild *n.*,
Szenenbild *n.*

decoration *n.* Dekoration *f.*

decorative flat Dekorationswand *f.*; ~
lighting Effektbeleuchtung *f.*; ~ **screen**
Dekorationswand *f.*

decorator *n.* Dekorateur *m.*, Deko *m.*
(fam.)

decouple *v.* (meas.) entkoppeln *v.*

decoupling *n.* (meas.) Entkopplung *f.*; ~
filter Entkopplungsfilter *m.*

decrease *v.* abnehmen *v.*, Abnahme *f.*,
Verkleinerung *f.*, Verminderung *f.*; ~
(level) Pegelabfall *m.*

decree *n.* Verfügung *f.*, Urteil *n.*

decrement *n.* Dekrement *n.*

decryption *n.* Entschlüsselung *f.*,
Entschlüsselung *f.* (IT)

dedicated connection Festverbindung *f.*
(Tel); ~ **line** Standleitung *f.* (Tel); ~
network Standverbindungsnetz *n.* (Tel)

deemphasis *n.* Deemphase *f.*

deep shadow Kernschatten *m.*

default *n.* Verzug *m.*; ~ **fine** Verzugsstrafe
f.; ~ **drive** Standardlaufwerk *n.* (IT)

defect *n.* Fehler *m.*, Schaden *m.*, Fehler *m.*
(Technik)

defective *adj.* fehlerhaft *adj.*, gestört *adj.*

defence correspondent Wehrexperte *m.*

defer *v.* verschieben *v.*

deferment *n.* Verschiebung *f.*

deferred *adj.* zeitversetzt *adj.*; ~ **relay**
zeitversetzte Livesendung, zeitversetzte
Übertragung

define *v.* festlegen *v.*

definition *n.* (opt.) Auflösung *f.*; ~ (pict.)
Kantenschärfe *f.*, Schärfe *f.*,
Scharfzeichnung *f.*; ~
Begriffsbestimmung *f.*, Festlegung *f.*;
good ~ naturgetreue Wiedergabe; **lack
of** ~ Unschärfe *f.*; ~ **loss** Schärfeverlust
m.; ~ **of image** Abbildungsgüte *f.*

deflect *v.* ablenken *v.*

deflecting unit Ablenkeinheit *f.*; ~
voltage (IT) Ablenkspannung *f.*

deflection *n.* Ablenkung *f.*, Abweichung *f.*,
Schwingung *f.*; ~ **circuit**
Ablenkschaltung *f.*; ~ **coil** Ablenkspule
f.; ~ **time** Ablenkzeit *f.*

defocus *v.* Bild in die Unschärfe ziehen

deformation *n.* Verformung *f.*

defragmentation *n.* Defragmentierung *f.*
(IT)

degausser *n.* Entmagnetisierungsdrossel *f.*

degaussing *n.* Entmagnetisierung *f.*

degradation *n.* Beeinträchtigung *f.*; ~
(tech.) Güteabfall *m.*; ~
Verschlechterung *f.*

degree n. Stufe f., Grad m.; ~ **of acidity**
Säuregrad m.; ~ **of amplification**
Verstärkungsgrad m.; ~ **of convergence**
Bündelungsgrad m.; ~ **of distortion**
Klirrgrad m.; ~ **of echo** Hallanteil m.; ~
of enlargement Vergrößerungsmaßstab
m.; ~ **of latitude** Breitengrad m.; ~ **of**
sharpness Schärfegrad m.
deinstall v. deinstallieren v. (IT)
delay v. verzögern v., Verzögerung f.,
Laufzeit f., Verzögerungszeit f., Verzug
m.; ~ (time) Wartezeit f.; **acoustic** ~
line (IT) akustische
Verzögerungsleitung; **sonic** ~ **line** (IT)
akustische Verzögerungsleitung;
variable ~ **line** einstellbare
Verzögerungsleitung n.; ~
demodulation Laufzeitdemodulation f.;
~ **distortion** Laufzeitverzerrung f.; ~
equalizer Laufzeitentzerrer m.; ~-**line**
n. Verzögerungsleitung f.; ~ **line**
Laufzeitleitung f., Verzögerungsleitung
f., Laufzeitglied n., Laufzeitkette f.,
Verzögerungsleitung f. (Wellenleiter,
der eine verzögerte Welle führt); ~-**line**
detector Laufzeitdemodulator m.; ~
network Laufzeitkette f.; ~ **system**
Signalverzögerungssystem n.; ~ **time**
Laufzeit f., Verzögerungszeit f.; ~-**time**
difference Laufzeitdifferenz f.; ~ **unit**
Verzögerungskassette f.,
Verzögerungsgerät n.
delete v. löschen v. (IT); ~ **key** Entfernen-
Taste f. (IT), Löschtaste f. (IT)
delimiter n. Begrenzungszeichen n. (IT)
delineation n. Abgrenzung f.
delivery spool Vorratstrommel f.; ~
system Übertragungsmedium n.
delta modulation Deltamodulation f.; ~
system Dreiecksystem n.; ~ **voltage**
Dreieckspannung f.
demagnetisation n. Entmagnetisierung f.
demagnetiser n.
Entmagnetisierungsdrossel f.
demagnetising coil
Entmagnetisierungsdrossel f.
demand n. Forderung f.; ~ **assignment**
multiple access DAMA (Sat),
Befestigung nach Bedarf
demarcation n. Abgrenzung f.
demodulator n. Demodulator m.

demonstration model Vorzeigemodell n.;
~ **tape** Vorführband n.
dendriform exposure of film Verblitzung
f.
denial n. Dementi n.; ~ **of service**
Rechenleistungsverweigerung f. (IT)
densitometer n. Densitometer n.
densitometric adj. densitometrisch adj.
densitometry n. Densitometrie f.
density n. Dichte f., Deckung f.,
Schwärzung f.; **diffuse** ~ diffuse
Schwärzung; **fixed** ~ gleichbleibende
Schwärzung; **maximum** ~ maximale
Schwärzung; **variable** ~ veränderliche
Schwärzung; ~ **latitude**
Schwärzungsumfang m.; ~ **range**
Dichtebereich m., Schwärzungsbereich
m., Schwärzungsumfang m.; ~ **scale**
Schwärzungsumfang m.; ~ **step**
Schwärzungsstufe f.; ~ **value**
Helligkeitswert m., Schwärzungsstufe f.;
~ **wedge** Keilvorlage f.
department n. Abteilung f.,
Hauptabteilung f. (HA), Referat n.,
Ressort n., Stelle f.
dependability n. Zuverlässigkeit f.
dependence of attenuation upon
frequency frequenzabhängige
Dämpfung
depending on local conditions
ortsmöglich adj.
dephase v. aus der Phase bringen
depot n. Lager n., Magazin
depress, to ~ **the camera** v. Kamera
senken
depth of field Schärfentiefe f.,
Tiefenschärfe f.; ~ **of field chart**
Tiefenschärfentabelle f.; ~ **of focus**
Fokusdifferenz f., Schärfentiefe f.,
Tiefenschärfe f.; ~ **of modulation**
Modulationstiefe f.; ~ **of penetration**
Eindringtiefe f. (Ausstrahlung)
depuncturing n. Depunktierung f.
(Faltungskodierung)
deputise (for) v. vertreten v.
deputy n. Vertreter m., stellvertretend adj.
deregister a circuit Leitung abmelden
desaturate v. entsättigen v., verweißlichen
v.
desaturation n. Entsättigung f.,
Verweißlichung f.

descending sort Sortierung, absteigende *f.*
(IT)
descrambler Entwürfler (Sat)
describe *v.* beschreiben *v.*
description *n.* Beschreibung *f.*
desensitise *v.* desensibilisieren *v.*
desensitised *adj.* unsensibilisiert *adj.*
design *v.* konstruieren *v.*, Zeichnung *f.*,
Entwurf *n.*; ~ (set) Dekoration *f.*; ~
Auslegung *f.*, Konstruktion *f.*; ~ **costs**
Ausstattungskosten plt.; ~ **department**
Ausstattungsabteilung *f.*; ~ **planning**
meeting Ausstattungsbesprechung *f.*,
Baubesprechung *f.*; ~ **team**
Ausstattungsstab *m.*; ~ Gestaltung *f.*
designation *n.* Benennung *f.*, Bezeichnung
f.
designer *n.* Bühnenbildner *m.*,
Szenenbildner *m.*, Zeichner *m.*; ~ (set)
Ausstatter *m.*
designer's office Architektenbüro *n.*
desk *n.* Pult *n.*; ~ (editorial) Ressort *n.*,
Desk *m.*; ~ Bedienplatz *m.*; ~
microphone Tischmikrofon *n.*; ~
operator Tontechniker *m.*; ~ **editor**
Desk-Redakteur *m.*; ~ **lighting**
Pultbeleuchtung *f.*
destination *n.* Bestimmungsort *m.*
detach *v.* auseinandernehmen *v.*
detachable *adj.* abnehmbar *adj.*
detail contrast Detailkontrast *m.*; ~
drawing Detailzeichnung *f.*
detect *v.* aufspüren *v.*, entdecken *v.*
detecting element Meßfühler *m.*
detective film Kriminalfilm *m.*, Krimi *m.*
(fam.); ~ **series** pl. Krimiserie *f.*
detector *n.* Detektor *m.*, Gleichrichter *m.*,
Melder *m.*; ~ **amplifier**
Anzeigeverstärker *m.*; ~ **valve**
Gleichrichterröhre *f.*
detour *n.* Umweg *m.*
develop *v.* entwickeln *v.*
developer *n.* (FP) Entwickler *m.*,
Filmentwickler *m.*
developing *n.* (FP) Entwicklung *f.*; ~
agent Entwicklungssubstanz *f.*; ~ **bath**
Entwicklerbad *n.*; ~ **equipment**
Entwicklungsanlage *f.*; ~ **machine**
Entwicklungsmaschine *f.*; ~ **plant**
Entwicklungsanlage *f.*; ~ **process**
Entwicklungsprozeß *m.*; ~ **tank**

Entwicklerdose *f.*, Entwicklertank *m.*,
Bädertank *m.*
development *n.* Entwicklung *f.*; ~
contrast Entwicklungskontrast *m.*; ~
costs Entwicklungskosten plt.; ~
engineer Entwicklungsingenieur *m.*; ~
cycle Entwicklungszyklus *m.* (IT)
deviate *v.* aussteuern *v.*
deviating prism Umlenkprisma *n.*
deviation *n.* (freq.) Frequenzhub eines
Wobblers, Hub *m.*; ~ Abweichung *f.*;
allowable ~ zulässige Abweichung;
great-circle path ~
Großkreisabweichung *f.*; **standard** ~
Standardabweichung *f.*; ~ **check**
Hubkontrolle *f.*; ~ **indication**
Hubanzeige *f.* (Anzeige des
Frequenzhubes); ~ **mirror**
Umlenkspiegel *m.*; ~ **overshoot**
Hubüberschreitung *f.*; ~ **wedge**
Umlenkprisma *n.*
device *n.* Gerät *n.*, Apparat *m.*, Bauelement
n. (EDV), Bauteil *n.*, Vorrichtung *f.*; „
optical ~ **apparatus** optisches Mittel;
~ **request interrupt** (IT)
Unterbrechung *f.*; ~ **controller**
Gerätecontroller *m.* (IT); ~ **driver**
Gerätetreiber *m.* (IT); ~ **fault**
Gerätestörung *f.*; ~ **manager** Geräte-
Manager *m.* (IT)
devoid of rights rechtefrei *adj.*
dextrorotatory polarisation Polarisation
f. (rechtsdrehend)
diagnostic tool Diagnoseinstrument *n.*
(IT), diagnostic tool, Messgerät *n.*
diagonal-cutting pliers *n.* pl.
Seitenschneider *m.*; ~ **filtering**
Diagonalfilterung *f.*; ~ **join**
Diagonalklebestelle *f.*; ~ **of picture**
Bilddiagonale *f.*; ~ **scratch**
Schrägschramme *f.*; ~ **splice**
Diagonalklebestelle *f.*; ~ **wipe**
Diagonalblende *f.*, Schrägblende *f.*
diagram Diagramm *n.*
dial *n.* (rec.) Skala *f.*; ~ (tel.) Wähler *m.*;
~ Uhrzifferblatt *n.*, wählen *v.* (Tel),
Wahlscheibe *f.* (Tel); ~ **pulse**
Wahlimpuls *m.* (Tel); ~ **tone** Wählton
m.; ~ **up access** Einwahlzugriff *m.* (IT)
dialect broadcast Mundartsendung *f.*
dialing *n.* Wahl *f.* (Tel)

dialling code Vorwahlkennzahl *f.*; ~ **noise** Wählgeräusch *n.*
dialog field Dialogfeld *n.* (EDV); ~ **system** (IT) Frage/Antwort-System *n.*, Dialogsystem *n.*; ~ **key** Dialogtaste *f.* (IT)
dialogue *n.* Dialog *m.*; ~ **direction** Dialogregie *f.*, Dialogführung *f.*; ~ **director** Dialogregisseur *m.*; ~ **scene** Dialogszene *f.*; ~ **script** Dialogbuch *n.*, Dialogliste *f.*
dialoguist *n.* Dialogautor *m.*
dialup port Wahlanschluß *m.* (Tel)
diaphragm *n.* (opt.) Blende *f.*; ~ optische Blende; ~ (tel.) Membran *f.*; **automatic** ~ Springblende *f.*; **semi-automatic** ~ Springblende *f.*; **to close** ~ Blende schließen; **to open** ~ Blende öffnen; ~ **ring** Blendenring *m.*; ~ **scale** Blendenskala *f.*; ~ **setting** Blendeneinstellung *f.*
diapositive *n.* Diapositiv *n.*, Dia *n.*, Lichtbild *n.*
diascope *n.* (becoming obsolete) Prüfprojektor *m.*
die *n.* Stanze *f.*
dielectric constant Dielektrizitätskonstante *f.*
diesel *n.* (fuel) Diesel *m.* (Treibstoff); ~ **generator** Dieselaggregat *n.*
difference frequency Differenzfrequenz *f.*, Differenzton *m.*; ~ **frequency attenuation** Differenztondämpfung *f.*; ~ **frequency disortion of 3rd order** Abstand des Differenztons 3. Ordnung; ~ **frequency disortion of 2nd order** Abstand des Differenztons 2. Ordnung; ~ **frequency distortion** Differenztonfaktor *m.*; ~ **frequency method** Differenztonverfahren *n.*; ~ **signal** Differenzsignal *n.*; ~**-tone** *n.* Differenzton *m.*
differential amplifier Differenzverstärker *m.*; ~ **gain** differentielle Verstärkung; ~ **gain distortion** differentieller Verstärkungsfaktor; ~ **microphone** Kompensationsmikrofon *n.*; ~ **phase** differentielle Phase; ~ **transformer** Differentialübertrager *m.*; ~ **coding** Differenzcodierung *f.*
differentiate *v.* differenzieren *v.*

differentiating amplifier Differenzierverstärker *m.*
diffraction *n.* Beugung *f.* (Ausstrahlung); ~ **loss** Beugungsdämpfungsmaß *n.*
diffuse *v.* (opt.) zerstreuen *v.*, soften *v.*; ~ diffus *adj.*
diffused *adj.* diffus *adj.*; ~ **light** Streulicht *n.*
diffuser *n.* Blende *f.*, Softscheibe *f.*, Weichstrahler *m.*; ~ **lens** Diffuserlinse *f.*; ~ **scrim** Weichzeichner *m.*
diffusing disc Weichbildscheibe *f.*; ~ **filter** (opt.) Diffusionsfilter *m.*; ~ **lens** Diffuserlinse *f.*, Softlinse *f.*; ~ **screen** Streulichtschirm *m.*, Streuschirm *m.*
diffusion *n.* Diffusion *f.*, Streuung *f.*, Zerstreuung *f.*; ~ (F, photo) Weichzeichnung *f.*; ~ **angle** (lighting) Streuwinkel *m.*; ~ **factor** Streulichtfaktor *m.*
diffusivity *n.* Diffusität *f.*
diffusor *n.* Diffusor *m.* (Optik), Diffusor *m.* (Akustik)
diffusors *n. pl.* Streuscheiben *f. pl.*
digisonde *n.* Ionosonde mit digitaler Frequenzeinstellung
digit emitter (IT) Impulsgeber *m.*
digital *adj.* (IT) digital *adj.*; ~ **active line** digitale Videozeile; ~ **broadcast** Digitalübertragung *f.*; ~ **computer** (IT) Digital-Rechner *m.*; ~ **counter** Digitalzähler *m.*; ~ **display** (IT) digitale Anzeige; ~ **meter** Digitalmeßinstrument *n.*; ~ **oscilloscope** Digitaloszillograf *m.*; ~ **reader** Zifferanzeigegerät *n.*; ~ **read-out** Digitalanzeige *f.*; ~ **recording** Digitalaufzeichnung *f.*; ~ **sound** Digitalton *m.*; ~ **system** Digitalsystem *n.*; ~ **technology** Digital-Technik *f.*; ~ **television** Digitalfernsehen *n.*; ~**-to-analog converter** (IT) Digital-Analog-Umsetzer *m.*; ~ **to analogue converter** (DAC) Digital-Analog-Wandler *m.*; ~ **transmission** Digitalübertragung *f.*
Digital Video Tape Recorder *n.* (DVTR) digitaler Videorecorder *m.*
digital display Zifferanzeige *f.* (IT); ~ **signature** digitale Unterschrift *f.* (IT)
digitally assisted television DATV (Digital unterst. FS)

digitiser *n.* (IT) Analog-Digital-Umsetzer *m.* (ADU)

digitization *n.* Digitalisierung *f.*

digitizer tablet Digitalisiertablett *n.* (EDV)

digitzer *n.* A/D Wandler *m.*

dilute *v.* verdünnen *v.*

diluting agent Verdünner *m.*

dilution *n.* Verdünnung *f.*; ~ (col.) Verwässerung *f.*

dim *v.* (light) abblenden *v.*, herunterregeln *v.*

dimension *n.* Format *n.*, Größe *f.*, Maß *n.*; ~ **of picture** Bildformat *n.*

dimensions *n. pl.* Abmessungen *f. pl.*

diminish *v.* abnehmen *v.*, verkleinern *v.*

diminution *n.* Verkleinerung *f.*

dimmer *n.* Lichtregler *m.*, Steller *m.*, Schieber *m.* (fam.), Verdunkler *m.*; ~ **bank** Beleuchtungssteuerfeld *n.*

dimming *n.* (light) Abblende *f.*, Abblendung *f.*, Ausblende *f.*, Abnahme *f.*; ~ **switch** Verdunkler *m.*

diode *n.* Diode *f.*; ~ **rectifier** Diodengleichrichter *m.*; ~ **terminal** Diodenanschluß *m.*

dioptre *n.* Dioptrie *f.* (dptr); ~ **correction** Dioptrieausgleich *m.*

dip *n.* Inklination *f.*; **magnetic** ~ magnetische Inklination; **to** ~ **the sound** abblenden *v.*; ~ **soldering** Tauchlöten *n.*

diplexer *n.* Trennweiche *f.*, Weiche *f.*, Multiplexer *m.*

diplomatic desk (R, TV) Außenpolitik *f.*, Politik Ausland *f.*; ~ **note** Note *f.* (Diplomatie); ~ **unit** (R, TV) Außenpolitik *f.*, Politik Ausland *f.*

dipole *n.* Dipol *m.*, Dipolantenne *f.*; **crossed** ~ Kreuzdipol *m.*; **plain** ~ gestreckter Dipol; ~ **aerial** Dipolantenne *f.*; ~ **array** Dipolgruppe *f.*, Dipolstrahler *m.*; ~ **panel** Dipolfeld *n.*

direct *v.* richten *v.* (auf); ~ (prod.) inszenieren *v.*, Regie führen; ~ direkt *adj.*; **centrifugally-governed** ~ **current motor** fliehkraftgeregelter Gleichstrommotor; ~ **broadcast by satellite** direkte Satellitenübertragung; ~ **costs** Direktkosten *pl.*; ~ **current** (DC) Gleichstrom *m.*; ~**-current amplifier** Gleichstromverstärker *m.*; ~

current component Gleichstromanteil *m.*, Gleichstromkomponente *f.*; ~ **current motor** Gleichstrommotor *m.*; ~**-current resistance** Gleichstromwiderstand *m.*; ~ **current restoration** Schwarzwerthaltung *f.*, Schwarzwertwiedergabe *f.*, Schwarzwertfesthaltung *f.*; ~ **current restoration diode** Schwarzwertdiode *f.*; ~ **current voltage** Gleichspannung *f.*; ~ **current voltage amplifier** Gleichspannungsverstärker *m.*; ~**-detection receiver** Geradeausempfänger *m.*; ~ **dialling** *v.* Durchwahl *f.*; ~ **dialling in** (DDI) Durchwahlverfahren *n.*; ~ **hook-up** (coll.) Direktschaltung *f.*; ~ **print** Kontaktkopie *f.*, Klatschkopie *f.*; ~ **printing** Abklatschen *n.*; ~ **reaction shot** Gegenschuß *m.* (J); ~ **reception** Direktempfang *m.*; ~ **relay** Direktschaltung *f.*, Direktübertragung *f.*, Direktübernahme *f.*; ~ **reverse shot** Gegenschuß *m.* (J); ~ **sound** Direktschall *m.*; ~ **transmission** Direktübertragung *f.*; ~ **wave** Bodenwelle *f.*; ~ **call** Direktruf *m.* (Tel); ~ **memory access** direkter Speicherzugriff *m.* (IT); ~ **to home system** Einzelempfangsanlage *f.* (Sat); ~**-to-home** Direktempfang *m.* (Sat)

directed by (credits) Bildführung hatte, Regie *f.*

directing station betriebsführendes Amt

direction *n.* Spielleitung *f.*, Regie *f.*, Inszenierung *f.*; ~ (TV) Bildführung *f.*; ~ (instruction) Weisung *f.*; ~ **finding** Peilung *f.*; ~ **of light** Lichtrichtung *f.*; ~ **of lighting** Lichtführung *f.*, Lichtgestaltung *f.*; ~ **of maximum radiation** Hauptstrahlrichtung *f.*; ~ **of propagation** Ausbreitungsrichtung *f.*; ~ **of reception** Empfangsrichtung *f.*; ~ **of rotation** Drehrichtung *f.*; ~ **of travel** Laufrichtung *f.*; ~ **of winding** Wicklungssinn *m.*

directional aerial Richtantenne *f.*, Richtfunkantenne *f.*, Richtstrahlantenne *f.*; ~ **antenna** Richtstrahler *m.*, Richtstrahlantenne *f.*, Richtantenne *f.*; ~ **coupler** Richtkoppler *m.*; ~ **effect** Richtwirkung *f.*; ~ **gain** Antennengewinn einer Richtantenne,

Richtungsmaß *n.*; ~ **hearing**
Richtungshören *n.*; ~ **information**
(stereo) Richtungsinformation *f.*; ~ **link**
Richtfunkstrecke *f.*,
Richtfunkverbindung *f.*; ~ **loudspeaker**
Richtlautsprecher *m.*; ~ **mixer**
Richtungsmischer *m.*; ~ **mixing**
Richtungsmischung *f.*; ~ **pattern**
Richtcharakteristik *f.*, Richtdiagramm
n.; ~ **slip** Gleitrichtung *f.*; ~
transmission Richtstrahlung *f.*
directionality *n.* Richtungsabhängigkeit *f.*
(Ausstrahlung)
directions for use Benutzungsrichtlinien *f.*
pl.
directive *n.* Weisung *f.*; ~ **aerial**
Richtstrahler *m.*
directivity *n.* Peilwirkung *f.*, Richtwirkung
f.; ~ **factor** Richtungsfaktor *m.*; ~
index Richtungsmaß *n.*
director *n.* Direktor *m.*, Regisseur *m.*,
Spielleiter *m.*; ~ (TV) Bildregisseur *m.*;
~ (F) Realisator *m.*; ~**-cameraman** *n.*
Kameramann und Regisseur in einer
Person, Regisseur-Kameramann *m.*,
Regie-Kameramann *m.*; ~**-general** *n.*
Intendant *m.*; **-general, deputy** ~
stellvertretender Intendant; ~**-general's
office** Intendanz *f.*; ~ **of engineering**
technischer Direktor; ~ **of finance**
Finanzdirektor *m.*; ~ **of photography**
Chefkameramann *m.*, erster
Kameramann, Lichtgestalter *m.*; ~ **of
programmes** Programmdirektor *m.*; ~
of programmes, radio (BBC)
stellvertretender Hörfunkdirektor; ~ **of
programmes, television** (BBC)
stellvertretender Fernsehdirektor; ~ **of
radio programmes** Programmdirektor
Hörfunk; ~ **of television programmes**
Programmdirektor Fernsehen
director's conception Regiekonzeption *f.*;
~ **finder** Bildausschnittsucher *m.*; ~
seat Regiestuhl *m.*; ~ **staff** Regiestab
m.; ~ **viewfinder** Motivsucher *m.*
directorate *n.* Direktion *f.*
directory *n.* Adreßbuch *n.*, Verzeichnis *n.*,
Teilnehmerverzeichnis *n.* (Tel); ~
number Teilnehmernummer *f.* (Tel); ~
path Verzeichnispfad *m.* (IT)
dirt in the gate Negativfussel *m.*
disable *v.* sperren *v.* (EDV)

disabling signal (IT) Sperrsignal *n.*
disc *n.* Schallplatte *f.*, Grammofonplatte *f.*,
Platte *f.*; ~ (tape) Teller *m.*;
unprocessed ~ ungepreßte Schallplatte;
~ **cutter** Schallplattenschneider *m.*; ~
drive (IT) Platteneinheit *f.*; ~ **jockey** *n.*
Disk-Jockey *m.*; ~ **library** Plattenarchiv
n., Schallplattenarchiv *n.*; ~
programme Schallplattenprogramm *n.*;
~ **recorder** Plattenaufnahmegerät *n.*,
Plattenschneidegerät *n.*; ~ **scratch**
Schramme *f.*; ~ **storage** Plattenspeicher
m. (EDV); ~ **tetrode** (electron tube)
Scheibentetrode *f.* (Elektronenröhre); ~
trimmer Scheibentrimmer *m.*; ~**-type
trimmer** Scheibentrimmer *m.*
discharge *n.* Entladung *f.*; **static** ~
statische Entladung; ~ **resistance**
Entladewiderstand *m.*
discharged lamp Leuchtstoffröhre *f.*
discharging resistor Entladewiderstand *m.*
disclosure *n.* Weitergabe *f.* (Daten) (IT); ~
(of data) Offenlegung (von Daten) *f.*
(IT)
disconnect *v.* abschalten *v.*, abtrennen *v.*,
ausschalten *v.*, entkuppeln *v.*
disconnecting switch Ausschalter *m.*
discontinue *v.* abbrechen *v.*
discontinuity *n.* Leitungsunterbrechung *f.*
discotheque *n.* Diskothek *f.*
discount *n.* Rabatt *m.*
discover *v.* feststellen *v.*
discovery *n.* Feststellung *f.*
discriminator *n.* Diskriminator *m.*
discuss (something) in advance
vorbesprechen *v.*
discussed topic Diskussionsthema *n.*
discussion *n.* Diskussion *f.*, Gespräch *n.*; ~
(R,TV) Gespräch *n.*; **to chair a** ~ eine
Diskussion leiten; ~ **chairman**
Diskussionsleiter *m.*, Gesprächsleiter *m.*,
Moderator *m.*; ~ **paper**
Diskussionspapier *n.*; ~ **programme**
Diskussionssendung *f.*; ~ **topic**
Diskussionsthema *n.*; ~ **group**
Diskussionsgruppe *f.* (IT); ~ **panel**
Diskussionsrunde *f.*
disenchanted, to be ~ **with s.th.** sich
etwas abschminken (fam.)
disengage *v.* (elec.) entkuppeln *v.*
disengaging *n.* (elec.) Entkupplung *f.*

dish *n.* Schüssel *f.* (Antenne); ~ **diameter** Spiegeldurchmesser *m.* (Sat.)

disk check program Plattenprüfprogramm *n.* (IT); ~ **error** Plattenfehler *m.* (IT); ~ **operating system** Festplattenbetriebssystem *n.* (IT); ~ **partition** Plattenpartition *f.* (IT); ~ **work area** Festplattenarbeitsbereich *m.* (IT)

diskret point Stützpunkt *m.*

dismantle *v.* auseinandernehmen *v.*, abbauen *v.*

dismantling *n.* Abbau *m.*

dismount *v.* auseinandernehmen *v.*

disortion *n.* Verzerrung *f.*

dispatch *n.* Bericht *m.*; **cabled** ~ Kabelbericht *m.*; ~ **rider** Außenbote *m.*, Bote *m.*

dispersal *n.* (opt.) Zerstreuung *f.*

disperse *v.* (opt.) zerstreuen *v.*

dispersion *n.* Dispersion *f.*, Streuung *f.*, Zerstreuung *f.*; **main** ~ **point** maximaler Streupunkt; ~ **of light** Lichtzerlegung *f.*; ~ **paint** Binderfarbe *f.*; ~ **point** Streupunkt *m.*

displace *v.* verschieben *v.*

displacement *n.* Verschiebung *f.*; **axial** ~ axiale Verschiebung; ~ **in straight line** gradlinige Verschiebung; ~ **competition** Verdrängungswettbewerb *m.*

display *n.* Display *n.*; ~ **primaries** Empfängerprimärvalenzen *f. pl.*; ~ **tube** Schirmbildröhre *f.*, Schirmröhre *f.*, Wiedergaberöhre *f.*; ~ **unit** (IT) Sichtgerät *n.*

disposal *n.* Abwicklung *f.*

(pre:)disposition *n.* Veranlagung *f.*

disruptive voltage Durchschlagspannung *f.*

dissipated heat Verlustwärme *f.*

dissolution *n.* (opt.) Auflösung *f.*

dissolve *v.* auflösen *v.*, weich überblenden; ~ (pict.) durchblenden *v.*; ~ Bildüberblendung *f.*, Blende *f.*, Durchblendung *f.*, Überblendung *f.*, Überblenden *n.*

dissolving power Auflösungsvermögen *n.*

dissonance *n.* Dissonanz *f.*

distance *n.* Entfernung *f.*, Abstand *m.*, Distanz *f.*, Strecke *f.*; ~ (covered) Wegstrecke *f.*; **finite** ~ endliche Entfernung; **minimum focusing** ~ kürzeste scharf einstellbare Entfernung; **to estimate** ~ Entfernung schätzen; ~ **scale** Entfernungsskala *f.*, Meterskala *f.*; ~ **setting** Entfernungseinstellung *f.*; ~ **shot** Totale *f.*

distant control Fernschaltung *f.*; ~ **station** Gegenstelle *f.* (Tel)

distinguish *v.* unterscheiden *v.*

distorting lens Anamorphot *m.*

distortion *n.* Verzeichnung *f.*, Verzerrung *f.*, Klirren *n.*; **build-up and delay** ~ Verzerrung durch Ein- und Ausschwingvorgänge; **geometric** ~ geometrische Verzerrung; **harmonic** ~ harmonische Verzerrung; **linear** ~ lineare Verzerrung; **non-linear** ~ nichtlineare Verzerrung; **optical** ~ optische Verzeichnung; **transient** ~ Verzerrung durch Ein- und Ausschwingvorgänge; ~ **analyser** Verzerrungsmeßgerät *n.*; ~ **area** innerer Kasch; ~ **measuring set** Verzerrungsmeßgerät *n.*; ~ **of sound** Klangverzerrung *f.*; ~ **range** Verzerrungsgebiet *n.*

distributed reactance verteilte Blindwiderstände; ~ **database** Datenbank, verteilte *f.* (IT)

distributing agency Verleihfirma *f.*; ~ **network** Leitungsnetz *n.*; ~ **organisation** Verleihorganisation *f.*

distribution *n.* Verteilung *f.*; ~ (F) Verleih *m.*; ~ **national** ~ **network** Verteilungsnetz; **spectral** ~ **of radiation** spektrale Strahlungsverteilung; ~ **agreement** Verleihvertrag *m.*, Verwertungsvertrag *m.*; ~ **amplifier** Verteilerverstärker *m.*, Verteilverstärker *m.*; ~ **board** Schalttafel *f.*, Schaltbrett *n.*, Verteiler *m.*, Verteilertafel *f.*; ~ **box** Abzweigdose *f.*, Verteilerkasten *m.*; ~ **circuit** Verteilerkreis *m.*, Verteilerleitung *f.*; ~ **circuit** (tech.) Sendeleitung *f.*; ~ **circuit** Verteilleitung *f.*; ~ **circuit network** Verteilerleitungsnetz *n.*; ~ **company** Verwertungsgesellschaft *f.*; ~ **conduit** Verteilerleitung *f.*; ~ **frame** Rangierverteiler *m.*, Verteiler *m.*, Verteilertafel *f.*; ~ **line** Verteilerleitung *f.*; ~ **network** Leitungsnetz *n.*,

Verteilungsnetz *n.*, Verteilnetz *n.*; ∼ **of
locations** Ortsverteilung *f.*; ∼ **panel**
Verteilertafel *f.*, Rangierfeld *n.*,
Schalttafel *f.*; ∼ **print** Verleihkopie *f.*; ∼
right Verbreitungsrecht *n.*; ∼ **rights** *n.
pl.* Verwertungsrecht *n.*; ∼ **rights** (F)
Verleihrechte *n. pl.*; ∼ **satellite**
Verteilersatellit *m.*; ∼ **stub**
Stichleitungsverteilung *f.*; ∼
switchboard Verteilerschrank *m.*; ∼
system Verteilungsnetz *n.*, Verteilnetz
n., Verteilsystem *n.*; ∼ **with time**
Zeitverteilung *f.*; ∼ Verbreitung *f.*; ∼
line-up Staffel *f.* (Verleih)
distributor *n.* Verteiler *m.*; ∼ (F)
Verleiher *m.*, Verleihfirma *f.*; ∼
Verteileinrichtung *f.*
distributor's film Verleihfilm *m.*; ∼ **share**
Verleihanteil *m.*, Verwertungsanteil *m.*
distributors *n. pl.* Verleih *m.*
disturbance *n.* Störung *f.*; **ionospheric** ∼
ionosphärische Störung; ∼ **due to
interference** Interferenzstörung *f.*
disturbed *adj.* gestört *adj.*
disturbing effect Störwirkung *f.*; ∼
voltage Störspannung *f.*,
Fremdspannung *f.*
dither *n.* (digital signal processing) Dither
m. (dig. Signalverarbeitung); ∼
verwischen *v.*
dithering *n.* Verwischung *f.*
diurnal range (transmitter)
Tagesreichweite *f.*
divergence *n.* Divergenz *f.*, Abweichung *f.*
divergent lens Zerstreuungslinse *f.*
diverging lens Zerstreuungslinse *f.*
diversion *n.* Umleitung *f.*
diversity reception Mehrfachempfang *m.*;
∼ Mehrfachempfang *m.*
divide *v.* teilen *v.*
divider *n.* Teiler *m.*
dividers *n. pl.* Zirkel *m.*
dividing network (acoust.)
Frequenzweiche *f.*
division *n.* (math.) Teilung *f.* (math.)
DJ broadcast Selbstfahrerbetrieb *m.*
DM waves (s. decimetre waves)
DMM (direct metal-to-metal)
Direktschnitt-Schallplatte *f.*
do *v.* leisten *v.*; ∼ **not disturb** Anrufschutz
m. (Tel)
document *n.* Unterlage *f.*; ∼**-copying**

stock Dokumentenfilm *m.*; ∼ **film**
Dokumentenfilm *m.*; ∼ **editing**
Dokumentenbearbeitung *f.* (IT); ∼
management Dokumentenmanagement
n. (IT); ∼ **processing**
Dokumentenbearbeitung *f.* (IT); ∼
retrieval Dokumentenwiedergewinnung
f. (IT); ∼**-centric** *adj.*
dokumentorientiert *adj.* (IT)
documentary *n.* (bcast.)
Dokumentarsendung *f.*; ∼ (F)
Dokumentarfilm *m.*, Dokumentation *f.*;
drama ∼ Dokumentarspiel *n.*, szenische
Dokumentation, Semidokumentation *f.*;
dramatised ∼ Dokumentarspiel *n.*,
szenische Dokumentation,
Semidokumentation *f.*; ∼ **and talks
programmes** Feature *n.*; ∼ **film**
Dokumentarfilm *m.*, Dokumentation *f.*;
∼ **channel** Dokumentationskanal *m.*; ∼
film Dokumentarfilm *m.*
documentation *n.* Dokumentation *f.*
documents scanner Dokumentenabtaster
m.
doll buggy (US) Dolly *m.*
dolly *n.* Dolly *m.*, Kamerafahrgestell *n.*,
Kamerawagen *m.*; ∼ **in** *v.* Kamera
vorwärts fahren, vorwärts fahren,
vorfahren *v.*; ∼ **monitor** Dolly-Monitor
m.; ∼ **out** *v.* Kamera rückwärts fahren,
rückwärts fahren; ∼ **shot** Kamerafahrt *f.*
domain *n.* Bereich *m.*, Ebene *f.*, Domäne *f.*
(IT); ∼ **grabbing** Domänenklau *m.* (IT);
∼ **name** Domänenname *m.* (IT); ∼
name address Domänenadresse *f.* (IT)
dome loudspeaker Kalottenlautsprecher
m.
domestic appliances Heimgeräte *n. pl.*; ∼
programme nationales Programm; ∼
receiver Heimempfänger *m.*; ∼
receiving antenna
Heimempfangsantenne *f.*; ∼ **receiving
system** Heimempfangsanlage *f.*; ∼
studio equipment Heimstudioanlage *f.*
domiciliary rights Hausrecht *n.*
dongle *n.* Hardwarekopierschutz *m.*,
Kopierschutzstecker *m.*
donut *n.* Brücke *f.* (akust.
Verpackungselement)
door contact Türkontakt *m.*; ∼**-keeper** *n.*
Pförtner *m.*
dope *n.* (coll.) Information *f.*; ∼**-sheet** *n.*

Inhaltsangabe *f.*, Begleittext *m.*,
Dopesheet *n.*; ~-**sheet** *n.* (shooting)
Aufnahmebericht *m.*, Filmbericht *m.*,
Kamerabericht *m.*
doping *n.* Lackieren *n.*
Doppler effect Doppler-Effekt *m.*
dosage *n.* Dosierung *f.*
dosimeter *n.* Dosierungsgerät *n.*
dosing *n.* Dosierung *f.*
dossier *n.* Vorgang *m.* (amtl.)
dot *n.* (light) Blende *f.*; ~ **grating**
Punktgitter *n.*; ~-**sequential** *adj.*
punktsequent *adj.*; ~ **pitch**
Punktabstand *m.* (IT); ~-**matrix printer**
Matrixdrucker *m.* (IT)
double *v.* (perf.) doubeln *v.*, Doppelgänger
m., Doubel *n.*; ~ Doublette *f.*; ~ **16** *n.*
Doppel 16 *n.*; ~-**balanced modulator**
Ringmodulator *m.*; ~-**beam**
oscilloscope Zweistrahloszillograf *m.*;
~-**chamber magazine**
Zweiraumkassette *f.*; ~-**channel** *adj.*
zweikanalig *adj.*; ~-**edged variable**
width (sound) Doppelzackenschrift *f.* (s.
Filmton); ~-**exposure** Doppelbelichtung
f., Zweitbelichtung *f.*; ~ **8 film** Doppel 8
Film; ~-**headed** *adj.* zweistreifig *adj.*;
~-**headed camera** Bild-Ton-Kamera *f.*;
~-**headed system**
Zweistreifenverfahren *n.*; ~-**image**
Geisterbild *n.*; ~-**perforated film**
doppelt perforierter Film, zweiseitig
perforierter Film; ~-**perforated stock**
doppelt perforierter Film, zweiseitig
perforierter Film; ~-**play tape**
Doppelspielband *n.*; ~-**shoot** *v.* mit zwei
Kameras aufnehmen; ~ **side band**
modulation Zweiseitenbandmodulation
f.; ~-**sideband modulation** (DSB
modulation)
Doppelseitenbandmodulation *f.*,
Modulation mit doppeltem Seitenband
(DSB); ~-**sideband receiver**
Zweiseitenbandempfänger *m.*; ~-**socket**
Doppeldose *f.*; ~-**speed** *adj.* mit
zweierlei Geschwindigkeit; ~-**track**
Doppelspur *f.*; ~-**track printing**
Zweibandkopierung *f.*; ~ **buffering**
Doppelpufferung *f.* (IT); ~ **presentation**
Doppelmoderation *f.*, Sidekick-
Moderation *f.* (Doppelmoderation); ~
star Doppelstern *m.* (Tel); ~-**click** *v.*

doppelklicken *v.* (IT); ~-**sided diskette**
beidseitig beschreibbare Diskette (IT)
doubler *n.* Verdoppler *m.*
doublet *n.* (US) Dipol *m.*, Dipolantenne *f.*
douser *n.* (F) Feuerschutzklappe *f.*; ~
(lighting) Blende *f.*
dovetail *n.* Schwalbenschwanz *m.*
down lead (aerial) Niederführung *f.*; ~-
link *n.* (sat.) Abwärtsverbindung *f.*; ~-
link *n.* Abwärtsstrecke *f.* (Satelliten); ~-
link direction Abwärtsrichtung *f.*; ~-
link frequency (sat.) Abwärtsfrequenz
f.; ~ **time** (IT) Ausfallzeit *f.*
downlink Downlink
download *v.* herunterladen *v.* (IT)
downstream *adj.* nachgeschaltet *adj.*,
stromabwärts *adj.*; ~ **direction**
Stromabwärtsrichtung *f.*; ~ Downstream
m. (IT)
downward compatibility
Abwärtskompatibilität *f.* (IT)
dozen *n.* Dutzend *n.*
draft *n.* Konzept *n.*; ~ **agreement**
Vertragsentwurf *m.*; ~ **contract**
Vertragsentwurf *m.*; ~ **proposal**
Vorschlagsentwurf *m.*; ~ **screenplay**
Rohdrehbuch *n.*; ~ **script** Rohdrehbuch
n., Treatment *n.*; ~ **mode**
Entwurfsmodus *m.* (IT); ~ **quality**
Entwurfsqualität *f.* (IT)
drafting office Zeichenbüro *n.*
drag-and-drop *v.* Drag & Drop *v.* (IT)
dragon's teeth wipe Zerreißblende *f.*
drama *n.* Drama *n.*, Schauspiel *n.*; ~
documentary Dokumentarspiel *n.*,
szenische Dokumentation,
Semidokumentation *f.*; ~ **producer**
Spielleiter *m.*; ~ **studio** Hörspielstudio
n.
dramatic composition of picture
Bilddramaturgie *f.*
dramatisation *n.* Dramatisierung *f.*
dramatised documentary
Dokumentarspiel *n.*, szenische
Dokumentation, Semidokumentation *f.*
dramatist *n.* Dramatiker *m.*
dramaturgy *n.* Dramaturgie *f.*
drape *v.* drapieren *v.*
drapes *n. pl.* (coll.) Dekorateur *m.*, Deko
m. (fam.); ~ **workshop** Dekowerkstatt *f.*
draughtsman *n.* Bauzeichner *m.*, Zeichner
m.; **technical** ~ technischer Zeichner

drawing *n.* Zeichnung *f.*, Skizze *f.*; ~
office Zeichenbüro *n.*; ~ **pattern**
Zeichenvorlage *f.*

dress, to make ~ **patterns** Schnittmuster
anfertigen

dresser *n.* Ankleider *m.*, Garderobier *m.*,
Garderobiere *f.*

dressing *n.* (set) Ausstattung *f.*; ~ **cubicle**
Ankleidekabine *f.*; ~**-room** *n.*
Ankleideraum *m.*, Garderobe *f.*

dressmaker *n.* Kostümschneider *m.*,
Schneider *m.*, Damenschneiderin *f.*,
Schneiderin *f.*

dressmaking *n.* Schneiderei *f.*

drift *n.* (VTR) Drift *f.*; ~ (disc, tape)
Schlupf *m.*; ~ Abweichung *f.*; ~ **error**
(IT) Driftfehler *m.*

drive *v.* steuern *v.*; ~ (transmitter)
ansteuern *v.*; ~ Antrieb *m.*; ~ (ampl.)
Steuerung *f.*; ~ Laufwerk *n.*; ~ **belt**
Antriebsriemen *m.*; ~ **capstan** (tape)
Bandantriebswelle *f.*; ~ **capstan**
Antriebswelle *f.*; ~ **gear**
Antriebszahnrad *n.*; ~**-in cinema**
Autokino *n.*; ~ **mechanism** Laufwerk
n.; ~ **motor** Antriebsmotor *m.*; ~
pinion Antriebsritzel *n.*; ~ **roller**
Antriebsrolle *f.*; ~ **shaft** (tape)
Bandantriebswelle *f.*; ~ **shaft**
Antriebsachse *f.*; ~ **signal**
Ansteuerungssignal *n.*, Steuersignal *n.*;
~ **unit** Treiberverstärker *m.*

driver *n.* Treiberstufe *f.*; ~ **stage**
Treiberstufe *f.*; ~ **transformer**
Treibertransformator *m.*; ~ Treiber *m.*
(IT)

driving power Steuerleistung *f.*; ~ **stage**
Vorstufe *f.*

droit de suite Folgerecht *n.*

drop *v.* (prog.) absetzen *v.*; ~ fallen *v.*; ~
in level Pegelabfall *m.*; ~**-out** *n.* (tape)
Bandfehlstelle *f.*; ~**-out** *n.* Ausfall *m.*;
~**-out** *n.* (sound) Drop-out *m.*; ~**-out**
compensator Drop-out-Compensator
m.; ~**-out suppression** (sound) Drop-
out-Unterdrückung *f.*; ~ **in** Drop-in *m.*
(syn. für Dropper); ~**-down menu**
Dropdownmenü *n.* (IT)

dropped, to be ~ (prog.) ausfallen *v.*

dropper *n.* Dropper *m.* (akust.
Verpackungselement)

drown out *v.* (sound) zudecken *v.*

drum *n.* Trommel *f.*; ~ **diaphragm**
Trommelblende *f.*; ~ **shutter**
Trommelblende *f.*

dry *v.* trocknen *v.*; **to** ~ **out by suction**
Feuchtigkeit absaugen; ~ **box**
Trockenschrank *m.*; ~ **cell battery**
Trockenbatterie *f.*; ~ **ice** Trockeneis *n.*;
~ **joint** fehlerhafte Lötstelle, kalte
Lötstelle; ~ **run** Probedurchlauf *m.*,
Drehprobe *f.*, heiße Probe, kalte Probe;
~ **splice** Trocken-Klebestelle *f.*

drying *n.* Trocknung *f.*; ~ **cabinet**
Trockenschrank *m.*; ~ **chamber**
Trockenschrank *m.*; ~ **hood**
Trockenhaube *f.*; ~**-out** *n.* Trocknen *n.*

DSB modulation (s. double-sideband
modulation)

DSCR Entwürfler (Sat)

dual beam Zweistrahl *m.*; ~ **carrier**
system Zweiträgerverfahren *n.*; ~
image tape Zweibildband *n.*; ~**-**
standard *adj.* Zweinormen- (in Zus.);
~**-standard projector**
Zweiformatbildprojektor *m.*; ~ **tone**
Zweiton *m.*; ~ **tone carrier system**
Zweitonträgerverfahren *n.*; ~ **tone**
channel Zweiton-Kanal *m.*; ~ **tone**
identifier Zweitonkennung *f.*; ~**-track**
Zweispur *f.*; ~ **trace** Zweistrahl *m.*; ~**-**
track recorder Doppelspur-
Tonbandgerät *n.*; ~**-track tape**
recorder Zweispurmaschine *f.*; ~ **feed**
dish Doppelempfangsantenne *f.* (Sat); ~
standard interface zweifach
Normschnittstelle *f.* (IT)

dub *v.* (F) doubeln *v.*, synchronisieren *v.*;
~ (tape) kopieren *v.*, umspielen *v.*; ~
anlegen *v.*, vervielfältigen *v.*, dubben *v.*;
~ (tape) Kopie *f.*; **to** ~ **music** Musik
unterlegen, untermalen *v.*; **to** ~ **sound**
effects Geräusch unterlegen; **to** ~ **to**
script synchronisieren nach Vorlage; **to**
~ **to visual tape** synchronisieren nach
Textband; **to** ~ **with music** Musik
anlegen; ~ **in** *v.* einblenden *v.*

dubbed *adj.* synchronisiert *adj.*; ~ **effect**
Synchrongeräusch *n.*

dubbing *n.* (tape) Kopie *f.*, Kopierung *f.*;
~ (F) Doubeln *n.*, Synchronisation *f.*,
Synchronisierung *f.*, Synchronisieren *n.*;
~ nachsynchronisieren *v.*; ~ **actor**
Synchronsprecher *m.*; ~ **company**

Synchronfirma *f.*; ~ **cue sheet**
Synchronliste *f.*; ~ **director**
Synchronregisseur *m.*; ~ **editor**
Dialogregisseur *m.*; ~ **from disc**
Schallplattenumschnitt *m.*; ~ **loop**
Synchronschleife *f.*; ~ **mixer** (F)
Mischtonmeister *m.*; ~ **of effects**
Geräuschsynchronisation *f.*; ~ **part**
Synchronrolle *f.*; ~ **speaker**
Synchronsprecher *m.*; ~ **studio**
Synchronatelier *n.*; ~ **suite**
Nachsynchronisationsstudio *n.*; ~
theatre Synchronstudio *n.*, Mischstudio
n.; ~ **voice** Synchronstimme *f.*,
Stimmdoubel *n.*; ~ **with visual tape**
Textbandverfahren *n.*
ducking *adj.* Ducking *adj.*
duct *n.* Wellenleiter *m.*
dull *adj.* matt *adj.*
dummy *adj.* künstlich *adj.*; ~ **aerial**
künstliche Antenne; ~ **head**
stereophony Kunstkopf-Stereofonie *f.*;
~ **load** künstlicher Lastwiderstand,
Vernichtungswiderstand *m.*,
Abschlußwiderstand *m.* (Ausstrahlung)
dump, core storage ~ (IT)
Speicherausdruck *m.*
dup negative Dup-Negativ *n.*, Duplikat-
Negativ *n.*; ~ **positive** Dup-Positiv *n.*,
Duplikat-Positiv *n.*
dupe *v.* duppen *v.*, Duplikat *n.*, Dup *n.*
(fam.), Bilddup *n.*; ~ **negative**
Duplikatnegativ *n.*, Dupnegativ *n.*; ~
positive Duplikatpositiv *n.*, Duppositiv
n.; ~ **reversal** Duplikatumkehrfilm *m.*
duping *n.* (FP) Doubeln *n.*,
Duplikatprozeß *m.*; **suitable for** ~
duplikatfähig *adj.*; ~ **print** Lavendel *n.*;
~ **process** Duplikatprozeß *m.*
duplex circuit Duplexleitung *f.*,
Gegensprechverbindung *f.*; ~ **variable**
area track Doppelzackenschrift *f.* (s.
Filmton); ~ **mode** Gegenbetrieb *m.*
(Tel)
duplicate *v.* duppen *v.*, dubben *v.*, doublen
v., doublieren *v.* (s. Dup-Negativ),
Duplikat *n.*, Dup *n.* (fam.), Kopie *f.*; ~
negative (black and white)
Zwischennegativ *n.*; ~ **reversal**
Duplikatumkehrfilm *m.*; ~ **reversal**
stock Duplikatumkehrfilm *m.*
duplicated film Duplikatfilm *m.*; ~

negative Duplikatnegativ *n.*,
Dupnegativ *n.*; ~ **negative** (black and
white) Zwischennegativ *n.*; ~ **negative**
Duplikat-Negativ *n.*; ~ **positive**
Duplikatpositiv *n.*, Duppositiv *n.*,
Duplikat-Positiv *n.*
duplicating *n.* (tape) Kopierung *f.*; ~ **film**
Duplikatfilm *m.*; ~ **negative**
Duplikatnegativ *n.*; ~ **positive**
Duplikatpositiv *n.*, Duppositiv *n.*; ~
process Duplikatprozeß *m.*; ~ **stock**
Duplikatfilm *m.*
duplication *n.* Vervielfältigung *f.*
duplicator *n.* Vervielfältiger *m.*
duration *n.* Dauer *f.*, Laufzeit *f.*, Länge *f.*
(zeitlich); ~ (F) Filmlänge *f.*; **excessive**
~ Überlänge *f.*; **insufficient** ~
Unterlänge *f.*; ~ **of an interruption**
Unterbrechungsdauer *f.*; ~ **of change-**
over Umschaltzeit *f.*; ~ **of**
measurement Meßdauer *f.*; ~ **of**
production Produktionsdauer *f.*; ~ **of**
propagation Übertragungszeit *f.*; ~ **of**
tape Abspieldauer *f.*; ~ **of transmission**
Sendedauer *f.*, Übertragungsdauer *f.*,
Übertragungszeit *f.*
duress *n.* Zwang *m.*
dust *v.* abstauben *v.*, Staub *m.*; ~ **core**
Massekern *m.*; ~ **cover** Schutzdeckel *m.*
duty *n.* Dienst *m.*, Pflicht *f.*, Verrichtung *f.*,
Bereitschaftsdienst *m.*; ~ **cycle**
Tastverhältnis *n.*; ~ **editor** Redakteur
vom Dienst, diensthabender Redakteur,
Dienstleiter *m.*; ~ **engineer** Ingenieur
vom Dienst (IvD); ~ **office**
Hörerauskunft *f.*; ~ **officer** Leiter vom
Dienst (LvD); ~ **planner** (EBU)
Planungsingenieur *m.*; ~ **presentation**
editor (TV) diensthabender Sendeleiter;
~ **presentation officer** (R)
diensthabender Sendeleiter; ~ **roster**
Dienstplan *m.*
dwell time Verweilzeit *f.*
dye *n.* Farbe *f.*, Farbstoff *m.*; ~ **fading**
Farbschwund *m.*
dying away Verhallung *f.* (Echo)
dynamic *adj.* dynamisch *adj.*; ~ **cartridge**
dynamischer Tonabnehmer; ~ **equaliser**
Dynamikentzerrer *m.*; ~ **flow chart** (IT)
Datenflußplan *m.*; ~ **flow diagram** (IT)
Datenflußplan *m.*; ~ **range**
Dynamikumfang *m.* (s.

Dynamikbereich), Dynamikbereich *m.*,
Lautstärkeumfang *m.*; ~ **transmission**
range Übertragungsdynamik *f.*; ~ **bit**
rate switching
Bitratenumschaltungdynamische (ÜT);
~ **data exchange** dynamischer
Datenaustausch *m.* (IT); ~ **storage**
dynamischer Speicher *m.* (IT); ~ **Web**
page dynamische Webseite *f.* (IT); ~
Web service dynamischer Webservice
m. (IT)
dynamically balanced
rotationssymmetrisch *adj.*
dynamics *n.* Dynamik *f.*
dynamotor *n.* Umformer *m.*
dynode *n.* Dynode *f.*, Prallanode *f.*; ~ **spot**
Dynodenfleck *m.*

E

E-layer *n.* E-Schicht *f.*
e.m.f. level E.M.K.-Pegel
ear fatigue; ~**-plug** *n.* drahtloser
Kommandoempfänger; ~ **protection**
Gehörschutz *m.*; ~**-shot** *n.* Hörweite *f.*
early news Frühnachrichten *f. pl.*
earpad, foam-rubber ~ Gummimuschel
f.
earphone *n.* Ohrhörer *m.*, Schmalzbohrer
m. (fam.), Specknudel *f.* (fam.)
earphones *n. pl.* Kopfhörer *m.*
earpiece *n.* (tel.) Hörer *m.*; ~ Ohrhörer *m.*,
Schmalzbohrer *m.* (fam.), Specknudel *f.*
(fam.)
earth *v.* erden *v.*, Erdanschluß *m.*, Erde *f.*,
Erdung *f.*, Masse *f.* (elektrisch); ~ (GB)
Erde *f.* (Technik); **non-fused** ~
Schutzerde *f.*; ~ **connection**
Erdanschluß *m.*, Erdleitung *f.*,
Erdungsleitung *f.*; ~ **ground station**
Bodenstelle (Sat); ~ **mat** (aerial)
Erdfeld *n.*; ~ **orbit** Erdumlaufbahn *f.*; ~
rod Erdspieß *m.*; ~ **satellite** Erdtrabant
m.; ~ **spike** Erdspieß *m.*; ~ **station**
Bodenstation *f.*, Erdefunkstelle *f.*; ~
wire Erdleitung *f.*, Erdungsleitung *f.*
earth's magnetic field Erdmagnetfeld *n.*;

~ **radius** Erdradius *m.*; ~ **shadow area**
Erdschattenzone *f.*
earthed cathode circuit Kathodenbasis *f.*
(KB), Kathodenbasisschaltung *f.* (KB);
~ **contact distributor** Schuko-Verteiler
m.; ~ **plug** Schukostecker *m.*; ~ **socket**
Schukosteckdose *f.*
earthing *n.* Erdung *f.*; ~ **braid** Masseband
n.; ~ **isolator** Erdungstrenner *m.*; ~
strap Masseband *n.*
earwig *n.* Ohrwurm *m.*
ease of service Servicefreundlichkeit *f.*
easel *n.* Staffelei *f.*
easiness to service Servicefreundlichkeit *f.*
East German television Deutscher
Fernsehfunk (DFF)
easy listening Easy Listening
(Programmformat)
eaves aerial Dachrinnenantenne *f.*
EB (s. end board); °~ **editing** EB-
Bearbeitung *f.*
EC directives EG-Richtlinien *f. pl.*
echo *v.* nachhallen *v.*, hallen *v.*, Echo *n.*,
Hall *m.*, Resonanz *f.*; ~ (TV) Geisterbild
n.; ~ Widerhall *m.*; **to add** ~ Hall
geben; ~ **chamber** Nachhallraum *m.*; ~
effect Echo-Effekt *m.*; ~ **effect** (TV)
Doppelkontur *f.*; ~ **go** Hallausgang *m.*;
~ **interferences** Echostörungen *f. pl.*; ~
microphone Echomikrofon *n.*; ~ **plate**
Hallplatte *f.*, Nachhallplatte *f.*; ~ **return**
Halleingang *m.*; ~ **room** Hallraum *m.*,
Echoraum *m.*, Nachhallraum *m.*; ~
sensitivity Echoempfindlichkeit *f.*; ~
source Hallgenerator *m.*; ~ **profile**
Echoprofil *n.* (Klangstruktur des Echos)
(terrestr. Übertragung)
echogram *n.* Echogramm *n.*
eclipse *n.* Eklipse *f.*
ECO circuit ECO-Schaltung *f.*
economics correspondent
Wirtschaftsredakteur *m.*
economy of scale Wirtschaftlichkeit durch
hohe Stückzahlen
ECU (s. extreme close-up)
eddy current Wirbelstrom *m.*; ~**-current**
loss Wirbelstromverlust *m.*
edge *v.* tressieren *v.*, Kante *f.*; ~ (imp.)
Flanke *f.*; ~ **signal** Störsignal *n.*;
Kantenanhebung *f.*; ~ **demodulator**
Hüllkurvendemodulator *m.*; ~ **effect**
Kanteneffekt *m.*; ~ **fog** Randschleier *m.*;

~ **fringing** Randeffekt *m.*; ~ **guide** seitliche Andruckkufe; ~ **light** Seitenlicht *n.*; ~ **lighting** Randaufhellung *f.*; ~ **marking** Randmarkierung *f.*; ~**-number** *v.* randnumerieren *v.*; ~ **number** Fußnummer *f.*, Randnummer *f.* (Film); **-number, to** ~ **a film** Film randnumerieren; ~ **numbering** Randnumerierung *f.*; ~ **progression** Flankenverlauf *m.*; ~ **sharpness** Konturschärfe *f.*, Kantenschärfe *f.*; ~ **steepness** Flankensteilheit *f.*; ~ **track** Randspur *f.*

edit *v.* bearbeiten *v.*, redigieren *v.*; ~ (F, tape) schneiden *v.*, cutten *v.*, montieren *v.*; ~ Schnittstelle *f.*; ~ **controller** Schnittsteuergerät *n.*; ~ **cue** (TV) Schnittmarke *f.*; ~ **definition** Schnittfestlegung oder Schnittbestimmung; ~ **down** *v.* kürzen *v.*, raffen *v.*; ~ **down** *v.* (tape) in der Länge umschneiden; ~ **down** *v.* (script) zusammenstreichen *v.*; ~ **out** *v.* herausstreichen *v.*; ~ **pulse** (VTR) Schneideimpuls *m.*, Schnittimpuls *m.*, Schnittmarke *f.*; ~ editieren *v.*; ~ **decision list** Schnittliste *f.*; ~ **key** *n.* Bearbeitungstaste *f.* (IT); ~ **suite** Schnittplatz *m.*; ~ **version** Edit Version

editec *n.* Editec *f.*, elektronische MAZ-Schneideeinrichtung

editing *n.* Redaktion *f.*; ~ (F, tape) Schnitt *m.*, Schnittbearbeitung *f.*, Fertigung *f.*; **electronic** ~ elektronische Schnittbearbeitung, elektronischer Schnitt; **electronic** ~ **system** elektronische MAZ-Schneideeinrichtung; **manual** ~ mechanische Schnittbearbeitung, mechanischer Schnitt; **physical** ~ mechanischer Schnitt; **VT** ~ **system** MAZ-Schneideeinrichtung *f.*; ~ **acceptance** Schnittabnahme *f.*; ~ **accuracy** (VTR) Schnittstabilität *f.*; ~ **check** Schnittkontrolle *f.*; ~ **date** Schneidetermin *m.*; ~ **list** Schnittliste *f.*; ~ **period** Schneidezeit *f.*; ~ **room** Schneideraum *m.*; ~ **stability** (VTR) Schnittstabilität *f.*; ~ **table** Schneidetisch *m.*; ~ **time** Schnittzeit *f.*,

Bearbeitungszeit *f.*; ~ **facilities** Schnittbearbeitungseinrichtungen *f.*

edition *n.* Edition *n.*

editola *n.* (US) Bildbetrachter *m.*

editor *n.* Redakteur *m.*; ~ (F, tape) Cutter *m.*, Cutterin *f.*; ~ Herausgeber *m.*; ~ (chief) Chefredakteur *m.*; ~ (EDV) Editor *m.* (EDV); **low-end** ~ *n.* externer Editor *m.* (EDV), BVE 900

Editor, Single Event °~ maschineninterner Editor (EDV), DCR 100

editor for the day (TV) Chef vom Dienst (CvD); ~**-in-chief** *n.* Chefredakteur *m.*; ~**'s workplace** Redakteursarbeitsplatz *m.*

editor's report (ER) Cutterbericht *m.*, Cutterzettel *m.*

editorial *n.* Leitartikel *m.*; ~ **assistant** Hilfsredakteur *m.*, Redaktionsassistent *m.*; ~ **conference** Redaktionsbesprechung *f.*, Redaktionskonferenz *f.*; ~ **desk** Redaktion *f.*, Redaktionsraum *m.*; ~ **meeting** Redaktionsbesprechung *f.*; ~ **responsibility** Programmverantwortung *f.*; ~ **staff** Redaktion *f.*; ~**-writer** *n.* (US) Leitartikler *m.*; ~ **statute** Redaktionsstatut *n.*

editorialise *v.* leitartikeln *v.* (fam.)

editorialist *n.* (US) Leitartikler *m.*

EDP (s. electronic data processing)

educational broadcast Lehrsendung *f.*; ~ **broadcasting** Bildung *f.*, Erziehung *f.*, Bildungsfunk *m.*; ~ **course** Kursprogramm *n.*; ~ **film** Schulfilm *m.*, Unterrichtsfilm *m.*; ~ **programme** Bildungsprogramm *n.*; ~ **radio** Bildungsfunk *m.*; ~ **television** (ETV) Bildungsfernsehen *n.*, Lehrfernsehen *n.*, Schulfernsehen *n.*, Unterrichtsfernsehen *n.*; ~ **broadcasts** Funkkolleg *n.* (Telekolleg); ~ **offer** Bildungsangebot *n.*; ~ **proposal** Bildungsangebot *n.*

effect *n.* Effekt *m.*; **cartoon** ~ Trickeffekt *m.*; **optical** ~ optischer Trick; **special** ~ Trick *m.*, Trickeffekt *m.*; **stroboscopic** ~ stroboskopischer Effekt; **stunt** ~ Trickeffekt *m.*; ~ **light** Effektlicht *n.*, Effektspitze *n.*; ~ **lighting** Effektlicht *n.*, Effektspitze *n.*; ~ **microphone** Effektmikrofon *n.*; ~ **music**

Effektmusik f.; ~ **generator** Effektgerät n.

effective antenna extension wirksame Antennenverlängerung; ~ **area** (of emission) Wirkfläche f. (Ausstrahlung); ~ **area of aerial** Antennenwirkfläche f.; ~ **area of antenna** Antennenwirkfläche f.; ~ **earth radius** äquivalenter Erdradius m.; ~ **length** wirksame Antennenlänge; ~ **power** Wirkleistung f.; ~ **radiated power** (ERP) effektive Strahlungsleistung (ERP), Sendeleistung f., äquivalente Strahlungsleistung; ~ **range** Nutzbereich m.; ~ **transmission gain** Betriebsverstärkung f.

effects n. pl. Geräusche n. pl., Geräuschkulisse f.; ~ **box** Kompendium n.; ~ **circuit** IT-Leitung f., internationale Tonleitung, Begleittonleitung f.; ~ **lighting** Effektbeleuchtung f.; ~ **matte** Blendenschablone f., Schablonenblende f.; ~ **microphone** Geräuschmikrofon n.; ~ **operator** Geräuschemacher m., Geräuschtechniker m.; ~ **room** Trickstudio n.; ~ **sound** Raumton m.; ~ **spot** Effektscheinwerfer m.; ~ **studio** Geräuschstudio n.; ~ **tape** Geräuschband n.; ~ **track** Geräuschband n.; ~ **with colour lighting** Farbenspiel n.

efficiency n. Leistungsverfahren n.

effort n. Anstrengung f., Bemühung f.

EFR (s. electronic film recording)

EHF (s. extra-high frequency)

EID guide Bärenführer m. (fam.)

eidophor n. Eidophor m., Fernsehgroßbildprojektor m.

eigenfrequency n. (acoust.) Eigenfrequenz f.

eight-track punched tape (IT) Achtspur-Lochstreifen m.

either-way communication Datenübertragung, wechselseitige f. (IT)

elbow n. (piping) Winkelstück n.

electric adj. elektrisch adj.; ~ **arc** Lichtbogen m.; ~ **charge** Ladung f.; ~ **circuit** Stromkreis m.; ~ **colour test pattern** elektrisches Farbtestbild; ~ **field strength** elektrische Feldstärke; ~ **filter** elektrischer Filter; ~ **fire** Heizsonne f.; ~ **power** Kraftstrom m.

electrical adj. elektrisch adj.; ~ **interference** Nebengeräusch n.; ~ **power engineer** Starkstromingenieur m.; ~ **power workshop** Starkstromwerkstatt f.

electrician n. Elektriker m., Elektromechaniker m., Starkstromelektriker m.

electrician's knife Kabelmesser n.

electricity n. Elektrizität f.

electro-acoustics n. Elatechnik f. (Ela), Elektroakustik (Ela); ~**-motive force** (e.m.f.) Urspannung f.

electroacoustics n. Elektroakustik f.

electrode n. Elektrode f.

electrodynamic adj. elektrodynamisch adj.; ~ **loudspeaker** elektrodynamischer Lautsprecher; ~ **transducer** elektrodynamischer Wandler

electrolysis n. Elektrolyse f.; ~ **junction** Lokalelement n., Übergangselement n.

electrolytic capacitor Elektrolytkondensator m., Elko m. (fam.)

electromagnet n. Elektromagnet m.

electromagnetic adj. elektromagnetisch adj.; ~ **transducer** elektromagnetischer Wandler

electron n. Elektron n.; ~ **beam** Elektronenstrahl m.; ~ **beam recording** Elektronenstrahlaufzeichnung f.; ~ **focusing** Strahlstrombündelung f.; ~ **gun** Elektronenkanone f.; ~ **multiplier** Elektronenvervielfacher m., Sekundärelektronenvervielfacher m.; ~ **optics** Elektronenoptik f.; ~ **tube** Elektronenröhre f.

electronic adj. elektronisch adj.; ~ **camera** elektronische Kamera, E-Kamera f.; ~ **colour compensation** elektronische Farbkorrektur; ~ **colour correction** elektronische Farbkorrektur; ~ **cutting room** elektronischer Schneideraum; ~ **data processing** (IT) elektronische Datenverarbeitung (EDV); ~ **editing** elektronischer Bandschnitt, MAZ-Schnittbestimmung f.; ~ **film recorder** Filmaufzeichnungsgerät n.; ~ **film recording** (EFR) Filmaufzeichnung f. (FAZ); ~ **inlay** Trickeinblendung f.; ~ **mail**

Textspeicherdienst *m.*, Digital Library System; ~ **mailbox** elektronischer Briefkasten; ~ **outline generator** Kaschgeber *m.*; ~ **production** elektronische Produktion; ~ **still memory** elektronischer Standbildspeicher; ~ **switcher** *n.* elektronischer Schalter *m.*; ~ **switch unit** Trickmischeinrichtung *f.*; ~ **test pattern** elektronisches Testbild; ~ **test pattern generator** Universaltestbildgeber *m.*; ~ **video recording** (EVR) elektronische Bildaufzeichnung; ~ **code lock** elektronisches Codeschloss *n.* (IT); ~ **dictionary** Computerwörterbuch *n.* (IT); ~ **mail** Post, elektronische *f.* (IT); ~ **mailbox** Postfach, elektronisches *n.* (IT)

electronicam *n.* Electronic-Cam *f.* (E-Cam)

electronics *n.* Elektronik *f.*

electrostatic *adj.* elektrostatisch *adj.*; ~ **loudspeaker** elektrostatischer Lautsprecher; ~ **microphone** Kondensatormikrofon *n.*; ~ **transducer** elektrostatischer Wandler

elektronisch programguide elektronischer Programmführer *m.* (IT)

element *n.* Bauteil *n.*, Glied *n.*

elementary doublet Elementardipol *m.* (Antenne), Elementardipol *m.* (Antenne); ~ **stream** Elementary Stream, Nutzsignalstrom *m.*

elevate, to ~ the camera Kamera heben

elevation *n.* Höhe *f.*; ~ **angle** Erhebungswinkel *m.*, Elevationswinkel *m.*

eliminate, to ~ jamming entstören *v.*

ellipse *n.* Ellipse *f.*

ellipsis *n.* Auslassungszeichen *n.* (IT)

elongation *n.* Verlängerung *f.*, Elongation *f.*; ~ **receiver** Elongationsempfänger *m.*

ELS (s. extreme long shot)

embargo *n.* Nachrichtensperre *f.*, Sperrfrist *f.*

embargoed news item Sperrfristmeldung *f.*; ~ **till** (EMC) Sperrfrist bis

embedded systems eingebettete Systeme *n. pl.* (IT)

emergence lens Austrittslinse *f.*; ~ **plane** Austrittsebene *f.*

emergency archive Ersatzarchiv *n.*; ~

button Notdruckknopf *m.*; ~ **call** Notruf *m.*; ~ **exit** Notausgang *m.*; ~ **generating unit** Netzersatzanlage *f.*; ~ **generator** Notstromgenerator *m.*; ~ **lighting** Notbeleuchtung *f.*; ~ **music** Ersatzmusik *f.*; ~ **power plant** Notstromaggregat *n.*; ~ **power supply** Notstromversorgung *f.*; ~ **programme** Ersatzprogramm *n.*; ~ **repair** Notreparatur *f.*; ~ **switch** Notschalter *m.*

emission *n.* Ausstrahlung *f.*, Strahlung *f.*, Aussendung *f.*, Abstrahlung *f.*; **out-of-tape** ~ *n.* Außerband-Aussendung *f.*

emissions *n. pl.* Aussendungen *f. pl.*; **unwanted** ~ unerwünschte Aussendungen

emit *v.* (tech.) ausstrahlen *v.*

emitter *n.* Emitter *m.*; ~ **follower** Emitterfolger *m.*, Emitterverstärker *m.*

emphasis *n.* Emphase *f.*, Emphasis *f.*, Entzerrung *f.*, Betonung *f.*

employ *v.* beschäftigen *v.*

(Pers.::)**employee** *n.* Angestellter *m.*, Kraft *f.*

employment *n.* Beschäftigung *f.*; ~ **contract** Dienstvertrag *m.*; ~ **of children** Kinderbeschäftigung *f.*

empty reel *n.* Leerspule *f.*; ~ **spool** Leerspule *f.*

emulation *n.* Nachbildung, Emulation *f.*

emulsion *n.* Emulsion *f.*, Schicht *f.*; **orthochromatic** ~ orthochromatische Emulsion; **panchromatic** ~ panchromatische Emulsion; **sensitive** ~ empfindliche Schicht; ~ **batch number** Emulsionschargennummer *f.*; ~ **carrier** Schichtträger *m.*; ~ **coating** Emulsionsschicht *f.*; ~ **for artificial light** Kunstlichtemulsion *f.*; ~ **layer** Beschichtung *f.*, Emulsionsschicht *f.*; ~ **scratch** Schichtschramme *f.*; ~ **side** Emulsionsebene *f.*, Schichtseite *f.*, Schichtlage *f.*; ~ **speed** (FP) Empfindlichkeit *f.*; ~ **stripping** Entschichtung *f.*; ~ **support** Schichtträger *m.*

enable access Zugriff ermöglichen

enclosed package Beipack *m.*

enclosure *n.* (loudspeaker) Zarge *f.*; ~ Beifügung *f.*, Beilage *f.*

encode *v.* kodieren *v.*, verschlüsseln *v.*, codieren *v.* (IT)

encoder *n.* Koder *m.*, Enkoder *m.*
encoding *n.* Verschlüsselung *f.*
encore *n.* (thea.) Zugabe *f.*
encrypt *v.* verschlüsseln *v.*, chiffrieren *v.*
end *v.* beenden *v.*, Schluß *m.*; ~ **board**
(EB) Schlußklappe *f.* (SK); ~ **captions**
n. pl. Nachspann *m.*; ~ **credits** *n. pl.*
Nachspann *m.*; ~ **mark** (IT)
Endezeichen *n.*; ~ **of job** (EOJ) (IT)
Ende des Ablaufs; ~ **of switching
sequence** Schaltende *n.*; ~ **of tape
detection** Bandenderkennung *f.*; ~ **of
the programme** Schluß der Sendung; ~
time Endzeit *f.*; ~ **titles** *n. pl.*
Abspanntitel *m.*, Abspann *m.* (fam.),
Endtitel *m.*, Nachspann *m.*, Schlußtitel
m.; ~ **key** Ende-Taste *f.* (IT); ~ **mark**
Endemarkierung *f.* (IT); ~ **of text** *n.*
Textende *n.* (IT); ~ **user** Endanwender
m. (IT); ~-**of-file** Dateiendezeichen *n.*
(IT)
endeavour *v.* bemühen *v.*, Anstrengung *f.*,
Bemühung *f.*
endless screw Schnecke *f.*
energise *v.* (elec.) speisen *v.*
(phys.∷)**energising current** Erregerstrom
m.
energy *n.* Kraft *f.*; ~ **density**
Energiedichte *f.*; ~ **dispersal**
Energieverwischung *f.*; ~ **distribution**
Energieverteilung *f.*; ~ **quantities**
Energiegrößen *f. pl.*
engage *v.* einrasten *v.*; ~ (staff) einstellen
v.; ~ (perf.) engagieren *v.*, verpflichten
v.
engaged tone Besetztzeichen *n.*
engagement *n.* (staff) Einstellung *f.*; ~
(perf.) Engagement *n.*; ~ Verpflichtung
f.
engineer *n.* Techniker *m.*, Ingenieur *m.*;
all-round ~ (coll.) Breitbandtechniker
m.; **chief** ~ leitender Ingenieur; ~-**in-
charge** *n.* Aufsichtsingenieur *m.*,
Oberingenieur *m.*
engineering *n.* Technik *f.*; ~ **assistance**
technische Hilfeleistung; ~ **centre**
Technische Zentrale; ~ **directorate**
technische Direktion; ~ **equipment**
Technische Ausrüstung, technische
Einrichtung; ~ **operations and
maintenance** Betriebstechnik *f.*
engraved ring Gravurring *m.*

enhance *v.* verbessern *v.*
enhanced PAL Verbessertes PAL-
Verfahren
enhancement *n.* Anhebung *f.*
(Vergrößerung), Vergrößerung *f.*
(Anhebung), Verbesserung *f.*
enlarge *v.* vergrößern *v.*
enlargement *n.* Vergrößerung *f.*,
Vergrößerungskopie *f.*
enlarger *n.* Vergrößerungsapparat *m.*
ensemble *n.* Ensemble *n.*; ~ (mus.)
Musikensemble *n.*
enter *v.* (perf.) auftreten *v.*; ~ angeben *v.*;
~ **key** Eingabetaste *f.* (IT)
entertain *v.* unterhalten *v.*
entertainment *n.* Unterhaltung *f.*; **light** ~
leichte Unterhaltung; ~ **electronics**
Unterhaltungselektronik *f.*; ~ **tax**
Vergnügungssteuer *f.*; ~ **offering**
Unterhaltungsangebot *n.*; ~ **show**
Unterhaltungsshow *f.*
entitlement management
Zugriffsverwaltung *f.* (Pay-TV); ~
message Zugriffsmeldung *f.* (Pay-TV)
entrance *n.* (allg.) Zugang *m.*
entry *n.* Angabe *f.*; ~ **level** Eintrittsebene
f.; ~ **plane** Eintrittsebene *f.*; ~ **point**
Einsprungstelle *f.* (IT)
envelope *n.* (coll.) Bildstartmarke *f.*; ~
curve Hüllkurve *f.*; ~ **delay**
Gruppenlaufzeit *f.*; ~ **principle**
Hüllflächenverfahren *n.*
environment *n.* Umgebung *f.*
EOJ (s. end of job)
epidiascope *n.* Epidiaskop *n.*
episcope *n.* Episkop *n.*
equal energy spectrum
Gleichenergiespektrum *n.*; ~ **energy
white** Gleichenergieweiß *n.*
equalisation *n.* Ausgleich *m.*; ~ (pict.,
sound) Entzerrung *f.*
equalise *v.* ausgleichen *v.*; ~ (pict., sound)
entzerren *v.*
equaliser *n.* (pict., sound) Entzerrer *m.*; ~
filter Entzerrerfilter *m.*
equalising *n.* Ausgleich *m.*; ~ **amplifier**
Entzerrerverstärker *m.*; ~ **pulse**
Ausgleichsimpuls *m.*, Halbzeilenimpuls
m., Trabant *m.*, Hilfssynchronsignal *n.*
equalization Emphasis *f.*, Entzerrung *f.*
equation *n.* Gleichung *f.*
equator *n.* Äquator *m.*

equatorial orbit Äquatorialbahn *f.*
equilibration *n.* Gleichgewicht *n.*
equip *v.* bestücken *v.*
equipment *n.* Gerät *n.*, Apparat *m.*,
Einrichtung *f.* (Technik), Ausstattung *f.*
(Technik); **mobile** ~ mobile
Produktionsmittel; **stationary** ~
stationäre Produktionsmittel; ~ **list**
Geräteliste *f.*; ~ **fault** Gerätestörung *f.*;
~ **fault, system fault** Anlagenstörung *f.*
equipotential *adj.* äquipotential *adj.*; ~
bonding Potentialausgleich *m.*
equivalent circuit diagram
Ersatzschaltbild *n.*; ~ **continuous sound
pressure level** Mittelungspegel *m.*; ~
resistance Verlustwiderstand *m.*; ~
volume Ersatzlautstärke *f.*
ER (s. editor's report)
era of television Fernsehzeitalter *n.*
erase *v.* löschen *v.*; ~ (IT) auslochen *v.*; ~
Ausloggen *n.*; ~ **current** Löschstrom
m.; ~ **cut-out key** Löschsperre *f.*; ~
frequency Löschfrequenz *f.*; ~ **head**
Löschkopf *m.*; ~ **oscillator**
Löschgenerator *m.*; ~ **voltage**
Löschspannung *f.*
erasing *n.* Löschung *f.*; ~ **current**
Löschstrom *m.*; ~ **head** Löschkopf *m.*
erasion *n.* Löschung *f.*
erasure *n.* Auslöschung *f.*, Löschung *f.*
erecting prism Umkehrprisma *n.*
erotic film Erotikfilm *m.*
ERP (s. effective radiated power)
erroneous *adj.* fehlerhaft *adj.*
error *n.* Fehler *m.*, Fehler *m.* (Technik);
accumulated ~ (IT) akkumulierter
Fehler; **data** ~ **protection** Fehlerschutz
m.; ~ **checking** (IT) Fehlerprüfung *f.*; ~
concealment Fehlerverdeckung *f.*; ~
correction Nachsteuerung *f.*,
Fehlerkorrektur *f.*; ~ **detection** (IT)
Fehlererkennung *f.*; ~ **detection bit**
Fehlererkennungsbit *n.*; ~ **detection
code** Fehlererkennungscode *m.*; ~ **in
density** (neg.) Deckungsfehler *m.*; ~
message (IT) Fehlermeldung *f.*; ~
probability (IT)
Fehlerwahrscheinlichkeit *f.*; ~ **rate** (IT)
Fehlerhäufigkeit *f.*; ~ **rate** Fehlerrate *f.*;
~ **recognition** Fehlererkennung *f.*; ~
voltage (EV) Fehlerspannung *f.*,
Nachsteuerspannung *f.*; ~ **voltage relay**

Fehlerspannungsrelais *n.* (FU-Schalter);
~ **analysis** Fehleranalyse *f.* (IT); ~
control Fehlerkontrolle *f.* (IT); ~
function Fehlerfunktion *f.*; ~ **handling**
Fehlerbehandlung *f.* (IT); ~ **log file**
Fehlerprotokolldatei *f.* (IT); ~ **rate**
Fehlerhäufigkeit *f.*
ES-bus *n.* EBU/SMPTE-Bus *m.*,
Übertragungseinheit in digitalen
Systemen
escape route Fluchtweg *m.*; ~ **character**
Escapezeichen *n.* (IT); ~ **key**
Escapetaste *f.* (IT)
essence *n.* Essenz *f.*
establish *v.* einrichten *v.*, einrichten *v.* (IT)
established post Planstelle *f.*
establishing shot Gesamtaufnahme *f.*
estimate *n.* Kostenvoranschlag *m.*
Ethernet/Cheapernet IEEE 802.3
Steuerungsstandard *m.*, Ethernet/
Cheapernet IEEE 802.3
ETV (s. educational television)
ETX Textende *n.* (EDV)
European standard Europäische Norm
Euroradio Euroradio *n.*
Eurovision *n.* Eurovision *f.*, Euro *f.* (fam.);
°~ **caption** Eurovisionszeichen *n.*,
Eurovision-Caption *f.*; °~
commentator's unit Eurovisions-
Kommentator-Einheit *f.* (Eurovision);
°~ **control centre** (EVC)
Eurovisionskontrollzentrum *n.*; °~
coordination Eurovisionskoordination
f.; °~ **coordinator**
Eurovisionskoordinator *m.*; °~ **costs**
Eurovisionskosten; °~ **department**
Eurovisionsabteilung *f.*; °~ **exchange**
Eurovisionsaustausch *m.*; °~ **hook-up**
Eurovisionssendung *f.*; °~
identification Eurovisionskennung *f.*;
°~ **network** Eurovisionsnetz *n.*; °~
news exchange
Eurovisionsnachrichtenaustausch *m.*; °~
operations *n. pl.*
Eurovisionsabwicklung *f.*; °~
procedure Eurovisionsabwicklung *f.*;
°~ **programme offer**
Eurovisionsangebot *n.*; °~ **relay**
Eurovisionsübertragung *f.*,
Eurovisionsübernahme *f.*; °~ **rules**
Eurovisionsrules *pl.*; °~ **sharing**
Eurovisionssharing *n.*; °~ **slide**

Eurovisionsdia *n.*; °~ **transmission**
Eurovisionssendung *f.*; °~ **tune**
Eurovisionsfanfare *f.*, Eurovisionsmusik
f., Fanfare *f.* (Eurovision)
EV (s. error voltage)
evaluate *v.* auswerten *v.*, bewerten *v.*,
werten *v.*
evaluated *adj.* (tech.) bewertet *adj.*
evaluation *n.* Auswertung *f.*, Bewertung *f.*,
Wertung *f.*
evaporated *adj.* bedampft *adj.*
EVC (s. Eurovision control centre)
even-order harmonic distortion
gradzahliger Klirrfaktor
evening edition Abendausgabe *f.*; ~
performance Abendvorstellung *f.*; ~
programme Abendprogramm *n.*
event *n.* Veranstaltung *f.*, Anlaß *m.*,
Ereignis *n.*; ~ **radio**
Veranstaltungsradio *n.*; ~-**driven**
processing ereignisgesteuerte
Verarbeitung (IT)
evergreen *n.* oldie *m.*
evolutionary *adj.* evolutionär *adj.*
EVR (s. electronic video recording)
examination *n.* Untersuchung *f.*
examine *v.* untersuchen *v.*
exceeding *n.* Überschreitung *f.*
excerpt *n.* Auszug *m.*, Textausschnitt *m.*
excess current Überstrom *m.*; ~ **voltage**
cut-out Überspannungssicherung *f.*
excessive duration Überlänge *f.*; ~ **effects**
n. pl. Überdeckungseffekt *m.*; ~ **footage**
Überlänge *f.*; ~ **level of effects**
Überdeckungseffekt *m.*; ~ **voltage**
Überspannung *f.*
exchangable *adj.* auswechselbar *adj.*
exchange (a programme) *v.* austauschen
v.; ~ (PO) Vermittlungsstelle *f.*,
Vermittlung *f.*; ~ Austausch *m.*; ~ **fault**
gang Störtrupp *m.*; ~ **line** Amtsleitung
f., Amtsanschluß *m.*; ~ **procedure**
Austauschverfahren *n.*; ~
Vermittlungsamt *n.* (Tel); ~ **area**
Anschlußbereich *m.* (Tel); ~ **equipment**
Vermittlungseinrichtung *f.* (Tel); ~ **line**
pickup Amtsholung *f.* (Tel)
excise *v.* herausschneiden *v.*,
herausstreichen *v.*
excitation *n.* (transmitter) Ansteuerung *f.*;
~ **purity** Farbreinheitsgrad *m.*
excite *v.* (transmitter) ansteuern *v.*

exciter *n.* Exciter *m.* (Elektronik zur
Anhebung von NF-Frequenzbereichen);
~ **lamp** Lichttonlampe *f.*,
Tonprojektorlampe *f.*; ~ **lamp assembly**
Tonlampengehäuse *n.*; ~ **lamp housing**
Tonlampengehäuse *n.*; ~ Steuersender
m.
exciting current Erregerstrom *m.*; ~
frequency Erregerfrequenz *f.*
exclusive *adj.* Exklusiv- (in Zus.); ~
rights *n. pl.* Ausschließlichkeitsrecht *n.*,
Exclusivrechte *n. pl.*
executable program *n.* ausführbares
Programm *n.* (IT)
execute *v.* leisten *v.*
execution *n.* Durchführung *f.*, Verrichtung
f.
executive instruction (IT)
Organisationsbefehl *m.*; ~ **order**
Verordnung *f.*; ~ **sequencing**
Ablaufsteuerung *f.* (EDV); ~ **control**
system Organisationsprogramm *n.* (IT)
exempt from royalties frei von Rechten
exhaust air Abluft *f.*; ~ **silencer**
Abgasschalldämpfer *m.*
exhauster *n.* Entlüfter *m.*
exhibit *v.* vorführen *v.*
exhibition *n.* Vorführung *f.*; ~ **permit**
Vorführgenehmigung *f.*; ~ **rights** *n. pl.*
Ausstellungsrecht *n.*; ~ **rights** (F)
Vorführungsrechte *n. pl.*
exhibitor *n.* Aussteller *m.*
exit *n.* Ausgang *m.*; ~ (perf.) Abgang *m.*;
~ **pupil** Austrittslinse *f.*
expand *v.* ausbauen *v.*, ausweiten *v.*
expandability *n.* Erweiterbarkeit *f.*
expanded font Breitschrift *f.* (IT)
expansion *n.* Dehnen *n.* (Effekte), Ausbau
m., Ausweitung *f.*
expedient *n.* Hilfsquelle *f.*
expenses *n. pl.* Spesen plt., Kosten *pl.*
experience *n.* Erfahrung *f.* (Praxis), Praxis
f. (Erfahrung)
experiment *n.* Probe *f.*, Versuch *m.*
experimental film Experimentalfilm *m.*;
~ **set-up** Versuchsaufbau *m.*
expert *n.* Fachmann *m.*, Sachverständiger
m., Experte *m.*
exploit *v.* auswerten *v.*, benutzen *v.*
exploitation *n.* Auswertung *f.*, Verwertung
f., Nutzung *f.*

explosion *n.* Explosion *f.*; ~ **shutter**
Explosionsblende *f.*
exponential loudspeaker
Exponentiallautsprecher *m.*
expose *v.* belichten *v.*; **to ~ thin**
anbelichten *v.*
exposure *n.* Belichtung *f.*; ~ (photo)
Aufnahme *f.*; ~ **chart**
Belichtungstabelle *f.*; ~ **control band**
Blendenband *n.*; ~ **control strip**
Blendenband *n.*; ~ **guide**
Belichtungstabelle *f.*; ~ **index**
Belichtungsindex *m.*; ~ **latitude**
Belichtungsspielraum *m.*; ~ **margin**
Belichtungsumfang *m.* (Film); ~ **meter**
Belichtungsmesser *m.*; ~ **of optical
track** Randspurbelichtung *f.*; ~ **period**
Belichtungszeit *f.*; ~ **scale**
Belichtungstabelle *f.*; ~ **table**
Belichtungstabelle *f.*; ~ **test**
Belichtungsprobe *f.*; ~ **time**
Belichtungszeit *f.*; ~ **timer**
Belichtungsuhr *f.*; ~ **value** (FP)
Lichtwert *m.*
expression *n.* (IT) Ausdruck *m.*
extend *v.* ausbauen *v.*, ausweiten *v.*
extended control Nebenbedienung *f.*; ~
control panel Nebenbediengerät *n.*; ~
elevation (design) Abwicklung *f.*; ~
ASCII erweitertes ASCII *n.* (IT); ~
redial erweiterte Wahlwiederholung *f.*
(Tel)
extender *n.* Adapter *m.*
extensible *adj.* ausziehbar *adj.*
extension *n.* Verlängerung *f.*; ~ (cam.)
Auszug *m.*; ~ Ausbau *m.*; **double ~**
doppelter Auszug; ~ **cable**
Verlängerungskabel *n.*; ~ **circuit**
Verlängerungsleitung *f.*; ~ **factor**
Verlängerungsfaktor *m.*; ~ **station**
Nebenanschluß *m.*; ~ **tube** Tubus *m.*,
Tute *f.* (fam.); ~ Nebenanschluss *m.*
(Tel)
extent *n.* Umfang *m.*
exterior *n.* Außenaufnahme *f.*, Außen- (in
Zus.), Freilicht- (in Zus.); ~ **set**
Außenbau *m.*; ~ **shooting**
Außenaufnahme *f.*; ~ **shot,**
Außenaufnahme *f.*
external broadcasting Sendungen für das
Ausland; ~ **broadcasting service**
Auslandsdienst *m.*; ~ **control**

Fremdsteuerung *f.*; ~ **excitation**
Fremdansteuerung *f.*; ~ **modulation**
Fremdmodulation *f.*; ~ **production**
Fremdproduktion *f.*; ~ **programme**
Fremdprogramm *n.*; ~ **rights**
Fremdrechte *n. pl.*; ~ **signal**
Fremdsignal *n.*; ~ **diversity** (legally
prescribed program diversity)
Außenpluralität *f.* (Rundfunkrecht)
externally excited oscillation
fremderregte Schwingung
extinction *n.* Auslöschung *f.*, Löschung *f.*;
~ **frequency** Frequenzauslöschung *f.*
extra *n.* Komparse *m.*, Statist *m.*; ~
charge for work on Sundays
Sonntagszuschlag *m.*; ~-**high
frequency** (EHF)
Millimeterwellenbereich *m.* (EHF)
extra's fee Komparsengage *f.*
extract *n.* Auszug *m.*
extractor *n.* Abzug *m.* (Klimaanlage)
extraneous noise Fremdgeräusch *n.*
(Akustik)
extranet *n.* Extranet *n.* (IT)
extrapolation *n.* Hochrechnung *f.*
extras *n. pl.* Komparserie *f.*, Statisterie *f.*
extreme close-up (ECU) Makroaufnahme
f.; ~ **long shot** (ELS) Weiteinstellung *f.*
extrude *n.* Extrude *f.* (Grafik)
eye *n.* Auge *f.*; ~ **guard**
Augenmuschelkissen *n.*; ~ **level**
Augenhöhe *f.*; ~ **light** Augenlicht *n.*; ~
line Augenhöhe *f.*; ~ **pattern fam.**
Augenmuster fam.; ~ **pattern**
Augendiagramm *n.*; ~ **piece**
Kameralupe *f.*, Okular *n.*; ~-**witness
account** Augenzeugenbericht *m.*; ~-
witness report Reportage *f.*

F

F-layer *n.* F-Schicht *f.*
face *n.* Uhrzifferblatt *n.*; ~ **impression**
Gesichtsabdruck *m.*
facet *n.* Facette *f.*
facilities *n. pl.* (prog.) Programmhilfe *f.*;
technical ~ *n. pl.* technische Hilfe

facility *n.* Gefälligkeit *f.*, Leistung *f.*,
Sachleistung *f.*; ~ (prog.)
Programmhilfe *f.*; ~ (bcast.) Sendehilfe
f.; ~ Einrichtung *f.* (Technik),
Vorrichtung *f.*; ~ **equipment**
Betriebsmittel *n. pl.*; ~ **recording**
Gefälligkeitsaufnahme *f.*
facsimile broadcasting Bildfunk *m.*; ~
receiver Bildfunkempfänger *m.*; ~
transmission Bildfunk *m.*,
Bildtelegrafie *f.*; ~ **transmitter**
Bildfunksender *m.*, Bildgeber *m.*,
Bildsender *m.*; ~ **unit** Fernkopierer *m.*
fact film (US) Dokumentarfilm *m.*,
Dokumentation *f.*
factor *n.* Faktor *m.*
fade *v.* blenden *v.*, überblenden *v.*; ~ (col.)
ausbleichen *v.*; ~ (level) wegnehmen *v.*;
~ (sound) abklingen *v.*; **chemical** ~
chemische Blende; **to** ~ **down to black**
Schwarz ziehen, Schwarzblende ziehen;
~ **away** *v.* verhallen *v.*; ~ **down** *v.*
abblenden *v.*, ausblenden *v.*; ~ **down** *v.*
(sound) abklingen lassen; ~ **down** *v.*
(zoom) zuziehen *v.*; ~ **in** *v.* (pict.,
sound) aufblenden *v.*, aufziehen *v.*,
einblenden *v.*; ~ **in** *v.* (pict.) Bild
aufziehen; ~-**in** *n.* Aufblende *f.*,
Aufblendung *f.*, Einblendung *f.*; ~ **out** *v.*
(sound) abklingen lassen; ~ **out** *v.*
(zoom) zuziehen *v.*; ~ **out** *v.* (FO)
ausblenden *v.*, abblenden *v.*; ~-**out** *n.*
Abblende *f.*, Abblendung *f.*, Ausblende
f., Ausblendung *f.*; ~-**out signal**
Ausblendzeichen *n.*; ~ **over** *v.* weich
überblenden; ~-**over** *v.* weich
überblenden, Überblendung *f.*,
Überblenden *n.*, weiche Überblendung;
~ **to black** Schwarzblende *f.*; ~ **up** *v.*
(pict., sound) aufziehen *v.*, aufblenden
v.; ~ **up** *v.* (pict.) Bild aufziehen; ~ **up**
v. einblenden *v.*; ~-**up** *n.* (TV)
Aufblende *f.*, Aufblendung *f.*; ~-**up** *n.*
(sound) Toneinblendung *f.*; ~ **up**
aufblenden *v.*; ~ **in** *v.* hochziehen *v.*
(Regler)
fader *n.* Flachbahnsteller *m.*; **calibrated** ~
geeichter Abschwächer; **linear** ~
linearer Steller; **logarithmic** ~
logarithmischer Steller; ~ **desk** Stellpult
n.; ~ **start** *n.* Faderstart *m.*
fading *n.* Überblendung *f.*, Überblenden

n.; ~ (recpn.) Fading *n.*, Schwund *m.*,
Wellenschwund *m.*; ~ Abklingvorgang
m.; **selective** ~ selektiver Schwund; ~
away Verhallung *f.* (Echo); ~
coefficient Abklingkoeffizient *m.*; ~
constant Abklingkonstante *f.*; ~ **depth**
Schwundtiefe *f.*; ~-**down** *n.* Abblende *f.*,
Abblendung *f.*, Ausblende *f.*; ~-**out** *n.*
Ausblenden *n.*, Ausblendung *f.*; ~ **rate**
Schwundschnelle *f.*; ~-**up** *n.* (TV)
Aufblende *f.*, Aufblendung *f.*
fail *v.* (tech.) ausfallen *v.*
failure *n.* (tube) Ausfall *m.*, Fehler *m.*,
Panne *f.*; ~ **rate** (IT) Ausfallquote *f.*,
Ausfallrate *f.*
fake *n.* Fälschung *f.*; **to** ~ **a scene** Türken
bauen
fall *v.* fallen *v.*; ~-**off** *n.* (level) Pegelabfall
m.; ~-**off** *n.* (light) Abnahme *f.*; ~-**time**
Abfallzeit *f.*
family of characteristics Kennlinienschar
f.; ~ **of curves** Kurvenschar *f.*; ~
programme Familienprogramm *n.*; ~
series Familienserie *f.*
fan *n.* Gebläse *n.*, Windmaschine *f.*, Lüfter
m.; ~ **wipe** Fächerblende *f.*
fanfare *n.* Fanfare *f.*
far field Fernfeld *n.*; ~ **end cross talk**
Fernnetznebensprechen *n.* (Tel)
farce *n.* Schwank *m.*
farmers' programme Landfunksendung *f.*
fashion board Titelkarton *m.*,
Zeichenkarton *m.*
fast-break switch Schnellstopschalter *m.*
fatal error fataler Fehler *m.* (IT)
fault *n.* Fehler *m.*, Störung *f.*, Fehler *m.*
(Technik); **technical** ~ technische
Störung; **temporary** ~ (bcast.)
unbeabsichtigte kurze Unterbrechung; **to**
clear a ~ Störung beseitigen, Störung
beheben; **to localise a** ~ einen Fehler
eingrenzen; ~ **caption** Störungsdia *n.*;
~ **clearance** Störungsbeseitigung *f.*; ~
current Fehlerstrom *m.*; ~ **current**
relay Fehlerstromrelais *n.* (FI-Schalter);
~-**locating** *n.* Fehlersuche *f.*; ~ **location**
Fehlereingrenzung *f.*; ~ **message** (IT)
Fehlermeldung *f.*; ~ **report**
Fehlermeldung *f.*, Störmeldung *f.*; ~
reporting procedure
Störungsmeldeverfahren *n.*; ~ **time** (IT)
Ausfallzeit *f.*

faulty *adj.* fehlerhaft *adj.*, gestört *adj.*; ~
exposure Fehlbelichtung *f.*; ~
switching Fehlschaltung *f.*
favorites *pl.* Favoriten *m. pl.* (IT); ~
folder Favoritenordner *m.* (IT)
fax *n.* Telefax *n.*; ~ (unit) Fernkopierer *m.*;
~ Fernkopierer *m.* (Tel); ~ **modem**
Faxmodem *n.* (IT); ~ **program**
Faxprogramm *n.* (IT); ~ **server**
Faxserver *m.* (IT)
feasibility *n.* Durchführbarkeit *f.*
feature *v.* (perf.) herausstellen *v.*; ~ (R)
Hörbild *n.*; ~ Feature *n.*,
Magazinbeitrag *m.*; **second** ~ **film**
zweiter Film; ~ **film** Spielfilm *m.*; ~
series Hörfolge *f.*; ~ Leistungsmerkmal
n. (Tel)
Federal German Data Protection Act
Datenschutzgesetz *n.* (GER); °~
Privacy Act Datenschutzgesetz *n.* (US)
fee *n.* Gebühr *f.*, Gage *f.*, Honorar *n.*; **to**
pay a ~ **for** honorieren *v.*; ~ **claim**
Gagenanspruch *m.*; ~ **costs**
Honorarkosten *pl.*; ~ **demand**
Gagenanspruch *m.*; ~ **entitlement**
Gagenanspruch *m.*; ~ **scale**
Honorarrahmen *m.*; ~ **splitting**
Gebührenaufteilung *f.*
feed *v.* versorgen *v.*; ~ (insert) einspielen
v., zuspielen *v.*; ~ (reel) abwickeln *v.*; ~
(elec.) speisen *v.*; ~ Zuführung *f.*,
Vorschub *m.*, Speisung *f.*; ~ (reel)
Abwicklung *f.*; ~ Abwickelteller *m.*,
Feed *n.*; ~ (coll.) (line)
Modulationszubringung *f.*; ~ **(in)** *n.*
einspeisen *v.*; (in:)~ Einspeisung *f.*; ~
back *v.* rückkoppeln *v.*; ~**-back**; ~
circuit Zuführungsleitung *f.*; ~ **circuit**
network Zuführungsleitungsnetz *n.*; ~**-**
forward control (IT) Vorwärtsregelung
f.; ~ **line** Zuführung *f.*,
Zuführungsleitung *f.*; ~ **magazine**
Abwickelkassette *f.*; ~ **network**
Speisenetzwerk *n.*; ~ **of tapping point**
Anzapfspeisung *f.*; (in:)~ **point**
Einspeisepunkt *m.*; ~ **reel**
Abwickelspule *f.*, Abwickeltrommel *f.*;
~ **spool** Abwickelspule *f.*,
Abwickeltrommel, Vorratstrommel *f.*; ~
sprocket Filmtransportrolle *f.*,
Vorwickelrolle *f.*; ~ **system**
Speisesystem *n.*; ~**-through capacitor**

Durchführungskondensator *m.*; ~**-**
through sleeve Durchführungsbuchse *f.*;
~ **horn** Antennenelement *n.* (SAT)
feedback *n.* Rückkopplung *f.*,
Rückwirkung *f.*; ~ (information)
Rückmeldung *f.*; ~ **tendency**
Rückkopplungsneigung *f.*,
Schwingneigung *f.*
feeder circuit
Modulationszubringerleitung *f.*; ~ **line**
Antennenspeiseleitung *f.*
feeding *n.* (elec.) Speisung *f.*; ~ (reel)
Abwicklung *f.*; ~ **claw** Transportgreifer
m.
fees department Honorarabteilung *f.*
felt mat Filzscheibe *f.*; ~ **roller**
Filzröllchen *n.*; ~ **washer** Filzscheibe *f.*
female multi-point connector Federleiste
f.; ~ **socket** Anbaudose *f.*
FER (s. film editor's report)
ferrite aerial Ferritantenne *f.*; ~ **bead**
Dämpfungsperle *f.*; ~ **core** (IT)
Ferritkern *m.*
ferrous coated tape Schichtband *n.*
ferrule Ferrule *f.* (bei LWL)
festival *n.* Festspiele *n. pl.*, Festwoche *f.*
FET (s. field effect transistor)
fibre *n.* Faser *f.* (Übertragung); ~**-optic**
communications optische
Nachrichtenübermittlung; ~**-optic**
network Glasfasernetz *n.*; ~ **optics**
Faseroptik *f.*, Glasfaseroptik *f.*,
Lichtfaseroptik *f.*; ~ **optic system**
Lichtfasersystem *n.*; ~ **optic**
transmission Lichtleiter-Übertragung *f.*;
~**-optic transmission**
Glasfaserübertragung *f.*; ~ **optics**
Glasfasertechnik *f.* (Tel),
Lichtwellenleiter (-technik) *f.*
fidelity *n.* Klangtreue *f.*; ~ **curve**
Wiedergabekurve *f.*; ~ **of reproduction**
Wiedergabetreue *f.*
fiducial mark Bezugspunkt *m.*
field *n.* Feld *n.*; ~ (video) Halbbild *n.*,
Teilbild *n.*; ~ (US) Ressort *n.*; ~
(speciality) Fachgebiet *n.*; **acoustic** ~
Feld *n.* (Akustik); **optical** ~ optisches
Feld; ~ **blanking pulse**
Vertikalaustastimpuls *m.*; ~ **coil**
Feldspule *f.*, Feldwicklung *f.*,
Magnetspule *f.*; ~ **duration**
Halbbilddauer *f.*, Teilbilddauer *f.*; ~

effect transistor (FET) Feldeffekttransistor *m.* (FET); ~ **flattener** Feldlinse *f.*; ~**-frequency square wave** V-frequentes Rechtecksignal; ~ **impedance** Feldimpedanz *f.*; ~ **lens** Feldlinse *f.*; ~ **mesh** Feldnetz *n.*; ~ **of focus** Tiefenschärfebereich *m.*; ~ **of view** Blickfeld *n.*, Gesichtsfeld *n.*; ~ **of vision** Blickfeld *n.*, Bildfeld *n.*; ~ **of vision** (cam.) Schußfeld *n.*; ~ **period** Halbbilddauer *f.*; ~ **pick-up** (US) Außenaufnahme *f.*, Außenübertragung *f.* (AÜ); ~ **pulse** Vertikalimpuls *m.* (V-Impuls), Halbbildimpuls *m.*; ~ **quantities** Feldgrößen *f. pl.*; ~ **radius** Grenzradius *m.*; ~ **rate** Teilbilddauer *f.*; ~**-sequential system** Rasterwechselverfahren *n.*; ~ **strength** Feldstärke *f.*, Feldstärke (E); ~ **strength measure** Feldstärkemaß *n.*; ~ **strength measurement** Feldstärkemessung *f.*; ~**-strength measuring** Feldstärkemessung *f.*; ~ **synchronising pulse** Vertikalsynchronimpuls *m.*; ~ **trial** Feldversuch *m.*; ~ **variables** Feldgrößen *f. pl.*; ~ **winding** Feldwicklung *f.*; °~, **1/ R field** Abstandsfeld *n.* (Akustik); ~ **delimiter** Feldtrennzeichen *n.* (IT); ~ **length** Feldlänge *f.*; ~ **separator** Feldtrennzeichen *n.* (IT)
figure of eight field Achterfeld *n.* (Ausstrahlung); ~ **of speech** Redewendung *f.*
figurine *n.* Figurine *f.*
filament *n.* Glühdraht *m.*, Heizfaden *m.*; ~ (tube) Heizung *f.*; **balanced** ~ symmetrierte Heizung; ~ **battery** Heizbatterie *f.*; ~ **voltage** Heizspannung *f.*; (lamp:)~ Wendel *f.*
file *v.* archivieren *v.*; ~ (IT) Datei *f.*; ~ Akte *f.* (Verwaltung); ~ **copy** Archivfilm *m.*; ~ **of circuit diagrams** Schaltplanmappe *f.*; ~ **allocation table** Dateienordnungstabelle *f.* (IT); ~ **backup** Dateisicherung *f.* (IT); ~ **compression** Dateikomprimierung *f.* (IT); ~ **extension** Dateierweiterung *f.* (IT); ~ **format** Dateiformat *n.* (IT); ~ **fragmentation** Dateifragmentierung *f.* (IT); ~ **header** Dateikopf *m.* (IT); ~ **header label** Dateianfangssymbol *n.*

(IT); ~ **management** Filemanagement *n.*; ~ **management system** Dateiverwaltungssystem *n.* (IT); ~ **manager** Datei-Manager *m.* (IT); ~ **name** Dateiname *m.* (IT); ~ **recovery** Dateiwiederherstellung *f.* (IT); ~ **security** Dateisicherung *f.* (IT); ~ **size** Dateigröße *f.* (IT); ~ **specification** Dateispezifikation *f.* (IT); ~ **system** Dateisystem *n.* (IT); ~ **type** Dateityp *m.* (IT)
filing clerk Registrator *m.*; ~ **system** Archivierung *f.*
fill-in light Aufhellicht *n.*, Aufheller *m.*, Fülllicht *n.*; ~ **light** Aufhellicht *n.*, Aufheller *m.*, Fülllicht *n.*; ~**-up** *n.* Pausenfüller *m.*, Programmfüller *m.*, Füllprogramm *n.*
filler *n.* Aufhellicht *n.*, Aufheller *m.*, Fülllicht *n.*, Pausenfüller *m.*, Programmfüller *m.*, Füllprogramm *n.*; ~ **lighting** Aufhellung *f.*; ~ Abhängermeldung *f.* (unwichtige Moderation, Lückenfüller)
film *v.* filmen *v.*, aufnehmen *v.*, drehen *v.*, Film drehen, kurbeln *v.* (fam.), verfilmen *v.*, Film *m.*, Folie *f.*; ~ (coll.) Filmband *n.*, Filmstreifen *m.*, Streifen *m.*; ~ (compp.) Film- (in Zus.); ~**, (adhesive)** Filmdosenaufkleber *m.*; **banned** ~ nicht freigegebener Film; **blank** ~ Weißfilm *m.*; **creased** ~ geknickter Film; **exposed** ~ belichteter Film; **full-length** ~ abendfüllender Film, Spielfilm *m.*; **indented** ~ gerädeter Film; **lacquered** ~ lackierter Film; **non-flam** ~ Sicherheitsfilm *m.*; **scratched** ~ verregneter Film, verschrammter Film; **second** ~ zweiter Film; **to bring out a** ~ Film herausbringen; **to edge-number a** ~ Film randnumerieren; **to release a** ~ Film herausbringen; **to rubber-number a** ~ Film randnumerieren; **to screen a** ~ Film ansehen, Film vorführen; **to shoot a** ~ Film drehen; **to take a** ~ Film drehen; **to view a** ~ Film ansehen; **unexposed** ~ unbelichteter Film; **waxed** ~ gewachster Film; **white** ~ Weißfilm *m.*; ~ **adaptation** Filmbearbeitung *f.*; ~ **advance** Filmtransport *m.*; ~ **archives** *n. pl.* Filmarchiv *n.*, Filmothek *f.*; ~

author Filmautor *m.*; ~ **backing** Lichthofschutzschicht *f.*; ~ **base** Filmträger *m.*, Schichtträger *m.*, Träger *m.*; ~ **bobbin** Filmkern *m.*; ~ **business** Filmbranche *f.*; ~ **cabinet** Filmschrank *m.*; ~ **camera** Filmkamera *f.*, Aufnahmekamera *f.*; ~ **can** Filmbüchse *f.*; ~ **caption** Filmtitel *m.*; ~ **carrier** Filmträger *m.*; ~ **cassette** Filmkassette *f.*, Filmmagazin *n.*, Filmladekassette *f.*; ~ **cement** Filmkitt *m.*, Kleber *m.*; ~ **censor** Filmprüfer *m.*; ~ **censorship office** Filmprüfstelle *f.*; ~ **channel** Filmkanal *m.*; ~-**cleaning** Filmreinigung *f.*; ~ **clip** Filmausschnitt *m.*; ~ **club** Filmclub *m.*; ~ **coding process** Filmcodier-Verfahren *n.*; ~ **comedy** Filmkomödie *f.*; ~ **consumption** Filmverbrauch *m.*; ~ **core** Filmkern *m.*; ~ **crew** Aufnahmegruppe *f.*, Kamerateam *n.*; ~ **critic** Filmkritiker *m.*, Filmredakteur *m.*; ~ **cutter** Filmcutter *m.*; ~-**cutting** *n.* Filmschnitt *m.*; ~ **cutting table** Filmschneidetisch *m.*; ~ **density** Filmdichte *f.*; ~-**developing** *n.* Filmentwicklung *f.*; ~ **dimension** Filmmaß *n.*; ~ **director** Filmregisseur *m.*; ~ **distribution** Filmverleih *m.*; ~ **distributor** Filmverleiher *m.*; ~ **distributors** *n. pl.* Filmverleih *m.*; ~ **drive** Filmtransport *m.*; ~-**edge marker light aperture** Randbelichtungsfenster *n.*; ~-**editing** *n.* Filmschnitt *m.*; ~-**editing machine** Filmschneidegerät *n.*; ~ **editing table** Filmschneidetisch *m.*; ~ **editor** Filmcutter *m.*, Cutter *m.*, Cutterin *f.*; ~ **editor** (credits) Schnitt *m.*; ~ **editor** (F) Schnittmeister *m.*; ~ **editor's report** (FER) Cutterbericht *m.*, Cutterzettel *m.*; ~ **examination** Filmprüfung *f.*; ~ **examiner** Filmprüfer *m.*; ~ **excerpt** Filmausschnitt *m.*; ~ **feed** Filmvorschub *m.*, Filmfortschaltung *f.*; ~-**feed sprocket** Filmtransportrolle *f.*; ~ **festival** Filmfestspiele *n. pl.*; ~-**footage counter** Meterzähler *m.*; ~ **for adults** Film für Erwachsene; ~ **format** Filmformat *m.*; ~ **gate** Filmfenster *n.*, Bildfenster *n.*; ~-**gate mask** Bildfensterabdeckung *f.*, Bildfenstereinsatz *m.*, Bildmaske *f.*; ~

gauge Filmformat *n.*; ~ **grader** Kopiermeister *m.*; ~ **grain** Filmkorn *n.*; ~ **guide** Filmführung *f.*; ~ **image** Filmbild *n.*; ~ **industry** Filmindustrie *f.*, Filmwirtschaft *f.*; ~ **inject** Filmbeitrag *m.*, Unterschnitt *m.*; ~ **insert** Filmeinspielung *f.*, Unterschnitt *m.*, Filmzuspielung *f.*; ~ **item** Filmbeitrag *m.*; ~ **jam** Filmsalat *m.*, Salat *m.* (Filmsalat); ~ **joiner** Filmklebepresse *f.*; ~ **laboratory** Filmlabor *n.*, Kopieranstalt *f.*, Kopierwerk *n.*, Entwicklungsanstalt *f.*; ~ **librarian** Filmarchivar *m.*; ~ **library** Kinemathek *f.*, Filmarchiv *n.*, Filmothek *f.*; ~ **loop** Filmschlaufe *f.*, Filmschleife *f.*; ~ **magazine** Filmkassette *f.*, Filmmagazin *n.*, Filmladekassette *f.*; ~ **magazine** (press) Filmmagazin *n.*, Filmzeitschrift *f.*; ~-**maker** *n.* Filmemacher *m.*, Cineast *m.*; ~ **manufacture** Rohfilmherstellung *f.*; ~ **manufacturer** Rohfilmhersteller *m.*; ~ **material** Filmmaterial *n.*; ~ **material assistant** Materialassistent *m.*; ~ **material report** Materialbericht *m.*; ~ **music** Filmmusik *f.*; ~ **mutilation** Filmbeschädigung *f.*; ~ **narrative** Filmerzählung *f.*; ~ **operations** Betriebstechnik Film; ~ **operations and services** Atelierbetrieb *m.*; ~-**pack** *n.* Filmpack *m.*; ~ **path** Filmbahn *f.*; ~ **playback** Filmwiedergabe *f.*; ~-**polishing machine** Filmmattiermaschine *f.*, Filmpoliermaschine *f.*; ~ **pressure guide** Filmandruckschiene *f.*; ~-**printer** *n.* Filmkopienfertiger *m.*, Filmkopierer *m.*, Filmkopiermaschine *f.*; ~-**printing** *n.* Filmkopierung *f.*; ~-**processing** *n.* Filmbearbeitung *f.*, Filmentwicklung *f.*; ~-**processing department** Entwicklungsabteilung *f.*; ~-**processing laboratory** Kopierwerk *n.*; ~ **producer** Filmhersteller *m.*; ~ **production** Filmherstellung *f.*, Filmproduktion *f.*; ~ **production and editing costs** Filmherstellung- und Bearbeitungskosten; ~ **projection** Filmvorführung *f.*; ~ **projector** Filmprojektor *m.*; ~ **pulldown time** Bildfortschaltzeit *f.*; ~-**purchasing** *n.* Filmbeschaffung *f.*; ~-**record** *v.* FAZ aufzeichnen, Film aufzeichnen, fazen v. (fam.); ~ **recorder** Filmaufzeichnungsgerät n., FAZ-Anlage f. (FAZ); ~ **reel** n. Filmspule f.; ~ **report** Filmbericht m., Kamerabericht m.; ~ **review** Filmkritik f.; ~ **rewind** Filmumroller m.; ~ **rights** Filmrechte n. pl.; ~ **roller** Transportrolle f.; ~ **run** Filmlauf m.; ~ **running time** Filmlaufzeit f.; ~ **run-out** Filmauslauf m.; ~ **salesman** Akquisiteur m., Verleihvertreter m.; ~ **scanner** Filmabtaster m., Filmgeber m.; ~ **scanning** Filmabtastung f.; ~ **schedule** Aufnahmeplan m.; ~ **screening** Filmvorführung f.; ~ **sequence** Filmbeitrag m.; ~ **sequencing time** Bildfortschaltzeit f.; ~ **service** Filmbüro n.; ~ **shot** Filmaufnahme f.; ~ **shrinkage** Filmschrumpfung f.; ~ **size** Filmformat n.; ~ **society** Filmclub m.; ~ **sound recording** Filmtonaufnahme f.; ~ **speed indicator** (F) Tachometer m.; ~ **splicer** Filmklebepresse f.; ~ **spool** Filmspule f.; ~ **stapler** Klammerzange f.; ~**-star** n. Filmstar m.; ~ **stock** Filmmaterial n.; ~ **stock** (store) Filmlager n.; ~ **storage** Filmlagerung f.; ~**-storage cabinet** Filmschrank m.; ~ **story** (US) Filmbericht m.; ~ **strip** Bildband n., Filmband n., Filmstreifen m., Streifen m.; ~ **studio** Filmatelier n., Filmstudio n., Filmaufnahmestudio n.; ~ **studios** n. pl. Atelierbetrieb m.; ~ **summary** zusammenfassender Filmbericht; ~ **support** Filmträger m.; ~ **take** Filmaufnahme f.; ~ **technician** Filmtechniker m.; ~ **technology** Filmtechnik f.; ~ **test strip** Filmprobe f.; ~ **title** Filmtitel m.; ~ **title with music** Musiktitel m.; ~ **track** Filmkanal m.; ~-**trade press** Filmpresse f.; ~ **traffic** Filmspedition f.; ~ **transport** Filmtransport m.; ~ **travel** Filmlauf m., Filmtransport m.; ~ **treatment** Filmbehandlung f.; ~ **unit** Aufnahmegruppe f.; ~ **valuation board** Filmbewertungsstelle f.; ~ **version** Verfilmung f.; ~**-viewer** n. Filmbetrachter m., Bildbetrachter m.; ~ **width** Filmbreite f.; ~ **with magnetic edge sound track** Film mit

Magnetrandspur; ~ **with magnetic sound track** Film mit Magnetspur; ~ **with magnetic track** Film mit Magnetspur; ~ **promotion** Filmförderung f.
filmed opera Opernfilm m.
filmic adj. Film- (in Zus.), filmisch adj.
filming n. Dreh m., Dreharbeiten f. pl., Filmaufnahme f.; ~ **permission** Dreherlaubnis f., Aufnahmegenehmigung f., Drehgenehmigung f.; ~ **permit** Aufnahmegenehmigung f.
filmology n. Filmkunde f., Filmologie f.
filmscanner n. Filmgeber m.
filter v. filtern v., Filter m.; ~ **border** Filterrand m.; ~ **coefficient** Filterfaktor m.; ~ **edge** Filterflanke f.; ~ **factor** Filterfaktor m.; ~ **foil** Filterfolie f.; ~ **frame** Filterrahmen m.; ~ **holder** Filterhalter m., Filterhalterung n.; ~ **input** Filtereingang m.; ~ **layer** Filterschicht f.; ~ **network** Filternetz n.; ~ **out** v. aussieben v.; ~ **pass-band** Durchlaßbandbreite f.; ~ **passband attenuator** Filterdämpfer m. (auch: Dämpferfilter); ~ **section** Siebglied n.; ~ **slot** (cam.) Filtereingang m.; ~ **turret** Filterrad n., Filterrevolver m.; ~ **wheel** Filterrad n., Filterrevolver m.; ~ **socket** Filterdose f. (Tel)
filtering n. Siebung f.; ~ **complexity** Filteraufwand m.
final amplifier Endverstärker m.; ~ **amplifier stage** Endverstärkerstufe f.; ~ **blanking** Nachaustastung f.; ~**-check picture** Kontrollendbild n.; ~ **control element** (IT) Regelglied n., Stellglied n.; ~ **cut** Feinschnitt m.; ~ **distribution board** Endverteilung f.; ~ **distribution panel** Endverteilung f.; ~ **editor** Schlußredakteur m.; ~ **mix** Endmischung f.; ~ **picture quality check** Bildendkontrolle f.; ~ **report** n. Abschlußbericht m.; ~ **scene** Schlußszene f.; ~ **scrutinising** Filmabnahme f.; ~ **stage** Endstufe f.; ~ **test** Endprüfung f.; ~ **version** Endfassung f.; ~ **viewing** Endabnahme f., Abnahme f.; ~ **viewing of cutting copy** Schnittabnahme f.
finance n. Rechnungswesen n.; ~

department Finanzabteilung *f*.; ~
directorate Finanzdirektion *f*.
finances committee Finanzausschuß *m*.
financial equalisation Finanzausgleich *m*.;
~ **requirements** Finanzbedarf *m*.
fine adjustment Feineinstellung *f*.; ~
control Feineinstellung *f*.; ~ **cut**
Feinschnitt *m*.; ~**-grain** *adj*. feinkörnig
adj.; ~ **grain** Feinkorn *n*.; ~**-grain**
developer Feinkornentwickler *m*.; ~**-**
grain film Feinkornfilm *m*.; ~**-grain**
print Feinkornkopie *f*., Marronkopie *f*.,
Zwischenpositiv *n*.; ~**-grain stock**
Feinkornfilm *m*.; ~**-grain stock for**
duping Lavendelmaterial *n*.; ~**-groove**
Mikrorille *f*.; ~**-setting** Feineinstellung
f.; ~**-tuning** Scharfabstimmung *f*.
fineness of grain Auflösungsvermögen *n*.
finish *v*. abschließen *v*.; ~ (F) abdrehen *v*.;
~ Fertigung *f*., Auslauf *m*.
finishing *n*. Endfertigung *f*.,
Endkonfektionierung *f*., Fertigung *f*.,
Konfektionierung *f*.; ~ **time** Endzeit *f*.
fire *v*. (flashlight) auslösen *v*.; ~ Brand *m*.,
Feuer *n*.; ~ **brigade** Feuerwehr *f*.; ~
extinguisher Feuerlöscher *m*.; ~**-light**
effect Feuerbeleuchtungseffekt *m*.; ~**-**
proof *adj*. feuerfest *adj*.; ~**-proof**
magazine Feuerschutztrommel *f*.; ~**-**
resistant *adj*. feuerfest *adj*.; ~**-shutter**
(F) Feuerschutzklappe *f*.
fireman *n*. Feuerwehrmann *m*.; **head** ~
Brandmeister *m*.
firewall *n*. Firewall *m*. (IT)
firing circuit Zündkreis *m*.
first broadcast Erstsendung *f*.,
Erstausstrahlung *f*., Ursendung *f*.; ~
dynode spot Dynodenfleck *m*.; ~
generation (tape) erste Kopie; ~
harmonic Grundschwingung *f*.; ~ **night**
Premiere *f*., Erstaufführung *f*.,
Uraufführung *f*.; ~ **performance**
Uraufführung *f*.; ~ **reading** Leseprobe
f.; ~ **rehearsal** Stellprobe *f*.; ~ **release**
Nullkopie *f*.; ~ **release print**
Korrekturkopie *f*.; ~ **run** Erstaufführung
f., Uraufführung *f*.; ~**-run theatre**
Erstaufführungskino *n*.,
Erstaufführungstheater *n*.; ~ **showing**
Erstsendung *f*.; ~ **trial print** (FP)
Testkopie *f*.; ~ **violin** erste Geige,
Konzertmeister *m*.

fish-eye lens Fischauge *n*.
fit *v*. anpassen *v*.
fitter *n*. Schlosser *m*.
fitting *n*. (elec.) Armatur *f*., Fassung *f*.
fittings *n*. *pl*. Zubehör *n*.
fix *v*. fixieren *v*.
fixed *adj*. feststehend *adj*.; ~ **angle** (opt.)
Festeinstellung *f*.; ~**-angle lens**
Festobjektiv *n*.; ~ **disk** Festplatte *f*.
(EDV); ~ **focus** Fixfokus *m*.; ~ **lens**
Festobjektiv *n*.; ~ **pin** Justierstift *m*.; ~
point Festkamera *f*.; ~ **price** Festpreis
m.; ~**-satellite service** fester Funkdienst
mit Satelliten; ~ **network** Festnetz *n*.
(Tel)
fixing *n*. Fixieren *n*.; ~ **bath** Fixierbad *n*.;
~ **chain** Befestigungskette *f*.; ~ **tank**
Fixiertank *m*.
flag *n*. Blende *f*., Lichtblende *f*., Wattussy
m. (fam.), Flagge *f*. (EDV), markieren *v*.
flags *n*. *pl*. (lighting) Franzose *m*. (fam.)
flange *n*. Flansch *m*.; ~**-mount** *v*.
anflanschen *v*.; ~**-socket** Flanschdose *f*.;
~ **to** *v*. anflanschen *v*.; ~**-type plug**
Flanschdose *f*.; ~**-type socket**
Flanschdose *f*.
flanger *n*.
flanging *n*.
flap up *v*. aufklappen *v*.
flare *n*. Überstrahlung *f*., Streulicht *n*.
flash *v*. blinken *v*.; ~ (news)
Vorrangmeldung *f*.; ~ **Blitz** *m*.; ~
converter Flashconverter *m*., ; ~ **gun**
Blitzgerät *n*.; ~ **news** Blitznachrichten *f*.
pl.; ~ **offer** Blitzangebot *n*.; ~**-over** *n*.
Spannungsüberschlag *m*., Überschlag
m.; ~**-over voltage**
Überschlagspannung *f*.; ~ **pan** Reiß-
Schwenk *m*. (Wischer); ~ **programme**
Blitzprogramm *n*.; ~ **transmission**
Blitzübertragung *f*.; ~ **unit** Blitzgerät *n*.;
~ **conversion** Parallelverfahren *n*. (A/D
Wandlung); ~ **memory** Flashspeicher
m. (IT)
flashback *n*. Rückblende *f*.
flasher *n*. Blinker *m*.
flashlight *n*. Blitzlicht *n*.
flat *m*. (set) Blende *f*., Kulissenwand *f*.,
Normblende *f*.; ~ (pict.) kontrastarm
adj.; ~ **to be** ~ grau in grau sein; **to pay a**
~ **rate** pauschalieren *v*.; ~ **antenna**
Flachantenne *f*.; ~ **clamp** (lighting)

Messerschmitt *m.* (fam.); ~ **clamp**
Blendenklammer *f.*, Kulissenklammer *f.*;
~ **pack component** Flachbauelement *n.*;
~ **rate** Pauschale *f.*; ~-**rate payment**
Pauschalierung *f.*; ~ **screen**
Flachbildschirm *m.*; ~-**top aerial**
Flächenantenne *f.*; ~ **bed scanner**
Flachbettscanner *m.* (IT); ~ **cable**
Flachkabel *n.*

flaw *n.* (opt.) Fehler *m.*, Linsenfehler *m.*; ~
Defekt *m.*

flesh tone Gesichtsfarbe *f.*

flex *n.* Kabel *n.*, Schnur *f.*; **twisted** ~
gewendeltes Kabel

flexible conduit Metallschlauch *m.*; ~
connector Kupplung *f.*; ~ **cord** Schnur
f.; ~ **cord distribution**
Schnurverteilung *f.*

flicker *v.* flackern *v.*, flimmern *v.*, Flackern
n., Flimmern *n.*

flickering *n.* Flimmern *n.*

flicks *n. pl.* (coll.) Kintopp *m.* (fam.)

flip caption Klapptitel *m.*; ~-**flop** *n.* Flip-
Flop *n.*; ~-**flop circuit** (IT) bistabiler
Multivibrator, bistabile Kippschaltung,
Flip-Flop-Schaltung *f.*; ~-**flop register**
(IT) Flip-Flop-Register *n.*; ~ **titles** *n. pl.*
Klapptitel *m.*

flipper *n.* Klappwand *f.*

float *n.* Beleuchtungsrampe *f.*

floater *n.* Filmeinblendung *f.*, Filminsert
m.

floating *adj.* erdfrei *adj.*; ~ **battery**
Pufferbatterie *f.*; ~ **point** (IT)
Gleitkomma *n.*; ~ **point arithmetic**
Gleitkomma-Arithmetik *f.*; ~-**point**
operation (IT) Gleitkomma-Operation *f.*

flock *v.* beflocken *v.* (Folie mit Faserstaub
bekleben); ~ **coating** beflocken *v.* (Folie
mit Faserstaub bekleben)

flood *n.* (coll.) Fluter *m.*, Flutlicht *n.*

floodlight *n.* Flutlicht *n.*; ~ **projector**
Flutlichtscheinwerfer *m.*

floor level Studioebene *f.*; ~ **manager**
Aufnahmeleiter *m.*; ~ **mixer** (F)
Studiotonmeister *m.*; ~ **plan**
Studiogrundriß *m.*; ~ **stand** Bodenstativ
n.; ~ **plan** Raumplan *m.*

flop *v.* (coll.) nicht ankommen

floppy disc Diskette *f.*; ~ **disc drive**
Diskettenlaufwerk *n.*

flow *n.* Ablauf *m.*; ~ **of production**

Produktionsablauf *m.*; ~ **rate**
Zulaufmenge *f.*; ~ **chart** Flussdiagramm
n. (IT); ~ **control** Flusskontrolle, -
steuerung *f.* (IT); ~ **per second**
Datendurchsatz *m.* (IT)

flowmeter *n.* Dosierungsgerät *n.*,
Flüssigkeitsmengenmesser *m.*

FLS (s. full-length shot)

fluctuation *n.* (tech.) Schwankung *f.*; ~ **of**
picture level Bildpegelschwankung *f.*

fluff *v.* stottern *v.*, verhaspeln *v.* (sich),
versprechen *v.* (sich), Versprecher *m.*

fluid iris Flüssigkeitsblende *f.*, Küvette *f.*

fluorescence *n.* Fluoreszenz *f.*

fluorescent lamp Fluoreszenzlampe *f.*,
Leuchtstofflampe *f.*; ~ **material**
Leuchtstoff *m.*; ~ **screen** Leuchtschirm
m., Leuchtstoffschirm *m.*; ~ **substance**
Selbstleuchter *m.*; ~ **tube** (US)
Fluoreszenzlampe *f.*

flutter *v.* flackern *v.*, flattern *v.*, Flackern
n., schnelle Tonhöhenschwankungen,
Jaulen *n.*; **no** ~ **and wow** (disc)
Gleichlauf *m.*; ~ **and wow** (disc)
Gleichlaufschwankung *f.*; ~ **echo** (US)
Mehrfachecho *n.*; ~ **fading**
Flatterfading *n.*

flux, magnetic ~ Magnetfluß *m.*,
magnetischer Fluß

flyback *n.* Rücklauf *m.*, Strahlrücklauf *m.*;
~ **beam** Rücklaufstrahl *m.*; ~ **circuit**
(US) Rückleitung *f.*; ~ **signal**
Rücklaufsignal *n.*; ~ **suppression**
Rücklaufaustastung *f.*

flying-spot scanner Lichtpunktabtaster *m.*,
Punktlichtabtaster *m.*; ~-**spot scanning**
Lichtpunktabtastung *f.*,
Punktlichtabtastung *f.*; ~-**spot store** (IT)
Bildröhrenspeicher *m.*

flyman *n.* Schnürbodentechniker *m.*

flywheel *n.* Schwungrad *n.*,
Schwungscheibe *f.*; ~ **circuit**
Schwungradkreis *m.*; ~ **mass**
Schwungmasse *f.*; ~ **oscillator**
Schwungradoszillator *m.*; ~
synchronisation
Schwungradsynchronisation *f.*

FM (s. frequency modulation); °~
threshold FM-Schwelle *f.*

FO (s. fade out)

focal, double ~ **length** doppelte
Brennweite; **long** ~ **length** große

Brennweite, lange Brennweite; **short** ~
length kurze Brennweite; **to increase** ~
length vergrößern *v.*; ~ **distance**
Brennweite *f.*; ~ **length** Brennweite *f.*;
~**-plane** Bildebene *f.*, Brennpunktebene
f.; ~**-plane shutter** Schlitzverschluß *m.*;
~**-point** Brennpunkt *m.*
focus *v.* scharf einstellen, Brennpunkt *m.*,
Fokus *m.*, Scharfeinstellung *f.*; **in** ~
scharf *adj.*; **lack of** ~ Unschärfe *f.*; **long**
~ große Brennweite, lange Brennweite;
minimum ~ kürzeste scharf einstellbare
Entfernung; **minimum range of** ~
kürzeste scharf einstellbare Entfernung;
out of ~ unscharf *adj.*; **short** ~ kurze
Brennweite; **to bring into** ~ scharf
einstellen, Schärfe einstellen, Schärfe
ziehen; **to bring out of** ~ verstellen *v.*;
~ **calibration tape** Brennweitenband *n.*,
Schärfenband *n.*; ~ **handle** Schärferad
n.; ~ **impression** Schärfeeindruck *m.*; ~
knob Schärferad *n.*; ~ **of divergence**
Zerstreuungspunkt *m.*; ~ **operator**
zweiter Kameraassistent,
Schärfeassistent *m.*, Schärfezieher *m.*; ~
puller Kameraassistent *m.*,
Schärfeassistent *m.*, Schärfezieher *m.*; ~
ring Brennweitenring *m.*, Schärfenring
m.; ~ **setting** Entfernungseinstellung *f.*;
~ **up** *v.* Bild aus der Unschärfe ziehen
focusing *n.* Einstellung *f.*,
Scharfeinstellung *f.*, Fokussierung *f.*,
Bündelung *f.*; ~ **electrode**
elektrostatische Linse; ~ **ring**
Objektivring *m.*; ~ **scale**
Entfernungsskala *f.*
focussing *n.* Fokussierung *f.*,
Brennpunktbildung *f.*, Fokussieren *n.*;
antipodal ~ antipodale Fokussierung
fog *v.* verschleiern *v.*, Schleier *m.*, Nebel *f.*
(Bühne); ~ **machine** Nebelmaschine *f.*
foil *n.* (VTR) Klebeband *n.*; ~ **Folie** *f.*
foldback *n.* (prod.) Mithörkontrolle *f.*; ~
circuit Mithörleitung *f.*
folded dipole Faltdipol *m.*
folding tripod Klappstativ *n.*
folk music Volksmusik *f.*
follow focus shot Verfolgungsaufnahme *f.*;
~ **shot** Verfolgungsaufnahme *f.*; ~ **spot**
Verfolgerscheinwerfer *m.*, Verfolger *m.*
(fam.), Verfolgerspot *m.*; ~ **spotlight**
Verfolgerscheinwerfer *m.*, Verfolger *m.*

(fam.), Verfolgerspot *m.*; ~ **up** *v.*
nachsteuern *v.*; ~**-up** *n.* Nachführung *f.*;
~ **up** nachführen *v.*; ~**-up control**
Nachlaufsteuerung *f.*
follower *n.* Verfolgerscheinwerfer *m.*,
Verfolger *m.* (fam.), Verfolgerspot *m.*
following shot Mitschwenk *m.*
font *n.* Schriftart *f.*; ~ **size** Schriftgrad *m.*
(IT)
foot control Fußtaste *f.*; ~ **lighting**
Rampenbeleuchtung *f.*; ~ **switch**
Fußtaste *f.*
footage *n.* Filmlänge *f.*, Länge *f.*,
Meterlänge *f.*; **excessive** ~ Überlänge *f.*;
insufficient ~ Unterlänge *f.*; ~ **counter**
Filmlängenmeßuhr *f.*, Fußlängenzähler
m., Meterzähler *m.*; ~ **for printing**
Kopierer *m.* (K); ~ **mark**
Längenmarkierung *f.*; ~ **number**
Fußnummer *f.*
footer *n.* Fußzeile *f.* (IT)
footfall noise filter Trittschallfilter *m.*; ~
noise insulation Trittschalldämmung *f.*
footlight *n.* Rampenlicht *n.*,
Beleuchtungsrampe *f.*
footlights *n. pl.* Fußrampe *f.*, Lichtrampe *f.*
footprint *n.* Ausleuchtungszone *f.*,
Versorgungszone *f.*
(Satellitenverbreitung)
force *n.* Kraft *f.*
forced oscillation erzwungene
Schwingung
forces network Militärsender *m.*; ~
station Militärsender *m.*
forecast (Wetter) Vorhersage
foreground *n.* Vordergrund *m.*; ~ **model**
Vorsatzmodell *n.*
foreign, premises in ~ **country**
Auslandsstudio *n.*; ~ **affairs** *n.*
Außenpolitik *f.*; ~ **and overseas**
reporting Auslandsberichterstattung *f.*;
~ **correspondent**
Auslandskorrespondent *m.*; ~**-language**
courses by television Sprachfernsehen
n.; ~ **news** *n. pl.* Berichterstattung
Ausland; ~ **news** *n. pl.* (US)
Außenpolitik *f.*; ~ **policy** Außenpolitik
f.; ~ **correspondent**
Medienkorrespondent *m.*; ~ **coverage**
Auslandsberichterstattung *f.*
foreigners program Ausländerprogramm
n.

foreman *n.* Vorarbeiter *m.*, Werkmeister *m.*

fork-lift truck Gabelstapler *m.*

forked bracket Gabelhalterung *f.*

forking *n.* Gabelung *f.*

form *v.* formieren *v.*, Form *f.*; ~ **feed** Papiervorschub *m.*; ~ **letter** Formbrief *m.* (IT)

format *n.* Format *n.*, Größe *f.*; ~ (prog.) Funkform *f.*, Sendeform *f.*; **scanned** ~ abgetastetes Format; ~ **error** (IT) Formatfehler *m.*; ~ formatieren *v.* (IT); ~ **radio** Formatradio *n.*; ~ **trend** Formattrend *m.*

formation *n.* Formierung *f.*

formatting *n.* Formatierung *f.* (IT); ~ **data** Formatierungsdaten *pl.*

forming *n.* Formierung *f.*

formula language (IT) Formelsprache *f.*

formulate *v.* abfassen *v.*

fortune *n.* Vermögen *n.*

forward-acting regulator Vorwärtsregelung *f.*; **fast** ~ **run** schneller Vorlauf; ~ **motion** Vorlauf *m.*, Vorwärtsgang *m.*; ~ **planning** Vorausplanung *f.*; ~**-to-back ratio** Vor-Rückverhältnis *n.*; ~ **voltage** Durchlaßspannung *f.*; ~ weiterleiten (IT); ~ **compatibility** Vorwärts-Kompatibilität *f.*; ~ **error correction** (FEC) Vorwärts-Fehlerkorrektur *f.*

foundation light Grundlicht *n.*

four-frame motion Vierergang *m.*; ~**-pole network** Vierpol *n.*; ~ **quadrant multiplier** Vierquadranten-Multiplizierer *m.*; ~**-terminal network** Vierpol *m.*; ~**-track** Vierspur *f.*; ~**-track machine** Vierspurmaschine *f.*; ~**-track recording** Vierspuraufzeichnung *f.*; ~**-wire circuit** Vierdrahtleitung *f.*; ~**-wire control circuit** Vierdrahtmeldeleitung *f.*; ~**-wire line** Vierdrahtleitung *f.*

Fourier transformation (DFT) Fouriertransformation *f.*

fps (s. frames per second)

fractal coding fraktale Codierung *f.*

fragmentary *adj.* fragmentiert *adj.* (IT)

fragmentation *n.* Fragmentierung *f.* (IT)

fragmented fragmentiert *adj.* (IT)

frame *v.* Bild einstellen, einstellen *v.*, in die Bildmitte setzen, verstellen *v.*,

Rahmen *m.*, Rahmengestell *n.*; **to be in** ~ im Blickfeld sein; ~ **aerial** Rahmenantenne *f.*; ~ **bar** Bildsteg *m.*; ~**-by-frame display** Einergang *m.*; ~**-by-frame exposure** Einzelbildaufnahme *f.*; ~ **counter** Bildzähler *m.*; ~ **duration** Bilddauer *f.*; ~ **edge** Bildkante *f.*; ~ **flyback** Bildrücklauf *m.*; ~ **frequency** Bildfrequenz *f.*, Bildwechselfrequenz *f.*, Vollbildfrequenz *f.*; ~ **gauge** Bildschritt *m.*; ~ **height** Bildhöhe *f.*; ~ **hold** Bildfangregler *m.*, Bildfang *m.*; ~ **joint** Scharnier *n.*; ~ **jumps** Achssprung *m.* (Übertragung); ~**-limiting** *n.* (TV) Bildbegrenzung *n.*; ~ **line** Bildstrich *m.*, Bildsteg *m.*; ~ **position** Bildlage *f.*; ~**-pulling** *n.* Ausfall des Bildgleichlaufs; ~ **pulse** (TV) Schnittmarke *f.*; ~ **recording** Vollbildaufzeichnung *f.*; ~ **repetition rate** Vollbildfrequenz *f.*; ~ **roll** Bilddurchlauf *m.*, Bildkippen *n.*; ~ **rolling** Ziehen des Bildes; ~ **scan** Bildablenkung *f.*; ~ **scanning gap** Bildaustastlücke *f.*; ~**-scan transformer** Bildablenktransformator *m.*; ~ **sequence** Bildsequenz *f.*; ~**-sequential** *adj.* bildsequent *adj.*; ~ **size** Bildformat *n.*; ~ **store** Bildspeicher *m.*; ~ **sweep unit** Bildkippgerät *n.*; ~ **sync** Bildsynchronimpuls *m.*, Bildwechselimpuls *m.*, ~ **synchronisation** Bildsynchronisation *f.*; ~ **synchronising pulse** Bildsynchronimpuls *m.*, Bildwechselimpuls *m.*; ~ **time** Vollbildzeit *f.*; ~ **buffer** Bildspeicher *m.* (IT); ~ **grabber** Frame Grabber *m.* (IT)

frames per second (fps) Bilder pro Sekunde

framework plan Sendeschema *n.*

framing, bad ~ fehlerhafte Bildeinstellung; ~ **control** Bildfangregler *m.*, Bildfang *m.*; ~ **mask** Bildmaske *f.*; ~ **data** Formatierungsdaten *pl.*; ~ **structure** Frame-Aufbau (HTML-Seitenstruktur)

free-acoustics Freiakustik *f.*; ~**-field** Freiakustik *f.*; ~ **field** Freifeld *n.*; ~ **field space** Freifeldraum *m.*; ~ **from water** wasserfrei *adj.*; ~**-lance** *n.* freier Mitarbeiter, freiberuflich *adj.*; ~**-lance producer** freier Produzent; ~ **of charge**

gebührenfrei *adj.*; ~ **oscillation** freie
Schwingung; ~-**running** *adj.*
unverkoppelt *adj.*; ~ **space attenuation**
Ausbreitungsdämpfungsmaß *n.*,
Freiraumdämpfung *f.*; ~ **space field
strength** Freiraumfeldstärke *f.*; ~ **space
losses** Raumverluste *m. pl.*
(Ausstrahlung); ~ **of charge** kostenfrei
adj.; ~ **space** freie Kapazität (IT); ~ **to
air channel** frei empfangbarer Kanal;
~-**to-air** *adj.* unverschlüsselt *adj.* (Pay-
TV)
freedom of the press Pressefreiheit *f.*; ~
of broadcasting Rundfunkfreiheit *f.*
freelance *n.* Freier Mitarbeiter,
Mitarbeiter, freier *m.*; ~, **salaried** (staff)
Freie, feste (Mitarbeiter)
freelancer Mitarbeiter, freier *m.*
freemailer *n.* Freemailer *m.* (IT)
freeware *n.* Freeware *f.* (IT)
freeze, to ~ **the action** Standbild fahren;
~ **effect freeze-frame effect** Stopptrick
m.; ~ **frame** Standbildverlängerung *f.*,
Standkopie *f.*, weiterkopiertes
Einzelbild; ~ **framing** Standkopieren *n.*
freight *n.* Fracht *f.*
frenchman *n.* Lichtblende *f.*, Blende *f.*
frequencies, to cut off ~ Frequenzen
beschneiden
frequency *n.* Frequenz *f.*, Frequenzlage *f.*;
as a function of ~ frequenzabhängig
adj.; **automatic** ~ **control** (AFC)
automatische Frequenznachsteuerung,
automatische Scharfabstimmung;
critical ~ kritische Frequenz;
dependence of attenuation upon ~
frequenzabhängige Dämpfung; **high** ~
(HF) hohe Frequenz; **low** ~ (LF) tiefe
Frequenz; **lowest usable** ~ (LUF)
niedrigst brauchbare Frequenz;
maximum usable ~ (MUF) höchste
übertragbare Frequenz; **optimum
working** ~ optimale Betriebsfrequenz;
radio ~ (RF) Hochfrequenz *f.* (HF),
Radiofrequenz *f.* (RF); **super-high** ~
(SHF) superhohe Frequenz; **ultra-high**
~ (UHF) ultrahohe Frequenz (UHF),
Ultrakurzwelle *f.* (UKW); **vertical** ~
(US) Vertikalfrequenz *f.* (V-Frequenz);
very high ~ (VHF) sehr hohe Frequenz,
Ultrakurzwelle *f.* (UKW); **very low** ~
(VLF) Längstwellenfrequenz *f.*; ~

allocation Frequenzverteilung *f.*,
Frequenzbelegung *f.*; ~ **allocation plan**
Wellenplan *m.*, Frequenzplan *m.*; ~
analysis Frequenzanalyse *n.*; ~
assignment Frequenzzuweisung *f.*; ~
axis Frequenzachse *f.*; ~ **band**
Frequenzband *n.*; ~ **bandwidth**
Frequenzbandbreite *f.*; ~ **change**
Frequenzänderung *f.*; ~ **changer**
Frequenzumsetzer *m.*,
Frequenzumwandler *m.*; ~
characteristic Frequenzkurve *f.*; ~
comparison meaurement method
Frequenzvergleichs-Meßverfahren *n.*; ~
constancy Frequenzkonstanz *f.*; ~
control Scharfabstimmung *f.*; ~-**control
crystal** Steuerquarz *m.*; ~ **converter**
Frequenzumwandler *m.*; ~
coordination Frequenzkoordination *f.*;
~ **correction** Scharfabstimmung *f.*; ~-
correction circuit
Frequenznachsteuerkreis *m.*; ~ **curve**
Frequenzkurve *f.*; ~ **decrease**
Frequenzabfall *m.*; ~-**dependent** *adj.*
frequenzabhängig *adj.*; ~ **deviation**
Frequenzhub *m.*; ~ **deviation meter**
Frequenzhubmesser *m.*; ~ **distortion**
Frequenzgangverzerrung *f.*,
Frequenzverzerrung *f.*; ~ **divider**
Frequenzteiler *m.*; ~-**division multiplex**
(stereo) Frequenzmultiplex *m.*; ~
doubler Frequenzverdoppler *m.*; ~ **drift**
Frequenzabweichung *f.*, Frequenzdrift *f.*;
~ **fall-off** Frequenzabfall *m.*; ~
fluctuation Frequenzschwankung *f.*; ~
generator Frequenzgenerator *m.*; ~
graph Frequenzdarstellung *f.* (von
Schallvorgängen), Frequenzkurve *f.*; ~
hopping *n.* Frequenzsprungverfahren *n.*;
~ **limit** Frequenzgrenze *f.*; ~ **magnetic
tape** Frequenzgangtestband *n.*; ~ **mark**
Frequenzmarke *f.*; ~ **marker**
Frequenzmarke *f.*; ~ **measurement
method** Frequenz-Meßverfahren *n.*; ~
measurement procedure Frequenz-
Meßverfahren *n.*; ~ **measurement
process** Frequenz-Meßverfahren *n.*; ~-
measuring bridge Frequenzmeßbrücke
f.; ~ **meter** Frequenzmesser *m.*; ~
modulation (FM) Frequenzmodulation
f. (FM); ~ **offset** Frequenzversatz *m.*; ~
of lights Scheinwerferdichte *f.*; ~ **of**

optimum traffic optimale
Betriebsfrequenz; ~ **plan** Wellenplan
m., Frequenzplan *m.*; ~ **planning**
Frequenzplanung *f.*; ~ **plot**
Frequenzdarstellung *f.* (von
Schallvorgängen); ~ **range** Bandbreite
f., Empfangsbereich *m.*, Empfangsgebiet
n., Frequenzbereich *m.*, Frequenzband
n.; ~ **raster** Frequenzraster *m.*; ~
response Amplituden-Frequenzgang *m.*,
Amplitudengang *m.*, Frequenzgang *m.*;
~ **response characteristic**
Frequenzcharakteristik *f.*; ~ **response**
correction stage Klangentzerrerstufe *f.*;
~ **response curve** Wiedergabekurve *f.*;
~ **response equalisation**
Frequenzgangbegradigung *f.*,
Frequenzgangentzerrung *f.*; ~ **run**
Tonfolge *f.*; ~**-selective** *adj.*
frequenzselektiv *adj.*; ~ **selector switch**
Frequenzumschalter *m.*; ~ **separator**
Frequenzweiche *f.*; ~ **series**
Frequenzreihe *f.*; ~ **shift**
Frequenzverschiebung *f.*; ~ **shift keying**
Frequenzumtastung *f.*
(Modulationsverfahren); ~ **spectral line**
Frequenzlinie *f.*; ~ **spectrum**
Frequenzspektrum *n.*; ~ **stabilty**
Frequenzstabilität *f.*; ~ **synchronisation**
Frequenzgleichheit *f.*; ~ **test pattern**
Frequenztestbild *n.*; ~ **translator**
Frequenzumsetzer *m.*; ~ **trimming**
limits Nachstimmbereich *m.*; ~ **tuning**
Frequenzabstimmung *f.*; ~ **variation**
Frequenzänderung *f.*; ~ **vibrato**
Frequenzvibrato *n.*; ~ **weighting**
Frequenzbewertung *f.*; ~ **division**
multiplex process
Frequenzmultiplexverfahren *n.*
Fresnel lens Fresnelsche Linse,
Stufenlinse *f.*; °~ **lens spotlight**
Stufenlinsenscheinwerfer *m.*
fresnel-zone Fresnelzone *f.*
friction *n.* Friktion *f.*; ~ **clutch**
Friktionskupplung *f.*; ~ **drive**
Friktionsantrieb *m.*; ~ **head**
Friktionskopf *m.*
fringe *n.* Saum *m.*; ~ **effect** Randeffekt *m.*
front credits *n. pl.* Namensvorspann *m.*; ~
element Frontlinse *f.*; ~**-end processor**
Vorrechner *m.*; ~ **face** Vorderflanke *f.*;
~ **lens** Frontlinse *f.*; ~ **lens element**

Eintrittslinse *f.*; ~ **light** Frontallicht *n.*,
Vorderlicht *n.*; ~ **page** erste Seite; ~
panel Frontplatte *f.*; ~ **projection**
Aufprojektion *f.* (Aufpro); ~**-to-back**
ratio Vor-Rückverhältnis *n.*, Vor-Rück-
Verhältnis *n.*; ~**-to-rear ratio** Vor-
Rückverhältnis *n.*; ~ **window**
Frontfenster *n.*; ~ **end** Front-End *n.* (IT)
frozen picture Standbild *n.*,
Standbildverlängerung *f.*, Standkopie *f.*,
weiterkopiertes Einzelbild
frustum *n.* Frustum *n.* (Bildraum)
frying *n.* Zischen *n.*
fuel cell Brennstoffzelle *f.*
full-circle panoramic shot Rundschwenk
m.; ~ **coverage** ausführliche
Berichterstattung; ~ **drive**
Vollaussteuerung *f.*; ~**-format** *adj.*
formatfüllend *adj.*; ~**-frame** *adj.*
bildfüllend *adj.*; ~ **house** ausverkauft
adj.; ~**-length film** abendfüllender
Film, Spielfilm *m.*; ~**-length shot** (FLS)
Halbtotale *f.*; ~ **modulation**
Vollaussteuerung *f.*, Vollpegel *m.*; ~**-**
page memory Ganzseitenspeicher *m.*; ~
score Partitur *f.*; ~ **synchronisation**
Vollsynchronisation *f.*; ~ **tape**
cartridge forma; ~ **track** Vollspur *f.*;
~**-wave dipole** Ganzwellendipol *m.*; ~**-**
wave rectifier Doppelweggleichrichter
m., Zweiweggleichrichter *m.*; ~
justification Blocksatz *m.* (IT); ~
service program Full-Service-
Programm *n.*; ~**-page display**
Ganzseitenbildschirm *m.* (IT)
fullness of tone (mus.) Klangfülle *f.*
fully-restricted class of service
Nichtamtsberechtigung *f.* (keine
Telefon-Verbindung außer Haus) (ÜT)
fumes *n.* Rauch *m.*
function *n.* (event) Veranstaltung *f.*; ~
chart (IT) Funktionsdiagramm *n.*; ~
part (IT) Operationsteil *m.*; ~ **selection**
Betriebsartenwahl *f.*; ~ **selector switch**
Betriebsartenschalter *m.*; ~ **switch**
Funktionswahlschalter *m.*; ~ **table** (IT)
Funktionstabelle *f.*, Wertetabelle *f.*,
Wahrheitstabelle *f.*; ~ **test**
Funktionsprüfung *f.*; ~ **call**
Funktionsaufruf *m.* (IT); ~ **key**
Funktionstaste *f.* (IT)
functional diagram Funktionsdiagramm

n., Funktionsschaltplan *m.*; ~ **diagram** (IT) Logikschaltbild *n.*

fundamental *n.* Grundton *m.*, Grundwelle *f.*; ~ **frequency** Grundfrequenz *f.*; ~ **or first-harmonic oscillation** Grundschwingung *f.*; ~ **tone** Grundton *m.*; ~ **wave** Grundwelle *f.*

funds *n. pl.* Mittel *n. pl.*

furnisher *n.* Ausstatter *m.*

furnishing *n.* (set) Ausstattung *f.*

furnishings store Möbelfundus *m.*

furniture restorer Möbelrestaurator *m.*; ~ **store** Möbelfundus *m.*

further education Erwachsenenbildung *f.*

fuse *v.* durchbrennen *v.*, durchschlagen *v.*, Sicherung *f.*; **rapid** ~ flinke Sicherung; **slow** ~ träge Sicherung; ~ **holder** Sicherungshalter *m.*; ~ **switch** Sicherungsschalter *m.*

fused *adj.* abgesichert *adj.*

fuzz *n.*

fuzziness *n.* Unschärfe *f.*

G

G/T effektive Leistungszahl (Sat)

gag *n.* Gag *m.*; ~**-man** *n.* (US) Gagman *m.*; ~ **up** *v.* (US) vergagen *v.*; ~**-writer** *n.* Gagman *n.*

gain *n.* Gewinn *m.*, Verstärkung *f.*, Verstärkungsgrad *m.*; **automatic** ~ **control** (AGC) automatische Verstärkungsregelung; **differential** ~ differentielle Verstärkung; **variable** ~ veränderliche Verstärkung; ~ **control** Verstärkungsregelung *f.*; ~ **control** (fader) Verstärkungssteller *m.*, Verstärkungsregler *m.* (fam.); ~ **control** Aussteuerung *f.*, Pegel *n.*; ~ **error** Verstärkungsfehler *m.*; ~ **loss** Gewinnminderung *f.*; ~**/noise/ temperature ratio** effektive Leistungszahl (Sat); ~ **variation** Verstärkungsänderung *f.*

gallery *n.* Beleuchtungang *m.*, Galerie *f.*; ~ (coll.) (control room) Regie *f.*, Regiekanzel *f.*, Regieraum *m.*

gallows arm Scheinwerfergalgen *m.*

galvanometer *n.* Galvanometer *n.*

game *n.* Spiel *n.*

gaming zone Spielbereich *m.* (IT)

gamma *n.* Gamma *n.*, Steilheit *f.*; **multiple** ~ multiplikatives Gamma; **overall** ~ über alles Gamma; ~ **characteristic** Gradationskurve *f.*, Gammazeitkurve *f.*, Gradationsverlauf *m.*; ~ **control** Gammaregelung *f.*, Gradationsregelung *f.*; ~ **correction** Gammaentzerrung *f.*, Gradationsentzerrung *f.*; ~ **distortion** Gradationsverzerrung *f.*; ~ **selector** Gammaschalter *m.*; ~ **value** Gammawert *m.*

gang *n.* Schicht *f.*

ganging *n.* Gleichlauf *m.*

gantry *n.* Beleuchterbrücke *f.*, Beleuchterbühne *f.*

gap *n.* Spalt *m.*, Abtastspalt *m.*, Spalt *m.* (Tonband); **effective** ~ **length** magnetische Kopfspaltlänge; **physical** ~ **length** Kopfspaltlänge *f.*; ~ **adjustment** Spalteinstellung *f.*; ~ **depth** Kopfspalttiefe *f.*; ~ **length** Spaltbreite *f.*; ~ **loss** Kopfspaltverlust *m.*, Spaltdämpfung *f.*; ~ **setting** Spalteinstellung *f.*; ~ **width** Kopfspaltbreite *f.*, Spaltbreite *f.*

garage foreman Garagenmeister *m.*

garbled *adj.* verstümmelt *adj.*

gate *v.* auftasten *v.*, austasten *v.*, Schattenraster *m.*, Bildfenster *n.*, Schwelle *f.*; ~ (elec.) Torschaltung *f.*; ~ Tor *n.* (J); ~ **circuit** Auftastschaltung *f.*, Gatter *n.*, Torschaltung *f.*; ~ **circuit switch** Torschalter *m.*; ~ **pressure** (cam.) Kufendruck *m.*; ~ **pressure plate** (cam.) Kufe *f.*; ~ **pulse** Auftastimpuls *m.*; ~ **runner** (proj.) Kufe *f.*; ~ **runner pressure** (proj.) Kufendruck *m.*

gateway *n.* Netzübergang *m.* (Gateway), Gateway *m.* (IT)

gating *n.* Auftastung *f.*, Austastung *f.*

gauge *v.* peilen *v.*, Format *n.*, Größe *f.*, Eichmaß *n.* (Meßgerät), Lehre *f.* (Technik)

gaussian filter circuit Glockenkreis *m.* (Secam)

gauze *n.* Gaze *f.*

gear *v.* (mech.) übersetzen *v.*; ~ Getriebe *n.*; ~ **down** *v.* untersetzen *v.*; ~ **drive**

Zahnantrieb *m.*; ~ **ratio**
Übersetzungsverhältnis *n.*; ~ **reduction**
Untersetzung *f.*; ~ **rim** Zahnkranzrolle
f.; ~ **ring** Zahnkranzrolle *f.*; ~ **unit**
Getriebe *n.*; ~ **wheel** Zahnrad *n.*
gearing *n.* (mech.) Übersetzung *f.*
gears *n. pl.* Getriebe *n.*
gelatin *n.* Gelatine *f.*; ~ **filter**
Gelatinefilter *m.*
general ambient light Gesamtaufhellung
f.; ~ **audience programme**
Familienprogramm *n.*; ~ **film catalogue**
Filmverzeichnis *n.*; ~ **lighting**
Gesamtaufhellung *f.*, Allgemeinlicht *n.*;
~ **production insurance**
Produktionsversicherung *f.*; ~**-purpose**
test-signal generator
Universaltestbildgeber *m.*; ~ **retainer**
Pauschale *f.*; ~ **scene lighting**
Szenenbeleuchtung *f.*; ~ **system data**
Systemdaten *pl.*; ~ **view** Überblick *m.*,
Übersicht *f.*
generate *v.* erzeugen *v.*, hervorbringen *v.*
generating plant Stromaggregat *n.*; ~ **set**
Aggregat *n.*; ~ **unit** Stromaggregat *n.*
generator *n.* Generator *m.*, Lichtmaschine
f., Oszillator *m.*; **mobile** ~ fahrbare
Lichtmaschine; ~ **polynomial**
Generatorpolynom *n.*
Geneva cross Malteserkreuz *n.*; °~
movement Malteserkreuzgetriebe *n.*
genre *n.* Genre *n.*; ~ **music** Genremusik *f.*
geometric aperture geometrische Blende;
~ **error** Geometriefehler *m.*
geometrical test pattern
Geometrietestbild *n.*
geometry *n.* Geometrie *f.*
geostationary *adj.* geostationär *adj.*; ~
orbit geostationäre Umlaufbahn; ~
transfer orbit Transferumlaufbahn *f.*
geosynchronous *adj.* geosynchron *adj.*
German Broadcasting Archive
Deutsches Rundfunkarchiv; °~ **teletext**
system Videotext *m.*; °~ **Television**
Deutsches Fernsehen; °~ **Television**
ARD Deutsches Fernsehen (DFS); °~
Television ZDF ZDF *n.* (Zweites
Deutsches Fernsehen)
get up *v.* (part) einstudieren *v.*
getter *n.* Getterpille *f.*
ghost *n.* Geisterbild *n.*; ~ **image**
Geisterbild *n.*

ghosting *n.* Doppelkontur *f.*; ~ (opt.)
ziehende Blende
girdle *n.* Gurt *m.*
give *v.* leisten *v.*; ~ **aways** Werbemittel *n.*
pl.
glamour light Glamourlicht *n.*
glancing light Streiflicht *n.*
glass fibre Glasfiber *f.*, Glasfaser *f.*; ~
plate Glasplatte *f.*
glazier *n.* Glaser *m.*
glitch *n.* Glitch *n.*,
global *n.* Global *n.*; **payment of** ~ **fee**
Pauschalierung *f.*; **to contract at a** ~ **fee**
pauschalieren *v.*; **to pay a** ~ **fee**
pauschalieren *v.*; ~ **fee** Pauschalgage *f.*,
Pauschalhonorar *n.*; ~ **sum** Pauschale *f.*;
~ **roaming** Global Roaming *n.* (IT); ~
village globales Dorf *n.* (Internet)
Global Positioning System (GPS)
Ortungssystemglobales
glow-discharge *n.* Glimm-Entladung *f.*; ~**-**
discharge lamp Glimmlampe *f.*; ~**-**
discharge tube Glimmröhre *f.*; ~**-lamp**
n. Glimmlampe *f.*
go (ahead) *v.* abfahren *v.*; **to** ~ **out by**
mistake aus Versehen über den Sender
gehen; ~**-ahead** *n.* Startkommando *n.*;
~ **ahead!** ab! abfahren!; ~**-ahead**
signal Fertigmeldung *f.*; ~**-between** *n.*
(coll.) Verbindungsmann *m.*; ~ **out** *v.*
über den Sender gehen; ~ **over (to)** *v.*
(bcast.) umschalten *v.* (nach), abgeben *v.*
(an)
gobo *n.* Lichtblende *f.*, Blende *f.*, Neger *m.*
(fam.); ~ **arm** Scheitelhänger *m.*
Goerz attachment optische Bank
(Meßeinrichtung)
goniometer *n.* Winkelmesser *m.*
goniometry *n.* Peilung *f.*
gonoscope *n.* Bildausschnittsucher *m.*
goose neck (US) Schwanenhals *m.*,
Gänsegurgel *f.*
govern *v.* regulieren *v.*
government spokesman
Regierungssprecher *m.*
governor *n.* Regler *m.*
graceful degradation
Verschlechterunggraduelle
gradation *n.* Abstufung *f.*, Gradation *f.*;
flat ~ flache Gradation; ~ **error**
Gradationsfehler *m.*; ~ **of printing**
paper Gradation eines Fotopapiers

grade v. (opt.) abstufen v.; ~ (FP) entzerren v., Licht bestimmen; ~ Stufe f.

graded-index fibre Gradientenindexfaser f.

grader n. (FP) Entzerrer m., Lichtbestimmer m.

grading n. (FP) Entzerrung f., Lichtbestimmung f.; ~ **bench** Lichtbestimmungstisch m.; ~ **chart** Lichtbestimmungsplan m., Lichtzettel m.; ~ **copy** Lichtbestimmungskopie f., Testkopie f.; ~ **print** Lichtbestimmungskopie f.; ~ **strip** (FP) Bildband n.

gradual filter Verlaufblende f., Verlauffilter m.

graduate v. (opt.) abstufen v.; ~ Absolvent m.

graduated filter Verlaufblende f., Verlauffilter m.

graduation n. Abstufung f., Skala f., Teilung f.

grain n. (F) Korn n., Körnigkeit f.

graininess n. Körnigkeit f.

grammar checker Grammatikprüfung f. (IT)

gramophone n. Plattenmaschine f., Plattenspieler m., Phonograph m.; ~ **amplifier** Schallplattenverstärker m.; ~ **industry** Schallplattenindustrie f.; ~ **librarian** Plattenarchivar m.; ~ **library** Plattenarchiv n., Schallplattenarchiv n., Diskothek f.; ~ **programme** Nummernprogramm n.; ~ **record** Grammofonplatte f., Schaltplatte f.; ~ **turntable** Schallplattenteller m., Plattenteller m.

grams n. pl. (coll.) Schallplattenmusik f., Bandmusik f.

grants n. pl. Beihilfen f. pl.

granularity n. Körnigkeit f.

granulation n. Körnigkeit f.

granule n. (TV) Korn n.

graph plotter (IT) Kurvenschreiber m., Kurvenzeichner m., Plotter m.

graphic n. Grafik f., grafische Darstellung; ~ **artist** (TV) Gebrauchsgrafiker m.; ~ **artist** grafischer Zeichner m.; ~ **design** Grafik f.; ~ **designer** Grafiker m.; ~ **display unit** (IT) Kurvenschreiber m., Kurvenzeichner m., Plotter m.

graphical user interface grafische Benutzeroberfläche f. (IT)

graphics n. Grafik f.; ~ **card** Grafikkarte f.; ~ **display** Grafikdisplay n.; ~ **processor** Grafikprozessor m.; ~ **tablet** Grafiktablett n.; ~ **terminal** Grafikterminal n.; ~ **accelerator** Grafikbeschleuniger m. (IT); ~ **adapter** Grafikadapter m. (IT); ~ **card** Grafikkarte f. (IT); ~ **character** Grafikzeichen n. (IT); ~ **file** Grafidatei f. (IT); ~ **mode** Grafikmodus m. (IT); ~ **processor** Grafikprozessor m. (IT); ~ **workstation** Grafikarbeitsplatz m.

grass n. (coll.) (TV) Grieß m.

grating n. Gitter n., Rost m.

gray coding Graycodierung f.; ~ **mapping** Gray Mapping n.

grease paint Schminke f.; ~ **pencil** Fettstift m.

great circle path Großkreisweg m.

greeking n. Blindtext m. (IT)

green lights Mikro-Grünlicht n.; ~**-room** n. Künstlerfoyer n., Künstlerzimmer n., Konversationszimmer n.; ~ **tape leader** Grünfilm m. (Vorspann); ~ **paper** Grünbuch n. (Tel)

greeting n. Begrüßung f.

grey adj. grau adj.; **to be** ~ grau in grau sein; ~ **balance** Grauabgleich m.; ~ **cotton cloth** Nessel m.; ~**-scale** Graukeil m., Grauskala f.; ~ **scale** Grauskala f.; **-scale, calibrated** ~ **chart** harmonisch abgestufte Grauwerttafel; ~**-scale chart** Grauwerttafel f.; ~**-scale correction** Grauentzerrung f.; ~**-step** Graustufe f.; ~**-value** Grauwert m.

grid n. Gitter n., Gitterrostdecke f., Rost m., Schnürboden m., Schutzgitter n.; ~ (elec.) Netz n.; **to join the** ~ sich an das Netz hängen; **to leave the** ~ vom Netz abgehen; ~ **bias supply** Gitterspannungsnetzgerät n.; ~ **bias voltage** Gittervorspannung f.; ~ **circuit** Gitterkreis m.; ~**-circuit tuning** Gitterkreisabstimmung f.; ~ **current** Gitterstrom m.; ~**-driving power** Steuerleistung f.; ~ **generator** Gittergeber m.; ~ **leak** (coll.) Gitterwiderstand m.; ~ **leak resistance** Gitterableitwiderstand m.; ~**-plate capacitance** Gitteranodenkapazität f.;

~-**plate tube capacity**
Gitteranodenkapazität *f.*; ~ **rectifier**
Gittergleichrichter *m.*; ~ **reflector**
Gitterreflektor *m.*; ~ **resistance**
Gitterwiderstand *m.*; ~ **slot** (lighting)
Rille *f.*; ~ **test pattern** Gittertestbild *n.*;
~ **voltage** Gitterspannung *f.*
grille *n.* Gitter *n.*; ~ (test chart)
Konvergenztestbild *n.*
grip *n.* Schwenkgriff *m.*; ~ (coll.) (cam.
crew) Kamerafahrer *m.*, Dollyfahrer *m.*;
~ (US) (worker) Atelierarbeiter *m.*,
Bühnenarbeiter *m.*
gripper *n.* Greifer *m.*
groove *n.* Nut *f.*; ~ (disc) Rille *f.*,
Schallrille *f.*, Tonspur *f.*; ~ **angle**
Rillenwinkel *m.*, Stichelwinkel *m.*; ~ **of
record** Schallrille *f.*; ~ **spacing ratio**
Füllgrad *m.*
ground *v.* nullen *v.*; ~ (US) erden *v.*; ~
(elec.) Masse *f.*; ~ Masse *f.* (elektrisch);
~ (US) Erde *f.*, Erdung *f.*, Erde *f.*
(Technik); ~-**collector circuit**
Kollektorgrundschaltung *f.*,
Kollektorschaltung *f.*; ~ **conductivity**
Bodenleitfähigkeit *f.*; ~ **cove**
Vorsatzrampe *f.*; ~-**glass plate**
Mattscheibe *f.*; ~-**glass screen**
Mattscheibe *f.*; ~ **noise** Eigenrauschen
n.; ~ **receiving station**
Empfangserdfunkstelle *f.*; ~ **reflection**
Bodenreflexion *f.*; ~ **scatter**
Bodenstreuung *f.*; ~ **segment**
Bodensegment *n.*; ~ **signal station**
Erdfunkstelle *f.*, Erdfunkstelle *f.*; ~
station Erdfunkstelle *f.*; ~ **wave**
Bodenwelle *f.*; ~-**wave propagation**
Bodenwellenausbreitung *f.*; ~-**wave
service area** Nahempfangsgebiet *n.*
grounded anode amplifier
Anodenbasisschaltung *f.*; ~-**base
connection** Basisgrundschaltung *f.*,
Basisschaltung *f.*; ~ **cathode circuit**
Kathodenbasis *f.* (KB),
Kathodenbasisschaltung *f.* (KB); ~-
emitter configuration
Emitterbasisschaltung *f.*,
Emitterschaltung *f.*; ~-**grid circuit**
Gitterbasisschaltung *f.*
grounding *n.* (US) Erdung *f.*
group *n.* Band *f.*, Ensemble *n.*,

Arbeitsgruppe *f.*; ~ **adjuster**
Gruppensteller *m.*; ~ **aerial**
Dipolgruppe *f.*; ~ **amplifier**
Summenverstärker *m.*; ~ **contract**
Gruppenvertrag *m.*; ~ **control**
Gruppensteuerung *f.*, Gruppensteller *m.*;
~ **delay** Gruppenlaufzeit *f.*; ~ **delay
difference** Gruppenlaufzeitdifferenz *f.*;
~ **delay distortion** Laufzeiteffekt *m.*,
Gruppenlaufzeitverzerrung *f.*; ~ **delay
equalizer** Gruppenlaufzeitentzerrer *m.*;
~ **delay error** Gruppenlaufzeitfehler
m.; ~ **delay increase**
Gruppenlaufzeitanstieg *m.*; ~ **delay
measurements**
Gruppenlaufzeitmessungen *f. pl.*; ~
delay meter Gruppenlaufzeitmesser *m.*;
~ **delay pre-emphasis**
Gruppenlaufzeitvorentzerrung *f.*; ~
delay response Gruppenlaufzeitgang
m., Gruppenlaufzeitverhalten *n.*; ~
fader Summensteller *m.*, Summenregler
m. (fam.); ~ **interference**
Summenstörung *f.*; ~ **mixer**
Gruppenmischer *m.*; ~ **of channels**
Kanalgruppe *f.*; ~ **of specialists**
Spezialistengruppe *f.*; ~ **shot**
Gruppeneinstellung *f.*; ~ **Gruppe** *f.*; ~
call Gruppenruf *m.* (Tel); ~ **code**
Gruppencode *m.* (Tel); ~ **of pictures**
Bildergruppe *f.*
grouping *n.* (transmitter)
Zusammenschaltung *f.*
growth *n.* Wachstum *n.*
grub screw Madenschraube *f.*,
Gewindestift *m.*
guarantee *n.* Garantie *f.*
guarantor agreement Garantorenvertrag
m.; ~ **contract** Garantorenvertrag *m.*
guard *n.* Schutzgrill *m.*; ~ (staff)
Wachmann *m.*; ~ **band** (freq.)
Sicherheitsband *n.*; ~ **band** (F)
Sicherheitsspur *f.*; ~ **grid** Schutzgitter
n.; ~-**rail** *n.* Brüstung *f.*, Schutzgeländer
n.; ~ **track** (F) Sicherheitsspur *f.*; ~
interval *n.* Schutzintervall *n.*
guest *n.* Gast *m.*; ~ **performance**
Gastspiel *n.*; ~ **book** Gästebuch *n.*
(Internet)
guide *n.* Führung *f.*, Guide *m.*; ~ **bushing**
Führungsbuchse *f.*; ~ **circuit** Guide-
Leitung *f.*; ~ **pin** Führungsbolzen *m.*,

Führungstift *m*.; ~ **pulley** Führungsrolle
f.; ~ **rail** Laufschiene *f*.; ~ **roller**
Führungsrolle *f*., Laufrolle *f*.,
Umlenkrolle *f*.; ~ **sleeve**
Führungsbuchse *f*.; ~ **track** Hilfstonspur
f., Kontrollspur *f*.
guided tour geführte Tour (IT)
guideline *n*. Richtlinie *f*.
guidelines *pl*. Benutzungsrichtlinien *f. pl*.
guiding track Kennrille *f*.
guy *v*. abspannen *v*., verankern *v*.,
verspannen *v*.; ~ **anchor** Anker *m*.
(Befestigungsmittel für Abspannseile im
Boden); ~ **rope** Pardune *f*., Abspannseil
n.; ~ **wire** Pardune *f*., Abspannseil *n*.
gyrating mass Schwungmasse *f*.
gyro-tripod *n*. Kreiselstativ *n*.
gyroscopic drive Kreiselantrieb *m*.; ~
head Kreiselkopf *m*.; ~ **mounting**
Kameraschwenkkopf mit Kreiselantrieb,
Schwenkkopf mit Kreiselantrieb

H

H (s. horizontal)
hack *v*. hacken *v*. (IT)
hackneyed *adj*. abgedroschen *adj*.
hail *n*. Hagel *m*.
hair dryer Fön *m*.; ~ **in printer gate**
Kopierfussel *m*.; ~ **light** Spitze *f*.,
Spitzenlicht *n*., Spitzlicht *n*.
hairpiece *n*. Haarteil *n*.
halation *n*. Lichthof *m*., Überstrahlung *f*.
half-power beam width Halbwertsbreite
der Antennenkeule; ~**shade** *n*.
Halbschatten *m*.; ~**shadow**
Halbschatten *m*.; ~**tone** *n*. Halbton *m*.,
Grauwert *m*.; ~**tone distortion**
Grauwertverzerrung *f*.; ~**tone**
rendering Grauwertwiedergabe *f*.; ~**tone reproduction** Halbtonwiedergabe
f.; ~**track** *n*. Halbspur *f*.; ~
transponder Halbtransponder *m*.; ~**wave** *n*. Halbwelle *f*.; ~**wave**
component Teilschwingung *f*.; ~**wave**
dipol antenna *n*. Halbwellendipol *m*.;

~**wave rectifier** Einweggleichrichter
m.
halftone rastering Halbtonrasterung *f*.; ~
rasterisation Halbtonrasterung *f*.
hall *n*. Halle *f*.; ~ **noise** Saalgeräusch *n*.
halo *n*. Haloeffekt *m*., Lichthof *m*.,
Überstrahlung *f*.; ~ **effect** Haloeffekt *m*.
halogen bulb Halogenglühlampe *f*.; ~
light Halogenlicht *n*.; ~ **metal vapour**
lamp Halogen-Metalldampflampe *f*.
halt instruction (IT) Stoppbefehl *m*.
halyard *n*. Zugseil *n*.
ham *n*. (coll.) Funkamateur *m*.; ~ **actor**
(coll.) Schmierenkomödiant *m*.; ~ **up** *v*.
(perf.) schmieren *v*.
hand *n*. (of a clock) Uhrzeiger *m*., Zeiger
m.; ~ **boom** Mikrofonangel *f*.; ~ **cable**
Handkabel *n*.; ~ **control** Handregelung
f., Handsteuerung *f*.; ~**drawn** *adj*.
handgezeichnet *adj*.; ~**held camera**
Handkamera *f*.; ~**held microphone**
Handmikrofon *n*.; ~ **lamp** Handlampe
f., Handleuchte *f*.; ~ **over (to)** *v*. (bcast.)
abgeben *v*. (an), übergeben *v*. (an); ~**rail** *n*. Brüstung *f*., Schutzgeländer *n*.
handbook *n*. Handbuch *n*.
handheld PC Handheld-PC *m*. (IT); ~
reader Handleser *m*. (IT)
handing over Übergabe *f*.
handle *v*. (story) aufziehen *v*.; ~
Haltebügel *m*., Handgriff *m*.
handling *n*. Handhabung *f*.
handover *n*. Übergabe *f*.; ~ **guide value**
Übergaberichtwert *m*.; ~ **level**
Übergabepegel *m*.; ~ **point**
Übergabepunkt *m*.
hands-on praxisbezogen *adj*. (IT)
handset *n*. Handapparat *m*. (Tel)
handsfree unit Freisprecheinrichtung *f*.
(Tel)
handshake *n*. Handshake *n*. (IT)
handshaking Quittungsbetrieb *m*. (IT)
hang on anhängen *v*.; ~ **over** *v*. (sound,
pict.) überhängen *v*.; ~ **up** aufhängen *v*.
hanger *n*. (lighting) Hänger *m*.
hanging grid (lighting) Hängegitter *n*.
Hanover bars (coll.) PAL-Jalousieeffekte
m. pl.
hard *adj*. (pict.) hart *adj*.; ~ **cut**
Hartschnitt *m*.; ~ **disk** Festplatte *f*.
(EDV); ~ **disk memory**
Festplattenspeicher *m*.; ~ **disk system**

Festplattensystem *n.*; ~ **film**
kontrastreiches Filmmaterial; ~ **news**
Hard News
hardening of emulsion Härtung der
Emulsion, Schichthärtung *f.*
hardness *n.* (F) Steilheit *f.*; ~ **of hearing
from old age** Alters-Schwerhörigkeit *f.*
hardware *n.* Hardware *f.*; ~ **operation**
(IT) festverdrahteter Funktionsablauf; ~
check Hardwarecheck *m.* (IT); ~
failure Hardwareausfall *m.* (IT)
harmonic *n.* Harmonische *f.*,
Oberschwingung *f.*, Oberton *m.*,
Oberwelle *f.*; **even-order** ~ **distortion**
gradzahliger Klirrfaktor; **odd-order** ~
distortion ungradzahliger Klirrfaktor;
second-order ~ **distortion**
quadratischer Klirrfaktor; **third-order**
~ **distortion** kubischer Klirrfaktor; ~
component Teilschwingung *f.*; ~
disortion Klirrfaktor *m.*; ~ **distortion
attenuation** Klirrdämpfung *f.*; ~
distortion factor Klirrfaktor *m.* (K); ~
distortion meter Klirrfaktormesser *m.*;
~ **filter** Oberwellenfilter *m.*; ~
generator Verzerrer *m.*; ~ **oscillation**
Oberschwingung *f.*, harmonische
Schwingung; ~ **trap** Oberwellenfilter
m.; ~ **vibration** Oberschwingung *f.*; ~
wave Oberwelle *f.*
harmonised early evening programme
(in Germany) Vorabendprogramm -
harmonisiertes
harmonization *n.* (eines Sachverhaltes)
Abstimmung *f.*
harmonizer *n.* Harmonizer *m.*
harmony *n.* Übereinstimmung *f.*
Harry digitales Produktionssystem, Harry
harsh *adj.* (sound) hart *adj.*
harshness *n.* Rauheit *f.*
Hartley circuit
Dreipunktoszillatorschaltung *f.*; °~
oscillator Dreipunktoszillatorschaltung
f.; °~ **oscillator circuit** Hartley-
Schaltung *f.*
haste *n.* Eile *f.*
haulage *n.* Transport *m.*
hazy *adj.* unscharf *adj.*
head *n.* Kopf *m.*; ~ (chief) Leiter *m.*;
incorrect ~ **position** (VTR)
Bandführungsfehler *m.*; ~ **adjustment**
Eintaumeln des Kopfes; ~ **assembly**

Tonabnehmer *m.*, Tonabtaster *m.*,
Kopfträger *m.*, Kopfaggregat *n.*; ~
banding Kopfspuren *f. pl.*; ~
changeover switch Kopfumschalter *m.*;
~-**clogging** *n.* Kopfzuschmieren *n.*,
Kopfzusetzen *n.*, Kopfverschmutzung *f.*;
~ **clogging** Kopfzusetzer *m.*; ~ **disc**
Kopfscheibe *f.*; ~ **dressmaker**
Zuschneider *m.*; ~ **drum** Kopftrommel
f.; ~ **electrician** Elektromeister *m.*,
Oberbeleuchter *m.*; ~ **gap** Kopfspalt *m.*,
Luftspalt *m.*, Tonspalt *m.*; ~ **interleave**
Kopfverschachtelung *f.* (EDV); ~
leader Filmvorspann *m.*, Startband *n.*,
Startvorspann *m.*, Vorspannfilm *m.*; ~
localisation Kopflokalisation *f.*; ~ **of
department** Abteilungsleiter *m.*,
Hauptabteilungsleiter *m.*; ~ **of design**
Ausstattungsleiter *m.*; ~ **of desk**
Redaktionsleiter *m.*, Ressortleiter *m.*,
Ressortchef *m.*; ~ **of news**
Chefredakteur *m.*; ~ **of overseas office**
(BBC) Auslandsstudioleiter *m.*; ~ **of
presentation** Sendeleiter *m.*; ~ **of
publicity** (BBC) Pressechef *m.*; ~ **of
radio drama** Hörspielleiter *m.*; ~ **of
scripts** Chefdramaturg *m.*; ~ **room**
Stellreserve *f.*; ~-**support assembly**
Kopfträger *m.*; ~-**switch over**
Kopfumschaltung *f.*; ~ **track** Kopfspur
f.; ~ **wear** Kopfabrieb *m.*; ~-**wheel** *n.*
Videokopfrad *n.*; ~ **wheel** *n.*
Kopftrommel *f.*, Kopfrad *n.*,
Magnetkopfrad *n.*; ~-**wheel rotating
speed** Kopfradgeschwindigkeit *f.*; ~
wheel servo Kopfradservo *n.*; ~
winding Kopfwicklung *f.*; ~ **crash**
Headcrash *m.* (IT); ~ **end** Kopfstelle *f.*;
~ **of broadcasting station** Senderleiter
m.

Head of TV presentation
Fernsehsendeleitung *f.*
head station Kopfstation *f.*
header file Headerdatei *f.* (IT)
heading *n.* Titel *m.*
headless screw Madenschraube *f.*,
Gewindestift *m.*
headline *n.* Schlagzeile *f.*
headliner *n.* Headliner *m.* (akust.
Verpackungselement)
headphone *n.* Kopfhörer *m.*; ~ **amplifier**
Kopfhörerverstärker *m.*

headroom *n.* Aussteuerungsreserve *f.*
headset *n.* Hörer *m.,* Kopfgeschirr *n.,*
Kopfhörsprechgarnitur *f.,*
Sprechgeschirr *n.,* Sprechgarnitur *f.,*
Headset *n.*
hearing *n.* Gehör *n.;* ~ **aid** Hörgerät *n.,*
Hörhilfe *f.;* ~ **test** Hörprüfung *f.;* ~
tester Hörprüfgerät *n.*
heat *n.* Wärme *f.;* ~ **exchanger**
Temperaturaustauscher *m.;* ~ **filter**
Wärmeschutzfilter *m.;* ~ **protection**
filter Wärmeschutzfilter *m.;* ~ **rays**
Wärmestrahlen *m. pl.;* ~ **sink**
Kühlkörper *m.*
heater *n.* Heizfaden *m.;* ~ **voltage**
Heizspannung *f.*
heating *n.* Heizung *f.;* ~ **engineer**
Heizungstechniker *m.*
heavy current Starkstrom *m.;* ~ **current**
connection Starkstromanschluß *m.*
height *n.* Höhe *f.;* **real** ~ wahre Höhe;
true ~ wahre Höhe; **virtual** ~
scheinbare Höhe; ~ **above ground**
Höhe *f.* (Antennen), Aufhängehöhe *f.*
(Antennen); ~ **control** Bildhöhenregler
m.
helical recording
Schrägschriftaufzeichnung *f.,*
Schrägspuraufzeichnung *f.;* ~ **scan**
Schrägschriftaufzeichnung *f.,*
Schrägspurverfahren *n.;* ~ **scan system**
Helicalscanverfahren *n.*
helicopter shot Hubschrauberaufnahme *f.*
helix *n.* Schnecke *f.,* Wendel *f.;* ~ **antenna**
Wendelantenne *f.;* ~ **cable** Spiralkabel
n.
helmsman *n.* Kamerafahrer *m.,*
Dollyfahrer *m.*
help *n.* Hilfeleistung *f.;* ~ **desk**
Anwenderunterstützung *f.* (IT),
HelpDesk *n.;* ~ **key** Hilfetaste *f.* (IT); ~
line *n.* Helpline *f.* (IT)
helper *n.* Gehilfe *m.,* Assistent *m.;* ~
application Hilfsanwendung *f.* (IT)
hemispheric channel Hemisphärenkanal
m.
hermaphrodite connector Zwitterstecker
m.
Hertz *n.* (Hz) Hertz *n.* (Hz); °~ **dipole**
Hertzscher Dipol
hertzian doublet Hertzscher Dipol

heterodyne interference Störüberlagerung
f.
heterodyning *n.* Überlagerung *f.,*
Überlagerung *f.* (von Schwingungen)
hexadecimal *adj.* (IT) sedezimal *adj.,*
hexadezimal *adj.;* ~ **number** (IT)
Sedezimalzahl *f.,* Hexadezimalzahl *f.*
HF (s. high-frequency)
HI (s. high-intensity); °~ **arc-lamp**
Bogenlampe *f.;* °~ **carbon** (s. high-
intensity carbon)
hi-fi *n.* Hi-Fi *n.,*
hidden file Datei, versteckte *f.* (IT)
hierarchical *adj.* hierarchisch *adj.*
high angle ray Fernstrahl *m.,* Pedersen-
Strahl *m.;* ~ **band** Highband *n.;* ~-**band**
standards *n. pl.* Highband-Norm *f.;* ~-
contrast *adj.* kontrastreich *adj.;* -
contrast, very ~ **film stock**
Superkontrastmaterial *n.;* ~-**contrast**
film kontrastreiches Filmmaterial,
Dokumentenfilm *m.;* ~-**definition lens**
Hartzeichner *m.;* ~ **definition television**
hochauflösendes Fernsehen; ~-**fidelity**
(hi-fi) hohe Wiedergabegüte (Hi-Fi); ~-
fidelity *adj.* klanggetreu *adj.;* ~-
frequency (HF) Hochfrequenz *f.* (HF);
~-**frequency** *adj.* hochfrequent *adj.,*
Hochfrequenz- (HF); ~-**frequency**
circuit Hochfrequenzleitung *f.;* ~-
frequency emphasis Höhenanhebung *f.;*
~-**frequency hardness of hearing**
Hochtonschwerhörigkeit *f.;* ~-
frequency loudspeaker
Hochtonlautsprecher *m.;* ~ **frequency**
sink Hochtonsenke *f.;* ~-**frequency**
transmitter Kurzwellensender *m.;* ~-
impedance *adj.* hochohmig *adj.;* ~-
impedance tap hochohmige
Anzapfung; ~-**intensity** (HI)
Hochintensität *f.* (HI); ~-**intensity arc**
lamp Hochintensitätslampe *f.;* ~-
intensity carbon (HI carbon)
Hochintensitätskohle *f.;* ~-**key** (HK)
High-key *n.;* ~-**pass filter** Hochpaß *m.,*
Hochpaßfilter *m.;* ~-**performance** *n.*
Hochleistung *f.;* ~-**pitch** Hochton *m.;* ~
power amplifier
Hochleistungsverstärker (Sat); ~-**power**
arc lamp Hochintensitätslampe *f.;* ~
power satellite Highpowersatellit *m.;*
~-**power satellite** Hochleistungssatellit

m.; ∼-**power station** Großsender *m.*; ∼-
power transmitter Großsender *m.*; ∼-
precision crystal Präzisionsquarz *m.*;
∼-**resistance** *adj.* hochohmig *adj.*; ∼-
resolution hochauflösend *adj.*; ∼-**speed**
adj. (FP) empfindlich *adj.*; ∼-**speed**
camera Zeitdehnerkamera *f.*; ∼-**speed**
camera-work Zeitdehnung *f.*; ∼-**speed**
effect Zeitdehnung *f.*; ∼-**speed picture**
Zeitdehneraufnahme *f.*; ∼-**speed printer**
(IT) Schnelldrucker *m.*; ∼-**speed**
shooting Zeitdehnung *f.*; ∼-**speed shot**
Zeitdehneraufnahme *f.*; ∼-**tension** (HT)
Hochspannung *f.*; ∼-**tension battery**
Anodenbatterie *f.*; ∼-**tension power**
unit Hochspannungsnetzgerät *n.*; ∼-
voltage (HV) Hochspannung *f.*; ∼-
voltage overhead line
Hochspannungsfreileitung *f.*; ∼-**voltage**
transformer
Hochspannungstransformator *m.*; ∼
level data control protocols
Fensterprotokolle *n. pl.* (IT); ∼-**speed**
printer Schnelldrucker *m.* (IT)
highlight *n.* Glanzlicht *n.*, Spitze *f.*,
Spitzenlicht *n.*; **to set a** ∼ Spitzen
setzen; ∼ **brightness** Spitzenhelligkeit
f.; ∼ hervorheben *v.* (IT)
highlights *n. pl.* Lichter *n. pl.*, Highlights
f., Höhepunkte *m. pl.*
highly directional microphone
Richtmikrofon *n.*; ∼ **reflective screen**
Perlleinwand *f.*; ∼ **resistive** *adj.*
hochohmig *adj.*; ∼ **directional**
transmitting aerial Sendeantenne mit
sehr ausgeprägter Strahlungskeule
highspeed painter Schnelldrucker *m.*
hill-and-dale recording Tiefenschrift *f.*
hinder *v.* verhindern *v.*
hindrance *n.* Hindernis *n.*, Verhinderung *f.*
hinge *n.* Scharnier *n.*
hinged arm (lighting) Gelenkarm *m.*; ∼
lid Klappdeckel *m.*
hire *v.* mieten *v.*; ∼ (US) (staff) einstellen
v.; ∼ Mieten *n.*; ∼ **charge** Leihmiete *f.*;
∼ **fee** Leihgebühr *f.*; ∼ **purchase**
Mietkauf *m.*; ∼ **service** Verleih *m.*
hiss *v.* zischen *v.*
hissing *n.* Zischen *n.*
history of broadcasting
Rundfunkgeschichte *f.*; ∼ **function**
erweiterte Wahlwiederholung *f.* (Tel)

hit *n.* Schlager *m.*, Hit *m.*, Heuler *m.*; ∼
(prog.) Knüller *m.* (fam.); **to be a** ∼
einschlagen *v.*; ∼ **parade**
Schlagerparade *f.*, Hitparade *f.*; ∼ **song**
Schlager *m.*; ∼ **tune** Schlager *m.*; ∼
Zugriff *m.* (Internet)
HK (s. high-key)
hoisting gear Hebezeug *n.*
hold back *v.* (news) zurückhalten *v.*; ∼
control Bildfangregler *m.*, Bildfang *m.*;
∼ **frame** Standbildverlängerung *f.*,
Standkopie *f.*, weiterkopiertes
Einzelbild; ∼ **framing** Standkopieren
n.; ∼-**in circuit**
Wiedereinschaltautomatik *f.*; ∼ **it!** (take)
Stopp!; ∼ **range** Synchronisierbereich
m.; ∼ **take** Reserveaufnahme *f.*
holding contact Selbsthaltekontakt *m.*
holiday relief Aushilfskraft *f.*, Hilfskraft *f.*
hollow waveguide technology
Hohladertechnik *f.*
hologram *n.* Hologramm *n.*
home news Berichterstattung Inland; ∼
political news Innenpolitik *f.*; ∼
receiver Heimempfänger *m.*; ∼
television set Fernsehheimempfänger
m.; ∼ **track** Eigenspur *f.*, Home-track
n.; ∼ **computer** Heimcomputer *m.* (IT);
∼ **directory** Homeverzeichnis *n.* (IT); ∼
page Homepage *f.* (IT)
homepage *n.* Homepage *f.* (IT)
hood *n.* Haube *f.*
hook up *v.* anschließen *v.*, zuschalten *v.*;
∼-**up** *n.* Konferenzschaltung *f.*,
Schaltkonferenz *f.*; ∼-**up** *n.* (tech.)
Kopplung der Kreise; ∼-**up** *n.*
(transmitter) Zuschalten eines Senders,
Zusammenschaltung *f.*; ∼ **up** anhängen
v.; ∼ Hook *m.* (Musik)
hop length Sprungentfernung *f.* (EDV)
horizon *n.* Horizont *m.*; ∼ **focussing**
Fokussierung bei horizontaler
Abstrahlung
horizontal *adj.* (H) Horizontal- (H-) (in
Zus.); ∼ **antenna pattern**
Horizontaldiagramm *n.*; ∼ **bar**
Horizontalbalken *m.*; ∼ **blanking pulse**
Horizontalaustastimpuls *m.*; ∼ **blanking**
pulse (US) Zeilenaustastimpuls *m.*; ∼
definition Horizontalauflösung *f.*; ∼
deflection Zeilenablenkung *f.*,
Horizontalablenkung *f.*; ∼ **flyback** (US)

Zeilenrücklauf *m.*; ~ **frequency** (US)
Zeilenfrequenz *f.*; ~ **hold**
Zeilenfangregler *m.*; ~ **image** Querbild
n.; ~ **jitter** horizontale
Bildstandsschwankungen; ~ **noise bar**
Rauschspur *f.* (MAZ); ~ **pan**
Horizontalschwenk *m.*; ~ **pattern**
Horizontaldiagramm *n.*; ~ **picture**
Querbild *n.*; ~ **rewind**
Horizontalumroller *m.*; ~ **saw-tooth**
Horizontalsägezahn *m.*; ~ **scratch**
Querschramme *f.*; ~ **sweep**
Zeilenablenkung *f.*; ~ **synchronising**
pulse Horizontalimpuls *m.* (H-Impuls),
Horizontal-Synchronimpuls *m.*,
Zeilensynchronimpuls *m.*; ~ **wipe**
rollender Schnitt

horn gramophone Trichtergrammofon *n.*;
~ **loudspeaker** Trichterlautsprecher *m.*,
Hornlautsprecher *m.*; ~ **radiator**
Hornstrahler *m.*

hornless loudspeaker Konuslautsprecher
m.

horror film Gruselfilm *m.*, Horrorfilm *m.*

horse opera (US coll.) Wildwestfilm *m.*,
Western *m.*

host *n.* Gastgeber *m.*; ~ **broadcaster** Host
Broadcaster; ~ Host *m.*, Rechner,
zentraler *m.*; ~ **adapter** Hostadapter *m.*
(IT); ~ **computer** Hauptrechner *m.*,
Rechner, zentraler *m.*; ~ **language**
Hostsprache *f.* (IT); ~ **name** Hostname
m. (IT)

hostess *n.* Empfangsdame *f.*

hosting of visitors Besucherbetreuung *f.*;
~ Hosting *n.* (IT); ~ **service**
Hostingservice *m.* (IT)

hot cathode Glühelektrode *f.*; ~ **spot**
Leuchtfleck *m.*; ~ hot *adj.* (on-air); ~
clock Hot Clock *f.*, Musikuhr *f.*,
Sendeuhr *f.*; ~ **line** Hotline *f.* (IT); ~
mix Hot Mix *m.*; ~ **news** *pl.* Eilmeldung
f.; ~ **rotation** Hot Rotation *f.* (Musik);
~ **start** *n.* Hot Start *m.* (Musik)

hour-counter *n.* Stundenzähler *m.*

house foreman Hausmeister *m.*; ~ **light**
Baulicht *n.*, Studiolicht *n.*; ~ **manager**
Hausverwalter *m.*

housing *n.* Gehäuse *n.*

howl *v.* heulen *v.*, Jaulen *n.*; ~ **round** *v.*
(acoust.) rückkoppeln *v.*; ~-**round** *n.*
(acoust.) Rückkopplung *f.*

howling *n.* Jaulen *n.*; ~ (coll.) (acoust.)
Rückkopplung *f.*; ~ **tone** Heulton *m.*

HPA Hochleistungsverstärker (Sat)

HT (s. high-tension)

hub *n.* Bobby *m.*, Filmkern *m.*, Kern *m.*
(Tonband), Spulenkern *m.*, Wickelkern
m., Zentralstation (Sat), Wickelkern *m.*,
Netzwerkknoten *m.*

hue *n.* Farbe *f.*, Farbton *m.*, Farbwert *f.*; ~
error Farbabweichung *f.*

hum *v.* brummen *v.*, summen *v.*, Brumm
m., Brummton *m.*, Brummen *n.*; ~
amplitude modulation Brummstör-
Amplitudenmodulation *f.*; ~ **bar**
Brummstreifen *m.*; ~ **bars** *n. pl.*
Brummüberlagerung *f.*; ~ **buckling**
Heizsymmetrierung *f.*; ~-**reduction**
factor Siebfaktor *m.*; ~
superimposition Brummüberlagerung
f.; ~ **suppression** Brummunterdrückung
f.; ~ **voltage** Brummspannung *f.*

humidity *n.* Feuchtigkeit *f.*; **relative** ~
(RH) relative Feuchtigkeit

humming noise Brumm *m.*, Brummton *m.*

hung *adj.* aufgehängt *adj.* (IT)

hunting *n.* Pendelbewegung *f.*; ~ (sound)
Nachlauf *m.*

hurry *n.* Eile *f.*

Hurter and Driffield curve (H a. D
curve) Gradationskurve *f.*,
Gammazeitkurve *f.*, Gradationsverlauf
m., Schwärzungskurve *f.*

HV (s. high-voltage)

hybrid *n.* (tel.) Gabelschaltung *f.*; ~
amplifier Gabelverstärker *m.*; ~ **circuit**
Hybridschaltung *f.*; ~ **computer** (IT)
Hybridrechner *m.*; ~ **set** (tel.)
Gabelschaltung *f.*

hydraulic *adj.* hydraulisch *adj.*; ~ **stand**
Pumpstativ *n.*; ~ **tripod** (cam.)
Teleskopsäule *f.*

hyperbola *n.* Hyperbel *f.*

hypermedia *n.* Hypermedia *f.* (IT)

hypersensitisation *n.* Übersensibilisierung
f.

hypersound *n.* Hyperschall *m.*

hypertext *n.* Hypertext *m.*; ~ **link**
Hypertextlink *m.* (IT)

hyphen *n.* Bindestrich *m.* (IT)

hyphenation program *n.*
Silbentrennungsprogramm *n.* (IT)

hypo *n.* Fixiernatron *n.*

hypobath *n.* Fixierbad *n.*
hypothetical reference circle Bezugskette *f.*
hypsogram *n.* Pegeldiagramm *n.*
hysteresis loop Hysteresisschleife *f.*; ~ **losses** Hysteresisverluste *m. pl.*; ~ **motor** Stromverdrängungsmotor *m.*
Hz (s. Hertz)

I

I-picture Intra-codiertes Bild *n.* (Videokompression)
IC (s. integrated circuit); °~ **socket** IC-Fassung *f.*
iconoscope *n.* Ikonoskop *n.*, Bildaufnahmeröhre *f.*
ID card Ausweis *m.*
ideal magnetic medium Normalmagnetband *n.*; ~ **reproducing head** Normalhörkopf *m.*
ident *n.* (coll.) Kennung *f.*
identifiable signal Kennung *f.*
identification *n.* Kennung *f.*; **to cut** ~ Kennung wegnehmen; **to give** ~ Kennung geben; **to take away** ~ Kennung wegnehmen; ~ **caption** Bildkennung *f.*; ~ **generator** Kennungsgeber *m.*; ~ **leader** (F) Allonge *f.*; ~ **signal** Kennungssignal *n.*; ~ **signal** (station) Stationskennung *f.*; ~ **source** Kennungsgeber *m.*; ~ **tape** Kennungsband *n.*; ~ **trailer** Endband *n.*
idiom *n.* Redewendung *f.*
idiot card (coll.) Neger *m.* (fam.)
idle *n.* Leerlauf *m.*; ~ **position** Ruhestellung *f.*; ~ **setting** Ruhestellung *f.*; ~ **character** *n.* Leerlaufzeichen *n.* (IT)
idler *n.* freilaufende Rolle, Laufrolle *f.*, Umlenkrolle *f.*, Zwischenrad *n.*, Andruckrolle *f.* (Tonband); ~ **drive** Reibradantrieb *m.* (Phono)
idling *n.* Leerlauf *m.*
igniter n Zündgerät *n.*
ignition circuit Zündkreis *m.*; ~ **noise** Funkenstörung *f.*

illuminate *v.* beleuchten *v.*
illuminated pointer indicator Lichtzeigerinstrument *n.*
illumination photometer Luxmeter *n.*; ~ **zone** (sat.) Sichtbarkeitszone *f.*
illustration *n.* Illustration *f.*
image *n.* Bild *n.*, Image *n.*; **a person's right to his/her own** ~ Recht am eigenen Bild; **blurred** ~ verschleiertes Bild; **converted** ~ umgesetztes Bild; **inverted** ~ kopfstehendes Bild; **latent** ~ latentes Bild, unsichtbares Bild; **upside-down** ~ kopfstehendes Bild; ~ **area** Bildausschnitt *m.*, Bildfeld *n.*; ~ **components** Bildkomponenten *f. pl.*; ~ **contrast** Bildkontrast *m.*; ~ **converter** Bildwandler *m.*; ~ **converter resolution** Schärfe des Bildwandlers; ~ **converter sharpness** Bildwandlerschärfe *f.*; ~ **converter tube** Bildwandlerröhre *f.*; ~ **data transmission** Bilddatenübertragung *f.*; ~ **defect** Abbildungsfehler *m.*; ~ **definition** Bildschärfe *f.*; ~ **detail** Bilddetail *n.*, Bildeinzelheit *f.*; ~ **distortion** Bildverzerrung *f.*; ~ **drop-out** Bildausfall *m.*; ~ **erecting prism** Umkehrprisma *n.*; ~ **field** Bildfeld *n.*; ~ **frequency** Spiegelfrequenz *f.*, Bildwechselfrequenz *f.*; ~ **frequency rejection** Spiegelselektion *f.*; ~ **generator** Bildgeber *m.*; ~ **height** Bildhöhe *f.*; ~ **iconoscope** Super-Ikonoskop *n.*; ~ **lens** Abbildungslinse *f.*; ~ **memory** Bildschirmspeicher *m.* (EDV); ~ **modulation** Bildmodulation *f.*; ~ **orthicon** (IO) Image-Orthikon *n.* (IO), Bildaufnahmeröhre *f.*, Super-Orthikon *n.*; ~-**orthicon tube** Orthikon *n.*; ~ **plane** Abbildungsebene *f.*, Bildebene *f.*; ~ **point** Bildpunkt *m.*; ~ **processing** Bildverarbeitung *f.*; ~ **quality** Bildqualität *f.*; ~ **reproduction** Bildwiedergabe *f.*; ~ **reversal** Solarisation *f.*; ~ **scale** Abbildungsmaßstab *m.*; ~ **scanning** Bildabtastung *f.*; ~ **sequence** Bildsequenz *f.*; ~ **sharpness** Bildschärfe *f.*; ~ **shift** Bildverschiebung *f.*; ~ **size** Abbildunggröße *f.*, Bildformat *n.*; ~/ **sound offset** Bild/Ton-Versatz *m.*; ~ **source** Bildgeber *m.*; ~ **ad** Image-

Werbung *f*.; ~ **compression** Bildkomprimierung *f*. (IT); ~ **editor** Bildbearbeitungsprogramm *n*. (IT); ~ **file** Grafikdatei *f*. (IT); ~ **ID** Image-ID (akust. Verpackungselement)

iMCS maschineninternes Kommunikationssystem, iMCS

immediate *adj*. unmittelbar *adj*.

immersion printing Feuchtkopierung *f*.

immission *n*. Immission *f*.

immune from interference störfrei *adj*.; ~ **to vibration** schwingfest *adj*.

immunity to interference Störfestigkeit *f*.; ~ **to vibration** Rüttelsicherheit *f*.

impact sound Trittschall *m*.; ~-**sound filter** Trittschallfilter *m*.; ~ **sound insulation** Trittschalldämmung *f*.; ~ **sound level** Trittschallpegel *m*.

impairment *n*. Beeinträchtigung *f*., Fehler *m*., Güteabfall *m*.; **definitely objectionable** ~ deutlich störender Fehler; **definitely perceptible but not disturbing** ~ gut wahrnehmbarer aber nicht störender Fehler; **imperceptible** ~ nicht wahrnehmbarer Fehler; **just perceptible** ~ gerade wahrnehmbarer Fehler; **somewhat objectionable** ~ leicht störender Fehler

impedance *n*. Impedanz *f*., Scheinwiderstand *m*.; **matched** ~ angepaßter Widerstand; ~ **adapter** Widerstandsanpasser *m*.; ~ **matching** Impedanzanpassung *f*.; ~ **matching device** Impedanzanpasser *m*.; ~ **matching network** Widerstandsanpasser *m*.; ~ **matching transformer** Widerstandstransformator *m*.; ~ **matrix** Widerstandsmatrix *f*.; ~ **measuring bridge** Scheinwiderstandsmeßbrücke *f*.; ~ **transformer** Impedanzwandler *m*.

implosion *n*. Implosion *f*.; ~-**proof** *adj*. implosionsgeschützt *adj*.

(fig.::)**importance** *n*. Bedeutung *f*., Gewicht *n*.

impossibility *n*. Unmöglichkeit *f*.

impression, visual ~ visueller Eindruck; ~ **of sharpness** Schärfeeindruck *m*.

imprint *n*. Impressum *f*.

improve *v*. verbessern *v*.

improvement *n*. Verbesserung *f*., Verbesserungs

improvisation *n*. Improvisierung *f*.

impulse *n*. Impuls *m*.; ~ **duration** (IT) Impulsdauer *f*.; ~ **generator** Impulsgeber *m*., Impulsgenerator *m*.; ~ **interference** Störspitze *f*.; ~ **length** (IT) Impulsdauer *f*.; ~ **noise** Impulsgeräusch *n*.; ~ **recurrence rate** (IT) Impulsfolgefrequenz *f*.; ~ **repetition rate** (IT) Impulsfolgefrequenz *f*.; ~ **sound** Impulsschallpegel *m*.; ~ **sound level meter** Impulsschallpegelmesser *m*.

impurity *n*. Unreinheit *f*. (Fremdatome)

in-edit eingehender Schnitt; ~-**head localisation** Im-Kopf-Lokalisation *f*.; ~ **house applications** rundfunkinterne Anwendungen (RDS); ~-**point** eingehender Schnitt; ~-**service test** Betriebsmessung *f*.; ~-**vehicle receiver** Fahrzeugempfänger *m*.; ~-**phase** *n*. Inphase *f*.

inaccuracy *n*. Ungenauigkeit *f*.

inaccurateness *n*. Ungenauigkeit *f*.

inaudible *adj*. unhörbar *adj*.

inbox *n*. Posteingang *m*. (IT)

INC Ankommender Ruf

incandescent lamp Glühlampe *f*., Vakuumlampe *f*.; ~ **light** Glühlicht *n*.

inch *n*. Zoll *m*.; **1** ~ **system** 1-Zoll-Technik; **1/2** ~ **tape** 1/2 Zoll Band; **1** ~ **technology** 1-Zoll-Technik

inching knob Blendennachdrehvorrichtung *f*.

incidence *n*. Einfall *m*.

incidental advertising Schleichwerbung *f*.; ~ **music** Begleitmusik *f*.; ~ **music for radio drama** Hörspielmusik *f*.

inclined orbit

included package Beipack *m*.

inclusive-OR circuit (IT) Inklusives-ODER-Schaltung *f*.

income *n*. Einnahmen *f*. *pl*.

incoming *adj*. (line) ankommend *adj*.; ~ ankommend *adj*. (Akustik)

Incoming Call Ankommender Ruf

incoming circuit Empfangsleitung *f*.; ~ **frequency** Empfangsfrequenz *f*.; ~ **TV circuit** (to a centre) Fernsehzuführungsleitung *f*.

incompatibility *n*. Unverträglichkeit *f*.

incorrect *adj*. fehlerhaft *adj*.; ~ **head position** (VTR) Bandführungsfehler *m*.

increase *n*. Anstieg *m*.

incremental switch Schrittschaltwerk *n*.
indemnification *n*. Schadenersatz *m*.
independent of frequency
 frequenzunabhängig *adj*.; ~ **of mains**
 netzunabhängig *adj*.; ~ **television** (GB)
 kommerzielles Fernsehen
index tube Indexröhre *f*.
indexed search Indexsuche *f*. (IT)
indexing *n*. (IT) Indizieren *n*.
indicate *v*. (tech.) anzeigen *v*.
indicated frequency Anzeigefrequenz *f*.
indicating element (IT) Anzeigeeinheit *f*.
indication *n*. (tech.) Anzeige *f*.; ~
 Anzeichen *n*.; ~ **on picture** Lichtzeiger
 im Bildfeld
indicator *n*. Anzeigegerät *n*.; ~
 instrument Zeigerinstrument *n*.; ~
 lamp Signallampe *f*.; ~ **light**
 Kontrollicht *n*.; ~ **panel** (IT)
 Anzeigefeld *n*.; ~ **panel** Leuchtfeld *n*.
indirect wave Raumwelle *f*.
individual contract Einzelvertrag *m*.; ~
 control Einzelsteuerung *f*.; ~ **listening**
 Einzelempfang *m*.; ~ **viewing**
 Einzelempfang *m*.
indoor aerial Innenantenne *f*.,
 Zimmerantenne *f*.; ~ **shot**
 Innenaufnahme *f*.
inductance *n*. Induktivität *f*.; ~ (coil)
 Drossel *f*., Drosselspule *f*.; ~ **bridge**
 Induktivitätsmeßbrücke *f*.; ~ **coil**
 Drossel *f*., Drosselspule *f*.
induction *n*. Induktion *f*.; **static** ~ Influenz
 f.; ~ **coil** Induktionsspule *f*.; ~ **current**
 Erregerstrom *m*.; ~ **loop**
 Induktionsschleife *f*.; ~ **manifold**
 Verteilerleitung *f*.; ~ **motor**
 Drehstrommotor *m*.
inductive *adj*. induktiv *adj*.
inductivity *n*. Induktivität *f*.
inductor *n*. (elec.) Spule *f*.
industrial *adj*. (component) kommerziell
 adj.; ~ **film** Industriefilm *m*.; ~ **photo**
 Werkaufnahme *f*.
industry *n*. Industrie *f*.
inertia *n*. Trägheit *f*.
inexactitude *n*. Ungenauigkeit *f*.
inexactness *n*. Ungenauigkeit *f*.
infinity adjustment Unendlicheinstellung
 f.; ~ **focus** Unendlicheinstellung *f*.; ~
 focusing Unendlicheinstellung *f*.
informant *n*. Informant *m*.

informatics *n*. Informatik *f*.
information *n*. Information *f*., Angabe *f*.;
 to release ~ Information freigeben; ~
 bit (IT) Informationsbit *n*.; ~ **caption**
 Zwischentitel *m*.; ~ **carrier** (IT)
 Informationsträger *m*.; ~ **film**
 Informationsfilm *m*.; ~ **flow** (IT)
 Informationsfluß *m*.; ~ **office**
 Presseabteilung *f*., Pressestelle *f*.; ~ **on**
 road conditions Straßenzustandsbericht
 m.; ~ **processing** (IT)
 Nachrichtenverarbeitung *f*.; ~ **source**
 Nachrichtenquelle *f*.; ~ **track** (IT)
 Informationsspur *f*.; ~ **unit** (IT)
 Informationseinheit *f*.; ~ **age** *n*.
 Informationszeitalter *n*. (IT); ~
 highway Daten-Highway *m*. (IT),
 Datenautobahn *f*. (IT), Information-
 Highway *m*. (IT); ~ **management**
 Informationsmanagement *n*. (IT); ~
 processing Informationsverarbeitung *f*.
 (IT); ~ **retrieval**
 Informationsrückgewinnung *f*. (IT); ~
 science Informatik *f*. (IT); ~
 superhighway Datenautobahn *f*. (IT); ~
 terminal Infoterminal *n*. (IT)
informational programme
 Informationsprogramm *n*.; ~ **offer**
 Informationsangebot *n*.
infotainment *n*. Infotainment *n*.
infrared *adj*. infrarot *adj*.; ~ **filter**
 Infrarotfilter *m*.
infrasonic *adj*. Infraschall- (in Zus.)
infrasound *n*. Infraschall *m*.
ingoing edit Schnitteinstieg *m*.
inherent distortion Eigenverzerrung *f*.; ~
 film noise Eigengeräusch *n*.; ~
 instability Schwingneigung *f*.; ~ **noise**
 Eigengeräusch *n*.
inhibit impulse (IT) Inhibitimpuls *m*.
inhibiting signal (IT) Sperrsignal *n*.
initial reverberation time
 Anfangsnachhallzeit; ~ **transient**
 Einschwingvorgang *m*.; ~-**velocity**
 current Anlaufstrom *m*.
initialization file Initialisierungsdatei *f*.
 (IT); ~ **string** Initialisierungsstring *m*.
 (IT)
inject *v*. einspielen *v*., zuspielen *v*.,
 einblocken *v*. (fam.), Einblendung *f*.,
 Einspielung *f*.; ~ (item) Kurzbeitrag *m*.
injury *n*. Schaden *m*.

inkjet printer *n.* Tintenstrahldrucker *m.*
inky *n.* Glühlichtscheinwerfer *m.*; ~ **dinky**
n. Inky Dinky *n.*
inlay *v.* eintasten *v.*, Eintastung *f.*, Inlay *n.*,
Überblendung *f.*, Überblenden *n.*; ~
process Inlay-Verfahren *n.*
inner *adj.* innere(r,s) *adj.*
input *n.* (tech.) Eingang *m.*; ~ (IT)
Eingabe *f.*; **balanced** ~ symmetrischer
Eingang; ~ **cable** Eingangsleitung *f.*; ~
capacitance Eingangskapazität *f.*; ~
circuit Eingangsschaltung *f.*; ~ **device**
(IT) Eingabegerät *n.*; ~ **energy**
Eingangsenergie *f.*; ~ **equipment** (IT)
Eingabegerät *n.*; ~ **impedance**
Eingangsimpedanz *f.*; ~ **level**
Eingangspegel *m.*; ~ **line**
Eingangsleitung *f.*; ~ **loading**
Eingangsbelastung *f.*; ~ **menu**
Eingabemenü *n.* (EDV); ~ **multiplexer**
Eingangsmultiplexer *m.*; ~ **offset**
voltage Eingangsfehlspannung *f.*; ~-
output statement (IT) Ein-
Ausgabebefehl *m.*; ~ **picture**
Eingangsbild *n.*; ~ **power**
Eingangsenergie *f.*, Eingangsleistung *f.*;
~ **power flux density**
Eingangsleistungflußdichte (Sat); ~
resistance Eingangswiderstand *m.*; ~
selector Eingangskreuzschiene *f.*; ~
selector (switch) Eingangswahlschalter
m.; ~ **sensitivity**
Eingangsempfindlichkeit *f.*; ~ **signal**
Eingangssignal *n.*; ~ **stage**
Eingangsstufe *f.*, Vorstufe *f.*; ~ **stage**
cubicle Vorstufenschrank *m.*; ~
switching matrix Eingangskreuzschiene
f.; ~ **terminating resistance**
Quellwiderstand *m.*,
Eingangsabschlußwiderstand *m.*; ~ **time**
Eingabezeit *f.*; ~ **transformer**
Eingangsübertrager *m.*; ~ **voltage**
Eingangsspannung *f.*; ~ **area**
Eingabebereich *m.* (IT)
inquiry *n.* (IT) Anfrage *f.*
insert *v.* einfügen *v.*, einschieben *v.*,
einblocken *v.* (fam.); ~ (network)
einschleifen *v.*; ~ (progr.) einsetzen *v.*,
einspielen *v.*, zuspielen *v.*; ~ Beitrag
einblenden; ~ (a tape) anlegen *v.*
(MAZ); ~ (item) Kurzbeitrag *m.*; ~
Einblendung *f.*, Einschaltung *f.*,

Einspielung *f.*, Insert *n.*, Zwischenschnitt
m.; ~ (vision) Bauchbinde *f.* (J),
Schrifteinblendung *f.* (unten); **to** ~ **into**
programme ins Programm einsetzen; ~
tape Zuspielband *n.*; ~ **key** Einfüge-
Taste *f.* (IT), Einfügetaste *f.* (IT); ~
mode Einfügemodus *m.* (IT)
insertion *n.* Zuschaltung *f.*,
Zwischenschaltung *f.*; **national** ~ **test**
signal Prüfzeile für Sendestraße;
network ~ **test signal** Prüfzeile für
Sendestraße; ~ **gain**
Zwischenschaltleistungs-verstärkung *f.*;
~ **loss** Einfügungsdämpfung *f.*,
Grunddämpfung *f.*,
Zwischenschaltleistungsverlust *m.*; ~
signal Prüfsignal *n.*; ~ **signal generator**
Prüfzeilengenerator *m.*; ~ **test signal**
Prüfzeile *f.*; ~ **point** Einfügemarke *f.*
(IT)
insignificance *n.* Geringfügigkeit *f.*
inspect *v.* überwachen *v.*
inspection *n.* Überwachung *f.*; ~ **lamp**
Handlampe *f.*, Handleuchte *f.*
inspired news item Zweckmeldung *f.*
installation *n.* Anlage *f.*, Einrichtungf; ~
(tel.) Telefonanschluß *m.*; ~ **engineer**
Ausstattungsingenieur *m.*; ~ **program**
Installationsprogramm *n.* (IT)
instalment *n.* Folge *f.*, Abzahlung *f.*
instant access Sofortzugriff *m.*
instantaneous value Augenblickswert *m.*,
Momentanwert *m.*
instantaneously-operating *adj.*
unverzögert *adj.*
instore radio Instore-Radio *n.*
instruct *v.* unterweisen *v.*
instruction *n.* Weisung *f.*; ~ (IT) Befehl
m.; ~ Befehl *m.* (EDV), Unterweisung
f.; **branch** ~ (IT) Sprungbefehl *m.*;
branching ~ (IT) Sprungbefehl *m.*;
control transfer ~ (IT) Sprungbefehl
m.; ~ **code** (IT) Befehlscode *m.*; ~
manual Gebrauchsanweisung *f.*; ~
word (IT) Befehlswort *n.*
instructional film Lehrfilm *m.*,
Erziehungsfilm *m.*
instructions for use Gebrauchsanweisung
f.
instructor *n.* Lehrlingsausbilder *m.*
instrument *n.* Gerät *n.*; ~ **panel**
Armaturenbrett *n.*

insufficient duration Unterlänge *f.*; ~
footage Unterlänge *f.*; ~ **modulation**
Untersteuerung *f.*
insulating layer Sperrschicht *f.*; ~ **sleeve**
Isolierschlauch *m.*; ~ **tape** Isolierband
n.; ~ **tubing** Isolierschlauch *m.*
insulation *n.* Isolierung *f.*, Dämmung *f.*; ~
factor Isolationsmaß *n.*, Isolierfaktor *m.*;
~ **resistance** Isolationswiderstand *m.*; ~
test Isolationsprüfung *f.*
insurance *n.* Versicherung *f.*; **general**
production ~ Produktionsversicherung
f.
intake noise Ansauggeräusche *n. pl.*; ~
silencer Ansaugschalldämpfer *m.*
integer *n.* Ganzzahl *f.*
integrated circuit integrierte Schaltung; ~
circuit (IC) integrierter Schaltkreis,
integrierte Schaltung, integrierter
Baustein; ~ **office system**
Arbeitsplatzsystem *n.* (IT)
intellect *n.* Verstand *m.*
intelligibility *n.* Verständlichkeit *f.*
intensification *n.* (photo) Verstärkung *f.*;
photographic ~ fotografische
Verstärkung; **variable** ~ veränderliche
Verstärkung
intensifier *n.* (FP) Verstärker *m.*
intensify *v.* (light) verstärken *v.*
intensity *n.* Intensität *f.*; ~ (video)
Helligkeit *f.*; ~ elektrische Feldstärke; ~
and phase stereophony Intensitäts- und
Phasenstereofonie *f.*; ~ **control**
(lighting) Lichtwertregler *m.*; ~-
difference stereo Intensitätsstereofonie
f.; ~ **modulation** Helligkeitssteuerung
f.; ~ **stereophony** Intensitätsstereofonie
f.
intention *n.* Absicht *f.*
inter-office slip Laufzettel *m.*; ~-**satellite**
service Intersatellitenfunkdienst *m.*; ~-
scene transition Szenenübergang *m.*
interactive videotex Bildschirmtext *m.*
(BTX); ~ interaktiv *adj.*
interactivity *n.* Interaktivität *f.*
intercarrier *n.* Differenzträger *m.*,
Intercarrier; ~ **hum** Intercarrierbrumm
m.; ~ **sound system**
Intercarrierverfahren *n.*,
Zwischenträgerverfahren *n.*; ~ **system**
Differenzträgerverfahren *n.*
interchange *v.* vertauschen *v.*

interchangeable *adj.* auswechselbar *adj.*;
~ **filter** (elec.) Aufsteckfilter *m.*; ~ **lens**
Wechselobjektiv *n.*
intercom *n.* Sprechanlage *f.*,
Kommandoanlage *f.*; ~ **speaker**
Kommandolautsprecher *m.*; ~ **system**
Sprechanlage *f.*, Kommandoanlage *f.*; ~
Interkom *f.*
intercommunication *n.* wechselseitiger
Sprechverkehr; ~ **circuit**
Wechselsprechverbindung *f.*; ~ **system**
Sprechanlage *f.*, Wechselsprechanlage *f.*
interconnect *v.* zusammenschalten *v.*
interconnected *adj.* vernetzt *adj.*
interconnecting cable set
Verbindungskabelsatz *m.*
interconnection *n.* Zusammenschaltung *f.*,
Zwischenschaltung *f.*, Vermaschung *f.*,
Querverbindung *f.*, Vernetzung *f.*
intercut *v.* (sound) unterschneiden *v.*
interdot flicker Zwischenpunktflimmern
n.
interface *v.* anschalten *v.*; ~ (IT)
Nahtstelle *f.*, Schnittstelle *f.*; ~
Schnittstelle *f.* (EDV), Anschaltung *f.*; ~
adaptation Schnittstellenanpassung *f.*;
~ **matching** Schnittstellenanpassung *f.*;
~ Schnittstelle *f.* (IT)
interfere *v.* stören *v.*
interfered with gestört *adj.*
interference *n.* Interferenz *f.*, Störung *f.*,
Betriebsstörung *f.*; ~ (parasitic)
Nebengeräusch *n.*; ~ (picture)
Störbildträger *m.*; **co-channel** ~ ~
Gleichkanalstörung *f.*; **disturbance due**
to ~ Interferenzstörung *f.*; ~ **carrier**
Störträger *m.*; ~ **caused by switching**
Schaltstörung *f.*; ~ **combinations**
Störkombinationen *f. pl.*; ~
compensation Störkompensation *f.*; ~
elimination Entstörung *f.*; ~ **field**
strength Störfeldstärke *f.*; ~ **filter**
Funkentstörfilter *m.*, Interferenzfilter *m.*;
~-**free** *adj.* störfrei *adj.*; ~ **immunity**
Störfestigkeit *f.*; ~ **location**
Interferenzlage *f.*; ~ **pattern** Störmuster
n.; ~ **peak** Störspitze *f.*; ~ **pulse**
Störimpuls *m.*; ~ **signal** Störsignal *n.*; ~
spectrum Störspektrum *n.*; ~
suppression Entstörung *f.*; ~
suppressor Entstörfilter *m.*; ~ **voltage**
Störspannung *f.*, Fremdspannung *f.*

interfering field (elec.) Fremdfeld *n.*; ~
signal Störsignal *n.*
interim archive Zwischenarchiv *n.*
interior *n.* (F) Innenaufnahme *f.*; ~
shooting Innenaufnahme *f.*; ~ **shot**
Innenaufnahme *f.*
interiors, to begin the ~ ins Atelier gehen
interlace *n.* (TV) Zwischensprung *m.*,
Zwischenzeile *f.*; **bad** ~ schlechte
Zwischenzeile; ~ **sequence**
Teilbildfolgezahl *f.*, Teilbildzahl *f.*
interlaced fields ineinandergeschriebene
Halbbilder; ~ **picture**
Zwischenzeilenbild *n.*; ~ **scanning**
Zeilensprung *m.*, zeilensprungartige
Abtastung, Zwischenzeilenabtastung *f.*,
Zeilensprungverfahren *n.*; ~ **scanning**
(method) Zwischenzeilenverfahren *n.*
interlacing *n.* Zwischenzeilenverfahren *n.*
interleaver, temporary storage,
intermediate memory *n.*
Zwischenspeicher *m.*
interleaving *n.* Verschachtelung *f.*,
Interleaving *n.*, Code-Spreizung (Sat),
Verschachtelung *f.* (IT)
interline *n.* Zwischenzeile *f.*; ~ **flicker**
Zwischenzeilenflimmern *n.*
interlock *n.* Interlock *n.*
interlocking circuit Verriegelung *f.*
interlocutor *n.* Gesprächspartner *m.*
interlude music Zwischenmusik *f.*; ~
slide Pausenbild *n.*
intermediate amplifier
Zwischenverstärker *m.*; ~
announcement Zwischenansage *f.*; ~
distribution board Zwischenverteiler
n.; ~ **dupe** Zwischenduplikat *n.*; ~
frequency (I.F.) Zwischenfrequenz *f.*
(ZF); ~**-frequency method**
Zwischenfrequenzverfahren *n.*; ~**-**
frequency transposition
Zwischenfrequenzumsetzung *f.*; ~
image-forming lens
Zwischenabbildungsobjektiv *n.*; ~ **layer**
Zwischenschicht *f.*; ~ **level block**
diagramm Wirkschaltplan *m.*; ~
negative Intermed-Negativ *n.*,
Internegativ *n.*, Zwischennegativ *n.*; ~
plate Zwischenplatte *f.*; ~**-point feed**
Zwischenpunkteinspeisung *f.*; ~
positive Intermed-Positiv *n.*, Interpositiv
n.; ~ **ring** Zwischenring *m.*

intermeshed network Netz, vermischtes
n.
intermission *n.* (US) (thea.) Pause *f.*
intermittent contact Wackelkontakt *m.*; ~
mechanism Filmfortschaltung *f.*; ~
movement Filmfortschaltung *f.*,
Schrittschaltwerk *n.*; ~ **printer**
Schrittkopiermaschine *f.*; ~ **scratch**
Sprungschramme *f.*
intermodulation *n.* Intermodulation *f.*,
Zwischenmodulation *f.*; ~ **factor**
Intermodulationsfaktor *m.*
internal *adj.* geräteintern *adj.*; ~ **aerial**
Innenantenne *f.*; ~ **assembly**
Innenbaugruppe *f.*; ~ **auditor** (BBC)
Revision *f.*; ~ **Machine**
communication system
maschineninternes
Kommunikationssystem, iMCS; ~
module Innenbaugruppe *f.*; ~ **noise**
(ampl.) Eigenrauschen *n.*; ~ **resistance**
Innenwiderstand *m.*; ~ **telephone**
Betriebstelefon *n.*; ~ **test** Eigentest *m.*;
~ intern *adj.* (IT); ~ **pluralism**
Binnenpluralität *f.*
international circuit Internationale
Leitung; ~ **circuit switch**
Internationaler Schaltpunkt; ~ **circuit**
termination point Internationaler
Leitungsendpunkt; ~ **connection**
Internationale Verbindung; ~
programme coordination
Internationale Programmkoordination;
~ **programme coordination circuit**
Internationale
Programmkoordinationsleitung; ~
programme coordination centre
Internationale
Programmkoordinationszentrale; ~
sound internationales Tonband *n.* (IT-
Band); ~ **sound circuit** IT-Leitung *f.*,
internationale Tonleitung,
Begleittonleitung *f.*, Internationaler Ton
- Leitung, Internationale Tonleitung; ~
sound track internationales Tonband *n.*
(IT-Band); ~ **standard** internationale
Norm; ~ **switched centre**
Auslandsvermittlungsstelle *f.*; ~
technical control centre Internationale
technische Kontrollzentrale; ~
technical coordination Internationale
technische Koordination; ~ **technical**

coordination circuit Internationale technische Koordinationsleitung; ~ **phonetic alphabet** Lautschrift, internationale *f.*

interneg *n.* (coll.) Intermed-Negativ *n.*, Internegativ *n.*

internegative *n.* (col.) Zwischennegativ *n.*, Farbduplikatnegativ *n.*; ~ Internegativ *n.*; ~ (interneg) Intermed-Negativ *n.*, Internegativ *n.*

Internet *n.* Internet *n.* (IT); °~ **access** Internetzugriff *m.* (IT); °~ **access provider** Internetprovider *m.* (IT); °~ **address** Internetadresse *f.* (IT); °~ **advertising** Internetwerbung *f.* (IT); °~ **broadcasting** Internetbroadcasting *n.* (IT); °~ **editor** Internetredakteur *m.* (IT); °~ **marketing** Internetmarketing *n.* (IT); °~ **presence** Internetauftritt *m.* (IT); °~ **presentation** Internetpräsentation *f.* (IT); °~ **program** Internetprogramm *n.* (IT); °~ **programmer** Internetprogrammierer *m.* (IT); °~ **programming** Internetprogrammierung *f.* (IT); °~ **protocol** Internetprotokoll *n.* (IT); °~ **radio** Internetradio *n.* (IT); °~ **security** Internetsicherheit *f.* (IT); °~ **server** Internetserver *m.* (IT); °~ **statistics** Internetstatistik *f.* (IT); °~ **surfing** Surfen im Internet (IT); °~ **system** Internetsystem *n.* (IT); °~ **terminal** Internetterminal *n.* (IT)

interoperability *n.* Interoperabilität *f.*

interpolation *n.* Zwischenschaltung *f.*, Interpolation *f.*; ~ **point** Stützpunkt *m.*

interpos *n.* (coll.) Intermed-Positiv *n.*, Interpositiv *n.*

interpose *v.* einschieben *v.*

interposition *n.* Zwischenschaltung *f.*

interpositive *n.* Intermed-Positiv *n.*, Interpositiv *n.*

interpret *v.* (tech.) auswerten *v.*

interpretation *n.* Darstellung *f.*, Auslegung *f.*; ~ (tech.) Auswertung *f.*

interpreted language Interpretersprache *f.* (IT)

interpreter *n.* Übersetzungseinrichtung *f.*

interrogate *v.* abfragen *v.*

interrupt *v.* unterbrechen *v.*; ~ (IT) Programmunterbrechung *f.*

interrupted, to be ~ (oscillator) abreißen

v.; ~ **operations** Betriebsunterbrechung *f.*

interrupter *n.* (elec.) Unterbrecher *m.*, Zerhacker *m.*

interruption *n.* Unterbrechung *f.*; ~ **in operations** Betriebsunterbrechung *f.*

intersection *n.* Kreuzung *f.*

interstitial *n.* Interstitial *n.* (Internet)

intersymbol interference Intersymbol-Interferenz *f.*

intersynchronisation *n.* wechselseitige Taktverkopplung *f.*

interval *n.* (thea.) Pause *f.*; ~ **caption** Pausenbild *n.*; ~ **music** Zwischenmusik *f.*; ~ **signal** Pausenzeichen *n.*; ~ **slide** Pausenbild *n.*

intervals *n. pl.* Intervalle *n. pl.*

interview *v.* interviewen *v.*, Interview *n.*; ~ **by telephone** Telefoninterview *n.*

interviewee *n.* Interviewpartner *m.*, Gesprächspartner *m.*

interviewer *n.* Interviewer *m.*

Intervision *n.* Intervision *f.*

intonation *n.* Intonation *f.*

intra-coded frame Vollbild, intrakodiertes *n.*; ~-**coded picture** Intra-codiertes Bild *n.* (Videokompression)

intranet *n.* Intranet *n.* (IT)

intro *n.* (coll.) Einführung *f.*, Einleitung *f.*; ~ (coll) (news) Antext *m.* (fam.)

introduce *v.* einführen *v.*, einleiten *v.*

introduction *n.* Einführung *f.*, Einleitung *f.*; ~ (news) Antext *m.* (fam.); ~ Anlaufmeldung *f.*, Anmoderation *f.*

introductory presentation Kopfansage *f.*; ~ **course** Einführungskurs *m.* (IT)

invention *n.* Erfindung *f.*

inventory audit Inventarverwaltung *f.*

inverse of amplification factor Durchgriff *m.*; ~ **square law** Entfernungsgesetz *n.*

inversion *n.* Umtastung *f.*; ~ (IT) Inversion *f.*

inverter *n.* Wechselrichter *m.*

inverting prism Umkehrprisma *n.*

investigate *v.* untersuchen *v.*

investigation *n.* Untersuchung *f.*

investments *n. pl.* Investitionen *f. pl.*

IO (s. image orthicon)

iodine lamp Jodlampe *f.*

ion burn Ionenfleck *m.*; ~ **spot** Einbrennfleck *m.*, Ionenfleck *m.*; ~ **trap** Einbrennschutz *f.*, Ionenfalle *f.*

ionisation *n.* Ionisation *f.*
ionogram *n.* Ionogramm *n.*
ionoscatter *n.* ionosphärische Streuung
ionosonde *n.* Ionosonde *f.*; **digital** ~
Ionosonde mit digitaler
Frequenzeinstellung
ionospheric disturbances
Ionosphärenstörung *f.*; ~ **heating**
Aufheizung *f.* (der Ionosphäre durch
Radiowellen); ~ **layer**
Ionosphärenschicht *f.*, ionosphärische
Schicht; ~ **sounder** Ionosonde *f.*; ~
storm Ionosphärensturm *m.*; ~ **wave**
Raumwelle *f.*
IPFD Eingangsleistungflußdichte (Sat)
iris *n.* Blende *f.*, Iris *f.*, Blendenöffnung *f.*;
~ **adjustment** Blendenregulierung *f.*; ~
diaphragm Irisblende *f.*, Kreisblende *f.*;
~ **fade** Irisblende *f.*; ~ **in** *v.* zukreisen
v.; ~ **out** *v.* abblenden *v.*, aufblenden *v.*,
aufkreisen *v.*; ~ **setting**
Blendeneinstellung *f.*; ~ **wipe** Irisblende
f.
iron loss Eisenverlust *m.*; ~ **oxide**
Eisenoxid *n.* (Band)
IRQ conflict IRQ-Konflikt *m.* (IT)
irradiate *v.* überstrahlen *v.*
irradiated area Einstrahlungsgebiet *n.*; ~
point Strahlauftreffpunkt *m.*
irradiation *n.* Überstrahlung *f.*
irregular rotational movement (disc)
Gleichlaufschwankung *f.*
irrelevance reduction Irrelevanzreduktion
f.
irreversible transducer irreversibler
Wandler
ISA slot ISA-Steckplatz *m.* (IT)
ISDN connection ISDN-Anschluß *m.*; °~
line ISDN-Leitung *f.*; °~ **router** ISDN-
Router *m.*
isolate *v.* (elec.) entkoppeln *v.*; ~ **trennen**
v.
isolated *adj.* spannungslos *adj.*
isolating choke Pufferdrossel *f.*; ~ **loop**
Trennschleife *f.*; ~ **section**
Trennschleife *f.*; ~ **switch** Trennschalter
m.; ~ **transformer** Trenntransformator
m.
isolation *n.* (elec.) Entkopplung *f.*; ~
amplifier Trennverstärker *m.*; ~
network Trennschaltung *f.*
isolator *n.* Trennschalter *m.*

issue *n.* Punkt *m.* (Thema)
item *n.* (news) Beitrag *m.*, Meldung *f.*,
Nachrichtenbeitrag *m.*, Stück *n.* (fam.);
~ (of merchandise) Ware *f.*; ~ **of**
information Information *f.*; ~ **of test**
equipment Servicegerät *n.*; ~ **with**
newsreader in vision Wortmeldung *f.*;
~ **with newsreader on camera**
Wortmeldung *f.*
item(s) provided Beistellung *f.*
iterative network Kettenleiter *m.*

J

jack *n.* Buchse *f.*, Klinke *f.*; ~ **panel**
Klinkenfeld *n.*
jackfield *n.* Steckfeld *n.*; ~ **distribution**
Schnurverteilung *f.*
jaggies *pl.* Treppeneffekt bei diagonalen
Linien *m.*
jalopy *n.* Schabracke *f.* (Dekoration)
jam *v.* stören *v.*; ~ (mech.) klemmen *v.*
jammed *adj.* gestört *adj.*
jamming *n.* Störgeräusch *n.*, Störung *f.*; ~
(mech.) Klemmung *f.*; ~ **noise**
Störgeräusch *n.*
Java applet Java-Applet (IT); °~ **bean** *n.*
JavaBean *n.* (IT); °~ **chip** Java-Chip *n.*
(IT); °~ **server** Java Server *m.* (IT); °~
servlets Java Servlets (IT); °~ **terminal**
Java-Terminal *n.* (IT); °~**-compliant**
browser Java-konformer Browser *m.*
(IT)
JavaScript *n.* JavaScript *n.* (IT)
jazz *n.* Jazz *m.*; ~ **programme**
Jazzsendung *f.*; ~ **up** *v.* vergagen *v.*
jellies *n. pl.* (coll.) Gelatinefilter *m.*
jib *n.* Ausleger *m.*; ~ **arm** Ausleger *m.*; ~
swing Schwenkbereich *m.*
jibbing *n.* seitlicher Schwenk
jingle *n.* (coll.) (prog.) Kennung *f.*; ~
Jingle *m.*
jitter *v.* flackern *v.*, jittern *v.* (MAZ),
Flackern *n.*, Jitter *n.*, Störung *f.*, Zittern
n.; **horizontal** ~ horizontale
Bildstandschwankungen
jitters *n. pl.* Mäusezähnchen *n. pl.*

job *n.* (journ.) Auftrag *m.*; ~ Stelle *f.*; ~
  sequencing Ablaufsteuerung *f.* (EDV);
  ~ **processing** Jobverarbeitung *f.* (IT)
jockey roller Spannrolle *f.*
Johnson noise (pict.) Grieß *m.*
join *v.* anschließen *v.*, anschließen *v.*
  (sich), verkoppeln *v.*; ~ (F, tape) kleben
  v., zusammenschneiden *v.*; ~
  Klebestelle *f.*; **bad** ~ fehlerhafte
  Klebestelle; **faulty** ~ fehlerhafte
  Klebestelle; **noisy** ~ Tonblitz *m.*
joiner *n.* Tischler *m.*; ~ (F, tape)
  Klebelade *f.*, Klebepresse *f.*,
  Schneidelehre *f.*; ~ **tape** Unterkleber *m.*
joiner's shop Tischlerei *f.*
joining *n.* Kleben *n.*; ~ **cement** Filmkitt
  m.; ~ **tape** (F, sound) Klebeband *n.*
joint broadcast by angeschlossen waren;
  ~ **media** *n. pl.* Medienverbund *m.*; ~
  production Gemeinschaftsproduktion *f.*;
  ~ **programme**
  Gemeinschaftsprogramm *n.*,
  Gemeinschaftssendung *f.*, gemeinsames
  Programm; ~ **project** ARGE (Arbeits-
  Gemeinschaft); ~ **stereo coding**
  Kodierung zweier digitaler Stereo-
  Kanäle *f.* (ÜT)
jointer *n.* Klebelade *f.*, Klebepresse *f.*,
  Schneidelehre *f.*
joist *n.* (set) Träger *m.*; ~ Unterzug *m.*
jolting film transport ruckweiser
  Filmtransport (Filmprojektion)
journal *n.* Zeitung *f.*, Journal *n.*
journalism *n.* Journalismus *m.*, Publizistik
  f.
journalist *n.* Journalist *m.*
journalists *n. pl.* Zeitungsleute plt.
journey *n.* Reise *f.*
judder *n.* ruckartige Bewegung
judgment *n.* Urteil *n.*
juice *n.* (coll.) Elektrizität *f.*, Strom *m.*,
  Saft *m.* (fam.); **to put on the** ~ (coll.)
  besaften *v.* (fam.)
jukebox *n.* Jukebox *f.*
jump-cut *v.* auf Sprung kleben; ~ **cut**
  (editing) Bildsprung *m.*, Sprung *m.*; ~
  instruction Sprungbefehl *m.*; ~ **on** *v.*
  (caption) einspringen *v.*; ~ **instruction**
  Sprungbefehl *m.* (IT)
jumper *n.* Brücke *f.*; ~ **panel** (US)
  Steckfeld *n.*; ~ **connection** Rangierung
  f.

jumpering panel Patchfeld *n.* (IT)
junction *n.* Anschluß *m.*, Übergang *m.*,
  Verbindung *f.*, Verbindungsstelle *f.*; ~
  (prog.) Zwischenverbindung *f.*; ~ Pol
  m.; **international** ~ internationale
  Verbindung; ~ **amplifier**
  Knotenpunktverstärker *m.*; ~ **box**
  Abzweigdose *f.*, Anschlußdose *f.*,
  Kabelkasten *m.*, Verteilerkasten *m.*; ~
  cable Verbindungskabel *n.*; ~ **circuit**
  Anschlußleitung *f.*, Verbindungsleitung
  f., Ortsverbindungsleitung *f.*; ~ **diode**
  Flächendiode *f.*; ~ **distributor**
  Abzweigverteilung *f.*; ~ **path**
  Abzweigweg *m.*; ~ **point**
  Anschlußpunkt *m.*, Knotenpunkt *m.*,
  Verbindungspunkt *m.*,
  Verzweigungspunkt *m.*; ~ **resistance**
  Knotenpunktwiderstand *m.*
junk *n.* Abfall *m.*, Ausschuß *m.*
jury *n.* Jury *f.*
justification *n.* Begründung *f.*
justify *v.* vertreten *v.*
jute *n.* Jute *f.*

K

K (s. Kelvin degrees); °~**-band** (11 000 –
  33 000 MHz) Ka-Band *f.*
Kelvin degrees (K) Kelvin-Grade *m. pl.*;
  °~ **meter** Farbtemperaturmesser *m.*,
  Lichtfarbmeßgerät *n.*
kernel *n.* Kernel *m.* (IT)
kerning *n.* Buchstabenabstand *m.*
key *n.* Taste *f.*, Drucktaste *f.* (EDV); ~
  (lighting) Hauptlicht *n.*; ~ **animation**
  Hauptphase *f.*; ~ **animator**
  Hauptphasenzeichner *m.*; ~ **in** *v.*
  eintasten *v.*; ~ **light** Hauptlicht *n.*,
  Führungslicht *n.*, Führung *f.*,
  Führungslicht *n.* (Hauptlicht); ~
  lighting Hauptbeleuchtung *f.*,
  Führungslicht *n.*, Führung *f.*; ~ **number**
  Fußnummer *f.*, Randnummer *f.* (Film);
  ~ **in** *v.* eintippen *v.* (IT); ~ **instruction**
  Schlüsselbefehl *m.* (IT); ~ **legend**
  Tastenbeschriftung *f.* (IT); ~

technology Schlüsseltechnologie *f.*; ~
word Schlüsselwort *n.* (IT)
keyboard *n.* Tastatur *f.*, Tastenfeld *n.*; ~
controller Tastaturcontroller *m.* (IT); ~
enhancement Tastaturerweiterung *f.*
(IT); ~ **input** Handeingabe *f.* (IT); ~
layout Tastaturbelegung *f.* (IT),
Tastaturlayout *n.* (IT)
keyed *adj.* getastet *adj.*
keying *n.* Eintastung *f.*, Tastung *f.*; ~
frequency Umtastfrequenz *f.*; ~
impulse Tastimpuls *m.*; ~ **pulse**
Tastimpuls *m.*; ~ **ratio** Tastverhältnis
n.; ~ **signal** Tastsignal *n.*; ~ **tube**
Taströhre *f.*; ~ **valve** Taströhre *f.*
keylock *n.* (DP) Tastensperre *f.* (EDV)
keynote *n.* Grundton *m.*
keypad *n.* Ziffernblock *m.* (IT)
keys *n. pl.* Tastatur *f.*
keystone distortion Trapezverzerrung *f.*
keystroke *n.* Tastenanschlag *m.* (IT),
Tastendruck *m.*
keyword-in-context analysis *n.*
Stichwortanalyse *f.* (IT)
kick-back pulse Rückschlagimpuls *m.*; ~-
light *n.* Spitzlicht *n.*
kicker light Gegenstreiflicht *n.*
kid-safe Web sites kindersichere
Webseiten (IT)
kill, to ~ **a set** (US) abbauen *v.*; ~ **fee** *n.*
(coll.) Ausfallhonorar *n.*
killer application Killerapplikation *f.* (IT);
~ **phrase** Killer-Phrase *m.*
kilometric waves *n. pl.* Langwelle *f.* (LW)
kine *v.* (coll.) FAZ aufzeichnen, Film
aufzeichnen, fazen *v.* (fam.)
kinescope *n.* (US) Bildröhre *f.*,
Bildwiedergaberöhre *f.*, Fernsehröhre *f.*,
Wiedergaberöhre *f.*,
Filmaufzeichnungsgerät *n.*, FAZ-Anlage
f. (FAZ); ~ **recording** (US)
Filmaufzeichnung *f.* (FAZ)
kink *v.* knicken *v.*, Knick *m.*
Klystron *n.* Klystron *n.*
knee *n.* Knick *m.*
knife *n.* Messer *n.*; ~-**edge contact**
Messerkontakt *m.*; ~-**edge diffraction**
Beugung an scharfer Kante; ~-**switch**
Hebelschaltung *f.*
knob *n.* Drehknopf *m.*, Knopf *m.*; ~-**a-
channel mixer** Knob-a-Channel-

Mischer *m.*; ~-**twist fader** Drehsteller
m., Drehregler *m.*
knowledge *n.* Wissen *n.*
knurled knob Rändelknopf *m.*; ~ **screw**
Rändelschraube *f.*; ~ **wheel**
Rändelscheibe *f.*
kompanded FM kompandierte FM (Sat)
Ku band *n.* Ku-Band *n.*

lab *n.* (coll.) Labor *n.*, Laboratorium *n.*
label *n.* Etikett *n.*, Beschriftungsbild *n.*;
non-standard ~ (IT)
nichtstandardisiertes Etikett; ~ Label *n.*
laboratory *n.* Labor *n.*, Laboratorium *n.*;
~ **assistant** Laborant *m.*; ~ **chemist**
Kopierwerkchemiker *m.*; ~ **engineer**
Laboringenieur *m.*; ~ **technician**
Kopierwerktechniker *m.*, Labortechniker
m.; ~ **tests** Laborversuche *m. pl.*; ~
transmitter Laborsender *m.*; ~ **work**
Kopieranstaltsarbeiten *f. pl.*
labour court Arbeitsgericht *n.*
labs *n. pl.* (coll.) Labor *n.*, Laboratorium *n.*
lace *v.* tressieren *v.*; ~ **up** *v.* einlegen *v.*,
Film einlegen, einfädeln *v.*
lacing-up *n.* Filmeinlegen *n.*,
Filmeinfädelung *f.*
lack of contrast Kontrastlosigkeit *f.*; ~ **of
definition** Unschärfe *f.*; ~ **of focus**
Unschärfe *f.*
lacking contrast kontrastlos *adj.*
lacquering *n.* Lackieren *n.*; ~ **of emulsion**
Schichtlackierung *f.*
laminating *n.* Laminier-Verfahren *n.*; ~
process Bespurung *f.*
lamination *n.* Laminier-Verfahren *n.*
lamp *n.* Lampe *f.*, Leuchte *f.*, Scheinwerfer
m.; **discharged** ~ Leuchtstoffröhre *f.*;
reflector ~ verspiegelte Lampe; ~
blackening Lampenschwärzung *f.*,
Lichterschwärzung *f.*; ~ **cable**
Lampenkabel *n.*; ~ **complement**
Scheinwerferbestückung *f.*; ~ **current**
Lichtstrom *m.*; ~ **cut-out** Lampenschere
f.; ~ **filament** Lampenwendel *f.*; ~

fixture Lampenhalter *m*.; ~ **gallows**
arm Lampengalgen *m*.; ~ **holder**
Glühlampenfassung *f*., Lampenfassung
f.; ~ **housing** Lampenhaus *n*.; ~ **offset**
arm Lampengalgen *m*.; ~ **socket**
Lampenfassung *f*., Glühlampenfassung
f., Lampensockel *m*.; ~ **stand**
Scheinwerferstand *m*.,
Scheinwerferstativ *n*.; ~ **suspension**
Scheinwerferaufhängung *f*.; ~
suspension fitting Leuchtenhänger *m*.;
~ **trolley** Beleuchterfahrzeug *n*.; ~
trunnion Scheinwerferschwenk *m*.
land line Überlandleitung *f*.; ~**-line**
connection Bodenleitungsverbindung *f*.;
~ **mobile service** öffentlicher
beweglicher Landfunk (ÖBL)
landline network Festnetz *n*. (Tel)
language *n*. Sprache *f*.; ~ **course**
Sprachkursus *m*.; ~ **group**
Sprachgruppe *f*.; ~ **region** Sprachraum
m.; ~ **tuition** Sprachunterricht *m*.; ~
zone Sprachzone *f*.; ~**-description**
language Sprachbeschreibungssprache
f. (IT)
lantern *n*. Blende *f*.
lanyard microphone Lavalliermikrofon *n*.
lap dissolve Bildüberblendung *f*.,
Durchblendung *f*., Überblendung *f*.,
Überblenden *n*.
lapel microphone Ansteckmikrofon *n*.,
Knopflochmikrofon *n*.
large-screen projection
Großbildprojektion *f*.; ~**-screen**
television projection
Fernsehgroßbildprojektion *f*.
Larsen effect Larseneffekt *m*.
laser *n*. Laser *m*.; ~ **flatbed scanner**
Laser-Flachbettscanner *m*. (IT); ~
printer *n*. Laserdrucker *m*. (IT)
laserprinter Laserdrucker *m*. (IT)
last shot letzte Einstellung (Band/Film); ~
number redialing Wahlwiederholung *f*.
(Tel)
late news *n*. *pl*. (TV) Spätausgabe *f*.; ~-
night edition (TV) Spätausgabe *f*.; ~-
night magazine Spätjournal *n*.; ~**-night**
news Spätnachrichten *f*. *pl*.; ~**-night**
performance Nachtvorstellung *f*.; ~
shift Spätdienst *m*.
latent image Latent-Bild *n*.
lateral dolly shot Parallelfahrt *f*.; ~

groove recording Longitudinalschrift *f*.;
~ **image sweep** seitliches Bildkippen; ~
recording Flankenschrift *f*.,
Seitenschrift *f*.
lath *n*. Latte *f*.
lattice *n*. Gitter *n*.; ~ **mast** Gittermast *m*.;
~ **section** Kreuzglied *n*.
launch *v*. (F) herausbringen *v*.; ~ **starten** *v*.
(Rakete)
lavalier microphone Lavalliermikrofon *n*.
lavender *n*. Lavendel *n*.; ~ **print**
Lavendelkopie *f*., Zwischenpositiv *n*.
law, 1/R law Abstandsgesetz *n*. (Akustik)
lay-on roller Andruckrolle *f*.
layer *n*. Schicht *f*., Überzug *m*., Schicht *f*.
(Ausstrahlung); **E-**~ *n*. E-Schicht *f*.;
light-sensitive ~ lichtempfindliche
Schicht; **sensitive** ~ empfindliche
Schicht; ~ **model** Schichtenmodell *n*.
(EDV)
laying *n*. (coll.) (cable) Verlegung *f*. (fam.)
layout *n*. (journ.) Aufbau *m*.; ~ Schaltplan
m.; ~ **plan** Lageplan *m*.
lazy susy *n*. Lazy Susy *f*. (Drehgestell für
Carts)
lazyboy *n*. Scherenarm *m*.
LB (s. local battery); °~ **telephone** (s.
local-battery telephone)
LC circuit LC-Glied *n*.; °~ **filter** LC-
Filter *m*.
LCD projector LCD-Projektor *m*. (IT)
lead *n*. (elec.) Leitung *f*.; ~ (tip-off) Tip
m., Aizes *n*. *pl*. (fam.); ~ (story)
Aufmacher *m*.; ~**-in** *n*. Einführung *f*.,
Einleitung *f*.; ~**-in** *n*. (news) Antext *m*.
(fam.); **-in, to write the** ~ antexten *v*.;
~**-in groove** Einlaufrille *f*., Kennrille *f*.;
~**-out groove** Auslaufrille *f*.; ~ **role**
Titelrolle *f*.; ~ **story** Aufmacher *m*.; ~
with *v*. (bcast.) anfangen *v*. (mit),
aufmachen *v*. (mit); ~ **out** *v*. abtexten *v*.;
~ **phrase** Lead-Satz *m*.
leader *n*. (press) Leitartikel *m*.; ~ (mus.)
Konzertmeister *m*.; ~ (F) Filmvorspann
m., Startvorspann *m*., Vorspann *m*.; ~
(tape) Vorlaufband *n*., Startband *n*.;
black ~ Vorspannschwarzfilm *m*.;
framed ~ Vorspann mit Bildstrich;
head ~ Filmvorspann *m*., Startband *n*.,
Startvorspann *m*., Vorspannfilm *m*.; **mag**
~ (coll.) Startband für Cord; **magnetic**
film ~ Startband für Cord; **white** ~

Weißfilm *m*.; ~ **duration** Vorlaufzeit *f*.;
~ **film** Vorspannfilm *m*.; ~ **film** (FP)
Zugfilm *m*.; ~ **length** Vorlauflänge *f*.; ~
tape Vorspannband *n*., Vorlaufband *n*.;
~ **with frame bars** Startband mit
Bildstrich; ~**-writer** *n*. Leitartikler *m*.;
~ Aufsager *m*. (Berichte ohne Original-
Töne); ~ **tape** *n*. Anfangsband *n*.
leading actor *n*. Hauptdarsteller *m*.; ~
article Leitartikel *m*.; ~ **edge**
Vorderflanke *f*.; ~ **part** Hauptrolle *f*.; ~
news Auftaktmeldung *f*.
leakage current Leckstrom *m*.,
Fehlerstrom *m*., Reststrom *m*.; (gegen
Erdschluß::)~ **current relay**
Fehlerstromrelais *n*. (FI-Schalter); ~
protection Fehlerschutz *m*.
lease *n*. (line) Vermietung *f*.
leased circuit Mietleitung *f*.; ~ **line**
Mietleitung *f*.
least significant Bit niedrigster Wertigkeit
leave *v*. aussteigen *v*. (Rfa)
Lecher wire Lecherleitung *f*.
lecture *n*. Vortrag *m*.
leeway *n*. Spielraum *m*.
left-right stereophony Links-Rechts-
Stereophonie *f*.; ~ **signal** Linkssignal *n*.
(L-Signal); ~ **justification** linksbündige
Ausrichtung *f*. (IT); ~**-justify** *v*.
linksbündig ausrichten *v*. (IT)
legacy *n*. Vermächtnis *n*.; ~ **network** *n*.
Erbschaft *f*. (IT)
legal adviser Justitiar *m*.; ~ **adviser's**
department Justitiariat *n*.; ~
department Rechtsabteilung *f*.; ~
matters Rechtsfragen *f*. *pl*.; ~ **questions**
Rechtsfragen *f*. *pl*.; ~ **situation**
Rechtslage *f*.
length *n*. Länge *f*., Meterlänge *f*., Länge *f*.
(zeitlich); ~ (time) Laufzeit *f*.; ~ **of a**
delay Verzögerungszeit *f*.; ~ **of cable**
Kabelstrecke *f*.
lengthening *n*. Verlängerung *f*.
lens *n*. Linse *f*., Objektiv *n*.; **acoustic** ~
akustische Linse; **additional** ~
Vorsatzlinse *f*.; **attachment** ~
Vorsatzlinse *f*.; **cemented** ~ gekittete
Linse; **clear** ~ klare Linse; **convergent**
~ Sammellinse *f*.; **converging** ~
Sammellinse *f*.; **electromagnetic** ~
elektromagnetische Linse; **electronic** ~
elektronische Linse; **electrostatic** ~

elektrostatische Linse; **Fresnel** ~
Fresnelsche Linse, Stufenlinse *f*.;
hammered ~ gehämmerte Linse;
interchangeable ~ Wechselobjektiv *n*.;
matt ~ matte Linse; **supplementary** ~
Vorsatzlinse *f*.; **supplementary close-**
up ~ Vorsatzlinse für Nahaufnahme; ~
aberration Linsenfehler *m*.; ~ **adapter**
Objektivring *m*.; ~ **aerial**
Linsenantenne *f*.; ~ **angle**
Aufnahmewinkel *m*.; ~ **aperture**
Blendenöffnung *f*.; ~ **barrel**
Objektivfassung *f*.; ~ **brush**
Abstaubpinsel *m*.; ~ **cap** Objektivdeckel
m., Schutzkappe *f*.; ~ **carrier** Standarte
f.; ~ **correction** Vergütung *f*.; ~ **cover**
Objektivdeckel *m*., Schutzkappe *f*.; ~
diameter Linsendurchmesser *m*.; ~
error Linsenfehler *m*.; ~**-fastening ring**
Objektivfassungsring *m*.; ~ **flare**
Linseneffekt *m*., Überstrahlung *f*.; ~
guard Schutzkappe *f*.; ~ **hood**
Gegenlichtblende *f*., Sonnenblende *f*.,
Sonnentubus *m*.; ~ **impairment**
Linsenfehler *m*.; ~ **indicator**
Objektivanzeiger *m*.; ~ **locking lever**
Objektivverriegelungsgriff *m*.; ~ **mount**
Objektivfassung *f*., Objektivhalterung *f*.,
Standarte *f*.; ~ **plate** Objektivstütze *f*.; ~
port Kabinenfenster *n*.; ~ **ring**
Objektivring *m*.; ~ **set** Objektivsatz *m*.;
~ **shade** Gegenlichtblende *f*.,
Sonnenblende *f*.; ~ **speed** Lichtstärke *f*.;
~ **standard** Standarte *f*.; ~ **stop** (opt.)
Blende *f*.; ~ **strength** Stärke einer
Linse; ~ **system** Optik *f*.; ~ **tube**
Vorsatztubus *m*.; ~ **turret**
Objektivrevolver *m*., Revolverkopf *m*.
lenticulated film Farbrasterfilm *m*.
lessen *v*. abnehmen *v*.
let *v*. lassen *v*.
letter *n*. Brief *m*.; ~ **box format**
Breitbildformat *n*.
letterbox *n*. Briefkasten *m*.
lettered title Schreibtitel *m*.
lettering artist Schriftgrafiker *m*.
level *n*. Pegel *m*.; **to adjust** ~ pegeln *v*.; ~
adjustment Einpegeln *n*., Pegeln *n*.,
Pegelung *f*.; ~ **breakdown**
Pegeleinbruch *m*.; ~ **check**
Pegelkontrolle *f*.; ~ **check** (speaker)
Textprobe *f*., Verständigungsprobe *f*.; ~-

checking set Pegelkontrollgerät *n*.; ~
control Pegelaussteuerung *f*.,
Aussteuerungskontrolle *f*., Pegelsteller
m. (Regler); ~ **control guideline**
Aussteuerungsrichtlinie *f*.; ~ **crossing
rate** Pegelüberschreitungshäufigkeit *f*.;
~ **deviation** Pegelabweichung *f*.; ~
diagram Pegeldiagramm *n*.; ~
difference Pegelunterschied *m*.,
Pegeldifferenz *f*.; ~ **error** Pegelfehler
m.; ~ **frequency meter**
Pegelhäufigkeitszähler *m*.; ~ **generator**
Pegelgeber *m*.; ~ **indication**
Pegelanzeige *f*.; ~ **indicator**
Pegelanzeiger *m*., Aussteuerungsmesser
m.; ~ **magnetic tape** Pegeltestband *n*.;
~-**measuring set** Pegelmesser *m*.; ~
meter Pegelmesser *m*.; ~ **oscilloscope**
Pegel-Oszillograph *m*.; ~ **reading**
Pegelanzeige *f*.; ~ **reduction**
Pegelabsenkung *f*.; ~ **sense** (IT)
Spannungsabfrage *f*.; ~ **up** *v*.
eintaumeln *v*.
levelling plate Nivellierplatte *f*.
lever *n*. Fühlhebel *m*., Hebel *m*.; ~ **bank**
(lighting) Beleuchtungssteuerfeld *n*.; ~
switch Hebelschaltung *f*.
levo-rotary polarisation linksdrehende
Polarisation
levorotatory polarisation Polarisation *f*.
(linksdrehend)
LF (s. low-frequency); °~ **transmitter** (s.
low-frequency transmitter)
liaison office Verbindungsreferat *n*.,
Verbindungsstelle *f*.; ~ **officer**
Verbindungsmann *m*., Liaison Officer
librarian *n*. Bibliothekar *m*., Archivar *m*.
library *n*. Bibliothek *f*., Archiv *n*.; **to put
in the** ~ archivieren *v*.; ~ **assistant**
Archivgehilfe *m*.; ~ **film** Archivfilm *m*.,
Archivaufnahme *f*.; ~ **material**
Archivmaterial *n*., Fremdfilmmaterial
n.; ~ **number** Archivnummer *n*.; ~
picture Archivaufnahme *f*.; ~ **shot**
Archivaufnahme *f*.; ~ **still**
Archivaufnahme *f*.; ~ **system**
Archivierungssystem *n*.
libretto *n*. Textbuch *n*.
licence *n*. Lizenz *f*.; ~ **exemption**
Kostenbefreiung *f*.; ~ **fee** Lizenzgebühr
f., Lizenzbetrag *m*.; ~ **fee** (R, TV)
Gebühr *f*.; ~-**fee collection area**

Gebühreneinzugsgebiet *n*.,
Einzugsgebiet *n*.; ~-**fee collection
office** Gebühreneinzugsstelle *f*.; ~-**free**
adj. frei von Rechten; ~-**holder** *n*.
Rundfunkteilnehmer *m*., Gebührenzahler
m.; ~ **period** Lizenzdauer *f*.; ~ **revenue**
Gebühreneinaufkommen *n*.
license agreement Lizenzvertrag *m*. (IT)
licensee *n*. Lizenzinhaber *m*.,
Lizenznehmer *m*.
licenser *n*. Lizenzgeber *m*.
licensing authority Lizenzgeber *m*.; ~
department Lizenzabteilung *f*.
lid *n*. Abdeckung *f*., Deckel *m*.
life span Lebensdauer *f*.; ~ **expectancy**
Lebenserwartung *f*.
lift *v*. (video) abheben *v*., Abhebung *f*.; ~
in frequency response
Frequenzganganhebung *f*.
lifting device Hebevorrichtung *f*.
light *v*. ausleuchten *v*., beleuchten *v*., Licht
n.; **cold** ~ Kaltlicht *n*.; **diffuse** ~
diffuses Licht, weiches Licht; **diffused**
~ diffuses Licht; **dimmed** ~
gedämpftes Licht; **flat** ~ flaches Licht;
hard ~ hartes Licht; **incident** ~
einfallendes Licht; **parallel** ~ **rays**
gerichtetes Licht; **reflected** ~
reflektiertes Licht; **scattered** ~ diffuses
Licht; **soft** ~ weiches Licht; **steep** ~
steiles Licht; **subdued** ~ gedämpftes
Licht; **sudden** ~ **change** Lichtsprung
m.; **to dim the** ~ Licht abblenden; **to
fade up the** ~ Licht aufblenden; **to set
the** ~ **level** Licht bestimmen; **to step
down the** ~ Licht abstufen; **to take
down the** ~ Licht abblenden;
ultraviolet ~ ultraviolettes Licht; ~
barrier Lichtschranke *f*.; ~ **beam**
Lichtstrahl *m*.; ~ **box** Lichtkasten *m*.,
Lichtfeld *n*.; ~-**bulb** *n*. Birne *f*.; ~ **cell**
Lichtempfänger *m*.; ~-**change control**
(FP) Lichtwertregler *m*.; ~-**change
point** (FP) Lichtwertzahl *f*.; ~ **comedy**
Boulevardstück *n*.; ~ **contrast
measurement** Lichtkontrastmessung *f*.;
~-**control tape** Lichtsteuerband *n*.,
Lichtband *n*.; ~ **correction filter**
Lichtausgleichfilter *m*.; ~ **cross-over**
Lichtübergang *m*.; ~ **curtain**
Lichtvorhang *m*.; ~ **direction**
Lichtführung *f*., Lichtgestaltung *f*.; ~

display panel Leuchtfeld n.; ~
distribution Lichtverteilung f.; ~
distribution curve
Lichtverteilungskurve f.; ~
entertainment leichte Unterhaltung; ~
entertainment film Unterhaltungsfilm
m.; ~ **entertainment programme**
Unterhaltungsprogramm n.,
Unterhaltungssendung f.; ~ **flux**
Lichtstrom m.; ~ **flux compensation**
Lichtflußkompensation f.; ~ **fog**
Lichtschleier m.; ~ **fogging**
Lichtschleier m.; ~ **gap** Lichtspalt m.; ~
indication Lichtanzeige f.; ~ **indicator**
Leuchtzeichen n.; ~ **intensity**
Lichtintensität f., Lichtstärke f.; ~
interference Störlicht n.; ~ **loss**
Lichtverlust m.; ~ **meter** Lichtmeßgerät
n., Belichtungsmesser m.; ~
modulation Lichtmodulation f.; ~
music leichte Musik,
Unterhaltungsmusik f. (U-Musik); ~
orchestra Unterhaltungsorchester n.; ~
output Lichtausbeute f., Lichtleistung f.;
~ **pen** Lichtschreibgerät n.,
Lichtstrahlschreiber m.; ~ **pen** (IT)
Leuchtstift m.; ~ **period** (cam.)
Hellphase f.; ~**-proof** adj.
lichtundurchlässig adj.; ~ **radiation**
Lichtstrahlung f.; ~ **ray** Lichtstrahl m.;
~ **reading** Lichtanzeige f.; ~**-sensitive**
adj. lichtempfindlich adj.; ~ **sensitivity**
Lichtempfindlichkeit f.; ~ **signal**
Lichtzeichen n.; ~ **slit** Lichtspalt m.; ~
source Lichtquelle f.; ~ **spectrum**
Lichtspektrum n.; ~ **spot** Lichtfleck m.,
Lichtmarke f., Lichtpunkt m.; ~**-tight**
adj. lichtdicht adj., lichtundurchlässig
adj.; ~ **trap** Lichtschleuse f.; ~ **value**
(FP) Lichtwert m.; ~**-value level**
Lichtwert m.; ~**-value number**
Lichtwertzahl f.; ~ **valve** Spaltoptik f.;
~ **yield** Lichtausbeute f.
light(ing) hours Brennstunden f. pl.
lighting n. Ausleuchtung f., Beleuchtung
f., Beleuchtungswesen n.,
Beleuchtungstechnik f.; **flat** ~ flache
Ausleuchtung, flache Beleuchtung;
indirect ~ indirekte Beleuchtung; **to**
correct ~ nachleuchten v.; **to increase**
~ **level** Licht aufblenden; **to reduce** ~
level Licht abblenden; **to set the** ~

einleuchten v.; ~ **arrangement**
Lichtgestaltung f.; ~ **barrels** n. pl.
Scheinwerfergestänge n.; ~ **bridge**
Beleuchterbrücke f., Beleuchterbühne f.;
~ **cameraman** Chefkameramann m.,
erster Kameramann, Lichtgestalter m.; ~
circuit Beleuchtungsstromkreis m.; ~
console Lichtorgel f., Lichtstellanlage f.,
Lichtregelanlage f.; ~ **contrast**
Beleuchtungskontrast m.; ~ **contrast**
ratio Beleuchtungsverhältnis n.; ~
control Beleuchtungssteuerung f.,
Lichtsteuerung f., Lichtregie f.; ~**-**
control console Beleuchtungspult n.,
Lichtstellanlage f., Lichtregelanlage f.,
Stellwerk n.; ~**-control desk**
Lichtsteuerpult n.; ~**-control**
equipment Lichtstellanlage f.,
Lichtregelanlage f.; ~**-control panel**
Lichtsteuerpult n.; ~ **control room**
Beleuchtungsraum m., Lichtsteuerraum
m.; ~**-control unit** Lichtregeleinheit f.;
~ **correction** Lichtkorrektur f.; ~ **crew**
Beleuchtertrupp m.; ~ **department**
Beleuchtungsdienst m.; ~ **director**
Lichtgestalter m., Lichtregie f.; ~ **effect**
Lichteffekt m.; ~ **electrician** Beleuchter
m.; ~ **equipment** Beleuchtung f.
(Einrichtung); ~ **fitting** Leuchte f.; ~
float Lichtwanne f.; ~ **gallery**
Beleuchtergalerie f.; ~ **grid** Gitterdecke
f., Gitterrostdecke f., Lichtgitter n.; ~
installation Beleuchtungsanlage f.,
Beleuchtungseinrichtung f.; ~ **level**
Beleuchtungsstärke f.; ~**-level range**
Beleuchtungsumfang m.; ~ **man**
Beleuchter m.; ~ **nest** Nest n. (fam.); ~
plot Lichtplan m.; ~ **pole** Stange f.; ~
power circuit Lichtnetz n.; ~ **rail**
Lichtleiste f., Lichtzeile f.; ~ **rectifier**
unit Lichtregeleinheit f.; ~ **rigging time**
Lichtbauzeit f.; ~ **setting** Einleuchtung
f., Lichtsetzung f.; ~ **setting time**
Einleuchtzeit f.; ~ **set-up** Lichtsetzung
f., Lichtaufbau m.; ~ **stand-in**
Lichtdoubel n.; ~ **supervisor**
Beleuchtungsmeister m., Lichtingenieur
m.; ~ **suspension grid** Gitterrostdecke
f.; ~ **systems** Beleuchtungstechnik f.; ~
technology Beleuchtungstechnik f.; ~
telescope Beleuchtungszug m. (Studio);
~ **trolley** Lichtwagen m.; ~ **trough**

Lichtwanne *f.*, Wanne *f.*; ~ **truck** (OB)
Lichtwagen *m.*; ~ **unit**
Beleuchtungskörper *m.*; ~**-up** *n.*
Ausleuchten *n.*; ~ **van** (OB) Lichtwagen
m.; ~ **vehicle** (OB) Lichtwagen *m.*; ~
with hard-shadow effect Ausleuchtung
mit Schlagschatteneffekt, Beleuchtung
mit Schlagschatteneffekt; ~ **workshop**
Beleuchtungswerkstatt *f.*
lightning *n.* Gewitter *n.*; ~ **arrester**
Überspannungssicherung *f.*; ~
interference Gewitterstörung *f.*; ~
protection Blitzschutz *m.*; ~ **stick**
Blitzzange *f.*
lights *n. pl.* (pict.) Lichter *n. pl.*; **kill the** ~
! Licht aus!; **to set the** ~ Licht
einrichten, Licht setzen; ~ **on!** Licht
ein!; ~ **out!** Licht aus!; ~ **up!** alles
Licht!
lights! Licht ein!
limit *v.* begrenzen *v.*; ~ **frequency**
Grenzfrequenz *f.*, Bandgrenze *f.*
(Ausstrahlung); ~ **of resolution**
Auflösungsgrenze *f.*; ~ **of sensitivity**
Empfindlichkeitsgrenze *f.*
limiter *n.* Begrenzer *m.*
limiting *n.* Begrenzung *f.*, Abschneiden *n.*,
Amplitudenbegrenzung *f.*; ~
continuous thermal withstand value
Dauerbelastbarkeit *f.*; ~ **height** Bauhöhe
f.; ~ **sensitivity** Grenzempfindlichkeit *f.*
linage *n.* Zeilenhonorar *n.*
line *n.* Leitung *f.*, Strecke *f.*, Strippe *f.*
(fam.); ~ (tel.) Telefonanschluß *m.*; ~
(perf.) Fach *n.*; ~ Zeile *f.*; ~ (video)
Zeile *f.*; ~ (US) (elec.) Netz *n.*; **straight**
~ Gerade *f.*; **closed** ~ abgeschlossene
Leitung; **homogeneous** ~ homogene
Leitung; **incoming** ~ ankommende
Leitung; **open-ended** ~ offene Leitung;
outgoing ~ abgehende Leitung;
recording from ~ Aufzeichnung über
Strecke; **simulated** ~ nachgebildete
Leitung; **terminated** ~ abgeschlossene
Leitung; **to be on the** ~ in der Leitung
sein; **to cross the** ~ **of vision** über die
Achse springen; **to have on the** ~ in der
Leitung haben; **to record down the** ~
über Leitung aufnehmen, über Leitung
aufzeichnen; **uniform** ~ homogene
Leitung; ~ **amplifier** Leitungsverstärker
m.; ~ **amplitude** Zeilenamplitude *f.*; ~**-

at-a-time printer** (IT) Zeilendrucker
m.; ~ **attenuation** Leitungsdämpfung *f.*;
~ **balance** Leitungsnachbildung *f.*; ~
blanking Zeilenabtastung *f.*; ~
blanking pulse Zeilenaustastimpuls *m.*;
~ **booking** Leitungsbestellung *f.*; ~
bookings section Leitungsbüro *n.*; ~
check Leitungsprüfung *f.*; ~ **connection**
(US) Netzanschluß *m.*; ~ **costs**
Leitungskosten *pl.*; ~ **deflection coil**
Horizontalablenkspule *f.*; ~ **duration**
Zeilendauer *f.*; ~ **equaliser**
Leitungsentzerrer *m.*; ~ **fault**
Leitungsfehler *m.*, Leitungsstörung *f.*; ~
feed (elec.) Leitungsüberspielung *f.*; ~
feed (IT) Zeilenvorschub *m.*; ~ **feed**
Papiervorschub *m.*; ~ **flyback**
Zeilenrücklauf *m.*; ~ **flyback period**
Zeilenrücklaufzeit *f.*; ~**-free** *adj.*
zeilenfrei *adj.*; ~ **frequency**
Horizontalfrequenz *f.*, Zeilenfrequenz *f.*;
~**-frequency adjustment** Einstellen der
Zeilenfrequenz; ~**-frequency setting**
Einstellen der Zeilenfrequenz; ~**-
frequency square wave** H-frequentes
Rechtecksignal; ~ **grating** Liniengitter
n.; ~ **holding time** Verbindungsdauer *f.*;
~ **hum** Leitungsbrumm *m.*; ~ **input**
Leitungseingang *m.*; ~ **interference**
Leitungsstörung *f.*; ~ **interlace**
Zeilensprung *m.*, Zeilensprungverfahren
n.; ~ **jitter** Zeilenspratzer *m.*; ~**-jump
scanning** Zeilensprungverfahren *n.*; ~
loss Leitungsverlust *m.*,
Leitungsdämpfung *f.*; ~ **malfunction**
Leitungsstörung *f.*; ~ **matching
transformer**
Leitungsanpaßtransformator *m.*; ~
measurement Leitungsmessung *f.*; ~
monitor Kontrollmonitor *m.*; ~ **noise**
Zeilenrauschen *n.*; ~ **offset** Zeilenoffset
n.; ~ **of loudspeakers** Schallzeile *f.*; ~**-
of-sight-link** Sichtverbindung *f.*; ~**-of-
sight path** quasioptische Lichtlinie; ~
of vision (opt.) Achse *f.*; ~ **output**
Leitungsausgang *m.*; ~ **output
transformer** (LOPT)
Zeilenablenktransformator *m.*; ~
pairing schlechte Zwischenzeile; ~
period Zeilendauer *f.*, Zeilenzeit *f.*; ~
posting Zeileneinstellung *f.*; ~ **printer**
(IT) Zeilendrucker *m.*; ~**-pulling** *n.*

Zeilenversatz *m*., Ausfall des
Zeilengleichlaufs, Bildauskippen *n*.; ~
pulse Horizontalimpuls *m*. (H-Impuls),
Horizontal-Synchronimpuls *m*.,
Zeilensynchronimpuls *m*.; ~ **scanning**
Zeilenablenkung *f*., Zeilenabtastung *f*.;
~-**scanning pattern** Zeilenraster *m*.; ~-
sequential *adj*. zeilensequent *adj*.; ~
source loudspeaker Tonwanne *f*.,
Wanne *f*.; ~ **source unit** Tonwanne *f*.,
Wanne *f*.; ~ **spectrum**
Linearitätsspektrum *n*.; ~ **standard**
Zeilennorm *f*.; ~ **synchronisation
signal** Zeilengleichlaufsignal *n*.; ~
synchronising pulse Horizontalimpuls
m. (H-Impuls), Horizontal-
Synchronimpuls *m*.,
Zeilensynchronimpuls *m*.; ~-
synchronous *adj*. zeilensynchron *adj*.;
~-**sync separator** S-Separator *m*.; ~-
tearing *n*. Ausfall des Zeilengleichlaufs,
Bildauskippen *n*., Zeilenreißen *n*.; ~
tearing Zeilenreißen *n*.; ~ **terminal**
Leitungsendpunkt *m*.; ~ **termination**
Leitungsabschluß *m*.; ~ **transformer**
Leitungsübertrager *m*.; ~ **traversal**
Zeilendurchlauf *m*.; ~ **turn around**
Umschaltezeit *f*. (EDV); ~ **up** *v*.
einpegeln *v*., pegeln *v*.; ~-**up** *n*.
Einpegeln *n*., Pegeln *n*.; ~-**up
instructions** *n*. *pl*. Abgleichanweisung
f.; ~-**up period** (transmission)
Einregelzeit *f*.; ~-**up tape** Bezugsband
n.; ~-**up time** Vorbereitungszeit *f*.,
Vorschaltzeit *f*., Vorlaufzeit *f*.; ~-**up
tone** Abstimmton *m*., Meßton *m*.; ~
utilization Leitungsnutzung *f*.; ~
addressing Zeilenadressierung *f*. (IT); ~
concentrator Leitungsknoten *m*. (Tel);
~ **holding time** Verbindungsdauer *f*.; ~
node Leitungsknoten *m*. (Tel); ~
protocol Leitungsprotokoll *n*. (Tel); ~
switching center Leitungsvermittlung *f*.
(Tel); ~ **utilization** Leitungsausnutzung
f. (Tel)
line's dead! Leitung ist tot!
linear *adj*. linear *adj*.; ~ **distortions**
lineare Verzerrungen; ~ **wave** ebene
Welle; ~ **editing** Editing, lineares *n*.
linearity *n*. Linearität *f*.; ~ **defect**
Linearitätsfehler *m*.; ~ **error**
Linearitätsfehler *m*.; ~ **test pattern**

Linearitätstestbild *n*., Geometrietestbild
n.
linearly polarization Linearpolarisation *f*.
liner card *n*. Liner Card *f*.
(Stichwortkarte)
lingering *n*. Nachklingvorgang *m*.; ~ **time**
Nachklingzeit *f*.
lining-up *n*. Motivsuche *f*.
link *v*. verbinden *v*., binden *v*. (EDV); ~
(chain) Glied *n*.; ~ (line) Verbindung *f*.;
~ Strecke *f*., Linkstrecke *f*.; **reversible**
~ richtungsumschaltbare Verbindung;
unidirectional ~ gerichtete
Verbindung; ~ **budget** Leistungsbudget
n., Streckenbilanz *f*.; ~ **coupling**
Linkstrecke *f*.; ~ **line** Linkstrecke *f*.; ~
receiver Richtfunkempfänger *m*.; ~
system Link-Anlage *f*.; ~ **transmitter**
Richtfunksender *m*.
linkage *n*. (IT) Verknüpfung *f*.; ~ **editor**
Binder *m*.
linked (with) *adj*. (transmitter)
angeschlossen *adj*.
lip microphone
Nahbesprechungsmikrofon *n*.,
Lippenmikrofon *n*.; ~-**sync** *v*. Bildband
und Tonband auf gleiche Länge ziehen,
hinziehen *v*., lippensynchron *adj*.; -**sync,
to bring into** ~ Bildband und Tonband
auf gleiche Länge ziehen, hinziehen *v*.
liquid crystal Flüssigkeitskristalle *m*. *pl*.;
~ **meter** Flüssigkeitsmengenmesser *m*.
liquidation *n*. Abrechnung *f*., Abwicklung
f.
list *v*. aufstellen *v*., Tabelle *f*., Aufstellung
f., Aufzählung *f*., Verzeichnis *n*.; ~ **of
credits** Titelliste *f*.; ~ **of cut-ins**
Schnittbildfolge *f*.; ~ **of instructions**
Befehlsliste *f*.; ~ **of topics** *n*.
Themenliste *f*.; ~ **box** Listenfeld *n*. (IT)
listen *v*. (tape) abhören *v*.; ~ **in** *v*. Radio
hören, abhorchen *v*.
listener *n*. Hörer *m*., Zuhörer *m*.; ~ (R)
Hörfunkhörer *m*., Rundfunkhörer *m*.; ~
echo Hörerecho *n*.; ~ **research**
Hörerforschung *f*.; ~ **bonding**
Hörerbindung *f*.; ~ **participation**
Hörerbeteiligung *f*.; ~ **research**
Hörerforschung *f*.
listeners' letters *n*. *pl*. Hörerpost *f*.; ~
requests Hörerwünsche *m*. *pl*.
listening box Abhörbox *f*., Abhörraum *m*.;

~ **cubicle** Abhörbox *f.*, Abhörkabine *f.*; ~ **protection** Abhörsicherheit *f.*; ~ **report** Abhörbericht *m.*; ~ **room** Abhörraum *m.*; ~ **time** Hördauer *f.*

lit area Ausleuchtungszone *f.*, Szenenbeleuchtungsumfang *m.*, Ausleuchtzone *f.*

litz wire Litze *f.*, Hochfrequenzlitze *f.*

live *adj.* direkt *adj.*, Live- (in Zus.); ~ (echo) hallig *adj.*; ~ *adv.* live *adv.*; **to broadcast** ~ direkt senden, live senden; ~ **animation** Sachtrick *m.*; ~ **broadcast** Livesendung/-übertragung *f.*; ~ **commentary** Livereportage *f.*; ~ **echo chamber**; ~ **from** eine Direktsendung aus; ~ **inject** Livebeitrag *m.*; ~ **insert** Livebeitrag *m.*; ~ **performance rights** Liverechte *n. pl.*; ~ **production** Liveproduktion *f.*; ~ **programme** Liveprogramm *n.*; ~ **radio broadcast** Hörfunklivesendung *f.*; ~ **relay** Direktübertragung *f.*, Liveübertragung *f.*, Livereportage *f.*, Live-Übernahme *f.*; ~ **relay by satellite** direkte Satellitenübertragung; ~ **show** Liveproduktion *f.*; ~ **studio** Livestudio *n.*; ~ **studio** (echo) Studio mit Nachhall; ~ **television broadcast** Fernsehdirektübertragung *f.*; ~ **television relay** Fernsehdirektübertragung *f.*; ~ **television relay by satellite** direkte Fernsehübertragung vom Satelliten; ~ **television transmission** Fernsehlivesendung *f.*; ~ **transmission** Direktübertragung *f.*; ~ **character** Live-Charakter *m.*; ~ **condition** Live-Bedingung *f.*; ~ **connection** Live-Schaltung *f.*

liveliness *n.* Lebendigkeit *f.*

liven up *v.* aufmöbeln *v.*

liveness *n.* Halligkeit *f.*

load *v.* (cam.) einlegen *v.*; ~ belasten *v.*, laden *v.* (EDV); ~ (elec.) Beanspruchung *f.*, Belastung *f.*; ~ Auslastung *f.*, Last *f.*; **maximum** ~ maximale Beanspruchung; **to** ~ **a camera** Film einlegen; ~**-break switch** Lasttrenner *m.*; ~ **carrying capacity** Belastbarkeit *f.*; ~ **impedance** Belastungsimpedanz *f.*; ~ **instruction** (IT) Ladebefehl *m.*; ~ **interrupter**

Lasttrenner *m.*; ~ **program** Ladeprogramm *n.*; ~ **resistance** Belastungswiderstand *m.*; ~ **resistance** (transmitter) Auskoppelwiderstand *m.*; ~ **time** Vorbereitungszeit *f.* (IT)

loader *n.* Ladekassette *f.*

loading *n.* (elec.) Beanspruchung *f.*, Belastung *f.*; ~ (cam.) Filmeinlegen *n.*; **resistive** ~ ohmsche Belastung

lobe *n.* Keule *f.*; ~ **width** (aerial) Halbwertsbreite *f.*

lobing structure *n.* Aufzipfelung *f.* (des Antennendiagramms)

local *adj.* lokal *adj.*; ~ **battery** (LB) Ortsbatterie *f.* (OB); ~**-battery circuit** OB-Leitung *f.*; ~**-battery connection** Ortsbatterieanschluß *m.*; ~**-battery exchange** Ortsbatterievermittlung *f.*; ~ **battery exchange** OB-Vermittlung *f.*; ~**-battery line** OB-Leitung *f.*; ~**-battery telephone** (LB telephone) OB-Telefon *n.*; ~ **broadcast** (US) Regionalsendung *f.*; ~ **broadcasting** (US) Regionalprogramm *n.*; ~ **circuit** Ortsleitung *f.*; ~ **end** Ortsleitung *f.*, Zubringerleitung *f.*, Zubringer *m.* (fam.); ~ **fading** Nahschwund *m.*; ~ **line** Ortsleitung *f.*; ~ **loop** Amtsleitung *f.*; ~ **news** Lokalnachrichten *f. pl.*; ~ **news** (US) regionale Berichterstattung, Regionalnachrichten *f. pl.*; ~ **program** (US) Regionalsendung *f.*; ~ **radio** Lokalrundfunk *m.*; ~ **reception** Ortsempfang *m.*; ~ **reception line** Ortsempfangleitung *f.* (OEL); ~ **sound** internationaler Ton; ~ **station** (US) Regionalanstalt *f.*; ~ **supply** Eigenversorgung *f.*, Selbstversorgung *f.*; ~ **television** (US) Regionalfernsehen *n.*; ~ **time** Ortszeit *f.*, Lokalzeit *f.*; ~ **transmission line** Ortssendeleitung *f.* (OSL); ~ **transmitter** Ortssender *m.*; ~ **zone** Ortszone *f.*; ~ **(call) fee** Ortsgebühr *f.* (Tel); ~ **area network** lokales Netz *n.* (IT); ~ **area network** **(LAN)** Netzwerk, lokales; ~ **exchange** Ortsamt *n.* (Tel); ~ **switching center** Ortsamt *n.* (Tel); ~ **switching facilities** Ortsvermittlungseinrichtung *f.* (Tel); ~ **window** *n.* Fenster, regionales *n.*

localise, to ~ **a fault** einen Fehler eingrenzen

location *n.* Lage *f.* (allg.), Stelle *f.*;
original ~ realer Außendekor; **outdoor**
~ realer Außendekor; **to film on** ~ am
Originalmotiv drehen; ~ **film**
Originalfilm *m.*; ~ **hunt** Motivsuche *f.*;
~ **set** Außenbau *m.*; ~ **shooting**
Außenaufnahme *f.*; ~ **shot**
Außenaufnahme *f.*; ~ **survey**
Motivbesichtigung *f.*, Vorbesichtigung *f.*
lock *v.* einrasten *v.*; ~ (cam.) feststellen *v.*;
~ (video) synchronisieren *v.*; ~ (sound,
light) Schleuse *f.*; **to** ~ **on to** (electron.)
sich aufschalten auf; ~ **in** *v.* (oscillator)
einspringen *v.*, locken *v.*; ~**-in range**
Einspringbereich *m.*, Fangbereich *m.*,
Mitnahmebereich *m.*, Ziehbereich *m.*; ~
out Keyboard sperren; ~ **up time**
Hochlaufzeit *f.*
lockable oscillator Nachführungsoszillator
m.
locked *adj.* eingelassen *adj.*; ~ (video)
synchron *adj.*, synchronisiert *adj.*; ~
colour carrier verkoppelter Farbträger
m.; **-phase, in** ~ **relation** phasenstarr
adj.; ~ **file** gesperrte Datei (IT)
locking *n.* Blockierung *f.*, Verriegelung *f.*;
~ (video) Synchronisieren *n.*; ~ **bar**
Sperriegel *m.*; ~ **circuit**
Nachführungskreis *m.*,
Synchronisierleitung *f.*; ~ **contact**
Selbsthaltekontakt *m.*; ~ **device**
Arretierung *f.*; ~ **lever**
Verriegelungsgriff *m.*; ~ **mechanism**
Verriegelung *f.*; ~ **pin** Sperrstift *m.*; ~
pulse Verriegelungsimpuls *m.*; ~ **range**
Haltebereich *m.*, Nachziehbereich *m.*,
Synchronisierbereich *m.*; ~ **ring**
Feststellring *m.*, Verriegelungsring *m.*
locksmith *n.* Schlosser *m.*
log *n.* Stundenbericht *m.*; ~**-book** *n.*
Schnittliste *f.*; ~**-masking** *n.* (US)
Gammaentzerrung *f.*; ~**-periodic aerial**
logarithmische Antenne; ~ **file** Logdatei
f. (IT)
logic *n.* Logik *f.* (Mathematik); ~ (circuit)
Logik *f.* (Schaltung); **internal** ~ (IT)
interne Logik; ~ **adapter** Logikadapter
m.; ~ **diagram** (IT) Logikschaltbild *n.*;
~ **unit** (IT) Digital-Baustein *m.*, Logik-
Baustein *m.*; ~ **analyser**
Logikanalysator *m.*
logical AND circuit (IT) UND-Gatter *n.*,

Koinzidenzgatter *n.*; ~ **product** (IT)
Konjunktion *f.*; ~ **channel** logischer
Kanal *m.* (IT); ~ **expression** logischer
Ausdruck *m.* (IT)
login *v.* einloggen *v.* (IT)
logistics *n.* Logistik *f.*
logogram *n.* Logogramm *n.*
long-distance cable Fernkabel *n.*; ~-
distance circuit Fernleitung *f.*; ~-
distance line Fernleitung *f.*; ~**-distance**
network Fernleitungsnetz *n.*; ~-
distance shot Fernaufnahme *f.*; ~-
playing disc Langspielplatte *f.* (LP); ~-
playing record (LP) Langspielplatte *f.*
(LP); ~**-playing tape** (LP tape)
Langspielband *n.*; ~ **shot** Totale *f.*; ~-
shot (LS) Fernaufnahme *f.*,
Gesamtaufnahme *f.*, Totale *f.*; ~**-term**
adj. langfristig *adj.*; ~ **term** Langzeit *f.*;
~**-term agreement** Langzeitvertrag *m.*;
~**-term contract** Langzeitvertrag *m.*; ~
term forecast Langzeitvorhersage *f.*; ~-
term prediction Langzeitvorhersage *f.*;
~**-term response** Langzeitverhalten *n.*;
~**-term stability** Langzeitstabilität *f.*;
~**-wave** (LW) Langwelle *f.* (LW); ~-
wave band Langwellenbereich *m.*; ~-
wave transmitter Langwellensender *m.*;
~ **wire antenna** Langdrahtantenne *f.*; ~
distance network Fernnetz *n.* (Tel); ~
distance zone Weitzone *f.* (Tel); ~-
range communications area
Weitverkehrsbereich *m.* (Tel)
longitude, degree of ~ Längengrad *m.*
longitudinal magnetisation
Längsmagnetisierung *f.*; ~ **recording**
Gegentakt-Längsaufzeichnung *f.*,
Längsschriftaufzeichnung *f.*; ~ **wave**
Longitudinalwelle *f.*, longitudinale
Welle
look *v.* schauen *v.*
loop *v.* (line) schleifen *v.*; ~ (F)
Filmschleife *f.*, Schleife *f.*; ~
Endlosband *n.*, Schleifen *n.* (elektr.),
Loop *m.*; **closed** ~ (IT) geschlossene
Schleife; **open** ~ (IT) offener
Regelkreis; **to run a** ~ Schleife fahren;
~ **aerial** Rahmenantenne *f.*; ~ **box**
Schleifenkasten *m.*; ~ **cabinet**
Schleifendurchziehkasten *m.*,
Schleifenkasten *m.*; ~ **component**
Teilschwingung *f.*; ~ **frame**

Schleifenrahmen *m.*; ~ **stand**
Schleifenständer *m.*; ~ **through** *v.*
(cable) durchschleifen *v.*; ~ **through**
durchschleifen *v.* (Signal); ~
Bandschleife *f.*; ~ **resistance**
Schleifenwiderstand *m.* (Tel)
loops *pl.* (tape) Schleifen *pl.* (Tonband)
loose, too ~ (pict.) zuviel Luft; ~ **contact**
Wackelkontakt *m.*
LOPT (s. line output transformer)
loss *n.* (sig.) Abnahme *f.*; ~ Verlust *m.*,
Funkfelddämpfung *f.*; ~ (due to
polarisation mismatching) Verlust *m.*
(durch Polarisationsfehlanpassung);
absorption ~ Absorptionsverlust *m.*;
ground reflection ~
Bodenreflexionsverlust *m.*; **system** ~
Systemverlust *m.*; ~ **by reflection**
Reflexionsverlust *m.*; ~ **factor**
Verlustfaktor *m.*; ~ **of hearing**
Gehörverlust *m.*; ~ **of level** Pegelverlust
m.; ~ **of log** Synchronisierfehler *m.*; ~
of loops Schleifenschwund *m.*; ~ **of**
picture lock Bildkippen *n.*; ~ **of quality**
Güteabfall *m.*; ~ **of signal** Signalausfall
m.; ~ **of sound** Tonausfall *m.*; ~ **of**
synchronism Phasenausfall *m.*; ~ **of**
voltage Spannungsausfall *m.*; ~
resistance Verlustwiderstand *m.*,
Dämpfungswiderstand *m.*
lossless *adj.* verlustfrei *adj.*; ~ **coding**
Kodierung, verlustfreie *f.*
lossy *adj.* verlustreich *adj.*
lost cluster Zuordnungseinheit, verlorene
f. (IT)
lot *n.* Aufnahmegelände *n.*, Aufnahmeort
m., Ateliergelände *n.*, Filmgelände *n.*,
Gelände *n.*
loud *adj.* (col.) knallig *adj.*
loudness *n.* Lautheit *f.*, Tonstärke *f.*; ~
contour Isophone *n.*; ~ **level**
Lautstärkepegel *m.*, Lautstärke *f.*; ~
level meter Lautstärkemesser *m.*; ~
meter Lautheitmesser *m.*; ~ **range**
Lautstärkeumfang *m.*
loudspeaker *n.* Lautsprecher *m.*, Strahler
m.; **coil-driven** ~ elektrodynamischer
Lautsprecher; **electrodynamic** ~
elektrodynamischer Lautsprecher;
electrostatic ~ elektrostatischer
Lautsprecher; **moving-coil** ~
elektrodynamischer Lautsprecher; ~

array Lautsprecherzeile *f.*; ~ **baffle**
Lautsprecherschallwand *f.*; ~ **box**
Lautsprecherbox *f.*; ~ **case**
Lautsprecherbox *f.*, Lautsprecherschrank
m., Lautsprechergehäuse *n.*; ~ **chassis**
Lautsprecherchassis *n.*; ~ **combination**
Lautsprecherkombination *f.*; ~ **layout**
Lautsprecheranordnung *f.*; ~ **set-up**
Lautsprecheranordnung *f.*; ~ **system**
Lautsprechersystem *n.*
low angle ray Nahstrahl *m.*; ~ **band** Low-
band *n.*; ~**-band standards** *n. pl.* Low-
band-Norm *f.*; ~ **contrast** *adj.* (pict.)
kontrastarm *adj.*, flau *adj.*, soßig *adj.*;
~**-cost** *adj.* preisgünstig *adj.*; ~**-current**
installation Schwachstromanlage *f.*; ~**-**
current workshop
Schwachstromwerkstatt *f.*; ~**-echo**
chamber echoarmer Raum; ~**-echo**
room echoarmer Raum; ~**-frequencies**
Tiefen *f. pl.*; ~**-frequency** (LF)
La4gwelle *f.* (LW), Niederfrequenz *f.*
(NF), Tiefton *m.*; ~**-frequency** *adj.*
tieffrequent *adj.*; ~**-frequency**
Niederfrequenz *f.*; ~**-frequency**
amplifier Niederfrequenzverstärker *m.*;
~**-frequency band** Langwellenbereich
m.; ~**-frequency generator**
Tieftongenerator *m.*; ~**-frequency**
loudspeaker unit Baßlautsprecher *m.*;
~**-frequency noise** Zeilenrauschen *n.*;
~**-frequency parameter**
Niederfrequenzparameter *m.*; ~**-**
frequency rejection filter Tiefensperre
f.; ~**-frequency transmitter** (LF
transmitter) Langwellensender *m.*; ~**-**
gamma *adj.* soßig *adj.*; ~**-impedance**
tap niederohmige Anzapfung; ~**-key**
Low-key *n.*; ~**-noise** *adj.* geräuscharm
adj., rauscharm *adj.*; ~ **pass** Tiefpass
m.; ~**-pass filter** Tiefpaßfilter *m.*,
Tiefpaß *m.*; ~**-pitched notes** Tiefen *f.*
pl.; ~ **power satellite** Lowpowersatellit
m., Satellit *m.*; ~**-power transmitter**
Füllsender *m.*, Kleinsender *m.*,
Ortssender *m.*; ~**-tension**
Niederspannung *f.*; ~**-tension battery**
Heizbatterie *f.*; ~**-tension lamp**
Niederspannungslampe *f.*,
Niedervoltlampe *f.*; ~**-voltage**
Niederspannung *f.*; ~**-voltage current**
Schwachstrom *m.*; ~**-voltage lamp**

Niederspannungslampe *f.*,
Niedervoltlampe *f.*; ∼-**voltage mains** *n.*
pl. Niederspannungsnetz *n.*; ∼-**voltage**
switchboard Niederspannungszentrale
f.
lower sideband (LSB) Seitenbandunteres
LP (s. long-playing record); °∼ **tape** (s.
long-playing tape)
LS (s. long-shot)
lubricant *n.* Gleitmittel, Schmiermittel *n.*
lubrication *n.* Schmierung *f.*
lumen Lumen einh.; ∼ **meter**
Leuchtdichtemesser *m.*
luminaire *n.* Leuchte *f.*
luminance *n.* Leuchtdichte *f.*, Luminanz *f.*;
∼ **chart** Lichtzettel *m.*; ∼ **flicker**
Helligkeitsflimmern *n.*; ∼ **level**
Leuchtdichtepegel *m.*; ∼ **measurement**
Leuchtdichtemessung *f.*; ∼ **range**
Luminanzspektrum *n.*, Luminanzbereich
m.; ∼ **signal** Helligkeitssignal *n.*,
Leuchtdichtesignal *n.*, Luminanzsignal
n., Y-Signal *n.*; ∼ **spectrum**
Luminanzspektrum *n.*
luminescence *n.* Lumineszenz *f.*
luminescent material Leuchtstoff *m.*; ∼
screen Leuchtschirm *m.*,
Leuchtstoffschirm *m.*
luminosity *n.* Helligkeit *f.*; **relative** ∼
factor spektrale
Hellempfindlichkeitskurve
luminous coating Leuchtschicht *f.*; ∼
density Leuchtdichte *f.*; ∼ **digital**
indicator Leuchtzifferanzeige *f.*; ∼
efficiency Lichtleistung *f.*; ∼ **flux**
Lichtstrom *m.*; ∼-**flux measurement**
Lichtstrommessung *f.*; ∼ **intensity**
Lichtstärke *f.*; ∼ **pointer indicator**
Lichtzeigerinstrument *n.*; ∼ **push**
button Leuchtdrucktaste *f.*; ∼ **source**
Lichtquelle *f.*; ∼ **texture**
Leuchtdichtestruktur *f.*
lump sum Pauschale *f.*
lux *n.* Lux *m.*
luxmeter *n.* Luxmeter *n.*
LW (s. long-wave)

M

M and E track (s. music and effects
track); °∼. **and E. version** IT-Fassung *f.*
machine, available ∼ **time** (IT)
verfügbare Benutzerzeit; ∼ **instruction**
(IT) Maschinenbefehl *m.*,
Maschineninstruktion *f.*; ∼ **language**
(IT) Maschinensprache *f.*; ∼-**oriented**
language (IT) maschinennahe
Programmiersprache,
maschinenorientierte
Programmiersprache
macro definition (IT) Makrodefinition *f.*;
∼-**filming** *n.* Detailaufnahme *f.*; ∼
instruction (IT) Makroaufruf *m.*; ∼ **lens**
Makro-Objektiv *n.*; ∼ **optics** Macro-
Optik *f.*; ∼ **shot** Makroaufnahme *f.*; ∼
Makro *n.* (IT); ∼ **block** *n.* Makroblock
m. (Videokompression); ∼ **call**
Makroaufruf *m.* (IT); ∼ **definition**
header Makroanfangsanweisung *f.* (IT);
∼ **directory** Makroverzeichnis *n.* (IT);
∼ **header statement**
Makroanfangsanweisung *f.* (IT); ∼
instruction Makrobefehl *m.* (IT); ∼
language Makrosprache *f.* (IT)
macrophotography *n.* Detailaufnahme *f.*
mag leader (coll.) Startband für Cord
magazine *n.* Magazin *n.*, Kassette *f.*; ∼
(press, type of prog.) Magazin *n.*;
cultural ∼ literarisches Magazin;
literary ∼ literarisches Magazin;
topical ∼ aktuelles Magazin; ∼ **card**
Klappenliste *f.*; ∼ **contribution**
Magazinbeitrag *m.*; ∼ **lid**
Kassettendeckel *m.*; ∼ **part** Magazinteil
m.; ∼ **programme** Magazinsendung *f.*
magnesium flare Magnesiumfackel *f.*
magnet *n.* Magnet *m.*; **annular** ∼
Ringmagnet *m.*
magnetic *adj.* magnetisch *adj.*; **combined**
∼ **sound** (Commag) kombinierter
Magnetton (COMMAG); **remanent** ∼
flux remanenter Magnetfluß; **residual** ∼
flux remanenter Magnetfluß; **separate**
∼ **sound** (Sepmag) separater Magnetton
(SEPMAG); **two separate** ∼ **sound**
tracks (SEPDUMAG) separater

Magnetton auf zwei Spuren (SEPDUMAG); ~ **amplifier** Magnetverstärker *m.*, Transduktor *m.*; ~ **balance track** Magnetausgleichsspur *f.*; ~ **biasing** Vormagnetisierung *f.*; ~ **button** Magnettaste *f.*; ~ **card** (IT) Magnetkarte *f.*; ~ **centre track** Magnetmittenspur *f.*; ~ **circuit-breaker** Magnetschutzschalter *m.*; ~ **coating** Magnetschicht *f.*; ~ **coil** Magnetspule *f.*; ~ **core** (IT) Magnetkern *m.*; ~ **disc** Magnetplatte *f.*; ~ **disc store** (IT) Magnetplattenspeicher *m.*; ~ **disk storage** Magnetplattenspeicher *m.*; ~ **drum store** (IT) Magnettrommelspeicher *m.*; ~ **field** Magnetfeld *n.*; ~ **field strength** magnetische Feldstärke; ~ **film, perforated magnetic film** Cord *n.* (s. Cordband); ~ **film deformation** Magnetfilmverformung *f.*; ~ **film leader** Startband für Cord; ~ **film mechanism** Magnetfilmlaufwerk *n.*; ~ **film recording machine** Cordmaschine *f.*, Cordspieler *m.*; ~ **flux** Magnetfluß *m.*, magnetischer Fluß; ~ **gap** Kopfspalt *m.*, Luftspalt *m.*; ~ **head** Magnetkopf *m.*, Magnettonkopf *m.*; ~ **laminating tape** Kaschierband *n.*; ~ **lamination** Magnetrandbespuren *n.*, Magnetrandbeschichten *n.*; ~ **picture** Magnetbild *n.*; ~ **printing** Kopierdämpfung *f.*; ~ **recorder** magnetische Aufzeichnungsanlage, Magnettongerät *n.*, Magnetofon *n.*, Magnetofongerät *n.*; ~ **recording** Magnetaufzeichnung *f.*; ~ **recording medium** Magnetschriftträger *m.*, Magnettonmaterial *n.*; ~ **sound tape** Magnettonband *n.*; ~ **sound** Magnetton *m.*; ~ **sound film** Magnetfilm *m.*; ~ **sound head** Magnettonkopf *m.*; ~ **sound recording** Magnettonaufnahme *f.*; ~ **sound reproduction** Magnettonwiedergabe *f.*; ~ **sound stripe** Film mit Magnetspur, Magnettonstreifen *m.*; ~ **sound system** Magnettonverfahren *n.*; ~ **sound tape** Magnettonband *n.*; ~ **sound track** Magnettonspur *f.*; ~ **stripe** Laminierband *n.*; ~ **striping** Magnetrandbespuren *n.*,

Magnetrandbeschichten *n.*; ~ **tape** Magnetband *n.*, Magnettonband *n.*; ~ **tape cartridge** (IT) Magnetbandkassette *f.*; ~ **tape drive** (IT) Magnetbandlaufwerk *n.*; ~ **tape drive** Magnettonlaufwerk *n.*; ~ **tape recorder** Magnettongerät *n.*, Magnetofon *n.*, Magnetofongerät *n.*, Magnettonmaschine *f.*; ~ **tape store** (IT) Magnetbandspeicher *m.*, Bandspeicher *m.*; ~ **tape unit** (IT) Magnetbandgerät *n.*; ~ **track** Magnetrandspur *f.*, Magnetspur *f.*; ~ **transfer** Überspielung von Licht- auf Magnetton; ~ **transfer** (tape) Kopiereffekt *m.*; ~ **video recording** magnetische Bildaufzeichnung; ~ **video signal recording** magnetische Videosignalaufzeichnung; ~ **wire** Magnetdraht *m.*, Magnettondraht *m.*

magnetically recorded image Magnetbild *n.*

magnetisation *n.* Magnetisierung *f.*

magnetism *n.* Magnetismus *m.*; **remanent** ~ remanenter Magnetismus; **residual** ~ remanenter Magnetismus

magnetophone sound medium TM (Tonträger Magnetophon)

magnetostrictive transducer magnetostriktiver Wandler

magnifier *n.* Lupe *f.*

magnify *v.* vergrößern *v.*

magnifying glass Lupe *f.*; ~ **lens** Lupe *f.*

magnitude *n.* Größenordnung *f.*

magoptical copy Magoptical-Kopie *f.*; ~ **print** Magoptical-Kopie *f.*

mail client Mailclient *m.* (IT)

mailbox *n.* Briefkasten *m.*, Mailbox *f.* (IT)

mailing list Mailingliste *f.* (IT), Verteilerliste *f.* (IT)

main *adj.* Haupt- (in Zus.); ~ **beam** Hauptkeule *f.* (Antenne); ~ **carrier** Hauptträger *m.*; ~ **control** (MC) Endkontrolle *f.*; ~ **control room** (MCR) Endkontrolle *f.*; ~ **distributing frame** (MDF) Hauptverteiler *m.*; ~ **distribution cable** (aerial) Stammleitung *f.*; ~ **distribution frame** (MDF) Lötigel *m.*; ~ **feature film** Hauptfilm *m.*; ~ **isolating switch** Haupttrennschalter *m.*; ~ **light** Hauptlicht *n.*, Führungslicht *n.*, Führung

f.; ~ **lighting** Hauptbeleuchtung *f.*; ~
lobe Hauptkeule *f.* (Antenne); ~
memory (IT) Arbeitsspeicher *m.*,
Hauptspeicher *m.*, Primärspeicher *m.*; ~-
memory capacity (IT)
Arbeitsspeicherkapazität *f.*; ~ **memory**
dump Speicherausdruck *m.*; ~
microphone Hauptmikrofon *n.*; ~ **news**
transmission Hauptnachrichten *f. pl.*; ~
reference library Zentralarchiv *n.*; ~
station (transmitter) Großflächensender
m.; ~ **studio** Hauptstudio *n.*; ~ **switch**
Hauptschalter *m.*; ~ **title** Haupttitel *m.*;
~ **traffic burst** Bündelburst (Sat),
MTB; ~ **cable** Hauptkabel *n.* (Tel); ~
connection Hauptanschlussleitung *f.*
(Tel); ~ **distrubution frame**
Hauptverteiler *m.* (Tel); ~ **exchange**
Hauptvermittlung *f.* (Tel); ~ **memory**
Arbeitsspeicher *m.* (IT), Hauptspeicher
m. (IT)
mainframe *n.* Zentraleinheit *f.* (EDV),
Großrechner *m.* (IT)
mains *n. pl.* (elec.) Hauptleitung *f.*, Netz
n., Starkstromnetz *n.*; **interconnecting**
~ *n. pl.* vermaschtes Netz; **regulated** ~
supply geregeltes Netz; **single-phase** ~
supply Lichtnetz *n.*; **stabilised** ~ *n. pl.*
geregeltes Netz; **three-phase** ~ **supply**
Kraftnetz *n.*; **unregulated** ~ **supply**
ungeregeltes Netz; **unstabilised** ~ *n. pl.*
ungeregeltes Netz; ~ **adaption**
Netzanpassung *f.*; ~ **carrier** Netzträger
m. (Carrier); ~ **circuit-breaker**
Netzleistungsschalter *m.*; ~ **circuit**
connection Netzanschluß *m.*; ~ **current**
Netzstrom *m.*; ~ **failure** Netzausfall *m.*,
Netzstörung *f.*; ~ **filter** Netzfilter *m.*; ~
frequency Netzfrequenz *f.*; ~ **hum**
Netzbrumm *m.*; ~ **lead** Anschluß *m.*,
Anschlußkabel *n.*; ~ **lighting supply**
Lichtnetz *n.*; ~ **motor** Netzmotor *m.*; ~
noise Netzgeräusch *n.*; ~**-operated** *adj.*
netzabhängig *adj.*; ~ **operation**
Netzbetrieb *m.*; ~ **power interruption**
Netzunterbrechung *f.*; ~ **power supply**
Netzversorgung *f.*; ~ **power unit**
Netzteil *m.*, Netzanschlußgerät *n.*,
Netzgerät *n.*; ~ **rectifier**
Netzgleichrichter *m.*; ~ **set** Netzgerät *n.*;
~ **supply** Netz *n.*, Netzanschluß *m.*,
Netzspeisung *f.*, Netzversorgung *f.*; ~

supply operation Netzspeisung *f.*; ~
supply panel Netzeinschub *m.*; ~
switch Netzschalter *m.*; ~ **transformer**
Netztransformator *m.*; ~ **voltage**
Anschlußspannung *f.*, Netzspannung *f.*
maintain *v.* (tech.) warten *v.*; ~
unterhalten *v.*
maintenance *n.* Wartung *f.*,
Betriebswartung *f.*, Reparatur *f.*,
Bedienung *f.*, Unterhalt *m.*, Unterhaltung
f.; ~ **area** Bedienungsraum *m.*; ~
engineer Meßingenieur *m.*; ~ **of**
development standard
Entwicklungskonstanz *f.*; ~ **room**
Meßraum *m.*; ~ **service** Wartungsdienst
m., Meßdienst *m.*; ~ **technician**
Meßtechniker *m.*; ~ **agreement**
Wartungsvertrag *m.*; ~ **contract**
Wartungsvertrag *m.*; ~ **manual**
Wartungshandbuch *n.*
make *v.* (profit) einspielen *v.*; **to** ~ **start**
marks Film einstarten, einstarten *v.*,
Startmarkierungen anbringen; ~ **a copy**
Abdruck nehmen; ~ **up** *v.* Maske
machen, schminken *v.*; ~**-up** *n.* Maske
f.; ~**-up** *n.* (material) Schminke *f.*; ~**-up**
artist Maskenbildner *m.*, Maske *f.*
(fam.), Schminkmeister *m.*; ~**-up chart**
Schminkvorlage *f.*, Schminkzettel *m.*;
~**-up department** Maskenbildnerei *f.*;
~**-up discussion** Maskenbesprechung *f.*;
~**-up example** Schminkvorlage *f.*,
Schminkzettel *m.*; ~**-up materials** *n. pl.*
Schminkmaterial *n.*; ~**-up media**
Schminkmittel *n. pl.*; ~**-up reference**
Maskenvorlage *f.*; ~**-up rehearsal**
Maskenprobe *f.*; ~**-up room**
Maskenbildnerwerkstatt *f.*, Maske *f.*
(fam.), Schminkraum *m.*; ~**-up**
supervisor Schminkmeister *m.*; ~**-up**
table Schminktisch *m.*; ~**-up treatment**
Schminken *n.*
male connector Stiftbuchse *f.* (IT)
malfunction *n.* Betriebsstörung *f.*
mall *n.* Mall (Einkaufszentrum,
Shoppingmöglichkeit im Internet)
maltese cross Malteserkreuz *n.*; ~ **cross**
assembly Malteserkreuzgetriebe *n.*; ~
cross transmission Malteserkreuzwelle
f.
man *v.* belegen *v.*
manage *v.* leiten *v.* (organisatorisch)

management *n.* Leitung *f.*; ~
accountancy Kalkulation *f.*; ~
accountant Kalkulator *m.*; ~
information system *n.*
Managementinformationssystem *n.* (IT)
manager *n.* Leiter *m.*
managing director (BBC)
Programmdirektor *m.*; ~ **director of**
radio (BBC) Hörfunkdirektor *m.*,
Programmdirektor Hörfunk; ~ **director**
of television (BBC) Fernsehdirektor *m.*,
Programmdirektor Fernsehen
manganin *n.* Manganin *n.*
manifold *n.* Verteiler *m.*
manual *n.* Handbuch *n.*,
Bedienungsanleitung *f.* (eines Gerätes),
Manual *n.*, manuell *adj.*; ~ **control**
Handregelung *f.*, Handsteuerung *f.*,
Handregler *m.*; ~ **exchange**
Handvermittlungsanlage *f.*; ~ **operation**
Handregelung *f.*, Handsteuerung *f.*; ~
telephone system Handvermittlung *f.*; ~
operator position
Handvermittlungsplatz *m.* (Tel); ~
switching position Vermittlungsplatz *m.*
(Tel)
manually controlled motor
Handregelmotor *m.*; ~ **switched** *adj.*
handvermittelt *adj.* (Tel)
manuel editing mechanischer Bandschnitt
manufacture *n.* Herstellung *f.*
manufacturing company
Fertigungsbetrieb *m.*
manuscript *n.* (MS) Manuskript *n.* (MS)
margin *n.* Spielraum *m.*; ~ **of image**
Bildrand *m.*
marginal comment Glosse *f.*; ~ **condition**
Randbedingung *f.*; ~ **definition** (pict.)
Randschärfe *f.*; ~ **note** Randbemerkung
f.
marionette player Marionettenspieler *m.*
mark *v.* anreißen *v.*, bezeichnen *v.*
(Technik), Marke *f.*, Markierung *f.*,
Zeichen *n.*; ~**-to-space ratio**
Impulstastverhältnis *n.*; ~ markieren *v.*
marker *n.* Marke *f.*, Markierung *f.*,
Sichtzeichen *n.*; ~ (device)
Markiervorrichtung *f.*
market leader Marktführer *m.*; ~
segment Markt-Segment *n.*; ~ **share**
Marktanteil *m.*

marking *n.* Markierung *f.*; ~ **device**
Markiervorrichtung *f.*
markup language Auszeichnungssprache
f. (IT)
marquee *n.* Laufschrift *f.* (IT)
mask *v.* (FP) maskieren *v.*; ~ (IT)
ausblenden *v.*; ~ verschleiern *v.*, Kasch
m., Maske *f.*, Vignette *f.*,
Bildschirmmaske *f.*; ~ (make-up)
Maske *f.*; ~ **generator** Rahmengeber *m.*
masking *n.* (aperture) Abdeckung *f.*; ~
Maskierung *f.*, Verdeckung *f.*; ~ **frame**
Abdeckrahmen *m.*; ~ **threshold**
Verdeckungsschwelle *f.*
mass *n.* Masse *f.* (Physik); **instrument of**
~ **communication**
Massenkommunikationsmittel *n.*; ~
media Massenmedien *n. pl.*; ~ **storage**
Massenspeicher *m.* (IT)
mast *n.* Mast *m.*; ~ **diplexer** (Aerial)
Mastweiche *f.*; ~**-head amplifier**
Antennenmastverstärker *m.*,
Mastverstärker *m.*; ~ **height** Masthöhe
f.; ~ **inclinometer** Mastneigungsmesser
m.; ~ **lead-through** (aerial)
Mastdurchführung *f.*; ~ **radiator**
Antennenmast *m.*; ~ **warning lights** *n.*
pl. Mastbefeuerung *f.*
master *n.* (F, tape) Original *n.*; ~ (disc)
Negativ *n.*; ~ (craftsman) Meister *m.*;
~; ~ (tape) Master-MAZ; ~ **amplifier**
Summenverstärker *m.*; ~ **control** (MC)
Endkontrolle *f.*; ~ **control room**
Hauptschaltraum *m.*; ~ **control room**
(MCR) Endkontrolle *f.*, Regiezentrale *f.*,
Sendezentrale *f.*; ~ **copy** Mutterband *n.*;
~ **data** Stammdaten *pl.*; ~ **file** (IT)
Stammdatei *f.*; ~ **frequency**
Mutterfrequenz *f.*; ~ **generator**
Muttergenerator *m.*; ~ **oscillator** (MO)
Mutteroszillator *m.*, Steueroszillator *m.*,
Steuersender *m.*; ~ **print** Originalkopie
f.; ~ **shot** Gesamtaufnahme *f.*; ~ **station**
Muttersender *m.*, Primärstrahler *m.*; ~
switch (IT) Hauptschalter *m.*; ~ **tape**
Aufnahmetonband *n.*, Mutterband *n.*,
Originalaufzeichnung *f.*; ~ **transmitter**
Muttersender *m.*; ~ **terminal** Leitstation
f. (IT); ~**/slave system** Master-/
Slavesystem *n.* (IT)
Master Boot Record *n.* Master boot
record *m.* (IT)

mastertape *n.* Masterband *n.*

match *v.* abgleichen *v.*, angleichen *v.*,
anpassen *v.*, Abgleich *m.*

matching *n.* Angleichung *f.*, Anpassung *f.*,
elektronische Farbkorrektur; ~ **circuit**
Anpassungskreis *m.*; ~ **device**
Anpassungsvorrichtung *f.*,
Anpassungsglied *n.*; ~ **element**
Anpassungselement *n.*; ~ **impedance**
Anpassungsimpedanz *f.*; ~ **network**
Anpassungsnetzwerk *n.*; ~ **resistance**
Anpassungswiderstand *m.*; ~ **resistor**
Anpassungswiderstand *m.*; ~ **section**
Anpaßglied *n.*; ~ **transformer**
Anpassungsübertrager *m.*,
Zwischenübertrager *m.*; ~ **unit**
Meßadapter *m.*

material *n.* Material *n.*, Stoff *m.*; **recorded**
~ aufgezeichnetes Material; ~ **fatigue**
Materialermüdung *f.*; ~ **for**
broadcasting Sendematerial *n.*

matrix *v.* matrizieren *v.*, Matrix *f.*, Matrize
f., Kreuzschiene *f.*; **linear** ~ lineare
Matrix; ~ **circuit** Matrixschaltung *f.*; ~
distribution panel
Kreuzschienenverteiler *m.*; ~ **jackfield**
Kreuzschienensteckfeld *n.*; ~ **printer**
(IT) Matrixdrucker *m.*; ~ **selector**
Kreuzschienenwähler *m.*; ~ **stage**
Matrixstufe *f.*; ~ **switching point**
Schaltstelle mit Kreuzschiene; ~
memory expansion feature
Zusatzzeichenspeicher *m.* (Tel); ~
printer Matrixdrucker *m.* (IT)

matt *adj.* matt *adj.*

matte *n.* Kasch *m.*, Schablone *f.*, Maske *f.*,
Vignette *f.*; **to print with** ~ **effect** mit
Maske kopieren; ~ **box** Kaschhalter *m.*,
Kompendium *n.*; ~ **holder** Kaschhalter
m.

matters of law Rechtsfragen *f. pl.*

maximum amplitude Maximalamplitude
f.; ~ **density** Endschwärzung *f.*,
Maximaldichte *f.*; ~ **field angle**
Maximalfeldwinkel *m.*; ~ **field of view**
Maximalbildfeld *n.*; ~ **level** Vollpegel
m., Vollaussteuerung *f.*, Maximalpegel
m.; ~ **output level** Vollaussteuerung *f.*;
~ **permissible load**
Höchstbeanspruchung *f.*; ~ **power**
handling capacity Musikbelastbarkeit *f.*
(Kurzzeitbelastbarkeit); ~ **signal level**

Maximalsignalpegel *m.*; ~ **value of**
signal Signalhöchstwert *m.*; ~**-voltage**
relay Überspannungsrelais *n.*; ~
volume (sound) Vollaussteuerung *f.*

MC (s. main control),

MCR (s. mobile control room), ,

MCU (s. medium close-up)

MDF (s. main distributing frame),

mean value Mittelwert *m.*

meaning *n.* Bedeutung *f.*

means *n.* Mittel *n.*; **audio-visual** ~
audiovisuelle Mittel; ~ **of style**
Stilmittel *n.*

measure *v.* messen *v.*, Maß *n.*

measured bandwidth Meßbandbreite *f.*; ~
value Meßwert *m.*

measurement *n.* Maß *n.*, Messung *f.*,
Meßwert *m.*; **densitometric** ~
densitometrische Messung; ~ **by**
substitution Substitutionsmessung *f.*; ~
cable Meßkabel *n.*; ~ **campaign**
Meßaktion *f.*; ~ **coupler** Meßkoppler
m.; ~ **isolator** Meßtrennstück *n.*; ~
method Meßmethode *f.*, Meßverfahren
n.; ~ **of colour coordinates**
Farbortmessung *f.*; ~ **of exposure**
Belichtungsmessung *f.*; ~ **of light level**
Beleuchtungsstärkemessung *f.*; ~
output Meßausgang *m.*; ~**-range extension**
Meßbereichserweiterung *f.*; ~
specification Meßvorschrift *f.*; ~
techniques *n. pl.* Meßtechnik *f.*

measurements *n. pl.* Meßdienst *m.*,
Meßtechnik *f.*

measuring *n.* Messung *f.*; ~ **adapter**
Meßadapter *m.*; ~ **amplifier**
Meßverstärker *m.*; ~ **apparatus**
Meßgerät *n.*; ~ **bridge** Meßbrücke *f.*,
Brückenmeßgerät *n.*; ~ **case** Meßkoffer
m.; ~ **circuit** Meßschaltung *f.*; ~
conditions Meßbedingungen *f. pl.*; ~
demodulator Meßdemodulator *m.*; ~
desk Meßplatz *m.*; ~ **head** Meßkopf *m.*;
~ **instrument** Meßgerät *n.*,
Meßinstrument *n.*; ~ **line** Meßleitung *f.*;
~ **point** (IT) Meßstelle *f.*; ~ **position**
Meßplatz *m.*; ~ **sensitivity**
Meßempfindlichkeit *f.*; ~ **station**
Meßstation *f.*; ~ **time** Meßdauer *f.*,
Meßzeit *f.*; ~ **transformer** Meßwandler
m.; ~ **voltage** Me4spannung *f.*

mechanic *n.* Schlosser *m.*
mechanical *adj.* mechanisch *adj.*; ~
animation Schiebetrick *m.*; ~ **cut**
mechanischer Schnitt; ~ **recording**
mechanische Aufzeichnung
mechanised book-keeping
Maschinenbuchhaltung *f.*
media *n. pl.* Kommunikationsmittel *n. pl.*;
(allg.::)**joint** ~ *n. pl.* Medienverbund *m.*;
~ **company** Mediengesellschaft *f.*; ~
cross *n.* Mediacross *n.* (IT); ~
enterprise Auslandsunternehmen *n.*,
Medienunternehmen *n.*; ~ **event**
Auslandsveranstaltung *f.*,
Medienveranstaltung *f.*; ~ **law**
Medienrecht *n.*; ~ **manager**
Medienmanager *m.*; ~ **mix** Medienmix
m.; ~ **park** Medienpark *m.*; ~
partnership Auslandspartnerschaft *f.*,
Medienpartnerschaft *f.*; ~ **planning** *v.*
Mediaplanung *f.* (IT); ~ **policy**
Medienpolitik *f.*; ~ **professions**
Medienberufe *f.*; ~ **research**
Medienforschung *f.*
mediate *v.* vermitteln *v.*
medical acoustics medizinische Akustik;
~ **unit** betriebsärztliche Dienststelle
medium *n.* Medium *n.*; ~ **close-up** (MCU)
Halbnahe *f.*; ~ **frequency** (MF)
Mittelwelle *f.*; ~**-frequency band** (MF
band) Mittelwellenbereich *m.*; ~**-**
frequency transmitter
Mittelwellensender *m.*; ~ **long shot**
(MLS) Halbtotale *f.*; ~ **of information**
Informationsübermittler *m.*; ~ **power**
satellite Mediumpowersatellit *m.*; ~
shot (MS) Halbnahe *f.*; ~ **wave**
Mittelwelle *f.* (MW); ~**-wave band**
Mittelwellenbereich *m.*; ~**-wave**
transmitter Mittelwellensender *m.*
meeting basics Konferenzgrundsätze *m.*
pl.
megaphone *n.* Megaphon *n.*
megapixel *n.* Megapixel *n.* (IT)
melodrama *n.* Melodram *n.*
melody Melodie *f.*
member *n.* Mitglied *n.* (Eurovision); ~ **of**
a chorus Chorist *m.*, Chorsänger *m.*; ~
of cast Mitwirkender *m.*; ~ **of staff**
Angestellter *m.*; ~ **of unestablished**
staff Zeitvertragsinhaber *m.*

membrane *n.* Membran *f.*; ~ **vibration**
Membranschwingung *f.*
memo field Memofeld *n.* (IT)
memorisation of data
Informationsspeicherung *f.*
memory *n.* (IT) Speicher *m.*; **bulk** ~ (IT)
Großraumspeicher *m.*; **delay-line** ~ (IT)
Laufzeitspeicher *m.*; **disc** ~ (IT)
Plattenspeicher *m.*; **external** ~ (IT)
externer Speicher; **fast** ~ (IT) Speicher
mit schnellem Zugriff; **high-speed** ~
(IT) Speicher mit schnellem Zugriff;
main ~ (IT) Hauptspeicher *m.*,
Hauptspeicher *m.*, Primärspeicher *m.*;
permanent ~ (IT) permanenter
Speicher; **random-access** ~ (IT)
Speicher mit direktem Zugriff, Speicher
mit wahlfreiem Zugriff; **read-only** ~
(IT) Festwertspeicher *m.*; **scratchpad** ~
(SPM) (IT) Zwischenspeicher *m.*; **thin-**
film ~ (IT) Dünnfilmspeicher *m.*;
working ~ (IT) Arbeitsspeicher *m.*,
Hauptspeicher *m.*, Primärspeicher *m.*; ~
address (IT) Speicheradresse *f.*; ~
capacity (IT) Speicherkapazität *f.*; ~
cycle (IT) Speicherzyklus *m.*; ~
location (IT) Speicherplatz *m.*; ~ **size**
(IT) Speicherkapazität *f.*; ~ **system** (IT)
Speichersystem *n.*; ~ **access**
Speicherzugriff *m.* (IT); ~ **area**
Speicherbereich *m.* (IT); ~ **cache**
Speichercache *m.* (IT); ~ **capacity**
Speicherkapazität *f.* (IT); ~ **card**
Speicherkarte *f.* (IT); ~ **chip**
Speicherchip *m.* (IT); ~ **expansion**
Speichererweiterung *f.* (IT); ~
extension Speichererweiterung *f.* (IT);
~ **management** Speicherverwaltung *f.*
(IT); ~ **manager** Speicherverwaltung *f.*;
~ **protection** Speicherschutz *m.* (IT); ~
requirements Speicherplatzbedarf *m.*
(IT); ~ **size** Speicherkapazität *f.* (IT)
mend *v.* reparieren *v.*
menu caption (coll.) Programmtafel *f.*; ~
operation Menübedienung *f.* (EDV); ~
bar *n.* Menüleiste *f.* (IT); ~ **item** *n.*
Menüeintrag *m.* (IT); ~**-driven** *adj.*
menügesteuert *adj.* (IT)
merchandising *n.* Merchandising *n.*
mercury vapour lamp
Quecksilberdampflampe *f.*

merging curve Voute *f.*; ~
Zusammenführung *f.* (IT)
mesh *n.* (orthicon) Gitter *n.*; ~ **effect**
Gitterstruktur *f.*; ~ **voltage**
Dreieckspannung *f.*
meshed network Netz, vermischtes *n.*
message *n.* Mitteilung *f.*; ~ (R, TV)
Durchsage *f.*; ~ (agency) Meldung *f.*,
Bericht *m.*; ~ **channel** Nutzkanal *m.*; ~
header Nachrichtenkopf *m.* (IT); ~
switching Speichervermittlung *f.* (Tel);
~ **switching system**
Nachrichtenvermittlung *f.* (Tel),
Nachrichtenvermittlungssystem *n.* (Tel)
messenger *n.* Bote *m.*; ~ **service**
Botenmeisterei *f.*; ~ **supervisor**
Botenmeister *m.*
meta data Metadaten *pl.*; ~-**content**
format Metaformat *n.*
metafile *n.* Metadatei *f.*
metal foil Metallfolie *f.*; ~ **framework**
Metallgerüst *n.*; ~ **halogen vapour**
lamp Metallhalogen-Dampflampe *f.*; ~
negative (disc) Negativ *n.*; ~ **rack**
Metallgerüst *n.*; ~ **reel** Metallspule *f.*; ~
scaffolding Metallgerüst *n.*
metallised resistor Schichtwiderstand *m.*
metatag *n.* Metatag *m.*
meteorological report Wetterbericht *m.*
meter *n.* Anzeigegerät *n.*; ~ **cupboard**
Zählerschrank *m.*; ~ **pulse** Zählimpuls
m.; ~ **reading** Meßanzeige *f.*
method *n.* System *n.*, Verfahren *n.*; ~ **of**
measurement Meßverfahren *n.*
metronome *n.* Taktgeber *m.*,
Taktgenerator *m.*
MF (s. medium frequency), ; °~ **band** (s.
medium-frequency band)
micro- (compp.) Mikro- (in Zus.); ~-
circuitry *n.* Mikrotechnik *f.*; ~
payment Micropayment *n.* (IT)
microcinematography *n.*
Mikrokinematographie *f.*
microfilm *n.* Mikrofilm *m.*
microgroove *n.* Mikrorille *f.*; ~ **system**
Füllschriftverfahren *n.*
microinstruction *n.* (IT) Mikrobefehl *m.*
microphone *n.* Mikrofon *n.*, Mikro *n.*
(fam.), Tüte *f.* (fam.); **beam** ~ stark
gebündeltes Mikrofon; **bidirectional** ~
Achtermikrofon *n.*, Mikrofon mit
Achtercharakteristik, Achter *m.* (fam.);

differential ~ Kompensationsmikrofon
n.; **directional** ~ gerichtetes Mikrofon;
dynamic ~ dynamisches Mikrofon;
electrostatic ~ Kondensatormikrofon
n.; **figure-of-eight** ~ Achtermikrofon *n.*,
Mikrofon mit Achtercharakteristik,
Achter *m.* (fam.); **highly directional** ~
Richtmikrofon *n.*; **hyperdirectional** ~
stark gebündeltes Mikrofon; **lip** ~
Lippenmikrofon *n.*,
Nahbesprechungsmikrofon *n.*; **necklace**
~ Umhängemikrofon *n.*; **noise-**
cancelling ~ Nahbesprechungsmikrofon
n.; **omnidirectional** ~
richtungsunempfindliches Mikrofon,
ungerichtetes Mikrofon, Kugelmikrofon
n., Kugel *f.* (fam.); **portable** ~ tragbares
Mikrofon; **pressure-gradient** ~
Gradientenmikrofon *n.*; **radio** ~
drahtloses Mikrofon; **static** ~
Standmikrofon *n.*; **unidirectional** ~
einseitig gerichtetes Mikrofon,
Richtmikrofon *n.*; ~ **boom**
Mikrofongalgen *m.*, Tongalgen *m.*,
Galgen *m.*, Mikro-Galgen *m.*; ~ **capsule**
Mikrofonkapsel *f.*; ~ **connection box**
Mikrofonanschlußkasten *m.*; ~ **cut key**
Räuspertaste *f.*; ~ **hiss**
Mikrofonrauschen *n.*; ~ **junction box**
Mikrofonanschlußkasten *m.*; ~ **noise**
Mikrofonrauschen *n.*; ~ **panhandle**
Mikrofonschwenkarm *m.*; ~ **potential**
Mikrofonpotential *n.*; ~ **power supply**
Mikrofonspeisung *f.*; ~ **pre-amplifier**
Mikrofonverstärker *m.*; ~ **socket**
Mikrofonanschlußkasten *m.*; ~
storeman Mikrofonwart *m.*
microphony *n.* Mikrofonie *f.*, Ton im Bild,
Larseneffekt *m.*, Klingneigung *f.*; ~
effect Mikrofonie-Effekt *m.*
microphotography *n.* Mikrofotografie *f.*
microprocessor *n.* Mikroprozessor *m.*
microprogramme *n.* (IT) Mikroprogramm
n.
microscope projection Mikroprojektion *f.*
microswitch *n.* Mikroschalter *m.*,
Miniaturschalter *m.*
microwave *n.* Mikrowelle *f.* (Bereich),
Richtfunkverbindung *f.*; ~ **contribution**
circuit Richtfunkzubringerlinie *f.*; ~
link Richtfunkstrecke *f.*,
Richtfunkverbindung *f.*, Dezistrecke *f.*;

~ **link system** Richtfunk *m.* (RiFu); ~
network (radio-link network, radio-
relay network) Richtfunknetz *n.*; ~
radio station Richtfunkstelle *f.*; ~
receiver Richtfunkempfänger *m.*; ~
repeater point
Mikrowellenverstärkerstelle *f.*; ~
transmission service
Richtfunkübertragungsdienst *m.*; ~
transmitter Richtfunksender *m.*

mid-range loudspeaker
Mitteltonlautsprecher *m.*

middle distance Mittelgrund *m.*; ~ **track**
Mittenspur *f.*

middleware *n.* Middleware *f.* (IT)

midget amplifier Miniaturverstärker *m.*

migration *n.* Migration *f.* (Überführung),
Überführen, Überwechseln *n.*

mike *n.* (coll.) Mikrofon *n.*, Mikro *n.*
(fam.), Tüte *f.* (fam.); **to fondle the** ~
ins Mikrofon kriechen (fam.); **to hog the**
~ (coll.) am Mikrofon kleben, mikrogeil
sein (fam.); **to hug the** ~ ins Mikrofon
kriechen (fam.); **wireless** ~ drahtloses
Mikrofon; ~**-sensitivity** *n.*
Mikrofoncharakteristik *f.*; ~ **stand**
Mikrofonstativ *n.*

mikro switch Mikroschalter *m.*

milieu film Milieufilm *m.*

military affairs specialist Wehrexperte *m.*

milkiness *n.* (FP) Trübung *f.*

milky *adj.* soßig *adj.*

milled knob Rändelknopf *m.*; ~ **wheel**
Rändelscheibe *f.*

miller *n.* Fräsmaschine *f.*

milling machine Fräsmaschine *f.*

mimic diagram Lichtmodell *n.*

mind *n.* Verstand *m.*

miniature *n.* (set) Modell *n.*

minimum capacitance Anfangskapazität
f.; ~ **operating value** Ansprechschwelle
f.

ministerial order Verordnung *f.*

minor tone Mollton *m.*

minority programme
Minderheitenprogramm *n.*

mirror *n.* Spiegel *m.*, Spiegeleffekt *m.*;
dichroic ~ dichroitischer Spiegel,
farbzerlegender Spiegel; **semi-
reflecting** ~ halbdurchlässiger Spiegel;
semi-silvered ~ halbdurchlässiger
Spiegel; ~ **drum** Spiegelzylinder *m.*; ~

lamp Spiegellampe *f.*; ~ **lens**
Spiegellinse *f.*; ~ **reflex camera**
Spiegelreflexkamera *f.*; ~ **reflex system**
Spiegelreflexsystem *n.*; ~ **shutter**
Spiegelblende *f.*, Blendenflügel *m.*; ~
image Spiegelabbild *n.* (IT); ~ **server**
Mirror Server (Spiegelserver); ~ **site**
gespiegelte Seite (IT)

mirroring *n.* Spiegelung *f.*, Spiegelung *f.*
(IT)

misalignment *n.* Fehlausrichtung *f.*

miscasting *n.* Fehlbesetzung *f.*

miscellaneous news *n. pl.* Vermischtes *n.*

mismatch *v.* fehlanpassen *v.*,
Fehlanpassung *f.*

mismatching *n.* Fehlanpassung *f.*

mistake *n.* Fehler *m.*

mistuning *n.* (TV set) fehlerhafte
Bildeinstellung

misuse of data Datenmißbrauch *m.* (IT)

mix *v.* durchblenden *v.*, mischen *v.*,
Mischung *f.*, Überblendung *f.*,
Überblenden *v.*; ~ (pict.)
Bildüberblendung *f.*, Durchblendung *f.*;
~ **in** *v.* überblenden *v.*; ~ **on focus pull**
Unschärfeblende *f.*; ~**-through** *n.*
Bildüberblendung *f.*

mixdown *v.* abmischen *v.*

mixed blanking pulses Austastgemisch *n.*;
~ **blanking signal** Austastgemisch *n.*; ~
colour Mischfarbe *f.*; ~ **crystal**
Mischkristall *m.*; ~ **light** Mischlicht *n.*;
~ **signal** Summensignal *n.*; ~ **sound**
Summenton *m.*; ~ **syncs** *n. pl.* (coll.)
Synchronsignalgemisch *n.*; ~ **sync
signals** *n. pl.* Synchronsignalgemisch *n.*

mixer *n.* Mischpult *n.*; ~ (operator, appar.)
Mischer *m.*; **mobile** ~ bewegliches
Mischpult; ~ **amplifier** Mischverstärker
m.; ~ **current** Mischstrom *m.*; ~ **diode**
Mischdiode *f.*; ~ **stage** Mischstufe *f.*; ~
tube Mischröhre *f.*; ~ **valve** Mischröhre
f.

mixing *n.* Mischung *f.*; ~ **amplifier**
Mischverstärker *m.*; ~ **conditions**
Mischbedingungen *f. pl.*; ~ **console**
Mischpult *n.*, Tonmischpult *n.*; ~ **desk**
Mischpult *n.*, Mischtisch *m.*, Regiepult
n., Regietisch *m.*; ~ **head** Mischkopf *m.*;
~ **room** Mischatelier *n.*; ~ **studio**
Mischstudio *n.*; ~ **suite** Mischstudio *n.*;

~ **tape** Zuspielband *n*.; ~ **transformer** Mischübertrager *m*.

mixture *n*. Mischung *f*.

MLS (s. medium long shot)

mnemonic *adj*. mnemotechnisch *adj*.; ~ **code** (IT) Buchstabencode *m*.

MO (s. master oscillator)

mobile *adj*. beweglich *adj*., fahrbar *adj*., mobil *adj*.; ~ **camera** fahrbare Kamera; ~ **cinema van** Kinomobil *n*.; ~ **control room** (MCR) Bildaufnahmewagen *m*., Fernsehübertragungswagen *m*., Regiewagen *m*.; ~ **front light dimmer** Vorderlichtwagen *m*.; ~ **ground station** mobile Bodenstation; ~ **hoist** Laufkran *m*.; ~ **OB unit** Fernsehübertragungszug *m*., Übertragungszug *m*.; ~ **radiotelephone service** Mobilfunk *m*.; ~ **studio** fahrbares Studio; ~ **telecine** Filmgeberwagen *m*.; ~ **unit** (TV) Fernsehübertragungszug *m*.; ~ **video tape recorder** (MVTR) MAZ-Wagen *m*., Fernsehaufnahmewagen *m*.; ~ **VTR** (MVTR) Aufzeichnungswagen *m*.; ~ **computing** *v*. mobiler Computereinsatz *m*. (IT); ~ **radio** Mobilfunk *m*. (Tel); ~ **reception** Mobilempfang *m*.

mock-up *n*. naturgetreues Modell

mode *n*. (IT) Betriebsart *f*.; ~ Betriebsweise *f*. (EDV); ~ **of operation** Arbeitsweise *f*., Betriebsart *f*., Betriebsweise *f*., Betriebsweise *f*. (EDV); ~ **selector** Betriebsartenschalter *m*.

model *n*. Modell *n*.; ~ **for model shot** Trickmodell *n*.; ~**-maker** *n*. Modellbauer *m*., Modellschreiner *m*.

moderator *n*. (US) Diskussionsleiter *m*., Gesprächsleiter *m*., Moderator *m*.

modular construction Bausteintechnik *f*.; ~ **design** Modul-Bauweise *f*.; ~ **structure** Modul-Bauweise *f*.; ~ **system** Modultechnik *f*.

modulate *v*. modulieren *v*., aussteuern *v*.

modulation *n*. Modulation *f*., Aussteuerung *f*.; **double-sideband** ~ (DSB modulation) Doppelseitenbandmodulation *f*., Modulation mit doppeltem Seitenband (DSB); **subliminal** ~ unterschwellige Modulation; **suppressed-carrier** ~ Modulation mit unterdrücktem Träger;

~ **characteristics** Modulationseigenschaften *f*. *pl*.; ~ **circuit** Modulationsleitung *f*., Modulationssendeleitung *f*.; ~ **depth** Modulationsgrad *m*.; ~ **distortion** Modulationsklirrfaktor *m*.; ~ **factor** Modulationsgrad *m*.; ~ **feed** Modulationszubringung *f*.; ~ **feeder circuit** Modulationszubringerleitung *f*.; ~ **frequency** (MF) Modulationsfrequenz *f*. (MF); ~ **index** Modulationsindex *m*.; ~ **indicator** Modulationspegelanzeiger *m*., Modulationsanzeiger *m*.; ~ **input** Modulationszubringung *f*.; ~ **input circuit** Modulationszubringerleitung *f*.; ~ **level meter** Modulationsaussteuerungsmesser *m*.; ~ **meter** Modulationspegelanzeiger *m*., Modulationsanzeiger *m*.; ~ **monitoring** Modulationsüberwachung *f*.; ~ **noise** Modulationsrauschen *n*.; ~ **output** Modulationsausgang *m*.; ~ **range** Aussteuerungsbereich *m*.; ~ **ratio** Modulationsgrad *m*.; ~ **signal** Modulationssignal *n*., Bildsignal *n*. (B-Signal); ~**-to-interference ratio** Störmodulationsverhältnis *n*.; ~ **transfer curve** Modulationsübertragungsfunktion *f*. (MÜF); ~ **valve** Modulationsröhre *f*.

modulator *n*. Modulator *m*.; **symmetrical** ~ symmetrischer Modulator; ~ **valve** Modulationsröhre *f*.

module *n*. Baustein *m*., Modul

modulus of input impedance Eingangsscheinwiderstand *m*.; ~ **of output impedance** Ausgangsscheinwiderstand *m*.

moire effect Moiree *n*.

moiré *n*. Riffelmuster *n*., Moiré *n*.; ~ **pattern** Riffelmuster *n*., Moiré *n*.

moisten *v*. anfeuchten *v*.

(slang::)**money** *n*. Geld *n*., Kohle *f*.

monitor *v*. abhören *v*., überwachen *v*., mithören *v*., Abhörlautsprecher *m*.; ~ (sound) Abhörer *m*.; ~ (pict.) Bildkontrollempfänger *m*., Bildmonitor *m*., Monitor *m*.; **preview** ~ Vorschaumonitor *m*.; ~ **calibration level** Eichpegel für Monitor (PEM); ~ **picture** Vorschaubild *n*.; ~ **programme**

(IT) Monitor *m*.; ~ **screen**
Kontrollschirm *m*.; ~ Datensichtgerät *n*.
monitoring *n*. Überwachung *f*.,
Betriebsaufsicht *f*.; ~ (sound) Abhören
n., Abhörkontrolle *f*.; ~ **amplifier**
Abhörverstärker *m*.; ~ **area**
Kontrollraum *m*.; ~ **bay** Kontrollgestell
n.; ~ **demodulator**
Überwachungsdemodulator *m*.; ~ **desk**
Überwachungspult *n*.; ~ **equipment**
Überwachungseinrichtung *f*.; ~ **line**
Überwachungsleitung *f*.,
Kontrollschiene *f*.; ~ **location** Abhörort
m.; ~ **loudspeaker** Kontrollautsprecher
m., Abhörlautsprecher *m*., Abhörer *m*.,
Vorhörlautsprecher *m*.; ~ **of operations**
Betriebsüberwachung *f*.; ~ **of outgoing**
sound signal Mithörkontrolle der
Sendemodulation; ~ **of transmitted**
sound signal Mithörkontrolle der HF-
Modulation; ~ **output** Kontrollausgang
m.; ~ **probe** Auskoppelsonde *f*.; ~
receiver Überwachungsempfänger *m*.;
~ **report** Abhörbericht *m*.; ~ **room**
Abhörraum *m*.; ~ **service** Abhördienst
m.; ~ **station** Funkmeßdienst *m*.,
Kontrollstation *f*.; ~ **threshold**
Mithörschwelle *f*.; ~ **unit**
Überwachungsgerät *n*.,
Überwachungseinheit *f*.; ~ **volume**
Abhörlautstärke *f*.; ~ **meeting**
Abhörkonferenz *f*. (bewertet Beiträge);
~ **unit** Abhöreinrichtung *f*.
monkey wrench Franzose *m*.
mono *adj*. (coll.) monaural *adj*.,
monophon *adj*., einkanalig *adj*.; ~
operation Monobetrieb *m*.; ~ **receiver**
Monoempfänger *m*.; ~ **sound** Mono-
Ton *m*.; ~ **sound broadcast** Mono-
Tonausstrahlung *f*.; ~ **sound reception**
Mono-Tonempfang *m*.; ~ **sound**
recording Mono-Tonaufnahme *f*.; ~
sound reproduction Mono-
Tonwiedergabe *f*.; ~ **sound**
transmission Mono-Tonübertragung *f*.
monochromatic *adj*. monochromatisch
adj.
monochrome *adj*. einfarbig *adj*.,
monochromatisch *adj*., schwarzweiß
adj.; ~ **copy** Einfarbenkopie *f*.; ~ **print**
Einfarbenkopie *f*.; ~ **production**

Schwarzweißproduktion *f*.; ~
transmitter Schwarzweißsender *m*.
monomicrophony *n*. Monomikrofonie *f*.
monomode fibre Einmoden-Faser *f*. (IT)
monopack *n*. Monopack *n*.
monophonic *adj*. monaural *adj*.,
monophon *adj*., einkanalig *adj*.; ~
signal Monosignal *n*.
monophony *n*. Monophonie *f*.
monoscope *n*. Monoskop *n*.
monospace font Schrift, nicht
proportionale *f*. (IT)
monostable (IT) monostabiles Flip-Flop,
monostabile Kippschaltung; ~ **circuit**
(IT) monostabiles Flip-Flop,
monostabile Kippschaltung; ~ **trigger**
circuit (IT) monostabiles Flip-Flop,
monostabile Kippschaltung
montage *n*. Montage *f*.
month *n*. Monat *m*.
mood music Stimmungsmusik *f*.,
Effektmusik *f*.
moquette *n*. Mokett *n*.
morning programme
Vormittagsprogramm *n*.; ~ **show**
Frühsendung *f*.
Morse, copying of °~ **signals** Aufnehmen
von Morsezeichen; °~ **character**
Morsezeichen *n*.; °~ **signal**
Morsezeichen *n*.
mosaic printer (IT) Matrixdrucker *m*.; ~
screen film Farbrasterfilm *m*.
most significant Bit höchster Wertigkeit
motherboard *n*. Hauptplatine *f*. (IT)
motif *n*. (mus.) Motiv *n*.
motion *n*. Bewegung *f*., Lauf *m*.; ~-
adaptive *adj*. bewegungsadaptiv *adj*.;
~-**compensated** *adj*.
bewegungskompensiert *adj*.; ~-**picture**
n. Film *m*.; ~-**picture camera**
Filmkamera *f*.; ~-**unsharpness**
Bewegungsunschärfe *f*.; ~ **estimation**
Bewegungsschätzung *f*.; ~ **tracking**
Bewegungsanalyse *f*.; ~ **vector**
Bewegungsvektor *m*., Bewegungszeiger
f.
motor armature Motoranker *m*.; ~ **board**
Laufwerkplatte *f*.; ~-**boating** *n*. (tech.)
Blubbern *n*., Tonblubbern *n*., Knattern
n.; ~ **drive** Motorantrieb *m*.; ~ **pool**
Fahrbereitschaft *f*.; ~ **protection switch**
Motorschutzschalter *m*.

mould *n.* Form *f.*

mount *v.* (editing) montieren *v.*,
zusammenschneiden *v.*; ~ installieren
v.; ~ (paste up) aufziehen *v.*

mounting *n.* Armatur *f.*, Halterung *f.*;
mobile ~ **unit** fahrbarer Untersatz;
swivel ~ schwenkbare Halterung

mouse *n.* Maus *f.* (EDV); ~ **pad** *n.*
Mauspad *n.* (IT); ~ **pointer** *n.*
Mauszeiger *m.* (IT)

mouse's teeth Mäusezähnchen *n. pl.*,
Mausezähnchen *n. pl.* (MAZ)

mousseline *n.* Musselin *m.*

movable *adj.* beweglich *adj.*

move *n.* (F perf.) Gang *m.*

movement *n.* Bewegung *f.*, Uhrwerk *n.*

movie *n.* (US) Film *m.*, Film *m.*; ~
camera Aufnahmekamera *f.*; ~ **theater**
(US) Filmtheater *n.*, Lichtspieltheater *n.*,
Kino *n.*

moviegoer *n.* (US) Zuschauer *m.*

moving coil Drehspule *f.*; ~ **coil** (micr.)
Tauchspule *f.*; ~**-coil instrument**
Drehspulinstrument *n.*; ~**-coil**
loudspeaker elektrodynamischer
Lautsprecher; ~ **pictures** bewegte
Bilder; ~ **pin** Greifer *m.*

MS (s. manuscript), ; °~ **stereophony**
Mitte-Seite-Stereophonie *f.*

muddled, to get ~ verhaspeln *v.* (sich)

multi *n.* (coll.) Multivibrator *m.*; ~**-band**
amplifier Mehrbereichverstärker *m.*; ~**-**
band antenna Mehrbereichsantenne *f.*;
~**-channel** *adj.* Mehrkanal- (in Zus.);
~**-channel aerial** Mehrbereichantenne
f.; ~**-channel amplifier**
Mehrkanalverstärker *m.*; ~**-channel**
modulation Mehrfachmodulation *f.*; ~**-**
channel modulation link
Mehrfachmodulationsweg *m.*; ~**-**
channel sound Mehrkanalton *m.*; ~**-**
channel sound reception
Mehrkanaltonempfang *m.*; ~**-channel**
sound system Mehrkanaltonverfahren
n.; ~**-channel sound transmission**
Mehrkanaltonübertragung *f.*; ~**-channel**
telephone cable
Vielfachkanalfernsprechleitung *f.*; ~**-**
coloured *adj.* mehrfarbig *adj.*; ~**-**
contact plug Vielfachstecker *m.*; ~**-**
contact socket Vielfachgegenstecker
m.; ~**-contact strip** Steckerleiste *f.*,

Mehrfachkontaktleiste *f.*; ~**-flap shutter**
Jalousieblende *f.*; ~**-focus lens**
Multifokusobjektiv *n.*; ~**-grid tube**
Mehrgitterröhre *f.*; ~**-grid valve**
Mehrgitterröhre *f.*; ~**-layer colour film**
Mehrschichtenfarbfilm *m.*; ~**-level** *adj.*
Mehrebenen- (in Zus.); ~**-media system**
Medienverbundsystem *n.*; ~**-**
modulation system
Mehrfachmodulationssystem *n.*; ~**-path**
effect Geisterbild *n.*; ~**-point**
connection Mehrfachstecker *m.*; ~**-**
range *adj.* Mehrbereich- (in Zus.); ~**-**
range battery-charger
Mehrbereichladegerät *n.*; ~**-satellite**
link Satellitenverbindung mit mehreren
Satelliten; ~**-socket strip** Steckerleiste
f., Mehrfachkontaktleiste *f.*; ~**-track**
adj. Mehrspur- (in Zus.); ~**-track**
recording Mehrspuraufzeichnung *f.*; ~**-**
track recording system
Schallaufnahmeverfahren mit mehreren
Tonspuren; ~**-track tape recorder**
Mehrspurbandmaschine *f.*,
Mehrfachbandspieler *m.*; ~**-way**
connector Vielfachgegenstecker *m.*; ~
device controller Mehrgerätesteuerung
f. (IT); ~ **user operation**
Mehrbenutzerbetrieb *m.* (IT); ~ **user**
system Mehrbenutzersystem *n.* (IT); ~**-**
carrier mode TrägerverfahrenMehr
(AM); ~**-computer network**
Rechnerverbund *m.* (IT); ~**-mode fibre**
Mehrmodenfaser *f.*

multiaccess Vielfachzugriff (Sat)

multiaddress call Sammelruf *m.* (Tel); ~
service Rundsenden *n.* (Tel)

multicast *n.* Mehrfachübertragung *f.*,
Multicast *n.* (Mehrfachübertragung)

multicrypt *n.* Multicrypt *n.* (Pay-TV,
Mehrfachentschlüsselung)

multifocus antenna Multifocus-Antenne
m.

multifrequency dialling
Mehrfrequenzwahl *f.*

multifunction workstation
Mehrfunktionsarbeitsplatz *m.* (IT)

multilateral *n.* multilaterale Sendung,
multilateral *adj.*; ~ **broadcast**
multilaterale Ausstrahlung; ~
programme Gemeinschaftssendung *f.*;

~ **sound track** Mehrzackenschrift *f.*; ~ **transmission** multilaterale Übertragung
multilingual *adj.* mehrsprachig *adj.*
multimedia *n.* Multimedia *f.* (IT); ~ **communication** Multimediakommunikation *f.* (IT); ~ **journalism** Multimediajournalismus *m.* (IT); ~ **journalist** Multimediajournalist *m.* (IT); ~ **PC** Multimedia-PC *m.* (IT); ~ **presence** Multimediaauftritt *m.* (IT), Multimediapräsenz *f.* (IT); ~ **presentation** Multimediapräsentation *f.* (IT); ~ **system** Multimediasystem *n.* (IT)
multimeter *n.* Mehrfachmeßgerät *n.*, Vielfachmeßgerät *n.*, Multimeter *n.*
multipath propagation Mehrwegeausbreitung *f.*; ~ **reception** Mehrwegeempfang *m.*; ~ **propagation** Mehrwegeausbreitung *m.*
multipier effects
multiplay Multiplay
multiple-access *n.* Vielfachzugriff *m.*; ~ **cable** Mehrfachkabel *n.*; ~ **echo** Mehrfachecho *n.*; ~ **ghosting** Mehrfachkontur *f.*; ~ **hop propagation** Mehrfachsprungausbreitung *f.*; ~ **input transformer** Mischübertrager *m.*; ~ **plug** Vielfachstecker *m.*; ~**-pole** *adj.* mehrpolig *adj.*; ~ **socket** Mehrfachbuchse *f.*; ~ **sound** Mehrfachklang *m.*; ~ **talkback system** Mehrfachgegensprechanlage *f.*; ~ **use** Mehrfachnutzung *f.*; ~ **utilisation** Mehrfachnutzung *f.*; ~ **carrier system** Multiträgersystem *n.*; ~ **frequency network** (MFN) Mehrfrequenznetz *n.*; ~ **reception** Mehrfachempfang *m.*
multiplex *n.* Konferenzschaltung *f.*, Multiplex *n.*; ~ **broadcast** Ringsendung *f.*; ~ **modulation** Mehrfachmodulation *f.*; ~ **signal** Multiplexsignal *n.*; ~ **speech channel** multiplexe Sprechverbindung; ~ **speech connection** multiplexe Sprechverbindung; ~ **transmission** Konferenzsendung *f.*
multiplexed *n.* Multiplex *n.*
multiplexer *n.* Multiplexer *m.*
multiplier *n.* Multiplier *m.*, Vervielfacher *m.*
multipoint distribution Verbreitung *f.*

multipolar *adj.* mehrpolig *adj.*
multisync monitor Multifrequenz-Monitor *m.* (IT)
multitester *n.* Vielfachmeßgerät *n.*
multitrack mixdown
multivibrator *n.* Multivibrator *m.*, Kippschaltung *f.*; **astable** ~ astabiler Multivibrator; **bistable** ~ bistabiler Multivibrator; **gating** ~ getriggerter Multivibrator; **monostable** ~ monostabiler Multivibrator
multivision screen Multivisionswand *f.*
mumble *v.* nuscheln *v.* (fam.)
mush area Frequenzauslöschung *f.*, Nahschwundzone *f.*
music *n.* Musik *f.*; **contemporary** ~ zeitgenössische Musik; **incidental** ~ untermalende Musik; **light** ~ leichte Musik, Unterhaltungsmusik *f.* (U-Musik); **pre-classical** ~ Altes Werk; **serious** ~ ernste Musik (E-Musik); **setting to** ~ Vertonung *f.*; **sheet of** ~ Notenblatt *n.*; **solemn** ~ getragene Musik; **symphonic** ~ sinfonische Musik; **to dub with** ~ Musik anlegen; **to set to** ~ vertonen *v.*; **to sync up with** ~ Musik unterlegen; **to underlay with** ~ Musik unterlegen; ~ **and effects track** (M and E track) internationales Tonband *n.* (IT-Band); ~ **archives** *n. pl.* Musikarchiv *n.*; ~ **arranger** Notenbearbeiter *m.*; ~ **broadcast** Musiksendung *f.*; ~ **carpet** Musikteppich *m.*; ~ **cassette** Musikkassette *f.*; ~ **copyist** Notenschreiber *m.*; ~ **critic** Musikkritiker *m.*; ~ **department** Musikabteilung *f.*; ~ **library** Musikbücherei *f.*; ~ **library** (scores) Notenarchiv *n.*; ~ **line** Modulationsleitung *f.*, Modulationssendeleitung *f.*; ~ **magazine** Musikmagazin *n.*; ~ **mixer** (F) Musiktonmeister *m.*; ~ **programme** Musikprogramm *n.*; ~ **proof-reader** Notenkorrektor *m.*; ~ **publisher** Musikverleger *m.*; ~ **recording** Musikaufnahme *f.*; ~ **score** Partitur *f.*; ~ **studio** Musikstudio *n.*, Musikaufnahmeatelier *n.*; ~ **tape** Musikband *n.*; ~ **track** Musikband *n.*; ~ **bed** *n.* Musik-Bett *n.*

(akust.Verpackungselement); ~ **clip**
Musikvideo *n.*; ~ **editing**
Musikredaktion *f.*; ~ **editing staff**
Musikredaktion; ~ **format** Musik-
Format *n.*; ~ **piracy** Musikpiraterie *f.*
(IT); ~ **rotation** Musik-Rotation *f.*; ~
sweep Music Sweep *f.*, Musikstrecke *f.*

musical *n.* Musical *n.*; ~ **acoustics**
musikalische Akustik; ~ **arrangement**
Musikarrangement *n.*; ~ **caption**
Kennung *f.*; ~ **director** Kapellmeister
m.; ~ **material** Musikmaterial *n.*; ~
title Musiktitel *m.*

musician on contract Vertragsmusiker *m.*

muslin *n.* Musselin *m.*

mute *adj.* stumm *adj.*; ~ **key** *n.*
Stummtaste *f.*

muting *n.* Stummschaltung *f.*

mutual conductance (tube) Steilheit *f.*

muzak *n.* (coll.) Musikberieselung *f.*

MVTR (s. mobile VTR),

mystery drama Kriminaldrama *n.*; ~ **play**
Kriminalspiel *n.*

N

nadir *n.* Fußpunkt *m.*

name part Titelrolle *f.*

NAND operation (IT) NAND-Funktion *f.*

narration *n.* Lesung *m.*

narrative *n.* Filmtext *m.*

narrator *n.* Erzähler *m.*; ~ (F)
Filmsprecher *m.*, Sprecher *m.*

narrow band Schmalband *n.*,
schmalbandig *adj.*; ~ **band filter**
Schmalbandfilter *m.*; ~-**band spectrum**
Schmalbandspektrum *m.*; ~ **gauge**
Schmalfilmformat *n.*; ~-**gauge film**
Schmalfilm *m.*; ~-**gauge spool**
Schmalfilmspule *f.*; ~-**tape** Schmalband
n.

narrowcasting *n.* Gruppenfernsehen *n.*
((Ziel)-Gruppenfernsehen) (HF/FS)

national cable grid Nationales
Leitungsnetz; ~ **cable network**
Nationales Leitungsnetz; ~ **news** (US)
Berichterstattung Inland; ~ **programme**

Gemeinschaftsprogramm *n.*; ~ **frame**
Mantelprogramm, landesweit *n.*

natural frequency (acoust.)
Eigenfrequenz *f.*; ~ **interior** reales
Dekor; ~ **oscillation** Eigenschwingung
f. (LC); ~ **resonance** Eigenresonanz *f.*

nature *n.* Veranlagung *f.*

navigation bar Navigationsleiste *f.* (IT); ~
keys Navigationstasten *f. pl.* (IT)

navigator *n.* Navigator *m.* (DVB)

near field Nahfeld *n.*; ~ **end crosstalk**
Nahnebensprechen *n.* (Tel)

nearfield monitoring Nahfeldbeschallung
f.

neck strap Tragriemen *m.*

necklace microphone Umhängemikrofon
n.

need *v.* brauchen *v.*, Bedarf *m.*

needle pulse Nadelimpuls *m.*; ~ **sound**
Nadeltonverfahren *n.*; ~ **time**
vertraglich festgelegte Sendezeit für
Schallplatten

neg cutter *n.* (coll.) Filmkleber *m.*, Kleber
m.

negation *n.* (IT) Inversion *f.*

negative *n.* Negativ *n.*, Negativmaterial *n.*;
~ **colour film** Negativfarbfilm *m.*; ~
current feedback Stromgegenkopplung
f.; ~-**cutter** *n.* Filmkleber *m.*, Kleber *m.*,
Negativabzieher *m.*, Negativcutter *m.*; ~
cutting Negativschnitt *m.*,
Nachschneiden *n.*; ~-**cutting bench**
Negativabziehtisch *m.*,
Negativsynchronabziehtisch *m.*; ~-
cutting room Negativabziehraum *m.*; ~
developing Negativentwicklung *f.*; ~
development Negativentwicklung *f.*; ~
dirt Negativstaub *m.*; ~ **distortion**
Kissenverzerrung *f.*; ~ **feedback**
Gegenkopplung *f.*; ~ **film** Negativfilm
m.; ~ **image** Negativbild *n.*; ~ **lens**
Zerstreuungslinse *f.*; ~ **light box**
Negativlichtkasten *m.*; ~ **material**
Negativmaterial *n.*; ~ **picture**
Negativbild *n.*; ~-**positive process**
Negativ-Positiv-Verfahren *n.*; ~ **report**
Negativbericht *m.*, Bildnegativbericht
m.; ~ **scratch** Negativschramme *f.*,
Primärschramme *f.*; ~ **sparkle**
Negativschmutz *m.*; ~ **stock**
eingelagertes Negativ, Negativfilm *m.*,
Negativmaterial *n.*; ~ **synchroniser**

Negativabziehtisch *m.*,
Negativsynchronabziehtisch *m.*; ~
temperature coefficient resistor (NTC
resistor) NTC-Widerstand *m.*,
Warmleiter *m.*
negotiate *v.* verhandeln *v.*
negotiation *n.* Verhandlung *f.*
nemo *n.* (US) Außenaufnahme *f.*,
Außenübertragung (AÜ)
neon tester Spannungsprüfer *m.*
net *n.* (lighting) Softscheibe *f.*; ~ **cost**
Selbstkosten plt.; ~ Netz *n.*; ~ **address**
Netzadresse *f.* (IT); ~ **event**
Internetereignis *n.*; ~ **terminator**
Netzabschluß *m.*
netiquette *n.* Netiquette *f.*
network *n.* Netz *n.*, Leitungsnetz *n.*,
Netzwerk *n.*, vermaschtes Netz,
Fernsehkette *f.*; **interconnected** ~
vermaschtes Leitungsnetz; ~ **analog**
(IT) Netzmodell *n.*; ~ **analyzer**
Netzwerkanalysator *m.*; ~ **carrier**
Netzbetreiber *m.*; ~ **coupler**
Netzkoppler *m.*; ~ **coverage**
Netzversorgung *f.*; ~ **director**
Ablaufregisseur *m.*; ~ **hook-up**
Netzzusammenschaltung *f.*; ~
interruption Netzunterbrechung *f.*; ~
management Leitungswesen *n.*; ~ **node**
Netzknoten *m.*; ~ **planning**
Netzplanung *f.*; ~ **programme**
nationales Programm; ~ **switching**
Netzschaltung *f.*; ~ **terminator**
Netzabschluß *m.*; ~ **user identification**
Teilnehmerkennung *f.*; ~ Network *n.*,
Netz *n.*; ~ **address** Netzadresse *f.* (IT);
~ **layer** Vermittlungsschicht *f.* (ISO/
OSI-Schichtenmodell); ~ **node**
Netzknoten *m.*; ~ **provider**
Übertragungsnetzanbieter *m.*; ~
structure Netzstruktur *f.*; ~ **terminator**
Netzabschluß *m.*; ~ **topology**
Netztopologie *f.*
networking *n.* Vernetzung *f.*
neutral *n.* Nullerde *f.*; ~ **conductor**
Mittelleiter *m.*; ~ **density filter**
Neutralgraufilter *m.*, Dichtefilter *m.*; ~
density fluctuation
Dichteschwankungen *f. pl.*; ~ **filter**
Dichtefilter *m.*; ~ **wedge** Graukeil *m.*,
Grauskala *f.*
neutralisation *n.* Neutralisation *f.*

new production Neuproduktion *f.*; ~
talent Nachwuchs *m.*; ~ **tape**
Frischband *n.*; ~ **media** Neue Medien *f.*
pl. (IT)
newbie *n.* Newbie *m.* (Internet)
newline character Zeilenschaltzeichen *n.*
(IT)
news *n. pl.* Nachrichten *f. pl.*; **inspired** ~
item Zweckmeldung *f.*; **in the** ~ aktuell
adj.; ~ **agency** Nachrichtenagentur *f.*; ~
analysis Kommentar *m.*; ~ **analyst**
Kommentator *m.*; ~ **and current**
affairs *n. pl.* Aktuelles *n.*, Politik und
Zeitgeschehen, Nachrichtenabteilung *f.*;
~ **and current affairs programme**
Informationsprogramm *n.*; ~ **blackout**
n. Nachrichtensperre *f.*; ~ **broadcast**
Nachrichtensendung *f.*,
Informationssendung *f.*,
Nachrichtenübertragung *f.*; ~
broadcasting (R,TV)
Nachrichtengebung *f.*; ~ **bulletin**
Nachrichtensendung *f.*; ~ **bulletin** (R)
Hörfunknachrichten *f. pl.*; ~
coordination Nachrichtenkoordination
f.; ~ **coverage** aktuelle Berichte,
Reportage *f.*; ~ **desk** Redaktion *f.*,
Redaktionsraum *m.*; ~ **director** (US)
Chefredakteur *m.*; ~ **exchange**
Nachrichtenaustausch *m.*; ~ **flash**
Kurznachricht *f.*, Blitzmeldung *f.*; ~
headlines Kurznachrichten *f. pl.*; ~
intake Meldungsanfall *m.*; ~ **item**
Meldung *f.*, Nachricht *f.*,
Nachrichtenbeitrag *m.*; ~ **material**
Nachrichtenmaterial *n.*, Information *f.*;
~ **offer** Nachrichtenangebot *n.*; ~ **peg**
Aufhänger *m.*; ~ **picture** Pressefoto *n.*;
~ **platform** Nachrichtenplattform *f.*; ~
programme Nachrichtensendung *f.*; ~
prospects *n. pl.* Themenliste *f.*; ~
release Nachrichtengebung *f.*; ~ **report**
Reportagesendung *f.*, Meldung *f.*,
Reportage *f.*; ~ **research** Recherche *f.*;
~ **round-up** Vermischtes *n.*; ~ **service**
Nachrichtendienst *m.*; ~ **show** (US)
Nachrichtensendung *f.*, News-Show *f.*;
~ **show agency** News show agency; ~
source Nachrichtenquelle *f.*; ~ **story**
Meldung *f.*; ~ **studio** Nachrichtenstudio
n.; ~ **summary** Kurznachrichten *f. pl.*;
~ **transmission** *f.*

Nachrichtenübermittlung f.,
Nachrichtenübertragung f.,
Nachrichtensendung f.; ~ pl. News f.
pl.; ~ **(delivery) system**
Nachrichtensystem n.; ~ **conference**
Briefing n.; ~ **factor** Nachrichtenfaktor
m.; ~ **flash** News Flash m. (IT); ~
format Nachrichtenformat n.; ~ **show**
News-Show f. (Sendeform); ~ **situation**
Nachrichtenlage f.; ~ **status**
Nachrichtenlage f.

newscast n. Nachrichten f. pl.,
Nachrichtensendung f.,
Nachrichtenübertragung f.

newscaster n. Nachrichtensprecher m.,
Sprecher m.

newsdesk n. Newsdesk n. (Arbeitsplatz)

newsfilm n. aktueller Filmbericht,
Nachrichtenfilm m., Filmnachrichten f.
pl.

newsflash Blitznachrichten f. pl. (s.
Blitzmeldung)

newsletter n. Informationsdienst m.,
Pressedienst m.

newsman n. (US) Berichterstatter m.,
Journalist m., Reporter m.

newspad n. Newscomputer m.

newspaper n. Zeitung f.

newspapermen n. pl. (US) Zeitungsleute
plt.

newsreader n. Nachrichtensprecher m.,
Sprecher m.; ~ **in vision**
Nachrichtensprecher im On

newsreel n. Reportagefilm m.; ~ (cinema)
Wochenschau f., Filmnachrichten f. pl.

newsroom n. Nachrichtenredaktion f.,
Redaktion f., Redaktionsraum m.,
newsroom n.

newswriter n. (US) Nachrichtenredakteur
m.

NG n. (coll.) Nichtkopierer m. (NK),
schlechte Aufnahme, wertlos adj.; °~
take (coll.) Nichtkopierer m. (NK),
schlechte Aufnahme

Ni-Fe accumulator Stahlakkumulator m.

NiCad battery NiCad-Akku m. (IT)

nickel-iron-alkaline accumulator
Stahlakkumulator m.

nigger n. Lichtblende f., Blende f., Neger
m. (fam.)

night programme Nachtprogramm n.; ~
range (transmitter) Nachtreichweite f.;

~ **shot** Nachtaufnahme f.; ~ **gap**
Nachtlücke f.

nitrate film Nitrofilm m.

nitrocellulose film Nitrofilm m.; ~ **stock**
Zellhornfilm m.

no-current relay Stromausfallrelais n.; ~-
load current Leerlaufstrom m.; ~-**load
operation** Leerlauf m.; ~-**load voltage**
Leerlaufspannung f.; ~-**volt release
relay** Spannungsausfallrelais n.

nodal point Knotenpunkt m.; ~ **point (of
a lens)** Objektiv-Hauptpunkt m.; ~
switching center Knotenvermittlung f.
(Tel)

node n. Knoten m.; ~ **point** Knotenpunkt
m.

noise n. Geräusch n., Rauschen n.,
Rauschton m., Lärm m.; **atmospheric** ~
atmosphärisches Rauschen; **coloured** ~
farbiges Rauschen; **continuous** ~
kontinuierliches Rauschen; **impulsive** ~
impulsförmiges Rauschen; **man-made**
~ künstliches Rauschen; **periodic** ~
periodisches Rauschen; **pink** ~ farbiges
Rauschen; **static** ~ statisches Rauschen;
to be degraded by high ~ **level**
verrauschen v.; **unweighted** ~ **level**
unbewerteter Störpegel; **weighted** ~
voltage bewertete Geräuschspannung;
white ~ Weißton m., weißes Rauschen;
~ **blanking** Störaustastung f.; ~-
cancelling microphone
Nahbesprechungsmikrofon n.; ~
component Rauschanteil m.; ~
contribution Rauschbeitrag m.; ~
current Rauschstrom m.; ~ **emission**
Geräuschemission f., Störabstrahlung f.;
~ **factor** Rauschzahl f.; ~ **fading**
Rauscheinbruch m.; ~ **field intensity**
Störfeldstärke f.; ~ **figure** Rauschmaß
n., Rauschzahl f.; ~ **generator**
Rauschgenerator m.; ~ **immission**
Geräuschimmission f.; ~ **immunity**
Störfestigkeit f.; ~ **interference**
Störgeräusch n., Rauschstörung f.; ~
jamming Rauschstörung f.; ~ **level**
Geräuschpegel m., Rauschpegel m.,
Störpegel m.; ~ **limiter**
Rauschbegrenzer m., Störbegrenzer m.;
~ **limiting** Rauschbegrenzung f.,
Störbegrenzung f.; ~ **meter**
Geräuschspannungsmesser m.,

Störspannungsmesser *m.*; ~ **peaks**
Rauschspitzen *f. pl.*; ~ **pollution**
Lärmbelästigung *f.*; ~ **potential**
Rauschspannung *f.*; ~ **power**
Rauschleistung *f.*; ~ **radiation**
Störabstrahlung *f.*; ~ **reduction**
Rauschunterdrückung *f.*; ~ **reduction**
(process, system)
Rauschverminderungsverfahren *n.*; ~
reduction system
Geräuschunterdrückungs-System *n.*; ~
rejection rate
Rauschunterdrückungsfaktor *m.*; ~
resistance Rauschwiderstand *m.*; ~
sensitivity Rauschempfindlichkeit *f.*; ~
source Störquelle *f.*; ~ **suppresion**
Rauschunterdrückung *f.*; ~ **suppression**
Geräuschunterdrückung *f.*, Entstörung *f.*;
~ **suppressor** Geräuschabschwächer *m.*;
~ **temperature** Rauschtemperatur *f.*; ~
track Rauschspur *f.*; ~ **value**
Geräuschwert *m.*; ~ **voltage**
Geräuschspannung *f.*, Rauschspannung
f., Störspannung *f.*, Fremdspannung *f.*
noisegate *n.* Schwellwertschalter *m.*
noiseless *adj.* geräuschlos *adj.*
noisy *adj.* verrauscht *adj.*; **to be** ~
rauschen *v.*, grieseln *v.* (s. rauschen); ~
join Tonblitz *m.*
nominal curve Sollkurve *f.*; ~ **frequency**
Nennfrequenz *f.*, Sollfrequenz *f.*,
Betriebsfrequenz *f.*; ~ **power**
Nennleistung *f.*; ~ **speed**
Sollgeschwindigkeit *f.*; ~ **value**
Sollwert *m.*; ~ **voltage** Nennspannung *f.*
non-conjunction *n.* (IT) NAND-Funktion
f.; ~-**directional aerial** ungerichtete
Antenne; ~-**flam film** Sicherheitsfilm
m.; ~-**fused earth** Schutzerde *f.*; ~-
halating *adj.* lichthoffrei *adj.*; ~-**linear**
adj. unlinear *adj.*; ~-**linearity** *n.*
Unlinearität *f.*; ~-**linear network**
Verzerrer *m.*; ~-**linear oscillation**
nichtlineare Schwingung; ~-**original**
material Fremdfilmmaterial *n.*; ~-
performance within fixed time Verzug
m.; ~-**periodic oscillation**
nichtperiodische Schwingung; ~-**profit-**
making organisation gemeinnützige
Organisation; ~-**reactive resistance**
Verlustwiderstand *m.*; ~-**reverberant**
adj. schalltot *adj.*; ~-**stop background**

music Musikberieselung *f.*; ~-
synchronous *adj.* asynchron *adj.*; ~-
transparent *adj.* undurchsichtig *adj.*; ~
-**linear editing** non-linear editing
(Schnitttechnik) (NLF); ~ **destructive**
editing Editing, non-destructives *n.*; ~
linear editing Schnitt, nicht linearer *m.*;
~-**restricted class of service**
Amtsberechtigung *f.* (Tel); ~-**restricted**
exchange line access Amtsberechtigung
f. (Tel)
NOR-function *n.* (IT) NOR-Funktion *f.*
norm *n.* Norm *f.*
normal circumstances Normalfall *m.*; ~
colour sight Farbnormalsichtigkeit *f.*
normality *n.* Normalität *f.*
nostalgia film Heimatfilm *m.*
NOT operation (IT) Inversion *f.*
not subject to rights rechtefrei *adj.*
notch *n.* Nut *f.*; ~ **filter** Lochfilter *m.*,
Fallenfilter *m.*; ~-**filter circuit**
Fallenkreis *m.*
note *n.* Ton *m.*, Note *f.* (Musik), Notiz *f.*
notice *n.* (press) Kritik *f.*; **at long** ~
langfristig *adj.*
NTC resistor Heißleiter *m.*,
nude *n.* Akt *m.*
nuisance *n.* Lärmbelästigung *f.*
null drift (IT) Nullpunktverschiebung *f.*;
~ **modem** Nullmodem *n.* (IT)
number of frames Bildzahl *f.*; ~ **of**
frames per second Bildfolgefrequenz *f.*;
~ **of lines** Zeilenzahl *f.*; ~ **of switching**
operations in given period
Schalthäufigkeit *f.*; ~ **system**
Zahlensystem *n.*; ~ **memory**
Nummernspeicher *m.*; ~ **storage**
Nummernspeicher *m.*
numerical aperture numerische Apertur *f.*
(IT)
nut, annular ~ Ringmutter *f.*
nuvistor *n.* Nuvistor *m.*
Nyquist filter Nyquistfilter *m.*; °~
filtering Nyquistfilterung *f.*; °~
receiver Nyquistempfänger *m.*; °~
slope Nyquistflanke *f.*

O

O.B. van *n.* Aufnahmewagen *m.*

o.o.o. (s. out of order)

OB (s. outside broadcasts), ; °~
commentary Außenreportage *f.*; °~ **line**
Übertragungsleitung *f.*; °~ **location**
Außenübertragungsort *m.*,
Außenübertragungsstelle *f.*; °~ **point**
Außenübertragungsort *m.*,
Übertragungsort *m.*; °~ **production**
Außenproduktion *f.*; °~ **recording**
Außenaufzeichnung *f.*, Außenaufnahme
f.; °~ **reporting** Außenreportage *f.*; °~
scanner (coll.) Bildaufnahmewagen *m.*;
°~ **site** Außenübertragungsstelle *f.*; °~
unit Aufnahmegruppe *f.*; °~ **van**
Übertragungswagen *m.*, Ü-Wagen *m.*;
°~ **vehicle** Übertragungswagen *m.*, Ü-
Wagen *m.*

obits *n. pl.* (coll.) Nekrolog *m.*, Nachrufe
m. pl., Heldenfriedhof *m.* (fam.),
Leichenmappe *f.* (fam.)

obituaries *n. pl.* Nekrolog *m.*, Nachrufe *m.
pl.*, Heldenfriedhof *m.* (fam.),
Leichenmappe *f.* (fam.)

object time (IT) Programmlaufzeit *f.*; ~
module Objektmodul *n.* (IT); ~-
oriented *adj.* objektorientiert *adj.* (IT)

objective *n.* Linse *f.*, Objektiv *n.*; ~ **lens**
Objektiv *n.*, Abbildungslinse *f.*; ~
mount Objektivfassung *f.*

obligation *n.* Verpflichtung *f.*, Pflicht *f.*; ~
to pay a charge Gebührenpflicht *f.*; ~
to pay a fee Gebührenpflicht *f.*; ~ **to
give information** Auskunftspflicht *f.*

oblique incidence schräg einfallend; ~
magnetisation Schrägmagnetisierung *f.*;
~ Schrägschrift *f.* (IT)

observance *n.* Beachtung *f.*

observation *n.* Beobachtung *f.* (Empfang)

observe *v.* beobachten *v.*, beachten *v.*

obstacle *n.* Hindernis *n.*; ~ **gain**
Hindernisgewinn *m.*

obstruct *v.* verhindern *v.*

obstruction *n.* Verhinderung *f.*

obtainability *n.* Erreichbarkeit *f.* (Tel)

occasion *n.* Anlaß *m.*

occasional listeners Gelegenheitshörer *m.
pl.*

occupation *n.* Beschäftigung *f.*

occupy *v.* belegen *v.*, beschäftigen *v.*

octal number Oktalzahl *f.*

octave filter Oktavfilter *m.*

ocular *n.* Okular *n.*

odd-order harmonic distortion
ungradzahliger Klirrfaktor

off (switch) aus; **-centre, to** ~ **the picture**
aus der Bildmitte setzen; **-centre, to
compose** ~ aus der Bildmitte setzen; ~-
line mode (IT) Off-Line-Betrieb *m.*; ~-
line operation (IT) Off-Line-Betrieb *m.*;
~-**prompt side** bühnenrechts *adv.*; -
screen, to speak ~ aus dem Off
sprechen; ~-**screen narration** Off-
Kommentar *m.*; ~-**screen narration
script** Off-Text *m.*; ~-**screen narrator**
Off-Sprecher *m.*; ~-**screen voice** (OSV)
Off-Stimme *f.*; ~-**the-shelf** aus dem
Lager; ~-**tube** Off-tube; ~-**tube
commentary** Kommentar am Monitor;
~-**air** *adv.* off-air *adv.*, auf
Sendungnicht

offcuts *n. pl.* (F) Schnittmaterial *n.*

offer *v.* (elec.) aufschalten *v.*; ~ anbieten
v., leisten *v.*, Angebot *n.*

office *n.* Dienststelle *f.*, Amt *n.*; ~ **head**
Dienststellenleiter *m.*; ~ **printing**
Vervielfältigung *f.*; ~-**printing machine**
Vervielfältiger *m.*; ~ **worker** Bürokraft
f.

official *adj.* amtlich *adj.*; ~ **journey**
Dienstreise *f.*; ~ **regulations**
Verordnung *f.*; ~ **statement**
Kommuniqué *n.*; ~ **telephone call**
Dienstgespräch *n.*

offline *adj.* offline *adj.*; ~ **browser**
Offlinebrowser *m.* (IT); ~ **data
processing** Off-Line Datenverarbeitung
f. (IT); ~ **reader** Offlinereader *m.* (IT)

offset *n.* Offset *n.*; ~ **aerial** Offsetantenne
f.; ~ **antenna** Offsetantenne *f.*; ~
interference source Offset-Störer *m.*; ~
operation Offsetbetrieb *m.*; ~ **zero**
Nullpunktunterdrückung *f.*

offsetting *n.* Aufrechnung *f.*

ohmic resistance Gleichstromwiderstand
m., Verlustwiderstand *m.*,
Wirkwiderstand *m.*

oil bath Ölbad *n.*; ~-**filled friction head**

Friktionsschwenkkopf *m*.; ∼**-filled
transformer** Öltransformator *m*.
old *adj*. (coll.) (news) überholt *adj*.
oldie *n*. Oldie *m*.
omnibus·cue circuit Kommando-Ringnetz
n.
omnidirectional aerial
Rundempfangsantenne *f*.,
Rundstrahlantenne *f*., ungerichtete
Antenne, Rundstrahler *m*.; ∼ **antenna**
Rundstrahlantenne *f*., Rundstrahler *m*.;
∼ **characteristic** Kugelcharakteristik *f*.;
∼ **microphone**
richtungsunempfindliches Mikrofon,
ungerichtetes Mikrofon, Kugelmikrofon
n., Kugel *f*. (fam.); ∼ **radiation**
Rundstrahlung *f*., Rundumstrahlung *f*.
on *n*. On *n*., ein *adv*.; **to be** ∼ **-camera** im
On sprechen; **you're** ∼ ! Auftritt!; ∼-
call *n*. (duty) Bereitschaftsdienst *m*.; ∼-
hook *v*. aufhängen *v*.; ∼**-line mode** (IT)
On-Line-Betrieb *m*.; ∼**-line operation**
(IT) On-Line-Betrieb *m*.; ∼ **the
receiving end** empfängerseitig *adj*.; ∼
air promotion On Air Promotion *f*.; ∼
screen design Fernsehdesign *n*.; ∼**-air**
auf Sendung; ∼**-air desk** Sendepult *n*.;
∼**-air-light signalling** Rotlicht *n*.; ∼-
hook dialing Wahl mit aufliegendem
Hörer *f*. (Tel)
one-light print Einlichtkopie *f*.; ∼**-light
printing** Einlichtkopierung *f*.; ∼**-man
operation** Ein-Mann-Bedienung *f*.; ∼-
shot multivibrator (IT) monostabiles
Flip-Flop, monostabile Kippschaltung;
∼**-third octave filter** Terzfilter *m*.; ∼-
way speech channel gerichtete
Sprechverbindung
online acquaintance Online-
Bekanntschaft *f*. (IT); ∼ **activities**
Online-Aktivitäten *f. pl*. (IT); ∼
advertising Online-Werbung *f*. (IT); ∼
archive On-Line-Archiv *n*.; ∼ **auction**
Online-Auktion *f*. (IT); ∼ **budget**
Online-Etat *m*. (IT); ∼ **call for votes**
Online-Abstimmung *f*. (IT); ∼ **camera**
Online-Kamera *f*. (IT); ∼ **center** Online-
Center *n*. (IT); ∼ **community** Online-
Gemeinde *f*. (IT); ∼ **consumer** Online-
Konsument *m*. (IT); ∼ **consumer
market** Online-Marktplatz *m*. (IT); ∼
data Online-Daten *pl*. (IT); ∼ **database**

Online-Datenbank *f*. (IT); ∼ **edition**
Online-Ausgabe *f*. (IT); ∼ **editor**
Online-Redakteur *m*. (IT); ∼ **editorial
staff** Online-Redaktion *f*. (IT); ∼
generation Online-Generation *f*. (IT); ∼
help Online-Hilfe *f*. (IT); ∼
maintenance On-Line Wartung *f*. (IT);
∼ **newscenter** Online-
Nachrichtenzentrum *n*. (IT); ∼
personnel Online-Personal *n*. (IT); ∼
presence Online-Präsenz *f*. (IT); ∼
publication Online-Publikation *f*. (IT);
∼ **reporting** Online-Berichterstattung *f*.
(IT); ∼ **service** Online-Dienst *m*.; ∼
service center Online-Servicezentrum
n. (IT); ∼ **shopper** Online-Käufer *m*.
(IT); ∼ **shopping mall** Online-
Einkaufsstrasse *f*. (IT); ∼ **site** Online-
Site *f*. (IT); ∼ **staff** Online-Personal *n*.
(IT); ∼ **store** Online-Laden *m*. (IT); ∼
subscriber Online-Abonnent *m*. (IT); ∼
subscription *n*. Online-Abonnement *n*.
(IT); ∼ **surfer** Online-Surfer *m*. (IT); ∼
surfing Online-Surfen *n*. (IT); ∼
tutorial Online-Lernprogramm *n*. (IT)
OOV (s. out of vision)
opaque *adj*. lichtundurchlässig *adj*.,
undurchsichtig *adj*.
open *v*. aufklappen *v*.; ∼ (F) anlaufen *v*.;
to ∼ **diaphragm** aufblenden *v*.; ∼**-air**
adj. Freilicht- (in Zus.); ∼**-air cinema**
Freilichtkino *n*.; ∼**-air performance**
Freilichtvorführung *f*.; ∼**-circuit**
Leerlauf *m*.; ∼**-circuit voltage**
Leerlaufspannung *f*.; ∼ **out** *v*. (zoom)
aufziehen *v*. (Zoom); ∼ **up** *v*. (lens)
Blende öffnen; ∼**-wire line** Freileitung
f., Luftleitung *f*.; ∼ **with** *v*. (journ.)
anfangen *v*. (mit), aufmachen *v*. (mit); ∼
architecture Architektur, offene *f*. (IT);
∼ **standard** offener Standard *m*. (IT)
opened file geöffnete Datei (IT)
opening announcement Ansage *f*.; ∼
captions *n. pl*. Filmvorspann *m*.; ∼
credits *n. pl*. Filmvorspann *m*.,
Namensvorspann *m*., Titelvorspann *m*.,
Vorspann *m*., Vorspanntitel *m*.; ∼ **of
aperture** Aufblende *f*., Aufblendung *f*.;
∼ **of diaphragm** Aufblende *f*.,
Aufblendung *f*.; ∼ **titles** *n. pl*.
Anfangstitel *m*., Filmvorspann *m*.,
Titelvorspann *m*., Vorspann *m*.,

Vorspanntitel *m.*; ~ **titles** *n. pl.* (TV news) Nachrichtenindikativ *n.*; ~, **verbal opening** *n.* Kopfmoderation *f.*

opera *n.* Oper *f.*; **filmed** ~ Opernfilm *m.*

operand *n.* (IT) Operand *m.*

operate *v.* betätigen *v.*, schalten *v.*, betreiben *v.*, bedienen *v.* (Technik); **to** ~ **by remote control** fernbedienen *v.*, fernsteuern *v.*

operating company Betreiber *m.*; ~ **costs** Betriebskosten *pl.*; ~ **expenses** Betriebskosten plt.; ~ **frequency** Betriebsfrequenz *f.*; ~ **institution** Betreiber *m.*; ~ **instruction** Bedienungsanleitung *f.*, Bedienungsvorschrift *f.*, Betriebsanleitung *f.*, Betriebsanweisung *f.*; ~ **instructions** Gebrauchsanweisung *f.*, Bedienungsanleitung *f.* (eines Gerätes), Manual *n.*; ~ **lever** Steuerhebel *m.*; ~ **mode** Betriebsweise *f.*, Betriebsweise *f.* (EDV); ~ **point** Arbeitspunkt *m.*; ~ **procedure** Betriebsabwicklung *f.*; ~ **sequence** Betriebsablauf *m.*; ~ **system** Betriebssystem *n.* (EDV); ~ **system** (OS) (IT) Betriebssystem *n.* (BS); ~ **time** *n.* (reaction) Ansprechzeit *f.*; ~ **time** Betriebszeit *f.*; ~ **voltage** Betriebsspannung *f.*

operation *n.* Betrieb *m.*, Bedienung *f.*, Abwicklung *f.*, Lauf *m.*; ~ (IT) Programmablauf *m.*; **external** ~ Betrieb *m.* (fremd); **in** ~ in Betrieb; **independent** ~ autarker Betrieb; **internal** ~ Betrieb *m.* (eigen); **local** ~ örtliche Bedienung; **stable** ~ stabiler Betrieb; **to put into** ~ in Betrieb nehmen, in Betrieb setzen; ~ **by time switch** Betrieb mit Zeitschaltuhr; ~ **by timing switch** Betrieb mit Schaltuhr; ~ **checkout** (IT) Funktionsprüfung *f.*; ~- **completed indication** Rückmeldung *f.*; ~ **cycle** (IT) Arbeitszyklus *m.*; ~ **part** (IT) Operationsteil *m.*; ~ **speed** Laufgeschwindigkeit *f.*

operational earth Betriebserde *f.*; ~ **key** Auslösetaste *f.*; ~/**operating data** Betriebsdaten *pl.*; ~ **reliability** Betriebssicherheit *f.*; ~ **supervision** Betriebsüberwachung *f.*

operations area Bedienungsraum *m.*; ~

centre Kommandozentrale *f.*; ~ **engineer** Betriebsingenieur *m.*; ~ **room** Betriebsraum *m.*

operator *n.* Techniker *m.*; ~ (cam.) Kameramann *m.*; ~ Betreiber *m.*, , Vermittlung *f.*, Operator *m.*; ~ (proj.) Vorführer *m.*; ~ (tel.) Telefonist *m.*; ~ **console typewriter** (IT) Bedienungsblattschreiber *m.*; ~ **interface** Benutzeroberfläche *f.* (EDV), Bedieneroberfläche *f.* (EDV); ~ **part** (IT) Operationsteil *m.*; ~ **desk** Vermittlungsplatz *m.* (Tel); ~ **set** Abfrageplatz *m.* (Tel)

operator's console (IT) Bedienungsfeld *n.*, Konsole *f.*; ~ **position** Bedienungsplatz *m.*

operetta *n.* Operette *f.*

opinion *n.* Urteil *n.*, Ansicht *f.* (Meinung)

opposite phase Gegenphase *f.*

opt in *v.* anschließen *v.* (sich), zuschalten *v.* (sich); ~ **out** *v.* ausblenden *v.* (sich); ~**-out** *n.* Ausblenden *n.*, Ausblendung *f.*

optical beam splitter optischer Strahlenteiler; ~ (animation) optischer Trick, Trickblende *f.*; ~ optisch *adj.*; **coated** ~ **system** vergütete Optik; **combined** ~ **sound** (Comopt) kombinierter Lichtton (COMOPT); **separate** ~ **sound** (Sepopt) separater Lichtton (SEPOPT); ~ **axis** optische Achse; ~ **bench** optische Bank, optische Bank (Meßeinrichtung); ~ **character reader** (IT) Klarschriftleser *m.*; ~ **copying** optisches Kopieren; ~ **effects printer** Trickkopiermaschine *f.*; ~ **enlargement** optische Vergrößerung; ~ **mark reader** (IT) Markierungsleser *m.*; ~ **printer** Truca *f.*; ~ **printing** optisches Kopieren; ~ **reduction** optische Verkleinerung; ~ **resolution** optische Auflösung; ~ **scratch** Schramme *f.*; ~ **sound** Lichtton *m.*; ~ **sound equalizer** Lichttonentzerrer *m.*; ~ **sound film** Lichtton-Film *m.*; ~- **sound head** Lichttonabtaster *m.*; ~- **sound lamp** Lichttonlampe *f.*; ~-**sound negative** Lichttonnegativ *n.*; ~ **sound playback** Lichttonwiedergabe *f.*; ~- **sound print** Lichttonkopie *f.*; ~ **sound process** Lichttonverfahren *n.*; ~-**sound recorder** Lichttonkamera *f.*; ~ **sound**

system Lichttonverfahren *n.*; ~**-sound track** Lichttonspur *f.*; ~**-sound transfer** Lichttonumspielung *f.*; ~ **system** Optik *f.*; ~ **system of projector** Beleuchtungsoptik *f.*; ~ **transfer** Überspielung von Magnet- auf Lichtton; ~ **transmission density** Schwärzung *f.*; ~ **viewfinder** Direktsucher *m.*; ~ **wedge** (FP) Keil *m.*; ~ **character recognition** Schriftzeichenerkennung, automatische *f.*; ~ **coupler** Optokoppler *m.*; ~ **fibre** Licht(wellen)leiter *m.*; ~ **recognition** optische Erkennung *f.* (IT)

optics *n.* Optik *f.*

optimisation *n.* Optimierung *f.*

optimise *v.* optimieren *v.*

optimization *n.* Kopfstromoptimierung *f.*

optimum colour Optimalfarbe *f.*

opting-out *n.* (transmitter) Programmabschaltung *f.*; ~**-out** *n.* Ausblenden *n.*, Ausblendung *f.*

option key Optionstaste *f.* (IT)

optional hyphen Bindestrich, wahlweiser (IT)

optocoupler *n.* Optokoppler *m.*

OR-circuit *n.* (IT) ODER-Schaltung *f.*; °~**-gate** *n.* (IT) ODER-Schaltung *f.*

oral report Referat *n.*

oratorio *n.* Oratorium *n.*

orbit *v.* umlaufen *v.*, Satellitenbahn *f.*, Umlaufbahn *f.*, Orbit *n.*, Umlauf *m.*, Umlaufbahn (Sat); **parking** ~ Wartebahn *f.*; ~ **position** Orbitposition *f.*

orchestra *n.* Orchester *n.*, Klangkörper *m.*; ~ **attendant** Orchesterwart *m.*

orchestral management office Orchesterbüro *n.*; ~ **material** Musikmaterial *n.*; ~ **musician** Orchestermusiker *m.*; ~ **supervisor** Orchesterinspektor *m.*

order *v.* bestellen *v.*, Auftrag *f.*, Weisung *f.*, Verfügung *f.*, Bestellung *f.*; **out of** ~ (o.o.o.) gestört *adj.*; ~ **confirmation** Auftragsbestätigung *f.*; ~ **form** Auftragsformular *n.*

orderer *n.* Besteller *m.*

ordering procedure Bestellverfahren *n.*

ordinance *n.* Verordnung *f.*

organ *n.* Presseorgan *n.*; ~ **music** Orgelmusik *f.*

organisation *n.* Anstalt *f.*, Organisation *f.*;

non-profit-making ~ gemeinnützige Organisation; ~ **chart** Organisationsplan *m.*; ~ **in charge** federführende Anstalt

organise *v.* leiten *v.* (organisatorisch)

organiser *n.* (prod.) Disponent *m.*; ~ (of an event) Veranstalter *m.*

organization *n.* Anstalt *f.*; ~ (of an event) Austragung *f.*; ~ **schematic** Organisationsschema *n.*

organizational diagram Organisationsschema *n.*

organize *v.* (an event) austragen *v.*

orientate *v.* ausrichten *v.*

orientation *n.* Ausrichtung *f.*; ~ **error** Ausrichtfehler *m.*

origin *n.* Quelle *f.*, Ursprungspunkt *m.*, Ursprungsort *m.*

original *n.* (sound tape) Aufnahmetonband *n.*; ~ **broadcast** Originalsendung *f.*; ~ **commentary** Originalbeitrag *m.*; ~ **location** realer Außendekor; ~ **music** Originalmusik *f.*; ~ **negative** Originalnegativ *n.*; ~ **picture negative** Originalbildnegativ *n.*; ~ **radio drama** Originalhörspiel *n.*; ~ **radio play** Originalhörspiel *n.*; ~ **recording** Originalaufzeichnung *f.*; ~ **script** Originaltext *m.*; ~ **sound** Originalton *m.* (O-Ton); ~ **sound negative** Originaltonnegativ *n.*; ~ **tape** Originalband *n.*; ~ **television drama** Originalfernsehspiel *n.*; ~ **television play** Originalfernsehspiel *n.*; ~ **version** Originalfassung *f.*; ~ **work** Originalwerk *n.*; ~ **locality** Originalschauplatz *m.*

originating station abspielende Anstalt, federführende Anstalt; ~ **station** (tech.) Ursprungsdienst *m.*

originator *n.* Urheber *m.*

ornamental trimming (textiles) Posament *n.* (Textilien)

orthicon *n.* Orthikon *n.*, Bildaufnahmeröhre *f.*

orthochromatic *adj.* orthochromatisch *adj.*

orthogonal *adj.* orthogonal *adj.*

orthophonic *adj.* klanggetreu *adj.*

OS (s. operating system)

oscillate *v.* schwingen *v.*

oscillating circuit Schwingkreis *m.*

oscillation *n.* Schwingung *f.*, Schwankung *f.*; **free** ~ freilaufende Schwingung; **partial** ~ Partialschwingung *f.*; ~ **frequency** Schwingungszahl *f.*

oscillator *n.* Oszillator *m.*; **flywheel** ~ angestoßener Oszillator; **locked** ~ synchronisierter Oszillator; **synchronised** ~ synchronisierter Oszillator; **triggered** ~ angestoßener Oszillator; ~ **crystal** Steuerquarz *m.*

oscillogram *n.* Oszillogramm *n.*

oscillograph *n.* Oszillograf *m.*

oscilloscope *n.* Oszillograf *m.*, Oszilloskop *n.*; ~ **screen** Betrachtungsschirm *m.*

OSV (s. off-screen voice)

out bound Verteilrichtung (Sat); ~**-edit** *n.* ausgehender Schnitt; ~**-edit splice** ausgehender Schnitt; ~**-going splice** ausgehender Schnitt; ~**-going split** ausgehender Schnitt; ~**-of-band-** Außerband-; ~ **of date** (news) überholt *adj.*; ~ **of focus** unscharf *adj.*; ~**-of-frame area** Umfeldbild *n.*; ~ **of order** (o.o.o.) gestört *adj.*; ~**-of-sync** *adj.* asynchron *adj.*; ~**-of-tape emission** *n.* Außerband-Aussendung *f.*; ~ **of tune condition** Verstimmung *f.*; ~ **of vision** (OOV) im Off; ~**-of-vision commentary** Off-Kommentar *m.*; ~**-point** *n.* ausgehender Schnitt; ~**-point splice** ausgehender Schnitt; ~**-takes** *n. pl.* Schnittreste *m. pl.*; ~**-time** Endzeit *f.*

outage *n.* (IT) Ausfall *m.*, Ausfall *m.*

outdoor *adj.* Freilicht- (in Zus.), Außen- (in Zus.); ~ **aerial** Außenantenne *f.*; ~ **location** realer Außendekor; ~ **unit** Außenbaugruppe *f.* (Sat), Außeneinheit *f.*

outer field Umfeld *n.*; ~ **code** äußerer Code *m.*

outgoing abgehend; ~ **channel** (tech.) Sendeleitung *f.*; ~ **circuit** Ausgangsleitung *f.*, Sendeleitung *f.*; ~ **edit** Schnittausstieg *m.*; ~ **modulation** Studioausgangsmodulation *f.*; ~ **picture** Endbild *n.*, Sendebild *n.*; ~ **signal** Studioausgangsbild *n.*; ~ **sound** Studioausgangston *m.*

outlet *n.* Ausgang *m.*; ~ (prog.) Termin *m.*; ~ **box** Anschlußkasten *m.*

outline *n.* Kontur *f.*, Umriß *m.*; ~

(dispatch) Aufbau *m.*; ~ **picture** Umrißbild *n.*

output *n.* (IT) Ausgabe *f.*; ~ (elec.) Ausgang *m.*; ~ **amplifier** Ausgangsverstärker *m.*, Endverstärker *m.*; ~ **amplifier stage** Endverstärkerstufe *f.*; ~ **connection** Ausgangsleitung *f.*; ~ **coupling** Auskopplung *f.*; ~ **frequency** Sendefrequenz *f.*; ~ **impedance** Ausgangsimpedanz *f.*; ~ **level** Ausgangspegel *m.*; ~ **matching** Ausgangsanpassung *f.*; ~ **monitor** Ausgangsmonitor *m.*; ~ **monitoring** Endabhörkontrolle *f.*; ~ **multiplexer** Ausgangsmultiplexer *m.*; ~ **picture** Ausgangsbild *n.*; ~ **power** Ausgangsleistung *f.*; ~ **pulse** Ausgangsimpuls *m.*; ~ **resistance** Ausgangswiderstand *m.*; ~ **selector** Ausgangskreuzschiene *f.*; ~ **signal** Ausgangssignal *n.*; ~ **socket** Ausgangsbuchse *f.*; ~ **stage** Endstufe *f.*, Ausgangsstufe *f.* (Vertärker); ~ **stage cabinet** Endstufenschrank *m.* (Enthält die Endstufe eines Senders); ~ **stages** Ausgangsstufen *f. pl.*; ~ **switching matrix** Ausgangskreuzschiene *f.*; ~ **terminating resistance** Lastwiderstand *m.*, Ausgangsabschlußwiderstand *m.*; ~ **transformer** Ausgangstransformator *m.*, Ausgangsübertrager *m.*; ~ **frame width** Ausgangsrahmenbreite *f.* (Faltungscodierung)

outside *adj.* Außen- (in Zus.); **to be on an** ~ **job** (coll.) Außendienst haben; ~**-broadcast** *n.* (O.B.) Außenübertragung *f.*; ~ **broadcast** (OB) Außenaufnahme *f.*, Außenübertragung *f.* (AÜ), Übertragung *f.*; ~ **broadcasting** Übertragungstechnik *f.*; ~ **broadcasting van** Ü-Wagen *m.*; ~ **broadcast operations** *n. pl.* Außenbetriebstechnik *f.*, Übertragungsdienst *m.* (Ü-Dienst); ~ **broadcasts** (OB) Außenbetriebstechnik *f.*, Außenübertragungsdienst *m.*, Übertragungstechnik *f.*; ~ **line** Amtsleitung *f.*, Amtsanschluß *m.*

oven control Heizautomatik *f.*

over all über alles

overall amplitude frequency response Frequenzgang über alles; ~ **ambient**

light Gesamtaufhellung *f.*; ~
bandwidth Gesamtbandbreite *f.*; ~
costs Gesamtkosten; ~ **frequency**
response Gesamtfrequenzgang *m.*; ~
lighting Gesamtaufhellung *f.*; ~ **quality**
Gesamtqualität *f.*
overcompensate *v.* überkompensieren *v.*
overcompensation *n.* Überkompensation
f., Überkompensierung *f.*
overcurrent *n.* Überstrom *m.*; ~
protection Überstromsicherung *f.*; ~
relay Überstromrelais *n.*
overdamp *v.* unterschwingen *v.*
overdeveloped *adj.* überentwickelt *adj.*
overdeveloping *n.* Überentwicklung *f.*
overdevelopment *n.* Überentwicklung *f.*
overdrive *v.* übersteuern *v.*; ~ **indication**
Übersteuerungsanzeige *f.*
overdriving *n.* Übersteuerung *f.*
overexpose *v.* überbelichten *v.*
overexposure *n.* Überbelichtung *f.*
overhaul *v.* (tech.) überholen *v.*
overhauling *n.* (tech.) Überholung *f.*
overhead crane Laufkran *m.*; ~ **line**
Luftleitung *f.*, Oberleitung *f.*; ~ **line**
(tel.) Telefonfreileitung *f.*; ~ **power line**
Starkstromfreileitung *f.*
overheads Gemeinkosten *pl.*, Nebenkosten
pl.
overlap *v.* überlappen *v.*, überschneiden *v.*,
mischen *v.*, Überlappung *f.*
overlapping *n.* Überlappung *f.*; ~ **area**
Überlappungsbereich *m.*; ~ **frequency**
bands *n. pl.*
Frequenzbandverschachtelung *f.*; ~
region Überlappungsbereich *m.*
overlay *v.* (sound) unterschneiden *v.*; ~
Überblendung *f.*, Überblenden *n.*,
Unterschnitt *m.*, Schablonentrick *m.*; ~
(IT) Überlagerung *f.*; ~ Schablone *f.*; ~
insertion Schabloneneinblendung *f.*; ~
process Overlay-Verfahren *n.*
overlength *n.* Überlänge *f.*
overload *v.* übermodulieren *v.*, übersteuern
v.; ~ **control** Überlastregelung *f.*; ~
sound pressure Grenzschalldruck *m.*; ~
voltage relay Überspannungsrelais *n.*
overloading *n.* Übersteuerung *f.*
overmodulate *v.* übermodulieren *v.*,
übersteuern *v.*
overmodulation *n.* Übermodulierung *f.*,

Übersteuerung *f.*; ~ **of white level**
Weißwertübersteuerung *f.*
overnight expenses Übernachtungskosten
plt.; ~ **programme operations**
Nachtbetrieb *m.*
overprint *v.* einkopieren *v.*
overprinting *n.* Einkopierung *f.*
overrun *v.* Sendezeit überschreiten,
Sendezeit überziehen, überziehen *v.*,
Zeitüberschreitung *f.*, Überziehen *n.*
overrunning *n.* Überziehung *f.*
oversampling *n.* Überabtastung *f.*
overscript *v.* Text überziehen
overscripted *adj.* zuwenig Luft
overseam *v.* (video) überschreiben *v.*
overseas and foreign relations (BBC)
Auslandsreferat *n.*, Auslandsabteilung *f.*;
~ **and foreign relations department**
Auslandsabteilung *f.*; ~ **office** (BBC)
Auslandsstudio *n.*; ~ **representative**
(BBC) Auslandsstudioleiter *m.*
overshoot *v.* überschwingen *v.*,
Überschwingen *n.*, Überschwingung *f.*,
Überschwinger *m.*, Überreichweite *f.*; ~
amplitude Überschwingamplitude *f.*; ~
distortion Überstrahlung *f.*
overspill *n.* Overspill *n.*, Überreichweite *f.*
overthrow Überstrahlung *f.*
overtime *n.* Überstunden *f. pl.*
overtone *n.* Oberton *m.*, Oberschwingung
f.
overtype mode Überschreibemodus *m.*
(IT)
overvoice *n.* Overvoice *n.*
overvoltage *n.* Überspannung *f.*; ~ **lamp**
Überspannungslampe *f.*; ~ **protection**
Überspannungsschutz *m.*; ~ **relay**
Überspannungsrelais *n.*
overwind *v.* (mech.) überdrehen *v.*
owing to the characteristics (nature)
systembedingt *adj.*
owner Inhaber *m.*
oxide coating Oxydschicht *f.*; ~**-shedding**
n. Schichtablösung *f.*

P

p, .m.s., weighted ~ to noise ratio
bewerteter Störpegelabstand; ~.m.s. to
noise ratio Störpegelabstand m.
P-picture Prädiktiv codiertes Bild
(Videokompression)
PA (s. public address), ; °~ system
Beschallungsanlage f.
Pacco switch Paccoschalter m.
pack n. Rucksack m. (fam.); ~-shot lens
Makrokilar m.
package n. Verpackungselement n.
packet n. Datenpaket n.; ~ (in
telecommunications) Paket n.; ~
multiplex Paketmultiplex m.; ~
switching Paketvermittlung f.
packing case Transportkoffer m.
pad n. (elec.) nachgebildete Leitung,
Verlängerungskabel n.; to ~ out a story
Zeilen schinden (fam.)
padding n. Padding n.
page turn umblättern (Effekte); ~ break
Seitenumbruch m. (IT); ~ catching
Seitenfang m. (Teletext); ~ down key
Bild-ab-Taste f. (IT); ~ format
Seitenformat n. (IT); ~ impression
PageImpression f. (IT); ~ makeup
Seitenumbruch m. (IT); ~ numbering
Seitennummerierung f. (IT); ~
orientation Seitenausrichtung f. (IT); ~
up key Bild-auf-Taste f. (IT); ~-
description language
Seitenbeschreibungssprache f. (IT)
pages per minute Seiten pro Minute f. pl.
(IT)
pageview n. PageView m. (IT)
pagination n. Paginierung f. (IT)
paging device Funkrufdienst m.; ~
(system) Funkruf m. (-system) (Tel); ~
service Personenrufdienst m. (Tel)
paint n. Farbe f.; ~ box (coll.)
Farbkorrektureinrichtung f.; ~ spraying
Spritzarbeit f.
painter n. Maler m.
painting speed Druckgeschwindigkeit f.
pairing n. Paarigkeit f.
PAL, delay-line °~ Standard PAL;
recording °~ unverkoppeltes PAL;

simple °~ Simple PAL; transmission
°~ verkoppeltes PAL; °~ colour
subcarrier PAL-Farbträger m.; °~ -
ident pulse Koder-Kennimpuls m.; °~
record unverkoppeltes PAL; °~ signal
PAL-Signal n.; °~ transmit
verkoppeltes PAL; °~ venetian-blind
effect PAL-Jalousieeffekte m. pl.
pale out v. entsättigen v.
paling-out n. Entsättigung f.
pan v. schwenken v., Schwenk m.; ~-and-
tilt arm Schwenkarm m.; ~-and-tilt
head Schwenk- und Neigekopf m.; ~
bar Kameraarm m.; ~ control
Panoramaregelung f.; ~ filter Panglas
n., Panscheibe f.; ~ head
Kameraschwenkkopf m., Schwenkkopf
m.; ~ head with counterbalance
weights Schwenkkopf mit
Schwerpunktausgleich; ~ head with
gyroscopic drive Kameraschwenkkopf
mit Kreiselantrieb, Schwenkkopf mit
Kreiselantrieb; ~ head with panning
handle Schwenkkopf mit Schwenkarm;
~ head with vernier control
Schwenkkopf mit Feinantrieb; ~-round
n. Rundschwenk m.; ~ shot
Kameraschwenk m., Panoramaschwenk
m.
panchromatic adj. panchromatisch adj.
panel n. (set) Wand f., Platte f.; ~
(console) Regiepult n., Regietisch m.; ~
(panellists) Forum n.; ~ reflecting ~
reflektierende Wand; ~ discussion
Podiumsdiskussion f., Podiumsgespräch
n., Paneldiskussion f.
panellist n. Diskussionsteilnehmer m.
panning n. Schwenk m.; ~ handle
Schwenkarm m.; ~ head
Kameraschwenkkopf m., Schwenkkopf
m., Panoramakopf m.; ~ shot Schwenk
m., Panoramaschwenk m.
panoramic effect Panoramaeffekt m.; ~
head Panoramakopf m.; ~ movement
Panoramaschwenk m.; ~ receiver
Panoramaempfänger m.; ~ screen
Panoramabreitwand f.
pantograph n. Scherenarm m., Pantograph
m.
paper n. Zeitung f.; ~ feed
Papiervorschub m.; ~ print Bildabzug
m., Papierabzug m.; ~ tape (IT)

Lochstreifen *m.*; ~ **tape code** (IT)
Lochstreifencode *m.*; ~ **tape device** (IT)
Lochstreifengerät *n.*; ~ **tape punch** (IT)
Lochstreifenlocher *m.*; ~ **tape punch**
Lochstreifenstanzer *m.*; ~ **tape reader**
(IT) Lochstreifenleser *m.*; ~ **tape unit**
(IT) Lochstreifengerät *n.*; ~**-to-paper**
(FP) Klammerteil *n.*; **-to-paper, to print**
~ Klammerteile fahren, Klammerteile
kopieren; ~ **up** *v.* abklammern *v.*; ~
feed Papiereinlauf *m.* (IT),
Papiervorschub *m.* (IT); ~ **input**
Papiereingabe *f.* (IT); ~ **jam** Papierstau
m. (IT); ~ **supply** Papiervorrat *m.* (IT);
~ **transport** Papiertransport *m.* (IT); ~
transport system
Papiertransporteinrichtung *f.* (IT); ~
type Papierart *f.* (IT); ~**-free office**
papierloses Büro *n.* (IT)
papered, to print ~ **section** Klammerteile
fahren, Klammerteile kopieren
paperless office papierloses Büro *n.* (IT)
parabola *n.* Parabel *f.* (Math.)
parabolic aerial Antennenspiegel *m.*; ~
antenna Parabolantenne *f.*; ~ **dish**
(coll.) Parabolantenne *f.*; ~ **mirror**
Parabolspiegel *m.*; ~ **radiator**
Parabolstrahler *m.*; ~ **reflector**
Parabolspiegel *m.*; ~ **signal**
Parabolsignal *n.*
paraboloid *n.* Parabolstrahler *m.*
paragraph *n.* Absatz *m.* (Text)
parallax *n.* Parallaxe *f.*; **free from** ~
parallaxenfrei *adj.*; ~ **compensation**
Parallaxenausgleich *m.*; ~ **correction**
Parallaxenausgleich *m.*; ~**-free** *adj.*
parallaxenfrei *adj.*; ~ **viewfinder**
Parallaxensucher *m.*
parallel adder (IT) Parallel-Addierwerk
n.; ~ **circuit** Parallelkreis *m.*,
Nebenschlußleitung *f.*; ~ **connection**
Parallelschaltung *f.*; ~ **element**
Querglied *n.*; ~ **line** Nebenschlußleitung
f.; ~ **processing** Parallelverarbeitung *f.*;
~ **recording** Parallelaufzeichnung *f.*; ~**-
resonant circuit** Parallelschwingkreis
m.; ~**-serial converter** (IT) Parallel-
Serien-Umsetzer *m.*; ~ **sound
demodulation** Paralleltondemodulation
f.; ~ **sound system** Paralleltonverfahren
n.
parameter *n.* Parameter *m.*

parameters *pl.* Kriterien *n. pl.*
parametric oscillation parametrische
Schwingung
parapet *n.* Brüstung *f.*
paraphase *n.* Phasenumkehr *f.*
parasitic element Sekundärstrahler *m.*
parent station Muttersender *m.*
parity, vertical ~ **check** (IT) Quer-
Paritykontrolle *f.*; ~ **bit** (IT) Paritybit *n.*;
~ **bit** Paritätsbit *n.*; ~ **check** (IT)
Paritätsprüfung *f.*, Parity-Prüfung *f.*; ~
error (IT) Paritätsfehler *m.*; ~ **coding**
Paritätscodierung *f.*
parking orbit Wartebahn *f.*
parliamentary desk Politik Inland; ~ **unit**
Politik Inland
parse *v.* parsen *v.* (IT)
parsing *n.* Abschnittsanalyse *f.* (einer
Nachricht)
part *n.* (perf.) Rolle *f.*; **bit** ~ kleine Rolle;
small ~ kleine Rolle; ~ **of program**
Programmsegment *n.*
partial coincident picture kongruentes
Teilbild; ~ **exposure** Teilbelichtung *f.*;
~ **frequency** Teilfrequenz *f.*; ~ **image**
Teilbild *n.*; ~ **oscillation**
Partialschwingung *f.*; ~ **sound**
Partialton *m.*
participant *n.* Teilnehmer *m.*,
Gesprächspartner *m.*,
Diskussionsteilnehmer *m.*
participation *n.* Teilnahme *f.*; ~
(Eurovision) Teilnahme *f.* (Eurovision)
partition *n.* logisches Laufwerk *n.* (IT); ~
boot sector Partitionsbootsektor *m.* (IT);
~ **table** Partitionstabelle *f.* (IT)
partitioning *n.* Unterteilung *f.*
partner *n.* Partner *m.*
partnership *n.* Partnerschaft *f.*; ~
contract Teilhabervertrag *m.*
party *n.* Arbeitsgruppe *f.*
PAS (s. public address system)
pass Durchgang (Sat), Überflug (Sat); ~**-
band** *n.* Durchlässigkeitsbereich *m.*,
Durchlaßbereich *m.*; ~**-band
attenuation** Grunddämpfung *f.*
passive aerial passiver Strahler *m.*; ~
sound insulation passiver Schallschutz;
~ **soundproofing** passiver Schallschutz;
~ **transducer** passiver Wandler
password *n.* Kennwort *n.*, Paßwort *n.*

(EDV), Passwort *n*. (IT); ~ **protection**
Kennwortschutz *m*. (IT)
paste (on) *v*. aufziehen *v*.; ~ einfügen *v*.
(IT)
pastel *n*. Pastellfarbe *f*.; ~ **shade**
Pastellton *m*.; ~ **tone** Pastellton *m*.
patch cabel Handkabel *n*.; ~ **joining**
Hinterklebeband *n*.; ~ **point**
Einschleifpunkt *m*.; ~ **panel** Patchfeld
n. (IT)
patching panel Steckfeld *n*.
paternoster *n*. Schleifenfahrstuhl *m*.
path *n*. Weg *m*. (IT)
patine *v*. patinieren *v*.
pattern *n*. Richtcharakteristik *f*.; ~
interference (pict.) Störung *f*.; ~-
maker *n*. Modellschreiner *m*.; ~
processing Zeichenverarbeitung *f*.; ~
recognition Zeichenerkennung *f*.; ~
tube Sichtröhre *f*.; ~ **recognition**
Mustererkennung *f*.
patterning *n*. Farbträgermoiré *n*.
pause *n*. (sound tape) Kurzstopp *m*.; ~ **key**
Pausetaste *f*. (IT)
pay *n*. Lohn *m*.; ~ **attention (to)** beachten
v.; ~ **off** *n*. Abrechnung *f*., abrechnen *v*.;
~-**off fee** Ausfallgage *f*.; ~ **out** *v*.
(cable) abwickeln *v*.; ~ **scale**
Vergütungsordnung *f*.; ~ **slip**
Lohnabrechnung *f*.; ~ **television**
Münzfernsehen *n*.; ~ **TV** *n*., Pay TV *n*.;
~-**per-view TV** Bezahlfernsehen *n*.
payload *n*. Payload *n*. (Sat), Nutzlast (Sat)
payment *n*. Bezahlung *f*.; ~ **of licence fee**
Gebührenentrichtung *f*.
PBU (s. photo blow-up)
PBX (s. private branch exchange); °~
hunt group Sammelanschluß *m*. (Tel);
°~ **line group** Sammelanschluß *m*. (Tel)
pc board Platine *f*.; ~ **board** (Leiterpl.)
Karte *f*.
PCB (s. printed circuit board)
PE conductor Schutzleiter *m*. (EDV)
peak *n*. Spitze *f*., Scheitel *m*.; ~ **current**
Spitzenstrom *m*., Stromspitze *f*.; ~
deviation Spitzenhub *m*.; ~ **factor**
Scheitelfaktor *m*.; ~ **indicator**
Spitzenwertmesser *m*., Spitzenmesser
m.; ~ **level** Scheitelpegel *m*.,
Spitzenwert *m*., Spitzenpegel *m*.; ~ **level**
clamping Spitzenpegelfesthaltung *f*.; ~
listening time Hauptsendezeit *f*.; ~ **load**

Höchstbeanspruchung *f*.; ~ **meter**
Spitzenwertmesser *m*., Spitzenmesser
m.; ~ **power** Spitzenleistung *f*.; ~
programme meter (PPM)
Spitzenaussteuerungsmesser *m*.
Peak Programme Meter (PPM)
Spitzenspannungsmesser *m*.
peak rectification Spitzengleichrichtung
f.; ~ **rectifier** Spitzengleichrichter *m*.; ~
sync. power Synchronspitzenleistung *f*.;
~ **sync. value** Synchronspitzenwert *m*.;
~-**to-peak** Spitze-Spitze *n*.; ~-**to-peak**
voltage Spitze-Spitze-Spannung *f*.; ~
value Spitzenwert *m*., Scheitelwert *m*.;
~ **viewing time** Hauptsendezeit *f*.; ~
voltage Spitzenspannung *f*.,
Scheitelspannung *f*., Spannungsspitze *f*.;
~ **voltmeter** Spitzenspannungsmesser
m.; ~ **white** Weißspitze *f*.; ~ **white**
level Scheitelpegel für Weiß; ~ **white**
signal Weißspitzensignal *n*.; ~ **hour**
Hauptverkehrsstunde *f*.
pearl screen Perlwand *f*.
PEC (s. photoelectric cell)
Pedersen ray Fernstrahl *m*., Pedersen-
Strahl *m*.
pedestal *n*. Sockel *m*.; ~ (cam.)
Kamerafahrgestell *n*.; ~ (video)
Schwarzabhebung *f*., Schwarzabsetzung
f.
peeling-off *n*. Schichtablösung *f*.
peg *n*. (news) Aufhänger *m*.
Peirce-function *n*. (IT) NOR-Funktion *f*.
pelmet *n*. Lambrequin
penalty for delay Verzugsstrafe *f*.
pencil microphone Füllhaltermikrofon *n*.
pendulum motion Pendelbewegung *f*.; ~
saw Pendelsäge *f*.
penetration depth *n*. Eindringtiefe *f*.
(Ausstrahlung)
penumbra *n*. Halbschatten *m*.
pep up *v*. aufmöbeln *v*.
percentage tilt prozentuale Dachschräge
perceptible *adj*. wahrnehmbar *adj*.
perception *n*. Wahrnehmung *f*.; ~ **of**
sound Schallwahrnehmung *f*.,
Schallempfindung *f*.
perceptual coding Kodierung,
psychoakustische *f*.
perfect pitch absolutes Gehör
perforate *v*. (IT) lochen *v*.
perforated *adj*. perforiert *adj*.; ~ **edge**

Perforationsseite *f.*; ~ **scotch tape**
Tonunterkleber *m.*; ~ **tape** (IT)
Lochstreifen *m.*; ~ **tape** Perfoband *n.*; ~
transparent tape Bildunterkleber *m.*
perforating machine Perforiermaschine *f.*
perforation *n.* Perforation *f.*; **damaged** ~
ausgezackte Perforation; **picked** ~
angeschlagene Perforation; **torn** ~
eingerissene Perforation; ~ **hole**
Perforationsloch *n.*; ~ **scratch**
Perforationsschramme *f.*; ~ **pitch**
Perforationsschritt *m.*
perforator *n.* Stanzzange *f.*; ~ (operator)
Locher *m.*; ~ (IT) Lochstreifenstanzer
m.
perform *v.* spielen *v.*, leisten *v.*; **to** ~ **on-
camera** vor der Kamera auftreten
performance *n.* Betriebszustand *m.*,
Verrichtung *f.*; **private** ~ geschlossene
Vorstellung; ~ **check** Funktionsprüfung
f.; ~ **test** Funktionsprüfung *f.*; ~
specification Leistungsbeschreibung *f.*
performer *n.* Darsteller *m.*, Künstler *m.*,
Ausführender *m.*
performers' fees Darstellergagen *f. pl.*
performing licence Aufführungslizenz *f.*;
~ **rights** *n. pl.* Aufführungsrecht *n.*
perigee *n.* Nahpunkt *m.*, Perigäum *n.*
period *n.* Periode *f.*, Periodendauer *f.*, Frist
f.; ~ **frequency** Periodenfrequenz *f.*; ~
of time Zeitspanne *f.*; ~ **of use**
Einsatzzeit *f.*; ~ **picture** Kostümfilm *m.*;
~ **play** Zeitstück *n.*
periodic oscillation periodische
Schwingung
periodical *n.* Magazin *n.*
peripheral control instruction (IT) Ein-
Ausgabebefehl *m.*; ~ **station**
Randzonensender *m.*; ~ **unit** (IT)
periphere Einheit
periwig *n.* Perücke *f.*
permanent circuit Dauerleitung *f.*; ~
connection Festanschluß *m.*; ~ **magnet**
Dauermagnet *m.*; ~ **network**
Dauerleitungsnetz *n.*; ~ **sound network**
Tondauerleitungsnetz *n.*,
Tonleitungsdauernetz *n.*; ~ **staff**
Festangestellte *pl.*; ~ **vision network**
Bilddauerleitungsnetz *n.*; ~ **connection**
Festverbindung *f.* (Tel); ~ **swap file**
Auslagerungsdatei, permanente *f.* (IT)

permeability to light Lichtdurchlässigkeit
f.
permissible variation Toleranzbereich *m.*;
~ **voltage range** zulässiger
Spannungsbereich
permission to transmit
Sendegenehmigung *f.*
permittivity *n.* Dielektrizitätskonstante *f.*
perpendicular magnetisation
Quermagnetisierung *f.*
persiflage *n.* Persiflage *f.*
persistence *n.* Nachleuchten *n.*,
Nachleuchtdauer *f.*
person submitting a report Melder *m.*
personal assistant (PA) persönlicher
Referent; ~ **computer** (PC) Personal
Computer (PC); ~ **data** Daten,
personenbezogene *f. pl.*,
personenbezogene Daten *f.* (IT); ~
radio Personalradio *n.* (IT); ~ **settings**
Einstellungen, persönliche *f. pl.* (IT)
personalize (a Web site) *v.*
personalisieren *v.* (einer Webseite) (IT)
personnel *n.* Personal *n.*
petits droits kleine Rechte
pettiness *n.* Geringfügigkeit *f.*
PFM (s. pulse frequency modulation)
PG (s. pulse generator)
phantom powering Phantomspeisung *f.*;
~ **sound source** Phantom-Schallquelle
f.; ~ **voltage** Phantomspannung *f.*
phase *n.* Phase *f.*; **automatic** ~ **control**
(APC) automatische Phasenregelung;
differential ~ differentielle Phase;
differential ~ (coll.) differentieller
Phasenfehler; **differential** ~ **error**
differentieller Phasenfehler; **opposite** ~
komplementäre Phase; ~ **adjustment**
Phaseneinstellung *f.*; ~ **advancer**
Phasenschieber *m.*
Phase Alternating Line PAL
phase angle Phasenwinkel *m.*, Phasenmaß
n.; ~**-angle rotation** Phasendrehung *f.*;
~ **array antenna** Phasearrayantenne *f.*;
~ **change** Phasenänderung *f.*; ~
coefficient Phasenkoeffizient *m.*; ~
comparator stage
Phasenvergleichsstufe *f.*; ~ **comparison**
Phasenvergleich *m.*; ~ **compensation**
Phasenentzerrung *f.*; ~ **control**
Phasenregelung *f.*; ~ **correction**
Phasenentzerrung *f.*; ~ **corrector**

Phasengangentzerrer *m.*; ~ **coupling**
Phasenverkopplung *f.*; ~ **delay**
Phasenlaufzeit *f.*, Laufzeit *f.*; ~**-delay**
distortion Laufzeitverzerrung *f.*; ~-
delay error Laufzeitfehler *m.*; ~
demodulation Phasendemodulation *f.*;
~ **deviation** Phasenhub *m.*
(Abweichung des Phasenwertes von der
Ausgangslage); ~ **diagram** Phasenbild
n.; ~ **difference** Phasendifferenz *f.*; ~
displacement Phasenverschiebung *f.*; ~
distortion Phasenverzerrung *f.*,
Laufzeitverzerrung *f.*; ~ **equalisation**
Phasenentzerrung *f.*; ~ **equaliser**
Phasengangentzerrer *m.*; ~ **error**
Phasenfehler *m.*; ~ **failure**
Phasenausfall *m.*; ~**/frequency**
characteristic Phasenfrequenzgang *m.*,
Phasengang *m.*; ~**-frequency**
characteristics Phasengang *m.*; ~
indicator Phasenmesser *m.*; ~ **inverter**
Phasenumkehrstufe *f.*; ~ **inverter stage**
Phasenumkehrstufe *f.*; ~ **lag**
Phasennacheilung *f.*; ~ **lead**
Phasenvoreilung *f.*; ~**-linear** *adj.*
phasenlinear *adj.*; ~**-locked** *adj.*
phasenstarr *adj.*; ~ **modulation** (PM)
Phasenmodulation *f.* (PM); ~
monitoring Phasenüberwachung *f.*; ~
plane Abstrahlebene *f.*; ~ **position**
Phasenlage *f.*; ~ **pre-correction**
Phasenvorentzerrung *f.*; ~ **relationship**
Phasenverhältnis *n.*, Phasenlage *f.*; ~
response Phasenfrequenzgang *m.*,
Phasengang *m.*; ~ **reversal**
Phasenumkehrung *f.*; ~ **selectivity**
Phasenselektivität *f.*; ~ **shift**
Phasenverschiebung *f.*, Phasenänderung
f., Phasendrehung *f.*, Phasensprung *m.*;
~**-shift control** Anschnittsteuerung *f.*; ~
shifter Drehtransformator *m.*,
Phasenschieber *m.*,
Phasendrehvorrichtung *f.*; ~ **shift**
keying Phasenumtastung *f.*; ~ **spectrum**
Phasenspektrum *n.*; ~ **splitter**
Phasenumkehrstufe *f.*; ~
synchronisation
Phasensynchronisierung *f.*; ~
synchroniser Phasensynchronisator *m.*;
~ **time** Phasenzeit *f.*; ~ **variation**
meter Phasenschwankungsmesser *m.*; ~
variations *n. pl.* Phasenschwankung *f.*;

~ **velocity** Phasengeschwindigkeit *f.*; ~
voltage Phasenspannung *f.*; ~**-locked**
loop Phasenregelschleife *f.*
phasemeter *n.* Phasenmesser *m.*
phaseshift *n.* Phasenverschiebung *f.*
phasing *n.* Phaseneinstellung *f.*, Phasing *n.*
(klanglicher Effekt)
phonation *n.* Phonation *f.*
phone caller Tonruf *m.*; ~**-in**
Anrufsendung *f.*; ~**-in line** Hörertelefon
n.
phonogram *n.* (legal) Tonträger *m.*
phonograph *n.* Phonograph *m.*; ~ (US)
Plattenmaschine *f.*, Plattenspieler *m.*; ~
amplifier (US) Schallplattenverstärker
m.; ~ **record** (US) Schallplatte *f.*
phonographic industry
Schallplattenindustrie *f.*; ~ **recording**
Schallplattenaufnahme *f.*
phosphor *n.* (pict. tube) Leuchtphosphor
m.; ~ **cathode-ray screen** Leuchtschirm
m., Leuchtstoffschirm *m.*
phosphorescent *adj.* selbststrahlend *adj.*;
~ **material** Leuchtstoff *m.*
photo *n.* Foto *n.*, Fotografie *f.*, Lichtbild *n.*,
Aufnahme *f.*, Bild *n.*; ~ **blow-up** (PBU)
Arbeitsfoto *n.*; ~ **editor**
Bildbearbeitungsprogramm *n.* (IT)
photocathode *n.* Fotokathode *f.*
photocell *n.* Fotozelle *f.*, Lichtempfänger
m.; ~ **multiplier**
Elektronenvervielfacher *m.*; ~ **power**
supply unit Fotozellennetzgerät *n.*
photoconductive effect innerer Fotoeffekt
photoconductivity *n.* Fotoleitfähigkeit *f.*
photodiode *n.* Fotodiode *f.*
photoelectric *adj.* fotoelektrisch *adj.*; ~
cell (PEC) fotoelektrische Zelle,
Fotoelement *n.*, Fotozelle *f.*; ~ **emission**
äußerer Fotoeffekt; ~ **reader** (IT)
optischer Abtaster
photoelectron *n.* Fotoelektron *n.*
photoemission *n.* Fotoemission *f.*
photogenic *adj.* fotogen *adj.*
photograph *v.* aufnehmen *v.*, Foto *n.*,
Fotografie *f.*, Lichtbild *n.*, Aufnahme *f.*
photographer *n.* Fotograf *m.*
photographic laboratory Fotolabor *n.*; ~
plate Platte *f.*; ~ **studio** Fotoatelier *n.*;
~ **subject** Aufnahmegegenstand *m.*; ~
title Fototitel *m.*; ~ **transmission**
density Schwärzung *f.*

photography *n.* Kameraführung *f.*,
  Fotographie *f.*
photometer *n.* Lichtmeßgerät *n.*,
  Belichtungsmesser *m.*
photometric *adj.* fotometrisch *adj.*; ~
  aperture fotometrische Blende
photometry *n.* Lichtmessung *f.*
photomontage *n.* Fotomontage *f.*
photomultiplier *n.*
  Fotoelektronenvervielfacher *m.*,
  Fotozellenvervielfacher *m.*
photorealism *n.* Fotorealismus *m.* (IT)
photoresistance *n.* Fotowiderstand *m.*
photosensitive *adj.* lichtempfindlich *adj.*
photosensitivity *n.* Lichtempfindlichkeit *f.*
photovoltaic cell Fotoelement *n.*
phrase *n.* Phrase *f.*, Textbaustein *m.*
physical acoustics physikalische Akustik;
  ~ **access control** Zugangskontrolle *f.*
  (IT); ~ **layer** Physikalische Schicht *f.*
  (ISO/OSI-Schichtenmodell)
physiological acoustics physiologische
  Akustik
PI (s. programmed instruction)
pick (a guitar) *v.* anschlagen *v.*; ~ **up** *v.*
  (wireless message) auffangen *v.*; ~ **up** *v.*
  (filming) Pick-up machen; ~**-up** *n.*
  Plattenmaschine *f.*, Plattenspieler *m.*; ~-
  up *n.* (head) Schallplattenabtaster *m.*,
  Tonabnehmer *m.*, Abtastdose *f.*; ~**-up** *n.*
  (relay) Ansprechen *n.*; **-up**,
  electrodynamic ~ elektrodynamische
  Abtastdose; **-up, electromagnetic** ~
  elektromagnetische Abtastdose; ~**-up**
  amplifier Schallplattenverstärker *m.*; ~-
  up arm Tonarm *m.*; ~**-up arm**
  lowering device Tonarmlift *m.*; ~**-up**
  cartridge Abtastdose *f.*, Tonabtastdose
  f., Tondose *f.*; ~**-up head** Abtastkopf
  m., Hörkopf *m.*, Tonabtastkopf *m.*,
  Tonabtastdose *f.*, Tondose *f.*; ~**-up**
  system Abtastsystem *n.*; ~**-up time**
  (relay) Ansprechzeit *f.*; ~**-up truck**
  (US) Fernsehaufnahmewagen *m.*; ~**-up**
  tube Aufnahmeröhre *f.*,
  Bildaufnahmeröhre *f.*,
  Bildwiedergaberöhre *f.*; ~**-up value**
  (relay) Ansprechwert *m.*
picketing cable Longe *f.*
pictorial composition Bildgestaltung *f.*,
  Bildkomposition *f.*
picture *n.* Bild *n.*, Aufnahme *f.*; ~ (frame)

Vollbild *n.*; ~ (cinema) Film *m.*; **black-
and-white** ~ einfarbiges Bild,
monochromes Bild; **blanked** ~ **signal**
Bildaustastsignal *n.* (BA-Signal),
Bildsignal mit Austastung; **build-up of**
~ Bildaufbau *m.*; **burnt-out** ~ kalkiges
Bild; **distorted** ~ verzerrtes Bild;
extraneous object in ~ Fremdkörper im
Bild; **flat** ~ flaches Bild; **fogged** ~
verschleiertes Bild; **hazy** ~
verschleiertes Bild; **misty** ~ matschiges
Bild; **monochrome** ~ einfarbiges Bild,
monochromes Bild; **negative** ~
negatives Bild; **polychrome** ~
mehrfarbiges Bild, polychromes Bild;
rolling ~ rollendes Bild; **soft** ~ weiches
Bild, verschleiertes Bild; **sooty** ~ Bild
grau in grau; **synchronous** ~
synchrones Bild; **to hold the** ~ Bild
halten; **to write against the** ~ gegen das
Bild texten; **uncontrasty** ~ weiches
Bild; **unstable** ~ verwackeltes Bild;
unusable ~ unbrauchbares Bild; ~
amplitude Bildamplitude *f.*; ~ **and**
blanking signal Bildaustastsignal *n.*
(BA-Signal), Bildsignal mit Austastung;
~**-and-sound** (compp.) Bild-Ton- (in
Zus.); ~**-and-sound disc** Bild-Ton-
Platte *f.*; ~ **and sound material** Bild-
und Tonmaterial (s. Bildmaterial); ~
and waveform monitor
Bildkontrollgerät *n.*; ~ **angle**
Bildwinkel *m.*; ~ **area** Bildausschnitt
m., Bildfeld *n.*, Schußfeld *n.*; ~ **aspect**
ratio Bildseitenverhältnis *n.*; ~
background Bildhintergrund *m.*; ~
bandwidth Bildbandbreite *f.*; ~ **black**
Bildschwarz *n.*; ~ **breakdown**
Bildstörung *f.*; ~ **break-up**
Bildausreißen *n.*; ~ **brightness**
Bildhelligkeit *f.*; ~ **components**
Bildkomponenten *f. pl.*; ~ **composition**
Bildaufbau *m.*, Bildgestaltung *f.*,
Bildkomposition *f.*; ~ **content**
Bildinhalt *m.*; ~ **contour** Bildkontur *f.*;
~ **contrast** Bildkontrast *m.*; ~ **control**
Bildaussteuerung *f.*, Bildkontrolle *f.*,
Bildüberwachung *f.*; ~ **definition**
Bildauflösung *f.*, Bildschärfe *f.*; ~ **detail**
Bilddetail *n.*, Bildeinzelheit *f.*; ~
displacement Bildverdrängung *f.*; ~
distortion Bildverzerrung *f.*; ~

duration Bilddauer f.; ~ **edge** Bildkante
f.; ~ **editing** Bildschnitt m.; ~ **element**
(TV) Bildpunkt m.; ~ **fault**
Abbildungsfehler m.; ~ **feature**
Bildreportage f.; ~ **film** Bildfilm m.; ~
flyback Bildrücklauf m.; ~ **framing**
(proj.) Bildverstellung f.; ~-**frequency
adjustment** Einstellen der Bildfrequenz;
~-**frequency setting** Einstellen der
Bildfrequenz; ~ **gate** Bildfenster n.; ~
geometry Bildgeometrie f.; ~ **grain**
Bildstruktur f.; ~ **height** Bildhöhe f.; ~
house Filmtheater n., Lichtspieltheater
n., Kino n.; ~ **hum** Bildbrumm m.; ~
identification Bildkennung f.; ~
information Bildinformation f.; ~
instability Bildstandfehler m.; ~
interference Bildstörung f.; ~ **jitter**
Bildstandschwankung f.; ~ **level**
Bildpegel m.; ~ **librarian** n.
Bildarchivar m.; ~ **library** Bildarchiv
n.; ~ **line** Bildzeile f.; ~ **matching
monitor** Bildanpaßmonitor m.; ~
material Bildmaterial n.; ~ **modulation**
Bildmodulation f.; ~ **monitor**
Bildkontrollempfänger m., Bildmonitor
m., Kontrollmonitor m.,
Signalbildmonitor m.; ~ **monitoring**
Bildüberwachung f.; ~ **monitoring
receiver** Bildkontrollempfänger m.,
Bildmonitor m., Monitor m.; ~ **negative**
Bildnegativ n., Negativbild n.; ~ **noise**
Bildrauschen n., Schnee m.; ~ **original**
Bildoriginal n.; ~ **output signal**
Bildausgangssignal n.; ~ **period**
Bildperiode f.; ~-**phased** adj.
bildsynchron adj.; ~ **position** Bildlage
f.; ~ **positive** Bildpositiv n.; ~ **quality**
Bildgüte f., Bildqualität f.,
Abbildungsgüte f.; ~ **raster** Bildraster
m.; ~ **ratio** Bildformat n.; ~ **receiver**
Bildfunkempfänger m.; ~ **recording**
Bildaufnahme f.; ~ **repetition
frequency** Bildfolgefrequenz f.; ~
reproduction Bildwiedergabe f.; ~
resolution Bildauflösung f.; ~ **roll**
Bilddurchlauf m., Bildkippen n.; ~
rushes Bildmuster n. pl.; ~ **scan**
Bildablenkung f.; ~ **scanning**
Bildabtastung f.; ~ **scanning device**
Bildabtastgerät n.; ~ **screen** Bildschirm
m.; ~ **shape** Bildformat n.; ~ **sharpness**

Bildschärfe f.; ~ **signal** Bildsignal n. (B-
Signal), Videosignal n.; ~ **signal gain**
Bildsignalverstärkung f.; ~ **size**
Bildformat n.; ~ **slip** Bilddurchlauf m.,
Ziehen des Bildes; ~/**sound offset unit**
Bild-Ton-Versatzvorrichtung f.; ~ **start**
Bildstart m.; ~ **start mark**
Bildstartmarke f.; ~ **steadiness**
Bildstand m.; ~ **structure** Bildstruktur
f.; ~ **switching error** Bildfehlschaltung
f.; ~ **synchronisation**
Bildsynchronisation f.; ~ **synchronising
pulse** Bildgleichlaufimpuls m.,
Bildimpuls m.; ~ **synthesis** Bildaufbau
m.; ~-**tearing** n. Zerreißen des Bildes;
~ **telegraphy** Bildtelegrafie f., Bildfunk
m.; ~ **telephone** Bildtelefon n.; ~
telephony Bildtelefonie f.; ~
transmission Bildtelegrafie f., Bildfunk
m.; ~ **transmission** (TV)
Bildübertragung f.; ~ **transmitter**
Bildfunksender m., Bildgeber m.,
Bildsender m.; ~ **tube** Bildröhre f.,
Fernsehröhre f., Wiedergaberöhre f.; ~
white Bildweiß n.; ~ **window**
Filmfenster n.; ~ **without contrast**
flaches Bild; ~ **and sound data** Bildund
Tondaten

pictures n. pl. (coll.) Filmtheater n.,
Lichtspieltheater n., Kino n.; ~ **per
second** (pps) Bilder pro Sekunde
pie chart Tortengrafik f. (IT)
piece n. (set) Dekorationsteil n.,
Bauelement n.; (journ.) Artikel m.,
Aufsatz m., Beitrag m., Bericht m.,
Stück n. (fam.); ~ (drama) Stück n.
piecework n. Akkordarbeit f.
piezo-electric microphone
Kristallmikrofon n.
piezoelectric transducer piezoelektrischer
Wandler
pigment n. Farbstoff m.; ~ **colour**
Pigmentfarbe f.; ~ **dye** Pigmentfarbe f.
pile-up n. (coll.) Filmsalat m.
pilot n. (prog.) Testsendung f.; ~ (coll.)
(elec.) Pilotschwingung f., Pilotsignal n.,
Pilot m. (fam.); ~ **broadcast**
Pilotsendung f., Modellsendung f.; ~
film Pilotfilm m.; ~ **frequency
generator** Steuergenerator m.; ~ **pin**
Greifer m.; ~ **programme**
Pilotprogramm n., Testsendung f.,

Versuchssendung *f.*; ~ **reference tone**
Pilotschwingung *f.*; ~ **series** Nullserie
f.; ~ **signal** Pilotsignal *n.*, Pilot *m.*
(fam.); ~ **terminal** Pilottonanschluß *m.*;
~ **tone** Pilotton *m.*; ~-**tone equipment**
Pilottoneinrichtung *f.*; ~-**tone**
frequency Pilottonfrequenz *f.*; ~-**tone**
generator Pilottongeber *m.*; ~-**tone**
process Pilottonverfahren *n.*; ~ **tone**
recording Pilottonaufzeichnung *f.*; ~-
tone system Pilottonsystem *n.*; ~ **tone**
track Hilfstonspur *f.*; ~ **tone transfer**
Pilottonüberspielung *f.*; ~ **transmission**
Pilotsendung *f.*; ~ Pilotsignal *n.*

pin *n.* Sperrstift *m.*; ~-**cushion distortion**
Kissenverzerrung *f.*; ~-**cushion**
equaliser Kissenentzerrung *f.*; ~-**sharp**
adj. gestochen *adj.*

pincer *n.* Klemmlampe *f.*, Pinza *f.*

pinch effect Klemmeffekt *m.*; ~ **roller**
Andruckrolle *f.*

ping pong method Burst-Übertragung
(Sat), TCM; ~-**pong shot** (coll.) Schuß-
Gegenschuß *m.*

pink offer Musikangebot der EBU,
kostenfreies *n.*

pip *n.* Marke *f.*; ~ (sound) Piep(s)er *m.*
(fam.); ~ Einschaltimpuls *m.*

piped music Musikberieselung *f.*

pipeline *n.* Rohrleitung *f.*

pirate listener Schwarzhörer *m.*; ~-
listener detection
Schwarzhörerfahndung *f.*; ~ **station**
Piratensender *m.*; ~ **transmitter**
Schwarzsender *m.*; ~ **viewer**
Schwarzseher *m.*; ~-**viewer detection**
Schwarzseherfahndung *f.*

pistol grip Kamerahaltegriff *m.*,
Revolvergriff *m.*

pitch *n.* Tonhöhe *f.*; **angle of** ~
Gewindesteigung *f.*; ~ **variation**
Tonhöhenschwankung *f.*

pivot *n.* Basispunkt *m.*

pivoting aerial drehbare Antenne; ~
antenna drehbare Antenne

pixel *n.* Bildelement *n.*; ~ **image**
Pixelgrafik *f.* (IT)

place *v.* (prog.) terminieren *v.*,
unterbringen *v.*; ~ Stelle *f.*; ~ **of origin**
Ursprungsort *m.*

placement *n.* Plazierung *f.*

placing *n.* Plazierung *f.*

plain language Klartext *m.* (IT); ~ **text** *n.*
Text, unformatierter *m.* (IT)

plaintext *n.* Klartext *m.* (IT)

plan *v.* planen *v.*, Zeichnung *f.*

planar aerial Planarantenne *f.* (Sat); ~
antenna Planarantenne *f.* (Sat)

plane *n.* Ebene *f.*; **horizontal** ~
horizontale Ebene; **vertical** ~
senkrechte Ebene

planetary gear Planetengetriebe *n.*

plank *n.* Bohle *f.*, Brett *n.*

planning *n.* Planung *f.*, Disposition *f.*,
Programmplanung *f.*; **current** ~
laufende Programmplanung; **forward** ~
Vorausplanung *f.*; **technical** ~
technische Disposition, technische
Planung; ~ **and building maintenance**
Liegenschaften *f. pl.*; ~ **and installation**
Ausstattungstechnik *f.*; ~ **engineer**
Planungsingenieur *m.*; ~ **manager**
Leiter der Disposition; ~ **meeting**
Produktionsbesprechung *f.*; ~
information Programmausdruck *m.*

plant *n.* Anlage *f.*, Betriebseinrichtung *f.*,
Anlage *f.* (Technik)

plasma display Plasmabildschirm *m.*

plaster *n.* Gips *m.*

plasterer *n.* Kascheur *m.*, Stukkateur *m.*

plastic *n.* Kunststoff *m.*; ~ **effect**
Bildplastik *f.*; ~ **face-piece**
Gesichtsplastik *f.*; ~ **reel**
Kunststoffspule *f.*

plate *n.* (tape) Teller *m.*; ~ (photo) Platte
f.; ~ (US) Anode *f.*; ~ **absorber**
Plattenabsorber *m.*; ~ **camera**
Plattenkamera *f.*; ~ **holder** (photo)
Plattenkassette *f.*; ~ **resonator**
Plattenresonator *m.*

platform *n.* Podest *n.*, Tribüne *f.*

play *v.* (part) darstellen *v.*, spielen *v.*; ~
(tape) abspielen *v.*; ~ (thea.) Schauspiel
n., Stück *n.*; **to produce a** ~ ein Stück
herausbringen; **to put on a** ~ ein Stück
herausbringen; ~ **back** *v.* abspielen *v.*,
wiedergeben *v.*, Abspielen *n.*; ~ **back**
head Hörkopf *m.*, Wiedergabekopf *m.*;
~ **back time** Laufzeit *f.*,
Verzögerungszeit *f.*; ~ **in** *v.* einspielen
v., zuspielen *v.*; ~ **up** *v.* (news)
Nachricht anheizen, Nachricht
hochspielen

playback *n.* Playback *n.*, Abspielung *f.*,

Tonwiedergabe f., Wiedergabe f.,
Tonabtastung f.; **permissible** ~ **level**
zulässiger Wiedergabepegel; ~
amplifier Wiedergabeverstärker m.; ~
chain Wiedergabekette f.; ~
characteristics n. pl.
Wiedergabecharakteristik f.; ~ **circuit**
Rückspielleitung f.; ~ **data**
Wiedergabedaten n. pl.; ~ **desk**
Wiedergabepult n.; ~ **device**
Wiedergabevorrichtung f.,
Abspieleinrichtung f.; ~ **duration**
Abspieldauer f.; ~**-equalisation** n.
Wiedergabeentzerrung f.; ~
equalisation Wiedergabeentzerrung f.;
~ **equalizer** Wiedergabe-Entzerrer m.;
~ **head** Wiedergabekopf m.,
Tonabtastkopf m., Hörkopf m.; ~ **key**
Wiedergabetaste f.; ~ **level**
Wiedergabepegel m.; ~ **loss**
Wiedergabeverluste m. pl.,
Abspielfehler m.; ~ **stability**
Wiedergabestabilität f.; ~ **unit**
Wiedergabegerät n.; ~ Wiedergabe f.
player n. Schauspieler m., Darsteller m.,
Ausführender m., Mitwirkender m.
playing time (tape) Durchlaufzeit f.; ~
time Spieldauer f.
playlist n. Playlist f.
playout center Abspielzentrum n.,
Sendezentrum n.
playwright n. Dramatiker m.,
Stückeschreiber m. (fam.)
plinth n. (record-player) Zarge f.
plop n. Tonblitz m., Piep(s)er m. (fam.)
plot n. Handlungsablauf m.
plotter n. (IT) Kurvenschreiber m.,
Kurvenzeichner m., Plotter m.
plotting board (IT) Kurvenschreiber m.,
Kurvenzeichner m., Plotter m.; ~ **table**
(IT) Kurvenschreiber m.,
Kurvenzeichner m., Plotter m.
pluck v. anzupfen v.
plucking n. Anzupfen n.
plug n. Kontaktstecker m., Steckkontakt
m., Stöpsel m., Stecker m.; ~ (advert.)
Schleichwerbung f.; **switched** ~ **socket**
schaltbare Steckdose; ~ **and socket**
Steckvorrichtung f.; ~ **assembly**
Kabelsteckvorrichtung f.; ~ **connection**
Steckverbindung f.; ~ **connector**
Stecker m.; ~ **contact** Steckkontakt m.;

~ **cord** Rangierkabel n.; ~ **in** v.
einstecken v., stöpseln v.; ~**-in** adj.
steckbar adj.; ~**-in amplifier**
Kassettenverstärker m.; ~**-in card**
Steckkarte f.; ~**-in cassette**
Steckkassette f.; ~**-in coil** Steckspule f.;
~**-in matrix** Steckkreuzfeld n.; ~**-in**
panel Einsteckleiterplatte f.; ~**-in unit**
Einschub m.; ~ **pin** Steckerstift m.; ~
socket Steckdose f.; ~ **strip** Stiftleiste
f.; ~ **up** v. stöpseln v.; ~**-in** n. Plug-in n.
(IT)
Plumbicon n. Bildaufnahmeröhre f.
plywood n. Sperrholz n.
PM (s. phase modulation)
pneumatic fast-pulldown mechanism
Schnellschaltwerk n.
POA (s. programme operations assistant)
pocket transistor Taschenempfänger m.
point v. (cam.) einstellen v., richten v.
(auf); ~ Spitze f.; ~ **of connection**
Verbindungsstelle f.; ~ **of divergence**
Zerstreuungspunkt m.; ~ **of origin**
Ursprungspunkt m.; ~ **on colour**
triangle Farbort m.; ~**-to-point circuit**
Direktverbindung zwischen zwei
Punkten; ~**-to-point radio station**
Richtfunkstelle f.; ~**-to-point radio**
system Richtfunk m. (RiFu); ~**-to-point**
transmitter Richtfunksender m.; ~**-to-**
point voice connection gerichtete
Sprechverbindung; ~**-and-click** v.
zeigen und klicken v. (IT); ~**-to-point**
configuration n. Punkt-zu-Punkt-
Konfiguration f. (IT); ~**-to-point**
connection Punkt-zu-Punkt-Verbindung
f., Anlagenanschluss m.; ~**-to-point**
transmission Standleitungsübertragung
f. (Tel)
pointer n. Zeiger m.; ~ (US) Hinweis m.,
Tip m., Wink m.; ~ **reading**
Zeigeranzeige f.
pointing device Zeigegerät n. (IT)
points of law Rechtsfragen f. pl.
polar-coordinate system
Polarkoordinatensystem n.; ~ **diagram**
Richtcharakteristik f., Richtdiagramm
n.; ~ **orbit** Polarbahn f.
polarisation n. Polarisation f.,
Polarisierung f., Polung f.; ~
discrimination

Polarisationsentkopplung f. (Sat); ~
plane Polarisationsebene f.
polarise v. polarisieren v.
polarised, horizontally ~ horizontal
polarisiert; **vertically** ~ vertikal
polarisiert
polarising filter Polarisationsfilter m.
polarity n. Polarität f., Polung f.; **to
reverse** ~ umpolen v.; ~ **reversal**
Umpolung f.; ~ **offset** Polaritätsversatz
m., Polaritätsverschiebung f.
polarization n. Polarisation f.; ~ **filter**
Polarizer m. (Sat)
polarizer n. Polarizer m. (Sat)
polaroid n. Polaroid-Kamera f.; ~ **camera**
Polaroid-Kamera f.
pole n. Pol m.; ~**-changer** n. Umpoler m.;
~ **shoe** Polschuh m.; ~ **tips** Polschuh m.
polish v. (F) polieren v., blankieren v.
polishing n. Polieren n.; ~ **machine**
Blankiermaschine f.
political desk Politik Inland; ~ **magazine**
Politmagazin n.
polling n. Abrufdienst m., Sendeabruf m.
(IT)
pollute v. verunreinigen v.
pollution n. Verunreinigung f.
polychromatic adj. mehrfarbig adj.; ~
(appar.) farbtüchtig adj.; ~ **process**
Mehrfarbenverfahren n.
polychrome adj. mehrfarbig adj.; ~
system Mehrfarbenverfahren n.
polyester film Dünnschichtfilm m.
polygonal curve Polygonzug m.
polymicrophony n. Polymikrofonie f.
polyphase current Drehstrom m.
polystyrene cutter Styroporschneider m.
pond Pond einh.
pool v. zusammenfassen v.
pop adj. (coll.) volkstümlich adj.; ~ **music**
U-Musik f., Popmusik f.; ~ **musik**
Schlagermusik f.; ~ **noises**
Poppgeräusche n. pl.; ~ **programme**
Schlagersendung f.; ~**-stranding** n.
Hochlaufen (einzelner Windungen im);
~**-up window** Popupfenster n. (IT)
popular adj. volkstümlich adj.; ~ **play**
Volksstück n.; ~ **song** Chanson n.; ~
play Volkstheater n.
porcelain insulator Lüsterklemme f.
porch n. Schwarzschulter f.; **back** ~

hintere Schwarzschulter; **front** ~
vordere Schwarzschulter
pore n. Pore f.
porous adj. porös adj.
port n. Port m. (IT); ~ **selection** Port-
Anwahl f. (IT)
portable n. (coll.) Kofferradio n.,
Reiseempfänger m.; ~ tragbar adj.; ~
camera Handkamera f.; ~ **charger**
Ladekassette f.; ~ **equipment**
Kofferapparatur f.; ~ **radio** Kofferradio
n.; ~ **receiver** Reiseempfänger m.; ~
set Koffergerät n.; ~ **tape recorder**
Reisetonbandgerät n.; ~ **TV camera**
tragbare Fernsehkamera; ~ **TV receiver**
Fernsehkofferempfänger m.; ~ **unit**
Koffereinheit f.; ~ **computer** Computer,
portabel m. (IT)
portal family Portal-Family f. (Internet);
~ **network** Portal-Network n. (Internet);
~ **page** Portalseite f. (IT)
porter n. Pförtner m.
porter's office Pforte f.
portrait attachment Vorsatzlinse für
Nahaufnahme; ~ **format** Hochformat n.
(IT); ~ **monitor** Hochformatmonitor m.
(IT)
position v. positionieren v., Einstellung f.;
~ **indicator** Bandzählwerk n.; ~ **time**
Positionierzeit f.
positional hum Geometriebrumm m.; ~
information (stereo)
Richtungsinformation f.
positioning jingle n. Image-ID (akust.
Verpackungselement), Positioning
Jingle m.; ~ **system** Ortungssystem n.
positive n. Positiv n., Positivkopie f.; **high-
contrast** ~ steiles Positivfilmmaterial;
high-contrast ~ **stock** steiles
Positivfilmmaterial; **low-contrast** ~
flaches Positivfilmmaterial; **low-
contrast** ~ **stock** flaches
Positivfilmmaterial; ~ **drive**
formschlüssiger Antrieb; ~ **film**
Positivfilm m.; ~ **picture** Bildpositiv n.,
Positiv v.; ~ **print** Positivabzug m.,
Positivkopie f.; ~ **rush print**
Positivmuster n.; ~ **stock**
Positivfilmmaterial n.; ~ **work print**
Positivmuster n.
possibility of reception
Empfangsmöglichkeit f.

post-acceleration n. Nachbeschleunigung
f.; ~-**blanking** n. Nachaustastung f.; ~-
censorship n. Nachzensur f.; ~-
correction n. Nachkorrektur f.; ~-
equalising pulse Nachtrabant m.; ~
office circuits Postleitungen f. pl.; ~
office line repeater
Postleitungsverstärker m.; ~ **office lines**
Postleitungen f. pl.; ~ **office
transmitting station**
Postübertragungsstelle f.; ~ **room**
Poststelle f.; ~-**sync** v.
nachsynchronisieren v.; ~-**synching** n.
Doubeln n., Nachsynchronisation f.; ~-
synchronisation n.
Nachsynchronisation f.; ~-**synchronise**
v. nachsynchronisieren v.,
nachsynchronisieren v.; ~-**sync loop**
Synchronschleife f.; ~-**sync studio**
Nachsynchronisationsstudio n.; ~
selling Post-Selling n. (Merchandising);
~-**dialing** Nachwahl f. (Tel)
postal dispensing room
Postübergaberaum m.; ~
administration Postverwaltung f. (Tel);
~ **engineering center** posttechnisches
Zentralamt n. (Tel)
poster n. Plakat n.; ~ **title** Plakattitel m.
postiche section (BBC) Perückenwerkstatt
f.
postpone v. verschieben v.
postponement n. Verschiebung f.
postproduction n. Postproduktion f.
(Nachbearbeitung)
pot n. (coll.) Potentiometer n., Pot m.
(fam.)
potential n. Potential n.
potentiometer n. Potentiometer n., Pot m.
(fam.); **noisy** ~ kratzendes
Potentiometer; **scratching** ~ kratzendes
Potentiometer
power v. Spannung geben; ~ (elec.)
Leistung f.; ~ Leistung f. (P), Kraft f.; ~
amplifier Leistungsverstärker m.; ~
cable Netzkabel n.; ~ **connection**
Stromanschluß m.; ~ **consumption**
Leistungsaufnahme f., Stromaufnahme
f.; ~ **current** Kraftstrom m.; ~
dissipation Verlustleistung f.; ~
distribution bay Netzverteilergestell n.;
~ **distribution board** Energieverteiler
m.; ~ **drop** Leistungsabfall m.; ~

failure Netzausfall m.,
Stromunterbrechung f.; ~ **failure relay**
Stromausfallrelais n.; ~ **fed** zugeführte
Leistung; ~ **flux density**
Leistungsflußdichte f.; ~ **flux intensity**
Feldstärke f.; ~ **inverter** Wechselrichter
m.; ~ **line noise** Netzgeräusch n.; ~ **loss**
Verlustleistung f.; ~ **noise source**
Leistungsrauschquelle f.; ~ **of
chromatic resolution**
Farbauflösungsvermögen n.; ~ **of
selection** Unterscheidungsvermögen n.;
~ **of the keys** Hausrecht n.; ~ **pack**
Netzteil m., Netzanschlußgerät n.,
Netzgerät n.; ~ **panel** Netzschalttafel f.;
~ **plant** Kraftzentrale f.,
Starkstromanlage f., Aggregat n.; ~
plug Kraftstecker m.; ~ **plug adapter**
Kraftsteckkupplung f.; ~ **rectifier**
Netzgleichrichter m.; ~ **source**
Stromquelle f.; ~ **spectrum**
Leistungsspektrum n.; ~ **supplies**
Spannungsversorgung f.; ~ **supply**
Stromversorgung f.; ~ **supply cable**
Netzkabel n.; ~ **supply chassis**
Netzeinschub m.; ~ **supply system**
Starkstromnetz n.; ~ **supply unit**
Netzteil m., Netzanschlußgerät n.,
Netzgerät n.; ~ **supply variation**
Stromversorgungsschwankung f.; ~
switch Netzschalter m.; ~ **switchboard**
Netzschalttafel f.; ~ **terminal**
Stromanschluß m.; ~ **transfer factor**
Leistungsübertragungsfaktor m.; ~
transformer Netztransformator m.; ~
unit Aggregat n., Netzeinschub m.; ~
density spectrum (PDS)
Leistungsdichtespektrum n.; ~ **splitter**
Leistungsteiler m.
PPM (s. peak programme meter)
pps (s. pictures per second)
pre-accentuation n. Vorverzerrung f.; ~-
amplifier n. Vorverstärker m., Vorstufe
f.; -**amplifier, tunnel-diode** ~
Vorverstärker mit Tunneldiode; ~-
amplifier stage Vorverstärkerstufe f.;
~-**analysis** n. Voruntersuchung f.; ~-
assemble v. vorbauen v.; ~-**assembly** n.
Vorbau m.; ~-**assembly shop**
Vorbaubühne f.; ~-**assembly studio**
Vorbauhalle f.; ~-**bath** n. Vorbad n.; ~-
censorship n. Vorzensur f.; ~-

clarification n. Vorklärung f.; ~-
classical music Altes Werk; ~-**correct**
v. vorentzerren v.; ~-**correction** n.
Vorentzerrung f.; ~-**detector volume**
control Rückwärtsregelung f.; ~-
dubbing n. Vorsynchronisation f.; ~-
echo n. Kopierecho n.; ~-**emphasise** v.
anheben v., vorentzerren v.; ~-
equalisation n. Vorentzerrung f.; ~-
equalising pulse Vortrabant m.; ~-
equalization n.
Gruppenlaufzeitvorentzerrung f.; ~-
expose v. vorbelichten v.; ~-**exposure**
n. Vorbelichtung f.; ~-**film** v.
vorabaufnehmen v.; ~-**hear** v. vorhören
v.; ~-**hearing** n. Vorhören n.; ~-**listen**
v. vorhören v.; ~-**listening** n. Vorhören
n., Abhören vor Band; ~ **listening**
vorhören v.; ~-**listening loudspeaker**
Vorhörlautsprecher m.; ~-**mixing** n.
Vormischung f.; ~-**operational phase**
präoperationelle Phase; ~-**planning** n.
Vorplanung f.; ~-**produce** v.
vorproduzieren v.; ~-**production** n.
Vorproduktion f.; ~-**production**
meeting Produktionsbesprechung f.,
Regiebesprechung f.; ~-**record** v.
vorabaufnehmen v.; ~-**recorded**
broadcast Bandsendung f.; ~-**recorded**
programme Bandsendung f.; ~-
recording n. Voraufzeichnung f.; ~-
record listening Abhören vor Band; ~-
release n. (F) Interessentenvorführung
f.; ~-**roll time** Startvorlaufzeit f.,
Vorlaufzeit f., Startzeit f.; ~-**school**
broadcasting Vorschulprogramm n.; ~-
start n. fliegender Start; ~-
transmission test
Vorübertragungsversuch m.; ~-**fader**
listening (PFL) Vorhören n.; ~-
selection Pre-Selection f. (IT)
preallocate v. vorbelegen v. (IT)
precision n. Präzision f.,
Abstimmgenauigkeit f.; ~ **demodulator**
Meßmischer m.; ~ **modulator**
Meßmischer m.; ~ **offset**
Präzisionsoffset n.; ~ **sound level**
meter Präzisionsschallpegelmesser m.;
~ **tool maker** Feinmechaniker m.; ~
tool worker Feinmechaniker m.
precorrected adj. vorkorrigiert adj.
precurrent n. Precurrent m. (Musiktitel)

prediction n. Prädiktion f., Vorhersage f.
predictive-coded picture prädiktiv
codiertes Bild (Videokompression)
predominance of one colour kippender
Farbstich
preemphasis n. Preemphase f.
preemptive multitasking Multitasking,
preemptives n. (IT)
preferences n. pl. Einstellungsmenü n.
(IT)
prefix number Vorwahlkennziffer f. (Tel)
prejudice n. Schaden m.
preliminary shooting script Rohdrehbuch
n.; ~ vorläufig adj.
premagnetising n. Vormagnetisierung f.
première n. Premiere f., Erstaufführung f.,
Uraufführung f.
prep talk Vorgespräch n.
preparation n. Vorbereitung f.; ~ **time**
Vorbereitungszeit f.
prepare v. (F) ansetzen v.
prerecorded sound Tonkonserve f.
preselect v. vorwählen v.
preselection n. Vorwahl f.; ~ **code**
Vorwahlkennzahl f.
preselector n. Vorwähler m.; ~ **matrix**
Vorwahlkreuzschiene f.; ~ **setting**
Vorwahlstellung f.
presence n. Präsenz f.; ~ **filter**
Präsenzfilter m.
present v. (play) herausbringen v.; ~
(prog.) einführen v., moderieren v.
presentation n. (suite) Programmregie f.;
~ Sendeleitung f., Präsentation f.; ~
(announcer) Ansage f.; **introductory** ~
Kopfansage f.; ~ **announcement**
Programmansage f.; ~ **continuity**
Ablauf m., Sendeablauf m.; ~ **director**
Ablaufregisseur m.; ~ **editor's log**
Sendenachweis m.; ~ **log**
Sendeablaufprotokoll n.; ~ **model**
Vorzeigemodell n.; ~ **preview of**
evening programmes (TV)
Generalansage f., Hauptansage f.; ~
schedule Sendeablaufplan m.; ~ **studio**
Ansagestudio n., Sprecherstudio n.; ~
suite Sendebüro n., Senderegie f.,
Ablaufregie f.; ~ Moderation f.; ~
graphics Präsentationsgrafik f. (IT); ~
layer Darstellungsschicht f. (IT); ~
mixer Sendepult n.; ~ **signalling**
Sprechersignalisierung f.

presenter *n.* Ansager *m.*; ~ (anchor man) Moderator *m.*; ~ Präsentator *m.*, Ansagerin *f.*

presenter's position Ansageplatz *m.*

presenting editor (news) Studioredakteur *m.*

preservation *n.* Bestandssicherung *f.*

preset *v.* voreinstellen *v.*, vorabstimmen *v.*; **switchable** ~ **tuning** (rec.) schaltbare Festeinstellung

presetting studio Montagehalle *f.*, Vorbauhalle *f.*

preside *v.* Vorrang haben

press *v.* (key) auslösen *v.*; ~ Presse *f.*; **freedom of the** ~ Pressefreiheit *f.*; ~ **agency** Pressedienst *m.*; ~ **and public relations chief** Pressechef *m.*; ~ **and public relations officer** Pressereferent *m.*; ~ **conference** Pressekonferenz *f.*; ~ **law** Pressegesetz *n.*; ~ **officer** (US) Pressechef *m.*; ~ **photographer** Bildberichterstatter *m.*, Bildreporter *m.*, Pressefotograf *m.*; ~ **reception** Presseempfang *m.*; ~ **release** Presseverlautbarung *f.*, Verlautbarung *f.*; ~ **review** Presseschau *f.*, Pressespiegel *m.*, Pressestimmen *f. pl.*; ~ **review editor** Presseschauredakteur *m.*; ~ **service** Pressedienst *m.*; ~ **stenographer** Pressestenograf *m.*; ~ **code** Pressekodex *m.*

pressmen *n. pl.* Zeitungsleute plt.

pressure-gradient microphone Druckgradientenmikrofon *n.*; ~ Druck *m.*, Zwang *m.*; ~ **chamber loudspeaker** Druckkammerlautsprecher *m.*; ~ **gradient microphone** Geschwindigkeitsempfänger *m.*, Druckdifferenz-Mikrofon *n.*; ~ **gradient receiver** Druckdifferenz-Mikrofon *n.*; ~ **microphone** Druckmikrofon *n.*; ~ **node** Druckknoten *m.* (Akustik); ~ **pad** Andruckkufe *f.*; ~ **plate** Andruckplatte *f.*, Andruckplatte *f.* (Tonband); ~ **roller** Andruckrolle *f.* (Tonband); ~ **solenoid** Andruckmagnet *m.*; ~ **switch** Druckschalter *m.*

pretune *v.* vorabstimmen *v.*

prevent *v.* verhindern *v.*

prevention *n.* Verhinderung *f.*

preventive maintenance Wartung, vorbeugende *f.*

preview *v.* vorschauen *v.*; ~ (for approval) (TV) abnehmen *v.*; ~ Vorschau *f.*; ~ (for approval) Abnahme *f.*, Abnahmevorführung *f.*; ~ Preview; ~ (thea.) (F) Vorpremiere *f.*; ~ **date** Vorführtermin *m.*; ~ **line** Kontrollschiene *f.*; ~ **monitor** Vorschaumonitor *m.*; ~ **monitor receiver** Vorschauempfänger *m.*; ~ **screening** Abnahmevorführung *f.*

previewing *n.* Vorrangschaltung *f.*, Vorschauen

PRF (s. pulse recurrence frequency),

primary *n.* Primärfarbe *f.*; **virtual** ~ virtuelle Primärvalenz; ~ **colour** Primärfarbe *f.*, Primärvalenz *f.*; ~ **colour component** Primärfarbauszug *m.*; ~ **colour image** Farbauszugsbild *n.*; ~ **colour raster** Farbauszugsraster *m.*; ~ **colour signal** Farbauszugssignal *n.*; ~ **current** Primärstrom *m.*; ~ **development** Erstentwicklung *f.*; ~ **element** Meßfühler *m.*; ~ **frequency** Primärträger *m.*; ~ **radiator** Primärstrahler *m.*; ~ **ray** Primärstrahler *m.*; ~ **service area** Nahempfangsgebiet *n.*; ~ **tone** Primärton *m.*; ~ **tone system** Primärtonverfahren *n.*; ~ **cue** Primary Cue; ~ **route** Direktweg *m.* (Tel); ~ **storage** Hauptspeicher *m.* (IT)

prime focus Primefocus *m.*; ~ **tune** Hauptsendezeit *f.*; ~ **time** Hauptsendezeit *f.*, Prime time; ~ **time programme** Hauptabendprogramm *n.*

primer *n.* (col.) Grundierfarbe *f.*

principal aim Hauptziel *n.*; ~ **objective** Hauptziel *n.*; ~ **point** Objektiv-Hauptpunkt *m.*; ~ **target** Hauptziel *n.*

principle of operation Betriebsweise *f.*

print *v.* (F, photo) Kopie ziehen, kopieren *v.*, abziehen *v.*, ziehen *v.*, umkopieren *v.*; ~ (out) ausdrucken *v.*; ~ (F) Filmkopie *f.*, Kopie *f.*; ~ (photo) Abzug *m.*, Bildkopie *f.*; **combined** ~ kombinierte Kopie; **graded** ~ lichtbestimmte Kopie; **married** ~ kombinierte Kopie; **only existing** ~ Unikat *n.*; **scratched** ~ verregnete Kopie; **subtitled** ~ Kopie mit Untertiteln; **to** ~ **with matte effect** mit Maske kopieren; **to clean a** ~ Kopie

putzen; **to make a** ~ Kopie ziehen; **to
regenerate a** ~ Kopie regenerieren; **to
strike a** ~ Kopie ziehen; ~ **program**
Druckprogramm *n*.; ~**-through** *n*.
Durchklatschen *n*.; ~ **through effect**
Kopiereffekt *m*.; ~ **cartridge**
Druckerpatrone *f*.; ~ **file** *n*. Druckdatei
f. (IT); ~ **job** Druckjob *m*. (IT); ~ **mode**
Druckmodus *m*. (IT); ~ **pitch**
Zeichenabstand *m*. (IT); ~ **quality**
Schriftgüte *f*. (IT); ~ **screen key**
Drucktaste *f*. (IT); ~ **to file** *v*. drucken in
Datei (IT)
printable *adj*. kopierfähig *adj*.
printed circuit board gedruckte
Schaltplatte, gedruckte Platte; ~ **circuit**
gedruckter Schaltkreis, gedruckte
Schaltung, Steckleiterplatte *f*.,
Leiterplatte *f*.; ~ **circuit board** Platine
f.; ~ **circuit board** (PCB) Leiterplatte *f*.,
gedruckte Schaltplatte; ~ **material**
Positivfilmmaterial *n*.
printer *n*. (F) Kopieranlage *f*.,
Kopiermaschine *f*.; ~ (IT) Drucker *m*.;
~ Printer *m*.; **additive** ~ additive
Kopiermaschine; **optical** ~ optische
Kopiermaschine; **subtractive** ~
subtraktive Kopiermaschine; ~ **charge-
band** Filterband *n*.; ~ **light** Kopierlicht
n.; ~**-light control**
Lichtzwischenschaltung *f*.; ~**-light
dimming** Kopierdämpfung *f*.; ~**-light
setting** Kopierlichtschaltung *f*.; ~**-light
strength** Kopierwert *m*.; ~**-light value**
Kopierwert *m*.; ~ **point** (FP)
Lichtwertzahl *f*.; ~ **stock** Kopierfilm *m*.;
~ Drucker *m*. (IT); ~ **buffer** *n*.
Druckerpuffer *m*. (IT); ~ **cartridge**
Druckerpatrone *f*.; ~ **driver**
Druckertreiber *m*. (IT); ~ **spooler**
Druckerspooler *m*. (IT)
printing *n*. (F) Kopieren *n*., Kopierung *f*.;
~ Druck *m*., Druck *m*. (Polygraphie);
office ~ Vervielfältigung *f*.; **optical** ~
optisches Kopieren; ~ **apparatus**
Kopiergerät *n*.; ~ **card punch** (IT)
Schreiblocher *m*.; ~ **contrast**
Kopierkontrast *m*.; ~ **control band**
Blendenband *n*.; ~ **control strip**
Blendenband *n*.; ~ **department**
Kopierabteilung *f*.; ~ **fault** Kopierfehler
m.; ~**-house** *n*. Druckerei *f*.; ~

laboratory Kopieranstalt *f*., Kopierwerk
n.; ~ **length** Kopierlänge *f*.; ~ **machine**
Kopiermaschine *f*.; ~**-office** *n*.
Druckerei *f*.; ~ **office**
Vervielfältigungsstelle *f*.; ~ **order**
Kopierauftrag *m*.; ~ **process**
Kopierverfahren *n*.; ~ **stock** Kopierfilm
m.
printout *n*. (IT) Protokoll *n*.; ~ Ausdruck
m. (Druck)
priority *n*. Vorrang *m*., Priorität *f*.; ~ **item**
(news) Vorrangmeldung *f*.; ~
processing (IT) Prioritätsverarbeitung *f*.;
~ **index** Prioritätsziffer *f*.; ~ **switching**
Vorrangschaltung *f*.
prism *n*. Prisma *n*.; ~ **effect lens** Prismen-
Trick (-vorsatz) *m*.; ~ **viewfinder**
Prismensucher *m*., Umkehrsucher *m*.
prismatic viewfinder Prismensucher *m*.,
Umkehrsucher *m*.
privacy, protection against invasion of ~
Persönlichkeitsschutz *m*.
private branch exchange (PBX)
Telefonzentrale *f*.; ~ **dressing-room**
Einzelgarderobe *f*.; ~ **data** private
Daten (IT)
privilege *n*. Berechtigung *f*.
Pro 7 (a German TV station) Pro 7
probability of excess
Pegelüberschreitungswahrscheinlichkeit
f.; ~ Wahrscheinlichkeit *f*.
probe *n*. Sonde *f*., Tastkopf *m*., Ausschnitt
m.
problem-oriented language (IT)
problemnahe Programmiersprache,
problemorientierte Programmiersprache;
~**-play** Problemstück *n*.
procedure *n*. Verfahren *n*.; ~**-oriented
language** (IT) verfahrensorientierte
Programmiersprache; ~ **call**
Prozeduraufruf *m*. (IT)
process *v*. (tech.) bearbeiten *v*.; ~
verarbeiten *v*.; ~ (F) entwickeln *v*.; ~
Verfahren *n*.; **additive** ~ additives
Verfahren; **subtractive** ~ subtraktives
Verfahren; ~ **automation** (IT)
Prozeßautomatisierung *f*.; ~
communication system (IT)
Prozeßdaten-Übertragungssystem *n*.; ~
control (IT) Prozeßsteuerung *f*.; ~
control computer (IT) Prozeßrechner
m.; ~ **control system** (IT)

Prozeßsteuersystem *n.*,
Prozeßdatenverarbeitungssystem *n.*; ~
guiding system (IT) Prozeßleitsystem
n.; ~ **interrupt** (IT)
Programmunterbrechung *f.*; ~ **shot**
Trucaaufnahme *f.*; ~-**shot system**
Trucaverfahren *n.*
processing *n.* (sig.) Aufbereitung *f.*; ~
(tech.) Verarbeitung *f.*, Bearbeitung *f.*; ~
amplifier Regenerierverstärker *m.*; ~
channel Umschneideraum *m.*,
Umspielraum *m.*; ~ **laboratory**
Kopierabteilung *f.*; ~ **machine**
Entwicklungsmaschine *f.*; ~ **stop** (FP)
Haltestelle *f.* (fam.); ~ **tank** Bädertank
m.; ~ **time** Bearbeitungszeit *f.*; ~ **unit**
(IT) Zentraleinheit *f.*, Prozessor *m.*; ~
effort Bearbeitungsaufwand *m.*; ~
speed Verarbeitungsgeschwindigkeit *f.*
processor *n.* (IT) Zentraleinheit *f.*,
Prozessor *m.*
procurement department
Einkaufsabteilung *f.*; ~ **specification**
Lastenheft *n.* (IT)
produce *v.* herstellen *v.*; ~ (bcast.)
Sendung machen; ~ (direct) inszenieren
v., Regie führen
producer *n.* Produzent *m.*; ~ (TV, R)
Redakteur *m.*, Realisator *m.*; ~
(director) Regisseur *m.*, Spielleiter *m.*;
free-lance ~ freier Produzent; ~/
scriptwriter *n.* Filmredakteur *m.*; ~
Producer *m.*
producer's estimate
Produktionsanforderung *f.*
producing team Aufnahmestab *m.*,
Aufnahmeteam *n.*
product *n.* Ware *f.*, Produkt *n.*; ~ **detector**
Produktdetektor *m.*; ~-**group**
advertising Branchenwerbung *f.*; ~
code Verarbeitungscode *m.*
production *n.* Produktion *f.*, Herstellung
f.; ~ (directing) Spielleitung *f.*, Regie *f.*,
Inszenierung *f.*; **approval of** ~ **budget**
Produktionsbewilligung *f.*; **digital** ~
system digitales Produktionssystem,
Harry; **own** ~ Eigenproduktion *f.*; ~
assistance Produktionsbeistellung *f.*,
Produktionshilfe *f.*; ~ **assistant**
Produktionsassistent *m.*,
Produktionshilfe *f.*; ~ **budget**
Produktionsetat *m.*; ~ **capacity**

Produktionskapazität *f.*; ~ **centre**
Produktionskomplex *m.*,
Produktionszentrum *n.*, Studiokomplex
m.; ~ **chart** Produktionsspiegel *m.*; ~
commitment Produktionsauftrag *m.*; ~
company Produktionsfirma *f.*,
Produktionsgesellschaft *f.*; ~
conference Produktionsbesprechung *f.*;
~ **contract** Herstellungsvertrag *m.*; ~
control room Regie *f.*, Regieraum *m.*; ~
costs Produktionskosten plt.,
Herstellungskostenplt.,
Herstellungskosten *pl.*; ~ **cubicle** Regie
f., Regieraum *m.*; ~ **dates** *n. pl.*
Produktionstermin *m.*; ~ **day**
Produktionstag *m.*; ~ **department**
Produktionsabteilung *f.*; ~ **discussion**
Bau- und Kostümbesprechung; ~
facilities Produktionsanlagen *f. pl.*,
technische Produktionsmittel; ~
lighting Gesamtszenenbeleuchtung *f.*; ~
list Drehstabliste *f.*, Stabliste *f.*; ~
management Produktionsleitung *f.*; ~
manager Produktionschef *m.*,
Produktionsleiter *m.* (PL); ~ **meeting**
Produktionsbesprechung *f.*; ~ **mixer** (F)
Studiotonmeister *m.*; ~ **of cut**
Schnittausführung *f.*; ~ **office**
Produktionsbüro *n.*; ~ **outline**
Produktionsablaufplan *m.*, vorläufiger
Ablaufplan; ~ **premises**
Produktionsstätten *f. pl.*; ~
requirements Dispositionswünsche *m.*
pl.; ~ **resources** Produktionsmittel *n.*
pl.; ~ **running time** Produktionsdauer
f.; ~ **schedule** Produktionsplan *m.*,
Herstellungsplan *m.*; ~ **secretary**
Produktionssekretärin *f.*; ~ **site**
Produktionsstätte *f.*; ~ **staff**
Produktionsstab *m.*; ~ **studio**
Produktionsstudio *n.*; ~ **system**
Produktionssystem *n.*; ~ **team**
Aufnahmestab *m.*, Aufnahmeteam *n.*,
Drehstab *m.*; ~ **time** Produktionszeit *f.*,
Herstellungszeit *f.*, Fertigungszeit *f.*; ~
unit Produktionseinheit *f.*; ~
announcement Produktionsmitteilung
f.; ~ **landscape** Kulturlandschaft *f.*; ~
locality Produktionsort *m.*; ~ **number**
Produktionsnummer *f.*; ~ **standard**
Produktionsstandard *m.*

productive capacity Produktionskapazität *f.*

professional *n.* Profi *m.* (fam.), berufsmäßig *adj.*; ~ **machine** Studiomaschine *f.*

proficiency *n.* Befähigungsnachweis *m.*

profile spot Effektscheinwerfer *m.*; ~ Profil *n.*

program generator Programmgenerator *m.*; ~ **sound** Programmton *m.*; ~ **substitution signal** Programmersatzsignal *n.*; ~ Programm *n.*; ~ **bar** Programmleiste *f.*; ~ **buying** Programmeinkauf *m.*; ~ **campaign** Programmoffensive *f.*; ~ **director** Wellenchef *m.*; ~ **event** Programmereignis *n.*; ~ **fair** Programmmesse *f.*; ~ **flow** Programmfluss *m.*; ~ **format** Programmformat *n.*; ~ **glut** Programmflut *f.*; ~ **interruption** Sendeunterbrechung *f.*; ~ **level** Programmniveau *n.*; ~ **line** Sendeschiene *f.*; ~ **links** *pl.* Programmverbindungen *f. pl.*; ~ **marketing** Programmmarketing *n.*; ~ **presentation** Programmpräsentation *f.*; ~ **profile** Programmprofil *n.*; ~ **promotion** Programmpromotion *f.*; ~ **proposal** Programmvorschlag *m.*; ~ **provider** Programmanbieter *m.*; ~ **schedule** Programmübersicht *f.*; ~ **stock** Programmbestand *m.*; ~ **stream** Programmdatenstrom *m.*; ~ **success** Programmerfolg *m.*; ~ **type** Programmart *f.*

programmable *adj.* programmierbar *adj.* (IT)

programmatic interface befehlsorientierte Benutzerschnittstelle (IT)

programme *v.* programmieren *v.*; ~ (bcast.) Sendung *f.*; ~ Programm *n.* (Eurovision); ~ (thea.) Spielplan *m.*; ~ (coll.) (sig.) Modulationssignal *n.*; ~, *n.* (computer) Programm *n.*; **artistic** ~ Nummernprogramm *n.*; **canned** ~ Programmkonserve *f.*; **commercial** ~ kommerzielle Sendung; **domestic** ~ nationales Programm; **experimental** ~ Versuchsprogramm *n.*; **foreground** ~ (IT) Vordergrundprogramm *n.*;

international ~ **exchange** Internationaler Programmaustausch; **joint** ~ Gemeinschaftsprogramm *n.*, Gemeinschaftssendung *f.*, gemeinsames Programm; **last-minute** ~ **change** kurzfristige Programmänderung; **main** ~ (IT) Hauptprogramm *n.*; **master** ~ (IT) Hauptprogramm *n.*; **network** ~ nationales Programm; **own** ~ Eigenprogramm *n.*; **pilot** ~ Pilotprogramm *n.*, Testsendung *f.*, Versuchssendung *f.*; **pre-produced** ~ vorproduzierte Sendung; **pre-recorded** ~ vorproduzierte Sendung; **recorded** ~ aufgezeichnete Sendung, gespeicherte Sendung; **running** ~ laufendes Programm; **stored** ~ (IT) gespeichertes Programm; **symbolic** ~ (IT) symbolisches Programm; **to insert into** ~ ins Programm einsetzen; **topical** ~ aktuelle Sendung; **to present the** ~ durch die Sendung führen; **transcribed** ~ aufgezeichnete Sendung; **trial** ~ Testsendung *f.*; **wired** ~ (IT) festverdrahtetes Programm; ~ **advisory council** Programmbeirat *m.* (ARD); ~ **announcement** Programmanmeldung *f.*; ~ **band** Programmleiste *f.*; ~ **cable** Übertragungskabel *n.*; ~ **circuit** Programmleitung *f.*, Modulationsleitung *f.*, Modulationssendeleitung *f.*; ~ **committee** Programmausschuß *m.*, Programmkommission *f.*; ~ **content** Programminhalt *m.*; ~ **contracts** Honorarabteilung *f.*; ~ **contribution** Programmbeitrag *m.*; ~**-controlled** *adj.* (IT) programmgesteuert *adj.*; ~ **control room** Regieraum *m.*; ~ **coordination** Programmkoordination *f.*; ~ **coordination circuit** Programmkoordinationsleitung *f.*; ~ **coordination circuit network** Programmkoordinations-Leitungsnetz *n.*; ~ **coordinator** Programmkoordinator *m.*; ~ **costs** Programmkosten *plt.*; ~ **distribution system** Programmverteilsystem *n.*; ~ **exchange** Programmaustausch *m.*, Programmaustausch *m.* (Eurovision); ~ **field** Programmsparte *f.*; ~ **filler** Beiprogramm *n.*; ~ **flow** Programmablauf *m.*; ~ **flow chart**

Programmablaufplan *m.*; ~ **flow diagram** Programmablaufplan *m.*; ~ **for women** Frauenmagazin *n.*; ~ **for young listeners** Jugendfunk *m.*; ~ **for young people** Jugendsendung *f.*; ~ **gap** Programmlücke *f.*; ~ **identification (code)** Programmkettenkennung *f.*; ~ **information** Programmhinweise *m. pl.*; ~ **inquiries** *n. pl.* Zuschauerauskunft *f.*; ~ **insert** Programmeinblendung *f.*, Programmbeitrag *m.*; ~ **inserted at short notice** kurzfristig angesetztes Programm; ~ **item** Programmbeitrag *m.*; ~ **item code** Programmbeitragskennung *f.*; ~ **journal** Programmzeitschrift *f.*; ~ **lead time** Programmvorlauf *m.*; ~ **length** Sendezeit *f.*; ~ **link** Programmverbindung *f.*; ~ **maker** Programmgestalter *m.*, Programmacher *m.*; ~ **meter** Aussteuerungsmesser *m.*, Modulationsaussteuerungsmesser *m.*; ~ **music** Programmusik *f.*; ~ **name** Programmname *m.*; ~ **news** Programmhinweise *m. pl.*; ~ **notes** *n. pl.* Ansagetext *m.*; ~ **offer** Programmangebot *n.*, Programmangebot *n.* (Eurovision); ~ **on the air!** Sendung läuft!; ~ **operations** *n. pl.* Programmabwicklung *f.*; ~ **operations assistant** (POA) Aufnahmeleiter *m.*, Tontechniker *m.*; ~ **output** Programmleistung *f.*; ~ **pattern** Programmschema *n.*; ~ **period** Programmzeit *f.*; ~ **planning** Programmdisposition *f.*; ~ **plug** Programmhinweis *m.*; ~ **policy** Programmgestaltung *f.*; ~ **pool** Programmpool *m.*; ~ **preview** Programmvorschau *f.*; ~ **preview page** Programmvorschauseite *f.*; ~ **production** Programmproduktion *f.*; ~ **promotion** Programmhinweis *m.*; ~ **rating** Programmauswertung *f.*; ~ **recording** Programmspeicherung *f.*; ~ **relay** Programmübernahme *f.*; ~ **running order** Sendungsablaufplan *m.* (J); ~ **schedule** Programmfahne *f.*; ~ **schedules** *n. pl.* Programmplan *m.*; ~ **sector** Programmsparte *f.*; ~ **segment** (BBC 25 minutes) Programmeinheit *f.* (15 Minuten); ~ **selector**

Programmwahlanlage *f.* (PWA); ~ **sequence** Programmblock *m.*; ~ **service** Programmservice *m.*; ~ **servicing department** Produktionsbetrieb *m.*; ~ **sheet** Programmfahne *f.*; ~ **signal** Modulationssignal *n.*, Programmsignal *n.*; ~ **slot** Sendeplatz *m.* (zeitlich); ~ **sound** Sendeton *m.*; ~ **staff** Programmpersonal *n.*; ~ **standards** Programmgrundsätze *m. pl.*, Programmrichtlinien *f. pl.*; ~ **storage** Programmspeicherung *f.*; ~ **store** Programmspeicher *m.*; ~ **strand** Programmleiste *f.*; ~ **structure** Programmstruktur *f.*; ~ **supervisor** (IT) Monitor *m.*; ~ **supply** Programmzulieferung *f.*, Programmbeistellung *f.*, Programmversorgung *f.*; ~ **tip** Programmtip *m.*; ~ **trailer** Programmhinweis *m.*; ~ **transition** Programmverbindung *f.*; ~ **transmission** Programmübertragung *f.*, Programmausstrahlung *f.*; ~ **type** Programmtyp *m.*; ~-**volume indicator** Aussteuerungsmesser *m.*, Modulationspegelanzeiger *m.*, Modulationsanzeiger *m.*

programmed instruction (PI) (IT) programmierte Unterweisung (PU)

programmer *n.* (IT) Programmierer *m.*; ~ Programmgestalter *m.*, Programmacher *m.*

programmes, to return to scheduled ~ Programm fortsetzen, Programm übernehmen; ~ **for women** Frauenfunk *m.*; ~ **preview** (TV) Programmtafel *f.*

programming *n.* Programmplanung *f.*, Programmgestaltung *f.*; ~ (IT) Programmierung *f.*; ~ **language** (IT) Programmiersprache *f.*

programs *pl.* Dienstprogramme *n. pl.* (IT)

progression *n.* Verlauf *m.* (Kurve/Math.)

progressive interlace Zeilensprungverfahren *n.*; ~ **scanning** Bildabtastung ohne Zeilensprung

project *v.* (F) vorführen *v.*, projizieren *v.*, wiedergeben *v.*; ~ Projekt *n.*, Vorhaben *n.*; ~ **manager** Projektleiter *m.*; ~ **request** Produktionsanmeldung *f.*, Projektanmeldung *f.*; ~ **management** Projektleitung *f.*; ~ **plan** Projektplan *m.*

projecting lens Projektionsoptik *f.*
projection *n.* Projektion *f.*, Vorführung *f.*;
  ~ **angle** Projektionswinkel *m.*; ~
  aperture Bildfenster *n.*, Filmfenster *n.*;
  ~ **booth** Filmvorführraum *m.*,
  Vorführkabine *f.*; ~ **cut-out**
  Schablonenmuster für Scheinwerfer; ~
  distance Projektionsentfernung *f.*; ~
  gate Bildfenster *n.*, Projektorbildfenster
  n., Projektorfenster *n.*; ~ **light**
  Projektionslicht *n.*; ~ **opening**
  Projektorbildfenster *n.*, Projektorfenster
  n.; ~ **optics** Projektionsoptik *f.*; ~
  permit Vorführgenehmigung *f.*,
  Freigabebescheid *m.*; ~ **port**
  Kabinenfenster *n.*; ~ **preselection**
  Projektionsvorwahl *f.*; ~ **receiver**
  Projektionsempfänger *m.*; ~ **room**
  Vorführkabine *f.*; ~ **screen**
  Filmleinwand *f.*, Bildwand *f.*,
  Projektionswand *f.*; ~ **theatre**
  Vorführkino *n.*
projectionist *n.* Filmvorführer *m.*,
  Vorführer *m.*
projector *n.* Projektionsapparat *m.*,
  Projektor *m.*; **dual-standard** ~
  Zweiformatbildprojektor *m.*; ~ **lamp**
  Projektionslampe *f.*, Lichtwurflampe *f.*;
  ~ **lamp** (spotlight) Scheinwerferlampe
  f.; ~ **lamps** Lichtwurflampen *f. pl.*; ~
  room Bildwerferraum *m.*,
  Projektierraum *m.*
prolongation *n.* Verlängerung *f.*; ~ **factor**
  Verlängerungsfaktor *m.*
promiscuity delay Promiskuity Delay
promo *n.* Promo *n.* (Eigenwerbung)
promote *v.* ankündigen *v.*
promoter *n.* Veranstalter *m.*
promotion *n.* (prog.)
  Programmankündigung *f.*; ~
  Beförderung *f.*; ~ (advert.) Werbung *f.*;
  ~ **campaign** Werbekampagne *f.*; ~
  media Werbemittel *n. pl.*
prompt *n.* Systemaufforderung *f.*; ~ **side**
  bühnenlinks *adv.*; ~
  Eingabeaufforderung *f.* (IT)
prompter *n.* Teleprompter *m.*
pronouncing dictionary
  Aussprachewörterbuch *n.*
proof of ability Befähigungsnachweis *m.*
prop *n.* (coll.) Requisit *n.*, Spielrequisit *n.*;

  ~ **room** (coll.) Requisitenraum *m.*,
  Requisite *f.* (fam.)
propagation *n.* Ausbreitung *f.*; **anomalous**
  ~ Überreichweite *f.*; **duct** ~
  Wellenleiterausbreitung *f.*; **guided** ~
  Wellenleiterausbreitung *f.*; **ionospheric**
  ~ ionosphärische Ausbreitung; **line-of-
  sight** ~ Sichtausbreitung *f.*; **multipath**
  ~ Mehrwegeausbreitung *f.*; **multi(ple)**
  hop ~ Mehrfachsprungausbreitung *f.*;
  scatter ~ Streuausbreitung *f.*;
  transhorizon ~
  Überhorizontausbreitung *f.*;
  tropospheric ~ troposhpärische
  Ausbreitung; **waveguide** ~
  Wellenleiterausbreitung *f.*; ~ **beyond**
  horizon Überreichweite *f.*; ~ **forecast**
  Ausbreitungsvorhersage *f.*; ~ **mode**
  Ausbreitungsweg *m.*; ~ **path**
  Ausbreitungsweg *m.*; ~ **prediction**
  Ausbreitungsvorhersage *f.*; ~ **velocity**
  Ausbreitungsgeschwindigkeit *f.*
properties *n. pl.* Requisiten *n. pl.*,
  Atelierfundus *m.*; ~ **in stock**
  Fundusbestand *m.*
property *n.* Requisit *n.*, Spielrequisit *n.*,
  Vermögen *n.*; ~ **buyer**
  Außenrequisiteur *m.*; ~ **department**
  Atelierfundus *m.*; ~ **list** Requisitenliste
  f.; ~ **man** Requisiteur *m.*,
  Innenrequisiteur *m.*; ~ **master**
  Requisiteur *m.*; ~ **plot** Requisitenliste *f.*;
  ~ **room** Requisitenraum *m.*, Requisite *f.*
  (fam.); ~ **store** Requisitenfundus *m.*,
  Requisitenkammer *f.*
proportional font Proportionalschrift *f.*
  (IT)
proportionate operating costs anteilige
  Betriebskosten; ~ **running costs**
  anteilige Betriebskosten
propose *v.* vorschlagen *v.*, planen *v.*
proprietary software Software,
  proprietäre *f.* (IT)
proprietor *n.* Inhaber *m.*
props *n. pl.* (coll.) Requisiten *n. pl.*,
  Atelierfundus *m.*
propsman *n.* (coll.) Requisiteur *m.*
protagonist *n.* Hauptdarsteller *m.*
protect *v.* schützen *v.*
protected switchgear Schutzschalter *m.*
protection *n.* Schutz *m.*; ~ **against**
  invasion of privacy

Persönlichkeitsschutz *m.*; ~ **leader** (F)
Allonge *f.*; ~ **of children and young
persons** Jugendschutz *m.*; ~ **ratio**
Schutzverhältnis *n.*, Schutzabstand *m.*;
~ **ratio measurements**
Schutzabstandsmessungen *f. pl.*; ~
screen Schutzgitter *n.*; ~ **of personal
data** Schutz personenbezogener Daten
(IT)
protective circuit-breaker Schutzschalter
m.; ~ **clothing** Schutzkleidung *f.*; ~
coating Schutzschicht *f.*; ~ **cover**
Schutzdeckel *m.*; ~ **earth** Schutzerde *f.*;
~ **earthing** Erdungsschutz *m.*; ~
envelope Schutzhülle *f.*; ~ **gelatin layer**
Gelatineschutzschicht *f.*; ~ **ground**
Schutzerde *f.*; ~ **treatment**
Filmkonservierung *f.*
protocol analyzer Protokolltester *m.*
provide access Zugriff ermöglichen
provider *n.* Anbieter *m.*; ~ **community**
Anbietergemeinschaft *f.*
province *n.* (speciality) Ressort *n.*
proving circuit Leitungsprüfung *f.*
provision *n.* Bereitstellung *f.*; ~ **of
circuits** Leitungsbereitstellung *f.*
provisional wiring fliegende Verdrahtung
proximity to a transmitter Sendernähe *f.*
proxy server Proxyserver *m.* (IT)
pseudo stereophony Pseudostereophonie
f.; ~**-random sequence**
Pseudozufallsfolge *f.*
psophometer *n.* Psophometer *n.*,
Geräuschspannungsmesser *m.*
psophometric filter Ohrfilter *m.*,
Ohrkurvenfilter *m.*
psychoacoustics *n.* Psychoakustik *f.*
psychological acoustics psychologische
Akustik
psychology of hearing Hörpsychiologie *f.*
psychooptics *n.* Psychooptik *f.*
PTC resistor *n.* Kaltleiter *m.*, PTC-
Widerstand *m.*
public *n.* Publikum *n.*, öffentlich *adj.*; **to
equip with** ~ **address** beschallen *v.*;
under ~ **law** öffentlich-rechtlich *adj.*; ~
address (PA) Beschallung *f.*; ~ **address
systems** Beschallungstechnik *f.*; ~ **land
mobile network** Funktelefonnetz *n.*; ~
relations *n. pl.* Öffentlichkeitsarbeit *f.*;
~ **relations department**
Presseabteilung *f.*; ~ **switched**

telephone network öffentliches
Telefonnetz; ~ **channel** offener Kanal
m.; ~ **data network** Datennetz,
öffentliches *n.*; ~ **folders** Ordner,
öffentliche *m. pl.* (IT); ~ **key** Schlüssel,
öffentlicher *m.* (IT); ~ **relations
program** PR-Beitrag *m.*; ~ **rights**
Rechte, öffentliche *n. pl.* (IT); ~
telephone network Fernsprechnetz,
öffentliches *n.* (Tel); ~**-domain
software** *n.* Publicdomainsoftware *f.*
(IT)
publication *n.* Veröffentlichung *f.*; **for** ~
zur Veröffentlichung; **not for** ~ nicht
zur Veröffentlichung; ~ **embargo**
Publikationssperre *f.*
publicity *n.* Reklame *f.*, Werbung *f.*; ~
department Presseabteilung *f.*,
Pressestelle *f.*; ~ **film** Werbefilm *m.*
publisher *n.* Herausgeber *m.*
publishing rights Veröffentlichungsrechte
n. pl.
pull down *v.* (set) abbauen *v.*; ~**-in range**
Fangbereich *m.*, Mitnahmebereich *m.*,
Ziehbereich *m.*; ~ **out** *v.* (filming) Luft
geben; ~**-out** *adj.* ausziehbar *adj.*; ~
mode Pull-mode *m.*; ~ **server**
Pullserver *m.* (IT); ~ **service**
Abrufdienst *m.*; ~ **technology**
Pulltechnologie *f.* (IT); ~**-down menu**
Pull-down-Menü *n.* (IT), Pulldownmenü
n. (IT)
pulldown *n.* Filmtransport *m.*; ~
movement Filmfortschaltung *f.*; ~
period Bildfortschaltzeit *f.*; ~ **time**
Filmfortschaltzeit *f.*, Filmschaltzeit *f.*
pulley *n.* (mech.) Rolle *f.*
pulling factor Lastverstimmungsmaß *n.*;
~**-in circuit** Ziehkreis *m.*; ~ **on whites**
Blooming *n.*
pulse *n.* Impuls *m.*, Takt *m.*; **complete** ~
chain Impulshaushalt *m.*; **field** ~
Vertikalimpuls *m.* (V-Impuls),
Halbbildimpuls *m.*; **vertical** ~ (US)
Vertikalimpuls *m.* (V-Impuls),
Halbbildimpuls *m.*; ~ **amplitude**
Impulsamplitude *f.*; ~**-and-bar test
signal** 2T-20T-Impuls *m.*; ~ **clipper**
Impulsabtrennstufe *f.*, Impulstrennstufe
f.; ~ **clipping** Impulsabtrennung *f.*; ~
code modulation (PCM)
Pulscodemodulation *f.*; ~ **decay time**

Impulsabfallzeit f.; ~ **delay**
Impulsverzögerung f.; ~ **distortion**
Impulsverformung f.; ~ **distributor**
Impulsverteiler m.; ~ **downstream**
Impuls in Bandlaufrichtung; ~ **duration**
Impulsdauer f., Pulsdauer f.; ~ **duty**
factor Impulstastverhältnis n.,
Tastverhältnis n.; ~ **edge** Impulsflanke
f.; ~ **fall time** Impulsabfallzeit f.; ~
filtration Impulssiebung f.; ~ **forming**
Impulsformierung f.; ~ **frequency**
modulation (PFM)
Impulsfrequenzmodulation f. (IFM); ~
generation and distribution system
Takthaushalt m.; ~ **generator**
Taktgeber m., Taktgenerator m.; ~
generator (PG) Taktgeber m.,
Impulsgeber m., Impulsgenerator m.; ~
interference Impulsstörung f.; ~ **length**
Impulsbreite f.; ~ **modulation**
Impulsmodulation f., Pulsmodulation f.
(als Modulationsträger wird ein Puls
benutzt); ~ **monitoring**
Kamerasignalüberwachung f.; ~
operation Impulsverfahren n.; ~ **peak**
power Impulsspitzenleistung f.; ~
position Impulslage f.; ~ **rectifier**
Impulsgleichrichter m.; ~ **recurrence**
frequency (PRF) Impulsfolgefrequenz
f.; ~ **regeneration** Impulserneuerung f.;
~ **regenerator** Impulsregenerator m.; ~
repetition frequency (PRF)
Impulsfolgefrequenz f.; ~ **repetition**
period Impulsperiodendauer f.; ~
response Impulsantwort f. (eines
Raumes), Impulsverhalten n.; ~
restoration Impulsverbesserung f.; ~
rise time Impulsanstiegzeit f.; ~
separation Impulstrennung f.,
Impulssiebung f.; ~ **shape** Impulsform
f.; ~ **shaper** Impulsformer m.; ~
shaping Impulsformierung f.; ~ **switch-**
on transient Impulseinschaltvorgang
m.; ~ **synchronisation**
Taktsynchronisierung f.; ~ **test**
Impulstest m.; ~ **tilt** (imp.) Dachschräge
f.; ~ **train** Impulsserie f.; ~ **width**
Impulsbreite f.

pulser n. Impulsgeber m., Impulsgenerator
m.

pump v. pumpen v.

punch v. (IT) lochen v.; ~ (appar.) Locher

m.; ~ **card** (IT) Lochkarte f.; ~
combination (IT) Lochkombination f.;
~ **up** v. eintasten v.

punched card (IT) Lochkarte f.; ~ **tape**
Belichtungsschablone f.; ~ **tape** (IT)
Lochstreifen m.; ~ **tape reader** (IT)
Lochstreifenleser m.

puncher n. (operator) Locher m.

punching machine Lochstanze f., Stanze f.

puncturing n. Punktierung f.

pup n. Babyspot m., Klemmlampe f., Pinza
f.; **750 Watt** ~ Dreiviertel-KW n.; **500**
Watt ~ Halb-KW n.; ~ **stand**
Babystativ n.

Pupin line bespulte Leitung

puppet animation Puppentrick m.; ~ **film**
Puppenfilm m.

puppeteer n. Handpuppenspieler m.,
Marionettenspieler m.

purchase n. Einkaufsabteilung f.

purchased programmes n. pl.
Filmbeschaffung f., Filmredaktion f.

purchasing n. Einkauf m.

pure binary code reiner Binärcode, reiner
Dualcode; ~ **resistance** Wirkwiderstand
m.; ~ **tone** Sinuston m.

purity correction magnet
Farbreinheitsmagnet m.

pursuit n. Verfolgung f.

push v. (cough key) abdrücken v.; ~
button Drucktaste f., Taste f.; ~ **on** v.
aufstecken v.; ~**-on filter** Aufsteckfilter
m.; ~**-on plug distributor**
Steckverteiler m.; ~**-over wipe**
Schiebeblende f., seitliche
Überblendung; ~**-pull circuit**
Gegentaktschaltung f.; ~**-pull**
recording Gegentaktaufzeichnung f.; ~-
pull stage Gegentaktstufe f.; ~**-switch**
Druckschalter m.; ~ **medium**
Pushmedium n. (IT); ~ **mode** Push-
modus m.; ~ **server** Pushserver m. (IT);
~ **technology** Pushtechnologie f. (IT)

pushbutton switch Druckschalter m.; ~
dialing Tastwahl f. (Tel); ~ **set**
Wahltastatur f. (Tel); ~ **telephone**
Tastenfernsprecher m. (Tel)

put, to ~ **in sync** anlegen v.; **to** ~ **on 1000**
Hz 1000 Hz-Ton aufschalten; ~ **on**
the air v. ausstrahlen v.; **to** ~ **to bed**
(coll.) Redaktionsschluß machen; ~ **on**
v. ansetzen v.; ~ **on the air** ausstrahlen

v., senden *v.*; ~ **out** *v.* (news) absetzen
v., rausbringen *v.* (fam.); ~ **right** *v.*
verbessern *v.*; ~ **through (to)** *v.* (tel.)
verbinden *v.* (mit); ~ **together** *v.*
zusammenstellen *v.*
putting in circuit Zuschaltung *f.*; ~ **into**
operation Inbetriebnahme *f.*; ~ **into**
service Inbetriebnahme *f.*
pylon *n.* Mast *m.*
pyrotechnician *n.* Pyrotechniker *m.*
pyroxylin lacquer Nitrolack *m.*

Q

QPSK Vierphasen-Modulation (Sat),
QPSK
quadrature error (VTR) Quadraturfehler
m.; ~ **fault** (modulation)
Quadraturfehler *m.*; ~ **modulation**
Quadraturmodulation *f.*
quadripole *n.* Vierpol *m.*
quadrophony *n.* Quadrofonie *f.*
qualification *n.* Befähigung *f.*
quality check Bildendkontrolle *f.*,
Programmüberwachung *f.*; ~
enhancement Qualitätsverbesserung *f.*;
~ **factor** Gütefaktor *m.*; ~
improvement Qualitätsverbesserung *f.*;
~ **monitoring** Qualitätsüberwachung *f.*;
~ **of reception** Empfindung *f.*,
Empfangsqualität *f.*; ~ **standard**
Qualitätsmaßstab *m.*; ~ **surveillance**
Qualitätsüberwachung *f.*; ~ **assessment**
Qualitätsbeurteilung *f.*; ~ **assurance**
Qualitätssicherung *f.* (IT); ~ **chunk**
Qualitätsdatenblock *m.*
quantisation error Quantisierungsfehler
m.; ~ **noise** Quantisierungsrauschen *n.*
quantiser *n.* (IT) Analog-Digital-Umsetzer
m. (ADU)
quantity *n.* Quantität *f.*; ~ **scale**
Mengenstaffel *f.* (Werbung)
quantizer *n.* Quantisierer *m.*
quarter-inch tape Schnürsenkel *m.* (fam.);
~ **track** Viertelspur *f.*; ~ **wave**
Viertelwelle *f.*

quarternary PSK Vierphasen-Modulation
(Sat), QPSK
quartz glass halogen bulb Hartglas-
Halogenglühlampe *f.*; ~ **halogen bulb**
Quarzhalogenglühlampe *f.*; ~ **iodine**
lamp Jodquarzlampe *f.*; ~ **lamp**
Quarzlampe *f.*
quasi-peak value Quasi-Spitzenwert *m.* (s.
Quasispitzenwert), Quasispitzenwert *m.*
query *v.* (IT) abfragen *v.*, Anfrage *f.*; ~
Abfrage *f.*, Query (IT); ~ **by example**
Abfrage durch Beispiel (IT); ~
language Abfragesprache *f.* (IT)
question of authority Kompetenzstreit *m.*
questionable *adj.* fragwürdig *adj.*
questions of law Rechtsfragen *f. pl.*
queue *n.* Warteschlange *f.* (IT)
quick change magazine
Schnellwechselkassette *f.*; ~ **motion**
Zeitraffer *m.*; ~**-motion apparatus**
Zeitraffer *m.*; ~**-motion camera**
Zeitraffer *m.*; ~**-motion effect**
Zeitraffung *f.*
quicksort *n.* Schnellsortierung *f.* (IT)
quiescent position Ruhestellung *f.*; ~
potential Ruhepotential *n.*
quiet, please! Ruhe bitte!
quiz *n.* Quiz *n.*, Ratespiel *n.*, Quizspiel *n.*;
~ **programme** Quizsendung *f.*
quizmaster *n.* Spielleiter *m.*
quota-based allocation Quotierung *f.*; ~-
based distribution Quotierung *f.*
quotation *n.* Notierung *f.*, Notiz *f.*,
Angebot *n.*

R

racing news Pferdesportnachrichten *f. pl.*
rack *n.* Gestell *n.*, Rahmengestell *n.*; ~
base Rahmenträgeruntergestell *n.*; ~
footing Rahmenträgeruntergestell *n.*; ~
line (F) Bildsteg *m.*
racked blanking Vorspann mit Bildstrich;
~ **spacing** Vorspann mit Bildstrich
racks *n. pl.* (coll.)
Kamerasignalüberwachung *f.*; ~
engineer (TV) Kameratechniker *m.*

radian frequency Kreisfrequenz *f.*,
Winkelfrequenz *f.*
radiant energy Strahlungsenergie *f.*; ~
energy density Strahlungsdichte *f.*
radiate *v.* (tech.) ausstrahlen *v.*; ~ (aerial)
abstrahlen *v.*; ~ senden *v.*
radiated, effective ~ **power** (ERP)
effektive Strahlungsleistung (ERP),
Sendeleistung *f.*; **equivalent**
isotropically ~ **power** äquivalente
isotrope Strahlungsleistung; ~ **energy**
Strahlungsenergie *f.*; ~ **interference**
Fremdeinstrahlung *f.*; ~ **power**
Strahlungsleistung *f.*
radiating element (aerial) Primärstrahler
m.; ~ **element of aerial**
Antennenstrahler *m.*; ~ **surface**
Abstrahlebene *f.*
radiation *n.* (aerial) Abstrahlung *f.*; ~
Ausstrahlung *f.*, Abstrahlung *f.*
(Wärme); ~ (tech.) Ausstrahlung *f.*,
Strahlung *f.*; **coloured** ~ farbige
Strahlung; ~ **characteristic**
Strahlungscharakteristik *f.*,
Strahlungsdiagramm *n.*; ~ **density**
Strahlungsdichte *f.*; ~ **diagram**
Strahlungscharakteristik *f.*,
Strahlungsdiagramm *n.*; ~ **factor**
Abstrahlgrad *m.* (Akustik); ~ **lobe**
Strahlungskeule *f.*; ~ **measure**
Abstrahlmaß *n.* (Akustik); ~ **pattern**
Richtcharakteristik *f.*, Richtdiagramm *n.*,
Strahlungscharakteristik *f.*,
Strahlungsdiagramm *n.*; ~ **resistance**
Strahlungswiderstand *m.*; ~**-responsive**
pick-up Strahlungsempfänger *m.*; ~**-**
sensitive pick-up Strahlungsempfänger
m.
radiator *n.* Strahler *m.*; **isotropic** ~
isotroper Strahler
radio *v.* funken *v.*, senden *v.*, Funk *m.*,
Hörfunk *m.*, Hörrundfunk *m.*, Radio *n.*,
Rundfunk *m.*, Tonrundfunk *m.*; ~ (set)
Rundfunkapparat *m.*,
Rundfunkempfänger *m.*, Rundfunkgerät
n., Radio *n.*; ~ funkisch *adj.*, Hörfunk-
(in Zus.); **commercial** ~ Werbefunk *m.*;
reversible ~ **link** umzündbares
Funkfeld; **steerable** ~ **link** drehbares
Funkfeld; **terrestrial** ~ **communication**
terrestrischer Funkverkehr; **wired** ~
Drahtfunk *m.*; ~ **adaptation**

Funkbearbeitung *f.*; ~ **advertising**
Funkwerbung *f.*; ~ **amateur**
Funkamateur *m.*; ~ **and television**
engineering Sendebetriebstechnik *f.*,
Sendetechnik *f.*; ~ **and television**
exhibition Funkausstellung *f.*; ~ **and**
television operations *n. pl.*
Sendebetrieb *m.*; ~ **astronomy**
transmission Radioastronomiefunk *m.*;
~ **beacon** Peilsender *m.*, Funkbake *f.*,
Funkfeuer *n.*; ~ **beam** Richtfunkstrahl
m., Funkstrahl *m.*; ~ **bearing** Peilung *f.*;
~ **broadcast** Hörfunksendung *f.*;
Rundfunkübertragung *f.*; ~
broadcasting Hörfunk *m.*; ~
(broadcasting) Rundfunkstudio *n.*; ~
camera drahtlose Kamera; ~ **car**
Funkwagen *m.*, HF-Wagen *m.*,
drahtloser Ü-Wagen; ~ **centre**
Hörfunkkomplex *m.*; ~ **channel**
Rundfunkkanal *m.*; ~ **choir**
Rundfunkchor *m.*; ~ **chorus**
Rundfunkchor *m.*; ~ **circuit**
Hörfunkleitung *f.*, Funkverbindung *f.*; ~
communication Funkverbindung *f.*,
Funkverkehr *m.*; ~**-communication**
service Funkdienst *m.*; ~**-control** *v.*
fernleiten *v.*; ~ **control** Funksteuerung
f.; ~**-controlled clock** Funkuhr *f.* (über
den Zeitzeichensender DCF
77 gesteuerte Uhr); ~ **control receiver**
drahtloser Kommandoempfänger; ~
corporation (US) Rundfunkgesellschaft
f., Rundfunksendegesellschaft *f.*,
Sendegesellschaft *f.*
Radio Data System (RDS) Radio-Daten-
System *n.* (RDS)
radio direction-finding Peilung *f.*; ~
directorate Programmdirektion
Hörfunk, Hörfunkdirektion *f.*,
Hörfunkleitung *f.*; ~ **drama** Hörspiel *n.*,
Hörspielabteilung *f.*; ~ **drama library**
Hörspielarchiv *n.*; ~ **drama producer**
Hörfunkspielleiter *m.*, Hörspielregisseur
m.; ~ **drama production**
Hörspielinszenierung *f.*,
Hörspielproduktion *f.*; ~ **drama script**
Hörspielmanuskript *n.*; ~ **engineer**
Rundfunktechniker *m.*; ~ **engineering**
Rundfunktechnik *f.*; ~ **financed from**
licence fees Gebührenrundfunk *m.*; ~
franchise Hörfunklizenz *f.*; ~**-**

frequency *adj.* hochfrequent *adj.*,
Hochfrequenz- (HF); ~ **frequency** (RF)
Hochfrequenz *f.* (HF), Radiofrequenz *f.*
(RF); ~-**frequency amplifier**
Hochfrequenzverstärker *m.*; ~-
frequency choke Hochfrequenzdrossel
f.; ~-**frequency choke coil**
Hochfrequenzdrossel *f.*; ~-**frequency
circuit** Hochfrequenzleitung *f.*; ~-
frequency coil Hochfrequenzspule *f.*; ~
frequency filter Funkentstörfilter *m.*;
~-**frequency generator**
Hochfrequenzgenerator *m.*; ~-
frequency protection ratio
Hochfrequenzschutzabstand *m.*; ~
frequency signal-to-noise ratio
Hochfrequenzstörabstand *m.*; ~ **horizon**
Radiohorizont *m.*; ~ **interference**
Störstrahlung *f.*; ~ **interference filter**
Funkentstörfilter *m.*, Störschutzfilter *m.*;
~ **interference group**
Störungsannahme *f.*; ~ **interference
service** Funkstörmeßdienst *m.*; ~
journalist Rundfunkjournalist *m.*; ~
licence Hörfunkgenehmigung *f.*,
Funklizenz *f.*; ~ **licence fee**
Hörfunkgebühr *f.*; ~ **licence-holder**
Hörfunkteilnehmer *m.*; ~ **link**
Richtfunkstrecke *f.*,
Richtfunkverbindung *f.*,
Funkverbindung *f.*, Richtverbindung *f.*,
Richtfunkleitung *f.*, Funkstrecke *f.*,
Dezi-Strecke *f.*; ~ **link attenuation**
Funkfelddämpfung *f.*; ~ **link hop**
Funkfeld *n.*; ~-**link system** Richtfunk
m. (RiFu); ~ **magazine**
Hörfunkmagazin *n.*; ~ **message**
Funkspruch *m.*; ~ **microphone**
drahtloses Mikrofon; ~ **network**
Hörfunknetz *n.*; ~ **news**
Hörfunknachrichten *f. pl.*, Nachrichten *f.
pl.*; ~ **OB** Tonreportage *f.*; ~ **OB van**
Übertragungswagen *m.*, Ü-Wagen *m.*; ~
opera Funkoper *f.*; ~ **operator** Funker
m.; ~ **orchestra** Rundfunkorchester *n.*;
~-**photogram** *n.* Funkbild *n.*, Funkfoto
n.; ~ **picture** Funkbild *n.*, Funkfoto *n.*;
~ **play** Hörspiel *n.*; ~ **playwright**
Hörspielautor *m.*; ~ **producer**
Spielleiter *m.*; ~ **production**
Hörfunkinszenierung *f.*,
Hörfunkproduktion *f.*; ~ **programme**

Hörfunkprogramm *n.*, Hörfunksendung
f., Rundfunksendung *f.*; ~ **programme
circuit** Hörfunkleitung *f.*; ~
programme provider
Hörfunkprogrammanbieter *m.*; ~
receiver Rundfunkapparat *m.*,
Rundfunkempfänger *m.*, Rundfunkgerät
n., Radio *n.*; ~ **receiver** (WT)
Funkempfänger *m.*; ~ **receiver**
Hörfunkempfangsgerät *n.*; ~ **recording**
Hörfunkaufnahme *f.*; ~ **relay**
Hörfunkübertragung *f.*,
Rundfunkübertragung *f.*; ~ **relay** (WT)
Funkrelais *n.*; ~ **relay exchange** (PO)
Rundfunkvermittlung *f.*; ~ **relay
reporting system** Richtfunk-
Reportageanlage *f.*; ~-**relay
transmission service**
Richtfunkübertragungsdienst *m.*; ~
serial Hörfunkreihe *f.*; ~ **series**
Hörfolge *f.*; ~ **service** Hörfunkdienst *m.*,
Rundfunkdienst *m.*; ~ **service** (WT)
Funkdienst *m.*; ~ **set** Rundfunkapparat
m., Rundfunkempfänger *m.*,
Rundfunkgerät *n.*, Radio *n.*; ~ **station**
Rundfunkanstalt *f.*, Rundfunkstation *f.*,
Sendestation *f.*; ~ (broadcasting)
Hörfunkanstalt *f.*; ~ **station**
Hörfunksender *m.*; ~ **stereophony**
Rundfunkstereofonie *f.*; ~ **studio**
Hörfunkstudio *n.*; ~ **switching centre**
Tonsternpunkt *m.*, Tonstern *m.*; ~
system Hörfunksystem *n.*, Funkanlage
f.; ~ **talks and current affairs
programmes** *n. pl.* Zeitfunk *m.*; ~
telephone Funksprechgerät *n.*,
Sprechfunkgerät *n.*; ~-**telephone traffic**
Sprechfunkverkehr *m.*; ~ **text** (RT)
Radiotext *m.*; ~ **tower** Sendeturm *m.*; ~
traffic Funkverkehr *m.*; ~ **transmission**
Hörfunkübertragung *f.*,
Rundfunkübertragung *f.*, Funksendung
f.; ~ **transmission** (WT) drahtlose
Übertragung; ~ **transmission**
Rundfunksender *m.*; ~ **wave** Funkwelle
f.; ~ **writer** Funkautor *m.*; ~ **button**
Optionsfeld *n.* (IT)
radiogram *n.* Musiktruhe *f.*
radiophonic *adj.* funkisch *adj.*,
radiofonisch *adj.*
radioplay *n.* Hörspiel *n.*
radiosity *n.* Radiosity (Computergraphik)

radiotelephonic traffic (RT traffic)
Funksprechverkehr *m.*
radiotelephony *n.* (RT) Sprechfunk *m.*
radius *n.* Radius *m.*; ~ **of propagation**
Ausstrahlungsradius (Sat)
ragged left linksbündiger Flattersatz *m.*
(IT); ~ **right** rechtsbündiger Flattersatz
m. (IT)
rail *n.* Schiene *f.*; **bent** ~ gebogene
Schiene; **curved** ~ gebogene Schiene;
straight ~ gerade Schiene
railing *n.* Brüstung *f.*
rain loss Regendämpfung *f.*; ~**-shield**
Regenschutz *m.*
rainbow test pattern Regenbogentestbild
n.; ~ **test pattern generator**
Regenbogengenerator *m.*
ramp wedges Auffahrtskeile *m. pl.*; ~
Intro *n.* (Musik), Vorlauf *m.*; ~ **talk**
Ramp-Talk *m.*
Ramp *n.* Ramp *f.* (Musik: Einleitung)
random access Direktzugriff *m.* (EDV);
~**-access programming** (IT) Random-
Access-Programmierung; ~ **generator**
Zufallsgenerator *m.*; ~**-noise** (pict.)
Grieß *m.*; ~ **noise** Rauschstörung *f.*; ~
bit error Zufallsbitfehler *m.*
range *n.* Bereich *m.*, Reichweite *f.*,
Umfang *m.*; ~**-extender**
Brennweitenverlängerer *m.*; ~**-finder** *n.*
Entfernungsmesser *m.*; **-finder, coupled**
~ gekoppelter Entfernungsmesser; ~ **of**
exposure Belichtungsspielraum *m.*; ~ **of**
focus Brennweitenbereich *m.*; ~ **of light**
level Beleuchtungsstärkeumfang *m.*; ~
of luminance Leuchtdichteumfang *m.*;
~ **of reception** Sendegebiet *n.*; ~ **of**
tolerance Toleranzbereich *m.*
rapid stop Schnellstopp *m.*; ~ **stop key**
Schnellstopptaste *f.*
raster *n.* Raster *m.*, Bildraster *m.*; ~
definition Rasterauflösung *f.*,
Rasterschärfe *f.*
ratchet pawl Sperriegel *m.*
rate *n.* Taxe *f.*; ~ (pulse) Takt *m.*; ~ **card**
Gebührenordnung *f.*, Preisliste *f.*
rated load Nennbelastbarkeit *f.*; ~ **output**
Nennleistung *f.*; ~ **power** Nennleistung
f.; ~ **voltage** Nennspannung *f.*
ratings Betriebsdaten *pl.*
ratio *n.* Dämpfung *f.*, Abstand *m.*,
Ausblendung *f.*, Abstand *m.*

(Verhältnis); ~ **control** (IT)
Verhältnisregelung *f.*,
Verhältnissteuerung *f.*; ~ **detector**
Ratiodetektor *m.*,
Verhältnisgleichrichter *m.*
raw film Rohfilm *m.*, Rohfilmmaterial *n.*;
~ **stock** Filmmaterial *n.*, Rohfilm *m.*,
Rohfilmmaterial *n.*, Aufnahmematerial
n.; ~ **stock bobbin** Rohfilmkern *m.*; ~
stock centre Rohfilmkern *m.*; ~ **stock**
core Rohfilmkern *m.*; ~ **stock**
dimension Rohfilmmaß *n.*; ~ **stock**
manufacture Rohfilmherstellung *f.*; ~
stock manufacturer Rohfilmhersteller
m.; ~ **stock store** Rohfilmlager *n.*; ~
tape Frischband *n.*; ~ **data** Rohdaten *n.*
pl. (IT)
ray *n.* Strahl *m.*; ~ **path** Strahlengang *m.*;
~ **tracing** Strahlenbahnberechnung *f.*,
Ray-Tracing *n.* (IT)
RBR (s. rebroadcast),
RBW system RBW-Verfahren *n.*
RC coupling RC-Kopplung *f.*; °~
network RC-Glied *n.*; °~ **section** RC-
Glied *n.*
re-cable *v.* umkabeln *v.*; ~**-cooling plant**
Rückkühlanlage *f.*; ~**-edit** *v.*
umschneiden *v.*; ~**-emission** *n.*
Remission *f.*; ~**-emissive power**
Remissionsumfang *m.*; ~**-exposure** *n.*
Zweitbelichtung *f.*; ~**-issue** *v.* (F, thea.)
wiederherausgeben *v.*, Reprise *f.*; ~**-**
publish *v.* wiederherausgeben *v.*; ~**-**
radiate *v.* wiederausstrahlen *v.*; ~**-**
radiation *n.* Wiederausstrahlung *f.*,
Remission *f.*; ~**-record** *v.* Aufnahme
wiederholen, wiederaufzeichnen *v.*,
nachproduzieren *v.*; ~**-record** *v.*
(transfer) überspielen *v.*, umkopieren *v.*,
umschneiden *v.*, umspielen *v.*; ~**-record**
v. (tape) nachproduzieren *v.*; ~**-**
recording *n.* Überspielung *f.*,
Umschneiden *m.*, Umschnitt *m.*,
Umspielung *f.*, Kopie *f.*; ~**-run** *v.*
(teleprinter) wiederholen *v.*; ~**-run** *v.*
(US) (prog., bcast.) wiederholen *v.*; ~**-**
run *n.* Reprise *f.*; ~**-run** *n.* (US) (prog.)
Wiederholung *f.*; ~**-store** *v.*
umspeichern *v.* (EDV)
reach *n.* Brutto-Reichweite *f.*
reactance *n.* Blindwiderstand *m.*;
distributed ~ verteilte

Blindwiderstände; ~ **coil** Drossel *f.*,
Drosselspule *f.*; ~ **valve** Blindröhre *f.*,
Reaktanzröhre *f.*

reacting time Ansprechzeit *f.*

reaction *n.* Rückwirkung *f.*; ~ **index**
Urteilsindex *m.*; ~ **shot**
Gegeneinstellung *f.*, Gegenschuß *m.*

reactivation *n.* Regenerierung *f.*

reactive component Blindanteil *m.*; ~
impedance Blindwiderstand *m.*; ~
power Blindleistung *f.*

read *v.* (R, TV news) sprechen *v.*,
sprechen *v.*; ~ (meas.) ablesen *v.*; ~
again *v.* wiederholen *v.*; ~ **head** (IT)
Lesekopf *m.*; ~ **off** *v.* ablesen *v.*; ~ **out**
v. (IT) auslesen *v.*; ~ **statement** (IT)
Lesebefehl *m.*; ~**-through** *n.* Leseprobe
f.; ~ **error** *n.* Lesefehler *m.* (IT); ~ **only**
memory Speicher, Nur-Lese-; ~**-only**
attribute Schreibschutzattribut *n.* (IT);
~**/write memory** Schreib-/Lesespeicher
m. (IT)

readability *n.* Verständlichkeit *f.*; ~ (RT)
Verständigung *f.*

reader board Reader-Board *n.* (Lesepult)

readiness *n.* Bereitschaft *f.*; ~ **for**
operation Betriebsbereitschaft *f.*; ~ **to**
receive Empfangsbereitschaft *f.*

reading *n.* Lesung *f.*; ~ (meas.) Anzeige *f.*,
Meßanzeige *f.*; ~ **head** (IT) Lesekopf *m.*

readjust *v.* nachstellen *v.*

readjustment *n.* Nachjustierung *f.*; ~ **of**
black level
Schwarzwertwiederherstellung *f.*

readme file Readme-File *f.* (IT)

ready for acceptance abnahmefertig *adj.*;
~ **for operation** betriebsbereit *adj.*; ~
for preview abnahmefertig *adj.*; ~ **for**
release (F) einsatzbereit *adj.*; ~ **for**
scrutiny abnahmefertig *adj.*,
abnahmeklar *adj.*; ~ **for transmission**
sendefertig *adj.*; ~**-made picture and**
sound material konfektioniertes Bild-
und Tonmaterial; ~ **status**
Betriebsbereitschaft *f.*; ~ **to receive**
empfangsbereit *adj.*

real-time *adj.* (IT) Echtzeit- (in Zus.),
Realzeit- (in Zus.); ~ **time** Echtzeit *f.*;
~**-time clock** (IT) Realzeituhr *f.*,
Uhrzeitgeber *m.*; ~**-time control** (IT)
Realzeitsteuerung *f.*; ~**-time operation**
(IT) Echtzeitbetrieb *m.*, Realzeitbetrieb

m.; ~**-time processing** (IT) Echtzeit-
Datenverarbeitung *f.*, Sofortverarbeitung
f.; ~**-time working** (IT) Echtzeitbetrieb
m., Realzeitbetrieb *m.*; ~ **address**
Adresse, reale *f.*, reale Adresse *f.* (IT); ~
time animation Echtzeitanimation *f.*
(IT); ~ **time clock** *n.* Echtzeituhr *f.* (IT);
~ **time conferencing** Echtzeitkonferenz
f. (IT)

RealAudio *n.* RealAudio *n.* (IT)

realignment *n.* Nachjustierung *f.*

realisation, scenic ~ szenische Auflösung

realtime frequency analysis
Echtzeitfrequenzanalyse *f.*

rear aerial (vehicle) Heckantenne *f.*; ~
element Austrittsebene *f.*; ~ **panel**
Rückwand *f.*; ~ **projection** (RP)
Rückprojektion *f.*, Rückpro *f.* (fam.),
Durchprojektion *f.*; ~ **projection screen**
Rückproschirm *m.*; ~ **wall** Rückwand *f.*;
~ **rotary shutter** hintere Umlaufblende

reason *n.* Begründung *f.*, Verstand *m.*; ~
for a payment Zahlungsgrund *m.*

reasonableness check (IT)
Plausibilitätsprüfung *f.*

rebroadcast *n.* (prog.) Wiederholung *f.*,
Übernahme *f.*; ~ (RBR) Ballempfang
m.; ~ **of** Übernahme von; ~ **receiver**
Ballempfänger *m.*; ~ **transmitter**
Relaissender *m.*

rebroadcasting reception (RBR)
Ballempfang *m.*

recalibrate *v.* nacheichen *v.*

recall signal Rückrufzeichen *n.*

recasting *n.* Umbesetzung *f.*

recce *n.* (coll.) Lokaltermin *m.*,
Motivbesichtigung *f.*, Motivsuche *f.*,
Vorbesichtigung *f.*

receipt *n.* Beleg *m.*; ~ **notification**
Empfangsbestätigung *f.* (IT)

receive *v.* empfangen *v.*; ~ **level**
Empfangspegel *m.*

received frequency Empfangsfrequenz *f.*;
~ **power** Empfangsleistung *f.*; ~ **signal**
Empfangssignal *n.*; ~ **voltage**
Empfangsspannung *f.*

receiver *n.* (tel.) Hörer *m.*; ~ Empfänger
m., Empfangsgerät *n.*; ~ **characteristic**
Empfängereigenschaft *f.*; ~ **diplexer**
Empfängerweiche *f.*; ~ **input level**
Empfängereingangspegel *m.*; ~ **licence**

fee Rundfunkgebühr *f.*; ~ **primaries**
Empfängerprimärvalenzen *f. pl.*
receiving aerial Empfangsantenne *f.*; ~
and measuring station (CEM) Meß-
und Empfangsstation *f.*,
Frequenzüberwachungszentrale *f.*; ~
antenna Empfangsantenne *f.*; ~ **circuit**
Empfangskreis *m.*; ~ **diplexer**
Rundfunkempfängerweiche *f.*; ~ **end**
Empfängerseite *f.*; ~ **location**
Empfangslage *f.*; ~ **service**
empfangender Dienst; ~ **set** Empfänger
m., Empfangsgerät *n.*; ~ **site**
Empfangsort *m.*; ~ **station**
Empfangsstation *f.*; ~ **unit**
Empfangszug *m.* (Anlage); ~ **valve**
Empfängerröhre *f.*
reception *n.* Empfang *m.*, Empfang *m.*
(Rundfunk); **individual** ~ (sat.)
individueller Empfang; ~ **conditions**
Empfangsverhältnisse *n. pl.*,
Empfangsbedingungen *f. pl.*; ~
monitoring Empfangsbeobachtung *f.*; ~
quality Empfangsgüte *f.*, Verständigung
f., Empfindung *f.*, Empfangsqualität *f.*;
~ **situation** Empfangssituation *f.*; ~
standby Empfangsbereitschaft *f.*; ~
surveillance Empfangsbeobachtung *f.*;
~ **system** Empfangsanlage; ~ **tests**
Empfangsversuche *m. pl.*; ~ **trials**
Empfangsversuche *m. pl.*
receptionist *n.* Empfangsdame *f.*
rechargeable battery Akkumulator *m.*
reciprocal of amplification factor
Durchgriff *m.*
reciprocally *adv.* wechselweise *adv.*
recirculation *n.* Flüssigkeitsumwälzung *f.*
reclamation *n.* Rückgewinnung *f.*
recoding *n.* Umcodierung *f.*
recognisability *n.* Durchhörbarkeit *f.*
recognition *n.* Anerkennung *f.*
recognizability *n.* Wiedererkennbarkeit *f.*
recommend *v.* empfehlen *v.*
recommendation *n.* Empfehlung *f.*
recommended handover value
Übergaberichtwert *m.*
recondition *v.* (tech.) überholen *v.*
reconditioning *n.* Instandsetzung *f.*,
Überholung *f.*
reconstruct, to ~ **a scene** Szene
nachstellen
record *v.* aufnehmen *v.*, aufzeichnen *v.*,

bespielen *v.*; ~ (disc, tape) einspielen *v.*;
~ (bcast.) mitschneiden *v.*, Mitschnitt
machen; ~ Platte *f.*, Schallplatte *f.*; **to** ~
a theatre production abfotografieren
v.; **to** ~ **off air** (bcast.) mitschneiden *v.*,
Mitschnitt machen; **to** ~ **on film** FAZ
aufzeichnen, Film aufzeichnen, fazen *v.*
(fam.); **to** ~ **over a circuit** über Leitung
aufnehmen, über Leitung aufzeichnen;
~ **album** Plattenkassette *f.*; ~ **changer**
Plattenwechsler *m.*; ~ **current** *n.*
Aufsprechstrom *m.*; ~ **inhibit**
Aufzeichnungssperre *f.*; ~ **library**
Plattenarchiv *n.*, Schallplattenarchiv *n.*;
~ **player** *n.* Plattenspieler *f.*, Phonogerät
n., Plattenmaschine *f.*; ~**-playing deck**
Platine mit Plattenmaschine,
Plattenspielerchassis *n.*; ~ **programme**
Schallplattenprogramm *n.*; ~**-replay**
equipment Aufnahme-Wiedergabegerät
n., Aufnahme-Wiedergabemaschine *f.*;
~**-replay head** kombinierter Aufnahme-
Wiedergabekopf, Kombikopf *m.* (fam.);
~ **reproducer** Plattenmaschine *f.*,
Plattenspieler *m.*; ~ **requests**
Hörerwünsche *m. pl.*; ~ **turntable**
Schallplattenteller *m.*, Plattenteller *m.*; ~
Datensatz *m.* (IT); ~ **format**
Datensatzformat *m.* (IT); ~ **length**
Datensatzlänge *f.* (IT); ~**-protect tab**
Aufnahmesperre *f.* (IT)
recorded report Bandreportage *f.*
recorder *n.* Aufnahmegerät *n.*,
Aufnahmemaschine *f.*, Recorder *m.*,
Rekorder *m.*; ~ (meas.) Schreiber *m.*;
magnetic ~ magnetische
Aufzeichnungsanlage, Magnettongerät
n., Magnetofon *n.*, Magnetofongerät *n.*
recording *n.* Aufnahme *f.*, Aufzeichnung
f.; ~ (disc, tape) Einspielung *f.*; ~ (TV)
Kameraaufnahme *f.*; ~ (electronics)
Speicherung *f.*; **magnetic** ~
magnetische Aufzeichnung; **maximum**
~ **level** maximaler Aufnahmepegel;
mechanical ~ mechanische
Aufzeichnung; **on-the-spot** ~
Aufzeichnung an Ort und Stelle;
simultaneous ~ Mitschnitt *m.*; ~
amplifier Aufsprechverstärker *m.*; ~
apparatus Schreiber *m.*; ~ **chain**
Aufnahmekette *f.*, Aufzeichnungskette
f.; ~ **channel** Aufnahmekanal *m.*; ~

current Aufsprechstrom *m.*,
Aufzeichnungsstrom *m.*, Kopfstrom *m.*
(fam.), Aufnahmestrom *m.*; ~ **engineer**
Tonmeister *m.*; ~ **equalisation**
Aufsprechstromanhebung *f.*; ~
equipment Aufnahmegerät *n.*,
Aufzeichnungsanlage *f.*; ~ **format**
Aufzeichnungsformat *n.*; ~ **from line**
Aufzeichnung über Strecke; ~ **head**
Aufnahmekopf *m.*, Aufzeichnungskopf
m.; ~ **head** (IT) Schreibkopf *m.*; ~ **key**
with safety-lock Aufnahmetaste mit
Sperre; ~ **level** Aussteuerung *f.*, Pegel
n.; ~ **level indicator**
Aufzeichnungspegelanzeiger *m.*; ~ **loss**
Aufzeichnungsverluste *m. pl.*; ~
material Aufnahmematerial *n.*; ~
medium Signalschriftträger *m.*; ~
method (picture and sound)
Aufzeichnungsverfahren *n.* (Bild und
Ton); ~ **mode** (IT)
Aufzeichnungsverfahren *n.*; ~ **off air**
Mitschnitt *m.*; ~/**reproducing** über
alles; ~/**reproducing frequency**
response Frequenzgang über alles; ~/
reproducing magnetic head
kombinierter Magnetkopf; ~/
reproducing unit Aufnahme-
Wiedergabegerät *n.*, Aufnahme-
Wiedergabemaschine *f.*; ~ **room**
Aufnahmeraum *m.*; ~ **speed**
Aufnahmegeschwindigkeit *f.*,
Aufzeichnungsgeschwindigkeit *f.*; ~
standard Aufzeichnungsnorm *n.*; ~
studio Tonatelier *n.*,
Tonaufnahmestudio *n.*, Tonstudio *n.*,
Schallaufzeichnungsraum *m.*; ~ **stylus**
Schneidstichel *m.*; ~ **system**
Aufnahmesystem *n.*,
Aufzeichnungsanlage *f.*, Speichersystem
n., Aufzeichnungstechnik *f.*; ~
technique (IT) Aufzeichnungsverfahren
n.; ~ **technique** Aufzeichnungstechnik
f.; ~ **theatre** Aufnahmeraum *m.*; ~ **unit**
Aufnahmeeinheit *f.*; ~ **van** Tonwagen
m.; ~ **wire** Magnettondraht *m.*; ~
system Aufnahmetechnik *f.*
recourse *n.* Inanspruchnahme *f.*
recover *v.* rückgewinnen *v.*
recovery *n.* Rückgewinnung *f.*; ~ **filter**
Überdeckungsfilter *m.*; ~ **of archives**
Archivrettung *f.*

rectangular pulse Rechteckimpuls *m.*; ~
pulse train Rechteckimpulsfolge *f.*; ~
waveguide Rechteck-Hohlleiter *m.*
rectification *n.* Richtigstellung *f.*,
Berichtigung *f.*, Gleichrichtung *f.*
rectified current Richtstrom *m.*; ~
voltage Richtspannung *f.*
rectifier *n.* Gleichrichter *m.*; ~ **valve**
Gleichrichterröhre *f.*
recuperation *n.* (elec.) Rückgewinnung *f.*
recurrent network Kettenleiter *m.*
red,to give the abläuten *v.*; ~**-green blind**
farbfehlsichtig *adj.*; ~**-green blindness**
Farbfehlsichtigkeit *f.*; ~ **light** Rotlicht
n.; ~ **lights** Mikro-Rotlicht *n.*; ~
master Marron *n.*
redaction material Mischperfo (s.
Mischband)
redevelopment *n.* fotografische
Verstärkung
redistribution *n.* Wiederverteilung *f.*
redlining *n.* Überarbeiten-Modus *m.* (IT)
reduce *v.* verkleinern *v.*; ~ (pict.)
abschwächen *v.*; ~ (mech.) untersetzen
v.
reducer *n.* (pict.) Abschwächer *m.*
reduction *n.* Abnahme *f.*, Verkleinerung *f.*,
Reduktion *f.*; ~ (level)
frequenzabhängiger Pegelabfall; ~
(pict.) Abschwächung *f.*; ~
Verminderung *f.*; ~ (mech.)
Untersetzung *f.*; ~ **material** Mischband
n.; ~ **of reflection** Entspiegeln *n.*; ~
print Verkleinerungskopie *f.*; ~ **printer**
Verkleinerungsmaschine *f.*; ~ **room**
Mischatelier *n.*
redundancy *n.* Redundanz *f.*, informative
Überbestimmtheit
reed *n.* (freq. meter) Zunge *f.*
reel *v.* spulen *v.*, Spule *f.*, Rolle *f.*,
Filmrolle *f.*, Akt *m.*, Aktrolle *f.*; ~ **off** *v.*
abspulen *v.*; ~ (**up**) *v.* aufspulen *v.*,
aufwickeln *v.*, auftrommeln *v.*
refer-back call Rückfrage *f.* (Tel)
reference *n.* Bezug *m.*, Betreff *m.*; **to send**
~ **tone** Meßton aufschalten; ~
amplifier Vergleichsverstärker *m.*; ~
audio level Tonbezugspegel *m.*; ~
audio tape Tonbezugsband *n.*; ~ **axis**
Bezugslinie *f.*; ~ **black** Bezugsschwarz
n.; ~ **curve** Bezugskurve *f.*; ~ **edge**
Anlagekante *f.*, Bezugskante *f.*,

Bandbezugskante *f.*; ~ **film** Bezugsfilm
m.; ~ **frequency** Normalfrequenz *f.*,
Bezugsfrequenz *f.*; ~ **generator**
Bezugsgenerator *m.*; ~ **level**
Bezugspegel *m.*; ~ **library**
Zeitungsarchiv *n.*; ~ **line** Bezugslinie *f.*;
~ **luminosity** Bezugshelligkeit *f.*; ~
oscillation Pilotschwingung *f.*; ~
oscillator Bezugsoszillator *m.*; ~ **phase**
Bezugsphase *f.*, Vergleichsphase *f.*; ~
point Bezugspunkt *m.*; ~ **process**
Vergleichsverfahren *n.*; ~ **pulse**
Bezugsimpuls *m.*, Vergleichsimpuls *m.*;
~ **quantity** Bezugsgröße *f.*; ~ **signal**
Vergleichssignal *n.*, Referenzsignal *n.*;
~ **sound source** Vergleichsschallquelle
f.; ~ **tape** Bezugsband *n.*,
Magnetbezugsband *n.*, Normband *n.*,
Normbezugsband *n.*; ~ **tone** Meßton *m.*,
Pegelton *m.*; ~ **value** Bezugswert *m.*; ~
variable Bezugsgröße *f.*; ~ **voltage**
Bezugsspannung *f.*, Vergleichsspannung
f.; ~ **white** Bezugsweiß *n.*; ~ **decoder**
Referenzdecoder *m.*; ~ **demultiplexer**
Referenzdemultiplexer *m.*; ~ **point**
Bezugspunkt *m.*
reflect out *v.* ausspiegeln *v.*
reflectance *n.* Remission *f.*
reflected lighting Reflexbeleuchtung *f.*; ~
light measurement Objektmessung *f.*
reflecting layer Reflexionsschicht *f.*; ~
power Reflexionsvermögen *n.*,
Remissionsumfang *m.*
reflection *n.* Reflexion *f.*, Spiegelung *f.*; ~
coefficient Reflexionsgrad *m.*,
Reflexionskoeffizient *m.*,
Reflexionsfaktor *m.*; ~ **factor**
Reflexionsgrad *m.*,
Reflexionskoeffizient *m.*; ~ **filter**
Fallenfilter *m.*; ~ **loss** Reflexionsverlust
m.; ~ **measure** Reflexionsmaß *n.*; ~
screen Sonnenblende *f.*
reflectometer *n.* (aerial) Vorwärts-
Rückwärts-Meßgerät *n.*
reflector *n.* Reflektor *m.*, Spiegel *m.*,
Hohlspiegel *m.*; ~ (spotlight)
Scheinwerfer *m.*; ~ (lighting)
Aufhellschirm *m.*; **concave** ~
Hohlspiegel *m.*; **tuned** ~ abgestimmter
Reflektor; ~ **grid** (aerial) Gitterreflektor
m.; ~ **lamp** verspiegelte Lampe; ~
lamp (spotlight) Scheinwerferlampe *f.*;

~ **mirror** Reflektorspiegel *m.*; ~ **mount**
Spiegelfassung *f.*; ~ **screen**
Aufhellschirm *m.*, Reflexionswand *f.*; ~
viewfinder Brillantsucher *m.*
reflex camera Reflexkamera *f.*,
Spiegelreflexkamera *f.*; ~ **finder**
Reflexsucher *m.*; ~ **mirror shutter**
Spiegelreflexblende *f.*; ~ **system**
Spiegelreflexsystem *n.*; ~ **viewfinder**
Reflexsucher *m.*
reflexion foil Reflexfolie *f.*
refocus *v.* Bild aus der Unschärfe ziehen
refraction *n.* Brechung *f.*; ~ (of sound)
Refraktion *f.* (Schallbrechung)
refractive index Brechungsindex *m.*
refractivity *n.* Brechwert *m.*; ~ **index**
Brechzahl *f.*
refrain *n.* Refrain *m.*
refresh *v.* Bild aktualisieren *v.* (IT)
refresher course Fortbildungskurs *m.*
refrigeration *n.* Kühlung *f.*
refusal *n.* Verweigerung *f.*
refuse *v.* verweigern *v.*
regenerate *v.* regenerieren *v.*; ~
(feedback) rückkoppeln *v.*
regenerating equipment
Regenerationsgerät *n.*
regeneration *n.* Regeneration *f.*,
Regenerierung *f.*; ~ (feedback)
Rückkopplung *f.*
regenerative feedback Rückkopplung *f.*
regenerator *n.* Regenerator *m.*
region *n.* Bereich *m.*; **achromatic** ~
achromatischer Bereich
regional broadcast Regionalsendung *f.*; ~
broadcasting act Landesrundfunkgesetz
n.; ~ **broadcasting station**
Landesrundfunkanstalt *f.*; ~ **centre**
Regionalstudio *n.*, Regionalanstalt *f.*; ~
distribution Gebietsverteilung *f.*; ~
news Regionalnachrichten *f. pl.*; ~ **play**
Volksstück *n.*; ~ **programme**
Regionalprogramm *n.*; ~ **station**
Landesstudio *n.*; ~ **studio** Außenstudio
n., Landesstudio *n.*; ~ **television**
programmes *n. pl.* Regionalfernsehen
n.; ~ **broadcasting house** *n.*
Landesfunkhaus *n.*; ~ **coverage**
Regionalberichterstattung *f.*; ~
melodrama Heimatfilm *m.*; ~
reporting Regionalberichterstattung *f.*;
~ **service** Landesdienst *m.*; ~

transmitter Regionalsender *m.*; ~
window Fenster, regionales *n.*
register *v.* anmelden *v.*; ~ (IT) Register *n.*;
~ **of film titles** Filmtitelregister *n.*; ~ **of**
titles Titelregister *n.*; ~ **pin** Greifer *m.*,
Sperrgreifer *m.*
registering person Anmelder *m.*
registration *n.* Farbdeckung *f.*, Deckung
f.; ~ (also: registration desk, office)
Anmeldung *f.*; ~ **error** Deckungsfehler
m.; ~ **form** Anmeldeformular *n.*; ~
office Anmeldestelle *f.*; ~ **of film title**
Filmtitelanmeldung *f.*; ~ **period**
Anmeldefrist *f.*; ~ **pin** Sperrgreifer *m.*;
~ **procedure** Anmeldeverfahren *n.*; ~
times Anmeldezeiten *f. pl.*
registry *n.* Registratur *f.*
regular rotational movement (disc)
Gleichlauf *m.*; ~ **listeners** Stammhörer
m. pl.; ~ **program** Sendung, reguläre *f.*
regularity *n.* Regelmäßigkeit *f.*
regulate *v.* einstellen *v.*, regeln *v.*,
regulieren *v.*, steuern *v.*
regulating *n.* Regeln *f. pl.*
regulation *n.* Regelung *f.*, Vorschrift *f.*
regulations *n.* Regelwerk *f.*
regulator *n.* Regler *m.*; ~ **setting**
Reglereinstellung *f.*
rehearsal *n.* Probe *f.*, Probeablauf *m.*,
elektronische Schnittsimulation; ~ **on**
stage Probe in der Dekoration; ~ **plan**
Probenplan *m.*; ~ **room** Probenraum *m.*;
~ **studio** Probenstudio *n.*; ~ **studios** *n.*
pl. Probenhaus *n.*; ~ **time** Probenzeit *f.*;
~ **with cameras** heiße Probe; ~
without recording kalte Probe
rehearse *v.* (scene) einstudieren *v.*
reimbursement *n.* Kostenerstattung *f.*; ~
of expenses Reisekostenvergütung *f.*
reinforce *v.* (FP) verstärken *v.*
reject *v.* ausmustern *v.*, ablehnen *v.*
rejection circuit Sperrschaltung *f.*; ~
filter Sperrfilter *m.*
rejector circuit Sperrkreis *m.*
relation *n.* Beziehung *f.*
relationship *n.* Beziehung *f.*
relative aperture relative Öffnung; ~
humidity (RH) relative Feuchtigkeit; ~
luminosity factor spektrale
Hellempfindlichkeitskurve; ~
sensitivity curve
Augenempfindlichkeitskurve *f.*

relaxation generator Kippgerät *n.*; ~
oscillator Kippspannungserzeuger *m.*,
Sägezahngenerator *m.*
relay *v.* übertragen *v.*; ~ (prog.)
übernehmen *v.*; ~ Relais *n.*; ~ (prog.)
Übertragung *f.*, Übernahme *f.*,
Ringsendung *f.*; ~ (contactor) Schütz *n.*;
~ Übernahme *f.* (Sendung); **deferred** ~
zeitversetzte Livesendung, zeitversetzte
Übertragung; **polarised** ~ gepoltes
Relais, polarisiertes Relais; **slugged** ~
ausfallverzögertes Relais; ~ **box**
Relaisschrank *m.*; ~ **by loudspeaker**
Lautsprecherübertragung *f.*; ~ **frame**
Relaisschrank *m.*; ~ **lens** Relaisoptik *f.*;
~ **matrix** Relaiskreuzschaltfeld *n.*; ~ **of**
Übernahme von; ~ **optics** Relaisoptik *f.*;
~ **receiver** Richtfunkempfänger *m.*; ~
room Schützraum *m.*; ~ **spring**
Relaisschiene *f.*; ~ **station** Relaisstation
f., Relaissender *m.*; ~ **transmitter**
Relaissender *m.*
relayed *adj.* (transmitter) angeschlossen
adj.; ~ **from** übertragen aus
relaying station übernehmende Anstalt
release *v.* (F) herausbringen *v.*; ~ auslösen
v., ausrasten *v.*; ~ (news) freigeben *v.*; ~
Auslöser *m.*; ~ (F) Einsatz *m.*; **to** ~ **a**
film Film herausbringen; **to** ~
information Information freigeben; ~
button Auslöseknopf *m.*; ~ **gear**
Auslöser *m.*; ~ **print** (F) Serienkopie *f.*,
Theaterkopie *f.*, Vorführkopie *f.*; ~
signal Auslösezeichen *n.*; ~
Freischalten *n.*
released, to be ~ herauskommen *v.*
relevant unit Bedeutungseinheit *f.*
reliability *n.* Zuverlässigkeit *f.*
relief *n.* (staff) Hilfskraft *f.*; ~ **effect**
Bildplastik *f.*
religious broadcasting Kirchenfunk *m.*
remake *n.* (F) Neuproduktion *f.*,
Neuverfilmung *f.*, Remake *n.*,
Wiederverfilmung *f.*
remanence *n.* remanenter Magnetismus
remedy *n.* Abhilfe *f.*
remit *v.* remittieren *v.*
remoisten *v.* wiederanfeuchten *v.*
remote, to operate by ~ **control**
fernbedienen *v.*, fernsteuern *v.*; ~ **batch**
processing (IT) Stapelfernverarbeitung
f.; ~ **broadcast** Außenaufnahme *f.*,

Außenübertragung *f.* (AÜ); ∼
contribution inject Zuspielung *f.*; ∼
contribution insert Zuspielung *f.*; ∼
control Fernbedienung *f.*,
Fernbetätigung *f.*, Fernsteuerung *f.*,
Fernschaltung *f.*; ∼**-control equipment**
Fernbediengerät *n.*; ∼**-controlled** *adj.*
ferngesteuert *adj.*; ∼**-controlled**
switching Fernschaltung *f.*; ∼**-control**
system Fernwirkeinrichtung *f.*,
Fernwirksystem *n.*; ∼**-control unit**
Fernbediengerät *n.*; ∼ **data**
transmission Datenfernübertragung *f.*;
∼ **indication** (IT) Fernanzeige *f.*; ∼
monitoring Fernüberwachung *f.*; ∼
release Fernauslöser *m.*; ∼ **replay**
machine Zuspielmaschine *f.*; ∼ **sensing**
Fernerkundung (Sat); ∼ **start** Fernstart
m.; ∼ **switching** Fernschaltung *f.*; ∼
video contribution MAZ-Zuspielung *f.*;
∼ **access** Fernzugriff *m.* (IT); ∼
administration Fernadministration *f.*
(IT); ∼ **control** Bedieneinheit,
abgesetzte *f.*; ∼ **inquiry** Fernabfrage *f.*
(Tel); ∼ **station** Gegenstelle *f.* (Tel)
removable *adj.* abnehmbar *adj.*,
ausziehbar *adj.*, wechselbar *adj.* (IT)
removal *n.* Ausbau *m.*; ∼ **of mass by**
flywheel-drilling Auswuchten *n.*
remove *v.* ausbauen *v.*
remunerate *v.* honorieren *v.*
remuneration *n.* Vergütung *f.*, Bezahlung
f.; **claim for** ∼ Vergütungsanspruch *m.*
render *v.* leisten *v.*
rendering *n.* Reproduktion *f.*, Rendering
n. (IT), Wiedergabe *f.*
renewal investments
Erneuerungsinvestitionen *f. pl.*
rent *v.* mieten *v.*, Miete *f.*
rental fee Leihmiete *f.*
repair *v.* reparieren *v.*, Reparatur *f.*,
Instandsetzung *f.*; ∼ **shop**
Reparaturwerkstatt *f.*
repeat *v.* (bcast.) wiederholen *v.*; ∼
Wiederholung *f.*, Wiederholung *f.*
(Progr.); ∼ (bcast.) Zweitsendung *f.*; ∼
broadcast Zweitsendung *f.*; ∼ **duration**
Wiederholdauer *f.*; ∼ **fee**
Wiederholungshonorar *n.*; ∼ **key**
Wiederholtaste *f.*
repeater *n.* Kabelverstärker *m.*, Verstärker
m., Zwischenverstärker *m.*; ∼ **bay**

Verstärkergestell *n.*; ∼ **receiver**
Ballempfänger *m.*; ∼ **station** (PO)
Verstärkeramt *n.*
repeating accuracy
Wiederkehrgenauigkeit *f.*; ∼ **coil**
Übertrager *m.*
repertoire *n.* Repertoire *n.*, Spielplan *m.*
repertory *n.* Repertoire *n.*
repetiteur *n.* Korrepetitor *m.*
repetition frequency Folgefrequenz *f.*
replace *v.* aufhängen *v.*, ersetzen *v.*
replaceable *adj.* auswechselbar *adj.*
replacement *n.* Ersatzteil *n.*; ∼ **battery**
Ersatzbatterie *f.*; ∼ **investments**
Ersatzinvestitionen *f. pl.*
replay *n.* Wiederholung *f.*, Wiedergabe *f.*,
Abspielung *f.*; ∼ **chain** Wiedergabekette
f.; ∼ **machine** Abspielgerät *n.*; ∼ **speed**
Abspielgeschwindigkeit *f.*
replenisher *n.* Regenerierflüssigkeit *f.*
replenishment *n.* Entwicklerregenerierung
f.
reply *n.* Gegendarstellung *f.*, Antwort *f.*; **to**
exercise right of ∼ von dem Recht auf
Gegendarstellung Gebrauch machen
report *v.* berichten *v.*, Berichterstattung
wahrnehmen, melden *v.*, Bericht *m.*,
Beitrag *m.*, Vortrag *m.*, Report *m.*; **on-**
the-spot ∼ Augenzeugenbericht *m.*; ∼
generator Berichtsgenerator *m.* (IT)
reportage *n.* Reportage *f.*
reporter *n.* Reporter *m.*, Berichterstatter
m.; ∼ (TV) Realisator *m.*; ∼ **light**
Reportage-Licht *n.*
reporting *n.* Berichterstattung *f.*; ∼
person Melder *m.*
represent *v.* vertreten *v.*
representation *n.* Vertretung *f.*
representative *n.* Vertreter *m.*; ∼ **in**
foreign country Auslandsstudioleiter *m.*
reprint *v.* abdrucken *v.*, Abdruck *m.*
repro *n.* (coll.) Wiedergabe *f.*
reproduce *v.* wiedergeben *v.*
reproducer *n.* Abspielgerät *n.*,
Wiedergabegerät *n.*
reproducing amplifier
Wiedergabeverstärker *m.*; ∼ **chain**
Wiedergabekette *f.*; ∼ **channel**
Wiedergabekanal *m.*; ∼ **characteristics**
n. pl. Wiedergabecharakteristik *f.*; ∼
frequency response
Wiedergabecharakteristik *f.*; ∼ **gap**

Wiedergabespalt *m*.; ~ **head** Hörkopf *m*., Wiedergabekopf *m*.; ~ **loss** Abspielfehler *m*.; ~ **stylus** Abspielnadel *f*.; ~ **stylus tip** Abtastnadel *f*.

reproduction *n*. Reproduktion *f*., Wiedergabe *f*., Abspielung *f*., Kopie *f*.; **faithful** ~ naturgetreue Wiedergabe; **high fidelity** ~ naturgetreue Wiedergabe; **mechanical** ~ **rights** mechanische Wiedergaberechte; **quality of** ~ Wiedergabegüte *f*., Wiedergabequalität *f*.; ~ **curve** Wiedergabekurve *f*.; ~ **equipment** Wiedergabegerät *n*.; ~ **fee** Wiederholungshonorar *n*.; ~ **fidelity** Wiedergabetreue *f*.; ~ **level** Wiedergabepegel *m*.; ~ **right** Vervielfältigungsrecht *n*., Wiedergaberecht *n*.; ~ Reproduktion *f*.

request *v*. beantragen *v*., Antrag *m*., Beantragung *f*.

requested transmission angeforderte Übertragung

requestor *n*. Antragsteller *m*.

requests programme Hörerwünsche *m*. *pl*.

required hyphen Bindestrich, unbedingter *m*. (IT)

requirement *n*. Anforderung *f*., Bedarf *m*., Forderung *f*.

reradiation attenuation Rücksprechdämpfung *f*.

rerouting circuit Umwegschaltung *f*.

research and development Forschung und Entwicklung; ~ **assistant** Rechercheur *m*.; ~ **department** Entwicklungsabteilung *f*.; ~ **engineer** Entwicklungsingenieur *m*.; ~ **group** Forschungsgruppe *f*.; ~ **specialist** Rechercheur *m*.

reservation, with ~ unter Vorbehalt

reserve *v*. buchen *v*.; ~ **channel** (transmission) Schutzkanal *m*.; ~ **circuit** Ersatzleitung *f*., Reserveleitung *f*.; ~ **service** Reservebetrieb *m*.

reset *v*. nachstellen *v*., Rückstellung *f*., Zurücksetzen *n*.; ~ **force** Rückstellkraft *f*.; ~ **switch** Resetschalter *m*. (IT)

reshoot *v*. Aufnahme wiederholen, nachdrehen *v*.

resident pianist Hauspianist *m*.

residual current Reststrom *m*.,

Anlaufstrom *m*.; ~ **interference voltage** Reststörspannung *f*.; ~ **noise** Eigengeräusch *n*.; ~ **ripple** Restwelligkeit *f*.; ~ **voltage** Restspannung *f*., Grundrestspannung *f*.

resistance *n*. Widerstand *m*., Wirkwiderstand *m*.; **apparent** ~ scheinbarer Widerstand; **variable** ~ veränderlicher Widerstand; ~ **network** Widerstandsnetzwerk *n*.; ~ **to short-circuiting** Kurzschlußfestigkeit *f*.

resistive loading ohmsche Belastung

resistor *n*. Widerstand *m*.; **burnt-out** ~ verbrannter Widerstand, abgerauchter Widerstand; **variable** ~ veränderlicher Widerstand; **voltage-dependent** ~ (VDR) spannungsabhängiger Widerstand, VDR-Widerstand *m*.

resolution *n*. (opt.) Auflösung *f*., Auflösungsvermögen *n*.; ~ Auflösung *f*. (Optik); ~ **wedge** Auflösungskeil *m*., Besenkeil *m*.

resolve *v*. (opt.) auflösen *v*.

resolving power (opt.) Auflösungsvermögen *n*.

resonance *n*. Resonanz *f*.; ~ **absorber** Resonanzabsorber *m*.; ~ **frequency** Resonanzfrequenz *f*.; ~ **indication** Resonanzanzeige *f*.; ~ **peak** Resonanzspitze *f*.; ~ **step-up** Resonanzüberhöhung *f*.

resonant circuit Resonanzkreis *m*., Schwingkreis *m*.; ~ **curve** Resonanzkurve *f*.; ~ **frequency** Resonanzfrequenz *f*.; ~ **impedance** Resonanzwiderstand *m*.; ~ **voltage** Resonanzspannung *f*.; ~ **width** Resonanzbreite *f*.

resonator *n*. Resonator *m*.

resound *v*. hallen *v*.

resource *n*. Hilfsquelle *f*.

resources *pl*. Betriebsmittel *n*. *pl*.

respond *v*. ansprechen *v*. (Technik)

response *n*. (elec.) Ansprechen *n*.; ~ Antwort *f*.; ~ **sensitivity** Ansprechempfindlichkeit *f*.; ~ **threshold** Ansprechschwelle *f*.; ~ **time** Antwortzeit *f*. (IT)

responsibility *n*. Verantwortung *f*.

responsible *adj*. verantwortlich *adj*., zuständig *adj*.

responsivity *n*. Ansprechempfindlichkeit *f*.

respool *v.* umrollen *v.*, umspulen *v.*
rest of the news Vermischtes *n.*
restart *n.* Wiederanlauf *m.*; ~ **procedure** Wiederanlaufroutine *f.*
restigial side band modulation Restseitenbandmodulation *f.*
restoral attempt Wiederaufprüfung (Sat)
restoration *n.* Instandsetzung *f.*; ~ **of the power supply** Netzrückkehr *f.*; ~ Restauration, Wiederherstellung *f.*
restricted function eingeschränkte Funktion *f.* (IT)
result *n.* Ergebnis *n.*
retainer *n.* Pauschale *f.*
retake *v.* Aufnahme wiederholen, nachdrehen *v.*, nachaufnehmen *v.*, wiederholen *v.*, Nachaufnahme *f.*, Nacheinstellung *f.*, Retake *n.*, Wiederaufnahme *f.*, Wiederholung *f.*; **to do a** ~ Aufnahme wiederholen, nachdrehen *v.*, nachaufnehmen *v.*, wiederholen *v.*
retard *v.* verzögern *v.*, zurückhalten *v.*; ~ **coil** Drossel *f.*, Drosselspule *f.*
retarding field Bremsfeld *n.*
retardment *n.* Verzögerung *f.*
retention time Speicherzeit *f.*
reticule *n.* Fadenkreuz *n.*
retouch *v.* retuschieren *v.*
retouching knife Schabemesser *n.*
retrace blanking Dunkelsteuerung *f.*
retrieval *n.* Retrieval *n.* (EDV)
retrieve *v.* abrufen *v.* (IT)
retrospective *n.* Retrospektive *f.*
return *n.* Rücklauf *m.*; ~ **address** Rücksprungadresse *f.*; ~ **circuit** Rückleitung *f.*; ~ **loss** Rückflußdämpfung *f.*; ~ **movement** Rücklauf *m.*, Rückwärtsgang *m.*; ~ **of the power supply** Netzrückkehr *f.*; ~ **programme circuit** Programmrückspielleitung *f.*; ~ **channel** Rückkanal *m.* (Tel); ~ **key** Eingabetaste *f.* (IT)
revenue *n.* Einnahmen *f. pl.*
reverb chamber; ~ **foil** Hallfolie *f.*
reverberant *adj.* hallig *adj.*
reverberate *v.* nachhallen *v.*, hallen *v.*
reverberation *n.* Hall *m.*, Nachhall *m.*, Halligkeit *f.*, Widerhall *m.*; **added** ~ überlagerter Hall; **superimposed** ~ überlagerter Hall; **to add** ~ Hall geben;

~ **chamber** Hallraum *m.*, Echoraum *m.*, Nachhallraum *m.*; ~ **generator** Hallgenerator *m.*; ~ **input** Halleingang *m.*; ~ **output** Hallausgang *m.*; ~ **plate** Hallplatte *f.*, Nachhallplatte *f.*; ~ **radius** Hallradius *m.*; ~ **room** Hallraum *m.*, Echoraum *m.*, Nachhallraum *m.*; ~ **room process** Hallraumverfahren *n.*; ~ **time** (RT) Nachhallzeit *f.*
reversal *n.* (FP) Umkehr *f.*, Umkehrung *f.*; ~ **development** Umkehrentwicklung *f.*; ~ **duplicate** Umkehrduplikat *n.*; ~ **emulsion** Umkehremulsion *f.*; ~ **film** Umkehrfilm *m.*; ~ **process** Umkehrverfahren *n.*; ~ **processing** Umkehrentwicklung *f.*; ~**-type colour film** Umkehrfarbfilm *m.*
reverse *v.* (FP) umkehren *v.*; ~ (mech.) Rückwärtsgang *m.*; **to** ~ **polarity** umpolen *v.*; ~ **action** Rückwärtsgang *m.*; ~ **angle** Gegeneinstellung *f.*, Gegenschuß *m.*, Achsensprung *m.*; ~ (bias) Sperrichtung *f.*; ~ **compatibility** Rekompatibilität *f.*; ~ **copy** Umkehrkopie *f.*; ~ **feedback** Gegenkopplung *f.*; ~ **lighting** Gegenlicht *n.*; ~ **mask** Gegenmaske *f.*; ~ **motion** Rücklauf *m.*, Rückwärtsgang *m.*; ~**-motion effect** Rücklauftrick *m.*; ~ **positive** Umkehrpositiv *n.*; ~ **programme circuit** Zuspielleitung *f.*; ~**-running effect** Rücklauftrick *m.*; ~ **shot** Gegeneinstellung *f.*, Gegenschuß *m.*
reversed-charge call R-Gespräch *n.*
reversible *adj.* (mech.) umschaltbar *adj.*; ~ **radio link** umzündbares Funkfeld; ~ **transducer** reversibler Wandler
reversing bath Umkehrbad *n.*; ~ **prism** Umkehrprisma *n.*
review *v.* prüfen *v.*, Rundschau *f.*, Kritik *f.*
reviewer *n.* Kritiker *m.*
revise *v.* überarbeiten *v.*
revoke *v.* widerrufen *v.*
revolution *n.* Umwälzung *f.*
revolutionary *adj.* revolutionär *adj.*
revolve *v.* rundlaufen *v.*
revolving colour disc rotierendes Farbenspiel; ~ **stage** Drehbühne *f.*; ~ **table** Drehtisch *m.*
rewind *v.* wiederaufspulen *v.*, wiederaufwickeln *v.*, umspulen *v.*,

umrollen *v.*, Rücklauf *m.*, Rückspulung
f.; **fast** ~ schneller Rücklauf;
synchronous ~ synchroner Rücklauf; ~
bench Umrolltisch *m.*; ~ **control**
(magnetic tape) Umspulregler *m.*
(MAZ); ~ **key** Umspultaste *f.*

rewinder *n.* Umroller *m.*, Umspuler *m.*;
mobile ~ fahrbarer Umroller; **power** ~
elektrischer Umroller

rewinding *n.* Rückspulung *f.*,
Wiederaufrollen *n.*; ~ **machine**
Umspuler *m.*

rewrite *v.* umschreiben *v.*, überarbeiten *v.*,
rewriten *v.*

RF (s. radio frequency); °~ **bias**
Hochfrequenz-Vormagnetisierung *f.*; °~
heterodyne Hochfrequenzüberlagerung
f.; °~ **resistance** Skineffektwiderstand
m.

RGB levels RGB-Pegel *n. pl.*; °~ **monitor**
RGB-Monitor *m.*; °~ **system** RGB-
Prinzip *n.*, RGB-Verfahren *n.*; °~
waveform monitor
Farbwertkontrollgerät *n.*,
Farbwertoszillograf *m.*,
Farbwertoszilloskop *n.*; °~ **with**
separate luminance RGB+Y-Verfahren
n.

RH (s. relative humidity)

rheostat *n.* Stellwiderstand *m.*,
Regelwiderstand *m.*

rhythm *n.* Rhythmus *m.*, Takt *m.*; ~
carrier Rhythmusträger *m.*; ~ **tape**
Rhythmusträger *m.*

ribbon feeder Bandleitung *f.*, Flachkabel
n.; ~ **microphone** Bändchenmikrofon
n.; ~ **cable** Flachkabel *n.*

rich text format Rich-Text-Format *n.* (IT)

richness of tone (mus.) Klangfülle *f.*

ridge *n.* Einfädelschlitz *m.*, Anheber *m.*
(Magnettonband)

rig *n.* Prüfstand *m.*

rigger *n.* Antennenwart *m.*

rigging tender Rüstwagen *m.*

right, a person's ~ **to his/her own image**
Recht am eigenen Bild; **proprietary** ~
to sound and material Recht am Ton
und am Stoff; **to exercise** ~ **of reply**
von dem Recht auf Gegendarstellung
Gebrauch machen; ~**-hand circular**
polarisation rechtszirkulare Polarisation
(Sat); ~**-hand signal** Rechtssignal *n.*

(R-Signal); ~ **of exploitation**
Auswertungsrecht *n.*; ~ **of inspection**
(documents, accounts) Einsichtsrecht *n.*;
~ **of personal access** Vortragsrecht *n.*;
~ **of reply** Recht auf Gegendarstellung;
~ **of usufruct** Nutzungsrecht *n.*; ~ **of**
withdrawal Rückrufrecht *n.*; ~ **of**
withdrawal because of non-exercise
Rückrufrecht wegen Nichtausübung; ~
to revoke Rückrufrecht *n.*; ~ **click**
Rechtsklick *m.* (IT); ~ **justification**
rechtsbündige Ausrichtung *f.* (IT); ~ **to**
refuse information
Auskunftsverweigerungsrecht; ~**-justify**
v. rechtsbündig ausrichten *v.* (IT)

rights *n. pl.* Rechte *n. pl.*, Rechte *n.*
(allgemein); **all** ~ sämtliche Rechte;
exclusive ~ ausschließliche Rechte; **full**
~ sämtliche Rechte; **grand** ~ große
Rechte; **inclusive** ~ sämtliche Rechte;
limited ~ beschränkte Rechte;
neighbouring ~ Leistungsschutzrecht
n., verwandte Rechte; **related** ~
verwandte Rechte; **restricted** ~
beschränkte Rechte; **single** ~ einfache
Rechte; **small** ~ kleine Rechte; **to give**
up ~ Rechte abtreten; **to surrender** ~
Rechte abtreten; **total** ~ sämtliche
Rechte

rigid in phase phasenstarr *adj.*

rim *n.* Bord *n.*; ~**-light** *n.* Spitzlicht *n.*; ~
light Gloriole *f.*, Kante *f.*, Kantenlicht *n.*,
Streiflicht *n.*; ~ **lighting**
Randaufhellung *f.*

ring *v.* (filter) überschwingen *v.*; ~ **circuit**
Ringleitung *f.*; ~ **counter** Ringteiler *m.*,
Ringzähler *m.*; ~ **magnet** Ringmagnet
m.; ~ **main** Ringleitung *f.*; ~
modulator Ringmodulator *m.*; ~
transformer Ringübertrager *m.*; ~ **trip**
Rufabschaltung *f.* (Tel)

ringer *n.* Tonruf *m.*

ringing *n.* Überschwingen *n.*,
Überschwingung *f.*, Einschwingvorgang
m.; ~ **frequency** (filter)
Überschwingfrequenz *f.*; ~ **frequency**
(tel.) Ruffrequenz *f.*; ~ **key** Ruftaste *f.*;
~ **signal** Rufsignal *n.*

rinse *v.* (photo) wässern *v.*; ~ **fog**
Wässerungsschleier *m.*

rip-up *n.* (coll.) Filmsalat *m.*, Salat *m.*

(fam.); ∼-**and-read** abreißen und
vorlesen
ripple *n.* Brumm *m.*, Brummton *m.*,
Brummspannung *f.*, Restwelligkeit *f.*,
Welligkeit *f.*; ∼ **voltage**
Brummspannung *f.*
rise *n.* Anstieg *m.*, Anstieg *m.* (Physik); ∼-
time Anstiegzeit *f.*, Einschwingzeit *f.*; ∼
time Anstiegszeit *f.*
riser *n.* Steigleitung *f.*
rising main Steigleitung *f.*; ∼ **mains**
Steigleitung *f.* (Tel)
RMS value (s. root-mean-square value)
road cinema Wanderkino *n.*; ∼ **news** *n.*
pl. Straßenzustandsbericht *m.*
roaming *n.* Roaming *n.* (IT)
robotic archive Roboterarchiv *n.*; ∼
library Bibliothek, automatische *f.*
rocker switch Wippenschalter *m.* (Tel)
rocket *n.* Rakete *f.*
rod *n.* Stange *f.*, Stab *m.*; ∼ **aerial**
Stabantenne *f.*
role *n.* (perf.) Rolle *f.*
roll *v.* (pict.) durchlaufen *v.*; ∼ (start)
abfahren *v.*; ∼ Rolle *f.*; ∼ (cam.)
Filmrolle *f.*; ∼-**in time** Startvorlaufzeit
f., Startzeit *f.*; ∼-**off** *n.* (level)
frequenzabhängiger Pegelabfall; ∼-**off**;
∼ **out** *v.* (IT) auslesen *v.*; ∼-**titles** *n. pl.*
Rolltitel *m.*; ∼ **VTR!** MAZ ab!; ∼-**off**
factor Filterformfaktor *m.*
roll! (order) ab!, abfahren!
roller *n.* Walze *f.*; ∼ **caption** Rolltitel *m.*,
rollender Ttiel; ∼ **caption equipment**
Rolltitelgerät *n.*, Rolltitelmaschine *f.*; ∼
titles *n. pl.* rollender Titel
rolling cut rollender Schnitt; ∼ **tripod**
Fahrstativ *n.*, Rollstativ *n.*,
Kamerafahrgestell *n.*
rollover *n.* (tech.) Bildsprung *m.*
romanticiser *n.* (opt.) Diffusionsfilter *m.*,
Softscheibe *f.*
roof aerial Dachantenne *f.*
roof(ing) slat Dachlatte *f.* (Bühnenbau)
room *n.* Raum *m.*; **anechoic** ∼
reflexionsfreier Raum, schalltoter
Raum; **dead** ∼ schalltoter Raum;
screened ∼ elektromagnetisch toter
Raum; ∼ **acoustics** *n. pl.* Raumakustik
f., Raumklang *m.*, Raumkulisse *f.*; ∼
aerial Zimmerantenne *f.*; ∼ **noise**

Saalgeräusch *n.*, Raumgeräusch *n.*; ∼
temperature Raumtemperatur *f.*
root *n.* Wurzel *f.* (elektr.); ∼-**mean-square**
value (RMS value) Effektivwert *m.*; ∼
directory Hauptverzeichnis *n.* (IT); ∼
name Grunddateiname *m.* (IT)
rosette *n.* Rosette *f.*
rostrum *n.* Platte *f.*, Tribüne *f.*; ∼ (set)
Praktikabel *n.*; ∼ (appar.) Titelbank *f.*;
∼ **bench** Tricktisch *m.*, Trickbank *f.*; ∼
camera Trickkamera *f.*; ∼ **camera**
operator Trickkameramann *m.*; ∼
caption shot Tricktitelaufnahme *f.*; ∼
film Trickfilm *m.*; ∼ **shot**
Trickaufnahme *f.*
rotary capacitor Drehkondensator *m.*; ∼
converter Umformer *m.*; ∼ **disc shutter**
Flügelblende *f.*, Sektorenblende *f.*,
Umlaufblende *f.*; ∼ **potentiometer**
Drehpotentiometer *n.*; ∼ **shutter**
Umlaufblende *f.*; ∼ **switch** Drehschalter
m., Drehwähler *m.*
rotatable *adj.* drehbar *adj.*
rotate *v.* rundlaufen *v.*
rotating aerial drehbare Antenne; ∼
antenna drehbare Antenne; ∼ **field**
(antenna) Drehfeldantenne *f.*
(kreissymmetrische Anordnung von
Antennen); ∼ **shutter** Flügelblende *f.*; ∼
wedge range-finder Drehkeil-
Entfernungsmesser *m.*
rotation *n.* Umwälzung *f.*; ∼ **speed** (disc)
Plattendrehzahl *f.*
rotor *n.* Läufer *m.*
rough adjustment Grobeinstellung *f.*; ∼-
cut *v.* Muster zusammenstellen; ∼ **cut**
Rohschnitt *m.*; ∼ **focusing**
Grobeinstellung *f.*; ∼ **recording**
Schmierenaufzeichnung *f.*; ∼ **surface**
scatter Streuung an unregelmäßigen
Flächen; ∼ **translation** Rohübersetzung
f.
roughness *n.* Rauhigkeit *f.*
round table Forum *n.*; ∼-**table discussion**
Podiumsdiskussion *f.*, Podiumsgespräch
n.; ∼ **trip delay** Antwortzeit (Sat); ∼-**up**
n. kurzer Überblick, Rundschau *f.*
rounding *n.* Abrundung *f.*; ∼ (up) *n.*
Aufrundung *f.*
roundup *n.* Abräumer *m.*, Roundup *m.*
route *n.* Leitweg *m.*, Strecke *f.*,

Leitungsweg *m.*, Trasse *f.*, weiterleiten (IT)
router Datenpaketvermittlung *f.* (IT), Kreuzschiene *f.*
routine office Produktionsbüro *n.*
routing switch Zuschalter *m.*
roving eye Wagen mit drahtloser Kameraanlage
row *n.* (IT) Lochkartenzeile *f.*; ∼ **of lights** Lichtzeile *f.*; ∼ **of loudspeakers** Tonzeile *f.*, Lautsprecherzeile *f.*
royalties *n. pl.* Lizenzgebühr *f.*; **exempt from** ∼ frei von Rechten
royalty *n.* Lizenzgebühr *f.*, Tantieme *f.*
RP (s. rear projection)
RT (s. reverberation time), ; °∼ **apparatus** Funksprechgerät *n.*, Sprechfunkgerät *n.*; °∼ **traffic** (s. radiotelephonic traffic)
rubber foot Gummifuß *m.*; ∼ **gasket** Gummidichtung *f.*; ∼-**number** *v.* randnumerieren *v.*; ∼ **numbering** Randnumerierung *f.*; ∼ **packing** Gummidichtung *f.*; ∼ **washer** Gummidichtung *f.*
rumble *n.* (disc) Rumpeln *n.*; ∼ (noise) Rumpelgeräusch *n.*; ∼ **filter** Rumpelfilter *m.*
run *v.* (F, tape) abfahren *v.*; ∼ (news) absetzen *v.*, rausbringen *v.* (fam.); ∼ (telex) senden *v.*, absetzen *v.*; ∼ abwickeln *v.* (Sendung), betreiben *v.*; ∼ (a production) ablaufen *v.* (Produktion); ∼ (a broadcast) fahren *v.* (Sendung); ∼ Lauf *m.*, Ablauf *m.*; ∼ (IT) Programmdurchlauf *m.*; ∼ (FP) Durchlauf *m.*; **to** ∼ **late** (sound) nachhängen *v.*; ∼ **a copy** abziehen *v.*; ∼-**in groove** Einlaufrille *f.*; ∼ **of programme** Programmablauf *m.*; ∼-**out** *n.* (F) Nachlauf *m.*; ∼-**out groove** Auslaufrille *f.*; ∼-**out length** Nachlauflänge *f.*; ∼ **report** Ablaufbericht *m.* (Produktion); ∼ **through** *v.* (scene) durchspielen *v.*; ∼-**through** *n.* (rehearsal) Drehprobe *f.*, Durchlauf *m.*, Probedurchlauf *m.*; ∼-**through** *n.* (video) vertikale Synchronisationsstörung; ∼-**time adaptation** Laufzeitanpassung *f.*; ∼-**time delay** Laufzeit-Verzögerung *f.*; ∼ **TK!** Film ab!; ∼ **up** *v.* hochlaufen *v.*; ∼ **up** *v.* (motor) anlaufen *v.*; -**up,**

synchronous ∼ synchroner Hochlauf; ∼-**up period** (script) Buchentwicklung *f.*; ∼-**up time** Hochlaufzeit *f.*, Startvorlaufzeit *f.*, Startzeit *f.*; ∼ **time** *n.* Laufzeit *f.* (IT); ∼-**time error** *n.* Laufzeitfehler *m.* (IT); ∼-**time version** *n.* Laufzeitversion *f.* (IT), Runtimeversion *f.* (IT)
run! Film ab!; ∼ (tape) ab!; ∼ Bild ab!
runaway *n.* Ton läuft weg
running *n.* Lauf *m.*; **provisional** ∼ **order** vorläufiger Ablaufplan; **to fix the** ∼ **order** Ablaufplan machen, Ablauf machen; **to provide the** ∼ **order** Ablaufplan machen, Ablauf machen; **to remain** ∼ (F, thea.) auf dem Spielplan bleiben; ∼ **commentary** Reportage *f.*, Hörbericht *m.*, Augenzeugenbericht *m.*; ∼ **costs** Betriebskosten plt.; ∼-**down time** Nachlaufzeit *f.*; ∼ **off** (of the transmission) Ablauf *m.* (der Sendung); ∼ **order** Ablaufplan *m.*, Programmablauf *m.*, Programmablaufplan *m.*, Fahrplan *m.*; ∼ **speed** Laufgeschwindigkeit *f.*; ∼ **speed of film** Aufnahmegeschwindigkeit *f.*; ∼ **time** Laufzeit *f.*; ∼ **time** (F) Vorführdauer *f.*, Filmlänge *f.*; ∼-**up time** Einlaufzeit *f.*
running! läuft! (fam.)
runtime performance Zeitverhalten *n.* (IT)
rush copy, to assemble abklammern *v.*; ∼-**print** Arbeitskopie *f.*, erste Kopie, Testkopie *f.*; ∼ **print** Musterkopie *f.*
rushes *n. pl.* Bildmuster *n. pl.*, Muster *n. pl.*; **to assemble** ∼ Muster zusammenstellen; **to break down** ∼ Muster trennen; **to sync up** ∼ Muster anlegen; **to view** ∼ Muster ansehen; ∼ **log** Klappenliste *f.*; ∼ **roll** Musterrolle *f.*
rust *n.* Rost *m.* (Oxid)
rustle *v.* knistern *v.*

S

S/N ratio (s. signal-to-noise ratio)
safe-area generator mixer
Rahmeneinblender *m.*
safety *n.* Sicherheit *f.*; ~ belt
Sicherheitsgurt *m.*; ~ chain
Sicherheitskette *f.*; ~ contact
Sicherheitskontakt *m.*; ~ copy
Sicherheitskopie *f.*; ~ cord
Sicherungsleine *f.*; ~ coupling
Schukokupplung *f.*; ~ factor
Sicherheitsfaktor *m.*; ~ film
Sicherheitsfilm *m.*; ~ glass
Linsenschutzglas *n.*; ~ harness
Sicherheitsgurt *m.*; ~ lighting
Sicherheitsbeleuchtung *f.*; ~ magazine
Feuerschutztrommel *f.*; ~ mesh
(lighting) Schutzkappe *f.*; ~ officer
Sicherheitsingenieur *m.*; ~ plug
Schutzstecker *m.*, Schukostecker *m.*; ~
rail Schutzgeländer *n.*; ~ regulations
Sicherheitsvorschriften *f. pl.*; ~ screen
(F) Feuerschutzklappe *f.*; ~ shutter
(proj.) Feuerschutzklappe *f.*; ~ socket
Schukosteckdose *f.*; ~ stock
Sicherheitsfilm *m.*; ~ track (F)
Sicherheitsspur *f.*; ~ zone
Sicherheitsbereich *m.*; ~ base
Sicherheitsfilmunterlage *f.* (Träger)
salaried employee Gehaltsempfänger *m.*
salaries-and-wages office Gehalts- und
Lohnstelle *f.*; ~ department
Gehaltsbüro *n.*; ~ office Gehalts- und
Lohnstelle *f.*
salary *n.* Gehalt *n.*; ~ (perf.) Gage *f.*; ~-
earner *n.* Gehaltsempfänger *m.*; ~ scale
Vergütungsordnung *f.*
sample *v.* (video) abtasten *v.*; ~
Bemusterung *f.*, Probe *f.*, Abtastwert *m.*,
Probe *f.* (EDV), Ausschnitt *m.*; ~
frequency Abtastfrequenz *f.*; ~
presentation Muster-Vorführung *f.*
sampler *n.* Sampler *m.*
sampling *n.* Bemusterung *f.*, Abtastung *f.*
(EDV); ~ frequency Schaltfrequenz *f.*,
Abtastfrequenz *f.*; ~ pattern
Abtastmuster *n.*; ~ rate Abtastrate *f.*; ~

pattern Abtastraster *n.*; ~ standard
Abtastnorm *f.*
satellite *n.* Satellit *m.*, Trabant *m.*; active
~ aktiver Satellit; artificial ~
künstlicher Satellit; direct broadcast ~
Satellit für direkte
Rundfunkübertragung; geostationary ~
geostationärer Satellit; geosynchronous
~ geosynchroner Satellit; man-made ~
künstlicher Satellit; passive ~ passiver
Satellit; retrograde ~ rückläufiger
Satellit; stationary ~ stationärer
Satellit; ~ aerial Satellitenantenne *f.*; ~
circuit Satellitenfunkstrecke *f.*,
Satellitenstrecke *f.*, Satellitenleitung *f.*,
Satellitenverbindung *f.*; ~ circuit order
Satellitenbestellung *f.*; ~ date
distribution service Satelliten-
Verteildienst (Sat); ~ distribution
Satellitenverteilung *f.*; ~-earth link
Satellitenerdverbindung *f.*; ~ link
Satellitenfunkstrecke *f.*, Satellitenstrecke
f., Satellitenleitung *f.*,
Satellitenverbindung *f.*; ~ network
Satellitennetz *n.*; ~ radio Satellitenradio
n.; ~ receiver Satellitenempfänger *m.*;
~ reception system
Satellitenempfangsanlage *f.*; ~ rights
Satellitenrechte *n. pl.*; ~ signal
Satellitensignal *n.*; ~ sound
brodcasting Satelliten-Tonrundfunk *m.*;
~ switched satellitenvermittelt (Sat); ~
system Satellitensystem *n.*; ~ television
Satellitenfernsehen *n.*; ~ television
programme Satellitenfernsehprogramm
n.; ~ television transmission
Fernsehübertragung über Satelliten; ~
transmission Satellitenübertragung *f.*,
Satellitenausstrahlung *f.*; ~ transmit
frequency Satellitensendefrequenz *f.*;
~-transmitted *adj.* über Satellit
übertragen; ~ transmitter
Satellitensender *m.*; ~ with multiple
access Satellit für vielfachen Zugang; ~
broadcasting Satellitenverbreitung *f.*; ~
dish Satellitenspiegel *m.*; ~ master
antenna Gemeinschaftsantenne *f.*; ~
operator Satellitenbetreiber; ~ position
Satellitenposition *f.*; ~ provider
Satellitenanbieter *m.*; ~ television
Gemeinschaftsempfang *m.*

Satellitenkommunikation
Satellitenkommunikation (Sat), Sat-Kom
satin *n.* Satin *n.* (Dekoration)
satire *n.* Satire *f.*
saturate *v.* sättigen *v.*
saturation *n.* Sättigung *f.*, Farbsättigung *f.*; ~ **banding** Farbsättigungsstreifigkeit *f.*; ~ **error** Sättigungsfehler *m.*; ~ **output level** Höhenaussteuerbarkeit *f.*
saw-tooth *n.* Sägezahn *n.*; ~-**tooth correction** Sägezahnkorrektur *f.*; ~-**tooth generator** Sägezahngenerator *m.*; ~-**tooth oscillation** Sägezahnschwingung *f.*; ~-**tooth signal** sägezahnförmiges Korrektursignal, Sägezahnsignal *n.*; ~-**tooth signal with colour carrier** Sägezahnsignal mit Farbträger; ~-**tooth with HF mean value** Sägezahn mit HF-Mittelwert
scaffold clamp Rohrklammer *f.*; ~ **suspension** Scheinwerfergerüst *n.*
scaffolding *n.* Gerüst *n.*
scalability *n.* Skalierbarkeit *f.*
scalable *adj.* skalierbar *adj.*
scale *n.* Skala *f.*, Maß *n.*, Teilung *f.*; ~ **factor** Skalenfaktor *m.*; ~ **inscription** Skalenbeschriftung *f.*; ~ **marking** Skalenbeschriftung *f.*; ~ **model** Trickmodell *n.*; ~ **division** Skalenteilung *f.*
scaleability *n.* Skalierbarkeit *f.*
scaleable *adj.* skalierbar *adj.*
scaling factor Skalierungsfaktor *m.* (EDV)
scalloping *n.* Scalloping Fehler
scan *v.* abtasten *v.*; ~ **encoder** Abtastungskodierer *m.*; ~ **generator** Ablenkgerät *n.*; ~ **linearity** Linearität der Ablenkung; ~ **rings** *n. pl.* Zeileneinschwinger *m.*; ~ **scannen** *v.* (IT); ~ **pattern** Abtastraster
scanner *n.* Abtaster *m.*, Bildabtaster *m.*, Abtasteinrichtung *f.*, Scanner *m.*; **flying-spot** ~ Lichtpunktabtaster *m.*, Punktlichtabtaster *m.*; ~ **Scanner** *m.* (IT)
scanning *n.* Abtastung *f.*, Ablenkung *f.*; **flying-spot** ~ Lichtpunktabtastung *f.*, Punktlichtabtastung *f.*; ~ **angle** Abtastwinkel *m.*; ~ **beam** Abtaststrahl *m.*; ~ **device** Abtasteinrichtung *f.*, Bildabtaster *m.*; ~ **gap** Abtastspalt *m.*; ~ **generator** Ablenkgenerator *m.*; ~

grid Abtastraster *n.*; ~ **interlace system** Zwischenzeilenverfahren *n.*; ~ **line** Abtastzeile *f.*, Bildzeile *f.*, Zeile *f.*; ~ **linearity** Abtastlinearität *f.*; ~-**pattern image** Rasterbild *n.*; ~ **rate** Bildfolgefrequenz *f.*; ~ **signal** Abtastsignal *n.*; ~ **spot** Abtastpunkt *m.*, abtastender Lichtpunkt; ~-**system definition** Schärfe des Abtastsystems; ~ **time** Abtastzeit *f.*, Ablenkzeit *f.*; ~ **tube** Abtastrohr *n.*; ~ **waveform** Abtastsignal *n.*
scar *n.* (F) Schramme *f.*
scatter *v.* (opt.) zerstreuen *v.*; ~ Streuausbreitung *f.*; **forward** ~ Vorwärtsstreuung *f.*; **side** ~ Seitenstreuung *f.*; **volume** ~ Volumenstreuung *f.*; ~ **communication** Scatterverbindung *f.*; ~ **link** Scatterrichtfunkstrecke *f.*; ~ **radio-relay circuit** Scatterrichtfunkstrecke *f.*
scattering *n.* Streuung *f.*, Zerstreuung *f.*; **ionospheric** ~ ionosphärische Streuung; **precipitation** ~ Niederschlagsstreuung *f.*; **tropospheric** ~ troposphärische Streuung; ~ **cross section** Streuquerschnitt *m.*
scenario *n.* Drehbuch *n.*, Buch *n.*, Manuskript *n.*, Script *n.*, Szenarium *n.*; ~ **editor** (R, TV) Dramaturg *m.*; ~-**writer** *n.* Drehbuchautor *m.*
scenarist *n.* Drehbuchautor *m.*, Filmautor *m.*
scene *n.* Szene *f.*, Bild *n.*, Bühne *f.*, Schauplatz *m.*; **automatic** ~ **marking** automatische Markiervorrichtung; **radio** ~ **marking** drahtlose Markiervorrichtung; **to be the** ~ **of** Schauplatz sein von; **to fake a** ~ Türken bauen; ~ **excerpt** Szenenausschnitt *m.*; ~ **hand** Bühnenarbeiter *m.*, Baubühnenarbeiter *m.*; ~ **hands** *n. pl.* Baubühne *f.*; ~ **lighting** Szenenbeleuchtung *f.*; ~ **lighting level** Szenenbeleuchtungsumfang *m.*; ~ **of action** Schauplatz *m.*; ~ **painter** Dekorationsmaler *m.*; ~ **shifter** Bühnenarbeiter *m.*; ~ **slate** Klappe *f.*; ~ **supervisor** Studiomeister *m.*; ~ **tester** (FP) Szenentester *m.*
scenery *n.* Bühnenbild *n.*, Szenenbild *n.*, Bauten *m. pl.*; ~ **and furnishing** Bau

und Ausstattung; ~ **clamp**
Dekoklammer *f.*; ~ **designer**
Bühnenbildner *m.*, Szenenbildner *m.*; ~
designing Bühnenbildnerei *f.*; ~
illumination Szenenausleuchtung *f.*; ~
operatives *n. pl.* Baubühne *f.*; ~ **set**
Dekoration *f.*; ~ **stock** Baufundus *m.*; ~
store Kulissenfundus *m.*, Kulissenhalle
f.
scenic artist Kunstmaler *m.*,
Prospektmaler *m.*; ~ **carpenter**
Bühnenschreiner *m.*, Bühnentischler *m.*;
~ **carpenter's shop** Bühnenschreinerei
f., Bühnentischlerei *f.*; ~ **design**
Bühnenbildnerei *f.*; ~ **designer**
Bühnenbildner *m.*, Szenenbildner *m.*; ~
dock Baubühne *f.*; ~ **flat** (design) Wand
f.; ~ **model discussion**
Modellbesprechung *f.*; ~ **painter**
Bühnenmaler *m.*; ~ **progression**
szenischer Ablauf; ~ **service crew**
Drehbühne *f.*; ~ **service man**
Bühnenarbeiter *m.*; ~ **services**
Baubühne *f.*; ~ **truck** Bühnenwagen *m.*;
~ **unit** (design) Baueinheit *f.*; ~
workshop Bühnenwerkstatt *f.*
schedule *v.* ins Programm einsetzen; ~
(prod.) Disposition *f.*, Drehplan *m.*,
Drehübersicht *f.*; ~ (F, thea.) Spielplan
m.; **to be kept in the** ~ auf dem
Spielplan bleiben; **to resume normal**
~**s** Programm fortsetzen, Programm
übernehmen; ~ Sendeablaufplan *m.*
scheduled, to be ~ auf dem Spielplan
stehen
scheduler *n.* Terminprogramm *n.*
scheduling *n.* Terminplanung *f.*,
Verplanung *f.*
schematic *n.* (US) Schaltung *f.*
school broadcast Schulfunksendung *f.*; ~
broadcasting Schulfunk *m.*; ~
programme Schulfunksendung *f.*; ~
radio Schulfunk *m.*; ~ **television**
Schulfernsehen *n.*; ~ **viewer**
Fernsehschüler *m.*
schools television programme
Schulfernsehsendung *f.*
Schuko-type coupling piece
Schukokupplung *f.*
science *n.* Wissenschaft *f.*; ~ **and arts**
features Kultur und Wissenschaft; ~
and features Wissenschaft und

Technik; ~ **fiction** Science Fiction; ~-
fiction film Science-Fiction-Film *m.*
scissor-type suspension
Scherenaufhängung *f.* (Scheinwerfer-
Aufhängung); ~-**type suspension** (for
lightning) Scherenaufhängung *f.*
scissors shutter Scheitelblende *f.*
scoop *n.* Scoop *m.*
scope *n.* Umfang *m.*
score *v.* vertonen *v.*, Partitur *f.*; ~-**reading**
panel Musiklektorat *n.*
scoring *n.* (F) Musikaufnahme *f.*,
Vertonung *f.*; ~ **stage** Musikstudio *n.*,
Musikaufnahmeatelier *n.*
SCPC-system SCPC-System (Sat), Ein-
Kanal-Pro-Träger-System
SCPT-system SCPT-System (Sat), Ein-
Kanal-Pro-Transponder-System
scramble *v.* verwürfeln *v.* (IT)
scrambler *n.* Verwürfler *m.*; ~ **circuit**
Verwürfler *m.*
scrambling *n.* Verwürfelung *f.*,
Verschlüsselung *f.*; ~ **system**
Verschlüsselungssystem *n.*
scrap *n.* Abfall *m.*, Ausschuß *m.*
scraper *n.* Filmhobel *m.*, Schabemesser *n.*
scraping tool Schabemesser *n.*
scratch *n.* (disc) Kratzer *m.*; ~ (F)
Bildschramme *f.*, Drop-out *m.*, Scratch
m.; ~ Schramme *f.* (Band); ~ **on base**
side Blankschramme *f.*
scratching noise Kratzer *m.*
scratchpad memory (SPM) (IT)
Zwischenspeicher *m.*
screen *v.* abschirmen *v.*, verschleiern *v.*; ~
(F) ansehen *v.*, vorführen *v.*; ~
Abschirmung *f.*; ~ (video) Raster *m.*,
Schirmgitter *n.*; ~ (F) Bildschirm *m.*,
Bildwand *f.*, Leinwand *f.*, Schirm *m.*; ~
(cinema) Kintopp *m.* (fam.); ~ (design)
Wand *f.*; ~ Bildschirmmaske *f.*; **beaded**
~ Perlleinwand *f.*; **reflecting** ~
reflektierende Wand; **to** ~ **a film** Film
ansehen, Film vorführen; **to make a** ~
version of verfilmen *v.*; ~ **adaptation**
Filmbearbeitung *f.*, Verfilmung *f.*; ~
author Filmautor *m.*; ~ **brightness**
Bildwandhelligkeit *f.*, Schirmhelligkeit
f.; ~ **connection** (pict. tube)
Schirmwanne *f.*; ~ **current**
Schirmgitterstrom *m.*; ~ **grid**
Schirmgitter *n.*, Schutzgitter *n.*; ~-**grid**

current Schirmgitterstrom *m.*; ∼-**grid voltage** Schirmgitterspannung *f.*; ∼ **image** Schirmbild *n.*; ∼ **luminance** Bildwandhelligkeit *f.*; ∼ **out** *v.* aussieben *v.*; ∼ **picture** Schirmbild *n.*; ∼ **plate** Rasterplatine *f.*; ∼ **publicity** Kinoreklame *f.*; ∼ **rights** Verfilmungsrechte *n. pl.*; ∼ **size** Bildschirmformat *n.*; ∼ **test** (perf.) Probeaufnahme *f.*; ∼ **test** Screeningtest *m.*; ∼ **time** (F) Laufzeit *f.*, Vorführdauer *f.*; ∼ **voltage** Schirmgitterspannung *f.*; ∼ **buffer** Bildspeicher *m.* (IT); ∼ **capture** Screen Capture *n.* (IT); ∼ **capture program** *n.* Screenshot-Programm *n.* (IT); ∼ **recording** Screenrecording *n.* (IT); ∼ **saver** Bildschirmschoner *m.* (IT); ∼ **shot** Bildschirmkopie *f.* (IT), Screenshot *m.* (IT)

screened aerial abgeschirmte Antenne

screening *n.* Abschirmung *f.*; ∼ (F) Vorführung *f.*; ∼ Schirmung *f.*; ∼ **factor** Abschirmmaß *n.* (EMV); ∼ **of cutting copy** Schnittvorführung *f.*; ∼ **of rough cut** Rohschnittvorführung *f.*; ∼ **room** Vorführraum *m.*; ∼ **value** Abschirmwert *m.* (Akustik); ∼ **walls** Abschirmwände *f. pl.*

screenplay *n.* Drehbuch *n.*; ∼ **writer** Filmautor *m.*

screenwriter *n.* Drehbuchautor *m.*, Filmautor *m.*

screw *n.* Schraube *f.*; ∼ **on** *v.* anflanschen *v.*

screwdriver *n.* Schraubendreher *m.*

scrim *n.* (lighting) Diffusionsfilter *m.*, Gazeschirm *m.*, Softscheibe *f.*

script *v.* texten *v.*, Script *n.* (J), Sprechertext *m.*; **accompanying** ∼ Begleittext *m.*; **to** ∼ **to film** auf Bild texten; **to cut down a** ∼ Text einstreichen, Text kürzen; **to edit down a** ∼ Text einstreichen, Text kürzen; **to pad a** ∼ Text breitwalzen; **to stretch a** ∼ Text breitwalzen; **to sub down a** ∼ Text einstreichen, Text kürzen; ∼ **conference** Buchbesprechung *f.*; ∼ **department** Dramaturgie *f.*; ∼ **discussion** Buchbesprechung *f.*; ∼ **editing** Buchbearbeitung *f.* (s. Drehbuchbearbeitung); ∼ **editor** Dramaturg *m.*, stoffführender Redakteur;

∼-**girl** *n.* Ateliersekretärin *f.*, Scriptgirl *n.*, Script *f.*; ∼ **girl** Ateliersekretärin *f.*; ∼ **library** Wortarchiv *n.*; ∼ **processing** Buchbearbeitung *f.* (s. Drehbuchbearbeitung); ∼-**reader** *n.* Lektor *m.*; ∼ **unit** Dramaturgie *f.*, Lektorat *n.*; ∼-**writer** *n.* Drehbuchautor *m.*, Texter *m.*; ∼ Script *n.* (IT), Skript *n.* (IT)

scripter *n.* Texter *m.*

scripting language Scriptsprache *f.* (IT), Skriptsprache *f.* (IT)

scroll arrow Bildlaufpfeil *m.* (IT); ∼ **bar** Bildlaufleiste *f.* (IT); ∼ **box** Bildlaufleiste *f.* (IT); ∼ **up** zurückrollen *v.* (IT)

scrutinise *v.* (R) abnehmen *v.*

scrutiny *n.* (R) Abnahme *f.*

SCU (s. semi-close-up)

seamstress *n.* Näherin *f.*

search *n.* Suchlauf *m.*, Suchvorgang *m.*; ∼ **frequency** Suchton *m.*; ∼ **frequency system** Suchtonverfahren *n.*; ∼ **tone** Suchton *m.*; ∼ **tone system** Suchtonverfahren *n.*; ∼ **algorithm** Suchalgorithmus *m.* (IT); ∼ **and replace** *v.* suchen und ersetzen *v.* (IT); ∼ **criteria** Suchkriterien *n. pl.* (IT); ∼ **engine** Search Engine *f.* (IT), Suchmaschine *f.* (IT); ∼ **string** Suchbegriff *m.* (IT)

seasoning *n.* Seasoning *n.* (Musik)

SECAM signal SECAM-Signal *n.*

second cameraman zweiter Kameraassistent, Schärfeassistent *m.*, Schärfezieher *m.*; ∼ **director** Hilfsregisseur *m.*; ∼ **frequency** Spiegelfrequenz *f.*; ∼ **generation** Erste Kopie; ∼ **home set** Zweitempfänger *m.*; ∼-**order harmonic distortion** quadratischer Klirrfaktor; ∼-**run theatre** (F) Nachaufführungstheater *n.*; ∼ **showing** (TV) Zweitsendung *f.*; ∼ **level domain** Second Level Domain *f.* (IT); ∼ **utilization** Zweitverwertung *f.*

secondary cell Akkumulatorenzelle *f.*; ∼ **development** Zweitentwicklung *f.*; ∼ **lobe** Antennennebenzipfel *m.*; ∼ **radiator** Sekundärstrahler *m.*; ∼ **receiver** Zweitempfänger *m.*; ∼ **service area** Fernempfangsgebiet *n.*; ∼ **source** Fremdleuchter *m.*

section *n.* Abteilung *f.*, Referat *n.*,
Abschnitt *m.*; ~ **of line**
Leitungsabschnitt *m.*
sectional view Schnittbilder *n. pl.*
sector *n.* (prog.) Sparte *f.*
secure *adj.* sicher *adj.*
security *n.* Sicherheit *f.*; ~ **officer**
Sicherheitsbeauftragter *m.*; ~ **zone**
Sicherheitsbereich *m.*
sedecimal *adj.* (IT) sedezimal *adj.*,
hexadezimal *adj.*; ~ **number** (IT)
Sedezimalzahl *f.*, Hexadezimalzahl *f.*
Seeger circlip Seegersicherung *f.*
seek time (IT) Positionierungszeit *f.*
segment display Segmentanzeige *f.*; ~
shutter Sektorenverschluß *m.*; ~ (of a
program) Programmschiene *f.*
segue *n.* Kreuzblende *f.* (Musik)
select *v.* (rushes) ausmustern *v.*, auswählen
v.; **to** ~ **shots** Muster aussuchen
selection *n.* (IT) Selektion *f.*; ~ Auswahl
f.; **to make** ~s Muster aussuchen
selective calling Selektivruf *m.*; ~ **coupler**
Weiche *f.*; ~ **demodulator** Selektiv-
Demodulator *m.*; ~ **filter** Selektivfilter
m.; ~ **switching** Selektivschaltung *f.*
selectivity *n.* Trennschärfe *f.*
selector *n.* (tech.) Wähler *m.*
selenium cell Selenzelle *f.*; ~ **rectifier**
Selengleichrichter *m.*
self-adhesive *adj.* selbstklebend *adj.*; ~-
adjusting motor Selbstregelmotor *m.*;
~-**capacitance** *n.* Eigenkapazität *f.*; ~-
censorship *n.* Selbstkontrolle *f.*; ~
censorship, voluntary ~ freiwillige
Selbstkontrolle; ~-**checking** *adj.*
selbstprüfend *adj.*; ~-**excitation** *n.*
Selbsterregung *f.*, Selbstaufschaukelung
f.; ~-**induction** *n.* Selbstinduktion *f.*; ~-
lacing *n.* (proj.) Selbsteinfädelung *f.*; ~-
locking key Selbsthaltetaste *f.*; ~-
locking push button Selbsthaltetaste *f.*;
~-**modulation** *n.* Eigenmodulation *f.*;
~-**oscillate** *v.* freilaufen *v.*,
freischwingen *v.*; ~-**oscillation** *n.*
selbsterregte Schwingung,
Selbsterregung *f.*, Selbstaufschaukelung
f.; ~-**regulating motor**
Selbstregelmotor *m.*; ~-**resonance** *n.*
Eigenresonanz *f.*; ~-**sealing** *adj.*
selbstklebend *adj.*; ~-**synchronisation**
n. Eigensynchronisation *f.*; ~-**test**

Selbsttest *m.*; ~-**wiping** *n.*
Selbstreinigung *f.*, selbstreinigend *adj.*;
~ **promotion** Autopromotion *f.*; ~-
extracting file Datei, selbstentpackende
f.; ~-**test** *n.* Selbsttest *m.* (IT)
selftest *n.* Eigentest *m.*
selsyn *n.* elektrische Welle
semi-close-up *n.* (SCU) Halbnahe *f.*; ~-
frontal *adj.* halbfrontal *adj.*; ~-**opaque**
foil Operafolie *f.*; ~-**profile** *n.*
Halbprofil *n.*; ~-**tone** *n.* Halbton *m.*
semiconductor *n.* (electronics) Halbleiter
m.; ~ **diode** Halbleiterdiode *f.*
send *v.* (wireless) senden *v.*
sender *n.* (transmitter) Sender *m.*
sending amplifier Sendeverstärker *m.*; ~
circuit Sendestraße *f.*, Sendeweg *m.*; ~
end Senderseite *f.*, Geberseite *f.*; ~ **level**
Sendepegel *m.*; ~ **station** Sendestation *f.*
senior *adj.* (staff) Gehobener; ~
announcer Chefansager *m.*; ~
cameraman erster Kameramann; ~
duty editor Chef vom Dienst (CvD),
Dienstleiter *m.*, Redakteur vom Dienst,
diensthabender Redakteur; ~ **editor**
Redaktionsleiter *m.*; ~ **editor's office**
Redaktionsleitung *f.*; ~ **engineer**
Betriebsingenieur *m.*, Betriebsleiter *m.*;
~ **film editor** Chefcutter *m.*; ~ **member**
of staff Dienstleiter *m.*; ~ **member of**
staff on duty Dienstleiter *m.*; ~
producer (drama) Oberspielleiter *m.*; ~
television engineer Bildingenieur *m.*
sensation *n.* Empfindung *f.*; ~ **of**
brightness Helligkeitseindruck *m.*; ~
threshold curve Reizschwellenkurve *f.*
sense *n.* Fühlerleitung *f.*, Verstand *m.*; ~ **of**
proportion Augenmaß *n.*
sensing lever Fühlhebel *m.*
sensitisation *n.* Sensibilisierung *f.*
sensitise *v.* sensibilisieren *v.*
sensitised face Emulsionsebene *f.*; ~ **side**
Schichtseite *f.*, Emulsionsebene *f.*
sensitive *adj.* empfindlich *adj.*
sensitivity *n.* (FP) Empfindlichkeit *f.*; ~
Empfindlichkeit *f.* (Band); **differential**
~ differentielle Empfindlichkeit; **high** ~
hohe Empfindlichkeit; **low** ~ niedrige
Empfindlichkeit; **spectral** ~ **curve**
spektrale Hellempfindlichkeitskurve; ~
control Empfindlichkeitsregelung *f.*; ~
of the eye Augenempfindlichkeit *f.*

sensitometer *n.* Empfindlichkeitsmesser *m.*, Sensitometer *n.*

sensitometric *adj.* sensitometrisch *adj.*; ~ step wedge Belichtungskeil *m.*; ~ test strip Sensitometerstreifen *m.*; ~ wedge Keilvorlage *f.*

sensitometry *n.* Sensitometrie *f.*

sensor *n.* (IT) Meßwertgeber *m.*; ~ Sensor *m.*

separate *v.* abtrennen *v.*, trennen *v.*; two ~ magnetic sound tracks (Sepdumag) separater Magnetton auf zwei Spuren (SEPDUMAG); ~ excitation Fremderregung *f.*; ~ head monitoring Hinterbandkontrolle *f.*, Abhören hinter Band; ~ magnetic sound (Sepmag) separater Magnetton (SEPMAG); ~ optical sound (Sepopt) separater Lichtton (SEPOPT)

separation *n.* Abtrennung *f.*; electrical ~ elektrische Auftrennung; ~ allowance Trennungsentschädigung *f.*; ~ filter Trennschleife *f.*; ~ positive Auszugspositiv *n.*; ~ requirement Trennungsgebot *n.* (bei Nachrichten)

separator *n.* (tape) statisches Band; ~ (diplexer) Frequenzweiche *f.*

Sepmag *n.* Bildfilm mit Cordband, Zweibandverfahren *n.*, ; °~ projector Zweibandprojektor *m.*; °~ telecine Zweibandabtaster *m.*; °~ telecine system Zweibandabtastung *f.*

Sepopt (s. separate optical sound)

sequel *n.* Folge *f.*

sequence *n.* (F, tape) Sequenz *f.*, Take *m.*; ~ (script) Bild *n.*; ~ (prog.) Programmblock *m.*, Programmblock *m.*; ~ change-over contact Folge-Umschaltkontakt *m.*; ~ control Folgeschaltung *f.*; ~ of events Ereignisablauf *m.*; ~ of instructions (IT) Befehlsfolge *f.*; ~ of operations Arbeitsfolge *f.*; ~ of pictures Bildfolge *f.*; ~ of programmes Programmfolge *f.*; ~ of shots Einstellungsfolge *f.*; ~ operation Folgeschaltung *f.*; ~ switch Stufenschalter *m.*; ~ test line Abschnittsprüfzeile *f.*

sequencer *n.* Ablaufsteuerung *f.* (EDV)

sequential *adj.* sequentiell *adj.*; ~ control (IT) Folgesteuerung *f.*; ~ process Sequenzverfahren *n.*; ~ system

Sequenzsystem *n.*; ~ control of transmission Sendeablaufsteuerung *f.*

serial *n.* Fortsetzungsreihe *f.*, Fortsetzungsserie *f.*; ~ (IT) seriell *adj.*; ~ film Episodenfilm *m.*; ~ hook-up (US) Hintereinanderschaltung *f.*; ~-parallel converter (IT) Serien-Parallel-Umsetzer *m.*

series *n.* (F) Filmserie *f.*; ~ circuit Reihenkreis *m.*; ~ connection Serienschaltung *f.*, Hintereinanderschaltung *f.*; ~ feed Serienspeisung *f.*; ~ motor Hauptstrommotor *m.*; ~ of broadcasts Sendereihe *f.*; ~ of measurements Meßreihe *f.*; ~ resonance Serienresonanz *f.*; ~-resonant circuit Serienresonanzkreis *m.*; ~ supply Serienspeisung *f.*; ~-tuned circuit Serienresonanzkreis *m.*; ~ *pl.* Mehrteiler *m.* (Programm)

serious music, classical music, "highbrow" music E-Musik *f.* (=Ernste Musik)

serrations *n. pl.* Mäusezähnchen *n. pl.*

server *n.* Server *m.*

service *n.* Dienst *m.*; ~ (facilities) Leistung *f.*, Hilfeleistung *f.*; ~ (prog.) Programm *n.* (erstes, zweites, drittes), Kanal *m.*; ~ (transmitter) Versorgung *f.*; in ~ in Betrieb; to put into ~ in Betrieb nehmen, in Betrieb setzen; ~ area Versorgungsgebiet *n.*, Sendegebiet *n.*; ~ channel Nutzkanal *m.*; ~ circuit Dienstleitung *f.*; ~ contract Dienstvertrag *m.*; ~ earth Betriebserde *f.*; ~ instruction Bedienungsanleitung *f.*, Bedienungsvorschrift *f.*; ~ line (tel.) Dienstleitung *f.*; ~ oscilloscope Betriebsoszillograf *m.*; ~ range Sendebereich *m.*, Sendegebiet *n.*, Anstaltsbereich *m.*; ~ reliability Betriebssicherheit *f.*; ~ Programm *n.*, Service *m.*, Unterhaltungsangebot *n.*; ~ agreement Wartungsvertrag *m.*; ~ channel Service-Welle *f.*; ~ editorial board Service-Redaktion *f.*; ~ identification Programmidentifikation *f.*; ~ information Programmdaten *f.*; ~ magazine Servicemagazin *n.*; ~ program Servicesendung; ~ provider

Service-Provider *m.* (IT); ~ **report**
Service-Meldung *m.*
servicing area Wartungsraum *m.*
servo control Servosteuerung *f.*; ~ **motor**
Servomotor *m.*, Stellmotor *m.*; ~ **system**
Servosystem *n.*
session layer Sitzungsschicht *f.* (ISO/OSI-
Schichtenmodell)
set *v.* einstellen *v.*, verstellen *v.*, richten *v.*,
stellen *v.*; ~ (appar.) Apparat *m.*, Gerät
n., Anlage *f.*, Aggregat *n.*; ~ (R, TV)
Radio *n.*, Fernseher *m.* (fam.); ~ (batch)
Satz *m.*; **to** ~ **to music** vertonen *v.*; **to**
kill a ~ (US) abbauen *v.*; **to strike a** ~
abbauen *v.*; ~ **design** Bühnenbild *n.*,
Bühnenbildentwurf *m.*; ~ **designer**
Bühnenbildner *m.*, Szenenbildner *m.*,
Filmarchitekt *m.*; ~ **designing**
Bühnenbildnerei *f.*; ~ **discussion**
Dekorationsbesprechung *f.*; ~ **dresser**
Ausstatter *m.*; ~ **dressing**
Bühnendekoration *f.*; ~ **dressings**
Dekorationsrequisiten *n. pl.*, Requisiten
n. pl.; ~ **erection** Dekorationsaufbau *m.*;
~-**in** *n.* Hintersetzer *m.*, Rücksetzer *m.*;
~ **light** Dekorationslicht *n.*; ~ **lighting**
Szenenausleuchtung *f.*; ~-**lights**
Personenlicht *n.*; ~ **marking**
Dekorationsmarkierung *f.*; ~ **model**
Dekorationsmodell *n.*; ~ **of lenses**
Linsensatz *m.*; ~ **on a stand** Standgerät
n.; ~ **point** (IT) Sollwert *m.*; ~
prefabrication Dekorationsvorfertigung
f.; ~ **pulse** (IT) Setzimpuls *m.*; ~-**screw**
wrench Inbusschlüssel *m.*; ~ **sketch**
Bühnenbildentwurf *m.*; ~ **striking**
Dekorationsabbau *m.*; ~ **up** *v.* aufbauen
v., einrichten *v.*, errichten *v.*, montieren
v.; ~ **up** *v.* (cam.) einstellen *v.*,
voreinstellen *v.*; ~-**up** *n.* (script)
Einstellung *f.*; ~-**up** *n.* (video)
Schwarzabhebung *f.*, Schwarzabsetzung
f.; ~ **up** aufstellen *v.*; ~ **top box** Set-
Top-Box *f.*; ~ **up** einrichten *v.* (IT); ~
up menu Einstellungsmenü *n.* (IT)
setting *n.* Einstellung *f.*, Justierung *f.*,
Regelung *f.*, Richten *n.*; ~ (design)
Szenenbild *n.*, Bühnenbild *n.*,
Ausstattung *f.*, Bauten *m. pl.*; ~
Umgebung *f.*; ~ **and properties**
Dekoration *f.*; ~ **and upholstery**

Dekoration *f.*; ~ **construction**
Bühnenbau *m.*; ~ **to music** Vertonung *f.*
settings *n. pl.* Bühnenbauten *m. pl.*
settle the accounts abrechnen *v.*
settlement *n.* Abrechnung *f.*, Abwicklung
f.
settling *n.* (instr.) Beruhigung *f.*
(meßtech.); ~ **time** *n.* Beruhigungszeit *f.*
setup program Setupprogramm *n.* (IT); ~
time Vorbereitungszeit *f.* (IT); ~
wizard Setupassistent *m.* (IT)
sexadecimal *adj.* (IT) sedezimal *adj.*,
hexadezimal *adj.*; ~ **number** (IT)
Sedezimalzahl *f.*, Hexadezimalzahl *f.*
sexless connector Zwitterstecker *m.*
shabrack *n.* Schabracke *f.* (Dekoration)
shabraque *n.* Schabracke *f.* (Dekoration)
shade *v.* schattieren *v.*; ~ (col.) abstufen
v.; ~ Schatten *m.*, Schattierung *f.*; ~
(coll.) Farbton *m.*; ~ **density**
Schattendichte *f.*; ~ **of grey** Graustufe *f.*
shades *n. pl.* Helligkeitsabstufungen *f. pl.*
shading *n.* Schatten *m.*, Schattierung *f.*,
Abschattung *f.*
shadow *n.* Schatten *m.*, Schatten *m.*
(Optik); **cast** ~ Schlagschatten *m.*; **deep**
~ Kernschatten *m.*; **even** ~ reiner
Schatten; **hard** ~ Schlagschatten *m.*;
heavy ~ Schlagschatten *m.*; ~ **area**
abgeschattete Zone, Schattenzone *f.*; ~
areas *n. pl.* (pict.) Schatten *m.*; ~ **effect**
(pict.) Schatten *m.*; ~ **mask** (pict. tube)
Lochmaske *f.*; ~ **mask tube**
Schattenmaskenröhre *f.*, Maskenröhre *f.*;
~ **scratch** (F) Schramme *f.*; ~ **zone**
abgeschattete Zone, Schattenzone *f.*
shadowing *n.* Abschattung *f.*
shape *n.* (journ.) Aufbau *m.*; ~ **Form** *f.*
shaped beam
share *n.* Aktie *f.*
shared hub geteilte Zentralstation (Sat)
shareware *n.* Shareware *f.* (IT)
sharing *n.* gemeinsame Nutzung *f.* (IT)
sharp *adj.* scharf *adj.*; ~-**focus lens**
Hartzeichner *m.*
sharpness *n.* Schärfe *f.*; ~ (pict.)
Scharfzeichnung *f.*; ~ **of resonance**
Resonanzschärfe *f.*; ~ **of vision**
Sehschärfe *f.*
shedule *n.* Laufplan *m.* (Sendung)
sheet of music Notenblatt *n.*
shelf *n.* Lager *n.*, Lager *n.* (Technik)

SHF (s. super-high frequency)
shield v. abschirmen v., Abschirmung f.,
Schirm m.
shielding Abschirmmaß n. (EMV),
Abschirmung f., Schirmung f.; ~ **factor**
(shielding of a cable conductor)
Schirmmaß n. (Abschirmung eines
Kabel-Innenleiters)
shift v. verschieben v., Verschiebung f.; ~
(staff) Schicht f.; ~ Schicht f. (Dienst);
~ (key) Umtastung f.; ~ **leader**
Schichtleiter m.; ~ **of operating point**
Arbeitspunktverschiebung f.; ~ **of**
working point
Arbeitspunktverschiebung f.; ~ **register**
(IT) Schieberegister n.; ~ **duty**
Schichtdienst m.
Shift key Umschalttaste f. (IT)
shifting register (IT) Schieberegister n.
shiny side Glanzseite f.
shipping department Versandabteilung f.;
~ **office** Expedition f.
shoot v. (F, TV) filmen v., drehen v.,
aufnehmen v.; ~ (a film) drehen v.
(Film); **to ~ a film** Film drehen; **to ~**
for time lapse effect unterdrehen v.; **to**
~ **indoors** Innenaufnahme drehen; **to ~**
in sequence durchdrehen v.; **to ~ slow-**
motion überdrehen v.; **to ~ with hand-**
held camera aus der Hand drehen; **to ~**
with low speed unterdrehen v.
shooting n. Dreh m., Dreharbeiten f. pl.,
Filmaufnahme f.; **chronological** ~
chronologischer Dreh; ~ **angle**
Aufnahmewinkel m., Kameraeinstellung
f., Bildwinkel m.; ~ **day** Drehtag m.; ~
lens Aufnahmeobjektiv n.; ~ **order**
Drehfolge f.; ~ **period** Drehzeit f.; ~
plan (prod.) Disposition f., Drehplan m.,
Drehübersicht f.; ~ **ratio** Drehverhältnis
n.; ~ **record** Drehbericht m.; ~
schedule Aufnahmeplan m., Drehplan
m., Drehübersicht f.; ~ **script** (cam.)
Kamerascript n.; ~ **script** Drehbuch n.,
Buch n.; ~ **time** Drehzeit f.
short n. (F) Kurzfilm m.; ~-**circuit** v.
kurzschließen v., Kurzschluß m.; ~-
circuit current Kurzschlußstrom m.; ~-
circuit flux Kurzschlußfluß m.; ~-
circuiting plug Kurzschlußstecker m.;
~-**circuit oscillogram**
Kurzschlußoszillogramm n.; ~-**circuit**

transmission system
Kurzschlußübertragungsverfahren n.; ~-
feature film Kurzspielfilm m.; ~ **film**
Kurzfilm m.; ~ **form** Kurzform f.; ~-
notice adj. kurzfristig adj.; ~-**range**
aerial Nahbereichantenne f.; ~-**range**
fading Nahschwund m.; ~-**range**
reception Nahempfang m.; ~-**term** adj.
kurzfristig adj.; ~-**term load carrying**
capacity Kurzzeitbelastbarkeit f.; ~
time exposure Kurzzeitbelichtung f.; ~-
wave Kurzwelle f. (KW); ~ **wave fade-**
out (SWF) Mögel-Dellinger-Effekt m.;
~-**wave transmitter** Kurzwellensender
m.; ~ **wave curtain antenna**
Kurzwellen-Vorhangantenne f.
shortcut n. Verknüpfung f. (IT)
shortening n. Kürzung f. (Programm); ~
factor Verkürzungsfaktor m.
shorting bridge Kurzschlußbrücke f.
shot n. (F, TV) Aufnahme f., Bild n.,
Bildaufnahme f., Schuß m.; ~ (F) Szene
f.; ~ (script) Einstellung f.; **extreme**
long ~ (ELS) Weiteinstellung f.; **high-**
angle ~ Kamera leicht von oben, Schuß
von oben; **low-angle** ~ Kamera leicht
von unten, Schuß von unten; **mute** ~
stumme Aufnahme; **to be in** ~ im Bild
sein, im Blickfeld sein; **to come into** ~
ins Bild kommen; **to do a three-quarter**
~ halbfrontal aufnehmen; **to get out of**
~ aus dem Bild gehen; **to go out of** ~
aus dem Bild gehen; **to miss the** ~ nicht
aufs Bild kommen; **top** ~ Schuß von
oben; **to run through a** ~ Szene
durchstellen; **to select** ~s Muster
aussuchen; **to set up a** ~ Szene
einrichten; **very high-angle** ~ Kamera
von oben; **very long** ~ (VLS)
Weiteinstellung f.; **very low-angle** ~
Kamera von unten; ~ **effect**
Schrotrauschen n.; ~ **list** Drehfolge f.,
Inhaltsangabe f., Kamerabericht m.,
Shotlist f.; ~ **noise** (pict.) Grieß m.,
Schrotrauschen n.; ~ **number**
Buchnummer f.; ~/**reaction shot** Schuß-
Gegenschuß m.; ~ **to be printed**
Kopierer m. (K)
shotgun v. (US) (acceptance, TV)
abnehmen v.
shoulder harness Schultertragriemen m.;
~ **pod** Schulterstativ n.; ~ **strap**

Tragriemen *m.*; ~ **tripod** Schulterstativ *n.*

shouter *n.* Shouter *m.* (HF)

show *v.* (F) vorführen *v.*; ~ **part** Showteil *m.*; ~ **workers** (coll.) Drehbühne *f.*; ~ Show *f.*; ~ **closer** *n.* Show-Closer *m.* (akust.Verpackungselement); ~ **opener** *n.* Show-Opener *m.* (akust.Verpackungselement)

showing *n.* Vorstellung *f.*, Vorführung *f.*, Filmwiedergabe *f.*; **private** ~ geschlossene Vorführung; **public** ~ offene Vorführung

shrinkage *n.* (F) Schrumpfung *f.*; ~ (mech.) Schwund *m.*; ~ (proj.) Schleifenschwund *m.*; ~ **compensation** (F) Schrumpfausgleich *m.*

shrinking *n.* (F) Schrumpfung *f.*

shuffle *v.* mischen *v.*, umstellen *v.*

shuffling *n.* Mischung *f.*, Umstellung *f.*

shunt *n.* Nebenschluß *m.*; ~ **connection** Parallelschaltung *f.*; ~ **current** Nebenschlußstrom *m.*; ~ **feed** Anzapfspeisung *f.*; ~ **line** Nebenschlußleitung *f.*; ~ **motor** Nebenschlußmotor *m.*; ~ **resistance** Nebenschlußwiderstand *m.*, Shunt(widerstand)

shut down *v.* herunterfahren *v.* (IT)

shutdown *n.* Abschaltung *f.*

shutter *n.* Blende *f.*, Verschluß *m.*; ~ **aperture** Blendenöffnung *f.*; ~ **blade** Blendenflügel *m.*; ~ **button** Auslöser *m.*; ~**-phasing device** Blendennachdrehvorrichtung *f.*; ~ **release** Auslöser *m.*; ~ **speed** Verschlußgeschwindigkeit *f.*; ~ **time** Verschlußzeit *f.*

shuttle motor Wickelmotor *m.*

side aerial Seitenantenne *f.*; ~**-cutters** *n. pl.* Seitenschneider *m.*; ~**-cutting pliers** *n. pl.* Seitenschneider *m.*; ~**-inverted** *adj.* seitenverkehrt *adj.*; ~**-light** Seitenlicht *n.*; ~**-lighting** Seitenbeleuchtung *f.*, waagerechte Lichtleiste; ~ **lobe** Nebenzipfel *m.* (Antennendiagramm); ~ **lobe attenuation** Nebenkeulendämpfung *f.*; ~**-tone** *n.* (tel.) Nebengeräusch *n.*; ~**-wings** *n. pl.* (set) Gasse *f.*

sideband *n.* Seitenband *n.*; **independent** ~**s** unabhängige Seitenbänder;

suppressed ~ unterdrücktes Seitenband; ~ (SB) Seitenband *n.*

sidenote *n.* Randbemerkung *f.*

sign *v.* unterschreiben *v.*, unterzeichnen *v.*, Marke *f.*, Zeichen *n.*; ~ **off** *v.* (US) absagen *v.*; ~ **off** *v.* (coll.) zu senden aufhören; ~ **off** *n.* Programmstationsabsage *f.*; ~ **up** *v.* (perf.) verpflichten *v.*

signal *n.* Signal *n.*, Zeichen *n.*; **black-level** ~ **voltage** Signalspannung für Szenenschwarz; **coded** ~ kodiertes Signal; **colour-servicing** ~ **generator** Farbservicegenerator *m.*; **disabling** ~ (IT) Sperrsignal *n.*; **replayed** ~ wiedergegebenes Signal; **reproduced** ~ wiedergegebenes Signal; **structure of** ~ Signalstruktur *f.*; ~ **above black level** Durchstoßen des Schwarzwertes; ~ **amplitude** Signalamplitude *f.*; ~ **bandwidth** Signalbandbreite *f.*; ~ **cable** Signalkabel *n.*; ~ **cancellation** Frequenzauslöschung *f.*; ~ **combiner** Signalmischer *m.*; ~ **conditioning** (IT) Meßwertaufbereitung *f.*; ~ **costs** Signalkosten *pl.*; ~ **current** Signalstrom *m.*, Tonstrom *m.*; ~ **deviation** Signalhub *m.*; ~ **edge** Signalflanke *f.*; ~ **electrode** Signalelektrode *f.*; ~ **frequency** Signalfrequenz *f.*; ~ **generation** Signalerzeugung *f.*; ~ **generator** Meßgenerator *m.*, Meßsender *m.*, Servicegenerator *m.*, Signalgenerator *m.*; ~ **injection** Signaleinspeisung *f.*; ~ **input** Signaleinspeisung *f.*; ~ **level** Signalpegel *m.*, Nutzpegel *m.*; ~ **mixer** Signalmischer *m.*; ~ **multiplexing** Signalmultiplex *n.*; ~ **path** Signalweg *m.*; ~ **power** Nutzleistung *f.*; ~ **processing** Signalaufbereitung *f.*, Signalverarbeitung *f.*; ~ **propagation time** Signallaufzeit *f.*; ~ **propagaton delay** Signallaufzeit *f.*; ~ **regenerating** Signalaufbereitung *f.*; ~ **shaping** Signalaufbereitung *f.*, Signalformierung *f.*; ~ **strength** Signalstärke *f.*; ~**-to-interference ratio** Störabstand *m.*; **-to-noise, unmodulated** ~ **ratio** Störabstand ohne Modulation; ~ **to noise ratio** Störabstand *m.*, Geräuschspannungsabstand *m.*, Störabstandswert *m.*, Rauschstörabstand

m.; ~-**to-noise ratio** (S/N ratio)
Rauschabstand *m.*, Störabstand *m.*; ~ **to noise ratio measurement** Störabstandsmessung *f.*; ~-**to-noise ratio recording** Störaufzeichnung *f.*; ~ **transfer curve** Übertragungskurve *f.*; ~ **transmission** Signalübertragung *f.*; ~ **voltage** Signalspannung *f.*; ~ **format** Signalformat *n.*

signalling *n.* Signalisierung *f.*; ~ **current** Signalisationsstrom *m.*; ~ **lamp** Signallampe *f.*

signature *n.* Unterschrift *f.*; ~ **tune** Erkennungsmelodie *f.*, Kennmelodie *f.*; ~ **tune** (bcast.) Indikativ einer Sendung

significance *n.* Bedeutung *f.*

signing *n.* Unterzeichnung *f.*

silence *v.* entdröhnen *v.*, Ruhe *f.*, Stille *f.*

silencing *n.* Geräuschdämpfung *f.*; ~ **material** Entdröhnmaterial *n.*

silent *adj.* stumm *adj.*; ~ **film** Stummfilm *m.*

silicon *n.* Silizium *n.*; ~ **capacitor** Kapazitätsdiode *f.*, Kapazitätsvariationsdiode *f.*, Nachstimmdiode *f.*

silk *n.* Seide *f.*; ~ **scrim** Seidenblende *f.*

silver foil reflector Aufhellblende *f.*, Folienblende *f.*; ~ **halide** Silbersalz *n.*; ~ **image** Silberbild *n.*; ~ **screen** Silberschirm *m.*

silvered reflector Silberblende *f.*, Aufhellblende *f.*

simulation *n.* (IT) Nachbildung *f.*

simulator *n.* Simulator *m.*

simulcast *n.* Parallelausstrahlung *f.*

simulcasting Parallelausstrahlung *f.*

simulcrypt *n.* Mehrfachverschlüsselung *f.* (Pay-TV)

simultaneous *adj.* gleichzeitig *adj.*, simultan *adj.*; ~ **broadcast** Simultanübertragung *f.*; ~ **relay** Simultanübertragung *f.*; ~ **release** (F) Ringstart *m.*; ~ **system** Simultansystem *n.*; ~ **transmission** Simultanübertragung *f.*; ~ **access** gleichzeitiger Zugriff *m.* (IT)

sine-square and rectangular pulse 2T-20T-Impuls *m.*; ~-**squared pulse** Sinusquadratimpuls *m.*; ~-**wave** Sinuswelle *f.*; ~-**wave converter** Sinuswandler *m.*; ~-**wave generator** Sinusgenerator *m.*; ~-**wave oscillation** Sinusschwingung *f.*

sing along Sing-along *n.* (Parodie eines Musiktitels)

singer *n.* Sänger *m.*, Interpret *m.*

single-channel *adj.* einkanalig *adj.*; ~-**channel aerial** Kanalantenne *f.*; ~-**channel amplifier** Einkanalverstärker *m.*; ~-**channel-per-carier-system** SCPC-System (Sat), Ein-Kanal-Pro-Träger-System; ~-**channel-per-transponder-system** SCPT-System (Sat), Ein-Kanal-Pro-Transponder-System; ~ **costs** Einzelkosten; ~-**ended stage** Eintaktstufe *f.*; ~-**frame** Einzelbild *n.*; ~-**frame exposure** Einzelbildaufnahme *f.*; ~-**frame mechanism** Einzelbildschaltung *f.*; ~-**frame motor** Einzelbildmotor *m.*; ~-**frame shooting** Einzelbildaufnahme *f.*; ~-**knob control** Einknopfbedienung *f.*; ~-**lamp suspension unit** (lighting) Einzelaufhängung *f.*; ~-**perforated film** einseitig perforierter Film; ~-**phase mains supply** Lichtnetz *n.*; ~-**phase power supply** Einphasennetz *n.*; ~-**picture taking** Zeitrafferaufnahme *f.*; ~-**pole** *adj.* einpolig *adj.*; ~-**sideband** (SSB) Einseitenband *n.* (ESB); ~ **side band** (SSB) Einseitenband *n.*; ~-**socket** Einzeldose *f.*; ~-**standard** *adj.* Einnorm- (in Zus.); ~-**suspension unit** (lighting) Einzelaufhängung *f.*; ~-**track** Einspur *f.*; ~ **Single** *f.* (Schallplatte); ~ **mode fibre** Einmoden-Faser *f.* (IT); ~ **release** Auskopplung *f.*; ~ **spot** Single-Spot *m.*; ~ **user computer** Einbenutzersystem *n.* (IT); ~-**carrier mode** TrägerverfahrenEin- (AM); ~-**feed antenna** Einfachempfangsantenne *f.*

sinusoidal signal Sinussignal *n.*; ~ **wave** Sinuswelle *f.*

sisal *n.* Sisal *n.* (Dekoration)

site *n.* Standort *m.*, Lage *f.* (allg.), Stelle *f.*; ~ **acceptance** Bauabnahme *f.*; ~ **plan** Lageplan *m.*; ~ **supervisor** Bauleiter *m.*

sitter *n.* Modell *n.*

situation *n.* Lage *f.* (allg.)

size *n.* Format *n.*, Größe *f.*, Maß *n.*, Umfang *m.*; ~ **of picture element**

Rastermaß *n.*; ~ **box**
Fenstergrößesymbol *n.* (IT)
sizzle *v.* knistern *v.*, Knattern *n.*, Rasseln *n.*
skeleton agreement Manteltarifvertrag *m.*;
~ **staff** Bereitschaftsdienst *m.*
sketch *n.* Skizze *f.*, Zeichnung *f.*, Sketch
m.
skewing *n.* Kopfstreifen *m.*
skid *n.* Andruckkufe *f.*
skilled worker Facharbeiter *m.*
skin effect Hauteffekt *m.*, Skineffekt *m.*,
Stromverdrängungseffekt *m.*
skip *n.* Rücklauf/Vorlauf *m.* (m. verschied.
Geschw.), Vorlauf/Rücklauf *m.*; ~
distance Ausdehnung der Toten Zone;
~ **zone** Tote Zone
skirting board Fußleiste *f.*
sky-wave Raumwelle *f.*; ~**-wave service
area** Fernempfangsgebiet *n.*
skypan *n.* Skypan *m.*
skywave *n.* Raumwelle *f.*
slapstick *n.* Klamotte *f.* (fam.)
slash dupe Klatschkopie *f.*; ~ **duping**
Abklatschen *n.*; ~ **print** Klatschkopie *f.*;
~ Schrägstrich *m.* (IT)
slate *n.* Kommando im Summenweg
slaving *n.* Fremdsynchronisation *f.*; ~ **unit**
Fremdsynchroni-sierungseinrichtung *f.*
sleep mode Schlafmodus *m.* (IT)
sleeve *n.* Hülse *f.*
slew rate Anstiegsgeschwindigkeit *f.*
slewing *n.* seitlicher Schwenk
slide *v.* verschieben (Effekte), Diapositiv
n., Dia *n.*, Lichtbild *n.*, Standbild *n.*; ~
advertising Diawerbung *f.*; ~ **carrier**
Diapositiv-Wechselschlitten *m.*; ~
cassette Kassettenrahmenträger *m.*; ~
changer Diapositiv-Wechselschlitten
m.; ~**-in unit** Einschub *m.*; ~ **mount**
Diarahmen *m.*; ~ **projector**
Diaprojektor *m.*, Diawerfer *m.*,
Bildwerfer *m.*; ~ **publicity** Diawerbung
f.; ~**-rail** *n.* Gleitschiene *f.*; ~ **scanner**
Diaabtaster *m.*, Diageber *m.*, Abtaster
m.; ~ **sequence** *n.* Lichtbildreihe *f.*; ~
switch Schiebeschalter *m.*; ~ **viewer**
Bildbetrachter *m.*
slider *n.* (fader) Schleifer *m.*
sliding attenuator Flachbahnsteller *m.*; ~
diaphragm Schiebeblende *f.*; ~ **magnet**
Schiebemagnet *m.*
slim *adj.* dünn *adj.*

slimming down Abmagerung *f.*
slip *n.* Schlupf *m.*, Beleg *m.*; ~ **on** *v.*
aufstecken *v.*; ~**-on type filter**
Aufsteckfilter *m.*; ~ **of tongue** Hänger
m. (Versprecher, Wiederholungen beim
Sprechen/Moderatorfehler)
slippage of sound to picture Bild-Ton-
Versatz *m.*
slipping rotor Schleifringläufer *m.*
slit *n.* (opt.) Spalt *m.*; ~**-type shutter**
Schlitzverschluß *m.*; ~ **width** (opt.)
Spaltbreite *f.*
slope *n.* (characteristic) Steilheit *f.*; ~
Steigung *f.*; ~ **increase** Versteilerung *f.*;
~**-increased** *adj.* versteilert *adj.*; ~ **of
valve characteristics** (tube) Steilheit *f.*
slot *n.* Nut *f.*; ~ (prog.) Termin *m.*,
Sendezeit *f.*; ~ **Steckplatz** *m.* (EDV); ~
aerial Schlitzantenne *f.*; ~ **agreement**
Terminabsprache *f.*; ~ Sendeplatz *m.*
slotline *n.* Schlitzleitung *f.*
slotted ceiling system
Schlitzdeckensystem *n.*; ~ **grid**
Rillendecke *f.*
slow motion Zeitlupe *f.*, Zeitlupentempo
n., Zeitdehner *m.*; **-motion, to shoot** ~
überdrehen *v.*; ~**-motion camera**
Zeitdehnerkamera *f.*; ~**-motion effect**
Zeitlupe *f.*; ~**-motion machine**
Slowmotion-Maschine *f.* (SMM); ~**-
motion method** Zeitlupenverfahren *n.*;
~**-motion picture** Zeitdehneraufnahme
f.; ~ **motion shot** Zeitlupenaufnahme *f.*
slug *v.* (agency) betiteln *v.*; ~ (news)
Arbeitstitel *m.*
slur *v.* (speech) verschlucken *v.*
SM (s. stage manager),
small lighting stand Babystativ *n.*; ~ **part**
Nebenrolle *f.*; ~**-part actor**
Kleindarsteller *m.*
smart card, Computerkarte *f.* (IT)
smear *v.* (pict.) schmieren *v.*, Fahne *f.*
smearing effect Nachzieheffekt *m.*
smoke *n.* Rauch *m.*; ~ (stage) Nebel *f.*
(Bühne); ~ **box** Rauchkasten *m.*; ~ **pot**
Nebeltopf *m.*, Rauchbüchse *f.*
smooth cut weicher Schnitt
smoothing capacitor Siebkondensator *m.*;
~ **circuit** Glättungsschaltung *f.*; ~
factor Siebfaktor *m.*
SMPTE/EBU code SMPTE/EBU-Code
snap *n.* (news) Vorrangmeldung *f.*,

Blitzmeldung *f.*; ~ **contact**
Einrastkontakt *m.*; ~ **mode** Fangmodus
m.
snapshot *n.* Schnappschuß *m.*
snoot *n.* Scheinwerfernase *f.*, Tubus *m.*,
Tute *f.* (fam.)
snow *v.* (FP) Gries *n.*; ~ (pict.) Schnee *m.*
soak *v.* (FP) aufquellen *v.*
soaking *n.* (FP) Aufquellen *n.*,
Einweichung *f.*
social affairs *n. pl.* Sozialpolitik *f.*; ~
advertising Social Advertising *n.*
(Werbung)
society *n.* Gesellschaft *f.*
socket *n.* Buchse *f.*, Fassung *f.*, Steckdose
f.; **concealed** ~ Unterputzdose *f.*; **live** ~
gespeiste Steckdose; **switched** ~
schaltbare Steckdose; ~ **box**
Steckkasten *m.*; ~ **cleat** Buchsenleiste
f.; ~ **connections** *n. pl.* Sockelbelegung
f.; ~**-head screw** Inbusschraube *f.*; ~-
outlet adapter
Mehrfachsteckvorrichtung *f.*; ~ Dose *f.*
(Tel)
sodium thiosulphate Fixiernatron *n.*; ~-
vapour lamp Natriumdampflampe *f.*
SOF (s. sound on film)
soft *adj.* (pict.) weich *adj.*; ~ **cut** weicher
Schnitt; ~**-edged wipe** Wischblende *f.*;
~ **edges** *n. pl.* Randunschärfe *f.*; ~
focus Weichzeichnung *f.*; ~ **focus filter**
(opt.) Softscheibe *f.*; ~**-focus lens**
Diffuserlinse *f.*, Weichzeichner *m.*; ~-
iron instrument Weicheiseninstrument
n.; ~ **lens** Softlinse *f.*; ~ **source**
Flächenleuchte *f.*; ~ **hyphen**
Bindestrich, weicher (IT); ~ **news** *n.*
bunte Meldung *f.*, Soft News
soften *v.* (FP) soften *v.*; ~ (light) dämpfen *v.*
softkey *n.* Dialogtaste *f.* (IT)
software *n.* Software *f.*; ~ **copy**
protection Softwarekopierschutz *m.*
(IT); ~ **error** Programmfehler *m.* (IT);
~ **fault** Programmfehler *m.* (IT); ~
garbage Softwaremüll *m.* (IT); ~
integrated circuit integriertes
Softwaremodul *n.* (IT)
solar activity Sonnenaktivität *f.*; ~ **cell**
Sonnenzelle *f.*, Solarzelle *f.*; ~ **flare**
Sonnenfackel *f.*; ~ **generator**
Solargenerator *m.*; ~ **panel** Solarpaneel

n.; ~ **zenith angle** Sonnenstandswinkel
m.
solarisation *n.* Solarisation *f.*
sold out ausverkauft *adj.*
solderable *adj.* lötbar *adj.*
soldered joint Lötstelle *f.*; ~ **seam**
Lötstelle *f.*; ~ **tag block** Lötigel *m.*
soldering bushing Lötdurchführung *f.*; ~
gun Lötpistole *f.*; ~ **iron** Lötkolben *m.*;
~ **lug** Lötöse *f.*; ~**-lug strip**
Lötösenstreifen *m.*; ~ **pin** Lötpin *m.*,
Lötstift *m.*; ~ **tag** Lötöse *f.*; ~**-tag strip**
Lötösenstreifen *m.*
solid piece (design) Baueinheit *f.*,
Normbauteil *n.*; ~**-state** *adj.* (US)
transistorisiert *adj.*, transistorbestückt
adj.; ~**-state acoustics**
Festkörperakustik *f.*; ~**-state circuit**
(IT) Festkörperschaltkreis *m.*; ~**-state**
component (IT) Festkörper-Bauelement
n.; ~**-state device** (IT) Festkörper-
Bauelement *n.*; ~**-state memory**
Festkörperspeicher *m.*
solo performance Solovortrag *m.*
soloist *n.* Solist *m.*
solution *n.* Auflösung *f.*, Lösung *f.*
solvent *n.* Lösungsmittel *n.*; ~ **power**
(chem.) Auflösungsvermögen *n.*
song contest Schlagerwettbewerb *m.*
songwriter *n.* Schlagertexter *m.*
sonic *adj.* Schall- (in Zus.)
sonics *n.* Schallwissenschaft *f.*
soot and whitewash knochig *adj.*, zu hart,
zu kontrastreich
sort *v.* sortieren *v.*; ~ **algorithm**
Sortieralgorithmus *m.* (IT); ~ **field**
Sortierfeld *n.* (IT); ~ **key**
Sortierschlüssel *m.* (IT)
sorting operation Sortiervorgang *m.* (IT);
~ **program** Sortierprogramm *n.* (IT)
sound *v.* anblasen *v.* (Musik), Ton *m.*,
Klang *m.*, Laut *m.*, Schall *m.*; ~
(compp.) Ton- (in Zus.), Schall- (in
Zus.); **bad** ~ **join** fehlerhafte
Tonklebestelle; **change in** ~ **level**
Tonpegeländerung *f.*; **cut** ~ ! Ton aus!;
international ~ internationaler Ton
(IT); **international** ~ **circuit** IT-Leitung
f., internationale Tonleitung,
Begleittonleitung *f.*; **international** ~
network internationales
Tonleitungsnetz; **international** ~ **track**

internationales Tonband *n.* (IT-Band); **jump in** ~ **level** Tonpegelsprung *m.*; **o.k. for** ~ ! Ton klar!; **o.k. for** ~ Ton in Ordnung (Teilnahme); **participation with own commentary and international** ~ mit eigenem Kommentar und internationalem Ton (Teilnahme); **pure** ~ reiner Ton; **take out** ~ ! Ton aus!; **to add** ~ **to a film** vertonen *v.*; **to adjust** ~ **levels** Ton einpegeln; **to dip the** ~ abblenden *v.*; **to dub** ~ Ton unterlegen; **to insulate for** ~ schallisolieren *v.*; **to lay the** ~ Ton unterlegen; **to lay the** ~ **track** Ton anlegen; **to make a** ~ **recording** vertonen *v.*; **to put** ~ **to picture** Ton anlegen; **turn over** ~ ! Ton ab!; **variation in** ~ **level** Tonpegelschwankung *f.*; **well-balanced** ~ **mix** ausgewogenes Tongemisch; ~-**absorbing** *adj.* schallabsorbierend *adj.*, schalldämpfend *adj.*; ~ **absorbing panel** Schallschluckplatte *f.*; ~ **absorption** Schallabsorption *f.*, Schalldämpfung *f.*, Schallschluckung *f.*; ~ **absorption coefficient** Schallschluckgrad *m.*; ~ **advance** Bild-Ton-Versatz *m.*; ~ **amplifier** Niederfrequenzverstärker *m.*; ~ **and vision transmission** Ton- und Bildübertragung *f.*; ~ **archives** *n. pl.* Lautarchiv *n.*, Schallarchiv *n.*, Tonarchiv *n.*; ~ **attenuation** Geräuschdämpfung *f.*; ~ **bank** Lautbank *f.*; ~ **barrier** Schallmauer *f.*; ~ **base** *n.* Basis *f.* (Akustik); ~ **bay** Modulationsgestell *n.*; ~ **beam** Schallstrahl *m.*; ~ **boom** Galgen *m.*, Ton-Galgen *m.*; ~ **booth** Abhörbox *f.*, Abhörkabine *f.*, Tonraum *m.*; ~ **box** Schallkörper *m.*; ~ **branching amplifier** Tonabzweigverstärker *m.*; ~ **breakdown** Tonausfall *m.*; ~ **broadcasting** Hörfunk *m.*, Hörrundfunk *m.*, Tonrundfunk *m.*; ~ **camera** Tonkamera *f.*; ~ **carrier** Tonträger *m.*; ~ **carrier frequency relative to the vision carrier** Tonträgerabstand *m.*; ~ **change-over dot** Tonüberblendungsstanze *f.*; ~ **channel** Tonkanal *m.*, Kanal *m.*; ~ **channel (room)** Tonstudio *n.*; ~ **character**

Toncharakter *m.*; ~ **circuit** Tonleitung *f.*; ~ **column** Tonsäule *f.*; ~ **component** Tonkomponente *f.*; ~ **control** Tonregler *m.*, Tonsteller *m.*; ~ **control desk** Tonaufnahmepult *n.*; ~ **control engineer** Toningenieur *m.*; ~ **control room** Tonregie *f.*; ~ **control system** Tonregieanlage *f.*; ~ **copy** Tonkopie *f.*; ~ **crew** Aufnahmegruppe *f.*; ~ **cue** Stichwort *n.*; ~ **current** Tonstrom *m.*; ~-**damping** *adj.* schalldämpfend *adj.*; ~ **damping** Schalldämpfung *f.*, Schalldämmung *f.*; ~-**deadening** *adj.* schalldämpfend *adj.*; ~ **deadening** Schalldämpfung *f.*; ~ **definition** Klangbestimmung *f.*; ~ **diffraction** Schallbeugung *f.*; ~ **diffusor** Schalldiffusor *m.*; ~ **distortion** Tonverzerrung *f.*; ~ **distribution amplifier** Tonverteilerverstärker *m.*; ~ **document** Tondokument *n.*; ~ **driver** Tonsteuersender *m.*; ~ **dubbing** (F) Tonmischung *f.*; ~ **editing** Tonschnitt *m.*; ~ **effect** Schalleffekt *m.*, Toneffekt *m.*; ~ **effects** *n. pl.* Geräusche *n. pl.*, Geräuschkulisse *f.*, Geräuscharchive *n. pl.*; ~ **effects library** Geräuscharchiv *n.*; ~ **effects recording** Geräuschaufnahme *f.*; ~ **effects studio** Toneffektraum *m.*; ~ **effects technician** Geräuschemacher *m.*, Geräuschtechniker *m.*; ~ **emission** Schallemission *f.*; ~ **encryption** Tonverschlüsselung *f.*; ~ **energy** Schallenergie *f.*; ~ **engineer** Toningenieur *m.*, Tonmeister *m.*; ~ **engineering** Tontechnik *f.*; ~ **equipment** Tonausrüstung *f.*, Tonausstattung *f.*; ~ **exciter lamp** Tonlampe *f.*; ~ **fade** Abblende *f.*, Abblendung *f.*, Ausblende *f.*, Tonausblendung *f.*, Tonblende *f.*; ~ **fader** Tonblende *f.*, Tonregler *m.*, Tonsteller *m.*; ~ **fading** Tonüberblendung *f.*; ~ **feed** Tonzuspielung *f.*; ~ **field** Schallfeld *n.*; ~ **field quantities** Schallfeldgrößen *f. pl.*; ~ **film** Tonfilm *m.*; ~-**film traction** Tonlaufwerk *n.*; ~ **filter** Klangfilter *m.*; ~ **flash** Tonblitz *m.*; ~ **focussing** Schallfokusierung *f.*; ~ **frequency** Tonfrequenz *f.*; ~ **gate** Tonschleuse *f.*, Tonabtastung *f.*; ~ **generator**

Schallquelle *f.*, Schallgeber *m.*, Schallsender *m.*, Schallerzeuger *m.*; ~ **head** Sprechkopf *m.*, Tonabnehmer *m.*, Tonabtaster *m.*, Tonabtasteinrichtung *f.*, Tonkopf *m.*; ~ **impression** Klangeindruck *m.*; ~ **insulation** Schalldichtung *f.*, Schalldämmung *f.*, Geräuschdämpfung *f.*, Schallisolation *f.*, Schallschutz *m.*; ~ **insulation measure** Dämm-Maß *n.*; ~ **intensity** Lautstärke *f.*, Schallintensität *f.*, Schallstärke *f.*, Tonstärke *f.*; ~ **irradiation** Schalleinstrahlung *f.*; ~ **is grotty** (coll.) Ton rotzt (fam.); ~ **is out of sync** Ton läuft weg; ~ **join** Tonklebestelle *f.*; ~ **level** Tonpegel *m.*, Lautstärkepegel *m.*, Schallpegel *m.*; ~ **level check** Tonpegelkontrolle *f.*, Tonprobe *f.*; ~ **level measurement** Schallmessung *f.*; ~ **level meter** Lautstärkemesser *m.*, Schallpegelmesser *m.*; ~ **level meters** Schallmeßgeräte *n. pl.*; ~ **librarian** Schallarchivar *m.*; ~ **library** Lautarchiv *n.*, Schallarchiv *n.*, Tonarchiv *n.*; ~ **location** Schallortung *f.*; ~ **lock** Schallschleuse *f.*; ~ **maintenance** Tonmeßtechnik *f.*; ~ **man** Tonassistent *m.*, Tontechniker *m.*; ~ **master control** Senderegieton *m.*, Tonendkontrolle *f.*; ~ **material** Tonmaterial *n.*; ~ **mixer** Tonmischpult *n.*, Tonmischer *m.*; ~ **mixer** (staff) Tontechniker *m.*; ~ **mixing** Tonmischung *f.*, Tonüberblendung *f.*; ~ **mixing amplifier** Tonmischverstärker *m.*; ~ **mixing console** Tonmischpult *n.*; ~ **mixing desk** Tonaufnahmepult *n.*, Tonmischpult *n.*; ~ **motion picture** Tonfilm *m.*; ~ **negative** Tonnegativ *n.*; ~ **negative report** Tonnegativbericht *m.*; ~ **network** Tonleitungsnetz *n.*; ~ **OB operations** *n. pl.* Übertragungsdienst Ton; ~ **OB van** Übertragungswagen *m.*, Ü-Wagen *m.*; ~ **on film** (SOF) Filmton *m.*; ~ **only** nur Ton; ~ **on vision** Ton im Bild; ~ **operator** Tontechniker *m.*; ~ **optic** Tonoptik *f.*; ~ **particle velocity** Schallschnelle *f.*; ~ **pattern** Klangbild *n.*; ~ **perception** Schallempfindung *f.*; ~ **perspective** Raumwirkung *f.*; ~ **pick-up** Schallempfänger *m.*, Tonabnehmer

m., Tonabtaster *m.*, Tonabtastung *f.*; ~ **pick-up device** Tonabtasteinrichtung *f.*; ~ **picture** Hörbild *n.*, Tonrelief *n.*; ~ **positive** Tonpositiv *n.*; ~ **pressure** Schalldruck *m.*; ~ **pressure amplitude** Schalldruckamplitude *f.*; ~ **pressure level** Schalldruckpegel *m.*; ~ **print** Tonkopie *f.*; ~ **production** Phonation *f.*; ~ **projection** Schallabstrahlung *f.*; ~ **projector** Tonprojektor *m.*; ~**-proof** *adj.* schalldicht *adj.*; ~**-proof casing** Schallschutzhaube *f.*; ~**-proof covering** schalldichte Hülle; ~**-proof cubicle** Schallschutzkabine *f.*; ~**-proofing** *n.* Geräuschdämpfung *f.*; ~**-proof walls** Schallschutzwände *f. pl.*; ~**-proof zone** Schallschutzzone *f.*; ~ **propagation** Schallausbreitung *f.*; ~ **propagation velocity** Schallausbreitungsgeschwindigkeit *f.*; ~ **quality** Tonqualität *f.*; ~ **radiation** Schallabstrahlung *f.*, Schallstrahlung *f.*; ~ **radio** Tonfunk *m.*; ~ **recorder** Tonaufnahmegerät *n.*, Tonaufnahmemaschine *f.*, Tonaufzeichnungsanlage *f.*; ~ **recording** Schallaufnahme *f.*, Schallaufzeichnung *f.*, Tonaufnahme *f.*, Tonaufzeichnung *f.*; ~ **recording** (methods) Tonaufnahmetechnik *f.*; ~ **recording** (mus.) Vertonung *f.*; ~ **recording and reproducing equipment** Tonaufnahme- und Wiedergabegerät *n.*; ~ **recording equipment** Tonaufnahmegerät *n.*, Tonaufnahmemaschine *f.*, Tonaufzeichnungsanlage *f.*; ~ **recording medium** Schallspeicher *m.*, Schallträger *m.*; ~ **recording studio** Tonatelier *n.*, Tonaufnahmestudio *n.*, Tonstudio *n.*, Schallaufzeichnungsraum *m.*; ~ **recording system** Schallaufnahmeverfahren *n.*, Tonaufzeichnungsverfahren *n.*; ~ **recordist** Tontechniker *m.*; ~ **recordist** (F) Tonmeister *m.*; ~ **reflection** Rückwurf *m.*, Schallreflexion *f.*; ~ **report** Tonbericht *m.*; ~ **reproducer** Tonwiedergabegerät *n.*; ~ **reproduction** Schallwiedergabe *f.*, Tonwiedergabe *f.*; ~ **running!** Ton läuft!; ~ **scanning** Tonabtastung *f.*; ~ **scanning device**

Tonabtasteinrichtung *f.*; ~ **scanning head** Tonabtastkopf *m.*; ~ **scratch** Tonschramme *f.*; ~ **script** Tonscript *n.*; ~ **section** Tonteil *m.*; ~ **shadow** Schallschatten *m.*; ~ **signal** Tonsignal *n.*, Schallsignal *n.*; ~ **signal direct synchronisation** Mitnahmesynchronisierung *f.*; ~ **signal transmission** Tonsignalübermittlung *f.*; ~ **source** Klangquelle *f.*, Schallquelle *f.*, Schallgeber *m.*, Schallsender *m.*, Schallerzeuger *m.*; ~ **spectrum** Klanggemisch *n.*, Klangspektrum *n.*; ~ **splice** Tonklebestelle *f.*; ~ **stage** (stereo) Basis *f.*, Raumvorstellung des Hörers; ~**-stage width** (stereo) Basisbreite *f.*; ~ **start mark** Tonstartmarke *f.*; ~ **studio** Tonatelier *n.*, Tonaufnahmestudio *n.*, Tonstudio *n.*, Schallaufzeichnungsraum *m.*; ~ **studio system** Tonstudiotechnik *f.*; ~ **switching area** Tonschaltraum *m.*; ~ **switching error** Tonfehlschaltung *f.*; ~ **sync** Geräuschsynchronisation *f.*; ~ **system** Tonsystem *n.*; ~ **tape** Tonband *n.*; ~ **tape recording** Tonbandaufnahme *f.*; ~ **tape width** Tonbandbreite *f.*; ~ **through monitors** Monitorbeschallung *f.*; ~ **track** Tonspur *f.*, Tonband *n.*, Filmton *m.*; ~ **track advance** Bild-Ton-Versatz *m.*; ~ **track negative** Tonnegativ *n.*; ~ **track support** (material) Tonträger *m.*; ~ **transducer** Schallumwandler *m.*; ~ **transduction** Schallrückwandlung *f.*; ~ **transfer** Tonüberspielung *f.*; ~ **transmission** Klangübertragung *f.*, Schalldurchgang *m.*, Schallübertragung *f.*, Tonübertragung *f.*; ~ **transmission system** Tonübertragungsverfahren *n.*; ~ **transmitter** Tonsender *m.*; ~ **trap** Tonfalle *f.*, Tonsperre *f.*; ~ **version** Tonfassung *f.*; ~ **vibration** Tonschwingung *f.*; ~ **volume** Klangfülle *f.*, Lautstärke *f.*, Tonstärke *f.*, Tonvolumen *n.*; ~ **wave** Schallwelle *f.*; ~ **bite** Sound-Bite *m.*; ~ **editing** Tonbearbeitung *f.*
soundalike *n.* Sound-alike *m.* (akust.Verpackungselement)
sounding board Schallwand *f.*
soundproofing *n.* Schallschutz *m.*
soundtrack *n.* Filmtonaufnahme *f.*

soup, it's in ~ (coll.) (FP) der Film schwimmt
source *n.* Quelle *f.*, Quellpunkt *m.*, Ursprung *m.*, Ursprungsort *m.*; ~ **code** Quellencode *m.*; ~ **impedance** Quellwiderstand *m.*; ~ **language statement** (IT) Primäranweisung *f.*; ~ **of interference** Störspannungsquelle *f.*; ~ **program** Quellprogramm *n.* (EDV), Quellenprogramm *n.*; ~ **signal** Quellensignal *n.*; ~ **statement** (IT) Primäranweisung *f.*; ~ **test signal** Quellenprüfzeile *f.*; ~ **code** Quellcode *m.* (IT); ~ **coding** Quellencodierung *f.*; ~ **drive** Quellaufwerk *n.* (IT); ~ **file** Quelldatei *f.* (IT); ~ **status** Quellenlage *f.*
sovereign tasks Hoheitsaufgaben *f. pl.*
sovereignty *n.* Hoheit *f.*
space *n.* Raum *m.*, Weltraum *m.*; ~ **charge** Raumladung *f.*; ~**-charged grid** Raumladungsgitter *n.*; ~ **satellite** Raumsatellit *m.*; ~ **segment** Raumsegment *n.* (Sat); ~ **Leertaste** *f.* (IT), Leerzeichen *n.* (IT); ~ **segment** Raumsegment *n.*
spaced-microphone stereo Intensitäts- und Phasenstereofonie *f.*
spacer ring Distanzring *m.*
spacing *n.* (F) Blankfilm *m.*, Blindfilm *m.*
spaghetti (slang) Salat *m.* (Filmsalat)
spam *v.* spammen *v.* (IT); ~ **mail** Werbebotschaften im Internet (IT)
span *n.* Darstellbreite *f.* (meßtech.)
spare *n.* Ersatzteil *n.*; ~ **apparatus** Reservegerät *n.*; ~ **battery** Ersatzbatterie *f.*; ~ **circuit** Reserveleitung *f.*; ~ **part** Ersatzteil *n.*; ~ **set** Ersatzgerät *n.*
spark *n.* Funke *m.*; ~ (coll.) Beleuchter *m.*; ~ **absorber** Funkenlöscher *m.*; ~ **arrester** Funkenlöscher *m.*; ~ **extinguisher** Funkenlöscher *m.*; ~ **gap** Funkenstrecke *f.*; ~ **screen** Funkenschutzschirm *m.*
sparking *n.* Funkenstörung *f.*
sparkle *v.* flimmern *v.*
sparks *n. pl.* (coll.) (lighting staff) Beleuchtertrupp *m.*
spatial *adj.* räumlich *adj.*, spatial *adj.*; ~ **attenuation** Freiraumdämpfung *f.*; ~

effect Raumwirkung *f.*; ~ **impression** Raumeindruck *m.*

speak (to) *v.* ansprechen *v.*; **to ~ to camera** im On sprechen

speaker *n.* (R, TV) Sprecher *m.*, Rundfunksprecher *m.*; ~ (loudspeaker) Lautsprecher *m.*; ~ **cone** Lautsprecherkonus *m.*; ~ Sprecher *m.*; ~ **microphone** Ansagemikrofon *n.*; ~'s **desk** Sprechertisch *m.*

speaking clock announcement Zeitansage *f.*

special *n.* (TV, R) Sondersendung *f.*, Sonderbericht *m.*, Special *n.*; ~ (design) Versatzstück *n.*, Dekorationsversatzstück *n.*; ~ **announcement** (R) Rundfunkdurchsage *f.*, Sondermeldung *f.*; ~ **announcement** Sondermitteilung *f.*; ~ **channels** Sonderkanäle *m. pl.*; ~ **character** Sonderzeichen *n.*, Sonderzeichen *n.* (EDV); ~ **circuit** Sonderleitung *f.*; ~ **correspondent** Sonderberichterstatter *m.*; ~ **costs** Sonderkosten *pl.*; ~ **effect** Trick *m.*, Trickeffekt *m.*; ~ **effects** *n. pl.* Spezialeffekt *m.*, Trick *m.*; ~ **effects desk** Trickpult *n.*; ~ **effects film** Trickfilm *m.*; ~ **effects generator** Trickmischer *m.*; ~ **effects lighting** Effektbeleuchtung *f.*; ~ **effects man** Pyrotechniker *m.*; ~ **effects mixer** Trickmischer *m.*; ~ **effects section** Trickabteilung *f.*; ~ **effects studio** Trickatelier *n.*; ~ **field** Sachgebiet *n.*; ~ **report** Sonderbericht *m.*; ~ **character** Sonderzeichen *n.* (IT); ~ **interest channel** Spartenkanal *m.*; ~ **interest program** Spartenprogramm *n.*

specialist *n.* Fachmann *m.*, Sachverständiger *m.*, Experte *m.*, Spezialist *m.*; ~ **correspondent** Fachjournalist *m.*, Fachredakteur *m.*, Redakteur *m.*

speciality *n.* Fachgebiet *n.*, Sachgebiet *n.*

specific address wirkliche Adresse (IT)

specification *n.* Spezifikation *f.*, Angabe *f.*, Vorschrift *f.*, Lastenheft *n.* (IT)

specifications *n. pl.* Pflichtenheft *n.*

specify *v.* angeben *v.*

specimen *n.* Exemplar *n.*, Muster *n.*; ~ **acceptance** Muster-Abnahme *f.*

spectacular *n.* (F) Ausstattungsfilm *m.*

spectator *n.* Zuschauer *m.*, Seher *m.* (Zuschauer)

spectral analysis Spektralzerlegung *f.*; ~ **colour** Spektralfarbe *f.*; ~ **component** Spektralkomponente *f.*, Spektralanteil *m.*; ~ **curve** Spektralverteilungskurve *f.*, Spektralkurvenzug *m.*; ~ **line** Spektrallinie *f.*; ~ **re-emission** Remissionsumfang *m.*; ~ **region** Spektralbereich *m.*; ~ **response** Farbempfindlichkeit *f.*; ~ **sensitivity** Spektralempfindlichkeit *f.*; ~ **sensitivity curve** spektrale Hellempfindlichkeitskurve

spectrogram *n.* Spektrogramm *n.*

spectroscope *n.* Spektroskop *n.*

spectrum *n.* Spektrum *n.*; **continuous ~** kontinuierliches Spektrum; **luminous ~** sichtbares Spektrum; **visible ~** sichtbares Spektrum; ~ **analyzer** Spektrumanalysator *m.*; ~ **line** Spektrallinie *f.*; ~ **utilization** Spektrumnutzung *f.*

specular *n.* Weißspitze *f.*

speech *n.* Sprache *f.*, Rede *f.* (allgemein); ~ **band** Sprachband *n.*; ~ **circuit** Sprechleitung *f.*; ~ **communication** Sprechverbindung *f.*; ~ **current** Sprechstrom *m.*; ~ **frequency** Sprechfrequenz *f.*; ~ **frequency range** Sprachfrequenzbereich *m.*; ~ **line** Sprechleitung *f.*; ~ **recording** Sprachaufnahme *f.*; ~ **tape** Sprachband *n.*; ~ **recognition** Spracherkennung *f.* (IT); ~ **transmission** Sprachübertragung *f.* (Tel), Sprechbetrieb *m.* (Tel); ~ **wire** Sprechader *f.* (Tel)

speed *n.* Geschwindigkeit *f.*; ~ (FP) Empfindlichkeit *f.*; ~ Drehzahl *f.*; **continuous ~ variation** stufenlose Geschwindigkeitsänderung; **controlled ~** steuerbare Geschwindigkeit; **high ~** hohe Empfindlichkeit; **low ~** niedrige Empfindlichkeit; **variable ~** veränderliche Geschwindigkeit; ~ **change** Geschwindigkeitsänderung *f.*; ~ **comparison** Geschwindigkeitsvergleich *m.*; ~ **controller** Geschwindigkeitsregler *m.*; ~ **error** Geschwindigkeitsfehler *m.*; ~ **fluctuation**

Geschwindigkeitsschwankung f.; ~
governor Geschwindigkeitsregler m.; ~
ratio Übersetzungsverhältnis n.; ~
regulator Geschwindigkeitsregler m.; ~
selector (recorder)
Bandgeschwindigkeitsumschalter m.; ~
variation Geschwindigkeitsabweichung
f.
speeded-up action Zeitraffer m.
speedometer n. Tachometer m.
spell v. buchstabieren v.; ~ **checking**
Rechtschreibprüfung f. (IT)
SPG (s. synchronised pulse generator)
sphere n. Kugel f.; ~ **of responsibility**
Ressort n.
spherical loudspeaker Kugellautsprecher
m.; ~ **source** Kugelstrahler m.; ~ **wave**
Kugelwelle f.
spherics n. atmosphärische Störungen
(Gewitter)
spider n. Stativspinne f., Spinne f.
spike v. (coll.) (news) Nachricht unter den
Tisch fallen lassen (fam.)
spill light Streulicht n., Nebenlicht n.
spillover n. Spillover n. (Sat)
spiral n. Wendel f.
spirit level Wasserwaage f., Libelle f.
splash n. Spratzer m.; ~**-proof** adj.
spritzwasserdicht adj.
splice v. kleben v.; ~ (tape)
zusammenschneiden v.; ~ Klebestelle f.;
~ (mechanical) mechanische
Schnittstelle; **faulty** ~ fehlerhafte
Klebestelle; **manual** ~ mechanische
Klebestelle; **to** ~ **leader sticker**
Startband kleben (nach
Bandgeschwindigkeit); **to** ~ **1 7/8"/sec**
(grey) Startband kleben 4,75 cm (grau);
to ~ **3 3/4"/sec** (green) Startband kleben
9,5 cm (grün); **to** ~ **7 1/2"/sec** (blue)
Startband kleben 19 cm (blau); **to** ~
15"/sec (red) Startband kleben 38 cm
(rot); **to** ~ **30"/sec** (white) Startband
kleben 76 cm (weiß)
splicer n. Klebelade f., Klebepresse f.,
Schneidelehre f., Bandschnittgerät n.
splicing n. Kleben n.; ~ **bench** Klebetisch
m.; ~ **cement** Filmkitt m.; ~ **girl**
Filmkleberin f., Kleberin f.; ~ **joint**
Klebestelle f.; ~ **patch** Unterkleber m.;
~ **press** Klebelade f., Klebepresse f.,
Schneidelehre f.; ~ **slot** Klebeschiene f.;

~ **table** Klebetisch m.; ~ **tape** (VTR)
Videoklebeband n.; ~ **tape** (F, sound)
Klebeband n.; ~ **tape** Hinterklebeband
n.; ~ **point** Spleißpunkt m.
spline n. (math.) Spline m. (math.)
split v. knicken v., trennen v., teilen v.,
Teilen (Effekte); ~**-field rangefinder**
Schnittbildentfernungsmesser m.; ~ **film**
Spaltfilm m.; ~**-image rangefinder**
Schnittbildentfernungsmesser m.; ~
phase Hilfsphase f.; ~ **picture** Teilbild
n.; ~ **screen** geteiltes Bild
splitter n. (cable) Peitsche f.; ~ Abzweiger
m. (Tel)
splitting of spectrum Zerlegung des
Spektrums
SPM (s. scratchpad memory)
spoken word broadcast Wortsendung f.;
~ **word programme** Wortprogramm n.,
Wort n.
spokesman n. Sprecher m.
sponsored broadcast Sponsorsendung f.,
gesponorte Sendung; ~ **programme**
Werbesendung f., Sponsorsendung f.,
gesponorte Sendung; ~ **television** (US)
Werbefernsehen n.
sponsoring n. Sponsoring n.
spool v. auftrommeln v., spulen v., Rolle f.,
Spule f., Akt m., Aktrolle f.; **lower** ~
(proj.) Aufwickelspule f.; **upper** ~
Abwickelspule f., Abwickeltrommel f.;
~ **off** v. abtrommeln v.; ~ (**up**) v.
aufspulen v., aufwickeln v.; ~ **with side
plates** Spule mit Seitenflanschen
spooler n. Druckwarteschlange f. (IT)
spooling n. Wicklung f.; ~ **system**
Abwickelsystem n.
sporadic E-layer sporadische E-Schicht
sport n. Sport m.; ~ **contribution**
Sportbeitrag m.
sportcast n. (US) Sport m., Sportsendung
f.
sporting event Sportveranstaltung f.
sports and events (TV) Sport m.; ~
broadcast Sportsendung f.; ~
commentator Sportkommentator m.; ~
editor Sportredakteur m.; ~ **event**
Sportveranstaltung f.; ~ **film** Sportfilm
m.; ~ **group** Sportgruppe f.; ~
journalist Sportredakteur m.; ~ **news
programmes** n. pl. Sport m., Sportfunk

m.; ~ **reporter** Sportreporter *m.*; ~ **reporting** Sport *m.*

spot *n.* (light) Spotlicht *n.*, Spot *m.* (fam.); ~ (advert.) Durchsage *f.*, Spot *m.*; ~ (coll.) (prog.) Sendezeit *f.*; **to be on the** ~ vor der Kamera auftreten; ~ **brightness** Lichtpunkthelligkeit *f.*, Punkthelligkeit *f.*; ~ **effects** Geräuscheffekte *m. pl.*; ~ **focus** Punktschärfe *f.*; ~ **photometer** Partialbelichtungsmesser *m.*, Fotospotmeter *n.*, Spotmeter *n.*, Spotfotometer *m.*; ~**-wobble** *v.* Schärfe wobbeln; ~ **wobble** Wobbeln des Strahlstroms; ~**-wobbled** *adj.* zeilenfrei *adj.*; ~ Spot *m.* (Werbespot); ~ **beam zone** AusleuchtzonePunkt- *f.* (SAT)

spotlight *n.* Scheinwerfer *m.*, Spotlicht *n.*, Spot *m.* (fam.); ~ **blinker** Scheinwerfertor *n.*; ~ **lamp** Scheinwerferlampe *f.*; ~ **lens** Scheinwerferlinse *f.*; ~ **lenses** Linsenscheinwerfer *m.*; ~ **meter** Punktlichtmesser *m.*; ~ **scanner** Punktlichtabtaster *m.*

spotmeter *n.* Fotospotmeter *n.*

spots *n. pl.* Flecken *m. pl.*

spotting box Lichtkasten *m.*, Lichtfeld *n.*

spray development Sprühentwicklung *f.*; ~ **gun** Spritzpistole *f.*; ~ **painter** Spritzlackierer *m.*; ~ **processor** Sprühentwicklungsmaschine *f.*; ~ **watering** Sprühwässerung *f.*

spread spectrum access Spreizspektrumzugriff (Sat); ~**-spectrum system** Spreizbandsystem *n.*

spreadsheet program Tabellenkalkulationsprogramm *n.* (IT)

spring *n.* Feder *f.* (Technik); ~ **mechanism** Federwerk *n.*; ~**-mounted** *adj.* gefedert *adj.*; ~ **strip** Federleiste *f.*; ~ **tension** Federspannung *f.*

sprocket *n.* Zahntrommel *f.*; ~ **hole** Perforationsloch *n.*; ~ **holes** *n. pl.* Perforation *f.*; ~ **marking** (F) Rädern *n.*; ~ **wheel** Schaltrolle *f.*, Zahntrommel *f.*

sprung *adj.* gefedert *adj.*

spur feeder (aerial) Zweigleitung *f.*

spurious emission Nebenaussendung *f.*; ~ **printing** (F) Kopiereffekt *m.*; ~ **radiation** Störstrahlung *f.*; ~ **signal**

Störsignal *n.*; ~ **signal compensation** Störsignalkompensation *f.*

sputter *n.* Spratzer *m.*

spy *n.* Agent *m.*; ~ **film** Agentenfilm *m.*

spycam *n.* Spycam *f.* (Internet)

square pulse Rechteckimpuls *m.*; ~ **tube** Vierkanttubus *m.*; ~ **wave signal** Rechtecksignal *n.*

squeeze *v.* komprimieren (Effekte)

squelch circuit Geräuschsperre *f.*

squint *n.* Schielen *n.* (einer Antenne)

squirrel cage motor Käfigläufer *m.*

SSB (s. single-sideband)

stabilisation *n.* Stabilisierung *f.*; ~ **of rotation** (sat.) Drehstabilisierung *f.*; ~ **of spin** (sat.) Spinstabilisierung *f.*

stabiliser *n.* Konstanthalter *m.*, Regler *m.*

stabilising amplifier Stabilisierverstärker *m.*

stability *n.* Konstanz *f.*

stabilization time Einschwingzeit *f.*

staccato *adv.* abgehackt *adv.*

stacked array gestockte Antenne

stacker truck Hubstapler *m.*

staff *v.* belegen *v.*, Belegschaft *f.*, Personal *n.*, Stab *m.*; ~ **artistic** ~ künstlerisches Personal; ~ **member of** ~ Angestellter *m.*; ~ **member of unestablished** ~ Zeitvertragsinhaber *m.*; ~ **administration** Personalabteilung *f.*; ~ **duty sheet** Dienstplan *m.*; ~ **engineer** Betriebstechniker *m.*; ~ **maintenance worker** Betriebshandwerker *m.*; ~ **medical adviser** Betriebsarzt *m.*; ~ **medical officer** Betriebsarzt *m.*; ~ **member** Mitarbeiter *m.*; ~ **nursing sister** Betriebsschwester *f.*; ~ **on call** Sendebereitschaft *f.*, Betriebsbereitschaft *f.*; ~ **set** (rec.) Dienstgerät *n.*; ~ **training** Ausbildungswesen *n.*; ~ **training school** Nachwuchsstudio *n.*

stage *v.* (play) herausbringen *v.*; ~ (thea.) inszenieren *v.*, herausbringen *v.*; ~ austragen *v.*, Bühne *f.*; ~ (platform) Podest *n.*; ~ (ampl.) Stufe *f.*; ~ **construction hall** Bauhalle *f.* (Bühne); ~ **decorations** *n. pl.* Bühnendekoration *f.*; ~ **direction** Regieanweisung *f.*; ~ **drill** Bühnenbohrer *m.*; ~ **flat** (design) Bauelement *n.*; ~**-fright** *n.* Lampenfieber *n.*; ~ **hand**

Atelierarbeiter *m.*, Bühnenarbeiter *m.*; ~
hands *n. pl.* Bühnenpersonal *n.*, Bühne
f. (fam.); ~ **hands' foreman**
Bühnenvorarbeiter *m.*; ~ **left**
bühnenlinks *adv.*; ~ **lift** Hebebühne *f.*,
Bühnenzug *m.*; ~ **machinery**
Bühnenmaschinerie *f.*; ~ **manager** (SM)
Aufnahmeleiter *m.*, Inspizient *m.*; ~
right bühnenrechts *adv.*; ~ **waggon**
Bühnenwagen *m.*; ~ **weight**
Bühnengewicht *n.*
stager *n.* Stager *m.* (akust.
Verpackungselement)
staging *n.* (thea.) Inszenierung *f.*, Regie *f.*
stains *n. pl.* Flecken *m. pl.*
staircase signal Graukeilsignal *n.*; ~ **test
chart** Graukeiltestvorlage *f.*
stairstepping *n.* Treppeneffekt (IT)
stamp *n.* Stanze *f.*, Stempel *m.*
stamper *n.* (disc) Matrize *f.*
stand *n.* Ständer *m.*, Stativ *n.*, Gestell *n.*,
Untergestell *n.*; ~**-by** *n.* Bereitschaft *f.*;
~**-by** *n.* (prog.) Reserve *f.*; ~ **by!** (cam.)
Achtung, Aufnahme!,
Ausgangsposition!; ~ **by!** Achtung; **-by,
at** ~ in Bereitschaft; ~**-by programme**
Reserveprogramm *n.*, Ersatzsendung *f.*;
~**-by service** Bereitschaftsdienst *m.*,
Reservebetrieb *m.*; ~**-by stage team**
Bühnenwache *f.*; ~ **by studio**
Ausweichstudio *n.*; ~**-by transmitter**
Ersatzsender *m.*, Füllsender *m.*; ~ **in** *v.*
(perf.) doubeln *v.*; ~**-in** *n.* Doubel *n.*; ~**-
microphone** Stützmikrofon *n.*; ~**-off
insulator** Abstandsisolator *m.*; ~**-alone**
adj. eigenständig *adj.* (IT); ~**-in** *n.*
Springer
standalone *adj.* selbständig *adj.* (IT)
standard *n.* Norm *f.*, Standard *m.*;
tentative ~ Vornorm *f.*; ~ **access**
Regelanschaltung *f.*; ~ **auditory
threshold** Standard-Hörschwelle *f.*; ~
component Normbauteil *n.*; ~
conversion Standardkonversion *f.*,
Standardkonvertierung *f.*,
Normwandlung *f.*; ~ **converter**
Normwandler *m.*; ~ **deviation**
Standardabweichung *f.*; ~ **equipment**
Standardausrüstung *f.*; ~ **format**
Normalformat *n.*, Normformat *n.*
(35 mm); ~ **frequency** Normalfrequenz
f., Prüffrequenz *f.*; ~ **frequency**

generator Normalfrequenzgenerator *m.*;
~ **frequency satellite service**
Normalfrequenzfunkdienst mit
Satelliten; ~ **gauge** Normalfilmformat
n.; ~**-gauge film** Normalfilm *m.*; ~**-
gauge stock** Normalfilm *m.*; ~ **hearing
threshold** Standard-Hörschwelle *f.*; ~
impact sound level
Normtrittschallpegel *m.*; ~ **level**
generator Pegelgeber *m.*; ~ **level tape**
Pegelband *n.*; ~ **magnetic tape**
Bezugsband *n.*, Magnetbezugsband *n.*;
~ **print** Standardkopie *f.*; ~ **rack
cabinet** Normschrank *m.*; ~ **replay
chain** Normalwiedergabekette *f.*; ~
resistor Widerstandsnormal *n.*; ~ **signal
generator** Bezugsgenerator *m.*; ~
sound Standardschall *m.*; ~ **source**
Normallichtart *f.*; ~ **specifications** *n. pl.*
Norm *f.*, Pflichtenheft *n.*; ~ **tape**
Normband *n.*, Normbezugsband *n.*,
Bezugsband *n.*, Testband *n.*; ~ **tone**
Kammerton *m.*, Normstimmton *m.*; ~
definition television normalauflösendes
Fernsehen *n.*; ~ **definition television
system** normalauflösendes
Fernsehsystem *n.*; ~ **error procedure**
Standardfehlerbehandlung *f.* (IT); ~
fault recovery routine
Standardfehlerbehandlung *f.* (IT); ~ **file
header label**
Standarddateianfangsetikett *n.* (IT)
standardisation committee
Normenausschuß *n.*
standardise *v.* eichen *v.*, normen *v.*
standardization *n.* Normierung *f.*; ~
proposals Normvorschläge *m. pl.*
standards committee Normenausschuß
m.; ~ **conversion** Normenwandlung *f.*,
Farbnormwandler *m.*; ~ **conversion
equipment** Normenwandler *m.*; ~
converter Normenwandler *m.*; ~ **for
measurement of magnetic tapes**
Richtlinien zum Einmessen von
Schallträgern
standby generating set Netzersatzanlage
f.
standing wave Stehwelle *f.*
standstill *n.* Stillstand *m.*
staple *v.* antuckern *v.* (fam.)
star *v.* (perf.) herausstellen *v.*; ~ Star *m.*,
Hauptdarsteller *m.*; ~ **connection**

Sternsystem *n.*; ~-**delta** *n.* Stern-
Dreieck *n.*; ~ **distributing system**
Sternverteilungssystem *n.*; ~ **indicator**
Kleeblattschauzeichen *n.*; ~ **point**
coupler Sternpunktweiche *f.*; ~ **system**
Sternsystem *n.*; ~ **communication**
system Sternnetz *n.*; ~ **network**
Sternnetz *n.*

starlet *n.* Filmsternchen *n.*

starlight filter Starlight-Filter *m.*

starring in der Hauptrolle

start *v.* (cam.) einschalten *v.*; ~ anfangen
v., abfahren *v.*, Start *m.*, Anfang *m.*; ~
(of transmission) Beginn *m.* (der
Sendung); ~ (appar.) ein; **flying** ~
fliegender Start; **non-sync** ~
asynchroner Start; **ready to** ~ **?** Studio
klar?; **to** ~ **studio work** ins Atelier
gehen; **to lace up to** ~ **mark** auf
Startmarkierung einlegen; **to make** ~
marks Film einstarten, einstarten *v.*,
Startmarkierungen anbringen; ~
command Abfahrtskommando *n.*; ~
leader Startband *n.*, Startvorspann *m.*; ~
mark Startmarke *f.*, Startmarkierung *f.*,
Startzeichen *n.*, Einlegemarke *f.*; ~ **of**
shooting Drehbeginn *m.*; ~ **of**
switching sequence Schaltanfang *m.*; ~
of transmission Sendebeginn *m.*; ~
pulse Startauslösezeichen *n.*; ~ **release**
signal Startauslösezeichen *n.*; ~ **signal**
Startzeichen *n.*; ~ **up** *v.* (motor)
anlaufen *v.*; ~ **up** *v.* in Betrieb nehmen,
in Betrieb setzen; ~-**up** *n.* (transmitter)
Inbetriebnahme *f.*; ~ **address**
Startadresse *f.* (IT); ~ **bit** Startbit *n.*
(IT); ~ **of running** Programmbeginn *m.*;
~ **up program** Einschaltprogramm *n.*
(IT)

starter resistor Anlaßwiderstand *m.*; ~
rheostat Anlaßwiderstand *m.*

starting blip Auslösezeichen *n.*; ~ **circuit**
Anwerfschaltung *f.*; ~ **current**
Anlaufstrom *m.*; ~ **hum**
Einschaltbrumm *m.*; ~ **mark**
Startauslösezeichen *n.*; ~ **panel**
Einschaltfeld *n.*; ~ **signal**
Startauslösezeichen *n.*; ~ **time**
Anfangszeit *f.*; ~ **torque** Anlaufmoment
m.; ~ **address** Startadresse *f.* (IT); ~
pulse Einschaltimpuls *m.*

state *n.* Zustand *m.*; ~ **broadcasting**

authority Staatsrundfunk *m.*; ~ **of**
charge Ladungszustand *m.*; ~-**of-the-**
art *n.* Stand der Technik *m.*, auf dem
Stand der Technik

statement *n.* Presseverlautbarung *f.*,
Verlautbarung *f.*, Mitteilung *f.*,
Statement *n.*; ~ (IT) Anweisung *f.*; ~ **of**
contents Inhaltsangabe *f.*

static *n.* statisches Rauschen; ~ **caption**
Standtitel *m.*; ~ **induction** Influenz *f.*; ~
tape statisches Band

station *n.* Anstalt *f.*, Sender *m.*, Station *f.*;
attended ~ bemannte Station;
commercial ~ kommerzielle Station;
control ~ betriebsführendes Amt;
directing ~ betriebsführendes Amt;
mobile ~ fahrbarer Sender, beweglicher
Sender; **remote-switched** ~
ferngeschaltete Station; **semi-attended**
~ nicht ständig besetzte Station; **to pick**
up a ~ Sender bekommen, Sender
einfangen; **to tune in to a** ~ Sender
einstellen; **unattended** ~ unbemannte
Station; ~ **announcement**
Stationsansage *f.*; ~ **caption**
Stationskennzeichen *n.*, Stationsdia *n.*;
~ **control equipment**
Betriebssteuereinrichtung (Sat); ~
identification Stationskennung *f.*; ~
identification signal
Erkennungszeichen *n.*, Indikativ *n.*,
Pausenzeichen *n.*; ~ **identification slide**
Senderdia *n.*, Stationsdia *n.*; ~ **manager**
Studioleiter *m.*; ~ **identification**
Senderkennung *f.*; ~ **image**
Senderimage *n.*; ~ **meeting**
Personalversammlung *f.*; ~ **song** Jingle-
Song *m.*, Station-Song *m.*

stationary *adj.* ortsfest *adj.*, ruhend *adj.*,
stationär *adj.*; ~ **oscillation** stationäre
Schwingung; ~ **wave test set**
Stehwellenmeßgerät *n.*

statistical multiplex Multiplex,
statistischer *m.*

status *n.* Einblendung *f.* (von
Meßwerteinheiten in KSR); ~ **display**
Zustandsanzeige *f.* (Tel); ~ **indicator**
Zustandsanzeige *f.* (Tel); ~ **information**
Zustandsanzeige *f.* (Tel); ~ **inquiry**
Zustandsabfrage *f.* (Tel); ~
interrogation Zustandsabfrage *f.* (Tel);
~ **query** Statusabfrage, Zustandsabfrage

f. (Tel); ~ **request** Statusabfrage *f.* (IT);
~ **word** Statuswort *n.* (IT)
statutory instrument Verordnung *f.*
stay *v.* (mast) abspannen *v.*, verankern *v.*,
verspannen *v.*, Pardune *f.*, Abspannseil
n.; ~ (design) Blendenstrebe *f.*,
Blendenstütze *f.*; ~ **wire** Abspannung *f.*
(Ausstrahlung)
STD (s. subscriber trunk dialling
installation)
steam *n.* Wasserdampf *m.*
steep-edged *adj.* steilflankig *adj.*
steerable radio link drehbares Funkfeld
steerer *n.* Kamerafahrer *m.*, Dollyfahrer *m.*
steering lever Steuerhebel *m.*
step *n.* Stufe *f.*, Schritt *m.*; ~**-by-step
motion** Schrittlauf *m.*; ~**-by-step switch**
Schrittschaltwerk *n.*; ~ **down** *v.* (elec.)
heruntertransformieren *v.*; ~ **function**
Sprungfunktion *f.*; ~ **function response**
Sprungkennlinie *f.*; ~ **function signal**
Sprungsignal *n.*; ~**-ladder** *n.* Stehleiter
f.; ~ **printer** Schrittkopiermaschine *f.*;
~ **switch** Stufenschalter *m.*; ~ **up** *v.*
(elec.) herauftransformieren *v.*; ~ **wedge**
Belichtungskeil *m.*, Graukeil *m.*,
Grauskala *f.*, Keilvorlage *f.*, Stufenkeil
m.; ~**-index fibre** Stufenindexfaser *f.*
(LWL)
stepped photometric absorption wedge
Stufenkeil *m.*
stepping motion Schrittlauf *m.*; ~ **motor**
Schrittmotor *m.*; ~ **speed**
Schrittgeschwindigkeit *f.*
stereo *n.* Stereo *n.*, Stereofonie *f.*, stereo
adj., stereofon *adj.*, stereofonisch *adj.*;
~ **broadcast** Stereosendung *f.*; ~**-capable**
adj. stereotüchtig *adj.*; ~
decoder Stereodekoder *m.*; ~ **device**
Stereomaschine *f.*; ~ **effect** Raumeffekt
m.; ~ **information** (coll.) (stereo)
Richtungsinformation *f.*; ~ **layout**
Raumvorstellung des Hörers; ~
microphone Stereomikrofon *n.*; ~ **mike**
Stereomikrofon *n.*; ~ **operation**
Stereosendebetrieb *m.*; ~ **picture** (coll.)
Raumvorstellung des Hörers; ~
programme Stereoprogramm *n.*; ~
radio (coll.) Rundfunkstereofonie *f.*; ~
rebroadcast receiver
Stereoballempfänger *m.*; ~ **rebroadcast
transmitter** Stereoumsetzer *m.*; ~

receiver Stereoempfänger *m.*; ~
recording Stereoaufzeichnung *f.*; ~
relay transmitter Stereoumsetzer *m.*; ~
reproduction Stereowiedergabe *f.*; ~
signal Stereosignal *n.*; ~ **sound**
Stereofonie *f.*, Raumton *m.*, Stereoton
m.; ~ **sound broadcast**
Stereotonausstrahlung *f.*,
Stereotonübertragung *f.*; ~ **sound
circuit** Stereotonleitung *f.*; ~ **sound
playback** Stereotonwiedergabe *f.*; ~
sound reception Stereotonempfang *m.*;
~ **sound recording** Stereotonaufnahme
f., Stereotonaufzeichnung *f.*; ~ **sound
reproduction** Stereotonwiedergabe *f.*; ~
sound transmission
Stereotonausstrahlung *f.*,
Stereotonübertragung *f.*; ~ **studio**
Stereostudio *n.*; ~ **transmission**
Stereosendung *f.*; ~ **transmission
system** stereofone Übertragungsanlage;
~ **transmitter operation**
Stereosendebetrieb *m.*; ~ **transposer**
Stereoumsetzer *m.*; ~ **tuner**
Stereoempfänger *m.*
stereophonic *adj.* stereo *adj.*, stereofon
adj., stereofonisch *adj.*; **AB** ~
recording process
Stereoaufnahmeverfahren AB; **XY and
MS** ~ **recording process**
Stereoaufnahmeverfahren XY und MS;
~ **effect** Raumwirkung *f.*
stereophony *n.* Stereo *n.*, Stereofonie *f.*
stereoscope *n.* Stereoskop *n.*,
Stereosichtgerät *n.*
stereoscopic impression Raumeindruck
m.; ~ **playback** stereoskopische
Wiedergabe; ~ **recording process**
stereoskopisches Aufnahmeverfahren; ~
television stereoskopisches Fernsehen
stereoscopy *n.* Stereoskopie *f.*
stick-on cardboard Aufklebekarton *m.*
sticking *n.* (pict.) Einbrennen *n.*,
eingebranntes Bild
still *n.* Aufnahme *f.*, Foto *n.*, Fotografie *f.*,
Lichtbild *n.*; ~ (F) Standbild *n.*,
Standfoto *n.*; ~ **copy**
Standbildverlängerung *f.*, Standkopie *f.*,
weiterkopiertes Einzelbild; ~ **frame**
Standbild *n.*; ~ **frame transmission**
Standbildübertragung *f.*; ~ **photograph**
Standfoto *n.*; ~ **picture** Standbild *n.*,

Standfoto *n.*; ~ **projector** Bildprojektor *m.*, Bildwerfer *m.*; ~ **store** Standbildspeicher *m.*; ~ **transmitting device** EB-Kamera *f.*

stills cameraman Standfotograf *m.*; ~ **library** Fotoarchiv *n.*, Fotostelle *f.*; ~ **man** (coll.) Bildberichterstatter *m.*, Bildreporter *m.*, Standfotograf *m.*; ~ **photographer** Standfotograf *m.*, Fotograf *m.*

stipulation *n.* Forderung *f.*

stirring device (FP) Rührwerk *n.*

STL *n.* Linkstrecke *f.*

stock *n.* (material) Film *m.*, Rohfilm *m.*, Rohfilmmaterial *n.*; ~ (store) Fundus *m.*; **non-exposed** ~ unbelichteter Film; **raw** ~ unbelichteter Film; ~**-keeper** *n.* Requisitenmeister *m.*, Fundusverwalter *m.*; ~ **kept at the workbench** Handlager *m.*; ~ **scenery part** Fundusteil *n.*; ~ **shot** Archivaufnahme *f.*; ~ **shots** *n. pl.* Fremdfilmmaterial *n.*

Stockholm plan Stockholmer Wellenplan

stop *n.* Stillstand *m.*; ~ (lens) (opt.) Blende *f.*; ~ **band** Sperrbereich *m.* (Filter); ~ **bath** (FP) Stoppbad *n.*, Unterbrechungsbad *n.*; ~**-camera effect** Stopptrick *m.*; ~ **condition** (IT) Haltbedingung *f.*; ~ **down** *v.* abblenden *v.*, Blende schließen; ~**-frame** Tricktisch *m.*, Trickbank *f.*; ~ **frame** Standbildverlängerung *f.*, Standkopie *f.*, weiterkopiertes Einzelbild; ~**-frame animation** Phasentrick *m.*; ~**-frame mechanism** Einzelbildschaltung *f.*; ~**-frame motor** Einzelbildmotor *m.*; ~**-frame shooting** Einzelbildaufnahme *f.*; ~ **framing** Standkopieren *n.*; ~ **instruction** (ITP) Stoppbefehl *m.*; ~ **motion** Zeitraffer *m.*, Zeitrafferaufnahme *f.*, Einergang *m.*; ~**-motion camera** Zeitraffer *m.*; ~**-motion effect** Zeitraffung *f.*; ~ **press** letzte Meldung; ~ **setting** Blendeneinstellung *f.*; ~ **bit** Stoppbit *n.* (IT); ~ **set** Stop-Set *n.* (Sendeuhr)

stop! (appar.) aus!, Stopp!

stopper *n.* Stöpsel *m.*

stopping device Stillstandvorrichtung *f.*; ~**-down** *n.* Abblende *f.*, Abblendung *f.*, Ausblende *f.*; ~ **time** Nachlaufzeit *f.*

stopwatch *n.* Stoppuhr *f.*

storage *n.* Lagerung *f.*, Speicherung *f.*, Archivierung *f.*, Abspeicherung *f.*; **protected** ~ **area** (IT) geschützter Speicher; ~ **address** (IT) Speicheradresse *f.*; ~ **camera tube** Speicherröhre *f.*; ~ **capacity** (IT) Speicherkapazität *f.*; ~ **cell** (IT) Speicherzelle *f.*; ~ **cycle** (IT) Speicherzyklus *m.*; ~ **element** (IT) Speicherzelle *f.*; ~ **medium** Speichermedium *n.*; ~ **oscillograph** Speicher-Oszillograf *m.*; ~ **plate** (orthicon) Glashaut *f.*, Speicherplatte *f.*; ~ **protection** (IT) Speicherschutz *m.*; ~ **relay** Speicherrelais *n.*; ~ **shelf** Lager *n.* (Regal); ~ **system** Speichersystem *n.*; ~ **tank** Vorratsgefäß *n.*; ~ **target** Speicherplatte *f.*; ~ **time** Speicherzeit *f.*; ~**-type camera tube** Bildspeicherröhre *f.*, Speicherröhre *f.*; ~ **unit** (IT) Speicherzelle *f.*; ~ **medium** Speichermedium *n.* (IT)

store *v.* lagern *v.*, abspeichern *v.*, Lager *n.*, Magazin *n.*, Speicher *m.*, Abstellraum *m.*; ~ (IT) Speicher *m.*; **active** ~ (IT) Aktivspeicher *m.*; **auxiliary** ~ (IT) Hintergrundspeicher *m.*; **backing** ~ (IT) Hintergrundspeicher *m.*; **bulk** ~ (IT) Großraumspeicher *m.*; **computing** ~ (IT) Arbeitsspeicher *m.*, Hauptspeicher *m.*, Primärspeicher *m.*; **core** ~ (IT) Kernspeicher *m.*; **delay-line** ~ (IT) Laufzeitspeicher *m.*; **disc** ~ (IT) Plattenspeicher *m.*; **electrostatic** ~ (IT) Ladungsspeicher *m.*; **external** ~ (IT) externer Speicher; **fast** ~ (IT) Speicher mit schnellem Zugriff; **fixed** ~ (IT) Festwertspeicher *m.*; **general** ~ (IT) Arbeitsspeicher *m.*, Hauptspeicher *m.*, Primärspeicher *m.*; **intermediate** ~ (IT) Zwischenspeicher *m.*; **internal** ~ (IT) interner Speicher; **magnetic core** ~ (IT) Kernspeicher *m.*; **magnetic disc** ~ (IT) Magnetplattenspeicher *m.*; **magnetic drum** ~ (IT) Magnettrommelspeicher *m.*; **magnetic tape** ~ (IT) Magnetbandspeicher *m.*, Bandspeicher *m.*; **non-volatile** ~ (IT) permanenter Speicher; **permanent** ~ (IT) permanenter Speicher; **random-access** ~ (IT) Speicher mit direktem Zugriff, Speicher mit wahlfreiem Zugriff; **read-**

only ∼ (IT) Festwertspeicher *m.*;
sequential-access ∼ (IT) Speicher mit
sequentiellem Zugriff; **slow** ∼ (IT)
langsamer Speicher; **slow-access** ∼ (IT)
langsamer Speicher; **temporary** ∼ (IT)
Zwischenspeicher *m.*; **thin-film** ∼ (IT)
Dünnfilmspeicher *m.*; **working** ∼ (IT)
Arbeitsspeicher *m.*, Hauptspeicher *m.*,
Primärspeicher *m.*; **zero-access** ∼ (IT)
Speicher mit schnellem Zugriff; ∼-
keeper *n.* Lagerist *m.*; ∼ **location** (IT)
Speicherplatz *m.*; ∼-**and-forward**
Speicherbetrieb *m.* (Tel), Store-and-
forward; ∼-**and-forward switching**
Speichervermittlung *f.* (Tel)
stored images Bildkonserve *f.*; ∼ **pictures**
Bildkonserve *f.*
stores *n. pl.* Lager *n.*; ∼ **manager**
Lagerverwalter *m.*
story *n.* (journ.) Beitrag *m.*, Bericht *m.*,
Reportage *f.*, Story *f.*; ∼ (F)
Inhaltsangabe *f.*, Stoff *m.*; **to be on a** ∼
am Ball sein; **to drop a** ∼ Nachricht
kippen (fam.), Nachricht sterben lassen
(fam.); **to kill a** ∼ Nachricht kippen
(fam.), Nachricht sterben lassen (fam.);
∼-**board** *n.* Ablaufplan *m.*, Storyboard
n.; ∼ **line** Handlungsablauf *m.*
straight amplifier Geradeausverstärker
m.; ∼-**circuit receiver**
Geradeausempfänger *m.*; ∼-**forward**
projection Geradeausprojektion *f.*; ∼
piece (journ.) Statement *n.*; ∼ **read**
Wortmeldung *f.*; ∼ **receiver**
Geradeausempfänger *m.*
straightener *n.* Gleichrichter *m.*
strain *n.* (mech.) Beanspruchung *f.*,
Belastung *f.*
strand *n.* (prog.) Leiste *f.*
strap *n.* Gurt *m.*; ∼ **connection**
Rangierung *f.*
stratum *n.* Schicht *f.*
stray *v.* vagabundieren *v.*; ∼ **light**
Nebenlicht *n.*, Streulicht *n.*; ∼ **radiation**
Störstrahlung *f.*
streak *n.* (F, TV) Fahne *f.*, Schliere *f.*,
Streifen *m.*
streaking *n.* Fahnenziehen *n.*,
Nachhalleffekt *m.*, Nachziehen *n.*,
Nachziehfahne *f.*; ∼ **test pattern**
Nachziehtestbild *n.*

streaming *n.* Streaming *n.*; ∼ **file**
Streamingdatei *f.* (IT)
stress *n.* (mech.) Beanspruchung *f.*,
Belastung *f.*
stretch *v.* (black) dehnen *v.*
striae *n. pl.* Schlieren *f. pl.*
striation *n.* (video) Streifen *m.*
striations *n. pl.* Schlieren *f. pl.*
strike (a note) *v.* anschlagen *v.*; ∼ (set)
Abbau *m.*; **to** ∼ **a set** abbauen *v.*; ∼ **out**
v. (script) herausstreichen *v.*
strike! (set) gestorben!
stringer *n.* fester freier Mitarbeiter,
Korrespondent *m.*, Abbinder *m.*
strip board Latte *f.*; ∼ **of foil** (VTR)
Klebeband *n.*
stripe *v.* randbespuren *v.*
striping *n.* (F) Bespurungsverfahren *n.*; ∼
Streifenziehen *n.*; ∼ **process** Bespurung
f.; ∼ **sound track** Filmbespurung *f.*
striplight *n.* Soffittenleuchte *f.*
striplights *n. pl.* Fußrampe *f.*
stripping pliers *n. pl.* Abisolierzange *f.*
strobe line Horizontalbalken *m.*
strobing *n.* stroboskopischer Effekt
stroboscope *n.* Stroboskop *n.*
stroboscopic interference
stroboskopischer Effekt
stroke *n.* Strich *m.* (IT)
structural engineer Bauingenieur *m.*; ∼
return loss Rückflußdämpfung *f.*
structure-borne noise Körperschall *m.*;
∼-**borne vibration** Körperschall m; ∼
of signal Signalstruktur *f.*; ∼
Architektur *f.* (IT)
stub *n.* Stichleitung *f.*; ∼ **cable**
Stichleitung *f.*; ∼ **line** Stichleitung *f.*
stud driver Bolzensetzwerkzeug *n.*
studio *n.* Studio *n.*, Atelier *n.*; ∼ (bcast.)
Senderaum *m.*, Sendestudio *n.*; **current**
affairs ∼ aktuelles Studio; **dead** ∼
nachhallfreies Studio, schalltotes Studio;
large ∼ (R) Sendesaal *m.*; **mobile** ∼
fahrbares Studio; ∼ **allocation**
Atelierdisposition *f.*, Studiodisposition
f., Disposition *f.*; ∼ **allocations**
schedule Studiobelegungsplan *m.*; ∼
annex Nebenstudio *n.*; ∼ **area**
Ateliergelände *n.*, Gelände *n.*; ∼
attendant Studiowart *m.*; ∼ **bookings** *n.*
pl. Studiobelegungsplan *m.*,
Studiodisposition *f.*, Disposition *f.*,

Dispositionsbüro *n*.; ~ **broadcast**
Studiosendung *f.*; ~ **building day**
Bautag *m*.; ~ **buildings** Ateliergebäude
n.; ~ **camera** Atelierkamera *f.*; ~ **clock**
Studiouhr *f.*; ~ **console**
Bedienungswanne *f.*; ~ **director**
Studioregisseur *m*.; ~ **electrician** *n*.
Beleuchter *m*.; ~ **engineering**
Studiotechnik *f.*; ~ **equipment**
Studioausrüstung *f.*; ~ **fitter**
Bühnenschlosser *m*.; ~ **flat** Studioebene
f.; ~ **gallery** Rundgang *m*.; ~ **hand**
Studiohilfe *f.*; ~ **layout** Studioanlage *f.*;
~ **lighting** Studiobeleuchtung *f.*; ~
lining Studioauskleidung *f.*,
Streifenmuster *f.*; ~ **management**
Atelierleitung *f.*, Aufnahmeleitung *f.*; ~
manager (SM) Aufnahmeleiter *m*.,
Inspizient *m*.; ~ **metalworker**
Bühnenschlosser *m*.; ~ **mixing desk**
Studiomischpult *n*.; ~ **monitor**
Studioempfänger *m*.; ~ **operations**
Studio-Betrieb *m*.; ~ **operator** Studio-
Techniker *m*.; ~ **photographer**
Standfotograf *m*.; ~ **plan**
Studiogrundriß *m*., Szenenbauplan *m*.; ~
planning Studioplanung *f.*; ~
production Studioproduktion *f.*; ~
ready? Studio klar?; ~ **rent**
Ateliermiete *f.*; ~ **scenery** Dekor *n*.; ~
shot Atelieraufnahme *f.*, Innenaufnahme
f.; ~ **sound** Studioton *m*.; ~ **staff**
Studiobelegschaft *f.*; ~ **sync. clock**
Studiotakt *m*.; ~ **treatment**
Studioauskleidung *f.*; ~ **usage**
Studiobelegung *f.*; ~ **with**
reverberation Studio mit Nachhall; ~
appearance Studioauftritt *m*.; ~
camera Studiokamera *f.*; ~ **design**
Studiogestaltung *f.*; ~ **guest** Studiogast
m.; ~ **set** Studiodekoration *f.*
studios *n. pl.* Ateliergebäude *n*., Gelände
n.
stuffing bit Stopfbit *n*.
stunt effect Trickeffekt *m*.
stuntman *n*. Sensationsdarsteller *m*.,
Stuntman *m*., Kaskadeur *m*.
style book *n*. Stylebook *n*.
(Redaktionshandbuch); ~ **sheet**
Formatvorlage *f.* (IT)
stylus *n*. Abspielnadel *f.*, Abtastspitze *f.*; ~
force Auflagekraft *f.*; ~ **printer** (IT)

Matrixdrucker *m*.; ~ **sound**
Nadeltonverfahren *n*.; ~ **tip** Abtastnadel
f.
sub-audible kaum hörbar; ~**-channel** *n*.
Hilfskanal *m*.; ~**-control room**
Nebenregie *f.*; ~ **CR** (coll.) Nebenregie
f.; ~**-edit** *v.* (news) redigieren *v.*; ~**-**
editing *n*. Redaktion *f.*; ~**-editor** *n*.
Nachrichtenredakteur *m*., Redakteur *m*.,
Texter *m*.; ~**-editor/script-writer** *n*.
(TV) Nachrichtenredakteur *m*.; ~**-group**
n. Untergruppe *f.*; ~**-harmonic**
generator Frequenzteiler *m*.; ~**-**
harmonic oscillation Unterschwingung
f.; ~**-licencing** *n*. Sublizenzierung *f.*; ~**-**
reflector *n*. Subreflektor *m*.; ~**-**
sampling *n*. Unterabtastung *f.*; ~**-**
satellite point Subsatellitenpunkt *m*.
subcarrier *n*. Hilfsträger *m*.,
Zwischenträger *m*., Unterträger *m*.
subdirectory *n*. Unterverzeichnis *n*.
subdivision *n*. Unterteilung *f.*
subdomain *n*. Subdomain *f.* (IT)
subject *n*. Thema *n*., Stoff *m*.; ~ (F)
Aufnahmegegenstand *m*.; ~ (speciality)
Sachgebiet *n*.; ~ **matter** Stoff *m*.
subliminal modulation unterschwellige
Modulation
submarine cable Unterseekabel *n*.
submit *v.* übersenden *v.*
subnetwork *n*. Teilnetz *n*. (Tel)
subordinate legislation Verordnung *f.*
subprogram *n*. Unterprogramm *n*. (IT)
subroutine *n*. (IT) Unterprogramm *n*.; ~
Unterroutine *f.* (IT)
subscribe *v.* abonnieren *v.*
subscriber *n*. (tel.) Teilnehmer *m*.; ~
connection Teilnehmeranschluß *m*.; ~
number Rufnummer *f.*; ~ **trunk**
dialling Selbstwählferndienst *m*.; ~
trunk dialling installation (STD)
Telefonselbstwählanlage *f.*; ~ Abonnent
m., Kunde *m*. (Pay-TV); ~ **line**
Hauptanschlussleitung *f.* (Tel); ~
management Kundenverwaltung *f.*
(Pay-TV), Kundenverwaltung *f.* (Pay-
TV); ~ **number** Teilnehmernummer *f.*
(Tel); ~ **terminal exchange**
Teilnehmervermittlungsstelle *f.* (Tel)
subscription package Programmbouquet
n., Programmpaket *n*. (Pay-TV)

subsidiary *n.* Niederlassung *f.*,
Tochtergesellschaft *f.*
subsistence allowance Tagegeld *n.*
substandard film Schmalfilm *m.*; ~ **film
spool** Schmalfilmspule *f.*; ~ **size**
Schmalfilmformat *n.*
substitute item Reservebeitrag *m.*; ~
programme Ersatzsendung *f.*
substrate *n.* (F, tape) Träger *m.*
subterranean *adj.* unterirdisch *adj.*
subtitle *v.* untertiteln *v.*, Fußtitel *m.*,
Untertitel *m.*
subtitler *n.* Fußtitelmaschine *f.*
subtitling *n.* Untertiteln *n.*; ~ **machine**
Fußtitelmaschine *f.*
subtractive *adj.* subtraktiv *adj.*
succeed *v.* (prog.) einschlagen *v.*
sudden picture-level change
Bildpegelsprung *m.*; ~ **ionospheric
disturbance** (SID) Mögel-Dellinger-
Effekt *m.*; ~ **loss of hearing** Hörsturz *m.*
suffix dialing Nachwahl *f.* (Tel)
suggestive question Suggestivfrage *f.*
suitable for cable TV kabeltauglich *adj.*;
~ **for dual tone operation**
zweitontüchtig *adj.*; ~ **for filming**
drehbar *adj.*; ~ **for printing** (FP)
kopierfähig *adj.*
sum level Summenpegel *m.*; ~ Summe *f.*
summary *n.* Übersicht *f.*, Überblick *m.*,
Zusammenfassung *f.*, Zusammenfassung
f. (IT)
summation alarm Summenalarm *m.*
sun-visor Sonnenblende *f.*
Sunday bonus Sonntagszuschlag *m.*
sunshade *n.* Gegenlichtblende *f.*,
Sonnenblende *f.*, Sonnenschutz *m.*,
Sonnentubus *m.*
sunshield *n.* Sonnenschutz *m.*,
Sonnenblende *f.*
sunspot cycle Sonnenfleckenzyklus *m.*; ~
number Sonnenfleckenzahl *f.*; -
number, running mean ~ gleitender
Mittelwert der Sonnenfleckenzahl; -
number, smoothed ~ gleitender
Mittelwert der Sonnenfleckenzahl
super *n.* (coll.) Durchblendung *f.*,
Einblendung *f.*; ~ (extra) Komparse *m.*,
Statist *m.*; ~ (numerary) Statist *m.*; ~
conductor Supraleiter *m.*; ~**-high
frequency** (SHF) superhohe Frequenz
supercoat *n.* Gelatineschutzschicht *f.*

superhet *n.* (fam.)
Überlagerungsempfänger *m.*
superheterodyne receiver
Überlagerungsempfänger *m.*
supericonoscope *n.* Super-Ikonoskop *n.*
superimpose *v.* durchblenden *v.*,
einblenden *v.*; ~ (FP) einkopieren *v.*
superimposed interference
Störüberlagerung *f.*
superimposing *n.* Einkopierung *f.*; ~ **head**
Mischkopf *m.*
superimposition *n.* Überblendung *f.*,
Überblenden *n.*, Durchblendung *f.*,
Trickeinblendung *f.*; ~ (exposure)
Doppelbelichtung *f.*; ~ (freq.)
Überlagerung *f.*
superintendence *n.* Aufsicht *f.*
supernumerary *n.* Aushilfskraft *f.*,
Komparse *m.*, Statist *m.*
superorthicon *n.* Super-Orthikon *n.*
superposition *n.* Einblendung *f.*,
Überblendung *f.*, Überblenden *n.*
supers *n. pl.* Komparserie *f.*, Statisterie *f.*
superturnstile aerial
Superturnstileantenne *f.*
(Schmetterlingsantenne)
Superturnstileantenna
Schmetterlingsantenne *f.*
superturnstyle antenna
Superturnstileantenne *f.*
(Schmetterlingsantenne)
supervise *v.* überwachen *v.*
supervised ISDN connection ISDN,
betreuter *m.*
supervising *n.* Aufsicht *f.*
supervision *n.* Überwachung *f.*, Aufsicht *f.*
supervisor *n.* Aufsichtsperson *f.*,
Programmaufsicht *f.*
supervisor's office Betriebsbüro *n.*
supervisory body Aufsichtsgremium *n.*; ~
terminal Leitstation
supplement *n.* Zugabe *f.*, Zusatz *m.*
supplementary address memory
Zusatzwählzeichenspeicher *m.* (Tel)
supplements *n. pl.* Supplements *n. pl.*
supply *v.* (elec.) speisen *v.*, Speisung *f.*,
Zuführung *f.*, Versorgung *f.*; ~ **cable**
Anschlußkabel *n.*; ~ **line** Zuführung *f.*,
Zuführungsleitung *f.*; ~ **programme**
Zulieferprogramm *n.*; ~ **reel**
Abwickelspule *f.*, Abwickeltrommel *f.*,
Vorwickelrolle *f.*, Aufnahmewickelteller

m. (abspulend), Abwickelteller *m.*; ~
spool Abwickelspule *f.*,
Abwickeltrommel *f.*; ~ **unit** Speisegerät
n.
support *v.* unterstützen *v.*, Gestell *n.*,
Ständer *m.*, Stativ *n.*; ~ (HF) Träger *m.*;
~ (F) Schichtträger *m.*, Träger *m.*; ~
Auflage *f.*, Unterstützung *f.*; **ceramic** ~
keramischer Stützpunkt; ~ **mast**
(carrier) Antennenmast *m.*; ~-
microphone *n.* Stützmikrofon *n.*; ~
surface Unterlage *f.*; ~ **voltage**
Stützspannung *f.*
supporting film Beifilm *m.*; ~ **flange**
Auflageflansch *m.*; ~ **programme**
Beiprogramm *n.*; ~ **role** Nebenrolle *f.*;
~ **strap** Haltebügel *m.*
suppress *v.* (news) totschweigen *v.*,
unterdrücken *v.*; ~ (blanking) zutasten
v.; **to** ~ **noise** entstören *v.*
suppressed-carrier modulation
Amplitudenmodulation mit
unterdrücktem Träger, Modulation mit
unterdrücktem Träger
suppression *n.* (blanking) Austastung *f.*,
Zutastung
suppressor grid Bremsgitter *n.*
supreme authority Hoheit *f.*
surface *n.* Oberfläche *f.*; ~ **induction**
Oberflächeninduktion *f.*; ~ **noise** (disc)
Eigengeräusch *n.*, Grundgeräusch *n.*,
Nadelgeräusch *n.*, Schramme *f.*; ~
socket Aufputzdose *f.*; ~ **state**
Oberflächenzustand *m.*; ~ **wave**
Bodenwelle *f.*, Oberflächenwelle *f.*; ~
wave filter Oberflächenwellenfilter *f.*
surge arrester Überspannungsschutz *m.*;
~ **impedance** Wellenwiderstand *m.*
surgery *n.* betriebsärztliche Dienststelle
surroundings *n.* Umgebung *f.*
survey *v.* (a location) vorbesichtigen *v.*; ~
Überblick *m.*, Übersicht *f.*
survival mode Survivalmodus *m.*
susceptance *n.* Blindleitwert *m.*, Leitwert
m.
susceptibility to interference
Störanfälligkeit *f.*, Störempfindlichkeit
f.; ~ **to trouble** Störanfälligkeit *f.*
suscriber management system
Kundenverwaltungssystem *n.*
suspend command Pausierbefehl *m.* (IT);
~ **mode** Pausenmodus *m.* (IT)

suspension *n.* Aufhängung *f.*, Federung *f.*;
~ **chain** Befestigungskette *f.*; ~ **cord**
Befestigungsleine *f.*; ~ **unit** Hängestück
n.
sustained *adj.* ungedämpft *adj.*
swallow *v.* verschlucken *v.*
swamping *n.* Verdeckung *f.*
swan neck Schwanenhals *m.*, Gänsegurgel
f.; ~**-neck microphone**
Schwanenhalsmikrofon *n.*
swap *v.* vertauschen *v.*, auslagern *v.* (IT);
~ **file** *n.* Auslagerungsdatei *f.* (IT)
sweep *v.* ablenken *v.*, durchlaufen *v.*,
wobbeln *v.*; ~ **circuit** Ablenkschaltung
f.; ~ **frequency** Wobbelfrequenz *f.*; ~-
frequency signal generator Wobbler
m., Wobbelgenerator *m.*,
Wobbelmeßsender *m.*; ~ **generator**
Ablenkgenerator *m.*, Kippgerät *n.*,
Zeitablenkgenerator *m.*; ~ **linearity**
Linearität der Ablenkung; ~
magnification (CRO) Zeitdehnung *f.*; ~
speed Ablaufgeschwindigkeit *f.*; ~ **time**
Ablenkzeit *f.*; ~ **transformer**
Kipptransformator *m.*; ~ **unit** (TV rec.)
Ablenkeinheit *f.*; ~ **voltage**
Kippspannung *f.*; ~ **width** Frequenzhub
eines Wobblers
sweeping *n.* Wobbeln *n.*, Wobbelung *f.*; ~
coil Ablenkspule *f.*
swish pan Reißschwenk *m.*, Reiß-
Schwenk *m.* (Wischer)
switch *v.* (video) schneiden *v.*,
umschneiden *v.*; (tel::)~ *v.* schalten *v.*,
vermitteln *v.*; ~ **(to)** *v.* schalten *v.* (auf);
~ Schalter *m.*; **centrifugal** ~
Fliehkraftschalter *m.*; **main** ~
Hauptschalter *m.*; **to** ~ **into circuit**
schalten *v.*; ~ **box** Schaltkasten *m.*; ~
desk Schaltpult *n.*; ~**-disconnector** *n.*
Lasttrenner *m.*; ~ **enclosure**
Schaltkasten *m.*; ~ **in** *v.* (voltage)
einschalten *v.*; ~**-isolator** *n.* Lasttrenner
m.; ~ **jack** Schaltbuchse *f.*; ~ **off** *v.*
abschalten *v.*, ausschalten *v.*; ~ **on** *v.*
einschalten *v.*, zuschalten *v.*; ~ **over** *v.*
umschalten *v.*; ~**-over** *n.* Umschaltung
f.; ~ **panel** Schaltfeld *n.*, Schalttafel *f.*,
Schaltbrett *n.*; ~ **pulse interference**
blanking Schaltstörimpulsaustastung *f.*;
~**-off factor** Abschaltfaktor *m.*
switchable *adj.* umschaltbar *adj.*

switchboard *n.* Schalttafel *f.*, Schaltbrett *n.*, Schaltpult *n.*; ~ **attendant** Schaltwart *m.*; ~ **operator** Telefonist *m.*; ~ **position** Handvermittlungsplatz *m.* (Tel)
switched connection Wählverbindung *f.*; ~ **line** Wahlleitung *f.* (Tel)
switcher *n.* Switcher *m.*
switchgear *n.* Schaltgerät *n.*
switching *n.* Umschaltung *f.*, Schaltungstechnik *f.*; **number of ~ operations in given period** Schalthäufigkeit *f.*; ~ **algebra** (IT) Schaltalgebra *f.*; ~ **area** Schaltraum *m.*; ~ **break** Schaltstörung *f.*; ~ **centre** Schaltzentrale *f.*, Überleiteinrichtung *f.*, Bildstern *m.*; ~ **command** Schaltkommando *n.*; ~ **diode** Schaltdiode *f.*; ~ **error** Schaltfehler *m.*, Fehlschaltung *f.*; ~ **flash** Blitzschaltung *f.*, Blitzumschaltung *f.*; ~ **frequency** Schaltfrequenz *f.*, Umschaltfrequenz *f.*; ~ **instruction** Schaltanweisung *f.*; ~ **level** Schaltebene *f.*; ~ **matrix** Umschaltautomatik *f.*; ~**-off** *n.* Abschaltung *f.*, Ausschaltung *f.*, Ausschalten *n.*; ~**-off of programme** (transmitter) Programmabschaltung *f.*; ~**-on** *n.* Einschaltung *f.*; ~ **order** Schaltauftrag *m.*; ~ **panel** Schaltfeld *n.*; ~ **period** (transmitter) Umschaltpause *f.*; ~ **position** Schaltstelle *f.*; ~ **report** Schaltprotokoll *n.*; ~ **room** Schaltraum *m.*; ~ **state** Schaltzustand *m.*; ~ **time** Schaltzeit *f.*, Umschaltzeit *f.*; ~ **to common programme** (transmitter) Zusammenschaltung *f.*; ~ **center** Vermittlungsamt *n.* (Tel); ~ **equipment** Vermittlungseinrichtung *f.* (Tel); ~ **technology** Vermittlungstechnik *f.* (Tel)
switchover command Umschaltkommando *n.*; ~ **panel** Umschaltfeld *n.*; ~ **pulses** Umschaltimpulse *m. pl.* (J)
swivel *v.* schwenken *v.*; ~ **arm** Schwenkarm *m.*; ~**-mounted** *adj.* schwenkbar *adj.*
swivelling *adj.* schwenkbar *adj.*
syllabus *n.* Lehrplan *m.*, Studienplan *m.*
symbol error rate Symbolfehlerrate *f.*; ~ **font** Symbolschrift *f.* (IT)
symbolic language (IT) Symbolsprache *f.*;

~ **programming language** (IT) Symbolsprache *f.*
symmetrical *adj.* symmetrisch *adj.*
symmetrise *v.* symmetrieren *v.*
symmetry axis Symmetrieachse *f.*
symphony orchestra Sinfonieorchester *n.*
sync *adj.* (coll.) synchron *adj.*; **in** ~ (coll.) synchron *adj.*; **to** ~ **up with music** Musik unterlegen; ~ **advance** Bild-Ton-Versatz *m.*; ~ **amplitude** Synchronimpulsamplitude *f.*, Synchronsignalwert *m.*; ~ **cross** Startkreuz *n.*, Bildstartmarke *f.*; ~ **level** Synchronwert *m.*; ~ **mark** Startimpuls *m.*, Synchronmarke *f.*, Synchronzeichen *n.*; ~ **pip** Kennimpuls *m.*; ~ **plop** Kennimpuls *m.*, Startimpuls *m.*; ~ **pulse** Synchronimpuls *m.*; ~**-pulse generator** synchronisierter Taktgeber; ~**-pulse regenerator** Regenerator *m.*; ~ **pulse system** Takthaushalt *m.*; ~ **regenerator** Impulsregeneriergerät *n.*; ~ **separator** Separator *m.*; ~ **signal** Synchronisationssignal *n.*; ~ **start** Synchronstart *m.*; ~**. start** (a tape) einstarten *v.* (Tonband); ~ **up** *v.* anlegen *v.*, Bildband und Tonband auf gleiche Länge ziehen, hinziehen *v.*
synchro-link *n.* elektrische Welle
synchronisation *n.* Synchronisation *f.*, Synchronisierung *f.*; ~ **pulse** Synchronimpuls *m.*; ~ **signal** Synchronsignal *n.* (S-Signal)
synchronise *v.* synchronisieren *v.*
synchronised *adj.* synchronisiert *adj.*; ~ **generator** synchronisierter Taktgeber; ~ **network** Synchronnetz *n.*; ~ **pulse generator** (SPG) synchronisierter Taktgeber; ~ **transmitter** Gleichwellensender *m.*
synchroniser *n.* Synchronabziehtisch *m.*, Synchronisator *m.*, Synchronumroller *m.*, Hesselbach *m.* (fam.), Synchronizer *m.*
synchronising *n.* Synchronisieren *n.*; **field** ~ **pulse** Vertikalsynchronimpuls *m.*; **vertical** ~ **pulse** (US) Vertikalsynchronimpuls *m.*; ~ **cue** Synchronzeichen *n.*; ~ **level** Synchronwert *m.*; ~ **mark** Synchronmarke *f.*, Synchronzeichen *n.*; ~**-pulse generator** Impulsgeber *m.*,

Impulsgenerator *m.*; ~-**pulse separation**
Impulstrennung *f.*; ~ **signal**
Gleichlaufsignal *n.*; ~-**signal generator**
Impulsgeber *m.*, Impulsgenerator *m.*; ~
unit Synchronisator *m.*, Hesselbach *m.*
(fam.)

synchronism *n.* Synchronität *f.*, Gleichlauf
m., Übereinstimmung *f.*; **in** ~ synchron
adj.

synchronization *n.* Synchronisierung *f.*; ~
bit Synchronisierbit *n.*; ~ **error**
Gleichlauffehler *m.*; ~ **system**
Synchronisiersystem *n.*

synchronous *adj.* synchron *adj.*; ~
converter Synchronumrichter *m.*; ~
demodulator Synchrondemodulator *m.*;
~ **detector** Produktdetektor *m.*; ~
motor Synchronmotor *m.*; ~ **orbit** (sat.)
Synchronbahn *f.*; ~ **picture**
Synchronbild *n.*; ~ **recording**
Mehrsignalaufzeichnung *f.*; ~ **running**
Synchronlauf *m.*; ~ **satellite**
Synchronsatellit *m.*; ~ **sound**
Synchronton *m.*

synopsis *n.* Exposé *n.*, Inhaltsangabe *f.*,
Synopsis *f.*, Zusammenfassung *f.*,
Synopsis *f.* (Eurovision); ~ **amendment**
Synopsis-Amendment *n.* (Eurovision)

synthesizer *n.* Synthesizer *m.*

synthetic *adj.* künstlich *adj.*; ~ **resin**
varnish Kunstharzlack *m.*

system *n.* System *n.*, Verfahren *n.*, Anlage
f. (Technik); **carrier-frequency** ~
trägerfrequentes System (TF-System);
field-sequential ~ rasterfrequentes
System; **line-sequential** ~
zeilenfrequentes System; **point-**
sequential ~ punktfrequentes System;
~ **analysis** (IT) Systemanalyse *f.*; ~
characteristic Systemeigenschaft *f.*; ~
configuration (IT) Anlagenausstattung
f.; ~ **earth** Betriebserde *f.*; ~ **functional**
Übersichtsplan *m.*; ~ **parameter**
Systemparameter *m.*; ~ **administrator**
Systembetreuer *m.* (IT),
Systemverwalter *m.* (IT); ~ **analyst**
Systemberater *m.* (IT); ~ **breakdown**
Systemausfall *m.* (IT); ~ **connection**
Anlagenanschluss *m.*; ~ **consultant**
Systemberater *m.* (IT); ~ **error**
Systemfehler *m.* (IT); ~ **failure**
Systemausfall *m.* (IT); ~ **operator**

Systemoperator *m.* (IT); ~ **reliability**
Systemzuverlässigkeit *f.* (IT); ~ **request**
Systemabfrage *f.* (IT); ~ **target decoder**
Zieldecoder *m.*; ~ **throughput**
Systemdurchsatz *m.* (IT)

systems *n. pl.* Systeme *n. pl.*

T

table microphone Tischmikrofon *n.*; ~
model Tischgerät *n.*; ~ **of contents**
Inhaltsverzeichnis *n.*; ~ **of subjective**
grades (EBU) Bewertungstabelle *f.*; ~
set Tischgerät *n.*

tach pulse evaluation Tachoimpuls *f.*

tachometer *n.* (F) Tachometer *m.*; ~ **disc**
(VTR) Tachoimpulsrad *n.*

tackle-line *n.* Seilzug *m.*

tact *n.* Takt *m.*

tag block Igel *m.*; ~ **Tag** (HTML); ~
builder Tag Builder *m.*

tail leader (F) Nachlauf *m.*

tailoress *n.* Damenschneiderin *f.*

tailoring *n.* Schneiderei *f.*

take *v.* (F, tape) aufnehmen *v.*, taken *v.*,
Aufnahme *f.*, Take *m.*; ~ (pict.)
Bildaufnahme *f.*; ~ **Blocklänge** *f.*
(Produktion), Blocklänge *f.* (MAZ),
Aufnahmeteil *m.* (Produktion); **dud** ~
schlechte Aufnahme; **mute** ~ stumme
Aufnahme; **to** ~ **a film** Film drehen; **to**
~ **apart** auseinandernehmen *v.*; **to** ~
bearings peilen *v.*; **to** ~ **on lease** mieten
v.; ~ **down** *v.* (telephoned news item)
aufnehmen *v.*; ~ **down** *v.* (light)
herunterregeln *v.*, zurücknehmen *v.*; ~
in *v.* (FP) ansaugen *v.*; ~ **number**
Takenummer *f.*; ~ **on** *v.* (staff)
einstellen *v.*; ~ **up** *v.* (reel) aufspulen *v.*,
aufwickeln *v.*; ~-**up magazine**
Aufwickelkassette *f.*; ~-**up plate**
Aufwickelteller *m.*; ~-**up reel**
Aufwickelspule *f.*, Nachwickelrolle *f.*,
Aufnahmewickelteller *m.* (aufspulend);
~-**up speed** Aufwickelgeschwindigkeit
f.; ~-**up spool** Aufwickelspule *f.*,

Nachwickelrolle *f.*; ~**-up system**
Aufwickelsystem *n.*

taking angle Aufnahmewinkel *m.*; ~ **lens**
Aufnahmeobjektiv *n.*; ~ **mask** (cam.)
Bildfensterabdeckung *f.*,
Bildfenstereinsatz *m.*; ~ **of bearings**
Peilung *f.*; ~ **out of service**
Außerbetriebnahme *f.*

talk *n.* (R) Bericht *m.*; ~ Vortrag *m.*, Rede
f. (allgemein); ~**-up** *n.* (journ.)
Absprache *f.*; ~ Talk *m.*
(Programmform); ~ **radio** Talkradio *n.*;
~ **show** Talkshow *f.*

talkback *n.* Gegensprechanlage *f.*; ~
arrangement Kommandoanlage *f.*; ~
attenuation Kommando-Dämpfung *f.*;
~ **circuit** Gegensprechanlage *f.*,
Rücksprechleitung *f.*, Regieleitung *f.*; ~
microphone Gegensprechmikrofon *n.*,
Kommandomikrofon *n.*; ~ **speaker**
Kommandolautsprecher *m.*; ~ **system**
Kommandoanlage *f.*

talkie *n.* (coll.) Tonfilm *m.*

talks-writer *n.* (TV, R) Chronist *m.*

tally light Signallampe *f.*

tandem connection
Hintereinanderschaltung *f.*; ~
potentiometer Tandempotentiometer *n.*

tank *n.* (FP) Gefäß *n.*, Tank *m.*, Trog *m.*,
Küvette *f.*; ~ (thea.) versenkbare Bühne;
~ **circuit** Schwingkreis *m.*; ~ **draining**
Tankentleerung *f.*

tap *n.* Anzapfung *f.*

tape *v.* Band aufzeichnen, aufzeichnen *v.*,
aufnehmen *v.*; ~ (video) (coll.) MAZ
aufzeichnen, mazen *v.* (fam.); ~ Band
n.; **clean** ~ Leerband *n.*; **coated** ~
beschichtetes Magnetband; **endless** ~
endloses Band; **mechanically coupled**
~ **recorder** Duplex-Cordanlage *f.*,
Duplexmaschine *f.*; **perforated** ~
perforiertes Band; **recorded** ~
bespieltes Band; **regulation of** ~
tension Bandzugregelung *f.*; **static** ~
statisches Band; **to cut a** ~ Band
trennen; **to mark a** ~ Band
randnumerieren; **to play a** ~ Band
abfahren; **unperforated** ~
unperforiertes Band; **unrecorded** ~
unbespieltes Band; **virgin** ~
unbespieltes Band; ~ **abrasion**
Bandabrieb *m.*; ~ **backing**

Bandrückseite *f.*; ~ **base**
Magnetschichtträger *m.*, Schichtträger
m., Träger *m.*; ~ **break** Bandriß *m.*; ~
card (IT) Lochstreifenkarte *f.*; ~
cartridge Bandkassette *f.*; ~ **cassette**
Bandkassette *f.*; ~ **cassette** (sound)
Tonbandkassette *f.*; ~ **coating**
Bandbeschichtung *f.*; ~ **copy** Bandkopie
f., Tochterband *n.*; ~ **curling**
Bandverformung *f.*,
Magnetbandverformung *f.*; ~ **curvature**
Bandverdehnung *f.*; ~ **cutter**
Bandschere *f.*; ~ **deck** Abspielerchassis
n., Platine mit Bandmaschine,
Laufwerkplatte *f.*, Bandlaufwerk *n.*; ~
deformation Bandverformung *f.*,
Magnetbandverformung *f.*; ~ **drive**
Bandantrieb *m.*; ~ **drive capstan**
Bandtrieb *m.*; ~ **edit** Bandschnitt *m.*; ~
edit (IT) Bandauszug *m.*; ~ **editing**
Bandbearbeitung *f.*, Bandschnitt *m.*; ~
editor Cutter *m.*, Cutterin *f.*,
Schnittmeister *m.*; ~ **error** Bandfehler
m.; ~ **feed** (IT) Bandbewegung *f.*; ~
flux Bandfluß *m.*; ~ **flux fluctuations**
Bandflußschwankungen *f. pl.*; ~ **flux**
frequency response Bandfluß-
Frequenzgang *m.*; ~ **for editing**
Schnittmaterial *n.*; ~ **guidance**
Spurhaltung *f.*, Bandführung *f.*; ~
guidance drum Bandführungstrommel
f.; ~ **guide** Bandführung *f.*; ~ **guides** *n.*
pl. Bandführungsvorrichtung *f.*; ~
guiding Bandführung *f.*; ~ **ident** (coll.)
Kennungsband *n.*; ~ **insert** Bandbeitrag
m.; ~ **join** (F) Bildunterkleber *m.*; ~
leader Vorlaufband *n.*, Startband *n.*,
Bandvorspann *m.*; ~ **library** Bandarchiv
n.; ~ **lifter** Bandabheber *m.*; ~ **limit**
Bandbegrenzung *f.*; ~ **loop** endloses
Band; ~ **loop cartridge** Endlos-
Bandkassette *f.*; ~ **loop cassette** Endlos-
Bandkassette *f.*; ~ **machine**
Bandmaschine *f.*, Bandgerät *n.*; ~ **noise**
Bandrauschen *n.*, Raumstatik *f.*; ~**-**
numbering machine
Numeriermaschine für Bänder; ~
perforator (IT) Lochstreifenlocher *m.*;
~ **plate** Bandteller *m.*; ~ **pressure**
Bandandruck *m.*; ~ **pressure fault**
Bandandruckfehler *m.*; ~ **punch** (IT)
Lochstreifenstanzer *m.*; ~**-recorded**

announcement Bandansage *f.*; ~ **recording** Bandaufnahme *f.*, Bandaufzeichnung *f.*; ~ **recording enthusiast** Tonbandamateur *m.*, Tonbandfreund *m.*; ~ **reel** Bandspule *f.*, Tonbandspule *f.*; ~ **run** Bandlauf *m.*, Tonbandlauf *m.*; ~ **running time** Bandlaufzeit *f.*; ~ **scissors** Bandschere *f.*, Schere *f.* (Technik); ~ **scratch** Schramme *f.*, Schramme *f.* (Band); ~ **slip** Bandschlupf *m.*; ~ **speed** Bandgeschwindigkeit *f.*, Durchlaufgeschwindigkeit *f.*; ~ **splicer** Klebepresse *f.*; ~ **spool** Bandspule *f.*; ~ **store** (VTR) Bildbandarchiv *n.*; ~ **tension** Bandzug *m.*; ~ **tension arm** Bandfühlhebel *m.*; ~ **tension cut-out switch** Bandzugschalter *m.*; ~**-tension lever** Fühlhebel *m.*; ~ **tension meter** Bandzugwaage *f.*; ~ **timer** Bandlängenzähler *m.*; ~ **transport** Bandtransport *m.*, Bandbewegung *f.*, Tonbandtransport *m.*; ~ **travel** Tonbandlauf *m.*; ~ **travel direction** Bandlaufrichtung *f.*; ~ **width** Bandbreite *f.*; ~ **splice** Trockenklebestelle *f.*
tapping *n.* Anzapfung *f.*
target *n.* (light) Blende *f.*; ~ (pick-up tube) Bildschirm *m.*, Target *n.*; ~ Rotation *f.*; ~ **area** Zielgebiet *n.*; ~ **audience** Zielpublikum *n.*; ~ **disk** Zieldatenträger *m.* (IT); ~ **group** Zielgruppe *f.*
tariff *n.* Taxe *f.*
task *n.* Aufgabe *f.*; ~ **button** Taskschaltfläche *f.* (IT); ~ **management** Taskverwaltung *f.* (IT)
taskbar *n.* Taskleiste *f.* (IT)
taxable *adj.* gebührenpflichtig *adj.*
TE Endeinrichtung *f.*, Endgerät *n.*
teach *v.* unterweisen *v.*
teaching aids Lehrmittel *n. pl.*
team *n.* Team *n.*, Stab *m.*; ~ **leader** Teamleader *m.*
tear *n.* Riß *m.*, Filmriß *m.*
tearing *n.* Zerreißen *n.*
teaser *n.* Teaser *m.*
technical acceptance Technische Abnahme *f.*; ~ **acoustics** technische Akustik; ~ **arrangements** *n. pl.* Disposition *f.*; ~ **assistance** technische

Hilfe, technische Hilfeleistung; ~ **control** technische Kontrolle; ~ **coordination** technische Koordination; ~ **coordination circuit** Technikkoordinationsleitung *f.*; ~ **coordination management** technische Koordinationsleitung; ~ **director** (US) technischer Direktor; ~ **equipment** Betriebseinrichtung *f.*, technische Einrichtung; ~ **facilities** *n. pl.* technische Hilfe; ~ **facility** technische Einrichtung; ~ **guidelines** Technische Richtlinien; ~ **item provided** technische Beistellung; ~ **log** Sendeprotokoll *n.*; ~ **monitoring service** Empfangsdienst *m.*; ~ **operations** Betriebsabwicklung *f.*, Betriebszentrale *f.*; ~ **operations manager** (TOM) Produktionsingenieur *m.*, Programmingenieur *m.*, Sendeingenieur *m.*, Ingenieur vom Dienst (IvD); ~ **superintendent** Betriebsleiter *m.*; ~ **support** technische Hilfe
technician *n.* Techniker *m.*
technicolor *n.* additives Farbfilmverfahren
technique *n.* Verfahren *n.*
tele-microphone *n.* Tele-Mikro *n.*
telecast *v.* (US) senden *v.*
telecine *n.* Filmgeber *m.*; ~ (TK) Filmabtaster *m.*, Filmgeber *m.*, Filmübertragungsanlage *f.*; ~ **area** Filmabtasterraum *m.*, Filmgeberraum *m.*, Abtastraum *m.*; ~ **insert** Filmeinspielung *f.*; ~ **machine** Filmabtaster *m.*, Filmgeber *m.*
telecommunication(s) system Nachrichtenübermittlungssystem *n.*
telecommunications *n. pl.* Fernmeldewesen *n.*, Fernmeldetechnik *f.*, Telekommunikation *f.*; ~ **administration** Fernmeldeverwaltung *f.*; ~ **centre** Fernmeldezentrum *n.*; ~ **engineer** Fernmeldetechniker *m.*; ~ **engineering** Fernmeldetechnik *f.*; ~ **loop** Feuermeldeschleife *f.*; ~ **office** Fernmeldeamt *n.*; ~ **region** Fernmelderegion *f.*
Telecommunications Regulations Telekommunikations-Regulationsordnung *f.*, Fernmeldeordnung *f.*

telecommunications satellite
Fernmeldesatellit *m.*; ~ **system**
Telekommunikationsanlage *f.*,
Fernmeldeanlage *f.*; ~ **engineering**
Nachrichtentechnik *f.*
teleconferencing *n.* Telekonferenz *f.*
telecontrol *v.* fernwirken *v.*,
Fernsteuerung, Fernwirkung *f.*; ~ **line**
Fernwirkleitung *f.*; ~ **system**
Fernwirkanlage *f.*; ~ **telegrams**
Fernwirktelegramme *n. pl.*; ~
Fernwirken *n.* (Tel)
telecopier *n.* Fernkopierer *m.*
telefax *n.* Telefax *n.*; ~ (unit) Fernkopierer
m.
telefilm *n.* (US) Fernsehfilm *m.*
telegenic *adj.* telegen *adj.*
telegram *n.* Telegramm *n.*
telegraph *n.* Telegraph *m.*
telemetrical data Fernmeßdaten *n. pl.*
telemetry *n.* Telemetrie *f.*
telephone *n.* Telefon *n.*; ~ (set)
Fernsprecher *m.*; ~ Fernsprech- (s.
Telefon); **temporary** ~ **connection**
Fernsprechzeitanschluß *m.*; ~ **access**
device Telefonanschaltgerät *n.*; ~
answering service Auftragsdienst *m.*; ~
channel Telefoniekanal *m.*; ~
connection Telefonverbindung *f.*,
Telefonanschluß *m.*; ~ **exchange**
Telefonvermittlung *f.*; ~ **interview**
Telefoninterview *n.*; ~ **jack**
Telefonbuchse *f.*; ~ **line**
Fernsprechleitung *f.*; ~ **maintenance**
crew Telefonwartung *f.*; ~ **operator**
Telefonvermittlung *f.*; ~ **receiver**
Telefonhörer *m.*; ~ **switchboard**
Telefonzentrale *f.*; ~ **traffic**
Telefonsprechverkehr *m.*; ~ **inquiry**
service Auskunftsdienst, telefonischer
m. (Tel); ~ **line** Telefonleitung *f.* (Tel),
Telefonleitung *f.* (Tel); ~ **reply service**
Auskunftsdienst, telefonischer *m.* (Tel)
telephoning Fernsprechen *n.* (Tel)
telephony *n.* Telefoniebetrieb *m.*,
Fernsprechen *n.*, Fernsprechen *n.* (Tel)
telephoto lens Fernbildlinse *f.*,
Teleobjektiv *n.*, Tüte *f.* (fam.); ~
picture Fernaufnahme *f.*
teleplayer *n.* Fernsehfilm-
kassettenwiedergabegerät *n.*
teleprint *v.* über den Fernschreiber laufen

lassen, über den Ticker laufen lassen,
Fernschreiben *n.*
teleprinter *n.* Fernschreiber *m.*; ~
message Fernschreiben *n.*; ~ **network**
Fernschreibnetz *n.*; ~ **operator**
Fernschreiber *m.* (Person); ~ **service**
Fernschreibstelle *f.*; ~ Fernschreiber *m.*
(Tel)
teleprompter *n.* Teleprompter *m.*
telerecord *v.* fazen *v.* (fam.)
telerecorder *n.* Bildaufzeichnungsgerät *n.*
telerecording *n.* (EFR) Filmaufzeichnung
f. (FAZ); ~ (TR) Fernsehaufzeichnung
f., Fernsehaufnahme *f.*; ~ **equipment**
FAZ-Anlage *f.* (FAZ)
telescope *n.* Teleskop *n.*
telescopic *adj.* ausziehbar *adj.*; ~ **aerial**
Teleskopantenne *f.*, ausziehbare
Antenne; ~ **arm** Teleskoparm *m.*; ~
column Teleskopsäule *f.*; ~ **mast**
Teleskopmast *m.*; ~ **system**
Teleskoptechnik *f.*
telescoping *n.* Teleskoptechnik *f.*
teletex *n.* Teletex *n.*
teletext *n.* kombinierter Fernsehtext,
Fernsehtext *m.*, Teletext *m.*
Teletext *n.* (GB) Bildschirmtext *m.* (BTX)
teletext computer Fernsehtextrechner *m.*;
~ **line** (videotex) Fernsehtextzeile *f.*; ~
memory (videotex) Fernsehtextspeicher
m.; ~ **page** (videotex) Fernsehtextseite
f.; ~ **reception** Fernsehtextempfang *m.*;
~ **signal** Fernsehtextsignal *n.*
teletype *v.* fernschreiben *v.*, Fernschreiber
m.
teletyper *n.* Fernschreiber *m.*
teletypewriter *n.* Fernschreiber *m.*
televise *v.* über Fernsehen ausstrahlen,
senden *v.*
televised lesson Fernsehlektion *f.*
television, 3-D television
dreidimensionales Fernsehen; ~
Television *f.*; ~ (TV) Fernsehen *n.* (FS),
Sehfunk *m.*; ~ (organisation) Fernsehen
n. (Organisation); ~ (compp.) (TV)
Fernseh- (in Zus.); **independent** ~ (GB)
kommerzielles Fernsehen; **large-screen**
~ **projector** Fernsehgroßbildprojektor
m.; **live** ~ **broadcast**
Fernsehdirektübertragung *f.*; **100-**
perforation ~ **film** FS-Film /100
Perforationslöcher; **portable** ~

transmitter tragbarer Fernsehsender; **sponsored** ~ (US) Werbefernsehen *n*.; **to watch** ~ fernsehen *v*.; **wired** ~ Drahtfernsehen *n*.; ~ **adaptation** Fernsehbearbeitung *f*.; ~ **address** Fernsehansprache *f*.; ~ **advertisement** Fernsehreklame *f*.; ~ **advertising** Fernsehreklame *f*., Fernsehwerbung *f*.; ~ **advisory council** Fernsehbeirat *m*. (ARD); ~ **aerial** Fernsehantenne *f*.

Television and cinematographic association FKTG (Fernseh- u. Kinotechnische Gesellschaft)

television and radio station Rundfunk- und Fernsehstation; ~ **announcer** Fernsehansager *m*.; ~ **archives** *n*. *pl*. Fernseharchiv *n*.; ~ **audience** Fernsehpublikum *n*.; ~ **audience survey** Zuschauerbefragung *f*.; ~ **broadcast** Fernsehsendung *f*.; ~ **broadcasting** Fernsehrundfunk *m*.; ~ **camera** Fernsehkamera *f*., Fernsehaufnahmekamera *f*.; ~ **cameraman** E-Kameramann *m*.; ~ **camera truck** (US) Fernsehaufnahmewagen *m*.; ~ **car** Aufnahmewagen *m*., Bildaufnahmewagen *m*., Fernsehaufnahmewagen *m*.; ~ **cartridge** Fernsehkassette *f*.; ~ **cassette** Fernsehkassette *f*.; ~ **cassette player** Fernsehfilm-kassettenwiedergabegerät *n*.; ~ **centre** Fernsehkomplex *m*., Fernsehzentrum *n*.; ~ **chain** Übertragungskette *f*.; ~ **channel** Fernsehkanal *m*.; ~ **channel using lower sideband** Fernsehkanal mit spiegelbildlicher Lage der Träger; ~ **channel using upper sideband** Fernsehkanal mit normaler Lage der Träger; ~ **circuit** Fernsehleitung *f*.; ~ **column** (press) Fernsehkritik *f*.; ~ **contest** Fernsehwettbewerb *m*.; ~ **copy** Fernsehkopie *f*. (Film); ~ **corporation, television station** Fernsehanstalt *f*., Fernsehgesellschaft *f*.; ~ **council** Fernsehrat *m*. (ZDF); ~ **course** Fernsehkursus *m*.; ~ **coverage** Fernsehberichterstattung *f*.; ~ **coverage** (tech.) Fernsehversorgung *f*.; ~ **current affairs programmes** *n*. *pl*. Zeitgeschehen *n*.; ~ **debate**

Fernsehdiskussion *f*.; ~ **director** Fernsehregisseur *m*.; ~ **directorate** Fernsehdirektion *f*., Programmdirektion Fernsehen; ~ **distribution circuit** Fernsehmodulationsleitung *f*., Fernsehverteilleitung *f*.; ~ **distribution satellite** Fernsehverteilersatellit *m*.; ~ **drama** Fernsehspiel *n*.; ~ **drama library** Fernsehspielarchiv *n*.; ~ **engineering** Fernsehtechnik *f*.; ~ **engineering operations** Betriebstechnik Fernsehen; ~ **event** Fernsehveranstaltung *f*.; ~ **film** Fernsehfilm *m*.; ~ **film cartridge** Fernsehfilmkassette *f*.; ~ **film cassette** Fernsehfilmkassette *f*.; ~ **film studios** *n*. *pl*. Filmproduktionsbetrieb *m*.; ~ **financed from licence fees** Gebührenfernsehen *n*.; ~ **franchise** Fernsehlizenz *f*.; ~ **graticule** Fernsehkasch *m*.; ~ **home** (audience research) Fernsehhaushalt *m*.; ~ **household** Fernsehhaushalt *m*.; ~ **image** Fernsehbild *n*.; ~ **installation** Fernsehanlage *f*., Fernsehübertragungsanlage *f*.; ~ **journalist** Fernsehjournalist *m*.; ~ **licence** Fernsehgenehmigung *f*.; ~ **licence fee** Fernsehgebühr *f*.; ~ **licence-holder** Fernsehteilnehmer *m*.; ~ **light entertainment** Fernsehunterhaltung *f*.; ~ **link** Fernsehstrecke *f*., Fernsehübertragungsstrecke *f*.; ~ **magazine** Fernsehzeitschrift *f*.; ~ **measurement technology** Fernsehmeßtechnik *f*.; ~ **monitor** Bildkontrollempfänger *m*., Bildmonitor *m*., Monitor *m*., Fernsehmonitor *m*.; ~ **musical** Fernsehmusical *n*.; ~ **network** Fernsehnetz *n*.; ~ **news** Fernsehnachrichten *f*. *pl*., Nachrichten *f*. *pl*.; ~ **news commentator** Fernsehpublizist *m*.; ~ **OB link** Fernsehzubringerleitung *f*.; ~ **OB operations** *n*. *pl*. Übertragungsdienst Bild; ~ **OB van** Fernsehaufnahmewagen *m*.; ~ **opera** Fernsehoper *f*.; ~ **operations and maintenance** Fernsehbetriebstechnik *f*.; ~ **output** Fernsehproduktion *f*.; ~ **panel discussion** Fernsehdiskussion *f*.; ~ **picture** Fernsehbild *n*.; ~ **picture**

projector Fernsehbildprojektor *m.*; ~
play Fernsehspiel *n.*; ~ **prize**
Fernsehpreis *m.*; ~ **producer**
Fernsehproduzent *m.*; ~ **production**
control Fernsehregie *f.*; ~ **programme**
Fernsehprogramm *n.*, Fernsehsendung *f.*;
~ **programme committee** Fernsehrat
m. (ARD); ~ **programme company**
Werbefernsehgesellschaft *f.*; ~
programme correspondence
Zuschauerpost *f.*; ~ **programme
directors' committee**
Fernsehprogrammkommission *f.* (ARD);
~ **programme exchange circuit**
Fernsehaustauschleitung *f.*; ~
programmes preview Schrifttafel *f.*; ~
pundit (coll.) Fernsehpublizist *m.*; ~
receiver Fernsehempfangsgerät *n.*; ~
reception Fernsehempfang *m.*; ~
reception line Fernsehempfangsleitung
f.; ~ **recording** Fernsehaufnahme *f.*; ~
recording equipment
Bildaufzeichnungsgerät *n.*; ~ **relay link**
Fernsehstrecke *f.*,
Fernsehübertragungsstrecke *f.*,
Fernsehzubringer *m.*; ~ **report**
Fernsehbericht *m.*; ~ **reporter**
Fernsehreporter *m.*; ~ **reproduction**
Fernsehwiedergabe *f.*; ~ **rights**
Fernsehrechte *n. pl.*; ~ **satellite**
Fernsehsatellit *m.*; ~ **scanning device**
Bildabtaster *m.*; ~ **screen**
Fernsehschirm *m.*, Bildschirm *m.*; ~
scripts unit Fernsehdramaturgie *f.*; ~
service Fernsehdienst *m.*; ~ **show**
Fernsehveranstaltung *f.*,
Unterhaltungsprogramm *n.*,
Unterhaltungssendung *f.*; ~ **signal**
Fernsehsignal *n.*; ~ **sound** Fernsehton
m.; ~ **sound operations** *n. pl.*
Fernsehbetrieb Ton; ~ **sound
transmitter** Fernsehtonsender *m.*; ~
sports news *n. pl.* Sportschau *f.*; ~
standard Fernsehnorm *f.*,
Fernsehstandard *m.*; ~ **station**
Fernsehsender *m.*, Fernsehstation *f.*,
Fernsehanstalt *f.*, Fernsehgesellschaft *f.*;
~ **studio** Fernsehstudio *n.*; ~ **switching
area** Fernsehschaltraum *m.*; ~
switching network centre Sternpunkt
m.; ~ **synchronising signals**
Fernsehtaktgeberimpulse *m. pl.*; ~ **tape**

recorder
Magnetbildaufzeichnungsanlage *f.*; ~
teacher Fernsehlehrer *m.*; ~ **technician**
Fernsehtechniker *m.*; ~ **technology**
Fernsehtechnik *f.*; ~ **telephone**
Fernsehtelefon *n.*; ~ **tower** Fernsehturm
m.; ~ **translator** Fernsehumsetzer *m.*,
Fernsehkanalumsetzer *m.*; ~
transmission Fernsehübertragung *f.*,
Fernsehsendung *f.*,
Bildschirmübertragung *f.*,
Fernsehausstrahlung *f.*; ~ **transmission
circuit** Fernsehübertragungsstrecke *f.*; ~
transmission process
Fernsehübertragungsverfahren *n.*; ~
transmitter Fernsehsender *m.*,
Fernsehstation *f.*; ~ **transposer**
Fernsehkanalumsetzer *m.*; ~ **tube**
Fernsehröhre *f.*, Bildwiedergaberöhre *f.*;
~ **version** Fernsehfassung *f.*,
Fernsehinszenierung *f.*,
Fernsehproduktion *f.*; ~ **age**
Fernsehzeitalter *n.*; ~ **graphic**
Fernsehgrafik *f.*; ~ **transposer**
Fernsehumsetzer *m.*; ~ **usage**
Fernsehnutzung *f.*
televison image reproduction
Fernsehbildwiedergabe *f.*
telework *n.* Telearbeit *f.* (IT)
telex *n.* Fernschreiben *n.*, Fernschreiber *m.*
(Gerät), Telex *n.*; **to put on** ~ über den
Fernschreiber laufen lassen, über den
Ticker laufen lassen; ~ **message**
Fernschreiben *n.*; ~ **operator**
Fernschreiber *m.* (Person)
temperature change Temperaturänderung
f.; ~ **constant** Temperaturkonstante *f.*;
~ **dependence** Temperaturabhängigkeit
f.; ~ **drift** Temperaturdrift *f.*; ~
inversion Temperaturinversion *f.*; ~
range Temperaturbereich *m.*; ~
response Temperaturgang *m.*; ~
stability Temperaturfestigkeit *f.*; ~
variation Temperaturschwankung *f.*
template *n.* Schablone *f.*,
Dokumentvorlage *f.* (IT), Template (IT)
temporal *adj.* zeitlich *adj.*; ~ **redundance**
zeitliche Redundanz
temporary *n.* Hilfskraft *f.*; ~ **help**
Hilfskraft *f.*; ~ **stop** (sound tape)
Kurzstopp *m.*; ~ **telephone connection**
Fernsprechzeitanschluß *m.*; ~ **file** Datei,

temporäre *f.* (IT); ~ **storage** Speicher, temporärer *m.* (IT)

ten-light *n.* Ten-light *n.*

tendency *n.* Veranlagung *f.*; ~ **to oscillate** Schwingneigung *f.*; ~ **to regenerate** Rückkopplungsneigung *f.*

tension *n.* Spannung *f.*; ~ **measuring device** Bandzugwaage *f.*; ~ **roller** Spannrolle *f.*

term *n.* Begriff *m.*; ~ **of office** Amtsdauer *f.*

terminal *n.* (line) Leitungsendpunkt *m.*, Endpunkt *m.*, Endstelle *f.*; ~ (elec.) Klemme *f.*, Anschlußklemme *f.*; ~ (IT) Datenstation *f.*; ~ Terminal *n.*, Datensichtstation *f.*, Anschluß *m.*, Pol *m.*; **international** ~ internationaler Endpunkt; ~ **block** Klemmleiste *f.*; ~ **board** Anschlußplatte *f.*, Klemmleiste *f.*; ~ **box** Anschlußkasten *m.*, Klemmkasten *m.*, Verteilerkasten *m.*; ~ **equipment** Endeinrichtung *f.*, Endgerät *n.*; ~ **panel** Anschlußplatte *f.*; ~ **point** Leitungsendpunkt *m.*, Endpunkt *m.*, Endstelle *f.*; ~ **procedure** Schlußablauf *m.*; ~ **station** Anschlußeinheit (Sat); ~ **strip** Anschlußleiste *f.*, Klemmleiste *f.*, Verteilerliste *f.*; ~ Bedienplatz *m.* (Tel), Datenendstation *f.* (IT), Datensichtgerät *n.*; ~ **emulation** Terminalemulation *f.* (IT); ~ **exchange** Endvermittlungsstelle *f.* (Tel); ~ **line** Endleitung *f.* (Tel); ~ **point line** Endstellenleitung *f.* (Tel); ~ **splitter** Endverzweiger *m.* (Tel)

terminate *v.* (tech.) abschließen *v.*; ~ beenden *v.*

terminating point (line) Endpunkt *m.*, Endstelle *f.*; ~ **resistance** Abschlußwiderstand *m.*

termination *n.* (tech.) Abschluß *m.*; ~ Beendigung *f.*; ~ **box** Enddose *f.*

terms of employment Arbeitsverhältnis *n.*

terrestrial *adj.* terrestrisch *adj.*; ~ **magnetic field** Erdmagnetfeld *n.*; ~ **radio communication** terrestrischer Funkverkehr; ~ **radio station** Bodenfunkstelle *f.*; ~ **transmitter** terrestrischer Sender

tesselation *n.* Zerlegung in Dreiecke (Grafik)

test *v.* prüfen *v.*, Test *m.*, Prüfung *f.*, Probe *f.*, Versuch *m.*; ~ (meas.) Messung *f.*; ~ **adapter** Prüfadapter *m.*; ~ **and measurement method** Prüf- und Meßverfahren *n.*; ~ **and measurements** *n. pl.* Prüffrequenz- und Meßverfahren; ~ **assembly** Meßplatz *m.*; ~ **bay** Meßgestell *n.*; ~ **cable** Meßkabel *n.*; ~ **card** (TV cam.) Einstelltestbild *n.*; ~ **card** Testbild *n.*, Prüfbild *n.*; ~ **certificate** Abnahmebericht *m.*, Abnahmeprotokoll *n.*; ~ **certificate** (meas.) Meßprotokoll *n.*; ~ **chart** Auflösungstestbild *n.*, Testbild *n.*, Prüfbild *n.*; ~ **circuit** Meßschaltung *f.*, Testschaltung *f.*; ~ **colour** Testfarbe *f.*; ~ **contact strip** Messerleiste *f.*; ~ **current** Meßstrom *m.*; ~ **decoder** Meßdecoder *m.*; ~ **demodulator** Meßdemodulator *m.*; ~ **department** Prüffeld *n.*; ~ **engineer** Meßingenieur *m.*, Prüffeldingenieur *m.*; ~ **equipment bay** Meßgestell *n.*; ~ **film** Testfilm *m.*, Prüffilm *m.*, Probefilm *m.*, Meßfilm *m.*; ~ **frequency** Prüffrequenz *f.*; ~ **generator** Laborsender *m.*; ~ **isolator** Meßtrennstück *n.*; ~ **jack** Meßbuchse *f.*; ~ **key** Prüftaste *f.*; ~ **lead** Meßkabel *n.*; ~ **level** Meßpegel *m.*; ~ **line** (coll.) Prüfzeile *f.*; ~ **line inserter** Prüfzeileneinmischer *m.*; ~ **method** Prüfverfahren *n.*, Meßverfahren *n.*; ~ **methods** *n. pl.* Meßtechnik *f.*; ~ **mode** (IT) Testbetrieb *m.*; ~ **object** Meßobjekt *n.*; ~ **oscillator** Meßsender *m.*; ~ **output** Meßausgang *m.*; ~ **pattern** (TV set) Einstelltestbild *n.*; ~ **pattern** Testbild *n.*, Prüfbild *n.*; ~ **pattern generator** Testbildgeber *m.*; ~ **period** (line) Vorschaltzeit *f.*, Vorlaufzeit *f.*; ~ **period** Testperiode *f.*; ~ **point** Meßpunkt *m.*, Meßsendereinkopplungspunkt *m.*; ~ **point selector** Meßstellenwahlschalter *m.*; ~ **print** Positivmuster *n.*; ~ **procedure** Prüfverfahren *n.*; ~ **receiver** Meßempfänger *m.*; ~ **report** Prüfbericht *m.*; ~ **resistance** Meßvorwiderstand *m.*; ~ **result** Meßergebnis *n.*; ~ **rig** Meßplatz *m.*; ~ **set-up** Meßplatz *m.*, Testaufbau *m.*, Versuchsaufbau *m.*; ~ **shot** Probeaufnahme *f.*; ~ **shot** (TV) kalte Probe; ~ **signal** Meßsignal *n.*, Prüfsignal *n.*, Testsignal *n.*; ~ **signal**

generator Prüfsignalgeber *m.*,
Testsignalgeber *m.*; ~ **signal key**
Prüftaste *f.*; ~ **socket** Meßbuchse *f.*,
Prüfbuchse *f.*; ~ **specification**
Meßvorschrift *f.*; ~ **strip** Probestreifen
m., Testfilm *m.*, Versuchsstreifen *m.*; ~
switch Meßschalter *m.*; ~ **take**
Probeaufnahme *f.*; ~ **tape** Bezugsband
n., Magnetbezugsband *n.*, Testband *n.*;
~ **tone** Prüfton *m.*; ~ **transmission**
Probesendung *f.*; ~ **transmission** (tech.)
Testsendung *f.*; ~ **transmission**
Versuchsabstrahlung *f.*,
Versuchsübertragung *f.*,
Probeausstrahlung *f.*; ~ **voltage**
Me4spannung *f.*, Meßspannung *f.*; ~
wedge Besenkeil *m.*; ~ **condition**
Testbedingung *f.*; ~ **session** Testreihe *f.*
testimonial *n.* Testimonial *n.* (Werbespot)
testing *n.* Messung *f.*, Prüfung *f.*
tête, -bêche, channels in ~
spiegelbildliche Fernsehkanäle
tetrode *n.* Tetrode *n.*
text *n.* Text *m.*; ~ **entry** Texteingabe *f.*
(IT); ~ **file** Textdatei *f.* (IT)
texture *n.* Textur *f.* (IT)
textvision *n.* Textvision *f.*
that's all! (filming, recording) gestorben!
(fam.)
theater production broadcast
Theaterübernahme *f.*
theatre *n.* Theater *n.*, Schauplatz *m.*;
direct broadcast from ~
Theaterübertragung *f.*; **to record a** ~
production abfotografieren *v.*; ~ **copy**
Theaterkopie *f.*; ~**-goer** *n.* Besucher *m.*;
~ **live transmission** Theaterübertragung
f.; ~ **recording** Theateraufzeichnung *f.*;
~ **screen** (F) Bildwand *f.*
theme music Themamusik *f.*; ~ **tune**
Fanfare *f.*
thermal circuit-breaker
Thermoschutzschalter *m.*; ~
conductivity Wärmeleitwert *m.*; ~ **rays**
Wärmestrahlen *m. pl.*
thermistor *n.* Thermistor *m.*, Thernewid
m.
thermocouple *n.* Thermokreuz *n.*
thermomagnetic *adj.* thermomagnetisch
adj.
thermoplastic machine Tiefziehpresse *f.*
thermostat *n.* Thermostat *m.*

thickness *n.* Dicke *f.*
thin-emulsion film Dünnschichtfilm *m.*;
~**-film component** Dünnfilmbaustein
m.; ~**-film technique** Dünnfilmtechnik
f.; ~ **clients** netzangebundene PCs *m. pl.*
(IT)
third-octave bandwidth noise
terzbandbreites Rauschen; ~**-octave
noise** Terzrauschen *n.*; ~**-order
harmonic distortion** kubischer
Klirrfaktor; ~ **parties** Dritte *pl.*; ~
party Fremdrechte *n. pl.*; ~**-party
manufacturer** Fremdhersteller *m.* (IT)
Thomson filter Thomsonfilter *m.*
thread *n.* Gewinde *n.*; **to** ~ **a film** Film
einlegen; ~ **of screw** Windung *f.*; ~ **up**
v. (cam.) einlegen *v.*
threaded stud Gewindestift *m.*
threading *n.* (cam.) Filmeinlegen *n.*
three-axis stabilization
Dreiachsenstabilisierung *f.* (Sat); ~**-
colour method** Dreifarbenverfahren *n.*;
~**-colour process** Dreifarbensystem *n.*,
Dreifarbenverfahren *n.*; ~**-dimensional
television** dreidimensionales Fernsehen;
~**-gun colour tube** Dreistrahlröhre *f.*;
~**-phase circuit** Drehstromnetz *n.*; ~**-
phase current** Drehstrom *m.*; ~**-phase
distribution system**
Sternverteilungssystem *n.*; ~**-phase
mains** Dreiphasennetz *n.*; ~**-phase
mains supply** Kraftnetz *n.*; ~**-phase
network** Dreiphasennetz *n.*; ~**-phase
synchronous motor**
Drehstromsynchronmotor *m.*; ~**-pole**
adj. dreipolig *adj.*; ~**-way combination**
Dreiwegekombination *f.*; ~**-party
conference** Dreierkonferenz *f.* (Tel)
threshold *n.* Schwelle *f.*; ~ **level**
Schwellwert *m.*; ~ **of discrimination**
Unterscheidungsschwelle *f.*; ~ **of pain**
Schmerzschwelle *f.*, Schmerzgrenze *f.*;
~ **of sensation** Reizschwelle *f.*; ~ **of
stimulation** Reizschwelle *f.*; ~ **shift**
Schwellenabwanderung *f.*; ~ **value**
Schwellwert *m.*
thriller *n.* Thriller *m.*; ~ (coll.)
Kriminalfilm *m.*, Krimi *m.* (fam.)
throat microphone Kehlkopfmikrofon *n.*
through-connection *n.* Durchschleifung *f.*;
~**-connection junction box** (aerial)

Durchgangsdose *f.*; ~-**dialling** *n.* (tel.)
Durchwahl *f.*

throw *n.* Projektionsentfernung *f.*

thumbnail *n.* Miniaturansicht *f.* (IT)

thyristor *n.* Thyristor *m.*

ticker *n.* (coll.) Fernschreiber *m.*, Ticker *m.* (fam.)

ticket office Veranstaltungsbüro *n.*

tidy up *v.* (coll.) (tape) nachschneiden *v.*

tie line Rangierleitung *f.*

tight, too ~ (pict.) zuwenig Luft

tighten up *v.* (script) einstreichen *v.*, zusammenstreichen *v.*, raffen *v.*; ~ **up** *v.* (zoom) nachziehen *v.*

tilt *v.* kippen *v.*, neigen *v.*, senkrecht schwenken, senkrechter Schwenk, Senkrechtschwenk *m.*; **to** ~ **the camera** Kamera kippen; ~ **angle** Neigungswinkel *m.*; ~ **head** Neigekopf *m.*; ~ **shot** (cam.) Draufsicht *f.*

tilting *n.* senkrechter Schwenk, Senkrechtschwenk *m.*; ~ **mirror** Drehspiegel *m.*

timbre *n.* Klangfarbe *f.*, Tonfarbe *f.*

time-delayed circuit-breaker Schütz mit Schaltverzögerung; ~ (US) (FP) entzerren *v.*; ~ **Zeit** *f.*; ~ (beat) Takt *m.*; ~ (of the day) Uhrzeit *f.*; ~ **ahead** (of an event) Vorlauf *m.* (zeitlich); ~ **allocation** Zeiteinteilung *f.*; ~ **allotment** Zeiteinteilung *f.*; ~ **announcement** (R) Zeitansage *f.*; ~- **average sound pressure level** Mittelungspegel *m.*; ~ **base** Zeitbasis *f.*, Zeitablenkung *f.*; ~ **base correction** Zeitfehlerkorrektur *f.*; ~ **base corrector** Zeitfehlerausgleicher *m.*; ~-**base deflection** Zeitablenkung *f.*; ~ **base error** Zeitfehler *m.*; ~-**base error correction** (VTR) Zeitfehlerkorrektur *f.*; ~-**base generator** Zeitablenkgenerator *m.*, Ablenkgenerator *m.*; ~ **calibration** Zeiteichung *f.*; ~ **check** (R) Zeitansage *f.*; ~ **code** Zeitcode *m.*; ~-**constant** *n.* Zeitkonstante *f.*; ~ **consuming** zeitraubend *adj.*; ~ **delay** Schaltverzögerung *f.*; ~ **difference** Zeitunterschied *m.*; ~ **division multiplex** Zeitmultiplex *n.*; ~-**division multiplex decoder** Zeitmultiplexdekoder *m.*; ~ **exposure** Zeitaufnahme *f.*; ~ **for reversal**

Umschaltzeit *f.*; ~ **lag** Zeitversatz *m.*, Verzögerung *f.*; ~ **lapse** Zeitraffer *m.*; ~-**lapse equipment** Zeitraffer *m.*; ~-**lapse shooting** Zeitrafferaufnahme *f.*; ~ **leap** Zeitsprung *m.*; ~-**lens** *n.* Zeitlupe *f.*; ~ **limiting** Befristung *f.*; ~-**link** *n.* Zwischentitel *m.*; ~ **marker** Zeitmarke *f.*; ~-**marker generator** Zeitmarkengenerator *m.*; ~ **of transmission** Sendezeit *f.*; ~ **or period of vibration or oscillation** Schwingungsdauer *f.*; ~ **pips** *n. pl.* Zeitzeichen *n.*; ~ **recorder** Zeitzähler *m.*; ~-**schedule** *n.* Zeitplan *m.*; ~ **sequence** Zeitablauf *m.*; ~-**sharing mode** (IT) Teilnehmerbetrieb *m.*; ~ **shift** Zeitverschiebung *f.*; ~ **shot** Zeitaufnahme *f.*; ~ **signal** Zeitzeichen *n.*, Zeitsignal *n.*; ~ **signal receiver** Zeitzeichenempfänger *m.*; ~-**table** *n.* Zeitplan *m.*, Dienstplan *m.*; ~ **delay** Zeitverzögerung *f.*

timer *n.* (FP) Lichtbestimmer *m.*, Belichtungsuhr *f.*; ~ (US) (FP) Entzerrer *m.*; ~ Zeitgeber *m.* (IT)

timing *n.* Timing *n.*, Zeitfestsetzung *f.*; ~ (FP) Lichtbestimmung *f.*; ~ Laufzeit *f.*, Zeiteinteilung *f.*, Zeitmessung *f.*; ~ (US) (FP) Entzerrung *f.*; ~ **pulse** Zeitimpuls *m.*, Taktimpuls *m.*; ~ **signal** Zeitsignal *n.*; ~ **signal generator** Zeitgeber *m.* (IT)

tint *n.* Farbton *m.*

tinting *n.* Einfärbung *f.*; ~ **equipment** Einfärbgerät *n.*

tip *n.* Hinweis *m.*, Tip *m.*, Wink *m.*, Aizes *m. pl.* (fam.); ~ **engagement** Kopfeindringtiefe *f.*; ~-**off** *n.* Hinweis *m.*, Tip *m.*, Wink *m.*; ~ **of synchronising pulses** Impulsboden *m.*; ~ **penetration** Kopfeindringtiefe *f.*; ~ **projection** Kopfvorsprung *m.*, Kopfvorstand *m.*; ~-**protection** *n.* Kopfüberstand *m.*

tipo penetration Kopf/Bandkontakt *m.*

tissues *n. pl.* (make-up) Abschminkpapier *n.*

title *v.* betiteln *v.*, titeln *v.*, Titel *m.*; **moving** ~ wandernder Titel; **overlay** ~ einkopierter Titel; **superimposed** ~ einkopierter Titel; **to fade in** ~ **music** Titelmusik aufziehen; **to mount** ~ Titel aufziehen; **working** ~ Arbeitstitel *m.*,

vorläufiger Titel, Werktitel *m.*; ~
background Titeluntergrund *m.*; ~ **card**
Titelvorlage *f.*; ~ **lettering** Titelschrift
f.; ~-**link** *n.* Zwischentitel *m.*; ~ **music**
Titelmusik *f.*; ~ **negative** Titelnegativ
n.; ~ **positive** Titelpositiv *n.*; ~ **printer**
Titelgerät *n.*, Titelmaschine *f.*; ~ **role**
Titelrolle *f.*; ~ **roll** Titelrolle *f.*; ~
sequence Titelliste *f.*; ~ **strip** Titelband
n.; ~ **bar** Titelzeile *f.* (IT)
titler *n.* Titelgerät *n.*, Titelmaschine *f.*
titles *n. pl.* Filmvorspann *m.*; **roller** ~ *n.
pl.* rollender Titel; **to mount** ~ Titel
aufziehen; ~ **easel** Titelständer *m.*; ~
planning meeting Titelkonferenz *f.*
titling artist Titelanfertiger *m.*,
Titelzeichner *m.*; ~ **bench** Titelbank *f.*;
~-**bench work** Titelaufnahme *f.*
TK (s. telecine)
to cut a negative Negativ abziehen; ~ **put
out test card** Testbild aufschalten; ~ **be
a hit** *v.* (prog.) ankommen *v.*; ~ **be
absent** fehlen *v.* (IT); ~ **be missing**
fehlen *v.* (IT); ~ **lead in** antexten *v.*
toggle change-over switch
Kippumschalter *m.*; ~ **switch**
Kippschalter *m.*
tolerable *adj.* tolerierbar *adj.*
tolerance *n.* Toleranz *f.*, Spielraum *m.*,
Verträglichkeit *f.*; ~ **curve**
Toleranzkurve *f.*; ~ **limit**
Toleranzgrenze *f.*; ~ **mask**
Toleranzmaske *f.*; ~ **tube**
Toleranzschlauch *m.*; ~ **value**
Toleranzwert *m.*; ~ **zone** Toleranzfeld
n.
TOM (s. technical operations manager)
tomfoolery *n.* Posse *f.*
tonal value Grauwert *m.*
tonality *n.* Klangfarbe *f.*, Tonung *f.*
tone *v.* (col.) abstufen *v.*; ~ Klang *m.*, Laut
m., Ton *m.*, Tonung *f.*, Abstimmton *m.*;
~ (coll.) Farbton *m.*; **to send** ~ Meßton
aufschalten; ~ **colour** Klangfarbe *f.*; ~
control Klangblende *f.*, Klangregler *m.*,
Klangfarbenregelung *f.*, Klangsteller *m.*;
~ **correction** Klangfarbenkorrektur *f.*;
~ **frequency run** Wobbelton *m.*; ~
quality Klangfarbe *f.*, Tonqualität *f.*; ~
wheel (VTR) Tachoimpulsrad *n.*; ~
reproduction Tonwertwiedergabe *f.*
tongue *n.* (mus.) Zunge *f.*

tool *n.* Hilfsprogramm *n.* (IT), Tool *n.*; ~
bar Symbolleiste *f.* (IT)
toolkit *n.* Toolkit *n.* (IT)
toothed wheel Zahnrad *n.*; ~ **wheel rim**
Zahnkranzrolle *f.*
top cut Höhenabschwächung *f.*; ~-**cut
filter** Höhensperre *f.*; ~ **feed**
Höheneinspeisung *f.*; ~ **frequencies**
hohe Tonfrequenzen; ~ **light** Oberlicht
n.; ~ **lighting** senkrechte Lichtleiste,
Oberlicht *n.*; ~ **heavy form** Anti-
Klimax *f.* (Nachrichten); ~-**level
domain** Topleveldomäne *f.* (IT); ~-**of-
file** Dateianfang *m.* (IT)
topic *n.* Thema *n.*; ~ (of conversation, of
discussion) Gesprächsthema *n.*; ~ **for
discussion** Diskussionsthema *n.*
topical *adj.* zeitnah *adj.*, aktuell *adj.*; **of** ~
interest aktuell *adj.*; ~ **comment**
Zeitkritik *f.*; ~ **events** Aktualitäten *f. pl.*;
~ **magazine** (prog.) Umschau *f.*; ~
reports aktuelle Berichte
TOPICS system TOPICS-System *n.*
topology *n.* Topologie *f.* (IT)
toroidal core (IT) Ringkern *m.*; ~
transformer Ringübertrager *m.*
torque *n.* Drehmoment *m.*; ~-**limiter** *n.*
Drehmomentbegrenzer *m.*
total circulating capacity Umlaufmenge
f.; ~ **costs** Gesamtkosten; ~ **dubbing**
Vollsynchronisation *f.*; ~ **failure**
Totalausfall *m.*; ~ **harmonic disortion**
Gesamtklirrfaktor *m.*; ~ **harmonic
distortion factor** Gesamtklirrfaktor *m.*;
~ **view** Totale *f.*; ~ **costs** Gesamtkosten
f. pl.
totaliser *n.* Summierer *m.*
touch up *v.* retuschieren *v.*; ~ **pad**
Touchpad *n.* (IT); ~ **screen** *n.*
berührungssensitiver Bildschirm *m.*; ~-
screen *n.* Sensorbildschirm *m.*; ~-
sensitive display Sensorbildschirm *m.*;
~-**tone telephone** Tastenfernsprecher
m. (Tel)
touring cinema Wanderkino *n.*
town mains *n. pl.* Stadtnetz *n.*
TR (s. telerecording)
trace *n.* Spur *f.*; ~ **route** Trace-Route *f.*
(IT)
traced design Pause *f.*
tracing *n.* Pause *f.*
track *v.* nachführen *v.*; ~ (shot)

Fahraufnahme *f.*, Fahrt *f.*; ~ (dolly)
Laufschiene *f.*; ~ (tape) Spur *f.*, Band *n.*;
~ Spur *f.* (EDV); ~ **adaption effect**
Spuranpassungseffekt *m.*; ~ **adjustment**
Spureinstellung *f.*; ~ **configuration**
Spurnormen *f. pl.*; ~ **dolly**
Schienenwagen *m.*; ~ **error angle**
Spurfehlerwinkel *m.*; ~ **in** *v.* Kamera
vorwärts fahren, vorwärts fahren,
vorfahren *v.*; ~-**in** *n.* (cam.) Vorfahrt *f.*;
~ **out** *v.* Kamera rückwärts fahren,
rückwärts fahren; ~ **pitch** Spurabstand
m.; ~ **placement** Spurlage *f.*; ~
position Spurlage *f.*; ~-**round** *n.*
Kreisfahrt *f.*; ~ **setting** Spureinstellung
f.; ~ **width** Spurbreite *f.*; ~ **width**
(cam.) Abtastbreite *f.*; ~ **ball** Track-Ball
m.
tracker *n.* Kamerafahrer *m.*, Dollyfahrer
m.
tracking *v.*, Nachführung *f.*, Tracking *n.*;
~ (sync) Gleichlauf *m.*; ~ **back**
Kamerafahrt rückwärts, Rückfahrt *f.*; ~
error Gleichlauffehler *m.*; ~ **in**
Kamerafahrt vorwärts; ~ **line**
Kameraweg *m.*; ~ **out** Kamerafahrt
rückwärts, Rückfahrt *f.*; ~ **shot**
Fahraufnahme *f.*, Fahrt *f.*; ~ **generator**
Mitlaufgenerator *m.* (meßtech.)
trade follomer Nachsteuerung *f.*; ~
showing (F) Interessentenvorführung *f.*
trademark *n.* Markenzeichen *n.*
traffic by satellite Satellitenverkehr *m.*; ~
news (R) Verkehrshinweise *m. pl.*; ~ **&**
continuity Ablaufredaktion *f.*; ~
analysis Verkehrsmessung *f.*; ~ **data**
Verkehrsdaten *pl.* (IT); ~ **information**
service Verkehrsinfoservice *m.* (IT); ~
measurement Verkehrsmessung *f.*; ~
message channel (TMC)
Verkehrsnachrichtenkanal *m.* (IT); ~
message service
Verkehrsnachrichtendienst *m.* (IT); ~
news Verkehrsnachrichten *f. pl.* (IT); ~
telematics Verkehrstelematik *f.*
tragedy *n.* Tragödie *f.*
trail *v.* (R, TV) ankündigen *v.*
trailer *n.* (F) Vorschau *f.*; ~ (prog.)
Programmankündigung *f.*, Trailer *m.*; ~;
~ (tape) Endband *n.*; **to attach** ~ **tape**
Endband kleben; ~ **statement** (IT)
Endanweisung *f.*; ~ **tape** Endband *n.*; ~

Aussteiger *m.* (Abmoderation,
Moderationsausstieg, letzte Meldung der
Nachrichtensendung)
trailing edge Rückflanke *f.*
trainee *n.* Praktikant *m.*, Volontär *m.*
training and further training (further
education) Aus- und Fortbildung *f.*; ~
film Lehrfilm *m.*, Erziehungsfilm *m.*; ~
studio Versuchsstudio *n.*
trajectory *n.* Flugbahn *f.*
transaction *n.* Transaktion *f.*; ~ **form**
Vorgangsformular *n.*; ~ **status**
Vorgangsstatus *m.*
transatlantic circuit Transatlantikleitung
f.
transceiver *n.* Sendeempfangsgerät *n.*
transcoder *n.* Farbnormwandler *m.*,
Farbumkodierer *m.*, Transkoder *m.*,
Umkodierer *m.*, Transcoder *m.*
transcoding *n.* Transkodierung *f.*,
Umkodierung *f.*, Dekodierung *f.*,
Transcodierung *f.*
transconductance *n.* (tube) Steilheit *f.*
transcribe *v.* (script) ausschreiben *v.*; ~
(tape) überspielen *v.*
transcription *n.* (tape) Tonaufnahme *f.*,
Überspielung *f.*; ~ **service**
Transkriptionsdienst *m.*
transcrypt *n.* Transcrypt (Pay-TV)
transduced gain
Übertragungsleistungsverstärkung *f.*
transducer *n.* Wandler *m.*, Transduktor *m.*
transfer *v.* überspielen *v.*, umschneiden *v.*,
umspielen *v.*, Überspielung *f.*,
Umschneiden *n.*, Umschnitt *m.*,
Umspielung *f.*, Übergabe *f.*; **magnetic** ~
Überspielung von Licht- auf Magnetton;
optical ~ Überspielung von Magnet-
auf Lichtton; ~ **characteristic curve**
Schwärzungskurve *f.*; ~ **constant**
Übertragungskonstante *f.*,
Übertragungsmaß *n.*; ~ **function**
Übertragungsfunktion *f.*; ~ **impedance**
Kopplungswiderstand *m.*; ~ **level**
Übergabepegel *m.*; ~ **of rights**
Rechteübertragung *f.*; ~ **orbit**
Transferbahn *f.*; ~ **resistance**
Übergangswiderstand *m.*; ~
characteristic Übertragungskennlinie *f.*;
~ **to external storage** auslagern
transform *v.* umwandeln *v.*, umsetzen *v.*
transformation *n.* Umwandlung *f.*,

Umsetzung *f.*; ~ **line**
Transformationsleitung *f.*; ~ **ratio**
Übersetzungsverhältnis *n.*
transformer *n.* Transformator *m.*, Trafo
m. (fam.), Übertrager *m.*; **balanced** ~
Symmetrieübertrager *m.*; **balanced-to-unbalanced** ~ Symmetrieglied *n.*;
continuously variable ~
Stelltransformator *m.*; **differential** ~
Differentialübertrager *m.*; **rotary** ~
rotierender Transformator, rotierender
Übertrager; ~ **station**
Transformatorstation *f.*; ~ **trailer**
Transformatorwagen *m.*; ~ **truck**
Transformatorwagen *m.*
transient distortion Verzerrung durch
Ein- und Ausschwingvorgänge; ~
response Flankenwiedergabe *f.*,
Sprungkennlinie *f.*, Einschwingverhalten
n.; ~ **suppression pulse**
Schaltstörunterdrückungsimpuls *m.*; ~
system fault Netzwischer *m.*
transistor *n.* Transistor *m.*; ~ **socket**
Transistorfassung *f.*
transistorisation *n.* Transistorisierung *f.*
transistorise *v.* transistorisieren *v.*
transistorised *adj.* transistorisiert *adj.*,
transistorbestückt *adj.*; ~ **receiver**
Transistorempfänger *m.*
transit *n.* Transit *n.*; ~ **circuit**
Transitleitung *f.*; ~ **time** Ansprechzeit *f.*,
Durchlaufzeit *f.*, Laufzeit *f.*; ~**-time**
distortion Laufzeitverzerrung *f.*; ~
exchange Knotenvermittlung
transition *n.* Übergang *m.*; ~ (F)
Übergangsszene *f.*; ~ **frequency**
Sprungfrequenz *f.*, Übergangsfrequenz
f.; ~ **point** (elec.) Kippunkt *m.*; ~
resistance Übergangswiderstand *m.*; ~
scene Übergangsszene *f.*; ~ **Überleitung**
f.; ~ **jingle** Brückenjingle *m.*
translation *n.* (transmitter) Umsetzung *f.*
translator *n.* (transmitter) Umsetzer *m.*
translucent screen Rückproschirm *m.*
transmission *n.* Sendung *f.*,
Rundfunksendung *f.*; ~ (tech.)
Übertragung *f.*, Übermittlung *f.*,
Ausstrahlung *f.*, Abstrahlung *f.*; ~
(mech.) Übersetzung *f.*; ~
(transmittance) Durchlässigkeit *f.*;
acoustic ~ **system** akustisches
Übertragungssystem; **checked for** ~ zur

Sendung; **radio** ~ (WT) drahtlose
Übertragung; **sequential** ~ sequentielle
Übertragung; **stereo** ~ **system**
stereofone Übertragungsanlage; **to run a**
~ Sendung fahren; ~ **area** Sendebereich
m., Sendegebiet *n.*, Anstaltsbereich *m.*;
~ **capacity** Übertragungskapazität *f.*; ~
centre Sendezentrum *n.*; ~ **chain**
Übertragungskette *f.*; ~ **channel**
Übertragungskanal *m.*,
Übertragungsweg *m.*; ~ **characteristic**
Durchlaßkurve *f.*; ~ **circuit** Sendestraße
f., Sendeweg *m.*, Übertragungsleitung *f.*;
~ **coefficient** Übertragungskoeffizient
m.; ~ **constant** Übertragungskonstante
f.; ~ **control** Sendesteuerung *f.*; ~ **copy**
Sendekopie *f.*, Abnahmekopie *f.*; ~
costs Übertragungskosten plt.; ~ **curve**
Übertragungskurve *f.*; ~ **distortion**
Übertragungsverzerrung *f.*; ~ **dynamics**
Übertragungsdynamik *f.*; ~ **factor**
Übertragungsmaß *n.*; ~ **fault**
Übertragungsfehler *m.*; ~ **gamma**
Kontrastübertragungsfunktion *f.* (KÜF);
~ **label** Sendepaß *m.*; ~ **level**
Übertragungspegel *m.*; ~ **line**
Übertragungsleitung *f.*, Zubringerleitung
f., Zubringer *m.* (fam.); ~ **line** (aerial)
Antennenleitung *f.*; ~ **link**
Übertragungsstrecke *f.*; ~ **loss**
Durchgangsdämpfung *f.*,
Übertragungsverlust *m.*,
Übertragungsdämpfung *f.*; ~**-measuring**
set Pegelmesser *m.*; ~ **medium**
Übertragungsweg *m.*,
Übertragungsmedium *n.*; ~ **method**
Übertragungsverfahren *n.*; ~ **monitor**
Hauptmonitor *m.*; ~ **of pre-recorded**
material Bandsendung *f.*; ~ **of sports**
event Sportübertragung *f.*; ~ **path**
Übertragungsweg *m.*; ~ **permit**
Sendegenehmigung *f.*; ~ **planning**
Übertragungsplanung *f.*; ~ **primaries**
Übertragungsprimärvalenzen *f. pl.*; ~
print (F) Sendekopie *f.*, Abnahmekopie
f.; ~ **process** Sendeverfahren *n.*; ~
range Reichweite *f.*, Sendebereich *m.*,
Anstaltsbereich *m.*, Sendegebiet *n.*,
Übertragungsbereich *m.*; ~ **ratio**
Übersetzungsverhältnis *n.*; ~ **right**
Übertragungsrecht *n.*; ~ **rights**
Übertragungsrechte *n. pl.*, Senderechte

n. pl.; ~ **route** Trasse *f.*; ~ **satellite**
Übertragungssatellit *m.*; ~ **schedule**
Sendeplan *m.*, Sendeablaufplan *m.*; ~
speed Übertragungsgeschwindigkeit *f.*
(EDV); ~ **standard** Übertragungsnorm
f.; ~ **switch** Sendeschalter *m.*; ~ **system**
Übertragungssystem *n.*,
Übertragungsverfahren *n.*; ~ **tape**
Sendeband *n.*, Sendekopie *f.*,
Abnahmekopie *f.*, Sendetonband *n.*; ~
time Sendezeit *f.*, Übertragungszeit *f.*,
Übermittlungsdauer *f.*; ~ **title** Sendetitel
m.; ~ **tower** Sendeturm *m.*; ~ **via**
satellite Satellitenfunk *m.*; ~ **data**
Sendedaten *f. pl.* (IT); ~ **medium**
Übertragungsmedium *n.*; ~ **plan**
Programmausdruck *m.*; ~ **recording**
Sendungsmitschnitt *m.*; ~ **request**
Sprechaufforderung *f.* (Tel); ~
technician Sendetechniker *m.*

transmit *v.* senden *v.*, übertragen *v.*,
ausstrahlen *v.*, abstrahlen *v.*, übermitteln
v.; ~ (mech.) übersetzen *v.*; **to ~ over**
closed circuit überspielen *v.*

transmittance *n.* Durchlässigkeit *f.*,
Transmittanz *f.*, Transmissionsgrad *m.*;
~ **factor** Durchlässigkeitsgrad *m.*

transmitted energy Strahlungsenergie *f.*;
~ **modulation** Sendemodulation *f.*

transmitter *n.* Sender *m.*, Sendernetz *n.*;
colour-capable ~ farbtüchtiger
Fernsehsender; **mobile** ~ fahrbarer
Sender, beweglicher Sender; **portable** ~
tragbarer Sender; **to receive a** ~ Sender
bekommen, Sender einfangen; ~
amplifier Senderverstärker *m.*; ~ **chain**
Senderkette *f.*; ~ **chain identification**
Senderkettenkennung *f.*; ~ **complex**
Senderkomplex *m.*, Senderanlage *f.*; ~
control room Senderbetriebszentrale *f.*;
~ **distribution network** Sendeschiene
f.; ~ **engineer** Senderingenieur *m.*,
Sendertechniker *m.*; ~ **engineering**
Senderbetriebstechnik *f.*, Sendertechnik
f.; ~ **equipment** Senderausrüstung *f.*; ~
mast Sendemast *m.*; ~ **monitoring**
Senderüberwachung *f.*; ~ **network**
Sendergruppe *f.*, Sendernetz *n.*; ~
operations *n. pl.* Senderbetrieb *m.*; ~
output Senderausgang *m.*; ~ **output**
power Senderleistung *f.*; ~ **power**
Senderleistung *f.*; ~ **power output**

Sendeleistung *f.*; ~ **preemphasis**
Sendervorentzerrung *f.*; ~ **selection**
Senderwahl *f.*; ~ **site** Senderstandort *m.*;
~ **technician** Sendetechniker *m.*; ~
tube Senderöhre *f.*; ~ **tuning**
Senderabstimmung *f.*; ~ **valve**
Senderöhre *f.*; ~ **signalling**
Sendersignalisierung *f.*

transmitting aerial Sendeantenne *f.*; ~
end Senderseite *f.*, Geberseite *f.*,
senderseitig *adj.*; ~ **frequency**
Sendefrequenz *f.*; ~ **frequency range**
Sendeband *n.*; ~ **ground station**
Sendeerdfunkstelle *f.*; ~ **installation**
Sendeanlage *f.*; ~ **location**
Übertragungsort *m.*; ~ **microphone**
Sendemikrofon *n.*; ~ **power**
Sendeleistung *f.*; ~ **site** Sendestation *f.*;
~ **station** Sendeanlage *f.*, Sendestation
f., Senderanlage *f.*, Senderkomplex *m.*;
~ **system** Sendeverfahren *n.*

transparency *n.* Durchsichtigkeit *f.*,
Transparenz *f.*, Deutlichkeit *f.*; ~ (slide)
Diapositiv *n.*, Dia *n.*, Lichtbild *n.*; ~
cassette Kassettenrahmenträger *m.*; ~
effect Nachzieheffekt *m.*; ~ **mount**
Diarahmen *m.*

transparent colour Lasurfarbe *f.*; ~ **ink**
Lasurfarbe *f.*; ~ **screen**
Transparenzschirm *m.*

transponder *n.* Transponder *m.*

transport *n.* Fahrbereitschaft *f.*, Transport
m.; ~ **layer** Transportebene *f.*; ~
manager Fahrdienstleiter *m.*; ~
mechanism Laufwerk *n.*; ~ **officer**
Fahrbereitschaftsleiter *m.*; ~ **roller**
Transportrolle *f.*; ~ **layer**
Transportschicht *f.* (ISO/OSI-
Schichtenmodell); ~ **stream** (TS)
Transportstrom *m.*

transportable *adj.* transportabel *adj.*;
(OSI::)~ **uplink** (satellite) Fly away

transpose *v.* umsetzen *v.*

transversal recording
Querspuraufzeichnung *f.*

transverse head Transversalkopf *m.*; ~
magnetisation
Transversalmagnetisierung *f.*,
Quermagnetisierung *f.*; ~ **recording**
Querschriftaufzeichnung *f.*,
Querspuraufzeichnung *f.*,
Transversalaufzeichnung *f.*; ~ **scan**

Querschriftaufzeichnung *f.*,
Querspuraufzeichnung *f.*; ~ **signal**
Transversalwelle *f.*; ~ **system**
Querspurverfahren *n.*; ~ **wave**
Querwelle *f.*, transversale Welle
trap *n.* Falle *f.*; ~ **amplifier**
Trennverstärker *m.*; ~ **circuit** Bildfalle
f.; ~-**valve amplifier** Trennverstärker
m.
trapdoor *n.* Versenkvorrichtung *f.*
trapezium distortion Trapezverzerrung *f.*
travel *n.* (appar.) Lauf *m.*; **application for**
~ **allowances** Reisekostenantrag *m.*; ~
allowances Reisespesen plt.; ~
allowances clerk Reisekostenstelle *f.*; ~
application form Dienstreiseantrag *m.*;
~ **authorisation** Dienstreiseauftrag *m.*;
~ **diary** Reisetagebuch *n.*; ~ **direction**
(tape) Bandlaufrichtung *f.*; ~ **expenses**
Reisekosten plt.; ~ **expenses claim**
Reisekostenabrechnung *f.*; ~ **ghost**
ziehende Blende
travelling matte process Travelling-
Matte-Verfahren *n.*,
Wandermaskenverfahren *n.*; ~ **shot**
Fahraufnahme *f.*, Fahrt *f.*, Kamerafahrt
f.; ~-**wave tube** Wanderfeld-Röhre *f.*;
~-**wave tube** (TWT) Wanderfeldröhre *f.*
travelogue *n.* Reisebericht *m.*; ~ (F)
Reisefilm *m.*
traverse *v.* (elec.) durchlaufen *v.*
tray *n.* Trog *m.*, Ablage *f.*
treat *v.* (story) aufziehen *v.*, bearbeiten *v.*
treatment *n.* (F) Bearbeitung *f.*,
Verarbeitung *f.*; ~ (script) Treatment *n.*
treble *n.* Hochton *m.*, Höhen *f. pl.*; ~
(frequencies) Höhen *f. pl.*; ~ **absorber**
Höhenabsorber *m.*; ~ **attenuation**
Höhenabschwächung *f.*; ~ **boost**
Höhenanhebung *f.*; ~ **correction**
Höhenentzerrung *f.*; ~ **cut**
Höhenabschwächung *f.*; ~ **equalisation**
Höhenentzerrung *f.*; ~ **loudspeaker**
Hochtonlautsprecher *m.*
trebles *n. pl.* hohe Tonfrequenzen
Trellis coding Trellis-Codierung *f.*
triac *n.* (elec.) Triac *m.*
triad *n.* Dreiklang *m.*
trial *n.* Probe *f.*, Versuch *m.*; ~
programme Testsendung *f.*; ~ **run**
Durchlauf-Probe *f.* (s. Durchlauf); ~
shot Probeaufnahme *f.*; ~ **take** heiße

Probe; ~ **transmission**
Versuchsabstrahlung *f.*,
Versuchsübertragung *f.*
triangle mesh Dreiecksnetz *n.*
triangular oscillation Dreieckschwingung
f.; ~ **wave** Dreieckschwingung *f.*
trichromatic coefficients Farbwertanteile
m. pl.; ~ **process** Dreifarbenverfahren
n.; ~ **response** Farbmischkurven *f. pl.*
trick button Tricktaste *f.*
tricolour system Dreifarbensystem *n.*
trigger *v.* ansteuern *v.*, anstoßen *v.*,
triggern *v.*, Trigger *m.*; **bistable** ~ (IT)
bistabiler Multivibrator, bistabile
Kippschaltung, Flip-Flop-Schaltung *f.*;
~ **circuit** (IT) Kippschaltung *f.*
triggered time base getriggerte Zeitbasis,
angestoßene Zeitbasis
trim *v.* kürzen *v.*, überarbeiten *v.*,
zusammenstreichen *v.*, tressieren *v.*
trimmer *n.* Trimmer *m.*
trimming *n.* Feineinstellung *f.*; ~
apparatus Nachstimmgerät *n.*; ~ **filter**
Korrekturfilter *m.*; ~ **potentiometer**
Trimmpotentiometer *n.*; ~ **resistor**
Trimmwiderstand *m.*
trims *n. pl.* (F) Schnittmaterial *n.*; **to hang**
up ~ an den Filmgalgen hängen; ~ **bin**
Galgen *m.*, Filmgalgen *m.*
trip *v.* auslösen *v.*, Reise *f.*; ~ **button**
Auslösetaste *f.*
triple *n.* Tripel *n.*
triplet *n.* Tripel *n.*
tripod *n.* Dreifuß *m.*, Stativ *n.*; **collapsible**
~ ausziehbarer Dreifuß; **extensible** ~
ausziehbarer Dreifuß; **telescopic** ~
ausziehbares Stativ; **wooden** ~
Holzstativ *n.*; ~ **base** Stativspinne *f.*; ~
dolly Stativfahrwagen *m.*; ~ **extension**
Stativverlängerung *f.*; ~ **head**
Stativkopf *m.*
tristimuli, chromatic ~ trichromatische
Farbkoeffizienten
tristimulus value offset
Farbwertverschiebung *f.*; ~ **values**
Farbwerte *m. pl.*; ~ **value shift**
Farbwertverschiebung *f.*; ~ **values**
monitor Farbwertkontrollgerät *n.*,
Farbwertoszillograf *m.*,
Farbwertoszilloskop *n.*
triviality *n.* Geringfügigkeit *f.*
trolley *n.* Laufkatze *f.*

troop *n.* Ensemble *n.*
troposcatter *n.* troposphärische Streuung
tropospheric *adj.* troposphärisch *adj.*; ~
  duct propagation troposphärische
  Ductausbreitung *f.*
trouble-hunting *n.* Fehlersuche *f.*; ~-
  shooting *n.* Fehlersuche *f.*,
  Störungsbeseitigung *f.*; ~ **ticket**
  Problembeschreibung *f.* (IT)
trough *n.* Trog *m.*, Wanne *f.*
truck shot Fahraufnahme *f.*, Fahrt *f.*
true value Istwert *m.*
truncation *n.* Beschneidung *f.*, Kürzung *f.*,
  Reduzierung *f.*
trunk distributing frame (US)
  Hauptverteiler *m.*; ~ **line** Fernleitung *f.*,
  Stammleitung *f.*, Verbindungskabel *n.*;
  ~ **line distribution**
  Stammleitungsverteilung *f.*; ~-**line**
  system Fernleitungsnetz *n.*; ~ **network**
  Fernleitungsnetz *n.*; ~
  Verbindungsleitung *f.*; ~ **area**
  Weitverkehrsbereich *m.* (Tel); ~ **circuit**
  Verbindungsleitung *f.*; ~ **distribution**
  Hauptverteiler *m.* (Tel); ~ **group**
  systems Bündelungssysteme *f. pl.* (Tel);
  ~ **line** Verbindungsleitung *f.*; ~
  network Fernnetz; ~ **termination**
  Leitungsanschluss *m.* (Tel)
truth table (IT) Funktionstabelle *f.*,
  Wertetabelle *f.*, Wahrheitstabelle *f.*
try-out *n.* (thea.) Vorpremiere *f.*
TTL (through-the-lens) Objektivmessung
  f.
tub *n.* Wanne *f.*
tube *n.* Röhre *f.*; **implosion-proof** ~
  implosionsgeschützte Röhre; ~ **holder**
  Röhrensockel *m.*; ~ **pole** Rohrmast *m.*;
  ~ **receiver** Röhrenempfänger *m.*
tubular lamp Soffittenleuchte *f.*; ~ **mast**
  Rohrmast *m.*; ~ **scaffolding** Rohrgerüst
  n.
Tuchel-type plug Tuchel *m.* (fam.)
tuition *n.* Unterweisung *f.*
tulle *n.* Tüll *m.*
tumbler switch Kippschalter *m.*
tumbling *n.* (sat.) Taumeln *n.*
tune *v.* abstimmen *v.*, abgleichen *v.*; **to** ~
  to zero beat frequency einpfeifen *v.*; ~
  in *v.* abstimmen *v.*; ~ **in** *v.* (rec.)
  einstellen *v.*; ~ **out** *v.* entkoppeln *v.*; ~

out *v.* (jammer) ausblenden *v.*; ~ **to** *v.*
  abstimmen *v.*
tuned amplifier Resonanzverstärker *m.*; ~
  circuit Schwingkreis *m.*
tuner *n.* Abstimmvariometer *n.*, Tuner *m.*,
  Empfangsteil *n.*, Hörfunkempfangsgerät
  n.
tungsten *n.* Wolfram *n.*; ~ **lamp**
  Nitraphotlampe *f.*; ~ **light** Kunstlicht *n.*,
  Panlicht *n.*
tuning *n.* Abstimmung *f.*; ~ (rec.)
  Senderwahl *f.*; **automatic** ~
  automatische Scharfabstimmung; ~
  accuracy Abstimmgenauigkeit *f.*; ~ **aid**
  Abstimmhilfe *f.* (Akustik); ~ **circuit**
  Abstimmkreis *m.*; ~ **device**
  Abstimmvorrichtung *f.*, Stimmgerät *n.*;
  ~ **display** Abstimmanzeige *f.*; ~
  element Abstimmglied *n.*
  (Ausstrahlung); ~ **fork** Stimmgabel *f.*;
  ~-**in** *n.* Abstimmung *f.*; ~ **indication**
  Abstimmanzeige *f.*; ~ **indicator**
  Abstimmanzeige *f.*; ~ **note** Abstimmton
  m.; ~-**out** *n.* Entkopplung *f.*; ~-**out** *n.*
  (jammer) Ausblenden *n.*, Ausblendung
  f.; ~ **range** Abstimmbereich *m.*,
  Empfangsbereich *m.*, Empfangsgebiet
  n.; ~ **variometer** Abstimmvariometer *n.*
tunnel diode Tunneldiode *f.*; ~-**diode pre-**
  amplifier Vorverstärker mit
  Tunneldiode
turbidity *n.* (FP) Trübung *f.*
turbulence *n.* Strudelbewegung *f.*
turn *n.* Windung *f.*; **in** ~ wechselweise
  adv.; ~ **off** *v.* ausschalten *v.*; ~ **on** *v.*
  anstellen *v.*; ~ **over!** (cam.) Kamera ab!;
  ~-**over frequency** Übergangsfrequenz
  f.; ~ **table** Plattenspieler *f.*; ~ **up** *v.*
  (fader) aufziehen *v.*; ~-**around station**
  Umsetzerstation *f.* (Sat)
turnable short wave curtain antenna
  Kurzwellen-Vorhangantennedrehbare
turning moment Drehmoment *m.*; ~-**off**
  n. Ausschalten *n.*, Ausschaltung *f.*
turnstile *n.* Drehkreuzantenne *f.*; ~ **aerial**
  Kreuzdipol *m.*
turntable *n.* Schallplattenteller *m.*,
  Plattenteller *m.*, Teller *m.*; ~ (appar.)
  Plattenmaschine *f.*, Plattenspieler *m.*; ~
  (deck) Platine mit Bandmaschine,
  Plattenspielerchassis *n.*; ~ **motor**
  Plattenspielermotor *m.*; ~ Drehtisch *m.*

turret head Revolverkopf *m.*; ∼ **rotation** Revolverkopfdrehung *f.*
turtle *n.* (coll.) Babystativ *n.*
TV, 3-D TV dreidimensionales Fernsehen; °∼ FS- (s. Fernseh), ; °∼ (compp.); °∼ (television) TV; °∼ **adaptation** Fernsehadaption *f.*; °∼ **dance troupe** Fernsehballett *n.*; °∼ **editor** Fernsehsendeleitung *f.*; °∼ **exciter** Bildsteuersender *m.*; °∼ **festival** Fernsehfestival *n.*; °∼ **magazine** TV-Magazin *n.*; °∼ **preamplifier** Bildvorstufe *f.* (Ausstrahlung); °∼ **reporter** Bildreporter *m.*; °∼ **set** Fernsehempfangsgerät *n.*; °∼-**switching center** Fernsehschaltstelle *f.*; °∼ **tuner** (Empfangsteil) Fernsehempfangsgerät *n.*
tv guide Fernsehprogrammführer *m.*; ∼ **market** Fernsehmarkt *m.*
tweak *v.* feinabstimmen *v.* (IT)
tweeter *n.* Hochtöner *m.* (s. Hochtonlautsprecher); ∼ (coll.) Hochtonlautsprecher *m.*
twin lead Bandleitung *f.*, Flachkabel *n.*; ∼ **station** Partneranstalt *f.*; ∼ **stock** Zweiebenenantenne *f.*; ∼-**stock aerial** Zweiebenenantenne *f.*; ∼ **track** Doppelspur *f.*; ∼-**track recorder** Doppelspur-Tonbandgerät *n.*; ∼-**track tape recorder** Zweispurmaschine *f.*
twinning *n.* (stations) Partnerschaft *f.*
twist *v.* verdrillen *v.*, Windung *f.*, Verdrehen *n.* (Technik)
twisting *n.* Bandverdrehung *f.*
two-blade shutter Zweiflügelblende *f.*; ∼-**channel** *adj.* zweikanalig *adj.*; ∼-**channel reception** Zweikanalton-Empfang *m.*; ∼-**channel recording** Zweikanalton-Aufnahme *f.*; ∼-**channel sound** Zweikanal-Ton *m.*; ∼-**channel sound identifier** Zweikanal-Ton-Kennung *f.*; ∼-**channel sound reproduction** Zweikanalton-Wiedergabe *f.*; ∼-**channel sound system** Zweikanalton-Verfahren *n.*; ∼-**channel sound technology** Zweikanal-Ton-Technik *f.*; ∼-**channel sound transmission** Zweikanalton-Übertragung *f.*; ∼-**channel transmission** Zweikanalton-Ausstrahlung *f.*; ∼-**level aerial** Zweietagenantenne *f.*; ∼-**phase mains**

n. pl. Zweiphasennetz *n.*; ∼-**pole** *adj.* zweipolig *adj.*; ∼-**pole plug** Stöpsel *m.*; ∼-**port network** Vierpol *m.*; ∼-**resonator klystron** Zweikammer-Klystron *n.*; ∼-**shot** *n.* Zweiereinstellung *f.*; ∼-**tone channel** Zweiton-Kanal *m.*; ∼-**tone coder** Zweiton-Coder *m.*; ∼-**track recorder** Doppelspur-Tonbandgerät *n.*; ∼-**way intercommunication system** Gegensprechanlage *f.*; ∼-**wing shutter** Zweiflügelblende *f.*; ∼-**wire circuit** Zweidrahtleitung *f.*; ∼-**party line** Zweieranschluß *m.* (Tel); ∼-**way alternate communication** Datenübertragung, wechselseitige *f.* (IT); ∼-**way mode** Zweiwegbetrieb *m.* (IT)
TWT (s. travelling-wave tube)
type *n.* Type *f.* (Gerät); ∼ **face** Schriftbild *n.*; ∼ **font** Schriftart *f.*; ∼ **of broadcast** Funkform *f.*, Sendeform *f.*; ∼ **of production** Produktionsart *f.*; ∼ **of programme** Programmsparte *f.*; ∼ **of radio** Sendeform *f.*
typeface chart Schriftarttafel *f.*
typeover mode Überschreibemodus *m.* (IT)
typing pool Schreibbüro *n.*

U

U-certificate *adj.* jugendfrei *adj.*
UHF (s. ultra-high frequencies), ; °∼ **band** Dezimeterwellenbereich *m.*; °∼ **television transmitter** UHF-Fernsehsender *m.*
ULCS (s. Upper Layer Communication Software)
ultra-hard *adj.* ultrahart *adj.*; ∼-**high frequencies** (UHF) Dezimeterwellen *f. pl.* (UHF); ∼-**high frequency** (UHF) ultrahohe Frequenz (UHF), Ultrakurzwelle *f.* (UKW); ∼-**linear circuit** Ultralinearschaltung *f.*; ∼-**sound** *n.* Ultraschall *m.*; ∼-**violet filter** Ultraviolettfilter *m.*

ultrasonic *adj.* Ultraschall- (in Zus.); ~
  delay line Ultraschalleitung *f.*; ~
  cleaning Ultraschallreinigung *f.*
ultrasonics *n.* Ultraschall *m.*
umbrella-type aerial Gitterantenne *f.*
unabridged *adj.* ungekürzt *adj.*
unbalance *n.* Verstimmung *f.*; ~ **of output**
  e.m.f Spannungsunsymmetrie *f.*,
  Spannungsunsymmetriedämpfung *f.*; ~
  of output e.m.f. Spannungsunsymmetrie
  f., Spannungsunsymmetriedämpfung *f.*
unbiased ausgewogen *adj.* (Programm)
unblanking circuit (TV) Zündkreis *m.*; ~
  pulse Helltastimpuls *m.*
unbreakable *adj.* unzerbrechlich *adj.*
uncertainty *n.* Unsicherheit *f.*
unclamped *adj.* ungetastet *adj.*
unclarity *n.* Unklarheit *f.*
unclearness *n.* Unklarheit *f.*
uncoated *adj.* unbeschichtet *adj.*
uncoil *v.* abspulen *v.*
uncoloured *adj.* ungefärbt *adj.*
uncompress *v.* dekomprimieren *v.* (IT)
unconnected *adj.* nicht eingeschaltet *adj.*
uncouple *v.* (mech.) entkuppeln *v.*
uncoupling *n.* (mech.) Entkupplung *f.*
uncut *adj.* ungeschnitten *adj.*; ~ **tape** (R)
  Schnittmaterial *n.*
undamped *adj.* ungedämpft *adj.*; ~ **or**
  non-continuous oscillation
  ungedämpfte Schwingung
undelayed *adj.* unverzögert *adj.*
under-modulation Untersteuerung *f.*
undercurrent relay Unterstromrelais *n.*
underdevelopment *n.* Unterentwicklung *f.*
underexpose *v.* unterbelichten *v.*
underexposure *n.* Unterbelichtung *f.*
underframe *n.* Untergestell *n.*
underground *adj.* unterirdisch *adj.*; ~
  cable Erdkabel *n.*
underlay *v.* (sound) unterschneiden *v.*; ~
  Filmeinblendung *f.*, Filminsert *m.*,
  Unterschnitt *m.*
underlength *n.* Unterlänge *f.*
underload relay Unterspannungsrelais *n.*
undermodulate *v.* untermodulieren *v.*
undermodulation *n.* Untermodulierung *f.*,
  unvollständige Modulation
underrun *v.* (prog.) Sendezeit
  unterschreiten; ~ Zeitunterschreitung *f.*
underrunning voltage Unterspannung *f.*
underscore *v.* betonen *v.*, unterstreichen *v.*

underscripted *adj.* zuviel Luft
underspeed *n.* zu niedrige
  Geschwindigkeit
understanding *n.* Verstand *m.*,
  Verständnis *n.*
understudy *v.* (perf.) einspringen *v.*; ~
  Ersatzbesetzung *f.*, Springer *m.*
  (Aushilfe)
undertaking *n.* Verpflichtung *f.*
undervoltage *n.* Unterspannung *f.*; ~
  relay Unterspannungsrelais *n.*
underwater filming
  Unterwasseraufnahme *f.*; ~ **shot**
  Unterwasseraufnahme *f.*
undistorted *adj.* unverzerrt *adj.*
unedited *adj.* ungeschnitten *adj.*; ~
  (script) unredigiert *adj.*; ~ **commentary**
  Originalbeitrag *m.*
unencrypted *adj.* unverschlüsselt *adj.*
unestablished staff contract Zeitvertrag
  m.
unexposed *adj.* unbelichtet *adj.*
unfair comparative advertising
  Wettbewerbsverzerrung *f.*
unfit for transmission (take) wertlos *adj.*
unfold *v.* aufklappen *v.*
Ungerboeck coding Ungerböck-
  Codierung *f.*
ungraded *adj.* unbewertet *adj.*
ungrounded *adj.* ungeerdet *adj.*, erdfrei
  adj.
uni-pulse signal Kombinationssignal *n.*
unidirectional link gerichtete Verbindung
unified S-band kombiniertes S-Band
  (Sat), USB
unilateral *n.* (TV) unilaterale Sendung; ~
  unilateral *adj.*
uninstall *v.* deinstallieren *v.* (IT)
uninterrupted *adj.* unterbrechungsfrei
  adj.
unipolar *adj.* einpolig *adj.*
uniselector *n.* Drehwähler *m.*
unison *n.* Einklang *m.* (Akustik)
unit *n.* Abteilung *f.*, Einheit *f.*, Einrichtung
  f. (Technik); ~ (appar.) Gerät *n.*;
  interchangeable ~ austauschbare
  Einheit; **plug-in** ~ steckbare Einheit; ~
  of measure Maßeinheit *f.*; ~ **account**
  Einheitenkonto *n.* (Tel); ~ **counter**
  Einheitenzähler *m.* (Tel)
unity gain Verstärkungsfaktor *m.*
universal drive Universalgetriebe *n.*

univibrator *n.* Univibrator *m.*
unjustified print Flattersatz *m.* (IT)
unlace *v.* (proj.) auslegen *v.*; to ~ a film
Film auslegen
unlicensed listener Schwarzhörer *m.*; ~
viewer Schwarzseher *m.*
unlimited *adj.* unbegrenzt *adj.*,
unbeschränkt *adj.*
unload *v.* (cam.) auslegen *v.*; to ~ a
camera Film auslegen
unlocked, to become ~ (pict.) durchfallen
v.
unlocking *n.* (of a circuit) Entriegelung *f.*
(eines Schaltkreises)
unmasked *adj.* (neg.) unmaskiert *adj.*
unmodulated *adj.* unmoduliert *adj.*
unpaid trainee Hospitant *m.*
unpolished script Rohfassung *f.*
unsatisfactory recording schlechte
Aufnahme
unsharp *adj.* unscharf *adj.*
unsharpness *n.* Unschärfe *f.*; ~ due to
movement Bewegungsunschärfe *f.*
unskilled staff Betriebshelfer *m.*; ~
worker Hilfsarbeiter *m.*
unsoldering *n.* Auslöten *n.*; ~ gun
Entlötpistole *f.* (s. Entlötgerät); ~
protection Auslötsicherung *f.*; ~ set
Entlötgerät *n.*, Entlötpistole *f.*
unspool *v.* abspulen *v.*
unsubscribe *v.* Abonnement kündigen (IT)
unsuitable for young people
jugendungeeignet *adj.*
unthread *v.* (cam.) auslegen *v.*; to ~ a
film Film auslegen
unusable *adj.* unbrauchbar *adj.*, wertlos
adj.
unwanted modulation Störmodulation *f.*
unweighted *adj.* unbewertet *adj.*; ~
signal-to-noise ratio
Fremdspannungsabstand *m.*
unwind *v.* abspulen *v.*, abtrommeln *v.*
unwinding *n.* (cable) Abwicklung *f.*
up-date *v.* aktualisieren *v.*; ~-link *n.* (sat.)
Aufwärtsverbindung *f.*; ~-link *n.*
Aufwärtsstrecke *f.* (Sat); ~-link
frequency (sat.) Aufwärtsfrequenz *f.*
update *v.* aktualisieren *v.*, Update *n.* (IT)
upgrade *n.* Steigung *f.*, Upgrade *n.* (IT)
upholsterer *n.* Dekorateur *m.*, Deko *m.*
(fam.)
upkeep servicing Wartung *f.*

uplink *n.* Aufwärtsstrecke *f.*
upload *n.* Upload *n.* (IT)
Upper Layer Communication Software
(ULCS) Verbindungssoftware im OSI-
Schichtenmodell (ULCS)
upper case Großbuchstaben *m. pl.* (IT)
upright format Hochformat *n.*; ~ size
Hochformat *n.*
upstage *n.* Hintergrund *m.*
upstream *adj.* vorgeschaltet *adj.*,
stromaufwärts *adj.*; ~ direction
Stromaufwärtsrichtung *f.*
upward conversion *n.*
Aufwärtskonvertierung *f.*; ~-
compatible *adj.* aufwärtskompatibel
adj. (IT)
urge *n.* Drang *m.*
urgency *n.* Eile *f.*
usable *adj.* einsatzfähig *adj.*
usage fee Benutzungsgebühr *f.*; ~ policy
Benutzungsrichtlinien *f. pl.* (IT)
use *v.* anwenden *v.*, benutzen *v.*, brauchen
v., gebrauchen *v.*, Verwertung *f.*,
Benutzung *f.*, Brauch *m.*, Gebrauch *m.*,
Inanspruchnahme *f.*, Nutzung *f.*; ~ of
stand-in Springereinsatz
useful efficiency Nutzwirkungsgrad *m.*; ~
field strength Nutzfeldstärke *f.*; ~
range Nutzbereich *m.*
user *n.* Anwender *m.*, Nutzer *m.*; ~ bits
User Bits; ~ data Nutzdaten *f.*; ~
information channel Nutzkanal *m.*; ~
interface Benutzeroberfläche *f.* (EDV),
Bedieneroberfläche *f.* (EDV); ~
program Anwenderprogramm *n.*; ~
programme (IT) Anwenderprogramm
n., Benutzerprogramm *n.*; ~ prompting
Benutzerführung *f.* (EDV); ~ Nutzer *m.*;
~ account Benutzerkonto *n.* (IT); ~
agent Anwenderagent *m.* (IT); ~
facility Leistungsmerkmal (Tel); ~
group Benutzergruppe *f.* (IT); ~
interface Benutzeroberfläche *f.* (IT),
Benutzerschnittstelle *f.*; ~ name
Benutzername *m.* (IT); ~ network
interface Nutzerschnittstelle *f.*; ~
number Teilnehmernummer *f.* (Tel); ~
preferences Einstellungen *f. pl.* (IT); ~
profile Benutzerprofil *n.* (IT); ~
prompting Benutzerführung *f.* (IT); ~
requirements *pl.*
Benutzeranforderungen *f. pl.*; ~ service

Benutzerservice *m*. (IT); ~ **state**
Benutzerstatus *m*. (IT)
usufructuary *n*. Nutzungsberechtigter *m*.
utilisation *n*. Verwertung *f*.
utilities *pl*. Dienstprogramme *n*. *pl*. (IT)
utility Hilfsprogramm *n*. (IT)
utilization *n*. Inanspruchnahme *f*.,
Nutzung *f*.
utilize *v*. benutzen *v*.

V

vacuum *n*. Vakuum *n*.; ~ **guide**
Vakuumführungsschuh *m*., Kopfschuh
m., Bandführungsschuh *m*.; ~ **lamp**
Vakuumlampe *f*.; ~ **tape guide**
Bandführungsschuh *m*.; ~**-tube**
voltmeter (VTVM) (US)
Röhrenvoltmeter *n*.
vagabond *v*. vagabundieren *v*.
valency electron Valenzelektron *n*.
valuation *n*. Taxe *f*.
value, admissible ~ zulässiger Wert; ~-
added tax (VAT) Mehrwertsteuer *f*.; ~
of the news Nachrichtenwert *m*.
valve *n*. Vektorventil *n*.; ~ (tube) Röhre *f*.;
deaf ~ taube Röhre; ~ **base**
Röhrensockel *m*.; ~ **base connections** *n*.
pl. Sockelbelegung *f*.; ~ **or vacuum**
tube efficiency Röhrenwirkungsgrad *m*.;
~ **or vacuum-tube transmitter**
Röhrensender *m*.; ~ **receiver**
Röhrenempfänger *m*.; ~ **set**
Röhrenempfänger *m*.; ~ **socket**
Röhrensockel *m*.; ~ **voltmeter**
Röhrenvoltmeter *n*.
vapour cooling Verdampfungskühlung *f*.
variable-area sound track Zackenschrift
f.; ~ **area recording** Amplitudenschrift
f.; ~ **area track** Amplitudenschrift *f*.; ~
attenuator Dämpfungsregler *m*.; ~
correction unit (VCU) Tonblende *f*.; ~
cycle operation (IT) Asynchronbetrieb
m.; ~**-density sound recording**
Sprossenschrift *f*.; ~**-density track**
Sprossenschrift *f*.; ~ **focus lens** Objektiv
mit veränderlicher Brennweite,

Multifokusobjektiv *n*., Vario-Objektiv
n.; ~ **resistance** Regelwiderstand *m*.; ~
resistor Regelwiderstand *m*.,
Stellwiderstand *m*.; ~ **video attenuator**
BA-Regler *m*.
variation *n*. (tech.) Schwankung *f*.; ~
frequency Schwankungsfrequenz *f*.; ~
in amplitude-frequency response
Frequenzgangabweichung *f*.; ~ **in**
running speed (F)
Filmzugsschwankung *f*.
variations in density
Dichteschwankungen *f*. *pl*.
varicap *n*. (coll.) Kapazitätsdiode *f*.,
Kapazitätsvariationsdiode *f*.,
Nachstimmdiode *f*.
variety artist Unterhaltungskünstler *m*.; ~
part Showteil *m*.
variometer *n*. Variometer *n*.; ~ **tuning**
Variometerabstimmung *f*.
varistor *n*. Varistor *m*.,
spannungsabhängiger Widerstand,
VDR-Widerstand *m*.
varnish, clear ~ Lasurfarbe *f*.
varnishing *n*. Lackieren *n*.
vat *n*. Trog *m*.
VAT MWSt (s. Mehrwertsteuer)
vault *n*. (F) Filmtresor *m*.
VCS (s. very close shot)
VCU (s. variable correction unit)
VDR (s. voltage-dependent resistor)
vector *n*. Vektor *m*.; ~ **diagram**
Vektordiagramm *n*.; ~ **oscillograph**
Vektoroszillograf *m*.; ~ **quantity**
Vektor *m*.
vectorscope *n*. Vektorskop *n*.,
Vektoroszilloskop *n*., Pegelvektorskop
n.
vehicle workshop Kraftfahrzeugwerkstatt
f.
veil *v*. (FP) verschleiern *v*.
veiling *n*. (FP) Schleier *m*.; **chemical** ~
(FP) Niederschlag *m*.
velocilator *n*. Kamerawagen *m*.
velocity *n*. Geschwindigkeit *f*.; ~ **error**
compensator Velocity-Error-
Compensator *m*.; ~ **error correction**
Geschwindigkeitsfehlerkorrektur *f*.; ~
factor Verkürzungsfaktor *m*.; ~
microphone
Geschwindigkeitsempfänger *m*.; ~-
modulated tube Laufzeitröhre *f*.; ~ **of**

propagation
Fortpflanzungsgeschwindigkeit *f.*; ~ **of**
sound Schallgeschwindigkeit *f.*
velvet *n.* Kettsamt *m.*; ~ **pad** Samtkufe *f.*
venetian-blind pattern jalousieartiges
Störmuster; ~ **blinds** *n. pl.*
Jalousieeffekt *m.*; ~**-blind shutter**
Gitterblende *f.*; ~**-shutter**
Jalousieblende *f.*
ventilation *n.* Lüftung *f.*; ~ **system**
Belüftungsanlage *f.*, Entlüftungsanlage
f.; ~ **systems** Lüftungsanlagen *f. pl.*
venue *n.* Schauplatz *m.*
verbal portion Wortanteil *m.*
verdict *n.* Urteil *n.*
verify *v.* überprüfen, bestätigen *v.*; ~ **head**
Kontroll-Lesekopf *m.*
vernier *n.* Nonius *m.*
versatile *adj.* vielseitig *adj.*
version *n.* Fassung *f.*; **abridged** ~
Kurzfassung *f.*; **dubbed** ~
synchronisierte Fassung; **short** ~
Kurzfassung *f.*; ~ **number**
Versionsnummer *f.* (IT)
vertex *n.* Eckpunkt *m.* (Kurve)
vertical antenna pattern
Vertikaldiagramm *n.* (Antenne); ~
blanking pulse (US)
Vertikalaustastimpuls *m.*; ~ **definition**
Vertikalauflösung *f.*; ~ **deflection coil**
Vertikalablenkspule *f.* (V-Ablenkspule);
~ **frame sweep** vertikales Bildkippen;
~ **frequency** (50 or 60 Hz)
Bildfrequenz *f.*; ~ **frequency** (US)
Vertikalfrequenz *f.* (V-Frequenz); ~
hold Bildfangregler *m.*, Bildfang *m.*,
Bildsynchronisation *f.*; ~ **incidence**
senkrecht einfallend; ~ **interference**
stripes vertikale Störstreifen; ~ **lock**
Bildfangregler *m.*, Bildfang *m.*; ~
pattern Vertikaldiagramm *n.*; ~ **pulse**
(US) Vertikalimpuls *m.* (V-Impuls),
Halbbildimpuls *m.*; ~ **pulse separator**
V-Separator *m.*; ~ **recording**
Tiefenschrift *f.*; ~ **rewinder**
Vertikalumroller *m.*; ~ **saw-tooth**
Vertikalsägezahn *m.*; ~ **sweep**
Bildablenkung *f.*; ~ **sync fault**
Durchfallen des Bildes; ~
synchronising pulse
Bildgleichlaufimpuls *m.*,
Bildsynchronimpuls *m.*,

Bildwechselimpuls *m.*; ~ **synchronising**
pulse (US) Vertikalsynchronimpuls *m.*;
~ **sync pulse** Bildsynchronimpuls *m.*;
Bildwechselimpuls *m.*
very close shot (VCS) ganz groß, ganz
nah; ~ **high frequency** (VHF) sehr hohe
Frequenz, Ultrakurzwelle *f.* (UKW); ~-
high-frequency band (VHF band)
Ultrakurzwellenbereich *m.*; ~ **long shot**
(VLS) Weiteinstellung *f.*; ~ **low**
frequency (VLF) Längstwellenfrequenz
f.; ~**-short-distance shooting**
Detailaufnahme *f.*
Very Small Aperture Terminal VSAT
(Sat), Bodenstelle mit sehr kleinem
Öffnungswinkel
vestigial sideband Restseitenband *n.*; ~
sideband characteristic
Restseitenbandcharakteristik *f.*; ~
sideband filter Restseitenbandfilter *m.*;
~ **sideband transmission**
Restseitenbandübertragung *f.*
VF (s. video frequency)
VFR equipment Electronic-Cam *f.* (E-
Cam)
VHF (s. very high frequency); °~ **band** (s.
very-high-frequency band); °~
television transmitter VHF-
Fernsehsender *m.*
vibrating reed meter Vibrationsmesser *m.*
vibration *n.* Schwingung *f.*, Erschütterung
f.; ~ **damper** Schwingungsdämpfer *m.*;
~ **damping** Schwingungsisolierung *f.*;
~ **frequency** Schwingungszahl *f.*; ~
insulation Schwingungsisolierung *f.*; ~
pickup Kontaktmikrofon *n.*
vibrator *n.* Vibrator *m.*, Zerhacker *m.*
vibrograph *m.* Schwingungsschreiber *m.*
video *n.* Video *n.*; ~ (US) Fernsehen *n.*
(FS); ~ Bild- (in Zus.); ~ (US) Fernseh-
(in Zus.); **composite** ~ **signal**
zusammengesetztes Bildsignal;
composite ~ **waveform**
zusammengesetztes Bildsignal; ~
adjustment Bildsignalabgleich *m.*; ~
amplifier VF-Verstärker *m.*,
Videoverstärker *m.*; ~ **apparatus room**
Videogeräteraum *m.*; ~ **attenuator**
Bildregler *m.*; ~ **bus** (US)
Fernsehaufnahmewagen *m.*; ~ **cable**
Videokabel *n.*; ~ **cassette** Videokassette
f.; ~ **check** Videokontrolle *f.*; ~ **circuit**

Bildleitung f. (BL); ~ **conferencing unit** Video-Konferenz f. (Einheit); ~ **control** Bildregie f.; ~ **data terminal** (IT) Datensichtgerät n.; ~ **disc** Bildplatte f., Bildschallplatte f., Videoplatte f.; ~ **display** (IT) Sichtgerät n.; ~ **distributor** Videoverteiler m.; ~ **effects mixer** Bildmischer am Trickpult; ~ **engineering** Bildtechnik f.; ~ **equipment** Videoausrüstung f.; ~ **exchange copy** MAZ-Austauschkopie f.; ~ **film camera** kombinierte Film/E-Kamera, Electronic-Cam f.; ~**-frequency** adj. videofrequent adj.; ~ **frequency** (VF) Videofrequenz f. (VF); ~ **frequency response** Videofrequenzgang m.; ~ **gain** Bildsignalverstärkung f.; ~ **head** Videokopf m.; ~ **head assembly** Kopfradaggregat n., Kopfradeinheit f.; ~ **information** Videoinformation f.; ~ **matrix** Filterkreuzschiene f., Videofilterkreuzschiene f., Videoverteiler m.; ~ **measurement** Videomessung f.; ~ **mixer** Bildmischer m., Bildmischpult n.; ~ **mixing** Bildmischung f.; ~ **mixing desk** Bildmischpult n.; ~ **monitoring and mixing desk** Bildmischpult n.; ~ **monitoring circuit** Bildkontrolleitung f.; ~ **monitor point** Video-Überwachungsstelle f.; ~ **noise** Bildrauschen n.; ~ **operations** n. pl. Fernsehbetrieb Bild; ~ **operator** Videotechniker m.; ~ **output stage** Bildendstufe f.

Video Programme Service (VPS) Video Programme Service (VPS)

video quality control Videomeßdienst m.; ~ **recorder** Videorecorder m.; ~ **recorder/reproducer** Magnetbildaufzeichnungs- und Wiedergabeanlage f.; ~ **recording** Videoaufzeichnung f.; ~ **signal** Bildsignal n. (B-Signal), Videosignal n.; ~**-signal-inverter** Umkehrgerät n.; ~ **signal without sync pulse** Bildaustastsignal n. (BA-Signal), Bildsignal mit Austastung; ~ **socket** Videobuchse f.; ~ **spool** Videomagnetspule f.; ~ **switch** Hartschnittschalter m., Videoumschalter m.; ~ **tape** Bildband n., Videomagnetband n., Videotape n., MAZ-Band n., Videoband n.; ~ **tape bandwidth** Bildbandbreite f.; ~ **tape cartridge** Bildbandkassette f., Bildkassette f.; ~ **tape cassette** Bildbandkassette f., Bildkassette f., Videobandkassette f.; ~ **tape copy** MAZ-Kopie f.; ~ **tape edit definition** MAZ-Schnittbestimmung f.; ~ **tape editing** MAZ-Bearbeitung f.; ~ **tape library** Bildbandarchiv n., Videothek f.; ~ **tape machine** Bildbandgerät n.; ~ **tape recorder** MAZ (Gerät); ~ **tape recorder** (VTR) Magnetbildaufzeichnungsanlage f., Bildbandgerät n., MAZ f. (fam.); ~**-tape recording** MAZ (Beitrag); ~ **tape recording** (VTR) Magnetbildaufzeichnung f. (MAZ), magnetische Bildaufzeichnung (MAZ); ~ **tape reproducer** Magnetbildwiedergabeanlage f.; ~ **tape systems** Videotechnik f.; ~ **techniques** n. pl. Videofrequenztechnik f.; ~ **telephone** (US) Fernsehtelefon n.; ~ **telephony** Fernsehtelefonie f.; ~ **test signal generator** Videoprüfsignalgeber m.; ~ **track** Bildspur f., Videospur f.; ~ **viewer** (US) Fernseher m., Fernsehzuschauer m.; ~ **compression** Videodatenreduktion f., Videokompression f.; ~ **editing, image editing** Bildbearbeitung f. (IT); ~ **journalism, image journalism** Bildjournalismus m.; ~ **journalist** (VJ) Videoreporter m.; ~ **reporter** Videoreporter m.; ~ **terminal** Datensichtgerät n.

videotex n. Fernsehtext m.; ~ **computer** Fernsehtextrechner m.; ~ **signal** Fernsehtextsignal n.

videotext decoder Fernsehtextdecoder m.; ~ **reception** Fernsehtextempfang m.

Videotext reception Videotextempfang m.

vidicon n. Bildaufnahmeröhre f., Vidikon n.

view v. ansehen v., schauen v., Sicht f., Ansicht f. (Meinung), Ansicht f. (Perspektive), Ansicht f. (Technik); **to ~ a film** Film ansehen; **~, 3-D imaging software** Darstellung, 3-D Imaging

Software (IT); ~, **3-D objects**
Darstellung, 3-D-Objekte (IT); ~, **3-D
world** Darstellung, 3-D-Welt (IT)
viewer *n.* Betrachter *m.*; ~ (TV)
Fernsehzuschauer *m.*, Fernseher *m.*,
Zuschauer *m.*, Seher *m.* (fam.); ~ Seher
m. (Zuschauer); ~ **attitude** Sehverhalten
n.; ~ **habit** Sehgewohnheit *f.*
viewer's letters *n. pl.* Zuschauerpost *f.*
viewers *n. pl.* Fernsehkonsumenten *m. pl.*
viewfinder *n.* Bildsucher *m.*, Motivsucher
m., Sucher *m.*; **bright** ~ lichtstarker
Sucher; **electronic** ~ elektronischer
Sucher; **optical** ~ optischer Sucher; ~
brightness Lichtstärke eines Suchers; ~
eyepiece Sucherokular *n.*; ~ **frame**
Sucherkasch *m.*, Sucherrahmen *m.*; ~
image Sucherbild *n.*; ~ **lens**
Sucherobjektiv *n.*; ~ **window**
Sucherfenster *n.*
viewing *n.* (F) Filmvorführung *f.*,
Vorführung *f.*; ~ **angle** Gesichtswinkel
m.; ~ **date** Vorführtermin *m.*; ~ **figure**
(TV) Sehbeteiligung *f.*; ~ **lens**
Sucherobjektiv *n.*; ~ **magnifier**
Sucherlupe *f.*; ~ **print** Vorführkopie *f.*;
~ **room** Betrachtungsraum *m.*; ~ **screen**
Betrachtungsschirm *m.*; ~ **storage tube**
Sichtspeicherröhre *f.*; ~ **theatre**
Vorführkino *n.*, Vorführraum *m.*
viewpoint *n.* Standpunkt (Kamera) *m.*
viewport *n.* Darstellungsfeld *n.*
vignette *n.* (journ.) Glosse *f.*
vignetting *n.* Vignettierung *f.*
vinegar syndrome Essigsäuresyndrom *n.*
vintage movies *n. pl.* (coll.) Kintopp *m.*
(fam.)
Vinten tripod Vintenstativ *n.*
violinist of first desk erste Geige
virgin tape Frischband *n.*, unbespieltes
Band
virgule *n.* Schrägstrich *m.* (IT)
virtual channel virtueller Kanal (Sat), VC;
~ **focus** Zerstreuungspunkt *m.*; ~ **image**
(opt.) Luftbild *n.*; ~ **image plane**
Luftbildebene *f.*; ~ künstlich *adj.*,
virtuell *adj.*; ~ **character** Darsteller,
virtueller *m.*; ~ **circuit** virtuelle
Verbindung *f.* (IT); ~ **community**
virtuelle Gemeinde *f.* (IT); ~ **machine**
Virtual Machine *f.* (IT); ~ **reality**
künstliche Realität *f.*, virtuelle Realität *f.*

(IT); ~ **server** Virtual Server *m.* (IT); ~
set Szenenbild, virtuelles *n.*; ~ **set
technology** Studiotechnik, virtuelle *f.*; ~
studio Studio, virtuelles *n.*; ~ **world**
virtuelle Welt *f.* (IT)
virtuell address virtuelle Adresse *f.* (IT)
virus signature Virussignatur *f.* (IT)
visibility *n.* Sichtbarkeit *f.*, Sicht *f.*,
Sichtweite *f.*
visible range Sichtweite *f.*
vision *n.* Bild *n.*, Sicht *f.*,
Bildunterbrechung *f.*; ~ (compp.) Bild-
(in Zus.); **out of** ~ (OOV) im Off; **to be
in** ~ im Bild sein; ~ **and sound
switching area** Bild- und
Tonschaltraum *m.*; ~ **break** Bildausfall
m.; ~ **breakdown** Bildstörung *f.*,
Störung *f.*; ~ **carrier** Bildträger *m.*; ~
check receiver Bildkontrollempfänger
m., Bildmonitor *m.*, Monitor *m.*; ~
circuit Bildleitung *f.* (BL); ~ **circuit
network** Bildleitungsnetz *n.*; ~ **control**
Bildregie *f.*, Kamerasignalüberwachung
f.; ~ **control circuit** Bildkontrolleitung
f.; ~ **control desk** Bildregiepult *n.*,
Summenbedienpult *n.*; ~ **control
engineer** Bildingenieur *m.*; ~
controller Bildtechniker *m.*; ~ **control
operator** (TV) Kameratechniker *m.*; ~
control room Bildkontrollraum *m.*,
Bildregieraum *m.*; ~ **effects mixer**
Bildmischer am Trickpult; ~ **fader**
Bildregler *m.*; ~ **frequency**
Bildträgerfrequenz *f.*; ~ **howl-round**
optische Rückkopplung; ~
identification Bildkennung *f.*; ~ **item**
(coll.) gesprochene Nachricht; ~ **master
control** Senderegiebild *n.*; ~ **mixer**
(operator) Bildmischer *m.*, Einblender
m.; ~ **mixer** Bildmischpult *n.*; ~
mixer's desk Trickpult *n.*; ~ **mixing**
Bildmischung *f.*; ~**-mixing apparatus**
Bildmischeinrichtung *f.*; ~**-mixing
panel** Bildmischeinrichtung *f.*; ~
network Bildleitungsnetz *n.*; ~
operator Kameratechniker *m.*; ~ **pick-
up** (US) Fernsehaufnahme *f.*; ~ **radio
link** Bildfunkstrecke *f.*; ~ **recording**
Bildaufzeichnung *f.*; ~ **signal** Bildsignal
n. (B-Signal); ~**/sound combining unit**
Bild-Ton-Weiche *f.*; ~**/sound diplexer**
Bild-Ton-Weiche *f.*; ~ **story** (coll.)

Wortmeldung *f.*; ∼ **switcher**
Bildmischer *m.*; ∼ **switching** Bildschnitt
m., Bildwechsel *m.*; ∼ **switching centre**
Bildschaltraum *m.*, Bildsternpunkt *m.*,
Bildstern *m.*; ∼ **transmitter** Bildsender
m., Fernsehbildsender *m.*
visitor *n.* Besucher *m.*
visitors service Empfangsdienst *m.*
visitors' reception (desk)
Besucheranmeldung *f.*
visphone *n.* Bildtelefon *n.*
vista shot Totale *f.*; ∼ **shot** (US)
Fernaufnahme *f.*, Gesamtaufnahme *f.*
visual *adj.* optisch *adj.*, Bild- (in Zus.); ∼
aid Schaubild *n.*, Schautafel *f.*, Grafik *f.*,
grafische Darstellung, Illustration *f.*; ∼
aids *n. pl.* Anschauungsmaterial *n.*,
visuelle Unterstützung; ∼ **check**
Sichtprüfung *f.*; ∼ **communication**
Sichtverbindung *f.*; ∼ **contact**
Sichtverbindung *f.*; ∼ **depth**; ∼ **display**
Lichtzeigeranzeige *f.*; ∼ **field**
Gesichtsfeld *n.*; ∼ **indicator** Sichtgerät
n.; ∼ **monitor** Sichtgerät *n.*; ∼
recording (contract) Bildträger *m.*; ∼
recording Bildaufnahme *f.*,
Bildaufzeichnung *f.*; ∼ **signal**
Sichtzeichen *n.*; ∼ **tape** Textband *n.*; ∼
tape projector Textbandprojektor *m.*; ∼
visuell *adj.* (IT); ∼ **interface** visuelle
Oberfläche *f.* (IT); ∼ **programming**
visuelle Programmierung *f.* (IT)
visualise *v.* sichtbar machen
visualization *n.* Visualisierung *f.*
Viterbi coding Viterbi-Codierung *f.*
vivacity *n.* Lebendigkeit *f.*
vividness *n.* Lebendigkeit *f.*
VLF (s. very low frequency)
VLS (s. very long shot)
vocal *n.* Gesangsstimme *f.*; ∼ **score**
Vokalwerk *n.*; ∼ **work** Vokalwerk *n.*
vocoder *n.* Vocoder *m.*
voder *n.* (abbreviated form of 'vocoder')
Voder *m.*
voice *n.* Stimme *f.*; **to give more** ∼ mehr
Stimme geben; ∼ **box** Sprachbox *f.*; ∼
coil (loudspeaker) Schwingspule *f.*; ∼
connection Sprechverbindung *f.*; ∼
contact Sprechkontakt *m.*; ∼ **current**
Sprechstrom *m.*; ∼ **dubbing** Doubeln *n.*;
∼ **encoder** Voice-Encoder *m.*; ∼
frequency Sprechfrequenz *f.*,

Tonfrequenz *f.*; ∼ **frequency range**
Sprachfrequenzbereich *m.*; ∼**-over** *n.*
Off-Kommentar *m.*; ∼**-over** *n.* (speaker)
Off-Sprecher *m.*; ∼**-over script** Off-
Text *m.*; ∼ **pattern** Sprachmuster *n.*; ∼
recording Sprachaufnahme *f.*; ∼ **sync**
Gesangssynchronisation *f.*; ∼ **tape**
Musikband für Gesangssynchronisation;
∼ **test** Sprechprobe *f.*, Stimmprobe *f.*,
Mikrofonprobe *f.*; ∼ **communication**
Sprachübertragung *f.* (Tel),
Sprechbetrieb *m.* (Tel); ∼ **control**
Sprachnavigation *f.*; ∼ **input**
Spracheingabe *f.* (IT); ∼ **mail** Voicemail
f. (IT); ∼ **modem** Voicemodem *n.* (IT);
∼ **navigation** Sprachnavigation *f.* (IT);
∼ **output** Sprachausgabe *f.* (IT); ∼
processing Sprachverarbeitung *f.* (Tel)
voltage *n.* Spannung *f.*, Spannungswert *m.*,
Spannung *f.* (elektr.); **absolute** ∼ **level**
absoluter elektrischer Spannungspegel;
admissible ∼ zulässige Spannung;
weighted ∼ bewertete Spannung;
without ∼ spannungslos *adj.*; ∼
amplification Spannungsverstärkung *f.*;
∼ **amplifier** Spannungsverstärker *m.*; ∼
between lines verkettete Spannung; ∼
calibration Spannungseichung *f.*; ∼
change-over switch
Spannungsumschalter *m.*; ∼
comparison Spannungsvergleich *m.*; ∼
control Spannungssteller *m.*,
Spannungsregler *m.* (fam.); ∼**-
dependent resistor** (VDR)
spannungsabhängiger Widerstand,
VDR-Widerstand *m.*; ∼ **divider**
Spannungsteiler *m.*; ∼ **drop**
Spannungsabfall *m.*, Spannungseinbruch
m.; ∼ **fading** Spannungseinbruch *m.*; ∼
fluctuation Spannungsschwankung *f.*; ∼
gain Spannungsverstärkung *f.*; ∼ **level**
Spannungswert *m.*, Spannungspegel *m.*;
∼ **loop** Spannungsbauch *m.*; ∼
maximum Spannungsbauch *m.*; ∼
minimum Spannungsknoten *m.*; ∼
multiplier Spannungsvervielfacher *m.*;
∼ **negative feedback**
Spannungsgegenkopplung *f.*; ∼ **node**
Spannungsknoten *m.*; ∼ **peak**
Spannungsspitze *f.*; ∼ **probe**
Spannungsfühler *m.*; ∼ **range**
Spannungsbereich *m.*; ∼ **rating**

Spannungsfestigkeit *f.*; ~ **regulator** *n.*
Spannungsregler *m.*, Spannungssteller
m., Spannungsregler *m.* (fam.); ~
selector Spannungswähler *m.*; ~
selector switch Spannungsumschalter
m.; ~ **stabiliser**
Spannungskonstanthalter *m.*; ~
standing wave ratio Welligkeit *f.*; ~
tester Spannungsprüfer *m.*; ~ **to**
neutral Sternspannung *f.*; ~
transformer Spannungswandler *m.*
voltmeter *n.* Spannungsmesser *m.*
volume *n.* Lautstärke *f.*, Schallvolumen *n.*;
automatic ~ **control** (AVC)
automatische Lautstärkeregelung
(ALR); ~ **control** Lautstärkeregelung *f.*,
Lautstärkeregler *m.* (LR); ~ **expander**
Expander *m.*; ~ **indicator**
Aussteuerungsmesser *m.*,
Lautstärkemesser *m.*, Volumenanzeiger
m.; ~ **level** Lautstärkepegel *m.*; ~ **meter**
Aussteuerungsmesser *m.*,
Lautstärkemesser *m.*; ~ **range**
Lautstärkeumfang *m.*; ~ **unit meter**
VU-Meter *n.*; ~ **velocity** Schallfluß *m.*
(q); ~ **label** Datenträgername *m.* (IT); ~
of broadcast Sendevolumen *n.*
volumeter *n.* VU-Meter *n.*
voucher *n.* Beleg *m.*
voxel *n.* Volumenelement *n.*
VSAT VSAT (Sat), Bodenstelle mit sehr
kleinem Öffnungswinkel
VT *v.* MAZ aufzeichnen, mazen *v.* (fam.);
°~ **area** MAZ-Raum *m.*; °~ **control**
MAZ-Kontrolle *f.*; °~ **cubicle** MAZ-
Raum *m.*; °~ **editing** MAZ-Schnitt *m.*;
°~ **editing system** MAZ-
Schneideeinrichtung *f.*; °~ **editor** MAZ-
Cutter *m.*; °~ **edit pulse** MAZ-
Schneideimpuls *m.*; °~ **engineer/editor**
MAZ-Techniker *m.*; °~ **insert**
Bandbeitrag *m.*; °~ **log**
Bandbegleitkarte *f.*, Bandkontrollkarte
f.; °~ **operator** MAZ-Techniker *m.*; °~
recording (item) MAZ-Material *n.*; °~
room MAZ-Raum *m.*
VTR *v.* MAZ aufzeichnen, mazen *v.*
(fam.), , ; °~ (video tape recorder)
Videorecorder *m.*; **roll** °~ ! MAZ ab!;
°~ **allocation** MAZ-Disposition *f.*; °~
control MAZ-Kontrolle *f.*; °~

summary zusammenfassender MAZ-
Bericht *m.*
VTVM (s. vacuum-tube voltmeter)
VU-meter *n.* VU-Meter *n.*

W

wage accounting Lohnabrechnung *f.*; ~
slip Lohnabrechnung *f.*
wages *n. pl.* Lohn *m.*
wait (for) *v.* abwarten *v.*; ~ **list**
Warteschlange *f.* (IT); ~ **loop**
Warteschleife *f.* (IT)
waiting time Wartezeit *f.*; ~ **list**
Warteschlange *f.* (IT)
walk-on *n.* Komparse *m.*, Statist *m.*; ~**-on**
fee Komparsengage *f.*; ~**-on list**
Komparsenliste *f.*; ~**-through** *n.*
Probedurchlauf *m.*, Drehprobe *f.*
walkie-talkie *n.* Funksprechgerät *n.*,
Handfunksprechgerät *n.*, tragbares
Sprechfunkgerät, Walkie-Talkie *n.*
wall *n.* Wand *f.*; **absorbing** ~
absorbierende Wand, schluckende
Wand; **reflecting** ~ reflektierende
Wand; **sound-absorbing** ~
absorbierende Wand, schluckende
Wand; ~**-mounted tripod** Wandstativ
n.; ~ **outlet** Wandsteckdose *f.*; ~ **socket**
Wandsteckdose *f.*; ~**-mounted model**
Wandmodell (-apparat) *n.* (Tel)
wallpaper *n.* Hintergrundbild *n.* (IT)
wander *n.* Wander *m.*
wanted modulation Nutzmodulation *f.*; ~
signal Nutzsignal *n.*; ~**-signal**
transmitter Nutzsender *m.*
wardrobe *n.* Garderobe *f.*,
Gewandmeisterei *f.*; ~ **supervisor**
Gewandmeister *m.*
warm-up *n.* (tube) Einbrennen *n.*; ~**-up**
time Einlaufzeit *f.*; ~ **boot** Warmstart
m. (IT); ~ **up** Warm-Up *n.*
(Vorgespräch)
warming-up time Aufwärmzeit *f.*
warning *n.* Warnung *f.*; ~ **arrow**
Warnpfeil *m.*; ~ **light** Rotlicht *n.*; ~

sign Achtungszeichen *n*.; ~ **lamp** Warnlampe *f*. (IT)

warp pile velvet Kettsamt *m*.; ~ **velvet** Kettsamt *m*.

warranty *n*. Garantie *f*.

wash *v*. waschen *v*.; ~ **dissolve** Wellenblende *f*.

washer *n*. Unterlegscheibe *f*.

washing plant Waschanlage *f*.; ~ **tank** Waschanlage *f*.

waste *n*. Abfall *m*., Ausschuß *m*., Verschnitt *m*.

watch *v*. überwachen *v*.; ~ **dog** Watchdog *m*. (IT); ~ **guide** Watchguide *m*. (IT)

watchdog program Überwachungsprogramm *n*. (IT)

watchman *n*. Wachmann *m*.

water-bath *n*. Wasserbad *n*.; ~**-cooling** *n*. Wasserkühlung *f*.; ~ **down** *v*. (script) abschwächen *v*.; ~**-stain** Wasserfleck *m*.

watered silks effect Riffelmuster *n*., Moiré *n*.

Watt Watt; **750** °~ **pup** Dreiviertel-KW *n*.; **500** °~ **pup** Halb-KW *n*.

wattage *n*. (elec.) Leistung *f*.

wattless power Blindleistung *f*.

wave *n*. Welle *f*.; **electromagnetic** ~ elektromagnetische Welle; **longitudinal** ~ Längswelle *f*.; **progressive** ~ fortschreitende Welle; **standing** ~ stehende Welle; **surface** ~ Oberflächenwelle *f*.; **transverse** ~ Querwelle *f*.; **travelling** ~ fortschreitende Welle; ~ **crest** Wellenberg *m*.; ~ **equation** Wellengleichung *f*.; ~ **flicker** Zwischenzeilenflimmern *n*.; ~ **front** Wellenfront *f*.; ~ **impedance** Wellenwiderstand *m*.; ~ **loop** Wellenbauch *m*.; ~ **number** Wellenzahl *f*., Kreiswellenzahl *f*.; ~ **propagation** Wellenausbreitung *f*.; ~ **range** Wellenbereich *m*., Wellenband *n*.; ~ **train** Wellenzug *m*.; ~ **trap** Sperrkreis *m*.; ~ **trough** Wellental *n*.

waveband *n*. Wellenbereich *m*., Wellenband *n*.; ~ **filter** Bandfilter *m*., Bandpaß *m*., Bandpaßfilter *m*.

waveform *n*. Wellenform *f*., Kurvenform *f*.; ~ **monitor** Oszilloskop *n*.

wavefront *n*. Signalflanke *f*.

waveguide *n*. Hohlleiter *m*., Wellenleiter *m*.

wavelength *n*. Wellenlänge *f*.; **complementary** ~ kompensative Wellenlänge; **dominant** ~ dominierende Wellenlänge, farbtongleiche Wellenlänge; ~ **announcement** Wellenangaben *f*. *pl*.; ~ **scale** Wellenlängenskala *f*.; ~ **spectrum** Wellenlängenspektrum *n*.

wavemeter *n*. Wellenlängenmesser *m*.

wax disc Wachsplatte *f*.; ~ **recording** Wachsaufnahme *f*.

weak *adj*. (neg.) weich *adj*.; ~ (pict.) flau *adj*.; ~ flau *adj*. (J); ~ **current** Schwachstrom *m*.

weaken *v*. abschwächen *v*.

weather chart Wetterkarte *f*.; ~ **forecast** Wettervorhersage *f*.; ~ **map** Wetterkarte *f*.; ~ **report** Wetterbericht *m*.; ~ **service** Wetterservice *m*. (IT)

Web (site) builder Web (Site) Builder *m*. (IT); °~ **address** Webadresse *f*. (IT); °~ **browser** Webbrowser *m*. (IT); °~ **cam** Webcam *f*. (IT); °~ **caster** Webcaster *m*. (IT); °~ **chat** Webchat *m*. (IT); °~ **design** Webdesign *n*. (IT); °~ **development** Webentwicklung *f*. (IT); °~ **directory** Webverzeichnis *n*. (IT); °~ **edition** Webausgabe *f*. (IT), Webedition *f*. (IT); °~ **generation** Webgeneration *f*. (IT); °~ **grabber** Webgrabber *m*. (IT); °~ **graphic** Webgrafik *f*. (IT); °~ **hosting** Webhosting *n*. (IT); °~ **index** Webindex *m*. (IT); °~ **marketing** Webmarketing *n*. (IT); °~ **master** Webmaster *m*. (IT); °~ **music** Webmusik *f*. (IT); °~ **organization** Weborganisation *f*. (IT); °~ **page** Webseite *f*. (IT); °~ **phone** Web-Phone *n*. (IT); °~ **publishing** Webpublishing *n*. (IT); °~ **radio** Webradio *n*. (IT); °~ **server** Webserver *m*. (IT); °~ **service** Webservice *m*. (IT); °~ **site** Website *f*. (IT); °~ **space** Web Space *m*. (IT); °~ **spoofing** Web-Spoofing *n*. (IT); °~ **statistics** Webstatistik *f*. (IT); °~ **technology** Webtechnologie *f*. (IT); °~ **terminal** Webterminal *n*. (IT); °~ **TV** Web-TV *n*. (IT)

webcasting *n*. Webcasting *n*. (IT)

webpad *n.* Internetcomputer, tragbarer *m.*
(IT)
wedge *n.* Besenkeil *m.*; ~ **absorber**
Keilabsorber *m.*; ~ **plate** Keilplatte *f.*; ~
range-finder Keilentfernungsmesser *m.*
weekend programme
Wochenendprogramm *n.*
weekly news magazine Wochenrückblick
m.; ~**-paid staff** Lohnempfänger *m. pl.*;
~ **round-up** Wochenquerschnitt *m.*; ~
summary Wochenquerschnitt *m.*
weight *v.* bewerten *v.*, gewichten *v.*,
Gewicht *n.*; ~ **of pick-up head**
Auflagegewicht *n.*
weighted *adj.* (tech.) bewertet *adj.*; ~
background noise Ruhegeräusch *n.*; ~
noise level bewerteter Störpegel; ~
signal-to-noise ratio Geräuschabstand
m.
weighting *n.* Bewertung *f.*, Gewichtung *f.*;
~ **curves** Bewertungskurven *f. pl.*; ~
network Bewertungsfilter *m.*
welcoming *n.* Begrüßung *f.*
welfare *n.* Sozialwerk *n.*
well-focused *adj.* scharf *adj.*
western *n.* Wildwestfilm *m.*, Western *m.*
wet *v.* anfeuchten *v.*; ~ **bonding joint**
Naßklebestelle *f.*; ~**-gate** *n.*
Naßkopierung *f.*; ~ **playback**
Naßabtastung *f.*; ~ **printing**
Feuchtkopierung *f.*
wetting agent Netzmittel *n.*
whip aerial Peitschenantenne *f.*; ~ **pan**
Reißschwenk *m.*
whisper *n.* Whisper *m.*
whispering *n.* Flüstern *n.*
whistle *v.* zischen *v.*
whistling *n.* Zischen *n.*
white *n.* Weiß *n.*, weiß *adj.*; **adjustment of**
~ **balance** Weißtonregelung *f.*;
adjustment of ~ **level**
Weißwertregelung *f.*; **clear** ~ gesättigtes
Weiß; **glaring** ~ knallig weiß;
overmodulation of ~ **level**
Weißwertübersteuerung *f.*; **pure** ~
reines Weiß; ~ **balance** Weißabgleich
m., Weißbalance *f.*; ~ **crushing**
Weißwertstauchung *f.*,
Helligkeitsüberstrahlung *f.*; ~ **distortion**
Weißentzerrung *f.*; ~ **film** Weißfilm *m.*;
~ **leader** Weißfilm *m.*; ~ **level**
Weißpegel *m.*, Weißwert *m.*; ~**-level**

clipper Weißwertbegrenzer *m.*; ~**-level**
clipping Weißwertbegrenzung *f.*; ~**-**
level control Weißwertregelung *f.*; ~**-**
level limiter Weißwertbegrenzer *m.*; ~**-**
level limiting Weißwertbegrenzung *f.*;
~ **lights** Mikro-Weißlicht *n.*; ~ **line**
Weißzeile *f.*; ~ **noise** Weißton *m.*,
weißes Rauschen, Weißrauschen *n.*; ~
non-linearity Weißkrümmung *f.*; ~
spacing Weißfilm *m.*; ~ **spike**
Weißspitze *f.*; ~ **tape** Weißband *n.*; ~**-**
to-black step Weißschwarzsprung *m.*
whiter than white ultraweiß *adj.*
whites, to burn out the ~ Weiß
übersteuern
wide, too ~ (pict.) zuviel Luft; ~ **angle**
Breitenwinkel *m.*, Weitwinkel *m.* (J); ~**-**
angle lens Weitwinkelobjektiv *n.*; ~**-**
angle range Weitwinkelbereich *m.*; ~**-**
band Breitband *n.*; ~**-band aerial**
Breitbandantenne *f.*, Allbereichantenne
f.; ~**-band amplifier**
Breitbandverstärker *m.*,
Allbereichverstärker *m.*,
Mehrbereichverstärker *m.*; ~**-band**
circuit Breitbandkreis *m.*; ~**-band**
distributor Mehrbereichverteiler *m.*; ~**-**
band loudspeaker
Breitbandlautsprecher *m.*; ~**-band noise**
Breitbandrauschen *n.*; ~**-band**
technique Breitbandtechnik *f.*; ~**-**
coverage ausführliche
Berichterstattung; ~**-coverage**
transmitter Großflächensender *m.*; ~**-**
gauge film Breitfilm *m.* (70 mm); ~**-**
response microphone
Breitbandmikrofon *n.*; ~**-screen**
Breitwand *f.*; ~ **screen** Breitbildformat
n.; ~**-screen film** Breitbildfilm *m.*,
Breitwandfilm *m.*; ~**-screen picture** *n.*
Breitbildfilm *m.*; ~**-screen system**
Breitbildverfahren *n.*,
Breitwandverfahren *n.* (s. Filmformat);
~ **beam** Weitstrahler *m.*
wideband *adj.* breitbandig *adj.*; ~ **cable**
Breitbandkabel *n.*; ~ **cable network**
Breitband-Kabelnetz *n.*
widen out *v.* (zoom) aufziehen *v.* (Zoom);
~ **out** *v.* (filming) Luft geben
width control Bildbreitenregler *m.*; ~ **of**
cut Schnittweite *f.*
wig *n.* Perücke *f.*, Haarteil *n.*; ~**-maker** *n.*

Perückenmacher *m.*; ~ **store**
Perückenfundus *m.*
wild noise Nebengeräusch *n.*; ~ **sound** *n.*
(tape) Atmosphäre *f.* (Magnetband); ~
track effects Atmosphäre *f.*; ~ **card**
Wildcard *f.* (IT)
wildcard character Jokerzeichen *n.* (IT)
winch *n.* Winde *f.*; ~**-base** *n.*
Windeständer *m.*
wind *v.* spulen *v.*; ~ **bag** (micr.)
Windschutz *m.*; ~ **band** Blasorchester
n.; ~ **gag** Nahbesprechungsschutz *m.*;
~**-loading** *n.* (aerial) Windlast *f.*,
Windlast *f.*; ~ **noise** Windgeräusch *n.*;
~ **screen** Windschirm *m.*; ~ **shield**
(micr.) Windschutz *m.*; ~ **shield**
Windschirm *m.*; ~ (up) aufspulen *v.*,
aufwickeln *v.*; ~**-up stand** Kurbelstativ
n.
winding *n.* (spool) Wicklung *f.*; ~ (mech.)
Windung *f.*; ~**-off** *n.* (cable)
Abwicklung *f.*
window *n.* (sat.) Satellitenfenster *n.*; ~
Fenster *n.* (EDV); ~**-frame aerial**
Fensterantenne *f.*; ~**-mounted aerial**
Fensterantenne *f.*; ~**-mounting** *n.*
(aerial) Fensterbefestigung *f.*; ~ **unit**
Window-Unit
wing *n.* (thea.) Kulisse *f.*; ~ **aerial**
(vehicle) Kotflügelantenne *f.*
winner *n.* Gewinner *m.*
winsock *n.* Winsock *f.* (IT)
wipe *v.* (fade) blenden *v.*; ~ (tape) löschen
v.; ~ Trickblende *f.*; ~ (fade) Blende *f.*,
Trickblende *f.*
wiper *n.* (fader) Schleifer *m.*
wiping *n.* (tape) Löschung *f.*; ~ **head**
Löschkopf *m.*
wire *v.* schalten *v.*, verdrahten *v.*; ~ (elec.)
Leitung *f.*; ~ Draht *m.*; **solid twin-
connection** ~ Rangierleitung *f.*; ~
distribution service Kabelfernsehen *n.*;
~**-lattice guard** Schutzgrill *m.*; ~ **line**
Drahtleitung *f.*; ~ **picture** Telefoto *n.*; ~
picture office Telefotostelle *f.*; ~
printer (IT) Matrixdrucker *m.*; ~
service (US) Nachrichtenagentur *f.*; ~
strippers *n. pl.* Abisolierzange *f.*; ~**-
wound resistor** Drahtwiderstand *m.*; ~
matrix printer Nadeldrucker *m.* (IT); ~
printer Nadeldrucker *m.* (IT)
wired broadcasting Drahtfunk *m.*; ~

gauze filter Drahtgazefilter *m.*; ~ **radio**
Drahtfunk *m.*; ~ **television**
Drahtfernsehen *n.*
wireframe *n.* Drahtgittermodell *n.*,
Wireframe *n.*
wireless *n.* Rundfunkapparat *m.*,
Rundfunkempfänger *m.*, Rundfunkgerät
n., Radio *n.*, drahtlos *adj.*; ~ **mike**
drahtloses Mikrofon; ~ **set**
Rundfunkapparat *m.*,
Rundfunkempfänger *m.*, Rundfunkgerät
n., Radio *n.*; ~ **telegraphy** (WT)
drahtlose Telegrafie
wireman *n.* Elektriker *m.*
wiring *n.* Verdrahtung *f.*, Verkabelung *f.*,
Drahtleitung *f.*, Schaltung *f.*,
Beschaltung *f.*; ~ **capacity**
Schaltungskapazität *f.*; ~ **diagram of
building** Bauschaltplan *m.*; ~ **layout**
Leitungsführung *f.*; ~ **side**
Verdrahtungsseite *f.*
wit(s) *n.* Verstand *m.*
wobble *v.* wobbeln *v.*; ~ **frequency**
Wobbelfrequenz *f.*
wobbling *n.* Wobbeln *n.*, Wobbelung *f.*
wobbulate *v.* wobbeln *v.*
wobbulated RF signal
Hochfrequenzwobbelsignal *n.*
wobbulation *n.* Wobbeln *n.*, Wobbelung *f.*
wobbulator *n.* Wobbler *m.*,
Wobbelgenerator *m.*, Wobbelmeßsender
m.
women's magazine Frauenmagazin *n.*
wooden tripod Holzstativ *n.*
woofer *n.* Tieftonlautsprecher *m.*,
Tieftöner *m.*; ~ (coll.) Baßlautsprecher
m., Tieftonlautsprecher *m.*
word *v.* abfassen *v.*; ~ **cue** Stichwort *n.*; ~
length (IT) Wortlänge *f.*; ~ **address**
Wortadresse *f.* (IT); ~ **delimiter**
Worttrennzeichen *n.* (IT); ~ **editing**
Wortredaktion *f.*; ~ **input** Worteingabe
f. (IT); ~ **length** Wortlänge *f.* (IT); ~
processing Textverarbeitung *f.* (IT); ~
processing application
Textverarbeitungsprogramm *n.* (IT); ~
processor Textverarbeitungsprogramm
n. (IT); ~ **separator character**
Worttrennzeichen *n.* (IT)
words of welcome Begrüßung *f.*
wordwrap *n.* Zeilenumbruch *m.* (IT)
work *v.* leisten *v.*, Arbeit *f.*, Verrichtung *f.*;

~ **light** Arbeitslicht *n.* (TV); ~ **on** *v.* (F) bearbeiten *v.*; ~ **print** Arbeitskopie *f.*, Schnittkopie *f.*; ~ **area** Arbeitsbereich *m.*

working, good ~ **order** stabiler Betrieb; **in good** ~ **order** einsatzfähig *adj.*; ~ **aperture** Blendenöffnung *f.*; ~ **characteristic** Arbeitskennlinie *f.*; ~ **clothes** *n. pl.* Arbeitskleidung *f.*; ~ **committee** Arbeitsgruppe *f.*; ~ **condition** Betriebszustand *m.*; ~ **contact** (relay: make, normally open contact) Arbeitskontakt *m.*; ~ **copy** Bild-Dup *n.*; ~ **costs** Betriebskosten plt.; ~ **day** Arbeitstag *m.*; ~ **drawing** Bauplan *m.*; ~ **frequency** Betriebsfrequenz *f.*; ~ **hours** *n. pl.* Arbeitszeit *f.*, Betriebszeit *f.*; ~ **instructions** Bedienungsanleitung *f.* (allgemein); ~ **light** Baulicht *n.*; ~ **noise** Arbeitslärm *m.*; ~ **order** Betriebszustand *m.*; ~ **plan** Arbeitsfoto *n.*; ~ **point** Arbeitspunkt *m.*; ~ **point** (tube) Betriebszustand *m.*; ~ **process** Arbeitsgang *m.*; ~ **programme** (IT) Arbeitsprogramm *n.*; ~ **resistance** Arbeitswiderstand *m.*; ~ **resistor** Arbeitswiderstand *m.*; ~ **script** Rohfassung *f.*; ~ **temperature** Betriebstemperatur *f.*; ~ **title** Arbeitstitel *m.*, vorläufiger Titel, Werktitel *m.*; ~ **hours** Werkzeiten *f. pl.*

works council Betriebsrat *m.*

workshop manager Werkstattmeister *m.*

workspace *n.* Arbeitsbereich *m.*

workstation *n.* Arbeitsstation *f.*

world distribution Weltvertrieb *m.*

World of Consumer Electronics Internationale Funkausstellung

world première Welturaufführung *f.*; ~ **agency** Weltagentur *f.*; ~ **service** *n.* Auslandsrundfunk *m.*; ~ **time clock** Weltzeituhr *f.*

worm *n.* Schnecke *f.*; ~ **drive gear** Schneckengetriebe *n.*; ~ **drive reduction ratio** Schneckengang *m.*

worm's-eye view Froschperspektive *f.*

wow *n.* Heuler *m.*, Jaulen *n.*, langsame Tonhöhenschwankungen; ~ **and flutter** Tonhöhenschwankung *f.*, Gleichlaufschwankung *f.*

wrap *v.* lötlos verdrahten; ~ **it up!** (take) gestorben! (fam.)

wrapped jointing lötlose Verdrahtung

wrapper Mini-Firewall (Netzüberwachung) (IT)

wrapping *n.* Wicklung *f.*

write *v.* (a data medium) beschreiben *v.*; ~ **head** (IT) Schreibkopf *m.*; ~ **instruction** (IT) Schreibbefehl *m.*; ~ **lockout** (IT) Schreibsperre *f.*; ~ **cache** Schreibcache *n.* (IT); ~ **error** Schreibfehler *m.* (IT); ~ **lockout** Schreibsperre *f.* (IT); ~ **mode** Schreibmodus *m.* (IT); ~**-protect slide** *n.* Aufnahmesperre *f.* (IT); ~**-protected** *adj.* schreibgeschützt *adj.* (IT)

writer *n.* Verfasser *m.*, Autor *m.*; ~ (R talks) Chronist *m.*; ~ (F) Drehbuchautor *m.*; ~ **of dialogue scripts** Dialogautor *m.*

writing speed Schreibgeschwindigkeit *f.* (IT)

written band Textband *n.*; ~**-band projector** Textbandprojektor *m.*

WT (s. wireless telegraphy)

X

X-certificate *adj.* nicht jugendfrei
xenon lamp Xenonlampe *f.*
**XY and MS stereophonic recording
  process** Stereoaufnahmeverfahren XY
  und MS

Y

Y-signal *n.* Y-Signal *n.*
yagi *n.* (coll.) Yagiantenne *f.*; ~ **aerial**
  Yagiantenne *f.*
yellow *n.* Leerbandteil *n.*; ~ **fog**
  Gelbschleier *m.*; ~ **press** Yellow Press
  f.; ~ **sites** *pl.* Gelbe Seiten *f. pl.*
  (Internet), Yellow Sites (IT); ~ **tape**
  Gelbband *n.*, Anfangsband *n.*
youth broadcasting Jugendfunk *m.*; ~
  film Jugendfilm *m.*; ~ **programmes** *n.*
  pl. Jugendfunk *m.*; ~ **channel**
  Jugendwelle *f.*

Z

zapping *n.* Zappen *n.*
Zener diode Zenerdiode *f.*; °~ **effect**
  Zenereffekt *m.*
zero *n.* Nullpunkt *m.*; ~**-beat frequency**
  Schwebungsnull *f.*; ~ **level** Nullpegel
  m.; ~**-level clamping** Nulltastung *f.*; ~
  phase time Nullphasenzeit *f.*; ~ **reset**
  Nullrückstellung *f.*; ~ **setting**
  Nullstellung *f.*; ~ **time** Nullzeit *f.*
zigout *n.* Abmoderation *f.*, Anmoderation
  f.
zip pan Reißschwenk *m.*, Reiß-Schwenk
  m. (Wischer); ~ **drive** Ziplaufwerk *n.*
  (IT)
zipped file gepackte Datei *f.* (IT)
zone *n.* Zone *f.*, Bereich *m.*; **achromatic** ~
  achromatischer Bereich; ~ **of sharpness**
  Tiefenschärfebereich *m.*
zoom *v.* Gummilinse ziehen, Linse fahren,
  zoomen *v.*, fahren *v.*, optische Fahrt,
  Zoom *m.*; ~ **angle indication**
  Bildwinkelanzeige *f.*; ~ **handle**
  Brennweitenbügel *m.*; ~ **in** *v.*
  Gummilinse zuziehen; ~ **indicator**
  Bildwinkelanzeiger *m.*; ~ **lens** Vario-
  Objektiv *n.*; ~ **out** *v.* Gummilinse
  aufziehen, aufziehen *v.*; ~ **travel**
  Zoomfahrt *f.*
zoomfinder *n.* Mehrfachsucher *m.*

Fachsprachliche Abkürzungen
Abbreviations

@   *„at" (-sign)*
Trennzeichen zwischen
Benutzername und
Domänennamenadresse
(Internet)

3DTV   *Three-Dimensional TV*
Dreidimensionales
(stereoskopisches) Fernsehen

A/D   *Analog/Digital*
Analogue/Digital

AAC   *Advanced Audio Coding*
fortgeschrittene Audio-
Kodierung (DRM/Audio)

AAL   *ATM Adaption Layer*
bei ATM

AAN   *All Area Network*
Oberbegriff aller Netzwerke
(LAN, MAN u.s.w.)

ABM   *Asynchronous Balanced
Mode*
Kommunikationsmodus von
HDLC

ABR   *Available Bit Rate*
(garantierte) verfügbare
Bitrate

ABU   *Asian Pacific Broadcasting
Union*
Asiatisch-Pazifischer
Rundfunkverband

AC   1. *Adult Contemporary*
Musikformat, das sich in
erster Linie an 25- bis 49-
jährige Hörer richtet

2. *Alternating Current*
Wechselstrom

ACB   *Automatic Call Back*
Verbindungsbeendung und
Rückruf

ACC   *Area Communications
Controller*
Steuerung mehrerer
Basisstationen

ACD   *Automatic Call Distribution*
automatische Anrufverteilung

ACK   *Acknowledgement*
Quittung, Bestätigung

ACR   *Advanced Call Routing*
Vorbereitung eingehender
Anrufe

ADA   *Average Delay till Abort*
Durchschnittswartezeit in
Warteschlangen

ADCT   *Adaptive Discrete Cosine
Transform Coding*
Datenkompressionsverfahren
(Video)

ADH   *Average Delay till Handling*
durchschnittliche Wartezeit
von Anrufern bis zur
Bedienung

ADPCM   *Adaptive Differential Pulse
Code Modulation*
Modulationsverfahren

ADR   *Astra Digital Radio*
Digitaler Satelliten-Hörfunk
über ASTRA

ADSL   *Asymmetrical Digital
Subscriber Line*
asymmetrischer digitaler
Teilnehmer-Anschluss

AES   *Audio Engineering Society*
Interessenvertretung der
Toningenieure

AF   1. *Audiofrequenz,*
audiofrequent
audio frequency

2. *Alternative Frequencies*
alternative Frequenzen (RDS)

AFC   *Automatic Frequency Control*
automatische
Frequenzregelung

AFDG   *Alternative Frequencies
carrying dGPS*
alternative Frequenzen für
dGPS

AFL	*After Fader Listening* Abhören nach Regler	**ANI**	*Access Network Interface* Schnittstelle zum Zugangsnetz
AFP	*Agence France Presse* französische Presseagentur	**ANSI**	*American National Standards* *Institute*
AFT	*Alternative Frequencies for* *TMC* alternative Frequenzen für TMC		US-amerikanisches nationales Normungs-Institut
		AOC	*Advice Of Charge* Gebührenanzeige
AG	*Arbeitsgruppe* working group	**AOS**	*Advertising Off Switch* Werbung-Aus-Schalter
AGC	*Automatic Gain Control* automatische Verstärkungsregelung	**AP**	*Associated Press* Presseagentur
AIFF	*Audio Interchange File* *Format* Datenformat für Audiodateien	**APA**	*Austria Presse Agentur* österreichische Presseagentur
		API	*Application Programming* *Interface* Programmierschnittstelle
AIS	*Alarm Indication Signal* Alarmanzeige	**APM**	*Additional Packet Mode* paketvermittelnde Dienste
AI	*Artifical Intelligence* künstliche Intelligenz	**AR**	*Aspect Ratio* Bildseitenverhältnis
ALC	*Analogue Leased Circuit* analoge Festverbindung	**ARD**	*Arbeitsgemeinschaft der* *öffentlich-rechtlichen* *Rundfunkanstalten* *Deutschlands* pool of German public broadcasting corporations (producing the First German Television Channel)
ALERT	*Advice and problem Location* *for European Road Traffic* Protokoll für Verkehrsinformationen bei RDS und DAB		
ALIS	*Access Lines in Service* Anzahl in Betrieb befindlicher Anschlüsse	**ARGE**	*Arbeitsgemeinschaft* joint project (group)
ALM	*Arbeitsgemeinschaft der* *Landesmedienanstalten in der* *Bundesrepublik Deutschland* German working group	**ARI**	*Autofahrer-Rundfunk-* *Information* traffic messages
AM	*Amplitude Modulation* Amplitudenmodulation	**ARQ**	*Automatic Repeat Request* Quittungsbetrieb in der Datenübertragung
AMPS	*Advanced Mobile Phone* *System* analoges zellulares Mobilfunksystem	**ASBU**	*Arab States Broadcasting* *Union* Rundfunkverband der arabischen Staaten
AN	*Access Network* Zugangsnetz	**ASCII**	*American Standard Code for* *Information Interchange* Datenübertragungsstandard

ASI   *Asynchronous Serial Interface*
asynchrone Schnittstelle

ASIC   *Anwenderspezifischer integrierter Schaltkreis*
Application Specific Integrated Circuit

ASPEC   *Adaptive Spectral Entropy Coding*
Digitales Codierverfahren für Tonsignale

ASTRA   *European Broadcasting Satellite System*
Europäisches Rundfunksatellitensystem

ATC   *Adaptive Transform Coding*
Sprachcodierverfahren

ATRAC   *Adaptive Transform Audio Coding*
digitales Codierverfahren für Tonsignale

ATI   *Additional Tuning Information*
zusätzliche Abstimminformation

ATM   *Asynchronous Transfer Mode*
digitales Übertragungsverfahren

ATR   *Audio Tape Recorder*
Tonbandmaschine

ATS   *Automatic Tuning System*
automatische Abstimmung

ATSC   *Advanced Television Systems Commitee*
US-amerikanische Arbeitsgruppe für digitales TV

ATVEF   *Advanced Television Enhancement Forum*
TV-Forum

AUDETEL
Audio Description of Television
Zusatzinformationen für Sehbehinderte

AVL   *Automatic Vehicle Location*
Automatische Standortbestimmung von Fahrzeugen

AWGN   *Additive White Gaussian Noise*
zusätzliches Rauschen mit Gauß-Verteilung

BA   *Basic Access*
Basisanschluß (ISDN)

BAC   *Billing Accounting and Charging*
Verwaltungsarbeiten für Telefonanschlüsse

BAPT   1. *(ehemaliges) Bundesamt für Post und Telekommunikation*
(former) German authority for post and telecommunications

2. *British Approvals Board for Telecommunication*
Oberste Telekombehörde in Großbritannien

BAS(-Signal)
Bildaustast- und Synchronsignal
composite video signal

BAT   *Bouquet Association Table*
optionale Tabelle (DVB)

BBC   *British Broadcasting Corporation*
britische Rundfunkanstalt

BBS   *Bulletin Board System*
elektronisches „schwarzes Brett"

BCC   *Block Check Character*
zyklische Blockprüfung

BCD   *Binary-Coded Decimal*
binärcodierte Dezimalzahl

BCH   *Bose-Chaudhuri-Hocquenghem*
digitales Codierverfahren

BDSG   *Bundesdatenschutzgesetz*
German data protection act

BER   *Bit-Error rate/ratio*
Bitfehlerrate

B-frame   *bidirectional predicted frame*
codiertes MPEG-Bild

BHC   *Busy Hour Calls*
Telefonate in den
Hauptverkehrsstunden

BHTML   *Broadcast Hypertext Markup Language*
HTML mit
Rundfunkerweiterung

BI   *Broadcast Identifier*
Senderidentifizierung

BIOS   *Basic Input Output System*
Betriebssystem-Kern eines
Computers

BITE   *built-in test equipment*
Selbsttesteinheit

BK   *Breitbandkabel*
cable network

BKSTS   *British Kinematograph, Sound and Television Society*
britische Film-, Ton- und
Fernseh-Gesellschaft

BmE   *Beitrag mit Einblendungen*

BMFT   *Bundesministerium für Forschung und Technologie*
German ministry for post and
telecommunications

BmO   *Beitrag mit O-Tönen*

BMPT   *(ehemaliges) Bundesministerium für Post und Telekommunikation*
(former) German ministry for
post and telecommunications

BOM   *Beginning of Message*
Beginn einer Meldung

BONT   *Broadband Optical Network Termination*
Schnittstelle optisch-
elektrischer Wandlung

bpi   *bits per inch*
Aufzeichnungsdichte

bpm   *beats per minute*
Schlagzahl (Musik)

bps   *bits per second*
serieller Datendurchsatz

BPSK   *Binary Phase Shift Keying*
digitales
Modulationsverfahren

BR   *Bayerischer Rundfunk*
German broadcasting
organisation

BRI   *Basic Rate Interface*
Basisanschluß bei ISDN (GB)

BRS   *Binaural Room Scanning*
virtuelle Tondarstellung

BS   *Base Station*
Mobilfunk/Basisstation

BSA   *Business Software Alliance*
Softwareschutzverband

BSS   *Broadcasting Satellite Service*
Rundfunksatellitendienst

BTI   *Basic Tuning Information*
Abstimminformation

BuB   *Bumper und Bett*
bumper and bed

BUS   *Binary Utility System*
Verbindungssystem zur
Datenübertragung

BWF   *Broadcast Wave Format*
Dateiformat für Audio-Daten

C/I   *Carrier-to-Interference Ratio*
Träger-Störsignal-Verhältnis

C/N   *Carrier-to-Noise-Ratio*
Träger-Rausch-Abstand/
Verhältnis

c/s   *cycles per second*
Frequenz (Hertz)

CA   *Conditional Access*
Zugriffskontrollsystem
(Pay-TV)

CAD   *Computer Aided Design*
computerunterstütztes
Design

CAE *Computer Aided Engineering*
computerunterstütztes
Entwickeln

CAPI *Common Application
Programming Interface*
Schnittstelle zur
Programmierung von
Anwendungsprogrammen

CAR *Computer Aided Radio*
computerunterstütztes Radio

Cart *Cartridge*
Cartridge, Kassette

CAST *Computer Aided Software
Testing*
Qualitätssicherung von
Computer-Programmen

CAT *Conditional Access Table*
MPEG-Tabelle (DVB)

CATV *Community Antenna TV
System*
Gemeinschaftsantennen-
anlage

CAZAC *Constant-Amplitude-Zero-
Autocorrelation*

CB *Citizen Band*
Jedermann-Funk, CB-Funk

CBC *Canadian Broadcasting
Corporation*
kanadische Rundfunkanstalt

CBR *Constant Bit Rate*
konstante Bitrate

CBS *Columbia Broadcasting
System Inc. (USA)*
Rundfunkanstalt in den USA

CBU *Carribean Broadcasting
Union*
karibische Rundfunkanstalt

CC 1. *Compact Cassette*
Kompaktkassette

2. *Country Code*
internationale
Vorwahlnummer

3. *Carbon Copy*
Durchschlag, Kopie

CCD *Charge Coupled Device*
Bildsensoren

CCIR *International Radio
Consultative Committee*
jetzt ITU-R, internationaler
Beratungsausschuß für Funk

CCITT *International Telephone and
Telegraph Consultative
Committee*
jetzt ITU-T, internationaler
Beratungsausschuß für
Telefon- und Telegraphie-
Dienste

CCN *Cordless Communication
Network*
drahtlose Telefonverteilung

CCU *Camera Control Unit*
Kamerasteuerung

CD *Compact Disc*

CD-I *Compact Disc – Interactive*
interaktive CD

CD-R *CD – Recordable*
einmal beschreibbare CD

CD-ROM *Compact Disc – Read Only
Memory*
CD mit Nur-Lese-Speicher

CD-RW *Compact Disc – Rewriteable*
wiederbeschreibbare CD

CDN *Customer-Dedicated Network*
kundenangepaßtes
Telefonnetz

CDV *Cell Delay Variation*
bei ATM

CENELEC
*Comité Européen de
Normalisation
Electrotechnique*
europ. Normungsgremium

CEPT *European Conference of
Postal and
Telecommunications
Administrations*
Gremium der europäischen
Post- und
Fernmeldeverwaltungen

CER   *Cell Error Ratio*
bei ATM

CF   *Carrier Frequency*
Trägerfrequenz

CG   *Computer Graphics*
Computergrafik

CGI   *Common Gateway Interface*
Allgemeine
Vermittlungsrechner-
Schnittstelle

CHR   *Contemporary Hit Radio*
Radioformat

CI   1. *Common Interface*
standardisierte Schnittstelle

     2. *Corporate Identity*
einheitliches
Erscheinungsbild

CIRAF(-Zone)
*Conferencia Internationale
de Radiodiffusion por Altas
Frequencias (Mexico 1949)*
Zielgebiet für
Kurzwellensendungen

CL   *Connectionless*
verbindungslose
Datenübertragung

CLIP   *Calling Line Identification
Protocol*
Rufnummeranzeige

CLIR   *Calling Line Identification
Restriction*
Rufnummerunterdrückung

CLK   *Clock*
Taktsignal

CLR   *Cell Loss Ratio*
bei ATM

CMMR   *Common Mode Rejection
Ratio*
Gleichtaktunterdrückungs-
faktor

CMOS   *Complementary Metal Oxide
Semiconductor*
komplementärer Metalloxid-
Halbleiter

**CMOS-
RAM**   *CMOS Random Access
Memory*
komplementärer CMOS-
Speicher

CMRR   *Common Mode Rejection
Ratio*
Gleichtaktunterdrückung

CMTT   *CCIR/CCITT Joint Study
Group for Television and
Sound Transmission*
jetzt Studienkommission 9
von ITU-T

CN   *Corporate Network*
Kommunikationsnetz im
Firmenverbund

CNC   *Computerized Numerical
Control*
rechnerabhängige numerische
Steuerung

CNI   *Country and Network
Identification*
Länder- und Netzwerk-
Identifikation (VPS)

CNR   *Carrier-to-Noise Ratio*
Träger-Rausch-Verhältnis

CODEC   *Coder + Decoder*

COFDM   *Coded Orthogonal Frequency
Division Multiplex*
digitales
Modulationsverfahren mit
Fehlerschutz

Commag   *Composite magnetic sound
track*
Film mit magnetischer
Tonspur

Comopt   *Composite optical sound
track*
Film mit optischer Tonspur

CORBA   *Common Object Request
Broker Architecture*
Kommunikationsstandard im
DV-Bereich

CP/M   *Control Program (for)
Microprocessors*
Betriebssystem

cps	*characters per second* Zeichen je Sekunde / Maßeinheit für Geschwindigkeit von Druckern	
CPU	*Central Processing Unit* Zentraleinheit eines Rechners	
CRC	*Cyclic Redundancy Check* Verfahren zur Datensicherung	
CRCC	*Cyclic Redundancy Check Code*	
CRI	*Color Reversal Intermediate* Farbumkehrduplikat (Film)	
CRT	*Cathode-Ray Tube* Kathodenstrahlröhre	
CSA	*Common Scrambling Algorithm* Verschlüsselungsalgorithmus (DVB)	
CSMA/ CD	*Carrier Sense Multiple Access with Collision Detection* Kommunikationsverfahren über Koaxkabel	
CSS	*Cascading Style Sheets* Ergänzungssprache für HTML	
CT	1. *Clock Time and Date* Zeit und Datum bei RDS	
	2. *Cordless Telephone* schnurloses Telefon	
CUG	*Closed User Groups* geschlossene Benutzergruppen	
CVBS	*Composite Video, Blanking and Sync* FBAS-Signal	
CW	*Control Word* bei CA-Systemen	
D/A	*Digital/Analog* digital/analogue	
D2-MAC	*Duobinary Multiplex Analogue Components*	

Fernsehübertragungsform (Ton und Daten digital, Bild analog)

DAB	*Digital Audio Broadcasting* Digitales Hörfunksystem
DAC	*Digital to Analog Converter* Digital-Analog-Wandler
DARC	*Data Radio Channel* Datenübertragung im analogen FM-Radio
DASE	*Digital TV Application Software Environment* Softwareumgebung
DAT	*Digital Audio Tape* digitales Tonaufzeichnungsverfahren
Datex-P	*Packet-switched Data Exchange Network* paketvermittelndes Datennetz
DATR	*Digital Audio Tape Recorder* digitales Tonbandgerät
DAVIC	*Digital Audio-Visual Council* Initiative zur Koordinierung multimedialer Anwendungen
DAW	*Digital Audio Workstation*
dB	*Dezibel* Decibel
DB	*Database* Datenbank
DBS	*Direct Broadcast Satellite* leistungstarker direktempfangbarer Rundfunksatellit
DC	*Direct Current* Gleichstrom
DCC	1. *Digital Compact Cassette* digitale Kompaktkassette
	2. *Dynamic Carrier Control* dynamische Trägerabsenkung (AM)
DCN	*Data Communications Network* Datenkommunikationsnetz

DCT *Discrete Cosine Transform*
Diskrete Cosinus
Transformation

DDD 1. *Distance Direct Dialing*
Selbstwahl im Fernnetz

2. *Digital Digital Digital*
Qualitätskriterium von CDs

DDI *Distance Dialing In*
Durchwahl bis zur
Nebenstelle

ddpADN *Deutscher Depeschen Dienst
– Allgemeiner Deutscher
Nachrichtendienst*
German press agency

DE-NIC *Deutsches Network
Information Center*
Vergabestelle für Top-Level-
.de-Domains

DES *Data Encryption Standard*
IBM-spezifische
Verschlüsselung von
Computerdaten

DFPDN *Digital Fixed Public Data
Network*
Digitales Festnetz
(z. B. für Datenübertragung)

DFS *Deutscher Fernmelde-Satellit*
German Telecommunication
Satellite

DFÜ *Datenfernübertragung*
long distance data
transmission

dGPS *differential Global
Positioning System*
differentielles globales
Ortungssystem via Satellit

DHTML *Dynamic HyperText Markup
Language*
HTML-
Erweiterungstechnologien zur
dynamischen Veränderung
von WWW-Seiten

DIF *Digital Interface*
digitale Schnittstelle

DigAS *Digitaler
Aktualitätenspeicher*
Digitales
Audioaufzeichnungs- und
Bearbeitungssystem der Fa.
David

DigiTAG *Digital Terrestrial Television
Action Group*
Interessenvertretung Digitales
Terrestrisches Fernsehen

DIN *Deutsche Industrie Norm*
German industrial standard

DIRA *Digitales Radio*
Digital Radio System by VCS

DiSEqC *Digital Satellite Equipment
Control*
Steuerprotokoll für die
bidirektionale Verbindung
zwischen der Set-Top-Box
und der Außeneinheit einer
Satellitenantenne (SAT)

DJ *Disc Jockey*
Disk-Jockey

DJV *Deutscher Journalisten
Verband*
German association of
journalists

DLM *Direktorenkonferenz der
Landesmedienanstalten*

DLR *DeutschlandRadio (auch DR
abgekürzt)*
German broadcasting
organisation

DLT *Digital Linear Tape*
Datenaufzeichnungsformat

DMA *Direct Memory Access*
Direkter Speicherzugriff
(ohne Mitwirkung des
Mikroprozessors)

DMC *Desktop Multimedia
Conferencing*
PC-basierte Videokonferenz

DMV *Deutscher Musikverleger-
Verband*
German music publishers
association

DNIC   *Data Network Identification Code*
Vorwahl für internationale Datennetze

DNS   1. *Domain Name Service*
Internetdienstprogramm zur Umwandlung numerischer IP Adressen in Namensadressen

2. *Domain Name System*
Domänenadressensystem für Hosts im Internet

3. *Domain Name Server*
Name Server verwalten die Adress-Datenbanken

DOM   *Document Object Model*
Modell zur Abbildung der WWW-Seitenbestandteile in Objekthierarchie

DoP   *Director of Photography*
Chefkameramann

DOS   *Disk Operating System*
Betriebssystem

DP   *Dial Pulse*
Wählimpuls

dpa   *Deutsche Presse-Agentur*
press agency

DPCM   *Difference Pulse-Code Modulation*
Differenz-Puls-Code-Modulation

DR   1. *DeutschlandRadio (auch DLR abgekürzt)*
German broadcasting organisation

2. *Danmarks Radio*
dänische Rundfunkanstalt

DRA   *Deutsches Rundfunk-Archiv*
German broadcasting archive

DRC   *Dynamic Range Control*
dynamische Aussteuerungskontrolle

DRCS   *Dynamically Redefineable Character Set(s)*
(z.B. Videotext)

DRM   *Digital Radio Mondiale*
Konsortium für die Entwicklung des digitalen Rundfunks in den AM-Bändern

DRO   *Dielectric Resonant Oscillator*
Oszillatorschaltung mit Keramikschwinger

DSB   *Double Sideband*
Doppel-Seitenband (AM)

DSC   *Digital Serial Components*
siehe DSK (Video)

DSCQS   *Double Stimulus Continuous Quality Scale*
Skala zur subjektiven Qualitätsbeurteilung

DSI   *Detailed Spectrum Investigation*
Neuorganisation der Frequenzbänder

DSIS   *Double Stimulus Impairment Scale*
Skala zur subjektiven Qualitätsbeurteilung

DSK   *digitale serielle Komponenten*
see DSC (Video)

DSL   *Digital Subscriber Line*
digitaler Teilnehmer-Anschluß

DSM-CC   *Digital Storage Media - Command and Control*
Regelwerk

DSP   1. *Digital Signal Processor*
Prozessor zur digitalen Signalverarbeitung

2. *Digital Signal Processing*
digitale Signalverarbeitung

DSR   *Digitales Satelliten Radio*
digital satellite radio

DSS   *Digital Sound System*
digitales Tonsystem

DSVD *Digital Simultanous Voice and Data* gleichzeitige digitale Sprach- und Datenübertragung

DTAG *Deutsche Telekom AG* German Telecom

DTE *Data Terminal Equipment* digitales Endgerät

DTF *Digital Tape Format* digitales Bandformat

DTH *Direct-To-Home* Satellitendirektempfang (SAT)

DTS *Decoding Time Stamp* Information zur zeitlich richtigen Decodierung der Datenpakete (DVB)

DTTB *Digital Television for Terrestrial Broadcasting* terrestrisches digitales Fernsehen

DTV *Digital Television* digitales Fernsehen

DV 1. *Digital Video* Videoformat

2. *Datenverarbeitung* data processing

DVB *Digital Video Broadcasting* europäischer Standard für digitales Fernsehen

DVB-C *DVB – Cable* Digitales Kabelfernsehen

DVB-S *DVB – Satellite* Digitales Fernsehen via Satellit

DVB-SI *DVB – Service Information* in DVB spezifizierte Tabellen

DVB-T *DVB – Terrestrial* Digitales Fernsehen für terrestrische Sender

DVC 1. *Digital Video Cassette* digitale Videokassette

2. *Desktop Videoconferencing (System)* Videokonferenzsystem

DVD *Digital Versatile Disc* optisches Speichermedium, Weiterentwicklung der Compact Disc

DVD-R *Digital Versatile Disc – Recordable* beschreibbare DVD

DVE *Digital Video Effects* digitale Videoeffekte

DVITC *Digital Vertical Interval Time Code*

DVTR *Digital Video Tape Recorder* digitaler Videorecorder

DW *Deutsche Welle* German broadcasting organisation

DWDM *Dense Wavelength Division Multiplex* Multiplextechnik bei Lichtwellenleiter- Übertragung

E/A *Eingabe/Ausgabe* Input/Output

EACEM *European Association of Consumer Electronics Manufacturers* Europäische Vereinigung für Unterhaltungselektronik

EAP *Elektronische Außenproduktion* outside broadcasting

EAV *End of Active Video* End-Synchronwort im Digitalen TV-Signal

EB *Elektronische Berichterstattung* Electronic News Gathering

E_b/N_o   *bit energy to noise density ratio*
Verhältnis der durchschnittlichen Bitleistung zur Rauschleistung

EBR   *Electronic Beam Recording*
Elektronenstrahl-Filmaufzeichnung

EBU   *European Broadcasting Union*
Union der Europäischen Rundfunk-Organisationen (UER)

ECC   *Extended Country Code*
erweiterter Landescode (DAB/RDS)

ECM   1. *Entitlement Control Message*
Verschlüsselungsinformation (CA), Berechtigungsprüfungs-meldungen

2. *Error Correction Mode*
Fehlerkorrekturverfahren

EDI   *Electronic Data Interchange*
elektronischer Datenaustausch

EDL   *Edit-Decision List*
Schnittliste

EDTV   *Extended Definition Television*
Fernsehen mit höherer Bildauflösung

EDV   *Elektronische Datenverarbeitung*
Data Processing

EEP   *Equal Error Protection*
gleichwertiger Fehlerschutz

EFP   *Electronic Field Production*
elektronische Außenübertragung

EIA   *Electronic Industries Association*
Handels- u. Normungsorganisation der Elektronik-Industrie

EIAJ   *Electronic Industries Association of Japan*
japanische Handels- und Normungsorganisation der Elektronik-Industrie

EIRP   *Equivalent Isotropically Radiated Power*
äquivalente Strahlungsleistung bezüglich isotropem Kugelstrahler

EISA(-Bus)   *Extended ISA*
Weiterentwicklung des ISA-Bus

EIT   *Event Information Table*
DVB-SI-Tabelle

E-, e-   *electronic*
elektronisch

EMC   *Electromagnetic Compatibility*
elektromagnetische Verträglichkeit (EMV)

EMF   *Electromagnetic Field*
elektromagnetisches Feld

EMI   *Electromagnetic Interference*
elektromagnetische Interferenz

EMM   *Entitlement Management Messages*
Zugangsberechtigung (Conditional Access)

EMV   *Elektromagnetische Verträglichkeit*
electromagnetic compatibility

EMVU   *Elektromagnetische Umweltverträglichkeit*

EN   *Europäische Norm*
European Standard

END   *Equivalent Noise Degradation*
äquivalente Rauschverschlechterung

ENG   *Electronic News-Gathering*
elektronische Berichterstattung

EOM *End of Message*
Nachrichtenende

EOT *End of Transmission*
Übertragungsende

EPG *Electronic Program Guide*
elektronischer
Programmführer (DVB)

EPROM *Erasable Programmable
Read Only Memory*
löschbarer programmierbarer
Speicherchip

EEPROM
*Electrically Erasable
Programmable Read Only
Memory*
elektronisch löschbares
EPROM

EQ *Equalizer*
Entzerrer

ERC *European
Radiocommunications
Committee*
bei CEPT

ERMES *European Radio Message
System*

ERO *European
Radiocommunications Office*
bei CEPT

ERP *Effective Radiated Power*
äquivalente
Strahlungsleistung bezüglich
Halbwellendipol

ES *Elementary Stream*
Ausgangsdatenstrom eines
MPEG-Audio- oder
Videoencoders

ESA *European Space Agency*
europäische
Raumfahrtsbehörde

ESDI *Enhanced Small Device
Interface*
spezielle schnelle
Schnittstelle

ESG *Event Schedule Guide*
Programmführer

ETB *End of Transmission Block*
Ende eines
Datenübertragungsblocks

ETI *Ensemble Transport Interface*
Gemeinsames Interface
(DAB)

ETNO *European Public Telecom
Network Operators
Association*
Europäischer Dachverband
öffentlicher Netzbetreiber

ETS *European
Telecommunication Standard*
von ETSI erarbeiteter
Standard

ETSI *European
Telecommunication
Standards Institute*
Europäisches Normen-Institut
für Telekommunikation

EUT *Equipment Under Test*
Geräte im Test

EUTEL- *European
SAT* *Telecommunications Satellite
Organization*
Satellitenbetreiber-
gesellschaft

EVN *Eurovision news exchange*
europäischer
Nachrichtenaustausch

EWS *Emergency Warning System*
bei RDS und DAB

EXU *Extension Unit*
Erweiterungseinheit

F&E *Forschung und Entwicklung*
see R&D

FAQ *Frequently Asked Questions*
häufig gestellte Fragen

FAS *Flexible Access System*
System mit flexiblem
Zugriff

FAT   1. *File Allocation Table*
            Dateizuordnungstabelle /
            Liste zum Verwalten von
            Speicherplatz

            2. *Filmabtaster*
            telecine

FAZ   *Filmaufzeichnung*
            telecine recording

FBAS   *Farbbildaustastsynchronsignal*
            composite colour video
            signal

FC   *Fiber Channel*
            Lichtwellenleiter

FCC   *Federal Communications
            Commission*
            Telekommunikations- und
            Rundfunkbehörde (USA)

FDD   *Floppy Disk Drive*
            Diskettenlaufwerk

FDDI   *Fiber Distributed Data
            Interface*
            Übertragungsprotokoll für
            Hochgeschwindigkeitsnetze

FDM   *Frequency Division
            Multiplex*
            Frequenzmultiplex

FDMA   *Frequency Division Multiple
            Access*
            Mehrfachzugang durch
            Frequenzmultiplexen

FEC   *Forward Error Correction*
            Vorwärts-Fehlerkorrektur

FEXT   *Far End Cross Talk*
            Fernnebensprechen

FFT   *Fast Fourier Transform*
            schnelle Fourier-
            Transformation

FH   *Fachhochschule*
            Germany, corresponds to
            Technical College

FhG   *Fraunhofer Gesellschaft*
            German R&D institution

FIC   *Fast Information Channel*
            Schnellinformationskanal
            (DAB)

FIFO   *First In First Out Memory*
            Schieberegister
            (Speicherverarbeitung)

FIR   *Finite Impulse Response*
            endliche Impulsantwort

FI   *Fehlerstrom*

FKTG   *Fernseh- u. Kinotechnische
            Gesellschaft*
            TV- and cinema-technics
            association

FLOF   *Full Level One Feature*
            bei Videotext

FLOPS   *Floating Point Operations
            Per Second*
            Fließkommaabrechnungen je
            Sekunde

FM   1. *Frequency Modulation*
            Frequenz-Modulation

            2. *Fault Management*
            Fehlerbehandlung

FO   *Fiber Optics*
            Glasfasertechnik

FPGA   *Field Programmable Gate
            Array*
            programmierbarer
            elektronischer Baustein

FreeBSD *Free Berkeley Software
            Distribution*
            frei verfügbares Unix-Derivat

FS   *Fernsehen*
            TV, Television

FSK   *Frequency Shift Keying*
            Modulationsverfahren

FSN   *Full Service Network*
            universell nutzbares
            Netzwerk

FSS   *Fixed Satellite Service*
            Fernmeldesatellitendienst

FTP   *File Transfer Protocol*
            standardisiertes Protokoll zur
            Dateiübertragung

FTZ	*Forschungs- und Technologiezentrum* research center of German Telekom	**Gopher**	*Gopher Kunstwort aus Go For;* Internet-Dienstprogramm
FUN	*Free Universe Network* Unabhängige Digital-TV-Plattform-Allianz	**GPIB**	*General Purpose Interface Bus* Bussystem
FWU	*Institut für Film und Bild in Wissenschaft und Unterricht* German institution	**GPS**	*Global Positioning System* globales Navigationssystem
G/T	*Gain-to-noise Temperature* Signalverstärkung in Bezug auf die Rauschtemperatur	**GSM**	*Global System for Mobile communication* globaler Standard für Mobilfunknetze
GAN	*Global Area Network* weltweites Netz	**GSO**	*Geostationary Satellite Orbit* geostationäre Satellitenumlaufbahn
GATS	*Global Automotive Telecommunication Standard* Standard für die Übertragung von Daten ins Automobil	**GT**	*Group Type* Gruppentyp
GDI	*Graphical Device Interface* System für die Anzeige von graphischen Elementen in MS Windows	**GUI**	*Graphical User Interface* graphische Benutzeroberfläche
GEMA	*Gesellschaft für musikalische Aufführungs- und mechanische Vervielfältigungsrechte* German association for the administration of musical performance and mechanical duplication rights	**HANC**	*Horizontal Ancillary Data* Zusatzdaten im FS-Signal (Zeilenbereich)
		HBCI	*Home Banking Computer Interface* Standard für das Home-Banking
GEZ	*Gebühreneinzugszentrale* German licence fee clearing house	**HCR**	*Huffman Code Reordering* Neuordnung Huffman-Kodierung (Entropie-Kodierung)
GIF	*Graphics Interchange Format* WWW-Grafikformat	**HD**	*High Definition* hohe Auflösung
GK	*Gesamtkalkulation* total calculation	**HDD**	*Hard Disk Drive* Festplattenlaufwerk
gLTD	*generic Top-Level Domain* höchste Hierarchie im Internet	**HDLC**	*High-level Data Link Control* Protokollfamilie für Datenübertragung
GOP	*group of pictures* Gruppe MPEG-codierter Bilder	**HDMAC**	*High Definition Multiplexed Analog Components* analoges FS-System mit hoher Auflösung
		HDPCM	*Hybride DPCM* Modulationsverfahren

HDTV	*High Definition Television* hochauflösendes Fernsehen
HEO	*Highly-inclined Elliptical Orbit* stark geneigte elliptische Satelliten-Umlaufbahn
HEX	*Hexadecimal (notation)* hexadezimal(e Notation)
HF	*Hochfrequenz, hochfrequent* Radio frequency, radio frequent
HI	*High-Intensity* hohe Intensität
HLTT	*Higher Level Teletext* verbesserter Videotext
HMA	*High Memory Area* hoher Speicherbereich, oft auch oberer Speicherbereich genannt
HMI	*Halogen Metal Iodide* Tageslichtlampe
HR	*Hessischer Rundfunk* German broadcasting organisation
HRC	*Hypothetical Reference Circuit* hypothetischer Bezugskreis
HSD	*High Speed Data* Hochgeschwindigkeitsdaten
HSM	*Hierarchical Storage Management* hierarchische Speicherverwaltung
HSR	*Hidden Surface Removal* Ausblenden verdeckter Flächen
HTML	*Hypertext Mark-up Language* Befehlssammlung oder einfache Sprache zur Gestaltung von Internet-Seiten

HTTP	*Hypertext Transfer Protocol* Client-Server-Protokoll für den Zugriff auf Informationen aus Datennetzen
HTTPS	*HTTP over Secure Sockets Layer* Sonderform des HTTP
HYBNET	*Hybrides (Dienste-integrierendes) Breitbandübertragungsnetz* hybrid service integrating broadband network
I/O	*Input/Output* Eingabe/Ausgabe
I²C	*Inter Integrated Circuits* serieller Datenbus zum Datentransport zwischen ICs
I²S	*Inter Integrated Sound* interne Schnittstelle in digitalen Auio-CDs
IAB	1. *International Academy of Broadcasting* internationale Rundfunkakademie
	2. *Internet Architecture Board* Organisation zur Dokumentation von Internet-Netzstruktur und Abläufen
IANA	*Internet Assigned Numbers Authority* Koordinationsstelle für Internet-Protokolle
IBC	*International Broadcasting Convention* Ausstellung und Kongress (Hörfunk, Fernsehen, Satellit und Kabel)
IBFN	*Integriertes Breitband-Fernmeldenetz* integrated broadband network
IBOC	*In-Band On Channel* Übertragung von analogen und digitalen Signalen im gleichen Kanal

IC	*Integrated Circuit* integrierter Schaltkreis	**IH**	*In-House (Application)* rundfunkinterne Informationen (RDS)
ICP	1. *Internet Cache Protocol* Protokoll für den Internet-Pufferspeicher	**IIS**	*siehe / see I²S*
	2. *Internet Content Provider* Internet-Dienstleister, der auch eigene Inhalte anbietet	**IMAP**	*Internet Message Access Protocol* Internet-Protokoll zur Übertragung von E-Mail
ID	*Identifikation, Identifier* Identifizierung, Kennzeichnung	**IMUX**	*Input Multiplexer* Eingangsmultiplexer
IDD	*International Direct Dialing* internationale Direktwahl	**INC**	*Incoming Call* ankommender Anruf
IE	*International Exchange* Vermittlung mit Auslandsnetzen	**Intelsat**	*International Telecommunication Satellite Consortium* internationale Fernmeldesatelliten-Organisation
IEC	*International Electrotechnical Commission* internationale elektrotechnische Kommission		
IEEE	*Institute of Electrical and Electronics Engineers* Institut der Elektro- und Elektronik-Ingenieure (USA)	**IOT**	*In-Orbit-Test* Test in der Satellitenumlaufbahn
IF	*Intermediate Frequency* Zwischenfrequenz	**IP**	*Internet Protocol* Adressierung im Internet
IFA	*Internationale Funkausstellung* international broadcasting exhibition (Berlin)	**IPA**	*International Phonetic Alphabet* internationale Lautschrift
		IPR	*Intellectual Property Rights* Patentschutz
I-Frame	*Intracoded Frame* MPEG-codiertes Bild ohne Referenz zu anderen Bildern	**IPTC**	*International Press Telecommunication Council*
IFRB	*International Frequency Registration Board* Frequenzregistrierungs-behörde bei der ITU (bis 1993, jetzt ITU-BR)	**IPX**	*Internet Packet eXchange* Protokoll zum Datenaustausch in Netzwerken
		IRC	*Internet Relay Chat* Internet-Protokoll für Echtzeit-Kommunikation
IGP	1. *Internet Gopher Protocol* Gopher-Protokoll im Internet	**IRD**	*Integrated Receiverdecoder* integrierter Empfangsdecoder
	2. *Interior Gateway Protocol* Protokoll für die Über-tragung von Routingdaten	**IRQ**	*Interrupt ReQuest* Unterbrechungsanforderung an den Prozessor

IRT *Institut für Rundfunktechnik*
Institute for broadcasting
technology

ISA *Industry Standard
Architecture*
Standard für PC-Datenbus,
16 bit

ISDN *Integrated Services Digital
Network*
diensteintegrierendes
digitales Fernmeldenetz

ISO *International Standards
Organization*
Internationale
Standardisierungs-
Organisation

ISOC *Internet Society*
Organisation für Aufgaben
im Internet

ISP *Internet Service Provider*
Dienstleister, der Zugang
zum Internet ermöglicht

ISRC *International Standard
Recording Code*
eindeutige Kennzeichnung
von Tonaufzeichnungen (wie
ISBN für Bücher)

IST 1. *Intelligent Transport
Systems*
intelligente Transportsysteme

2. *Insertion Test Signal*
Prüfzeilensignal

IT *Information Technology*
Informations-Technologie

ITC *International
Telecommunications
Conventions*
Internationale Verträge für
Telekommunikation

ITG *Informationstechnische
Gesellschaft*
society for information
technology

ITU *International
Telecommunications Union*
Internationale Fernmelde-
Union (auch UIT)

ITU-R *Radiocommunication Sector
of ITU*
ITU-Funksektor, früher CCIR

ITU-T *Telecommunication
Standardization Sector
der ITU*
ITU-Telekommunikations-
sektor, früher CCITT

IvD *Ingenieur vom Dienst*
technical operations manager

IPIA *International Phonographic
Industry Association*
Internationale Vereinigung
der Phonographischen
Industrie

ITU-BR *Radiocommunication Bureau
of ITU*
Sekretariat des Funksektors
der ITU, u.a.
Frequenzregistrierungs-
behörde

IVR *Individual Voice Recognition*
individuelle Spracherkennung

IWF *Institut für den
Wissenschaftlichen Film*
Institute for scientific films

JINI *Java Intelligent Network
Infrastructure*
Programmiersprache

JPEG *Joint Photographic Experts
Group*
Standardisierungsgruppe bei
ISO/IEC

JSSS *JavaScript Style Sheets*
Programmierbausteine

KEF *Kommission zur Ermittlung
des Finanzbedarfs der
öffentlich-rechtlichen
Rundfunkanstalten*

KIF *Konzepte Innovativer
Fernsehsysteme*

KIR *Konzepte Innovativer Radiosysteme*

KW *Kurzwelle*
shortwave

LAN *Local Area Network*
lokales Netzwerk

LASER *Light Amplification by Stimulated Emission of Radiation*
Lichtquelle hoher Intensität

LAWN *Local Area Wireless Network*
lokales drahtloses Netzwerk

LCD *Liquid Crystal Display*
Flüssigkristall-Anzeige

LDR *Low Data Rate*
niedrige Datenrate bis 64 kbit/s

LDTV *Limited Definition Television*
Fernsehen mit begrenzter Bildauflösung

LE, LEX *Local Exchange*
Ortsvermittlung

LED *Light Emitting Diode*
Leuchtdiode

LEO *Low Earth Orbit*
Satellit in erdnaher Umlaufbahn

LF *Low Frequency*
Niederfrequenz, niederfrequent

LINUX *LINUs torvalds uniX*
UNIX-Variante mit grafischer Benutzeroberfläche

LMDS *Local Multi-point Distribution System*
lokales Datenverteilsystem

LMK *Lang-, Mittel-, Kurzwelle*
long-, medium, shortwave

LNB *Low Noise Block*
rauscharmer Verstärker (Antenne), Frequenzumsetzer-Einheit

LNC *Low Noise Converter*
rauscharmer Verstärker (Antenne), Frequenzumsetzer

LOC *Loss Of Channel*
Kanalverlust

LOF *Loss Of Frame*
Rahmenverlust bei PDH, SDH

LOS 1. *Loss Of Signal*
Signalverlust bei PDH, SDH

2. *Line Of Sight*
Sichtverbindung (Richtfunk)

LP 1. *Langspielplatte*
long play record

2. *Longplay*
lange Spieldauer

LSA *Local System Administrator*
lokaler System-Administrator

LSB 1. *Lower Sideband*
unteres Seitenband bei AM-Modulation

2. *Least Significant Bit*
niedrigstwertiges Bit

LSI *Large Scale Integration*
Halbleitertechnologie

LT *Line Termination*
Endeinrichtung

LTO *Local Time Offset*
Zeitversatz zur Weltzeit

LUF *Lowest Usable Frequency*
niedrigste nutzbare Frequenz bei der ionosphärischen Wellenausbreitung

LVDS *Low Voltage Differential Signal*
parallele Schnittstelle zur Übertragung von Datenpaketen, symmetrische Leitung (DVB)

LvD *Leiter vom Dienst*
program supervisor

LW *Langwelle*
long wave

LWL *Lichtwellenleiter*
fibre optics

M/S *Music/Speech*
Musik/Sprache

MAC 1. *Media Access Control*
Zugriffskontrolle

2. *Multiplex Analog Compiler*
Multiplex-Analog-Compiler

MACP *Motion Adaptive Colour Plus*
bei PALplus Verfahren zur Verbesserung der Farbwiedergabe

MAM *Media Assett Management*
Verwaltung von Programm-Material

MAN *Metropolitan Area Network*
erweitertes local area network

MAPI *Messaging Application Programming Interface*
Interface zur Einbindung von E-Mail-Funktionen in Anwendungsprogramme

MAT *Master Antenna Television*
Gemeinschafts-Antennenanlage

MAZ *Magnetische Bildaufzeichnung*
video tape recording

MBX *Mailbox*
Mailbox

MC *Music Cassette*
Musik-Kassette

MCC *Mobile Country Code*
Mobilnetz-Kennzahl verschiedener Länder

MCP *Master Control Panel*
Hauptbedienpult

MD *Mini Disc*
wiederbeschreibbares digitales Speichermedium

MDF *Main Distribution Frame*
Hauptverteiler

MDR *Mitteldeutscher Rundfunk*
German broadcasting organisation

MDT *Mean Down Time*
Mittlere Wiederherstellungszeit

ME 1. *Metal Evaporated*
metallbedampft

2. *Mobile Equipment*
Mobilfunkgerät

MF *Medium Frequency*
Mittelwelle

MFN *Multiple Frequency Network*
Mehrfrequenznetz

MHEG *Multimedia and Hypermedia information coding Experts Group*
Multimedia-Expertengruppe

MHP *Multimedia Home Platform*
Multimedia-Plattform für digitales Fernsehen

MIB *Management Information Base*
Netzwerkmanagementbegriff

MIDI *Musical Instrument Digital Interface*
digitale Schnittstelle für Musikinstrumente

MILNET *Military Network*
US-militärischer Bereich des Internet

MIME *Multipurpose Internet Mail Extensions*
Umwandlungsverfahren von Bilddateien für den E-Mail-Versand im Internet

MJD *Modified Julian Date*
Datumsangabe

MMDS *Multi-point Microwave Distribution System*
Signalverteilungssystem im Mikrowellenbereich

MMF *Multimode Fibre*
Multimode-Gradientenfaser

MMI *Man-Machine Interaction (Interface)*
Bedienoberfläche

MNO *Mobile Network Operator*
Betreiber eines Mobilfunknetzes

MOD *Magneto-Optical Disc*
digitales, wiederbeschreibbares, optisches Speichermedium

MODEM *MOdulator + DEModulator*
Zusammenfassung von Modulator und Demodulator

MOR *Middle Of the Road*
Musikformat

MOS *Metal Oxide Semiconductor*
Metalloxid-Halbleiter

MOT *Multimedia Object Transfer*
DAB-Übertragungsprotokoll für Multimedia

MP@ML *Main Profile at Main Level*
MPEG-2 Modus, häufigstes Videocodierungsformat

MP *Main Profile*
MPEG Normungsebene

MP3 *MPEG Audio Layer-3*
Kompressionsverfahren für Audiosignale

MPEG *Moving Picture Expert Group*
Standardisierungsgruppe bei ISO/IEC

MPEG-2 *Moving Pictures Experts Group 2*
Kompressionsstandard

MPLS *Multi Protocol Label Switching*
Protokoll bei ATM

MSB *Most Significant Bit*
höchstwertiges Bit

MSC 1. *Main Service Channel*
Hauptkanal

2. *Mobile Switching Centre*
Vermittlungsstelle im Mobilfunknetz

MSK *Minimum Shift Keying*
Modulationsverfahren

MSS *Mobile Satellite Service*
mobiler Satellitenfunk

MTBF *Mean Time Between Failures*
Mittlere Betriebsdauer

MTF *Modulation Transfer Function*
Modulationsübertragungsfunktion

MTTR *Mean Time To Repair*
durchschnittliche Reparaturzeit

MUF *Maximal Usable Frequency*
höchste nutzbare Frequenz bei der ionosphärischen Wellenausbreitung

MÜF *Modulationsübertragungsfunktion*
modulation transfer function

MUSE 1. *Multiple Sub-Nyquist Sampling Encoding*
HDTV-Übertragungsverfahren

2. *Multiple Subsampling Encoding*
HDTV-Übertragungsverfahren (Japan)

MUSICAM *Masking-pattern adapted Universal Sub-band Integrated Coding And Multiplexing*
Digitales Codierverfahren für Tonsignale

MUX *Multiplex, Multiplexer*
Multiplexer

MVDS *Multi-point Video Distribution System*
Videoverteilsystem

MW *Mittelwelle*
medium wave

NA *Numerische Apertur*
numerical aperture

NAB	*National Association of Broadcasters (USA)* Verband amerikanischer Rundfunkveranstalter	**NTP**	*Network Time Protocol* Protokoll für das Sychronisieren der Systemzeit
NAS	*Network Attached Storage* netzwerkverbundene Speichereinheit	**NTSC**	*National Television System Committee* US-amerikanischer Fernsehnormen-Ausschuß, Farbfernsehnorm
NDR	*Norddeutscher Rundfunk* German broadcasting organisation		
NEMP	*Nuclear Electromagnetic Pulse* nuklearer elektromagnetischer Impuls	**NUI**	*Network User Identification* Benutzererkennung
		NvoD	*Near-Video-on-Demand* Video-Abrufdienst mit begrenzter Einflußnahme
Netbios	*Network Basic Input/Output System* Programmierschnittstelle für Anwendungsprogramme	**OAN**	*Optical Access Network* Zugangsnetz auf Glasfaserbasis
NICAM	*Near Instantaneously Companded Audio Multiplex* Kodierverfahren für Audiosignale	**OB**	*Outside Broadcast* Außenübertragung
		OBO	*Output Backoff* Ausgangsleistungs- verringerung im Transportverstärker
NIT	*Network Information Table* Tabelle mit Netzwerkinformationen (DVB)	**OC**	*Outcue* Hinweis wie ein Beitrag endet
NKL	*Nichtkommerzieller Lokalfunk* non commercial local broadcasting	**OCR**	*Optical Character Recognition* Verfahren zur Texterkennung
NNI	*Network Node Interface* Netzknoten bei ATM	**OCT**	*Octal* oktal
NNTP	*Network News Transfer Protocol* Internetprotokoll für die Übertragung von Newsgroups	**ODA**	*Open Data Application* transparente Datenübertragung bei RDS
		ODBC	*Open Database Connectivity* Schnittstelle zu Datenbanksystemen
NPAD	*Non Programme Associated Data* Datendienste, die unabhängig von den Audiodiensten transportiert werden (DAB)	**ODL**	*Optical Data Link* optische Datenverbindung
NRZ(I)	*Non-Return to Zero (Inverse)* Codierverfahren für Digitalübertragung	**ODS**	*Öffentliche Durchsage* Public Service Announcement
NT	*Network Termination* Netzabschluß	**OEL**	*Orts-Empfangsleitung* local reception line

OEM   *Original Equipment Manufacturer*
Hersteller, der Produkte einkauft, diese modifiziert und weiterverkauft

OF   *Optical Fibre*
Glasfaser

OFA   *Optical Fibre Amplifiers*
optischer Glasfaserverstärker

OFDM   *Orthogonal Frequency-Division Multiplex*
Mehrträger-Modulationsverfahren

OLE   *Object Linking and Embedding*
Verfahren zum Datenaustausch zwischen Windows-Programmen

OMC   *Operation and Maintenance Center*
Zentrale für Steuerung und Wartung

OMUX   *Output Multiplexer*
Ausgangsmultiplexer

OpenVMS
OpenVMS
Rechner-Betriebssystem

OPIMA   *Open Platform Initiative for Multimedia Access*
Multimedia-Expertengruppe

ORB   *Ostdeutscher Rundfunk Brandenburg*
German broadcasting organisation

ORF   *Österreichischer Rundfunk*
Austrian broadcasting organisation

OS   *Operating System*
Betriebssystem

OSD   *On Screen Display*
Bildschirmdarstellung

OSI   *Open Systems Interconnection*
ISO-Standard für offene Systemkommunikation

OSL   *Orts-Sendeleitung*
local transmission line

OTDR   *Optical Time Domain Reflectometer*
Meßgerät für LWL-Übertragung

O(-Ton)   *Original(-ton)*
original sound

PA   1. *Primary Access*
Primärmultiplexanschluß (ISDN)

2. *Public Access*
öffentlicher Zugang

3. *Power Amplifier*
Leistungsverstärker

PAD   *Program Associated Data*
Zusatzdaten mit Programmbezug

PAL   *Phase Alternation Line*
Farbfernsehnorm

PALplus   *Phase Alternation Line Plus*
verbessertes PAL-System

PAM   *Pulse Amplitude Modulation*
Puls-Amplitudenmodulation

PAT   *Program Allocation Table*
Tabelle mit Informationen zu den Programmen

PBX   *Private Branch Exchange*
private Nebenstellenanlage

PC   *Personal Computer*

PCI-Bus   *Peripheral Component Interconnect Bus*
Bussystem

PCM   *Pulse Code Modulation*
Puls-Code-Modulation

PCMCIA   *Personal Computer Memory Card International Association*
internationale Vereinigung von Herstellern von Speicherkarten für PC

PCR	*Programme Clock Reference* MPEG-2-Information zur Synchronisation von Empfänger und decodiertem Programm	**PI**	*Program Identification* Programmkennung (RDS/DAB)
PD	*Public Domain* Software, die nicht urheberrechtlich geschützt ist	**PID**	*Packet Identifier* Identifizierungsnummer der Datenpakete
PDA	*Personal Digital Assistant* Palmtopcomputer, Organizer	**PIN**	*Personal Identification Number* Persönliche Geheimzahl
PDC	*Program Delivery Control* Steuerung für Heim-Videorecorder	**PING**	*Packet InterNet Groper* Hilfsprogramm zur Feststellung der Erreichbarkeit im Netzwerk
PDF	*Portable Document Format* Format zur Portierung von Dokumenten	**PIXEL**	*Kunstwort aus Picture und Element* Kleinste adressierbare Einheit auf dem Bildschirm oder Drucker
PDH	*Plesiochronous Digital Hierarchy* digitale Übertragungstechnik	**PLC**	*Power Line Communication* Datenübertragung über Stromnetze
PDM	*Pulse Duration Modulation* Pulsdauermodulation	**PLD**	*Programmable Logic Device* programmierbare Logikeinheit
PDN	*Public Data Network* Oberbegriff öffentlicher Datennetze	**PLL**	*Phase-Locked Loop* Phasenregelschleife
PDS	*Power Density Spectrum* Leistungsdichtespektrum	**PLMN**	*Public Land Mobile Network* landgestützte Mobilfunksysteme
PEAQ	*Perceptual Evaluation of Audio Quality* objektive Audio-Qualitätsbewertung	**PM**	*Phase Modulation* Phasenmodulation
PES	*Packetized Elementary Stream* paketorientierter MPEG-2-Datenstrom	**PMR**	*Public Mobile Radio* öffentlicher Mobilfunk
PFD	*Power Flux Density* Leistungsflußdichte	**PMT**	*Program Map Table* Tabelle mit Hinweis auf die im Multiplex enthaltenen Programme (DVB)
PFL	*Pre Fader Listening* Vorhören	**PNNI**	*Private Network-to-Network Interface* ATM-Netzwerk-Interface
P-Frame	*Predictive Coded Frame* codiertes MPEG-Bild mit Referenz zu anderen Bildern	**PNO**	*Public Network Operation* öffentlicher Netzbetreiber
PGP	*Pretty Good Privacy* Programm zum digitalen Signieren und Verschlüsseln von E-Mails	**PnP**	*Plug and Play* Selbstkonfiguration nach dem Einschalten

PON	*Passive Optical Network* passives optisches Netz	**PSM**	*Pulse Step Modulation* digitales Modulationsverfahren für AM-Ausstrahlungen
PoP	*Point of Presence* Einwahlpunkt, den ein Betreiber eines Online-Dienstes zur Verfügung stellt	**PSO**	*Private Service Operator* Privater Telefonanbieter
POP3	*Post Office Protocol 3* Protokoll im E-Mail-Verkehr	**PSTN**	*Public Switched Telephone Network* öffentliches Telefonnetz
POS	*Point Of Sale* Ort des Verkaufs	**PTKO**	*Produktions- und Technik-Kommission* committee for program production and engineering
POST	*Power-On Self Test* Bei Einschalten automatisch ausgelöster Selbsttest		
PPP	*Point To Point Protocol* Datenverbindungsprotokoll für Punkt-zu-Punkt-Verbindungen	**PTS**	*Presentation Time Stamp* Zeitmarke für Ton- und Bilddarstellung (MPEG-2)
PPTP	*Point To Point Tunnelling Protocol* Spezifikation für virtuelle Privatnetze	**PTY**	*Program Type* Programmartenkennung bei RDS und DAB
PRBS	*Pseudo-Random Binary Sequence* binäre Zufallsfolge	**PVC**	*Permanent Virtual Channel / Circuit* virtueller Kanal bei ATM
PROM	*Programmable Read Only Memory* programmierbarer Nur-Lese-Speicher	**QAM**	*Quadratur-Amplitudenmodulation quadrature amplitude modulation,* digitales Modulationsverfahren
PS	1. *Program Stream* Datenstrom bei MPEG-2	**QEF**	*Quasi Error Free* Fehlerrate $< 10^{-10}$
	2. *Program Service* Programmservicename (DAB/RDS)	**QMF**	*Quadrature Mirror Filter* digitales Filter
		QoS	*Quality of Service* Dienstqualität
PSA	*Public Service Announcement* öffentliche Durchsage	**QPSK**	*Quadrature-phase shift keying* digitales Modulationsverfahren
PSI	*Program Specific Information* Tabelle mit programmspezifischen Informationen (DVB)	**QSI**	*Quasi Static Information* quasi-statische Information
		R&D	*Research and Development* Forschung und Entwicklung
PSK	*Phase Shift Keying* digitales Modulationsverfahren	**RAI**	*Radiotelevisione Italiana* Italian broadcasting organisation

RAID	Redundant Array of Independent Discs Gewährung der Datensicherheit durch redundante Aufzeichnung auf mehreren Festplatten	**RLC**	Run-Length Coding Kompressionsverfahren
		RMS	Root Mean Square Effektivwert
RAM	Random Access Memory Speicher mit wahlfreiem Zugriff	**ROM**	Read-Only Memory Nur-Lesespeicher
		RS	Reed-Solomon digitales Codierverfahren
RB	Radio Bremen German broadcasting organisation	**RST**	Running Status Table DVB/SI-Tabelle
RBT	Rundfunk-Betriebstechnik	**RTC**	Real Time Clock Echtzeituhr
R-DAT	Rotary head Digital Audio Tape digitales Bandaufzeichnungsverfahren für Audiosignale mit drehendem Tonkopf	**RTCE**	Real-Time Channel Evaluation Kanalerkennung in Echtzeit
		RTL	Radio-Tele-Luxembourg Luxemburgische Rundfunkanstalt
RDN	Radio Data Network mobile Datenfunknetze	**R(-Ton)**	Redaktions(-Ton) Originalton, von einem Redaktionsmitglied verfasst und gesprochen
RDP	Remote Data Processing Datenfernverarbeitung		
RDS	Radio Data System Radio-Daten-System	**RTR**	Reuters Presseagentur, press agency
RegTP	Regulierungsbehörde für Telekommunikation und Post German authority for telecommunications and post	**RU**	Remote Unit abgesetzte Einheit
		RvD	Redakteur vom Dienst senior duty editor
RF	radio frequency, radiofrequent Hochfrequenz, hochfrequent	**RX**	Receiver Empfänger
RIAA	Recording Industry Association of America Verband der amerikanischen Schallplatten-Industrie	**S/N**	Signal to Noise ratio Störabstand, Signal-Rausch-Abstand
		SA	Source Address Quellenadresse
RIFF	Resource Interchange File Format Dateiformat, speziell für Audiodateien	**SAA**	System Application Architecture Konzept zur Standardisierung von Software
RISC	Reduced Instruction Set Computer Computer mit eingeschränktem Befehlssatz	**SAB**	Services Ancillary to Broadcasting Funkdienst

SAN   *Storage Area Network*
Speicherbereich-Netzwerk

SAP   1. *Sendeablaufplan*
presentation schedule

2. *Services Ancillary to
Program production*
Funkdienst

3. *Software-
Anwendungsprogramme*
application programs

SAS   *Service Authorisation System*
Steuersystem für gebuchte
Programmangebote

SATMUSIC
Sat Music
automatischer Start von
DAT-Recordern über den R-
Kanal von EUTELSAT

SAV   *Start of Active Video*
Start-Synchronwort im
digitalen TV-Signal

SAW   *Surface Acoustic Wave*
akustische Oberflächenwelle

SB   *Steering Board*
Lenkungsausschuss

SBR   *Spectral Band Replication*
Spektralbandecho (DRM/
Audio)

SCPC   *Single Channel Per Carrier*
Übertragungsverfahren

SCR   *System Clock Reference*
Signal zur Synchronisation
von Decoder und System

SCSI   *Small Computer System(s)
Interface*
Schnittstelle

S-DAT   *Digital Audio Tape*
(stationary head)
digitales
Aufzeichnungsverfahren für
Audiosignale mit
feststehendem Tonkopf

SDDI   *Serial Digital Data Interface*
serielles Interface (TV)

SDH   *Synchronous Digital
Hierarchy*
synchrone digitale
Hierarchie, Multiplex-
Übertragungstechnik

SDI   *Serial Digital Interface*
serielle Schnittstelle (TV)

SDR   *Süddeutscher Rundfunk*
former German Broadcasting
Organisation, now SWR

SDRAM   *Synchrononous Dynamic
Random Access Memory*
Speicherbaustein, der in
einem festen Takt (synchron)
angesprochen wird

SDT   *Service Description Table*
DVB/SI-Tabelle mit
Beschreibung gesendeter
Dienste

SDTI   *Serial Data Transport
Interface*
serielle
Datentransportschnittstelle

SDTV   *Standard Definition
Television*
Fernsehen mit üblicher
Bildauflösung

SDVR   *Speaker Dependant Voice
Recognition*
individuelle Spracherkennung

SEPMAG *Separate Magnetic sound
track*
Film mit magnetischer
Tonspur

SER   *Symbol Error Rate*
Symbolfehlerrate

SFB   *Sender Freies Berlin*
German broadcasting
organisation

SFN   *Single-Frequency Network*
Gleichwellennetz

SFT   *Simple File Transfer*
einfache Datenübertragung

SFX   *Special Effects*
Trickeffekte

SGML *Standard Generalized Markup Language*
Standard, der hierarchische Auszeichnungen in Dokumenten festlegt

SHF *Super High Frequency*
3000 MHz – 30000 MHz (Frequenzbereich)

S-HTTP *Secure-HTTP*
Erweiterung des HTTP-Protokolls

SI 1. *Service Information*
Serviceinformationen

2. *Scheduling Information*
Sendeplaninformation

SiD *Sport-Informationsdienst*
sports information service

SIM *Subscriber Identity Module*
Zugangsberechtigung bei GSM

SIS 1. *Systems for Interactive Services*

2. *Sound In Sync*
Ton im TV-Synchronsignal

SLA *Service Level Agreement*
verabredete Leistungsvereinbarung

SLIP *Serial Line Internet Protocol*
Datenübertragungsprotokoll

SMATV *Satellite Master-Antenna Television*
Satelliten-Gemeinschaftsempfang

SMF *Single Mode Fibre*
Mono-Mode-Faser, Einmoden-Faser

SMIL *Standardized Multimedia Integration Language*
Auszeichnungssprache bei Multimedia-Anwendungen

SMPTE *Society of Motion Picture and Television Engineers (USA)*
Fernseh- und kinotechnische Gesellschaft, USA

SMS 1. *Subscriber Management System*
Kundenverwaltung des CA-Anbieters bei Pay-TV

2. *Short Message Service*
Übertragung von Textnachrichten an Funktelefone

SMTP *Simple Mail Transfer Protocol*
Protokoll für die Übertragung von E-Mails

SNG *Satellite News Gathering*
mobile Nachrichtenübermittlung über Satelliten

SNMP *Simple Network Management Protocol*
einfaches Protokoll zur Netzwerkverwaltung

SNR, S/N *Signal-to-Noise Ratio*
Signal-Rausch-Verhältnis

SONET *Sychronous Optical Network*
synchrones optisches Netzwerk

SPAM *Send Phenomenal Amounts of Mail*
elektronisches Äquivalent zu Wurfsendungen

SPDIF *Sony Philips Digital Interface*
serielle digitale Audioschnittstelle

Spool(-er)
Simultaneous Peripheral Operations OnLine
Hilfsprogramm, das Aufträge an Drucker verwaltet und abarbeitet

SR 1. *Saarländischer Rundfunk*
German broadcasting organisation

2. *System Release*
Softwareversion

SRG SSR *vollständig SRG SSR idée suisse (Schweizerische Radio- und Fernsehgesellschaft)*
Swiss broadcasting organisation

SRT *Schule für Rundfunktechnik*
school for broadcasting technology

SS *Switching System*
Vermittlungssystem

SSB *Single Sideband*
Einseitenband

SSI *Supplementary Scheduling Information*
zusätzliche Sendeplaninformation

SSL *Secure Sockets Layer*
Übertragungsprotokoll, das die Sicherheit von Browsern durch Verschlüsselung erhöht

ST *Stuffing Table*
DVB/SI-Tabelle zur Kennzeichnung ungültiger Tabellen

STB *Set-Top-Box*
Beistelldecoder

STD *System Target Decoder*
hypothetischer MPEG-2-Referenzdecoder

STM 1. *Synchronous Transfer Mode*
synchroner Übertragungsmodus bei SDH

2. *Synchronous Transport Module*
synchrones Transportmodul bei SDH

SUI *Speech User Interface*
Steuerung technischer Systeme durch Sprache

SVC *Switched Virtual Channel / Circuit*
virtueller Kanal bei ATM

SVCTL *Service Centralisateur*
Rundfunkzentralstelle

SVD *Simultaneous Voice and Data*
gleichzeitige Sprach- und Datenübertragung

S-VHS *Super Video Home System*
weiterentwickeltes VHS-System

SVP *Switched Virtual Path*
virtueller Pfad bei ATM

SW *Short Wave*
Kurzwelle

SWF *Südwestfunk*
now SWR, former german broadcasting service

SWIFT *System for Wireless Infotainment Forwarding and Tele-distribution*
Datenübertragung auf UKW

SWR 1. *Südwestrundfunk*
German broadcasting organisation

2. *Standing Wave Ratio*
Stehwellenverhältnis

SysOp *System Operator*
Systembetreuer

T&C *Traffic and Continuity*
Ablaufredaktion

TA 1. *Traffic Announcement*
Verkehrsdurchsagekennung (RDS/DAB)

2. *Terminal Adapter*
ISDN, a/b-Wandler

TAE *Teilnehmeranschalt-einrichtung*

TAM *Technical Aspects of the Multimedia Home Platform*
Multimedia-Expertengruppe

TARM *Telephone Answering Recording Machine*
Anrufbeantworter

TAT *Trans Atlantic Trunk*
Transatlantikkabel

TBA *To Be Announced*
noch bekanntzugeben

TBC *Time Base Corrector*
Zeitkorrektur

TBD *To Be Defined/Determined*
noch festzulegen

TC 1. *Time Code*
Zeitcode

2. *Trellis Coding*
digitales Codierverfahren

TCA *turnable curtain antenna*
drehbare Kurzwellen-
Vorhangantenne (AM)

TCC *Traffic Control Centre*
Verkehrs Kontroll Zentrum

TCP *Transmission Control
Protocol*
Protokoll für
Übertragungsdaten

TCP/IP *Transmission Control
Protocol / Internet Protocol*
Protokoll für den
Datentransport zwischen
Rechnersystemen

TCR *Telemetry, Command and
Ranging*
Steuerbefehle für den
Satelliten (Telemetrie/
Steuerung/Bereich)

T-DAB *Terrestrial Digital Audio
Broadcasting*
terrestrischer digitaler
Hörfunk (DAB)

TDC *Transparent Data Channel*
transparenter Datenkanal
(RDS)

TDM *Time Division Multiplex*
Zeitmultiplex

TDMA *Time Division Multiple
Access*
Mehrfachzugang über
Zeitmultiplex

TDT *Time and Date Table*
DVB/SI-Tabelle mit aktueller
Zeit und Datum

TE *Terminal Equipment*
Endgerät

TED *Teledialogsystem*
teledialogue computer

TEX *Transit Exchange*
Durchgangsvermittlung

TF *Trägerfrequenz*
carrier frequency

TFT *Thin Film Transistor*
Dünnfilmtransistor (für
Flachbildschirme)

TG *Task Group*
Arbeitsgruppe

TH *Transport Stream Header*
Datenkopf des
Transportstroms

THD *Total Harmonic Distortion*
Gesamtklirrfaktor

THD+N *Total Harmonic Distortion +
Noise*
Gesamtklirrfaktor
einschließlich Rauschen

THX *Tomlinson Holman
Experiment*
Kino-Tonwiedergabe-
Standard

TI *Telephon-Interview*
telephone interview

TIC *Traffic Information Centre*
Verkehrsinformationszentrum

TID *Travelling Ionospheric
Disturbance*
wandernde ionosphärische
Störung

TIFF *Tag Image File Format*
Dateiformat für Grafik

TIX *Titelindex*
title index

TK *Telekommunikation*
telecommunications

TKG *Telekommunikationsgesetz*

TMC *Traffic Message Channel*
Verkehrsinformations-
kanal (RDS/DAB)

TOC   *Table Of Contents*
           Inhaltsverzeichnis

TOP   *Table Of Pages*
           Zusatzinformation für
           Fernsehtext-
           (Videotext-)Decoder

TP   1. *Traffic Program*
           Verkehrsfunk

           2. *Telnet Protocol*
           Datenprotokoll

           3. *Twisted Pair (cable)*
           verdrillte Zwillingsleitung

           4. *Transaction Processing*
           transaktionale Verarbeitung

tpi   *tracks per inch*
           Aufzeichnungsdichte auf
           Festplatte oder Diskette

TPS   *Transmission Parameter
           Signalling*
           Signalisierung der
           Übertragungsparameter

TRS   *Timing Reference Signal*
           Synchronsignal im digitalen
           TV-Signal

TS   *Transport Stream*
           Datenstrom bei der MPEG-
           Codierung

TT(F) *TrueType(Font)*
           Konturschrifttechnologie für
           Einbindung von Schriften ins
           Betriebssystem

TTA   *Title, Track and Artist*
           Zusatzinformation bei RDS
           und DAB

TTI   *Traffic and Travel
           Information*
           Verkehrs- und
           Reiseinformation

TTS   *Text-To-Speech*
           Umwandlung Text in Sprache

TU   *Technische Universität*
           technical university

TV   *Television*
           Fernsehen

TVS   *Televoting System*
           telefonische Abstimmung
           (Statistik)

TWT   *Travelling Wave Tube*
           Wanderfeldröhre

TWTA   *Travelling Wave Tube
           Amplifier*
           Wanderfeldröhrenverstärker

TX   *Transmitter*
           Sender

UBR   *Unspecified Bit Rate*
           nicht festgelgte Bit-Rate bei
           ATM

UDP   1. *Universal Datagram
           Protocol*
           Transportprotokoll für
           Datenaustausch

           2. *Universal Data Protocol*
           IP-Datenprotokoll ohne
           Empfangsbestätigung

UECP   *Universal Encoder
           Communication Protocol*
           Kommunikationsprotokoll

UEP   *Unequal Error Protection*
           ungleicher Fehlerschutz

UER   *Union Europeenne de
           Radiodiffusion*
           Union der europäischen
           Rundfunkorganisationen,
           European Broadcasting
           Union (EBU)

UHF   *Ultra High Frequency*
           Dezimeterwellenbereich,
           470–790 MHz

UIT   *Union Internationale des
           Télécommunications*
           Internationale
           Fernmeldeunion (ITU)

UKW   *Ultrakurzwelle*
           *Frequenzbereich 87,5–108
           MHz*

UMTS   *Universal Mobile
           Telecommunication System*
           Mobilfunkstandard

UNI	*User Network Interface* Schnittstelle Netz/Teilnehmer (bei ATM)	**VBR**	*Variable Bit Rate* variable bit rate
UNIX	*Uniplexed Information and Computing System* Betriebssystem	**VBS**	*Video Baseband Signal* Videobasisband-Signal
UPID	*Unique Programme Identifier* eindeutiger Programmidentifizierer	**VBScript**	*Visual Basic Scripting Edition* Scriptsprache für HTML-Seiten

UNI   *User Network Interface* Schnittstelle Netz/Teilnehmer (bei ATM)

UNIX   *Uniplexed Information and Computing System* Betriebssystem

UPID   *Unique Programme Identifier* eindeutiger Programmidentifizierer

UPS   *Uninterruptable Power Supply* unterbrechungsfreie Stromversorgung

URL   *Uniform Resource Locator* standardisierte Adresse im Internet

USB   1. *Upper Side Band* oberes Seitenband

       2. *Universal Serial Bus* Bussystem für PCs

USP   *Unique Selling Proposition* Herausstellungsmerkmal bei Produkten

USV   *Unterbrechungsfreie Stromversorgung* uninterruptable power supply

UTC   *Universal Time Clock* Weltzeit

UTP   *Unshielded Twisted Pair (cable)* Kabel aus verdrillten Drahtpaaren ohne zusätzliche Abschirmung

UUCP   *Unix To Unix Copy Protocol* Protokoll zur Informationsübertragung zwischen UNIX-Systemen

VANC   *Vertical Ancillary Data* Zusatzdaten im Fernsehsignal (vertikale Austastung)

VBI   *Vertical Blanking Interval* im TV-Signal

VBN   *Vermittelndes Breitbandnetz* network

VBR   *Variable Bit Rate* variable bit rate

VBS   *Video Baseband Signal* Videobasisband-Signal

VBScript   *Visual Basic Scripting Edition* Scriptsprache für HTML-Seiten

VC   1. *Virtual Channel* virtueller Kanal bei ATM

       2. *Virtual Container* virtueller Datencontainer bei SDH

VCO   *Voltage-Controlled Oscillator* spannungsgesteuerter Oszillator

VCR   *Video Cassette Recorder* Videorekorder

VDE   1. *Verband Deutscher Elektrotechniker* German association of electrical engineers

       2. *Vorschriftenwerk Deutscher Elektrotechniker* German electrotechnical standards

VDI   *Verein Deutscher Ingenieure* German association of engineers

VDSL   *Very high Data rate Digital Subscriber Line* Hochgeschwindigkeits-variante der Reihe DSL

VDT   *Verband Deutscher Tonmeister* German association of sound recording engineers

VF   *Videofrequenz, videofrequent* video frequency

VGA   *Video Graphics Array* Standard für Bildschirmwiedergabe

VHF   *Very High Frequency* Meterwellenbereich 47–68 MHz, 87.5–108 MHz, 174–230 MHz

VHS	*Video Home System* Videosystem im Heimbereich		**VRML**	*Virtual Reality Modelling Language* Programmiersprache zum Erstellen von 3D-Grafiken
VITC	*Vertical Interval Time Code* Zeitcode in der vertikalen Austastlücke		**VSAT**	*Very Small Aperture Terminal* Satellitenempfangsanlage
VITS	*Vertical Interval Test Signal* Prüfzeilensignal in der vertikalen Austastlücke		**VSB**	*Vestigial Side Band* Restseitenband
VLAN	*Virtual Local Area Network* virtuelles lokales Netzwerk		**VTR**	*Video Tape Recorder* Videorecorder
VLC	*Variable Length Coding* Codierung mit variabler Wortlänge		**VU**	*Volume Unit, Voltage Unit* Aussteuerungseinheit
VLD	*Variable Length Decoder* Variable Längendecodierung		**W3C**	*World Wide Web Consortium* Koordinierungs- und Leitungskonsortium für das Internet
VLSI	*Very Large Scale Integration* Halbleitertechnologie			
VM	*Virtual Machine* virtuelle Maschine		**WAIS**	*Wide Area Information Servers* Suchsystem von Dokumenten auf speziellen Internet-Servern
VoD	*Video-on-Demand* Abrufdienst für Videofilme			
VoFunk	*Vollzugsordnung für den Funkdienst*		**WAN**	*Wide Area Network* Weitverkehrsnetz
VoIP	*Voice over IP* Übertragung im Internet		**WAP**	*Wireless Application Protocol* Protokoll für die drahtlose Übertragung von Internet-Inhalten
VP	*Virtual Path* virtueller Pfad bei ATM			
VPN	*Virtual Private Network* vertrauliche Datenübertragung im Internet		**WARC**	*World Administrative Radio Conference* weltweite Funkverwaltungskonferenz (jetzt WRC)
VPRT	*Verband Privater Rundfunk und Telekommunikation* association of private broadcasting and telecommunications		**WDM**	*Wavelength Division Multiplex* Wellenlängenmultiplex
VPS	*Video Programme System* Video-Steuerung zur zeitsynchronen Aufzeichnung		**WDR**	*Westdeutscher Rundfunk* German broadcasting organisation
VPT	*Videorecorder-Programmierung mit Teletext* VCR programming by Teletext		**WER**	*Word Error Rate* Wortfehlerrate
			WG	*Working Group* Arbeitsgruppe

WHK   *Weitester Hörerkreis*

WLAN   *Wireless Local Area Network*
drahtloses lokales Netzwerk

WML   *Wireless Markup Language*
speziell auf den Einsatz in
Handys abgestellte Variante
von HTML

WP   *Working Party*
Arbeitsgruppe

WRC   *World Radiocommunication
Conference*
früher WARC

WSS   *Wide Screen Signalling*
Signalisierung des
Bildformats

WST   *World Standard Teletext*
weltweiter Teletext-Standard

WWW   *World Wide Web*
weltweites
Informationssystem im
Internet

WYSIWYG
*What You See Is What You
Get*
weitgehend dem späteren
Druckbild entsprechende
Bildschirmdarstellung

XML   *eXtensible Markup Language*
Standard für Web-Seiten

XSL   *eXtensible Style Language*
Trennung von Seitenlayout
und Inhalt auf HTML- und
XML-Seiten

XTAL   *crystal*
Quarz, Kristall

XTP   *eXpress Transfer Protocol*
zeitoptimiertes
Übertragungsprotokoll

ZDF   *Zweites Deutsches Fernsehen*
German broadcasting
organisation

ZF   *Zwischenfrequenz*
intermediate frequency

ZFP   *Zentrale Fortbildung
Programm ARD/ZDF*
training department

ZI   *Zusatzinformation(en)*
additional information

ZÜT   *Zentraler
Überspieltonträgerraum*

ZVEI   *Zentralverband der
Elektrotechnischen Industrie*
association of the German
electrotechnical industry

Übergreifende Internet-Domänen
General internet domains

Region		Abkürzung
Afrika	Africa	AFR
Asien	Asia	ASI
Europa	Europe	EUR
Karibik	Carribean	CAR
Lateinamerika	Latin America	LAT
Mittlerer Osten	Middle East	MEA
Nordamerika	North America	NOA
Ozeanien	Oceania	OCE
Südamerika	South America	SOA

.ad	Andorra	Andorra	EUR
.ae	Vereinigte Arabische Emirate	United Arab Emirates	MEA
.af	Afghanistan	Afghanistan	ASI
.ag	Antigua und Barbuda	Antigua and Barbuda	CAR
.ai	Anguilla	Anguilla	CAR
.al	Albanien	Albania	EUR
.am	Armenien	Armenia	EUR
.an	Niederländische Antillen	Netherlands Antilles	CAR
.ao	Angola	Angola	AFR
.aq	Antarktis	Antarctica	
.ar	Argentinien	Argentina	SOA
.as	Samoa (amerikanisches Gebiet)	American Samoa (Eastern Samoa)	OCE
.at	Österreich/Austria	Austria	EUR
.au	Australien	Australia	OCE
.aw	Aruba	Aruba	CAR
.az	Aserbeidschan	Azerbaijan	ASI
.ba	Bosnien	Bosnia	EUR
.bb	Barbados	Barbados	CAR
.bd	Bangladesch	Bangladesh	ASI
.be	Belgien	Belgium	EUR
.bg	Bulgarien	Bulgaria	EUR
.bh	Bahrain	Bahrain	MEA
.bj	Benin	Benin	AFR
.bm	Bermudas	Bermuda	NOA
.bn	Brunei	Brunei	OCE
.bo	Bolivien	Bolivia	SOA
.br	Brasilien	Brazil	SOA
.bs	Bahamas	Bahamas	CAR
.bt	Bhutan	Bhutan	ASI
.bw	Botswana	Botswana	AFR
.bz	Belize	Belize	CAR
.ca	Kanada	Canada	NOA

.cc	Kokosinseln	Cocos Islands	LAT
.cf	Zentralafrikanische Republik	Central African Republic	AFR
.cg	Kongo	Congo (Republic of)	AFR
.ch	Schweiz	Switzerland	EUR
.ci	Elfenbeinküste	Cote D'Ivoire (Ivory Coast)	AFR
.ck	Cookinseln	Cook Islands	OCE
.cl	Chile	Chile	SOA
.cn	China	China	ASI
.co	Kolumbien	Colombia	SOA
.com	Kommerzielle Domäne	Commercial domain	
.cr	Costa Rica	Costa Rica	LAT
.cs	Tschechoslowakei	Czechoslovakia	EUR
.cv	Kapverdische Inseln	Cape Verde	AFR
.cy	Zypern	Cyprus	EUR
.cz	Tschechische Republik	Czech Republic	EUR
.de	Deutschland	Germany	EUR
.dj	Djibuti	Djibouti	AFR
.dk	Dänemark	Denmark	EUR
.do	Dominikanische Republik	Dominican Republic	CAR
.dz	Algerien	Algeria	AFR
.ec	Ecuador	Ecuador	LAT
.edu	Bildungsinstitutionen in den USA	US Educational Institutions	
.ee	Estland	Estonia	EUR
.eg	Ägypten	Egypt	AFR
.eh	Westsahara	Western Sahara	AFR
.er	Eritrea	Eritrea	AFR
.es	Spanien	Spain	EUR
.et	Äthopien	Ethiopia	AFR
.fi	Finnland	Finland	EUR
.fidonet.org	Fidonet	Fidonet	
.fj	Fidschi-Inseln	Fiji	OCE
.fl.us	Florida, USA	Florida, USA	NOA
.fm	Mikronesien	Federated States of Mikronesia	OCE
.fo	Färöer-Inseln	Faeroe Islands	EUR
.fr	Frankreich	France	EUR
.freenet.edu	Freenet	Freenet	
.fx	Frankreich	France	EUR
.ga	Gabun	Gabon	AFR
.ga.us	Georgia, USA	Georgia, USA	NOA
.gb	Großbritannien	Great Britain	EUR
.gd	Grenada	Grenada	CAR
.ge	Republik Georgien	Georgia	EUR
.gf	Französisch Guayana	French Guiana	SOA
.gh	Ghana	Ghana	AFR
.gi	Gibraltar	Gibraltar	EUR
.gl	Grönland	Greenland	EUR
.gm	Gambia	Gambia	AFR
.gn	Guinea	Guinea	OCE
.gov	Regierungsbehörden in den USA	US Government Authorities	
.gov.ca	Regierung von Kanada	Canadian Governement	

.gp	Guadeloupe	Guadeloupe	CAR
.gq	Äquatorial-Guinea	Equatorial Guinea	OCE
.gr	Griechenland	Greece	EUR
.gt	Guatemala	Guatemala	LAT
.gu	Guam	Guam	OCE
.gy	Guyana	Guyana	SOA
.hk	Hongkong	Hong Kong	AFR
.hn	Honduras	Honduras	LAT
.hr	Kroatien	Croatia	EUR
.ht	Haiti	Haiti	OCE
.hu	Ungarn	Hungary	EUR
.id	Indonesien	Indonesia	ASI
.ie	Irland	Ireland	EUR
.il	Israel	Israel	MEA
.in	Indien	India	ASI
.iq	Irak	Iraq	ASI
.ir	Iran	Iran	ASI
.is	Island	Iceland	EUR
.it	Italien	Italy	EUR
.jm	Jamaika	Jamaica	CAR
.jo	Jordanien	Jordan	MEA
.jp	Japan	Japan	ASI
.k12.us	Schulen in den Vereinigten Staaten	US Schools	
.ke	Kenia	Kenya	AFR
.kh	Kambodscha	Cambodia	ASI
.ki	Kiribati	Kiribati	OCE
.kp	Nordkorea	Korea-North	ASI
.kr	Südkorea	Korea-South	ASI
.kw	Kuwait	Kuwait	MEA
.ky	Caymaninseln	Cayman Islands	CAR
.kz	Kasachstan	Kasakhstan	ASI
.la	Laos	Laos	ASI
.lb	Libanon	Lebanon	MEA
.lc	St. Lucia	St. Lucia	CAR
.li	Liechtenstein	Liechtenstein	EUR
.lib.us	Bibliotheken in den Vereinigten Staaten	US Libraries	
.lk	Sri Lanka	Sri Lanka	ASI
.lr	Liberia	Liberia	AFR
.ls	Lesotho	Lesotho	AFR
.lt	Litauen	Lithuania	EUR
.lu	Luxemburg	Luxembourg	EUR
.lv	Lettland	Latvia	EUR
.ly	Libyen	Libya	AFR
.ma	Marokko	Morocco	AFR
.mc	Monaco	Monaco	EUR
.md	Republik Moldavien	Moldova	EUR
.mg	Madagaskar	Madagascar	AFR
.mh	Marshallinseln	Marshall Islands	OCE
.mil	Militärische Organisationen in den USA	US Military	

.mk	Makedonien	Macedonia	EUR
.ml	Mali	Mali	AFR
.mm	Myanmar	Myanmar	ASI
.mn	Mongolei	Mongolia	ASI
.mo	Macau	Macau	ASI
.mq	Martinique	Martinique	CAR
.mr	Mauretanien	Mauretania	AFR
.ms	Montserrat	Montserrat	CAR
.mt	Malta	Malta	EUR
.mu	Mauritius	Mauritius	AFR
.mv	Malediven	Maldives	ASI
.mw	Malawi	Malawi	AFR
.mx	Mexiko	Mexico	LAT
.my	Malaysia	Malaysia	ASI
.mz	Moçambique	Mozambique	AFR
.na	Namibia	Namibia	AFR
.navi.mil	Marine der Vereinigten Staaten	US Marine	
.nc	Neukaledonien	New Caledonia	OCE
.ne	Niger	Niger	AFR
.net	Netzwerkanbieter	Network suppliers	
.nf	Norfolkinseln	Norfolk Islands	OCE
.ng	Nigeria	Nigeria	AFR
.ni	Nicaragua	Nicaragua	LAT
.nl	Niederlande	Netherlands	EUR
.no	Norwegen	Norway	EUR
.np	Nepal	Nepal	ASI
.nr	Nauru	Nauru	OCE
.nu	Niue	Niue	OCE
.nz	Neuseeland	New Zealand	OCE
.om	Oman	Oman	MEA
.org	Organisationen	Organizations	
.pa	Panama	Panama	LAT
.pe	Peru	Peru	SOA
.pg	Papua-Neuguinea	Papua New Guinea	OCE
.ph	Philippinen	Philippines	OCE
.pk	Pakistan	Pakistan	ASI
.pl	Polen	Poland	EUR
.pm	St. Pierre und Miquelon	St. Pierre and Miquelon	NOA
.pn	Pitcairn	Pitcairn	OCE
.pr	Puerto Rico	Puerto Rico	LAT
.pt	Portugal	Portugal	EUR
.pw	Palauinseln	Palau	OCE
.py	Paraguay	Paraguay	LAT
.qa	Katar	Quatar	MEA
.ro	Rumänien	Romania	EUR
.ru	Gemeinschaft Unabhängiger Staaten (GUS)	Commonwealth of Independent States (CIS)	EUR
.rw	Ruanda	Rwanda	AFR
.sa	Saudi-Arabien	Saudi Arabia	MEA
.sb	Salomoninseln	Solomon Islands	OCE
.sc	Seychellen	Seychelles	ASI
.sd	Sudan	Sudan	AFR

.se	Schweden	Sweden	EUR
.sg	Singapur	Singapore	ASI
.sh	St. Helena	St. Helena	AFR
.si	Slowenien	Slovenia	EUR
.sj	Spitzbergen und Jan Mayen	Spitsbergen and Jan Mayen	EUR
.sk	Slowakische Republik	Slovakia	EUR
.sl	Sierra Leone	Sierra Leone	AFR
.sm	San Marino	San Marino	EUR
.sn	Senegal	Senegal	AFR
.so	Somalia	Somalia	AFR
.sr	Surinam	Suriname	AFR
.st	San Tomé und Principe	Sao Tome and Principe	AFR
.state.us	Bundesregierungen der Vereinigten Staaten	US State Governments	
.su	Frühere Sowjetunion (UdSSR)	Former USSR	EUR
.sv	El Salvador	El Salvador	LAT
.sy	Syrien	Syria	MEA
.sz	Swasiland	Swaziland	AFR
.tc	Turks- und Caicosinseln	Turks und Caicos	CAR
.td	Tschad	Chad	AFR
.tf	Französisch Polynesien	French Polynesia	OCE
.tg	Togo	Togo	AFR
.th	Thailand	Thailand	ASI
.tj	Tadschikistan	Tadzhikistan	ASI
.tk	Tokelauinseln	Tokelau	OCE
.tm	Turkmenistan	Turkmen Republic	ASI
.tn	Tunesien	Tunesia	AFR
.to	Tonga	Tonga	OCE
.tp	Ost-Timor	East Timor	OCE
.tr	Türkei	Turkey	EUR
.tt	Trinidad und Tobago	Trinidad and Tobago	CAR
.tv	Tuvalu	Tuvalu	OCE
.tw	Taiwan	Taiwan	ASI
.tz	Tansania	Tanzania	AFR
.ua	Ukraine	Ukraine	EUR
.ug	Uganda	Uganda	AFR
.uk	Großbritannien und Nordirland	United Kingdom	EUR
.us	Vereinigte Staaten	United States of America (USA)	NOA
.uy	Uruguay	Uruguay	SOA
.va	Vatikan	Vatican	EUR
.vc	St. Vincent	St. Vincent	CAR
.ve	Venezuela	Venezuela	SOA
.vg	Amerikanische Jungferninseln	Virgin Islands of the United States	CAR
.vi	Britische Jungferninseln	British Virgin Islands	CAR
.vn	Vietnam	Vietnam	ASI
.vu	Vanuatu	Vanuatu	OCE
.ws	Westsamoa	Western Samoa	OCE
.ye	Jemen	Yemen	MEA
.yt	Mayotte	Mayotte	AFR
.yu	Früheres Jugoslawien	Former Yugoslavia	EUR
.za	Südafrika	South Africa	AFR

.zm	Sambia	Zambia	AFR
.zr	Zaire	Zaire (Democratic Republic of Congo)	AFR
.zu	Usbekistan	Uzbekistan	ASI
af.mil	Luftwaffe der Vereinigten Staaten	US Air Forces	

PUBLICIS
MCD
VERLAG

Burghardt, Manfred

Einführung in Projektmanagement

Definition, Planung, Kontrolle, Abschluß

2., Überarbeitete und erweiterte Auflage, 1999, 306 Seiten,
105 Abbildungen, 30 Tabellen, 17 cm × 25 cm, Softcover

ISBN 3-89578-121-5   DM 69,00 / € 35,28

„Einführung in Projektmanagement" bietet eine praxisorientierte, verständliche und Übersichtliche Einführung in die Methoden und Vorgehensweisen des modernen Projektmanagements. Es hilft Projektbeteiligten in der Industrie, im Dienstleistungsbereich und in der Forschung, Projekte richtig zu planen, durchzuführen, zu überwachen und zu steuern und dabei die Parameter Leistung, Einsatzmittel (Geld, Personal, Maschinen usw.) und Zeit optimal aufeinander abzustimmen. Studenten der Ingenieur- und Wirtschaftswissenschaften bietet es eine praxisnahe Einführung in das Thema.

Hackl, Heinz (Hrsg.)

Praxis des Selbstmanagements

Methoden, Techniken und Hilfsmittel für systematisches Arbeiten im Büro und unterwegs

2., wesentlich überarbeitete und erweiterte Auflage, 1998, 206 Seiten,
104 Abbildungen, 28 Tabellen, 17,3 cm × 25 cm, Hardcover

ISBN 3-89578-070-7   DM 78,00 / € 39,88

Das Buch ermöglicht zum einen die sequentielle Information über alle Aspekte des Selbstmanagements: Zielformulierung, Planung, Kommunikation, Ideen-/Entscheidungsfindung und Wahl der richtigen Hilfsmittel. Es bietet aber auch die Möglichkeit einer Schnellanalyse: Wo funktioniert mein Selbstmanagement und wo bestehen Mängel? Wie kann ich sie beseitigen? Und schließlich zeigt es Ihnen, wie Sie den PC an Ihrem vernetzten Arbeitsplatz so nutzen können, dass Sie für die Erfordernisse der Zukunft gerüstet sind.

PUBLICIS
MCD
VERLAG

Börnecke, Dirk

Handbuch Telearbeit

Leitfaden für Mitarbeiter, Führungskräfte und Personalfachkräfte
Mit Checklisten und Mustervereinbarungen

1998, 205 Seiten, 4 Tabellen, 14 cm × 22,5 cm, Softcover

ISBN 3-89578-091-X   DM 49,00 / € 25,05

Das Handbuch Telearbeit informiert umfassend über alle Formen der Telearbeit, gibt Hinweise für die Gestaltung von Arbeitsplätzen und die notwendige technische Ausstattung im Büro und zu Hause und erläutert die rechtlichen und die sozialen Aspekte.

Die Checklisten und Mustervereinbarungen dienen Mitarbeitern, Führungskräften und Personalfachkäften zur Entscheidungsfindung, ob und wie Telearbeit in ihrer Situation bzw. ihrem Betrieb möglich und umsetzbar ist.

Professionell schreiben

Praktische Tipps für alle, die Texte verfassen:
Rechtschreibung, Stilmittel, Layout, Arbeitstechniken und vieles mehr

2., überarbeitete und erweiterte Auflage, 1999, 138 Seiten,
14,8 cm × 22,5 cm, Softcover

ISBN 3-89578-139-8   DM 24,00 / € 12,27

Gute Texte sind die Visitenkarte jedes Unternehmens. „Professionell schreiben" gibt Ihnen eine Menge Tipps, die Sie nutzen können, wenn Sie Texte verfassen, egal ob Fachartikel, Dokumentationen, Angebote, Präsentationen oder Vertriebsunterlagen.

Neue Rechtschreibung, Typographie, Schreibstil, Bild- und Tabellengestaltung, Rechtsfragen, Korrekturzeichen, die wichtigsten Word-Shortcuts, Kreativitäts- und Zeitplanungstechniken – alles ist knapp und übersichtlich zusammengefasst.

Die anderen Wörterbücher aus unserem Verlag finden Sie unter

http://www.publicis-mcd.de